ALLE · ZEIT · WACH · 1842

Rudolf Zurmühl · Sigurd Falk

Matrizen und ihre Anwendungen

für Angewandte Mathematiker, Physiker und Ingenieure

Fünfte, überarbeitete und erweiterte Auflage

Teil 2: Numerische Methoden

Mit 103 Abbildungen

Springer-Verlag
Berlin Heidelberg NewYork Tokyo 1986

Dr.-Ing. Rudolf Zurmühl †
o. Professor an der Technischen Universität Berlin

Dr.-Ing. Sigurd Falk
o. Professor an der Technischen Universität Braunschweig

Die ersten vier Auflagen erschienen unter dem Titel
„Zurmühl, Rudolf: Matrizen und ihre technischen Anwendungen"

ISBN 3-540-15474-4 5. Aufl. Springer-Verlag Berlin Heidelberg New York Tokyo
ISBN 0-387-15474-4 5th ed. Springer-Verlag New York Heidelberg Berlin Tokyo

ISBN 3-540-03238-X 4. Aufl. Springer-Verlag Berlin Heidelberg New York
ISBN 0-387-03238-X 4th ed. Springer-Verlag New York Heidelberg Berlin

CIP-Kurztitelaufnahme der Deutschen Bibliothek
Zurmühl, Rudolf:
Matrizen und ihre Anwendung für Angewandte Mathematiker, Physiker und Ingenieure/
Rudolf Zurmühl; Sigurd Falk. — Berlin; Heidelberg; New York; Tokyo: Springer
Bis 4. Aufl. u. d. T.: Zurmühl, Rudolf: Matrizen und ihre technischen Anwendungen
NE: Falk, Sigurd:
Teil 2. Numerische Methoden. — 5., überarb. u. erw. Aufl. — 1986.
ISBN 3-540-15474-4 (Berlin...)
ISBN 0-387-15474-4 (New York...)

Bindearbeiten: Lüderitz & Bauer, Berlin
2160/3020-543210

Vorwort zum Teil 2 der fünften Auflage

Der zweite Teil der MATRIZEN vollzieht, wie im Schlußwort des ersten Teiles angekündigt, den Schritt von der Theorie zur Praxis und ist daher sowohl ein Mathematik- wie ein Rechenbuch in einer den Anwender zum Ausprobieren wie den Forscher zu weiterem Nachdenken über sein Arbeitsgebiet anregenden Synthese, die für die lineare Algebra mit ihren ,,nur" vier Grundrechenarten ebenso beispielgebend wie typisch ist. Dank des vorbereitenden Charakters von Teil 1 enthält Teil 2 nur wenige Beweise, dafür viele Programmieranleitungen, zahlreiche erläuternde Abbildungen und Schemata und etwa hundert Zahlenbeispiele mit Matrizen der Ordnung $n = 2$ bis $n = 200\,000$.

Dem Kenner der Materie empfehle ich, mit den Resümees zu den §§ 40 und 43 zu beginnen und von dort aus die einzelnen Kapitel zu erschließen. Hingegen sind für den Anfänger beim ersten Studium allein die mit dem Zeichen • versehenen Abschnitte gedacht, die etwa die Hälfte des Textes ausmachen und ein in sich geschlossenes Werk bilden.

Einige der in diesem Buch beschriebenen Algorithmen sind Erstveröffentlichungen, so der Rapido/Rapidissimo zur Lösung von linearen Gleichungssystemen, der Selektionsalgorithmus Bonaventura, die Globalalgorithmen Securitas (Budich 1979) und Velocitas für Matrizenpaare und der ECP (Expansion des charakteristischen Polynoms) für Polynommatrizen, der T-S-Algorithmus für nichtlineare, auch transzendente oder gebrochen rationale Matrixelemente; unveröffentlicht ist bislang auch der Determinantensatz für die Einschließung von Eigenwerten eines Paares $\boldsymbol{A}$; $\boldsymbol{B}$.

Wie der Leser bemerken wird, ist entgegen der Ankündigung im Teil 1, S. XIII, einiges nicht aufgenommen worden, und zwar aus verschiedenen Gründen. Da im gleichen Verlag eine erweiterte Neuauflage des bekannten Werkes Matrizentheorie von F. R. Gantmacher und eine Neuerscheinung von W. Mathis über Nichtlineare Netzwerktheorie in Kürze herauskommen werden, konnte ich auf die §§ 46 und 47 (Systeme von linearen Differentialgleichungen) ebenso wie auf die §§ 51 und 52 (Matrizen in der Elektrotechnik) leichten Herzens verzichten. Ferner habe ich die §§ 53 bis 60 stark gerafft und zu den neuen §§ 44 und 45 zusammengefaßt. Um den Rest tut es mir leid, aber irgendwo mußte ein Schlußstrich gezogen werden, wenn nicht ein weiteres Jahr vergehen und die Seitenzahl 1000 erreicht werden sollte.

Nachgeholt sei die im Teil 1 unterbliebene Danksagung an alle Helfer, Mitarbeiter und Korrektoren, die direkt oder indirekt an diesem Buch mitgewirkt haben. Dazu gehören: Frau Dr. ANNA LEE, wissenschaftliche Hauptmitarbeiterin im mathematischen Forschungsinstitut der Ungarischen Akademie der Wissenschaften in Budapest, Herr Prof. Dr. G. ZIELKE von der Universität Halle, Herr Prof. Dr. K. VESELIĆ von der Fernuniversität Hagen, Herr Dipl.-Phys. Dr.-Ing. W. MATHIS vom Institut für Allgemeine Elektrotechnik der Technischen Universität Braunschweig und schließlich mein bewährter Mitarbeiterstab, bestehend aus den Herren Dr.-Ing. H. BÄHREN, Dipl.-Ing. K. BERGMANN, mathem.-techn. Assistenten H. BUDICH, Frau GISELA KÖCHY, meinem Kollegen Prof. Dr.-Ing. habil. P. RUGE, sowie den Herren Dr.-Ing. C. SCHLIEPHAKE und Dr.-Ing. J. SCHNEIDER, dem ein besonderes Lob gebührt für die laufende Überwachung des Manuskriptes ebenso wie für das sorgfältige Lesen der Korrekturen. Meinem Mitarbeiter H. BUDICH sei in herausgehobener Weise gedankt für seine mehrjährige unermüdliche Pionierarbeit vor dem Bildschirm, ohne die wichtige Teile dieses Buches niemals entstanden wären, und für seine auf dem Großrechner Amdahl 470 V/7 B und IBM 4341 in souveräner Meisterschaft programmierten und in eigener Regie entworfenen Zahlenbeispiele.

Der Deutschen Forschungsgemeinschaft danke ich für die finanzielle Unterstützung beim Austesten des Determinantensatzes an Serien von eigens dafür konstruierten großen Matrizen und schließlich dem Springer-Verlag für die erfreuliche und förderliche Zusammenarbeit und die Erfüllung so mancher Sonderwünsche.

Nun zu den Lesern. Ich wünschte mir sehr, einen weitgefächerten Abnehmerkreis zu erreichen, angefangen von den Physikern, Ingenieuren, Statistikern, Volkswirten und sonstigen am Matrizenkalkül Interessierten, deren Wissenschaft vom Computer mehr und mehr erfaßt und geformt wird, bis hin zu den angewandten, numerischen und — als bedeutendste Zielgruppe — den theoretischen Mathematikern. Dies wäre schon deshalb ein Gewinn, weil mehr als in der Vergangenheit aus der „reinen" Mathematik die Impulse kommen sollten, welche die Numerik der nächsten Jahrzehnte voranbringen können; die Anwender warten darauf, denn die Mehrzahl der Fragen ist nach wie vor offen.

Mit diesen von Optimismus getragenen Bemerkungen eines enthusiastischen Ackerers auf dem Felde der automatischen Rechnerei, der ebenso wie RUDOLF ZURMÜHL zeitlebens vor Verbrauchern und nicht vor Herstellern von Mathematik als Lehrer und Forscher gestanden hat, wünscht seinen Lesern, Freunden und Kritikern intellektuelles Vergnügen wie praktische Nutzanwendung

Braunschweig, im Sommer 1986 **Sigurd Falk**
Wendentorwall 15 A

Inhaltsverzeichnis[1]

VII. Kapitel. Grundzüge der Matrizennumerik

[1] Die mit dem Zeichen • versehenen Abschnitte bilden in sich ein geschlossenes Ganzes und sollten als erstes studiert werden.

VIII. Kapitel. Theorie und Praxis der Transformationen

IX. Kapitel. Lineare Gleichungen und Kehrmatrix

X. Kapitel. Die lineare Eigenwertaufgabe

XI. Kapitel. Die nichtlineare Eigenwertaufgabe

XII. Kapitel. Matrizen in der Angewandten Mathematik und Mechanik

Inhalt des 1. Teils
Grundlagen

VII. Kapitel

Grundzüge der Matrizennumerik

§ 24. Grundbegriffe und einfache Rechenregeln

• 24.1. Reine Mathematik, Numerische Mathematik und Angewandte Mathematik. Einige Vorbemerkungen

Mathematik ist eine Wissenschaft, Rechnen ist eine Kunst. Wir haben im Teil 1 dieses Buches die mathematischen Grundlagen erarbeitet, soweit sie für das praktische Rechnen erforderlich sind; jetzt stehen wir vor der Aufgabe, die inhomogene bzw. homogene Matrizenhauptgleichung

$$\boldsymbol{F}(\Lambda)\,\boldsymbol{x} = \boldsymbol{r} \quad \text{bzw.} \quad \boldsymbol{F}(\lambda)\,\boldsymbol{x} = \boldsymbol{o}$$

konkret zu lösen. Einige Vorbemerkungen zu dieser Aufgabe sind unerläßlich.

I. Die Dreiteilung in reine, numerische und angewandte Mathematik

Reine Mathematik: Aufstellen mathematischer Sätze. Beweistechnik. Existenz und Ein- oder Mehrdeutigkeit der Lösung.

Numerische Mathematik[1]: Faktische Durchführbarkeit. Erfinden von Algorithmen.

Angewandte Mathematik: Modellbildung zu den Problemen aus Technik, Geistes- und Naturwissenschaft. Übersetzung von außermathematischen Fragestellungen in solche der Mathematik. Beschaffung der Daten, die der Algorithmus verarbeiten soll. Deutung und Auswertung der Ergebnisse.

Dazu ein typisches Beispiel. Zu lösen ist das Gleichungssystem $\boldsymbol{A}\,\boldsymbol{x} = \boldsymbol{r}$ mit nicht verschwindender Determinante.

1. Reine Mathematik. Es existiert eine eindeutige Lösung $\boldsymbol{x}$. Jede Komponente ist getrennt von den übrigen nach der CRAMERschen Regel (3.20) als Quotient zweier Determinanten zu gewinnen; insgesamt wären somit $n+1$ Determinanten nach dem Entwicklungssatz zu berechnen, das sind $n+1$ mal $n!$ Multiplikationen und fast ebenso

[1] Umfassender Praktische Mathematik. Dazu zählt unter anderem die Nomographie, die graphische Statik (Kraft- und Seileck), wie überhaupt eine Fülle von zeichnerischen Methoden.

viele Additionen, für $n = 10$ beispielsweise 39916800 Multiplikationen.

2. Numerische Mathematik. Vorherige Transformation auf ein gestaffeltes Gleichungssystem nach dem GAUSSschen Algorithmus[2]. Gesamtaufwand rund $n^3/3$ Operationen, das sind für $n = 10$ weniger als 400 anstelle von fast 40 Millionen nach CRAMER.

3. Angewandte Mathematik. Als Beispiel zeigt die Abb. 24.1 ein Bauwerk mit der Gleichgewichtsbedingung $\boldsymbol{A}\,\boldsymbol{x} = \boldsymbol{r}$. Dabei besteht die folgende Zuordnung:

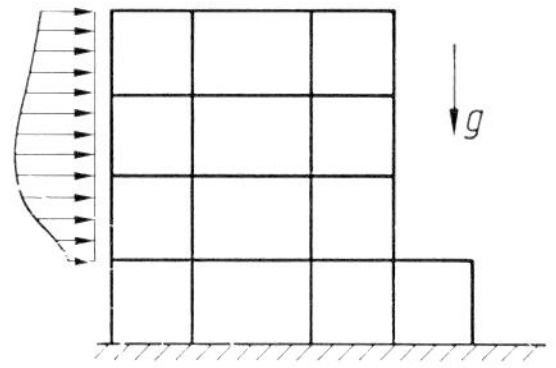

Abb. 24.1. Zur Statik eines Bauwerkes

Matrix $\boldsymbol{A} \Leftrightarrow$ Geometrie und Materialkonstanten des Bauwerkes,
Vektor $\boldsymbol{r} \Leftrightarrow$ Belastung (auch Wärmedehnung) des Bauwerkes,
Vektor $\boldsymbol{x} \Leftrightarrow$ Weg- und Kraftgrößen.

Im allgemeinen sind die Matrix $\boldsymbol{A}$ und der Vektor $\boldsymbol{r}$ gegeben, und der Vektor $\boldsymbol{x}$ wird gesucht.

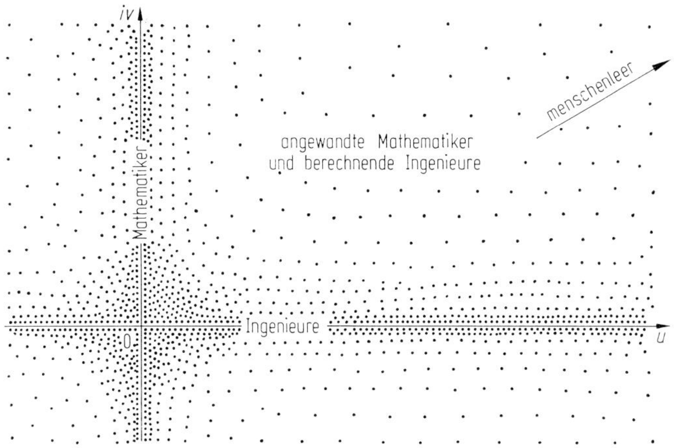

Abb. 24.2. Besiedlungsdichte der komplexen Zahlenebene nach H. v. Sanden

Die Angewandte Mathematik gilt unter Studierenden als die schwierigste aller Disziplinen; es sind die bereits in der Schule gefürchteten „eingekleideten" Aufgaben, bei denen man sich etwas denken muß,

[2] Wie man heute weiß, den Chinesen bereits vor 2000 Jahren bekannt.

während reine Mathematik auswendig gelernt werden kann und zumeist auch wird. Die Abb. 24.2 zeigt die Auswirkung dieser im Kindesalter vorprogrammierten Fehlsteuerung auf Forschung und Wissenschaft: längs der Achsen herrscht dichtes Gedrängel; dort, wo Mathematik erst lebendig und interessant wird, dafür weitgehend Menschenleere, ein Zustand, der sich — hoffentlich! — ändern wird durch das Eindringen der Taschenrechner und Heimcomputer in das Bewußtsein der Öffentlichkeit. Dem Leser sei zu dieser Thematik die Lektüre der Autobiographie von KONRAD ZUSE [46] dringend empfohlen, speziell der Seiten 146 und 147, wo der Verfasser in ebenso geistreicher wie scherzhafter Manier über abgewandte, angewandte, gewandte und ab und zu gewandte Mathematiker plaudert. ZUSE trifft damit genau das zur Zeit dringendste Problem der Mathematikausbildung an unseren Technischen Hochschulen und Universitäten.

II. Fiktion und Wirklichkeit

Papier ist geduldig, der Rechenautomat seiner Natur nach auch, aber es ist eben *wider* die Natur einer digitalen Maschine, die mit *endlich* vielen Stellen rechnet, Entscheidungen zu verlangen, die erst im Unendlichen zu treffen sind und sich daher, so wie sie auf dem Papier stehen, nicht im Automaten realisieren lassen.

Was gemeint ist, erkennt man am besten an der Erzeugung einer Null. Die Frage Null oder nicht Null ist für die lineare Algebra in Theorie und Praxis buchstäblich die Frage um Sein oder Nichtsein und daher von existentieller Bedeutung. Nehmen wir einige Beispiele:

1. Stabilität eines Gleichungssystems $\boldsymbol{A}\,\boldsymbol{x} = \boldsymbol{r}$: det $\boldsymbol{A}$ Null oder nicht Null?
2. Gleichheit zweier Eigenwerte λ_j und λ_k der Gleichung $\boldsymbol{F}(\lambda)\,\boldsymbol{x} = \boldsymbol{o}$: $\lambda_j - \lambda_k = 0$ oder $\neq 0$? Davon abhängig Rangabfall und Struktur der Matrix, n linear unabhängige Eigenvektoren vorhanden oder Hinzunahme von Hauptvektoren erforderlich, Diagonalähnlichkeit oder JORDAN-Form?
3. Orthogonalität (im Komplexen Unitarität): $\boldsymbol{y}^T \boldsymbol{x}$ bzw. $\boldsymbol{y}^* \boldsymbol{x}$ Null oder nicht Null? Davon abhängig eine Reihe von Algorithmen, die auf der Unitarität basieren, z.B. die Rotation von JACOBI.

Da die Null indes ein Gedankending ist (in der Maschine entsteht sie höchstens bei ganzzahliger Rechnung mit nicht zu großen Zahlen), bricht damit das ganze Gebäude der linearen Algebra „in Wirklichkeit" zusammen; übrig bleibt eine Fiktion: das intellektuelle Spiel mit Gesetzen, deren souveräne Beherrschung für den Numeriker hinwiederum mehr als ein Spiel ist; denn allein die profunde Kenntnis der Theorie versetzt ihn in die Lage, die Reaktionen der Maschine zu verstehen und ihre Warnsignale — etwa drohenden Überlauf — rechtzeitig zu beachten und Gegenmaßnahmen einzuleiten.

III. Stellenkult und Computergläubigkeit

Merksatz: *Je weniger Rechnung, desto weniger Fehler.*

Gegen diese banale Schülerweisheit wird heute in unglaublichem Maße verstoßen. Verführt durch die Möglichkeit des digitalen Rechenautomaten glaubt fast jedermann an die Unfehlbarkeit der „schwarzen Kiste", die es schon bringen wird, egal wie. Dabei geht es weniger um die vergeudete Rechenzeit, die ja bezahlbar ist, falls man mit Geld nicht rechnen muß (an den Universitäten zum Beispiel), als um die Anhäufung von Rundungsfehlern, die das Ergebnis um so mehr in Frage stellen, je länger gerechnet wird. Es ist daher besser, einen Algorithmus vorzeitig abzubrechen und sich mit einer mathematisch exakten, wenn auch relativ groben Einschließung zufriedenzugeben — etwa: ein Eigenwert liegt zwischen 17,6 und 17,9 — als endlos „weiterzunudeln" im Vertrauen darauf, daß jene Dezimalstellen, die sich nicht mehr ändern, richtig sind, was im allgemeinen auch zutreffen wird, aber auch eben nur im allgemeinen.

IV. Algorithmen mit und ohne Vergangenheit

Nicht nur die gescheite Rechnerin *vor* der Maschine[1], auch der Algorithmus in der Maschine lebt mit und ohne Vergangenheit. Wir haben demnach zwei Kategorien zu unterscheiden:

I. Kategorie. *Ein* erster Schritt determiniert die gesamte Zukunft des Algorithmus. Ein Eingreifen ist nicht mehr möglich; einmal begangene Fehler sind nie wieder gutzumachen. Hierhin gehören beispielsweise die Dreieckszerlegungen von Cholesky bzw. Banachiewicz, die Koordinatenverschiebung eines Polynoms nach Horner und andere Rechenanweisungen.

II. Kategorie. Jeder Schritt ist ein erster Schritt. Das Verfahren hat zwar Vergangenheit, doch wird diese bei jeder *Regeneration* (*Auffrischung, Aktualisierung*) abgestoßen: es erfolgt ein neuer Start unter von Mal zu Mal besseren Anfangsbedingungen.

Postulat: *Nur ein Algorithmus* ***ohne Vergangenheit*** *ist prinzipiell lebensfähig.*

Außerhalb dieser Klassifizierung ist noch folgendes wichtig. Algorithmen, die entweder im Laufe der Rechnung Teile der Gesamtinformation abstoßen (Ordnungserniedrigung, Deflation o. ä.) oder

[1] Dabei fällt mir ein: wenn in diesem Buch (wie in anderen Büchern auch) immer vom Leser die Rede ist, so ist die geneigte Leserin selbstredend mit eingeschlossen, auch wenn dies nicht jedesmal expressis verbis vermerkt wird.

von vornherein darauf verzichten (Verfahren von RAYLEIGH-RITZ) sind möglichst zu vermeiden. Dazu prägen wir uns ein den

Merksatz: *Jeder Algorithmus, der die* ***Gesamt****information leugnet, ist seiner Natur nach zum Scheitern verurteilt.*

Etwas weniger polemisch formuliert: er kann nur Näherungen liefern, die nachträglich auf andere Weise zu verbessern und möglichst einzuschließen sind.

Den überzeugendsten Beweis dieser Thesen liefern die im § 43 beschriebenen Nullstellensucher von algebraischen Gleichungen, die durch ständige Aktualisierung unter Bewahrung der Gesamtinformation zum Resultat führen, während solche Algorithmen, die lineare oder quadratische Faktoren über das ein- oder doppelzeilige HORNER-Schema abspalten (und damit die Gesamtinformation ignorieren), schon bei Ordnungszahlen ab $n = 20$ ohne Ergebnis zusammenbrechen oder, was weitaus schlimmer ist, mit Lottozahlen Ergebnisse vortäuschen. Ein Beispiel dazu gibt STOER in [41, S. 221].

V. Makro- und Mikronumerik

Die Technische Mechanik des berechnenden Ingenieurs ist seit den Modellvorstellungen von BERNOULLI und KIRCHHOFF eine reine Makromechanik. Zwar werden die Elemente des starren oder verformbaren Körpers als unendlich klein gedacht, aber nicht so klein, daß der Aufbau des kristallinen oder amorphen Gefüges, die Beschaffenheit der Moleküle und Atome in die der Mechanik zugrundeliegenden Gleichungen bzw. Differentialgleichungen eingehen. Erst wenn ein Bauteil zu Bruch geht, erlangen solche Fragen innerhalb der Werkstoffkunde, die ein Teil sowohl der Physik wie der Chemie ist, Bedeutung.

Ähnlich in der Numerik. Die Algorithmen, mit denen der Anwender rechnet, sind reine Makronumerik; erst wenn die Rechnung versagt, wird — erzwungenermaßen — die Frage nach der Mikrostruktur des numerischen Ablaufes relevant. Dazu gehören in erster Linie: Fehlerfortpflanzung (Rundungsfehleranalyse), Stellenauslöschung, Intervallarithmetik und einige verwandte Problemstellungen, die auch außerhalb der linearen Algebra von grundlegender Bedeutung sind. Der an diesen Fragen interessierte Leser orientiere sich bei BUNSE/BUNSE-GERSTNER [31, S. 30—36], MAESS [37, S. 11—38] und STOER [41 S. 1—30, ferner S. 148—162].

Indessen bahnt sich eine — revolutionäre — Entwicklung an durch die von KULISCH und seinen Mitarbeitern geschaffene neue Arithmetik ACRITH, nachzulesen in [136a] und [136b], die völlig neue Wege geht. Kernstück dieser Methode ist das Skalarprodukt $\sum a_j b_j$, auf das sich nahezu sämtliche Operationen der linearen Algebra zurückführen lassen. Da die neuen Rechner mit beliebig langer Mantisse arbeiten, muß nach Ausführung des Skalarproduktes nur ein einziges Mal gerundet werden, und zwar zur sicheren Seite hin. Alle Spekulationen über die zufallsverteilten Rundungsfehler mit ihrer meist zu pessimistischen Einschätzung sind daher gegenstandslos, womit eine neue Ära der Mikronumerik eröffnet wird. Wer sich nur kurz unterrichten will, lese die einführende Arbeit von MATHIS und KAMITZ [136c].

• 24.2. Die Länge einer Operationskette. Vorwärts- und Rückwärtsrechnen

Nicht die Anzahl der Rechenoperationen ist es, die infolge unvermeidlicher Rundungsfehler ein Ergebnis verfälscht, sondern die Länge der Operationskette (z.B. eines Skalarproduktes) gibt den wesentlichen Ausschlag für die Stabilität einer Rechnung. Dies ist jedem klar. Löst man beispielsweise 100 Millionen quadratische Gleichungen, so wird die erste wie die letzte die jeweils zwei Nullstellen mit gleicher Genauigkeit liefern einfach deshalb, weil es sich insgesamt gesehen um eine zwar sehr große Anzahl von Operationsketten handelt, deren jede extrem kurz ist, und allein das ist entscheidend. Prüfen wir daraufhin das Produkt $\boldsymbol{y} = \boldsymbol{A}\,\boldsymbol{x}$ mit einer $n - n$-Matrix von relativ geringer Breite b, jedoch hoher Ordnung n. Die Komponenten y_j des Vektors $\boldsymbol{y}$ sind die n voneinander unabhängigen Skalarprodukte

$$y_j = a_{j,j-b}\,x_{j-b} + \cdots + a_{jj}\,x_j + a_{j,j+1}\,x_{j+1} + \cdots + a_{j,j+b}\,x_{j+b} \quad (1)$$

der Länge $2\,b + 1$, die sich um so genauer berechnen lassen, je kleiner die Breite b, je kürzer also die einzelne Kette ist: wir nennen diesen Vorgang Vorwärtseinsetzen oder Vorwärtsrechnen. Dagegen besteht die umgekehrte Aufgabe, die Ermittlung von $\boldsymbol{x} = \boldsymbol{A}^{-1}\,\boldsymbol{y}$ aus einer *einzigen* Produktkette von großer Länge, wobei die Anzahl der Gesamtoperationen exakt die gleiche ist wie die zur Errechnung des Bildvektors $\boldsymbol{y} = \boldsymbol{A}\,\boldsymbol{x}$.

Die Länge der vom ersten Schritt an determinierten Operationskette hat zur Folge, daß anstelle des gesuchten Vektors $\boldsymbol{x}$ ein fehlerbehafteter Vektor $\tilde{\boldsymbol{x}}$ entsteht, der als Näherung zu betrachten ist, und dieser wird umso unzuverlässiger, je größer die Zahlen n und b sind. Dagegen ist der sogenannte Defektvektor (auch Rest- oder Residuumvektor)

$$\boldsymbol{d} := \boldsymbol{A}\,\tilde{\boldsymbol{x}} - \boldsymbol{y} \neq \boldsymbol{o}\,, \quad (2)$$

weil durch Vorwärtsrechnen mit vielen, aber kurzen Ketten nach (1) entstanden, sehr viel genauer errechenbar und deshalb als ein verläßliches Maß für die Vertrauenswürdigkeit des durch Rückwärtsrechnung entstandenen Näherungsvektors $\tilde{\boldsymbol{x}}$ zu betrachten.

Noch ein zweiter Aspekt ist in diesem Zusammenhang von Wichtigkeit. Während die Vorwärtsrechnung $\boldsymbol{y} = \boldsymbol{A}\,\boldsymbol{x}$ nach (1) keine Division erfordert, zerstört die Umkehraufgabe $\boldsymbol{x} = \boldsymbol{A}^{-1}\,\boldsymbol{y}$ im allgemeinen vom ersten Schritt an infolge der erforderlichen Divisionen die (etwa vorgegebene) Ganzzahligkeit und zwingt dadurch zur Aufrundung; ein Prozeß, der bei Vorwärtsrechnung lange hinausgeschoben, ja bei kurzen Ketten oft ganz vermieden werden kann. Prägen wir uns nachhaltig ein: Bestünde dieser grundlegende Unterschied zwischen Vorwärts- und Rückwärtsrechnung nicht, so könnte die Genauigkeit einer längeren Rechnung gar nicht überprüft werden, und das wäre das Ende jeder Matrizennumerik! Machen wir uns diesen Sachverhalt nochmals an einem Beispiel klar. Die Herstellung der Inversen $\boldsymbol{K}$ einer vollbesetzten Matrix $\boldsymbol{A}$ erfordert genau n^3 Multiplikationen (bzw. Divisionen) und $n^2\,(n-1)$ Additionen (bzw. Subtraktionen), von denen mehr als zwei Drittel in einer einzigen Kette verflochten sind. Die Kontrollrechnung $\boldsymbol{A}\,\boldsymbol{K} = \boldsymbol{I}$ dagegen zerfällt in n^2 getrennte Ketten der Länge n, und erst dies macht die unerläßliche Einsetzprobe genauer als die von Schritt zu Schritt sich verschlechternde, zudem divisionsbehaftete Berechnung der Kehrmatrix $\boldsymbol{K}$.

Drittens rufen wir uns ins Gedächtnis zurück, daß die Anzahl der erforderlichen Operationen wesentlich abhängt von der Reihenfolge, in der ein mehrfaches Produkt ausgeführt wird. Auch dazu ein überzeugendes Beispiel. Es seien $\boldsymbol{A}$ und $\boldsymbol{B}$ quadratische vollbesetzte Matrizen der Ordnung $n = 100$, $\boldsymbol{y}$ und $\boldsymbol{x}$ dazu passende Vektoren, β ein Skalar, und zu berechnen ist die Bilinearform $b = \boldsymbol{y}^T\,\beta\,\boldsymbol{A}\,\boldsymbol{B}\,\boldsymbol{x}$. In der Reihenfolge $\beta\,\boldsymbol{A}$, $(\beta\,\boldsymbol{A})\,\boldsymbol{B}$, $(\beta\,\boldsymbol{A}\,\boldsymbol{B})\,\boldsymbol{x}$, $\boldsymbol{y}^T(\beta\,\boldsymbol{A}\,\boldsymbol{B}\,\boldsymbol{x}) = b$ kostet dies $n^2 + n^3 + n^2 + n = 1020100$ Multiplikationen und fast ebensoviele Additionen, dagegen in der Reihenfolge $\boldsymbol{B}\,\boldsymbol{x}$, $\boldsymbol{A}(\boldsymbol{B}\,\boldsymbol{x})$, $\boldsymbol{y}^T(\boldsymbol{A}\,\boldsymbol{B}\,\boldsymbol{x})$, $\beta(\boldsymbol{y}^T\,\boldsymbol{A}\,\boldsymbol{B}\,\boldsymbol{x})$ nur $n^2 + n^2 + n + 1 = 2\,n^2 + n + 1 = 20101$ Multiplikationen und etwa ebensoviele Additionen. Der Unterschied ist also beträchtlich!

Eine immer wiederkehrende Produktkette (etwa bei den *Übertragungsmatrizen* der Mechanik oder bei der Potenziteration nach von Mises) ist die folgende

$$\boldsymbol{z}_k = \boldsymbol{A}_1\,\boldsymbol{A}_2\,\boldsymbol{A}_3 \cdots \boldsymbol{A}_k\,\boldsymbol{z}\,. \tag{3}$$

Hier ist jedem klar, daß der Vektor $\boldsymbol{z}_k$ von rechts nach links, niemals von innen heraus berechnet wird. Weniger evident ist dies schon beim mehrfachen Produkt von lauter quadratischen Matrizen

$$\boldsymbol{L}_k \cdots \boldsymbol{L}_2\,\boldsymbol{L}_1\{\boldsymbol{P}_1\,\boldsymbol{P}_2 \cdots \boldsymbol{P}_\nu\}\,\boldsymbol{R}_1\,\boldsymbol{R}_2 \cdots \boldsymbol{R}_k\,. \tag{4}$$

Auf den ersten Blick scheint es gleichgültig zu sein, mit welcher Matrix die Multiplikation begonnen wird; doch werden wir im Abschnitt 27.10 erkennen, daß sich auch hier die Multiplikation beginnend mit $\boldsymbol{L}_k$ oder $\boldsymbol{R}_k$ als die vorteilhafteste erweist.

Als Fazit aller dieser Ausführungen beenden wir diesen Abschnitt mit dem

Merksatz: *Vorwärtsrechnung geht vor Rückwärtsrechnung. Viele kurze Ketten sind günstiger als wenige lange, selbst wenn der Gesamtaufwand für diese geringer ist.*

24.3. Verfahren mit Vorgabeverlust

Eine große Zahl von Algorithmen erfordert eine Vorleistung, von der man hofft, daß sie sich im weiteren Verlauf der Rechnung bezahlt macht. Die dieser Vorleistung geopferte Zeit nennen wir die Totzeit T. Sie erbringt bezüglich der eigentlichen Fragestellung, etwa nach den Eigenwerten eines Matrizenpaares, keinerlei Information. Startet aber zur Totzeit T der bis dahin lediglich aufbereitete Algorithmus, so kann dieser nun sehr viel schneller laufen und daher den langsamer arbeitenden Algorithmus im direkten Zugriff (das heißt ohne Vorleistung) bei einer gewissen Zeit τ ein- und überholen, siehe dazu Abb. 24.3.

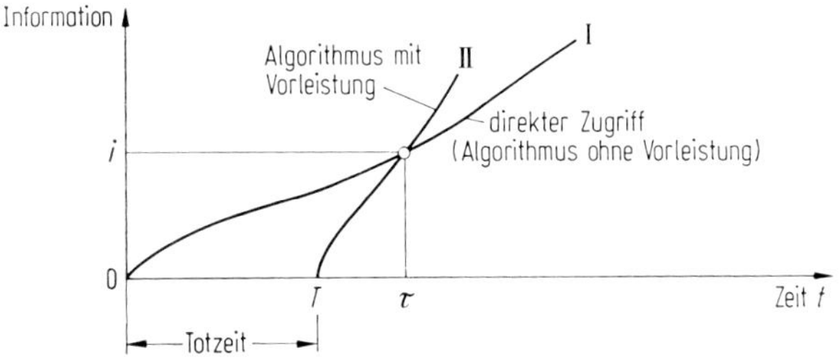

Abb. 24.3. Direkter Zugriff I und Algorithmus mit Vorleistung II

Wirtschaftlich ist ein solches Vorgehen natürlich nur dann, wenn nicht im direkten Zugriff zur Zeit τ (oder früher) der Algorithmus die gewünschte Information (etwa die Berechnung einiger Eigenwerte auf nur zwei oder drei gültige Stellen) hätte ebenfalls liefern können.

Beispiele für solche Vorleistungen sind:

1. Spektralverschiebung oder Schiftung. (Von to shift, verlegen, den Ort verändern.)
2. Die Transformation eines Paares $\boldsymbol{A}; \boldsymbol{B}$ auf eine spezielle Form, etwa $\boldsymbol{B}^{-1}\boldsymbol{A}; \boldsymbol{I}$ oder $\boldsymbol{H}; \boldsymbol{I}$, wo $\boldsymbol{H}$ eine Fastdreiecksmatrix ist.
3. Abspalten von näherungsweise bekannten Eigendyaden; Ordnungserniedrigung.
4. Bilden von Polynomen $p(\boldsymbol{A})$ einer Matrix $\boldsymbol{A}$.
5. Vorgezogene Orthogonalisierung, Skalierung und verwandte Maßnahmen zur Verbesserung der Kondition einer Matrix.
6. Der Sylvester-Test bei hermiteschen Matrizen.
7. Expansion eines Matrizentupels.

In der Praxis sind solche Vorleistungen fast die Regel, und es gibt kaum einen Algorithmus, der nicht mindestens eine der genannten Operationen verlangt. Ausnahmen sind die Potenziteration nach VON MISES [197], die JACOBI-Rotation nach FALK/LANGEMEYER [172] und einige wenige andere.

24.4. Matrizen mit ausgeprägtem Profil

Das Profil einer Matrix wird bestimmt durch Anordnungsart und Anzahl ihrer regelmäßig verteilten Nullen. Wir unterscheiden die folgenden Typen.

a) *Diagonalmatrix*, speziell *Skalarmatrix*, noch spezieller die *Einheitsmatrix*:

$$\boldsymbol{D} = \boldsymbol{D}\text{iag} \langle d_{jj} \rangle; \qquad \boldsymbol{S} = \boldsymbol{D}\text{iag} \langle s \rangle; \qquad \boldsymbol{I} = \boldsymbol{D}\text{iag} \langle 1 \rangle. \qquad (5)$$

b) *Bandmatrix*. Sie ist (mindestens) besetzt in der Hauptdiagonale (deren Elemente auch sämtlich gleich Null sein dürfen), außerdem laufen noch b_l Kodiagonalen (Nebendiagonalen) unten links und b_r Kodiagonalen oben rechts nebenher nach folgendem Schema

$$\boldsymbol{B} = b_l \left\{ \begin{bmatrix} \overbrace{}^{b_r} & O \\ & \\ O & \end{bmatrix} \right. ; \qquad \boldsymbol{T} = \begin{bmatrix} & O \\ & \\ O & \end{bmatrix}, \qquad (6\,\text{a; b})$$

wo b_l als linksseitige und b_r als rechtsseitige *Bandbreite* bezeichnet wird. In den Anwendungen ist meistens $b_l = b_r = b$. In dieser Ausdrucksweise hat die Diagonalmatrix die Bandbreite $b = 0$ und die vollbesetzte Matrix die Bandbreite $b = n - 1$. Eine Matrix $\boldsymbol{T}$ mit je einer Kodiagonale links und rechts heißt *Tridiagonalmatrix*; hierhin gehört auch die Differenzenmatrix $\boldsymbol{K}$ (17.39).

c) *Obere (untere) Dreiecksmatrix*, mitunter auch als rechte (linke) Dreiecksmatrix bezeichnet:

$$\triangledown = \begin{bmatrix} & \\ O & \end{bmatrix}; \qquad \triangle = \begin{bmatrix} & O \\ & \end{bmatrix}; \qquad \boldsymbol{J} = \begin{bmatrix} & O \\ O & \end{bmatrix}. \qquad (7\,\text{a; b; c})$$

Eine Sonderform ist die JORDAN-*Matrix* (19.3) mit nur einer einzigen Kodiagonale. Schließlich unterscheiden wir noch *echte* (oder auch

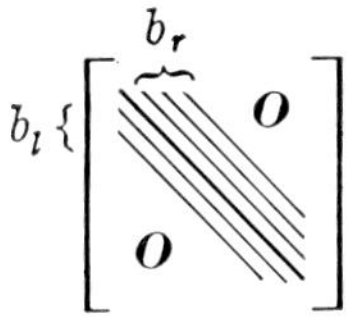

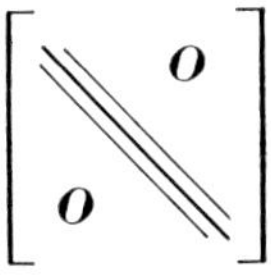

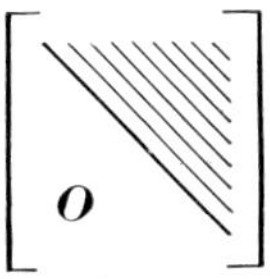

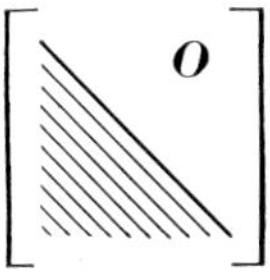

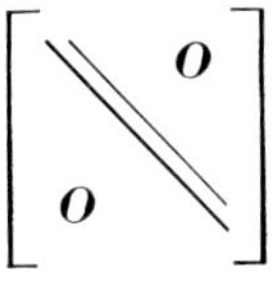

strikte) *Dreiecksmatrizen*, deren Diagonalelemente gleich Null sind

$$\tilde{\nabla} = \begin{pmatrix} 0 & a_{12} & a_{13} & \ldots & a_{1n} \\ 0 & 0 & a_{23} & \ldots & a_{2n} \\ 0 & 0 & 0 & \ldots & 0 \\ \ldots & \ldots & \ldots & \ldots & \ldots \\ 0 & 0 & 0 & \ldots & 0 \end{pmatrix} ; \quad \tilde{\Delta} = \begin{pmatrix} 0 & 0 & 0 & \ldots & 0 \\ a_{21} & 0 & 0 & \ldots & \\ a_{31} & a_{32} & 0 & \ldots & 0 \\ \ldots & \ldots & \ldots & \ldots & \ldots \\ a_{n1} & a_{n2} & a_{n3} & \ldots & 0 \end{pmatrix} \quad (8\text{a; b})$$

sowie das obere und untere Trapez

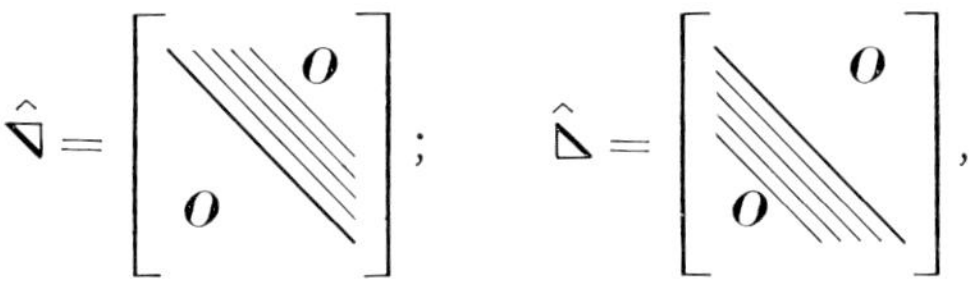

$$\hat{\nabla} = \begin{bmatrix} & & O \\ & \diagdown & \\ O & & \end{bmatrix} ; \quad \hat{\Delta} = \begin{bmatrix} & & O \\ & \diagdown & \\ O & & \end{bmatrix}, \quad (9\text{a; b})$$

das sowohl zu den Bandmatrizen als auch zu den Dreiecksmatrizen gehört.

d) Obere (oder untere) Fastdreiecksmatrix **H** (meistens als HESSENBERG-Matrix bezeichnet) mit nur einer einzigen Kodiagonale. Sonderformen sind die Tridiagonalmatrix **T** (6b) und die Begleitmatrix $\boldsymbol{P}_G$ (23.8).

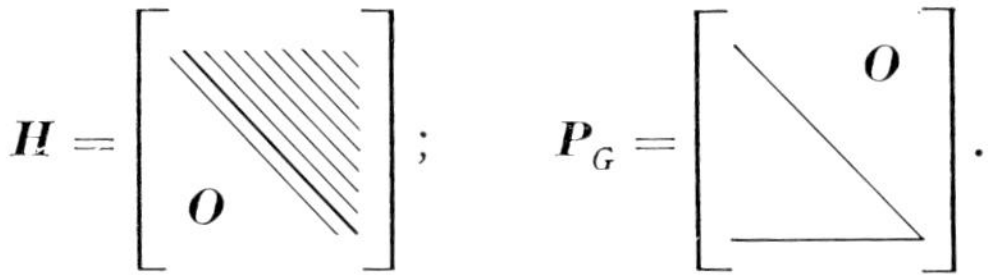

$$\boldsymbol{H} = \begin{bmatrix} & \diagdown & \\ & & \\ O & & \end{bmatrix} ; \quad \boldsymbol{P}_G = \begin{bmatrix} & & O \\ & \diagdown & \\ & & \end{bmatrix} . \quad (10\text{a; b})$$

e) Ein weniger ausgeprägtes Profil besitzt die *Hülle*, deren von Null verschiedene Elemente sich mehr oder weniger regellos um die Hauptdiagonale scharen, etwa nach folgendem Muster

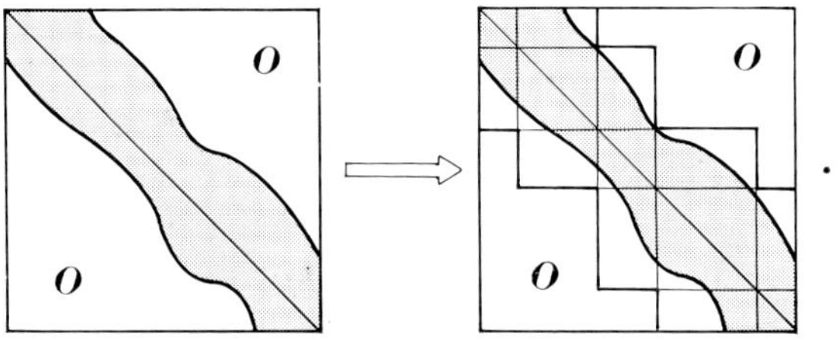

(11a; b)

f) Schwach besetzte Matrizen (sparse matrices). Die Nullen sind regellos verteilt, aber von großer Anzahl. Die hohe Kunst des Rechnens besteht darin, diese Nullen bei nachfolgenden Operationen, wie Transformation, Multiplikation usw. möglichst nicht zu zerstören bzw. numerisch zu nutzen.

g) Alles Gesagte überträgt sich in leicht verständlicher Weise auf Blockmatrizen, so etwa die Blockdiagonalmatrix, Blockdreiecksmatrix und andere, siehe auch (41). Eine Hülle (11a) läßt sich stets durch eine Blocktridiagonalmatrix (11b) umfassen, die dann als blockweise Hülle bezeichnet wird.

Eine Frage von größter Wichtigkeit ist naturgemäß die nach der Erhaltung bzw. Zerstörung eines Profils, sei es infolge Multiplikation mehrerer Matrizen oder durch Inversion einer Matrix. Wie durch Nachrechnen leicht zu überprüfen, gilt für die Multiplikation zweier Matrizen das folgende.

1. Diagonal- und Bandmatrizen. Das Produkt $\boldsymbol{P} = \boldsymbol{A}\,\boldsymbol{B}$ zweier Bandmatrizen der Breiten b_A und b_B hat die Breite

$$b_P = b_A + b_B\,. \tag{12}$$

2. Dreiecksmatrizen. Das Produkt beliebig vieler unterer (oberer) Dreiecksmatrizen ist wiederum eine untere (obere) Dreiecksmatrix; die Multiplikation ist somit profilerhaltend. Dagegen ist das Produkt aus unterer und oberer (oberer und unterer) Dreiecksmatrix vollbesetzt.
3. Das Produkt aus einer oberen (unteren) Dreiecksmatrix mit einer Bandmatrix der Breite b ist eine obere (untere) Fastdreiecksmatrix mit b Kodiagonalen.

Nun zur Kehrmatrix, vorausgesetzt, daß diese existiert.

4. Die Inverse einer Diagonalmatrix ist eine Diagonalmatrix.
5. Die Inverse einer Bandmatrix ist vollbesetzt!
6. Die Inverse einer oberen (unteren) Dreiecksmatrix ist ihrerseits eine obere (untere) Dreiecksmatrix mit den Hauptdiagonalelementen a_{jj}^{-1}.
7. Die Inverse einer Fastdreiecksmatrix ist vollbesetzt.

Die 5. Aussage ist schlechthin niederschmetternd, da gerade Bandmatrizen entweder infolge der physikalischen Natur des Problems (Nachbarkopplung in der Strukturmechanik) oder als finite Übersetzungen von gewöhnlichen linearen Differentialgleichungen in den Anwendungen in Hülle und Fülle auftreten. Insbesondere sei $\boldsymbol{A}; \boldsymbol{B}$ ein Paar mit den (kleinen) Bandbreiten b_A und $b_B \geqq 1$ ($\boldsymbol{B}$ sei also keine Diagonalmatrix). Mit $\boldsymbol{B}^{-1}$ ist auch im Paar $\boldsymbol{B}^{-1}\boldsymbol{A}; \boldsymbol{I}$ die Matrix $\boldsymbol{B}^{-1}\boldsymbol{A}$ vollbesetzt

$\boldsymbol{A} =$ 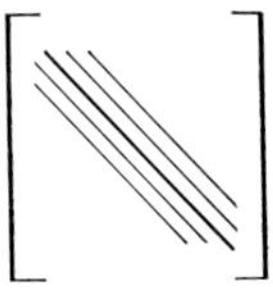 ; $\boldsymbol{B} =$ 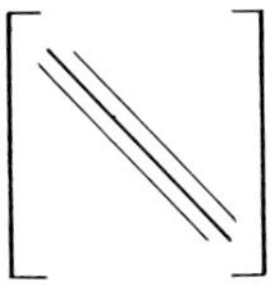 ; $\boldsymbol{B}^{-1}\boldsymbol{A} =$ 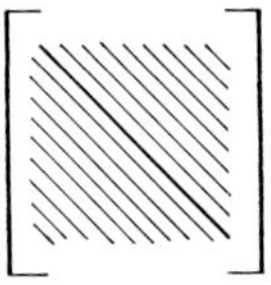 , (13) und dies hat zur Konsequenz, daß in keinem Stadium der Rechnung die Produktmatrix $\boldsymbol{B}^{-1}\boldsymbol{A}$ explizit in der Maschine erscheinen darf, sondern geschickt zu umgehen ist.

• 24.5. Die fünf Lesarten eines Matrizenproduktes

Das Produkt $\boldsymbol{P}$ zweier zueinander passender Matrizen $\boldsymbol{A}$ und $\boldsymbol{B}$ nach (1.7)

$$\boldsymbol{A} = (\boldsymbol{a}_1, \boldsymbol{a}_2, \dots, \boldsymbol{a}_n) = \begin{pmatrix} \boldsymbol{a}^1 \\ \boldsymbol{a}^2 \\ \vdots \\ \boldsymbol{a}^m \end{pmatrix}; \qquad \boldsymbol{B} = (\boldsymbol{b}_1, \boldsymbol{b}_2, \dots, \boldsymbol{b}_p) = \begin{pmatrix} \boldsymbol{b}^1 \\ \boldsymbol{b}^2 \\ \vdots \\ \boldsymbol{b}^n \end{pmatrix} \tag{14}$$

läßt sich auf verschiedene Weise interpretieren und auch numerisch auswerten.

Lesart 1: Die komprimierte symbolische Schreibweise

$$\boldsymbol{P} = \boldsymbol{A}\,\boldsymbol{B}\,, \tag{15}$$

die lediglich als Rechenanweisung zu verstehen ist, wobei über die konkrete Durchführung nichts gesagt wird.

Lesart 2: Die Elemente p_{jk} der Produktmatrix $\boldsymbol{P}$ sind die Skalarprodukte

$$p_{jk} = \boldsymbol{a}^j\,\boldsymbol{b}_k\,. \tag{16}$$

Lesart 3: $\boldsymbol{P}$ wird als Summe von n Dyaden vom Format $m \times p$ berechnet

$$\boldsymbol{P} = \boldsymbol{a}_1\,\boldsymbol{b}^1 + \boldsymbol{a}_2\,\boldsymbol{b}^2 + \cdots + \boldsymbol{a}_n\,\boldsymbol{b}^n\,. \tag{17}$$

Lesart 4: Es werden die p Bilder der Spalten $\boldsymbol{b}_j$ berechnet

$$\boldsymbol{P} = (\boldsymbol{A}\,\boldsymbol{b}_1, \boldsymbol{A}\,\boldsymbol{b}_2, \dots, \boldsymbol{A}\,\boldsymbol{b}_p)\,. \tag{18}$$

Lesart 5: Es werden die m Zeilen

$$\boldsymbol{P} = \begin{pmatrix} \boldsymbol{a}^1\,\boldsymbol{B} \\ \boldsymbol{a}^2\,\boldsymbol{B} \\ \cdots \\ \boldsymbol{a}^m\,\boldsymbol{B} \end{pmatrix} \tag{19}$$

berechnet.

Es sei ausdrücklich hervorgehoben, daß die Anzahl der erforderlichen Operationen in jedem Fall die gleiche ist, nämlich, wenn $\boldsymbol{A}$ und $\boldsymbol{B}$ vollbesetzt sind, $m \cdot n \cdot p$ Multiplikationen und $m \cdot p \cdot (n - 1)$ Additionen, bei schwach besetzten Matrizen weniger. Für Rechner in Gruppenarbeit (teamwork) ebenso wie für die (im Entstehen begriffene) nächste Generation der — echten — Parallelrechner jedoch ist von größter Wichtigkeit, daß bei jeder der vier angeführten Vorgehens-

weisen die erforderlichen Teiloperationen (Skalarprodukte, Dyaden, Matrixvektorprodukte) in verschiedener Weise
a) in beliebiger Reihenfolge,
b) unabhängig voneinander und damit
c) gleichzeitig
durchgeführt werden können!

Für die Rechnung von Hand (personal-computer) empfiehlt sich im allgemeinen die Lesart 2. Von den Lesarten 4 und 5 wird bei den im Abschnitt 32.7 geschilderten progressiven Transformationen mit Vorteil Gebrauch gemacht.

24.6. Die Matrizenmultiplikation von Winograd

Durch einen von WINOGRAD [140] erdachten Kunstgriff kann der zur Multiplikation zweier Matrizen erforderliche Rechenaufwand erheblich reduziert werden, indem das Skalarprodukt zweier Vektoren der Länge n

$$s = x_1 y_1 + x_2 y_2 + \cdots + x_{n-1} y_{n-1} + x_n y_n , \tag{20}$$

sofern n gerade ist, folgendermaßen geschrieben wird

$$\begin{aligned} s = {} & (x_1 + y_2)(x_2 + y_1) + \cdots + (x_{n-1} + y_n)(x_n + y_{n-1}) \\ & - (x_1 x_2 + \cdots + x_{n-1} x_n) - (y_1 y_2 + \cdots + y_{n-1} y_n) \end{aligned} \tag{21}$$

oder mit den drei angegebenen Teilsummen kurz

$$s = p - \xi - \eta \, . \tag{22}$$

Diese auf den ersten Blick abstrus erscheinende Berechnungsart macht sich in der zweiten Lesart (16), die allein mit Skalarprodukten operiert, bei voll oder doch fast voll besetzten Matrizen bezahlt deshalb, weil n Mal die *gleichen* Zeilen bzw. Spalten zu multiplizieren sind, nämlich die Summe ξ für jede Zeile von $\boldsymbol{A}$ und die Summe η für jede Spalte von $\boldsymbol{B}$. Als Verallgemeinerung von (22) wird dann

$$\boldsymbol{A}\boldsymbol{B} = \boldsymbol{P} - (\boldsymbol{X} + \boldsymbol{Y}) =$$

$$\begin{pmatrix} p_{11} & p_{12} & \cdots & p_{1n} \\ p_{21} & p_{22} & \cdots & p_{2n} \\ \cdots & \cdots & \cdots & \cdots \\ p_{n1} & p_{n2} & \cdots & p_{nn} \end{pmatrix} - \begin{pmatrix} \xi_1 + \eta_1 & \xi_1 + \eta_2 & \cdots & \xi_1 + \eta_n \\ \xi_2 + \eta_1 & \xi_2 + \eta_2 & \cdots & \xi_2 + \eta_n \\ \cdots & \cdots & \cdots & \cdots \\ \xi_n + \eta_1 & \xi_n + \eta_2 & \cdots & \xi_n + \eta_n \end{pmatrix} \tag{23}$$

mit dem Halbfertigprodukt $\boldsymbol{P}$ und dem Subtrahenden $\boldsymbol{X} + \boldsymbol{Y}$. Diese Ausführung erfordert bei quadratischen vollbesetzten Matrizen $\boldsymbol{A}$ und $\boldsymbol{B}$ nur $n^3/2 + n^2$ Multiplikationen, dafür jedoch $3\,n^3/2 + 2\,n(n-1)$ Additionen gegenüber n^3 Multiplikationen und $n^2(n-1)$ Additionen bei der herkömmlichen Berechnungsart, und da Additionen sehr viel schneller vonstatten gehen als Multiplikationen, bedeutet dies bei großen Ordnungszahlen n eine Ersparnis von fast 50% der Rechenzeit. Ist n ungerade, so wird im Skalarprodukt (20) der Summand $0 \cdot 0$ hinzugefügt. Beim Matrizenprodukt $\boldsymbol{A}\,\boldsymbol{B}$ hat man somit die Matrix $\boldsymbol{A}$ durch eine Nullspalte und die Matrix $\boldsymbol{B}$ durch eine Nullzeile zu ergänzen.

Erstes Beispiel. Es sei $n = 4$ und

$$\boldsymbol{x} = (2 \quad 1 \quad -3 \quad 2)^T, \qquad \boldsymbol{y} = (1 \quad -2 \quad -1 \quad 1)^T.$$

Wir berechnen der Reihe nach

$$p = (2-2)\,(1+1) + (-3+1)\,(2-1) = 0 - 2 = -2,$$

$$\xi = 2 \cdot 1 + (-3)\,2 = -4, \qquad \eta = 1(-2) + (-1) \cdot 1 = -3,$$

somit wird nach (22) $s = \boldsymbol{x}^T \boldsymbol{y} = p - \xi - \eta = -2 + 4 + 3 = 5$.

Zweites Beispiel. Die Matrizen

$$\boldsymbol{A} = \begin{pmatrix} 2 & 1 & -3 & 2 \\ 4 & 0 & 1 & -1 \\ 0 & -1 & 3 & 5 \\ 1 & 2 & -6 & -1 \end{pmatrix}; \qquad \boldsymbol{B} = \begin{pmatrix} 1 & 0 & 4 & 1 \\ -2 & 1 & -5 & 0 \\ -1 & 1 & 0 & 0 \\ 1 & 3 & 6 & -7 \end{pmatrix} \tag{a}$$

sind nach WINOGRAD zu multiplizieren. Wir berechnen die 16 Elemente des Halbfertigproduktes $\boldsymbol{P}$. Die vier ersten sind

$$\left.\begin{aligned} p_{11} &= (2-2)\,(1+1) + (-3+1)\,(2-1) = 0 - 2 = -2, \\ p_{12} &= (2+1)\,(1+0) + (-3+3)\,(2+1) = 3 + 0 = 3, \\ p_{13} &= (2-5)\,(1+4) + (-3+6)\,(2+0) = -15 + 6 = -9, \\ p_{14} &= (2+0)\,(1+1) + (-3-7)\,(2+0) = 4 - 20 = -16. \end{aligned}\right\} \tag{b}$$

Die übrigen sind in (d) eingetragen. Sodann sind die Subtrahenden

$$\left.\begin{aligned} \xi_1 &= 2 \cdot 1 + (-3) \cdot 2 = -4, & \eta_1 &= 1 \cdot (-2) + (-1) \cdot 1 = -3, \\ \xi_2 &= 4 \cdot 0 + 1 \cdot (-1) = -1, & \eta_2 &= 0 \cdot 1 + 1 \cdot 3 = 3, \\ \xi_3 &= 0 \cdot (-1) + 3 \cdot 5 = 15, & \eta_3 &= 4 \cdot (-5) + 0 \cdot 6 = -20, \\ \xi_4 &= 1 \cdot 2 + (-6) \cdot (-1) = 8, & \eta_4 &= 1 \cdot 0 + 0 \cdot (-7) = 0 \end{aligned}\right\} \tag{c}$$

zu berechnen, und damit wird nach (23)

$$\boldsymbol{A}\,\boldsymbol{B} = \boldsymbol{P} - (\boldsymbol{X} + \boldsymbol{Y}) =$$

$$\begin{pmatrix} -2 & 3 & -9 & -16 \\ -2 & 0 & -11 & 10 \\ 16 & 35 & 30 & -20 \\ 7 & 4 & -24 & 16 \end{pmatrix} - \begin{pmatrix} -7 & -1 & -24 & -4 \\ -4 & 2 & -21 & -1 \\ 12 & 18 & -5 & 15 \\ 5 & 11 & -12 & 8 \end{pmatrix}$$

$$= \begin{pmatrix} 5 & 4 & 15 & -12 \\ 2 & -2 & 10 & 11 \\ 4 & 17 & 35 & -35 \\ 2 & -7 & -12 & 8 \end{pmatrix}. \tag{d}$$

24.7. Die geometrische Reihe

Die aus dem Skalaren bekannte geometrische Reihe

$$(1 - m^\nu) = (1 - m)\,(m^{\nu-1} + m^{\nu-2} + \cdots + m^2 + m + 1)\,, \quad (24)$$

eine oft mit Vorteil benutzte Identität, gilt ebenso für beliebige quadratische Matrizen

$$(\boldsymbol{I} - \boldsymbol{M}^\nu) = (\boldsymbol{I} - \boldsymbol{M})\,(\boldsymbol{M}^{\nu-1} + \boldsymbol{M}^{\nu-2} + \cdots + \boldsymbol{M}^2 + \boldsymbol{M} + \boldsymbol{I})\,, \quad (24a)$$

wie man durch Ausmultiplizieren leicht bestätigt. Unter der Voraussetzung, daß keiner der n Eigenwerte λ_j des Paares $\boldsymbol{M};\,\boldsymbol{I}$ gleich Eins sei

$$\lambda_j \neq 1\,; \qquad j = 1, 2, \ldots, n \quad (25)$$

hat die Matrix $\boldsymbol{I} - \boldsymbol{M}$ und damit die Matrix $\boldsymbol{I} - \boldsymbol{M}^\nu$ keinen Eigenwert Null; beide sind somit regulär. Es existieren daher die Kehrmatrizen $(\boldsymbol{I} - \boldsymbol{M})^{-1}$ und $(\boldsymbol{I} - \boldsymbol{M}^\nu)^{-1}$, mit denen die Gleichung (25) von links bzw. von rechts multipliziert werden kann, und da alle hier auftretenden Matrizen als Polynome ein und derselben Matrix $\boldsymbol{M}$ (man setze $\boldsymbol{I} = \boldsymbol{M}^0$) vertauschbar sind, bestehen die beiden Identitäten

$$(\boldsymbol{I} - \boldsymbol{M}^\nu)\,(\boldsymbol{I} - \boldsymbol{M})^{-1} = \boldsymbol{S}_{\nu-1} \quad \text{bzw.} \quad (\boldsymbol{I} - \boldsymbol{M})^{-1}\,(\boldsymbol{I} - \boldsymbol{M}^\nu) = \boldsymbol{S}_{\nu-1}$$

$$\text{mit} \quad \boldsymbol{S}_{\nu-1} := \boldsymbol{M}^{\nu-1} + \boldsymbol{M}^{\nu-2} + \cdots + \boldsymbol{M}^2 + \boldsymbol{M} + \boldsymbol{I}\,.$$

(26a; b) (27)

Die Berechnung der hier auftretenden Teilsummen läßt sich durch eine geschickte Klammerung für die speziellen Indizes 1, 3, 7, 15 usw. erheblich abkürzen, z.B. für $\nu = 15$

$$\boldsymbol{S}_{15} =$$

$$\underbrace{\boldsymbol{M}^{15} + \boldsymbol{M}^{14} + \ldots + \boldsymbol{M}^8}_{\boldsymbol{M}^8\boldsymbol{S}_4} + \underbrace{\boldsymbol{M}^7 + \boldsymbol{M}^6 + \boldsymbol{M}^5 + \boldsymbol{M}^4}_{\boldsymbol{M}^4\boldsymbol{S}_3} + \underbrace{\boldsymbol{M}^3 + \boldsymbol{M}^2}_{\boldsymbol{M}^2\boldsymbol{S}_1} + \underbrace{\boldsymbol{M} + \boldsymbol{I}}_{\boldsymbol{S}_1}$$

(28)

Anstelle der additiven Schreibweise (24a) tritt dann die multiplikative

$$(\boldsymbol{I} - \boldsymbol{M}^{2^\sigma}) =$$

$$(\boldsymbol{M}^{2^{\sigma-1}} + \boldsymbol{I}) \cdots (\boldsymbol{M}^8 + \boldsymbol{I})\,(\boldsymbol{M}^4 + \boldsymbol{I})\,(\boldsymbol{M}^2 + \boldsymbol{I})\,(\boldsymbol{M} + \boldsymbol{I})\,(\boldsymbol{I} - \boldsymbol{M})\,, \quad (29)$$

ein Vorgehen, dessen Nutzen für die Matrizennumerik zuerst von SCHULZ [161] erkannt wurde. Die erforderlichen Potenzen werden dabei in der Reihenfolge

$$\boldsymbol{M}, \qquad \boldsymbol{M}\boldsymbol{M} = \boldsymbol{M}^2\,, \qquad \boldsymbol{M}^2\boldsymbol{M}^2 = \boldsymbol{M}^4\,, \qquad \boldsymbol{M}^4\boldsymbol{M}^4 = \boldsymbol{M}^8 \ \text{usw.} \quad (30)$$

berechnet. Wir stellen für später einige Indizes σ aus (29) den Indizes ν aus (25) und (26) gegenüber:

σ	0	1	2	3	4	5	10	15	20	30
ν	1	2	4	8	16	32	1024	32768	1048576	1073741824

. (30a)

Nun zur Frage der Konvergenz. Verlangen wir, daß sämliche Eigenwerte des Paares $\boldsymbol{M}; \boldsymbol{I}$ *innerhalb* des Einheitskreises der komplexen Zahlenebene liegen oder anders ausgedrückt, daß der Spektralradius ϱ des Paares $\boldsymbol{M}; \boldsymbol{I}$ kleiner als Eins ist, so ist nicht nur die zur Inversion von $\boldsymbol{I} - \boldsymbol{M}^\nu$ erforderliche Voraussetzung (26) erfüllt, sondern darüber hinaus konvergieren die Potenzen λ_j^ν der Eigenwerte gegen Null und damit die Matrix $\boldsymbol{M}^\nu$ selbst gegen die Nullmatrix; die Faktormatrix $\boldsymbol{I} - \boldsymbol{M}^\nu$ strebt dann gegen die Einheitsmatrix $\boldsymbol{I}$, und dies bedeutet offenbar den

Satz 1: *Notwendig und hinreichend für die Konvergenz der geometrischen Reihe $\boldsymbol{S}_{\nu-1}$ gegen die Matrix $(\boldsymbol{I} - \boldsymbol{M}^\nu)^{-1}$ für $\nu \to \infty$ ist, daß der Spektralradius des Paares $\boldsymbol{M}; \boldsymbol{I}$ kleiner als Eins ist:*

$$\varrho(\boldsymbol{M}; \boldsymbol{I}) < 1 . \tag{31}$$

Zufolge dieser Eigenschaft wird die Matrix $\boldsymbol{M}$ in den Anwendungen geradezu als *Konvergenzmatrix* bezeichnet; wir werden ihr noch des öfteren begegnen. Zum Konvergenzverhalten siehe Abb. 24.4 und 24.5.

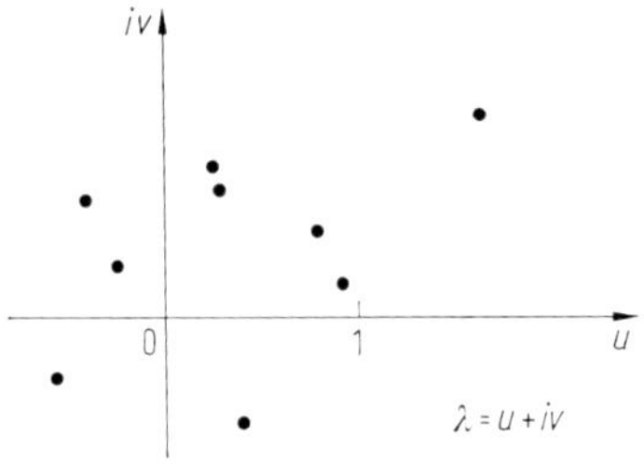

Abb. 24.4. Kein Eigenwert des Paares $\boldsymbol{M}; \boldsymbol{I}$ ist gleich Eins

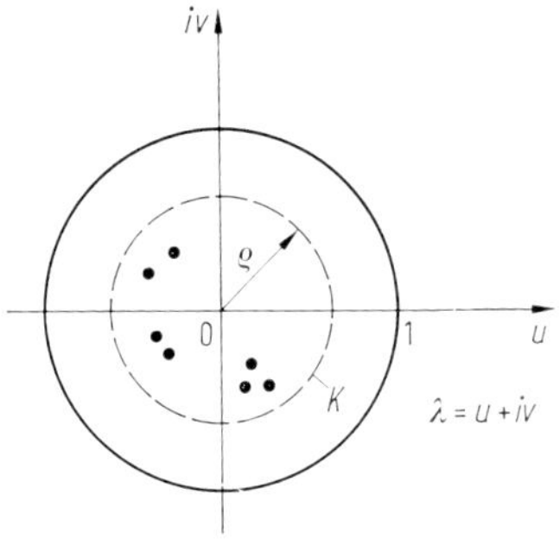

Abb. 24.5. Kein Eigenwert des Paares $\boldsymbol{M}; \boldsymbol{I}$ liegt außerhalb des Kreises K mit dem Spektralradius ϱ

Unser Satz ist indessen noch nicht allgemein genug. Eine reguläre Matrix $\boldsymbol{A}$ werde aufgespalten in einen regulären Hauptteil $\boldsymbol{H}$ und den Rest $\boldsymbol{N} = \boldsymbol{A} - \boldsymbol{H}$, dann ist

$$\boldsymbol{A} = \boldsymbol{H} - \boldsymbol{N} = \boldsymbol{H}(\boldsymbol{I} - \boldsymbol{H}^{-1}\boldsymbol{N}) = \boldsymbol{H}(\boldsymbol{I} - \boldsymbol{M}) \quad \text{mit} \quad \boldsymbol{M} := \boldsymbol{H}^{-1}\boldsymbol{N}, \tag{32}$$

und die Inverse von $\boldsymbol{A}$ wird unter Benutzung von (27)

$$\boldsymbol{A}^{-1} = (\boldsymbol{I} - \boldsymbol{M})^{-1}\boldsymbol{H}^{-1} = \boldsymbol{S}_{\nu-1}(\boldsymbol{I} - \boldsymbol{M}^\nu)\boldsymbol{H}^{-1} . \tag{33}$$

Die Eigenwerte des Paares $\boldsymbol{M}; \boldsymbol{I}$ sind aber nach Abschnitt 13.7 dieselben wie die des Paares $\boldsymbol{N}; \boldsymbol{H}$, somit haben wir als Verallgemeinerung von (31) den

Satz 2: *Die geometrische Reihe mit der Konvergenzmatrix* $\boldsymbol{M} = \boldsymbol{H}^{-1}\boldsymbol{N}$ *konvergiert genau dann, wenn der Spektralradius des Paares* $\boldsymbol{N}; \boldsymbol{H}$ *kleiner als Eins ist:*

$$\varrho(\boldsymbol{N}; \boldsymbol{H}) < 1 \,. \tag{34}$$

Dieser Satz findet eine hochwichtige Anwendung. Das Matrizenpaar $\boldsymbol{A}; \boldsymbol{B}$ habe die Eigenwerte σ_j, und zu invertieren sei die Matrix $\boldsymbol{F}(\lambda) = \boldsymbol{A} - \lambda\,\boldsymbol{B}$ oder allgemeiner mit Schiftpunkt Λ

$$\boldsymbol{F}(\xi) = \hat{\boldsymbol{A}} - \xi\,\boldsymbol{B} \quad \text{mit} \quad \hat{\boldsymbol{A}} := \boldsymbol{A} - \Lambda\boldsymbol{B}\,, \quad \xi := \lambda - \Lambda\,. \tag{35}$$

Dann ist

$$\begin{aligned} \boldsymbol{F}^{-1}(\xi) &= (\hat{\boldsymbol{A}} - \xi\,\boldsymbol{B})^{-1} = (\boldsymbol{I} - \xi\,\boldsymbol{B}^{-1}\hat{\boldsymbol{A}})^{-1}\hat{\boldsymbol{A}}^{-1} \\ &= (\boldsymbol{I} + \xi\,\boldsymbol{M} + \xi^2\boldsymbol{M}^2 + \cdots + \xi^{\nu-1}\boldsymbol{M}^{\nu-1})\,\hat{\boldsymbol{A}}^{-1}\,, \end{aligned} \tag{36}$$

und ein Vergleich mit (33) zeigt, daß $\boldsymbol{M} = \xi\,\boldsymbol{B}^{-1}\hat{\boldsymbol{A}}$, $\boldsymbol{H} = \hat{\boldsymbol{A}}$ und $\boldsymbol{N} = \xi\,\boldsymbol{B}$ ist; es geht also um die Eigenwerte des Paares $\xi\,\boldsymbol{B}; \hat{\boldsymbol{A}}$ oder $\xi\,\boldsymbol{B}; \boldsymbol{A} - \Lambda\,\boldsymbol{B}$ oder auch $\boldsymbol{B}; (\boldsymbol{A} - \Lambda\,\boldsymbol{B})/\xi$, und das sind offenbar die Werte $\xi/(\sigma_j - \Lambda)$, deren Beträge sämtlich kleiner als Eins sein müssen

$$\left|\frac{\xi}{\sigma_j - \Lambda}\right| < 1 \to |\xi| < |\sigma_j - \Lambda|\,, \tag{37}$$

und damit haben wir den

Satz 3: *Die geometrische Reihe für*

$$(\hat{\boldsymbol{A}} - \xi\,\boldsymbol{B})^{-1} = ([\boldsymbol{A} - \Lambda\,\boldsymbol{B}] - \xi\,\boldsymbol{B})^{-1}$$

mit der Konvergenzmatrix $\boldsymbol{M} = \xi\,\hat{\boldsymbol{A}}^{-1}\boldsymbol{B}$ *konvergiert im Innern eines jeden Kreises der komplexen Zahlenebene, der frei ist von Eigenwerten des Paares* $\boldsymbol{A}; \boldsymbol{B}$.

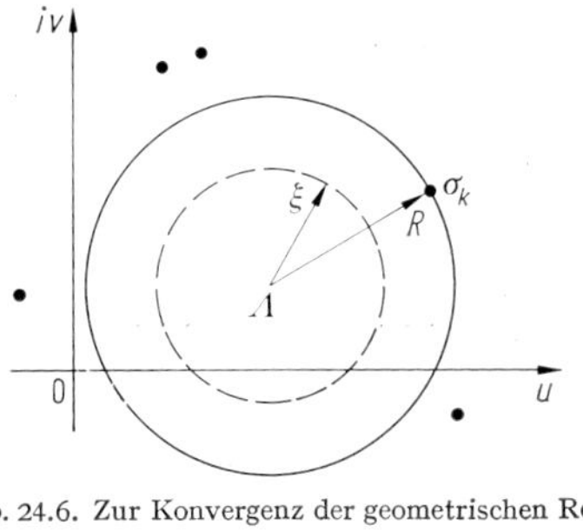

Abb. 24.6. Zur Konvergenz der geometrischen Reihe

Aus Abb. 24.6 wird ersichtlich, daß die Konvergenzgeschwindigkeit um so größer ist, je näher der Punkt ξ am Schiftpunkt Λ liegt, und das heißt, je kleiner das Verhältnis $|\xi/R|$ ausfällt, wenn R der Abstand von Λ zum nächstgelegenen Eigenwert σ_k ist.

Die geometrische Reihe bildet die Grundlage für die leistungsfähigsten Iterationsverfahren sowohl zur Lösung von Gleichungssystemen bzw. zur Gewinnung der Kehrmatrix wie zur iterativen Einschließung von Eigenwerten beliebiger Matrizenpaare.

24.8. Blockspektralmatrix und Blockmodalmatrix

Hat ein reelles Matrizenpaar $\boldsymbol{A}; \boldsymbol{B}$ die konjugiert-komplexen Eigenwerte $\lambda_j = \omega_j \pm i\delta_j$, so gehören dazu die Rechtseigenvektoren $\boldsymbol{x}_j = \boldsymbol{u}_j \pm i\,\boldsymbol{v}_j$. Die Gleichung

$$\boldsymbol{A}\,\boldsymbol{x}_j = \lambda_j \boldsymbol{B}\,\boldsymbol{x}_j \to \boldsymbol{A}(\boldsymbol{u}_j \pm i\,\boldsymbol{v}_j) = (\omega_j \pm i\,\delta_j)\,\boldsymbol{B}(\boldsymbol{u}_j \pm i\,\boldsymbol{v}_j) \qquad (38)$$

ist dann äquivalent den beiden reellen Gleichungen

$$\left.\begin{aligned} \boldsymbol{A}\,\boldsymbol{u}_j &= \omega_j\,\boldsymbol{B}\,\boldsymbol{u}_j - \delta_j\,\boldsymbol{B}\,\boldsymbol{v}_j \\ \boldsymbol{A}\,\boldsymbol{v}_j &= \delta_j\,\boldsymbol{B}\,\boldsymbol{u}_j + \omega_j\,\boldsymbol{B}\,\boldsymbol{v}_j \end{aligned}\right\} \qquad (39)$$

oder auch

$$\boldsymbol{A}\begin{pmatrix} \boldsymbol{u}_j, \boldsymbol{v}_j \end{pmatrix} = \boldsymbol{B}\begin{pmatrix} \boldsymbol{u}_j, \boldsymbol{v}_j \end{pmatrix}\begin{pmatrix} \omega_j & -\delta_j \\ \delta_j & \omega_j \end{pmatrix}. \qquad (40)$$

Es seien nun ϱ reelle und σ konjugiert-komplexe Eigenwerte vorhanden. Dann ist in der Gleichung $\boldsymbol{A}\,\boldsymbol{X} = \boldsymbol{B}\,\boldsymbol{X}\,\boldsymbol{\Lambda}$ die Spektralmatrix $\boldsymbol{\Lambda}$ nicht von der reinen Diagonalgestalt (14.5), sondern eine Blockdiagonalmatrix der Art

$\boldsymbol{\Lambda} =$

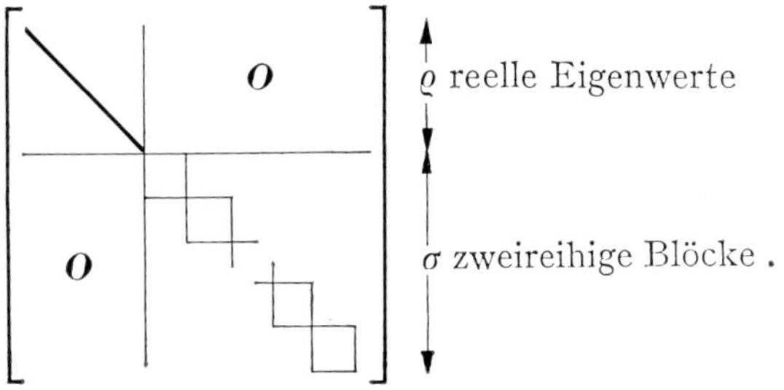

(41)

Mit Hilfe der reellen Rechtsmodalmatrix

$$\boldsymbol{X} = [\,\boldsymbol{x}_1 \ldots \boldsymbol{x}_\varrho \,|\, \boldsymbol{u}_1\,\boldsymbol{v}_1 \ldots \boldsymbol{u}_\sigma\,\boldsymbol{v}_\sigma] \qquad (42)$$

und der ebenso aufgeteilten Linksmodalmatrix $\boldsymbol{Y}$ lassen sich $\boldsymbol{A}$ und $\boldsymbol{B}$ auf $\tilde{\boldsymbol{A}} = \boldsymbol{Y}^T\boldsymbol{A}\,\boldsymbol{X}$ und $\tilde{\boldsymbol{B}} = \boldsymbol{Y}^T\boldsymbol{B}\,\boldsymbol{X}$ von der gleichen reellen Blockdiagonalform (41) transformieren.

Dazu ein Beispiel. Es ist

$$\boldsymbol{A} = \begin{pmatrix} 2 & 1 & -2 \\ -1 & 2 & -1 \\ 4 & 2 & 0 \end{pmatrix}; \qquad \boldsymbol{B} = \begin{pmatrix} 0 & 3 & -1 \\ 0 & 1 & 0 \\ 1 & 3 & 0 \end{pmatrix}.$$

Man findet die Eigenwerte $\lambda_1 = 4$, $\lambda_{2,3} = 2 \pm i$, dazu die Rechtseigenvektoren

$$\boldsymbol{x}_1 = \begin{pmatrix} 1 \\ 0 \\ -1 \end{pmatrix}, \qquad \boldsymbol{x}_{2,3} = \boldsymbol{u} \pm i\,\boldsymbol{v} = \begin{pmatrix} 4 \\ 2 \\ -5 \end{pmatrix} \pm i \begin{pmatrix} 3 \\ -1 \\ -5 \end{pmatrix}$$

und die Linkseigenvektoren

$$\boldsymbol{y}_1 = \begin{pmatrix} 2 \\ 4 \\ -3 \end{pmatrix}, \qquad \boldsymbol{y}_{2,3} = \boldsymbol{w} \pm i\,\boldsymbol{z} = \begin{pmatrix} 1 \\ 0 \\ -1 \end{pmatrix} \pm i \begin{pmatrix} 0 \\ 1 \\ 0 \end{pmatrix}.$$

Mit den reellen Block-Modalmatrizen

$$\boldsymbol{X} = \begin{pmatrix} 1 & 4 & 3 \\ 0 & 2 & -1 \\ -1 & -5 & -5 \end{pmatrix} \quad \text{und} \quad \boldsymbol{Y} = \begin{pmatrix} 2 & 1 & 0 \\ 4 & 0 & 1 \\ -3 & -1 & 0 \end{pmatrix}$$

entsteht das transformierte Paar

$$\tilde{\boldsymbol{A}} = \boldsymbol{Y}^T \boldsymbol{A}\,\boldsymbol{X} = \begin{pmatrix} -4 & 0 & 0 \\ 0 & 0 & 5 \\ 0 & 5 & 0 \end{pmatrix}; \qquad \tilde{\boldsymbol{B}} = \boldsymbol{Y}^T \boldsymbol{B}\,\boldsymbol{X} = \begin{pmatrix} -1 & 0 & 0 \\ 0 & 1 & 2 \\ 0 & 2 & -1 \end{pmatrix}$$

von Blockdiagonalform.
Aus $\det(\boldsymbol{A} - \lambda\,\boldsymbol{B}) = 0$ folgt jetzt getrennt

a) $(-4 + \lambda) = 0 \to \lambda_1 = 4$ und

b) $\det \begin{pmatrix} 0 - \lambda & 5 - 2\lambda \\ 5 - 2\lambda & 0 + \lambda \end{pmatrix} = -5\lambda^2 + 20\lambda - 25 = 0 \to \lambda_{2,3} = 2 \pm i.$

24.9. Der Sylvester-Test für hermitesche Paare

Vorgelegt sei das hermitesche Paar

$$\boldsymbol{A}^* = \boldsymbol{A}\,; \qquad \boldsymbol{B}^* = \boldsymbol{B} \text{ pos. def.} \tag{43}$$

und ein reeller Schiftpunkt (shift point) Λ, dann ist auch die Matrix $\boldsymbol{F}(\Lambda) = \boldsymbol{A} - \Lambda\,\boldsymbol{B}$ hermitesch. Sie werde nach Gauss oder Cholesky auf die Form gebracht

$$\boldsymbol{F}(\Lambda) = \begin{bmatrix} 1 & 0 & 0 & \dots & 0 \\ \bar{r}_{12} & 1 & 0 & \dots & 0 \\ \bar{r}_{13} & \bar{r}_{23} & 1 & \dots & 0 \\ \dots & \dots & \dots & \dots & \dots \\ \bar{r}_{1n} & \bar{r}_{2n} & \bar{r}_{3n} & \dots & 1 \end{bmatrix} \begin{bmatrix} h_{11} & 0 & 0 & \dots & 0 \\ 0 & h_{22} & 0 & \dots & 0 \\ 0 & 0 & h_{33} & \dots & 0 \\ \dots & \dots & \dots & \dots & \dots \\ 0 & 0 & 0 & \dots & h_{nn} \end{bmatrix} \begin{bmatrix} 1 & r_{12} & r_{13} & \dots & r_{1n} \\ 0 & 1 & r_{23} & \dots & r_{2n} \\ 0 & 0 & 1 & \dots & r_{3n} \\ \dots & \dots & \dots & \dots & \dots \\ 0 & 0 & 0 & \dots & 1 \end{bmatrix}, \tag{44}$$

und nun besagt das Trägheitsgesetz von Sylvester, Satz 9 aus Abschnitt 11.4 den

Satz 4: (SYLVESTER-*Test*) *Die Dreieckszerlegung einer hermiteschen Matrix* $\boldsymbol{F}(\Lambda) = \boldsymbol{A} - \Lambda\,\boldsymbol{B}$ *nach* GAUSS *oder* CHOLESKY *führt auf eine reelle Diagonalmatrix*

$$\boldsymbol{H} = \boldsymbol{D}\text{iag}\,\langle h_{jj}\rangle\,; \qquad j = 1, 2, \ldots, n\,. \tag{45}$$

Die Anzahl der negativen (positiven) Diagonalelemente h_{jj} *ist gleich der Anzahl der Eigenwerte des Paares* $\boldsymbol{A}; \boldsymbol{B}$, *die kleiner (größer) sind als der Schiftpunkt* Λ. *Sind* $m \leqq n$ *Elemente* h_{jj} *gleich Null, so ist* Λ *ein* m*-facher Eigenwert. Die Reihenfolge, in welcher die negativen (positiven) Hauptdiagonalelemente in* $\boldsymbol{H}$ *auftreten, ist dabei ohne Bedeutung.*

Dieser Test wird bisweilen auch als STURM-sequence-check bezeichnet, da die Bestimmung der Anzahl der positiven und negativen Nullstellen des charakteristischen Polynoms $\det \boldsymbol{F}(\Lambda)$ mit Hilfe einer STURMschen Kette damit in engem Zusammenhang steht, siehe [40, S. 134—143] und [31, S. 272].

Dazu ein Beispiel. Gegeben sei das Paar $\boldsymbol{A}; \boldsymbol{I}$ mit

$$\boldsymbol{A} = \begin{pmatrix} 5 & -1 & 0 & 0 & 0 \\ -1 & 5 & -1 & 0 & 0 \\ 0 & -1 & 5 & -1 & 0 \\ 0 & 0 & -1 & 5 & -1 \\ 0 & 0 & 0 & -1 & 5 \end{pmatrix} = 5\,\boldsymbol{I} - \boldsymbol{K};$$

Die Matrix $\boldsymbol{F}(4{,}9) = \boldsymbol{A} - 4{,}9\,\boldsymbol{I}$ ergibt nach GAUSS zerlegt die Diagonalmatrix

$$\boldsymbol{H} = \boldsymbol{D}\,\langle 0{,}1 \quad -9{,}9 \quad 0{,}20 \quad -4{,}87 \quad 0{,}31\rangle\,.$$

Es liegen somit zwei Eigenwerte links und drei rechts von 4,9. Die exakten Eigenwerte findet man aus (17.48) mit $a = 5$.

Von besonderer Wichtigkeit für die Anwendungen ist der SYLVESTER-Test für hermitesche Blockdiagonalmatrizen

$$\boldsymbol{F}(\Lambda) = \boldsymbol{D}\text{iag}\,\langle \boldsymbol{F}_{jj}(\Lambda)\rangle\,; \qquad j = 1, 2, \ldots, m\,. \tag{46}$$

Faßt man die m Diagonalmatrizen $\boldsymbol{H}_{11}, \boldsymbol{H}_{22}, \ldots, \boldsymbol{H}_{mm}$ der einzelnen Dreieckszerlegungen (44) zu einer Hypermatrix $\boldsymbol{H}$ zusammen, so gilt nunmehr für die Gesamtheit der Diagonalelemente aus allen Blöcken der Satz 4.

24.10. Die additive Zerlegung einer hermiteschen Matrix

Der multiplikativen Zerlegung einer hermiteschen Matrix nach GAUSS bzw. CHOLESKY

$$\boldsymbol{A} = \boldsymbol{R}^*\,\boldsymbol{H}\,\boldsymbol{R} \tag{47}$$

steht an der Seite die ohne jeden Aufwand erhältliche additive Zerlegung

$$\boldsymbol{A} = \boldsymbol{\Delta}^* + \boldsymbol{D} + \boldsymbol{\Delta} \tag{48}$$

mit der reellen Diagonalmatrix der Hauptdiagonalelemente

$$\boldsymbol{D} := \boldsymbol{D}\mathrm{iag}\,\langle a_{jj}\rangle\,; \qquad j = 1, 2, \ldots, n \tag{49}$$

und der echten oberen Dreiecksmatrix

$$\boldsymbol{\Delta} = \begin{pmatrix} 0 & a_{12} & a_{13} & \ldots & a_{1n} \\ 0 & 0 & a_{23} & \ldots & a_{2n} \\ 0 & 0 & 0 & \ldots & a_{3n} \\ \cdot & \cdot & \cdot & \cdot & \cdot \\ 0 & 0 & 0 & \ldots & 0 \end{pmatrix}. \tag{50}$$

Eine mit $\boldsymbol{A}$ gebildete hermitesche Form $\varphi = \boldsymbol{x}^* \boldsymbol{A}\, \boldsymbol{x}$ oder allgemeiner das dreifache Produkt

$$\begin{aligned} \boldsymbol{\Phi} = \boldsymbol{X}^* \boldsymbol{A}\, \boldsymbol{X} &= \boldsymbol{X}^* (\boldsymbol{\Delta}^* + \boldsymbol{D} + \boldsymbol{\Delta})\, \boldsymbol{X} \\ &= \boldsymbol{X}^* \boldsymbol{\Delta}^* \boldsymbol{X} + \boldsymbol{X}^* \boldsymbol{D}\, \boldsymbol{X} + \boldsymbol{X}^* \boldsymbol{\Delta}\, \boldsymbol{X} \end{aligned} \tag{51}$$

mit einer beliebigen rechteckigen oder quadratischen Matrix $\boldsymbol{X}$ wird demnach so berechnet

$$\boldsymbol{\Phi} = (\boldsymbol{X}^* \boldsymbol{\Delta}\, \boldsymbol{X})^* + \boldsymbol{X}^* \boldsymbol{D}\, \boldsymbol{X} + (\boldsymbol{X}^* \boldsymbol{\Delta}\, \boldsymbol{X}) = \boldsymbol{\Phi}_\Delta^* + \boldsymbol{\Phi}_D + \boldsymbol{\Phi}_\Delta\,. \tag{52}$$

Da der erste Summand durch konjugiert-komplexe (im Reellen durch einfache Transposition) aus dem dritten Summanden entsteht, reduziert sich der Rechenaufwand etwa auf die Hälfte.

24.11. Taylor-Entwicklung einer Parametermatrix. Ableitung der charakteristischen Gleichung

Für jede beliebige (rechteckige oder quadratische) Parametermatrix $\boldsymbol{F}(\lambda)$ mit den Elementen $f_{jk}(\lambda)$ gelten bezüglich der Differential- und Integralrechnung dieselben Gesetze wie im Skalaren. Zum Beispiel ist

$$\boldsymbol{F}'(\lambda) = \frac{d\boldsymbol{F}(\lambda)}{d\lambda} = \left(\frac{d}{d\lambda} f_{jk}(\lambda)\right), \qquad \int \boldsymbol{F}(\lambda)\, d\lambda = \left(\int f_{jk}(\lambda)\, d\lambda\right), \tag{53}$$

ein Sachverhalt, von dem wir beispielsweise bei der Herleitung der Trägheitsmatrix (Drehmatrix) (12.20) Gebrauch gemacht haben, und Entsprechendes gilt für die höheren Ableitungen. Die Taylor-Entwicklung in einem beliebigen Schiftpunkt Λ

$$f_{jk}(\lambda) = f_{jk}(\Lambda) + (\lambda - \Lambda)\, f'_{jk}(\Lambda) + \frac{1}{2!}(\lambda - \Lambda)^2 f''_{jk}(\Lambda) + \cdots \tag{54}$$

überträgt sich demnach auf die Parametermatrix als Ganzes

$$\boldsymbol{F}(\lambda) = \boldsymbol{F}(\Lambda) + (\lambda - \Lambda)\, \boldsymbol{F}'(\Lambda) + \frac{1}{2!}(\lambda - \Lambda)^2 \boldsymbol{F}''(\Lambda) + \cdots. \tag{55}$$

Ist $\boldsymbol{F}(\lambda)$ insbesondere eine Polynommatrix

$$\boldsymbol{F}(\lambda) = \boldsymbol{A}_0 + \lambda\, \boldsymbol{A}_1 + \lambda^2 \boldsymbol{A}_2 + \cdots + \lambda^\varrho \boldsymbol{A}_\varrho\,, \tag{56}$$

so findet man die TAYLOR-Entwicklung mit Hilfe des vollständigen HORNER-Schemas [45, S. 49] genauso wie im Skalaren. Für $\varrho = 1, 2, 3$ geben wir diese Reihenentwicklung explizit an:

$$\varrho = 1: \boldsymbol{F}(\xi) = \boldsymbol{F}(\Lambda) + \xi\, \boldsymbol{A}_1\,, \tag{57}$$

$$\varrho = 2: \boldsymbol{F}(\xi) = \boldsymbol{F}(\Lambda) + \xi(\boldsymbol{A}_1 + 2\,\Lambda\, \boldsymbol{A}_2) + \xi^2 \boldsymbol{A}_2\,, \tag{58}$$

$$\varrho = 3: \boldsymbol{F}(\xi) = \boldsymbol{F}(\Lambda) + \xi(\boldsymbol{A}_1 + 2\,\Lambda\, \boldsymbol{A}_2 + 3\,\Lambda^2 \boldsymbol{A}_3) + \\ + \xi^2(\boldsymbol{A}_2 + 3\,\Lambda\,\boldsymbol{A}_3) + \xi^3 \boldsymbol{A}_3 \tag{59}$$

mit

$$\xi := \lambda - \Lambda\,. \tag{60}$$

Zwei weitere Operationen sind für die Anwendungen von größtem Interesse: Die Ableitungen der Kehrmatrix $\boldsymbol{K}(\lambda)$ von $\boldsymbol{F}(\lambda)$ und die Ableitungen der charakteristischen Funktion $f(\lambda) = \det \boldsymbol{F}(\lambda)$. Im ersten Fall schreiben wir (unter Fortlassen der Argumentenklammer) $\boldsymbol{F}\,\boldsymbol{K} = \boldsymbol{I}$ und differenzieren dies nach λ, das gibt

$$\boldsymbol{F}'\,\boldsymbol{K} + \boldsymbol{F}\,\boldsymbol{K}' = \boldsymbol{O} \qquad \text{a)}$$

$$\to \boldsymbol{K}' = -\boldsymbol{K}\,\boldsymbol{F}'\,\boldsymbol{K} \tag{61}$$

$$\boldsymbol{F}''\,\boldsymbol{K} + \boldsymbol{F}'\,\boldsymbol{K} + \boldsymbol{F}\,\boldsymbol{K}' + \boldsymbol{F}\,\boldsymbol{K}'' = \boldsymbol{O} \qquad \text{b)}$$

$$\to \boldsymbol{K}'' = -\boldsymbol{K}\,\boldsymbol{F}''\,\boldsymbol{K} + 2\,\boldsymbol{K}\,\boldsymbol{F}'\,\boldsymbol{K}\,\boldsymbol{F}'\,\boldsymbol{K}\,. \tag{62}$$

Die Identität (61) folgt, wenn a) von links mit $\boldsymbol{K}$ multipliziert wird wegen $\boldsymbol{K}\,\boldsymbol{F} = \boldsymbol{I}$, und ebenso folgt (62), wenn b) von links mit $\boldsymbol{K}$ multipliziert und (61) eingesetzt wird. So fortfahrend kann man die Ableitung der Kehrmatrix stets ganz auf die Ableitungen von $\boldsymbol{F}$ abwälzen. Ist insbesondere $\boldsymbol{F}(\lambda) = \boldsymbol{A} - \lambda\,\boldsymbol{B}$, so wird $\boldsymbol{F}' = -\boldsymbol{B}$, $\boldsymbol{F}'' = \boldsymbol{F}''' = \cdots = \boldsymbol{O}$, und damit entsteht die Folge

$$\boldsymbol{K}' = -1!\,\boldsymbol{K}\,\boldsymbol{B}\,\boldsymbol{K}\,, \qquad \boldsymbol{K}'' = 2!\,\boldsymbol{K}\,\boldsymbol{B}\,\boldsymbol{K}\,\boldsymbol{B}\,\boldsymbol{K}\,, \\ \boldsymbol{K}''' = -3!\,\boldsymbol{K}\,\boldsymbol{B}\,\boldsymbol{K}\,\boldsymbol{B}\,\boldsymbol{K}\,\boldsymbol{B}\,\boldsymbol{K}\,, \ldots, \tag{63}$$

wo das Bildungsgesetz leicht zu erkennen ist.

Nun zur Ableitung von $f(\lambda) = \det \boldsymbol{F}(\lambda)$. Sei zunächst $\boldsymbol{F}(\lambda) = \boldsymbol{D}\text{iag}\,\langle f_j(\lambda)\rangle$, dann ist $\det \boldsymbol{F}(\lambda) = f_1(\lambda) \cdot f_2(\lambda) \cdots f_n(\lambda)$, also wird nach bekannten Regeln der Differentialrechnung

$$f'(\lambda) = f(\lambda) \left[\frac{f_1'(\lambda)}{f_1(\lambda)} + \frac{f_2'(\lambda)}{f_2(\lambda)} + \cdots + \frac{f_n'(\lambda)}{f_n(\lambda)}\right], \tag{64}$$

und da $\boldsymbol{F}^{-1} = \boldsymbol{D}\text{iag}\,\langle f_j^{-1}(\lambda)\rangle$ ist, läßt sich dies auch so formulieren

$$f'(\lambda) = \text{Spur}\,\{\boldsymbol{F}^{-1}(\lambda)\,\boldsymbol{F}'(\lambda)\}\,f(\lambda) \tag{65}$$

oder wegen $\boldsymbol{F}(\lambda)\,\boldsymbol{F}^{-1}(\lambda) = \boldsymbol{F}_{\text{adj}}(\lambda)$ nach (3.17) ohne Division

$$f'(\lambda) = \text{Spur}\,\{\boldsymbol{F}_{\text{adj}}(\lambda)\,\boldsymbol{F}'(\lambda)\}\,, \tag{66}$$

eine Gleichung, die, wie sich nach den Ausführungen im Anschluß an (10.4) zeigen läßt, auch für beliebige vollbesetzte Matrizen gültig ist und die für $n = 1$ wegen $f_{\text{adj}}(\lambda) = 1$ in die nichtssagende Identität $f'(\lambda) = f'(\lambda)$ übergeht. LANCASTER zeigt in [20, S. 82ff.], daß für die zweite Ableitung gilt

$$f''(\lambda) = \frac{1}{f(\lambda)}\left[f'^2(\lambda) + \operatorname{Spur}\{\boldsymbol{F}_{\text{adj}}(\lambda)\,[f(\lambda)\,\boldsymbol{F}''(\lambda) - \boldsymbol{F}'(\lambda)\,\boldsymbol{F}_{\text{adj}}(\lambda)\,\boldsymbol{F}'(\lambda)]\}\right], \tag{67}$$

und auch diese Gleichung geht für $n = 1$ in die Identität $f''(\lambda) = f''(\lambda)$ über.

Speziell für $\boldsymbol{F}(\lambda) = \boldsymbol{A} - \lambda\boldsymbol{B}$ wird $\boldsymbol{F}'(\lambda) = -\boldsymbol{B}$, $\boldsymbol{F}''(\lambda) = \boldsymbol{O}$. Die ersten beiden Ableitungen der charakteristischen Gleichung sind dann nach (66) und (67) mit $f(\lambda) = \det(\boldsymbol{A} - \lambda\boldsymbol{B})$

$$f'(\lambda) = -\operatorname{Spur}\{\boldsymbol{F}_{\text{adj}}(\lambda)\,\boldsymbol{B}\}, \tag{68}$$

$$f''(\lambda) = \frac{1}{f(\lambda)}\left[f'^2(\lambda) - \operatorname{Spur}\{[\boldsymbol{F}_{\text{adj}}(\lambda)\,\boldsymbol{F}'(\lambda)]^2\}\right]. \tag{69}$$

Dazu ein Beispiel.

$$\boldsymbol{F}(\lambda) = \begin{bmatrix} 2+\lambda & 1-\lambda^3 \\ \lambda & 1 \end{bmatrix}, \quad \boldsymbol{F}'(\lambda) = \begin{bmatrix} 1 & -3\lambda^2 \\ 1 & 0 \end{bmatrix}, \quad \boldsymbol{F}''(\lambda) = \begin{bmatrix} 0 & -6\lambda \\ 0 & 0 \end{bmatrix}$$

$$\boldsymbol{F}_{\text{adj}}(\lambda) = \begin{bmatrix} 1 & -1+\lambda^3 \\ -\lambda & 2+\lambda \end{bmatrix}; \qquad f(\lambda) = \det \boldsymbol{F}(\lambda) = 2 + \lambda^4 .$$

Wir berechnen die Matrizenprodukte

$$\begin{array}{lll} & \begin{bmatrix} 1 & -3\lambda^2 \\ 1 & 0 \end{bmatrix} & \boldsymbol{F}'(\lambda) \\ \boldsymbol{F}_{\text{adj}}(\lambda) \begin{bmatrix} 1 & -1+\lambda^3 \\ -\lambda & 2+\lambda \end{bmatrix} & \begin{bmatrix} \lambda^3 & -3\lambda^2 \\ 2 & 3\lambda^3 \end{bmatrix} & \boldsymbol{F}_{\text{adj}}(\lambda)\,\boldsymbol{F}'(\lambda) \\ \boldsymbol{F}'(\lambda) \begin{bmatrix} 1 & -3\lambda^2 \\ 1 & 0 \end{bmatrix} & \begin{bmatrix} -6\lambda^2+\lambda^3 & -3\lambda^2 - 9\lambda^5 \\ \lambda^3 & -3\lambda^2 \end{bmatrix} & \boldsymbol{F}'(\lambda)\boldsymbol{F}_{\text{adj}}(\lambda)\,\boldsymbol{F}'(\lambda) \end{array}$$

und bekommen aus (66) die erste Ableitung

$$f'(\lambda) = \operatorname{Spur}\{\boldsymbol{F}_{\text{adj}}(\lambda)\,\boldsymbol{F}'(\lambda)\} = \lambda^3 + 3\lambda^3 = 4\lambda^3 .$$

Sodann berechnen wir für (67) die Matrix

$$\boldsymbol{G}(\lambda) := f(\lambda)\,\boldsymbol{F}''(\lambda) - \boldsymbol{F}'(\lambda) =$$

$$\begin{bmatrix} 0 & -12\lambda - 6\lambda^5 \\ 0 & 0 \end{bmatrix} - \begin{bmatrix} -6\lambda^2+\lambda^3 & 3\lambda^2 - 9\lambda^5 \\ \lambda^3 & -3\lambda^2 \end{bmatrix} = \begin{bmatrix} 6\lambda^2 - \lambda^3 & -12\lambda + 3\lambda^2 + 3\lambda^5 \\ -\lambda^3 & 3\lambda^2 \end{bmatrix}$$

und daraus das Produkt

$$\boldsymbol{F}_{\text{adj}}(\lambda)\,\boldsymbol{G}(\lambda) = \begin{bmatrix} 6\lambda^2 - \lambda^6 & \cdots \\ \cdots & 18\lambda^2 - 3\lambda^6 \end{bmatrix}.$$

Mit der Spur $24\lambda^2 - 4\lambda^6$ wird dann nach (67) endgültig

$$f''(\lambda) = \frac{1}{f(\lambda)}\,(4\lambda^3)^2 + 24\lambda^2 - 4\lambda^6 = \frac{24\lambda^2 + 12\lambda^6}{2+\lambda^4} = 12\lambda^2 .$$

In der Tat folgt durch direkte Rechnung ebenfalls

$$\det \boldsymbol{F}(\lambda) = f(\lambda) = 2 + \lambda^4 , \qquad f'(\lambda) = 4\lambda^3 , \qquad f''(\lambda) = 12\lambda^2 .$$

• 24.12. Konstruktion von Matrizen mit vorgegebenen Eigenschaften. Testmatrizen

Für viele Zwecke, namentlich für das Austesten numerischer Verfahren, ist es nützlich, Matrizen auf Vorrat zu haben, deren charakteristische Daten wie Determinante, Kehrmatrix, Spektral- und Modalmatrix exakt bekannt sind. Zur Konstruktion solcher Matrizen bzw. Matrizenpaare und -tupel gibt es verschiedene Vorgehensweisen, von denen wir nur die wichtigsten schildern wollen.

1. Man wählt ein Matrizenpaar $\boldsymbol{A}; \boldsymbol{I}$ bzw. $\boldsymbol{A}; \boldsymbol{B}$ mit vorgegebenem Spektrum, am einfachsten $\boldsymbol{A}$ und $\boldsymbol{B}$ beide von oberer (oder unterer) Dreiecksform mit den Eigenwerten $\lambda_j = a_{jj}/b_{jj}$. Mit Hilfe zweier regulärer Transformationsmatrizen $\boldsymbol{L}$ und $\boldsymbol{R}$ (am einfachsten untere oder obere Dreiecksmatrizen) wird das Paar transformiert auf $\tilde{\boldsymbol{A}} = \boldsymbol{L}\,\boldsymbol{A}\,\boldsymbol{R}$ und $\tilde{\boldsymbol{I}} = \boldsymbol{L}\,\boldsymbol{I}\,\boldsymbol{R}$ bzw. $\tilde{\boldsymbol{B}} = \boldsymbol{L}\,\boldsymbol{B}\,\boldsymbol{R}$. Als Ausgangspaar $\boldsymbol{A}; \boldsymbol{I}$ eignet sich auch die Begleitmatrix (23.8) mit vorgegebenem charakteristischen Polynom $p(\lambda)$.

2. Ausgehend von einer regulären Matrix $\boldsymbol{B}$ (am einfachsten $\boldsymbol{D}$ oder $\boldsymbol{I}$) und zwei vorgegebenen Modalmatrizen $\boldsymbol{Y}$ und $\boldsymbol{X}$ werden die Eigendyaden (21.7) berechnet, mit vorgegebenen Eigenwerten λ_j des Paares $\boldsymbol{A}; \boldsymbol{I}$ multipliziert und anschließend addiert zur Matrix $\boldsymbol{A}$ nach (21.11).

3. Polynome von $\boldsymbol{A}$ heranziehen. Die Eigenwerte der Polynommatrix $p(\boldsymbol{A})$ sind nach (13.36) $p(\lambda_j)$ für $j = 1, 2, \ldots, n$ mit den Eigenwerten λ_j und den Eigenvektoren $\boldsymbol{x}_j$ des Paares $\boldsymbol{A}; \boldsymbol{I}$.

4. Hermitesche Paare mit schmalen Bändern erzeugt man am einfachsten mit Hilfe der Differenzenmatrix $\hat{\boldsymbol{K}} = \boldsymbol{K} + a\,\boldsymbol{I}$ und ihrer Potenzen mit der Matrix $\boldsymbol{K}$ (17.39) und einem reellen Wert a. Wird die Eigenwertaufgabe $(\boldsymbol{K} - [\sigma - a]\,\boldsymbol{I})\,\boldsymbol{x} = \boldsymbol{o}$ von links multipliziert mit $\hat{\boldsymbol{K}}^b$, so führt dies auf ein hermitesches Paar $\boldsymbol{A}; \boldsymbol{B}$ mit

$$\boldsymbol{A} = \hat{\boldsymbol{K}}^{b+1}; \quad \boldsymbol{B} = \hat{\boldsymbol{K}}^b; \quad \lambda_j = a - 2\cos\frac{j\pi}{n+1}; \quad j = 1, 2, \ldots, n \tag{70}$$

zu den gleichen Eigenvektoren (17.51) des Paares $\boldsymbol{K}; \boldsymbol{I}$. Die Bandbreite von $\boldsymbol{A}$ ist $b + 1$, die von $\boldsymbol{B}$ ist b. Die Potenzen $\hat{\boldsymbol{K}}^b$ werden so berechnet:

$$\begin{aligned} \hat{\boldsymbol{K}}^2 &= (\boldsymbol{K} + a\,\boldsymbol{I})^2 = \boldsymbol{K}^2 + 2\,a\,\boldsymbol{K} + a^2\,\boldsymbol{I}, \\ \hat{\boldsymbol{K}}^3 &= (\boldsymbol{K} + a\,\boldsymbol{I})^3 = \boldsymbol{K}^3 + 3\,a\,\boldsymbol{K}^2 + 3\,a^2\,\boldsymbol{K} + a^3\boldsymbol{I} \quad \text{usw.} \end{aligned} \tag{71}$$

Benötigt werden somit allein die Potenzen von $\boldsymbol{K}$ selber; z.B. ist

$$\boldsymbol{K}^2 = \begin{bmatrix} 1 & 0 & 1 & 0 & \dots & 0 & 0 \\ 0 & 2 & 0 & 1 & \dots & 0 & 0 \\ 1 & 0 & 2 & 0 & \dots & 0 & 0 \\ 0 & 1 & 0 & 2 & \dots & 0 & 0 \\ \dots & & & & & & \\ 0 & 0 & 0 & 0 & \dots & 2 & 0 \\ 0 & 0 & 0 & 0 & \dots & 0 & 1 \end{bmatrix}; \quad \boldsymbol{K}^3 = \begin{bmatrix} 0 & 2 & 0 & 1 & \dots & 0 & 0 \\ 2 & 0 & 3 & 0 & \dots & 0 & 0 \\ 0 & 3 & 0 & 3 & \dots & 0 & 0 \\ 1 & 0 & 3 & 0 & \dots & 0 & 0 \\ \dots & & & & & & \\ 0 & 0 & 0 & 0 & \dots & 0 & 2 \\ 0 & 0 & 0 & 0 & \dots & 2 & 0 \end{bmatrix}. \tag{72a; b}$$

5. Eine hermitesche (reellsymmetrische) Tridiagonalmatrix $\boldsymbol{T}$ mit Partner $\boldsymbol{D}$ oder $\boldsymbol{I}$ und vorgegebenem reellen Spektrum wird erzeugt nach [144, S. 327].

6. Matrizentripel (-tupel) nach der Bequemlichkeitshypothese (21.76). Die Eigenwerte müssen paarweise (gruppenweise) Lösungen der n Gleichungen zweiten (höheren) Grades (21.81) sein. Scharfer Test!

Davon unabhängig findet man in der Literatur eine Fülle von Matrizen mit bekannten Eigenschaften angegeben, von denen wir hier nur einige aufführen wollen.

7. Matrix von Boothroyd/Dekker, beschrieben in [141, S. 78—79]. Die Elemente der Testmatrix $\boldsymbol{T}_n$ sind die positiven ganzen Zahlen

$$t_{n,jk} = \binom{n+j-1}{j-1}\binom{n-1}{n-k}\frac{n}{j+k-1} \quad \text{z.B.} \quad \boldsymbol{T}_3 = \begin{pmatrix} 3 & 3 & 3 \\ 6 & 8 & 3 \\ 10 & 15 & 6 \end{pmatrix}, \tag{73}$$

und die Inverse $\boldsymbol{K}_n = \boldsymbol{T}_n^{-1}$ hat die Elemente

$$k_{n,jk} = (-1)^{j+k} \cdot t_{n,jk} \qquad \text{z.B.} \qquad \boldsymbol{T}_3^{-1} = \boldsymbol{K}_3 = \begin{pmatrix} 3 & -3 & 1 \\ -6 & 8 & -3 \\ 10 & -15 & 6 \end{pmatrix}. \tag{74}$$

Die Vorzeichen sind somit schachbrettartig verteilt, die Hauptdiagonalelemente positiv; die Zeilensummen der Inversen sind abwechselnd $+1$ und -1. Die Kondition von $\boldsymbol{T}_n$ verschlechtert sich rasch mit wachsender Ordnungszahl n, siehe dazu das zweite Beispiel in Abschnitt 25.5. Die Eigenwerte sind reell, positiv und voneinander verschieden

$$0 < \lambda_1 < \lambda_2 < \cdots < \lambda_{n-1} < \lambda_n, \tag{75}$$

und es gilt für n gerade

$$\lambda_1 \lambda_n = \lambda_2 \lambda_{n-1} = \cdots = \lambda_\nu \lambda_\nu = 1 \quad \text{mit} \quad \nu = \frac{n}{2}. \tag{76}$$

Für n ungerade ist

$$\lambda_\mu = 1; \qquad \mu = \frac{n}{2} + 1 . \tag{77}$$

Da die Determinante das Produkt aller Eigenwerte ist, folgt daraus

$$\det \boldsymbol{T}_n = \det \boldsymbol{K}_n = 1 . \tag{78}$$

8. Die Matrix

$$\boldsymbol{A} = \begin{pmatrix} h & a & a & a & \dots & a \\ b & h & a & a & \dots & a \\ b & b & h & a & \dots & a \\ b & b & b & h & \dots & a \\ \dots & \dots & \dots & \dots & \dots & \dots \\ b & b & b & b & \dots & h \end{pmatrix};$$

mit
$$\det \boldsymbol{A} = \frac{a(h-b)^n - b(h-a)^n}{a-b} \qquad \text{für} \quad a \neq b , \tag{79}$$

$$\det \boldsymbol{A} = (h-a)^{n-1}\,[h + (n-1)\,a] \qquad \text{für} \quad a = b . \tag{80}$$

9. Die Matrix $2\,\boldsymbol{I} - \boldsymbol{K} - 1 \cdot \boldsymbol{e}_n\,\boldsymbol{e}_n^T =$

$$\boldsymbol{A}_R = \begin{pmatrix} 2 & -1 & 0 & \dots & 0 & 0 \\ -1 & 2 & -1 & \dots & 0 & 0 \\ 0 & -1 & 2 & \dots & 0 & 0 \\ \dots & \dots & \dots & \dots & \dots & \dots \\ 0 & 0 & 0 & \dots & 2 & -1 \\ 0 & 0 & 0 & \dots & -1 & 1 \end{pmatrix};$$

$$\boldsymbol{A}_R^{-1} = \begin{pmatrix} 1 & 1 & 1 & \dots & 1 & 1 \\ 1 & 2 & 2 & \dots & 2 & 2 \\ 1 & 2 & 3 & \dots & 3 & 3 \\ \dots & \dots & \dots & \dots & \dots & \dots \\ 1 & 2 & 3 & \dots & n-1 & n-1 \\ 1 & 2 & 3 & \dots & n-1 & n \end{pmatrix} = \boldsymbol{K}_R . \tag{81}$$

Die Eigenwerte des Paares $\boldsymbol{A}_R; \boldsymbol{I}$ lassen sich explizit angeben:

$$\varkappa_j = 2 - 2\cos\frac{2j-1}{2n+1}\pi; \qquad j = 1, 2, \dots, n . \tag{82}$$

Sie sind reell, voneinander verschieden und begrenzt durch

$$0 < \varkappa_j < 4; \qquad j = 1, 2, \dots, n , \tag{83}$$

vgl. dazu (17.58).

Weitere Testmatrizen findet der Leser bei ZIELKE [142], sowie bei BERG [134] und MAESS [37, S. 107—109].

10. Zur Konstruktion sehr großer Matrizen, etwa $n \geqq 1000$, bedient man sich folgender Technik. Die Blockmatrix $\boldsymbol{C}$ (auch als *direkte Summe* der einzelnen Blöcke bezeichnet) wird mit zwei regulären Matrizen $\boldsymbol{L}$ und $\boldsymbol{R}$ transformiert, so daß die Einschnürungen in $\boldsymbol{C}$ verwischt werden. Das Paar $\boldsymbol{A}; \boldsymbol{B}$ mit $\boldsymbol{A} = \boldsymbol{L}\,\boldsymbol{C}\,\boldsymbol{R}$ und $\boldsymbol{B} = \boldsymbol{L}\,\boldsymbol{I}\,\boldsymbol{R} = \boldsymbol{L}\,\boldsymbol{R}$ hat als Eigenwerte die Vereinigungsmenge aller Eigenwerte der einzelnen Blockpaare $\boldsymbol{C}_j; \boldsymbol{I}$ $(j = 1, 2, \ldots, m)$.

$$\boldsymbol{C} = \begin{bmatrix} \boxed{C_1} & & & \\ & \boxed{C_2} & & \\ & & \boxed{C_3} & \\ & & & \ddots \; \boxed{C_m} \end{bmatrix}; \quad \boldsymbol{A} := \boldsymbol{L}\,\boldsymbol{C}\,\boldsymbol{R}; \qquad \boldsymbol{B} := \boldsymbol{L}\,\boldsymbol{R}\,. \tag{84}$$

11. Parametermatrizen. Man wähle eine Matrix $\boldsymbol{A}$ mit vorgegebenen, möglichst ganzzahligen Eigenwerten σ_j zum Partner $\boldsymbol{I}$ und bilde m Funktionen, am einfachsten Polynome $p_k(\boldsymbol{A})$, ferner m skalare Funktionen $f_k(\lambda)$. Die Parametermatrix

$$\boldsymbol{F}(\lambda) = f_1(\lambda)\, p_1(\boldsymbol{A}) + f_2(\lambda)\, p_2(\boldsymbol{A}) + \cdots + f_m(\lambda)\, p_m(\boldsymbol{A}) \tag{85}$$

hat nach den Ausführungen von Abschnitt 20.5 offenbar die Eigenterme

$$f_{jj}(\lambda) = f_1(\lambda)\, p_1(\lambda_j) + f_2(\lambda)\, p_2(\lambda_j) + \cdots + f_m(\lambda)\, p_m(\lambda_j)\,; \quad j = 1, 2, \ldots, n\,. \tag{86}$$

Somit definieren die n Gleichungen $f_{11}(\lambda) = 0, \ldots, f_{nn}(\lambda) = 0$ n Serien von jeweils φ_j (im allgemeinen unendlich vielen) Eigenwerten $\lambda_{j\nu}$ der Parametermatrix $\boldsymbol{F}(\lambda)$.

Besonders geeignet ist wieder die Matrix $\boldsymbol{K}$ (17.39) mit den explizit angebbaren, wenn auch nicht ganzzahligen Eigenwerten σ_j (17.48). Geht man mit der Potenz von $\boldsymbol{K}$ nicht allzu hoch, so bleibt auch das Band der Matrix $\boldsymbol{F}(\lambda)$ relativ schmal.

Dazu ein Beispiel. Es sei $m = 3$. Mit den Funktionen

$$f_1(\lambda) = \cos\lambda\,, \qquad f_2(\lambda) = -\lambda\,, \qquad f_3(\lambda) = \frac{1}{\lambda}$$

und den Polynomen in $\boldsymbol{K}$

$$p_1(\boldsymbol{K}) = \boldsymbol{K}^0 = \boldsymbol{I}\,, \qquad p_2(\boldsymbol{K}) = \boldsymbol{K}\,, \qquad p_3(\boldsymbol{K}) = \boldsymbol{K}^3 + \alpha\,\boldsymbol{K} + \beta\,\boldsymbol{I}$$

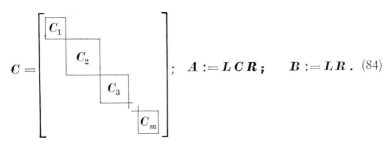

wird die Parametermatrix (86)

$$\boldsymbol{F}(\lambda) = \cos\lambda \cdot \boldsymbol{I} - \lambda\,\boldsymbol{K} + \frac{1}{\lambda}\,(\boldsymbol{K}^3 + \alpha\,\boldsymbol{K} + \beta\,\boldsymbol{I})\,.$$

Die n Definitionsgleichungen (86)

$$f_{jj}(\lambda) = \cos\lambda \cdot 1 - \lambda\,\sigma_j + \frac{1}{\lambda}\,(\sigma_j^3 + \alpha\,\sigma_j + \beta \cdot 1) = 0; \qquad j = 1, 2, \ldots, n$$

legen jeweils unendlich viele Eigenwerte λ_ν fest. Speziell für $\alpha = \beta = 0$ hat wegen (72a; b) die Matrix $\boldsymbol{F}(\lambda)$ das Aussehen

$$\boldsymbol{F}(\lambda) = \begin{pmatrix} \cos\lambda & -\lambda & \frac{2}{\lambda} & 0 & \frac{1}{\lambda} & \ldots \\ -\lambda & \cos\lambda & -\lambda & \frac{3}{\lambda} & 0 & \ldots \\ \frac{2}{\lambda} & -\lambda & \cos\lambda & -\lambda & \frac{3}{\lambda} & \ldots \\ 0 & \frac{3}{\lambda} & -\lambda & \cos\lambda & -\lambda & \ldots \\ \frac{1}{\lambda} & 0 & \frac{3}{\lambda} & -\lambda & \cos\lambda & \ldots \\ \ldots & \ldots & \ldots & \ldots & \ldots & \ldots \end{pmatrix}$$

Ist $\boldsymbol{A}$ diagonalähnlich (normal), so sind die auf diese Weise konstruierten Matrizen $\boldsymbol{F}(\lambda)$ parameterdiagonalähnlich (parameternormal), wie leicht einzusehen.

24.13. Skalierung einer Zahlenfolge. Die ε-Jordan-Matrix

Mitunter wird es erforderlich, eine Folge von reellen oder komplexen Zahlen zu skalieren, worunter verstanden wird, daß ihre Beträge mit Hilfe der arithmetischen, geometrischen, harmonischen oder sonst einer geeigneten Mittelbildung einander gleich gemacht werden, wobei die Argumente bzw. Vorzeichen der so skalierten Zahlen unverändert bleiben. Hat man mehrere Folgen

$$(a_1, a_2, \ldots, a_n); \qquad (b_1, b_2, \ldots, b_n); \qquad \ldots; \qquad (p_1, p_2, \ldots, p_n), \quad (87)$$

so wird man zu erreichen suchen, daß $|a_j| = |b_j| = \cdots = |p_j|$ wird. In den Anwendungen sind die Folgen (87) zum Beispiel die Elemente einer Zeile gleicher Nummer von Matrizenpaaren bzw. Matrizentupeln.

Eine andere Art der Skalierung ist die Ähnlichkeitstransformation mit Hilfe der Diagonalmatrix

$$\boldsymbol{D} = \boldsymbol{D}\text{iag}\,\langle \varepsilon^{j-1} \rangle; \qquad j = 1, 2, \quad \ldots, n; \qquad \varepsilon \neq 0\,. \qquad (88)$$

Die Gleichung $\boldsymbol{F}(\lambda)\,\boldsymbol{x} = \boldsymbol{r}$ geht dann über in $\tilde{\boldsymbol{F}}(\lambda)\,\boldsymbol{z} = \tilde{\boldsymbol{r}}$ mit

$$\tilde{\boldsymbol{F}}(\lambda) := \boldsymbol{D}^{-1}\boldsymbol{F}(\lambda)\,\boldsymbol{D}\,, \qquad \tilde{\boldsymbol{r}} := \boldsymbol{D}^{-1}\boldsymbol{r}\,, \qquad \boldsymbol{z} = \boldsymbol{D}\,\boldsymbol{x} \tag{89}$$

und den transformierten Größen

$$\tilde{f}_{jk}(\varepsilon) = f_{jk}(\lambda)\,\varepsilon^{k-j}\,, \qquad \tilde{r}_j = r_j\,\varepsilon\,, \qquad z_j = x_j\,\varepsilon\,. \tag{90}$$

Die Elemente oberhalb der Hauptdiagonale ($k > j$) werden demnach mit den Potenzen von ε multipliziert, die Elemente unterhalb ($k < j$) dividiert, während die Hauptdiagonalelemente unverändert bleiben. Wird diese Transformation angewendet auf ein JORDAN-Kästchen zum ν-fachen Eigenwert λ_σ, so kommt nach (19.3)

$$\boldsymbol{J}_{\nu\sigma} = \begin{pmatrix} \lambda_\sigma & 1 & 0 & 0 & \ldots & 0 \\ 0 & \lambda_\sigma & 1 & 0 & \ldots & 0 \\ 0 & 0 & \lambda_\sigma & 1 & \ldots & 0 \\ \ldots & \ldots & \ldots & \ldots & \ldots & \ldots \\ 0 & 0 & 0 & 0 & \ldots & \lambda_0 \end{pmatrix}, \quad \boldsymbol{D}^{-1}\boldsymbol{J}_{\nu\sigma}\boldsymbol{D} = \begin{pmatrix} \lambda_\sigma & \varepsilon & 0 & 0 & \ldots & 0 \\ 0 & \lambda_\sigma & \varepsilon^2 & 0 & \ldots & 0 \\ 0 & 0 & \lambda_\sigma & \varepsilon^3 & \ldots & 0 \\ \ldots & \ldots & \ldots & \ldots & \ldots & \ldots \\ 0 & 0 & 0 & 0 & \ldots & \lambda_\sigma \end{pmatrix}. \tag{91}$$

Wählt man (auf Kosten des transformierten Vektors $\boldsymbol{z}$) den Faktor ε beliebig klein, so läßt sich die Kodiagonale praktisch zum Verschwinden bringen. Mit anderen Worten: im Rahmen der Numerik kann *jede* Matrix als diagonalähnlich angesehen werden. Auf dieser Interpretation beruht beispielsweise die Ähnlichkeitstransformation von EBERLEIN und BOOTHROYD [172], siehe auch Abschnitt 39.3.

• 24.14. Fokussierung

Ein für die numerische Praxis wichtigster Kunstgriff besteht in der sogenannten Fokussierung einer Polynommatrix $\boldsymbol{F}(\lambda)$ im Eigenwertproblem

$$\boldsymbol{y}^T\boldsymbol{F}(\lambda) = \boldsymbol{o}^T\,, \qquad \boldsymbol{F}(\lambda)\,\boldsymbol{x} = \boldsymbol{o}$$

mit (92)

$$\boldsymbol{F}(\lambda) = \boldsymbol{A}_0 + \boldsymbol{A}_1\lambda + \boldsymbol{A}_2\lambda^2 + \cdots + \boldsymbol{A}_\varrho\lambda^\varrho\,,$$

worunter folgendes verstanden wird. Man wähle einen Fokus μ als Mittelpunkt eines Einheitskreises K_μ und spiegele den Parameter λ an diesem Kreis, womit die Punkte λ in Punkte ζ der komplexen Zahlenebene übergehen, und zwar besteht die eineindeutige Zuordnung

$$\lambda = \mu + \frac{1}{\zeta} \Leftrightarrow \zeta = \frac{1}{\lambda - \mu}\,. \tag{93}$$

Auch die Eigenwerte gehorchen dieser Beziehung; insbesondere gilt

$$\lambda_j = \infty \Leftrightarrow \zeta_j = 0\,. \tag{94}$$

Liegen (fast) alle Eigenwerte λ_j außerhalb des Fokuskreises K_μ, so liegen zufolge der Spiegelung (fast) alle Eigenwerte ζ_j innerhalb des Kreises. Dieser hat daher die Wirkung eines Brennglases, welches die in der unendlich ausgedehnten komplexen Zahlenebene verstreut liegenden Eigenwerte λ_j sammelt, daher der Name.

Bei der Spiegelung geht ein beliebiger Kreis $K_{R\Lambda}$ mit dem Radius R und dem Mittelpunkt Λ über in einen Kreis $K_{\varrho M}$ mit dem Radius ϱ und dem Mittelpunkt M, der jedoch *nicht* Spiegelpunkt von Λ ist. Handelt es sich um einen zum Näherungswert Λ gehörigen Einschließungskreis, so umfaßt der Kreis K_{rZ} mit dem Spiegelpunkt Z und dem Radius r, wo

$$Z = \mu + \frac{1}{\Lambda}, \qquad r = \frac{R}{|Z|(|Z| - r)} \tag{95}$$

ist, den (weiter nicht interessierenden) Kreis $K_{\varrho M}$, wobei die relative Genauigkeit der Einschließung gewahrt bleibt, das heißt es ist

$$\frac{r}{|Z|} \approx \frac{R}{|\Lambda|}. \tag{96}$$

Durch die Fokussierung wird das Spektrum der Eigenwertaufgabe (92) geändert, nicht aber die Gesamtheit der Links- und Rechtseigenvektoren. Die fokussierte Matrix findet man durch Einsetzen von $\lambda = \mu + 1/\zeta$ und Umsortieren der so entstehenden Terme, und zwar unterscheiden wir die explizite und die implizite Fokussierung.

a) Explizite Fokussierung

Mit Hilfe des vollständigen Horner-Schemas wird zunächst die Spektralverschiebung vom Nullpunkt 0 in den Fokus μ vorgenommen, wie in (56) bis (60) geschildert. Dies führt auf die neuen Matrizen $\hat{\boldsymbol{A}}_\nu$

$$\hat{\boldsymbol{A}}_0 = \boldsymbol{F}(\mu), \hat{\boldsymbol{A}}_1, \hat{\boldsymbol{A}}_2, \ldots, \hat{\boldsymbol{A}}_{\varrho-1}, \hat{\boldsymbol{A}}_\varrho = \boldsymbol{A}_\varrho. \tag{97}$$

Für $\varrho = 3$ beispielsweise ist nach (59)

$$\begin{gathered}\hat{\boldsymbol{A}}_0 = \boldsymbol{F}(\mu) = \boldsymbol{A}_0 + \boldsymbol{A}_1\mu + \boldsymbol{A}_2\mu^2 + \boldsymbol{A}_3\mu^3; \\ \hat{\boldsymbol{A}}_1 = \boldsymbol{A}_1 + 2\boldsymbol{A}_2\mu + 3\boldsymbol{A}_3\mu^2; \quad \hat{\boldsymbol{A}}_2 = \boldsymbol{A}_2 + 3\boldsymbol{A}_3\mu; \quad \hat{\boldsymbol{A}}_3 = \boldsymbol{A}_3.\end{gathered} \tag{97a}$$

Nach dieser Spektralverschiebung erfolgt die Spiegelung, das heißt der Ersatz von $\xi = \lambda - \mu$ (60) durch $\zeta = 1/\xi$ und anschließende Multiplikation von $F(\zeta)$ mit ζ^ϱ, das gibt endgültig

$$\boldsymbol{F}_e(\zeta) = \hat{\boldsymbol{A}}_\varrho + \hat{\boldsymbol{A}}_{\varrho-1}\zeta + \hat{\boldsymbol{A}}_{\varrho-2}\zeta^2 + \cdots + \hat{\boldsymbol{A}}_1\zeta^{\varrho-1} + \hat{\boldsymbol{A}}_0\zeta^\varrho, \tag{98}$$

wo nun die Matrizen $\hat{\boldsymbol{A}}_\nu$ gegenüber (92) in umgekehrter Reihenfolge erscheinen. Der Index e weist auf die explizite Fokussierung hin.

Für Kontrollzwecke ist es oft nützlich, die Spur s der expandierten Matrix (23.16) zu berechnen

$$\sum_{j=1}^{\varrho n} \zeta_j = \text{Spur}\,(\boldsymbol{A}_\varrho^{-1}\,\boldsymbol{A}_{\varrho-1}) = \text{Spur}\,(\boldsymbol{A}_{\varrho-1}\,\boldsymbol{A}_\varrho^{-1}) =: s\,, \tag{99}$$

$$\text{wo} \quad \boldsymbol{A}_\varrho = \boldsymbol{F}(\mu) \text{ regulär.}$$

Die Vertauschbarkeit hatten wir in (2.11) bewiesen.

b) Implizite Fokussierung

Bei dieser Methode werden die Matrizen $\boldsymbol{A}_\nu$ aus (92) nicht umgerechnet, auch ihre Reihenfolge bleibt erhalten, und zwar wird, wie eine einfache Rechnung zeigt, mit

$$\beta := 1 + \mu\,\zeta \tag{100}$$

die implizit fokussierte Matrix (der Index i weist auf implizit hin)

$$\boldsymbol{F}_i(\zeta) = \boldsymbol{A}_0 \cdot 1 \cdot \zeta^\varrho + \boldsymbol{A}_1\,\beta^2\,\zeta^{\varrho-1} + \boldsymbol{A}_2\,\beta\,\zeta^{\varrho-2} + \cdots$$
$$+ \boldsymbol{A}_{\varrho-2}\beta^{\varrho-2}\zeta^2 + \boldsymbol{A}_{\varrho-1}\,\beta^{\varrho-1}\,\zeta + \boldsymbol{A}_\varrho\,\beta^\varrho \cdot 1\,. \tag{101}$$

Die hier beschriebene Fokussierung ermöglichst den Zugang zu wichtigen Algorithmen und wird uns in den Abschnitten (40.21) und (43.7) weiter beschäftigen.

• 24.15. Rechenaufwand für die gebräuchlichsten Matrizenoperationen

Zum Schluß dieses Paragraphen stellen wir in Tabelle 24.1 den für die wichtigsten Matrizenoperationen erforderlichen Rechenaufwand zusammen, wobei weder Additionen von Subtraktionen noch Multiplikationen von Divisionen unterschieden werden. Die Anzahl der Additionen (Subtraktionen) ist generell nur geringfügig kleiner als die Anzahl der Multiplikationen (Divisionen) und wird deshalb nicht gesondert angegeben. Multiplikationen bzw. Divisionen mit einer der Zahlen 0, 1 oder -1 werden nicht mitgezählt. Man prüft leicht nach, daß für die Bandbreite $b = n - 1$ (Vollmatrix) die Formeln rechts in jeder Spalte in die links danebenstehenden Formeln übergehen. Für $n = 1$ und/oder $b = 0$ verschwindet der Rechenaufwand, wie es sein muß. Außerdem bemerken wir: die Anzahl der Multiplikationen (und auch der nicht angegebenen Additionen) ist für die Rechenoperationen 1 und 3 identisch!

Die für die Praxis wichtigste Einsicht ist die, daß bei schmalen Bandmatrizen ($b \ll n$) der Rechenaufwand für die Dreieckszerlegung nur proportional zu n und nicht zu n^3 anwächst wie bei einer Vollmatrix! Niemals sollte deshalb durch eine Transformation oder die Umwandlung eines allgemeinen Paares $\boldsymbol{A}; \boldsymbol{B}$ in $\boldsymbol{B}^{-1}\,\boldsymbol{A}; \boldsymbol{I}$ das Profil einer Bandmatrix zerstört werden. Man vergleiche dazu (13).

Tabelle 24.1. Anzahl der erforderlichen Multiplikationen bzw. Divisionen für die gebräuchlichsten Matrizenoperationen

Rechenoperation	Vollbesetzte Matrix		Matrix mit Bandstruktur	
	unsymmetrisch	symmetrisch	unsymmetrisch	symmetrisch
1. Matrix mal Vektor	n^2		$n(2b+1) - b(b+1) \approx n(2b+1)$	
2. Dreieckszerlegung nach Gauss oder Banachiewicz bzw. Cholesky	$\frac{n}{3}(n-1)(n+1)$	$\frac{n}{6}(n-1)(n+4)$	$\frac{b}{3}(b+1)(3n-2b-1)$ $\approx b\,n(b+1)$	$\frac{b}{6}\{3n(b+3) - 2(b+2)\cdot$ $\cdot(b+1)\} \approx \frac{b\,n}{2}(b+3)$
3. Lösung für eine rechte Seite am zerlegten System	n^2		$n(2b+1) - b(b+1) \approx n(2b+1)$	
4. Berechnung der Kehrmatrix	n^3	$\frac{n}{3}(2n^2+3n-2)$	$\frac{b+1}{2}\{n(n+1) - b(b+1)\} + b\,n^2$ $\approx \frac{n^2}{2}(3b+1)$	$\frac{b+1}{6}\{3n(n+1) - b(2b+7)\}$ $+ \frac{b\,n}{2}(n+3) \approx \frac{n^2}{2}(2b+1)$
5. Matrix mal Matrix	n^3	$\frac{n^2}{2}(n+1)$	für $b \geqq n/2$: $2b\,n^2 - \frac{n}{3}(n^2-3n-1)$ $-\frac{b}{3}(2b^2+3b+1)$ $\approx n^2\left(2b+1-\frac{n}{3}\right)$ für $b \leqq n/2$: $n(4b^2+4b+1) - \frac{5b}{3}\cdot$ $\cdot(2b^2+3b+1) \approx 4n\,b^2$	für $b \geqq n/2$: $b\,n(n+1) - \frac{n}{6}(n^2-3n-4)$ $-\frac{b}{3}(b^2+3b+2)$ $\approx \frac{n^2}{2}\left(2b+1-\frac{n}{3}\right)$ für $b \leqq n/2$: $n(2b^2+3b+1) - \frac{b}{3}(5b^2+$ $+9b+4) \approx 2n\,b^2$

§ 25. Norm, Kondition, Korrektur und Defekt

• 25.1. Die Norm eines Vektors

Das Skalarprodukt zweier im allgemeinen komplexer Vektoren $\boldsymbol{y}$ und $\boldsymbol{x}$, deren Koordinaten (Komponenten) wir zweckmäßig in Polarkoordinaten formulieren

$$y_j = |y_j|\, e^{i\psi_j}\,, \qquad x_j = |x_j|\, e^{i\varphi_j}\,, \tag{1}$$

ist

$$\boldsymbol{y}^T \boldsymbol{x} = \sum_{j=1}^{n} y_j\, x_j = \sum_{j=1}^{n} |y_j|\, e^{i\psi_j}\, |x_j|\, e^{i\varphi_j} = \sum_{j=1}^{n} |y_j|\, |x_j|\, e^{i(\psi_j+\varphi_j)}\,. \tag{2}$$

Nur für den Sonderfall, daß

$$\psi_j + \varphi_j = 0 \quad \text{für} \quad j = 1, 2, \ldots, n \tag{3}$$

ist, besteht die Gleichung

$$\boldsymbol{y}^T \boldsymbol{x} = \sum_{j=1}^{n} |y_j|\, |x_j|\,; \tag{4}$$

im allgemeinen aber gilt wegen $|e^{i(\psi+\varphi)}| \leqq 1$ die Ungleichung

$$|\boldsymbol{y}^T \boldsymbol{x}| \leqq \sum_{j=1}^{n} |y_j|\, |x_j|\,, \tag{5}$$

die wir ein weiteres Mal abschätzen, indem wir die maximale Komponente von $\boldsymbol{y}$ bzw. $\boldsymbol{x}$ aus der Summe herausziehen

$$|\boldsymbol{y}^T \boldsymbol{x}| \leqq \left(\sum_{j=1}^{n} |y_j|\right) \max_{j=1}^{n} |x_j| \tag{6}$$

bzw.

$$|\boldsymbol{y}^T \boldsymbol{x}| \leqq \max_{j=1}^{n} |y_j| \left(\sum_{j=1}^{n} |x_j|\right). \tag{7}$$

Neben diesen beiden für das folgende grundlegenden komplementären Abschätzungen des Skalarproduktes gewinnen wir eine weitere über das Betragsquadrat mit Hilfe einer geeigneten Erweiterung auf folgende Weise:

$$(\boldsymbol{y}^T \boldsymbol{x})^*\, (\boldsymbol{y}^T \boldsymbol{x}) = \frac{\boldsymbol{x}^*\, \bar{\boldsymbol{y}}\, \boldsymbol{y}^T \boldsymbol{x}}{\boldsymbol{x}^* \boldsymbol{x}}\, \boldsymbol{x}^* \boldsymbol{x} = Q\, \boldsymbol{x}^* \boldsymbol{x}\,. \tag{8}$$

Hier erscheint der Formenquotient (Rayleigh-Quotient) Q einer hermiteschen Dyade vom Rang Eins, die $(n-1)$-mal den Eigenwert Null und außerdem das Skalarprodukt $\boldsymbol{y}^T \bar{\boldsymbol{y}} = \boldsymbol{y}^* \boldsymbol{y}$ als Eigenwert besitzt, und damit ist auch das Skalarprodukt (8) im reellen Wertebereich des Paares $\boldsymbol{Q}$; $\boldsymbol{I}$ eingeschlossen

$$0 \leqq |\boldsymbol{y}^T \boldsymbol{x}|^2 \leqq (\boldsymbol{y}^* \boldsymbol{y})\, (\boldsymbol{x}^* \boldsymbol{x})\,. \tag{9}$$

Das Gleichheitszeichen steht hier, wenn $\boldsymbol{y}$ und $\boldsymbol{x}$ kollinar, somit linear abhängig sind

$$|\boldsymbol{y}^T \boldsymbol{x}|^2 = (\boldsymbol{y}^* \boldsymbol{y})\,(\boldsymbol{x}^* \boldsymbol{x}) \quad \text{für} \quad \alpha \boldsymbol{y} + \beta \boldsymbol{x} = \boldsymbol{o}\,, \tag{10}$$

wie leicht nachzuprüfen. Halten wir fest: jedesmal wurden zwecks Abschätzung des Skalarproduktes dem Zeilenvektor $\boldsymbol{y}^T$ und dem Spaltenvektor $\boldsymbol{x}$ in wohlbestimmter Weise reelle nichtnegative Zahlen zugeordnet, die etwas über die Größe (den Betrag) von $\boldsymbol{y}$ und $\boldsymbol{x}$ aussagen. Solche Zahlen heißen die *Norm* eines Vektors und werden mit $\|\cdot\|$ bezeichnet, wobei ein angehängter Index oder auch eine Namensgebung die drei hergeleiteten Normen unterscheidet. Man definiert für einen beliebigen Vektor $\boldsymbol{x}$

Norm I: $\|\boldsymbol{x}\|_{\mathrm{I}} := \max\limits_{j=1}^{n} |x_j|$ Maximumnorm (kubische Norm), (11)

Norm II: $\|\boldsymbol{x}\|_{\mathrm{II}} := \sum\limits_{j=1}^{n} |x_j|$ Betragssummennorm (oktaedrische Norm), (12)

Norm III: $\|\boldsymbol{x}\|_{\mathrm{III}} := +\sqrt{\boldsymbol{x}^* \boldsymbol{x}}$ euklidische (sphärische) Norm. (13)

In dieser Nomenklatur lauten dann die Abschätzungen (6), (7) und (9)

$$|\boldsymbol{y}^T \boldsymbol{x}| \leqq \|\boldsymbol{y}\|_{\mathrm{II}}\ \|\boldsymbol{x}\|_{\mathrm{I}}\,, \tag{14}$$

$$|\boldsymbol{y}^T \boldsymbol{x}| \leqq \|\boldsymbol{y}\|_{\mathrm{I}}\ \|\boldsymbol{x}\|_{\mathrm{II}}\,, \tag{15}$$

$$|\boldsymbol{y}^T \boldsymbol{x}| \leqq \|\boldsymbol{y}\|_{\mathrm{III}}\ \|\boldsymbol{x}\|_{\mathrm{III}}\,. \tag{16}$$

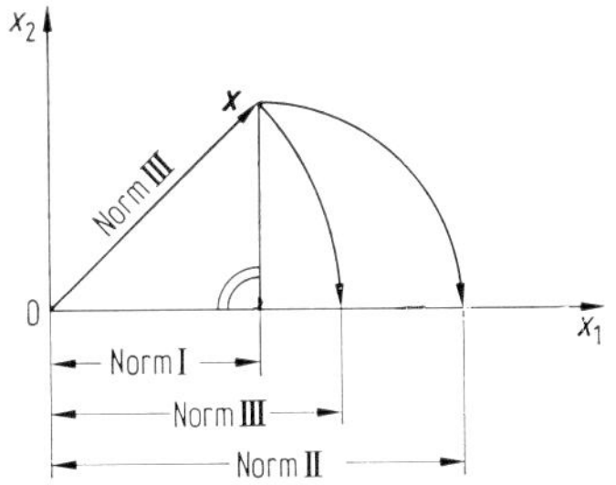

Abb. 25.1. Die drei Vektornormen für $n = 2$ im Reellen

Die Abb. 25.1 veranschaulicht die Bedeutung der Normen in der reellen Ebene am rechtwinkligen Dreieck. Es sind dies der Reihe nach: die maximale Kathete, die Kathetensumme und die Hypotenuse.

• 25.2. Die Norm einer Matrix

Wir versuchen jetzt, die Norm eines Vektors mit Hilfe der durch eine Matrix $\boldsymbol{A}$ vermittelten Abbildung $\boldsymbol{y} = \boldsymbol{A}\,\boldsymbol{x}$ mit

$$\boldsymbol{A} = \begin{pmatrix} \boldsymbol{a}^1 \\ \boldsymbol{a}^2 \\ \cdots \\ \boldsymbol{a}^m \end{pmatrix} = (\boldsymbol{a}_1, \boldsymbol{a}_2, \ldots, \boldsymbol{a}_n) = \begin{pmatrix} a_{11} & a_{12} & \ldots & a_{1n} \\ a_{21} & a_{22} & \ldots & a_{2n} \\ \cdots & \cdots & \cdots & \cdots \\ a_{m1} & a_{m2} & \ldots & a_{mn} \end{pmatrix} = (a_{jk}) \quad (17)$$

auf die Matrix $\boldsymbol{A}$ zu übertragen, indem wir den Zusammenhang zwischen der Norm $||\boldsymbol{x}||$ des Originalvektors $\boldsymbol{x}$ und der Norm $||\boldsymbol{y}||$ des Bildvektors $\boldsymbol{y}$ herstellen als Ungleichung der Art

$$||\boldsymbol{y}|| \leqq ||\boldsymbol{A}|| \, ||\boldsymbol{x}|| \,, \qquad ||\boldsymbol{A}|| > 0 \,, \quad (18)$$

wo $||\boldsymbol{A}||$ die Norm der Matrix $\boldsymbol{A}$ heißt.

Nun ist die Komponente y_j des Bildvektors $\boldsymbol{y}$ das Skalarprodukt $\boldsymbol{a}_j^T \boldsymbol{x}$, und damit besteht für jede Zeile des Gleichungssystems (17) die Abschätzung (14):

$$|y_k| = |\boldsymbol{a}^k \boldsymbol{x}| \leqq ||\boldsymbol{a}^k||_{\mathrm{II}} \, ||\boldsymbol{x}||_{\mathrm{I}} \,. \quad (19)$$

Für die betragsgrößte Komponente des Vektors $\boldsymbol{y}$ gilt somit

$$\max_{k=1}^{m} |y_k| = ||\boldsymbol{y}||_{\mathrm{I}} = \max_{k=1}^{m} ||\boldsymbol{a}^k||_{\mathrm{II}} \, ||\boldsymbol{x}||_{\mathrm{I}} \,, \quad (20)$$

und damit haben wir schon die sogenannte *Zeilennorm* $||\boldsymbol{A}||_{\mathrm{I}}$ gefunden

$$||\boldsymbol{y}||_{\mathrm{I}} \leqq ||\boldsymbol{A}||_{\mathrm{I}} \, ||\boldsymbol{x}||_{\mathrm{I}} \quad \text{mit} \quad ||\boldsymbol{A}||_{\mathrm{I}} := \max_{k=1}^{m} ||\boldsymbol{a}^k||_{\mathrm{II}} \,. \quad (21)$$

Schätzen wir dagegen die Beträge der Komponenten des Bildvektors $\boldsymbol{y}$ einzeln ab

$$|y_k| \leqq |a_{k1}| \, |x_1| + |a_{k2}| \, |x_2| + \cdots + |a_{km}| \, |x_m| \quad (22)$$

und bilden darüber die Summe

$$||\boldsymbol{y}||_{\mathrm{II}} = ||\boldsymbol{a}_1||_{\mathrm{II}} |x_1| + ||\boldsymbol{a}_2||_{\mathrm{II}} |x_2| + \cdots + ||\boldsymbol{a}_n||_{\mathrm{II}} |x_n| \leqq \max_{k=1}^{n} ||\boldsymbol{a}_k||_{\mathrm{II}} \sum_{j=1}^{n} |x_j| \,, \quad (23)$$

so folgt daraus die zur Zeilennorm komplementäre *Spaltennorm* $||\boldsymbol{A}||_{\mathrm{II}}$

$$||\boldsymbol{y}||_{\mathrm{II}} \leqq ||\boldsymbol{A}||_{\mathrm{II}} \, ||\boldsymbol{x}||_{\mathrm{II}} \quad \text{mit} \quad ||\boldsymbol{A}||_{\mathrm{II}} := \max_{k=1}^{n} ||\boldsymbol{a}_k||_{\mathrm{II}} \,. \quad (24)$$

Nun zur dritten Norm. Neben der Gleichung $\boldsymbol{y} = \boldsymbol{A}\,\boldsymbol{x}$ besteht auch die transponiert-konjugierte Gleichung $\boldsymbol{y}^* = \boldsymbol{x}^* \boldsymbol{A}^*$. Multipliziert man diese beiden miteinander (*hermitesche Kondensation*) und erweitert geeignet, so kommt

$$\boldsymbol{y}^* \boldsymbol{y} = \frac{\boldsymbol{x}^* \boldsymbol{A}^* \boldsymbol{A}\,\boldsymbol{x}}{\boldsymbol{x}^* \boldsymbol{I}\,\boldsymbol{x}} \boldsymbol{x}^* \boldsymbol{x} = \alpha^2 \, \boldsymbol{x}^* \boldsymbol{x} \,. \quad (25)$$

Hier ist α^2 der Formenquotient (RAYLEIGH-Quotient) zum hermiteschen Paar $\boldsymbol{A}^* \boldsymbol{A}; \boldsymbol{I}$ mit den reellen nichtnegativen Eigenwerten $\varkappa_j^2$, den Quadraten der singulären Werte des Paares $\boldsymbol{A}; \boldsymbol{I}$, die den Wertebereich von α^2 begrenzen

$$\varkappa_{\min}^2 \leqq \alpha^2 \leqq \varkappa_{\max}^2 , \tag{26}$$

und damit folgt aus (25) die gesuchte — hier sogar beidseitige! — Einschließung

$$\varkappa_{\min}^2 \boldsymbol{x}^* \boldsymbol{x} \leqq \boldsymbol{y}^* \boldsymbol{y} \leqq \varkappa_{\max}^2 \boldsymbol{x}^* \boldsymbol{x} , \tag{27}$$

deren rechte Hälfte wir so schreiben

$$||\boldsymbol{y}||_{\mathrm{III}} \leqq ||\boldsymbol{A}||_{\mathrm{III}}\, ||\boldsymbol{x}||_{\mathrm{III}} \quad \text{mit} \quad ||\boldsymbol{A}||_{\mathrm{III}} := \varkappa_{\max} , \tag{28}$$

und hier steht offenbar das Gleichheitszeichen für den Eigenvektor $\boldsymbol{x}_n$ zum maximalen Eigenwert $\varkappa_{\max}^2$ des Paares $\boldsymbol{A}^* \boldsymbol{A}; \boldsymbol{I}$. Diese dritte Norm heißt *Spektralnorm* oder HILBERT-*Norm*. Sie ist die aufwendigste aber auch beste der drei abgeleiteten Grundnormen.

Resümieren wir: für alle drei Normen besteht die Ungleichung

$$||\boldsymbol{A}\, \boldsymbol{x}|| \leqq ||\boldsymbol{A}||\, ||\boldsymbol{x}|| , \tag{29}$$

sofern jedesmal dieselbe Norm I oder II oder III benutzt wird. Die drei Normen heißen deshalb zueinander passend oder verträglich und dürfen innerhalb einer Gleichung (Ungleichung) nicht ohne weiteres untereinander ausgetauscht werden. Stellen wir nochmals übersichtlich zusammen:

Vektornorm $\|\|\boldsymbol{x}\|\|$			Matrixnorm $\|\|\boldsymbol{A}\|\|$			
$\|\|\boldsymbol{x}\|\|_{\mathrm{I}}$	$= \max\limits_{k=1}^{n} \|x_n\|$	Maximumnorm	$\|\|\boldsymbol{A}\|\|_{\mathrm{I}}$	$= \max\limits_{k=1}^{m} \|\|\boldsymbol{a}^k\|\|_{\mathrm{II}}$	Zeilennorm	(30)
$\|\|\boldsymbol{x}\|\|_{\mathrm{II}}$	$= \sum\limits_{k=1}^{n} \|x_k\|$	Betragssummennorm	$\|\|\boldsymbol{A}\|\|_{\mathrm{II}}$	$= \max\limits_{j=1}^{n} \|\|\boldsymbol{a}_j\|\|_{\mathrm{II}}$	Spaltennorm	(31)
$\|\|\boldsymbol{x}\|\|_{\mathrm{III}}$	$= +\sqrt{\boldsymbol{x}^* \boldsymbol{x}}$	euklidische Norm	$\|\|\boldsymbol{A}\|\|_{\mathrm{III}}$	$= \varkappa_{\max}$	Spektralnorm	(32)

Alle drei sind Schrankennormen, was bedeuten soll, daß die Gleichheitszeichen in den definierenden Ungleichungen (21), (24) und (28) für spezielle Vektoren $\boldsymbol{x}$ auch wirklich angenommen werden, wie wir anhand der Herleitung in Abschnitt 25.1 gezeigt haben. Mit anderen Worten: diese Schranken sind ohne weitere Informationen über den Vektor $\boldsymbol{x}$ nicht zu verbessern; sie heißen daher auch least-upper-bound-Normen, man schreibt abkürzend lub $(\boldsymbol{A})$, eine Gütebezeichnung, die erforderlich wird, da es auch Vergröberungen der drei hergeleiteten Grundnormen gibt, für welche das Gleichheitszeichen in (29) für keinen Vektor angenommen zu werden braucht. Es sind dies die mit allen drei Vektornormen I, II und III verträgliche *Gesamtnorm*

$$\|A\|_G := n \max_{j,k=1}^{n} |a_{jk}| \tag{33}$$

und die sehr viel wertvollere, jedoch allein mit der euklidischen (sphärischen) Vektornorm III verträgliche *euklidische Matrixnorm*

$$\|A\|_E := +\sqrt{\sum_{j=1}^{n}\sum_{k=1}^{n} |a_{jk}|^2} = +\sqrt{\operatorname{Spur} A^* A}\,, \tag{34}$$

zu der man gelangt, wenn der größte singuläre Wert durch die Summe aller ersetzt wird

$$\varkappa_{\max}^2 \leqq \sum_{j=1}^{n} \varkappa_j^2 = \operatorname{Spur} A^* A = \sum_{j=1}^{n}\sum_{k=1}^{n} |a_{jk}|^2\,. \tag{35}$$

Dies erspart zwar die aufwendige Ermittlung des maximalen singulären Wertes $\varkappa_{\max}$, doch ist die dadurch verursachte Vergröberung umso bedenklicher, je größer die Ordnungszahl n ist; man wird deshalb weniger rabiat gemäß der Abschätzung

$$\|A\|_{\mathrm{III}}^2 \leqq \varkappa_{\max}^2 \leqq \hat{\varkappa}^2 \leqq \sum_{j=1}^{n} \varkappa_j^2 \to \|A\|_{\mathrm{III}} \leqq \hat{\varkappa} \tag{36}$$

die Spektralnorm durch die kleinere und damit bessere Näherung $\hat{\varkappa}$ ersetzen, wie man überhaupt bei einiger Übung sich nicht zu sklavisch an die hier gebotenen Regeln halten wird. Der Leser notiere, daß das Rechnen mit Normen letztlich nichts anderes ist als das systematisierte Hantieren mit Ungleichungen, wobei lediglich darauf zu achten ist, daß die folgenden Forderungen nicht verletzt werden, denen, wie leicht nachzuprüfen, auch die aufgeführten fünf (und weitere, hier nicht hergeleitete) Normen genügen:

	Skalarnorm $\lvert x\rvert$	Vektornorm $\|\boldsymbol{x}\|$	Matrixnorm $\|A\|$	
a)	Betrag $\lvert x\rvert > 0$	$\|\boldsymbol{x}\| > 0$	$\|A\| > 0$	(37)
		und gleich Null genau für		
	$x = 0$	$\boldsymbol{x} = \boldsymbol{o}$	$A = O$	(38)
b)	Homogenität $\lvert c\,x\rvert = \lvert c\rvert\,\lvert x\rvert$	$\|c\,\boldsymbol{x}\| = \lvert c\rvert\,\|\boldsymbol{x}\|$	$\|c\,A\| = \lvert c\rvert\,\|A\|$	(39)
c)	Dreiecks-ungleichung $\lvert x+y\rvert \leqq$ $\leqq \lvert x\rvert + \lvert y\rvert$	$\|\boldsymbol{x}+\boldsymbol{y}\| \leqq \|\boldsymbol{x}\| + \|\boldsymbol{y}\|$	$\|A+B\|$ $\leqq \|A\| + \|B\|$	(40)
d)	skalares Produkt $\lvert a\,b\rvert = \lvert a\rvert\,\lvert b\rvert$	Skalarprodukt $\lvert\boldsymbol{y}^T\boldsymbol{x}\rvert \leqq \|\boldsymbol{y}\|_{\mathrm{I}}\ \|\boldsymbol{x}\|_{\mathrm{II}}$ $\lvert\boldsymbol{y}^T\boldsymbol{x}\rvert \leqq \|\boldsymbol{y}\|_{\mathrm{II}}\ \|\boldsymbol{x}\|_{\mathrm{I}}$ $\lvert\boldsymbol{y}^T\boldsymbol{x}\rvert \leqq \|\boldsymbol{y}\|_{\mathrm{III}}\,\|\boldsymbol{x}\|_{\mathrm{III}}$	Matrizenprodukt $\|A\,B\| \leqq \|A\|\,\|B\|$	(41)

Aufgrund der Eigenschaft d) werden die Matrixnorm (einschließlich Gesamtnorm und euklidischer Norm) auch *(sub)multiplikative Normen* genannt.

Wir sehen: durch konsequente Betragsabschätzungen skalarer komplexer Zahlen ist es gelungen, die von den komplexen (oder reellen) Zahlen geläufigen Abschätzungen a) bis d) auf Vektoren und Matrizen zu übertragen. Es existiert ein umfangreicher, von Ostrowski [137] begründeter Normenkalkül, siehe dazu auch die Darstellungen in [17, S. 133—140], [31, S. 36—50], [37, S. 47—51] und [41, S. 148—156]. Ohne Beweis stellen wir einige der wichtigsten dort angegebenen Formeln zusammen. Zunächst gilt offensichtlich für die Einheitsmatrix $\boldsymbol{I}$

$$\|\boldsymbol{I}\|_{\mathrm{I}} = \|\boldsymbol{I}\|_{\mathrm{II}} = \|\boldsymbol{I}\|_{\mathrm{III}} = 1\,, \qquad \|\boldsymbol{I}\|_E = \sqrt{n}\,, \qquad \|\boldsymbol{I}\|_G = n\,, \tag{42}$$

somit nach (41)

$$1 = \|\boldsymbol{I}\| \leqq \|\boldsymbol{A}^{-1}\|\,\|\boldsymbol{A}\| \quad \text{für} \quad \mathrm{I, II, III}\,, \tag{43}$$

eine Ungleichung, die in dieser Form kaum zu gebrauchen ist; jedoch folgt zusammen mit der für alle Normen gültigen Abschätzung

$$\|\boldsymbol{x} - \boldsymbol{y}\| \leqq \|\boldsymbol{x}\| - \|\boldsymbol{y}\| \tag{44}$$

nach einigen trickreichen Umformungen für die drei Grundnormen I, II und III

$$\|(\boldsymbol{A} + \boldsymbol{B})^{-1}\| \leqq \frac{\|\boldsymbol{A}^{-1}\|}{1 - \|\boldsymbol{A}^{-1}\boldsymbol{B}\|} \qquad \text{falls} \quad 1 > \|\boldsymbol{A}^{-1}\boldsymbol{B}\| \tag{45}$$

bzw. stärker

$$\|(\boldsymbol{A} \pm \boldsymbol{B})^{-1}\| \leqq \frac{\|\boldsymbol{A}^{-1}\|}{1 - \|\boldsymbol{A}^{-1}\|\,\|\boldsymbol{B}\|} \qquad \text{falls} \quad 1 > \|\boldsymbol{A}^{-1}\|\,\|\boldsymbol{B}\|\,. \tag{46}$$

Für $\boldsymbol{A} = \boldsymbol{I}$ gehen beide Formeln über in

$$\|(\boldsymbol{I} \pm \boldsymbol{B})^{-1}\| \leqq \frac{1}{1 - \|\boldsymbol{B}\|} \qquad \text{falls} \quad 1 > \|\boldsymbol{B}\|\,, \tag{47}$$

alles Abschätzungen, die bei der Beurteilung und Einschließung von fehlerbehafteten Lösungen linearer Gleichungssysteme von größter Bedeutung sind.

Dazu ein Beispiel. Gegeben ist eine Matrix $\boldsymbol{A}$ und ein Vektor $\boldsymbol{x}$, womit der Bildvektor $\boldsymbol{y} = \boldsymbol{A}\,\boldsymbol{x}$ berechnet werden kann:

$$\boldsymbol{x} = \begin{pmatrix} 2 \\ -1 \\ i \end{pmatrix}, \quad \boldsymbol{A} = \begin{pmatrix} 2 & 1 & 5 \\ -2 & 3 & 0 \\ -1 & 2 & 4 \end{pmatrix}, \quad \boldsymbol{y} = \boldsymbol{A}\,\boldsymbol{x} = \begin{pmatrix} -3 + 5\,i \\ -7 \\ -4 + 4\,i \end{pmatrix}.$$

Wir ermitteln zunächst die Matrixnormen. Nach rechts ziehen wir die Betragssummen und Betragsquadratsummen der Zeilen heraus und nach unten die Betragssummen und Betragsquadratsummen der Spalten, das gibt die eingekreisten maximalen Werte *8* und *9*.

2	−1	5	*8*	30
−2	3	0	5	13
−1	2	4	7	21
5	6	*9*		↓
9	14	41	→	64

Für die Spektralnorm muß die Matrix $\boldsymbol{A}^T \boldsymbol{A}$ explizit berechnet werden. Aus der kubischen Gleichung

$$\det(\boldsymbol{A}^T \boldsymbol{A} - \varkappa^2 \boldsymbol{I}) = 0$$

folgt dann der maximale Wert $\varkappa_{\max} = 6{,}49$.

Mit den drei Vektornormen für $\boldsymbol{y}$ und $\boldsymbol{x}$ machen wir jetzt die Probe:

Vektornorm	$\|\|\boldsymbol{y}\|\|$	$\|\|\boldsymbol{x}\|\|$	$\|\|\boldsymbol{A}\|\|$	Probe
I Maximumnorm $\max_{j=1}^{3} \|x_j\|$	7	2	8	$7 < 2 \cdot 8 = 16$
II Betragssummennorm $\sum_{j=1}^{3} \|x_j\|$	$\sqrt{32} + \sqrt{34} + 7 = 18{,}49$	4	9	$18{,}49 < 4 \cdot 9 = 36$
III euklidische Norm $\sqrt{\boldsymbol{x}^T \boldsymbol{x}}$	$\sqrt{115} = 10{,}72$	$\sqrt{6} = 2{,}45$	$\varkappa_{\max} = 6{,}49$	$10{,}72 < 2{,}45 \cdot 6{,}49 = 15{,}90$

Als Vergröberungen haben wir die Gesamtnorm $\|\boldsymbol{A}\|_G = n \cdot 5 = 3 \cdot 5 = 15$, die größer ist als die drei Normen $\|\boldsymbol{A}\|_{\mathrm{I}} = 8$, $\|\boldsymbol{A}\|_{\mathrm{II}} = 9$ und $\|\boldsymbol{A}\|_{\mathrm{III}} = 6{,}49$ und die euklidische Vektornom $\|\boldsymbol{A}\|_E = \sqrt{64} = 8 > 6{,}49 = \|\boldsymbol{A}\|_{\mathrm{III}}$, wie es sein muß.

• 25.3. Norm und Eigenwertabschätzung

Seine wichtigste Anwendung findet der Normenkalkül beim speziellen Eigenwertproblem. Es sei $\boldsymbol{A}$ eine beliebige quadratische Matrix, dann folgt aus

$$\boldsymbol{y} = \boldsymbol{A}\,\boldsymbol{x} = \lambda\,\boldsymbol{x} \tag{48}$$

für jede beliebige Norm nach den Regeln (39) mit $c = \lambda$

$$\|\boldsymbol{y}\| = \|\boldsymbol{A}\,\boldsymbol{x}\| = |\lambda|\,\|\boldsymbol{x}\| \leqq \|\boldsymbol{A}\|\,\|\boldsymbol{x}\| \tag{49}$$

und daraus nach Division durch $\|\boldsymbol{x}\| \neq 0$ die Abschätzung

$$|\lambda| \leqq \|\boldsymbol{A}\|\,, \tag{50}$$

die wir auch aussprechen können als den

Satz 1: *Jede beliebige Norm überschätzt den Spektralradius*:

$$\varrho(\boldsymbol{A}) \leqq \|\boldsymbol{A}\|\,. \tag{51}$$

Diese relativ grobe Abschätzung läßt sich durch geeignete Kunstgriffe wie Spektralverschiebung (Schiftung), Blockunterteilung mit anschließender Kondensation mit oder ohne Elimination nach [175], Heranziehung des Durchschnittes von Einschließungsmengen usw. in mannigfacher Weise verschärfen, und, was das Wichtigste ist, auf die Eigenwerte von Matrizenpaaren und -tupeln verallgemeinern. Die für die Anwendungen wertvollsten Sätze dieser Art werden wir im § 36 — zum größten Teil ohne Beweis — zusammenstellen. Dem mindestens groben Verständnis dieser Sätze und als Ideenskizze dienen die folgenden Abschnitte 25.4 und 25.5, die beim ersten Studium überschlagen werden können.

Ein Beispiel. Die Eigenwerte λ_j des Paares $\boldsymbol{A}; \boldsymbol{I}$ mit der Matrix $\boldsymbol{A}$ aus dem Beispiel des Abschnittes 25.2 sind einzuschließen. Mit den drei Matrixnormen $||\boldsymbol{A}||_{\text{I}} = 8$, $||\boldsymbol{A}||_{\text{II}} = 9$ und $||\boldsymbol{A}||_{\text{III}} = 6{,}49$ haben wir die drei Einschließungskreise von Abb. 25.2. Die Eigenwerte sind $\lambda_1 = 0{,}345$, $\lambda_{2,3} = 4{,}383 \pm 2{,}637\, i$; der Spektral-

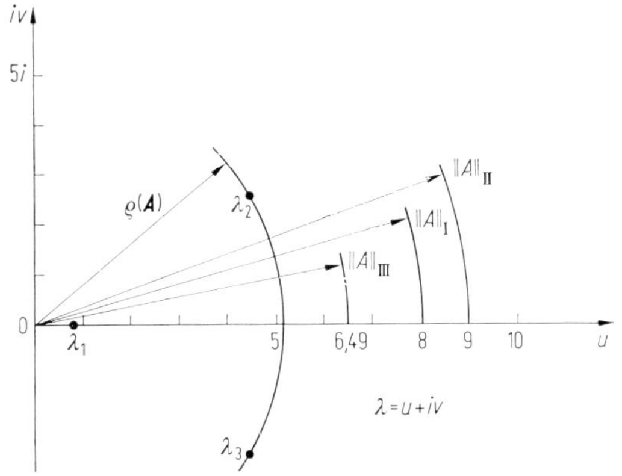

Abb. 25.2. Spektralradius und Norm

radius des durch λ_2 und λ_3 festgelegten Kreises beträgt daher $\varrho(\boldsymbol{A}) = 5{,}11$ und wird um einiges überschätzt.

25.4. Das normierte Defektquadrat (Norm III)

In enger Beziehung zur Spektralnorm (28) steht das aus dem Defektvektor

$$\boldsymbol{d}(\lambda, \boldsymbol{x}) := \boldsymbol{F}(\lambda)\, \boldsymbol{x} \tag{52}$$

gebildete Defektquadrat

$$\delta^2(\lambda, \boldsymbol{x}) := \boldsymbol{d}^*(\lambda, \boldsymbol{x})\, \boldsymbol{d}(\lambda, \boldsymbol{x}) \geqq 0\,, \tag{53}$$

das für jeden festgewählten Vektor $\boldsymbol{x}$ eine nichtnegative reelle Fläche, ein sogenanntes *Relief* über der komplexen Zahlenebene darstellt. Dabei ist $\boldsymbol{F}(\lambda)$ eine beliebige, auch rechteckige Parametermatrix, speziell ein

Vektor oder Skalar. Das Studium solcher Reliefs als Funktion des Parameters λ eröffnet den einfachsten Zugang zu den Einschließungssätzen von Eigenwerten der Matrix $\boldsymbol{F}(\lambda) = \boldsymbol{A} - \lambda\,\boldsymbol{B}$ sowie zu den auf der Defektminimierung gegründeten Relaxationsmethoden zur iterativen Lösung von Gleichungssystemen $\boldsymbol{A}\,\boldsymbol{x} = \boldsymbol{r}$ in § 33. Es ist daher von allgemeinem Interesse.

a) Das Skalarparaboloid. Es seien a und b zwei Skalare, dann ist der Defekt und sein Betragsquadrat

$$d(\lambda) = a - \lambda\,b;$$

$$\delta^2(\lambda) = \bar{d}(\lambda)\,d(\lambda) = (\bar{a} - \bar{\lambda}\,\bar{b})\,(a - \lambda\,b) = \bar{a}\,a - (\bar{a}\,b\,\lambda + \bar{\lambda}\,\bar{b}\,a) + \bar{\lambda}\lambda\,\bar{b}\,b\,, \tag{54}$$

und dies läßt sich mit dem Vektor

$$\boldsymbol{l} := \begin{pmatrix} 1 \\ \lambda \end{pmatrix} \tag{55}$$

auch als hermitesche Form schreiben

$$\delta^2(\lambda) = \boldsymbol{l}^*\,\boldsymbol{Q}\,\boldsymbol{l} \quad \text{mit} \quad \boldsymbol{Q} := \begin{pmatrix} \bar{a}\,a & -a\,\bar{b} \\ -\bar{b}\,a & \bar{b}\,b \end{pmatrix} =: \begin{pmatrix} \alpha^2 & -\bar{\gamma} \\ -\gamma & \beta^2 \end{pmatrix} \tag{56}$$

mit den Abkürzungen

$$\alpha^2 := \bar{a}\,a \geqq 0; \qquad \beta^2 := \bar{b}\,b \geqq 0; \qquad \gamma := \bar{b}\,a \text{ i. allg. komplex.} \tag{57}$$

Da das Defektquadrat für kein Wertepaar $(1, \lambda)$ negativ werden kann, ist die hermitesche Matrix $\boldsymbol{Q}$ positiv (halb-)definit; ihre Determinante

$$\det \boldsymbol{Q} = \alpha^2\,\beta^2 - \bar{\gamma}\,\gamma \geqq 0 \tag{58}$$

kann deshalb nicht negativ werden.

Wie sieht nun das zugehörige Relief aus? Hier sind zwei Fälle zu unterscheiden.

a1) Es ist $b = 0$. Dann wird $\delta^2 = \alpha^2 = \text{const}$, und das ist eine Horizontalebene mit Abstand α^2 über der komplexen Zahlenebene bzw. für $\alpha = 0$ die komplexe Zahlenebene selbst.

a2) Es ist $b \neq 0$. Eine Umformung der Gl. (53) ergibt

$$\delta^2(\lambda) = \bar{b}\,b\left(\frac{\bar{a}}{\bar{b}} - \bar{\lambda}\right)\left(\frac{a}{b} - \lambda\right) = \beta^2(\bar{p} - \bar{\lambda})\,(p - \lambda) = \beta^2\,|p - \lambda|^2\,, \tag{59}$$

und dies ist ein nach oben geöffnetes Rotationsparaboloid über der komplexen Zahlenebene, das diese im (einzigen) Eigenwert $\lambda = a/b$, dem Fußpunkt

$$p = a/b \tag{60}$$

des Paraboloides von oben berührt, siehe dazu Abb. 25.3a.

b) Das Vektorparaboloid. Mit zwei Vektoren $\boldsymbol{a}$ und $\boldsymbol{b}$ wird der Defekt und sein Quadrat

$$\boldsymbol{d}(\lambda) = \boldsymbol{a} - \lambda\,\boldsymbol{b}; \qquad \delta^2(\lambda) = \boldsymbol{d}^*(\lambda)\,\boldsymbol{d}(\lambda)\,, \tag{61}$$

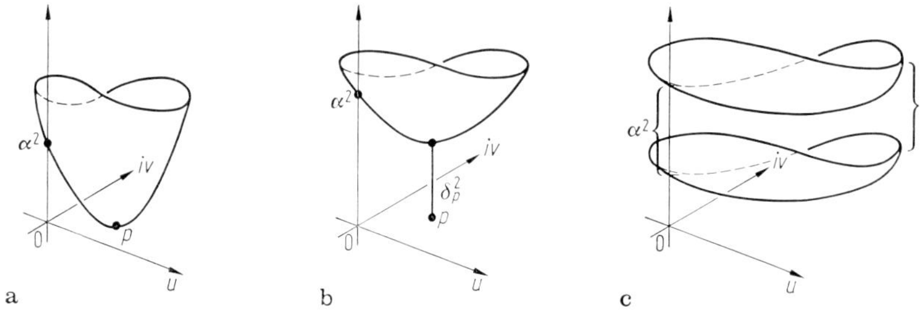

Abb. 25.3. a) Skalarparaboloid; b) Vektorparaboloid; c) Matrixparaboloid

und wieder ist

$$\delta^2(\lambda) = \boldsymbol{l}^*\,\boldsymbol{Q}\,\boldsymbol{l} \text{ mit } \boldsymbol{Q} = \begin{pmatrix} \boldsymbol{a}^*\boldsymbol{a} & -\boldsymbol{a}^*\boldsymbol{b} \\ -\boldsymbol{b}^*\boldsymbol{a} & \boldsymbol{b}^*\boldsymbol{b} \end{pmatrix} = \begin{pmatrix} \alpha^2 & -\bar{\gamma} \\ -\gamma & \beta^2 \end{pmatrix} \tag{62}$$

wie in (56), jetzt mit den Skalarprodukten

$$\alpha^2 := \boldsymbol{a}^*\boldsymbol{a} \geqq 0\,; \quad \beta^2 := \boldsymbol{b}^*\boldsymbol{b} \geqq 0; \quad \gamma := \boldsymbol{b}^*\boldsymbol{a} \text{ i. allg. komplex.} \tag{63}$$

b1) $\boldsymbol{b} = \boldsymbol{o}$. Horizontalebene $\delta^2 = \alpha^2$ const,

b2) $\boldsymbol{b} \neq \boldsymbol{o}$. Paraboloid. Die Flächengleichung

$$\delta^2(\lambda) = \alpha^2 - (\bar{\gamma}\,\lambda + \gamma\,\bar{\lambda}) + \beta^2\,\bar{\lambda}\,\lambda \tag{64}$$

schreiben wir mit Hilfe einer quadratischen Ergänzung in der Form

$$\delta^2(\lambda) = \alpha^2 - \frac{\bar{\gamma}\,\gamma}{\beta^2} + \beta^2\,|p - \lambda|^2 \tag{65}$$

mit der minimalen Ordinate

$$\delta^2_{\min} = \delta^2(p) = \alpha^2 - \frac{\bar{\gamma}\,\gamma}{\beta^2} = \frac{\det \boldsymbol{Q}}{\beta^2} \tag{66}$$

und dem Fußpunkt

$$p = \frac{\gamma}{\beta^2} = \frac{\boldsymbol{b}^*\boldsymbol{a}}{\boldsymbol{b}^*\boldsymbol{b}}\,, \tag{67}$$

siehe Abb. 25.3b. Wir sehen: Das Vektorparaboloid kann die komplexe Zahlenebene nur berühren, wenn $\boldsymbol{a} = \sigma\,\boldsymbol{b}$ ist, dann nämlich setzt es im Fußpunkt $p = \boldsymbol{b}^*\boldsymbol{a}/\boldsymbol{b}^*\boldsymbol{b} = \sigma$ auf, und da jetzt die Determinante von $\boldsymbol{Q}$ verschwindet, wird $\delta^2(p) = \delta^2(\sigma) = 0$, wie es sein muß.

c) Das Matrixparaboloid. Es sei nun $\boldsymbol{a} = \boldsymbol{A}\,\boldsymbol{x}$ und $\boldsymbol{b} = \boldsymbol{B}\,\boldsymbol{x}$ mit zwei beliebigen, auch rechteckigen Matrizen $\boldsymbol{A}$ und $\boldsymbol{B}$. Dann gilt alles unter b) Gesagte, doch wollen wir uns auf quadratische Matrizen beschränken, die beide singulär sein dürfen. Um uns von der Länge (dem Betrag) des Vektors $\boldsymbol{x}$ zu befreien, gehen wir von der hermiteschen Form zum Formenquotienten über; außerdem erweist es sich als vorteilhaft, das Defektquadrat mit Hilfe zweier hermitescher positiv definiter Matrizen $\boldsymbol{M}$ und $\boldsymbol{N}$ zu normieren. Auf diese Weise entsteht aus dem Defektvektor (52) als Verallgemeinerung von (53) das normierte Defektquadrat

$$\boxed{\delta^2(\lambda, \boldsymbol{x}) := \frac{\boldsymbol{d}^*(\lambda, \boldsymbol{x})\, \boldsymbol{M}^{-1}\, \boldsymbol{d}(\lambda, \boldsymbol{x})}{\boldsymbol{x}^*\, \boldsymbol{N}\, \boldsymbol{x}} \geqq 0\,, \quad \begin{cases} \boldsymbol{M}^* = \boldsymbol{M} \text{ pos. def.} \\ \boldsymbol{N}^* = \boldsymbol{N} \text{ pos. def.} \end{cases}}\,, \tag{68}$$

das sich wiederum schreiben läßt als

$$\delta^2(\lambda, \boldsymbol{x}) = \boldsymbol{l}^*\, \boldsymbol{Q}(\boldsymbol{x})\, \boldsymbol{l} \quad \text{mit} \quad \boldsymbol{Q}(\boldsymbol{x}) = \begin{pmatrix} \alpha^2(\boldsymbol{x}) & -\bar{\gamma}(\boldsymbol{x}) \\ -\gamma(\boldsymbol{x}) & \beta^2(\boldsymbol{x}) \end{pmatrix}, \tag{69}$$

doch hängt die hermitesche Matrix $\boldsymbol{Q}(\boldsymbol{x})$ jetzt vom Vektor $\boldsymbol{x}$ ab. Sie heißt die *Formenquotientenmatrix,* denn ihre Elemente sind die reellen nichtnegativen hermiteschen Formenquotienten

$$\alpha^2(\boldsymbol{x}) := \frac{\boldsymbol{x}^*\, \boldsymbol{A}^*\, \boldsymbol{M}^{-1}\, \boldsymbol{A}\, \boldsymbol{x}}{\boldsymbol{x}^*\, \boldsymbol{N}\, \boldsymbol{x}} \geqq 0\,, \qquad \beta^2(\boldsymbol{x}) := \frac{\boldsymbol{x}^*\, \boldsymbol{B}^*\, \boldsymbol{M}^{-1}\, \boldsymbol{B}\, \boldsymbol{x}}{\boldsymbol{x}^*\, \boldsymbol{N}\, \boldsymbol{x}} \geqq 0 \tag{70}$$

und die im allgemeinen komplexen Quotienten $\gamma(\boldsymbol{x})$ und $\bar{\gamma}(\boldsymbol{x})$ mit

$$\gamma(\boldsymbol{x}) := \frac{\boldsymbol{x}^*\, \boldsymbol{B}^*\, \boldsymbol{M}^{-1}\, \boldsymbol{A}\, \boldsymbol{x}}{\boldsymbol{x}^*\, \boldsymbol{N}\, \boldsymbol{x}}\,. \tag{71}$$

Wieder haben wir wie unter a) und b) die Fallunterscheidung zu treffen:

c1) $\boldsymbol{b} = \boldsymbol{B}\, \boldsymbol{x} = \boldsymbol{o}$. Dies ist für nichtverschwindenden Vektor $\boldsymbol{x}$ nur möglich, wenn $\boldsymbol{B}$ singulär ist. Das Relief ist dann die Horizontalebene

$$\delta^2(\boldsymbol{x}) = \alpha^2(\boldsymbol{x}) = \frac{\boldsymbol{x}^*\, \boldsymbol{A}^*\, \boldsymbol{M}^{-1}\, \boldsymbol{A}\, \boldsymbol{x}}{\boldsymbol{x}^*\, \boldsymbol{N}\, \boldsymbol{x}} \geqq 0 \tag{72}$$

bzw. für $\boldsymbol{A}\, \boldsymbol{x} = \boldsymbol{o}$ die komplexe Zahlenebene selbst.

c2) $\boldsymbol{b} = \boldsymbol{B}\, \boldsymbol{x} \neq \boldsymbol{o}$. Wie im Vektorparaboloid (man hat nur $\boldsymbol{a}$ und $\boldsymbol{b}$ durch $\boldsymbol{A}\, \boldsymbol{x}$ und $\boldsymbol{B}\, \boldsymbol{x}$ zu ersetzen) läßt sich mit Hilfe der quadratischen Ergänzung eine Umformung vornehmen, und man bekommt mit dem Fußpunkt

$$p(\boldsymbol{x}) = \frac{\boldsymbol{x}^*\, \boldsymbol{B}^*\, \boldsymbol{M}^{-1}\, \boldsymbol{A}\, \boldsymbol{x}}{\boldsymbol{x}^*\, \boldsymbol{B}^*\, \boldsymbol{N}\, \boldsymbol{B}\, \boldsymbol{x}} \tag{73}$$

und der dort angenommenen minimalen Ordinate des Paraboloides

$$\delta^2_{\min}(\boldsymbol{x}) = \delta^2(p, \boldsymbol{x}) = \alpha^2(\boldsymbol{x}) - \frac{\bar{\gamma}(\boldsymbol{x})\, \gamma(\boldsymbol{x})}{\beta^2(\boldsymbol{x})} = \frac{1}{\beta^2(\boldsymbol{x})} \det \boldsymbol{Q}(\boldsymbol{x}) \geqq 0 \tag{74}$$

die Flächengleichung in der durchsichtigen Form

$$\delta^2(\lambda, \boldsymbol{x}) = \delta^2(p, \boldsymbol{x}) + \beta^2(\boldsymbol{x})\, |p(\boldsymbol{x}) - \lambda|^2\,. \tag{75}$$

Für jeden festgewählten Vektor $\boldsymbol{x}$ ist dies mit $\boldsymbol{A}\,\boldsymbol{x} = \boldsymbol{a}$ und $\boldsymbol{B}\,\boldsymbol{x} = \boldsymbol{b}$ ein wohlbestimmtes Vektorparaboloid (64). Die Gesamtheit all dieser Vektorparaboloide bildet eine *Schale*, die nach Abb. 25.3c für jeden Punkt λ einen Wertebereich $W(\lambda)$ besitzt, der als die *Spanne* der Schale bezeichnet wird. Ist insbesondere $\boldsymbol{A} = \sigma\,\boldsymbol{B}$ und $\boldsymbol{B}$ regulär, so wird der Defekt $\boldsymbol{d}(\lambda, \boldsymbol{x}) = (\boldsymbol{A} - \lambda\,\boldsymbol{B})\,\boldsymbol{x} = (\sigma - \lambda)\,\boldsymbol{B}\,\boldsymbol{x} = (\sigma - \lambda)\,\boldsymbol{y}$ mit $\boldsymbol{y} := \boldsymbol{B}\,\boldsymbol{x}$. Die Schale schrumpft dann zu einem Vektorparaboloid mit der Spanne Null zusammen, ist somit unabhängig vom Vektor $\boldsymbol{y} = \boldsymbol{B}\,\boldsymbol{x}$. Bei beliebigen Matrizenpaaren indes läßt sich höchstens erreichen, daß die Spanne in einem vorgegebenem Schiftpunkt Λ (speziell im Nullpunkt O) gleich Null wird durch die Maßnahme der Bündelung, die uns schon von Abb. 21.8 her vertraut ist, und eben diesem Zweck dienen die beiden Normierungsmatrizen $\boldsymbol{M}$ und $\boldsymbol{N}$. Es sei nämlich $\boldsymbol{A}$ bzw. $\hat{\boldsymbol{A}} := \boldsymbol{F}(\Lambda) = \boldsymbol{A} - \Lambda\,\boldsymbol{B}$ regulär und $\boldsymbol{A} = \boldsymbol{P}\,\boldsymbol{Q}$ eine beliebige Zerlegung von $\boldsymbol{A}$, beispielsweise eine Dreieckszerlegung nach GAUSS bzw. BANACHIEWICZ oder auch die primitive Zerlegung, wo $\boldsymbol{P}$ oder $\boldsymbol{Q}$ gleich der Einheitsmatrix $\boldsymbol{I}$ ist. Setzen wir

$$\boldsymbol{M} = \boldsymbol{P}^*\,\boldsymbol{P}\,, \qquad \boldsymbol{N} = \boldsymbol{Q}^*\,\boldsymbol{Q}\,; \qquad \boldsymbol{P}\,\boldsymbol{Q} = \boldsymbol{A}\,, \tag{76}$$

so wird, wie leicht nachzurechnen, $\alpha^2 = 1 = \text{const}$ für jeden Vektor $\boldsymbol{x}$, und damit ist die Bündelung im Schiftpunkt Λ bzw. im Nullpunkt O erreicht. Soll dagegen $\beta^2 = 1$ werden, so leistet das die analoge Zerlegung der Matrix $\boldsymbol{B}$ (die allerdings regulär sein muß); alle Rotationsparaboloide haben jetzt die gleiche Krümmung $\beta^2 = 1$ und sind daher einander kongruent und gegeneinander verschoben, siehe Abb. 21.3 bis 21.5.

Wir fragen nun, unter welchen Bedingungen das Defektquadrat verschwindet. Dies ist, wie wir in b) sahen, nur möglich, wenn $\boldsymbol{a} = \sigma\,\boldsymbol{b}$, hier also $\boldsymbol{A}\,\boldsymbol{x} = \sigma\,\boldsymbol{B}\,\boldsymbol{x}$ wird; dies aber bedeutet, daß $\sigma = \lambda_j$ ein Eigenwert des Paares $\boldsymbol{A}; \boldsymbol{B}$ und $\boldsymbol{x}_j$ der zugehörige Eigenvektor sein muß. Das Relief $\delta^2(\lambda_j, \boldsymbol{x}_j)$ heißt dann das *Eigenparaboloid* der Nummer j. Es berührt die komplexe Zahlenebene im Eigenwert λ_j von oben.

Wählt man nun einen beliebigen von Null verschiedenen Testvektor (Versuchsvektor) $\boldsymbol{x}$ und nimmt für diesen im Fußpunkt p das Defektquadrat zwar nicht den Wert Null, jedoch einen kleinen Wert an, so kann gezeigt werden, daß ein Eigenwert in der Nähe von p liegt. Um die auf dieser Tatsache basierenden Einschließungssätze (die wir im § 36 kennenlernen werden) zu vereinfachen, ist es erforderlich, die Spanne $W(\lambda)$ der Schale durch zwei Grenzflächen

$$\underset{\smile}{W}(\lambda) \leqq W(\lambda) \leqq \widehat{W}(\lambda) \tag{77}$$

oder noch einfacher zwei Rotationsflächen

$$\underset{\smile}{W}(r) \leqq W(\lambda) \leqq \widehat{W}(r)\,; \qquad \xi = \lambda - \Lambda = r\,e^{i\varphi} \tag{78}$$

mit der Drehachse im Schiftpunkt Λ einzuschließen. Auf dieser Idee beruht zum Beispiel der Determinantensatz (42.21) ebenso wie eine Reihe anderer, auf den Normen I und II basierender Einschließungssätze für die Eigenwerte von Polynommatrizen.

Abschließend diskutieren wir die Besonderheiten eines normalen Paares

$$\boldsymbol{A}^* \boldsymbol{B}^{-1} \boldsymbol{A} = \boldsymbol{A} \boldsymbol{B}^{-1} \boldsymbol{A}^*; \qquad \boldsymbol{B}^* = \boldsymbol{B} \text{ pos. def.} \tag{79}$$

Wählen wir $\boldsymbol{M} = \boldsymbol{N} = \boldsymbol{B}$, so werden die Formenquotienten der Matrix $\underset{\sim}{\boldsymbol{Q}}(\boldsymbol{x})$

$$\alpha^2(\boldsymbol{x}) = \frac{\boldsymbol{x}^* \boldsymbol{A}^* \boldsymbol{B}^{-1} \boldsymbol{A} \boldsymbol{x}}{\boldsymbol{x}^* \boldsymbol{B} \boldsymbol{x}}\,; \quad \beta^2 = \frac{\boldsymbol{x}^* \boldsymbol{B} \boldsymbol{x}}{\boldsymbol{x}^* \boldsymbol{B} \boldsymbol{x}} = 1\,; \quad \gamma(\boldsymbol{x}) = \frac{\boldsymbol{x}^* \boldsymbol{A} \boldsymbol{x}}{\boldsymbol{x}^* \boldsymbol{B} \boldsymbol{x}} = R(\boldsymbol{x})\,. \tag{80}$$

Hier wurde also die $\boldsymbol{B}$-Normierung erreicht, ohne daß $\boldsymbol{B}$ zerlegt werden müßte, und $\gamma(\boldsymbol{x})$, damit auch wegen $\beta^2 = 1$ der Fußpunkt $p(\boldsymbol{x})$, ist nichts anderes als der RAYLEIGH-Quotient. Das heißt: Bei festgewähltem Testvektor $\boldsymbol{x}$ wird das Defektquadrat eines normalen Paares minimal für den RAYLEIGH-Quotienten.

Ist andererseits die Matrix $\boldsymbol{A}$ hermitesch und positiv definit und wählt man $\boldsymbol{M} = \boldsymbol{N} = \boldsymbol{A}$, so wird in analoger Weise mit

$$\alpha^2 = \frac{\boldsymbol{x}^* \boldsymbol{A} \boldsymbol{x}}{\boldsymbol{x}^* \boldsymbol{A} \boldsymbol{x}} = 1\,; \quad \beta^2(\boldsymbol{x}) = \frac{\boldsymbol{x}^* \boldsymbol{B}^* \boldsymbol{A}^{-1} \boldsymbol{B} \boldsymbol{x}}{\boldsymbol{x}^* \boldsymbol{A} \boldsymbol{x}}\,; \quad \gamma(\boldsymbol{x}) = \frac{\boldsymbol{x}^* \boldsymbol{B} \boldsymbol{x}}{\boldsymbol{x}^* \boldsymbol{A} \boldsymbol{x}} = R^{-1}(\boldsymbol{x}) \tag{81}$$

die Bündelung im Nullpunkt oder allgemeiner im Schiftpunkt Λ erreicht, wenn $\boldsymbol{A}$ durch $\hat{\boldsymbol{A}} := \boldsymbol{F}(\Lambda) = \boldsymbol{A} - \Lambda \boldsymbol{B}$ ersetzt wird.

Schließlich erinnern wir an das in diesem Zusammenhang wichtige Korrespondenzprinzip (21.41), wonach die Berechnung bzw. Abschätzung des Formenquotienten $\alpha^2(\boldsymbol{x})$ (80) auf die leichter zu ermittelnden Eigenwerte des normalen Paares $\boldsymbol{A}; \boldsymbol{B}$ selbst abgewälzt werden kann. Zum anderen erkennen wir: die Eigenparaboloide eines normalen Paares $\boldsymbol{A}; \boldsymbol{B}$ sind die Betragsquadrate ihrer Eigenebenen. Speziell für hermitesche Paare bedeutet das: die Eigenparabeln über der reellen λ-Achse sind die quadrierten Eigengeraden.

Das normierte (oder mit $\boldsymbol{M} = \boldsymbol{N} = \boldsymbol{I}$ auch nicht normierte) Defektquadrat spielt eine fundamentale Rolle sowohl beim Eigenwertproblem wie bei den im § 33 beschriebenen Relaxationsmethoden zur iterativen Lösung eines linearen Gleichungssystems.

25.5. Die Kondition einer Matrix. Skalierung. Sensibilität

Im Zusammenhang mit der Auflösung von linearen Gleichungssystemen

$$\boldsymbol{A} \boldsymbol{x} = \boldsymbol{r} \tag{82}$$

tritt die Frage der *Kondition* der Matrix in den Vordergrund, worunter verstanden wird, daß sich (82) bei gutkonditionierter Matrix $\boldsymbol{A}$ für jede beliebige rechte Seite numerisch stabil auflösen läßt; anderenfalls heißt die Matrix schlecht konditioniert (oder *ill conditioned*). Was gemeint ist, versteht man sofort, wenn man zwei reelle Gleichungen zeichnerisch zu lösen versucht durch den Schnitt zweier gerader Linien mit einer durch die Zeichenungenauigkeit bedingten Toleranzbreite ε_1 bzw. ε_2.

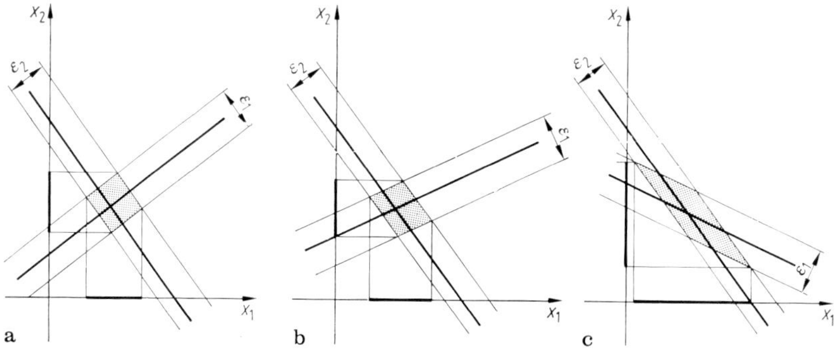

Abb. 25.4. Zeichnerische Lösung eines Gleichungssystems für $n = 2$ im Reellen. a) bestens konditioniert: senkrechte Schnitte; b) mäßig konditioniert; c) schlecht konditioniert: schleifende Schnitte

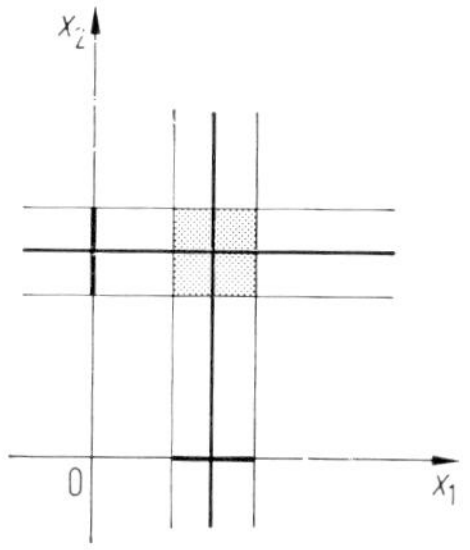

Abb. 25.5. Schnittverhältnisse bei diagonaler Koeffizientenmatrix für $n = 2$ im Reellen

Man erkennt: je „orthogonaler" die Schnitte, um so sicherer die Lösung. Dies wird noch augenscheinlicher, wenn die Schnittfigur von Abb. 25.4a nach Abb. 25.5 achsenparallel gedreht wird, wodurch die Kondition sich nicht ändert, doch sind die beiden Gleichungen nunmehr entkoppelt und haben die voneinander unabhängigen Lösungen $x_1 = a_1$ und $x_2 = a_2$, was nichts anderes bedeutet, daß infolge der Drehung die Matrix $\boldsymbol{A}$ diagonal geworden ist. Genau diese Transformationseigenschaft aber besitzt jede unitäre Matrix $\boldsymbol{A}$. Der Drehung auf Hauptachsen entspricht die Multiplikation der Gl. (82) von links mit $\boldsymbol{A}^*$ (das ist die Gaussсche Transformation (2.39))

$$\boldsymbol{A}^* \boldsymbol{A} \boldsymbol{x} = \boldsymbol{A}^* \boldsymbol{r} \quad \text{mit} \quad \boldsymbol{A}^* \boldsymbol{A} = \boldsymbol{D}\text{iag} \langle \boldsymbol{a}_j^* \boldsymbol{a}_j \rangle \,, \tag{83}$$

womit die entkoppelten Lösungen

$$(\boldsymbol{a}_j^* \boldsymbol{a}_j)\, x_j = \boldsymbol{a}_j^* \boldsymbol{r}; \qquad j = 1, 2, \ldots, n \tag{84}$$

fertig vor uns stehen. Ist $\boldsymbol{A}$ überdies normiert, so wird wegen $\boldsymbol{a}_j^* \boldsymbol{a}_j = 1$ noch einfacher

$$x_j = \boldsymbol{a}_j^* \boldsymbol{r}; \qquad j = 1, 2, \ldots, n\,. \tag{85}$$

Aufgrund dieser Eigenschaft erhält die normiert-unitäre Matrix als sogenannte *Konditionszahl* $\varkappa$ das Prädikat $\varkappa = 1$, während für beliebige Matrix die Note $\varkappa \geqq 1$ vergeben wird. Eine singuläre Matrix bekommt den Wert $\varkappa = \infty$; es bezeichnet dies die Unauflösbarkeit des Gleichungssystems für *beliebige* rechte Seiten, wobei der Begriff der *Verträglichkeit* in die Konditionsbestimmung nicht eingeht, der Rang einer singulären Matrix somit unbewertet bleibt.

An Definitionen solcher Zahlen, die dieser Bedingung genügen, hat es in der Vergangenheit nicht gefehlt, doch setzt sich die

$$\boxed{\text{Konditionszahl } \varkappa = \|\boldsymbol{A}\| \cdot \|\boldsymbol{A}^{-1}\|} \tag{86}$$

mehr und mehr als verbindlich durch. Wir testen sie für drei Sonderfälle.

1. $\boldsymbol{A} = \boldsymbol{D}$ ist Diagonalmatrix. Dann gilt offenbar für Zeilennorm, Spaltennorm und Spektralnorm

$$\varkappa = \max_{j=1}^{n} |d_{jj}| \cdot \max_{j=1}^{n} |d_{jj}^{-1}| = \frac{|d_{jj}|_{\max}}{|d_{jj}|_{\min}} = \frac{|\lambda_j|_{\max}}{|\lambda_j|_{\min}}\,, \tag{87}$$

denn die Diagonalelemente von $\boldsymbol{D}$ sind die Eigenwerte des Paares $\boldsymbol{D}; \boldsymbol{I}$.

2. $\boldsymbol{A}$ ist normal. Dann ist die *Spektralnorm* gleich dem Betrag des betragsgrößten Eigenwertes des Paares $\boldsymbol{A}; \boldsymbol{I}$, und da $\boldsymbol{A}^{-1}; \boldsymbol{I}$ die reziproken Eigenwerte besitzt, gilt

$$\varkappa = \max_{j=1}^{n} |\lambda_j| \cdot \max_{j=1}^{n} |\lambda_j^{-1}| = \frac{|\lambda_j|_{\max}}{|\lambda_j|_{\min}} \tag{88}$$

wie unter (87), aber eben nur für die Spektralnorm.

3. $\boldsymbol{A}$ ist normiert unitär (und damit normal). Dann liegen alle Eigenwerte auf dem Einheitskreis, somit wird $\varkappa = 1$ nach (88), wie eingangs definiert.

Ein offenbarer Nachteil der durch (86) erklärten Konditionszahl ist, daß wir weder die Inverse noch das Spektrum von $\boldsymbol{A}$ kennen, in praxi ist man deshalb auf Schätzungen bzw. die Einschließungssätze aus dem § 36 angewiesen.

Dazu ein einfaches Beispiel. Im Gleichungssystem $\boldsymbol{A}\,\boldsymbol{x} = \boldsymbol{r}$ sei $\boldsymbol{A}$ eine Dyade vom Rang 1 mit verträglicher rechter Seite $\boldsymbol{r}$:

$$\begin{pmatrix} 1 & 1 & \ldots & 1 \\ 1 & 1 & \ldots & 1 \\ \cdot & \cdot & \cdots & \cdot \\ 1 & 1 & \ldots & 1 \end{pmatrix}, \begin{pmatrix} r \\ r \\ \cdot \\ r \end{pmatrix} \Rightarrow \begin{pmatrix} 1 & 1 & \ldots & 1 \\ 0 & 0 & \ldots & 0 \\ \cdot & \cdot & \cdots & \cdot \\ 0 & 0 & \ldots & 0 \end{pmatrix}, \begin{pmatrix} r \\ 0 \\ \cdot \\ 0 \end{pmatrix}.$$

Subtrahiert man von der zweiten bis n-ten Zeile die erste, so ist (scheinbar) alles in bester Ordnung: die letzten $n - 1$ Gleichungen sind für jeden Vektor $\boldsymbol{x}$ erfüllt, und in der ersten sind $n - 1$ Komponenten des Vektors $\boldsymbol{x}$ frei wählbar. Trotzdem ist die Konditionszahl $\varkappa = \infty$, und das ist gut so; denn die kleinste Störung der rechten Seite zerstört schon die Verträglichkeit und macht das Gleichungssystem unauflösbar.

Was wird nun im allgemeinen Fall aus der GAUSSschen Transformation, die bei der normiert-unitären Matrix nach (85) sofort zur Lösung führte? Wir wollen die reguläre Systemmatrix $\boldsymbol{G}$ nennen, dann folgt aus

$$\boldsymbol{G}\,\boldsymbol{x} = \boldsymbol{r} \to \boldsymbol{G}^*\,\boldsymbol{G} = \boldsymbol{G}^*\,\boldsymbol{r}\,, \qquad \boldsymbol{G} \text{ regulär}\,, \tag{89}$$

wo nun $\boldsymbol{G}^*\,\boldsymbol{G}$ hermitesch und positiv definit ist, allerdings von im allgemeinen schlechterer Kondition als $\boldsymbol{G}$ selber, was man im Falle der hermiteschen Matrix $\boldsymbol{G}$ sofort einsieht, denn $\boldsymbol{G}^*\,\boldsymbol{G} = \boldsymbol{G}\,\boldsymbol{G} = \boldsymbol{G}^2$ hat die Eigenwerte λ_j^2, womit das Spektrum auseinandergezogen und damit der Quotient (88) vergrößert wird.

Um zu einem weiteren nützlichen Begriff zu kommen, nehmen wir eine Spaltennormierung (Skalierung) der Matrix $\boldsymbol{G}$ vor, was der Einführung neuer Unbekannter gleichkommt.

$$\begin{aligned} \boldsymbol{G}\,\boldsymbol{x} = \boldsymbol{g}_1\,x_1 + \cdots + \boldsymbol{g}_n\,x_n = \frac{\boldsymbol{g}_1}{\sqrt{\boldsymbol{g}_1^*\,\boldsymbol{g}_1}}\left(\sqrt{\boldsymbol{g}_1^*\,\boldsymbol{g}_1}\,x_1\right) + \cdots \\ + \frac{\boldsymbol{g}_n}{\sqrt{\boldsymbol{g}_n^*\,\boldsymbol{g}_n}}\left(\sqrt{\boldsymbol{g}_n^*\,\boldsymbol{g}_n}\,x_n\right) =: \hat{\boldsymbol{g}}_1\,\hat{x}_1 + \cdots + \hat{\boldsymbol{g}}_n\,\hat{x}_n\,. \end{aligned} \tag{90}$$

Führen wir jetzt die GAUSSsche Transformation durch, so wird

$$\hat{\boldsymbol{G}} = (\hat{\boldsymbol{g}}_1 \ldots \hat{\boldsymbol{g}}_n) \to \underbrace{\hat{\boldsymbol{G}}^*\,\hat{\boldsymbol{G}}}\,\hat{\boldsymbol{x}} = \underbrace{\hat{\boldsymbol{G}}^*\,\boldsymbol{r}} \tag{91}$$

oder kurz

$$\boldsymbol{A} \quad \hat{\boldsymbol{x}} = \quad \hat{\boldsymbol{r}} \tag{92}$$

mit der hermiteschen und positiv definiten Matrix

$$\boldsymbol{A} = \begin{pmatrix} 1 & a_{12} & a_{13} & \ldots & a_{1n} \\ a_{21} & 1 & a_{23} & \ldots & a_{2n} \\ a_{31} & a_{32} & 1 & \ldots & a_{3n} \\ \cdot & \cdot & \cdot & \cdots & \cdot \\ a_{n1} & a_{n2} & a_{n3} & \ldots & 1 \end{pmatrix}; \qquad \bar{a}_{kj} = a_{jk} = \frac{\boldsymbol{g}_j^*\,\boldsymbol{g}_k}{\sqrt{\boldsymbol{g}_j^*\,\boldsymbol{g}_j}\,\sqrt{\boldsymbol{g}_k^*\,\boldsymbol{g}_k}} > 0\,. \tag{93}$$

Wir definieren nun als weiteres Konditionsmaß (nicht Konditionszahl), das auch als Maß für die Diagonaldominanz von $\boldsymbol{A}$ dienen kann, die

$$\boxed{\text{Niveauhöhe } \varepsilon := \max_{j,k=1}^{n} |a_{jk}|; \quad j \neq k} \,. \tag{94}$$

Damit läßt sich die Spalten- und Zeilennorm der Matrix $\boldsymbol{A}$ abschätzen zu

$$\|A\|_{\mathrm{I,II}} \leqq 1 + (n-1)\,\varepsilon\,, \tag{95}$$

und weiter folgt aus dem Satz von Gerschgorin (36.6) im Verein mit Satz 1 in Abschnitt 25.3

$$\|A^{-1}\|_{\mathrm{I,II}} \leqq 1 - (n-1)\,\varepsilon \quad \text{falls} \quad \varepsilon < \frac{1}{n-1}\,, \tag{96}$$

somit nach (86)

$$\varkappa \leqq \frac{1 + (n-1)\,\varepsilon}{1 - (n-1)\,\varepsilon} \qquad \text{falls} \quad \varepsilon < \frac{1}{n-1}\,. \tag{97}$$

Man sieht, die wichtige Zusatzbedingung für ε ist unentbehrlich; sie ist gleichzeitig ein Maß für die Diagonaldominanz von $\boldsymbol{A}$ und damit die Spaltenregularität von $\boldsymbol{G}$.

Die abgeleiteten Beziehungen lassen eine einfache geometrische Deutung zu als die Kosinusquadrate der Winkel zwischen zwei Spalten der Nummern j und k, denn es ist

$$\cos^2 \gamma_{jk} := \overline{(\hat{\boldsymbol{g}}_j^* \hat{\boldsymbol{g}}_k)}\,(\hat{\boldsymbol{g}}_j^* \hat{\boldsymbol{g}}_k) = \frac{\overline{(\boldsymbol{g}_j^* \boldsymbol{g}_k)}\,(\boldsymbol{g}_j^* \boldsymbol{g}_k)}{(\boldsymbol{g}_j^* \boldsymbol{g}_j)\,(\boldsymbol{g}_k^* \boldsymbol{g}_k)} = \frac{\bar{a}_{jk}\, a_{jk}}{a_{jj}\, a_{kk}}\,, \tag{98}$$

und alle zweireihigen Hauptminoren der Matrix $\boldsymbol{A}$ (93) sind

$$\boldsymbol{A}_{jk} = \begin{pmatrix} 1 & \bar{a}_{jk} \\ a_{jk} & 1 \end{pmatrix}; \ \det \boldsymbol{A}_{jk} = 1 - \bar{a}_{jk}\, a_{jk} = 1 - \cos^2 \gamma_{jk} = \sin^2 \gamma_{jk} \leqq 1\,. \tag{99}$$

Man erkennt indessen, daß $\cos^2 \gamma_{jk}$ kein Maß für die Kondition ist außer im Fall $n = 2$, wo nach (97) aus $\varkappa \leqq (1+\varepsilon)/(1-\varepsilon)$ mit $\varepsilon = |a_{12}|$ die Singularität für $\varepsilon = |a_{12}| = 1$ sicher ist.

Für den Anwender weitaus wichtiger als die Diskussion solcher Konditionszahlen bzw. -maße ist die Frage, was gegen eine schlecht konditionierte Matrix zu unternehmen ist. Eine — wenn auch zumeist recht aufwendige — Radikalkur besteht in der im Abschnitt 30.3 beschriebenen Jacobischen Rotation, mit deren Hilfe die Niveauhöhe so klein und damit die Auflösung des rotierten Gleichungssystems so stabil gemacht werden kann wie immer man wünscht. Geometrisch bedeutet dies, daß das zur hermiteschen und positiv definiten Gaussschen Matrix $\boldsymbol{A} = \hat{\boldsymbol{G}}^* \hat{\boldsymbol{G}}$ gehörige Ellipsoid $\boldsymbol{x}^* \boldsymbol{A}\, \boldsymbol{x} = \text{const}$ mehr und mehr zu einer Kugel zusammengestaucht bzw. gereckt wird, so daß schließlich keine Raumrichtung vor der anderen ausgezeichnet ist, da $\boldsymbol{A}$ gegen $\boldsymbol{I}$ konvergiert.

Bezüglich weiterer Auskünfte zu diesem Problemkreis sei der Leser verwiesen auf eine Arbeit von HEINRICH [136] sowie auf die Darstellung von MAESS [37, S. 96—110].

• 25.6. Defekt und Korrektur

Wird in die Gleichung

$$\boldsymbol{F}(\lambda)\,\boldsymbol{x} = \boldsymbol{r} \tag{100}$$

ein Näherungswert Λ für λ und ein Näherungsvektor $\boldsymbol{z}$ für $\boldsymbol{x}$ eingesetzt, so entsteht der Defektvektor

$$\boldsymbol{F}(\Lambda)\,\boldsymbol{z} - \boldsymbol{r} =: \boldsymbol{d}\,, \tag{101}$$

dessen Norm ein Maß für den begangenen Fehler oder die (negative) Korrektur

$$\boldsymbol{f} := \boldsymbol{z} - \boldsymbol{x} \tag{102}$$

ist. Führt man $\boldsymbol{z}$ in (100) und anschließend $\boldsymbol{r}$ in (101) ein, so entsteht die von $\boldsymbol{r}$ freie Gleichung

$$[\boldsymbol{F}(\Lambda) - \boldsymbol{F}(\lambda)]\,\boldsymbol{z} + \boldsymbol{F}(\lambda)\,\boldsymbol{f} = \boldsymbol{d}\,. \tag{103}$$

Insbesondere beim inhomogenen Problem mit vorgegebenem Parameterwert $\lambda = \Lambda$ (erzwungene Schwingungen, Knickbiegung u. a.) verschwindet der Klammerinhalt in (103), und es verbleibt

$$\boldsymbol{F}(\Lambda)\,\boldsymbol{f} = \boldsymbol{d}\,, \tag{104}$$

und das gleiche gilt bei von vornherein fehlendem Parameter (etwa in der Statik, Theorie erster Ordnung), wo dann meist $\boldsymbol{F}(\Lambda)$ mit $\boldsymbol{A}$ bezeichnet wird. Die Gleichungen (100) und (104) zusammengenommen besagen dann

$$\boxed{\boldsymbol{A}\,\boldsymbol{x} = \boldsymbol{r} \leftrightarrow \boldsymbol{A}\,\boldsymbol{f} = \boldsymbol{d}}\,. \tag{105}$$

Wir ersehen daraus: Fehler $\boldsymbol{f}$ und Defekt $\boldsymbol{d}$ genügen derselben Gleichung wie Lösung $\boldsymbol{x}$ und rechte Seite $\boldsymbol{r}$. Dieser einfache Zusammenhang setzt uns in den Stand, mit Hilfe des Defektvektors bzw. seiner Norm den Fehler der Näherung und damit die Korrektur $\boldsymbol{k} = -\boldsymbol{f}$ exakt in Schranken einzuschließen. Da darüber hinaus, wie wir in (24.2) sahen, der Defekt im Gegensatz zur Näherung $\boldsymbol{z}$ aus einer weniger fehlerbehafteten, weil divisionsfreien und in zahlreiche kurze Ketten zerfallenden Vorwärtsrechnung entsteht, die um vieles vertrauenswürdiger ist als die Ermittlung von $\boldsymbol{z}$, kommt der Zuordnung (105) allergrößte Bedeutung zu. Wir beschließen daher diesen Paragraphen gleich mit zwei Postulaten.

Erstens:

Traue nur dem Defekt!

und
zweitens:

Jeder Algorithmus endet mit einer Einschließung.

§ 26. Kondensation und Ritzsches Verfahren

• 26.1. Die Matrizenhauptgleichung und der Alternativsatz. Resonanz und Scheinresonanz

Fast jedes Problem der angewandten linearen Algebra führt auf die Gleichung

$$\boldsymbol{F}(\lambda)\,\boldsymbol{x} = \boldsymbol{r}\,, \tag{1}$$

die wir deshalb geradezu als *Matrizenhauptgleichung* bezeichnen wollen. Im allgemeinen ist die Matrix $\boldsymbol{F}(\lambda)$ und die rechte Seite $\boldsymbol{r}$ gegeben, der Vektor $\boldsymbol{x}$ gesucht. Wenn $\boldsymbol{r} = \boldsymbol{o}$ ist, heißt die Gleichung homogen, sonst inhomogen. Die Matrix $\boldsymbol{F}(\lambda)$ sei quadratisch, dann ist zu unterscheiden, ob die Determinante von $\boldsymbol{F}(\lambda)$ verschwindet oder nicht, ob also für den gewählten Parameterwert λ die Matrix singulär oder regulär wird. Damit begegnen uns die folgenden vier Fälle:

1. Die *homogene* Gleichung $\boldsymbol{F}(\lambda)\,\boldsymbol{x} = \boldsymbol{o}$.
   Fall 1.1. Die Determinante verschwindet nicht, λ ist somit kein Eigenwert. Es existiert nur die Triviallösung $\boldsymbol{x} = \boldsymbol{o}$.
   Fall 1.2. Die Determinante verschwindet für einen Eigenwert λ_j.
   a) Es existiert die Triviallösung $\boldsymbol{x} = \boldsymbol{o}$.
   b) Zum Eigenwert λ_j gehört als Lösung der Gleichung $\boldsymbol{F}(\lambda_j)\,\boldsymbol{x}_j = \boldsymbol{o}$ ein Eigenvektor $\alpha_j\,\boldsymbol{x}_j$ mit beliebig wählbarem skalaren Faktor α_j, der auch Null sein darf, was wieder auf die Triviallösung a) führt. Ist der Eigenwert λ_j von der Vielfachheit φ_j, so gibt es dazu mindestens einen und höchstens φ_j linear unabhängige Eigenvektoren.

2. Die *inhomogene* Gleichung $\boldsymbol{F}(\lambda)\,\boldsymbol{x} = \boldsymbol{r}$.
   Fall 2.1. Die Determinante verschwindet nicht; dann existiert eine eindeutige Lösung $\boldsymbol{x} = \boldsymbol{F}(\lambda)^{-1}\,\boldsymbol{r}$.
   Fall 2.2. Die Determinante verschwindet; eine Kehrmatrix existiert nicht.
   a) Es ist keine Lösung vorhanden, da das System (1) widersprüchlich ist.
   b) Für eine verträgliche rechte Seite $\boldsymbol{r}$ ist das System lösbar, jedoch nicht eindeutig, siehe Abschnitt 8.2.

Wir fassen alles Gesagte noch einmal übersichtlich in der folgenden Tabelle zusammen, deren Inhalt als *Alternativsatz* bezeichnet wird:

$\boldsymbol{F}(\lambda)\,\boldsymbol{x} = \boldsymbol{r}$	det $\boldsymbol{F}(\lambda) \neq 0$ λ nicht Eigenwert	det $\boldsymbol{F}(\lambda) = 0$ $\lambda = \lambda_j$ Eigenwert
homogen $\boldsymbol{F}(\lambda)\,\boldsymbol{x} = \boldsymbol{o}$	Fall 1.1: $\boldsymbol{x} = \boldsymbol{o}$ Triviallösung	Fall 1.2: a) $\boldsymbol{x} = \boldsymbol{o}$ Triviallösung b) $\boldsymbol{x} = \alpha_j\,\boldsymbol{x}_j$ Eigenvektor
inhomogen $\boldsymbol{F}(\lambda)\,\boldsymbol{x} = \boldsymbol{r}$	Fall 2.1: $\boldsymbol{x} = \boldsymbol{F}^{-1}\,\boldsymbol{r}$ Lösung eindeutig	Fall 2.2: a) Keine Lösung vorhanden: Resonanz. b) Falls $\boldsymbol{r}$ verträglich, Lösung vorhanden, aber nicht eindeutig: Scheinresonanz.

(1a)

Dieser Satz gilt auch dann, wenn die Matrix $\boldsymbol{F} = \boldsymbol{A}$ konstant ist, also gar keinen Parameter enthält. Man hat dann lediglich nachzuprüfen, ob die Determinante von $\boldsymbol{A}$ verschwindet oder nicht.

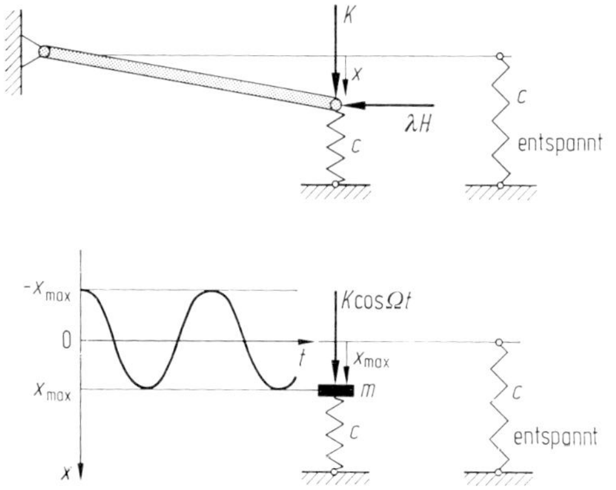

Abb. 26.1. Zum Resonanzphänomen

Was bedeutet nun Resonanz in den Anwendungen? Greifen wir aus der Fülle der Probleme als einfachste Anschauungsbeispiele die beiden mechanischen Systeme der Abb. 26.1 mit den zugehörigen Gln. (1b) und (1c) heraus.

$$f(\lambda)\,x \quad = \left(-\lambda\frac{H}{l} + c\right)x \quad = K\,, \tag{1b}$$

$$f(\lambda)\,x_{\max} = (-\lambda\,m \;+ c)\,x_{\max} = K\,, \qquad \lambda = \Omega^2\,. \tag{1c}$$

In beiden Fällen ist zu verlangen, daß der Klammerinhalt der linken Seite nicht verschwindet, weil sonst die Gleichung für $K \neq 0$ zum Widerspruch führt. Es darf also weder $\lambda = c\,l/H$ sein (kritische Knicklänge l bzw. kritischer Knickparameter λ) noch $\lambda = c/m$, somit $\Omega^2 = \omega^2 = c/m$ (kritische Kreisfrequenz oder Eigenkreisfrequenz).

Das Resonanzphänomen ist stets ein Hinweis darauf, daß unzulässig linearisiert wurde (meistens handelt es sich um ein Verzweigungsproblem). Das physikalische System wird dann durch die mathematische Gleichung nicht allgemein genug — wenn auch für gewisse Fragestellungen ausreichend — beschrieben. Keinesfalls aber ist es so, (wie man bisweilen hören oder lesen kann), daß bei Resonanz die Amplitude x „über alle Grenzen" wüchse.

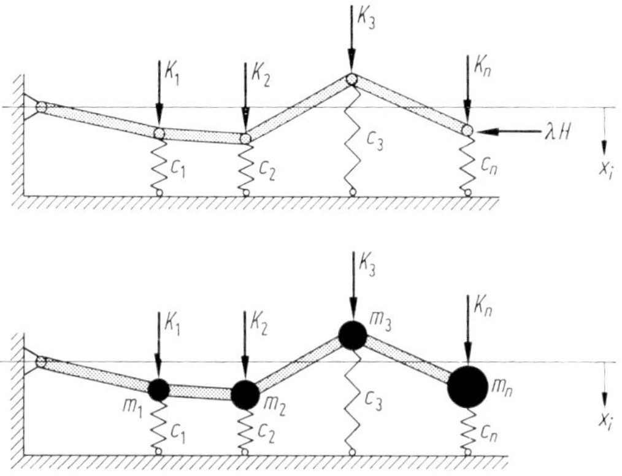

Abb. 26.2. Gekoppelte Systeme. Scheinresonanz

Hat das System mehrere Freiheitsgrade, so gelten als Verallgemeinerung von (1b), (1c) die Gleichungen

$$\boldsymbol{F}(\lambda)\,\boldsymbol{x} = \left(-\lambda\frac{\boldsymbol{H}}{l} + \boldsymbol{C}\right)\boldsymbol{x} = \boldsymbol{k}\,, \tag{1d}$$

$$\boldsymbol{F}(\lambda)\,\boldsymbol{x}_{\max} = (-\lambda\boldsymbol{M} + \boldsymbol{C})\,\boldsymbol{x}_{\max} = \boldsymbol{k}\,. \tag{1e}$$

Der Begriff der Scheinresonanz ist im Skalaren inhaltslos, bei Systemen mit mehreren Freiheitsgraden nach Abb. 26.2 indessen von fundamentaler Bedeutung. Um ihn besser verstehen zu können, nehmen wir an, $\boldsymbol{F}(\lambda)$ sei eine Diagonalmatrix, dann ist die Matrizenhauptgleichung (1) entkoppelt und zerfällt in die n voneinander unabhängigen skalaren Gleichungen

$$f_{jj}(\lambda)\,x_j = r_j\,; \qquad j = 1, 2, \ldots, n\,. \tag{2}$$

Werden nun einige oder alle Elemente gleich Null, weil λ Eigenwert ist, so hat man zu unterscheiden, ob die rechte Seite ebenfalls verschwindet, dann ist $0 \cdot x_j = 0$ für beliebige Werte von x_j erfüllbar (Scheinresonanz), oder aber es entsteht der Widerspruch $0 \cdot x_j = r_j \neq 0$ (Resonanz). Die Eigenvektoren sind hier die n Einheitsvektoren $\boldsymbol{x}_j = \boldsymbol{e}_j$, und die Verträglichkeit bedeutet eben nichts anderes als daß bei einem entkoppelten Verband von n Einzelsystemen der Abb. 26.1 das System der Nummer j nicht mit seinem eigenen Eigenwert λ_j erregt wird, denn für das Einzelsystem der Nummer k braucht λ_j nicht eigener Eigenwert zu sein. Etwas vereinfacht ausgedrückt: Resonanz herrscht nur dann, wenn das entkoppelte System an der „verkehrten Stelle" erregt wird.

Ist nun die Matrix $\boldsymbol{F}(\lambda)$ parameterdiagonalähnlich, so läßt sich die Matrizenhauptgleichung (1) auf die Diagonalform ihrer n Eigengleichungen $\boldsymbol{Y}^T \boldsymbol{F}(\lambda) \boldsymbol{X} = \boldsymbol{Y}^T \boldsymbol{r}$ (1d) transformieren, und an die Stelle der Einheitsvektoren $\boldsymbol{e}_j$ treten die Rechtseigenvektoren $\boldsymbol{x}_j = \boldsymbol{X} \boldsymbol{e}_j$.

Dazu ein einfaches Beispiel. Gegeben ist die auf Knicken beanspruchte Gelenkkette der Abb. 26.3a mit

$$\boldsymbol{C} = c\begin{pmatrix} 6 & 0 \\ 0 & 4 \end{pmatrix}, \qquad \boldsymbol{H} = H\begin{pmatrix} 2 & -1 \\ -1 & 1 \end{pmatrix}, \qquad \boldsymbol{r} = \begin{pmatrix} K_1 \\ K_2 \end{pmatrix}, \tag{a}$$

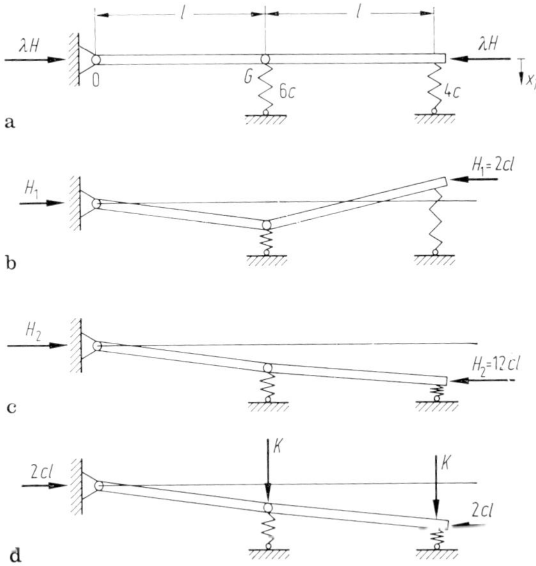

Abb. 26.3. Auf Knicken beanspruchte Gelenkkette

siehe auch (44.2). Man löst das homogene Problem $\boldsymbol{F}(\lambda)\, \boldsymbol{x} = \boldsymbol{o}$, findet die beiden Eigenwerte (b) und die Modalmatrix (c) und transformiert damit die Matrizenhauptgleichung auf die Diagonalform $\tilde{\boldsymbol{F}}(\lambda)\, \tilde{\boldsymbol{x}} = \tilde{\boldsymbol{r}}$ (g), (h).

$$\lambda_1 = 2\,\frac{c\,l}{H}, \qquad \lambda_2 = 12\,\frac{c\,l}{H}, \tag{b}$$

$$\boldsymbol{X} = (\boldsymbol{x}_1\, \boldsymbol{x}_2) = \begin{pmatrix} 1 & 2 \\ -1 & 3 \end{pmatrix}. \tag{c}$$

$$\boldsymbol{x} = \boldsymbol{X}\, \tilde{\boldsymbol{x}} \tag{d}$$

$$\tilde{\boldsymbol{F}}(\lambda) = \boldsymbol{X}^T \boldsymbol{F}(\lambda)\, \boldsymbol{X} = \begin{pmatrix} -\lambda\, 5\,\dfrac{H}{l} + 10\,c & 0 \\ 0 & -\lambda\, 5\,\dfrac{H}{l} + 60\,c \end{pmatrix}, \tag{e}$$

$$\tilde{\boldsymbol{r}} = \boldsymbol{X}^T \boldsymbol{r} = \begin{pmatrix} K_1 - K_2 \\ 2K_1 + 3K_2 \end{pmatrix}, \tag{f}$$

$$\left(-\lambda\, 5\frac{H}{l} + 10\,c\right)\tilde{x}_1 = K_1 - K_2\,, \tag{g}$$

$$\left(-\lambda\, 5\frac{H}{l} + 60\,c\right)\tilde{x}_2 = 2K_1 + 3K_2\,. \tag{h}$$

Aus diesen beiden entkoppelten Gleichungen berechnet man $\tilde{x}_1$ und $\tilde{x}_2$ und gewinnt damit auch die gesuchten Auslenkungen (Amplituden) x_1 und x_2 nach (d) mit $\boldsymbol{X}$ aus (c).

Fall 1. Homogenes System. $K_1 = K_2 = 0$. Reines Knicken mit den Knickfiguren (Eigenknickformen) der Abb. 26.3a und b.

Fall 2. Inhomogenes System.

2a) λ ist kein Eigenwert. Dann wird die Lösung durch (g) und (h) eindeutig bestimmt.

2b) λ ist Eigenwert. Alternativsatz: entweder keine Lösung oder unbestimmte Lösung (Scheinresonanz). Beispielsweise sei $\lambda = \lambda_1 = 2\,c\,l/H$, dann lauten die beiden Gleichungen (g) und (h)

$$0 \cdot \tilde{x}_1 = K_1 - K_2; \qquad 50\,c \cdot \tilde{x}_2 = 2K_1 + 3K_2\,. \tag{i}$$

Die erste verlangt $K_1 = K_2 = K$, und damit liefert die zweite $50\,c\,\tilde{x}_2 = 5\,K$, somit $\tilde{x}_2 = 0{,}1\;K/c$; $\tilde{x}_1 = \alpha\,K/c$ ist beliebig. Die Lösung $\tilde{\boldsymbol{x}}$ wird zurücktransformiert und ergibt

$$\tilde{\boldsymbol{x}} = \begin{pmatrix} \alpha \\ 0{,}1 \end{pmatrix}\frac{K}{c}, \qquad \boldsymbol{x} = \boldsymbol{X}\,\tilde{\boldsymbol{x}} = \begin{pmatrix} \alpha + 0{,}2 \\ -\alpha + 0{,}3 \end{pmatrix}\frac{K}{c} = \alpha\,\boldsymbol{x}_1 + \begin{pmatrix} 0{,}2 \\ 0{,}3 \end{pmatrix}\frac{K}{c}. \tag{j}$$

Die Abb. 26.3d zeigt die Lösung für $\alpha = 0$, somit $x_1 = 0{,}2\;K/c$ und $x_2 = 0{,}3\;K/c$. Die beiden zugehörigen Federkräfte (Rückstellkräfte) sind $6\,c \cdot x_1 = 1{,}2\,K$ und $4\,c \cdot x_2 = 1{,}2\,K$. Die Momentensumme für den rechten Stab bezüglich des Gelenkes G

$$\sum M(G) = (1{,}2\,K - K)\,l - 2\,c\,l(x_2 - x_1) = 0{,}2\,K\,l - 2\,c\,l \cdot 0{,}1\;K/c = 0 \tag{k}$$

und die Momentensumme für den Gesamtverband bezüglich des festen Gelenkes 0

$$\begin{aligned}\sum M(0) &= (1{,}2\,K - K)\,l + (1{,}2\,K - K)\,2\,l - 2\,c\,l \cdot x_2 \\ &= 0{,}4\,K\,l - 2\,c\,l \cdot 0{,}2\;K/c = 0\end{aligned} \tag{l}$$

verschwinden, wie es sein muß. Der Leser führe die analoge Rechnung für den zweiten Knickwert $\lambda_2 = 12\,c\,l/H$ durch.

• 26.2. Kondensation als Teil für das Ganze

Kondensation oder Verdichtung bedeutet, daß aus der Matrizenhauptgleichung (1) der Ordnung n ein für die spezielle Fragestellung möglichst repräsentativer Unterraum der Ordnung $m < n$ herausgeschnitten wird. Grundlage des Verfahrens ist eine Transformation mit den beiden regulären $n \times n$-Matrizen

$$\boldsymbol{L} = \underbrace{\begin{bmatrix} \boldsymbol{L}_1 \\ \hline \boldsymbol{L}_2 \end{bmatrix}}_{n} \begin{matrix} \updownarrow m \\ \\ \end{matrix}\ \updownarrow n\,, \qquad \boldsymbol{R} = \begin{bmatrix} \underbrace{\boldsymbol{R}_1}_{m} & \vert & \boldsymbol{R}_2 \end{bmatrix} \updownarrow n\,, \quad (\text{Breite } n) \tag{3}$$

wonach die Originalaufgabe übergeht in

$$\begin{bmatrix} \boldsymbol{F}_{11}(\lambda) & \boldsymbol{F}_{12}(\lambda) \\ \boldsymbol{F}_{21}(\lambda) & \boldsymbol{F}_{22}(\lambda) \end{bmatrix} \begin{bmatrix} \boldsymbol{z}_1 \\ \boldsymbol{z}_2 \end{bmatrix} = \begin{bmatrix} \boldsymbol{L}_1\,\boldsymbol{F}(\lambda)\,\boldsymbol{R}_1 & \boldsymbol{L}_1\,\boldsymbol{F}(\lambda)\,\boldsymbol{R}_2 \\ \boldsymbol{L}_2\,\boldsymbol{F}(\lambda)\,\boldsymbol{R}_1 & \boldsymbol{L}_2\,\boldsymbol{F}(\lambda)\,\boldsymbol{R}_2 \end{bmatrix} \begin{bmatrix} \boldsymbol{z}_1 \\ \boldsymbol{z}_2 \end{bmatrix} = \begin{bmatrix} \boldsymbol{L}_1\,\boldsymbol{r} \\ \boldsymbol{L}_2\,\boldsymbol{r} \end{bmatrix} \tag{4}$$

mit den Teilvektoren $\boldsymbol{z}_1$ und $\boldsymbol{z}_2$

$$\boldsymbol{x} = \boldsymbol{R}_1\,\boldsymbol{z}_1 + \boldsymbol{R}_2\,\boldsymbol{z}_2\,, \qquad \boldsymbol{z} = \begin{bmatrix} \boldsymbol{z}_1 \\ \hline \boldsymbol{z}_2 \end{bmatrix} \begin{matrix} \updownarrow m \\ \\ \end{matrix} \; \updownarrow n \tag{5}$$

und einer neuen rechten Seite. Eliminieren wir aus der ersten Blockgleichung (4) den Vektor $\boldsymbol{z}_2$, so entsteht nach dem Vorgehen aus Abschnitt 22.2 mit der reduzierten Matrix

$$\boldsymbol{F}_{11,\,\mathrm{red}}(\lambda) = \boldsymbol{F}_{11}(\lambda) - \boldsymbol{F}_{12}(\lambda)\,\boldsymbol{F}_{22}^{-1}(\lambda)\,\boldsymbol{F}_{21}(\lambda) \tag{6}$$

und der reduzierten rechten Seite

$$\boldsymbol{r}_{1,\,\mathrm{red}}(\lambda) = \boldsymbol{L}_1\,\boldsymbol{r} - \boldsymbol{F}_{12}(\lambda)\,\boldsymbol{F}_{22}^{-1}(\lambda)\,\boldsymbol{L}_2\,\boldsymbol{r} \tag{7}$$

das gestaffelte Gleichungssystem

$$\begin{bmatrix} \boldsymbol{F}_{11,\,\mathrm{red}}(\lambda) & \boldsymbol{O} \\ \boldsymbol{F}_{21}(\lambda) & \boldsymbol{F}_{22}(\lambda) \end{bmatrix} \begin{bmatrix} \boldsymbol{z}_1 \\ \boldsymbol{z}_2 \end{bmatrix} = \begin{bmatrix} \boldsymbol{r}_{1,\,\mathrm{red}}(\lambda) \\ \boldsymbol{L}_2\,\boldsymbol{r} \end{bmatrix}, \tag{8}$$

und das bei der Kondensation verfolgte Prinzip besteht darin, anstelle der exakt gültigen ersten Blockgleichung

$$\boldsymbol{F}_{11,\,\mathrm{red}}(\lambda)\,\boldsymbol{z}_1 = \boldsymbol{r}_{1,\,\mathrm{red}}(\lambda) \tag{9}$$

unter Nichtachtung der beiden Teilmatrizen $\boldsymbol{L}_2$ und $\boldsymbol{R}_2$ die beiden Subtrahenden in (6) und (7) fortzulassen und die so verstümmelte Gl. (9)

$$\boxed{\boldsymbol{F}_{11}(\lambda)\,\boldsymbol{z}_1 \approx \boldsymbol{L}_1\,\boldsymbol{r} \quad \text{mit} \quad \boldsymbol{F}_{11}(\lambda) = \boldsymbol{L}_1\,\boldsymbol{F}(\lambda)\,\boldsymbol{R}_1} \tag{10}$$

mit dem verstümmelten Vektor

$$\boxed{\boldsymbol{x} \approx \boldsymbol{R}_1\,\boldsymbol{z}_1} \tag{11}$$

als Ersatz für die vollständige Gleichung $\boldsymbol{F}(\lambda)\,\boldsymbol{x} = \boldsymbol{r}$ heranzuziehen, ein Vorgehen, das natürlich nur dann Erfolg verspricht, wenn die beiden rechteckigen Teilmatrizen aus (3)

$$\boldsymbol{L}_1^T = \left[\boldsymbol{l}_1, \boldsymbol{l}_2, \ldots, \boldsymbol{l}_m\right] \updownarrow n\,; \qquad \boldsymbol{R}_1 = \left[\boldsymbol{r}_1, \boldsymbol{r}_2, \ldots, \boldsymbol{r}_m\right] \updownarrow n \tag{12}$$

geeignet gewählt werden, nämlich so, daß die dadurch entstehenden Ränder $\boldsymbol{F}_{12}(\lambda)$ und $\boldsymbol{F}_{21}(\lambda)$ für alle Parameterwerte λ möglichst klein ausfallen. Genau dann wird in der reduzierten Matrix (6) der Subtrahend *quadratisch* klein, der begangene Fehler somit akzeptabel, und auf dieser Voraussetzung beruht die praktische Brauchbarkeit der Methode. Besteht $\boldsymbol{R}$ (bzw. $\boldsymbol{L}$) insbesondere aus einer Linearkombination von m Rechtseigenvektoren (bzw. Linkseigenvektoren), so wird $\boldsymbol{F}_{21}(\lambda) = \boldsymbol{O}$ $\big($bzw. $\boldsymbol{F}_{12}(\lambda) = \boldsymbol{O}\big)$, wie man sich leicht klar macht, und dies bedeutet, daß das Ergebnis der Kondensation um so besser ausfällt, je weniger die Ansatzvektoren $\boldsymbol{l}_j$ und $\boldsymbol{r}_j$ in den Matrizen (12) von irgend m Links-(bzw. Rechts-)eigenvektoren der Aufgabe $\boldsymbol{F}(\lambda)\boldsymbol{x} = \boldsymbol{o}$ verschieden sind, und solche Näherungsvektoren liegen gerade in den technischen Anwendungen sowie bei den benachbarten (gestörten, abgeänderten) Systemen häufig vor. Da nun bei inhomogenen Problemen (erzwungene Schwingung, Knickbiegung u. a.) eine Aussage über nur m Komponenten des Gesamtlösungsvektors wenig nutze ist, wird in der Praxis die Kondensation eigentlich nur auf das Eigenwertproblem angewendet. Die grundlegenden Ideen dazu gehen auf RAYLEIGH [138] und RITZ [139] zurück, weshalb die Kondensation meist als RITZsches Verfahren bezeichnet wird. Zur Erleichterung für den Anwender geben wir das folgende

Schema einer Kondensation nach Rayleigh-Ritz

1. Kondensationsstufe $m < n$ festlegen.
2. Zweimal m linear unabhängige Näherungsvektoren (12) wählen.
3. Das Kondensat $\boldsymbol{F}_{11}(\lambda) = \boldsymbol{L}_1 \boldsymbol{F}(\lambda) \boldsymbol{R}_1$ berechnen.
4. Im m-reihigen Ersatzproblem $\boldsymbol{F}_{11}(\lambda)\, \boldsymbol{z}_1 = \boldsymbol{o}$ einige oder alle Eigenwerte
$$\Lambda_1, \Lambda_2, \ldots, \Lambda_\nu$$
mit den zugehörigen Rechts- und Linkseigenvektoren
$$\overset{1}{\boldsymbol{z}}_1, \overset{2}{\boldsymbol{z}}_1, \ldots, \overset{\nu}{\boldsymbol{z}}_1; \qquad \overset{1}{\boldsymbol{w}}_1, \overset{2}{\boldsymbol{w}}_1, \ldots, \overset{\nu}{\boldsymbol{w}}_1$$
mit Hilfe eines geeigneten Algorithmus ermitteln. Die Werte Λ_j gelten dann als Näherungen für die gesuchten Eigenwerte λ_j der Matrix $\boldsymbol{F}(\lambda)$ und die Vektoren
$$\tilde{\boldsymbol{x}}_1 = \boldsymbol{R}_1 \overset{1}{\boldsymbol{z}}_1\,, \qquad \tilde{\boldsymbol{x}}_2 = \boldsymbol{R}_1 \overset{2}{\boldsymbol{z}}_1, \quad \ldots, \tilde{\boldsymbol{x}}_\nu = \boldsymbol{R}_1 \overset{\nu}{\boldsymbol{z}}_1$$
bzw.
$$\tilde{\boldsymbol{y}}_1 = \boldsymbol{L}_1 \overset{1}{\boldsymbol{w}}_1\,, \qquad \tilde{\boldsymbol{y}}_2 = \boldsymbol{L}_1 \overset{2}{\boldsymbol{w}}_1, \quad \ldots, \tilde{\boldsymbol{y}}_\nu = \boldsymbol{L}_1 \overset{\nu}{\boldsymbol{w}}_1$$
als Näherungen für die Rechts- und Linkseigenvektoren der Aufgabe
$$\boldsymbol{F}(\lambda)\, \boldsymbol{x} = \boldsymbol{o} \quad \text{bzw.} \quad \boldsymbol{y}^T \boldsymbol{F}(\lambda) = \boldsymbol{o}^T .$$
5. Kontrolle. Es werden die Rechts- und Linksdefekte
$$\boldsymbol{d}_{rj} = \boldsymbol{F}(\Lambda_j)\, \tilde{\boldsymbol{x}}_j \quad \text{und} \quad \boldsymbol{d}_{lj}^T = \tilde{\boldsymbol{y}}_j^T \boldsymbol{F}(\Lambda_j); \qquad j = 1, 2, \ldots, \nu$$
berechnet. Anerkannt werden nur solche Näherungen, deren Defekte nicht zu groß ausfallen. Diese Entscheidung ist zu präzisieren durch

6. Einschließungssätze für Eigenwerte und Eigenvektoren, mit denen die Kondensation grundsätzlich schließen sollte. Näheres dazu im § 36.
7. Sind die Ergebnisse unbefriedigend, weil die Einschließung zu grob ausfällt, so kann die Kondensation verbessert werden entweder durch Erhöhung der Kondensationsstufe m, also Hinzunahme weiterer Näherungsvektoren $\boldsymbol{r}_{m+1} \ldots$ und $\boldsymbol{l}_{m+1} \ldots$ oder Austausch einiger oder aller Vektoren in (7) durch bessere Näherungen oder beides.

Die einfachste Kondensation ist die skalare mit $m = 1$. Man wählt je eine Näherung für einen Links- und Rechtseigenvektor bestimmter Nummer und berechnet aus dem skalaren Kondensat

$$\boldsymbol{l}^T \boldsymbol{F}(\lambda)\, \boldsymbol{r} \cdot z = 0 \rightarrow \boldsymbol{l}^T \boldsymbol{F}(\lambda)\, \boldsymbol{r} = 0 \tag{13}$$

die Ersatzeigenwerte $\Lambda_1, \Lambda_2, \ldots, \Lambda_\nu$, während die Ansatzvektoren $\boldsymbol{l}$ und $\boldsymbol{r}$ nicht zu verbessern sind. Im linearen Fall $\boldsymbol{F}(\lambda) = \boldsymbol{A} - \lambda \boldsymbol{B}$ liefert die Methode als einzigen Näherungswert den RAYLEIGH-Quotienten

$$\Lambda = R = \frac{\boldsymbol{l}^T \boldsymbol{A}\, \boldsymbol{r}}{\boldsymbol{l}^T \boldsymbol{B}\, \boldsymbol{r}}\,. \tag{14}$$

Ein spezieller RITZ-Ansatz ist der mit m Einheitsvektoren $\boldsymbol{e}_j$. Offenbar wird dadurch aus der Matrix $\boldsymbol{F}(\lambda)$ ein Hauptminor der Ordnung m herausgeschnitten, womit der ganze Kondensationsaufwand zur Berechnung von $\boldsymbol{L}_1 \boldsymbol{F}(\lambda)\, \boldsymbol{R}_1$ entfällt, doch führt dies nur zum Erfolg, wenn $\boldsymbol{F}(\lambda)$ ausgeprägt diagonaldominant ist; die exakten Rechts- und Linkseigenvektoren sind dann von den Einheitsvektoren $\boldsymbol{e}_j$ nur wenig verschieden, wodurch der Ansatz gerechtfertigt wird.

Das RITZsche Verfahren ist keineswegs auf die homogene Aufgabe $\boldsymbol{F}(\lambda)\, \boldsymbol{x} = \boldsymbol{o}$ beschränkt, sondern bewährt sich ebenso bei der Lösung des Gleichungssystems $\boldsymbol{A}\, \boldsymbol{x} = \boldsymbol{r}$, wie wir in Abschnitt 33.6 noch sehen werden.

• 26.3. Hermitesche Paare. Der Trennungssatz

Speziell für hermitesche Paare

$$\boldsymbol{F}(\lambda) = \boldsymbol{A} - \lambda \boldsymbol{B}\,, \qquad \boldsymbol{A}^* = \boldsymbol{A}\,, \qquad \boldsymbol{B}^* = \boldsymbol{B} \text{ pos. def.} \tag{15}$$

wird man auch das Kondensat hermitesch erhalten wollen. Dies gelingt, indem man $\boldsymbol{L} = \boldsymbol{R}^*$ wählt; es wird dann

$$\boldsymbol{A}_{11} = \boldsymbol{R}^* \boldsymbol{A} \boldsymbol{R}\,, \qquad \boldsymbol{B}_{11} = \boldsymbol{R}^* \boldsymbol{B} \boldsymbol{R} \text{ pos. def.}, \tag{16}$$

und dieses Paar wird mit Hilfe der im Abschnitt 24.10 beschriebenen additiven Zerlegung berechnet. Ordnet man Originalspektrum und

Ersatzspektrum der Größe nach

$$\lambda_1 \leqq \lambda_2 \leqq \lambda_3 \leqq \cdots \leqq \lambda_n, \tag{17}$$

$$\Lambda_1 \leqq \Lambda_2 \leqq \Lambda_3 \leqq \cdots \leqq \Lambda_m; \qquad m < n, \tag{18}$$

so besteht aufgrund des in Abschnitt 15.2 hergeleiteten *Maximum-Minimum-Prinzips* von COURANT [135] das folgende Zuordnungsschema

$$\lambda_1 \leqq \Lambda_1, \qquad \lambda_2 \leqq \Lambda_2 \qquad , \ldots , \qquad \lambda_m \leqq \Lambda_m; \quad m < n \tag{19}$$

und ebenso

$$\Lambda_1 \leqq \lambda_{n-m+1}, \qquad \Lambda_2 \leqq \lambda_{n-m+2}, \ldots , \qquad \Lambda_m \leqq \lambda_n; \qquad m < n\,. \tag{20}$$

Die Näherungswerte Λ_j sind also der aufsteigenden Reihe nach größer und gleichzeitig der absteigenden Reihe nach kleiner als die exakten Eigenwerte λ_j. Trägt man beide Spektren nach Abb. 26.4 auf zwei

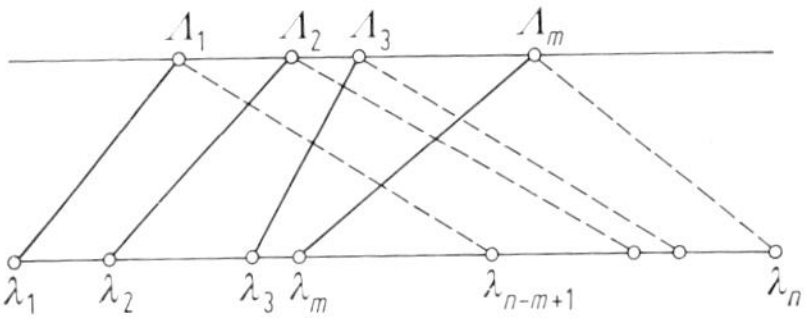

Abb. 26.4. Zum Maximum-Minimum-Prinzip

parallelen Geraden auf, so bedeutet dies, daß die Verbindungslinien von $\Lambda_1, \ldots, \Lambda_m$ zu den ersten (letzten) m Eigenwerten λ_j nach links (rechts) unten fallen oder höchstens senkrecht verlaufen können. Speziell für einen Ansatz der höchstmöglichen Ordnung $m = n - 1$ ($m = n$ ergäbe die exakte Lösung und wäre somit kein Näherungsverfahren) gehen (19) und (20) über in

$$\lambda_1 \leqq \Lambda_1 \leqq \lambda_2 \leqq \Lambda_2 \leqq \lambda_3 \leqq \Lambda_3 \leqq \lambda_4 \leqq \cdots \leqq \lambda_{n-1} \leqq \Lambda_{n-1} \leqq \lambda_n, \tag{21}$$

eine Einschachtelung, die als *Trennungssatz* bezeichnet wird, siehe dazu Abb. 26.5.

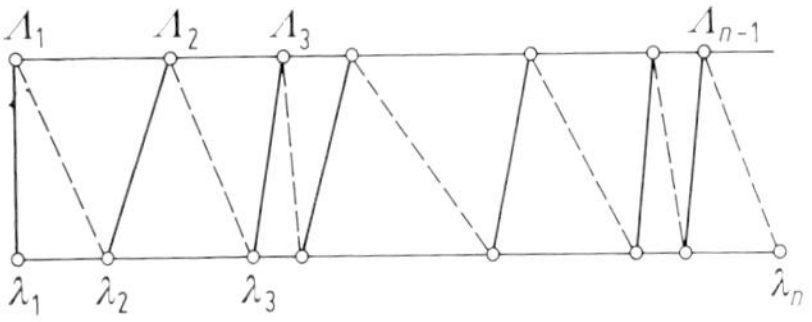

Abb. 26.5. Zum Trennungssatz

Ferner gilt: die aus dem RITZ-Verfahren gewonnenen n-reihigen Näherungsvektoren sind $\boldsymbol{B}$-unitär

$$\tilde{\boldsymbol{x}}_\mu^* \boldsymbol{B}\, \tilde{\boldsymbol{x}}_\nu = 0 \quad \text{für} \quad \mu \neq \nu; \qquad \mu, \nu = 1, 2, \ldots, m\,. \tag{22}$$

Ein Beispiel. Gegeben ist das reellsymmetrische Paar $\boldsymbol{A}; \boldsymbol{I}$ mit der Differenzenmatrix

$$\boldsymbol{A} = -\boldsymbol{K} = \begin{pmatrix} 0 & -1 & 0 & 0 & 0 \\ -1 & 0 & -1 & 0 & 0 \\ 0 & -1 & 0 & -1 & 0 \\ 0 & 0 & -1 & 0 & -1 \\ 0 & 0 & 0 & -1 & 0 \end{pmatrix}.$$

Wir gehen nach dem angegebenen Schema vor.
1. Es sei $m = 2$.
2. Der zweireihige RITZ-Ansatz mit

$$\boldsymbol{R}_1 = \begin{pmatrix} 1 & 2 & 2 & 2 & 1 \\ 11 & 12 & 2 & -8 & -9 \end{pmatrix}^T$$

führt nach leichter Rechnung auf das Kondensat

3. $$\boldsymbol{F}_{11}(\lambda) = \boldsymbol{R}_1^T \boldsymbol{F}(\lambda)\, \boldsymbol{R}_1 = \boldsymbol{R}_1^T \boldsymbol{A}\, \boldsymbol{R}_1 - \lambda\, \boldsymbol{R}_1^T \boldsymbol{I}\, \boldsymbol{R}_1 = \begin{pmatrix} -24 - 14\lambda & -24 - 14\lambda \\ -24 - 14\lambda & -424 - 414\lambda \end{pmatrix}$$

4. mit den Ersatzeigenwerten

$$\Lambda_1 = -12/7\,, \qquad \Lambda_2 = -1$$

und den Vektoren

$$\overset{1}{\boldsymbol{z}}_1 = \begin{pmatrix} 1 \\ 0 \end{pmatrix}, \qquad \overset{2}{\boldsymbol{z}}_1 = \begin{pmatrix} -1 \\ 1 \end{pmatrix}.$$

Die Näherungsvektoren — hier ist $\boldsymbol{y} = \boldsymbol{x}$ — werden damit

$$\tilde{\boldsymbol{x}}_1 = 1 \cdot \overset{1}{\boldsymbol{z}}_1 + 0 \cdot \overset{2}{\boldsymbol{z}}_1 = (1 \quad 2 \quad 2 \quad 2 \quad 1)^T\,,$$

$$\tilde{\boldsymbol{x}}_2 = -1 \cdot \overset{1}{\boldsymbol{z}}_1 + 1 \cdot \overset{2}{\boldsymbol{z}}_1 = (10 \quad 10 \quad 0 \quad -10 \quad -10)^T \quad \text{oder}$$

$$\tilde{\boldsymbol{x}}_2 = (1 \quad 1 \quad 0 \quad -1 \quad -1)^T\,,$$

wo wir den Faktor 10 herausgezogen haben.

5. Die Defektvektoren sind

$$\boldsymbol{d}_1 = \boldsymbol{F}(\Lambda_1)\, \tilde{\boldsymbol{x}}_1 = \frac{1}{7}(-2 \quad 3 \quad -4 \quad 3 \quad -2)^T\,,$$

$$\boldsymbol{d}_2 = \boldsymbol{F}(\Lambda_2)\, \tilde{\boldsymbol{x}}_2 = (0 \quad 0 \quad 0 \quad 0 \quad 0)^T\,.$$

Da $\boldsymbol{d}_2$ der Nullvektor ist, muß $\tilde{\boldsymbol{x}}_2$ exakt ein Eigenvektor sein, also ist auch der zugehörige Wert $\Lambda_2 = -1$ exakt. Ansonsten besagt die Größe des Defektes nicht viel, da die Näherungen mit beliebigen Faktoren multipliziert werden dürfen. Aussagekraft hat erst das normierte Defektquadrat bzw. ein Einschließungssatz.

Da das Paar $\boldsymbol{A}; \boldsymbol{I}$ reellsymmetrisch ist, gelten die Besonderheiten (19) und (20) bzw. Abb. 26.4, und so entsteht hier mit $\Lambda_1 = -12/7 = -1{,}71429$ und den exakten Eigenwerten $\lambda_1 = -\sqrt{3} = -1{,}73205$, $\lambda_2 = -1$ (nach (17.48) mit $n = 5$) die in Abb. 26.6 wiedergegebene Situation.
Ferner ist nach (22) das Produkt $\tilde{\boldsymbol{x}}_1^T \boldsymbol{I}\, \tilde{\boldsymbol{x}}_2 = 0$, wie es sein muß.

Das Besondere an diesem Beispiel ist, daß die beiden Ansatzvektoren sich zu einem Eigenvektor linear kombinieren lassen. Dieser kann bei einem RITZ-Ansatz also nicht etwa untergehen, sondern wird durch das Verfahren exakt herausgefiltert!

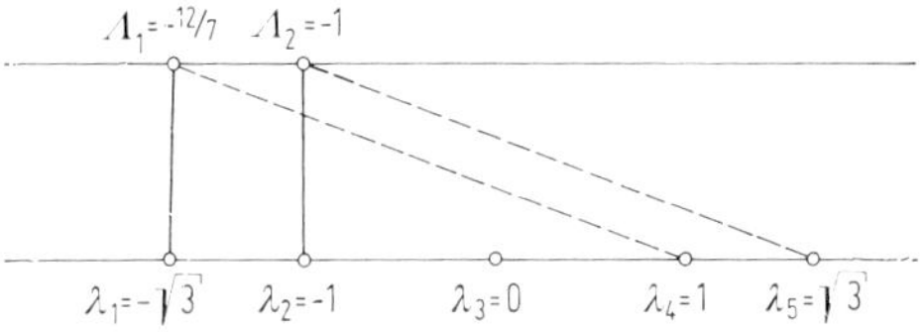

Abb. 26.6. Das Maximum-Minimum-Prinzip für $n = 5$, $m = 2$

26.4. Hermitesche Kondensation

Einer der wichtigsten Kunstgriffe bei der Herleitung von Einschließungssätzen ist die hermitesche Kondensation einer Gleichung, worunter man folgendes versteht. Aus der skalaren Gleichung $f_1 = f_2$ folgt $\bar{f}_1 = \bar{f}_2$ und nach Multiplikation der linken und rechten Seiten dieser Gleichung die Zuordnung

$$f_1 = f_2 \to \bar{f}_1 f_1 = \bar{f}_2 f_2 \,, \tag{23}$$

die eben nur bedeutet, daß zwei gleiche komplexe Zahlen auch die gleichen Betragsquadrate haben. Wird nun ein homogenes lineares Gleichungssystem additiv aufgeteilt

$$\boldsymbol{F}(\lambda)\,\boldsymbol{x} = \boldsymbol{F}_1(\lambda)\,\boldsymbol{x} + \boldsymbol{F}_2(\lambda)\,\boldsymbol{x} = \boldsymbol{o}\,, \tag{24}$$

so besteht neben

$$\boldsymbol{F}_1(\lambda)\,\boldsymbol{x} = -\boldsymbol{F}_2(\lambda)\,\boldsymbol{x} \tag{25}$$

auch die konjugiert-transformierte Gleichung

$$\boldsymbol{x}^*\,\boldsymbol{F}_1^*(\lambda) = -\boldsymbol{x}^*\,\boldsymbol{F}_2^*(\lambda)\,, \tag{26}$$

und nun ergibt die beiderseitige Multiplikation nach dem Vorbild (23) — hier weniger banal — die Gleichheit zweier hermitescher Formen

$$\boldsymbol{x}^*\,\boldsymbol{F}_1^*(\lambda)\,\boldsymbol{F}_1(\lambda)\,\boldsymbol{x} = \boldsymbol{x}^*\,\boldsymbol{F}_2^*(\lambda)\,\boldsymbol{F}_2(\lambda)\,\boldsymbol{x}\,, \tag{27}$$

und dies sind zwei Reliefs über der komplexen Zahlenebene, die nur in solchen Punkten λ eine gemeinsame Ordinate haben, für die auch die Ausgangsgleichung (24) gilt, also genau für deren Eigenwerte! Dieser Vorgang der hermiteschen Kondensation wird besonders wirkungsvoll, wenn vorweg die Matrix in vier, neun, . . . Blöcke unterteilt wird, siehe dazu die grundlegende Arbeit [175].

• 26.5. Lokaler Zerfall einer Parametermatrix. Bereinigung. Die Zentralgleichung

Mit der Kondensation verwandt ist die Erstellung der Zentralgleichung, die einen wichtigen Zugang zu zahlreichen Verfahren der numerischen linearen Algebra darstellt und die wir zum Schluß dieses

Kapitels herleiten wollen. Wieder gehen wir aus von der in vier Blöcke unterteilten Matrizenhauptgleichung

$$\boldsymbol{F}(\lambda)\,\boldsymbol{x} = \boldsymbol{r} \to \begin{pmatrix} \boldsymbol{F}_{11}(\lambda) & \boldsymbol{F}_{12}(\lambda) \\ \boldsymbol{F}_{21}(\lambda) & \boldsymbol{F}_{22}(\lambda) \end{pmatrix} \begin{pmatrix} \boldsymbol{x}_1 \\ \boldsymbol{x}_2 \end{pmatrix} = \begin{pmatrix} \boldsymbol{r}_1 \\ \boldsymbol{r}_2 \end{pmatrix}. \quad \begin{matrix} \updownarrow l \\ \updownarrow r \end{matrix} \qquad (28)$$
$$\leftarrow l \rightarrow \leftarrow r \rightarrow$$

Wenn die beiden Randblöcke $\boldsymbol{F}_{12}(\lambda)$ und $\boldsymbol{F}_{21}(\lambda)$ identisch verschwinden, so zerfällt das System in die beiden voneinander unabhängigen Teilsysteme

$$\boldsymbol{F}_{11}(\lambda)\,\boldsymbol{x}_1 = \boldsymbol{r}_1\,, \qquad (29)$$

$$\boldsymbol{F}_{22}(\lambda)\,\boldsymbol{x}_2 = \boldsymbol{r}_2\,, \qquad (30)$$

und die Frage entsteht, ob eine solche — für die Numerik höchst erwünschte — *Entkopplung* oder *Dekomposition* nicht wenigstens für einen festgewählten Parameterwert $\lambda = \Lambda$ (den Schiftpunkt) erreicht werden kann. Dies gelingt in der Tat mit Hilfe einer Äquivalenztransformation

$$\boldsymbol{L}\,\boldsymbol{F}(\lambda)\,\boldsymbol{R}\,\tilde{\boldsymbol{x}} = \boldsymbol{L}\,\boldsymbol{r}; \qquad \boldsymbol{x} = \boldsymbol{R}\,\tilde{\boldsymbol{x}} \qquad (31)$$

mit den speziellen Matrizen

$$\boldsymbol{L} = \begin{pmatrix} \boldsymbol{L}_1^T \\ \hline \boldsymbol{L}_2^T \end{pmatrix} = \begin{pmatrix} \boldsymbol{W}_1^T \\ \hline \boldsymbol{E}_{22}^T \end{pmatrix} = \begin{pmatrix} \boldsymbol{I}_{11} & \boldsymbol{W}_{12}^T \\ \boldsymbol{O} & \boldsymbol{I}_{22} \end{pmatrix}, \qquad \det \boldsymbol{L} = 1\,, \qquad (32)$$

und

$$\boldsymbol{R} = \left(\boldsymbol{R}_1 \,\vert\, \boldsymbol{R}_2\right) = \left(\boldsymbol{Z}_1 \,\vert\, \boldsymbol{E}_{22}\right) = \begin{pmatrix} \boldsymbol{I}_{11} & \boldsymbol{O} \\ \boldsymbol{Z}_{21} & \boldsymbol{I}_{22} \end{pmatrix}, \qquad \det \boldsymbol{R} = 1\,. \qquad (33)$$

Führt man diese Transformation durch, so wird der Reihe nach

$$\boldsymbol{L}\,\boldsymbol{F}(\lambda)\,\boldsymbol{R} =: \tilde{\boldsymbol{F}}(\lambda) = \begin{pmatrix} \boldsymbol{W}_1^T\,\boldsymbol{F}(\lambda)\,\boldsymbol{Z}_1 & \boldsymbol{F}_{12}(\lambda) + \boldsymbol{W}_{12}^T\,\boldsymbol{F}_{22}(\lambda) \\ \boldsymbol{F}_{21}(\lambda) + \boldsymbol{F}_{22}(\lambda)\,\boldsymbol{Z}_{21} & \boldsymbol{F}_{22}(\lambda) \end{pmatrix}, \qquad (34)$$

$$\boldsymbol{L}\,\boldsymbol{r} =: \tilde{\boldsymbol{r}} = \begin{pmatrix} \tilde{\boldsymbol{r}}_1 \\ \boldsymbol{r}_2 \end{pmatrix} = \begin{pmatrix} \boldsymbol{r}_1 + \boldsymbol{W}_{12}^T\,\boldsymbol{r}_2 \\ \boldsymbol{r}_2 \end{pmatrix}, \qquad (35)$$

$$\tilde{\boldsymbol{x}} = \boldsymbol{R}\,\boldsymbol{x} = \begin{pmatrix} \boldsymbol{x}_1 \\ \tilde{\boldsymbol{x}}_2 \end{pmatrix} = \begin{pmatrix} \boldsymbol{x}_1 \\ \boldsymbol{x}_2 + \boldsymbol{Z}_{21}\,\boldsymbol{x}_1 \end{pmatrix}, \qquad (36)$$

und nun verlangen wir, daß für einen vorgegebenen Wert Λ die beiden Ränder in $\tilde{\boldsymbol{F}}(\Lambda)$ verschwinden

$$\begin{aligned} \tilde{\boldsymbol{F}}_{12}(\Lambda) &= \boldsymbol{F}_{12}(\Lambda) + \boldsymbol{W}_{12}^T\,\boldsymbol{F}_{22}(\Lambda) = \boldsymbol{O}\,; \\ \tilde{\boldsymbol{F}}_{21}(\Lambda) &= \boldsymbol{F}_{21}(\Lambda) + \boldsymbol{F}_{22}(\Lambda)\,\boldsymbol{Z}_{21} = \boldsymbol{O}\,, \end{aligned} \qquad (37)$$

eine Forderung, die unter der nun wesentlich werdenden Voraussetzung, daß

$$\det \boldsymbol{F}_{22}(\Lambda) \neq 0 \qquad (38)$$

ist, die beiden konstanten Teilmatrizen (Indexkette beachten!)

$$\boldsymbol{W}_{12}^T = -\boldsymbol{F}_{12}(\Lambda)\,\boldsymbol{F}_{22}^{-1}(\Lambda)\,; \qquad \boldsymbol{Z}_{21} = -\boldsymbol{F}_{22}^{-1}(\Lambda)\,\boldsymbol{F}_{21}(\Lambda) \tag{39}$$

festgelegt, womit auch die beiden gesuchten Transformationsmatrizen $\boldsymbol{L}$ und $\boldsymbol{R}$ als ganze gefunden sind:

$$\boldsymbol{L} = \begin{pmatrix} \boldsymbol{I}_{11} & -\boldsymbol{F}_{12}(\Lambda)\,\boldsymbol{F}_{22}^{-1}(\Lambda) \\ \boldsymbol{O} & \boldsymbol{I}_{22} \end{pmatrix}, \tag{40}$$

$$\boldsymbol{R} = \begin{pmatrix} \boldsymbol{I}_{22} & \boldsymbol{O} \\ -\boldsymbol{F}_{22}^{-1}(\Lambda)\,\boldsymbol{F}_{21}(\Lambda) & \boldsymbol{I}_{22} \end{pmatrix}. \tag{41}$$

Die neue rechte Seite wird danach

$$\tilde{\boldsymbol{r}} = \begin{pmatrix} \boldsymbol{r}_1 - \boldsymbol{F}_{12}(\Lambda)\,\boldsymbol{F}_{22}^{-1}(\Lambda) \\ \boldsymbol{r}_2 \end{pmatrix}, \tag{42}$$

und der transformierte Vektor ist

$$\tilde{\boldsymbol{x}} = \begin{pmatrix} \boldsymbol{x}_1 \\ \boldsymbol{x}_2 - \boldsymbol{F}_{22}^{-1}(\Lambda)\,\boldsymbol{F}_{21}(\Lambda)\,\boldsymbol{x}_1 \end{pmatrix}. \tag{43}$$

Die auf diese Weise mit den wohldefinierten Matrizen (40) und (41) transformierte Matrizenhauptgleichung

$$\boxed{\tilde{\boldsymbol{F}}(\lambda)\,\tilde{\boldsymbol{x}} = \tilde{\boldsymbol{r}}} \tag{44}$$

nennen wir die *Zentralgleichung*. Sie lautet ausführlich

$$\tilde{\boldsymbol{F}}(\lambda)\,\tilde{\boldsymbol{x}} = \begin{pmatrix} \tilde{\boldsymbol{F}}_{11}(\lambda) & (\lambda-\Lambda)\,\tilde{\tilde{\boldsymbol{F}}}_{12}(\lambda) \\ (\lambda-\Lambda)\,\tilde{\tilde{\boldsymbol{F}}}_{21}(\lambda) & \tilde{\boldsymbol{F}}_{22}(\lambda) \end{pmatrix} \begin{pmatrix} \boldsymbol{x}_1 \\ \tilde{\boldsymbol{x}}_2 \end{pmatrix} = \begin{pmatrix} \tilde{\boldsymbol{r}}_1 \\ \boldsymbol{r}_2 \end{pmatrix} \tag{45}$$

und hat die folgenden Eigenschaften:

a) die letzten $r = n - l$ Gleichungen der Matrizenhauptgleichung sind für den Parameterwert $\lambda = \Lambda$ exakt erfüllt. Daher ist

b) die Matrix $\boldsymbol{F}(\Lambda)$ entkoppelt, oder wie wir auch sagen wollen, bereinigt: es ist $\boldsymbol{F}_{12}(\Lambda) = \boldsymbol{O}$ und $\boldsymbol{F}_{21}(\Lambda) = \boldsymbol{O}$.

c) Die Parametermatrix $\boldsymbol{F}(\Lambda)$ erfährt einen *lokalen Zerfall* (*local decomposition*) im vorgegebenen Schiftpunkt Λ. Daraus folgt, daß bei einer Reihenentwicklung der beiden Randblöcke der Faktor $\lambda - \Lambda$ erscheint, wie in (45) bereits angegeben.

d) Der homogene Fall $\tilde{\boldsymbol{F}}(\lambda)\,\tilde{\boldsymbol{x}} = \boldsymbol{o}$. Ist $\Lambda = \lambda_\nu$ ein Eigenwert, so wird

$$\tilde{\boldsymbol{F}}_{11}(\lambda_\nu)\,\boldsymbol{x}_1 = \boldsymbol{o}\,, \qquad \tilde{\boldsymbol{F}}_{22}(\lambda_\nu)\,\tilde{\boldsymbol{x}}_2 = \boldsymbol{o}\,,$$

und da nach Voraussetzung (38) die Blockmatrix $\boldsymbol{F}_{22}(\lambda_\nu)$ regulär ist, folgt $\tilde{\boldsymbol{x}}_2 = \boldsymbol{o}$, somit $\boldsymbol{x}_1 \neq 0$ (anderenfalls wäre $\boldsymbol{x}$ der von vornherein ausgeschlossene Nullvektor), und das heißt: λ_ν ist sowohl Eigenwert der Matrix $\tilde{\boldsymbol{F}}(\lambda)$ wie der Blockmatrix $\tilde{\boldsymbol{F}}_{11}(\lambda)$.

Alle diese Eigenschaften bleiben mit einem um so geringeren Fehler erhalten, je weniger der willkürlich gewählte Schiftpunkt Λ von einem Eigenwert λ_ν bzw. einem vorgegebenen Parameterwert Λ_{exakt} abweicht. Auf der Zentralgleichung basieren aufgrund dieser Tatsache eine Reihe der leistungsstärksten Algorithmen, so etwa die (iterative) Einschließung Acta Mechanica und die Algorithmen BONAVENTURA und SECURITAS, ferner der auch beim nichtlinearen Eigenwertproblem praktikable T-S-Algorithmus (TAYLOR-Entwicklung des SCHUR-Komplementes).

Ist nun die Untermatrix $\boldsymbol{F}_{22}(\Lambda)$ exakt oder numerisch singulär und damit die Bedingung (38) nicht erfüllt, so gelingt die Bereinigung dennoch, wenn die rechten Seiten in (37) verträglich sind; der Leser studiere dazu den Alternativsatz im Abschnitt 26.1.

Schließlich ist ein Vergleich mit dem RITZschen Verfahren angebracht. Gehen wir ebenso wie in (8) zum gestaffelten System über, so wird

$$\begin{pmatrix} \tilde{\boldsymbol{F}}_{11,\text{red}}(\lambda) & \boldsymbol{O} \\ (\lambda - \Lambda)\,\tilde{\tilde{\boldsymbol{F}}}_{21}(\lambda) & \tilde{\boldsymbol{F}}_{22}(\lambda) \end{pmatrix} \begin{pmatrix} \boldsymbol{x}_1 \\ \tilde{\boldsymbol{x}}_2 \end{pmatrix} = \begin{pmatrix} \boldsymbol{r}_{1,\text{red}}(\lambda) \\ \boldsymbol{r}_2 \end{pmatrix} \tag{46}$$

mit der reduzierten Matrix (dem SCHUR-Komplement) der transformierten Matrix $\tilde{\boldsymbol{F}}(\lambda)$

$$\tilde{\boldsymbol{F}}_{11,\text{red}}(\lambda) = \tilde{\boldsymbol{F}}_{11}(\lambda) - (\lambda - \Lambda)^2\, \tilde{\tilde{\boldsymbol{F}}}_{12}(\lambda)\, \tilde{\boldsymbol{F}}_{22}^{-1}(\lambda)\, \tilde{\tilde{\boldsymbol{F}}}_{21}(\lambda)\,. \tag{47}$$

Wir sehen: auch hier wird der Subtrahend *quadratisch* klein aufgrund der vorweggenommenen Bereinigung, die den Vorfaktoı $(\lambda - \Lambda)^2$ erzeugt, der um so kleiner wird, je näher der Schiftpunkt Λ an einem Eigenwert λ_ν liegt. Da im Gegensatz zum RITZschen Verfahren der Subtrahend nicht einfach fortgelassen wird, können wir die Gleichung (47) auch als Korrektur des RITZschen Verfahrens auffassen mit der Besonderheit, daß

a) die Blöcke $\boldsymbol{L}_2^T$ und $\boldsymbol{R}_2$ in den Gesamttransformationsmatrizen $\boldsymbol{L}$ und $\boldsymbol{R}$ nicht einfach mißachtet werden und
b) die Blöcke $\boldsymbol{W}_1$ und $\boldsymbol{Z}_1$ mit den Ansatzvektoren $\boldsymbol{w}_1^T, \ldots, \boldsymbol{w}_l^T$ und $\boldsymbol{z}_1, \ldots, \boldsymbol{z}_l$ nicht von außen herangetragen sondern nach Wahl eines Näherungswertes Λ — unter allerdings beträchtlichem Mehraufwand! — aus der Matrix $\boldsymbol{F}(\Lambda)$ selbst gewonnen werden.

Dazu ein Beispiel. Gegeben ist

$$\boldsymbol{F}(\lambda) = \left(\begin{array}{c|cc} 1+\lambda & 3+4\lambda & \lambda^4 \\ \hline -1 & 2+\lambda & \lambda^3 \\ \cos\lambda & 1/\lambda & \lambda \end{array}\right); \qquad \boldsymbol{r} = \left(\begin{array}{c} 1 \\ \hline 0 \\ -1 \end{array}\right)$$

Mit der Blockaufteilung $l = 1$ und $r = 2$ und dem Schiftpunkt $\Lambda = 2$ wird

$$\boldsymbol{F}(2) = \begin{pmatrix} 3 & 11 & 16 \\ -1 & 4 & 8 \\ \cos 2 & 0{,}5 & 2 \end{pmatrix}, \quad \boldsymbol{F}_{22}^{-1}(2) = \begin{pmatrix} 1/2 & -2 \\ -1/8 & 1 \end{pmatrix}.$$

Damit folgen die beiden Transformationsmatrizen

$$\boldsymbol{L} = \begin{pmatrix} 1 & -3{,}5 & 6 \\ 0 & 1 & 0 \\ 0 & 0 & 1 \end{pmatrix}, \quad \boldsymbol{R} = \begin{pmatrix} 1 & 0 & 1 \\ 0{,}5 + 2\,c & 1 & 0 \\ -0{,}125 - c & 0 & 1 \end{pmatrix} \quad \text{mit } c := \cos 2$$

und weiter nach einiger Rechnung die transformierten Größen

$$\tilde{\boldsymbol{F}}(\lambda) = \begin{pmatrix} \tilde{f}_{11}(\lambda) & 0{,}5 - 4 + 6/\lambda & \lambda^4 - 3{,}5\,\lambda^3 + 6\,\lambda \\ \tilde{f}_{21}(\lambda) & 2 + \lambda & \lambda^3 \\ \tilde{f}_{31}(\lambda) & 1/\lambda & \lambda \end{pmatrix};$$

$$\boldsymbol{z} = \begin{pmatrix} 0 \\ 0{,}5 + 2\,c \\ -1/8 - c \end{pmatrix} x_1, \qquad \boldsymbol{r} = \begin{pmatrix} -5 \\ 0 \\ -1 \end{pmatrix}$$

mit den drei Elementen der ersten Spalte von $\boldsymbol{F}(\lambda)$

$$\begin{aligned} \tilde{f}_{11}(\lambda) &= -\lambda^4(0{,}125 + c) + \lambda^3(0{,}375 + 3{,}5\,c) + \lambda(0{,}5 - 5\,c) + 6\cos\lambda \\ &\quad + (3 + 12\,c)/\lambda + (2{,}5 - 8\,c)\,, \\ \tilde{f}_{21}(\lambda) &= -\lambda^3(0{,}125 + c) + \lambda(0{,}5 + 2\,c) - (1 - 4\,c)\,, \\ \tilde{f}_{31}(\lambda) &= -\lambda(0{,}125 + c) + \cos\lambda + (0{,}5 + 2\,c)/\lambda\,, \end{aligned}$$

und in der Tat verschwinden die beiden Ränder von $\tilde{\boldsymbol{F}}(\lambda)$ für $\lambda = \Lambda = 2$, wie es sein muß:

$$\tilde{\boldsymbol{F}}(2) = \begin{pmatrix} 0{,}50311898 & 0 & 0 \\ 0 & 4 & 8 \\ 0 & 0{,}5 & 2 \end{pmatrix}.$$

Alles Gesagte gilt für eine beliebige Parametermatrix $\boldsymbol{F}(\lambda)$. Liegt nun speziell die lineare Eigenwertaufgabe

$$\boldsymbol{F}(\lambda)\,\boldsymbol{x} = (\boldsymbol{A} - \lambda\,\boldsymbol{B})\,\boldsymbol{x} = \boldsymbol{o} \tag{48}$$

vor, so wird daraus nach Wahl eines Schiftpunktes Λ

$$[\boldsymbol{F}(\Lambda) - \xi\,\boldsymbol{B}]\,\boldsymbol{x} = \boldsymbol{o} \quad \text{mit} \quad \boldsymbol{F}(\Lambda) = \boldsymbol{A} - \Lambda\,\boldsymbol{B}\,, \quad \xi = \lambda - \Lambda\,, \tag{49}$$

und wir fragen, wie die Transformation, welche zur Bereinigung der Matrix $\boldsymbol{F}(\Lambda)$ führt, sich auf die Partnermatrix $\boldsymbol{B}$ auswirkt. Offenbar wird

$$\boldsymbol{L}\,\boldsymbol{F}(\Lambda)\,\boldsymbol{R} = \tilde{\boldsymbol{F}}(\Lambda) = \begin{pmatrix} \tilde{\boldsymbol{F}}_{11}(\Lambda) & \tilde{\boldsymbol{F}}_{12}(\Lambda) \\ \tilde{\boldsymbol{F}}_{21}(\Lambda) & \tilde{\boldsymbol{F}}_{22}(\Lambda) \end{pmatrix} = \begin{pmatrix} \boldsymbol{W}^T\boldsymbol{F}(\Lambda)\,\boldsymbol{Z} & \boldsymbol{O} \\ \boldsymbol{O} & \boldsymbol{F}_{22}(\Lambda) \end{pmatrix}, \tag{50}$$

und $\boldsymbol{B}$ geht über in

$$\boldsymbol{L}\,\boldsymbol{B}\,\boldsymbol{R} = \tilde{\boldsymbol{B}} = \begin{pmatrix} \tilde{\boldsymbol{B}}_{11} & \tilde{\boldsymbol{B}}_{12} \\ \tilde{\boldsymbol{B}}_{21} & \tilde{\boldsymbol{B}}_{22} \end{pmatrix} = \begin{pmatrix} \boldsymbol{W}^T \boldsymbol{B}\,\boldsymbol{Z} & \boldsymbol{B}_{12} + \boldsymbol{B}_{22}\,\boldsymbol{Z}_{21} \\ \boldsymbol{B}_{21} + \boldsymbol{W}_{21}^T\,\boldsymbol{B}_{22} & \boldsymbol{B}_{22} \end{pmatrix}. \tag{51}$$

Für die praktische Durchführung ist es indessen vorteilhafter, die Matrix $\boldsymbol{F}(\Lambda)$ in zwei Streifen zu unterteilen

$$\boldsymbol{F}(\Lambda) = \overset{\longleftarrow n \longrightarrow}{\left(\begin{array}{c} \boldsymbol{F}^1(\Lambda) \\ \hdashline \boldsymbol{F}^2(\Lambda) \end{array}\right)} \begin{array}{l} \updownarrow l \\ \updownarrow n-l \end{array} \quad \text{bzw.} \quad \boldsymbol{F}(\Lambda) = \overset{\longleftarrow l \longrightarrow \longleftarrow n-l \longrightarrow}{\left(\begin{array}{c:c} \boldsymbol{F}_1(\Lambda) & \boldsymbol{F}_2(\Lambda) \end{array}\right)} \updownarrow n\,, \tag{52}$$

dann wird aufgrund der Bereinigung, wie leicht nachzurechnen

1. Der Block

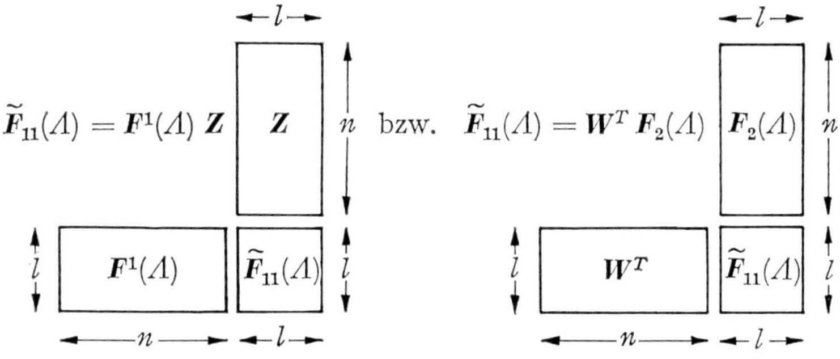

. (53)

Im Sonderfall $l = 1$ sind dies die Skalare

$$\tilde{f}_{11}(\Lambda) = \boldsymbol{f}^1(\Lambda)\boldsymbol{z} \quad \text{bzw.} \quad \tilde{f}_{11}(\Lambda) = \boldsymbol{w}^T \boldsymbol{f}_1(\Lambda)\,. \tag{54}$$

2. Die neuen Ränder in $\tilde{\boldsymbol{B}}$ berechnen sich kürzer als in (51) angegeben, so:

$$\boldsymbol{B}_z := \boldsymbol{B}\,\boldsymbol{Z} = \left(\begin{array}{c} \tilde{\boldsymbol{B}}_{11} \\ \hdashline \tilde{\boldsymbol{B}}_{21} \end{array}\right) \begin{array}{l} \updownarrow l \\ \updownarrow n-l \end{array}, \qquad \boldsymbol{B}_w := \boldsymbol{W}^T \boldsymbol{B} = \overset{\longleftarrow l \longrightarrow \longleftarrow n-l \longrightarrow}{\left[\begin{array}{c:c} \tilde{\boldsymbol{B}}_{11} & \tilde{\boldsymbol{B}}_{12} \end{array}\right]} \updownarrow l \tag{55}$$

bzw. für $l = 1$

$$\boldsymbol{b}_z := \boldsymbol{B}\,\boldsymbol{z} = \left(\begin{array}{c} \tilde{b}_{11} \\ \hdashline \tilde{\boldsymbol{b}}_{21} \end{array}\right), \qquad \boldsymbol{b}_w := \boldsymbol{w}^T \boldsymbol{B} = \left[\begin{array}{c:c} \tilde{b}_{11} & \tilde{\boldsymbol{b}}_{12}^T \end{array}\right]. \tag{56}$$

Wir operieren also mit den unzerlegten Blöcken (bzw. Vektoren) $\boldsymbol{Z}$ und $\boldsymbol{W}$ und der unzerlegten Matrix $\boldsymbol{B}$ und finden die einzelnen Anteile wie in (55) und (56) angegeben, wobei das zweimalige Auftreten von $\tilde{\boldsymbol{B}}_{11}$ bzw. $\tilde{b}_{11}$ als Kontrolle dienen kann.

26.6. Zentraltransformation und Minimumvektor. Splitten eines Vektors

Wir kommen nochmals zurück auf die Blockunterteilung (28). Es kann für die numerische Durchführung sicherlich nicht gleichgültig sein, welche der l Zeilen und Spalten aus der Gesamtmatrix herausgegriffen und zu Blöcken zusammengefaßt werden. Wir wollen deshalb fortan die Indizes 1 und 2 durch j und k ersetzen, um deutlich zu machen, daß irgend l — und nicht die ersten l — Zeilen und Spalten darunter zu verstehen sind, beispielsweise für $l = 2$

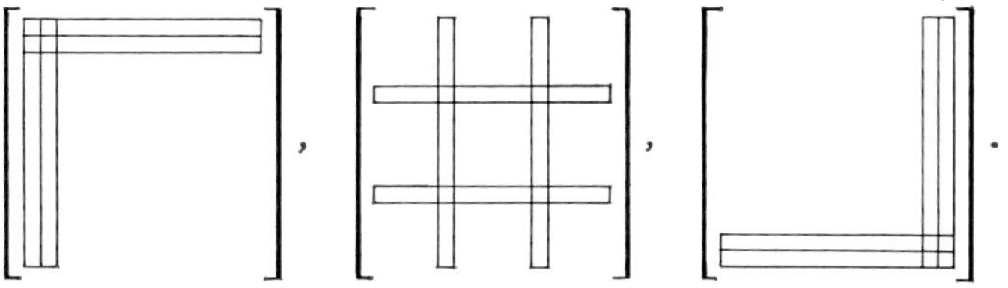

(57)

Welche Aufteilung soll man nun wählen? Um diese Entscheidung eindeutig zu machen, teilen wir die Matrix $\boldsymbol{F}(\lambda)$ additiv auf in

$$\boldsymbol{F}(\lambda) = \boldsymbol{F}(\Lambda) + \boldsymbol{K}(\lambda) \tag{58}$$

mit

$$\boldsymbol{K}(\lambda) := \boldsymbol{F}(\lambda) - \boldsymbol{F}(\Lambda); \qquad \boldsymbol{K}(\Lambda) = \boldsymbol{O} \tag{59}$$

und machen die alles weitere beherrschende Äquivalenztransformation

$$\boldsymbol{L}\,\boldsymbol{F}(\Lambda)\,\boldsymbol{R}\,\hat{\boldsymbol{x}} = \boldsymbol{L}\,\boldsymbol{F}(\Lambda)\,\boldsymbol{R}\,\hat{\boldsymbol{x}} + \boldsymbol{L}\,\boldsymbol{K}(\lambda)\,\boldsymbol{R}\,\hat{\boldsymbol{x}}\,; \qquad \hat{\boldsymbol{x}} = \boldsymbol{R}\,\boldsymbol{x} \tag{60}$$

mit

$$\tilde{\boldsymbol{F}}(\Lambda) = \boldsymbol{L}\,\boldsymbol{F}(\Lambda)\,\boldsymbol{R} = \boldsymbol{D}\text{iag}\,\langle\delta_{\nu\nu}\rangle =: \boldsymbol{D}_F\,, \tag{61}$$

die wir geradezu als *Zentraltransformation* bezeichnen wollen. Die Matrix $\tilde{\boldsymbol{F}}(\Lambda)$ ist damit *total bereinigt,* denn für $\lambda = \Lambda$ verschwindet nicht nur eine, sondern sämtliche Restzeilen und -spalten der Matrix $\tilde{\boldsymbol{F}}(\Lambda)$. DieBlockaufteilung ist nun so vorzunehmen, daß

a) l der n Gleichungen aus $\tilde{\boldsymbol{F}}(\Lambda)\,\hat{\boldsymbol{x}} = \boldsymbol{o}$ für $\lambda = \Lambda$ exakt befriedigt werden,

b) der Defektvektor

$$\boldsymbol{d}(\Lambda) := \tilde{\boldsymbol{F}}(\Lambda)\,\boldsymbol{z} \tag{62}$$

einen minimalen Betrag besitzt. Dies ist offenbar gewährleistet, wenn die *betragskleinsten* Diagonalelemente $\delta_{\nu\nu}$, welche die Zeilen- und Spaltenindizes und damit die als *Minimumvektoren* bezeichneten Einheitsvektoren

$$j_1, j_2, \ldots, j_l \rightarrow \boldsymbol{e}_{j_1}, \boldsymbol{e}_{j_2}, \ldots, \boldsymbol{e}_{j_l} \tag{63}$$

festlegen, herausgesucht werden. Die Gesamtheit der l Einheitsvektoren (63) nennen wir den *Minimumblock.* Ist das betragskleinste Element

$$\varepsilon := \min_{\nu=1}^{n} |\delta_{\nu\nu}| \tag{64}$$

deutlich kleiner als alle übrigen, so wählt man natürlich $l = 1$ mit dem zugehörigen Minimumvektor $\boldsymbol{e}_j$.

Um nun die vier Blöcke der transformierten Matrix

$$\tilde{\boldsymbol{B}} = \boldsymbol{L}\,\boldsymbol{B}\,\boldsymbol{R} \tag{65}$$

zu berechnen, zerlegen wir wie in (32) und (33) die Matrizen $\boldsymbol{L}$ und $\boldsymbol{R}$ in Streifen, wobei wir uns der schon in (1.7) eingeführten Schreibweise mit hochgestellten Indizes anstelle des Transpositionszeichens T bedienen wollen

$$\boldsymbol{L} = \begin{pmatrix} \boldsymbol{L}^j \\ \hline \boldsymbol{L}^k \end{pmatrix}, \qquad \boldsymbol{R} = \left(\boldsymbol{R}_j \;\middle|\; \boldsymbol{R}_k\right), \tag{66}$$

was bisweilen zweckmäßiger ist. Damit wird offenbar

$$\boldsymbol{L}\,\boldsymbol{B}\,\boldsymbol{R}_j = \begin{pmatrix} \tilde{\boldsymbol{B}}_{jj} \\ \hline \tilde{\boldsymbol{B}}_{kj} \end{pmatrix}, \qquad \boldsymbol{L}^j\,\boldsymbol{B}\,\boldsymbol{R} = \left(\tilde{\boldsymbol{B}}_{jj} \;\middle|\; \tilde{\boldsymbol{B}}_{jk}\right), \tag{67}$$

wo der Block $\tilde{\boldsymbol{B}}_{jj}$ zweimal erscheint, was zur Kontrolle dienen kann; ferner ist

$$\boldsymbol{L}^k\,\boldsymbol{B}\,\boldsymbol{R}_k = \tilde{\boldsymbol{B}}_{kk}\,. \tag{68}$$

Gang analog findet man die Blöcke der transformierten Matrix

$$\tilde{\boldsymbol{F}}(\Lambda) = \boldsymbol{L}\,\boldsymbol{F}(\Lambda)\,\boldsymbol{R} \tag{69}$$

aus

$$\boldsymbol{L}\,\boldsymbol{F}(\Lambda)\,\boldsymbol{R}_j = \begin{pmatrix} \tilde{\boldsymbol{F}}_{jj}(\Lambda) \\ \hline \boldsymbol{O} \end{pmatrix} \quad \text{bzw.} \quad \boldsymbol{L}^j\,\boldsymbol{B}\,\boldsymbol{R} = \left(\tilde{\boldsymbol{F}}_{jj}(\Lambda) \;\middle|\; \boldsymbol{O}\right) \tag{70}$$

und

$$\boldsymbol{L}^k\,\boldsymbol{F}(\Lambda)\,\boldsymbol{R}_k = \tilde{\boldsymbol{F}}_{kk}(\Lambda)\,. \tag{71}$$

Nun brauchen wir nach (37) bzw. (39) die Inverse von $\boldsymbol{F}_{kk}(\Lambda)$, und wir fragen uns, ob diese nicht aus der bereits durchgeführten Zentraltransformation an der Gesamtmatrix $\boldsymbol{F}(\Lambda)$ zu gewinnen ist. Dies gelingt in der Tat nach den in Abschnitt 22.2 vorgeführten Methoden der blockweisen Inversion. Es seien der einfachen Darstellung halber die l Zeilen und Spalten die ersten, dann liefert die Auflösung des Gesamtgleichungssystems

$$\boldsymbol{F}(\Lambda)\,\boldsymbol{X} = \begin{pmatrix} \boldsymbol{I}_{jj} & \boldsymbol{O} \\ \boldsymbol{O} & \boldsymbol{I}_{kk} \end{pmatrix} \to \boldsymbol{X} = \boldsymbol{F}^{-1}(\Lambda) \begin{pmatrix} \boldsymbol{I}_{jj} & \boldsymbol{O} \\ \boldsymbol{O} & \boldsymbol{I}_{kk} \end{pmatrix} = \begin{pmatrix} \langle \boldsymbol{K}_{jj} \rangle & \{\boldsymbol{K}_{jk}\} \\ [\boldsymbol{K}_{kj}] & (\boldsymbol{K}_{kk}) \end{pmatrix} \tag{72}$$

die vier Blockanteile gleicher Position der Kehrmatrix $\boldsymbol{K} = \boldsymbol{F}^{-1}(\Lambda)$, und aus diesen läßt sich, wie im wesentlichen bereits in (22.27) vorgeführt, die gesuchte Teilreziproke der Ordnung $n - l$ folgendermaßen zusammensetzen, eine Technik, die wir als *Splitten* eines Blockes bzw. eines Vektors bezeichnen wollen:

$$\boldsymbol{F}_{kk}^{-1}(\Lambda) = (\boldsymbol{K}_{kk}) - [\boldsymbol{K}_{kj}] \langle \boldsymbol{K}_{jj} \rangle^{-1} \{\boldsymbol{K}_{jk}\} = (\boldsymbol{K}_{kk}) - \boldsymbol{G}_{kj}\{\boldsymbol{K}_{jk}\}\,, \tag{73}$$

wobei die vier unterschiedlichen Klammersymbole die Orientierung erleichtern sollen. Es ist zweckmäßig, den als *Gerüst* bezeichneten Block

$$\boldsymbol{G}_{kj} := [\boldsymbol{K}_{kj}] \langle \boldsymbol{K}_{jj} \rangle^{-1} \tag{74}$$

gesondert zu berechnen. Wird nicht die Kehrmatrix von $\boldsymbol{F}_{kk}(\Lambda)$ selbst, sondern — wie etwa in (43) — das Produkt

$$\begin{aligned}\boldsymbol{F}_{kk}^{-1}(\Lambda)\,\boldsymbol{F}_{kj}(\Lambda) &= [(\boldsymbol{K}_{kk}) - \boldsymbol{G}_{kj}\{\boldsymbol{K}_{jk}\}]\,\boldsymbol{F}_{kj}(\Lambda)\\ &= (\boldsymbol{K}_{kk})\,\boldsymbol{F}_{kj}(\Lambda) - \boldsymbol{G}_{kj}\{\boldsymbol{K}_{jk}\}\,\boldsymbol{F}_{kj}(\Lambda)\end{aligned} \tag{75}$$

benötigt, so hat man vorweg aus der Gleichung

$$\boldsymbol{F}(\Lambda)\,\boldsymbol{X} = \begin{pmatrix}\boldsymbol{I}_{jj}\\ \boldsymbol{O}\end{pmatrix} \to \boldsymbol{X} = \boldsymbol{F}^{-1}(\Lambda)\begin{pmatrix}\boldsymbol{I}_{jj}\\ \boldsymbol{O}\end{pmatrix} = \begin{pmatrix}\langle \boldsymbol{K}_{jj}\rangle\\ [\boldsymbol{K}_{kj}]\end{pmatrix} = \boldsymbol{G}_{kj} \tag{76}$$

das Gerüst und sodann aus

$$\boldsymbol{F}(\Lambda)\,\boldsymbol{Y} = \begin{pmatrix}\boldsymbol{O}\\ \boldsymbol{F}_{kj}(\Lambda)\end{pmatrix} \to \boldsymbol{Y} = \boldsymbol{F}^{-1}(\Lambda)\begin{pmatrix}\boldsymbol{O}\\ \boldsymbol{F}_{kj}(\Lambda)\end{pmatrix} = \begin{pmatrix}\{\boldsymbol{K}_{jk}\}\,\boldsymbol{F}_{kj}(\Lambda)\\ (\boldsymbol{K}_{kk})\,\boldsymbol{F}_{kj}(\Lambda)\end{pmatrix} \tag{77}$$

den Rest zu berechnen und hat damit alle für (75) benötigten Anteile beisammen. Benutzen wir noch die Beziehung

$$\boldsymbol{L}\,\boldsymbol{F}(\Lambda)\,\boldsymbol{R} = \boldsymbol{D}_F \to \boldsymbol{F}^{-1}(\Lambda) = \boldsymbol{R}\,\boldsymbol{D}_F^{-1}\,\boldsymbol{L} \tag{78}$$

und setzen dies in (76) und (77) ein, so wird

$$\boldsymbol{X} = \boldsymbol{R}\,\boldsymbol{D}_F^{-1}\,\boldsymbol{L}\begin{pmatrix}\boldsymbol{I}_{jj}\\ \boldsymbol{O}\end{pmatrix} = \begin{pmatrix}\langle \boldsymbol{K}_{jj}\rangle\\ [\boldsymbol{K}_{kj}]\end{pmatrix} = \boldsymbol{G}_{kj} \tag{79}$$

und

$$\boldsymbol{Y} = \boldsymbol{R}\,\boldsymbol{D}_F^{-1}\,\boldsymbol{L}\begin{pmatrix}\boldsymbol{O}\\ \boldsymbol{F}_{kj}(\Lambda)\end{pmatrix} = \begin{pmatrix}\{\boldsymbol{K}_{jk}\}\;\boldsymbol{F}_{kj}(\Lambda)\\ (\boldsymbol{K}_{kk})\;\boldsymbol{F}_{kj}(\Lambda)\end{pmatrix}, \tag{80}$$

und ganz analoge Gleichungen bestehen für die Linksmatrix $\boldsymbol{W}^T$, wie wohl im einzelnen nicht ausgeführt werden muß.

Abschließend eine wichtige Bemerkung. Ziel der Zentraltransformation ist es im allgemeinen, den Schiftpunkt Λ so zu wählen, daß die Matrix $\boldsymbol{F}(\Lambda)$ und damit auch $\boldsymbol{D}_F$ fastsingulär wird. Um nun die Auflösung von (79) und (80) numerisch stabil zu machen, ersetzen wir die Kehrmatrix von $\boldsymbol{D}_F$ durch die sogenannte *Epsilonmatrix*

$$\boldsymbol{E}_F := \varepsilon\,\boldsymbol{D}_F^{-1} = \boldsymbol{D}\mathrm{iag}\left\langle\frac{\varepsilon}{\delta_{\nu\nu}}\right\rangle, \tag{81}$$

deren betragsgrößtes Element 1 ist, womit ein Überlauf der Rechnung auch bei extrem kleinem Wert von ε verhindert wird. Offenbar wird das Gerüst $\boldsymbol{G}_{kj}$ von dieser Maßnahme gar nicht betroffen, weil sich nach (75) der Faktor $1/\varepsilon$ herauskürzt, doch sind die beiden Anteile (80) zum Schluß der Rechnung durch ε zu dividieren.

Ein Beispiel möge das Gesagte erläutern. Gegeben ist die Matrix $\boldsymbol{F}(\Lambda)$. Wir machen die Zentraltransformation $\boldsymbol{L}\,\boldsymbol{F}(\Lambda)\,\boldsymbol{R} = \boldsymbol{D}_F$ und bekommen der Reihe nach:

$$\boldsymbol{F}(\Lambda) = \begin{pmatrix} 3/2 & 1 & 0 \\ 1 & 3/2 & 1 \\ 0 & 1 & 3/2 \end{pmatrix}, \qquad \boldsymbol{L} = \begin{pmatrix} 1 & 0 & 0 \\ -2/3 & 1 & -2/3 \\ 0 & 0 & 1 \end{pmatrix},$$

$$\boldsymbol{R} = \begin{pmatrix} 1 & -2/3 & 0 \\ 0 & 1 & 0 \\ 0 & -2/3 & 1 \end{pmatrix}, \qquad \boldsymbol{D}_F = \begin{pmatrix} 3/2 & 0 & 0 \\ 0 & 1/6 & 0 \\ 0 & 0 & 3/2 \end{pmatrix}.$$

Da das betragskleinste Element $\delta_{22} = 1/6$ ist, liegt mit $j = 2$ die Blockunterteilung der Matrix $\boldsymbol{F}(\Lambda)$ fest; sie wurde oben bereits gestrichelt eingezeichnet. Es seien nun die beiden folgenden Aufgaben zu lösen.

$$\boldsymbol{v} = \boldsymbol{F}_{k\,k}^{-1}(\Lambda)\,\boldsymbol{a} \quad \text{mit} \quad \boldsymbol{a} = \begin{pmatrix} 1 \\ 1 \end{pmatrix} \quad \text{und} \quad \boldsymbol{w} = \boldsymbol{F}_{k\,k}^{-1}(\Lambda)\,\boldsymbol{b} \quad \text{mit} \quad \boldsymbol{b} = \begin{pmatrix} 2 \\ -1 \end{pmatrix}.$$

Die Rechnung wird im nachfolgenden Schema a) durchgeführt.

$$\begin{array}{cc} & \begin{array}{ccc} \boldsymbol{e}_2 & \boldsymbol{a} & \boldsymbol{b} \end{array} \\ & \begin{pmatrix} 0 & 1 & 2 \\ 1 & 0 & 0 \\ 0 & 1 & -1 \end{pmatrix} \\ \boldsymbol{L} \begin{pmatrix} 1 & 0 & 0 \\ -2/3 & 1 & -2/3 \\ 0 & 0 & 1 \end{pmatrix} & \begin{pmatrix} 0 & 1 & 2 \\ 1 & -4/3 & -2/3 \\ 0 & 1 & -1 \end{pmatrix} \\ \boldsymbol{D}_F^{-1} \begin{pmatrix} 2/3 & 0 & 0 \\ 0 & 6 & 0 \\ 0 & 0 & 2/3 \end{pmatrix} & \begin{pmatrix} 0 & 2/3 & 4/3 \\ 6 & -8 & -4 \\ 0 & 2/3 & -2/3 \end{pmatrix} \\ \boldsymbol{R} \begin{pmatrix} 1 & -2/3 & 0 \\ 0 & 1 & 0 \\ 0 & -2/3 & 1 \end{pmatrix} & \begin{pmatrix} [-4] & (6) & (4) \\ \langle 6 \rangle & \{-8\} & \{-4\} \\ [-4] & (6) & (2) \end{pmatrix} \end{array} \qquad \text{a)}$$

$$\boldsymbol{g} = \begin{pmatrix} -4 \\ -4 \end{pmatrix} \langle 6 \rangle^{-1} = \begin{pmatrix} -2/3 \\ -2/3 \end{pmatrix}. \qquad \text{b)}$$

$$\boldsymbol{F}_{k\,k}^{-1}(\Lambda)\,\boldsymbol{a} = \begin{pmatrix} 6 \\ 6 \end{pmatrix} - \begin{pmatrix} -2/3 \\ -2/3 \end{pmatrix} \{-8\} = \begin{pmatrix} -2/3 \\ -2/3 \end{pmatrix}. \qquad \text{c)}$$

$$\boldsymbol{F}_{k\,k}^{-1}(\Lambda)\,\boldsymbol{b} = \begin{pmatrix} 4 \\ 2 \end{pmatrix} - \begin{pmatrix} -2/3 \\ -2/3 \end{pmatrix} \{-4\} = \begin{pmatrix} 4/3 \\ -2/3 \end{pmatrix}. \qquad \text{d)}$$

Da $\varepsilon = 1/6$ nicht allzu klein ist, erübrigt sich die Einführung der Epsilonmatrix (81). Wir ermitteln zunächst aus $\boldsymbol{R}\,\boldsymbol{D}_F^{-1}\,\boldsymbol{L}\,\boldsymbol{e}_2$ die beiden durch [ ] und ⟨ ⟩ gekennzeichneten Anteile und daraus das Gerüst (b) (hier ein Vektor wegen $l = 1$). Sodann multiplizieren wir den um eine Null erweiterten Vektor $\boldsymbol{a}$ an $\boldsymbol{L}$, $\boldsymbol{D}_F^{-1}$ und $\boldsymbol{R}$ vorbei und berechnen nach (73) den Vektor (c), ein Ergebnis, welches der Leser durch direktes Nachrechnen bestätigen möge. Dasselbe führen wir mit dem erweiterten Vektor $\boldsymbol{b}$ in der dritten Spalte des Schemas durch und bekommen den Vektor (d).

26.7. Die Optimaltransformation

Wir gewinnen der Zentralgleichung noch einen neuen, höchst wirkungsvollen Effekt ab. Die Zentraltransformation (61) läßt die Determinante von $\boldsymbol{F}(\lambda)$ unverändert; es ist

$$\det \boldsymbol{F}(\Lambda) = \det \boldsymbol{D}_F = \delta_{11}\,\delta_{22}\cdots\delta_{nn}\,. \tag{82}$$

Wir stellen uns nun die Aufgabe, das betragskleinste Element dieses Produktes so klein wie möglich zu machen. Da wir dieses im vorhinein aber nicht kennen, gehen wir umgekehrt vor und versuchen, jedes neu zu berechnende Element in der Anordnung

$$|\delta_{11}| \geqq |\delta_{22}| \geqq |\delta_{33}| \geqq \cdots \geqq |\delta_{nn}| = \varepsilon \tag{83}$$

so groß wie möglich zu machen, denn da das Produkt (82) vorgegeben ist, muß auf diese Weise das letzte Element δ_{nn} optimal klein werden. Man wählt also das betragsgrößte Hauptdiagonalelement $f_{jj}(\Lambda)$ von $\boldsymbol{F}(\Lambda)$ als erstes Pivotelement δ_{11} und sodann in der verbleibenden Untermatrix der Ordnung $n-1$ wiederum das betragsgrößte Hauptdiagonalelement als Pivot usw. bis zum Schluß eine obere Dreiecksmatrix übrigbleibt, deren Hauptdiagonalelemente mit denen der Diagonalmatrix $\boldsymbol{D}_F$ übereinstimmen. Anschließend werden in einem zweiten Arbeitsgang durch Linearkombinationen der Spalten Nullen auch oberhalb der Hauptdiagonale erzeugt. Diese Vorgehensweise mit dem Ziel der Anordnung (83) nennen wir die *Optimaltransformation*.

Nun werden wir, wie bereits im Abschnitt 5.6 angedeutet, in § 27 noch sehen, daß es außer der GAUSSschen Transformation noch weitere, ganz andere Möglichkeiten gibt, vor allem die mit dem sogenannten *Reflektor* (oder HOUSEHOLDER-*Matrix*) durchgeführte orthogonale (im Komplexen unitären) Transformation, welche die Summe aller Betragsquadrate einer Spalte invariant läßt. Sucht man also zu Beginn der Transformation jene Spalte heraus, welche die größte Spaltenbetragssumme s_1 besitzt, so geht diese in die Hauptdiagonale und ist damit der erste Faktor des Produktes (83). Mit der verbleibenden Untermatrix der Ordnung $n-1$ verfährt man ebenso und so fort, bis am Ende der Transformation das betragskleinste Hauptdiagonalelement δ_{nn} unten rechts übrigbleibt.

Der mit der Optimaltransformation verbundene relativ geringfügige Mehraufwand macht sich bei allen Einschließungssätzen und Algorithmen, die auf der Zentralgleichung basieren, mehr als bezahlt und sollte deshalb nicht gescheut werden.

Dazu ein Beispiel. Die Matrix

$$\boldsymbol{F}(\Lambda) = \begin{pmatrix} 3/2 & 1 & 0 \\ 1 & 3/2 & 1 \\ 0 & 1 & 3/2 \end{pmatrix}$$

ist optimal zu transformieren. Da alle drei Hauptdiagonalelemente gleich groß sind, scheint keine Spalte vor der anderen ausgezeichnet zu sein; beginnen wir also mit der ersten. Man schreibt $\boldsymbol{F}(\Lambda)$ und $\boldsymbol{I}$ nebeneinander auf und macht gemeinsame Zeilenkombinationen. Im ersten Schritt wird die mit $-2/3$ multiplizierte erste Zeile zur zweiten addiert, das gibt

$$\left(\boldsymbol{F}(\Lambda) \mid \boldsymbol{I}\right) = \left(\begin{array}{ccc|ccc} 3/2 & 1 & 0 & 1 & 0 & 0 \\ 1 & 3/2 & 1 & 0 & 1 & 0 \\ 0 & 1 & 3/2 & 0 & 0 & 1 \end{array}\right) \to \left(\begin{array}{ccc|ccc} 3/2 & 1 & 0 & 1 & 0 & 0 \\ 0 & 5/6 & 1 & -2/3 & 1 & 0 \\ 0 & 1 & 3/2 & 0 & 0 & 1 \end{array}\right).$$

Im zweiten Schritt addieren wir die mit $-6/5$ multiplizierte zweite Zeile zur dritten und bekommen

$$\left(\begin{array}{ccc|ccc} 3/2 & 1 & 0 & 1 & 0 & 0 \\ 0 & 5/6 & 1 & -2/3 & 1 & 0 \\ 0 & 0 & 3/10 & 4/5 & -6/5 & 1 \end{array}\right) = \left(\boldsymbol{L}\,\boldsymbol{F}(\Lambda) \mid \boldsymbol{L}\,\boldsymbol{I}\right) = \left(\boldsymbol{L}\,\boldsymbol{F}(\Lambda) \mid \boldsymbol{L}\right).$$

Das Produkt der Hauptdiagonalelemente von $\boldsymbol{L}\,\boldsymbol{F}(\Lambda)$ ist gleich $3/8$, und das ist der Wert der Determinante von $\boldsymbol{F}(\Lambda)$, wie leicht nachzuprüfen. Da bei der nachfolgenden Rechtstransformation die Hauptdiagonalelemente sich nicht mehr ändern, haben wir

$$\delta_{11} = 3/2\,, \qquad \delta_{22} = 5/6\,, \qquad \delta_{33} = 3/10\,,$$

somit ist mit $j = 3$ die Blockaufteilung festgelegt.

Diese Transformation ist aber keineswegs optimal. Beginnt man nämlich mit der zweiten Spalte und macht zunächst die beiden Elemente $f_{12}(\Lambda)$ und $f_{32}(\Lambda)$ zu Null und erzeugt sodann eine weitere Null in der dritten Spalte, so entsteht zunächst die Matrix $\boldsymbol{L}$ aus dem Beispiel des letzten Abschnittes und sodann durch Spaltenkombination die Matrix $\boldsymbol{R}$. Dort aber ist das kleinste Element $\delta_{22} = 1/6$, und das ist wesentlich kleiner als $3/10$!

Daß die mittlere Spalte nicht allein aus Symmetriegründen vor den beiden anderen ausgezeichnet ist, besagt auch ihre Spaltenbetragssumme $s_2 = 17/4$, die größer ist als $s_1 = s_3 = 13/4$. Wir werden später noch zeigen, wie durch eine orthogonale Transformation das betragskleinste Element δ_{jj} noch kleiner als $1/6$ gemacht werden kann.

• 26.8. Kondensation einer quadratischen Form

Während wir uns bislang von rein numerischen Aspekten leiten ließen, kommen wir zum Schluß dieses Paragraphen auf einige technisch-mechanische Anwendungen der Kondensation zu sprechen. Vorgelegt sei die quadratische Form

$$\Phi(\boldsymbol{x}) = \tfrac{1}{2}\boldsymbol{x}^T \boldsymbol{A}\,\boldsymbol{x} - \boldsymbol{x}^T \boldsymbol{r} + \text{const} \quad \text{mit} \quad \boldsymbol{A} = \boldsymbol{A}^T \text{ reell pos. def.,} \qquad (84)$$

deren gleich Null gesetzter Gradient nach (11.25) auf die notwendige Bedingung für ein Minimum führt

$$\operatorname*{grad}_{\boldsymbol{x}} \Phi(\boldsymbol{x}) = \boldsymbol{A}\,\boldsymbol{x} - \boldsymbol{r} + \boldsymbol{o} = \boldsymbol{o}\,. \tag{85}$$

Kondensieren wir dagegen mittels einer spaltenregulären $l \times n$-Matrix

$$\boldsymbol{x} = \boldsymbol{R}\,\boldsymbol{z}\,, \qquad \boldsymbol{R} = \underbrace{\begin{bmatrix} & \\ & \end{bmatrix}}_{\leftarrow l \rightarrow} \updownarrow n \tag{86}$$

die Form (84) auf

$$\Phi(\boldsymbol{z}) = \tfrac{1}{2}\,\boldsymbol{z}^T \boldsymbol{R}^T \boldsymbol{A}\,\boldsymbol{R}\,\boldsymbol{z} - \boldsymbol{z}^T \boldsymbol{R}^T \boldsymbol{r} + \text{const}\,, \tag{87}$$

so liefert die Minimalforderung das Gleichungssystem der kleineren Ordnung $l < n$

$$\tilde{\boldsymbol{A}}\,\boldsymbol{z} = \tilde{\boldsymbol{r}} \quad \text{mit} \quad \tilde{\boldsymbol{A}} := \boldsymbol{R}^T \boldsymbol{A}\,\boldsymbol{R}\,, \qquad \tilde{\boldsymbol{r}} := \boldsymbol{R}^T \boldsymbol{r}\,. \tag{88}$$

In der Mechanik sind die wichtigsten solcher quadratischer Formen die kinetische Energie (12.26) und die potentielle Federenergie (12.33), dort für den gemeinsamen Knoten B aller Stäbe der Abb. 12.6 angege-

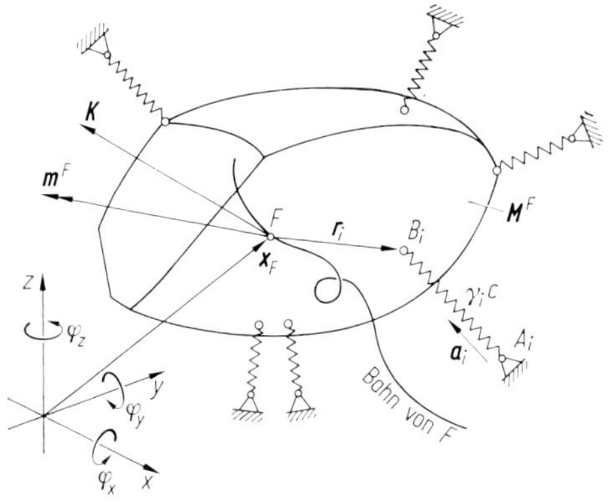

Abb. 26.7. Frei beweglicher federgefesselter starrer Körper im Raum

ben. Greift nun nach Abb. 26.7 die Federkraft im Punkt B_i eines starren Körpers an, so gilt als Verallgemeinerung von (12.33)

$$\Phi(\boldsymbol{x}) = \frac{1}{2}\,\boldsymbol{x}^T \boldsymbol{C}^F \boldsymbol{x} \quad \text{mit} \quad \boldsymbol{C}^F = c\,\hat{\boldsymbol{C}}^F = c \sum_{i=1}^{m} \hat{\boldsymbol{C}}_i^F\,; \quad \hat{\boldsymbol{C}}_i^F = \gamma_i \begin{pmatrix} \boldsymbol{a}_i \boldsymbol{a}_i^T & \boldsymbol{a}_i \boldsymbol{w}_i^T \\ \boldsymbol{w}_i \boldsymbol{a}_i^T & \boldsymbol{w}_i \boldsymbol{w}_i^T \end{pmatrix} \tag{89}$$

mit den Federzahlen $c_i = \gamma_i\,c$ und den Vektoren

$$\boldsymbol{r}_i = \overrightarrow{F\,B_i}\,, \qquad \boldsymbol{a}_i = (\overrightarrow{A_i B_i})^0\,, \qquad \boldsymbol{w}_i = \frac{\boldsymbol{r}_i}{l} \times \boldsymbol{a}_i\,, \tag{90}$$

wo c bzw. l eine zweckmäßig eingeführte Vergleichsfederzahl bzw. Vergleichslänge ist.

Wir wählen nun einen beliebigen körperfesten Punkt F (den sogenannten Translationspunkt) und beschreiben die Lage des starren Körpers durch den Ortsvektor $\boldsymbol{x}_F = \overrightarrow{OF}$ und den Drehwinkelvektor $\boldsymbol{\varphi}$; beide fassen wir zur Matrizenspalte $\boldsymbol{x}$ zusammen

$$\boldsymbol{x} = \begin{pmatrix} \frac{x_F}{l} & \frac{y_F}{l} & \frac{z_F}{l} & \varphi_x & \varphi_y & \varphi_z \end{pmatrix}^T. \tag{91}$$

Zufolge der Division des Ortsvektors $\boldsymbol{x}_F$ durch l geht die Massenmatrix (12.28) über in

$$\boldsymbol{M}_F = m\, l^2\, \hat{\boldsymbol{M}}^F \quad \text{mit} \quad \hat{\boldsymbol{M}}^F = \begin{pmatrix} \boldsymbol{I} & \boldsymbol{S}_f^T/l \\ \boldsymbol{S}_f/l & \boldsymbol{\Theta}^F/m\, l^2 \end{pmatrix}, \tag{92}$$

wo nun $\hat{\boldsymbol{M}}^F$ ebenso wie $\hat{\boldsymbol{C}}^F$ dimensionslos ist. Die Bewegungsgleichung bzw. die Gleichgewichtsbedingung des starren Körpers lautet dann

$$m\, \hat{\boldsymbol{M}}^F\, \ddot{\boldsymbol{x}} + c\, \hat{\boldsymbol{C}}^F\, \boldsymbol{x} = \boldsymbol{r}^F \quad \text{bzw.} \quad c\, \hat{\boldsymbol{C}}^F\, \boldsymbol{x} = \boldsymbol{r}^F \quad \text{in N/cm} \tag{93}$$

mit der in F reduzierten Dyname

$$\boldsymbol{r}^F = \begin{pmatrix} \boldsymbol{k}/l \\ \boldsymbol{m}^F/l^2 \end{pmatrix} \tag{94}$$

aller Kräfte und Momente mit Ausnahme der Federkräfte.

Wird nun die Bewegung durch $l \leqq 6$ Zwangsbedingungen behindert (das sind im allgemeinen geometrische Bindungen wie Gelenke, Schlaufen, lose oder feste Einspannungen u. dgl.), so führt die Kondensations mittels der Matrix $\boldsymbol{R}$ (86) auf die reinen, d. h. von Reaktionen freien Bewegungsgleichungen bzw. Gleichgewichtsbedingungen

$$\boldsymbol{f} = \boldsymbol{R}\,\boldsymbol{x} \rightarrow \boxed{\begin{array}{l} m\, \underbrace{(\boldsymbol{R}^T\, \hat{\boldsymbol{M}}^F\, \boldsymbol{R})}\, \ddot{\boldsymbol{f}} + c\, \underbrace{(\boldsymbol{R}^T\, \hat{\boldsymbol{C}}^F\, \boldsymbol{R})}\, \boldsymbol{f} = \underbrace{\boldsymbol{R}^T\, \boldsymbol{r}^F} \\ m \qquad \hat{\boldsymbol{M}}^F_{\text{kond}}\, \ddot{\boldsymbol{f}} + c \qquad \hat{\boldsymbol{C}}^F_{\text{kond}}\, \boldsymbol{f} = \qquad \boldsymbol{r}^F_{\text{kond}} \end{array}} \quad \text{in N/cm}\,. \tag{95}$$

Kondensation als Teil für das Ganze bedeutet hier also: Aufstellen der *reinen* anstelle *aller* Bewegungsgleichungen bzw. Gleichgewichtsbedingungen, und dieses Prinzip überträgt sich in formal gleicher Weise auf Verbände von beliebig vielen starren Körpern, wie wir in Abschnitt 44.2 noch zeigen werden.

Dazu ein Beispiel. Aus einem homogenen Quader der Dichte ϱ mit dem Mittelpunkt F wird ein kleinerer Quader nach Abb. 26.5 herausgeschnitten. Die Bewegungsgleichungen sind aufzustellen a) für den frei beweglichen Quader, b) für den geführten Quader mit zwei Freiheitsgraden.

Da für den ganzen Quader $F = S_1$ ist und überdies die eingezeichneten Koordinatenachsen Schwerpunktshauptachsen sind, ist die Massenmatrix diagonal. Man findet in jeder Formelsammlung

$$\boldsymbol{M}_1^F = \tfrac{1}{12} \cdot m_1\, l^2\, \boldsymbol{D}\text{iag} \langle 12 \;\; 12 \;\; 12 \;\; 68 \;\; 68 \;\; 128 \rangle \quad \text{mit} \quad m_1 = 128\, \varrho\, l^3 \tag{a}$$

und für die Trägheitsmatrix des kleinen Quaders bezüglich seines Schwerpunktes S_2 ähnlich

$$\boldsymbol{\Theta}^S = \tfrac{1}{12}\, m_2\, l^2\, \boldsymbol{D}\mathrm{iag}\,\langle 17\;\; 17\;\; 32\rangle \quad \text{mit} \quad m_2 = 16\,\varrho\, l^3 = m_1/8\,. \tag{b}$$

Mit dem Vektor $\boldsymbol{r}_S/l = \overrightarrow{F\,S_2}/l = (2\;\; 2\;\; 0{,}5)^T$ reduzieren wir mit Hilfe des STEINERschen Satzes (12.23) die Matrix (b) von S_2 nach F und können nun subtrahieren:

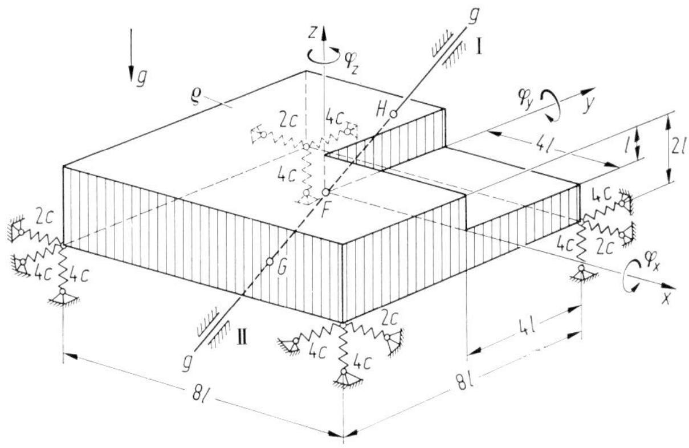

Abb. 26.8. Federnd gelagerter starrer Körper (Rütteltisch) unter Eigengewicht

$\boldsymbol{M}^F = \boldsymbol{M}_1^F - \boldsymbol{M}_2^F$, (c$_1$). Nach leichter Rechnung finden wir auch die Federmatrix (c$_2$) und die Dyname (d) aufgrund des Eigengewichtes

$$\boldsymbol{M}^F = \frac{\varrho\, l^3}{12}\left(\begin{array}{rrr|rrr} 1344 & 0 & 0 & 0 & -96 & 384 \\ 0 & 1344 & 0 & 96 & 0 & -384 \\ 0 & 0 & 1344 & -384 & 384 & 0 \\ \hline 0 & 96 & -384 & 7616 & 768 & 192 \\ -96 & 0 & 384 & 768 & 7616 & 192 \\ 384 & -384 & 0 & 192 & 192 & 14336 \end{array}\right), \tag{c$_1$}$$

$$\boldsymbol{C}^F = c\left(\begin{array}{rrr|rrr} 8 & 0 & 0 & 0 & -8 & 0 \\ 0 & 16 & 0 & 16 & 0 & 0 \\ 0 & 0 & 16 & 0 & 0 & 0 \\ \hline 0 & 16 & 0 & 272 & 0 & 0 \\ -8 & 0 & 0 & 0 & 264 & 0 \\ 0 & 0 & 0 & 0 & 0 & 384 \end{array}\right), \tag{c$_2$}$$

$$\boldsymbol{r}^F = (0\;\; 0\;\; -112\;\; 32\;\; -32\;\; 0)^T\,\varrho\, l^2 g \quad \text{in} \quad \mathrm{N/cm}\,, \tag{d}$$

und damit ist die Bewegungsgleichung (93) für den frei beweglichen Körper mit den sechs Freiheitsgraden (91) aufgestellt.

Die Bewegung werde nun eingeschränkt. Durch die beiden Punkte F und G des Körpers geht eine Achse mit dem Richtungsvektor $\boldsymbol{g}$, die in zwei raumfesten Scharnieren I und II drehbar und verschieblich gelagert ist. Die beiden verbleibenden Freiheitsgrade sind dann die Verschiebung s in Richtung von $\boldsymbol{g}$ und die Drehung α um die Scharnierachse gg. Mit dem speziell vorgegebenen Vektor $\boldsymbol{g}$ wird die Kondensationsmatrix $\boldsymbol{R}$ aufgestellt

$$\boldsymbol{x} = \boldsymbol{R}\,\boldsymbol{f} \quad \text{mit} \quad \boldsymbol{R} = \begin{pmatrix} \boldsymbol{g} & \boldsymbol{o} \\ \boldsymbol{o} & \boldsymbol{g} \end{pmatrix}, \qquad \boldsymbol{f} = \begin{pmatrix} s/l \\ \alpha \end{pmatrix}, \qquad \boldsymbol{g} = \frac{1}{\sqrt{3}} \begin{pmatrix} 1 \\ 1 \\ 1 \end{pmatrix} \tag{e}$$

und die Kondensation durchgeführt

$$\hat{\boldsymbol{M}}^F_{\text{kond}} = \frac{1}{12} \begin{pmatrix} 1344 & 0 \\ 0 & 10624 \end{pmatrix}, \qquad \hat{\boldsymbol{C}}^F_{\text{kond}} = \frac{1}{12} \begin{pmatrix} 160 & 32 \\ 32 & 3680 \end{pmatrix},$$

$$\boldsymbol{r}^F_{\text{kond}} = \begin{pmatrix} -112 \\ 0 \end{pmatrix} \frac{\varrho\, l^2\, g}{\sqrt{3}}, \tag{f}$$

womit die Bewegungsgleichung (95) gewonnen ist. Aus der Gleichgewichtsbedingung (man setzt $\ddot{\boldsymbol{f}} = \boldsymbol{o}$) berechnet sich die statische Ruhelage

$$f_{\text{stat}} = \begin{pmatrix} s/l \\ \alpha \end{pmatrix}_{\text{stat}} = \frac{\varrho\, l^2\, g}{c} \begin{pmatrix} -4{,}858 \\ 0{,}042 \end{pmatrix}. \tag{g}$$

Die aus der Gleichgewichtslage gezählte neue Koordinate $\tilde{\boldsymbol{f}}$ macht die Bewegungsgleichung homogen

$$\tilde{\boldsymbol{f}} := \boldsymbol{f} - \boldsymbol{f}_{\text{stat}} \rightarrow m\, \hat{\boldsymbol{M}}^F_{\text{kond}}\, \ddot{\tilde{\boldsymbol{f}}} + c\, \hat{\boldsymbol{C}}^F_{\text{kond}}\, \tilde{\boldsymbol{f}} = \boldsymbol{o}\,, \tag{h}$$

und nun führt der Ansatz $\tilde{\boldsymbol{f}}(t) = \boldsymbol{y}(A \cos \omega\, t + B \sin \omega\, t)$ auf die Eigenwertgleichung

$$(-\,\omega^2\, m\, \hat{\boldsymbol{M}}^F_{\text{kond}} + c\, \hat{\boldsymbol{C}}^F_{\text{kond}})\, \tilde{\boldsymbol{y}} = \boldsymbol{o}\,. \tag{i}$$

Eine elementare Rechnung ergibt die beiden harmonischen Schraubschwingungen

$$\begin{pmatrix} s/l \\ \alpha \end{pmatrix}_1 = \begin{pmatrix} 1 \\ -0{,}0132 \end{pmatrix}, \qquad \omega_1 = 0{,}3446 \sqrt{\frac{c}{\varrho\, l^3}}\,;$$

$$\begin{pmatrix} s/l \\ \alpha \end{pmatrix}_2 = \begin{pmatrix} 1 \\ 9{,}561 \end{pmatrix}, \qquad \omega_2 = 0{,}5888 \sqrt{\frac{c}{\varrho\, l^3}} \tag{j}$$

um die statische Ruhelage (g).

Zur Übung für den Leser: Die Gerade gg geht nicht durch den Punkt F. Man führe auch dafür die Kondensation durch.

VIII. Kapitel

Theorie und Praxis der Transformationen

Eine Vorbemerkung. Die ersten zehn Abschnitte dieses Kapitels können vom Anfänger eigentlich erst dann ganz verstanden werden, wenn er die darauf basierenden Transformationsalgorithmen praktisch anzuwenden gelernt hat. Andererseits läßt sich eine geschlossene Transformationstheorie für den Fortgeschrittenen und Experten nicht in Stücke reißen. Dem Leser sei daher empfohlen, den § 27 zunächst diagonal zu lesen und immer wieder darauf zurückzugreifen, wenn in den späteren Partien des Kapitels konkret darauf Bezug genommen wird.

§ 27. Eine allgemeine Transformationstheorie

• 27.1. Überblick. Zielsetzung

Multipliziert man die Matrizenhauptgleichung

$$\boldsymbol{F}(\lambda)\,\boldsymbol{x} = \boldsymbol{r} \tag{1}$$

von links mit einer Matrix $\boldsymbol{L}(\lambda)$, was einer Linearkombination der *Zeilen* gleichkommt, so entsteht die Gleichung

$$\boldsymbol{L}(\lambda)\,\boldsymbol{F}(\lambda)\,\boldsymbol{x} = \boldsymbol{L}(\lambda)\,\boldsymbol{r} \tag{2}$$

mit veränderter rechter Seite, doch blieb der Vektor $\boldsymbol{x}$ erhalten. Das Umgekehrte geschieht, wenn wir die *Spalten* der Matrix $\boldsymbol{F}(\lambda)$ linear kombinieren, dann wird aus (1) die Gleichung

$$\boldsymbol{F}(\lambda)\,\boldsymbol{R}(\lambda)\,\boldsymbol{z} = \boldsymbol{r}; \qquad \boldsymbol{x} = \boldsymbol{R}(\lambda)\,\boldsymbol{z}\,, \tag{3}$$

und dies läuft ersichtlich auf die Einführung eines neuen Vektors $\boldsymbol{z}$ hinaus. Schließlich kann man beides zugleich durchführen und bekommt

$$\boxed{\boldsymbol{L}(\lambda)\,\boldsymbol{F}(\lambda)\,\boldsymbol{R}(\lambda)\,\boldsymbol{z} = \boldsymbol{L}(\lambda)\,\boldsymbol{r}} \tag{4}$$

oder kurz

$$\tilde{\boldsymbol{F}}(\lambda)\,\boldsymbol{z} = \tilde{\boldsymbol{r}} \tag{5}$$

mit den Elementen der neuen Matrix $\boldsymbol{F}(\lambda)$ als den Bilinearformen

$$\tilde{f}_{jk}(\lambda) = \boldsymbol{l}_j^T(\lambda)\,\boldsymbol{F}(\lambda)\,\boldsymbol{r}_k(\lambda) \tag{6}$$

und der neuen rechten Seite $\tilde{\boldsymbol{r}}(\lambda)$, deren Komponenten (Koordinaten) die Skalarprodukte

$$\tilde{r}_j = \boldsymbol{l}_j^T(\lambda)\,\boldsymbol{r} \tag{7}$$

sind. Über die beiden Transformationsmatrizen $\boldsymbol{L}(\lambda)$ und $\boldsymbol{R}(\lambda)$ (von *links* und *rechts, left* und *right* herrührend) braucht man an sich nichts vorauszusetzen. Sie brauchen weder quadratisch zu sein (RITZ-Ansatz!) noch müssen sie regulär sein, auch dürfen sie in beliebiger Weise vom Parameter λ abhängen, wie durch die Argumentenklammer angedeutet. Von einer Transformationstheorie im engeren Sinne spricht man indessen im allgemeinen nur dann, wenn zwei Voraussetzungen erfüllt sind: die beiden Transformationsmatrizen sind quadratisch (von der Ordnung n) und regulär für jeden Parameterwert, und dies wiederum bedeutet:

$$\boxed{\det \boldsymbol{L}(\lambda) =: \Delta_L \neq 0; \qquad \det \boldsymbol{R}(\lambda) =: \Delta_R \neq 0\,.} \tag{8}$$

Nach dem Determinantensatz (2.10a) ist dann

$$\det \tilde{\boldsymbol{F}}(\lambda) = \det \boldsymbol{L}(\lambda) \cdot \det \boldsymbol{F}(\lambda) \cdot \det \boldsymbol{R}(\lambda) = \Delta_L \cdot \det \boldsymbol{F}(\lambda) \cdot \Delta_R\,, \tag{9}$$

und dies hat zur Folge, daß die Determinante der Originalmatrix $\boldsymbol{F}(\lambda)$ nur verschwinden kann, wenn auch die Determinante der transformierten Matrix $\tilde{\boldsymbol{F}}(\lambda)$ verschwindet und umgekehrt

$$\boxed{\det \tilde{\boldsymbol{F}}(\lambda) = 0 \leftrightarrow \det \boldsymbol{F}(\lambda) = 0\,,} \tag{10}$$

und nur von solchen Transformationen soll im folgenden die Rede sein.

Um in die fast unübersehbare Fülle möglicher Transformationen eine gewisse Ordnung zu bringen, lassen sich die verschiedensten Kategorien und Kriterien heranziehen, doch sind die Darstellungen in der Literatur nicht einheitlich. Einen Versuch zur systematischen Erfassung so ziemlich aller Aspekte stellt die nachfolgende Aufgliederung dar.

1. Einseitige und beidseitige Transformationen.
2. Die Matrix $\boldsymbol{L}$ und/oder $\boldsymbol{R}$ wird gewonnen

   2a) multiplikativ $\left\{\begin{array}{l}\text{explizit,}\\ \text{halbimplizit,}\\ \text{implizit,}\end{array}\right.$

   2b) progressiv.

3. Die Transformationsmatrix $\boldsymbol{L}$ und/oder $\boldsymbol{R}$ ist
   3a) unitär (im Reellen orthogonal bzw. orthonormal).
   3b) nicht unitär.
4. Das Profil von $\boldsymbol{L}$ und/oder $\boldsymbol{R}$ (man vergleiche Abschnitt 24.4): Diagonalmatrix, Dreiecksmatrix, Elementarmatrix u. a. Dasselbe in Blöcken.
5. Wirkungsweise einer Transformation, falls $\boldsymbol{F}(\lambda)$ ein ausgeprägtes Profil besitzt. Die Transformation ist
   5a) profilerhaltend,
   5b) profilzerstörend.
6. Wie verhält sich die Transformation zum Partner $\boldsymbol{I}$?
   6a) Äquivalenz $\boldsymbol{L}\,\boldsymbol{I}\,\boldsymbol{R} \neq \boldsymbol{I}$,
   6b) Ähnlichkeit $\boldsymbol{L}\,\boldsymbol{I}\,\boldsymbol{R} = \boldsymbol{I}$,
   6c) Kongruenz $\boldsymbol{R}^*\,\boldsymbol{I}\,\boldsymbol{R} = \boldsymbol{I}$.
7. Aufbau der Transformationsmatrix. Spaltet man von $\boldsymbol{L}$ und/oder $\boldsymbol{R}$ die Einheitsmatrix ab,

$$\boldsymbol{L} = \boldsymbol{I} - \boldsymbol{Z}_L\,, \qquad \boldsymbol{R} = \boldsymbol{I} - \boldsymbol{Z}_R\,, \tag{11}$$

so wird der eigentlich wirksame Bestandteil $\boldsymbol{Z}$ als Transformationsträger unterschieden in

7a) die echte (strikte) untere bzw. obere Dreiecksmatrix (24.8)

$$\boldsymbol{Z}_L = \begin{bmatrix} 0 & 0 & 0 & \dots & 0 \\ * & 0 & 0 & \dots & 0 \\ * & * & 0 & \dots & 0 \\ \dots & \dots & \dots & \dots & \dots \\ * & * & * & \dots & 0 \end{bmatrix}, \quad \boldsymbol{Z}_R = \begin{bmatrix} 0 & * & * & \dots & * \\ 0 & 0 & * & \dots & * \\ 0 & 0 & 0 & \dots & * \\ \dots & \dots & \dots & \dots & \dots \\ 0 & 0 & 0 & \dots & 0 \end{bmatrix}, \tag{12}$$

7b) die dyadische Elementmatrix vom Rang 1

$$\boldsymbol{Z} = \boldsymbol{v}\,\boldsymbol{w}^T \tag{13}$$

mit *Leitvektor* $\boldsymbol{v}$ und *Stützvektor* $\boldsymbol{w}$.

7c) sonstige Matrizen.

8. Die Transformation ist
   8a) endlich,
   8b) nicht endlich (iterativ),
9. Die Transformation verläuft
   9a) rational,
   9b) algebraisch oder transzendent irrational (Eigenwerte und Eigenvektoren!).
10. Die Elemente der Transformationsmatrix $\boldsymbol{L}$ und/oder $\boldsymbol{R}$ sind
   10a) konstant,
   10b) Funktionen des Parameters λ oder mehrerer Parameter $\sigma_1, \sigma_2, \dots$.

Sicherlich ließe sich noch manches hinzufügen, doch genügt diese Aufschlüsselung vorerst unseren Bedürfnissen. Praktisch am bedeutsamsten sind naturgemäß Transformationsmatrizen mit *konstanten* Elementen. Da $\boldsymbol{L}$ und $\boldsymbol{R}$ insgesamt nur $2\,n^2$ Elemente als verfügbare Unbekannte enthalten, ist von vornherein klar, daß maximal auch nur $2\,n^2$ Gleichungen erfüllt werden können, etwa bei Vorgabe von zweimal $n^2 - n$ Außenelementen eines Paares $\boldsymbol{A}; \boldsymbol{B}$

$$\tilde{a}_{jk} = \boldsymbol{l}_j^T \boldsymbol{A}\, \boldsymbol{r}_k\,, \quad \tilde{b}_{jk} = \boldsymbol{l}_j^T \boldsymbol{B}\, \boldsymbol{r}_k; \quad j \neq k; \quad j, k = 1, 2, \ldots, n \tag{14}$$

und dazu weiteren Gleichungen zur Normierung von $\boldsymbol{B}$ (oder auch $\boldsymbol{A}$)

$$\tilde{b}_{jj} = \boldsymbol{l}_j^T \boldsymbol{B}\, \boldsymbol{r}_j = 1\,; \qquad j = 1, 2, \ldots, n\,. \tag{15}$$

Ein Matrizentupel mit mehr als zwei Partnern (z.B. Tripel bei gedämpften Schwingungen) läßt sich mit *zwei* konstanten Matrizen $\boldsymbol{L}$ und $\boldsymbol{R}$ im allgemeinen nicht simultan auf Diagonalform transformieren. Eine Ausnahme liegt vor im Fall der im Abschnitt 21.6 untersuchten Parameterdiagonalität bzw. Parameternormalität; infolge der dann erfüllten Vertauschbarkeitsbedingungen besitzt auch das Tupel höchstens $2\,n^2$ wesentliche Elemente ebenso wie das Paar. Im allgemeinen jedoch läßt sich eine Polynommatrix $\boldsymbol{F}(\lambda)$ nur mit Hilfe zweier von λ abhängiger Matrizen

$$\begin{aligned} \boldsymbol{L}(\lambda) &= \boldsymbol{L}_0 + \lambda\, \boldsymbol{L}_1 + \lambda^2\, \boldsymbol{L}_2 + \ldots\,; \\ \boldsymbol{R}(\lambda) &= \boldsymbol{R}_0 + \lambda\, \boldsymbol{R}_1 + \lambda^2\, \boldsymbol{R}_2 + \ldots \end{aligned} \tag{16}$$

auf Diagonalform transformieren, wo nun mit den beiden Tupeln $\{\boldsymbol{L}\}$ und $\{\boldsymbol{R}\}$ genügend viele Konstante zur Verfügung stehen. Der Leser vergleiche dazu die Ausführungen zur SMITHschen Normalform (10.8).

* 27.2. Äquivalenz und Ähnlichkeit (Kongruenz)

Es sei nun speziell die im Parameter λ lineare Matrix $\boldsymbol{F}(\lambda) = \boldsymbol{A} - \lambda\, \boldsymbol{B}$ mit dem Matrizenpaar $\boldsymbol{A}; \boldsymbol{B}$ vorgelegt. Die Transformation mit zwei konstanten regulären Matrizen $\boldsymbol{L}$ und $\boldsymbol{R}$ heißt dann eine *Äquivalenztransformation*

$$\tilde{\boldsymbol{A}} = \boldsymbol{L}\,\boldsymbol{A}\,\boldsymbol{R}\,, \qquad \tilde{\boldsymbol{B}} = \boldsymbol{L}\,\boldsymbol{B}\,\boldsymbol{R}\,, \quad \text{speziell} \quad \tilde{\boldsymbol{I}} = \boldsymbol{L}\,\boldsymbol{I}\,\boldsymbol{R} \tag{17}$$

und die Matrix $\tilde{\boldsymbol{B}}$ bzw. $\tilde{\boldsymbol{I}}$ der *Äquivalenzpartner* von $\tilde{\boldsymbol{A}}$. Eine Äquivalenztransformation, die ihren Partner invariant läßt, wird als *Ähnlichkeitstransformation* bezeichnet, wobei in herkömmlicher Weise allerdings nur $\boldsymbol{B} = \boldsymbol{I}$ angesprochen wird (was nicht nötig wäre, doch fügen wir uns diesem Brauch):

$$\tilde{\boldsymbol{A}} = \boldsymbol{L}\,\boldsymbol{A}\,\boldsymbol{R}\,, \qquad \boldsymbol{L}\,\boldsymbol{R} = \boldsymbol{I}\,, \quad \text{d. h.} \quad \boldsymbol{L}^{-1} = \boldsymbol{R} \quad \text{bzw.} \quad \boldsymbol{R}^{-1} = \boldsymbol{L}\,, \tag{18}$$

oder was dasselbe besagt

$$\tilde{\boldsymbol{A}} = \boldsymbol{L}^{-1} \boldsymbol{A} \boldsymbol{L} \quad \text{bzw.} \quad \tilde{\boldsymbol{A}} = \boldsymbol{R} \boldsymbol{A} \boldsymbol{R}^{-1} . \tag{19}$$

Ein Sonderfall der Ähnlichkeit ist die *Kongruenz* mit $\boldsymbol{L} = \boldsymbol{R}^*$. Es wird dann

$$\tilde{\boldsymbol{A}} = \boldsymbol{R}^* \boldsymbol{A} \boldsymbol{R} , \qquad \tilde{\boldsymbol{I}} = \boldsymbol{R}^* \boldsymbol{I} \boldsymbol{R} \quad (\text{bzw. } \tilde{\boldsymbol{B}} = \boldsymbol{R}^* \boldsymbol{B} \boldsymbol{R}) , \tag{20}$$

und diese Transformation wird man vornehmlich dann bevorzugen, wenn das Paar $\boldsymbol{A}; \boldsymbol{B}$ hermitesch ist; offenbar ist dann auch $\tilde{\boldsymbol{A}}; \tilde{\boldsymbol{B}}$ hermitesch, und $\tilde{\boldsymbol{B}}$ ist positiv (negativ) definit, wenn $\boldsymbol{B}$ es war.

Zur Lösung eines linearen Gleichungssystems $\boldsymbol{A}\boldsymbol{x} = \boldsymbol{r}$ (im Gegensatz zum Eigenwertproblem $\boldsymbol{A}\boldsymbol{x} = \lambda \boldsymbol{B}\boldsymbol{x}$) benötigt man die beidseitige Transformation der Matrix $\boldsymbol{A}$ *allein*; dennoch wird eine (gedachte) Matrix $\boldsymbol{B}$, speziell die Einheitsmatrix $\boldsymbol{I}$ mittransformiert. Wir sprechen diese nicht unbedeutende Tatsache aus als

Merksatz: *Jede Äquivalenztransformation erzeugt (nolens volens) ihren Äquivalenzpartner.*

• 27.3. Das Generalschema einer multiplikativen Transformation

Ihrem Wesen nach unterscheidet man zwei Arten von Transformationen, die progressiven, die wir im Abschnitt 27.10 beschreiben werden, und die multiplikativen, denen wir uns zunächst zuwenden wollen.

Jede multiplikative Transformation läuft nach dem folgenden Generalschema ab

$$\underset{\text{Linkstransformation}}{\overset{\sigma}{\boldsymbol{J}} = \boldsymbol{L}_\sigma \cdots \boldsymbol{L}_2 \boldsymbol{L}_1} \quad \underset{\text{Information}}{\{ \quad \boldsymbol{J} \quad \}} \quad \underset{\text{Rechtstransformation}}{\boldsymbol{R}_1 \boldsymbol{R}_2 \cdots \boldsymbol{R}_\sigma} , \tag{21}$$

gleichviel, um welchen Typ von Transformationsmatrizen es sich handelt und unabhängig von der Matrix $\boldsymbol{J}$ im Innern der sogenannten *Informationsklammer* { }. Im konkreten Fall besteht $\boldsymbol{J}$ mindestens aus einer Matrix, etwa $\boldsymbol{A}$, im allgemeinen jedoch aus dem Produkt mehrerer Matrizen, etwa

$$\begin{aligned} \boldsymbol{J} &= \boldsymbol{B}^{-1} \boldsymbol{A} , & \boldsymbol{J} &= \boldsymbol{P} \boldsymbol{A} \boldsymbol{Q} , \\ \boldsymbol{J} &= \boldsymbol{L}_0 \boldsymbol{P} \boldsymbol{A} \boldsymbol{Q} \boldsymbol{R}_0 , & \boldsymbol{J} &= \boldsymbol{A}_{jj} - \boldsymbol{A}_{jk} \boldsymbol{A}_{kk}^{-1} \boldsymbol{A}_{kj} \quad \text{usw.,} \end{aligned} \tag{22}$$

und jede der σ Transformationsmatrizen hat (fast immer) die Form

$$\boldsymbol{L}_\nu = \boldsymbol{I} - \boldsymbol{Z}_{L\nu} , \qquad \boldsymbol{R}_\nu = \boldsymbol{I} - \boldsymbol{Z}_{R\nu} ; \qquad \nu = 1, 2, \ldots . \tag{23}$$

Eine Folge von $n-1$ Teiltransformationen $k = 1, 2, \ldots, n-1$ heißt ein (*vollständiger*) *Durchlauf* oder eine *Tour*. Exaktes Rechnen vorausgesetzt, endet jede *endliche* Transformation (wie der GAUSSsche Algorithmus) bereits mit dem ersten Durchlauf, während die *iterativen* (nicht endlichen) Transformationen sich in unendlich vielen Durchläufen dem Endziel zu nähern suchen (zum Beispiel bei der Transformation auf Hauptachsen). Theoretisch ist dieser Unterschied fundamental, praktisch jedoch kaum bedeutsam. Denn die endliche Transformation bleibt eine Fiktion, die sich als um so trügerischer erweist, je höher die Ordnungszahl n ist. In praxi dient der erste Durchlauf lediglich als Vorlauf, dem noch so viele Nachläufe folgen müssen, bis eine gewünschte Genauigkeit (etwa der Nullen im GAUSSschen Algorithmus) erreicht worden ist.

Bezüglich der numerischen Durchführung einer multiplikativen Transformation unterscheiden wir drei Strategien.

a) Explizit. Die Produkte

$$\left.\begin{aligned} \overset{1}{\boldsymbol{J}} &= \underbrace{\boldsymbol{L}_1\{\boldsymbol{J}\}\boldsymbol{R}_1} \\ \overset{2}{\boldsymbol{J}} &= \underbrace{\boldsymbol{L}_2\boldsymbol{L}_1\{\boldsymbol{J}\}\boldsymbol{R}_1\boldsymbol{R}_2} \quad \text{usw.} \end{aligned}\right\} \tag{24}$$

werden von innen nach außen explizit ausgeführt.

b) Halbimplizit. Es werden allein die Produkte der Transformationsmatrizen explizit ausgeführt.

$$\left.\begin{aligned} \overset{1}{\boldsymbol{J}} &= \boldsymbol{L}_1\{\boldsymbol{J}\}\boldsymbol{R}_1 \\ \overset{2}{\boldsymbol{J}} &= \underbrace{\boldsymbol{L}_2\boldsymbol{L}_1}\{\boldsymbol{J}\}\underbrace{\boldsymbol{R}_1\boldsymbol{R}_2} \\ \overset{3}{\boldsymbol{J}} &= \underbrace{\boldsymbol{L}_3\boldsymbol{L}_2\boldsymbol{L}_1}\{\boldsymbol{J}\}\underbrace{\boldsymbol{R}_1\boldsymbol{R}_2\boldsymbol{R}_3} \quad \text{usw.} \end{aligned}\right\} \tag{25}$$

c) Implizit. Die Transformationsmatrizen $\boldsymbol{L}_j$ und $\boldsymbol{R}_j$ sowie der Inhalt der Transformationsklammer bleiben unverändert stehen.

Natürlich sind auch *kombinierte* Strategien praktikabel, indem etwa nur einige wenige Matrizen explizit multipliziert werden, während andere unberührt stehenbleiben; eine Entscheidung hierfür kann nur von Fall zu Fall anhand einer konkreten Aufgabe getroffen werden.

Eine multiplikative Transformation heißt *uniform*, wenn — für mindestens einen Durchlauf — der gleiche Typ von Transformationsmatrizen $\boldsymbol{L}_\nu$ und/oder $\boldsymbol{R}_\nu$ herangezogen wird. Beispiele sind: nur *Reflektor* (HOUSEHOLDER-Transformation), nur *Elevator* (GAUSSscher Algorithmus, Transformation von HESSENBERG), nur *echte Dreiecksmatrix* ($\boldsymbol{L}$-$\boldsymbol{R}$-Transformation von RUTISHAUSER). Der versierte Rechner wird indessen so schematisch nicht vorgehen wollen, sondern den Algorithmus wechselweise an die besonderen Gegebenheiten des vorliegenden Problems individuell anpassen; eine solche Transformation nennen wir *alternativ*.

Zum Schluß zur wichtigsten Frage, der Konvergenz. Diese ist aufgrund der additiven Aufteilung (11) sofort beantwortet.

Satz 1. *Eine multiplikative Transformation konvergiert genau dann, wenn die beiden Kernmatrizen* $\boldsymbol{Z}_L$ *und* $\boldsymbol{Z}_R$ *als die eigentlichen Träger der Transformationsvorschrift gegen die Nullmatrizen, somit* $\overset{\sigma}{\boldsymbol{L}}$ *und* $\overset{\sigma}{\boldsymbol{R}}$ *selbst gegen die Einheitsmatrizen konvergieren.*

Wird nämlich die Transformation so lange fortgeführt, bis $\boldsymbol{Z}_L$ und $\boldsymbol{Z}_R$ (falls das überhaupt möglich ist) die Mantissenkapazität der benutzten Maschine erreicht haben, so registriert diese (zu im allgemeinen verschiedenen Zeiten) $\boldsymbol{Z}_L$ und $\boldsymbol{Z}_R$ als Nullmatrizen und transformiert ab dann — fehlerfrei, obgleich das exakte Ergebnis nicht erreicht zu sein braucht! — im Leerlauf

$$\boldsymbol{J}_\infty = \boldsymbol{I} \cdots \boldsymbol{I} \cdot \boldsymbol{I}[\boldsymbol{L}_\sigma \cdots \boldsymbol{L}_2 \boldsymbol{L}_1 \{\overset{\sigma}{\boldsymbol{J}}\} \boldsymbol{R}_1 \boldsymbol{R}_2 \cdots \boldsymbol{R}_\sigma] \, \boldsymbol{I} \cdot \boldsymbol{I} \cdots \boldsymbol{I} = \overset{\sigma}{\boldsymbol{L}} \{\overset{\sigma}{\boldsymbol{J}}\} \overset{\sigma}{\boldsymbol{R}} \tag{26}$$

ad infinitum: die Maschine ist am Ende ihrer Möglichkeiten angelangt und läßt die zuletzt errechnete Matrix $\boldsymbol{J}_\infty$ unverändert.

Eine ganz andere Frage ist natürlich, wie man die Konvergenz eines Verfahrens voraussagen kann und von welcher Güte sie ist. Dies kann nur von Fall zu Fall entschieden werden und ist eine Frage an die „reine" Angewandte Mathematik, besser an die Autoren solcher Algorithmen. Wir werden anläßlich der konkreten Beschreibung der wichtigsten Transformationsalgorithmen ausführlich auf deren Konvergenz zu sprechen kommen.

27.4. Der Transport durch die Informationsklammer. Phantommatrix

Kommen wir nochmals auf den fundamentalen Unterschied zwischen der expliziten und der (halb)impliziten Strategie zurück. Im ersten Fall muß die aktuelle transformierte Matrix in jedem Transformationsschritt vollständig erzeugt und weggespeichert (nach jeder Teiltransformation überschrieben) werden. Nicht so bei der impliziten Strategie. Hier ist die transformierte Matrix in keinem Stadium der Rechnung faßbar vorhanden sondern nur als Gedankending. Solche nur in der Vorstellung existierenden Matrizen nennen wir *Phantommatrizen* und geben zu ihrer Erklärung die folgende

Definition: *Eine Phantommatrix ist eine Matrix, die als solche nicht existiert (daher auch keinen Speicherplatz benötigt), jedoch in jedem Stadium der Rechnung mit Hilfe existenter Matrizen und/oder Vektoren (die gespeichert sein müssen) ganz oder teilweise hergestellt werden kann.*

Um nun in einem beliebigen Stadium der Rechnung die Zeile $\tilde{\boldsymbol{a}}^j$ bzw. Spalte $\tilde{\boldsymbol{a}}_k$ einer Phantommatrix $\tilde{\boldsymbol{A}}$ aufzudecken, hat man

$$\tilde{\boldsymbol{a}}^j = \boldsymbol{e}_j^T \tilde{\boldsymbol{A}} \quad \text{bzw.} \quad \tilde{\boldsymbol{a}}_k = \tilde{\boldsymbol{A}} \boldsymbol{e}_k \tag{27}$$

zu berechnen, und das ist konkret das Produkt

$$\tilde{\boldsymbol{a}}^j = \boldsymbol{e}_j^T \tilde{\boldsymbol{A}} = \boldsymbol{e}_j^T \boldsymbol{L}_\sigma \cdots \boldsymbol{L}_2 \boldsymbol{L}_1 \{\boldsymbol{A}\} \boldsymbol{R}_1 \boldsymbol{R}_2 \cdots \boldsymbol{R}_\sigma \tag{28}$$

bzw.

$$\tilde{\boldsymbol{a}}_k = \tilde{\boldsymbol{A}} \boldsymbol{e}_k = \boldsymbol{L}_\sigma \cdots \boldsymbol{L}_2 \boldsymbol{L}_1 \{\boldsymbol{A}\} \boldsymbol{R}_1 \boldsymbol{R}_2 \cdots \boldsymbol{R}_\sigma \boldsymbol{e}_k \, . \tag{29}$$

Dies setzt voraus, daß alle Links- und Rechtstransformationsmatrizen gespeichert sind, was aber nicht erschrecken muß, denn zufolge der Bauart (23) enthalten $\boldsymbol{L}_\nu$ und $\boldsymbol{R}_\nu$ nur wenige von Null und Eins verschiedene signifikante Elemente, wie wir im einzelnen noch sehen werden.

Jede einzelne Teiltransformation verläuft nach dem Schema (26), nachdem beim Start der Inhalt $\boldsymbol{J}$ der Informationsklammer bereitgestellt wurde, in drei Schritten:

1. Schritt. Rechtstransformation.
2. Schritt. Transport durch die Informationsklammer $\{\boldsymbol{J}\}$.
3. Schritt. Linkstransformation

bzw. in umgekehrter Reihenfolge, wenn eine Zeile aufgedeckt werden soll.

Machen wir uns diesen Vorgang an einem einfachen Beispiel klar. Es sei $\boldsymbol{J} = \boldsymbol{B}^{-1} \boldsymbol{A}$, dann wird die Spalte $\tilde{\boldsymbol{j}}_i$ der Phantommatrix $\tilde{\boldsymbol{J}}$

$$\tilde{\boldsymbol{j}}_i = \tilde{\boldsymbol{J}} \boldsymbol{e}_i = \boldsymbol{L}_\sigma \cdots \boldsymbol{L}_2 \boldsymbol{L}_1 \{\boldsymbol{B}^{-1} \boldsymbol{A}\} \underbrace{\boldsymbol{R}_1 \boldsymbol{R}_2 \cdots \boldsymbol{R}_\sigma \cdot \boldsymbol{e}_i}_{\boldsymbol{z}} \, , \tag{30}$$

und wir erinnern mit Nachdruck an die Bemerkung (24.3), wonach eine Produktkette niemals von innen nach außen — das heißt hier mit der expliziten Erstellung von $\boldsymbol{B}^{-1} \boldsymbol{A}$ — bei Bandmatrizen eine Katastrophe nach (24.13)! — sondern entweder von links oder von rechts begonnen wird. Kommt also der durch die Kette $\boldsymbol{R}_\sigma$ bis $\boldsymbol{R}_1$ durchgeschleuste Einheitsvektor $\boldsymbol{e}_i$ als aktueller Vektor $\boldsymbol{z}$ von rechts an die Informationsklammer heran, so ist im zweiten Schritt der Vektor $\boldsymbol{y} = \boldsymbol{B}^{-1} \boldsymbol{A} \boldsymbol{z}$ zu berechnen in der Reihenfolge

$$\boldsymbol{A} \boldsymbol{z} =: \hat{\boldsymbol{z}} \, , \quad \boldsymbol{B} \boldsymbol{y} = \hat{\boldsymbol{z}} \rightarrow \left\{ \begin{array}{l} \text{Gaussscher Algorithmus} \\ \text{Banachiewicz/Cholesky} \\ \text{Iterative Lösung (§ 31)} \end{array} \right\} \rightarrow \boldsymbol{y} \, , \tag{31}$$

und dies bedeutet, daß eben $\boldsymbol{B}^{-1} \boldsymbol{A}$ *nicht* explizit ermittelt werden muß. Vielmehr ist ein Gleichungssystem aufzulösen, entweder exakt oder iterativ nach einer der im § 31 beschriebenen Methoden. Der dritte

Schritt schließlich ergibt problemlos den gesuchten Vektor

$$\tilde{\boldsymbol{j}}_i = \tilde{\boldsymbol{J}}\,\boldsymbol{e}_i = \boldsymbol{L}_\sigma \cdots \boldsymbol{L}_2\,\boldsymbol{L}_1\,\boldsymbol{y}\,, \tag{32}$$

womit — ein scheinbar langer Weg — die i-te Spalte der Phantommatrix vor uns steht. Schließlich sei noch vermerkt, daß beim Start oftmals zwei Näherungsmatrizen $\boldsymbol{L}_0$ und $\boldsymbol{R}_0$ vorgegeben sind, die wir mit in die Klammer nehmen,

$$\{\boldsymbol{J}\} = \{\boldsymbol{L}_0\,\boldsymbol{B}^{-1}\,\boldsymbol{A}\,\boldsymbol{R}_0\}\,, \tag{33}$$

oder auch bei beidseitiger Zerlegung von $\boldsymbol{B}$ nach CHOLESKY

$$\{\boldsymbol{J}\} = \{\boldsymbol{L}_0\,\boldsymbol{C}_B^{*-1}\,\boldsymbol{A}\,\boldsymbol{C}_B^{-1}\,\boldsymbol{R}_0\} \tag{34}$$

und ähnlich bei anderen Problemstellungen.

Ein Beispiel. Die Matrix $\boldsymbol{B}^{-1}\boldsymbol{A}$ wurde mit Hilfe von $\boldsymbol{L}$ und $\boldsymbol{R}$ transformiert auf $\boldsymbol{P} = \boldsymbol{L}\,\boldsymbol{B}^{-1}\,\boldsymbol{A}\,\boldsymbol{R}$, aber nicht weggespeichert. Das Element p_{21} dieser Phantommatrix ist aufzudecken. Gegeben:

$$\boldsymbol{A} = \begin{pmatrix} 1 & 0 \\ 2 & 5 \end{pmatrix}, \quad \boldsymbol{B} = \begin{pmatrix} 2 & 1 \\ 3 & 2 \end{pmatrix}, \quad \boldsymbol{L} = \begin{pmatrix} 2 & 1 \\ 1 & 1 \end{pmatrix}, \quad \boldsymbol{R} = \begin{pmatrix} -1 & 2 \\ -1 & 0 \end{pmatrix}.$$

Es ist $p_{21} = \boldsymbol{e}_2^T\,\boldsymbol{P}\,\boldsymbol{e}_1 = \boldsymbol{e}_2^T\,\boldsymbol{L}\,\boldsymbol{B}^{-1}\,\boldsymbol{A}\,\boldsymbol{R}\,\boldsymbol{e}_1$. Wir berechnen daher von rechts nach links der Reihe nach

1. $\boldsymbol{R}\,\boldsymbol{e}_1 = \begin{pmatrix} -1 \\ -1 \end{pmatrix} =: \boldsymbol{z}\,,$

2. $\boldsymbol{A}\,\boldsymbol{z} = \begin{pmatrix} -1 \\ -7 \end{pmatrix} =: \hat{\boldsymbol{z}}\,, \quad \boldsymbol{B}^{-1}\,\hat{\boldsymbol{z}} = \boldsymbol{y}$ oder $\boldsymbol{B}\,\boldsymbol{y} = \hat{\boldsymbol{z}}$ gibt $\boldsymbol{y} = \begin{pmatrix} 5 \\ -11 \end{pmatrix}.$

3. $\boldsymbol{L}\,\boldsymbol{y} = \begin{pmatrix} -1 \\ -6 \end{pmatrix} =: \boldsymbol{p}_1\,.$ 4. $\boldsymbol{e}_2^T\,\boldsymbol{p}_1 = -6 = p_{21}.$

Der Leser multipliziere das Produkt $\boldsymbol{P} = \boldsymbol{L}\,\boldsymbol{B}^{-1}\,\boldsymbol{A}\,\boldsymbol{R}$ explizit aus und überzeuge sich von dem — hier infolge der kleinen Ordnungszahl $n = 2$ allerdings nur geringfügigen — Rechenvorteil der impliziten Vorgehensweise.

27.5. Diskrepanz und Regeneration

Infolge der unvermeidlichen Rundungsfehler und Stellenauslöschungen geschieht in der Maschine nicht exakt das, was das Programm vorschreibt. Macht man nach einer — als gedankliche Zielvorstellung konzipierten — Transformation die faktische Gegenprobe (falls überhaupt durchführbar), so resultiert anstelle der Nullmatrix als Diskrepanz zwischen Wunsch und Wirklichkeit eine Differenzmatrix

$$\boldsymbol{\Delta} := \tilde{\boldsymbol{A}} - \boldsymbol{L}\,\boldsymbol{A}\,\boldsymbol{R}\,, \tag{35}$$

die wir deshalb geradezu als *Diskrepanz(matrix)* bezeichnen wollen und deren Norm $\|\boldsymbol{\Delta}\|$ ein geeignetes Maß für die aktuell erreichte Genauigkeit darstellt. Ihrer schrittweisen Verkleinerung dient die in praxi unerläßliche *Regeneration* oder *Auffrischung* (*refreshing*) des Algorithmus, die darin besteht, daß die im ersten Durchlauf von der Maschine erzeugten Transformationsmatrizen $\boldsymbol{L}$ und $\boldsymbol{R}$, jetzt mit $\boldsymbol{L}_0$ und $\boldsymbol{R}_0$ bezeichnet, nach (33), (34) mit in die Informationsklammer genommen werden

$$\overset{\sigma}{\boldsymbol{A}} = \boldsymbol{L}_\sigma \cdots \boldsymbol{L}_2 \boldsymbol{L}_1 \{\boldsymbol{L}_0 \boldsymbol{A} \boldsymbol{R}_0\} \boldsymbol{R}_1 \boldsymbol{R}_2 \cdots \boldsymbol{R}_\sigma = \boldsymbol{L}\{\boldsymbol{L}_0 \boldsymbol{A} \boldsymbol{R}_0\} \boldsymbol{R} \qquad (36)$$

und so fortfahrend von Transformation zu Transformation, bis im Endzustand (26) $\boldsymbol{L} = \boldsymbol{I} - \boldsymbol{Z}_L$ und $\boldsymbol{R} = \boldsymbol{I} - \boldsymbol{Z}_R$ faktisch die Einheitsmatrizen, somit $\boldsymbol{Z}_L$ und $\boldsymbol{Z}_R$ selbst Nullmatrizen sind:

$$\overset{\sigma}{\boldsymbol{L}} = \boldsymbol{I} - \overset{\sigma}{\boldsymbol{Z}}_L \xrightarrow[\sigma\to\infty]{} \boldsymbol{I}\,, \quad \overset{\sigma}{\boldsymbol{R}} = \boldsymbol{I} - \overset{\sigma}{\boldsymbol{Z}}_R \xrightarrow[\sigma\to\infty]{} \boldsymbol{I}; \quad \overset{\sigma}{\boldsymbol{Z}}_L \xrightarrow[\sigma\to\infty]{} 0\,, \quad \overset{\sigma}{\boldsymbol{Z}}_R \xrightarrow[\sigma\to\infty]{} \boldsymbol{O}\,. \qquad (37)$$

Die Normen von $\boldsymbol{Z}_L$ und $\boldsymbol{Z}_R$ stellen deshalb ebenfalls ein Maß für die erreichte Genauigkeit dar, und dies erspart die aufwendige Berechnung der Diskrepanzmatrix (35).

Wie bereits erwähnt, können zwei Matrizen $\boldsymbol{L}_0$ und $\boldsymbol{R}_0$ bereits vor dem Start gegeben sein, dann beginnt der erste Durchgang mit $\boldsymbol{J} = \boldsymbol{L}_0 \boldsymbol{A} \boldsymbol{R}_0$. Dies trifft besonders dann zu, wenn eine Matrix $\hat{\boldsymbol{A}}$ transformiert und anschließend leicht abgeändert wurde in $\boldsymbol{A}$; für diese stellen dann die zu $\hat{\boldsymbol{A}}$ gehörigen Transformationsmatrizen ausgezeichnete Näherungen dar.

27.6. Die Zurücknahme einer Äquivalenztransformation

Wir denken uns eine Äquivalenztransformation durchgeführt; das Paar $\boldsymbol{A}; \boldsymbol{I}$ ist dann übergegangen in das Paar

$$\tilde{\boldsymbol{A}} = \boldsymbol{L}\boldsymbol{A}\boldsymbol{R}; \qquad \tilde{\boldsymbol{I}} = \boldsymbol{L}\boldsymbol{I}\boldsymbol{R}\,, \qquad (38)$$

und der Äquivalenzpartner $\tilde{\boldsymbol{I}}$ soll wieder auf $\boldsymbol{I}$ zurücktransformiert werden. Dies kann auf zwei Arten geschehen.

a) Beidseitig. Multiplikation der beiden transformierten Matrizen $\boldsymbol{L}\boldsymbol{A}\boldsymbol{R}$ und $\boldsymbol{L}\boldsymbol{I}\boldsymbol{R}$ von links mit $\boldsymbol{L}^{-1}$ und rechts mit $\boldsymbol{R}^{-1}$ reproduziert zwar wie gewünscht den Partner $\boldsymbol{I}$, macht aber auch die Transformation wieder rückgängig, so daß damit nichts gewonnen ist.

b) Einseitig. Anders jedoch, wenn wir die Gleichungen (38) von rechts bzw. von links mit $(\boldsymbol{L}\boldsymbol{R})^{-1}$ multiplizieren, dann entstehen die Paare

$$\boldsymbol{L}\boldsymbol{A}\boldsymbol{R}(\boldsymbol{L}\boldsymbol{R})^{-1}; \ \boldsymbol{I} \quad \text{bzw.} \quad (\boldsymbol{L}\boldsymbol{R})^{-1}\boldsymbol{L}\boldsymbol{A}\boldsymbol{R}; \ \boldsymbol{I} \qquad (39)$$

oder

$$\boxed{\boldsymbol{L}\boldsymbol{A}\boldsymbol{L}^{-1}; \boldsymbol{I} \quad \text{bzw.} \quad \boldsymbol{R}^{-1}\boldsymbol{A}\boldsymbol{R}; \boldsymbol{I}}\,. \qquad (40)$$

Hier blieb somit die Transformation von $\boldsymbol{A}$ wirksam, die von $\boldsymbol{I}$ wurde zurückgenommen. Wir haben damit den

Satz 2: *Die einseitige Zurücknahme einer Äquivalenztransformation führt auf eine Ähnlichkeitstransformation.*

Auf dieser Basis arbeiten beispielsweise der **L**-**R**-Algorithmus von RUTISHAUSER und die Modifikation von FRANCIS und KUBLANOWSKAJA, beschrieben in § 40.

Ein Beispiel. Gegeben sind die drei Matrizen

$$\boldsymbol{A} = \begin{pmatrix} 2 & 3 \\ -1 & 4 \end{pmatrix}, \quad \boldsymbol{L} = \begin{pmatrix} 2 & -1 \\ 1 & 1 \end{pmatrix}, \quad \boldsymbol{R} = \begin{pmatrix} 1 & 1 \\ -2 & 3 \end{pmatrix}.$$

$$\tilde{\boldsymbol{A}} = \boldsymbol{L}\,\boldsymbol{A}\,\boldsymbol{R} = \begin{pmatrix} 1 & 11 \\ -13 & 22 \end{pmatrix}, \quad \tilde{\boldsymbol{I}} = \boldsymbol{L}\,\boldsymbol{I}\,\boldsymbol{R} = \begin{pmatrix} 4 & -1 \\ -1 & 4 \end{pmatrix} \to \tilde{\boldsymbol{I}}^{-1} = \begin{pmatrix} 4 & 1 \\ 1 & 4 \end{pmatrix}\frac{1}{15}.$$

Wir berechnen die Matrix

$$\tilde{\boldsymbol{A}}\,\tilde{\boldsymbol{I}}^{-1} = \begin{pmatrix} 1 & 3 \\ -2 & 5 \end{pmatrix},$$

und das ist dasselbe wie $\boldsymbol{L}\,\boldsymbol{A}\,\boldsymbol{L}^{-1}$, wie man leicht nachprüft. Der Leser kontrolliere auch die zweite Beziehung (40).

27.7. Unitäre (orthonormierte) Transformation

In diesem Abschnitt sprechen wir ausschließlich von *normiert*-unitären (im Reellen orthonormierten) Matrizen mit der Eigenschaft

$$\boldsymbol{U}^*\,\boldsymbol{U} = \boldsymbol{I} \leftrightarrow \boldsymbol{U}^* = \boldsymbol{U}^{-1} \tag{41}$$

und ihren Einwirkungen auf eine quadratische, allgemeiner rechteckige $m \times n$-Matrix

$$\boldsymbol{A} = \begin{pmatrix} \boldsymbol{a}^1 \\ \boldsymbol{a}^2 \\ \cdots \\ \boldsymbol{a}^m \end{pmatrix} = (\boldsymbol{a}_1\,\boldsymbol{a}_2 \ldots \boldsymbol{a}_n) = (a_{jk}) \tag{42}$$

nach dem Schema

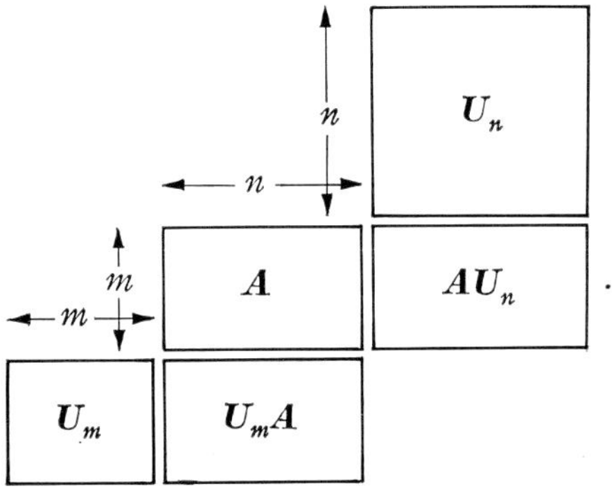

(43)

Die Multiplikation von *links* mit einer m-reihigen unitären Matrix $\boldsymbol{U}_m$ ergibt

$$\boldsymbol{U}_m\,\boldsymbol{A} = \tilde{\boldsymbol{A}} = (\tilde{\boldsymbol{a}}_1\,\tilde{\boldsymbol{a}}_2 \ldots \tilde{\boldsymbol{a}}_n)\,, \tag{44}$$

wobei zufolge der Unitärität die Betragsquadrate der *Spalten*

$$\boldsymbol{a}_j^* \boldsymbol{a}_j = \tilde{\boldsymbol{a}}_j^* \tilde{\boldsymbol{a}}_j; \qquad j = 1, 2, \ldots, n \tag{45}$$

und damit auch deren Summen invariant bleiben, und das ist nichts anderes als

$$\text{Spur } \boldsymbol{A}^* \boldsymbol{A} = \sum_{j=1}^{n} \boldsymbol{a}_j^* \boldsymbol{a}_j = \sum_{j=1}^{n} \tilde{\boldsymbol{a}}_j^* \tilde{\boldsymbol{a}}_j = \text{Spur } \tilde{\boldsymbol{A}}^* \tilde{\boldsymbol{A}}\,, \tag{46}$$

wo $\boldsymbol{A}^* \boldsymbol{A}$ eine hermitesche $n \times n$-Matrix ist.

Analog dazu erzeugt die Multiplikation von *rechts* mit einer n-reihigen unitären Matrix $\boldsymbol{U}_n$ die $m \times n$-Matrix

$$\boldsymbol{A}\, \boldsymbol{U}_n = \hat{\boldsymbol{A}} = \begin{bmatrix} \hat{\boldsymbol{a}}^1 \\ \hat{\boldsymbol{a}}^2 \\ \cdots \\ \hat{\boldsymbol{a}}^m \end{bmatrix}, \tag{47}$$

und hier sind nun die Betragsquadrate der Zeilen

$$(\boldsymbol{a}^k)^* \boldsymbol{a}^k = (\hat{\boldsymbol{a}}^k)^* \hat{\boldsymbol{a}}^k; \qquad k = 1, 2, \ldots, m \tag{48}$$

und deren Summen als Spur der hermiteschen $m \times m$-Matrix $\boldsymbol{A}\, \boldsymbol{A}^*$ invariant

$$\text{Spur } \boldsymbol{A}\, \boldsymbol{A}^* = \sum_{k=1}^{m} (\boldsymbol{a}^k)^* \boldsymbol{a}^k = \sum_{k=1}^{m} (\hat{\boldsymbol{a}}^k)^* \hat{\boldsymbol{a}}^k = \text{Spur } \hat{\boldsymbol{A}}\, \hat{\boldsymbol{A}}^*\,. \tag{49}$$

Die beiden Summen (46) und (49) sind aber offenbar einander gleich, somit gilt ausgedrückt in den Betragsquadraten der Elemente a_{jk}

$$\sum_{j=1}^{n} \sum_{k=1}^{m} |a_{jk}|^2 = \text{Spur } \boldsymbol{A}^* \boldsymbol{A} = \text{Spur } \boldsymbol{A}\, \boldsymbol{A}^* =: S^2 \geqq 0\,, \tag{50}$$

und diese Größe ist invariant gegenüber unitären Spalten- *und* Zeilenkombinationen.

27.8. Dyadische Transformationsmatrizen

Wie schon in (23) vermerkt, läßt sich jede Transformationsmatrix $\boldsymbol{T}$ als Differenz

$$\boldsymbol{T} = \boldsymbol{I} - \boldsymbol{Z} \tag{51}$$

ansetzen, wo die Kernmatrix $\boldsymbol{Z}$ eigentlicher Träger der Transformationsvorschrift ist. Dies hat erstens den Vorteil, daß auch das Produkt mit einer beliebigen Matrix $\boldsymbol{A}$ in additiver Weise erscheint

$$\tilde{\boldsymbol{A}} := \boldsymbol{T}\boldsymbol{A} = (\boldsymbol{I} - \boldsymbol{Z})\,\boldsymbol{A} = \boldsymbol{A} - \boldsymbol{Z}\boldsymbol{A}$$

bzw. (52)

$$\hat{\boldsymbol{A}} := \boldsymbol{A}\boldsymbol{T} = \boldsymbol{A}(\boldsymbol{I} - \boldsymbol{Z}) = \boldsymbol{A} - \boldsymbol{A}\boldsymbol{Z}\,,$$

zweitens hat nach der Identität von WOODBURY (22.69) auch die Kehrmatrix $\boldsymbol{T}^{-1} = \boldsymbol{I} - \boldsymbol{Y}$ diese Form, so daß bei einer Ähnlichkeitstransformation links und rechts der Informationsklammer lauter Matrizen vom Typ (51) stehen.

Während der langen Entstehungsgeschichte des Matrizenkalküls haben sich nun für die Kernmatrix $\boldsymbol{Z}$ zwei als für Theorie und Praxis besonders wirksame Vertreter herausgebildet. Entweder ist $\boldsymbol{Z}$ *nilpotent* zum Index 2, somit $\boldsymbol{Z}^2 = \boldsymbol{O}$, dann wird

$$\boldsymbol{T}\,\boldsymbol{T}^{-1} = (\boldsymbol{I} - \boldsymbol{Z})\,(\boldsymbol{I} + \boldsymbol{Z}) = \boldsymbol{I} - \boldsymbol{Z}^2 = \boldsymbol{I}\,, \tag{53}$$

somit

$$\boxed{\boldsymbol{T} = \boldsymbol{I} - \boldsymbol{Z}\,, \quad \boldsymbol{T}^{-1} = \boldsymbol{I} + \boldsymbol{Z} \quad \text{für} \quad \boldsymbol{Z}^2 = \boldsymbol{O}} \tag{54}$$

oder $\boldsymbol{Z}$ ist ein *Projektor*, d. h., es ist $\boldsymbol{Z}^2 = \boldsymbol{Z}$. Damit wird

$$\boldsymbol{T}\,\boldsymbol{T}^{-1} = (\boldsymbol{I} - 2\,\boldsymbol{Z})\,(\boldsymbol{I} - 2\,\boldsymbol{Z}) = \boldsymbol{I} - 4(\boldsymbol{Z} - \boldsymbol{Z}^2) = \boldsymbol{I}\,, \tag{55}$$

somit

$$\boxed{\boldsymbol{T} = \boldsymbol{I} - 2\,\boldsymbol{Z} = \boldsymbol{T}^{-1} \quad \text{für} \quad \boldsymbol{Z}^2 = \boldsymbol{Z}}\,. \tag{56}$$

In beiden Fällen ist die einfachste Darstellung von $\boldsymbol{Z}$ das dreifache dyadische Produkt

$$\boldsymbol{Z} = \boldsymbol{V}\boldsymbol{M}\boldsymbol{W} \tag{57}$$

vom Rang m mit einer spaltenregulären *Leitmatrix* $\boldsymbol{V}$ und einer zeilenregulären *Stützmatrix* $\boldsymbol{W}$, ferner einer regulären *Normierungsmatrix* $\boldsymbol{M}$ der Ordnung m in nachfolgender Anordnung

$$\boldsymbol{V} = \underbrace{\begin{bmatrix} \\ \boldsymbol{v}_1\,\boldsymbol{v}_2 \ldots \boldsymbol{v}_m \\ \\ \end{bmatrix}}_{m}\Big\updownarrow n\,; \quad \boldsymbol{M} = \begin{bmatrix} m_{11} & \ldots & m_{1m} \\ \ldots & \ldots & \ldots \\ m_{m1} & \ldots & m_{mm} \end{bmatrix}; \quad \boldsymbol{W} = \underbrace{\begin{bmatrix} \boldsymbol{w}^1 \\ \boldsymbol{w}^2 \\ \ldots \\ \boldsymbol{w}^m \end{bmatrix}}_{n}\Big\updownarrow m\,. \tag{58}$$

Damit wird dann in (54) mit $\boldsymbol{W}\boldsymbol{V} = \boldsymbol{O}$

$$\boldsymbol{Z}^2 = \boldsymbol{V}\boldsymbol{M}\boldsymbol{W}\cdot\boldsymbol{V}\boldsymbol{M}\boldsymbol{W} = \boldsymbol{O}\,; \qquad \boldsymbol{M} \text{ regulär} \tag{59}$$

und in (56) mit $\boldsymbol{M} = (\boldsymbol{W}\boldsymbol{V})^{-1}$

$$\begin{aligned} \boldsymbol{Z}^2 &= \boldsymbol{V}\boldsymbol{M}\boldsymbol{W}\cdot\boldsymbol{V}\boldsymbol{M}\boldsymbol{W} = \\ &= \boldsymbol{V}(\boldsymbol{W}\boldsymbol{V})^{-1}\,\boldsymbol{W}\boldsymbol{V}\boldsymbol{M}\boldsymbol{W} = \boldsymbol{V}\boldsymbol{M}\boldsymbol{W} = \boldsymbol{Z}\,; \qquad \boldsymbol{W}\boldsymbol{V} \text{ regulär} \end{aligned} \tag{60}$$

wie verlangt. Speziell kann man hier $\boldsymbol{W} = \boldsymbol{V}^*$ setzen, dann wird

$$\boldsymbol{Z} = \boldsymbol{V}(\boldsymbol{V}^*\,\boldsymbol{V})^{-1}\,\boldsymbol{V}\,. \tag{61}$$

Fassen wir zusammen. Wir fanden drei spezielle dyadische Matrizen, die wir mit Namen belegen und der Reihe nach mit E, K und $\boldsymbol{\Phi}$ bezeichnen

1. Block-Elevator.

$$\mathsf{E} = \boldsymbol{I} - \boldsymbol{V}\boldsymbol{M}\boldsymbol{W}; \quad \mathsf{E}^{-1} = \boldsymbol{I} + \boldsymbol{V}\boldsymbol{M}\boldsymbol{W} \text{ mit } \boldsymbol{W}\boldsymbol{V} = \boldsymbol{O}; \tag{62}$$

$\boldsymbol{M}$ regulär,

2. Block-Kalfaktor.

$$\mathsf{K} = \boldsymbol{I} - 2\,\boldsymbol{V}(\boldsymbol{W}\boldsymbol{V})^{-1}\boldsymbol{W}; \quad \mathsf{K}^{-1} = \mathsf{K}; \tag{63}$$

$\boldsymbol{W}\boldsymbol{V}$ regulär,

3. Block-Reflektor.

$$\boldsymbol{\Phi} = \boldsymbol{I} - 2\,\boldsymbol{V}(\boldsymbol{V}^*\boldsymbol{V})\,\boldsymbol{V}^*; \quad \boldsymbol{\Phi}^{-1} = \boldsymbol{\Phi} = \boldsymbol{\Phi}^*; \tag{64}$$

$\boldsymbol{V}^*\boldsymbol{V}$ regulär.

Der Reflektor ist sowohl hermitesch wie unitär: es ist $\boldsymbol{\Phi}^*\boldsymbol{\Phi} = \boldsymbol{\Phi}^2 = \boldsymbol{I}$, wie leicht nachzurechnen.

Um einige für das Folgende wichtige Beziehungen aufzudecken, multiplizieren wir die Matrizen (62) bis (64) von links mit $\boldsymbol{W}$ bzw. $\boldsymbol{V}^*$ und bekommen

$$\boldsymbol{W}\mathsf{E} = \boldsymbol{W}\boldsymbol{I} - \boldsymbol{W}\boldsymbol{V}\boldsymbol{M}\boldsymbol{W} = \boldsymbol{W} - \boldsymbol{O} \rightarrow \boldsymbol{W}\mathsf{E} = \boldsymbol{W}, \tag{65}$$

$$\boldsymbol{W}\mathsf{K} = \boldsymbol{W}\boldsymbol{I} - 2\,\boldsymbol{W}\boldsymbol{V}(\boldsymbol{W}\boldsymbol{V})^{-1}\boldsymbol{W} = \boldsymbol{W} - 2\,\boldsymbol{W} \rightarrow \boldsymbol{W}\mathsf{K} = -\boldsymbol{W}, \tag{66}$$

$$\boldsymbol{V}^*\boldsymbol{\Phi} = \boldsymbol{V}^*\boldsymbol{I} - 2\,\boldsymbol{V}^*\boldsymbol{V}(\boldsymbol{V}^*\boldsymbol{V})^{-1}\boldsymbol{V}^* = \boldsymbol{V}^* - 2\,\boldsymbol{V}^* \rightarrow \boldsymbol{V}^*\boldsymbol{\Phi} = -\boldsymbol{V}^*. \tag{67}$$

Es werden nun die Bilder $\tilde{\boldsymbol{a}}$ eines Originalvektors $\boldsymbol{a}$ mit

$$\mathsf{E}\,\boldsymbol{a} =: \tilde{\boldsymbol{a}}_{\mathsf{E}}, \qquad \mathsf{K}\,\boldsymbol{a} =: \tilde{\boldsymbol{a}}_{\mathsf{K}}, \qquad \boldsymbol{\Phi}\,\boldsymbol{a} =: \tilde{\boldsymbol{a}}_{\Phi} \tag{68}$$

bezeichnet. Multiplikation der drei Gleichungen (65) bis (67) mit $\boldsymbol{a}$ von rechts ergibt dann der Reihe nach die drei *Verträglichkeitsbedingungen*

$$\boldsymbol{W}\,\mathsf{E}\boldsymbol{a} = \boldsymbol{W}\boldsymbol{a} \rightarrow \boldsymbol{W}(\boldsymbol{a} - \tilde{\boldsymbol{a}}_{\mathsf{E}}) = \boldsymbol{o}, \tag{69}$$

$$\boldsymbol{W}\,\mathsf{K}\boldsymbol{a} = -\boldsymbol{W}\boldsymbol{a} \rightarrow \boldsymbol{W}(\boldsymbol{a} + \tilde{\boldsymbol{a}}_{\mathsf{K}}) = \boldsymbol{o}, \tag{70}$$

$$\boldsymbol{V}^*\boldsymbol{\Phi}\,\boldsymbol{a} = -\boldsymbol{V}^*\boldsymbol{a} \rightarrow \boldsymbol{V}^*(\boldsymbol{a} + \tilde{\boldsymbol{a}}_{\Phi}) = \boldsymbol{o} \leftrightarrow \boldsymbol{a}^*\boldsymbol{a} = \tilde{\boldsymbol{a}}_{\Phi}^*\,\tilde{\boldsymbol{a}}_{\Phi}, \tag{71}$$

deren letzte, wie sich leicht zeigen läßt, gleichwertig ist der zufolge der Unitarität des Reflektors bestehenden Invarianz (45). Beide Beziehungen sind danach durcheinander ersetzbar, was für die Anwendungen von Wert ist.

Für den einfachsten und wichtigsten Sonderfall $m = 1$ stellen wir die drei dyadischen Transformationsmatrizen nochmals übersichtlich zusammen. Die Matrix $\boldsymbol{M}$ wird zum Skalar m, den wir unbeschadet der Allgemeingültigkeit gleich Eins setzen dürfen; $\boldsymbol{v}$ ist der Leitvektor und $\boldsymbol{w}$ der Stützvektor.

Elevator	$\mathsf{E} = \boldsymbol{I} - \boldsymbol{v}\,\boldsymbol{w}^T$;	$\mathsf{E}^{-1} = \boldsymbol{I} + \boldsymbol{v}\,\boldsymbol{w}^T$.	$\boldsymbol{w}^T\boldsymbol{v} = 0$,	(72)
Kalfaktor	$\mathsf{K} = \boldsymbol{I} - 2\,\dfrac{\boldsymbol{v}\,\boldsymbol{w}^T}{\boldsymbol{w}^T\boldsymbol{v}}$;	$\mathsf{K}^{-1} = \mathsf{K}$.	$\boldsymbol{w}^T\boldsymbol{v} \neq 0$,	(73)
Reflektor	$\boldsymbol{\Phi} = \boldsymbol{I} - 2\,\dfrac{\boldsymbol{v}\,\boldsymbol{v}^*}{\boldsymbol{v}^*\boldsymbol{v}}$;	$\boldsymbol{\Phi}^{-1} = \boldsymbol{\Phi} = \boldsymbol{\Phi}^*$.	$\boldsymbol{v}^*\boldsymbol{v} \neq 0$.	(74)

Um die Wirkung dieser drei Matrizen auf einen Originalvektor $\boldsymbol{a}$ zu erproben, multiplizieren wir E, K und $\boldsymbol{\Phi}$ der Reihe nach von rechts mit $\boldsymbol{a}$ und bekommen mit den verabredeten Abkürzungen (68) die folgenden Beziehungen zwischen Leit- und Stützvektor einerseits und Bild- und Originalvektor andererseits:

1. Elevator E (75)

$$\tilde{\boldsymbol{a}}_{\mathsf{E}} := \mathsf{E}\,\boldsymbol{a} = (\boldsymbol{I} - \boldsymbol{v}\,\boldsymbol{w}^T)\;\boldsymbol{a} = \boldsymbol{a} - \boldsymbol{v}(\boldsymbol{w}^T\boldsymbol{a}) \quad \rightarrow \boldsymbol{v} = \frac{1}{\boldsymbol{w}^T\boldsymbol{a}}\,(\boldsymbol{a} - \tilde{\boldsymbol{a}}_{\mathsf{E}})\,.$$

2. Kalfaktor K (76)

$$\tilde{\boldsymbol{a}}_{\mathsf{K}} := \mathsf{K}\,\boldsymbol{a} = \left(\boldsymbol{I} - 2\,\frac{\boldsymbol{v}\,\boldsymbol{w}^T}{\boldsymbol{w}^T\boldsymbol{v}}\right)\boldsymbol{a} = \boldsymbol{a} - 2\,\frac{\boldsymbol{w}^T\boldsymbol{a}}{\boldsymbol{w}^T\boldsymbol{v}}\,\boldsymbol{v} \rightarrow \boldsymbol{v} = \frac{1}{2}\,\frac{\boldsymbol{w}^T\boldsymbol{v}}{\boldsymbol{w}^T\boldsymbol{a}}\,(\boldsymbol{a} - \tilde{\boldsymbol{a}}_{\mathsf{K}})\,.$$

3. Reflektor $\boldsymbol{\Phi}$. Man setze $\boldsymbol{w}^T = \boldsymbol{v}^*$, dann wird aus (76) (77)

$$\tilde{\boldsymbol{a}}_{\Phi} := \boldsymbol{\Phi}\,\boldsymbol{a} \qquad\qquad \rightarrow \boldsymbol{v} = \frac{1}{2}\,\frac{\boldsymbol{v}^*\boldsymbol{v}}{\boldsymbol{v}^*\boldsymbol{a}}\;(\boldsymbol{a} - \tilde{\boldsymbol{a}}_{\Phi})\,.$$

Wir sehen: der Leitvektor $\boldsymbol{v}$ hat die Richtung des Differenzvektors $\boldsymbol{a} - \tilde{\boldsymbol{a}}$, unterliegt allerdings gewissen Einschränkungen, nämlich den Verträglichkeitsbedingungen (69) bis (71) — dort ist $\boldsymbol{W}$ und $\boldsymbol{V}^*$ durch $\boldsymbol{w}$ und $\boldsymbol{v}^*$ zu ersetzen — die gleichzeitig garantieren, daß die Nenner in (75) bis (77) von Null verschieden sind. Andererseits bemerken wir, daß in (76) wie in (77) die Vektoren $\boldsymbol{w}$ und $\boldsymbol{v}$ durch beliebige Vielfache $\alpha\,\boldsymbol{w}$ und $\beta\,\boldsymbol{v}$ ersetzt werden dürfen, da sich die Skalare α und β wieder herauskürzen. Dies enthebt uns der Beachtung der Vorfaktoren, die wir einfachheitshalber gleich Eins setzen (womit dann $2\,\boldsymbol{w}^T\boldsymbol{a} = \boldsymbol{w}^T\boldsymbol{v}$ bzw. $2\,\boldsymbol{v}^*\boldsymbol{a} = \boldsymbol{v}^*\boldsymbol{v}$ wird), und damit haben wir alles für die Praxis erforderliche Rüstzeug beisammen.

	Leitvektor $\boldsymbol{v}$	Verträglichkeit	
Elevator E	$\boldsymbol{v} = \dfrac{1}{\boldsymbol{w}^T\boldsymbol{a}}\,(\boldsymbol{a} - \tilde{\boldsymbol{a}}_{\mathsf{E}})$	$\boldsymbol{w}^T(\boldsymbol{a} - \tilde{\boldsymbol{a}}_{\mathsf{E}}) = 0$,	(78)
Kalfaktor K	$\boldsymbol{v} = \boldsymbol{a} - \tilde{\boldsymbol{a}}_{\mathsf{K}}$	$\boldsymbol{w}^T(\boldsymbol{a} + \tilde{\boldsymbol{a}}_{\mathsf{K}}) = 0$,	(79)
Reflektor $\boldsymbol{\Phi}$	$\boldsymbol{v} = \boldsymbol{a} - \tilde{\boldsymbol{a}}_{\Phi}$	$\boldsymbol{a}^*\boldsymbol{a} = \tilde{\boldsymbol{a}}_{\Phi}^*\,\tilde{\boldsymbol{a}}_{\Phi}$.	(80)

Ihre ganze Bedeutung erlangen diese Abbildungen erst im Zusammenhang mit der Transformation einer Matrix $\boldsymbol{A}$ von links, also Kombination ihrer Zeilen, wo nun $\boldsymbol{a}_j$ eine Originalspalte von $\boldsymbol{A}$ und $\tilde{\boldsymbol{a}}_j$ ihr Bild ist. Die Übersicht (78) bis (80) wird damit das Kernstück der multiplikativen Transformationen überhaupt.

Zum Schluß dieses Abschnittes erwähnen wir noch zwei Besonderheiten. Der Elevator (von elevare: herausheben, emporheben) ist die älteste dyadische Transformationsmatrix und wird für die spezielle Wahl des Stützvektors $\boldsymbol{w} = \boldsymbol{e}_j$ als Elementarmatrix oder JORDAN-Matrix bezeichnet

$$\mathsf{E}_j = \boldsymbol{I} - \boldsymbol{v}\,\boldsymbol{e}_j^T\,, \qquad \mathsf{E}_j^{-1} = \boldsymbol{I} + \boldsymbol{v}\,\boldsymbol{e}_j^T; \qquad \boldsymbol{e}_j^T\,\boldsymbol{v} = 0 \rightarrow v_j = 0\,. \tag{82}$$

Hier verlangt die Verträglichkeitsbedingung das Verschwinden der Komponente v_j des Leitvektors $\boldsymbol{v}$, somit wird z.B. für $n = 4$ und $j = 2$

$$\mathsf{E}_2(\boldsymbol{v}) = \begin{pmatrix} 1 & -v_1 & 0 & 0 \\ 0 & 1 & 0 & 0 \\ 0 & -v_3 & 1 & 0 \\ 0 & -v_4 & 0 & 1 \end{pmatrix} = \boldsymbol{I} - \boldsymbol{v}\,\boldsymbol{e}_2^T\,. \tag{83}$$

Eine zweite historisch bedeutsame Transformationsmatrix ist die bereits am Schluß von Abschnitt 2.8 angegebene Matrix von Drehung und Spiegelung (daher der Name Reflektor)

$$\boldsymbol{T} = \begin{pmatrix} \cos\varphi & \sin\varphi \\ \sin\varphi & -\cos\varphi \end{pmatrix}, \qquad \det \boldsymbol{T} = -1\,, \qquad \boldsymbol{T}^2 = \boldsymbol{I}\,. \tag{84}$$

In der Tat: geht man auf den halben Winkel über, so wird nach bekannten Formeln

$$\boldsymbol{T} = \begin{pmatrix} \cos\varphi & \sin\varphi \\ \sin\varphi & \cos\varphi \end{pmatrix} = \begin{pmatrix} 1 & 0 \\ 0 & 1 \end{pmatrix} - 2 \begin{pmatrix} \cos^2\frac{\varphi}{2} & -\sin\frac{\varphi}{2}\cos\frac{\varphi}{2} \\ -\sin\frac{\varphi}{2}\cos\frac{\varphi}{2} & \sin^2\frac{\varphi}{2} \end{pmatrix}, \tag{85}$$

und dies ist mit dem Leitvektor

$$\boldsymbol{v} = \begin{pmatrix} -\cos\frac{\varphi}{2} \\ \sin\frac{\varphi}{2} \end{pmatrix}, \quad \boldsymbol{v}^T\,\boldsymbol{v} = 1 \tag{86}$$

nichts anderes als der (reelle) Reflektor

$$\boldsymbol{T} = \boldsymbol{\Phi} = \boldsymbol{I} - 2\,\frac{\boldsymbol{v}\,\boldsymbol{v}^T}{\boldsymbol{v}^T\,\boldsymbol{v}}\,. \tag{87}$$

Indes werden wir im allgemeinen der Matrix der ebenen Drehung *ohne* Spiegelung

$$\boldsymbol{J} = \begin{pmatrix} \cos\varphi & \sin\varphi \\ -\sin\varphi & \cos\varphi \end{pmatrix} = \begin{pmatrix} 1 & \tan\varphi \\ -\tan\varphi & 1 \end{pmatrix} \cos\varphi\,, \qquad \det \boldsymbol{J} = 1 \qquad (88)$$

in den Anwendungen den Vorzug geben, erstens, weil ihre Determinante positiv ist und zweitens, weil sie für den speziellen Winkel $\varphi = 0$ in die Einheitsmatrix $\boldsymbol{I}$ übergeht, was auf den Reflektor beides nicht zutrifft.

In der Literatur werden, wenn auch nicht immer einheitlich, die Matrizen $\boldsymbol{T}$ bzw. $\boldsymbol{J}$ als GIVENS-Matrix bzw. JACOBI-Matrix bezeichnet.

Dazu ein einfaches Beispiel. Eine Matrix $\boldsymbol{A}$ ist von links zu transformieren, so daß die dritte Spalte $\boldsymbol{a}_3$ in eine vorgegebene Spalte $\tilde{\boldsymbol{a}}_3$ übergeht. Es ist

$$\boldsymbol{A} = \begin{bmatrix} 1 & 0 & -3 \\ 0 & 2 & 1 \\ 1 & -4 & 4 \end{bmatrix}; \qquad \tilde{\boldsymbol{a}}_3 = \begin{bmatrix} 5 \\ -1 \\ 0 \end{bmatrix},$$

also $$\boldsymbol{d} := \boldsymbol{a}_3 - \tilde{\boldsymbol{a}}_3 = \begin{bmatrix} -8 \\ 2 \\ 4 \end{bmatrix}; \qquad \boldsymbol{s} := \boldsymbol{a}_3 + \tilde{\boldsymbol{a}}_3 = \begin{bmatrix} 2 \\ 0 \\ 4 \end{bmatrix}.$$

1. Elevator. Wählen wir als Stützvektor $\boldsymbol{w} = (1\ \beta\ 1)^T$ mit noch unbestimmtem Parameter β, so folgt aus der Verträglichkeitsbedingung (78) wegen $\boldsymbol{w}^T(\boldsymbol{a}_3 - \tilde{\boldsymbol{a}}_3) = \boldsymbol{w}^T \boldsymbol{d} = -8 + 2\beta + 4 = 0$ der Wert $\beta = 2$, somit $\boldsymbol{w} = (1\ 2\ 1)^T$. Der Leitvektor wird

$$\boldsymbol{v} = \frac{1}{\boldsymbol{w}^T \boldsymbol{a}_3} \boldsymbol{d} = \frac{\boldsymbol{d}}{3} = \begin{bmatrix} -8 \\ 2 \\ 4 \end{bmatrix} \frac{1}{3},$$

und in der Tat ist $\boldsymbol{w}^T \boldsymbol{v} = 0$ wie nach (72) verlangt. Nun die Transformation. Es ist $\tilde{\boldsymbol{A}} = \mathsf{E}\,\boldsymbol{A} = (\boldsymbol{I} - \boldsymbol{v}\,\boldsymbol{w}^T)\,\boldsymbol{A} = \boldsymbol{A} - \boldsymbol{v} \cdot (\boldsymbol{w}^T \boldsymbol{A})$. Mit $\boldsymbol{w}^T \boldsymbol{A} = (2\ 0\ 3)$ wird nach leichter Rechnung

$$\tilde{\boldsymbol{A}} = \begin{bmatrix} 19/3 & 0 & 5 \\ -4/3 & 2 & -1 \\ -5/3 & -4/3 & 0 \end{bmatrix}.$$

Tatsächlich ist die dritte Spalte in $\boldsymbol{a}_3$ übergegangen.

2. Kalfaktor. Die Verträglichkeitsbedingung (79) $\boldsymbol{w}^T(\boldsymbol{a}_3 + \tilde{\boldsymbol{a}}_3) = 0$ ist mit dem beim Elevator gewählten Stützvektor $\boldsymbol{w} = (1\ \beta\ 1)^T$ unerfüllbar, da β aus der Gleichung herausfällt. Nehmen wir dagegen $\boldsymbol{w} = (\beta\ 1\ 1)^T$, so wird $\beta = -2$, somit $\boldsymbol{w} = (-2\ 1\ 1)^T$. Mit dem Leitvektor $\boldsymbol{v} = \boldsymbol{d}$ liefert die Transformation

$$\tilde{\boldsymbol{A}} = \mathsf{K}\,\boldsymbol{A} = \left(\boldsymbol{I} - 2\,\frac{\boldsymbol{v}\,\boldsymbol{w}^T}{\boldsymbol{w}^T \boldsymbol{v}}\right) \boldsymbol{A} = \boldsymbol{A} - \frac{2}{\boldsymbol{w}^T \boldsymbol{v}}\, \boldsymbol{v} \cdot (\boldsymbol{w}^T \boldsymbol{A}) = \boldsymbol{A} - \frac{2}{22}\, \boldsymbol{v} \cdot (-1\ -2\ 11)$$

nach einfacher Rechnung

$$\tilde{\boldsymbol{A}} = \begin{bmatrix} 3/11 & -16/11 & 5 \\ 2/11 & 26/11 & -1 \\ 15/11 & -36/11 & 0 \end{bmatrix}$$

mit der gewünschten Spalte $\tilde{\boldsymbol{a}}_3$.

3. Reflektor. Die in (80) geforderte Verträglichkeit wird von dem hier vorgeschlagenen Vektor $\tilde{\boldsymbol{a}}_3$ erfüllt: $\boldsymbol{a}_3^T\,\boldsymbol{a}_3 = 26 = \tilde{\boldsymbol{a}}_3^T\,\tilde{\boldsymbol{a}}_3$. Mit $\boldsymbol{v} = \boldsymbol{d}$ wird dann

$$\tilde{\boldsymbol{A}} = \boldsymbol{\Phi}\,\boldsymbol{A} = \left(\boldsymbol{I} - 2\frac{\boldsymbol{v}\,\boldsymbol{v}^T}{\boldsymbol{v}^T\,\boldsymbol{v}}\right)\boldsymbol{A} = \boldsymbol{A} - \frac{2}{\boldsymbol{v}^T\,\boldsymbol{v}}\,\boldsymbol{v}\cdot(\boldsymbol{v}^T\,\boldsymbol{A}) = \boldsymbol{A} - \frac{2}{84}\,\boldsymbol{v}\cdot(-4 \quad -12 \quad 42)$$

und nach kleiner Rechnung

$$\tilde{\boldsymbol{A}} = \begin{bmatrix} 5/21 & -16/7 & 5 \\ 4/21 & 18/7 & -1 \\ 29/21 & -20/7 & 0 \end{bmatrix}$$

wie verlangt.

Der Leser überzeuge sich, daß — wie es bei jeder unitären Transformation von links sein muß — alle drei Spaltenbetragssummen invariant geblieben sind.

27.9. Unvollständige und vollständige Reduktion eines Vektors. Der ε-Kalfaktor

Angenommen es seien die ersten $j-1$ Spalten der Matrix $\boldsymbol{J} = \boldsymbol{A}$ bzw. $\boldsymbol{J} = \boldsymbol{B}^{-1}\,\boldsymbol{A}$ (oder ähnlich) auf eine vorgeschriebene Form gebracht, die im weiteren Verlauf der Rechnung nicht wieder zerstört werden soll. Was ist von der künftigen Transformation zu verlangen, damit diese Forderung garantiert wird? Jede der drei dyadischen Transformationen hat den Aufbau

$$\boldsymbol{D} = \boldsymbol{I} - \gamma\,\boldsymbol{v}\,\boldsymbol{w}^T\,, \tag{89}$$

somit entstehen bei Linkstransformation (Linearkombination der Zeilen von $\boldsymbol{A}$) bzw. Rechtstransformation (Linearkombination der Spalten von $\boldsymbol{A}$) die transformierten Matrizen

$$\tilde{\boldsymbol{A}} := \boldsymbol{D}\boldsymbol{A} = (\boldsymbol{I} - \gamma\boldsymbol{v}\,\boldsymbol{w}^T)\boldsymbol{A} = \boldsymbol{A} - \gamma\boldsymbol{v}(\boldsymbol{w}^T\boldsymbol{A}) = \boldsymbol{A} - \gamma\begin{bmatrix} | \\ \boldsymbol{v} \\ | \end{bmatrix}\overset{[0\,\ldots\,0\vdash]\;\boldsymbol{w}^T\boldsymbol{A}}{\begin{bmatrix} & & \| \| \| \\ & & \| \| \| \\ & & \| \| \| \end{bmatrix}} \tag{90}$$

bzw.

$$\hat{\boldsymbol{A}} := \boldsymbol{A}\boldsymbol{D} = \boldsymbol{A}(\boldsymbol{I} - \gamma\boldsymbol{v}\,\boldsymbol{w}^T) = \boldsymbol{A} - \gamma(\boldsymbol{A}\boldsymbol{v})\,\boldsymbol{w}^T = \boldsymbol{A} - \gamma\begin{bmatrix} | \\ \boldsymbol{A}\boldsymbol{v} \\ | \end{bmatrix}\overset{[0\,\ldots\,0\vdash]\;\boldsymbol{w}^T}{\begin{bmatrix} & & \| \| \| \\ & & \| \| \| \\ & & \| \| \| \end{bmatrix}} \tag{91}$$

Wir sehen: die Subtrahenden in (90) und (91) verändern die ersten $j-1$ Spalten von $\boldsymbol{A}$ genau dann nicht, wenn der Stützvektor als erste Komponenten $j-1$ Nullen enthält

$$\boxed{\boldsymbol{w} = (0 \quad 0 \ldots 0; \quad w_j \; w_{j+1} \ldots w_n)^T} \,. \tag{92}$$

Soll $\boldsymbol{w}$ insbesondere ein Einheitsvektor sein, so kommt demnach allein $\boldsymbol{w} = \boldsymbol{e}_j$ in Frage. Auf die fundamentale Forderung (92) in Verbindung mit dem Generalschema (21) gründen sich sämtliche bis heute bekannten und noch auszudenkenden dyadischen Transformationsalgorithmen, und jetzt endlich kommen wir zur Sache. Nachdem wir studiert haben, wie man eine Matrizenspalte $\boldsymbol{a}_j$ in einen (in gewissen Grenzen) vorgegebenen Bildvektor $\tilde{\boldsymbol{a}}_j$ transformiert, setzen wir uns nunmehr zum Ziel, in $\tilde{\boldsymbol{a}}_j$ möglichst viele Nullen zu erzeugen; ein Vorgang, den wir als *Reduktion* einer Spalte bezeichnen, und zwar heißt die Reduktion *vollständig*, wenn der Bildvektor $n-1$ Nullelemente aufweist

$$\boldsymbol{a}_j = \begin{bmatrix} a_{1j} \\ \cdots \\ a_{jj} \\ \cdots \\ a_{nj} \end{bmatrix} \to \tilde{\boldsymbol{a}}_j = \begin{bmatrix} 0 \\ \cdots \\ \tilde{a}_{jj} \\ \cdots \\ 0 \end{bmatrix}, \quad \tilde{a}_{kj} = 0 \quad \text{für} \quad k \neq j\,, \tag{93}$$

sonst *unvollständig*. Es sei nun gelungen, eine vorgelegte (im allgemeinen rechteckige) Matrix auf die Gestalt

$$\overset{j-1}{\boldsymbol{A}} = \left(\begin{array}{ccccc|c|cccc} a_{11} & 0 & 0 & \ldots & 0 & a_{1j} & a_{1,j+1} & \ldots & a_{1n} \\ 0 & a_{22} & 0 & \ldots & 0 & a_{2j} & a_{2,j+1} & \ldots & a_{2n} \\ 0 & 0 & a_{33} & \ldots & 0 & a_{3j} & a_{3,j+1} & \ldots & a_{3n} \\ \cdots & \cdots & \cdots & \cdots & \cdots & \cdots & \cdots & \cdots & \cdots \\ 0 & 0 & 0 & \ldots & a_{j-1,j-1} & a_{j-1,j} & a_{j-1,j+1} & \ldots & a_{j-1,n} \\ 0 & 0 & 0 & \ldots & 0 & a_{jj} & a_{j,j+1} & \ldots & a_{jn} \\ \cdots & \cdots & \cdots & \cdots & \cdots & \textcircled{\boldsymbol{a}_j} & \cdots & \cdots & \cdots \\ 0 & 0 & 0 & \ldots & 0 & a_{mj} & a_{m,j+1} & \ldots & a_{mn} \end{array}\right) \updownarrow m \tag{94}$$

zu transformieren. Soll im nächsten Schritt die Spalte $\boldsymbol{a}_j$ vollständig reduziert werden, also in $\tilde{a}_{jj}\,\boldsymbol{e}_j$ übergehen, so wird

$$\boldsymbol{a}_j \to \tilde{\boldsymbol{a}}_j = \tilde{a}_{jj}\,\boldsymbol{e}_j\colon \quad \boldsymbol{v} = \boldsymbol{a}_j - \tilde{\boldsymbol{a}}_j = \boldsymbol{a}_j - \tilde{a}_{jj}\,\boldsymbol{e}_j\,;$$
$$\boldsymbol{a}_j + \tilde{\boldsymbol{a}}_j = \boldsymbol{a}_j + \tilde{a}_{jj}\,\boldsymbol{e}_j\,, \tag{95}$$

und nun determinieren die Verträglichkeitsbedingungen (27.78) bis (27.80) die einzige verbleibende Komponente $\tilde{a}_{jj}$ des Bildvektors $\tilde{\boldsymbol{a}}_j$ auf folgende Weise:

$$\text{Elevator } \mathsf{E}\colon\ \boldsymbol{w}_j^T(\boldsymbol{a}_j - \tilde{\boldsymbol{a}}_j) = \boldsymbol{w}^T(\boldsymbol{a}_j - \tilde{a}_{jj}\,\boldsymbol{e}_j) = 0 \to \tilde{a}_{jj} = \frac{\boldsymbol{w}_j^T\,\boldsymbol{a}_j}{\boldsymbol{w}_j^T\,\boldsymbol{e}_j} = \frac{\boldsymbol{w}_j^T\,\boldsymbol{a}_j}{w_{jj}}, \tag{96}$$

$$\text{Kalfaktor } \mathsf{K}\colon\ \boldsymbol{w}_j^T(\boldsymbol{a}_j + \tilde{\boldsymbol{a}}_j) = \boldsymbol{w}^T(\boldsymbol{a}_j + \tilde{a}_{jj}\,\boldsymbol{e}_j) = 0$$
$$\to \tilde{a}_{jj} = -\frac{\boldsymbol{w}_j^T\,\boldsymbol{a}_j}{\boldsymbol{w}_j^T\,\boldsymbol{e}_j} = -\frac{\boldsymbol{w}_j^T\,\boldsymbol{a}_j}{w_{jj}}, \tag{97}$$

$$\text{Reflektor } \boldsymbol{\Phi}\colon\ \boldsymbol{a}_j^*\,\boldsymbol{a}_j = \tilde{\boldsymbol{a}}_j^*\,\tilde{\boldsymbol{a}}_j \to |\tilde{a}_{jj}|^2 = \boldsymbol{a}_j^*\,\boldsymbol{a}_j\,, \tag{98}$$

wobei wir nochmals festhalten wollen, daß der Stützvektor $\boldsymbol{w}$ nicht willkürlich wählbar ist, sondern der Bedingung (92) genügen muß; doch können wir über die nichtverschwindenden letzten Komponenten $w_j, \ldots, w_n$ in geeigneter Weise verfügen derart, daß die zur Transformation erforderliche Rechnung minimal wird. Für den Elevator ist dies gesichert mit der speziellen Wahl

$$\boldsymbol{w}_j = \boldsymbol{e}_j = (0 \quad 0 \ldots 0;\ \ 1 \quad 0 \ldots 0 \quad 0)^T \to \tilde{a}_{jj} = a_{jj}\,, \tag{99}$$

womit nach (96) das Hauptdiagonalelement unverändert bleibt. Für den Kalfaktor dagegen brauchen wir im Stützvektor $\boldsymbol{w}$ mindestens zwei von Null verschiedene Elemente, und zwar wählen wir vorteilhaft

$$\boldsymbol{w}_j = (0 \quad 0 \ldots 0;\ \ 1 \quad 0 \ldots \varepsilon_{\nu j} \ldots 0 \quad 0)^T = \boldsymbol{e}_j + \varepsilon_{\nu j}\,\boldsymbol{e}_\nu\,, \tag{100}$$

dann nämlich wird nach leichter Rechnung das transformierte Diagonalelement

$$\tilde{a}_{jj} = -a_{jj} - \varepsilon_{\nu j}\,a_{\nu j}\,, \tag{101}$$

und die jetzt als *ε-Kalfaktor* bezeichnete Transformationsmatrix ist

$$\mathsf{K}_j = \boldsymbol{I} - \frac{1}{-\tilde{a}_{jj}}\,\boldsymbol{v}(\boldsymbol{e}_j^T + \varepsilon_{\nu j}\,\boldsymbol{e}_\nu^T) \tag{102}$$

oder noch spezieller mit $\varepsilon_{\nu j} = -1$ für alle Spalten

$$\tilde{a}_{jj} = a_{\nu j} - a_{jj} \tag{103}$$

und

$$\mathsf{K}_j = \boldsymbol{I} - \frac{1}{-\tilde{a}_{jj}} \boldsymbol{v}(\boldsymbol{e}_j^T - \boldsymbol{e}_\nu^T) . \tag{104}$$

Um den Nenner möglichst groß zu machen, wird ν so bestimmt, daß

$$\tilde{a}_{jj} = \max_\nu (a_{jj} - a_{\nu j}); \qquad \nu > j; \tag{105}$$

der spezielle ε-Kalfaktor erfordert daher den gleichen Rechenaufwand wie der Elevator, vermeidet aber die Zeilenvertauschung selbst wenn $a_{jj} = 0$ sein sollte.

Nicht unerwähnt lassen wollen wir einen interessanten Übergang vom Kalfaktor zum Reflektor. Bei diesem ist $\boldsymbol{w}^T = \boldsymbol{v}^*$. Wählt man nun weniger aufwendig $\boldsymbol{w}^T = \hat{\boldsymbol{v}}^*$, wo im Vektor $\hat{\boldsymbol{v}}$ etliche der betragskleinen Elemente von $\boldsymbol{v}$ durch Null ersetzt werden, so ist der auf diese Weise entstehende *Pseudo-Reflektor* so gut wie unitär und leistet dieselben Dienste wie der Reflektor mit erheblich geringerem Rechenaufwand. Ist beispielsweise der Leitvektor

$$\boldsymbol{v} = (0 \;\; 0 \ldots 0;\; 10 \;\; -1 \;\; 0{,}4 \;\; 23 \;\; 0{,}01 \;\; -2 \;\; 0{,}9 \;\; 1{,}1 \;\; 45 \;\; 2{,}11 \;\; -1{,}2)^T$$

und wählt man statt dessen

$$\hat{\boldsymbol{v}} = (0 \;\; 0 \ldots 0;\; 10 \;\; 0 \;\; 0 \;\; 23 \;\; 0 \;\; 0 \;\; 0 \;\; 0 \;\; 45 \;\; 0 \;\; 0)^T$$

so ist die Abweichung von der Unitarität minimal, wovon der Leser sich überzeugen möge.

Dazu ein Beispiel. Die erste Spalte einer Matrix $\boldsymbol{A}$ soll vollständig reduziert werden mit $j = 1$. Gegeben:

$$\boldsymbol{A} = \begin{pmatrix} 0 & 3 & 5 & 3 \\ 1 & -1 & 1 & 0 \\ -2 & 0 & 2 & -8 \\ 10 & 1 & 1 & -1 \end{pmatrix}, \qquad \boldsymbol{a}_1 \to \tilde{\boldsymbol{a}}_1 = \begin{pmatrix} \tilde{a}_{11} \\ 0 \\ 0 \\ 0 \end{pmatrix}.$$

Die Differenz (105) ist für $\nu = 4$ am größten. Damit folgt nach (103) das transformierte Hauptdiagonalelement $\tilde{a}_{11} = a_{41} - a_{11} = 10 - 0 = 10$ und hiermit der Kalfaktor

$$\mathsf{K}_1 = \boldsymbol{I} - \frac{1}{-10} \boldsymbol{v}(\boldsymbol{e}_1^T - \boldsymbol{e}_4^T) .$$

Davon unberührt ist der Leitvektor wie stets gleich der Differenz

$$\boldsymbol{v} = \boldsymbol{a} - \tilde{\boldsymbol{a}} = \begin{pmatrix} 0 \\ 1 \\ -2 \\ 10 \end{pmatrix} - \begin{pmatrix} 10 \\ 0 \\ 0 \\ 0 \end{pmatrix} = \begin{pmatrix} -10 \\ 1 \\ -2 \\ 10 \end{pmatrix},$$

und nun berechnen wir das Bild $\tilde{\boldsymbol{A}}$ der Matrix $\boldsymbol{A}$

$$\tilde{\boldsymbol{A}} := \mathsf{K}_1 \boldsymbol{A} = \boldsymbol{I} \boldsymbol{A} + \frac{1}{10} \boldsymbol{v}(\boldsymbol{e}_1^T - \boldsymbol{e}_4^T) \boldsymbol{A} = \boldsymbol{A} + \frac{\boldsymbol{v}}{10} (\boldsymbol{a}^1 - \boldsymbol{a}^4) .$$

Mit der Differenz der beiden Zeilen

$$\boldsymbol{d}^T := \boldsymbol{a}^1 - \boldsymbol{a}^4 = (-10 \quad 2 \quad 4 \quad 4)$$

entsteht die Dyade $\boldsymbol{D}$ und damit die Bildmatrix $\tilde{\boldsymbol{A}} = \boldsymbol{A} + \boldsymbol{D}$ mit reduzierter erster Spalte wie verlangt:

$$\boldsymbol{D} := \frac{\boldsymbol{v}}{10} \boldsymbol{d}^T = \begin{pmatrix} 10 & -2 & -4 & -4 \\ -1 & 0{,}2 & 0{,}4 & 0{,}4 \\ 2 & -0{,}4 & -0{,}8 & -0{,}8 \\ -10 & 2 & 4 & 4 \end{pmatrix},$$

$$\tilde{\boldsymbol{A}} = \boldsymbol{A} + \boldsymbol{D} = \begin{pmatrix} 10 & 1 & 1 & -1 \\ 0 & -0{,}8 & 1{,}4 & 0{,}4 \\ 0 & -0{,}4 & 1{,}2 & -8{,}8 \\ 0 & 3 & 5 & 3 \end{pmatrix}.$$

27.10. Der Mechanismus der multiplikativen Transformation

Als Resümee aller unserer Bemühungen stellen wir in diesem Abschnitt auszugsweise das Minimum dessen zusammen, was für die praktische Anwendung erforderlich ist. Um eine durchgehende Nomenklatur für die Programmierarbeit zu schaffen, verabreden wir für jede dyadische Transformationsmatrix (nicht nur für die drei hergeleiteten Grundtypen) die folgende Schreibweise

$$\boldsymbol{T} = \boldsymbol{I} - \boldsymbol{v} \frac{1}{N} \boldsymbol{y}^T . \tag{106}$$

Dabei ist der Leitvektor

$$\boldsymbol{v} := \boldsymbol{a} - \tilde{\boldsymbol{a}} \tag{107}$$

gleich der Differenz aus Original- und Bildvektor, N ist ein für die jeweilige Matrix charakteristischer Nenner und $\boldsymbol{y}$ ist der Stützvektor (nicht in jedem Fall identisch mit dem früher eingeführten Vektor $\boldsymbol{w}$). Das von der Matrix $\boldsymbol{T}$ erzeugte Bild $\tilde{\boldsymbol{z}}$ eines vorgegebenen Vektors $\boldsymbol{z}$ ist dann

$$\tilde{\boldsymbol{z}} := \boldsymbol{T} \boldsymbol{z} = \boldsymbol{z} - \boldsymbol{v} \frac{1}{N} (\boldsymbol{y}^T \boldsymbol{z}) . \tag{108}$$

Die Nenner sind $N = a_j$ im Elevator, $N = -\tilde{a}_j$ im Kalfaktor, und im

Reflektor ist

$$N = \frac{\boldsymbol{v}^* \boldsymbol{v}}{2} = \frac{1}{2} (\boldsymbol{a} - \tilde{\boldsymbol{a}})^* (\boldsymbol{a} - \tilde{\boldsymbol{a}}) = \frac{1}{2} (\boldsymbol{a} - \tilde{a}_j \boldsymbol{e}_j)^* (\boldsymbol{a} - \tilde{a}_j \boldsymbol{e}_j) \quad (109)$$

oder nach leichter Rechnung

$$N = \tilde{a}_j^2 \pm \tilde{a}_j \cdot \operatorname{Re} a_j ; \qquad \tilde{a}_j = \sqrt{\hat{\boldsymbol{a}}^* \hat{\boldsymbol{a}}}\,, \quad (110)$$

und dies erspart uns die Berechnung des Skalarproduktes $\boldsymbol{v}^* \boldsymbol{v}$.

Die bei der partiellen Reduktion nach unten entstehenden Vektoren $\tilde{\boldsymbol{a}}$ (Bildvektor) und $\boldsymbol{v}$ (Leitvektor) ergeben sich ohne jede Rechnung außer den beiden Komponenten $\tilde{a}_j$ und $v_j = a_j - \tilde{a}_j$

$$\boldsymbol{a} = \begin{pmatrix} a_1 \\ \cdots \\ a_{j-1} \\ \boxed{a_j} \\ a_{j+1} \\ \cdots \\ a_n \end{pmatrix} \left.\begin{matrix} \\ \\ \\ \\ \\ \\ \\ \end{matrix}\right\} \hat{\boldsymbol{a}} \rightarrow \tilde{\boldsymbol{a}} = \begin{pmatrix} a_1 \\ \cdots \\ a_{j-1} \\ \boxed{\tilde{a}_j} \\ 0 \\ \cdots \\ 0 \end{pmatrix} ; \quad \boldsymbol{v} = \boldsymbol{a} - \tilde{\boldsymbol{a}} = \begin{pmatrix} 0 \\ \cdots \\ 0 \\ \boxed{a_j - \tilde{a}_j} \\ a_{j+1} \\ \cdots \\ a_n \end{pmatrix}, \quad (111)$$

im vorstehenden Schema eingerahmt. Diese aber wurden in den vorangehenden Abschnitten berechnet, und damit haben wir das benötigte Werkzeug vollständig beisammen:

Neues Element	Leit-element	Nenner	Transformations-matrix	Bildvektor von $\boldsymbol{z}$
$\tilde{a}_j$	$v_j = a_j - \tilde{a}_j$	N	$\boldsymbol{L} = \boldsymbol{I} - \boldsymbol{v} \frac{1}{N} \boldsymbol{y}^T$	$\tilde{\boldsymbol{z}} = \boldsymbol{L}\,\boldsymbol{z}$
$\tilde{a}_j = a_j$	$v_j = 0$	a_j	$\mathsf{E} = \boldsymbol{I} - \boldsymbol{v} \frac{1}{N} \boldsymbol{e}_j^T$	$\tilde{\boldsymbol{z}} = \boldsymbol{z} - \boldsymbol{v} \frac{1}{N} z_j$
$\tilde{a}_j = -a_j - \varepsilon\, a_\nu$	$v_j = 2\, a_j + \varepsilon\, a_\nu$	$-\tilde{a}_j$	$\mathsf{K} = \boldsymbol{I} - \boldsymbol{v} \frac{1}{N} \cdot (\boldsymbol{e}_j^T + \varepsilon\, \boldsymbol{e}_\nu^T)$	$\tilde{\boldsymbol{z}} = \boldsymbol{z} - \boldsymbol{v} \frac{1}{N} (z_j + \varepsilon\, z_\nu)$
$\tilde{a}_j = \pm \sqrt{\hat{\boldsymbol{a}}^* \hat{\boldsymbol{a}}}$	$v_j = a_j \mp \tilde{a}_j$	$\tilde{a}_j^2 \mp \tilde{a}_j \operatorname{Re} a_j$	$\boldsymbol{\Phi} = \boldsymbol{I} - \boldsymbol{v} \frac{1}{N} \boldsymbol{v}^*$	$\tilde{\boldsymbol{z}} = \boldsymbol{z} - \boldsymbol{v} \frac{1}{N} (\boldsymbol{v}^* \boldsymbol{z})$

(112)

Der Vektor $\boldsymbol{z}$, der in $\tilde{\boldsymbol{z}}$ abgebildet wird, ist entweder eine weiter rechts stehende Spalte der zu transformierenden Matrix $\boldsymbol{A}$ oder bei impliziter Durchführung der Transformation der von rechts nach links nach dem Schema (27.30) durchzuschleusende aktuelle Vektor, mit dessen Hilfe die nächste zu reduzierende Spalte der Phantommatrix $\tilde{\boldsymbol{A}} = \boldsymbol{L}\,\boldsymbol{A}$ aufgedeckt wird. Davon unabhängig möge ein einfaches Beispiel die Anwendung der Programmiervorschrift (112) erläutern.

Beispiel. $n = 3$, $j = 2$. Der gegebene Vektor $\boldsymbol{a}$ ist nach unten zu reduzieren. Man ermittle den Bildvektor $\tilde{\boldsymbol{z}}$ von $\boldsymbol{z}$. Gegeben:

$$\boldsymbol{a} = \begin{pmatrix} 2 \\ 3 \\ 4 \end{pmatrix} \left.\vphantom{\begin{matrix} 3 \\ 4 \end{matrix}}\right\} \hat{\boldsymbol{a}}\,; \quad \tilde{\boldsymbol{a}} = \begin{pmatrix} 2 \\ \tilde{a}_2 \\ 0 \end{pmatrix}, \quad \boldsymbol{v} = \boldsymbol{a} - \tilde{\boldsymbol{a}} = \begin{pmatrix} 0 \\ v_2 \\ 4 \end{pmatrix}, \quad \boldsymbol{z} = \begin{pmatrix} 3 \\ 4 \\ -2 \end{pmatrix}.$$

Wir berechnen der Reihe nach für Elevator, Kalfaktor und Reflektor alle benötigten Daten und tragen diese samt Ergebnis in die Tabelle unten ein; dies ist das getreue Abbild der Übersicht (112).

1. Elevator. Erledigt sich von selbst.
2. Kalfaktor. Es ist $\nu = 3$, und wir wählen $\varepsilon = -1$.
3. Reflektor. Zu berechnen ist $\hat{\boldsymbol{a}}^* \hat{\boldsymbol{a}} = 3 \cdot 3 + 4 \cdot 4 = 25 \overset{!}{=} a_2^2$, somit $a_2 = \pm 5$. Es ist Realteil (a_2) = Realteil $(3) = 3$. Beide Fälle werden vorgeführt. In praxi wählt man den größeren Nenner, hier also 40 und nicht 10.

	Neues Element $\tilde{a}_2$	Leit-element $v_2 = a_2 - \tilde{a}_2$	Nenner N	Transformations-matrix $\boldsymbol{L} = \boldsymbol{I} - \boldsymbol{v}\,\frac{1}{N}\,\boldsymbol{y}^T$	Bildvektor von $\boldsymbol{z}$ $\tilde{\boldsymbol{z}} = \boldsymbol{L}\,\boldsymbol{z}$
Elevator	$\tilde{a}_2 = 3$	0	3	$\mathsf{E} = \boldsymbol{I} - \boldsymbol{v}\,\frac{1}{3}\,\boldsymbol{e}_2^T$	$\begin{bmatrix} 3 \\ 8 \\ 6 \end{bmatrix}$
Kalfaktor ($\nu = 3$, $\varepsilon = -1$)	$\tilde{a}_2 = -a_2 + a_3 = 1$	$2a_2 - a_3 = 2$	1	$\mathsf{K} = \boldsymbol{I} - \boldsymbol{v}\,\frac{1}{1} \cdot (\boldsymbol{e}_2^T - \boldsymbol{e}_3^T)$	$\begin{bmatrix} 3 \\ -8 \\ -26 \end{bmatrix}$
Reflektor	$\tilde{a}_2 = +5$	$a_2 - 5 = -2$	10	$\boldsymbol{\Phi} = \boldsymbol{I} - \boldsymbol{v}\,\frac{1}{10}\,\boldsymbol{v}^*$	$\begin{bmatrix} 3 \\ 0{,}8 \\ 4{,}4 \end{bmatrix}$
	$\tilde{a}_2 = -5$	$a_2 - 5 = 8$	40	$\boldsymbol{\Phi} = \boldsymbol{I} - \boldsymbol{v}\,\frac{1}{40}\,\boldsymbol{v}^*$	$\begin{bmatrix} 3 \\ -0{,}8 \\ -4{,}4 \end{bmatrix}$

Für den unitären Reflektor ist $\boldsymbol{z}^T \boldsymbol{z} = \tilde{\boldsymbol{z}}_1^T \tilde{\boldsymbol{z}}_1 = \tilde{\boldsymbol{z}}_2^T \tilde{\boldsymbol{z}}_2 = 29$, wie es sein muß.

27.11. Progressive Transformationen

Die *progressiven* Transformationen basieren auf einer völlig anderen Idee als die multiplikativen. Aus dem Transformationsgleichungspaar

$$\tilde{\boldsymbol{A}} = \boldsymbol{L}\,\boldsymbol{A}\,\boldsymbol{R}; \qquad \tilde{\boldsymbol{B}} = \boldsymbol{L}\,\boldsymbol{B}\,\boldsymbol{R}; \qquad \boldsymbol{B} \text{ regulär} \tag{113}$$

wird eine der beiden regulären Transformationsmatrizen

$$\boldsymbol{L} = \begin{bmatrix} \boldsymbol{l}^1 \\ \dots \\ \boldsymbol{l}^n \end{bmatrix}, \qquad \boldsymbol{R} = \begin{bmatrix} \boldsymbol{r}_1 \dots \boldsymbol{r}_n \end{bmatrix} \tag{114}$$

eliminiert. Dies führt auf

$$\boxed{\boldsymbol{B}^{-1}\,\boldsymbol{A}\,\boldsymbol{R} = \boldsymbol{R}\,\tilde{\boldsymbol{B}}^{-1}\,\tilde{\boldsymbol{A}}} \quad \text{bzw.} \quad \boxed{\tilde{\boldsymbol{A}}\,\tilde{\boldsymbol{B}}^{-1}\,\boldsymbol{L} = \boldsymbol{L}\,\boldsymbol{A}\,\boldsymbol{B}^{-1}}\;. \tag{115}$$

Von den hier auftretenden jeweils fünf Matrizen sind $\boldsymbol{A}$ und $\boldsymbol{B}$ gegeben, $\tilde{\boldsymbol{A}}$ und $\tilde{\boldsymbol{B}}$ in gewissen Grenzen vorschreibbar; $\boldsymbol{L}$ und $\boldsymbol{R}$ sind gesucht. In den Anwendungen beschränkt man sich meist auf die spezielle Wahl von

$$\tilde{\boldsymbol{B}} = \tilde{\boldsymbol{D}} = \boldsymbol{D}\text{iag}\,\langle \tilde{d}_{jj} \rangle\,, \tag{116}$$

was nicht in jedem Fall optimal sein muß. Damit gehen dann die Gln. (115) über in

$$\boldsymbol{B}^{-1}\,\boldsymbol{A}\,\boldsymbol{R} = \boldsymbol{R}\,\tilde{\boldsymbol{D}}^{-1}\,\tilde{\boldsymbol{A}} \quad \text{bzw.} \quad \tilde{\boldsymbol{A}}\,\tilde{\boldsymbol{D}}^{-1}\,\boldsymbol{L} = \boldsymbol{L}\,\boldsymbol{A}\,\boldsymbol{B}^{-1} \tag{117}$$

oder in ihre n Spalten bzw. Zeilen aufgelöst durch Multiplikation mit $\boldsymbol{e}_j$ von rechts bzw. $\boldsymbol{e}_j^T$ von links

$$\boldsymbol{B}^{-1}\,\boldsymbol{A}\,\boldsymbol{r}_j = \boldsymbol{R}\,\tilde{\boldsymbol{D}}^{-1}\,\tilde{\boldsymbol{a}}_j \quad \text{bzw.} \quad \tilde{\boldsymbol{a}}_j^T\,\tilde{\boldsymbol{D}}^{-1}\,\boldsymbol{L} = \boldsymbol{l}^j\,\boldsymbol{A}\,\boldsymbol{B}^{-1};$$
$$j = 1, 2, \dots, n\,, \tag{118}$$

und dies ist nach Lesart fünf (24.19) nichts anderes als das homogene System von n Vektorgleichungen

$$\boldsymbol{B}^{-1}\,\boldsymbol{A}\,\boldsymbol{r}_j = \boldsymbol{r}_1 \frac{\tilde{a}_{1j}}{\tilde{d}_{11}} + \boldsymbol{r}_2 \frac{\tilde{a}_{2j}}{\tilde{d}_{22}} + \cdots + \boldsymbol{r}_n \frac{\tilde{a}_{nj}}{\tilde{d}_{nn}}\,; \qquad j = 1, 2, \dots, n\,, \tag{119}$$

oder ausführlich angeschrieben und leicht umgeordnet

$$\left.\begin{aligned}
\boldsymbol{o} &= \left(\boldsymbol{r}_1 \frac{\tilde{a}_{11}}{\tilde{d}_{11}} - \boldsymbol{B}^{-1} \boldsymbol{A}\, \boldsymbol{r}_1\right) + \boldsymbol{r}_2 \frac{\tilde{a}_{21}}{\tilde{d}_{22}} + \boldsymbol{r}_3 \frac{\tilde{a}_{31}}{\tilde{d}_{33}} + \cdots + \boldsymbol{r}_n \frac{\tilde{a}_{n1}}{\tilde{d}_{nn}} \\
\boldsymbol{o} &= \boldsymbol{r}_1 \frac{\tilde{a}_{12}}{\tilde{d}_{11}} + \left(\boldsymbol{r}_2 \frac{\tilde{a}_{22}}{\tilde{d}_{22}} - \boldsymbol{B}^{-1} \boldsymbol{A}\, \boldsymbol{r}_2\right) + \boldsymbol{r}_3 \frac{\tilde{a}_{32}}{\tilde{d}_{33}} + \cdots + \boldsymbol{r}_n \frac{\tilde{a}_{n2}}{\tilde{d}_{nn}} \\
\boldsymbol{o} &= \boldsymbol{r}_1 \frac{\tilde{a}_{13}}{\tilde{d}_{11}} + \boldsymbol{r}_2 \frac{\tilde{a}_{23}}{\tilde{d}_{22}} + \left(\boldsymbol{r}_3 \frac{\tilde{a}_{33}}{\tilde{d}_{33}} - \boldsymbol{B}^{-1} \boldsymbol{A}\, \boldsymbol{r}_3\right) + \cdots + \boldsymbol{r}_n \frac{\tilde{a}_{n3}}{\tilde{d}_{33}} \\
&\cdots\cdots\cdots\cdots\cdots\cdots\cdots\cdots\cdots\cdots\cdots\cdots \\
\boldsymbol{o} &= \boldsymbol{r}_1 \frac{\tilde{a}_{1n}}{\tilde{d}_{11}} + \boldsymbol{r}_2 \frac{\tilde{a}_{2n}}{\tilde{d}_{33}} + \boldsymbol{r}_3 \frac{\tilde{a}_{3n}}{\tilde{d}_{33}} + \cdots + \left(\boldsymbol{r}_n \frac{\tilde{a}_{nn}}{\tilde{d}_{nn}} - \boldsymbol{B}^{-1} \boldsymbol{A}\, \boldsymbol{r}_n\right)
\end{aligned}\right\} , \qquad (120)$$

und entsprechend entsteht aus der zweiten Gl. (118) ein Gleichungssystem für die Linksvektoren $\boldsymbol{l}_j$, dessen Niederschrift dem Leser überlassen sei. Die in (120) auftretenden unbekannten Elemente $\tilde{a}_{jk}$ und $\tilde{d}_{jj}$ sind die mit den Vektoren aus (114) gebildeten Bilinearformen

$$\tilde{a}_{jk} = \boldsymbol{l}^j \boldsymbol{A}\, \boldsymbol{r}_k\,, \qquad \tilde{d}_{jj} = \boldsymbol{l}^j \boldsymbol{B}\, \boldsymbol{r}_j\,, \tag{121}$$

wobei zu beachten ist, daß diese Elemente in transponierter Anordnung im Gleichungssystem (120) erscheinen. Von praktischem Wert ist dieses System indessen nur, wenn verlangt wird, daß die transformierte Matrix $\tilde{\boldsymbol{A}}$ von HESSENBERG-Form (24.10a) ist. Dann nämlich lassen sich nach Wahl eines ersten Vektors $\boldsymbol{r}_1$ auch die übrigen Vektoren $\boldsymbol{r}_2, \ldots, \boldsymbol{r}_n$ rekursiv ermitteln, näheres dazu im § 29.

§ 28. Äquivalenztransformation auf Diagonalmatrix

• 28.1. Aufgabenstellung

Eine der wichtigsten Problemstellungen der numerischen Algebra (z.B. beim Auflösen linearer Gleichungssysteme) ist die Transformation einer quadratischen Matrix $\boldsymbol{A}$ auf Diagonalform oder zumindest auf Block-Diagonalform, ein Vorgang, der ein- oder beidseitig, im letzteren Fall dazu vorwärts- oder rückwärtsgerichtet angelegt werden kann: Maßnahmen, wodurch die verschiedenen Algorithmen sich unterscheiden. Allen Transformationen voran steht eine

Grundregel: *Die Originalmatrix* $\boldsymbol{A}$ *wird unter keinen Umständen zerstört (überschrieben), sondern bleibt unberührt im Speicher!!*

Der Leser kann sich dies gar nicht fest genug einprägen. In der Praxis ist die Matrix $\boldsymbol{A}$ im allgemeinen von hoher Ordnung, etwa $n = 10000$ mit einem meist ausgeprägten Profil (schwache Besetzung, Hülle, Band usw., vgl. Abschnitt 24.4), deren viele Millionen Elemente oft in äußerst mühseligen und aufwendigen Prozeduren aus einer mechanischen Modellbildung samt anschließender finiter Übersetzung von gewöhnlichen oder partiellen linearen Differentialgleichungen bzw. mit Hilfe von Finite-Element-Methoden (FEM) gewonnen wurden. Diese immense technische Information zu zerstören, wäre der größte Widersinn, abgesehen davon, daß zum Schluß der Rechnung die Lösung etwa der Gleichung $\boldsymbol{A}\,\boldsymbol{x} = \boldsymbol{r}$ einzuschließen bzw. abzuschätzen ist, und — noch wichtiger — die Transformation ein- oder mehrmals regeneriert werden muß, was selbstredend nur an der unverfälschten Ausgangsmatrix gelingen kann.

• 28.2. Direkte und indirekte linksseitige Äquivalenztransformation auf Diagonalmatrix

Das natürliche (direkte) Vorgehen besteht in der Linearkombination der Zeilen *allein*, und dies ist gleichbedeutend mit der Multiplikation der Matrix $\boldsymbol{A}$ mit einer regulären Matrix $\boldsymbol{L}$ von links; das Paar $\boldsymbol{A}$; $\boldsymbol{I}$ geht dann über in

$$\tilde{\boldsymbol{A}} = \boldsymbol{L}\,\boldsymbol{A} = \boldsymbol{D}\text{iag}\,\langle \boldsymbol{l}^j\,\boldsymbol{A}\,\boldsymbol{e}_j\rangle\,; \qquad \tilde{\boldsymbol{I}} = \boldsymbol{L}\,\boldsymbol{I} = \boldsymbol{L}\,, \tag{1}$$

und diese Transformation wird schrittweise durchgeführt nach dem Schema

$$\overset{j}{\boldsymbol{A}} = \boldsymbol{L}_j \cdots \boldsymbol{L}_2\,\boldsymbol{L}_1\{\boldsymbol{A}\}\,; \qquad \overset{j}{\boldsymbol{I}} = \boldsymbol{L}_j \cdots \boldsymbol{L}_2\,\boldsymbol{L}_1 = \overset{j}{\boldsymbol{L}}\,;$$

$$j = 1, 2, \ldots, n-1\,, \tag{2}$$

wobei man wie stets die Wahl hat zwischen expliziter, halbimpliziter und impliziter Durchführung, welch letztere im allgemeinen den Vorzug verdient. Es werden dann lediglich beim Aufdecken der Spalte $\tilde{\boldsymbol{a}}_j$ das transformierte Element $\tilde{a}_{jj}$ sowie die in einer Matrix $\boldsymbol{V}$ vereinigten Leitvektoren $\boldsymbol{v}_1, \ldots, \boldsymbol{v}_{n-1}$ weggespeichert. Da vollständige Reduktion in jeder Spalte erforderlich ist, der Leitvektor $\boldsymbol{v}$ somit stets die volle Länge n besitzt, andererseits nach (27.92) der Stützvektor $\boldsymbol{w}$ nach jedem Schritt kürzer werden muß, kann der Reflektor, bei welchem $\boldsymbol{w}^T = \boldsymbol{v}^*$ ist, aufgrund dieses inneren Widerspruchs die geforderte Transformation nicht leisten. Man hat somit nur die Wahl zwischen Elevator und Kalfaktor, siehe die Übersicht (27.112).

So naheliegend die direkte linksseitige Transformation ist, so hat sie doch zwei gravierende Mängel. Erstens wird zuviel Material bewegt, was zur Folge hat, daß bei Vollmatrizen rund $n^3/2$ Operationen erforderlich werden, während die *beid*seitige Äquivalenztransformation mit $n^3/3$ auskommt, zweitens versagt die Methode bei *singulärer* Matrix $\boldsymbol{A}$, weil ohne Rechtstransformation, d. h. Linearkombinationen der Spalten, die Diagonalform nicht zu erreichen ist. Beide Nachteile werden vermieden durch Aufteilung der Transformation in zwei Arbeitsgänge. Im ersten wird durch *partielle Reduktion* der Spalten nach unten (bzw. nach oben) eine obere (bzw. untere) Dreiecksmatrix hergestellt und sodann entweder durch Spalten- oder Zeilenreduktion die Diagonalmatrix erzeugt. Diese Trennung wird in den folgenden Abschnitten strikt durchgehalten, wobei die eigentliche Problematik im ersten Arbeitsgang liegt. Wurde die Dreiecksform einmal gewonnen, so ist der in Abschnitt 28.5 beschriebene Übergang auf die Diagonalmatrix in jeder Hinsicht problemlos.

28.3. Die linksseitige Äquivalenztransformation auf obere Dreiecksmatrix

Wir schildern als erstes die Linkstransformation einer regulären Matrix $\boldsymbol{A}$ auf obere Dreiecksform

$$\tilde{\boldsymbol{A}} = \boldsymbol{L}\{\boldsymbol{A}\} = \nabla\,; \qquad \tilde{\boldsymbol{I}} = \boldsymbol{L}\{\boldsymbol{I}\} = \boldsymbol{L}\,; \qquad \boldsymbol{A} \text{ regulär}\,, \tag{3}$$

wobei wir den Äquivalenzpartner $\tilde{\boldsymbol{I}}$ nicht aus dem Auge verlieren. Wie immer wird die Matrix $\boldsymbol{L}$ aufgelöst in ein Produkt von $n - 1$ dyadischen Transformationen

$$\overset{j-1}{\boldsymbol{A}} = \boldsymbol{L}_{j-1} \cdots \boldsymbol{L}_2 \boldsymbol{L}_1\{\boldsymbol{A}\}\,; \qquad \overset{j-1}{\boldsymbol{I}} = \boldsymbol{L}_{j-1} \cdots \boldsymbol{L}_2 \boldsymbol{L}_1\{\boldsymbol{I}\} = \overset{j-1}{\boldsymbol{L}}\,, \tag{4}$$

wo nach $j - 1$ Teiltransformationen die folgende Zwischenphase erreicht wurde

$$\text{teiltransformierte Matrix } \overset{j-1}{\boldsymbol{A}}$$

$$\left(\begin{array}{cccc|c}
\tilde{a}_{11} & \tilde{a}_{12} & \cdots & \tilde{a}_{1,j-1} & \\
0 & \tilde{a}_{22} & \cdots & \tilde{a}_{2,j-1} & \\
\cdots & \cdots & \cdots & \cdots & \\
0 & 0 & \cdots & \tilde{a}_{j-1,j-1} & \text{voll} \\
0 & 0 & \cdots & 0 & \\
0 & 0 & \cdots & 0 & \\
\cdots & \cdots & \cdots & \cdots & \\
0 & 0 & \cdots & 0 &
\end{array}\right), \tag{5a}$$

$$\underbrace{\text{transformierter Teil}}_{\leftarrow\, j-1\, \rightarrow} \qquad \leftarrow\, n \,\rightarrow$$

$$\text{Speichermatrix } \boldsymbol{S}$$

$$\left(\begin{array}{cccc|c}
\tilde{a}_{11} & \tilde{a}_{12} & \cdots & \tilde{a}_{1,j-1} & \\
v_{11} & \tilde{a}_{22} & \cdots & \tilde{a}_{2,j-1} & \\
\cdots & \cdots & \cdots & \cdots & \\
v_{j-1,1} & v_{j-1,2} & \cdots & \tilde{a}_{j-1,j-1} & \\
v_{j1} & v_{j2} & \cdots & v_{j,j-1} & \text{leer} \\
v_{j+1,1} & v_{j+1,2} & \cdots & v_{j+1,j-1} & \\
\cdots & \cdots & \cdots & \cdots & \\
v_{n1} & v_{n2} & \cdots & v_{n,j-1} & \\
\hline
N_1 & N_2 & \cdots & N_{j-1} & \\
\varkappa_1 & \varkappa_2 & \cdots & \varkappa_{j-1} &
\end{array}\right) \begin{array}{c} \uparrow \\ n+1 \\ \downarrow \end{array}\,. \tag{5b}$$

$$\leftarrow\, n \,\rightarrow$$

In den beiden Zusatzzeilen der Speichermatrix werden die Nenner N_j aus (27.112) und eine Kennziffer $\varkappa_j$ hinterlegt, und zwar

	Elevator	ε-Kalfaktor	Reflektor
$\varkappa_j$	$\nu > j$ Vertauschung	$-\nu$ Pivot	Null

. (6)

Diese Kennziffern dienen der Weichenstellung. $\varkappa_j > 0$ bedeutet Elevator, $\varkappa_j < 0$ Kalfaktor und $\varkappa_j = 0$ Reflektor. Verwendet man für den Kalfaktor einen anderen Wert als $\varepsilon_j = -1$, so ist dieser in einer dritten Zusatzzeile einzutragen. Damit ist die Transformationsmatrix $\boldsymbol{L}_{j-1}$ eindeutig gekennzeichnet.

Die Reduktion der nächsten Spalte $\boldsymbol{a}_j$ ist stets durchführbar, da zufolge der vorausgesetzten Regularität der Matrix $\boldsymbol{A}$ der untere Teilvektor $\hat{\boldsymbol{a}}_j$ in (8) nicht der Nullvektor sein kann, und erfolgt in fünf Etappen.

1. Erstellung der Spalte $\boldsymbol{a}_j$ der transformierten Matrix $\overset{j}{\boldsymbol{A}}$.
   Explizite Strategie. Die Spalte $\boldsymbol{a}_j$ aus dem Speicher abrufen.
   Implizite Strategie. Die Spalte $\boldsymbol{a}_j$ aufdecken durch die Vektorfolge

$$\boldsymbol{a}_j = \boldsymbol{L}_{j-1} \cdots \boldsymbol{L}_2 \boldsymbol{L}_1 \{\boldsymbol{A}\}\, \boldsymbol{e}_j\,. \tag{7}$$

2. Verarbeitung dieser Spalte nach dem folgenden Schema

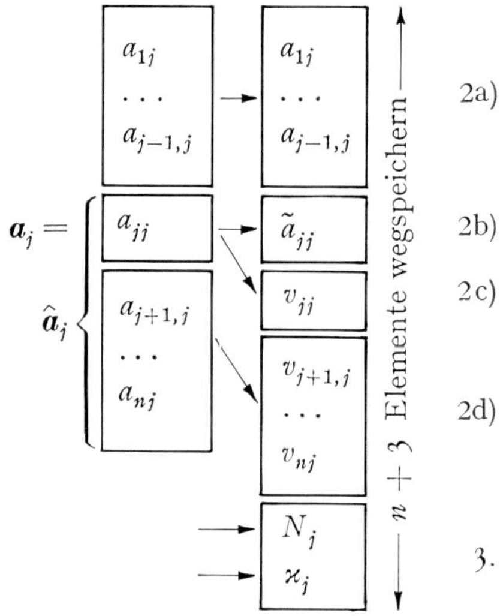

(8)

2a) Die ersten $j-1$ Komponenten werden unverändert übernommen.

2b) Aus a_{jj} wird das neue Element $\tilde{a}_{jj}$ nach (27.112) berechnet.

2c) Das Leitelement v_{jj} des Leitvektors $\boldsymbol{v}_j$ ist $v_{jj} = a_{jj} - \tilde{a}_{jj}$.

2d) Die Komponenten $a_{j+1,j}, \ldots, a_{nj}$ sind identisch mit $v_{j+1,j}, \ldots, v_{jn}$. Alle diese $n+1$ Elemente werden gespeichert.

3. Entscheidung

3a) Elevator. Spalten-Pivotsuche nach unten und Zeilenvertauschung mit Hilfe der Vertauschungsmatrix (Inzidenzmatrix)

$$\boldsymbol{\Gamma}_{j\nu} = \begin{bmatrix} \ddots & \overset{j}{|} & & \overset{\nu}{|} & \\ & 0 & - - - & 1 & - - - \\ & | & \ddots & | & \\ & 1 & - - - & 0 & - - - \\ & & & & \ddots \end{bmatrix} \begin{matrix} \\ j \\ \\ \nu \\ \\ \end{matrix} ; \qquad j \leqq \nu , \tag{9}$$

die sich von der Einheitsmatrix $\boldsymbol{I}$ nur in vier Positionen unterscheidet. Zusammen mit dieser Matrix tritt der Elevator stets als Dublett auf, und die Multiplikation mit einem Vektor $\boldsymbol{z}$

$$\mathsf{E}_j \, \boldsymbol{\Gamma}_{j\nu} \, \boldsymbol{z} = \mathsf{E}_j \, \hat{\boldsymbol{z}} , \qquad \hat{\boldsymbol{z}}_j \leftrightarrow \hat{\boldsymbol{z}}_\nu \tag{10}$$

bedeutet nur, daß dessen Komponenten der Nummern j und ν zu vertauschen sind; erst dann erfolgt die Transformation mit dem Elevator. Ist a_{jj} selbst Pivot, so unterbleibt die Vertauschung, da $\boldsymbol{\Gamma}_{j\nu} = \boldsymbol{I}$ ist. Rechnet man explizit (schon aus diesem Grunde nicht zu empfehlen), so muß entweder die Vertauschung der Matrizenzeilen j und ν faktisch vorgenommen oder aber (dies ist gebräuchlicher) durch eine Umdatierung indirekt bewirkt werden, siehe dazu die im Abschnitt 6.4 geschilderten Maßnahmen.

3b) ε-Kalfaktor. Pivotsuche erforderlich, falls $\varepsilon_j = -1$ bevorzugt wird. Sonst ε_j geeignet wählen und in einer dritten Zusatzzeile unterhalb $\varkappa_j$ im Schema (8) wegspeichern. Vorteil: keine Zeilenvertauschung.

3c) Reflektor. Keine Pivotsuche, beste Stabilität der Linkstransformation. Dafür doppelt so hoher Aufwand wie bei Elevator und Kalfaktor und somit doppelt so viele Rundungsfehler! Daher sparsam anwenden. Pseudo-Reflektor aus Abschnitt 27.9 bevorzugen.

4. Das Hauptdiagonalelement $\tilde{a}_{jj}$ nach (27.112) berechnen und wegspeichern.

5. Den Nenner N_j nach (27.112) berechnen und wegspeichern.
Damit ist die Matrix $\boldsymbol{L}_j$ berechnet, und es erfolgt die nächste Transformation

$$\overset{j}{\boldsymbol{A}} = \boldsymbol{L}_j \, \boldsymbol{L}_{j-1} \cdots \boldsymbol{L}_2 \, \boldsymbol{L}_1 \{ \boldsymbol{A} \} . \tag{11}$$

Bezüglich der Profilzerstörung gilt: der Elevator erhält die Bandform, der Kalfaktor zerstört sie leicht, der Reflektor beträchtlich. Doch ist dies bei impliziter Durchführung nicht wesentlich, da das untere Dreieck der transformierten Matrix ohnehin nicht gespeichert wird.

Favorisiert man, aus welchen Gründen immer, die explizite Strategie, so ist eine komfortablere Pivotsuche „im rechten Winkel" nach folgendem Schema möglich, indem das betragsgrößte von allen eingerahmten Elementen zum Pivot erklärt wird, was eine Zeilen- *oder* Spaltenvertauschung erforderlich macht. Noch aufwendiger ist die *vollständige* Pivotsuche, bei welcher die ganze Matrix unten rechts der Ordnung $n - j$ durchgekämmt wird.

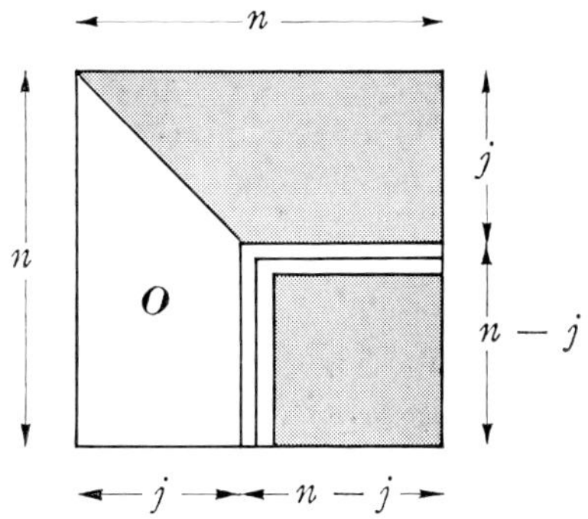

Ist die Matrix $\boldsymbol{L} = \boldsymbol{U}$ unitär — am einfachsten als Produkt von $n - 1$ Reflektoren — so wird wegen $\boldsymbol{U}^* \boldsymbol{U} = \boldsymbol{I}$ mit $\boldsymbol{Q} := \boldsymbol{U}^*$

$$\boldsymbol{U}^* \cdot | \; \boldsymbol{U} \boldsymbol{A} = \nabla \to \boldsymbol{A} = \boldsymbol{U}^* \nabla =: \boldsymbol{Q}\boldsymbol{R} \,. \tag{12}$$

Es erscheint somit die vorgelegte reguläre Matrix $\boldsymbol{A}$ als Produkt aus einer unitären Matrix $\boldsymbol{Q}$ und einer oberen Dreiecksmatrix $\nabla = \boldsymbol{R}$, sogenannte $\boldsymbol{Q}$-$\boldsymbol{R}$-*Zerlegung*.

Wir kommen abschließend auf die bislang zurückgestellte *indirekte* linksseitige Transformation auf Diagonalmatrix zu sprechen. Es sei $\boldsymbol{A}$ und damit ∇ (numerisch hinreichend) regulär, dann wird mit der *letzten* Spalte beginnend die Reduktion nach *oben* durchgeführt, bis die Diagonalform $\boldsymbol{L} \nabla = \boldsymbol{D}$ hergestellt ist.

Dieses Vorgehen, das gleichbedeutend ist mit der sukzessiven Berechnung der Unbekannten in der Reihenfolge $x_n, x_{n-1}, \ldots, x_1$, erweist sich beim Auflösen linearer Gleichungssysteme $\boldsymbol{A}\boldsymbol{x} = \boldsymbol{r}$ als optimal, weil es ohne Einführung von Hilfsvektoren (Zwischenvektoren) auskommt im Gegensatz etwa zur beidseitigen Transformation von Cholesky bzw. Banachiewicz; wir kommen im § 22 noch darauf zurück.

28.4. Singuläre Matrix. Rangbestimmung

Es sei nun $\boldsymbol{A}$ singulär vom Rang $r < n$. Dann werden Spaltenvertauschungen erforderlich, unter Umständen mehrere pro Reduktionsschritt. Sei beim ersten Schritt $\boldsymbol{a}_1$ die Nullspalte, dann wird diese mit der letzten Spalte $\boldsymbol{a}_n$ vertauscht; ist auch diese gleich Null, so erfolgt eine Vertauschung mit $\boldsymbol{a}_{n-1}$ usw. nach folgendem Schema

$$\hat{\boldsymbol{A}}_1 = \{\boldsymbol{A}\}\, \boldsymbol{\Gamma}_{1n}\, \boldsymbol{\Gamma}_{1,n-1} \cdots =: \{\boldsymbol{A}\}\, \overset{1}{\boldsymbol{\Gamma}} \,. \tag{13}$$

Steht nach $n - 1$ Vertauschungen noch immer die Nullspalte vorn, so war $\boldsymbol{A}$ die Nullmatrix, und eine Transformation erübrigt sich. Anderenfalls aber erfolgt

$$\overset{1}{\boldsymbol{A}} = \boldsymbol{L}_1 \{\boldsymbol{A}\}\, \overset{1}{\boldsymbol{\Gamma}} = \boldsymbol{L}_1 \{\boldsymbol{A}\}\, \boldsymbol{R}_1 \tag{14}$$

usw. von Transformation zu Transformation. Diese Taktik hat zur Folge, daß nach $r - 1$ Reduktionsschritten die obere Dreiecksmatrix

$$\overset{r-1}{\boldsymbol{A}} = \boldsymbol{L}_{r-1} \cdots \boldsymbol{L}_2\, \boldsymbol{L}_1 \{\boldsymbol{A}\}\, \overset{1}{\boldsymbol{\Gamma}}\, \overset{2}{\boldsymbol{\Gamma}} \cdots \overset{r-1}{\boldsymbol{\Gamma}} = \boldsymbol{L}\{\boldsymbol{A}\}\,\boldsymbol{R} = \left[\begin{array}{c|c} \diagdown & \boldsymbol{A}_{12} \\ \hline \boldsymbol{O} & \boldsymbol{O} \end{array}\right] \tag{15}$$

mitsamt dem Äquivalenzpartner

$$\overset{r}{\boldsymbol{I}} = \boldsymbol{L}\{\boldsymbol{I}\}\,\boldsymbol{R} = \boldsymbol{L}\,\boldsymbol{R} \tag{16}$$

erzeugt wurde. Bezüglich der Pivotsuche unterscheiden wir auch hier:

a) *Partielle* Spalten-Pivotsuche nach unten. Es wird eine *Niveauhöhe* (*treshold, Schwellwert*)

$$\varepsilon_\varrho = 10^{-\varrho}\,, \tag{17}$$

beginnend etwa mit $\varrho = 5$ oder $\varrho = 10$, vorgegeben. Ist das Betragsquadrat der aktuellen Restspalte aus (8) kleiner als der momentan gespeicherte Schwellwert

$$\hat{\boldsymbol{a}}^* \hat{\boldsymbol{a}} < \varepsilon_\varrho\,, \tag{18}$$

so erfolgt ein Austausch der Spalten wie beschrieben, anderenfalls wird reduziert. Gibt es keine Spalte mehr, die der Bedingung (18) genügt, so wird der Exponent ϱ um eins erhöht, und so fort, bis die Aussagekraft der Maschine erschöpft ist. Auf diese Weise wird der *numerische* Rang einer Matrix bestimmt, während der „wahre" Rang als bloße Fiktion selbstredend unbekannt bleibt, vgl. die Bemerkungen im Abschnitt 24.1.

b) Bei expliziter Durchführung ist eine *vollständige Pivotsuche* möglich. Nach jeder Teiltransformation (Reduktion) werden sämtliche noch nicht reduzierten Restspalten-Betragsquadrate (18) berechnet und davon die größte nach vorn gebracht. Sehr aufwendig, aber das Beste vom Besten!

Ein Beispiel. Die Matrix $\boldsymbol{A}$ wurde transformiert auf $\tilde{\boldsymbol{A}} = \mathsf{E}_4\,\boldsymbol{\Phi}_3\,\mathsf{K}_2\,\mathsf{E}_1\,\boldsymbol{A}$, so daß $\tilde{\boldsymbol{A}}$ obere Dreiecksform annimmt. Der Elevator E ist immer dann vorzuziehen, wenn das aktuelle Hauptdiagonalelement eine vorgegebene Schranke (etwa $10^{-\varrho}$) nicht unterschreitet.

$$\boldsymbol{A} = \begin{pmatrix} 2 & -6 & 6 & 12 & 4 \\ 1 & -3 & 3 & 8 & 3 \\ 4 & 2 & 12 & -4 & -1 \\ 1 & -9 & 3 & -8 & -3 \\ 0 & 4 & 10\cdot 10^{-5} & 2 & -19 \end{pmatrix}, \quad \tilde{\boldsymbol{A}} = \begin{pmatrix} 2 & -6 & 6 & 12 & 4 \\ 0 & -14 & 0 & 32 & 11 \\ 0 & 0 & 10 & 10{,}6 & -16{,}1 \\ 0 & 0 & 0 & -26{,}9 & -9{,}29 \\ 0 & 0 & \tilde{a}_{53} & 0 & 0{,}309 \end{pmatrix},$$

$$\tilde{a}_{53} = -0{,}106\cdot 10^{-20}.$$

• 28.5. Die Rechtstransformation auf Diagonalmatrix. Normalform

Es sei nun das Paar

$$\overset{r-1}{\boldsymbol{A}} = \boldsymbol{L}_{r-1}\cdots \boldsymbol{L}_2\,\boldsymbol{L}_1\{\boldsymbol{A}\}; \qquad \overset{r-1}{\boldsymbol{I}} = \boldsymbol{L}_{r-1}\cdots \boldsymbol{L}_2\,\boldsymbol{L}_1\{\boldsymbol{I}\}; \qquad r \leqq n \quad (19)$$

hergestellt, einerlei mit Hilfe welcher uniformen oder fakultativen Transformation in expliziter oder (halb-)impliziter Durchführung. Dann besteht der bis jetzt aufgeschobene zweite Arbeitsgang darin, die r-reihige obere Dreiecksmatrix in (15) mitsamt der Blockmatrix $\boldsymbol{A}_{12}$, also das Trapez

$(\nabla, \boldsymbol{A}_{12}) =$ 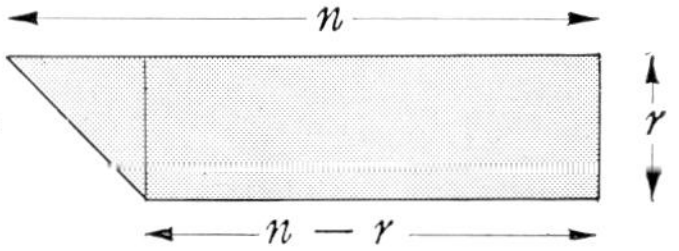 (20)

durch Spaltenkombination so zu transformieren, daß die Hauptdiagonale allein stehenbleibt, die Gesamtmatrix somit übergeht in

$$\hat{\boldsymbol{A}} = \boxed{\boldsymbol{D}_A = \boldsymbol{L}\{\boldsymbol{A}\}\,\boldsymbol{R}} \quad \text{mit} \quad \boldsymbol{D}_A = \begin{bmatrix} \boldsymbol{D}_r & \boldsymbol{O} \\ \boldsymbol{O} & \boldsymbol{O} \end{bmatrix}. \qquad (21)$$

Multipliziert man dies von links mit der Diagonalmatrix

$$\boldsymbol{D} = \boldsymbol{D}\text{iag}\,\langle d_{11}^{-1}, \ldots, d_{rr}^{-1};\ 1, \ldots, 1\rangle, \qquad (22)$$

so entsteht daraus die Normalform (7.16) als der einfachste signifikante Repräsentant des Ranges einer Matrix.

Wie geht nun die Reduktion der Zeilen nach rechts vonstatten? Als erstes bemerken wir, daß Kalfaktor wie auch Reflektor, angewendet von rechts, die erreichte Form wieder zerstören würden; es verbleibt somit allein der Elevator. Im ersten Schritt ist offenbar

$$\mathsf{E}_1 = \boldsymbol{I} - \boldsymbol{e}_1 \frac{1}{a_{11}} \hat{\boldsymbol{a}}^1 , \tag{23}$$

wo das Dach $\hat{}$ die Restzeile kennzeichnet, in der das Hauptdiagonalelement fehlt. In der Tat ist

$$\boldsymbol{A} = \boldsymbol{A}\, \mathsf{E}_1 = \boldsymbol{A} - \underbrace{\boldsymbol{A}\, \boldsymbol{e}_1 \frac{1}{a_{11}}}\cdot \hat{\boldsymbol{a}}^1 = \boldsymbol{A} - \boldsymbol{e}_1 \cdot \hat{\boldsymbol{a}}^1 , \tag{24}$$

womit die erste Restzeile verschwindet, und so fährt man fort bis zur Zeile der Nummer r, bei regulärer Matrix bis zur letzten Zeile der Nummer n.

• 28.6. Hermitesche und positiv definite Matrix

Wenn $\boldsymbol{A}$ hermitesch ist, wird man $\boldsymbol{R} = \boldsymbol{L}^*$ wählen, damit Links- und Rechtstransformation gleichartig ablaufen. Anstelle von (21) wird dann

$$\hat{\boldsymbol{A}} = \boxed{\boldsymbol{D}_A = \boldsymbol{L}\{\boldsymbol{A}\}\, \boldsymbol{L}^*} \; ; \qquad \hat{\boldsymbol{I}} = \boldsymbol{L}\, \boldsymbol{I}\, \boldsymbol{L}^* = \boldsymbol{L}\, \boldsymbol{L}^* , \tag{25}$$

womit $\boldsymbol{A}$ auf die reelle Diagonalmatrix $\boldsymbol{D}_A$ transformiert wurde. Ist überdies $\boldsymbol{A}$ positiv definit, so sind die Elemente von $\boldsymbol{D}_A$ positiv; was aber nicht heißt, daß die Pivotsuche entfällt. Dies selbst dann nicht, wenn vorweg durch Skalierung alle Hauptdiagonalelemente von $\boldsymbol{A}$ zu Eins gemacht wurden, da diese Einsen im Verlaufe des Algorithmus wieder verlorengehen.

Fragen wir nun, ob unsere dyadischen Transformationsmatrizen die Forderung (25) erfüllen können. Es ist

$$\boldsymbol{L} = \boldsymbol{I} - \boldsymbol{v} \frac{1}{N} \boldsymbol{y}^T \to \boldsymbol{L}^* = \boldsymbol{I} - \bar{\boldsymbol{y}} \frac{1}{\bar{N}} \boldsymbol{v}^* , \tag{26}$$

Leit- und Stützvektor vertauschen somit ihre Rollen. Studieren wir den ersten Schritt. Damit die Transformation in den nachfolgenden Schritten nicht wieder zerstört wird, muß nach (27.92) die erste Komponente des Stützvektors (dort $\boldsymbol{w}$ genannt), somit das Leitelement $v_{11} = a_{11} - \tilde{a}_{11}$ verschwinden —: dies aber trifft nach (27.112) allein zu für den Elevator! Kalfaktor und Reflektor fallen deshalb als hermitesche Transformationsmatrizen aus. Beim Reflektor ist dies schon aus einem anderen Grund evident. Da nämlich $\boldsymbol{\Phi}$ unitär ist, geht (25) über in

$$\boldsymbol{D}_A = \boldsymbol{\Phi}\{\boldsymbol{A}\}\,\boldsymbol{\Phi}^* \,; \qquad \tilde{\boldsymbol{I}} = \boldsymbol{\Phi}\,\boldsymbol{\Phi}^* = \boldsymbol{I}\,. \tag{27}$$

Auf diese Weise wäre das Paar $\boldsymbol{A}$; $\boldsymbol{I}$ simultan auf Diagonalform transformiert worden; das aber leistet allein die Modalmatrix der Eigenvektoren, die jedoch durch rationale Umformungen (im allgemeinen) nicht zu gewinnen ist. Der Reflektor möchte also gewissermaßen zuviel und ist gerade deshalb nicht zu gebrauchen.

Halten wir uns also an den Elevator. Nach j Teiltransformationen entsteht die hermitesche Matrix

$$\overset{j}{\boldsymbol{L}}\,\boldsymbol{A}\,\overset{j}{\boldsymbol{L}}{}^* = \mathsf{E}_j \cdots \mathsf{E}_2\,\mathsf{E}_1\{\boldsymbol{A}\}\,\mathsf{E}_1^*\,\mathsf{E}_2^* \cdots \mathsf{E}_j^* = \left[\begin{array}{c|c} \diagdown & \boldsymbol{O} \\ \hline \boldsymbol{O} & \boldsymbol{A}_{jj} \end{array}\right], \tag{28}$$

wo die Blockmatrix unten rechts ihrerseits hermitesch ist. Nun läßt aber der Rechtselevator ersichtlich den Hauptminor $\boldsymbol{A}_{jj}$ unten rechts unverändert, mithin mußte dieser schon vorher die endgültige hermitesche Form haben aufgrund der Linkstransformation allein

$$\overset{j}{\boldsymbol{L}}\,\boldsymbol{A} = \mathsf{E}_j \cdots \mathsf{E}_2\,\mathsf{E}_1\{\boldsymbol{A}\} = \left[\begin{array}{c|c} \diagdown & \\ \hline \boldsymbol{O} & \boldsymbol{A}_{jj} \end{array}\right]. \tag{29}$$

Wir haben damit den

Satz 1: *Der Elevator als Linkstransformation* (GAUSSscher *Algorithmus*) *bewahrt die Hermitezität aller Hauptminoren.*

Ein Beispiel.

$$\boldsymbol{A} = \left(\begin{array}{c|cc} 2 & 2\,i & 1-i \\ 2-2\,i & 1 & -i \\ 1+i & i & 5 \end{array}\right) \to \boldsymbol{A}_1 = \left(\begin{array}{c|cc} 2 & 2+2\,i & 1-i \\ \hline 0 & -3 & i \\ 0 & -i & 4 \end{array}\right)$$

$$\to \boldsymbol{A}_2 = \left(\begin{array}{ccc} 2 & 2+2\,i & 1-i \\ 0 & -3 & i \\ \hline 0 & 0 & 13/3 \end{array}\right).$$

Im ersten Schritt wurde die mit $(-1+i)$ multiplizierte erste Zeile zur zweiten und die mit $-(1+i)/2$ multiplizierte erste Zeile zur dritten addiert. Die dadurch entstehende zweireihige Matrix unten rechts ist ihrerseits hermitesch. Im nächsten Schritt wird die mit $-i/3$ multiplizierte zweite Zeile zur dritten addiert, und auch die einreihige Matrix unten rechts ist hermitesch (nämlich reell), wie es sein muß.

• 28.7. Die dyadische Zerlegung von Banachiewicz und Cholesky

Es ist üblich geworden, die schon 1878 von DOOLITTLE [105] konzipierte und später von CHOLESKY [106] (1924) und BANACHIEWICZ [107] (1938) vervollkommnete Dreieckszerlegung einer Matrix als rechentechnisch vorteilhafte Variante des GAUSSschen Algorithmus anzusehen. Dies trifft jedoch keineswegs zu; im Gegenteil, es handelt sich dabei um zwei diametral entgegengesetzte Transformationen. Denkt man sich nämlich die Zerlegung von $\boldsymbol{A}$ durchgeführt in der Form

$$\boldsymbol{A} = \boldsymbol{P}\, \mathring{\boldsymbol{D}}_A\, \boldsymbol{Q} \tag{30}$$

mit Dreiecksmatrizen $\boldsymbol{P}$ und $\boldsymbol{Q}$ und der Diagonalmatrix $\mathring{\boldsymbol{D}}_A$, so folgt nach Multiplikation mit $\boldsymbol{P}^{-1}$ von links und $\boldsymbol{Q}^{-1}$ von rechts die Beziehung (31), während GAUSS nach (21) die Transformation (32) bewerkstelligt:

BANACHIEWICZ	$\boldsymbol{P}^{-1}\, \boldsymbol{A}\, \boldsymbol{Q}^{-1} = \mathring{\boldsymbol{D}}_A\,.$	(31)
GAUSS	$\boldsymbol{L}\quad \boldsymbol{A}\, \boldsymbol{R}\quad = \boldsymbol{D}_A\,.$	(32)

Es entsprechen daher einander

$$\boldsymbol{P}^{-1} \leftrightarrow \boldsymbol{L}\,, \qquad \boldsymbol{Q}^{-1} \leftrightarrow \boldsymbol{R}\,, \qquad \mathring{\boldsymbol{D}}_A \leftrightarrow \boldsymbol{D}_A\,, \tag{33}$$

und bei gleicher Pivotisierung ist sogar

$$\boldsymbol{P}^{-1} = \boldsymbol{L}\,, \qquad \boldsymbol{Q}^{-1} = \boldsymbol{R}\,, \qquad \mathring{\boldsymbol{D}}_A = \boldsymbol{D}_A\,. \tag{34}$$

Die beiden Algorithmen erzeugen also die jeweils reziproken Zerlegungen. Nun zeigten wir im Abschnitt 24.4, daß die Inverse einer unteren (oberen) Dreiecksmatrix ◺(◹) zwar ihrerseits eine untere (obere) Dreiecksmatrix ist, diese aber — und das ist die Crux — vollbesetzt auch dann, wenn $\boldsymbol{A}$ von Bandform, somit ◺(◹) von Trapezform war

◺ = 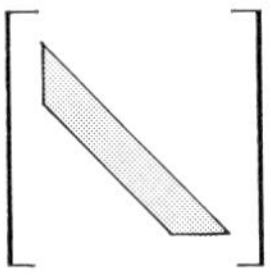, ◺$^{-1}$ = 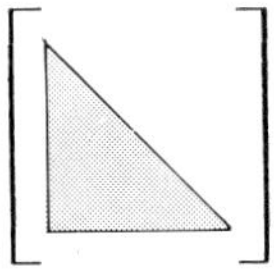. (35)

Auf gar keinen Fall dürfen daher die Matrizen $\boldsymbol{L}$ und $\boldsymbol{R}$ aus dem GAUSSschen Algorithmus (der Elevatortransformation) *explizit* hergestellt werden, was wir im vorangehenden denn auch peinlichst vermieden haben.

Überzeugen wir uns anhand eines Beispiels. Die Matrix $\boldsymbol{A}$ soll a) nach GAUSS transformiert, b) nach BANACHIEWICZ dyadisch zerlegt werden.

a) Der GAUSSsche Algorithmus wird an $\boldsymbol{A}$ und $\boldsymbol{I}$ gleichzeitig von Hand durchgeführt. Im ersten Schritt wird die mit 3 multiplizierte erste Zeile zur zweiten addiert, im zweiten Schritt die zweite zur dritten addiert. Der Einfachheit halber fassen wir $\boldsymbol{A}; \boldsymbol{I}$ als 6×3-Matrix auf.

$$\left(\begin{array}{rrr|rrr} 1 & 2 & 0 & 1 & 0 & 0\\ -3 & -4 & 1 & 0 & 1 & 0\\ 0 & -2 & 3 & 0 & 0 & 1\end{array}\right) \to \left(\begin{array}{rrr|rrr} 1 & 2 & 0 & 1 & 0 & 0\\ 0 & 2 & 1 & 3 & 1 & 0\\ 0 & -2 & 3 & 0 & 0 & 1\end{array}\right) \to \left(\begin{array}{rrr|rrr} 1 & 2 & 0 & 1 & 0 & 0\\ 0 & 2 & 1 & 3 & 1 & 0\\ 0 & 0 & 4 & 3 & 1 & 1\end{array}\right).$$

Damit ist $\boldsymbol{L}\boldsymbol{A}$ und $\boldsymbol{L}\boldsymbol{I} = \boldsymbol{L}$ hergestellt. Jetzt werden die Spalten kombiniert. Wir schreiben die Matrizen $\boldsymbol{L}\boldsymbol{A}$ und $\boldsymbol{I}$ untereinander und bekommen: Erster Schritt: die mit -2 multiplizierte erste Spalte wird zur zweiten addiert. Zweiter Schritt: die mit $-0{,}5$ multiplizierte zweite Spalte wird zur dritten addiert:

$$\left[\begin{array}{c} \boldsymbol{L}\boldsymbol{A} \\ \hline \boldsymbol{I} \end{array}\right] = \left[\begin{array}{rrr} 1 & 2 & 0\\ 0 & 2 & 1\\ 0 & 0 & 4\\ \hline 1 & 0 & 0\\ 0 & 1 & 0\\ 0 & 0 & 1\end{array}\right] \to \left[\begin{array}{rrr} 1 & 0 & 0\\ 0 & 2 & 1\\ 0 & 0 & 4\\ \hline 1 & -2 & 0\\ 0 & 1 & 0\\ 0 & 0 & 1\end{array}\right] \to \left[\begin{array}{rrr} 1 & 0 & 0\\ 0 & 2 & 0\\ 0 & 0 & 4\\ \hline 1 & -2 & 1\\ 0 & 1 & -1/2\\ 0 & 0 & 1\end{array}\right] = \left[\begin{array}{c} \boldsymbol{L}\boldsymbol{A}\boldsymbol{R} = \boldsymbol{D}_A \\ \hline \boldsymbol{I}\boldsymbol{R} = \boldsymbol{R} \end{array}\right].$$

Der Leser überzeuge sich, daß $\boldsymbol{L}\boldsymbol{A}\boldsymbol{R} = \boldsymbol{D}_A = \boldsymbol{D}\mathrm{iag}\langle 1\ \ 2\ \ 4\rangle$ ist.

b) Die dyadische Zerlegung von BANACHIEWICZ. Erster Schritt: Es ist

$$\boldsymbol{A} = \begin{pmatrix} 1\\ -3\\ 0\end{pmatrix} \overset{(1\quad 2\quad 0)}{\begin{pmatrix} 1 & 2 & 0\\ -3 & -6 & 0\\ 0 & 0 & 0\end{pmatrix}} + \begin{pmatrix} 0 & 0 & 0\\ 0 & 2 & 1\\ 0 & -2 & 3\end{pmatrix} = \boldsymbol{D}_1 + \boldsymbol{R}_1\,.$$

Diesen Rest zerlegen wir weiter und bekommen

$$\boldsymbol{A} = \boldsymbol{D}_1 + \boldsymbol{R}_1 = \boldsymbol{D}_1 + \begin{pmatrix} 0\\ 1\\ -1\end{pmatrix} \overset{(0\quad 2\quad 1)}{\begin{pmatrix} 0 & 0 & 0\\ 0 & 2 & 1\\ 0 & -2 & -1\end{pmatrix}} + \begin{pmatrix} 0\\ 0\\ 1\end{pmatrix} \overset{(0\quad 0\quad 4)}{\begin{pmatrix} 0 & 0 & 0\\ 0 & 0 & 0\\ 0 & 0 & 4\end{pmatrix}} = \boldsymbol{D}_1 + \boldsymbol{D}_2 + \boldsymbol{D}_3\,.$$

Dies aber ist nach der dyadischen Lesart drei (24.17) das Produkt aus $\boldsymbol{P}$ und $\mathring{\boldsymbol{D}}_A \boldsymbol{Q}$, nämlich

$$\boldsymbol{P} = \begin{pmatrix} 1 & 0 & 0\\ -3 & 1 & 0\\ 0 & -1 & 1\end{pmatrix}, \quad \mathring{\boldsymbol{D}}_A \boldsymbol{Q} = \begin{pmatrix} 1 & 2 & 0\\ 0 & 2 & 1\\ 0 & 0 & 4\end{pmatrix} = \begin{pmatrix} 1 & 0 & 0\\ 0 & 2 & 0\\ 0 & 0 & 4\end{pmatrix} \cdot \begin{pmatrix} 1 & 2 & 0\\ 0 & 1 & 0{,}5\\ 0 & 0 & 1\end{pmatrix}.$$

Es ist somit $\mathring{\boldsymbol{D}}_A = \boldsymbol{D}_A$ und daher nach (34) auch $\boldsymbol{P}^{-1} = \boldsymbol{L}$ und $\boldsymbol{Q}^{-1} = \boldsymbol{R}$ bzw. $\boldsymbol{P}\boldsymbol{L} = \boldsymbol{I}$ und $\boldsymbol{Q}\boldsymbol{R} = \boldsymbol{I}$, wie leicht nachzurechnen. Die Identität beider Verfahren beruht hier auf der gleichen Pivotisierung; es wurden weder Zeilen noch Spalten vertauscht.

Ein kritischer Vergleich verlangt zu bemerken, daß die Rückwärtszerlegung von CHOLESKY und BANACHIEWICZ zwei nicht zu unterschätzende Nachteile aufweist. Erstens ist die Regeneration aufgrund der dyadischen Zerlegung ein schwieriges Geschäft, zweitens läßt sich immer nur eine einzelne Matrix zerlegen, niemals ein Produkt von Matrizen und schon gar nicht eine Summe von Produkten, wie dies beispielsweise bei der schon in (22) angeführten reduzierten Matrix (dem SCHUR-Komplement) (22.10) erforderlich wird, es sei denn, der Inhalt der Informationsklammer würde vorweg explizit errechnet, und das ist ein nicht vertretbarer Aufwand. Beide Erfordernisse werden dagegen vom GAUSSschen Algorithmus problemlos bewältigt, weshalb wir im folgenden von der Zerlegung nach CHOLESKY bzw. BANACHIEWICZ keinen weiteren Gebrauch machen werden. Der Leser sei bei dieser Gelegenheit nochmals auf die grundsätzlichen Erörterungen im Abschnitt 24.2 hingewiesen.

28.8. Die Normalform eines diagonalähnlichen Matrizentupels

Vorgelegt sei das Tupel (21.28) mitsamt einer regulären Normierungsmatrix $\boldsymbol{N}$

$$\{\boldsymbol{A}\} = \{\boldsymbol{A}_0, \boldsymbol{A}_1, \boldsymbol{A}_2, \ldots, \boldsymbol{A}_\varrho\}; \qquad \boldsymbol{N} \text{ regulär} . \tag{36}$$

Bringen wir $\boldsymbol{N}$ auf Diagonalform

$$\boldsymbol{L}\,\boldsymbol{N}\boldsymbol{R} = \boldsymbol{D}_N \tag{37}$$

und schicken jeden der Partner des Tupels in die Informationsklammer

$$\tilde{\boldsymbol{A}}_\nu := \boldsymbol{L}_{n-1} \cdots \boldsymbol{L}_2\,\boldsymbol{L}_1\{\boldsymbol{A}_\nu\}\,\boldsymbol{R}_1\,\boldsymbol{R}_2 \cdots \boldsymbol{R}_{n-1}; \qquad \nu = 1, 2, \ldots, \varrho\,, \tag{38}$$

so entsteht die Normalform

$$\{\tilde{\boldsymbol{A}}\} = \{\tilde{\boldsymbol{A}}_0, \tilde{\boldsymbol{A}}_1, \tilde{\boldsymbol{A}}_2, \ldots, \tilde{\boldsymbol{A}}_\varrho\}; \qquad \boldsymbol{D}_N \text{ regulär} \tag{39}$$

mit diagonaler Normierungsmatrix $\boldsymbol{D}_N$.

Speziell bei der linearen Matrizenhauptgleichung

$$\boldsymbol{F}(\lambda)\,\boldsymbol{x} = (\boldsymbol{A} - \lambda\,\boldsymbol{B})\,\boldsymbol{x} = \boldsymbol{r}; \qquad \boldsymbol{B} \text{ regulär} \tag{40}$$

mit $\boldsymbol{N} = \boldsymbol{B}$ (selbstnormierend, vgl. Abschnitt 21.4) bedeutet das als immer wiederkehrende Standardaufgabe die Transformation

$$\boxed{\boldsymbol{L}_B\,\boldsymbol{B}\,\boldsymbol{R}_B = \boldsymbol{D}_B \qquad \rightarrow (\boldsymbol{L}_B\,\boldsymbol{A}\,\boldsymbol{R}_B - \lambda\,\boldsymbol{D}_B)\,\boldsymbol{z} = \boldsymbol{L}_B\,\boldsymbol{r} \text{ mit } \boldsymbol{x} = \boldsymbol{R}_B\,\boldsymbol{z}} \tag{41}$$

oder, wenn $\boldsymbol{B}$ hermitesch ist, mit $\boldsymbol{R}_B = \boldsymbol{L}_B^*$

$$\boxed{\boldsymbol{L}_B\,\boldsymbol{B}\,\boldsymbol{L}_B^* = \boldsymbol{D}_B \text{ reell } \rightarrow (\boldsymbol{L}_B\,\boldsymbol{A}\,\boldsymbol{L}_B^* - \lambda\,\boldsymbol{D}_B)\,\boldsymbol{z} = \boldsymbol{L}_B\,\boldsymbol{r} \text{ mit } \boldsymbol{x} = \boldsymbol{L}_B^*\,\boldsymbol{z}}\,. \tag{42}$$

§ 29. Ähnlichkeitstransformation auf Fastdreiecksmatrix

• 29.1. Aufgabenstellung

Zahlreiche Eigenwertalgorithmen (Eigenlöser, eigensolver) verlangen als Vorleistung (vgl. Abschnitt 24.3) die Transformation der Eigenwertaufgabe

$$\boldsymbol{A}\,\boldsymbol{x} = \lambda\,\boldsymbol{B}\,\boldsymbol{x}\,; \qquad \boldsymbol{B} \text{ regulär} \tag{1}$$

auf die spezielle Form

$$\boldsymbol{H}_o\,\boldsymbol{z} = \lambda\,\boldsymbol{I}\,\boldsymbol{z} \quad \text{bzw.} \quad \boldsymbol{H}_u\,\boldsymbol{z} = \lambda\,\boldsymbol{I}\,\boldsymbol{z}\,, \tag{2}$$

wo $\boldsymbol{H}_o$ (bzw. $\boldsymbol{H}_u$) eine obere (untere) HESSENBERG-Matrix (24.10a) ist oder als Sonderform auch die Tridiagonalmatrix $\boldsymbol{T}$ (24.6b) oder die Kodiagonalmatrix $\boldsymbol{P}_G$ (24.10b). Bezüglich der numerischen Durchführung ist wie stets zwischen der multiplikativen und der progressiven Vorgehensweise zu unterscheiden, siehe die Übersicht (3). Wenn auch — mit einer Ausnahme — alle dort aufgeführten Verfahren ursprünglich für das spezielle Paar $\boldsymbol{A}$; $\boldsymbol{I}$ konzipiert waren, so ist die Verallgemeinerung auf $\boldsymbol{A}$; $\boldsymbol{B}$ ein leichtes, weshalb wir im folgenden von vornherein diesen in der Praxis allein interessierenden Fall ansteuern werden, und zwar beschreiben wir zunächst die multiplikative und später die — numerisch nicht ganz problemlose — progressive Methode, diese allerdings ausführlich nur für den Sonderfall des hermiteschen Paares $\boldsymbol{A}$; $\boldsymbol{B}$.

Typ der Matrix	Progressive Methoden	Multiplikative Methoden	
HESSENBERG-Matrix $\boldsymbol{H}$	HESSENBERG 1941	WILKINSON 1959 HOUSEHOLDER 1959 GIVENS 1954	(3)
Tridiagonalmatrix $\boldsymbol{T}$	LANCZOS 1951 FALK 1950, 1954		
Kodiagonalmatrix $\boldsymbol{P}_G$	KRYLOFF 1931 FRAZER/DUNCAN/KOLLAR 1953	DANILEWSKI 1938	

Bei den multiplikativen Methoden wird vorweg die Matrix $\boldsymbol{B}$ auf Diagonalform transformiert

$$\boldsymbol{L}_B\,\boldsymbol{B}\,\boldsymbol{R}_B = \boldsymbol{D}_B \to \boldsymbol{B}^{-1} = \boldsymbol{R}_B\,\boldsymbol{D}_B^{-1}\,\boldsymbol{L}_B\,, \tag{4}$$

wobei, falls $\boldsymbol{B}$ hermitesch ist, auch die Kongruenztransformation mit $\boldsymbol{R}_B = \boldsymbol{L}_B^*$ gewählt werden kann. Formale Multiplikation der Gleichung (1) von links mit $\boldsymbol{B}^{-1}$ gibt dann

$$\boldsymbol{R}_B \boldsymbol{D}_B^{-1} \boldsymbol{L}_B \boldsymbol{A} \boldsymbol{x} = \lambda \boldsymbol{I} \boldsymbol{x} \tag{5}$$

oder

$$\tilde{\boldsymbol{A}} \boldsymbol{x} = \lambda \boldsymbol{x} \quad \text{mit} \quad \tilde{\boldsymbol{A}} = \boldsymbol{R}_B \boldsymbol{D}_B^{-1} \boldsymbol{L}_B \boldsymbol{A} \, , \tag{6}$$

und dieses vierfache Produkt geht in die Informationsklammer, durch welche der aktuelle Vektor $\boldsymbol{z}_j$ von rechts

$$\tilde{\boldsymbol{A}} \boldsymbol{z}_j = \{\boldsymbol{R}_B \boldsymbol{D}_B^{-1} \boldsymbol{L}_B \boldsymbol{A}\} \boldsymbol{z}_j \tag{7}$$

mit den Zwischenschritten $\boldsymbol{A} \boldsymbol{z}_j$, $\boldsymbol{L}_B(\boldsymbol{A} \boldsymbol{z}_j)$, $\boldsymbol{D}_B^{-1}(\boldsymbol{L}_B \boldsymbol{A} \boldsymbol{z}_j)$, $\boldsymbol{R}_B(\boldsymbol{D}_B^{-1} \boldsymbol{L}_B \boldsymbol{A} \boldsymbol{z}_j)$ hindurchgeschickt und nach links weitergeleitet wird.

Die progressiven Methoden erfordern diese Vorbereitung nicht, sondern setzen direkt an der Ausgangsgleichung (1) an.

• 29.2. Der Mechanismus einer multiplikativen Ähnlichkeitstransformation

Wie bei der im § 28 besprochenen Äquivalenztransformation handelt es sich wiederum um die vollständige oder unvollständige Reduktion der Spalten einer vorgelegten Matrix $\{\boldsymbol{J}\}$ mit Hilfe von geeignet zu wählenden Leitvektoren $\boldsymbol{v}_1, \boldsymbol{v}_2, \ldots, \boldsymbol{v}_{n-2}$ nach folgendem Schema

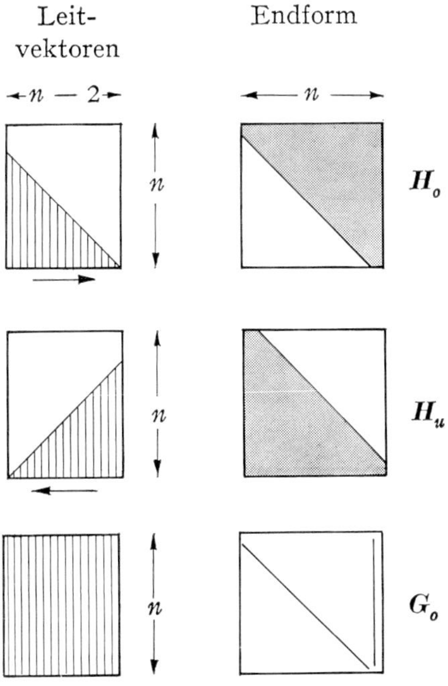

partielle Reduktion nach unten (8)

partielle Reduktion nach oben (9)

vollständige Reduktion (10)

Eine wesentliche Einschränkung besteht allerdings darin, daß wir nicht mehr ohne Rücksicht auf den Äquivalenzpartner die Links- und Rechtstransformationsmatrizen voneinander unabhängig wählen können, sondern zufolge der Ähnlichkeitsforderung $\boldsymbol{L}\,\boldsymbol{I}\,\boldsymbol{R} = \boldsymbol{I}$, somit $\boldsymbol{R} = \boldsymbol{L}^{-1}$ die Transformationsgleichung

$$\overset{j}{\boldsymbol{J}} = \boldsymbol{L}_j \cdots \boldsymbol{L}_2\,\boldsymbol{L}_1\{\boldsymbol{J}\}\,\boldsymbol{L}_1^{-1}\,\boldsymbol{L}_2^{-1} \cdots \boldsymbol{L}_j^{-1}; \qquad j = 1, 2, \ldots, n-2 \tag{11}$$

entsteht, wo jedes einzelne Paar für sich ähnlich sein muß

$$\boldsymbol{R}_\nu = \boldsymbol{L}_\nu^{-1}; \qquad \nu = 1, 2, \ldots, n-2\,, \tag{12}$$

was indessen aufgrund der idealen Eigenschaften aller dyadischen Transformationsmatrizen nicht die geringste Erschwernis bedeutet, denn es ist ja

$$\text{Elevator} \quad \boldsymbol{L} = \mathsf{E}\,, \qquad \boldsymbol{L}^{-1} = \mathsf{∃} \quad \text{mit} \quad \mathsf{∃} := \boldsymbol{I} + \boldsymbol{v}\,\boldsymbol{w}^T\,, \tag{13}$$

$$\text{Kalfaktor} \quad \boldsymbol{L} = \mathsf{K}\,, \qquad \boldsymbol{L}^{-1} = \mathsf{K}\,, \tag{14}$$

$$\text{Reflektor} \quad \boldsymbol{L} = \boldsymbol{\Phi}\,, \qquad \boldsymbol{L}^{-1} = \boldsymbol{\Phi}\,, \tag{15}$$

und für das infolge Pivotisierung entstehende Dublett $\boldsymbol{E}\,\boldsymbol{\Gamma}$ wird wegen $\boldsymbol{\Gamma}^{-1} = \boldsymbol{\Gamma}$ in fast ebenso einfacher Weise

$$\boldsymbol{L} = (\mathsf{E}\,\boldsymbol{\Gamma})\,, \qquad \boldsymbol{L}^{-1} = (\boldsymbol{\Gamma}\,\mathsf{∃})\,, \tag{16}$$

so daß damit die Gl. (11) das Aussehen bekommt

$$\overset{j}{\boldsymbol{J}} = \cdots \boldsymbol{\Phi} \cdots \mathsf{K} \cdots (\mathsf{E}\,\boldsymbol{\Gamma}) \cdots \{\boldsymbol{J}\} \cdots (\boldsymbol{\Gamma}\,\mathsf{∃}) \cdots \mathsf{K} \cdots \boldsymbol{\Phi} \cdots \tag{17}$$

in spiegelbildlicher Anordnung zur Informationsklammer $\{\boldsymbol{J}\}$. Ansonsten verläuft die Transformation wie in §§ 27 und 28 geschildert, entweder in expliziter oder (halb)- impliziter Strategie, wenn auch unter Beachtung der folgenden Modifikationen:

1. Anstelle der oberen (unteren) Dreiecksform wird eine obere (untere) Fastdreiecksform erzeugt, wobei der Zusatz „Fast-“ besagt, daß nunmehr eine Kodiagonale links unterhalb (rechts oberhalb) des Dreiecks mitläuft.

2. Dies hat zur Folge, daß die Transformation sogleich mit dem zweiten Schritt beginnt; es läuft deshalb der Index j auch nur bis $n-2$ und nicht bis $n-1$ wie bei der Äquivalenztransformation.

3. Aus diesem Grunde sind alle Leitvektoren um eine Komponente kürzer. Die Leitelemente sind $v_{21}, v_{32}, \ldots, v_{n-1,n-2}$.

Halten wir aber fest, daß von alledem die grundlegende Vorschrift (27.112) — die ja von Haus aus mit der Nullenerzeugung auch nicht das mindeste zu tun hat! — in keiner Weise berührt wird.

Wie stets läßt sich die Gesamttransformation uniform durchführen oder aber alternativ, indem in jeder der $n-2$ Teiltransformationen eines Durchlaufes einer der drei Typen E, K, $\boldsymbol{\Phi}$ den Erfordernissen der aktuell zu reduzierenden Matrizenspalte von $\tilde{\boldsymbol{A}}$ angepaßt wird.

• 29.3. Multiplikative Transformation auf Hessenberg-Form

HESSENBERG [146] führte als erster die Transformation auf die nach ihm benannte Fastdreiecksform progressiv durch; später publizierten WILKINSON [152] und HOUSEHOLDER [147] fast gleichzeitig eine multiplikative uniforme Version mit Hilfe des speziellen Elevators ($\boldsymbol{w}_j = \boldsymbol{e}_j$, elementare Umformungen) bzw. Reflektors (der deshalb bisweilen auch als HOUSEHOLDER-Matrix bezeichnet wird), doch empfiehlt sich im allgemeinen ein fakultatives Vorgehen in impliziter Strategie.

29.4. Multiplikative Transformation auf Tridiagonalform

Diese Transformation verläuft in drei Schritten. Zunächst wird das Paar $\boldsymbol{A}$; $\boldsymbol{B}$ nach (4) bis (6) auf $\tilde{\boldsymbol{A}}$; $\boldsymbol{I}$ und anschließend nach (8) auf das Paar $\boldsymbol{H}_o$; $\boldsymbol{I}$ transformiert. Sodann wird nach Schema (9) von rechts nach links fortschreitend, also beginnend mit der letzten (nicht ersten) Spalte der Matrix $\boldsymbol{H}_o$, mittels partieller Reduktion nach oben eine untere HESSENBERG-Matrix $\boldsymbol{H}_u$ gewonnen. Diese aber ist eine Tridiagonalmatrix, da die bereits erzeugten Nullen im unteren linken Teil der HESSENBERG-Matrix $\boldsymbol{H}_o$ bei der zuletzt durchgeführten Transformation erhalten bleiben.

29.5. Multiplikative Transformation auf Kodiagonalform

DANILEWSKI [143] transformiert mit Hilfe des Elevators $\boldsymbol{E}$ durch vollständige Reduktion nach unten *und* oben das Paar $\tilde{\boldsymbol{A}}$; $\boldsymbol{I}$ auf $\boldsymbol{P}_G$; $\boldsymbol{I}$ nach Schema (10). Da nur Pivotsuche nach unten (oder oben) möglich ist, wird das Verfahren bei großen Ordnungszahlen instabil; es ist daher kaum im Gebrauch.

• 29.6. Multiplikative Transformation eines hermiteschen Paares auf Tridiagonalform

Soll bei hermiteschen Paaren $\boldsymbol{A}$; $\boldsymbol{B}$ die Hermitezität bewahrt werden, so darf man nicht nach (4) bis (6) vorgehen, sondern muß die Kongruenztransformation (28.42) vorwegnehmen, wobei zusätzlich $\boldsymbol{D}_B = \boldsymbol{I}$ gemacht wird, was durch eine Skalierung zu erreichen ist. Es ist dann $\tilde{\boldsymbol{A}} = \boldsymbol{L}_B \boldsymbol{A} \boldsymbol{L}_B^*$ hermitesch, und nun wird per Reflektor durch Reduktion nach unten die Transformation auf hermitesche Tridiagonalform durchgeführt

$$\overset{j}{\boldsymbol{J}} = \boldsymbol{\Phi}_j \cdots \boldsymbol{\Phi}_2 \boldsymbol{\Phi}_1 \{\boldsymbol{L}_B \boldsymbol{A} \boldsymbol{L}_B^*\} \boldsymbol{\Phi}_1 \boldsymbol{\Phi}_2 \cdots \boldsymbol{\Phi}_j; \qquad j = 1, 2, \ldots, n-2 \,. \tag{18}$$

War von vornherein in (23) $\boldsymbol{B} = \boldsymbol{I}$, so kommt auch die von HOUSEHOLDER vorgeschlagene explizite Durchführung in Betracht, da infolge der Hermitezität nur die obere (oder untere) Hälfte der schrittweise transformierten Matrix berechnet werden muß, ein Vorzug, den die implizite Methode nicht ausnutzen kann. Eine Auszählung der erforderlichen Operationen ergibt jedoch, daß (abgesehen vom höheren Speicherbedarf) die Originalmethode von HOUSEHOLDER nur für relativ breitbandige, stets also für vollbesetzte Matrizen $\boldsymbol{A}$ im Vorteil ist.

29.7. Progressive Transformation auf Kodiagonalform (Begleitmatrix)

Von KRYLOV [149] stammt der Vorschlag, die Matrix $\boldsymbol{A}$ auf die transponierte Begleitmatrix (23.8) als einer speziellen Form der Kodiagonalmatrix $\boldsymbol{G}_o$ (10) progressiv zu transformieren. Da in der letzten Spalte dieser Matrix

$$\boldsymbol{G}_o = \begin{pmatrix} 0 & 0 & 0 & \dots & 0 & -h_0 \\ 1 & 0 & 0 & \dots & 0 & -h_1 \\ 0 & 1 & 0 & \dots & 0 & -h_2 \\ \dots & \dots & \dots & \dots & \dots & \dots \\ 0 & 0 & 0 & \dots & 0 & -h_{n-2} \\ 0 & 0 & 0 & \dots & 1 & -h_{n-1} \end{pmatrix} \tag{19}$$

die Koeffizienten h_j des charakteristischen Polynoms

$$(-1)^n \det(\boldsymbol{G}_o - \lambda \boldsymbol{I}) = \lambda^n + h_{n-1}\lambda^{n-1} + \cdots + h_2\lambda^2 + h_1\lambda + h_0 \tag{20}$$

explizit erscheinen, läuft das Ganze auf die bereits im Abschnitt 14.2 hergeleitete Methode der Vektoriteration hinaus, wie unschwer zu erkennen, denn nun gehen zufolge der geforderten Endform (19) die Rekursionsformeln (27.120) mit der Normierung

$$\tilde{d}_{jj} = \boldsymbol{r}_j^T \boldsymbol{B}\, \boldsymbol{r}_j = 1 \tag{21}$$

und wenn wir noch $\tilde{a}_{jk} = h_{jk}$ setzen, über in

$$\left.\begin{aligned} \boldsymbol{o} &= (\boldsymbol{o} - \boldsymbol{B}^{-1}\boldsymbol{A}\,\boldsymbol{r}_1) + \boldsymbol{r}_2 \\ \boldsymbol{o} &= \qquad (\boldsymbol{o} - \boldsymbol{B}^{-1}\boldsymbol{A}\,\boldsymbol{r}_2) + \boldsymbol{r}_3 \\ &\dots\dots\dots\dots\dots\dots \\ \boldsymbol{o} &= \qquad\qquad (\boldsymbol{o} - \boldsymbol{B}^{-1}\boldsymbol{A}\,\boldsymbol{r}_{n-2}) + \boldsymbol{r}_{n-1} \end{aligned}\right\} \tag{22}$$

$$\boldsymbol{o} = \boldsymbol{r}_1 h_{1n} + \boldsymbol{r}_2 h_{2n} + \cdots + \boldsymbol{r}_{n-1} h_{n-1,n} + (\boldsymbol{r}_n - \boldsymbol{B}^{-1}\boldsymbol{A}\,\boldsymbol{r}_n)\,, \tag{23}$$

wo die Elemente $h_{1n}, h_{2n}, \ldots, h_{n-1,n}$ der letzten Gleichung nichts anderes sind als die Koeffizienten des charakteristischen Polynoms (20). Hier wird also ausgehend von einem Startvektor $\boldsymbol{r}_1$ in den ersten $n-2$ Gleichungen (22) die KRYLOV-Folge

$$\boldsymbol{r}_1,\ \boldsymbol{r}_2 = (\boldsymbol{B}^{-1}\boldsymbol{A})\,\boldsymbol{r}_1\,,\quad \boldsymbol{r}_3 = (\boldsymbol{B}^{-1}\boldsymbol{A})^2\,\boldsymbol{r}_1, \ldots, \boldsymbol{r}_{n-1} = (\boldsymbol{B}^{-1}\boldsymbol{A})^{n-2}\,\boldsymbol{r}_1 \quad (24)$$

aufgebaut (vgl. (14.12) mit $\boldsymbol{B} = \boldsymbol{I}$, dort etwas anders bezeichnet) und sodann die Gesamtinformation (23) zum Schluß mit einem Schlage verarbeitet, und genau das ist der Tod des Verfahrens. Dies deshalb, da, wie wir im § 40 noch sehen werden, die fortlaufende Potenzierung in (24) die Spalten des Endgleichungssystems (23) (bzw. in anderer Bezeichnungsweise (14.17)) mehr und mehr linear abhängig und damit die Auflösung praktisch unmöglich macht, und zwar um so ausgeprägter, je größer die Ordnungszahl n ist.

29.8. Progressive Transformation eines hermiteschen Paares auf Tridiagonalform

Wir haben im letzten Abschnitt die progressive Transformation nur des historischen Interesses wegen erwähnt, ohne sie zu propagieren. Bei hermiteschen Paaren $\boldsymbol{A}; \boldsymbol{B}$ jedoch ist die Methode durchaus konkurrenzfähig und soll deshalb ausführlich dargestellt werden. Da die Transformation nunmehr $\boldsymbol{B}$-unitär abläuft

$$\boldsymbol{R}^*\boldsymbol{A}\boldsymbol{R} = \boldsymbol{T} = \boldsymbol{T}^*\,;\quad \boldsymbol{R}^*\boldsymbol{B}\boldsymbol{R} = \boldsymbol{D}\mathrm{iag}\,\langle\tilde{d}_{jj}\rangle \quad \text{mit} \quad \tilde{d}_{jj} = \boldsymbol{r}_j^*\boldsymbol{B}\,\boldsymbol{r}_j > 0\,, \quad (25)$$

wird mit $\boldsymbol{L} = \boldsymbol{R}^*$ aus der HESSENBERG-Form die hermitesche Tridiagonalmatrix $\boldsymbol{T}^* = \boldsymbol{T}$, somit $\bar{h}_{jk} = h_{kj}$, und da alle Elemente außerhalb des dreigliedrigen Bandes verschwinden, vereinfachen sich die Rekursionsformeln (27.120) ganz erheblich. Es verbleibt

$$\left.\begin{aligned}
\boldsymbol{o} &= && \left(\boldsymbol{r}_1\frac{h_{11}}{\tilde{d}_{11}} - \boldsymbol{B}^{-1}\boldsymbol{A}\,\boldsymbol{r}_1\right) + \boldsymbol{r}_2\frac{h_{21}}{\tilde{d}_{22}}\,,\\
\boldsymbol{o} &= \boldsymbol{r}_1\frac{\bar{h}_{21}}{\tilde{d}_{11}} && + \left(\boldsymbol{r}_2\frac{h_{22}}{\tilde{d}_{22}} - \boldsymbol{B}^{-1}\boldsymbol{A}\,\boldsymbol{r}_2\right) + \boldsymbol{r}_3\frac{h_{32}}{\tilde{d}_{33}}\,,\\
\boldsymbol{o} &= \boldsymbol{r}_2\frac{\bar{h}_{32}}{\tilde{d}_{22}} && + \left(\boldsymbol{r}_3\frac{h_{33}}{\tilde{d}_{33}} - \boldsymbol{B}^{-1}\boldsymbol{A}\,\boldsymbol{r}_3\right) + \boldsymbol{r}_4\frac{h_{43}}{\tilde{d}_{44}}\,,\\
&\cdots\cdots\cdots\cdots\cdots\cdots\\
\boldsymbol{o} &= \boldsymbol{r}_{n-1}\frac{\bar{h}_{n,n-1}}{\tilde{d}_{n-1,n-1}} && + \left(\boldsymbol{r}_n\frac{h_{nn}}{\tilde{d}_{nn}} - \boldsymbol{B}^{-1}\boldsymbol{A}\,\boldsymbol{r}_n\right).
\end{aligned}\right\} \quad (26)$$

Wählt man einen von Null verschiedenen Startvektor $\boldsymbol{r}_1$, so lassen sich rekursiv (progressiv) die Vektoren $\boldsymbol{r}_2, \ldots, \boldsymbol{r}_n$ berechnen. Diese normieren wir zweckmäßig so, daß die Quotienten $\bar{h}_{21}/\tilde{d}_{22}$ usw. den Wert -1 annehmen, es wird dann

$$\bar{h}_{21} = -\tilde{d}_{22}, \qquad \bar{h}_{32} = -\tilde{d}_{33}, \quad \ldots, \bar{h}_{n,n-1} = -\tilde{d}_{nn}. \tag{27}$$

Nun sind aber die hermiteschen Formen $\tilde{d}_{jj} = \boldsymbol{r}_j^* \boldsymbol{B} \boldsymbol{r}_j$ auch bei komplexem Vektor $\boldsymbol{r}_j$ reell, somit werden auch die Kodiagonalelemente $h_{21} = h_{12}$ usw. reell, und damit gehen die Gln. (26) über in die Rekursionsvorschrift

$$\left.\begin{aligned}
\boldsymbol{r}_2 &= \left(\boldsymbol{r}_1 \frac{h_{11}}{\tilde{d}_{11}} - \boldsymbol{B}^{-1} \boldsymbol{A} \boldsymbol{r}_1\right)\\
\boldsymbol{r}_3 &= \left(\boldsymbol{r}_2 \frac{h_{22}}{\tilde{d}_{22}} - \boldsymbol{B}^{-1} \boldsymbol{A} \boldsymbol{r}_2\right) - \boldsymbol{r}_1 \frac{\tilde{d}_{22}}{\tilde{d}_{11}}\\
\boldsymbol{r}_4 &= \left(\boldsymbol{r}_3 \frac{h_{33}}{\tilde{d}_{33}} - \boldsymbol{B}^{-1} \boldsymbol{A} \boldsymbol{r}_3\right) - \boldsymbol{r}_2 \frac{\tilde{d}_{33}}{\tilde{d}_{22}}\\
&\cdots\cdots\cdots\cdots\cdots\cdots\cdots\cdots\\
\boldsymbol{r}_n &= \left(\boldsymbol{r}_{n-1} \frac{h_{n-1,n-1}}{\tilde{d}_{n-1,n-1}} - \boldsymbol{B}^{-1} \boldsymbol{A} \boldsymbol{r}_{n-1}\right) - \boldsymbol{r}_{n-2} \frac{\tilde{d}_{n-1,n-1}}{\tilde{d}_{n-2,n-2}}
\end{aligned}\right\} \tag{28}$$

$$\boldsymbol{o} = \left(\boldsymbol{r}_n \frac{h_{nn}}{\tilde{d}_{nn}} - \boldsymbol{B}^{-1} \boldsymbol{A} \boldsymbol{r}_n\right) - \boldsymbol{r}_{n-1} \frac{\tilde{d}_{nn}}{\tilde{d}_{n-1,n-1}}, \tag{29}$$

wo die letzte Gleichung als Kontrolle dient. Mit den hier allein auftretenden reellen hermiteschen Formen

$$h_{jj} = \boldsymbol{r}_j^* \boldsymbol{A} \boldsymbol{r}_j, \qquad \tilde{d}_{jj} = \boldsymbol{r}_j^* \boldsymbol{B} \boldsymbol{r}_j \tag{30}$$

nimmt dann das transformierte Paar die Gestalt an

$$\boldsymbol{H} = \begin{pmatrix}
h_{11} & -\tilde{d}_{22} & 0 & \ldots & 0 & 0\\
-\tilde{d}_{22} & h_{22} & -\tilde{d}_{33} & \ldots & 0 & 0\\
0 & -\tilde{d}_{33} & h_{33} & \ldots & 0 & 0\\
\cdots & \cdots & \cdots & \cdots & \cdots & \cdots\\
0 & 0 & 0 & \ldots & -\tilde{d}_{nn} & h_{nn}
\end{pmatrix}; \qquad \tilde{\boldsymbol{D}} = \boldsymbol{D}\mathrm{iag}\,\langle \tilde{d}_{jj} \rangle. \tag{31}$$

Ist nun außer $\boldsymbol{B}$ auch $\boldsymbol{A}$ positiv definit, so sind die Hauptdiagonalelemente h_{jj} positiv, und nun läßt sich durch eine nachfolgende Normierung erreichen, daß alle Zeilensummen von $\boldsymbol{H}$ außer der letzten verschwinden. Das so entstehende reellsymmetrische Paar $\boldsymbol{C}; \boldsymbol{M}$ ist dann deutbar als Feder- und Massenmatrix einer links freien und rechts eingespannten Schwingerkette. Näheres dazu findet sich in der Originalarbeit [144].

Schließlich noch einige Worte zum Rechenaufwand. Sind $\boldsymbol{A}$ und $\boldsymbol{B}$ vollbesetzt, so erfordert die Transformation einschließlich der Dreieckszerlegung von $\boldsymbol{B}$ rund $7/6\ n^3$ Operationen, bei Bandmatrizen wesentlich weniger.

Ein Beispiel. Das vorgelegte Paar $\boldsymbol{A}$; $\boldsymbol{B}$ ist progressiv auf $\boldsymbol{H}$; $\tilde{\boldsymbol{D}}$ zu transformieren.

$$\boldsymbol{A} = \begin{pmatrix} 2 & -1 & i \\ -1 & 2 & 1 \\ -i & 1 & 3 \end{pmatrix}; \quad \boldsymbol{B} = \begin{pmatrix} 4 & 0 & 0 \\ 0 & 1 & i \\ 0 & -i & 2 \end{pmatrix}, \quad \boldsymbol{B}^{-1} = \begin{pmatrix} 1/4 & 0 & 0 \\ 0 & 2 & -i \\ 0 & i & 1 \end{pmatrix}.$$

Eine Dreieckszerlegung von $\boldsymbol{B}$ erübrigt sich hier, da $\boldsymbol{B}^{-1}$ leicht angebbar ist.

1. Schritt. Der Startvektor $\boldsymbol{r}_1$ ist beliebig. Wir wählen $\boldsymbol{r}_1 = \boldsymbol{e}_1$ und berechnen

$\boldsymbol{r}_1 = \boldsymbol{e}_1 \to h_{11} = \boldsymbol{r}_1^*(\boldsymbol{A}\,\boldsymbol{r}_1) = 2\,, \quad \tilde{d}_{11} = \boldsymbol{r}_1^*\,\boldsymbol{B}\,\boldsymbol{r}_1 = 4. \quad \boldsymbol{A}\,\boldsymbol{r}_1 = \boldsymbol{a}_1$ wegspeichern.

2. Schritt.

$$\boldsymbol{r}_2 = \begin{pmatrix} 1 \\ 0 \\ 0 \end{pmatrix} \frac{2}{4} - \begin{pmatrix} -1/2 \\ -3 \\ -2i \end{pmatrix} = \begin{pmatrix} 0 \\ 3 \\ 2i \end{pmatrix} \to h_{22} = \boldsymbol{r}_2^*(\boldsymbol{A}\,\boldsymbol{r}_2) = 30\,, \quad \tilde{d}_{22} = \boldsymbol{r}_2^*\,\boldsymbol{B}\,\boldsymbol{r}_2 = 5.$$

$\boldsymbol{A}\,\boldsymbol{r}_2$ wegspeichern.

3. Schritt.

$$\boldsymbol{r}_3 = \begin{pmatrix} 0 \\ 3 \\ 2i \end{pmatrix} \frac{30}{5} - \begin{pmatrix} -5/4 \\ 18+i \\ 1+12i \end{pmatrix} - \begin{pmatrix} 1 \\ 0 \\ 0 \end{pmatrix} \frac{5}{4} = \begin{pmatrix} 0 \\ -i \\ -1 \end{pmatrix}$$

$\to h_{33} = \boldsymbol{r}_3^*\,(\boldsymbol{A}\,\boldsymbol{r}_3) = 5\,, \ \tilde{d}_{33} = \boldsymbol{r}_3^*\,\boldsymbol{B}\,\boldsymbol{r}_3 = 5\,. \quad \boldsymbol{A}\,\boldsymbol{r}_3$ wegspeichern.

Damit steht das transformierte Paar (31) bereits fertig vor uns, dazu die Transformationsmatrix $\boldsymbol{R}$.

$$\boldsymbol{H} = \begin{pmatrix} 2 & -5 & 0 \\ -5 & 30 & -5 \\ 0 & -5 & 5 \end{pmatrix}, \quad \tilde{\boldsymbol{D}} = \begin{pmatrix} 4 & 0 & 0 \\ 0 & 5 & 0 \\ 0 & 0 & 5 \end{pmatrix}. \quad \boldsymbol{R} = (\boldsymbol{r}_1, \boldsymbol{r}_2, \boldsymbol{r}_3) = \begin{pmatrix} 1 & 0 & 0 \\ 0 & 3 & -i \\ 0 & 2i & -1 \end{pmatrix}.$$

4. Schritt. Kontrolle. In der Tat produziert Gl. (29) den Nullvektor

$$\begin{pmatrix} 0 \\ -i \\ -1 \end{pmatrix} \frac{5}{5} - \begin{pmatrix} 0 \\ -3-i \\ -1-2i \end{pmatrix} - \begin{pmatrix} 0 \\ 3 \\ 2i \end{pmatrix} \frac{5}{5} = \begin{pmatrix} 0 \\ 0 \\ 0 \end{pmatrix},$$

wie es sein muß. Der Leser überzeuge sich außerdem, daß $\boldsymbol{R}^*\,\boldsymbol{A}\,\boldsymbol{R} = \boldsymbol{H}$ und $\boldsymbol{R}^*\,\boldsymbol{B}\,\boldsymbol{R} = \tilde{\boldsymbol{D}}$ ist und wiederhole die Rechnung mit einem anderen Ausgangsvektor, etwa $\boldsymbol{r}_1 = (1\ \ 1\ \ 1)^T$.

29.9. Der Zerfall einer Fastdreiecksmatrix

Im Verlaufe der Transformation — einerlei ob multiplikativ oder progressiv durchgeführt — kann die nicht vorhersehbare Situation eintreten, daß außer den geforderten Nullen unterhalb (bzw. auch oberhalb) der Kodiagonale eines oder mehrere Elemente der Kodiagonale selbst zu Null werden, so daß die transformierte Matrix $\boldsymbol{H}$ und damit auch die Parametermatrix $\boldsymbol{F}(\lambda) = \boldsymbol{H} - \lambda\,\boldsymbol{D}$ in Blöcke zerfällt

$\boldsymbol{H} =$

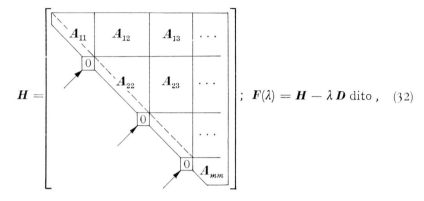

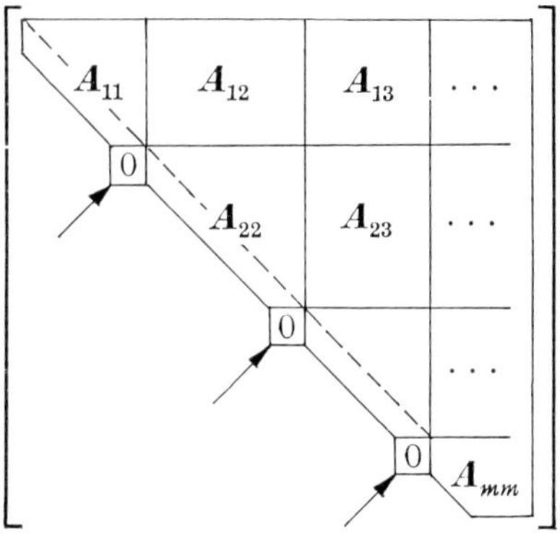

$; \quad \boldsymbol{F}(\lambda) = \boldsymbol{H} - \lambda\,\boldsymbol{D}$ dito , (32)

wo jeder Hauptdiagonalblock $\boldsymbol{A}_{jj}$ seinerseits von HESSENBERG-Form ist. Dies hat den Vorteil, daß die Determinante von $\boldsymbol{F}(\lambda)$ sich nunmehr als Produkt schreiben läßt

$$\det \boldsymbol{F}(\lambda) = \det \boldsymbol{F}_{11}(\lambda) \cdot \det \boldsymbol{F}_{22}(\lambda) \cdots \det \boldsymbol{F}_{mm}(\lambda)\,, \tag{33}$$

womit das Eigenwertspektrum in m voneinander unabhängige Teilspektren zerfällt.

Wann aber tritt ein solcher Zerfall ein? Um der Antwort näher zu kommen, streichen wir in der oberen Fastdreiecksmatrix $\boldsymbol{H}_o$ bzw. $\boldsymbol{T}$ oder auch $\boldsymbol{G}_o$ (10) die erste Spalte und letzte Zeile. Die verbleibende Untermatrix der Ordnung $n-1$ hat als Hauptdiagonale die Kodiagonale der Fastdreiecksmatrix und damit die vom Parameter λ unabhängige Determinante

$$\det \boldsymbol{H}_{1,n-1} = h_{21}\, h_{32}\, h_{43} \cdots h_{n,n-1}\,. \tag{34}$$

Ist keines dieser Elemente gleich Null, oder anders ausgedrückt, zerfällt die Fastdreiecksmatrix $\boldsymbol{H}$ nicht, so ist (34) eine nicht verschwindende Unterdeterminante der Ordnung $n-1$ der charakteristischen Matrix $\boldsymbol{F}(\lambda) = \boldsymbol{H} - \lambda\,\boldsymbol{I}$, und damit wird der Rangabfall von $\boldsymbol{F}(\lambda_j)$ für jeden beliebigen Eigenwert genau gleich Eins. Nun sei das Paar $\boldsymbol{H}; \boldsymbol{I}$ diagonalähnlich, dann stimmen Rangabfall und Vielfachheit σ_j eines Eigenwertes λ_j überein, und damit haben wir den

Satz 1: *Ein Matrizenpaar $\boldsymbol{H}; \boldsymbol{I}$ mit diagonalähnlicher Fastdreiecksmatrix $\boldsymbol{H}$ besitzt lauter verschiedene Eigenwerte.*

Ist insbesondere das Paar $\boldsymbol{H}; \boldsymbol{I}$ hermitesch, somit $\boldsymbol{H} = \boldsymbol{T}$, so sind die Eigenwerte reell. Der einfachste Vertreter dieser Klasse ist das

Paar $\boldsymbol{K}; \boldsymbol{I}$ (17.39) mit lauter verschiedenen reellen Eigenwerten (17.48), siehe auch Abb. 17.3.

Hat nun das vorgelegte diagonalähnliche Paar $\boldsymbol{A}; \boldsymbol{B}$ mehrfache Eigenwerte, so trifft dies auch für das transformierte Paar $\boldsymbol{H}; \boldsymbol{I}$ bzw. $\boldsymbol{H}; \boldsymbol{D}$ zu. Dieses muß daher in eine Mindestanzahl von Blöcken zerfallen dergestalt, daß deren jeder lauter verschiedene Eigenwerte besitzt, wobei ein darüber hinausgehender Zerfall nicht ausgeschlossen ist. Dies sehen wir auf einfachste Weise so ein: Angenommen, wir starten mit einem Eigenvektor $\boldsymbol{r}_1 = \boldsymbol{x}_j$ zum Eigenwert $\lambda_j = R_j = h_{11}/\tilde{d}_{11}$, dann wird nach (28)

$$\boldsymbol{r}_2 = \boldsymbol{r}_1 \frac{h_{11}}{\tilde{d}_{11}} - \boldsymbol{B}^{-1} \boldsymbol{A}\, \boldsymbol{r}_1 = \boldsymbol{r}_1 \boldsymbol{R}_1 - \boldsymbol{B}^{-1} \lambda_j\, \boldsymbol{r}_1 = \boldsymbol{o} \tag{35}$$

und damit $h_{21} = 0$, womit bereits die Kontrollzeile (29) vor uns steht! Der Zerfall hat demnach offenbar etwas zu tun mit der Wahl des Startvektors, nicht allein mit der Struktur des Paares $\boldsymbol{A}; \boldsymbol{B}$, Verhältnisse, die übrigens bereits im Abschnitt 14.2 auch für nichtdiagonalähnliche Matrizenpaare klargestellt wurden. Betreffs weitergehender Fragen sei der interessierte Leser auf die grundlegende Arbeit von UNGER [151] sowie auf das Buch von GANTMACHER und KREIN [33] verwiesen.

Was geschieht nun, wenn der Zerfall, sagen wir mit $h_{p+1,p} = 0$ eintritt? Bei der multiplikativen Transformation erübrigt sich damit die Reduktion der Spalte der Nummer p, was bedeutet, daß die Teiltransformationsmatrix $\boldsymbol{L}_p = \boldsymbol{I}$ zu setzen ist, und man geht über zum nächsten Schritt.

Bei der progressiven Durchführung dagegen reißt die Vektorkette ab, weil mit dem Verschwinden des Elements $h_{p+1,p}$ der Nullvektor $\boldsymbol{r}_{p+1} = \boldsymbol{o}$ erscheint. Um die Transformation fortsetzen zu können, hat man daher einen Ersatzvektor $\hat{\boldsymbol{r}}_{p+1}$ zu wählen, der von den bereits berechneten Vektoren $\boldsymbol{B}\,\boldsymbol{r}_1, \ldots, \boldsymbol{B}\,\boldsymbol{r}_p$ linear unabhängig ist. Bei der $\boldsymbol{B}$-unitären Transformation (28), (29) auf Tridiagonalmatrix heißt dies, daß $\hat{\boldsymbol{r}}_{p+1}$ zu allen bereits berechneten Vektoren $\boldsymbol{B}\,\boldsymbol{r}_1, \ldots, \boldsymbol{B}\,\boldsymbol{r}_p$ unitär sein muß; ein solcher Vektor ist zum Beispiel

$$\hat{\boldsymbol{r}}_{p+1} = \boldsymbol{s} - \sum_{j=1}^{p} \frac{\boldsymbol{r}_j^* \boldsymbol{B}\, \boldsymbol{s}}{\tilde{d}_{jj}}, \qquad \boldsymbol{s} \neq \boldsymbol{o} \text{ beliebig.} \tag{36}$$

Sollte auch hier zufällig der Nullvektor herauskommen, so ist ein anderer Vektor $\boldsymbol{s}$ einzusetzen.

Zerfällt die Kette ein weiteres Mal, so geht man genauso vor.

§ 30. Iterative Ähnlichkeitstransformation auf Dreiecks- bzw. Diagonalform

• 30.1. Überblick. Zielsetzung

Besteht ein Matrizenpaar $\tilde{\boldsymbol{A}}; \tilde{\boldsymbol{B}}$ aus oberen (oder unteren) Dreiecksmatrizen

$$\tilde{\boldsymbol{A}} = \begin{pmatrix} \tilde{a}_{11} & \tilde{a}_{12} & \tilde{a}_{13} & \dots & \tilde{a}_{1n} \\ 0 & \tilde{a}_{22} & \tilde{a}_{23} & \dots & \tilde{a}_{2n} \\ 0 & 0 & \tilde{a}_{33} & \dots & \tilde{a}_{3n} \\ \dots & \dots & \dots & \dots & \dots \\ 0 & 0 & 0 & \dots & \tilde{a}_{nn} \end{pmatrix};$$

$$\tilde{\boldsymbol{B}} = \begin{pmatrix} \tilde{b}_{11} & \tilde{b}_{12} & \tilde{b}_{13} & \dots & \tilde{b}_{1n} \\ 0 & \tilde{b}_{22} & \tilde{b}_{23} & \dots & \tilde{b}_{2n} \\ 0 & 0 & \tilde{b}_{33} & \dots & \tilde{b}_{3n} \\ \dots & \dots & \dots & \dots & \dots \\ 0 & 0 & 0 & \dots & \tilde{b}_{nn} \end{pmatrix} \quad \text{regulär} \tag{1}$$

oder noch spezieller aus Diagonalmatrizen

$$\tilde{\boldsymbol{A}} = \begin{pmatrix} \tilde{a}_{11} & 0 & 0 & \dots & 0 \\ 0 & \tilde{a}_{22} & 0 & \dots & 0 \\ 0 & 0 & \tilde{a}_{33} & \dots & 0 \\ \dots & \dots & \dots & \dots & \dots \\ 0 & 0 & 0 & \dots & \tilde{a}_{nn} \end{pmatrix};$$

$$\tilde{\boldsymbol{B}} = \begin{pmatrix} \tilde{b}_{11} & 0 & 0 & \dots & 0 \\ 0 & \tilde{b}_{22} & 0 & \dots & \\ 0 & 0 & \tilde{b}_{33} & \dots & 0 \\ \dots & \dots & \dots & \dots & \dots \\ 0 & 0 & 0 & \dots & \tilde{b}_{nn} \end{pmatrix} \quad \text{regulär}, \tag{2}$$

so lassen sich die Eigenwerte als die mit den Einheitsvektoren gebildeten RAYLEIGH-Quotienten ohne jede Rechnung ablesen

$$\lambda_j = R_j = \frac{\boldsymbol{e}_j^T \tilde{\boldsymbol{A}} \boldsymbol{e}_j}{\boldsymbol{e}_j^T \tilde{\boldsymbol{B}} \boldsymbol{e}_j} = \frac{a_{jj}}{b_{jj}} \quad \text{für} \quad j = 1, 2, \dots, n. \tag{3}$$

Darüber hinaus hat das Diagonalmatrizenpaar (2) die Einheitsvektoren als Eigenvektoren, während beim Dreieckspaar (1) der Eigenvektor zu

$\lambda_k = \tilde{a}_{kk}/\tilde{b}_{kk}$ eine Linearkombination der ersten k Einheitsvektoren

$$\boldsymbol{x}_k = (x_{1k} \quad x_{2k} \cdots x_{kk}; \; 0 \quad 0 \cdots 0)^T \tag{4}$$

ist. Immerhin ist auch hier $\boldsymbol{x}_1 = \boldsymbol{e}_1$. Die Idee aller in diesem Paragraphen zu schildernden Verfahren besteht darin, ausgehend vom Originalpaar $\boldsymbol{A}; \boldsymbol{B}$ die Nullen in (1) bzw. (2) iterativ zu erzeugen, indem die Beträge der zunächst an deren Platz stehenden Außenelemente von Schritt zu Schritt kleiner gemacht werden. Dabei konvergieren die RAYLEIGH-Quotienten gegen die Eigenwerte

$$R_\sigma = \left[\frac{a_{jj}}{b_{jj}}\right]_\sigma \xrightarrow[\sigma\to\infty]{} \lambda_j \; ; \qquad j = 1, 2, \ldots, n \, , \tag{5}$$

während eine Konvergenz gegen die Modalmatrizen $\boldsymbol{Y}$ und $\boldsymbol{X}$ nur stattfindet bei Diagonalähnlichkeit

$$\overset{\sigma}{\boldsymbol{L}} = \boldsymbol{L}_\sigma \cdots \boldsymbol{L}_2 \boldsymbol{L}_1 \xrightarrow[\sigma\to\infty]{} \boldsymbol{Y}; \qquad \overset{\sigma}{\boldsymbol{R}} = \boldsymbol{R}_1 \boldsymbol{R}_2 \cdots \boldsymbol{R}_\sigma \xrightarrow[\sigma\to\infty]{} \boldsymbol{X} \tag{6}$$

bzw. Diagonalkongruenz bei normalen Paaren. Daß eine solche iterative Transformation zumindest prinzipiell möglich sein muß, lehrt uns die Theorie, wonach jedes *normale* Paar unabhängig vom Spektrum sich $\boldsymbol{B}$-unitär simultan auf Diagonalform transformieren läßt

$$\boldsymbol{X}^* \boldsymbol{A} \boldsymbol{X} = \boldsymbol{D}\text{iag}\, \langle \tilde{a}_{jj} \rangle \, ; \qquad \boldsymbol{X}^* \boldsymbol{B} \boldsymbol{X} = \boldsymbol{D}\text{iag}\, \langle \tilde{b}_{jj} \rangle \tag{7}$$

mit Hilfe einer einzigen Modalmatrix $\boldsymbol{X}$, während bei einem nur diagonalähnlichen (nicht normalen Paar) dies mit Hilfe der beiden voneinander verschiedenen Modalmatrizen der Links- und Rechtseigenvektoren $\boldsymbol{Y}$ und $\boldsymbol{X}$ gelingt,

$$\boldsymbol{Y}^T \boldsymbol{A} \boldsymbol{X} = \boldsymbol{D}\text{iag}\, \langle \tilde{a}_{jj} \rangle \, ; \qquad \boldsymbol{Y}^T \boldsymbol{B} \boldsymbol{X} = \boldsymbol{D}\text{iag}\, \langle \tilde{b}_{jj} \rangle \, , \tag{8}$$

wobei wir uns nochmals in Erinnerung rufen, daß Matrizenpaare mit lauter (numerisch hinreichend) *verschiedenen* Eigenwerten stets diagonalähnlich sind. Gibt es aber mehrfache (numerisch zusammenfallende) Eigenwerte und ist ein solcher mehrfacher Eigenwert λ_j *defektiv*, was heißen soll, daß der Rangabfall der Matrix $\boldsymbol{F}(\lambda_j)$ kleiner ist als die Mehrfachheit von λ_j, so ist für diesen Eigenwert nur noch das JORDAN-Kästchen (19.3) erreichbar. Die fehlenden Eigenvektoren sind dann durch Hauptvektoren ansteigender Stufe, eine sogenannte Hauptvektorkette zu ersetzen wie in Abschnitt 19.5 beschrieben und in Abschnitt 24.13 dahingehend gemildert, daß die in der Kodiagonale stehenden Einsen durch Skalierung beliebig klein gemacht werden können. Dies aber bedeutet: innerhalb der durch die Genauigkeit der Maschine gegebenen oder durch einen vorgeschriebenen Schwellwert ε willkürlich gesetzten Grenzen läßt sich *jedes beliebige Paar* simultan auf Diagonalform (oder wie man auch sagt, auf Hauptachsen) transformieren.

Die in der Literatur aufgeführten iterativen Transformationen auf Diagonalform bzw. Dreiecksform sind zahlreich und unterscheiden sich durch Rechenaufwand, Konvergenzgüte, Anwendungsbreite usw. erheblich. Da im allgemeinen die Gewinnung des Eigenwertspektrums Ziel aller dieser Verfahren ist, werden wir sie erst im X. Kapitel abhandeln. Eine Ausnahme bildet das JACOBIsche Rotationsverfahren, das ein allgemeines Interesse beanspruchen darf und als Universalalgorithmus zu gelten hat. Seiner Vorbereitung dient der folgende Abschnitt 30.2, der darüber hinaus exemplarische Bedeutung auch für andere, sogenannte JACOBI-ähnliche Verfahren besitzt.

• 30.2. Transformation in Unterräumen. Die Elementartransformation

Die Idee dieser Methode ist ebenso einfach wie naheliegend. Mit Hilfe eines RITZ-Ansatzes wird ein Unterraum der Dimension $m < n$ aus dem Gesamtraum herausgeschnitten und das so entstehende Paar $\hat{\boldsymbol{A}}; \hat{\boldsymbol{B}}$ der Ordnung m angenähert oder exakt auf Diagonalform transformiert. Wiederholt man dies genügend oft durch immer neue Kondensate in weiteren Unterräumen, so wird, falls eine geeignete Strategie unterlegt wird, nach und nach die Diagonalform erreicht. Ein solches Verfahren ist allerdings sehr aufwendig (man vergleiche auch die RITZ-Iteration aus § 32) und im allgemeinen nur praktikabel unter Heranziehung der durch irgend m Einheitsvektoren $\boldsymbol{e}_j$ aufgespannten *Koordinatenräume* (*subspaces*). Der RITZ-Ansatz selbst ist dann mit keinerlei Rechenaufwand verbunden, da lediglich m Zeilen und Spalten gleicher Nummer als Hauptminor der Ordnung m aus der Gesamtmatrix $\boldsymbol{F}(\lambda) = \boldsymbol{A} - \lambda\,\boldsymbol{B}$ herauszugreifen sind, und hier wiederum ist die einfachste Vorgehensweise die mit $m = 2$, die deshalb als *Elementartransformation* bezeichnet wird. Ihre Einbettung in die Gesamttransformation zeigt das folgende Schema, das auch für nichtlineare Matrizen $\boldsymbol{F}(\lambda)$ Gültigkeit hat:

$$\overset{kj}{\boldsymbol{L}} = \begin{bmatrix} \ddots & | & & | & \\ - & l_{jj} & \text{---} & l_{jk} & - \\ & | & \ddots & | & \\ - & l_{kj} & \text{---} & l_{kk} & - \\ & | & & | & \ddots \end{bmatrix}; \quad \overset{kj}{\boldsymbol{F}}(\lambda) = \begin{bmatrix} \ddots & | & & | & \\ - & f_{jj}(\lambda) & \text{---} & f_{jk}(\lambda) & \\ & | & \ddots & | & \\ - & f_{kj}(\lambda) & \text{---} & f_{kk}(\lambda) & \\ & | & & | & \ddots \end{bmatrix}; \quad \overset{kj}{\boldsymbol{R}} = \begin{bmatrix} \ddots & | & & | & \\ - & r_{jj} & \text{---} & r_{jk} & - \\ & | & \ddots & | & \\ - & r_{kj} & \text{---} & r_{kk} & - \\ & | & & | & \ddots \end{bmatrix}. \qquad (9)$$

Von der Elementartransformation werden demnach nur die Spalten und Zeilen der Nummer j und k betroffen, und Ziel einer jeden Teiltransformation ist es, möglichst alle vier Außenelemente a_{jk}, a_{kj} und b_{jk}, b_{kj} in $\boldsymbol{A}_{jk}$ und $\boldsymbol{B}_{jk}$ zu annullieren. Zwar gehen die auf diese Weise erzeugten Nullen im Laufe der Rechnung wieder verloren, doch ist dies ohne Belang, da das Verfahren ohnehin profilzerstörend ist nach folgendem Muster

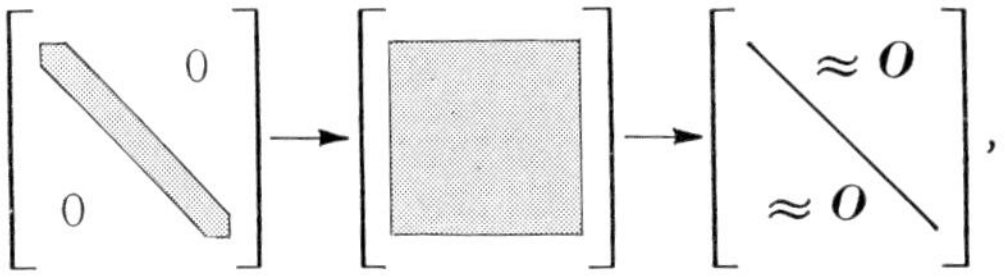

(10)

ein allen Verfahren dieser Klasse innewohnender Mangel, der jedoch aufgewogen wird durch die Einfachheit der Elementartransformation selbst. Sei nämlich eine beliebige (auch rechteckige) Matrix $\boldsymbol{S}$ von rechts mit $\boldsymbol{R}$ zu multiplizieren, dann verlangt dies infolge der einfachen Bauart der Matrix $\boldsymbol{R}$ nach (9) nicht mehr als die Linearkombination der beiden Spalten der Nummern j und k nach der Vorschrift

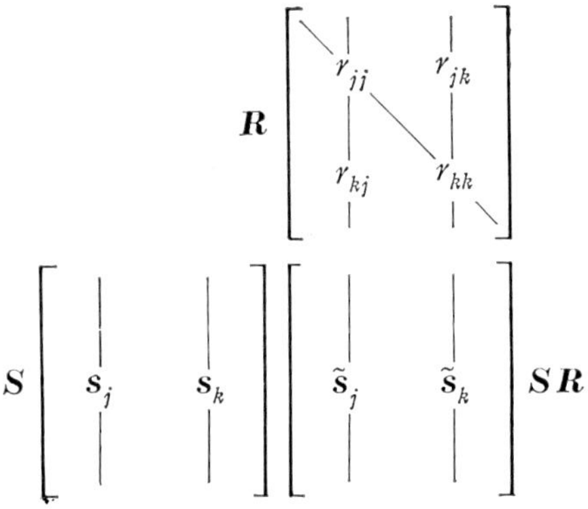

$$\left.\begin{aligned}\tilde{\mathbf{s}}_j &= \mathbf{s}_j\, r_{jj} + \mathbf{s}_k\, r_{kj}\\ \tilde{\mathbf{s}}_k &= \mathbf{s}_j\, r_{jk} + \mathbf{s}_k\, r_{kk}\end{aligned}\right\}. \qquad (11)$$

Übrigens bemerken wir einen wesentlichen Unterschied bezüglich der von der *Gesamt*transformation $\tilde{\boldsymbol{S}} := \boldsymbol{L}\,\boldsymbol{S}\,\boldsymbol{R}$ betroffenen Elemente, von denen vier quadratisch, alle übrigen jedoch linear abhängig sind von den zweimal vier Parametern $l_{\mu\nu}$ und $r_{\mu\nu}$ aus (9).

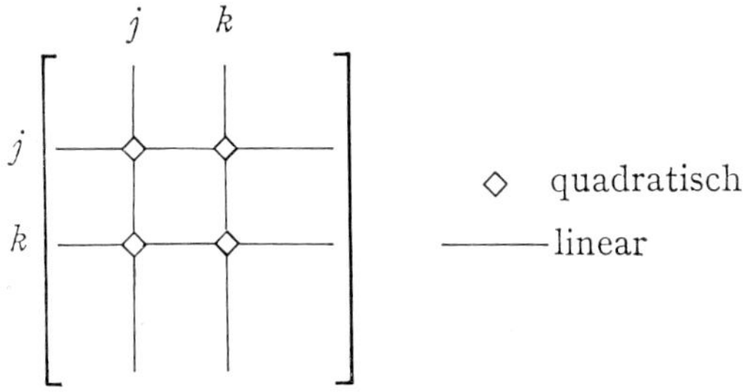

(12)

Nun zur Reihenfolge der Annullierungen. Hier unterscheiden wir zwei Strategien.

a) Standard. Die Außenelemente werden nach (13a) kodiagonalweise von der Mitte nach unten links zu Null gemacht. Während eines solchen *Zyklus* wird jeder RAYLEIGH-Quotient genau $(n-1)$-mal verbessert. Diese Vorgehensweise vermeidet anfängliche Leerläufe bei Bandmatrizen.

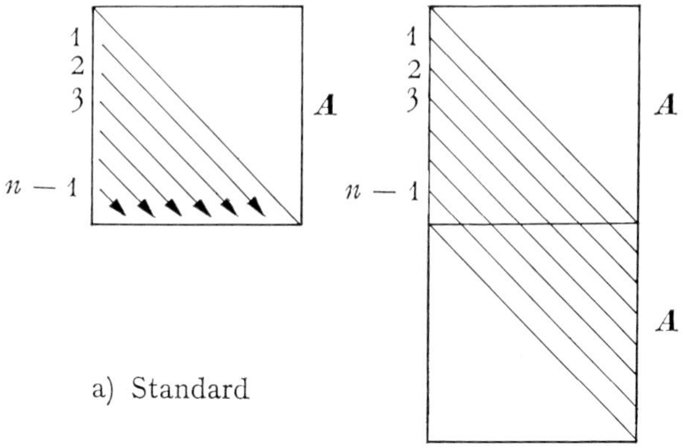

a) Standard

b) Parallelrechnung

(13)

b) Parallelrechnung. Wir denken uns die Matrix $\boldsymbol{A}$ ein zweites Mal unterhalb von $\boldsymbol{A}$ hingeschrieben. Auf diese Weise entstehen $n-1$ Schrägzeilen mit je n Elementen, so daß während eines solchen *Doppelzyklus* jeder RAYLEIGH-Quotient $2(n-1)$-mal verbessert wird. Innerhalb einer jeden Schrägzeile wird nun in Zweiergruppen annulliert derart, daß immer ein Element übersprungen wird, beispielsweise werden also in der Schrägzeile 1 im ersten Lauf die Indexpaare 21, 43, 65, . . . und im zweiten die Indexpaare 32, 54, 76, . . . herangezogen. In jedem dieser beiden Läufe können sämtliche Teiltransformationen gleichzeitig und unabhängig, somit parallel durchgeführt werden, da die einzelnen Operationen einander nicht stören, wie man sich leicht überlegt.

• 30.3. Das explizite Jacobi-Verfahren

Als klassisches Musterbeispiel einer Elementartransformation gilt das Verfahren von JACOBI aus dem Jahre 1846, im Original entworfen für reellsymmetrische Paare $\boldsymbol{A}; \boldsymbol{I}$ und daher geometrisch deutbar als ebene Drehung (deshalb auch als JACOBIsche *Rotation* bezeichnet), doch ist es ohne Schwierigkeit auf hermitesche Paare $\boldsymbol{A}; \boldsymbol{D}$ und von dort auf beliebige Paare $\boldsymbol{A}; \boldsymbol{B}$ mit regulärer Matrix $\boldsymbol{B}$ zu verallgemeinern. Das Produkt der n-reihigen Teilmatrizen $\boldsymbol{R}_j$ der Struktur (9)

$$\overset{\sigma}{\boldsymbol{R}} := \boldsymbol{R}_1 \boldsymbol{R}_2 \cdots \boldsymbol{R}_\sigma \underset{\sigma\to\infty}{\longrightarrow} \boldsymbol{X} \tag{14}$$

strebt gegen die Modalmatrix $\boldsymbol{X}$ aus (7), wobei die zweireihige Untermatrix

$$\boldsymbol{R}_{jk} = (\boldsymbol{r}_j, \boldsymbol{r}_k) = \begin{pmatrix} 1 & \bar{t}\, d_{kk} \\ -t\, d_{jj} & 1 \end{pmatrix}, \quad \det \boldsymbol{R}_{jk} := \Delta_{jk} = 1 + \bar{t}\, t\, d_{jj}\, d_{kk} \geqq 1 \tag{15}$$

das spezielle hermitesche Paar

$$\boldsymbol{A}_{jk} = \begin{pmatrix} a_{jj} & \bar{a}_{kj} \\ a_{kj} & a_{kk} \end{pmatrix}; \quad \boldsymbol{D}_{jk} = \begin{pmatrix} d_{jj} & 0 \\ 0 & d_{kk} \end{pmatrix}, \quad d_{jj} > 0\,, \quad d_{kk} > 0 \tag{16}$$

transformiert auf

$$\tilde{\boldsymbol{A}}_{jk} = \boldsymbol{R}_{jk}^* \boldsymbol{A}_{jk} \boldsymbol{R}_{jk} = \begin{pmatrix} \tilde{a}_{jj} & \tilde{a}_{jk} \\ \tilde{a}_{kj} & \tilde{a}_{kk} \end{pmatrix} = \begin{pmatrix} \boldsymbol{r}_j^* \boldsymbol{A}_{jk} \boldsymbol{r}_j & \boldsymbol{r}_j^* \boldsymbol{A}_{jk} \boldsymbol{r}_k \\ \boldsymbol{r}_k^* \boldsymbol{A}_{jk} \boldsymbol{r}_j & \boldsymbol{r}_k^* \boldsymbol{A}_{jk} \boldsymbol{r}_k \end{pmatrix} \tag{17}$$

mit Partner

$$\tilde{\boldsymbol{D}}_{jk} = \boldsymbol{R}_{jk}^* \boldsymbol{D}_{jk} \boldsymbol{R}_{jk} = \begin{pmatrix} d_{jj}\Delta_{jk} & 0 \\ 0 & d_{kk}\Delta_{jk} \end{pmatrix}. \tag{18}$$

Wie in (12) vermerkt, ist das Außenelement in (17) eine *quadratische* Funktion im Parameter t aus (15). Multipliziert man die Form $\tilde{a}_{kj} = \boldsymbol{r}_k^* \boldsymbol{A}_{jk} \boldsymbol{r}_j$ aus und setzt sie gleich Null

$$\boxed{\tilde{a}_{kj} = a_{kj} - t\, d_{jj}\, a_{kk} + t\, d_{kk}\, a_{jj} - t^2\, d_{jj}\, d_{kk}\, \bar{a}_{kj} = 0\,,} \tag{19}$$

so erfüllen beide Wurzeln dieser quadratischen Gleichung die Bedingung $\tilde{a}_{jk} = 0$ und damit auch $a_{kj} = \bar{\tilde{a}}_{jk} = 0$. Es ist numerisch günstig, die betragskleinere von beiden zu wählen (was geometrisch nichts anderes bedeutet, als daß eine Drehung beispielsweise um $\varphi = 3°$ und nicht um das Komplement $-87°$ durchgeführt wird) und diese in die Transformationsmatrix $\boldsymbol{R}_{jk}$ (15) einzusetzen. Damit liegt auch die zugehörige Gesamttransformationsmatrix $\boldsymbol{R}_\sigma$ der Ordnung n fest, und nun erfolgen zwei Schritte.

1. Erneuerung der Transformationsmatrix, d. h. Ersatz von $\overset{\sigma}{\boldsymbol{R}}$ durch $\overset{\sigma+1}{\boldsymbol{R}}$, wovon allein die Spalten der Nummern j und k betroffen werden, die nach (11) zu ersetzen sind durch

$$\tilde{\boldsymbol{r}}_j = \boldsymbol{r}_j - t\, d_{jj}\, \boldsymbol{r}_k\,, \qquad \tilde{\boldsymbol{r}}_k = \boldsymbol{r}_k + \bar{t}\, d_{kk}\, \boldsymbol{r}_j\,. \tag{20}$$

2. Erneuerung der Matrizen $\tilde{\boldsymbol{A}} = \boldsymbol{R}^* \boldsymbol{A} \boldsymbol{R}$; $\tilde{\boldsymbol{D}} = \boldsymbol{R}^* \boldsymbol{D} \boldsymbol{R}$, deren jeweils vier Elemente in den vier Schnittpunkten des Schemas (12) das Untermatrizenpaar $\boldsymbol{A}_{jk}$; $\boldsymbol{D}_{jk}$ bilden. Die beiden Elemente

$$\tilde{a}_{jj} = \boldsymbol{r}_j^* \boldsymbol{A}_{jk} \boldsymbol{r}_j\,, \qquad \tilde{a}_{kk} = \boldsymbol{r}_k^* \boldsymbol{A}_{jk} \boldsymbol{r}_k \tag{21}$$

sind als hermitesche Formen zu berechnen, die Elemente $\tilde{d}_{jj}$ und $\tilde{d}_{kk}$ stehen in (18). Es fehlen noch die beiden Spalten von $\tilde{\boldsymbol{A}}$ mit Ausnahme der gerade in (21) berechneten Elemente. Diese Restspalten werden — wieder nach (11) — ersetzt nach der Vorschrift

$$\tilde{\boldsymbol{a}}_j = \boldsymbol{a}_j - t\, d_{jj}\, \boldsymbol{a}_k\,, \qquad \tilde{\boldsymbol{a}}_k = \boldsymbol{a}_k + \bar{t}\, d_{kk}\, \boldsymbol{a}_j\,, \tag{22}$$

und da alles hermitesch abläuft, haben wir damit auch die Restzeilen von $\tilde{\boldsymbol{A}}$

$$\tilde{\boldsymbol{a}}^j = \tilde{\boldsymbol{a}}_j^*\,, \qquad \tilde{\boldsymbol{a}}^k = \tilde{\boldsymbol{a}}_k^*\,; \tag{23}$$

es braucht daher nur der obere (oder untere) Dreiecksteil weggespeichert zu werden. Um unnötige Rechnerei zu vermeiden, empfiehlt es sich, eine *Niveauhöhe* ε_ϱ einzuführen und in jedem Nivellement alle Transformationen auszulassen, für welche die Ungleichung

$$\boxed{\frac{|\tilde{a}_{jk}|}{\sqrt{\tilde{a}_{jj}}\sqrt{\tilde{a}_{kk}}} \leqq \varepsilon_\varrho} \tag{24}$$

erfüllt ist. Findet man innerhalb eines Zyklus kein solches Außenelement mehr vor, so ist das zu ε_ϱ gehörige Nivellement abgeschlossen, und ε_ϱ wird verkleinert oder aber die Iteration beendet.

Es sei nun das Paar $\hat{\boldsymbol{G}}; \hat{\boldsymbol{D}}$ vorgegeben mit regulärer Diagonalmatrix $\hat{\boldsymbol{D}}$, während $\hat{\boldsymbol{G}}$ beliebig ist. Ist $\hat{\boldsymbol{D}}$ reell und positiv, so setzen wir $\boldsymbol{D} = \hat{\boldsymbol{D}}$, anderenfalls aber wird das Paar $\hat{\boldsymbol{G}}; \hat{\boldsymbol{D}}$ entweder mit $\hat{\boldsymbol{D}}^*$ oder $\hat{\boldsymbol{D}}^{-1}$ von links multipliziert, womit das neue Paar

$$\hat{\boldsymbol{D}}^* \hat{\boldsymbol{G}}; \hat{\boldsymbol{D}}^* \hat{\boldsymbol{D}} \quad \text{bzw.} \quad \hat{\boldsymbol{D}}^{-1} \hat{\boldsymbol{G}}; \boldsymbol{I} \tag{25}$$

entsteht. Bezeichnen wir den linken Partner mit $\boldsymbol{G}$ und den rechten mit $\boldsymbol{D}$, so liegt die dem Ausgangspaar $\hat{\boldsymbol{G}}; \hat{\boldsymbol{D}}$ zugeordnete Eigenwertaufgabe

$$\boldsymbol{G}\,\boldsymbol{x} = \lambda\, \boldsymbol{D}\,\boldsymbol{x}\,; \qquad \boldsymbol{D} = \boldsymbol{D}\text{iag}\,\langle d_{jj}\rangle\,, \qquad d_{jj} > 0 \tag{26}$$

vor, und um den Anschluß an das JACOBI-Verfahren zu gewinnen, gehen wir über auf die korrespondierende Gleichung (16.41)

$$\underbrace{\boldsymbol{G}^* \boldsymbol{D}^{-1} \boldsymbol{G}}\, \boldsymbol{u} = \varkappa^2 \boldsymbol{D}\, \boldsymbol{u} \tag{27}$$

oder

$$\boldsymbol{A} \qquad \boldsymbol{u} = \varkappa^2 \boldsymbol{D}\, \boldsymbol{u}\,, \qquad \boldsymbol{A}^* = \boldsymbol{A} \text{ pos. (halb-)def.} \tag{28}$$

und verfahren wie beschrieben, indem $\boldsymbol{G}^* \boldsymbol{D}^{-1} \boldsymbol{G} = \boldsymbol{A}$ explizit ausgerechnet und weggespeichert wird. Die RAYLEIGH-Quotienten $R_j = a_{jj}/b_{jj}$ konvergieren dann gegen die singulären Werte $\varkappa_j^2$, siehe dazu auch die Ausführungen im nächsten Abschnitt.

30.4. Das halbimplizite Jacobi-Verfahren für beliebige Paare $\boldsymbol{G}; \boldsymbol{D}$

Wegen des immensen Speicherbedarfs nach dem Schema (14) ist die explizite Strategie des JACOBI-Verfahrens nicht zu empfehlen. Gegen die implizite Vorgehensweise spricht die große Zahl der erforderlichen Teiltransformationen, deren Daten ja ebenfalls gespeichert werden müßten. Ideal ist daher die halbimplizite Durchführung, bei welcher der Außenbereich der transformierten Matrix $\boldsymbol{A}$ als Phantommatrix behandelt wird, während die Hauptdiagonalelemente von $\boldsymbol{A}$ im Speicher mitgeführt werden ebenso wie die aktuelle Diagonalmatrix $\boldsymbol{D}$. Dabei verkompliziert es den Algorithmus in keiner Weise, wenn wir von vornherein von einem beliebigen Paar $\hat{\boldsymbol{G}}; \hat{\boldsymbol{D}}$ mit regulärer Diagonalmatrix $\hat{\boldsymbol{D}}$ ausgehen und nach (25), (26) in das hermitesche Paar (27) überführen. Anstatt aber die Matrix $\boldsymbol{A} = \boldsymbol{G}^* \boldsymbol{D}^{-1} \boldsymbol{G}$ explizit zu erstellen, schreiben wir dafür mit der positiven Wurzel aus $\boldsymbol{D}$ das Produkt

$$\boldsymbol{A} = \boldsymbol{R}^* \boldsymbol{A} \boldsymbol{R} = \boldsymbol{R}^* \boldsymbol{G}^* \boldsymbol{D}^{-1/2} \cdot \boldsymbol{D}^{-1/2} \boldsymbol{G} \boldsymbol{R} = \boldsymbol{S}^* \boldsymbol{S} \tag{29}$$

mit der für die Gesamtinformation verantwortlichen Iterationsmatrix

$$\boldsymbol{S} := \boldsymbol{D}^{-1/2} \boldsymbol{G} \boldsymbol{R} = (\boldsymbol{s}_1 \, \boldsymbol{s}_2 \ldots \boldsymbol{s}_n) \, . \tag{30}$$

Auf diese Weise wird die Transformationsmatrix $\boldsymbol{R}$ mit $\boldsymbol{G}$ vereinigt, ein Kunstgriff, auf welchem die Überlegenheit der halbimpliziten Vorgehensweise beruht. Schließlich berechnen wir noch die nicht im Speicher mitgeführten Außenelemente der Phantommatrix $\boldsymbol{A}$ als Skalarprodukte

$$a_{kj} = \boldsymbol{e}_k^T \boldsymbol{A} \, \boldsymbol{e}_j = \boldsymbol{e}_k^T \boldsymbol{S}^* \boldsymbol{S} \, \boldsymbol{e}_j = \boldsymbol{s}_k^* \, \boldsymbol{s}_j \, , \tag{31}$$

und damit ist das benötigte Material beisammen, siehe die Programmieranleitung auf Seite 134.

Interessiert man sich außer für die zum Schluß vorliegenden RAYLEIGH-Quotienten $R_j = a_{jj}/d_{jj} \approx \varkappa_j^2$ auch für einige oder alle der zugehörigen Eigenvektoren $\boldsymbol{u}_j \approx \boldsymbol{r}_j$, so müssen diese, da die Transformationsmatrix $\boldsymbol{R}$ mit $\boldsymbol{S}$ verschmolzen wurde, herausgelöst werden durch Multiplikation von $\boldsymbol{S}$ mit dem Einheitsvektor $\boldsymbol{e}_j$; das gibt

$$\boldsymbol{S} \, \boldsymbol{e}_j = \boldsymbol{s}_j = \boldsymbol{D}^{-1/2} \boldsymbol{G} \boldsymbol{R} \, \boldsymbol{e}_j = \boldsymbol{D}^{-1/2} \boldsymbol{G} \, \boldsymbol{r}_j \tag{32}$$

oder

$$\boldsymbol{G} \, \boldsymbol{r}_j = \boldsymbol{D}^{1/2} \boldsymbol{s}_j \rightarrow \boldsymbol{r}_j \approx \boldsymbol{u}_j \, , \tag{33}$$

und dies bedeutet die Auflösung eines Gleichungssystems, wozu die Äquivalenztransformation $\boldsymbol{L} \boldsymbol{G} \boldsymbol{R} = \boldsymbol{D}_G$ nach einem der im § 28 beschriebenen Verfahren erforderlich wird.

PROGRAMMIERANLEITUNG ZUR JACOBI-ROTATION

1. KONSENS. Das vorgelegte Paar $\boldsymbol{G}; \boldsymbol{D}$ (26) verbleibt im Speicher und wird nicht überschrieben.
2. SPEICHERBEDARF. Zu reservieren sind $2n$ Speicherplätze zur Aufnahme der aktuellen (immer wieder zu überschreibenden) Elemente von
$$\boldsymbol{D}_A = \boldsymbol{D}\text{iag}\,\langle a_{jj}\rangle \quad \text{und} \quad \boldsymbol{D} = \boldsymbol{D}\text{iag}\,\langle d_{jj}\rangle\,,$$
sowie n^2 Plätze für die in Spalten angeordnete Matrix
$$\boldsymbol{S} = (\boldsymbol{s}_1\, \boldsymbol{s}_2 \ldots \boldsymbol{s}_n)\,.$$
3. VORBEREITUNG. Gegeben sei eine Näherungsmodalmatrix $\boldsymbol{R}_0$, mittels welcher das Paar $\boldsymbol{G}^* \boldsymbol{D}^{-1} \boldsymbol{G}; \boldsymbol{D}$ transformiert wird auf $\boldsymbol{R}_0^* \boldsymbol{G}^* \boldsymbol{D}\, \boldsymbol{G}\, \boldsymbol{R}_0; \boldsymbol{R}_0^* \boldsymbol{D}\, \boldsymbol{R}_0$. Doch sind von diesem Paar nur die Hauptdiagonalelemente wegzuspeichern
$$a_{jj} = \boldsymbol{r}_{0j}^* \boldsymbol{G}^* \boldsymbol{D}^{-1} \boldsymbol{G}\, \boldsymbol{r}_{0j} \geqq 0\,, \quad d_{jj} = \boldsymbol{r}_{0j}^* \boldsymbol{D}\, \boldsymbol{r}_{0j} > 0; \quad j = 1, 2, \ldots, n\,.$$
Von $\boldsymbol{R}_0$ ist außer der Regularität zu fordern, daß $\boldsymbol{R}_0^* \boldsymbol{D}\, \boldsymbol{R}_0$ diagonal ist. Ist keine bessere Startmatrix bekannt, so wählt man $\boldsymbol{R}_0 = \boldsymbol{I}$.
4. STRATEGIE. Je ein Zyklus von $n(n-1)$ Rotationen nach (13a) oder ein Doppelzyklus nach (13b).
5. ITERATION.
   - 5a) Niveauhöhe $\varepsilon_\varrho < 1$ vorgeben.
   - 5b) Nach Wahl eines Indexpaares j, k die Spalten $\boldsymbol{s}_j$ und $\boldsymbol{s}_k$ aus $\boldsymbol{S}$ herausgreifen und damit das Element $a_{jk} = \boldsymbol{s}_j^*\, \boldsymbol{s}_k$ berechnen.
   - 5c) Die Elemente $a_{jj} = \boldsymbol{s}_j^*\, \boldsymbol{s}_j$ und $a_{kk} = \boldsymbol{s}_k^*\, \boldsymbol{s}_k$ abrufen und testen:
   $$\frac{|a_{jk}|}{\sqrt{a_{jj}\, a_{kk}}} \leqq \varepsilon_\varrho ? \begin{cases} \text{nein, dann weiter mit 6.} \\ \text{ja, dann weiter mit 5d).} \end{cases}$$
   - 5d) Die Elemente d_{jj} und d_{kk} abrufen. Damit liegt das aktuelle Paar $\boldsymbol{A}_{jk}; \boldsymbol{D}_{jk}$ vor, womit
   - 5e) die quadratische Gl. (19) aufgestellt und gelöst werden kann.
   - 5f) Mit der betragskleinsten Wurzel t die beiden Vektoren $\boldsymbol{t}_j$ und $\boldsymbol{t}_k$ sowie
   - 5g) die Determinante Δ_{jk} (15) berechnen.
   - 5h) Erneuerung der Matrizen $\boldsymbol{D}_A$, $\boldsymbol{S}$ und $\boldsymbol{D}$:
   $$\left\{\begin{array}{lll} a_{jj} := \boldsymbol{r}_j^* \boldsymbol{A}_{jk} \boldsymbol{r}_j\,; & a_{kk} := \boldsymbol{r}_k^* \boldsymbol{A}_{jk} \boldsymbol{r}_k\,, & \text{(A)} \\ \boldsymbol{s}_j := \boldsymbol{s}_j - t\, d_{jj}\, \boldsymbol{s}_k; & \boldsymbol{s}_k := \boldsymbol{s}_k + \bar{t}\, d_{kk}\, \boldsymbol{s}_j\,, & \text{(B)} \\ d_{jj} := d_{jj}\, \Delta_{jk}; & d_{kk} := d_{kk}\, \Delta_{jk}\,. & \text{(C)} \end{array}\right.$$
   Mit diesen neuberechneten Größen die alten überschreiben.
6. Neues Indexpaar j, k wählen und nach 5a gehen.
7. Fällt für einige Paare j, k der Test 5b negativ aus, so wird die Niveauhöhe ε_ϱ verkleinert oder
8. die Iteration beendet.

Ist nun das vorgelegte Paar $\boldsymbol{G}; \boldsymbol{D}$ normal, so gilt nach der Korrespondenztafel (16.41)

$$\varkappa_j^2 = |\lambda_j|^2; \qquad \boldsymbol{u}_j = \boldsymbol{x}_j \quad \text{für} \quad j = 1, 2, \ldots, n, \tag{34}$$

so daß auf diese Weise, gewissermaßen als Nebenprodukt, auch das Originalpaar $\boldsymbol{G}; \boldsymbol{D}$ angenähert auf Diagonalform transformiert wurde. Der Eigenwert λ_j selbst wird mit dem zugehörigen Näherungsvektor $\boldsymbol{r}_j$ (33) als RAYLEIGH-Quotient zum Paar $\boldsymbol{G}; \boldsymbol{D}$ berechnet. Diese Rechnung entfällt, wenn $\boldsymbol{G}$ hermitesch ist. Wir unterscheiden:

a) $\boldsymbol{G}$ ist positiv (halb-)definit, dann ist

$$\lambda_j = +\sqrt{\varkappa_j^2} \quad \text{für} \quad j = 1, 2, \ldots, n. \tag{35}$$

b) $\boldsymbol{G}$ ist nicht positiv (halb-)definit. Dann wählt man einen reellen Wert Λ so, daß die geschiftete Matrix $\boldsymbol{G} - \Lambda \boldsymbol{D}$ nunmehr positiv (halb-)definit ausfällt und verfährt wie unter a).

Ist aber das Paar $\boldsymbol{G}; \boldsymbol{D}$ normal, so wurde, ob beabsichtigt oder nicht, das zugeordnete Problem (16.51a) — und bei Vertauschung von $\boldsymbol{G}^*$ und $\boldsymbol{G}$ auch (16.51b) — gelöst. Halten wir jedoch ausdrücklich fest: der Algorithmus selbst wird von der Fallunterscheidung normal oder nicht normal in keiner Weise berührt!

Erstes Beispiel. Das normale Paar $\boldsymbol{G}; \boldsymbol{D}$ hat die Eigenwerte $\lambda_1 = 15 + 9i$, $\lambda_2 = 15 - 9i$ und $\lambda_3 = -3$ zur Modalmatrix $(\boldsymbol{x}_1\ \boldsymbol{x}_2\ \boldsymbol{x}_3) = \boldsymbol{X}$. Die singulären Werte sind $\varkappa_{1,2}^2 = |\lambda_{1,2}|^2 = 306$ und $\varkappa_3^2 = |\lambda_3|^2 = 9$. Der Leser überzeuge sich, daß schon nach wenigen Rotationen die RAYLEIGH-Quotienten $R_j = a_{jj}/d_{jj}$ für $j = 1, 2, 3$ gleich diesen Werten sind.

$$\boldsymbol{G} = \begin{pmatrix} -1 & -3 & 8 \\ 3 & 15 & 12 \\ 8 & -12 & 26 \end{pmatrix}; \quad \boldsymbol{D} = \begin{pmatrix} 1 & 0 & 0 \\ 0 & 1 & 0 \\ 0 & 0 & 2 \end{pmatrix}. \quad \boldsymbol{X} = \begin{pmatrix} i & -i & 4 \\ 3 & 3 & 0 \\ 2i & -2i & -1 \end{pmatrix}.$$

Zweites Beispiel. Das normale Paar $\boldsymbol{G}; \boldsymbol{I}$ mit

$$\boldsymbol{G} = a\boldsymbol{I} \pm i\boldsymbol{K} = \begin{bmatrix} a & \pm i & 0 & 0 & \ldots & 0 & 0 \\ \pm i & a & \pm i & 0 & \ldots & 0 & 0 \\ 0 & \pm i & a & \pm i & \ldots & 0 & 0 \\ 0 & 0 & \pm i & a & \ldots & 0 & 0 \\ \cdots & \cdots & \cdots & \cdots & \cdots & \cdots & \cdots \\ 0 & 0 & 0 & 0 & \ldots & a & \pm i \\ 0 & 0 & 0 & 0 & \ldots & \pm i & a \end{bmatrix} \tag{a}$$

hat nach (17.48) die Eigenwerte

$$\lambda_j = a \pm i\,\sigma_j = a \pm i \cdot 2\cos\frac{j}{n+1}\pi; \qquad j = 1, 2, \ldots, n, \tag{b}$$

siehe Abb. 17.3 und 30.1. Die singulären Werte sind zufolge der Normalität des Paares $\boldsymbol{G}$; $\boldsymbol{I}$ die Betragsquadrate $\varkappa_j^2 = |\lambda_j|^2$. Für reellen Parameter a gilt somit

$$\varkappa_j^2 = |\lambda_j|^2 = a_j^2 + \sigma_j^2; \qquad a^2 \leqq |\varkappa_j|^2 < a^2 + 4; \qquad j = 1, 2, \ldots, n\,. \tag{c}$$

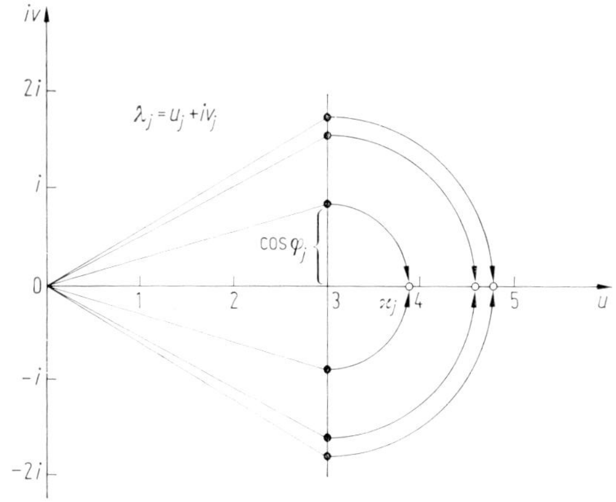

Abb. 30.1. Eigenwetre λ_j und Werte $\varkappa_j$ für das Paar $\boldsymbol{G}$; $\boldsymbol{I}$, schematisch

Die Eigenvektoren des Paares $\boldsymbol{G}$; $\boldsymbol{I}$ stimmen überein mit denen des Paares $\boldsymbol{K}$; $\boldsymbol{I}$ (17.51). Es sei $a = 3$, dann gilt nach (c) die Eingrenzung

$$9 \leqq \varkappa_j^2 < 13\,. \tag{d}$$

Speziell für $n = 100$ sind die beiden kleinsten bzw. größten singulären Werte

$$\left.\begin{aligned} \varkappa_1^2 &= |\lambda_1|^2 = 3^2 + \sigma_1^2 = 9 + 4\cos^2\left(\frac{1}{101}\pi\right) \\ \varkappa_2^2 &= |\lambda_2|^2 = 3^2 + \sigma_2^2 = 9 + 4\cos^2\left(\frac{100}{101}\pi\right) \end{aligned}\right\} = 9{,}000\,967\,435\,416\,023, \tag{e}$$

$$\left.\begin{aligned} \varkappa_{99}^2 &= |\lambda_{99}|^2 = 3^2 + \sigma_{99}^2 = 9 + 4\cos^2\left(\frac{50}{101}\pi\right) \\ \varkappa_{100}^2 &= |\lambda_{100}|^2 = 3^2 + \sigma_{100}^2 = 9 + 4\cos^2\left(\frac{51}{101}\pi\right) \end{aligned}\right\} = 12{,}996\,131\,194\,267\,19. \tag{f}$$

Wir starten mit $\boldsymbol{R}_0 = \boldsymbol{I}$. In der Tabelle (g) sind für verschiedene Niveauhöhen $10^{-\varrho}$ von $\varrho = 2$ bis $\varrho = 12$ die ersten und letzten beiden RAYLEIGH-Quotienten $R_1 = \tilde{a}_{11}/\tilde{b}_{11}$, $R_2 = \tilde{a}_{22}/\tilde{b}_{22}$ und $R_{99} = \tilde{a}_{99}/\tilde{b}_{99}$, $R_{100} = \tilde{a}_{100}/\tilde{b}_{100}$ ausgedruckt. Sie streben rasch gegen die singulären Werte (e) bzw. (f). Daß von den n singulären Werten (c) nach Abb. 30.1 je zwei einander gleich sind, stört das JACOBI-Verfahren nicht im geringsten. Die vorletzte Spalte der Tabelle (g) enthält die Anzahl der Teildrehungen (Rotationen) pro Nivellement, die letzte Spalte die Gesamtanzahl aller bis dahin durchgeführten Teildrehungen. Das Zurückgehen der Zahlen der vorletzten Spalte ist ein Hinweis darauf, daß zu Anfang die Konvergenz linear, später quadratisch ist, wie sich theoretisch nachweisen läßt. Bei nur linearer Konvergenz wären diese Zahlen etwa einander gleich.

Tabelle (g) zum zweiten Beispiel

ϱ	R_1	R_2	R_{99}	R_{100}		
2	9.004161125514153	9.010802580081116	12.97516293011191	12.98367716707949	3688	3688
3	9.001478562298168	9.006370016268371	12.99295310215908	12.99583279019073	1364	5052
4	9.001044509569617	9.001068639668390	12.99605239328993	12.99611731003869	923	5975
5	9.000968091611745	9.000969195410515	12.99612361553188	12.99613028381780	731	6706
6	9.000967487173975	9.000968000733602	12.99613040002557	12.99613066708153	531	7237
7	9.000967457414071	9.000967742145645	12.99613117692190	12.99613118729606	438	7675
8	9.000967435832634	9.000967437809725	12.99613118993680	12.99613119345081	417	8092
9	9.000967435441489	9.000967435690561	12.99613119319015	12.99613119412624	352	8444
10	9.000967435422166	9.000967435434737	12.99613119426114	12.99613119426456	305	8749
11	9.000967435416266	9.000967435417459	12.99613119426478	12.99613119426712	316	9065
12	9.000967435416076	9.000967435416121	12.99613119426486	12.99613119426734	258	9323

(g)

30.5. Das halbimplizite Jacobi-Verfahren für beliebige Paare A; B

Es sei nun die allgemeine Eigenwertaufgabe

$$\boldsymbol{M}\,\boldsymbol{w} = \lambda\,\boldsymbol{B}\,\boldsymbol{w}\,; \quad \boldsymbol{B} \text{ regulär} \tag{36}$$

vorgelegt. Obschon nicht unbedingt erforderlich — siehe die Arbeit [172] — lohnt es sich, vorweg die Matrix $\boldsymbol{B}$ auf Diagonalform zu transformieren, es sei denn, es würden nur sehr wenige Rotationen durchgeführt. Der durch die Transformation in Kauf genommene Vorgabeverlust wird nach Abb. 24.1 gegenüber dem direkten Zugriff I schnellstens wieder eingespielt infolge der i. a. hohen Zahl von erforderlichen Elementartransformationen, deren Gesamtaufwand um ein Vielfaches größer ist als die einmalige Äquivalenztransformation von $\boldsymbol{B}$ auf $\boldsymbol{D}_B$ nach einer der im § 28 beschriebenen Methoden

$$\boldsymbol{L}\,\boldsymbol{B}\,\boldsymbol{R} = \hat{\boldsymbol{D}}_B \tag{37}$$

und Einführung neuer Vektoren gemäß

$$\hat{\boldsymbol{G}}\,\boldsymbol{x} = \lambda\,\hat{\boldsymbol{D}}\,\boldsymbol{x} \quad \text{mit} \quad \hat{\boldsymbol{G}} := \boldsymbol{L}\,\boldsymbol{M}\,\boldsymbol{R}\,, \quad \hat{\boldsymbol{D}} := \boldsymbol{L}\,\boldsymbol{B}\,\boldsymbol{R}\,, \quad \boldsymbol{x} = \boldsymbol{R}\,\boldsymbol{w}\,, \tag{38}$$

wo die transformierte Matrix

$$\hat{\boldsymbol{G}} = \boldsymbol{L}_{n-1}\cdots\boldsymbol{L}_2\,\boldsymbol{L}_1\{\boldsymbol{M}\}\,\boldsymbol{R}_1\,\boldsymbol{R}_2\cdots\boldsymbol{R}_{n-1}\mid\cdot\,\boldsymbol{e}_j \rightarrow \boldsymbol{m}_j\,; \quad j = 1, 2, \ldots, n \tag{39}$$

explizit zu berechnen ist, indem der Reihe nach die Einheitsvektoren $\boldsymbol{e}_1$ bis $\boldsymbol{e}_n$ von rechts nach links durch die Folge (39) geschickt werden wie angedeutet, und damit ist der Anschluß an die Gleichungen (25) und (26) hergestellt. Nur der Vollständigkeit halber vermerken wir noch, daß wenn $\boldsymbol{B}$ hermitesch und positiv definit ist, wegen $\boldsymbol{R} = \boldsymbol{L}^*$ und da $\boldsymbol{D} = \boldsymbol{L}\,\boldsymbol{B}\,\boldsymbol{L}^*$ positiv ist, der Vorgang (25) entfallen kann.

Kommen wir schließlich zur wichtigsten Frage, dem Rechenaufwand. Zunächst halten wir fest, daß die Auflösung der quadratischen Gleichung (19) ebenso wie die Erneuerungen der Diagonalmatrizen $\tilde{\boldsymbol{D}}_A$ und $\tilde{\boldsymbol{D}}$ bei großen Ordnungszahlen n nicht ins Gewicht fallen gegenüber den folgenden Operationen.

a) Halbimplizit. Erneuerung von $\boldsymbol{s}_j$ und $\boldsymbol{s}_k$ je n Operationen, Skalarprodukt $\boldsymbol{s}_j^*\,\boldsymbol{s}_k$ n Operationen.

b) Explizit. Die transformierten und nach (10) aufgeweiteten Matrizen $\tilde{\boldsymbol{A}}$ und $\tilde{\boldsymbol{B}}$ werden im Speicher mitgeführt. Ihre Erneuerung ebenso wie die der Matrix $\boldsymbol{R}$ kostet nach (20) dreimal $2\,n$ Operationen und genau das Doppelte, wenn — wie in der Originalarbeit von Jacobi angegeben — anstelle der Matrix (15) mit

$$\boldsymbol{T} = \begin{pmatrix} \cos\varphi & -\sin\varphi \\ \sin\varphi & \cos\varphi \end{pmatrix} \quad \text{bzw.} \quad \boldsymbol{T} = \begin{pmatrix} \cos\varphi & \sin\varphi \\ \sin\varphi & -\cos\varphi \end{pmatrix} \text{(Reflektor)} \tag{40}$$

gearbeitet und damit $\boldsymbol{D} = \boldsymbol{I}$ unverändert gelassen wird. Stellen wir gegenüber:

	Anzahl der Operationen pro Zyklus	Speicherbedarf				
		für $\boldsymbol{S}$	für $\tilde{\boldsymbol{A}}$	für $\tilde{\boldsymbol{B}}$	für $\boldsymbol{R}$	Summe
halb-implizit	$1{,}5\, n^3$	n^2				n^2
explizit	$3\, n^3$ mit Matrix $\boldsymbol{R}$ (15) $6\, n^3$ mit Matrix $\boldsymbol{T}$ (45)		$\approx \frac{n^2}{2}$	$\approx \frac{n^2}{2}$	n^2	$\approx 2\, n^2$

. (41)

Da mit sehr vielen Zyklen gerechnet werden muß, spielt demgegenüber die vorwegzunehmende Transformation (37) bis (39) ebensowenig eine Rolle wie das (eventuell erforderliche) Abtrennen von $\boldsymbol{u}_j$ aus $\boldsymbol{S}$ nach (32).

Nach Tabelle 24.1 aus Abschnitt 24.15 kostet die Dreieckszerlegung einer hermiteschen (bzw. reellsymmetrischen) vollbesetzten Matrix nach Gauss oder Cholesky rund $n^3/6$ Operationen; es resultiert daher nach der Übersicht (41) die (erschreckende) Bilanz

$$\boxed{1 \text{ Zyklus} = 9 \text{ Dreieckszerlegungen}} \tag{42}$$

bzw. 4,5 Zerlegungen bei nichthermitescher Matrix.

Dessenungeachtet erweist sich die Jacobi-Rotation als ein nicht zu entbehrendes Universalverfahren. Es dient der näherungsweisen Bestimmung der Eigenwerte und Eigenvektoren normaler Paare bzw. der singulären Werte beliebiger Paare sowohl wie der Stabilisierung schlecht bestimmter Gleichungssysteme und arbeitet in jedem Fall sicher, auch bei mehrfachen Eigenwerten bzw. singulären Werten. Die Konvergenz ist anfänglich linear; wenn die Außenelemente einen gewissen Betrag unterschritten haben, sogar quadratisch.

30.6. Die Regeneration (Auffrischung) des Jacobi-Verfahrens. Abgeänderte (benachbarte, gestörte) Paare

Infolge der unvermeidlichen Rundungsfehler entsteht eine Diskrepanz, weil die drei Erneuerungen 5A, 5B und 5C der Programmieranleitung von Seite 134 getrennte Wege gehen: die im Speicher mitgeführten Werte 5A und 5C sind eben *nicht* die mit den Vektoren 5B transformierten Größen! Aus diesem Grunde wird nach einer Anzahl von Zyklen die Diskrepanz getilgt: man überschreibt die Diagonalmatrizen $\tilde{\boldsymbol{D}}_A$ und $\tilde{\boldsymbol{D}}$ durch die explizit zu berechnenden hermiteschen Formen

$$\tilde{a}_{jj} = \boldsymbol{r}_j^* \boldsymbol{A} \boldsymbol{r}_j = \boldsymbol{r}_j^* \boldsymbol{G}^* \boldsymbol{D}^{-1} \boldsymbol{G} \boldsymbol{r}_j = \boldsymbol{r}_j^* \boldsymbol{G}^* \boldsymbol{D}^{-1/2} \cdot \boldsymbol{D}^{-1/2} \boldsymbol{G} \boldsymbol{r}_j = \boldsymbol{s}_j^* \boldsymbol{s}_j \quad (43)$$

und

$$\tilde{d}_{jj} = \boldsymbol{r}_j^* \boldsymbol{D} \boldsymbol{r}_j \,. \quad (44)$$

Während die Vektoren $\boldsymbol{s}_j$ im Speicher stehen, somit die Auffrischung der Matrix $\boldsymbol{A}$ nur n Skalarprodukte kostet, müssen für (44) die n Vektoren $\boldsymbol{r}_j$ explizit nach (33) berechnet werden. Damit ist ein fehlerfreier Ausgangszustand geschaffen, und die Iteration kann mit der gespeicherten Matrix $\boldsymbol{S}$ neu gestartet werden. Je größer die Ordnungszahl, umso öfter ist eine solche Regeneration vorzunehmen.

Sind aus welchen Gründen immer bereits zu Anfang der Iteration brauchbare Näherungsvektoren $\boldsymbol{r}_1, \ldots, \boldsymbol{r}_n$ bekannt (z.B. aus benachbarten, gestörten Paaren infolge kleiner konstruktiver Änderungen des zugrundeliegenden physikalischen oder geometrischen Problems), so beginnt der Algorithmus bereits im ersten Schritt mit einer Regeneration.

Dazu ein Beispiel. Die Matrix $\boldsymbol{A} = 2\boldsymbol{I} - \boldsymbol{K}$ (17.57) wird in den ersten und letzten beiden Zeilen geringfügig abgeändert in $\tilde{\boldsymbol{A}}$.

$$\tilde{\boldsymbol{A}} = \begin{pmatrix} 1{,}7 & -0{,}9 & 0 \ldots & 0 & 0 \\ -0{,}9 & 1{,}9 & -1 \ldots & 0 & 0 \\ 0 & -1 & 2 \ldots & 0 & 0 \\ \ldots & \ldots & \ldots & \ldots & \ldots \\ 0 & 0 & 0 \ldots & 1{,}9 & -0{,}9 \\ 0 & 0 & 0 \ldots & -0{,}9 & 1{,}7 \end{pmatrix}.$$

Das Matrizenpaar $\tilde{\boldsymbol{A}}$; $\boldsymbol{I}$ gehört zur Schwingerkette der Abb. 30.2 mit den Eigenschwingungszahlen $\omega_j^2 = \lambda_j$ c/m.

Abb. 30.2. Symmetrisch abgeänderte homogene Schwingerkette

Die Matrix $\tilde{\boldsymbol{A}}$ ist nach Jacobi zu rotieren für $n = 8$ bis zur Niveauhöhe $\varepsilon = 10^{-14}$. Startet man naiv mit $\boldsymbol{R}_0 = \boldsymbol{I}$, so werden 117 Teildrehungen (Rotationen) benötigt, dagegen mit der Startmatrix $\boldsymbol{R}_0 = \boldsymbol{X}$ (17.51) nur 33, das sind 28% des obigen Aufwandes!

30.7. Jacobi-ähnliche Transformationen. Zusammenfassung

Das auf hermitesche Paare $\boldsymbol{A}; \boldsymbol{D}$ angewandte JACOBIsche Verfahren zeichnet sich dadurch aus, daß es $\boldsymbol{D}$-unitär abläuft, was zur Folge hat, daß die beiden Wurzeln t_1 und t_2 der quadratischen Gl. (19) reell ausfallen. Bei nichthermiteschen Paaren sind diese Wurzeln eventuell komplex (bei reellen Paaren konjugiert komplex), und es sind anstelle der einen Transformationsmatrix $\boldsymbol{R}$ nun die beiden Matrizen $\boldsymbol{L}$ und $\boldsymbol{R}$ mitzuführen, wenn man nicht von vornherein auf die Annäherung an eine Diagonalmatrix verzichtet und sich mit einer oberen (oder unteren) Dreiecksmatrix zufrieden gibt, wobei dann wieder $\boldsymbol{L} = \boldsymbol{R}^*$ gesetzt werden kann. Ansonsten verläuft alles wie gehabt; man spricht daher von JACOBI-*ähnlichen Verfahren* (JACOBI *like methods*). Sie sind indessen weniger universell einsetzbar und dienen in erster Linie als Eigenwertalgorithmen; wir kommen im § 39 noch einmal kurz darauf zu sprechen.

IX. Kapitel

Lineare Gleichungen und Kehrmatrix

Neben dem Eigenwertproblem ist die Auflösung linearer Gleichungssysteme *der* große Komplex innerhalb der Matrizennumerik. Die theoretischen Grundlagen dazu wurden im § 6 gelegt; im folgenden geht es um die praktische Durchführung vor allem im Hinblick auf große Gleichungssysteme (Mammutmatrizen) mit 100000 und mehr Unbekannten, wie sie als Endprodukte der Finite-Elemente-Methode (FEM) und/oder der finiten Übersetzungen von linearen (oder linearisierten) Differentialoperatoren heute gang und gäbe sind. Es ist einleuchtend, daß bei derart hohen Anforderungen besondere Maßnahmen erforderlich werden, um erstens überhaupt noch eine brauchbare Näherung $\boldsymbol{z} \approx \boldsymbol{x}$ zu gewinnen und, was weitaus wichtiger ist, einige oder alle Komponenten x_j des Lösungsvektors $\boldsymbol{x}$ in mathematisch gesicherte Grenzen einzuschließen. Diesem Aspekt wenden wir uns daher vor der Beschreibung der eigentlichen Algorithmen im § 31 als erstes zu.

In den Anwendungen ist man selten am Gesamtlösungsvektor $\boldsymbol{x}$ interessiert, sondern meist nur an einigen wenigen, oft einer einzigen Komponente x_j. Ideal wäre es demnach, wenn sich diese — mit entsprechend geringem Aufwand — unabhängig von den übrigen berechnen ließen. Dies ist zwar nach der CRAMERschen Auflösungsformel (3.20) theoretisch möglich; praktisch kommt man diesem Wunschziel indessen einigermaßen nahe durch eine vorgezogene Spaltenvertauschung, indem die allein interessierenden m Komponenten nach rechts gebracht werden. (Bei symmetrischen Matrizen kann eine entsprechende Zeilenvertauschung erfolgen, falls man die Symmetrie erhalten will.) Wird die so umgeordnete Matrix auf obere Dreiecksform transformiert, $\boldsymbol{L}\,\boldsymbol{A} = \nabla$, so fallen in der Tat die gesuchten Lösungen $x_1, x_2, \ldots, x_m$ als erste an.

Breitester Raum wird außerdem der für den Anwender so wichtigen Frage nach der Lösung abgeänderter (benachbarter, gestörter) Gleichungssysteme gewidmet, wie sie infolge von Serientests sowie aufgrund (meist geringfügiger) Abänderung konstruktiver Merkmale die Praxis des berechnenden Physikers und Ingenieurs beherrschen.

Im § 32 wird als Kernstück des IX. Kapitels die seit GAUSS klassische (theoretisch) endliche oder „exakte" Gleichungsauflösung beschrieben, sodann folgen im § 33 die auf der geometrischen Reihe beruhenden halbiterativen und die durch das Defektquadrat gesteuerten echten iterativen Methoden, wobei die letzteren unter dem Gesichtspunkt des Ritzschen Verfahrens geschildert werden. Eine optimale Kombination aller dieser Vorgehensweisen liegt dem Algorithmus Rapido/Rapidissimo zugrunde, der als einer der stärksten Gleichungslöser zu gelten hat.

Die „exakte" und iterative Berechnung der — in praxi selten benötigten — Kehrmatrix im § 34 beschließt dieses Kapitel.

§ 31. Einschließung und Fehlerabschätzung. Kondition

• 31.1. Defekt und Korrektur

Wir rufen uns nochmals die im Abschnitt 25.6 gemachten Ausführungen ins Gedächtnis zurück. Dem vorgelegten Gleichungssystem $\boldsymbol{A}\,\boldsymbol{x} = \boldsymbol{r}$ ist beigeordnet ein äußerlich gleichartig gebautes zweites System, wo anstelle von Lösung $\boldsymbol{x}$ und rechter Seite $\boldsymbol{r}$ die Korrektur $\boldsymbol{k}$ und der Defekt $\boldsymbol{d}$ stehen; eine Dualität, die im folgenden eine entscheidende Rolle spielt und die wir uns deshalb fest einprägen wollen:

$$\boxed{\text{a)}\ \boldsymbol{A}\,\boldsymbol{x} = \boldsymbol{r} \Leftarrow \boldsymbol{A}\,\boldsymbol{k} = \boldsymbol{d}\ \text{b)}} \tag{1}$$

mit

$$\boxed{\boldsymbol{k} := \boldsymbol{z} - \boldsymbol{x} \quad \text{und} \quad \boldsymbol{d} := \boldsymbol{A}\,\boldsymbol{z} - \boldsymbol{r}}\ . \tag{2}$$

Das zweite System ist dem ersten aber nicht etwa gleichgestellt, wie man auf den ersten Blick vermuten könnte, sondern übergeordnet. Denn wählt man als Näherung speziell den Nullvektor, $\boldsymbol{z} = \boldsymbol{o}$, so wird $\boldsymbol{d} = -\boldsymbol{r}$ und $\boldsymbol{k} = -\boldsymbol{x}$, womit (1b) in (1a) übergeht, und dieser Bezug legt es nahe, von vornherein von der Gleichung $\boldsymbol{A}\,\boldsymbol{k} = \boldsymbol{d}$ auszugehen. Jeder Algorithmus bzw. jeder Einschließungssatz gilt dann unbesehen auch für das Ausgangssystem $\boldsymbol{A}\,\boldsymbol{x} = \boldsymbol{r}$.

Die Umkehrung der Gleichungen (1) liefert die beiden formalen Lösungen

$$\boldsymbol{x} = \boldsymbol{A}^{-1}\,\boldsymbol{r}; \qquad \boldsymbol{k} = \boldsymbol{A}^{-1}\,\boldsymbol{d}\,, \tag{3}$$

deren erste zusammen mit (2) ergibt

$$\boldsymbol{x} = \boldsymbol{z} - \boldsymbol{A}^{-1}\,\boldsymbol{d} = \boldsymbol{z} - \frac{1}{\det \boldsymbol{A}}\,\boldsymbol{A}^{\mathrm{adj}}\,\boldsymbol{d}; \qquad \det \boldsymbol{A} \neq 0\,. \tag{4}$$

Wir erkennen daraus: die an der Näherung $\boldsymbol{z}$ anzubringende Verbesserung $-\boldsymbol{k} = -\boldsymbol{A}^{-1}\,\boldsymbol{d}$ kann selbst bei kleinem Defekt $\boldsymbol{d}$ beträchtliche Werte annehmen, wenn nur die Determinante von $\boldsymbol{A}$ klein genug ist; eine Einsicht von größter Bedeutung, die wir aussprechen wollen als

Merksatz: *Auch bei beliebig kleinem Defekt kann die Näherung* $\boldsymbol{z}$ *praktisch unbrauchbar sein, wenn die Matrix* $\boldsymbol{A}$ *schlecht konditioniert (ill conditioned) ist.*

Es ist daher bei der Beurteilung einer Näherung $\boldsymbol{z}$ mit Hilfe des Defektes größte Vorsicht geboten, solange über die Determinante bzw. über die Norm von $\boldsymbol{A}$ keine Aussage vorliegt.

Dazu ein Beispiel. Das Gleichungssystem

$$\boldsymbol{A}\,\boldsymbol{x} = \boldsymbol{r} \quad \text{mit} \quad \boldsymbol{A} = \begin{pmatrix} 1 & 0 \\ 1 & \varepsilon \end{pmatrix}, \qquad \boldsymbol{r} = \begin{pmatrix} 1 \\ 1 \end{pmatrix}$$

hat die Lösung

$$\boldsymbol{x} = \begin{pmatrix} 1 \\ 0 \end{pmatrix}.$$

Mit der Näherung

$$\boldsymbol{z} = \begin{pmatrix} 1 \\ \delta/\varepsilon \end{pmatrix}$$

wird der Defekt $\boldsymbol{d}$ und damit die Korrektur $\boldsymbol{k}$

$$\boldsymbol{d} = \boldsymbol{A}\,\boldsymbol{z} - \boldsymbol{r} = \begin{pmatrix} 0 \\ \delta \end{pmatrix}, \qquad \boldsymbol{k} = \boldsymbol{z} - \boldsymbol{x} = \begin{pmatrix} 0 \\ \delta/\varepsilon \end{pmatrix} = \varepsilon^{-1}\,\boldsymbol{d}\,.$$

Ist beispielsweise $\delta = 10^{-30}$, der Defekt somit extrem klein, und $\varepsilon = 10^{-80}$, so wird

$$\boldsymbol{k} = 10^{80}\,\boldsymbol{d} = \begin{pmatrix} 0 \\ 10^{50} \end{pmatrix}.$$

Man erkennt an dieser konstruierten Aufgabe sehr gut die grundsätzliche Problematik, die bei großen Ordnungszahlen n außerordentliche Maßnahmen erfordert, wenn überhaupt ein brauchbares Ergebnis resultieren soll.

• 31.2. Einschließung mittels hermitescher Kondensation (Spektralnorm)

Hermitesche Kondensation der Gleichung $\boldsymbol{A}\,\boldsymbol{k} = \boldsymbol{d}$ und anschließende Division durch $\boldsymbol{k}^*\,\boldsymbol{k}$ führt auf die skalaren Gleichungen

$$\boldsymbol{k}^*\,\boldsymbol{A}^*\,\boldsymbol{A}\,\boldsymbol{k} = \boldsymbol{d}^*\,\boldsymbol{d} \to \frac{\boldsymbol{k}^*\,\boldsymbol{A}^*\,\boldsymbol{A}\,\boldsymbol{k}}{\boldsymbol{k}^*\,\boldsymbol{k}} = \frac{\boldsymbol{d}^*\,\boldsymbol{d}}{\boldsymbol{k}^*\,\boldsymbol{k}} \tag{5}$$

mit dem reellen und nichtnegativen Formenquotienten $\Phi(\boldsymbol{k})$, dessen Wertebereich abgeschlossen wird durch den kleinsten und größten Eigenwert des Paares $\boldsymbol{A}^*\,\boldsymbol{A}; \boldsymbol{I}$ (das sind die singulären Werte des Paares $\boldsymbol{A}; \boldsymbol{I}$)

$$\Phi(\boldsymbol{k}) := \frac{\boldsymbol{k}^*\,\boldsymbol{A}^*\,\boldsymbol{A}\,\boldsymbol{k}}{\boldsymbol{k}^*\,\boldsymbol{k}}\,; \qquad \underset{\smile}{\varphi}^2 \leqq \varphi_1^2 \leqq \Phi(\boldsymbol{k}) \leqq \varphi_n^2 \leqq \widehat{\varphi}^2\,, \tag{6}$$

und daraus folgt auf einfachste Weise die Eingrenzung

$$\frac{\boldsymbol{d}^*\,\boldsymbol{d}}{\widehat{\varphi}^2} \leqq \boldsymbol{k}^*\,\boldsymbol{k} \leqq \frac{\boldsymbol{d}^*\,\boldsymbol{d}}{\underset{\smile}{\varphi}^2}\,. \tag{7}$$

Dabei sind $\underset{\smile}{\varphi}^2$ und $\widehat{\varphi}^2$ äußere Schranken für die im allgemeinen unbekannten Werte φ_1^2 und φ_n^2.

Da nun die betragsgrößte Komponente des Vektors $\boldsymbol{k}$ nicht größer sein kann als das Betragsquadrat $\boldsymbol{k}^* \boldsymbol{k}$, ist damit zugleich jede einzelne Komponente von $\boldsymbol{k}$ für sich eingeschlossen

$$|k_k| = |z_k - x_k| \leqq \sqrt{\frac{\boldsymbol{d}^* \boldsymbol{d}}{\underset{\smile}{\varphi}^2}}\ ; \qquad k = 1, 2, \ldots, n\,, \tag{8}$$

doch wird diese Vergröberung um so unannehmbarer, je größer die Ordnungszahl n ist. Wir gehen deshalb etwas sorgfältiger vor, greifen aus dem Gleichungssystem $\boldsymbol{A}\,\boldsymbol{k} = \boldsymbol{d}$ eine Zeile der Nummer j heraus

$$a_{j1}\,k_1 + a_{j2}\,k_2 + \cdots + a_{jk}\,k_k + \cdots + a_{jn}\,k_n = d_j \tag{9}$$

und schreiben diese mit der Restzeile

$$\hat{\boldsymbol{a}}^j := (a_{j1} \ldots a_{j,k-1} \quad 0 \quad a_{j,k+1} \ldots a_{jn}) \tag{10}$$

nach leichter Umordnung kürzer so

$$(a_{jk}\,k_k - d_j) = -\hat{\boldsymbol{a}}^j\,\boldsymbol{k}\,. \tag{11}$$

Erweitern wir das Betragsquadrat dieser Gleichung (man beachte $\bar{\boldsymbol{a}}\,\boldsymbol{a}^T = \boldsymbol{a}^*\,\boldsymbol{a}$!)

$$|a_{jk}\,k_k - d_j|^2 = \boldsymbol{k}^*\,\bar{\hat{\boldsymbol{a}}}^j\,\hat{\boldsymbol{a}}^j\,\boldsymbol{k} = \boldsymbol{k}^*\,\hat{\boldsymbol{a}}^{j*}\,\hat{\boldsymbol{a}}^j\,\boldsymbol{k} \tag{12}$$

mit den beiden Seiten der ersten Gleichung (5) und dividieren durch $\boldsymbol{k}^*\,\boldsymbol{k}$, so wird daraus

$$\frac{\boldsymbol{k}^*\,\boldsymbol{A}^*\,\boldsymbol{A}\,\boldsymbol{k}}{\boldsymbol{k}^*\,\boldsymbol{k}}\,|a_{jk}\,k_k - d_j|^2 = \frac{\boldsymbol{k}^*\,\hat{\boldsymbol{a}}^{j*}\,\hat{\boldsymbol{a}}^j\,\boldsymbol{k}}{\boldsymbol{k}^*\,\boldsymbol{k}} \cdot \boldsymbol{d}^*\,\boldsymbol{d} \tag{13}$$

oder kurz

$$\Phi(\boldsymbol{k})\,|a_{jk}\,k_k - d_j|^2 = \Psi(\boldsymbol{k}) \cdot \boldsymbol{d}^*\,\boldsymbol{d}\,, \tag{14}$$

wo offenbar

$$0 \leqq \Psi(\boldsymbol{k}) \leqq \hat{\boldsymbol{a}}^j\,\hat{\boldsymbol{a}}^{j*} = \boldsymbol{a}^j\,\boldsymbol{a}^{j*} - |a_{jk}|^2 \tag{15}$$

gilt. Nun ersetzen wir in (14) den Formenquotienten $\Phi(\boldsymbol{k})$ durch seine untere und $\Psi(\boldsymbol{k})$ durch seine obere Schranke und bekommen die für alle n Zeilen gültige Ungleichung

$$\underset{\smile}{\varphi}^2\,|a_{jk}\,k_k - d_j|^2 \leqq (\boldsymbol{a}^j\,\boldsymbol{a}^{j*} - |a_{jk}|^2)\,\boldsymbol{d}^*\,\boldsymbol{d}\,, \tag{16}$$

doch betrachten wir im folgenden nur jene Indexpaare j, k, für welche a_{jk} von Null verschieden ist. Die Division durch $|a_{jk}|^2\,\underset{\smile}{\varphi}^2$ ergibt dann

$$\left|k_k - \frac{d_j}{a_{jk}}\right|^2 \leqq \varepsilon_{jk}^2\,\frac{\boldsymbol{d}^*\,\boldsymbol{d}}{\underset{\smile}{\varphi}^2} \quad \text{mit} \quad \varepsilon_{jk}^2 := \frac{\boldsymbol{a}^j\,\boldsymbol{a}^{j*}}{|a_{jk}|^2} - 1 \geqq 0; \qquad a_{jk} \neq 0\,, \tag{17}$$

oder kurz

$$|k_k - \mu_{jk}| \leqq \delta_{jk}\,, \tag{18}$$

und damit haben wir den

Satz 1. *Die Komponente k_k des Korrekturvektors $\boldsymbol{k}$ liegt nicht außerhalb des Kreises K_{jk} mit dem Mittelpunkt μ_{jk} und dem Radius δ_{jk} mit*

$$\mu_{jk} = \frac{d_j}{a_{jk}}, \quad \delta_{jk} = \varepsilon_{jk} f, \quad f = \frac{\sqrt{\boldsymbol{d}^* \boldsymbol{d}}}{\underset{\smile}{\varphi}}, \qquad \varepsilon_{jk}^2 = \frac{\boldsymbol{a}^j \boldsymbol{a}^{j*}}{|a_{jk}|^2} - 1 \geqq 0; \quad a_{jk} \neq 0. \tag{19}$$

Damit ist aber wegen $\boldsymbol{x} = \boldsymbol{z} - \boldsymbol{k}$ nach Abb. 31.1 auch die Komponente x_k im Kreis $\tilde{K}_{jk}$ mit dem Durchmesser δ_{jk} eingeschlossen.

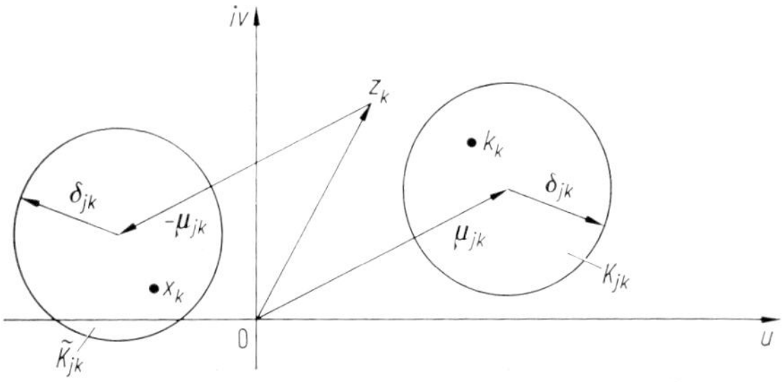

Abb. 31.1. Einschließung der Komponente x_k im Kreis $\tilde{K}_{jk}$

Da unser Satz für alle $m \leqq n$ definierenden Ungleichungen (17) gilt, kann die Komponente k_k des Korrekturvektors nur im Durchschnitt aller zugehörigen Kreise K_{jk} liegen, der nach Abb. 31.2 zu ermitteln wäre, doch wollen wir uns auf den reellen Fall beschränken; man braucht dann von den $m \leqq n$ reellen Einschließungsbereichen nur von den unteren Schranken das Maximum und von den oberen das Minimum zu wählen, und es folgt

Satz 2: *Sind $\boldsymbol{A}$ und $\boldsymbol{r}$ reell und wird $\boldsymbol{z}$ reell gewählt, so gilt für die Komponente k_k des Korrekturvektors $\boldsymbol{k}$ die Einschließung*

$$\max_{j=1}^{m} \left| \frac{d_j}{a_{jk}} - \varepsilon_{jk} f \right| \leqq k_k \leqq \min_{j=1}^{m} \left| \frac{d_j}{a_{jn}} + \varepsilon_{jk} f \right| ; \qquad a_{jk} \neq 0 . \tag{20}$$

Nun zur Kernfrage: wie gewinnen wir eine untere Schranke $\underset{\smile}{\varphi}^2$ für den kleinsten Eigenwert des hermiteschen Paares $\boldsymbol{A}^*\boldsymbol{A}; \boldsymbol{I}$? Ist $\boldsymbol{A}$ normal, so sind die singulären Werte gleich den Betragsquadraten der Eigenwerte

$$\varphi_j^2 = |\lambda_j|^2; \qquad j = 1, 2, \ldots, n, \tag{21}$$

so daß es genügt, eine untere Schranke für $|\lambda_1|$ zu finden. Insonderheit sei $\boldsymbol{A}$ hermitesch und positiv definit, dann gilt noch einfacher

$$\varphi_j = \lambda_j; \qquad j = 1, 2, \ldots, n, \tag{22}$$

also ist $\underset{\smile}{\varphi} \leqq \lambda_1$ eine erlaubte untere Schranke für unseren Einschließungssatz; man berechnet sie über den Satz Acta Mechanica (36.7) mit einigem Aufwand ($n^3/6$ Operationen). Ist aber $\boldsymbol{A}$ nicht hermetisch, so muß $\boldsymbol{A}^*\boldsymbol{A}$ explizit gebildet werden ($n^3/2$ Operationen), bevor der Satz anwendbar wird.

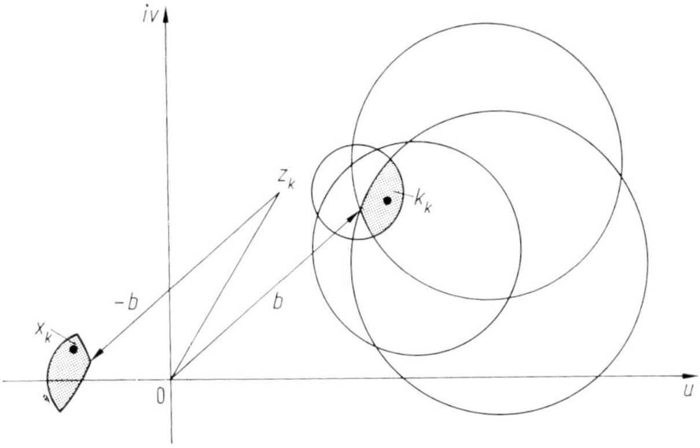

Abb. 31.2. Ermittlung des Durchschnitts von $m \leq n$ Einschließungskreisen

Wir sehen: ein mühseliges Geschäft, doch ist bei (nahezu) vollbesetzter Matrix $\boldsymbol{A}$ eine Einschließung nicht billiger zu haben. Schließlich erwähnen wir noch, daß die Sätze (19), (20) auch für das originale Gleichungssystem $\boldsymbol{A}\,\boldsymbol{x} = \boldsymbol{r}$ gültig sind; man hat lediglich $\boldsymbol{k}$ durch $\boldsymbol{x}$ und $\boldsymbol{d}$ durch $\boldsymbol{r}$ zu ersetzen.

Ein Beispiel. $\boldsymbol{A}\,\boldsymbol{x} = \boldsymbol{r}$ mit der Matrix $\boldsymbol{A} = \boldsymbol{K}_R$ (24.81) und der angegebenen rechten Seite $\boldsymbol{r}$.

$$\boldsymbol{A} = \begin{pmatrix} 1 & 1 & 1 & 1 & 1 \\ 1 & 2 & 2 & 2 & 2 \\ 1 & 2 & 3 & 3 & 3 \\ 1 & 2 & 3 & 4 & 4 \\ 1 & 2 & 3 & 4 & 5 \end{pmatrix}, \qquad \boldsymbol{r} = \begin{pmatrix} 0 \\ 1 \\ 0 \\ -1 \\ 0 \end{pmatrix}.$$

Es ist $\boldsymbol{r}^T\boldsymbol{r} = 2$, und da nach (24.83) das Spektrum von $\boldsymbol{A}_R$ zwischen 0 und 4, somit die Eigenwerte von $\boldsymbol{A} = \boldsymbol{K}_R$ zwischen $1/4$ und ∞ liegen, ist $\underset{\smile}{\varphi} = 1/4$ eine untere Schranke, da $\boldsymbol{K}_R$ reellsymmetrisch und damit hermitesch ist. Der Faktor f berechnet sich damit zu $f = \sqrt{\boldsymbol{r}^T\boldsymbol{r}/(1/4)} = \sqrt{32}$.

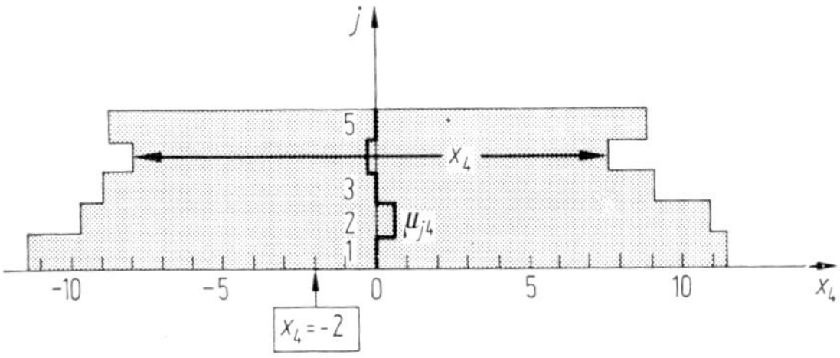

Abb. 31.3. Einschließung der Komponente x_4 des Lösungsvektors $\boldsymbol{x}$

Die folgende Tabelle enthält alle erforderlichen Werte für $k = 4$, siehe auch Abb. 31.3. Die Einschließung lautet $-8{,}00 \leq x_4 \leq +7{,}50$; die Lösung ist $\boldsymbol{x} = (-1\ 2\ 0\ -2\ 1)^T$. Tatsächlich ist die vierte Komponente $x_4 = -2$ eingeschlossen, aber wie! Die Information ist praktisch unbrauchbar, wie an der vollbesetzten Matrix $\boldsymbol{A}$ vorauszusehen. Der Leser schließe noch einige weitere Komponenten ein.

j	$\boldsymbol{a}^j \boldsymbol{a}^{jT}$	a_{j4}	ε_{j4}^2	ε_{j4}	δ_{j4}	μ_{j4}	$\mu_{j4} - \delta_{j4}$	$\mu_{j4} + \delta_{j4}$
1	5	1	$5/1^2 - 1$	2	11,314	0	−11,314	11,314
2	17	2	$17/2^2 - 1$	1,803	10,199	1/2	−9,698	10,698
3	32	3	$32/3^2 - 1$	1,599	9,043	0	−9,043	9,043
4	46	4	$46/4^2 - 1$	1,369	7,746	−1/4	−7,996	7,496
5	55	4	$55/4^2 - 1$	1,561	8,832	0	−8,832	8,832

• 31.3. Einschließung bei diagonaldominanter Matrix

Wir fragen jetzt, unter welchen Bedingungen der Satz (19) die exakte Lösung liefert. Dazu müßten in (14) die beiden Formenquotienten $\Psi(\boldsymbol{k})$ und $\Phi(\boldsymbol{k})$ unabhängig vom Vektor $\boldsymbol{k}$ Konstante sein, damit die nachfolgenden Ungleichungen zu Gleichungen werden, und dies bedeutet

1. alle Restzeilen $\hat{\boldsymbol{a}}^j$ müssen verschwinden, damit $\Psi(\boldsymbol{k}) = 0 = \text{const}$ wird, dann ist $\boldsymbol{A}$ diagonal;
2. $\boldsymbol{A}$ muß eine Skalarmatrix $\boldsymbol{A} = a\,\boldsymbol{I}$ sein, dann ist $\Phi(\boldsymbol{k}) = |a|^2 = \text{const}$, und es wird $\underset{\smile}{\varphi} = \hat{\varphi} = |a|$.

Beide Forderungen werden nun annähernd erfüllt, wenn $\boldsymbol{A}$ diagonaldominant in einer speziellen Weise ist,

$$\boldsymbol{A} = \boldsymbol{I} + \boldsymbol{R}\,, \tag{23}$$

wo die Restmatrix $\boldsymbol{R}$ in der Hauptdiagonale Nullen und außerhalb betragskleine Elemente r_{jk} enthält.

Es sei nun $\boldsymbol{A}$ hermitesch mit lauter positiven Hauptdiagonalelementen a_{jj}. Dann transformieren wir das vorgelegte System $\boldsymbol{A}\,\boldsymbol{k} = \boldsymbol{d}$ auf

$$\tilde{\boldsymbol{A}}\,\tilde{\boldsymbol{k}} = \tilde{\boldsymbol{d}} \quad \text{mit} \quad \tilde{\boldsymbol{A}} = \boldsymbol{D}^{-1/2} \boldsymbol{A}\,\boldsymbol{D}^{-1/2}\,, \quad \tilde{a}_{jj} = 1\,, \quad \boldsymbol{D} = \boldsymbol{D}\text{iag}\,\langle a_{jj}\rangle\,, \tag{24}$$

ferner

$$\tilde{k}_k = k_k \sqrt{a_{kk}}\,, \qquad \tilde{d}_k = d_k/\sqrt{a_{kk}}\,; \qquad k = 1, 2, \ldots, n \tag{25}$$

und trennen von der so vorbehandelten Matrix $\tilde{\boldsymbol{A}}$ die Einheitsmatrix $\boldsymbol{I}$ ab; es verbleibt dann die Matrix $\boldsymbol{R}$ aus (23), deren Zeilennorm ϱ wir berechnen

$$\varrho := \|\boldsymbol{R}\|_I = \max_{j=1}^{n} \left\{ \sum_{k=1}^{n} |r_{jk}| \right\}. \tag{26}$$

Ist diese kleiner als Eins, so gilt nach dem Satz von GERSCHGORIN (36.6) die Abschätzung

$$0 \leqq \lambda_1 = 1 - \varrho ; \tag{27}$$

wir dürfen daher nach (22) als untere Schranke $\underset{\smile}{\varphi} = 1 - \varrho$ wählen, und damit wird der in (19) und (20) benötigte Faktor

$$f = \frac{\sqrt{\tilde{\boldsymbol{d}}^* \tilde{\boldsymbol{d}}}}{1 - \varrho} ; \qquad \varrho < 1 , \tag{28}$$

wo in allen Formeln natürlich $\boldsymbol{A}$ durch $\tilde{\boldsymbol{A}}$ sowie k_k durch $\tilde{k}_k$ zu ersetzen ist. Nach (25) ist damit auch k_k selbst eingeschlossen.

Ist $\boldsymbol{A}$ nicht hermitesch, so berechnen wir die Spaltenbetragssummen

$$\gamma_j^2 := \boldsymbol{a}_j^* \boldsymbol{a}_j > 0 ; \qquad \boldsymbol{G} = \boldsymbol{D}\text{iag}\,\langle \gamma_j \rangle \tag{29}$$

und führen den neuen Korrekturvektor $\tilde{\boldsymbol{k}}$ ein,

$$\boldsymbol{k} = \boldsymbol{G} \tilde{\boldsymbol{k}} , \qquad \boldsymbol{A} \tilde{\boldsymbol{k}} = \boldsymbol{d} . \tag{30}$$

Diese Gleichung multiplizieren wir von links mit $\boldsymbol{A}^*$

$$\boldsymbol{A}^* \boldsymbol{A} \tilde{\boldsymbol{k}} = \boldsymbol{A}^* \boldsymbol{d} \quad \text{oder} \quad \tilde{\boldsymbol{A}} \tilde{\boldsymbol{k}} = \tilde{\boldsymbol{d}} ,$$

und jetzt hat zufolge der Maßnahme (29), (30) $\tilde{\boldsymbol{A}}$ die Form $\boldsymbol{I} + \boldsymbol{R}$, wonach alles wie oben verläuft.

Nun ist die Zeilennorm ϱ (26) nur kleiner als Eins bei ausreichender Diagonaldominanz der Matrix $\boldsymbol{A}$. Um diese herbeizuführen, wird man im allgemeinen das Gleichungssystem $\boldsymbol{A} \boldsymbol{k} = \boldsymbol{d}$ durch indirekte Linkstransformation nach den Methoden des § 28 auf $\boldsymbol{L}_2 \boldsymbol{L}_1 \boldsymbol{A} \boldsymbol{k} = \boldsymbol{L}_2 \boldsymbol{L}_1 \boldsymbol{d}$ mit $\boldsymbol{L}_1 \boldsymbol{A} = \nwarrow$ auf (angenäherte) Diagonalform transformieren müssen, um dann erst mit (24) einzusetzen. Nach dieser Vorkonditionierung handelt es sich somit „nur noch" um den Einfluß der Rundungsfehler, und in diesem Zusammenhang gewinnt die Einschließung erst ihre eigentliche praktische Bedeutung. Der Leser studiere zu diesem Fragenkreis auch die abgeänderten (benachbarten, gestörten) Gleichungssysteme, beschrieben in den Abschnitten 30.6 und 33.13.

• 31.4. Stabilisierung schlecht bestimmter Gleichungssysteme

Die beste Kondition besitzt die normiert-unitäre (im Reellen orthonormale) Matrix $\boldsymbol{U}$ zufolge der Beziehung

$$\boldsymbol{U}^* \boldsymbol{U} = \boldsymbol{U} \boldsymbol{U}^* = \boldsymbol{I} . \tag{31}$$

Wir nennen daher eine Matrix $\tilde{\boldsymbol{U}}$ *quasiunitär*, wenn die hermitesche und positiv definite Matrix $\boldsymbol{A}$ nur wenig von $\boldsymbol{I}$ abweicht

$$\boldsymbol{A} := \tilde{\boldsymbol{U}}^* \tilde{\boldsymbol{U}} = \boldsymbol{I} + \boldsymbol{\Delta} ; \qquad \|\boldsymbol{\Delta}\| \ll 1 , \tag{32}$$

somit der *unitäre Defekt* $\boldsymbol{\Delta}$ betragskleine Elemente aufweist; eine wünschenswerte Eigenschaft, die durch das explizit durchgeführte

Jacobi-Verfahren in Abschnitt 30.3 nach [153] auf folgende Weise bewirkt werden kann. Es sei das Gleichungssystem

$$\boldsymbol{G}\,\boldsymbol{x} = \boldsymbol{r} \tag{33}$$

mit schlecht konditionierter Matrix $\boldsymbol{G}$ vorgelegt, dann berechnen wir die Matrix $\boldsymbol{A} = \boldsymbol{G}\,\boldsymbol{G}^*$ (Reihenfolge der Faktoren beachten!) und starten mit dem Paar $\boldsymbol{A}; \boldsymbol{I}$, das zu

$$\tilde{\boldsymbol{A}} = \boldsymbol{R}^*\,\boldsymbol{G}\,\boldsymbol{G}^*\,\boldsymbol{R};\, \tilde{\boldsymbol{D}} \tag{34}$$

rotiert wird. Die Matrix $\tilde{\boldsymbol{A}}$ normieren wir mit Hilfe ihrer Hauptdiagonalmatrix

$$\boldsymbol{D}_A = \boldsymbol{D}\mathrm{iag}\,\langle \tilde{a}_{jj} \rangle \tag{35}$$

zu

$$\boldsymbol{A}_N = \underbrace{\overbrace{\boldsymbol{D}_A^{-1/2}\,\boldsymbol{R}^*\,\boldsymbol{G}}^{\boldsymbol{P}}}_{\tilde{\boldsymbol{U}}^*} \cdot \underbrace{\overbrace{\boldsymbol{G}^*\,\boldsymbol{R}\,\boldsymbol{D}_A^{-1/2}}^{\boldsymbol{Q}}}_{\tilde{\boldsymbol{U}}}, \tag{36}$$

wo nun

$$\boldsymbol{A}_N := \tilde{\boldsymbol{U}}^*\,\tilde{\boldsymbol{U}} = \boldsymbol{I} + \boldsymbol{\Delta}; \qquad \delta_{jj} = 0 \quad \text{für} \quad j = 1, 2, \ldots, n \tag{37}$$

die angestrebte Form (32) besitzt.

Für das weitere haben wir zwei Methoden zur Auswahl.

1. Methode. Wir multiplizieren das Gleichungssystem (33) von links mit $\boldsymbol{D}_A^{-1/2}\,\boldsymbol{R}^*$ und bekommen

$$\tilde{\boldsymbol{U}}^*\,\boldsymbol{x} = \tilde{\boldsymbol{r}} \tag{38}$$

mit

$$\tilde{\boldsymbol{U}}^* = \boldsymbol{D}_A^{-1/2}\,\boldsymbol{R}^*\,\boldsymbol{G}\,, \qquad \tilde{\boldsymbol{r}} = \boldsymbol{D}_A^{-1/2}\,\boldsymbol{R}^*\,\boldsymbol{r}\,. \tag{39}$$

Das dreifache Produkt $\tilde{\boldsymbol{U}}^*$ wird aber nicht etwa explizit erstellt, sondern geht in die Informationsklammer und wird in fakultativer Manier auf obere Dreiecksform transformiert

$$\mathring{\boldsymbol{L}}\,\tilde{\boldsymbol{U}}^* = \boldsymbol{L}_{n-1} \cdots \boldsymbol{L}_2\,\boldsymbol{L}_1\{\boldsymbol{D}_A^{-1/2}\,\boldsymbol{R}^*\,\boldsymbol{G}\} = \nabla\,, \tag{40}$$

sodann wird die neue rechte Seite

$$\mathring{\boldsymbol{r}} = \mathring{\boldsymbol{L}}\,\boldsymbol{D}_A^{-1/2}\,\boldsymbol{R}^*\,\boldsymbol{r} \tag{41}$$

berechnet und das Gleichungssystem $\nabla\,\boldsymbol{x} = \mathring{\boldsymbol{r}}$ gelöst. Wählt man speziell als dyadische Elementarmatrizen Reflektoren $\boldsymbol{L}_j = \boldsymbol{\Phi}_j$, so ist infolge der Quasi-Unitarität von $\tilde{\boldsymbol{U}}^*$ die Matrix ∇ rechts oberhalb der Hauptdiagonale mit betragskleinen Elementen besetzt.

2. Methode. Mit der eckigen Klammerung aus (36) schreibt sich die hermitesche Matrix $\boldsymbol{A}_N$ als Äquivalenztransformierte

$$\boldsymbol{A}_N = \boldsymbol{P}\,\boldsymbol{G}\,\boldsymbol{Q} \tag{42}$$

und damit das Originalsystem $\boldsymbol{G}\,\boldsymbol{x} = \boldsymbol{r}$ als

$$\boldsymbol{A}_N\,\boldsymbol{z} = \boldsymbol{P}\,\boldsymbol{G}\,\boldsymbol{Q}\,\boldsymbol{z} = \boldsymbol{P}\,\boldsymbol{r} \quad \text{mit} \quad \boldsymbol{x} = \boldsymbol{Q}\,\boldsymbol{z}\,. \tag{43}$$

Man berechnet also aus dem gutkonditionierten Ersatzsystem

$$\boldsymbol{A}_N\,\boldsymbol{z} = \hat{\boldsymbol{r}}\,, \qquad \hat{\boldsymbol{r}} = \boldsymbol{P}\,\boldsymbol{r} = \boldsymbol{D}_A^{-1/2}\,\boldsymbol{R}^*\,\boldsymbol{r} \tag{44}$$

den Hilfsvektor $\boldsymbol{z}$ und daraus die Lösung

$$\boldsymbol{x} = \boldsymbol{Q}\,\boldsymbol{z} = \boldsymbol{G}^*\,\boldsymbol{R}\,\boldsymbol{D}_A^{-1/2}\,. \tag{45}$$

Mit $\boldsymbol{A}_N = \boldsymbol{I} + \boldsymbol{\Delta}$ nach (37) hat man übrigens in idealer Weise den Anschluß an die halbiterative Treppeniteration in Abschnitt 33.2; denn mit $\boldsymbol{H} = \boldsymbol{I}$ und $\boldsymbol{N} = -\boldsymbol{\Delta}$ verläuft der Algorithmus von Gauss-Seidel

$$\boldsymbol{z}_{j+1} = \boldsymbol{r} - \boldsymbol{\Delta}\,\boldsymbol{z}_j\,, \qquad j = 0, 1, 2, \ldots \tag{46}$$

bzw.

$$\boldsymbol{k}_{j+1} = \boldsymbol{d} - \boldsymbol{\Delta}\,\boldsymbol{k}_j\,, \qquad j = 0, 1, 2, \ldots \tag{47}$$

divisionsfrei — das Beste, was man sich wünschen kann!

Der Preis für das Erreichte ist allerdings nach der Bilanz (30.42) beachtlich. Man wird daher mit der Niveauhöhe nicht allzuweit hinuntergehen, in praxi ist $\varepsilon = 0{,}8$ bis $0{,}6$ völlig ausreichend, wobei die Anzahl der erforderlichen Teiltransformationen (Rotationen) im allgemeinen um so größer ist, je schlechter die Kondition (25.86) der Ausgangsmatrix $\boldsymbol{G}$ war, doch bestätigen Ausnahmen die Regel.

§ 32. Endliche Algorithmen zur Auflösung linearer Gleichungssysteme

• 32.1. Zielsetzung. „Endlichkeit" der Methode

Setzt man in die Matrizenhauptgleichung (26.1) einen vorgegebenen Parameterwert Λ ein, oder ist gar kein Parameter vorhanden, so entsteht das Gleichungssystem

$$\boldsymbol{F}(\Lambda)\,\boldsymbol{x} = \boldsymbol{r} \quad \text{bzw.} \quad \boldsymbol{A}\,\boldsymbol{x} = \boldsymbol{r}\,, \tag{1}$$

wo eine vom Parameter freie Matrix im allgemeinen mit $\boldsymbol{A}$ bezeichnet wird. Unser Ziel ist es, mit einer „exakten" Methode, und das heißt mit im voraus abzählbar endlich vielen Operationen (Multiplikationen und Additionen) die Lösung zu errechnen, was wie wir wissen, eine Fiktion ist infolge der unvermeidlichen Rundungsfehler und Stellenauslöschungen, die bei schlechter Kondition der Matrix $\boldsymbol{A}$ das Ergebnis bis zur Unkenntlichkeit verfälschen können. Aus diesem Grund ist bei großen Gleichungssystemen fast immer eine Nachiteration bzw. Regeneration der Rechnung erforderlich, die niemals enden sollte ohne die im § 31 aus diesem Grunde so ausführlich dargelegte Einschließung einzelner Komponenten, gewonnen aus einem im Prinzip beliebig vorgebbaren Näherungsvektor $\boldsymbol{z}$.

• 32.2. Ein- und zweiseitige Transformation

Falls $\boldsymbol{A}$ regulär und gut konditiniert ist, genügt die linksseitige Transformation der Gleichung (1), d. h. die Linearkombination ihrer *Zeilen allein* in zwei Schritten

$$\boldsymbol{L}_1 \boldsymbol{A} = \nabla , \qquad \boldsymbol{L}_2 \nabla = \boldsymbol{D}_A , \tag{2}$$

also

$$\boldsymbol{D}_A \boldsymbol{x} = \tilde{\tilde{\boldsymbol{r}}} \quad \text{mit} \quad \tilde{\tilde{\boldsymbol{r}}} := \boldsymbol{L}_2(\boldsymbol{L}_1 \boldsymbol{r}) , \qquad \boldsymbol{D}_A = \boldsymbol{D}\text{iag} \langle d_{jj} \rangle , \tag{3}$$

womit die Lösung explizit vor uns steht

$$x_j = \frac{\tilde{\tilde{r}}_j}{d_{jj}} ; \qquad j = 1, 2, \ldots , n . \tag{4}$$

Dies ist das natürlichste und zugleich optimale Vorgehen besonders im Hinblick auf die Einschließungssätze aus § 31, die eine Transformation des Vektors $\boldsymbol{x} = \boldsymbol{R}\,\boldsymbol{y}$ nicht gestatten. Im allgemeinen jedoch pflegt man Spalten *und* Zeilen linear zu kombinieren

$$\boldsymbol{L}\,\boldsymbol{A}\,\boldsymbol{R}\,\boldsymbol{y} = \boldsymbol{L}\,\boldsymbol{r} \quad \text{mit} \quad \boldsymbol{x} = \boldsymbol{R}\,\boldsymbol{y} \tag{5}$$

und hat dann zu unterscheiden:

a) Die Matrix $\boldsymbol{A}$ ist regulär und gut konditioniert. Dann trifft dies auch auf die transformierte Matrix $\boldsymbol{D}_A$ im Gleichungssystem

$$\boldsymbol{D}_A \boldsymbol{y} = \tilde{\boldsymbol{r}} \quad \text{mit} \quad \boldsymbol{D}_A = \boldsymbol{L}\,\boldsymbol{A}\,\boldsymbol{R} , \qquad \tilde{\boldsymbol{r}} = \boldsymbol{L}\,\boldsymbol{r} \tag{6}$$

zu, und aus der Zwischenlösung $\boldsymbol{y} = \boldsymbol{D}_A^{-1} \tilde{\boldsymbol{r}}$ folgt der gesuchte Vektor $\boldsymbol{x} = \boldsymbol{R}\,\boldsymbol{y}$.

b) Die Matrix $\boldsymbol{A}$ ist singulär oder so schlecht konditioniert, daß sie als singulär angesehen werden muß. Die Transformation verläuft wie in Abschnitt 28.4 geschildert, wobei der (numerische) Rang über das weitere Vorgehen entscheidet. Der Leser studiere dazu den Alternativsatz (26.2) und die Ausführungen im Abschnitt 8.2.

• 32.3. Der Gaußsche Algorithmus in Blöcken

Bei Matrizen großer Ordnung (sog. *Mammutmatrizen*) ist eine Blockunterteilung (Partitionierung) im allgemeinen unerläßlich aus folgenden Gründen:

a) Speicherorganisation. Die Masse der zu verarbeitenden Elemente sowohl der Matrix $\boldsymbol{A}$ wie der rechten Seiten $\boldsymbol{r}_1, \boldsymbol{r}_2, \ldots$ muß in einem Außenspeicher (Platte, Band o. ä.) untergebracht werden und zum Abruf bereitstehen.

b) Die Gesamtoperationskette ist in eine möglichst große Anzahl möglichst kurzer Ketten zu zerlegen.

c) Der Algorithmus ist so zu steuern, daß in seinen Hauptpartien Parallelrechnung möglich wird.

Es existiert insbesondere für schwach besetzte Matrizen (speziell *Inzidenzmatrizen*, das sind solche, die nur Nullen und Einsen enthalten) eine umfangreiche Literatur über die verschiedensten Techniken, deren Ziel es ist, das Auffüllen (*fill in*), also die Zerstörung der Nullen und Einsen oder wie man auch sagt des *Nullenmusters* so weit wie durchführbar zu vermeiden. Diesen Gesichtspunkt berücksichtigen wir hier nicht, sondern gehen davon aus, daß die Matrix (nahezu) vollbesetzt ist, so daß spezielle Anweisungen entfallen. Es handelt sich somit im folgenden lediglich um den in Blöcken formulierten GAUSSschen Algorithmus mit einem in fünf Schritten aufgegliederten Ablaufprogramm für die Aufgabe $\boldsymbol{A}\,\boldsymbol{X} = \boldsymbol{B}$ mit mehreren rechten Seiten.*)

1. Zunächst werden die Spalten so umsortiert (umnumeriert), daß die (im allgemeinen nur wenigen) interessierenden Komponenten x_j des Lösungsvektors $\boldsymbol{x}$ an das Ende geraten. Ist $\boldsymbol{A}$ hermitesch (reellsymmetrisch), so werden die Zeilen in gleicher Weise umgeordnet.

2. Die Matrix $\boldsymbol{A}$ wird in Blöcke so zerlegt, daß die Hauptdiagonalblöcke quadratisch sind; entsprechend werden die zur Matrix $\boldsymbol{B}$ zusammengefaßten rechten Seiten $\boldsymbol{r}_1, \boldsymbol{r}_2, \ldots$ unterteilt, schematisch dargestellt in (7a) für den Sonderfall $m = 5$.

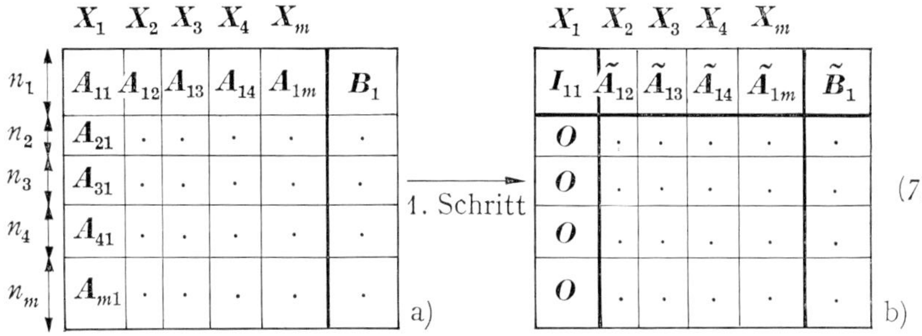
X_1 X_2 X_3 X_4 X_m
n_1
n_2
n_3
n_4
n_m
A_{11} A_{12} A_{13} A_{14} A_{1m} B_1
A_{21}
A_{31}
A_{41}
A_{m1}
1. Schritt
a)
X_1 X_2 X_3 X_4 X_m
I_{11} $\tilde{A}_{12}$ $\tilde{A}_{13}$ $\tilde{A}_{14}$ $\tilde{A}_{1m}$ $\tilde{B}_1$
O
O
O
O
b)
(7)

3. Das Grundkonzept für alle Partitionierungsaufgaben besteht in der Äquivalenztransformation der Hauptdiagonalblöcke $\boldsymbol{A}_{jj}$

$$\boldsymbol{L}_j\,\boldsymbol{A}_{jj}\boldsymbol{R}_j = \hat{\boldsymbol{A}}_{jj} \rightarrow \boldsymbol{A}_{jj}^{-1} = \boldsymbol{R}_j\,\hat{\boldsymbol{A}}_{jj}^{-1}\,\boldsymbol{L}_j \tag{8}$$

auf eine Matrix $\hat{\boldsymbol{A}}_{jj}$, die numerisch sicher und mit möglichst geringem Aufwand zu invertieren ist; im allgemeinen wird man eine (Block-) Diagonalmatrix $\hat{\boldsymbol{A}}_{jj} = \boldsymbol{D}_{jj}$ erzeugen, die leicht erkennen läßt, ob der Block $\boldsymbol{A}_{jj}$ und damit der transformierte Block $\hat{\boldsymbol{A}}_{jj}$ hinreichend gut konditioniert ist. Trifft dies nicht zu, so muß die Blockordnung n_j vergrößert oder verkleinert werden. Über die beiden Transformationsmatrizen $\boldsymbol{L}_j$ und $\boldsymbol{R}_j$ wird außer der Regularität nichts vorausgesetzt; insbesondere kann $\boldsymbol{R}_j$ oder $\boldsymbol{L}_j$ gleich der Einheitsmatrix $\boldsymbol{I}_j$ sein, dann werden die Zeilen bzw. Spalten von $\boldsymbol{A}_{jj}$ *allein* kombiniert. Sind die Hauptdiagonalblöcke hermitesch, so wählt man zweckmäßig $\boldsymbol{R}_j = \boldsymbol{L}_j^*$.

*) Wir schreiben vorübergehend $\boldsymbol{B}$ statt $\boldsymbol{R}$, um Verwechselungen mit der Transformationsmatrix $\boldsymbol{R}$ zu vermeiden.

4. Transformation auf obere Blockdreiecksmatrix. Die erste Blockzeile von (7a) wird von links mit $\hat{\boldsymbol{A}}_{11}^{-1}$ multipliziert. Die einzelnen Blöcke gehen dann über in

$$\begin{gathered}\tilde{\boldsymbol{A}}_{11} = \boldsymbol{I}_{11}\,, \qquad \tilde{\boldsymbol{A}}_{12} = \boldsymbol{R}_1\,\hat{\boldsymbol{A}}_{11}^{-1}\,\boldsymbol{L}_1\,\boldsymbol{A}_{12}\,, \ldots, \tilde{\boldsymbol{A}}_{1m} = \boldsymbol{R}_1\,\hat{\boldsymbol{A}}_{11}^{-1}\,\boldsymbol{L}_1\,\boldsymbol{A}_{1m}\,; \\ \tilde{\boldsymbol{B}}_1 = \boldsymbol{R}_1\,\hat{\boldsymbol{A}}_{11}^{-1}\,\boldsymbol{L}_1\,\boldsymbol{B}_1\,. \end{gathered} \tag{9}$$

Sodann wird die erste Blockspalte nach unten reduziert; das heißt die Blöcke $\boldsymbol{A}_{21}, \boldsymbol{A}_{31}, \ldots, \boldsymbol{A}_{m1}$ werden durch Nullmatrizen ersetzt, die übrigen $(m-1)\cdot(m-1)$ Blöcke dagegen nach der Vorschrift

$$\mathring{\boldsymbol{A}}_{jk} = \boldsymbol{A}_{jk} - \boldsymbol{A}_{j1}\,\tilde{\boldsymbol{A}}_{1k}\,, \tag{10}$$

und diese $(m-1)^2$ Ersetzungen können parallel erfolgen. Damit hat die Matrix die Gestalt (7b) angenommen. Die auf diese Weise entstandene Hauptdiagonalmatrix

$$\mathring{\boldsymbol{A}}_{22} = \boldsymbol{A}_{22} - \boldsymbol{A}_{21}\,\tilde{\boldsymbol{A}}_{12} \tag{11}$$

wird nach der Vorschrift (8) transformiert. Erweist sie sich als hinreichend gut konditioniert, so wird die Blockunterteilung beibehalten, andernfalls muß sie geändert werden; zweckmäßig so, daß die Indexsumme $n_2 + n_3$ erhalten bleibt. Dieser Prozeß wird fortgeführt, bis nach m Schritten die obere Blockdreiecksform erreicht ist, deren einzelne Blöcke wir mit $\boldsymbol{C}_{jk}$ bezeichnen wollen.

$$\boldsymbol{C}\boldsymbol{X} = \boldsymbol{B}\,; \quad \begin{array}{c|ccccc|c} & \boldsymbol{X}_1 & \boldsymbol{X}_2 & \boldsymbol{X}_3 & \boldsymbol{X}_4 & \boldsymbol{X}_m & \\ \hline n_1 & \boldsymbol{I} & \boldsymbol{C}_{12} & \boldsymbol{C}_{13} & \boldsymbol{C}_{14} & \boldsymbol{C}_{1m} & \mathring{\boldsymbol{B}}_1 \\ n_2 & \boldsymbol{O} & \boldsymbol{I} & \boldsymbol{C}_{23} & \boldsymbol{C}_{24} & \boldsymbol{C}_{2m} & \mathring{\boldsymbol{B}}_2 \\ n_3 & \boldsymbol{O} & \boldsymbol{O} & \boldsymbol{I} & \boldsymbol{C}_{34} & \boldsymbol{C}_{3m} & \mathring{\boldsymbol{B}}_3 \\ n_4 & \boldsymbol{O} & \boldsymbol{O} & \boldsymbol{O} & \boldsymbol{I} & \boldsymbol{C}_{4m} & \mathring{\boldsymbol{B}}_4 \\ n_m & \boldsymbol{O} & \boldsymbol{O} & \boldsymbol{O} & \boldsymbol{O} & \boldsymbol{I} & \mathring{\boldsymbol{B}}_m \end{array} \tag{12}$$

5. Das Gleichungssystem wird aufgelöst in der Reihenfolge

$$\begin{aligned} \boldsymbol{X}_m &= \mathring{\boldsymbol{B}}_m\,, \\ \boldsymbol{X}_{m-1} &= \mathring{\boldsymbol{B}}_{m-1} - \boldsymbol{C}_{m-1,m}\,\boldsymbol{X}_m\,, \\ \boldsymbol{X}_{m-2} &= \mathring{\boldsymbol{B}}_{m-2} - \boldsymbol{C}_{m-2,m-1}\,\boldsymbol{X}_{m-1} - \boldsymbol{C}_{m-2,m}\,\boldsymbol{X}_m\,, \\ &\cdots\cdots\cdots\cdots\cdots\cdots \\ \boldsymbol{X}_1 &= \mathring{\boldsymbol{B}}_1 - \boldsymbol{C}_{12}\,\boldsymbol{X}_2 - \boldsymbol{C}_{13}\,\boldsymbol{X}_3 - \cdots - \boldsymbol{C}_{1m}\,\boldsymbol{X}_m\,, \end{aligned} \tag{13}$$

und hier kann wieder streckenweise parallel gerechnet werden, indem einmal für jede der rechten Seiten aus $\overset{\circ}{\boldsymbol{B}}$ gleichzeitig und unabhängig die Auflösung (13) geschieht und zum andern die Produkte $\boldsymbol{P}_{\nu\mu} := \boldsymbol{C}_{\nu\mu}\boldsymbol{X}_{\mu}$ in ihre einzelnen Spalten aufgelöst werden. Ist die Matrix $\boldsymbol{A}$ hermitesch (reellsymmetrisch), so reduziert sich der Rechenaufwand auf fast die Hälfte, sofern auch die Block*spalten* transformiert werden wie im Abschnitt 28.6 vorgeführt. Allerdings ist zum Schluß eine Rücktransformation der Unbekannten erforderlich.

6. Schachtelprinzip. Von der Blockmatrix $\hat{\boldsymbol{A}}_{jj}$ aus (8) verlangten wir lediglich numerisch stabile Invertierbarkeit; ansonsten darf sie von sehr großer Ordnung und vollbesetzt sein; sie wird dann ihrerseits so verarbeitet wie soeben für die Gesamtmatrix $\boldsymbol{A}$ beschrieben. Auf diese Weise läßt sich vom Großen ins Kleine fortschreitend eine mehrmalige Unterteilung vornehmen. Sei etwa $n = 1000000$, so zerlegt man $\boldsymbol{A}$ in 100 Blöcke der Ordnung 10000, die ihrerseits unterteilt werden in 100 Blöcke der Ordnung 100. Über weitere Techniken findet der Leser Auskunft in [40, S. 201—210].

32.4. Partitionierung einer Block-Hessenberg-Matrix

Eine zentrale Rolle innerhalb der Partitionierungstechnik spielt die obere (oder auch untere) Block-HESSENBERG-Matrix, im Schema (14) exemplarisch dargestellt für den Fall von $8 \times 8 = 64$ Blöcken, wo die Hauptdiagonalblöcke ebenso wie die Kodiagonalblöcke rechts

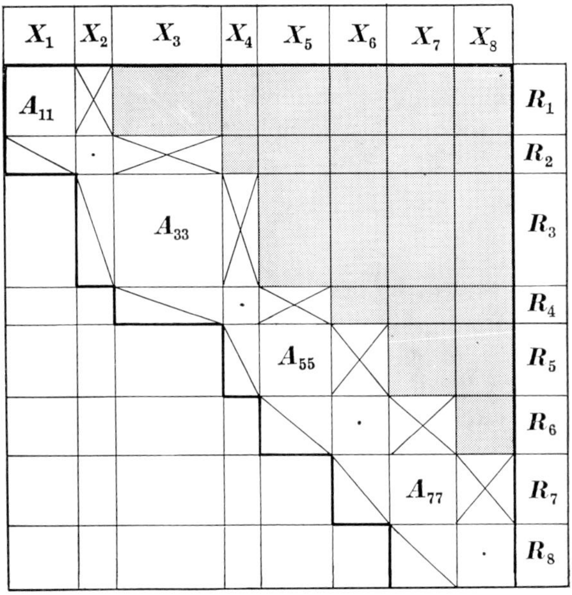

a) (14)

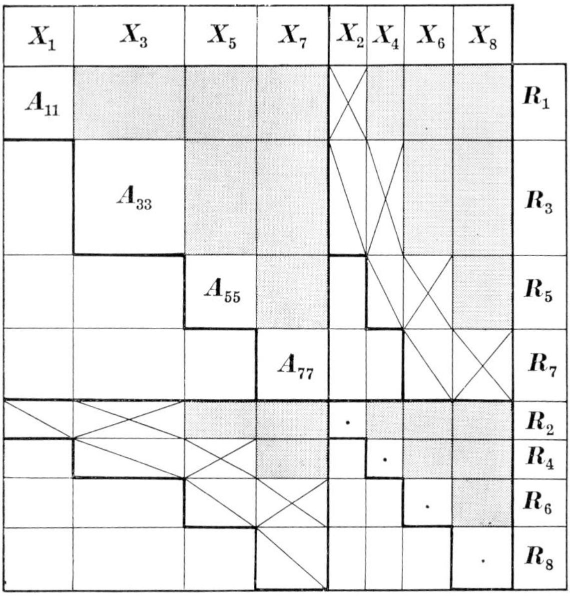

b) (14)

oberhalb und links unterhalb der Hauptdiagonale gesondert herausgehoben wurden. Die getönten Teile oben rechts sind im allgemeinen vollbesetzt, der linke untere Teil besteht aus Nullblöcken.

Die Partitionierung geht in folgenden Schritten vonstatten.

1. Schritt. Umordnung der Blockzeilen und -spalten. Die Teillösungsblöcke der Unbekannten $\boldsymbol{X}_1, \boldsymbol{X}_3, \ldots$ mit ungeradem Index werden zusammengefaßt zum Block $\boldsymbol{X}_u$ und die Blöcke $\boldsymbol{X}_2, \boldsymbol{X}_4, \ldots$ mit geradem Index zum Block $\boldsymbol{X}_g$, wodurch die neue Spaltenordnung festgelegt ist. Ordnen wir auch die Zeilen in gleicher Weise um, so entsteht das Blockgleichungssystem

$$\boldsymbol{A}_{uu}\boldsymbol{X}_u + \boldsymbol{A}_{ug}\boldsymbol{X}_g = \boldsymbol{R}_u\,, \tag{15}$$

$$\boldsymbol{A}_{gu}\boldsymbol{X}_u + \boldsymbol{A}_{gg}\boldsymbol{X}_g = \boldsymbol{R}_g\,, \tag{16}$$

wie im Schema (14b) dargestellt. Wir sehen: $\boldsymbol{A}_{uu}$ und $\boldsymbol{A}_{gg}$ sind obere Blockdreiecksmatrizen, $\boldsymbol{A}_{ug}$ und $\boldsymbol{A}_{gu}$ aber sind obere Block-HESSENBERG-Matrizen. Die beschriebene Umordnung braucht im Rechenautomaten nicht explizit durchgeführt zu werden, sondern wird einfacher realisiert durch Umbenennung der Indizes.

2. Schritt. Das Grundkonzept. Ebenso wie in (8) und (9) geschildert, werden die oberen Blockzeilen von links mit den Inversen von $\boldsymbol{A}_{11}, \boldsymbol{A}_{33}, \ldots$ multipliziert, das Gleichungssystem (15) wird dadurch transformiert in

$$\tilde{\boldsymbol{A}}_{uu}\boldsymbol{X}_u + \tilde{\boldsymbol{A}}_{ug}\boldsymbol{X}_g = \tilde{\boldsymbol{R}}_u\,, \tag{17}$$

wo das Zeichen ~ auf diese Operation hinweist. Damit gehen $\tilde{A}_{11} = I_{11}$, $\tilde{A}_{33} = I_{33}, \ldots$ in Einheitsmatrizen, somit der Block $\tilde{A}_{uu}$ insgesamt in eine normierte obere Dreiecksmatrix über.

3. Schritt. Inversion der oberen Blockdreiecksmatrix $\tilde{A}_{uu}$. Dies geschieht nach dem Muster (13) formal dadurch, daß alle rechts von $\tilde{A}_{uu}$ stehenden Spalten, sei es aus der Matrix $\tilde{A}_{ug}$ oder aus dem Block $\tilde{R}_u$ nach der folgenden Vorschrift berechnet werden, wobei die Spalte s stellvertretend für alle stehen möge

$$\left.\begin{aligned} t_7 &= s_7 \,, \\ t_5 &= s_5 - \tilde{A}_{57}\, t_7 \,, \\ t_3 &= s_3 - \tilde{A}_{35}\, t_5 - \tilde{A}_{37}\, t_7 \,, \\ t_1 &= s_1 - \tilde{A}_{13}\, t_3 - \tilde{A}_{15}\, t_5 - \tilde{A}_{17}\, t_7 \,, \end{aligned}\right\} \tag{18}$$

und damit lautet das Gesamtsystem (15) und (16)

$$\begin{pmatrix} I_{uu} & \tilde{A}_{ug} \\ A_{gu} & A_{gg} \end{pmatrix} \begin{pmatrix} X_u \\ X_g \end{pmatrix} = \begin{pmatrix} \tilde{R}_u \\ R_g \end{pmatrix}. \tag{19}$$

4. Schritt. Elimination der Teillösung X_u. Nach (22.17) gewinnen wir das gestaffelte Blocksystem

$$\begin{pmatrix} I_{uu} & \tilde{A}_{ug} \\ O & A_{gg,\,\mathrm{red}} \end{pmatrix} \begin{pmatrix} X_u \\ X_g \end{pmatrix} = \begin{pmatrix} \tilde{R}_u \\ R_{g,\,\mathrm{red}} \end{pmatrix} \tag{20}$$

mit den beiden SCHUR-Komplementen

$$A_{gg,\,\mathrm{red}} = A_{gg} - A_{gu}\,\tilde{A}_{ug}; \qquad R_{g,\,\mathrm{red}} = R_g - A_{gu}\,\tilde{R}_u \,, \tag{21}$$

die explizit zu berechnen sind nach dem Schema

$$\begin{array}{cc} [& \tilde{A}_{ug} \;\vdots\; \quad \tilde{R}_u] \\ [A_{gu}] & [A_{gu}\,\tilde{A}_{ug} \;\vdots\; A_{gu}\,\tilde{R}_u] \,. \end{array} \tag{22}$$

Aus der zweiten Gleichung (20) folgt dann die Teillösung X_g

$$A_{gg,\,\mathrm{red}}\, X_g = R_{g,\,\mathrm{red}} \to X_g \tag{23}$$

und im

5. Schritt die Restlösung X_u aus der ersten Gl. (20)

$$X_u = \tilde{R}_u - A_{ug}\, X_g \,. \tag{24}$$

Eine der wichtigsten Anwendungen der oberen Block-HESSENBERG-Matrix werden wir im § 33 bei den halbiterativen Verfahren kennenlernen. Dort wird die vorgegebene Matrix $A = H - N$ additiv so zerlegt, daß H die Form (14a) bekommt.

32.5. Partitionierung einer Blocktridiagonalmatrix

Es sei nun noch einfacher $\boldsymbol{A}$ eine Blocktridiagonalmatrix, dann sind alle getönten Teile in (14) Nullmatrizen. Wieder erfolgt die Partitionierung in der angegebenen Weise, abermals exemplarisch vorgeführt für $8 \times 8 = 64$ Blöcke nach (25).

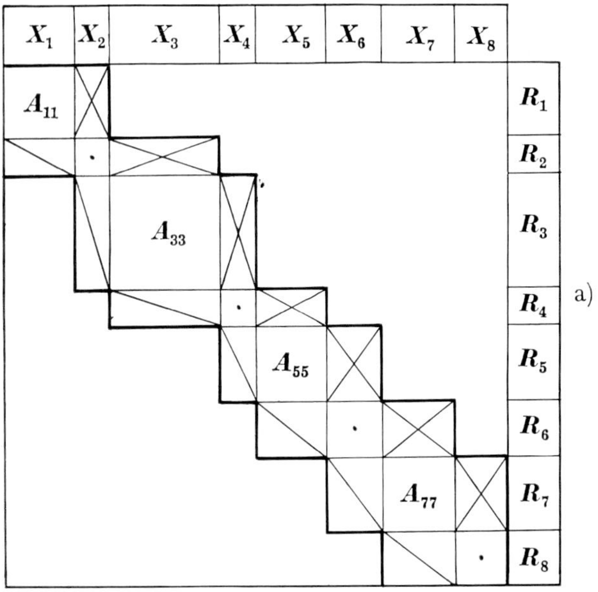

(25)

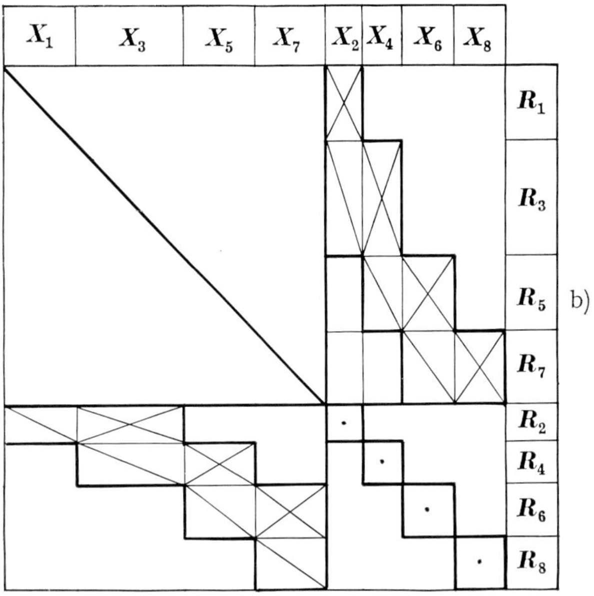

1. Schritt. Umordnung der Blockspalten und -zeilen. $\boldsymbol{A}_{uu}$ und $\boldsymbol{A}_{gg}$ sind Blockdiagonalmatrizen.

2. Schritt. Multiplikation der oberen Blockzeilen mit den Kehrmatrizen von $\boldsymbol{A}_{11}$, $\boldsymbol{A}_{33}$, ... führt auf die Form (25b), wo nun $\tilde{\boldsymbol{A}}_{uu}$ eine Einheitsmatrix, ist in Formeln

$$\boldsymbol{X}_u + \tilde{\boldsymbol{A}}_{ug}\boldsymbol{X}_g = \tilde{\boldsymbol{R}}_u\,, \tag{26}$$

$$\boldsymbol{A}_{gu}\boldsymbol{X}_u + \boldsymbol{A}_{gg}\boldsymbol{X}_g = \boldsymbol{R}_g\,. \tag{27}$$

3. Schritt. Elimination der Teillösung $\boldsymbol{X}_u$. Hier läßt sich die Matrix

$$\boldsymbol{A}_{gu}\tilde{\boldsymbol{A}}_{ug} = \begin{bmatrix} (\boldsymbol{A}_{21}\tilde{\boldsymbol{A}}_{12} + \boldsymbol{A}_{23}\tilde{\boldsymbol{A}}_{32}) & \boldsymbol{A}_{23}\tilde{\boldsymbol{A}}_{34} & \boldsymbol{O} & \boldsymbol{O} \\ \boldsymbol{A}_{43}\tilde{\boldsymbol{A}}_{32} & (\boldsymbol{A}_{43}\tilde{\boldsymbol{A}}_{34} + \boldsymbol{A}_{45}\tilde{\boldsymbol{A}}_{54}) & \boldsymbol{A}_{45}\tilde{\boldsymbol{A}}_{56} & \boldsymbol{O} \\ \boldsymbol{O} & \boldsymbol{A}_{65}\tilde{\boldsymbol{A}}_{54} & (\boldsymbol{A}_{65}\tilde{\boldsymbol{A}}_{56} + \tilde{\boldsymbol{A}}_{67}\boldsymbol{A}_{76}) & \boldsymbol{A}_{67}\tilde{\boldsymbol{A}}_{78} \\ \boldsymbol{O} & \boldsymbol{O} & \boldsymbol{A}_{87}\tilde{\boldsymbol{A}}_{76} & \boldsymbol{A}_{87}\tilde{\boldsymbol{A}}_{78} \end{bmatrix} \tag{28}$$

ebenso wie der transformierte Block der rechten Seiten

$$\boldsymbol{A}_{gu}\tilde{\boldsymbol{R}}_u = \begin{bmatrix} \boldsymbol{A}_{21}\tilde{\boldsymbol{R}}_1 + \boldsymbol{A}_{23}\tilde{\boldsymbol{R}}_3 \\ \boldsymbol{A}_{43}\tilde{\boldsymbol{R}}_3 + \boldsymbol{A}_{45}\tilde{\boldsymbol{R}}_5 \\ \boldsymbol{A}_{65}\tilde{\boldsymbol{R}}_5 + \boldsymbol{A}_{67}\tilde{\boldsymbol{R}}_7 \\ \boldsymbol{A}_{87}\tilde{\boldsymbol{R}}_7 \end{bmatrix} \tag{29}$$

explizit angeben. Aus dem Gleichungssystem

$$\boldsymbol{A}_{gg,\,\mathrm{red}}\boldsymbol{X}_g = \boldsymbol{R}_{g,\,\mathrm{red}} \to \boldsymbol{X}_g \tag{30}$$

mit

$$\boldsymbol{A}_{gg,\,\mathrm{red}} = \boldsymbol{A}_{gg} - \boldsymbol{A}_{gu}\tilde{\boldsymbol{A}}_{ug}; \qquad \boldsymbol{R}_{g,\,\mathrm{red}} = \boldsymbol{R}_g - \boldsymbol{A}_{ug}\tilde{\boldsymbol{R}}_u \tag{31}$$

wird die Teillösung $\boldsymbol{X}_g$ errechnet.

4. Schritt. Damit folgt nach (26)

$$\boldsymbol{X}_u = \tilde{\boldsymbol{R}}_u - \tilde{\boldsymbol{A}}_{ug}\boldsymbol{X}_g\,. \tag{32}$$

Nun ist $\boldsymbol{A}_{gg}$ blockdiagonal und $\boldsymbol{A}_{gu}\tilde{\boldsymbol{A}}_{ug}$ blocktridiagonal, somit ist auch $\boldsymbol{A}_{gg,\,\mathrm{red}}$ blocktridiagonal. Diese Matrix kann daher ihrerseits wie beschrieben partitioniert werden und so fort ad libitum. Auf diese Weise gelingt es, selbst Matrizen der Ordnung $n = 1\,000\,000$ und größer zumindest organisatorisch in den Griff zu bekommen; die zu erreichende Genauigkeit hängt dabei in erster Linie ab von der möglichst genauen Invertierung der Hauptdiagonalblöcke $\boldsymbol{A}_{11}$, $\boldsymbol{A}_{33}$, ... usw. auch in den nachfolgenden Unterpartitionierungen.

Ihre eigentliche Bedeutung erlangt die vorgeführte Partitionierungstechnik im Zusammenhang mit einer Hülle. Falls diese schmal genug ist, läßt sie sich von außen umfassen durch eine Blocktridiagonalmatrix nach (33), womit der Anschluß an (25) bis (32) erreicht ist:

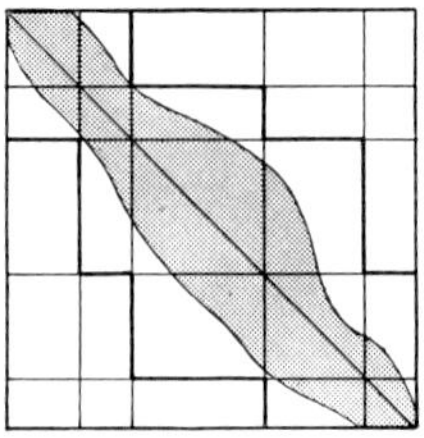

(33)

Ein in den Anwendungen häufig auftretender Sonderfall der Hülle ist die Bandmatrix der Breite b. Hier gelingt eine (fast) regelmäßige Unterteilung von abwechselnd großen Blöcken gleicher Ordnung N, über die noch frei verfügt werden kann, und kleinen Blöcken, deren Ordnung gleich der vorgegebenen Bandbreite b ist. Der letzte Block unten rechts (der Pufferblock) habe die Ordnung β.

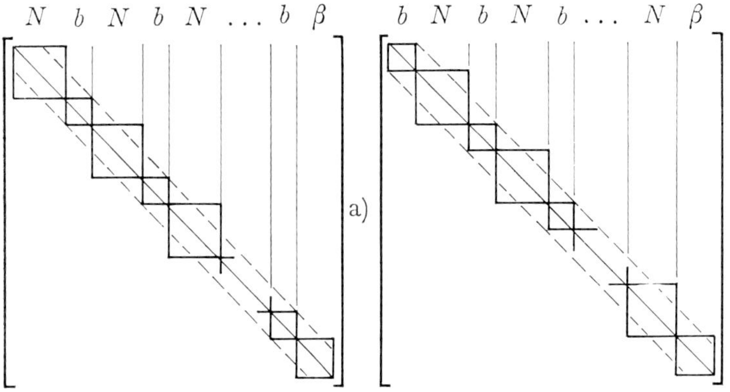

(34)

Je nachdem, ob man links oben mit N oder b beginnt, entstehen die beiden Folgen

$$\text{a)}\quad N \quad b \quad N \quad b \quad N \quad b \quad \ldots \quad N \quad b \quad N \quad b\,;\,\beta\,, \tag{35}$$

$$\text{b)}\quad \underbrace{b \quad N}_{1} \; \underbrace{b \quad N}_{2} \; \underbrace{b \quad N}_{3} \; \ldots \; \underbrace{b \quad N}_{\sigma-1} \; \underbrace{b \quad N}_{\sigma}; \beta \tag{36}$$

mit der Gesamtordnung

$$n = \sigma(N + b) + \beta\,. \tag{37}$$

Die Partitionierung wird optimal, wenn möglichst *viele* Gleichungssysteme von möglichst *kleiner* Ordnung zu lösen sind. Wir verlangen deshalb, daß auch die koppelnde Matrix $\boldsymbol{A}_{gg,\,\mathrm{red}}$ von der Ordnung N ist

$$\sigma\, b = N\,. \tag{38}$$

Dies in (37) eingesetzt führt auf eine quadratische Funktion in σ, in welcher die noch offene Größe β nicht negativ sein darf:

$$\beta = n - (\sigma + 1)\,\sigma\, b \geqq 0\,. \tag{39}$$

Von allen natürlichen Zahlen σ, die dieser Ungleichung genügen, wählen wir die größte $\sigma_{\max}$, und damit sind N und β optimal festgelegt.

$$N_{\text{opt}} = \sigma_{\max}\, b\,, \qquad \beta = n - (\sigma_{\max} + 1)\, N_{\text{opt}}\,. \tag{40}$$

Wir sehen: je schlanker die Bandmatrix, desto feiner läßt sich das System unterteilen, während ab einer gewissen maximalen Breite b eine Aufteilung nach dem Schema (34) überhaupt nicht mehr möglich ist.

Erstes Beispiel. Die Finitisierung einer Kurbelwelle führt auf ein Gleichungssystem der Ordnung $n = 100\,000$ mit der Bandbreite $b = 400$. Gesucht ist die optimale Partitionierung.

Die Ungleichung (39) $\beta = 100\,000 - (\sigma + 1)\,\sigma\, b \geqq 0$ wird erfüllt von den ganzen Zahlen 1 bis $15 = \sigma_{\max}$. Damit wird nach (40) $N_{\text{opt}} = 15 \cdot 400 = 6000$, ferner $\beta = 100\,000 - (15 + 1)\, 6000 = 4000$. Es sind demnach zu rechnen: 16 Gleichungssysteme der Ordnung $N = 6000$ und ein Puffersystem der Ordnung $\beta = 4000$.

Zweites Beispiel. Vorgelegt ist das Gleichungssystem

$$\boldsymbol{A}\,\boldsymbol{x} = \boldsymbol{r} \rightarrow \begin{pmatrix} 1 & 3 & 0 & 0 & 0 & 0 & 0 & 0 & 0 & 0 \\ 5 & 1 & -2 & 0 & 0 & 0 & 0 & 0 & 0 & 0 \\ 0 & 1 & -1 & 4 & 0 & 0 & 0 & 0 & 0 & 0 \\ 0 & 0 & 1 & 0 & 2 & 0 & 0 & 0 & 0 & 0 \\ 0 & 0 & 0 & -3 & 1 & 1 & 1 & 0 & 0 & 0 \\ 0 & 0 & 0 & 0 & 1 & 2 & 2 & 0 & 0 & 0 \\ 0 & 0 & 0 & 0 & 1 & 2 & 3 & -1 & 0 & 0 \\ 0 & 0 & 0 & 0 & 0 & 0 & 1 & 7 & 2 & 0 \\ 0 & 0 & 0 & 0 & 0 & 0 & 0 & -3 & 3 & 1 \\ 0 & 0 & 0 & 0 & 0 & 0 & 0 & 0 & 2 & 1 \end{pmatrix} \begin{pmatrix} x_1 \\ \hline \boldsymbol{x}_2 \\ \hline x_3 \\ \hline \boldsymbol{x}_4 \\ \hline x_5 \\ \hline \boldsymbol{x}_6 \end{pmatrix} = \begin{pmatrix} 3 \\ \hline 1 \\ 5 \\ \hline 0 \\ \hline 1 \\ 8 \\ 13 \\ \hline 1 \\ \hline 0 \\ 2 \end{pmatrix}. \tag{a}$$

Da die Matrix $\boldsymbol{A}$ eine ausgeprägte Hüllenstruktur besitzt, nehmen wir die in (a) angegebene Unterteilung vor, wobei gegenüber den im Text gebotenen Anweisungen u mit g vertauscht wurde, was im folgenden zu beachten ist.

1. Schritt. Umordnung der Blockzeilen und -spalten führt auf

$$\left(\begin{array}{c|c} \boldsymbol{A}_{uu} & \boldsymbol{A}_{ug} \\ \hline \boldsymbol{A}_{gu} & \boldsymbol{A}_{gg} \end{array}\right) =$$

$$\left(\begin{array}{ccc|ccccccc} 1 & 0 & 0 & 3 & 0 & 0 & 0 & 0 & 0 & 0 \\ 0 & 0 & 0 & 0 & 1 & 2 & 0 & 0 & 0 & 0 \\ 0 & 0 & 7 & 0 & 0 & 0 & 0 & 1 & 2 & 0 \\ \hline 5 & 0 & 0 & 1 & -2 & 0 & 0 & 0 & 0 & 0 \\ 0 & 4 & 0 & 1 & -1 & 0 & 0 & 0 & 0 & 0 \\ 0 & -3 & 0 & 0 & 0 & 1 & 1 & 1 & 0 & 0 \\ 0 & 0 & 0 & 0 & 0 & 1 & 2 & 2 & 0 & 0 \\ 0 & 0 & -1 & 0 & 0 & 1 & 2 & 3 & 0 & 0 \\ 0 & 0 & -3 & 0 & 0 & 0 & 0 & 0 & 3 & 1 \\ 0 & 0 & 0 & 0 & 0 & 0 & 0 & 0 & 2 & 1 \end{array}\right); \quad \begin{pmatrix} 3 \\ 0 \\ 1 \\ \hline 1 \\ 5 \\ \hline 1 \\ 8 \\ 13 \\ \hline 0 \\ 2 \end{pmatrix} = \begin{pmatrix} r_1 \\ r_3 \\ r_5 \\ \hline \boldsymbol{r}_2 \\ \hline \boldsymbol{r}_4 \\ \hline \boldsymbol{r}_6 \end{pmatrix} \begin{matrix} \left.\vphantom{\begin{matrix} a \\ a \\ a \end{matrix}}\right\} \boldsymbol{r}_u \\ ; \\ \left.\vphantom{\begin{matrix} a \\ a \\ a \\ a \end{matrix}}\right\} \boldsymbol{r}_g \end{matrix} \quad \begin{pmatrix} x_1 \\ x_3 \\ x_5 \\ \hline \boldsymbol{x}_2 \\ \hline \boldsymbol{x}_4 \\ \hline \boldsymbol{x}_6 \end{pmatrix} \begin{matrix} \left.\vphantom{\begin{matrix} a \\ a \\ a \end{matrix}}\right\} \boldsymbol{x}_u \\ \\ \left.\vphantom{\begin{matrix} a \\ a \\ a \\ a \end{matrix}}\right\} \boldsymbol{x}_g \end{matrix}\,. \tag{b}$$

2. Schritt. Da sich die Reziproken von $\boldsymbol{A}_{22}$, $\boldsymbol{A}_{44}$ und $\boldsymbol{A}_{66}$ leicht angeben lassen, wählen wir als Rechtsmatrizen $\boldsymbol{R}_j$ die Einheitsmatrizen und als Linksmatrizen $\boldsymbol{L}_j$ die Reziproken selbst:

$$\boldsymbol{L}_2 = \boldsymbol{A}_{22}^{-1} = \begin{pmatrix} -1 & 2 \\ -1 & 1 \end{pmatrix}, \qquad \boldsymbol{L}_4 = \boldsymbol{A}_{44}^{-1} = \begin{pmatrix} 2 & -1 & 0 \\ -1 & 2 & -1 \\ 0 & -1 & 1 \end{pmatrix},$$

$$\boldsymbol{L}_6 = \boldsymbol{A}_{66}^{-1} = \begin{pmatrix} 1 & -1 \\ -2 & 3 \end{pmatrix}. \tag{c}$$

Mit diesen multiplizieren wir die unteren drei Blockzeilen aus (b) und bekommen

$$\left(\begin{array}{c|c|c} \boldsymbol{A}_{uu} & \boldsymbol{A}_{ug} & \boldsymbol{r}_u \\ \hline \tilde{\boldsymbol{A}}_{gu} & \boldsymbol{I}_{gg} & \tilde{\boldsymbol{r}}_g \end{array}\right) = \left(\begin{array}{ccc|ccccccc|c} 1 & 0 & 0 & 3 & 0 & 0 & 0 & 0 & 0 & 0 & 3 \\ 0 & 0 & 0 & 0 & 1 & 2 & 0 & 0 & 0 & 0 & 0 \\ 0 & 0 & 7 & 0 & 0 & 0 & 0 & 1 & 2 & 0 & 1 \\ \hline -5 & 8 & 0 & 1 & 0 & 0 & 0 & 0 & 0 & 0 & 9 \\ -5 & 4 & 0 & 0 & 1 & 0 & 0 & 0 & 0 & 0 & 4 \\ 0 & -6 & 0 & 0 & 0 & 1 & 0 & 0 & 0 & 0 & -6 \\ 0 & 3 & 1 & 0 & 0 & 0 & 1 & 0 & 0 & 0 & 2 \\ 0 & 0 & -1 & 0 & 0 & 0 & 0 & 1 & 0 & 0 & 5 \\ 0 & 0 & -3 & 0 & 0 & 0 & 0 & 0 & 1 & 0 & -2 \\ 0 & 0 & 6 & 0 & 0 & 0 & 0 & 0 & 0 & 1 & 6 \end{array}\right) \begin{array}{l} r_1 \\ r_3 \\ r_5 \\ \left.\begin{array}{l} \\ \end{array}\right\} \tilde{\boldsymbol{r}}_2 \\ \left.\begin{array}{l} \\ \\ \end{array}\right\} \tilde{\boldsymbol{r}}_4 \\ \left.\begin{array}{l} \\ \end{array}\right\} \tilde{\boldsymbol{r}}_6 \end{array} \tag{d}$$

und das ist die Form (26) und (27), wo nur u und g vertauscht erscheinen.

3. Schritt. Berechnung der Subtrahenden (28) und (29)

$$\boldsymbol{A}_{ug}\tilde{\boldsymbol{A}}_{gu} = \begin{pmatrix} -15 & 24 & 0 \\ -5 & -8 & 0 \\ 0 & 0 & -7 \end{pmatrix}, \qquad \boldsymbol{A}_{ug}\tilde{\boldsymbol{r}}_g = \begin{pmatrix} 27 \\ -8 \\ 1 \end{pmatrix}. \tag{e}$$

Daraus ergeben sich die reduzierten Größen (31) $\boldsymbol{A}_{uu,\,\mathrm{red}} = \boldsymbol{A}_{uu} - \boldsymbol{A}_{ug}\tilde{\boldsymbol{A}}_{gu}$; $\boldsymbol{r}_{u,\,\mathrm{red}} = \boldsymbol{r}_u - \boldsymbol{A}_{ug}\tilde{\boldsymbol{r}}_g$, in Zahlen

$$\boldsymbol{A}_{uu,\,\mathrm{red}} = \begin{pmatrix} 1 & 0 & 0 \\ 0 & 0 & 0 \\ 0 & 0 & 7 \end{pmatrix} - \begin{pmatrix} -15 & 24 & 0 \\ -5 & -8 & 0 \\ 0 & 0 & -7 \end{pmatrix} = \begin{pmatrix} 16 & -24 & 0 \\ 5 & 8 & 0 \\ 0 & 0 & 14 \end{pmatrix};$$

$$\boldsymbol{r}_{u,\,\mathrm{red}} = \begin{pmatrix} 3 \\ 0 \\ 1 \end{pmatrix} - \begin{pmatrix} 27 \\ -8 \\ 1 \end{pmatrix} = \begin{pmatrix} -24 \\ 8 \\ 3 \end{pmatrix}. \tag{f}$$

Wie es sein muß, ist $\boldsymbol{A}_{uu,\,\mathrm{red}}$ von Tridiagonalform, und nun folgt nach leichter Rechnung der Teilvektor $\boldsymbol{x}_n$ mit den drei Komponenten $x_1 = 0$, $x_3 = 1$ und $x_5 = 0$.

4. Schritt. Mit dem nun bekannten Vektor $\boldsymbol{x}_u$ berechnen wir zunächst den Subtrahenden $\tilde{\boldsymbol{A}}_{gu}\boldsymbol{x}_u$ und daraus nach (32) den Teilvektor $\boldsymbol{x}_g$.

$$\tilde{\boldsymbol{A}}_{gu}\,\boldsymbol{x}_u = \begin{pmatrix} 8 \\ 4 \\ -6 \\ 3 \\ 0 \\ 0 \\ 0 \end{pmatrix},$$

$$\boldsymbol{x}_g = \tilde{\boldsymbol{r}}_g - \tilde{\boldsymbol{A}}_{gu}\,\boldsymbol{x}_u = \begin{pmatrix} 9 \\ 4 \\ -6 \\ 2 \\ 5 \\ -2 \\ 6 \end{pmatrix} - \begin{pmatrix} 8 \\ 4 \\ -6 \\ 3 \\ 0 \\ 0 \\ 0 \end{pmatrix} = \begin{pmatrix} 1 \\ 0 \\ \hline 0 \\ -1 \\ 5 \\ \hline -2 \\ 6 \end{pmatrix} = \begin{pmatrix} \boldsymbol{x}_2 \\ \hline \boldsymbol{x}_4 \\ \hline \boldsymbol{x}_6 \end{pmatrix} \to \boldsymbol{x} = \begin{pmatrix} 0 \\ \hline 1 \\ 0 \\ \hline 1 \\ \hline 0 \\ -1 \\ 5 \\ \hline 0 \\ \hline -2 \\ 6 \end{pmatrix} \begin{matrix} x_1 \\ \boldsymbol{x}_2 \\ x_3 \\ \boldsymbol{x}_4 \\ x_5 \\ \boldsymbol{x}_6 \end{matrix}. \qquad \text{(g)}$$

Der Leser bestätige durch Einsetzen in (a) die Richtigkeit der Lösung.

• 32.6. Vierteilung einer Bandmatrix

Eine ganze andere Technik, die vollständig auf eine Zerlegung verzichtet, kommt bei sehr schmalen Bandmatrizen in Betracht. Vorausgesetzt, daß mindestens eine der Außenschrägzeilen (etwa die obere) nicht zu kleine Elemente besitzt, nimmt man die Blockunterteilung

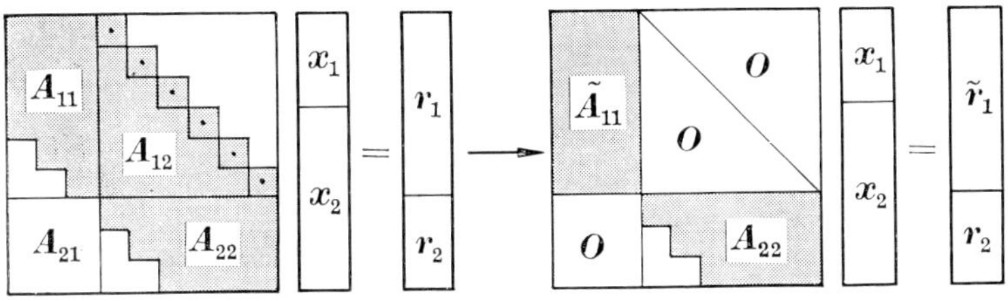

(41)

vor und multipliziert die obere Blockgleichung von links mit $\boldsymbol{L}$ so, daß

$$\boldsymbol{L}\,\boldsymbol{A}_{12} = \boldsymbol{I}\,, \qquad \boldsymbol{L}\,\boldsymbol{A}_{11} =: \tilde{\boldsymbol{A}}_{11}\,, \qquad \boldsymbol{L}\,\boldsymbol{r}_1 =: \tilde{\boldsymbol{r}}_1 \tag{42}$$

wird. Wegen $\boldsymbol{A}_{21} = \boldsymbol{O}$ haben wir dann das gestaffelte Gleichungssystem

$$\tilde{\boldsymbol{A}}_{11}\,\boldsymbol{x}_1 + \boldsymbol{x}_2 = \tilde{\boldsymbol{r}}_1 \to \boldsymbol{x}_2 = \tilde{\boldsymbol{r}}_1 - \tilde{\boldsymbol{A}}_{11}\,\boldsymbol{x}_1\,, \tag{43}$$

$$\boldsymbol{A}_{22}\,\boldsymbol{x}_2 = \boldsymbol{r}_2 \to \quad \boldsymbol{A}_{22}(\tilde{\boldsymbol{r}}_1 - \tilde{\boldsymbol{A}}_{11}\,\boldsymbol{x}_1) = \boldsymbol{r}_2\,. \tag{44}$$

Man berechnet also zunächst aus der umgestellten Gl. (44)

$$\boldsymbol{A}_{22}\,\tilde{\boldsymbol{A}}_{11}\,\boldsymbol{x}_1 = \boldsymbol{A}_{22}\,\tilde{\boldsymbol{r}}_1 - \boldsymbol{r}_2 \tag{45}$$

den Teilvektor $\boldsymbol{x}_1$ und sodann den Teilvektor $\boldsymbol{x}_2$ aus (43).

Ein Beispiel. Das Feder-Masse-System der Abb. 32.1 führt auf die Gleichgewichtsbedingung $\boldsymbol{A}\,\boldsymbol{x} = \boldsymbol{r}$ mit

$$\boldsymbol{A} = \left[\begin{array}{c|cccc} 2 & -1 & 0 & 0 & 0 \\ -1 & 3 & -2 & 0 & 0 \\ 0 & -2 & 3 & -1 & 0 \\ 0 & 0 & -1 & 3 & -2 \\ \hline 0 & 0 & 0 & -2 & 2 \end{array}\right]; \qquad \boldsymbol{r} = \left[\begin{array}{c} 1 \\ 1 \\ 3 \\ 1 \\ \hline 2 \end{array}\right] \frac{m\,g}{c}.$$

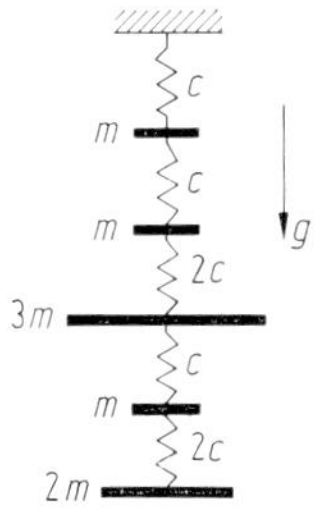

Abb. 32.1. Feder-Masse-System im Schwerefeld

Der Vektor $\boldsymbol{x}$ der Auslenkungen ist durch Vierteilung der Matrix $\boldsymbol{A}$ zu berechnen. Mit der unteren Dreiecksmatrix $\boldsymbol{L}$, die mittels des GAUSSschen Algorithmus so bestimmt wird, daß $\boldsymbol{L}\,\boldsymbol{A}_{12}$ in die Einheitsmatrix $\boldsymbol{I}$ übergeht, berechnen sich die Vektoren $\boldsymbol{L}\,\boldsymbol{a}_{11} = \tilde{\boldsymbol{a}}_{11}$ und $\boldsymbol{L}\,\boldsymbol{r}_1 = \tilde{\boldsymbol{r}}_1$ wie folgt:

$$\boldsymbol{L} = \begin{bmatrix} -1 & 0 & 0 & 0 \\ -1{,}5 & -0{,}5 & 0 & 0 \\ -2{,}5 & -1{,}5 & -1 & 0 \\ -3 & -2 & -1{,}5 & -0{,}5 \end{bmatrix}; \qquad \tilde{\boldsymbol{a}}_{11} \left\{ \left[\begin{array}{c|cccc} -2 & 1 & 0 & 0 & 0 \\ -2{,}5 & 0 & 1 & 0 & 0 \\ -3{,}5 & 0 & 0 & 1 & 0 \\ 4 & 0 & 0 & 0 & 1 \\ \hline 0 & 0 & 0 & -2 & 2 \end{array}\right] \right. ; \qquad \begin{array}{c} \tilde{\boldsymbol{r}}_1 \left\{ \right. \\ \\ r_2 \end{array} \left[\begin{array}{c} -1 \\ -2 \\ -7 \\ -10 \\ \hline 2 \end{array}\right] \frac{m\,g}{c}.$$

$$\underbrace{\qquad\qquad\qquad}_{\boldsymbol{a}_{22}^T}$$

Jetzt erst beginnt die Lösung des Gleichungssystems. Wir berechnen die Skalarprodukte $\boldsymbol{a}_{22}^T\,\tilde{\boldsymbol{a}}_{11} = -1$ und $\boldsymbol{a}_{22}^T\,\tilde{\boldsymbol{r}}_1 = -6$ mg/c, haben damit nach (47) die Gleichung

$$-1 \cdot x_1 = -6\,m\,g/c - 2\,m\,g/c \rightarrow x_1 = 8\,m\,g/c\,,$$

und daraus folgt nach (45) der Restvektor

$$\boldsymbol{x}_2 = \tilde{\boldsymbol{r}}_1 - \tilde{\boldsymbol{a}}_{11}\,x_1 = \begin{pmatrix} -1 \\ -2 \\ -7 \\ -10 \end{pmatrix} \frac{m\,g}{c} - \begin{pmatrix} -2 \\ -2{,}5 \\ -3{,}5 \\ -4 \end{pmatrix} 8\,\frac{m\,g}{c} = \begin{pmatrix} 15 \\ 18 \\ 21 \\ 22 \end{pmatrix} \frac{m\,g}{c}.$$

Wie groß wird der Verschiebungsvektor, $\boldsymbol{x}$, wenn die letzte Feder $c = 2\,c$ durch $\hat{c} = 20\,c$ und die letzte Masse $m_5 = 2\,m$ durch $\hat{m}_5 = 20\,m$ ersetzt wird? Anmerkung: in der Matrix $\boldsymbol{A}$ ändern sich durch diese Maßnahme vier Elemente!

32.7. Die Äquivalenztransformation als dyadische Zerlegung. Exogene und endogene Algorithmen

Eine zweite Gruppe von direkten (endlichen) Verfahren benutzt die folgende Ausgangsbasis. Nach einer Äquivalenztransformation auf Diagonalform

$$\boldsymbol{L}\,\boldsymbol{A}\,\boldsymbol{R} = \tilde{\boldsymbol{A}} \quad \text{mit} \quad \tilde{\boldsymbol{A}} = \boldsymbol{D}\text{iag}\,\langle \tilde{a}_{jj} \rangle\,;\ \tilde{a}_{jj} = \boldsymbol{l}_j^T \boldsymbol{A}\,\boldsymbol{r}_j \neq 0;\ j = 1, 2, \ldots, n\,, \tag{46}$$

$$\tilde{a}_{jk} = \boldsymbol{l}_j^T \boldsymbol{A}\,\boldsymbol{r}_k = 0; \qquad j, k = 1, 2, \ldots, n \tag{47}$$

erscheint die Inverse von $\boldsymbol{A}$ nach Lesart 3 (24.17) in der dyadischen Zerlegung

$$\boldsymbol{A}^{-1} = \boldsymbol{R}\,\tilde{\boldsymbol{A}}^{-1}\boldsymbol{L} = \sum_{j=1}^{n} \boldsymbol{r}_j\,\tilde{a}_{jj}^{-1}\,\boldsymbol{l}_j^T\,, \tag{48}$$

oder wenn $\boldsymbol{A}$ hermitesch ist, nach einer Kongruenztransformation mit $\boldsymbol{L} = \boldsymbol{R}^*$

$$\boldsymbol{A}^{-1} = \boldsymbol{R}\,\tilde{\boldsymbol{A}}^{-1}\boldsymbol{R}^* = \sum_{j=1}^{n} \boldsymbol{r}_j\,\tilde{a}_{jj}^{-1}\,\boldsymbol{r}_j^*\,, \qquad a_{jj} = \boldsymbol{r}_j^*\,\boldsymbol{A}\,\boldsymbol{r}_j \text{ reell,} \tag{49}$$

wo nun alle Summanden ihrerseits hermitesche Dyaden sind.

Dazu ein einfaches Beispiel. Die Matrix $\boldsymbol{A}$ ist zu invertieren. Wir wählen die Transformation $\tilde{\boldsymbol{A}} = \boldsymbol{L}\,\boldsymbol{A}\,\boldsymbol{R} = \boldsymbol{D}_A$, in Zahlen

$$\tilde{\boldsymbol{A}} = \begin{pmatrix} 1 & -2 \\ 2 & 1 \end{pmatrix}\begin{pmatrix} 0 & -1 \\ 1 & 1 \end{pmatrix}\begin{pmatrix} 1 & -1{,}5 \\ 1 & 1 \end{pmatrix} = \begin{pmatrix} -5 & 0 \\ 0 & -2{,}5 \end{pmatrix} = \begin{pmatrix} \tilde{a}_{11} & 0 \\ 0 & \tilde{a}_{22} \end{pmatrix};$$

$$\boldsymbol{r}_1 = \begin{pmatrix} 1 \\ 1 \end{pmatrix}; \quad \boldsymbol{r}_2 = \begin{pmatrix} -1{,}5 \\ 1 \end{pmatrix}; \quad \boldsymbol{l}_1^T = (1 \ \ -2)\,, \quad \boldsymbol{l}_2^T = (2 \ \ 1)$$

und haben damit die dyadische Zerlegung (48)

$$\boldsymbol{A}^{-1} = \boldsymbol{r}_1\,\tilde{a}_{11}^{-1}\,\boldsymbol{l}_1^T + \boldsymbol{r}_2\,\tilde{a}_{22}^{-1}\,\boldsymbol{l}_2^T = \begin{pmatrix} -0{,}2 & 0{,}4 \\ -0{,}2 & 0{,}4 \end{pmatrix} + \begin{pmatrix} 1{,}2 & 0{,}6 \\ -0{,}8 & -0{,}4 \end{pmatrix} = \begin{pmatrix} 1 & 1 \\ -1 & 0 \end{pmatrix}.$$

Es sei nun das Gleichungssystem $\boldsymbol{A}\,\boldsymbol{x} = \boldsymbol{a}$ oder allgemeiner das übergeordnete System $\boldsymbol{A}\,\boldsymbol{k} = \boldsymbol{d}$ mit dem Defekt $\boldsymbol{d}_0 = \boldsymbol{A}\,\boldsymbol{z}_0 - \boldsymbol{a}$ vorgelegt. Dann berechnet sich der Korrekturvektor $\boldsymbol{k}$ nach (48)

$$\boldsymbol{k} = \boldsymbol{A}^{-1}\,\boldsymbol{d}_0 = \sum_{j=1}^{n} \boldsymbol{r}_j\,\tilde{a}_{jj}^{-1}\,\boldsymbol{l}_j^T\,\boldsymbol{d}_0 \tag{50}$$

als Summe von n Teilvektoren und ebenso die Lösung $\boldsymbol{x} = \boldsymbol{z}_0 - \boldsymbol{k}$ selbst

$$\boldsymbol{z}_n = \boldsymbol{z}_0 - \sum_{j=1}^{n} \boldsymbol{r}_j\,\tilde{a}_{jj}^{-1}\,\boldsymbol{l}_j^T\,\boldsymbol{d}_0 = \boldsymbol{x}\,. \tag{51}$$

Multiplizieren wir dies von links mit $\boldsymbol{A}$ und subtrahieren auf beiden Seiten den Vektor $\boldsymbol{a}$, so entsteht für den Defekt die Identität

$$\boldsymbol{d}_n = \boldsymbol{d}_0 - \sum_{j=1}^{n} \boldsymbol{A}\, \boldsymbol{r}_j\, \tilde{a}_{jj}^{-1}\, \boldsymbol{l}_j^T\, \boldsymbol{d}_0 = \boldsymbol{d}_0 - \boldsymbol{A} \left\{ \sum_{j=1}^{n} \boldsymbol{r}_j\, \tilde{a}_{jj}^{-1}\, \boldsymbol{l}_j^T \right\} \boldsymbol{d}_0$$
$$= \boldsymbol{d}_0 - \boldsymbol{A}\, \boldsymbol{A}^{-1}\, \boldsymbol{d}_0 = \boldsymbol{o}\,, \tag{52}$$

doch folgt daraus nicht, daß das Längenquadrat $\boldsymbol{d}_\nu^* \boldsymbol{d}_\nu$ der Teilsumme abnehmen muß; dies ist nur unter Sondermaßnahmen gewährleistet, die wir im § 33 herleiten werden. Die Abb. 32.2 zeigt die Zerlegung des Lösungsvektors $\boldsymbol{x}$ und des Defektes $\boldsymbol{d}$ im anschaulichen reellen Raum der Dimension $n = 3$.

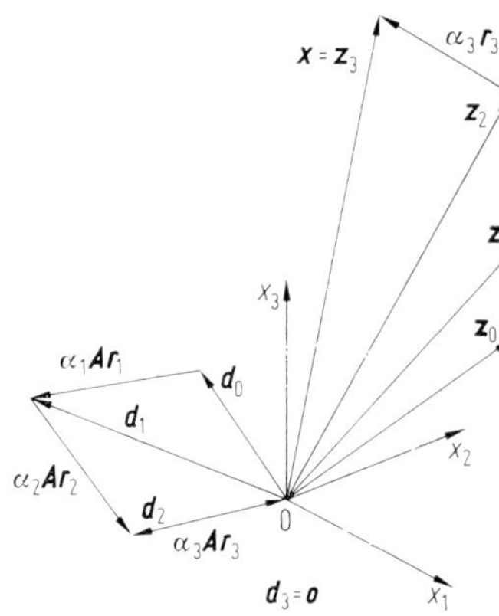

Abb. 32.2. Die beiden Folgen $\boldsymbol{z}_j$ und $\boldsymbol{d}_j$ für $n = 3$ im Reellen

Um noch eine wichtige Beziehung herzuleiten, multiplizieren wir die Teilsumme zum Index $k - 1$ der Defektfolge (52)

$$\boldsymbol{d}_{k-1} = \boldsymbol{d}_0 - \sum_{j=1}^{k-1} \boldsymbol{A}\, \boldsymbol{r}_j\, \tilde{a}_{jj}^{-1}\, \boldsymbol{l}_j^T\, \boldsymbol{d}_0 \tag{53}$$

von links mit $\boldsymbol{l}_k^T$ und bekommen

$$\boldsymbol{l}_k^T\, \boldsymbol{d}_{k-1} = \boldsymbol{l}_k^T\, \boldsymbol{d}_0 - \sum_{j=1}^{k-1} \boldsymbol{l}_k^T\, \boldsymbol{A}\, \boldsymbol{r}_j\, \tilde{a}_{jj}^{-1}\, \boldsymbol{l}_j^T\, \boldsymbol{d}_0 = \boldsymbol{l}_k^T\, \boldsymbol{d}_0 - \sum_{j=1}^{k-1} a_{kj}\, \tilde{a}_{jj}^{-1}\, \boldsymbol{l}_j^T\, \boldsymbol{d}_0\,, \tag{54}$$

und hier verschwinden zufolge der Forderung (47) alle Bilinearformen des Subtrahenden, so daß verbleibt

$$\boldsymbol{l}_k^T\, \boldsymbol{d}_{k-1} = \boldsymbol{l}_k^T\, \boldsymbol{d}_0\,. \tag{55}$$

Bezüglich der Wahl der beiden Transformationsmatrizen

$$\boldsymbol{L} = (\boldsymbol{l}_1 \;\; \boldsymbol{l}_2 \ldots \boldsymbol{l}_n)\,; \qquad \boldsymbol{R} = (\boldsymbol{r}_1 \;\; \boldsymbol{r}_2 \ldots \boldsymbol{r}_n) \tag{56}$$

unterscheidet man zwei Methoden:

a) Exogene Transformation. Die Vektoren $\boldsymbol{l}_j$ und $\boldsymbol{r}_j$ werden unabhängig von der rechten Seite $\boldsymbol{b}$ erzeugt, beispielsweise so, daß $\boldsymbol{L} = \triangle$ und $\boldsymbol{R} = \nabla$ wird (GAUSSscher Algorithmus) oder auch $\boldsymbol{R} = \boldsymbol{I}$ bzw. $\boldsymbol{L} = \boldsymbol{I}$.

b) Endogene Transformation. Im Verlaufe der Rechnung werden die Vektoren $\boldsymbol{l}_j$ und $\boldsymbol{r}_j$ nach einer Verfahrensregel aufgebaut, die auf dem aktuellen Defekt $\boldsymbol{d}_j$ (oder was dasselbe ist, auf der aktuellen Näherung $\boldsymbol{z}_j$) und damit letztlich auf der rechten Seite $\boldsymbol{b}$ basiert. Dies hat den Nachteil, daß für jede *neue* rechte Seite der Algorithmus mit zwei neuen Transformationsmatrizen $\boldsymbol{L}$ und $\boldsymbol{R}$ gestartet werden muß, ohne daß Resultate aus dem Vorlauf verwertet werden können.

Ist die Matrix $\boldsymbol{A}$ vollbesetzt, so ergibt sich die folgende Bilanz für ϱ rechte Seiten.

a) Exogene Transformation nach GAUSS (per Elevator): $n^3/6 + \varrho \cdot n^2$ Operationen.

b) Endogene Transformation mit vollbesetzten Matrizen $\boldsymbol{L}$ und $\boldsymbol{R}$: $\varrho \cdot n^3$ Operationen. Bei vielen rechten Seiten werden daher die endogenen Transformationen immer unwirtschaftlicher, doch bieten sie grundsätzlich folgende Vorteile:

1. Die Matrix $\boldsymbol{A}$ wird nicht zerstört. Bei nur schwach besetzten Matrizen geht der Rechenaufwand zur Ermittlung der Bilinearformen $\tilde{a}_{jj}$ daher stark zurück.
2. Ist $\boldsymbol{z}_0$ eine gute Näherung, so wird der Defekt $\boldsymbol{d}_\sigma$ schon nach weniger als n Schritten so klein, daß $\boldsymbol{z}_\sigma$ eine brauchbare Näherung für die Lösung $\boldsymbol{x}$ ist.
3. Ist die Matrix $\boldsymbol{A}$ ein zusammengefaßtes Gebilde, etwa ein Polynom $\boldsymbol{A} = p(\boldsymbol{B})$ oder dergleichen, so braucht dieses nicht explizit erstellt zu werden, da die Elemente $\tilde{a}_{jj} = \boldsymbol{l}_j^T\, p(\boldsymbol{B})\, \boldsymbol{r}_j$ u. ä. auf direkte Weise entstehen.

32.8. Die Kongruenztransformation als dyadische Zerlegung. Das Verfahren von Hestenes und Stiefel

Ein Spezialfall der im letzten Abschnitt vorgeführten Methode ist die Kongruenztransformation mit $\boldsymbol{L} = \boldsymbol{R}^*$ bzw. $\boldsymbol{L} = \boldsymbol{R}^T$ im Reellen. Damit diese ausnahmslos gelingt, wird das vorgelegte Gleichungssystem $\boldsymbol{A}\,\boldsymbol{x} = \boldsymbol{a}$ vorweg zeilenkombiniert auf die GAUSSsche Gleichung

$$\boxed{\underbrace{\boldsymbol{A}^*\,\boldsymbol{N}\,\boldsymbol{A}}\,\boldsymbol{x} = \underbrace{\boldsymbol{A}^*\,\boldsymbol{N}\,\boldsymbol{a}}} \quad \text{mit} \quad \boldsymbol{N}^* = \boldsymbol{N} \text{ pos. def.,} \tag{57}$$

wo $\boldsymbol{N}$ eine hermitesche und positiv definite Normierungsmatrix ist, die der numerischen Stabilisierung dient. Ist nämlich $\boldsymbol{A}$ schlecht konditioniert, so trifft dies auf $\boldsymbol{A}^* \boldsymbol{A}$ im verstärkten Maße zu; es ist daher $\boldsymbol{N}$ so zu bestimmen, daß $\boldsymbol{A}^* \boldsymbol{N} \boldsymbol{A}$ möglichst diagonaldominant ausfällt, wozu verschiedene Techniken zur Verfügung stehen. Nur bei gut konditionierter Matrix $\boldsymbol{A}$ wird man diesen vorweg zu leistenden Aufwand vermeiden und einfach $\boldsymbol{N} = \boldsymbol{I}$ setzen; dies führt dann auf die schon oft herangezogene GAUSSsche Transformation (2.39).

Hat $\boldsymbol{A}$ selber die Qualität einer Normierungsmatrix

$$\boldsymbol{A} = \boldsymbol{A}^* \text{ pos. def.}, \tag{58}$$

(und ist zudem gut konditioniert), so wählt man $\boldsymbol{N} = \boldsymbol{A}^{-1}$, womit wegen $\boldsymbol{A}\boldsymbol{N} = \boldsymbol{A}^* \boldsymbol{N} = \boldsymbol{I}$ die GAUSSsche Gleichung mit dem Originalsystem $\boldsymbol{A}\boldsymbol{x} = \boldsymbol{a}$ übereinstimmt, wie durch Unterklammerung in (57) bereits angedeutet; diese Notation werden wir auch im folgenden konsequent beibehalten.

Wir vermerken noch, daß die Matrix $\boldsymbol{A}$ nicht quadratisch zu sein braucht und unterscheiden drei Fälle:

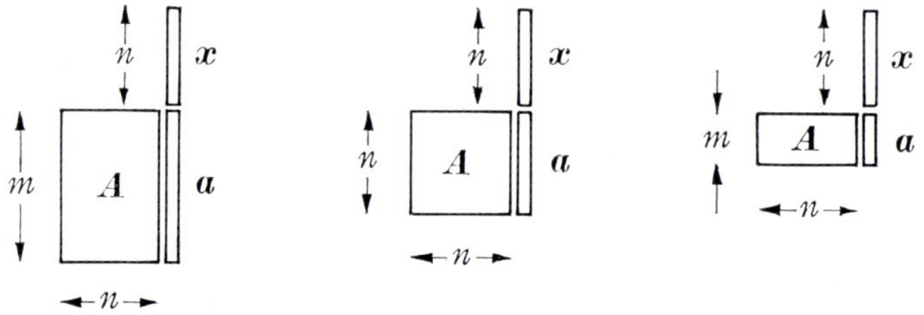

(59)

überbestimmt $m > n$ bestimmt $m = n$ unterbestimmt $m < n$

Die Transformation (57) liefert in jedem Fall eine quadratische hermitesche Matrix $\boldsymbol{A}^* \boldsymbol{N} \boldsymbol{A}$ der Ordnung n. Ist diese regulär, so ist das Gleichungssystem lösbar, wenn nicht, so ist zu unterscheiden, ob die neue rechte Seite $\boldsymbol{A}^* \boldsymbol{N} \boldsymbol{a}$ verträglich ist oder nicht; der Leser studiere dazu den Abschnitt 8.2 und den Alternativsatz (26.2).

Für das folgende setzen wir voraus, daß $\boldsymbol{A}^* \boldsymbol{N} \boldsymbol{A}$ regulär ist, so daß die reellen Hauptdiagonalelemente $\tilde{a}_{jj}$ von Null verschieden sind,

$$\tilde{a}_{jj} = \boldsymbol{r}_j^* \boldsymbol{A}^* \boldsymbol{N} \boldsymbol{A} \boldsymbol{r}_j = \boldsymbol{b}_j^* \boldsymbol{N} \boldsymbol{b}_j \neq 0 \quad \text{für} \quad j = 1, 2, \ldots, n, \tag{60}$$

(wo zur Abkürzung $\boldsymbol{A}_j \boldsymbol{r} =: \boldsymbol{b}_j$ gesetzt wurde.) Dagegen soll

$$\tilde{a}_{jk} = \boldsymbol{r}_j^* \boldsymbol{A}^* \boldsymbol{N} \boldsymbol{A} \boldsymbol{r}_k = \boldsymbol{b}_j^* \boldsymbol{N} \boldsymbol{b}_k = 0 \quad \text{für} \quad j \neq k;\ j, k = 1, 2, \ldots, n \tag{61}$$

sein. Mit anderen Worten, die Kongruenztransformation mit der Matrix $\boldsymbol{R}$ überführt die vorgelegte (quadratische oder rechteckige) Matrix $\boldsymbol{A}$ auf eine reelle Diagonalmatrix $\tilde{\boldsymbol{A}}$, deren Inversion elementar durchführbar ist, und dies war der Zweck der Übung. Mit den aus der

Linkstransformation (57) folgenden Ersetzungen

$$\hat{A} \to \underbrace{A^* N}A\,, \qquad \hat{a} \to \underbrace{A^* N}a\,, \qquad \hat{d} \to \underbrace{A^* N}d\,, \tag{62}$$

ferner $l^T \to r^*$ fassen wir die Ergebnisse aus Abschnitt 32.7 zusammen zur Programmieranleitung (63), die auch ohne theoretisches Hintergrundwissen anwendbar bleibt.

PROGRAMMIERUNG EINER DYADISCHEN KONGRUENZ-TRANSFORMATION (63)

GEGEBEN die Matrix A und die rechte Seite a, eine hermitesche und positiv definite Normierungsmatrix N, ferner ein Näherungsvektor z_0.

GESUCHT ist die Lösung des Gleichungssystems $A\,x = a$ bzw. $\underbrace{A^* N}A\,x = \underbrace{A^* N}a$.

START 1. Berechne den Originaldefekt $d_0 = A\,z_0 - a$

2. und daraus den transformierten Defekt $\hat{d}_0 = \underbrace{A^* N}d_0$.

3. Wähle einen Transformationsvektor r_1, berechne den Bildvektor $b_1 = A\,r_1$ und daraus die hermitesche Form

$$\tilde{a}_{11} = r_1^* \underbrace{A^* N}A\,r_1 = b_1^* N\,b_1\,.$$

Die ersten Summanden der beiden Reihen (51) und (52) liegen damit fest:

4. $z_1 = z_0 - r_1\,\tilde{a}_{11}^{-1}\,r_1^*\,\hat{d}_0\,,$

5. $\hat{d}_1 = \hat{d}_0 - A\,r_1\,\tilde{a}_{11}^{-1}\,r_1^*\,\hat{d}_0\,.$

„ITERATION" Gültig für $j = 2, 3, \ldots, \mu;\ \mu \leqq n$.

6. Bestimme den nächstfolgenden Transformationsvektor r_j so, daß

$$r_j^* \underbrace{A^* N}A\,r_k = b_j^* N\,b_k = 0 \quad \text{für} \quad k < j \ \text{ist}.$$

7. Berechne damit den Bildvektor $b_j = A\,r_j$, weiter die hermitesche Form

$$\tilde{a}_{jj} = r_j^* \underbrace{A^* N}A\,r_j = b_j^* N\,b_j$$

und setze die beiden Reihen (51) und (52) fort:

8a) $z_j = z_{j-1} - r_j\,\tilde{a}_{jj}^{-1}\,r_j^*\,\hat{d}_{j-1}\,,$

8b) $z_j = z_{j-1} - r_j\,\tilde{a}_{jj}^{-1}\,r_j^*\,\hat{d}_0\,,$

9a) $\hat{d}_j = \hat{d}_{j-1} - A\,r_j\,\tilde{a}_{jj}^{-1}\,r_j^*\,\hat{d}_{j-1}\,,$

9b) $\hat{d}_j = \hat{d}_{j-1} - A\,r_j\,\tilde{a}_{jj}^{-1}\,r_j^*\,\hat{d}_0\,.$

ENDE wenn $\hat{d}_j = o$.

Wieder haben wir zu unterscheiden zwischen der exogenen Transformation (etwa mit Hilfe des Reflektors nach HOUSEHOLDER) und der endogenen. Wichtigster Vertreter dieser zweiten Gruppe ist die Kongruenztransformation von HESTENES und STIEFEL [155] mit der Besonderheit

$$\boldsymbol{r}_1 = \hat{\boldsymbol{d}}_0 := \underbrace{\boldsymbol{A}^* \boldsymbol{N}}\, \boldsymbol{d}_0 \tag{64}$$

$$\boldsymbol{r}_j = \hat{\boldsymbol{d}}_{j-1} + \frac{\hat{\boldsymbol{d}}^*_{j-1}\hat{\boldsymbol{d}}_{j-1}}{\hat{\boldsymbol{d}}^*_{j-2}\hat{\boldsymbol{d}}_{j-2}}\,\boldsymbol{r}_{j-1}; \qquad j = 2, 3, \ldots; \qquad \hat{\boldsymbol{d}}_j := \underbrace{\boldsymbol{A}^* \boldsymbol{N}}\, \boldsymbol{d}_j \,. \tag{65}$$

Diese spezielle Wahl der Vektoren $\boldsymbol{r}_j$ hat zur Folge, daß die Defekte unitarisiert werden

$$\hat{\boldsymbol{d}}_j^* \hat{\boldsymbol{d}}_k = \boldsymbol{d}_j^* \underbrace{\boldsymbol{A}^* \boldsymbol{N}^*}\, \underbrace{\boldsymbol{N} \boldsymbol{A}}\, \boldsymbol{d}_k = 0 \quad \text{für} \quad j \neq k; \quad j, k = 1, 2, \ldots, n \tag{66}$$

und daß über (55) hinaus gilt

$$\boldsymbol{r}_j^* \hat{\boldsymbol{d}}_0 = \boldsymbol{r}_j^* \hat{\boldsymbol{d}}_{j-1} = \hat{\boldsymbol{d}}^*_{j-1} \hat{\boldsymbol{d}}_{j-1}; \qquad j = 1, 2, \ldots, \tag{67}$$

eine für den Taschenrechner willkommene Kontrolle, auf die man nicht verzichten sollte.

Ist $\boldsymbol{A}$ hermitesch und positiv definit und wählt man $\boldsymbol{N} = \boldsymbol{A}^{-1}$ (was keineswegs zwingend ist!), so entfallen die Ersetzungen (62), womit sich das Programm in einigen Punkten vereinfacht (die unterklammerten Produkte sind durch $\boldsymbol{I}$ zu ersetzen), doch wird der Rechenaufwand kaum geringer, da die Bildvektoren $\boldsymbol{b}_j = \boldsymbol{A}\,\boldsymbol{r}_j$ so oder so erstellt werden müssen; bei vollbesetzter Matrix erfordert dies allein n^3 Operationen.

Abschließend noch einige Ratschläge zum Programm (63).

1. Man hat zufolge der Beziehung (55) die Wahl zwischen 8a/9a und 8b/9b, doch ist die erste Version vorzuziehen, da der gegenüber dem exakt vorliegenden Ausgangsdefekt $\boldsymbol{d}_0$ verfälschte aktuelle Defekt $\boldsymbol{d}_{j-1}$ besser in die verfälschte Situation paßt.

2. Da der Algorithmus sich nicht selbst korrigiert, ist nach einer Anzahl von Schritten ein neuer Start mit dem aktuellen Näherungsvektor $\boldsymbol{z}$ anzuempfehlen.

3. Infolge der Rundungsfehler wird (namentlich bei großen Gleichungssystemen mit schlecht konditionierter Matrix $\boldsymbol{A}$) $\boldsymbol{d}_n \neq \boldsymbol{o}$; man setzt das Verfahren dann einfach in der eingeleiteten Weise fort, weshalb die dyadische Kongruenztransformation von manchen Autoren den Iterationsverfahren zugeordnet wird; aus diesem Grund steht in der Programmieranleitung das Wort Iteration in Anführungsstrichen. Andererseits ist es möglich, daß der Defekt schon nach weniger als n Schritten zu Null wird. Dieser (auch bei der üblichen, d. h. *nicht*

dyadisch durchgeführten Kongruenztransformation mögliche) vorzeitige Abbruch ist abhängig sowohl von der Wahl des Startvektors $\boldsymbol{r}_1$ wie der rechten Seite $\boldsymbol{a}$.

Aufgrund einer geometrischen Interpretation an einer Ellipse wird der Algorithmus von HESTENES und STIEFEL als Verfahren der *konjugierten Gradienten* bezeichnet; näheres dazu in [24, S. 71—78].

Wir rechnen ein einfaches Beispiel im Kopf. Gegeben

$$\boldsymbol{A} = \begin{pmatrix} 2 & 1 \\ 1 & 1 \end{pmatrix} = \boldsymbol{A}^T, \qquad \boldsymbol{b} = \begin{pmatrix} -1 \\ 1 \end{pmatrix}, \qquad \boldsymbol{z}_0 = \begin{pmatrix} 0 \\ 0 \end{pmatrix}.$$

1. Endogene Kongruenztransformation von HESTENES und STIEFEL nach (63) mit Zusatzvorschriften (64) und (65). Wir wählen $\boldsymbol{N} = \boldsymbol{A}^{-1}$, somit ist überall $\boldsymbol{A}^T \boldsymbol{N} = \boldsymbol{I}$ zu setzen.

START. 1. Der Defekt ist $\boldsymbol{d}_0 = \boldsymbol{A}\,\boldsymbol{z}_0 - \boldsymbol{b} = \boldsymbol{A}\,\boldsymbol{o} - \boldsymbol{b} = -\boldsymbol{b} = \begin{pmatrix} 1 \\ -1 \end{pmatrix}$.

2. entfällt. Wegen $\boldsymbol{A}^T \boldsymbol{N} = \boldsymbol{I}$ ist $\hat{\boldsymbol{d}}_0 = \boldsymbol{d}_0$.

3. Mit $\boldsymbol{r}_1 = \boldsymbol{d}_0$ nach (64) wird $\tilde{a}_{11} = \boldsymbol{r}_1^T \boldsymbol{A}\,\boldsymbol{r}_1 = 1$.

4. $\boldsymbol{z}_1 = \boldsymbol{z}_0 - \boldsymbol{r}_1 \cdot 1^{-1}(\boldsymbol{r}_1^T \boldsymbol{d}_0) = \boldsymbol{z}_0 - \boldsymbol{r}_1 \cdot 2 = \begin{pmatrix} 0 \\ 0 \end{pmatrix} - \begin{pmatrix} 1 \\ -1 \end{pmatrix} \cdot 2 = \begin{pmatrix} -2 \\ 2 \end{pmatrix}$.

5. $\boldsymbol{d}_1 = \boldsymbol{d}_0 - \boldsymbol{A}\,\boldsymbol{r}_1 \cdot 1^{-1}(\boldsymbol{r}_1^T \boldsymbol{d}_0) = \boldsymbol{d}_0 - \boldsymbol{A}\,\boldsymbol{r}_1 \cdot 2 = \begin{pmatrix} 1 \\ -1 \end{pmatrix} - \begin{pmatrix} 1 \\ 0 \end{pmatrix} 2 = \begin{pmatrix} -1 \\ -1 \end{pmatrix}$.

Kontrolle (66): $\boldsymbol{d}_0^T \boldsymbol{d}_1 = 0$, wie es sein muß. Siehe auch Abb. 32.3a.

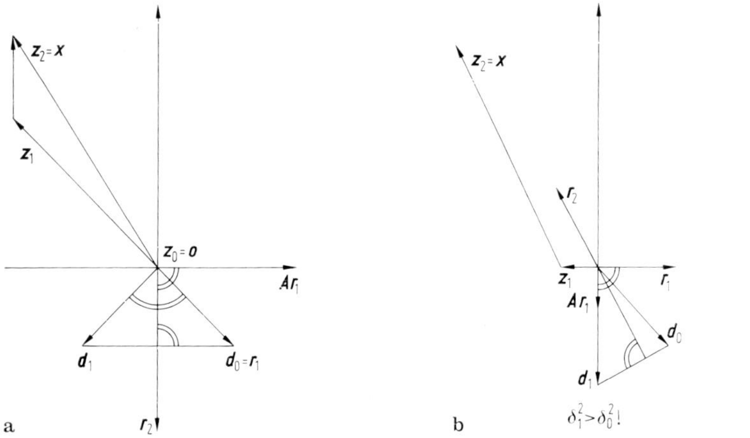

Abb. 32.3. a) Endogene Transformation von HESTENES und STIEFEL; b) exogene Transformation von GAUSS

„ITERATION"

6. Es ist $\boldsymbol{r}_2$ zu berechnen nach der Vorschrift (65). Mit dem Quotienten $\boldsymbol{d}_1^T \boldsymbol{d}_1 / \boldsymbol{d}_0^T \boldsymbol{d}_0 = 2/2 = 1$ wird $\boldsymbol{r}_2 = \boldsymbol{d}_1 + 1 \cdot \boldsymbol{r}_1 = \begin{pmatrix} -1 \\ -1 \end{pmatrix} + \begin{pmatrix} 1 \\ -1 \end{pmatrix} = \begin{pmatrix} 0 \\ -2 \end{pmatrix}$.

7. Es ist $\tilde{a}_{22} = \boldsymbol{r}_2^T \boldsymbol{A}\,\boldsymbol{r}_2 = 4$.

8a) $\boldsymbol{z}_2 = \boldsymbol{z}_1 - \boldsymbol{r}_2 \cdot 4^{-1}(\boldsymbol{r}_2^T \boldsymbol{d}_1) = \boldsymbol{z}_1 - \boldsymbol{r}_2\, 4^{-1} \cdot 2$

$$= \begin{pmatrix} -2 \\ 2 \end{pmatrix} - \begin{pmatrix} 0 \\ -2 \end{pmatrix} 0{,}5 = \begin{pmatrix} -2 \\ 3 \end{pmatrix} = \boldsymbol{x}\,.$$

$$9\text{a})\quad \boldsymbol{d}_2 = \boldsymbol{d}_1 - \boldsymbol{A}\,\boldsymbol{r}_2 \cdot 4^{-1}(\boldsymbol{r}_2^T\,\boldsymbol{d}_1) = \boldsymbol{d}_1 - \boldsymbol{A}\,\boldsymbol{r}_2 \cdot 4^{-1} \cdot 2$$
$$= \boldsymbol{d}_1 - \boldsymbol{A}\,\boldsymbol{r}_2 = \begin{pmatrix} -1 \\ -1 \end{pmatrix} - \begin{pmatrix} -1 \\ -1 \end{pmatrix} = \begin{pmatrix} 0 \\ 0 \end{pmatrix}!$$

Der Leser rechne dasselbe nach 8b und 9b. Wir machen noch die Doppelkontrolle (67): $\boldsymbol{r}_2^T\,\boldsymbol{d}_0 = \boldsymbol{r}_2^T\,\boldsymbol{d}_1 = \boldsymbol{d}_1^T\,\boldsymbol{d}_1 = 2$.

2. Exogene Transformation nach GAUSS. Anstelle der Vorschriften (64) und (65) ist $\boldsymbol{R}$ als normierte obere Dreiecksmatrix (unabhängig von der rechten Seite $\boldsymbol{a}$!) aufzubauen. Wir schreiben die Einheitsmatrix $\boldsymbol{I}$ unter $\boldsymbol{A}$ auf und addieren die mit $-0{,}5$ multiplizierte erste Spalte zur zweiten, das gibt

$$\begin{matrix}\boldsymbol{A}\\ \\ \boldsymbol{I}\end{matrix}\begin{pmatrix} 2 & 1 \\ 1 & 1 \\ \hline 1 & 0 \\ 0 & 1 \end{pmatrix} \to \begin{pmatrix} 2 & 0 \\ 1 & 0{,}5 \\ \hline 1 & -0{,}5 \\ 0 & 1 \end{pmatrix} = \begin{pmatrix} \boldsymbol{A}\,\boldsymbol{R} \\ \hline \boldsymbol{I}\;\,\boldsymbol{R} \end{pmatrix} \to \boldsymbol{r}_1 = \begin{pmatrix} 1 \\ 0 \end{pmatrix},\quad \boldsymbol{r}_2 = \begin{pmatrix} -0{,}5 \\ 1 \end{pmatrix},$$

womit $\boldsymbol{r}_1$ und $\boldsymbol{r}_2$ festliegen. Nach dem Programm (63) wird dann:

START. 1) $\boldsymbol{d}_0 = \boldsymbol{A}\,\boldsymbol{z}_0 - \boldsymbol{b} = \boldsymbol{A}\,\boldsymbol{o} - \boldsymbol{b} = -\boldsymbol{b} = \begin{pmatrix} 1 \\ -1 \end{pmatrix}$.

2) $\hat{\boldsymbol{d}}_0 = \boldsymbol{d}_0$.

3) $\boldsymbol{r}_1 = \begin{pmatrix} 1 \\ 0 \end{pmatrix} \to \tilde{a}_{11} = \boldsymbol{r}_1^T\,\boldsymbol{A}\,\boldsymbol{r}_1 = 2$.

4) $\boldsymbol{z}_1 = \boldsymbol{z}_0 - \boldsymbol{r}_1 \cdot 2^{-1}(\boldsymbol{r}_1^T\,\boldsymbol{d}_0) = \boldsymbol{z}_0 - \boldsymbol{r}_1 \cdot 0{,}5 = \begin{pmatrix} 0 \\ 0 \end{pmatrix} - \begin{pmatrix} 1 \\ 0 \end{pmatrix} 0{,}5 = \begin{pmatrix} -0{,}5 \\ 0 \end{pmatrix}$.

5) $\boldsymbol{d}_1 = \boldsymbol{d}_0 - \boldsymbol{A}\,\boldsymbol{r}_1 \cdot 2^{-1}(\boldsymbol{r}_1^T\,\boldsymbol{d}_0)$
$= \boldsymbol{d}_0 - \boldsymbol{A}\,\boldsymbol{r}_1 \cdot 0{,}5 = \begin{pmatrix} 1 \\ -1 \end{pmatrix} - \begin{pmatrix} 2 \\ 1 \end{pmatrix} 0{,}5 = \begin{pmatrix} 0 \\ -1{,}5 \end{pmatrix}$.

Dieser Schritt ist hier überflüssig, da der Defekt für den weiteren Aufbau nicht benötigt wird. Wir machen ihn nur zur Freude und der Kontrolle (55) wegen.

„ITERATION“

6) $\boldsymbol{r}_2 = \begin{pmatrix} -0{,}5 \\ 1 \end{pmatrix}$ (siehe oben).

7) $\tilde{a}_{22} = \boldsymbol{r}_2^T\,\boldsymbol{A}\,\boldsymbol{r}_2 = 0{,}5$.

8b) $\boldsymbol{z}_2 = \boldsymbol{z}_1 - \boldsymbol{r}_2 \cdot (0{,}5)^{-1}\,(\boldsymbol{r}_2^T\,\boldsymbol{d}_0)$
$= \boldsymbol{z}_1 - \boldsymbol{r}_2 \cdot (0{,}5)^{-1}\,(-1{,}5) = \begin{pmatrix} -0{,}5 \\ 0 \end{pmatrix} + \begin{pmatrix} -0{,}5 \\ 1 \end{pmatrix} 3 = \begin{pmatrix} -2 \\ 3 \end{pmatrix} = \boldsymbol{x}$.

9b) oder auch 9a) kann entfallen. Der Leser führe dies trotzdem durch; es muß $\boldsymbol{d}_2 = \boldsymbol{d}_n = \boldsymbol{o}$ sein.
Kontrolle (55): $\boldsymbol{r}_2^T\,\boldsymbol{d}_0 = \boldsymbol{r}_2^T\,\boldsymbol{d}_1 = -1{,}5$; siehe auch Abb. 32.3b.

Der Leser beachte, daß beim Übergang von $\hat{\boldsymbol{d}}_0$ nach $\hat{\boldsymbol{d}}_1$ das Defektquadrat und damit die Länge des Defektvektors selbst nicht kleiner und bei GAUSS sogar größer geworden ist!

Zweites Beispiel. $\boldsymbol{T}_6\,\boldsymbol{x} = \boldsymbol{a}$ mit der DEKKER-Matrix (24.73) und der rechten Seite

$$\boldsymbol{a} = (-1 \quad -1 \quad -1 \quad -1 \quad -1 \quad -1)^T.$$

Die Lösung ist

$$\boldsymbol{x} = (-1 \quad 1 \quad -1 \quad 1 \quad -1 \quad 1)^T.$$

a) Wir wählen $\boldsymbol{N} = \boldsymbol{I}$ (Katastrophe, da $\boldsymbol{T}_6^*\,\boldsymbol{T}_6$ unvergleichlich schlechter konditioniert ist als $\boldsymbol{T}_6$ selbst) und bekommen mit dem Startvektor $\boldsymbol{z}_0 = \boldsymbol{o}$, somit $\boldsymbol{d}_0 = -\boldsymbol{a}$ die folgenden Ergebnisse nach jeweils sechs vollen Zyklen:

1. Zyklus	-0.990005938376231 0.952322382705707 -0.854643281138120 0.647204996058425 -0.259146202172682 -0.405130229939319	2. Zyklus	-0.991975210790677 0.957936855015409 -0.864753475394955 0.660125189059094 -0.268311013670231 -0.414119696112011
3. Zyklus	-0.100001172666303 0.100003405764954 -0.100006403339245 0.100008895915909 -0.100008396812638 0.100000890588716	6. Zyklus	-0.100000079977695 0.100000430994426 -0.100001405177494 0.100003561835691 -0.100007713728660 0.100014973392694

b) Die Matrix $\boldsymbol{T}_6$ wird per JACOBI stabilisiert. Es liegt dann das neue Gleichungssystem $\boldsymbol{A}_J\, \boldsymbol{x} = \boldsymbol{a}_J$ vor, wo $\boldsymbol{A}_J$ annähernd unitär ist, und zwar wurde bis zur Niveauhöhe 0,7 rotiert, wozu 43 Teildrehungen erforderlich waren. Mit dem so verbesserten Gleichungssystem wiederholen wir die Rechnung und bekommen nach dem ersten Zyklus

0.999999999999214
-1.000000000020581
1.000000000020682
-1.000000000104612
1.000000000200214
-1.000000000404730

Die helle Freude! Die — wenn auch aufwendigen — JACOBI-Rotationen haben sich gelohnt. Der Leser rechne noch einen weiteren Zyklus.

Drittes Beispiel. $\boldsymbol{A}_R\, \boldsymbol{x} = \boldsymbol{e}_n$ mit der Matrix $\boldsymbol{A}_R$ (24.81), $n = 50$. Start mit $\boldsymbol{z}_0 = \boldsymbol{o}$, somit $\boldsymbol{d}_0 = -\boldsymbol{e}_{50}$. Da $\boldsymbol{A}_R$ reellsymmetrisch ist, setzen wir den unterklammerten Teil $\boldsymbol{A}^T \boldsymbol{N} = \boldsymbol{I}$, womit die GAUSSsche Transformation entfällt. Nach dem ersten Durchlauf ist der Lösungsvektor $\boldsymbol{x}^T = (1 \;\; 2 \;\; 3 \; \ldots \; 48 \;\; 49 \;\; 50)$ auf alle gerechneten 16 Dezimalen genau, der Defektvektor $\boldsymbol{d}$ enthält in allen 50 Komponenten die 16-stellige Null.

Viertes Beispiel. $\boldsymbol{A}\, \boldsymbol{x} = \boldsymbol{e}_n$ mit $\boldsymbol{A} = \boldsymbol{A}_R\, \nabla$, wo $\boldsymbol{A}_R$ die Matrix (24.81) ist und ∇ die normierte obere Dreiecksmatrix mit zwei alternierenden Kodiagonalen.

$$\nabla = \begin{pmatrix} 1 & 1 & -1 & 0 & 0 & 0 \ldots \\ & 1 & -1 & 1 & 0 & 0 \ldots \\ & & 1 & 1 & -1 & 0 \ldots \\ & & & 1 & -1 & 1 \ldots \\ & & & \text{usw.} & & \end{pmatrix}.$$

Für $n = 50$ wurde das Produkt $\boldsymbol{A}_R\, \nabla$ ausmultipliziert und eingespeichert. Die Lösung ist ganzzahlig und in der folgenden Tabelle ausgedruckt. Es wurden acht Zyklen gerechnet. Der erste liefert Lottozahlen; selbst nach dem zweiten sind sämtliche 50 Vorzeichen negativ, somit die Hälfte falsch. Erst nach dem vierten Zyklus stimmen die Vorzeichen und durchweg die ersten beiden Dezimalstellen. Nach dem achten Zyklus schließlich bilde sich der Betrachter sein Urteil selbst im Hinblick auf die unten ausgedruckte maximale Defektkomponente und die beiden Postulate am Schluß des Abschnitts 25.6, abgeschwächt durch den Merksatz in Abschnitt 31.1. Wir bekommen hier drastisch vor Augen geführt: ohne Einschließungssatz geht es nicht!

Tabelle zum vierten Beispiel HESTENES und STIEFEL

4. Zyklus	8. Zyklus	Lösung
-0.145490886282492D+07	-0.145506520723666D+07	-0.147244900000000D+07
0.235410134689320D+07	0.235435426420126D+07	0.238248200000000D+07
0.899191496014531D+06	0.899288074961390D+06	0.910032000000000D+06
-0.145490787478821D+07	-0.145506422521935D+07	-0.147244800000000D+07
-0.555719342870342D+06	-0.555779096324042D+06	-0.562419000000000D+06
0.899192483980398D+06	0.899289057049243D+06	0.910033000000000D+06
0.343468201129863D+06	0.343505050427009D+06	0.347609000000000D+06
-0.555718355010753D+06	-0.555778114109221D+06	-0.562418000000000D+06
-0.212257069521254D+06	-0.212279938494686D+06	-0.214816000000000D+06
0.343469188871680D+06	0.343506032825225D+06	0.347610000000000D+06
0.131203228288277D+06	0.131217254608770D+06	0.132785000000000D+06
-0.212256081923333D+06	-0.212278955856645D+06	-0.214815000000000D+06
-0.810637197776627D+05	-0.810725063867975D+05	-0.820410000000000D+05
0.131204215639887D+06	0.131218237543069D+06	0.132786000000000D+06
0.501276551700921D+05	0.501329599794620D+05	0.507320000000000D+05
-0.810627327585843D+05	-0.810715230998161D+05	-0.820400000000000D+05
-0.309498921226323D+05	-0.309533010686353D+05	-0.313230000000000D+05
0.501286417720406D+05	0.501339436755627D+05	0.507330000000000D+05
0.191619621625086D+05	0.191639370407334D+05	0.193930000000000D+05
-0.309489060410203D+05	-0.309523169069978D+05	-0.313220000000000D+05
-0.118057032580577D+05	-0.118070540096745D+05	-0.119480000000000D+05
0.191629476866434D+05	0.191649217243543D+05	0.193940000000000D+05
0.733651429643775D+04	0.733722392189527D+04	0.742500000000000D+04
-0.118047183456595D+05	-0.118060687476713D+05	-0.119470000000000D+05
-0.449090368684902D+04	-0.449145945295081D+04	-0.454500000000000D+04
0.733749859632497D+04	0.733820981875711D+04	0.742600000000000D+04
0.282192688142120D+04	0.282216360636974D+04	0.285600000000000D+04
-0.448991976091248D+04	-0.449047286487864D+04	-0.454400000000000D+04
-0.169462867742610D+04	-0.169486956094018D+04	-0.171500000000000D+04
0.282291070929836D+04	0.282315094220584D+04	0.285700000000000D+04
0.109967852601631D+04	0.109974601225642D+04	0.111300000000000D+04
-0.169364465999706D+04	-0.169388142111448D+04	-0.171400000000000D+04
-0.624537919348089D+03	-0.624647480894943D+03	-0.632000000000000D+03
0.110066310907284D+04	0.110073501282715D+04	0.111400000000000D+04
0.443583862328188D+03	0.443597007578140D+03	0.449000000000000D+03
-0.623552519395146D+03	-0.623657563680201D+03	-0.631000000000000D+03
-0.214481279171575D+03	-0.214531394947320D+03	-0.217000000000000D+03
0.444570325106668D+03	0.444587898723355D+03	0.450000000000000D+03
0.193602872580427D+03	0.193603375450390D+03	0.196000000000000D+03
-0.213493527094847D+03	-0.213539474829112D+03	-0.216000000000000D+03
-0.583530083389371D+02	-0.583736051032513D+02	-0.590000000000000D+02
0.194592007551935D+03	0.194596383214561D+03	0.197000000000000D+03
0.957976599105681D+02	0.957986943258418D+02	0.970000000000000D+02
-0.573624141722356D+02	-0.573794568945212D+02	-0.580000000000000D+02
-0.398808322336933D+01	-0.399373812125047D+01	-0.400000000000000D+01
0.967898738453640D+02	0.967940452829129D+02	0.980000000000000D+02
0.483932029252992D+02	0.483960135773446D+02	0.490000000000000D+02
-0.299413473006269D+01	-0.299713749140060D+01	-0.300000000000000D+01
-0.998466364728590D+00	-0.999275139472314D+00	-0.100000000000000D+01
0.493892956650241D+02	0.493939356890812D+02	0.500000000000000D+02
0.479917264763362D-04	0.659707009505752D-09	

32.9. Mehrschrittverfahren

Oft ist es problemgerecht, sich mit einer Äquivalenztransformation auf Blockdiagonalmatrix zu begnügen. Zu diesem Zweck zerlegen wir die Matrizen $\boldsymbol{L}$ und $\boldsymbol{R}$ in $m < n$ Streifen und die Matrix $\boldsymbol{A}$ in dazu passende Blöcke

$$\boldsymbol{L} = \begin{pmatrix} \boldsymbol{L}_1 \boldsymbol{L}_2 \ldots \boldsymbol{L}_m \end{pmatrix}; \quad \boldsymbol{R} \text{ dito}; \quad \boldsymbol{L}^T \boldsymbol{A} \boldsymbol{R} = \tilde{\boldsymbol{A}} = \begin{pmatrix} \tilde{\boldsymbol{A}}_{11} & & & \\ & \tilde{\boldsymbol{A}}_{22} & & \\ & & \ddots & \\ & & & \tilde{\boldsymbol{A}}_{mm} \end{pmatrix} \begin{matrix} n_1 \\ n_2 \\ \\ n_m \end{matrix} . \tag{68}$$

$$n_1 \; n_2 \quad n_m$$

Sodann werden $\boldsymbol{L}$ und $\boldsymbol{R}$ in exogener oder endogener Technik so bestimmt, daß die transformierte Matrix $\tilde{\boldsymbol{A}} = \boldsymbol{L}\,\boldsymbol{A}\,\boldsymbol{R}$ blockdiagonal wird

$$\tilde{\boldsymbol{A}}_{jj} = \boldsymbol{L}_j^T \boldsymbol{A} \boldsymbol{R}_j \qquad \text{bzw.} \quad \tilde{\boldsymbol{A}}_{jj} = \boldsymbol{R}_j^* \underbrace{\boldsymbol{A}^* \boldsymbol{N}} \boldsymbol{A} \boldsymbol{R}_j$$
$$\text{regulär für } j = 1, 2, \ldots, m, \tag{69}$$

$$\tilde{\boldsymbol{A}}_{jk} = \boldsymbol{L}_j^T \boldsymbol{A} \boldsymbol{R}_k = \boldsymbol{O} \quad \text{bzw.} \quad \tilde{\boldsymbol{A}}_{jk} = \boldsymbol{R}_j^* \underbrace{\boldsymbol{A}^* \boldsymbol{N}} \boldsymbol{A} \boldsymbol{R}_k = \boldsymbol{O}$$
$$\text{für } j \neq k; \qquad j, k = 1, 2, \ldots, m, \tag{70}$$

und nun sind anstelle der skalaren Bilinearformen $\tilde{a}_{jj} = \boldsymbol{l}_j^T \tilde{\boldsymbol{A}} \boldsymbol{r}_j$ die Blöcke $\tilde{\boldsymbol{A}}_{jj}$ (69) zu invertieren; die Summen (51) und (52) gehen damit über in

$$\left.\begin{aligned} \boldsymbol{z}_m &= \boldsymbol{z}_0 - \sum_{j=1}^{m} \boldsymbol{R}_j \tilde{\boldsymbol{A}}_{jj}^{-1} \boldsymbol{L}_j^T \boldsymbol{d}_{j-1} = \boldsymbol{x} \\ \text{bzw.} \quad & \\ \boldsymbol{z}_m &= \boldsymbol{z}_0 - \sum_{j=1}^{m} \boldsymbol{R}_j \tilde{\boldsymbol{A}}_{jj}^{-1} \boldsymbol{R}_j^* \hat{\boldsymbol{d}}_{j-1} = \boldsymbol{x} \end{aligned}\right\} \tag{71}$$

und

$$\left.\begin{aligned} \boldsymbol{d}_m &= \boldsymbol{d}_0 - \sum_{j=1}^{m} \boldsymbol{A} \boldsymbol{R}_j \tilde{\boldsymbol{A}}_{jj}^{-1} \boldsymbol{L}_j^T \boldsymbol{d}_{j=1} = \boldsymbol{o} \\ \text{bzw.} \quad & \\ \boldsymbol{d}_m &= \boldsymbol{d}_0 - \sum_{j=1}^{m} \boldsymbol{A} \boldsymbol{R}_j \tilde{\boldsymbol{A}}_{jj}^{-1} \boldsymbol{R}_j^* \hat{\boldsymbol{d}}_{j-1} = \boldsymbol{o} \end{aligned}\right\} \tag{72}$$

mit

$$\hat{\boldsymbol{d}}_j = \underbrace{\boldsymbol{A}^* \boldsymbol{N}} \boldsymbol{d}_j . \tag{73}$$

• 32.10. Zusammenfassung

Die Bezeichnung „endliche Methode" darf nicht darüber hinwegtäuschen, daß bei großen Ordnungszahlen n und/oder schlechter Kondition der Matrix $\boldsymbol{A}$ die exakte Lösung eben *nicht* mit abzählbar endlich vielen Operationen erreicht werden kann. Mindestens eine der folgenden Maßnahmen ist daher anschließend erforderlich.

1. Regeneration (Auffrischung). Die fehlerbehaftete Transformation

$$\boldsymbol{L}\,\boldsymbol{A} = \nabla \quad \text{bzw.} \quad \boldsymbol{L}\,\boldsymbol{A} = \boldsymbol{D}_A \quad \text{bzw.} \quad \boldsymbol{L}\,\boldsymbol{A}\,\boldsymbol{R} = \boldsymbol{D}_A \quad \text{usw.} \tag{74}$$

wird durch Wiederholung mit genaueren Leitvektoren verbessert wie im Abschnitt 27.5 dargestellt.

2. Nachiteration. Unter Beibehaltung der ersten (oder der nach der letzten Regeneration noch immer fehlerbehafteten) Transformationsmatrizen $\boldsymbol{L}$ und $\boldsymbol{R}$ (74) wird die Näherungslösung $\boldsymbol{z}$ iterativ verbessert. Solche Verfahren schildern wir im nachfolgenden § 33.

3. Immer sollte die Rechnung enden mit einer der im § 31 beschriebenen Einschließungen der wenigen (oft einer einzigen) in den Anwendungen allein interessierenden Komponenten x_j des Lösungsvektors $\boldsymbol{x}$.

§ 33. Iterative und halbiterative Methoden zur Auflösung von linearen Gleichungssystemen

• 33.1. Allgemeines. Überblick

Ein ganz anderes Vorgehen zur Gleichungsauflösung als das in § 32 beschriebene besteht darin, von vornherein auf die „exakte" Lösung durch endlich viele, vorweg abzählbare Operationen zu verzichten und sich der Lösung iterativ zu nähern, wobei zwei Klassen von Verfahren zu unterscheiden sind.

1. Halbiterative Algorithmen
Die reguläre Matrix $\boldsymbol{A}$ wird wie in (31.30) additiv aufgeteilt

$$\left.\begin{array}{l} \boldsymbol{A}\,\boldsymbol{x} = \boldsymbol{r} \rightarrow (\boldsymbol{H} - \boldsymbol{N})\,\boldsymbol{x} = \boldsymbol{r} \rightarrow \boldsymbol{H}\,\boldsymbol{x} = \boldsymbol{r} + \boldsymbol{N}\,\boldsymbol{x} \\ \text{bzw.} \\ \boldsymbol{A}\,\boldsymbol{k} = \boldsymbol{d} \rightarrow (\boldsymbol{H} - \boldsymbol{N})\,\boldsymbol{k} = \boldsymbol{d} \rightarrow \boldsymbol{H}\,\boldsymbol{k} = \boldsymbol{d} + \boldsymbol{N}\,\boldsymbol{k} \end{array}\right\} \boldsymbol{H} \text{ regulär} \tag{1}$$

und die Transformation (oder Dreieckszerlegung) auf die Matrix $\boldsymbol{H}$ geworfen. Die Iteration besteht darin, die jetzt vom unbekannten Vektor $\boldsymbol{x}$ bzw. $\boldsymbol{k}$ abhängige rechte Seite in jedem Schritt zu verbessern.

2. Iterative Algorithmen (Relaxation mit Defektminimierung).
Ohne die Matrix $\boldsymbol{A}$ oder einen Teil davon zu verändern, wird ausgehend von einer Näherung $\boldsymbol{z}$ der Defektvektor

$$\boldsymbol{d} := \boldsymbol{A}\,\boldsymbol{z} - \boldsymbol{r} \tag{3}$$

bzw. seine Norm von Schritt zu Schritt verkleinert.

Aus der Fülle der bis heute bekanntgewordenen Varianten und Modifikationen zu beiden Klassen stellen wir in den folgenden Abschnitten die wichtigsten Vertreter vor.

• 33.2. Stationäre Treppeniteration (Gauß-Seidel-ähnliche Verfahren)

Die Idee zu dieser ältesten und einfachsten Vorgehensweise ist folgende. Das Gleichungssystem (2) wird formal von links mit $\boldsymbol{H}^{-1}$ multipliziert, um die Iterationsmatrix $\boldsymbol{M}$ (24.25) zu gewinnen

$$(\boldsymbol{I} - \boldsymbol{M})\,\boldsymbol{k} = \boldsymbol{H}^{-1}\,\boldsymbol{d} \quad \text{mit} \quad \boldsymbol{M} := \boldsymbol{H}^{-1}\,\boldsymbol{N}\,. \tag{4}$$

Sodann multiplizieren wir die linke Seite der Gleichung (24.26a) von rechts mit $(\boldsymbol{I} - \boldsymbol{M})\,\boldsymbol{k}$ und die rechte Seite mit $\boldsymbol{H}^{-1}\,\boldsymbol{d}$, das gibt

$$(\boldsymbol{I} - \boldsymbol{M}^{\nu})\,\boldsymbol{k} = (\boldsymbol{M}^{\nu-1} + \boldsymbol{M}^{\nu-2} + \cdots + \boldsymbol{M}^2 + \boldsymbol{M} + \boldsymbol{I})\,\boldsymbol{H}^{-1}\,\boldsymbol{d}\,. \tag{5}$$

Wird dies, wie durch Unterklammerung angedeutet, von rechts nach links abgearbeitet, so entsteht die Folge

$$\boldsymbol{k}_0 = \boldsymbol{H}^{-1}\,\boldsymbol{d}\,, \tag{6}$$

$$\boldsymbol{k}_{j+1} = \boldsymbol{M}\,\boldsymbol{k}_j + \boldsymbol{H}^{-1}\,\boldsymbol{d}\,; \qquad j = 0, 1, 2, \ldots, \nu - 2\,, \tag{7}$$

$$(\boldsymbol{I} - \boldsymbol{M}^{\nu})\,\boldsymbol{k} = \boldsymbol{k}_{\nu-1}\,, \tag{8}$$

oder wenn wir die ersten beiden dieser Gleichungen von links mit $\boldsymbol{H}$ multiplizieren

$$\boxed{\boldsymbol{H}\,\boldsymbol{k}_0 = \boldsymbol{d}}\,, \tag{9}$$

$$\boxed{\boldsymbol{H}\,\boldsymbol{k}_{j+1} = \boldsymbol{N}\,\boldsymbol{k}_j + \boldsymbol{d}\,; \qquad j = 0, 1, 2, \ldots, \nu - 2}\,, \tag{10}$$

$$\boxed{\boldsymbol{k} = (\boldsymbol{I} - \boldsymbol{M}^{\nu})^{-1}\,\boldsymbol{k}_{\nu-1}}\,, \tag{11}$$

und dies ist noch immer die *exakte* Lösung für den Korrekturvektor

$$\boldsymbol{k} = \boldsymbol{z} - \boldsymbol{x}\,. \tag{12}$$

Ein Näherungsverfahren wird daraus, wenn in (11) die Matrix $\boldsymbol{M}^{\nu}$ durch die Nullmatrix ersetzt wird; das Verfahren bricht dann selbsttätig ab mit $\boldsymbol{k} \approx \boldsymbol{k}_{\nu-1}$. Es konvergiert nach (24.31), wenn sämtliche Eigenwerte des Paares $\boldsymbol{N}; \boldsymbol{H}$ innerhalb des Einheitskreises der komplexen Zahlenebene liegen. Bis auf diese Bedingung, die wir ohnehin nur auf Verdacht erfüllen können, sind wir bezüglich der Aufspaltung von $\boldsymbol{A}$ völlig frei. Damit ein praktikabler Algorithmus entsteht, ist jedoch zweierlei zu fordern.

1. Die Beträge der Eigenwerte des Paares $\boldsymbol{N}; \boldsymbol{H}$ sind *deutlich* kleiner als Eins. Dies wird erreicht, wenn $\boldsymbol{N}$ eine möglichst große Anzahl betragskleiner Elemente (am besten Nullen) besitzt.
2. Der reguläre Hauptteil $\boldsymbol{H}$ der Matrix $\boldsymbol{A}$ ist gut konditioniert.

Mit einer problemgerechten Aufteilung der Matrix $\boldsymbol{A}$ steht und fällt somit das Verfahren. Die nächstliegende und einfachste Vorgehensweise ist die von GAUSS (1832) — später auch SEIDEL [163] (1874) und NEKRASSOW [158] (1885) — die darin besteht, als Hauptteil die Diagonalmatrix der Hauptdiagonalelemente herauszulösen, doch konvergiert diese — quasi kostenlose — Methode, wenn überhaupt, nur bei kleinen Ordnungszahlen. Man nimmt daher mindestens das obere (oder untere) Dreieck der Matrix $\boldsymbol{A}$ mit zu $\boldsymbol{H}$, doch wird auch das selten ausreichen. Als Faustregel gilt: je größer die Ordnung n, desto mehr Kodiagonalen muß man zu $\boldsymbol{H}$ schlagen. Aus eben diesem Grunde haben wir die Hessenbergblockmatrix (32.14) und die Blocktridiagonalmatrix (32.25) so ausführlich behandelt; beide dienen hier bei den halbiterativen Verfahren als abzutrennender Hauptteil $\boldsymbol{H}$.

Da die Treppeniteration nur *halb*iterativ arbeitet, somit um die „exakte" oder endliche Auflösung eines Gleichungssystems nicht herumkommt, ist auch jetzt ebenso wie bei den im § 32 geschilderten Methoden eine Transformation der Matrix $\boldsymbol{H}$ auf obere Dreiecksform zu leisten, am zweckmäßigsten in alternativer Manier.

Abschließend noch einige Worte zum Start (9) und zum Abbruch (11) der Iteration. Ist keine bessere Näherung $\boldsymbol{z}_0$ für $\boldsymbol{x}$ bekannt, so wählt man

$$\boldsymbol{z}_0 = \boldsymbol{H}^{-1}\,\boldsymbol{r} \rightarrow \boldsymbol{d} = (\boldsymbol{H} - \boldsymbol{N})\,\boldsymbol{z}_0 - \boldsymbol{r} = -\,\boldsymbol{N}\,\boldsymbol{z}_0 \tag{13}$$

und geht mit diesem Defekt in (9) ein. Es wird so lange iteriert, bis sich innerhalb einer vorgegebenen Stellenzahl der Vektor $\boldsymbol{k}_j$ nicht mehr ändert. Mit der letzten Näherung $\tilde{\boldsymbol{k}}$ hat man nach (12) $\boldsymbol{x} \approx \boldsymbol{z} - \tilde{\boldsymbol{k}}$.

Um den Mechanismus der Treppeniteration besser zu verstehen, wiederholen wir alles Gesagte für den trivialen Fall $n = 1$. Die vorgelegte skalare Gleichung $a\,x = r$ wird wie in (1) aufgespalten

$$a\,x = r \rightarrow (h - n)\,x = r \rightarrow h\,x = r + n\,x \tag{14}$$

und durch $h \neq 0$ dividiert

$$\underbrace{1 \cdot x} = \underbrace{\tilde{r} + m\,x} \quad \text{mit} \quad \tilde{r} := \frac{r}{h}\,, \quad m := \frac{n}{h} \tag{15}$$

oder auch

$$y_1(x) = \quad y_2(x)\,. \tag{15a}$$

Die Abszisse $\hat{x}$ des Schnittpunktes S dieser beiden Geraden ist die gesuchte Lösung. Diese gewinnt man nun iterativ durch eine Treppeniteration nach Abb. 33.1. Man startet mit einem beliebigen Wert x_0 und schreitet nach der Vorschrift $y_1(x_{\nu+1}) = y_2(x_\nu)$, somit

$$x_{\nu+1} = \tilde{r} + m\,x_\nu\,; \qquad \nu = 0, 1, 2, \ldots \tag{16}$$

voran, wobei die zwischen den beiden Geraden befindliche Treppenlinie sich dem Punkt S um so rascher nähert, je schwächer die Gerade $y_2(x)$ geneigt, d. h. je kleiner deren Steigung $m = n/h$ ist. Damit dieses Verfahren konvergiert, ist notwendig und hinreichend (der Leser vergleiche [45, S. 25]) die Bedingung $|m| = |n/h| < 1$, mit anderen Worten: der einzige Eigenwert des Zahlenpaares $n; h$ muß innerhalb des Einheitskreises der komplexen Zahlenebene liegen wie in (24.34) verlangt.

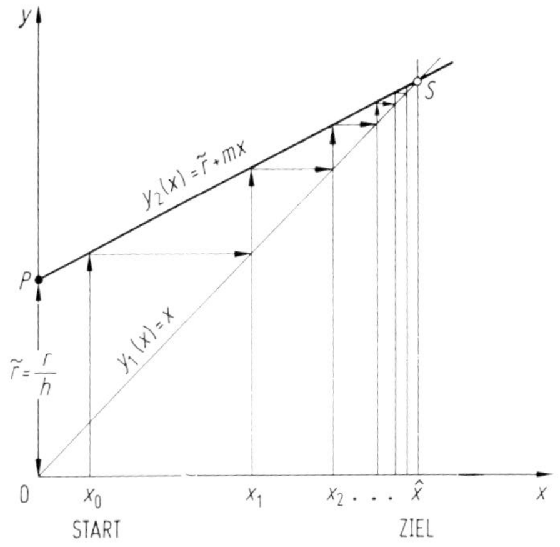

Abb. 33.1. Treppeniteration im skalaren Fall $n = 1$

Dazu ein Beispiel. $\boldsymbol{A}\,\boldsymbol{x} = \boldsymbol{r}$ mit $\boldsymbol{A} = \boldsymbol{a}\,\boldsymbol{I} + \boldsymbol{K}^2$ aus (24.72a). Wir erklären den oberen Dreiecksteil einschließlich der Hauptdiagonale zu $\boldsymbol{H}$; dann ist $\boldsymbol{N}$ eine Matrix, die außer Nullen nur eine mit -1 besetzte Schrägzeile enthält. Speziell sei $a = 10$ und $n = 10$, ferner $\boldsymbol{r} = \boldsymbol{e}_5$.

Wir starten mit $\boldsymbol{z} = \boldsymbol{o}$, somit $\boldsymbol{d} = -\boldsymbol{r} = -\boldsymbol{e}_5$ und bekommen nach (9) bis (11) eine Reihe von Korrekturvektoren, von denen wir $\boldsymbol{k}_1, \boldsymbol{k}_3$ und $\boldsymbol{k}_7$ angeben. Die Näherung $\boldsymbol{z}_7 = \boldsymbol{o} - \boldsymbol{k}_7$ ist bereits auf 13 Dezimalen genau.

$\boldsymbol{k}_1$	$\boldsymbol{k}_3$	$\boldsymbol{k}_7$
-0.000644864044485	-0.000645158247582	-0.000645158379615
0.000000000000000	0.000000000000000	0.000000000000000
0.007093504489338	0.007096740723404	0.007096742175763
0.000000000000000	0.000000000000000	0.000000000000000
-0.084490740740741	-0.084515736538555	-0.084515747729537
0.000000000000000	0.000000000000000	0.000000000000000
0.006944444444444	0.007092164897431	0.007092230578689
0.000000000000000	0.000000000000000	0.000000000000000
0.000000000000000	-0.000590760030864	-0.000591019214840
0.000000000000000	0.000000000000000	0.000000000000000

	-0.000645158379615
	0.000000000000000
	0.007096742175763
	0.000000000000000
Lösung $\boldsymbol{x}$	-0.084515747729539
	0.000000000000000
	0.007092230578703
	0.000000000000000
	-0.000591019214892
	0.000000000000000

Zur Übung. Der Leser transformiere mit Hilfe der Modalmatrix $\boldsymbol{X} = \boldsymbol{X}^T$ (17.51) das Gleichungssystem auf $\boldsymbol{X} \boldsymbol{A} \boldsymbol{X} \boldsymbol{y} = \boldsymbol{X} \boldsymbol{r} = \tilde{\boldsymbol{r}}$. Es wird dann $\boldsymbol{X} \boldsymbol{A} \boldsymbol{X} = \boldsymbol{D}\text{iag}\, \langle 10 + \sigma_j^2 \rangle$ mit den Eigenwerten (17.48). Man berechnet $y_j = \tilde{r}_j/(10 + \sigma_j^2)$, daraus $\boldsymbol{x} = \boldsymbol{X} \boldsymbol{y}$, und dies stimmt in allen Dezimalen mit der ausgedruckten Näherung $\boldsymbol{z}_7 = \boldsymbol{x}$ überein.

33.3. Instationäre Treppeniteration. Der Algorithmus „Siebenmeilenstiefel"

Iterationsverfahren mit festgehaltener Iterationsmatrix $\boldsymbol{M}$ heißen stationär, dagegen instationär, wenn diese Matrix bei jedem Schritt oder doch nach jeweils einer Anzahl von Schritten zwecks Konvergenzbeschleunigung geändert wird. Das einfachste Verfahren dieser Klasse arbeitet ebenfalls auf der Basis der geometrischen Reihe, benutzt jedoch anstelle der additiven nunmehr die multiplikative Form (24.29); es wird dann nach dem Vorgehen des letzten Abschnittes

$$\begin{aligned}&(\boldsymbol{I} - \boldsymbol{M}^{2^\sigma})\, \boldsymbol{k} \\ &= (\boldsymbol{I} + \boldsymbol{M}^{2^{\sigma-1}}) \cdots (\boldsymbol{I} + \boldsymbol{M}^8)\, (\boldsymbol{I} + \boldsymbol{M}^4)\, (\boldsymbol{I} + \boldsymbol{M}^2)\, (\boldsymbol{I} + \boldsymbol{M})\, \boldsymbol{H}^{-1} \boldsymbol{d}\,. \qquad (17)\end{aligned}$$

Bezeichnen wir die Inhalte der geschweiften Klammern mit $\boldsymbol{k}_1, \boldsymbol{k}_2, \boldsymbol{k}_3, \boldsymbol{k}_4, \ldots$, so schreibt sich (17) in einzelne Schritte aufgelöst als

SIEBENMEILENSTIEFEL

$$\left.\begin{aligned}\boldsymbol{k}_0 &= \boldsymbol{H}^{-1} \boldsymbol{d}\,, \\ \boldsymbol{k}_{j+1} &= \boldsymbol{k}_j + \boldsymbol{M}^{2^j} \boldsymbol{k}_j\,; \qquad j = 0, 1, 2, \ldots, \sigma - 1 \\ \boldsymbol{k} &= (\boldsymbol{I} - \boldsymbol{M}^\nu)^{-1} \boldsymbol{k}_{\nu-1}\,; \qquad \nu = 2^\sigma\end{aligned}\right. \qquad \begin{aligned}(18)\\(19)\\(20)\end{aligned}$$

Auch dies stellt die *exakte* Lösung dar. Erst wenn man ebenso wie in (11) den Subtrahenden in (20) durch die Nullmatrix ersetzt, entsteht eine Näherungslösung $\boldsymbol{k} \approx \boldsymbol{k}_{\nu-1}$.

Während in (7) die einmal festgewählte Matrix $\boldsymbol{M}$ steht, erscheint in (19) die sich mit jedem Schritt ändernde, somit *instationäre* Matrix

$$\boldsymbol{M}^{2^j}\,, \qquad (21)$$

deren Eigenwerte die zur Potenz 2^j erhobenen Eigenwerte σ_k des Paares $\boldsymbol{M}; \boldsymbol{I}$ und damit des Paares $\boldsymbol{N}; \boldsymbol{H}$ sind und daher mit fortlaufendem Index j mehr und mehr an den Nullpunkt heranrücken (sofern, wie vorausgesetzt, die Eigenwerte σ_k des Paares $\boldsymbol{N}; \boldsymbol{H}$ innerhalb des Einheitskreises liegen), wodurch die Konvergenz laufend verbessert wird, allerdings um den hohen Preis der expliziten Berechnung der Iterationsmatrix $\boldsymbol{M} = \boldsymbol{H}^{-1} \boldsymbol{N}$ und deren Potenzierung in der Reihenfolge

$$\boldsymbol{M}\boldsymbol{M} = \boldsymbol{M}^2\,, \qquad \boldsymbol{M}^2 \boldsymbol{M}^2 = \boldsymbol{M}^4\,, \qquad \boldsymbol{M}^4 \boldsymbol{M}^4 = \boldsymbol{M}^8, \ldots \text{ usw.} \qquad (22)$$

Das Verfahren ist daher nur lohnend, wenn im Gleichungssystem

$$\boldsymbol{A}\boldsymbol{X} = \boldsymbol{R} \quad \text{mit} \quad \boldsymbol{X} := (\boldsymbol{x}_1\, \boldsymbol{x}_2 \ldots \boldsymbol{x}_\mu); \qquad \boldsymbol{R} := (\boldsymbol{r}_1\, \boldsymbol{r}_2 \ldots \boldsymbol{r}_\mu) \tag{23}$$

relativ viele rechte Seiten gegeben und die dazugehörigen Korrekturen und Defekte

$$\boldsymbol{K} := (\boldsymbol{k}_1\, \boldsymbol{k}_2 \ldots \boldsymbol{k}_\mu)\,, \qquad \boldsymbol{D} := (\boldsymbol{d}_1\, \boldsymbol{d}_2 \ldots \boldsymbol{d}_\mu) \tag{24}$$

zu berechnen sind. Die Iterationsvorschrift (18) bis (20) geht dann über in

$$\boldsymbol{K}_0 = \boldsymbol{H}^{-1}\boldsymbol{D}\,, \tag{25}$$

$$\boldsymbol{K}_{j+1} = \boldsymbol{K}_j + \boldsymbol{M}^{2^j}\boldsymbol{K}_j\,; \quad j = 0, 1, 2, \ldots, \sigma - 1\,, \tag{26}$$

$$\boldsymbol{K} = (\boldsymbol{I} - \boldsymbol{M}^\nu)^{-1}\boldsymbol{K}_{\nu-1}\,; \quad \nu = 2^\sigma\,, \tag{27}$$

oder wenn mit den Näherungswerten und rechten Seiten selbst iteriert wird

$$\boldsymbol{X}_0 = \boldsymbol{H}^{-1}\boldsymbol{R}\,, \tag{28}$$

$$\boldsymbol{X}_{j+1} = \boldsymbol{X}_j + \boldsymbol{M}^{2^j}\boldsymbol{X}_j\,; \quad j = 0, 1, 2, \ldots, \sigma - 1\,, \tag{29}$$

$$\boldsymbol{X} = (\boldsymbol{I} - \boldsymbol{M}^\nu)^{-1}\boldsymbol{X}_{\nu-1}\,; \quad \nu = 2^\sigma\,. \tag{30}$$

Erstes Beispiel. Das Gleichungssystem $\boldsymbol{A}\boldsymbol{x} = \boldsymbol{r}$ ist iterativ zu lösen. Gegeben:

$$\boldsymbol{A} = \begin{pmatrix} 1 & -0{,}1 \\ 1 & 1 \end{pmatrix} = \begin{pmatrix} 1 & 0 \\ 1 & 1 \end{pmatrix} - \begin{pmatrix} 0 & -0{,}1 \\ 0 & 0 \end{pmatrix} = \boldsymbol{H} - \boldsymbol{N}\,,$$

$$\boldsymbol{M} = \boldsymbol{H}^{-1}\boldsymbol{N} = \begin{pmatrix} 0 & 0{,}1 \\ 0 & -0{,}1 \end{pmatrix}; \qquad \boldsymbol{r} = \begin{pmatrix} 0 \\ 11 \end{pmatrix}.$$

Die Eigenwerte des Paares $\boldsymbol{M}; \boldsymbol{I}$ bzw. $\boldsymbol{N}; \boldsymbol{H}$ sind $\lambda_1 = 0$ und $\lambda_2 = -0{,}1$, so daß eine ausgezeichnete Konvergenz zu erwarten ist.

a) Direkte Iteration mit $\boldsymbol{x}_\nu$ und $\boldsymbol{r}$. Wir rechnen vier Schritte:

1. $\boldsymbol{x}_0 = \boldsymbol{H}^{-1}\boldsymbol{r} = \begin{pmatrix} 0 \\ 11 \end{pmatrix}.$
2. $\boldsymbol{x}_1 = \boldsymbol{x}_0 + \boldsymbol{M}\boldsymbol{x}_0 = \begin{pmatrix} 1{,}1 \\ 9{,}9 \end{pmatrix}.$
3. $\boldsymbol{M}^2 = \begin{pmatrix} 0 & -0{,}01 \\ 0 & 0{,}01 \end{pmatrix}; \quad \boldsymbol{x}_2 = \boldsymbol{x}_1 + \boldsymbol{M}^2\boldsymbol{x}_1 = \begin{pmatrix} 1{,}001 \\ 9{,}999 \end{pmatrix}.$
4. $\boldsymbol{M}^4 = \begin{pmatrix} 0 & -0{,}0001 \\ 0 & 0{,}0001 \end{pmatrix}; \quad \boldsymbol{x}_3 = \boldsymbol{x}_2 + \boldsymbol{M}^4\boldsymbol{x}_2 = \begin{pmatrix} 1{,}0000001 \\ 9{,}9999999 \end{pmatrix}$ statt $\boldsymbol{x} = \begin{pmatrix} 1 \\ 10 \end{pmatrix}.$

b) Iteration mit $\boldsymbol{k}_\nu$ und $\boldsymbol{d}$. Zur Näherung $\boldsymbol{z} = \begin{pmatrix} 1{,}1 \\ 10{,}0 \end{pmatrix}$ gehört der Defekt

$\boldsymbol{A}\boldsymbol{z} - \boldsymbol{r} = \boldsymbol{d} = \begin{pmatrix} 0{,}1 \\ 0{,}1 \end{pmatrix}.$

1. $\boldsymbol{k}_0 = \boldsymbol{H}^{-1}\boldsymbol{d} = \begin{pmatrix} 0{,}1 \\ 0{,}0 \end{pmatrix}.$

2. $\boldsymbol{k}_1 = \boldsymbol{k}_0 + \boldsymbol{M}\,\boldsymbol{k}_0 = \boldsymbol{k}_0$ wegen $\boldsymbol{M}\,\boldsymbol{k}_0 = \boldsymbol{o}$. Die Rechnung bleibt stehen, weil die exakte Lösung bereits erreicht wurde. In der Tat ist

$$\boldsymbol{x} = \boldsymbol{z} - \boldsymbol{k} = \begin{pmatrix} 1{,}1 \\ 10{,}0 \end{pmatrix} - \begin{pmatrix} 0{,}1 \\ 0 \end{pmatrix} = \begin{pmatrix} 1 \\ 10 \end{pmatrix}!$$

Zweites Beispiel. Es sei wieder $\boldsymbol{A} = 10\,\boldsymbol{I} + \boldsymbol{K}^2$ wie im letzten Abschnitt. Die beiden zur Matrix $\boldsymbol{R}$ zusammengefaßten rechten Seiten sind $\boldsymbol{R} = (\boldsymbol{r}_1\,\boldsymbol{r}_2)$ mit $\boldsymbol{r}_1 = \boldsymbol{e}_5$ und $\boldsymbol{r}_2 = (1 \quad 1 \ldots 1 \quad 1)^T$. Mit der Startmatrix $\boldsymbol{Z} = (\boldsymbol{o} \quad \boldsymbol{o})$, somit der Defektmatrix $\boldsymbol{D} = -\boldsymbol{R}$ rechnen wir nach dem Programm (25) bis (27) für die Korrekturmatrix $\boldsymbol{K} = (\boldsymbol{k}_1\,\boldsymbol{k}_2)$ vier Schritte $j = 0, 1, 2, 3$ entsprechend den Korrekturmatrizen $\boldsymbol{K}_1, \boldsymbol{K}_3, \boldsymbol{K}_7$ und $\boldsymbol{K}_{15}$ der gewöhnlichen Treppeniteration. Die letzte Näherung $\boldsymbol{X} \approx \boldsymbol{O} - \boldsymbol{K}_{15}$ ist auf alle angegebenen Dezimalen genau. Man vergleiche auch das Beispiel in Abschnitt 33.2.

		$\boldsymbol{k}_3$	$\boldsymbol{k}_7$	$\boldsymbol{k}_{15}$
	0	-0.000645158247582	-0.000645158379615	-0.000645158379615
	0	0.000000000000000	0.000000000000000	0.000000000000000
	0	0.007096740723404	0.007096742175763	0.007096742175763
	0	0.000000000000000	0.000000000000000	0.000000000000000
	1	-0.084515736538555	-0.084515747729539	-0.084515747729537
$\boldsymbol{r}_1$	0	0.000000000000000	0.000000000000000	0.000000000000000
	0	0.007092164897431	0.007092230578703	0.007092230578689
	0	0.000000000000000	0.000000000000000	0.000000000000000
	0	-0.000590760030864	-0.000591019214892	-0.000591019214840
	0	0.000000000000000	0.000000000000000	0.000000000000000
	1	-0.084515744824169	-0.084515747729538	-0.084515747729539
	1	-0.077423514948892	-0.077423517150836	-0.077423517150836
	1	-0.070326806934141	-0.070326774975080	-0.070326774975073
	1	-0.070917820613296	-0.070917794189970	-0.070917794189965
	1	-0.071562716926974	-0.071562952569533	-0.071562952569580
$\boldsymbol{r}_2$	1	-0.071562749195166	-0.071562952569539	-0.071562952569580
	1	-0.070918995372982	-0.070917794190242	-0.070917794189965
	1	-0.070327850977407	-0.070326774975322	-0.070326774975073
	1	-0.077420179299911	-0.077423517149749	-0.077423517150836
	1	-0.084512507622416	-0.084515747728474	-0.084515747729539

• 33.4. Korrektur und Diskrepanz. Nachiteration

Wiederholen wir: das vorgelegte Gleichungssystem $\boldsymbol{A}\,\boldsymbol{x} = \boldsymbol{r}$ oder auch $\boldsymbol{A}\,\boldsymbol{k} = \boldsymbol{d}$ wird aufgespalten in

$$\boldsymbol{A}\,\boldsymbol{k} = (\boldsymbol{H} - \boldsymbol{N})\,\boldsymbol{k} = \boldsymbol{d} \tag{31}$$

und sodann der reguläre (und möglichst gut konditionierte) Hauptteil $\boldsymbol{H}$ transformiert auf eine theoretisch angestrebte, praktisch jedoch unerreichbare Zielmatrix $\boldsymbol{Z}$, das ist im einfachsten Fall eine obere (oder untere) Dreiecksmatrix oder anspruchsvoller eine Diagonalmatrix, speziell die Einheitsmatrix $\boldsymbol{I}$. Diese Transformation überführt die vorgelegte Gl. (31) in

$$(\underbrace{\boldsymbol{L}\,\boldsymbol{H}\,\boldsymbol{R}} - \underbrace{\boldsymbol{L}\,\boldsymbol{N}\,\boldsymbol{R}})\,\boldsymbol{R}^{-1}\,\boldsymbol{k} = \boldsymbol{L}\,\boldsymbol{d} \tag{32}$$

oder kurz

$$(\quad\tilde{\boldsymbol{H}} \qquad - \qquad \tilde{\boldsymbol{N}}\quad)\,\boldsymbol{R}^{-1}\,\boldsymbol{k} = \boldsymbol{L}\,\boldsymbol{d}\,. \tag{33}$$

Nun zeigt die auf einer Vorwärtsrechnung basierende und daher relativ vertrauenswürdige Einsetzprobe

$$\tilde{\boldsymbol{H}} := \boldsymbol{L}\,\boldsymbol{H}\,\boldsymbol{R} = \boldsymbol{Z} + \boldsymbol{\Delta} \rightarrow \boldsymbol{\Delta} = \boldsymbol{L}\,\boldsymbol{H}\,\boldsymbol{R} - \boldsymbol{Z}\,, \tag{34}$$

daß trotz noch so genauer Rechnung das dreifache Produkt $\boldsymbol{L}\,\boldsymbol{H}\,\boldsymbol{R}$ eben *nicht* gleich der Zielmatrix $\boldsymbol{Z}$ ist, sondern es verbleibt eine *Diskrepanz* $\boldsymbol{\Delta}$, die zur Matrix $\tilde{\boldsymbol{N}}$ zu schlagen ist

$$\boldsymbol{L}\,\boldsymbol{A}\,\boldsymbol{R}\,\boldsymbol{R}^{-1}\,\boldsymbol{k} = (\underbrace{\boldsymbol{L}\,\boldsymbol{H}\,\boldsymbol{R} - \boldsymbol{\Delta}}_{\boldsymbol{Z}} + \boldsymbol{\Delta} - \boldsymbol{L}\,\boldsymbol{N}\,\boldsymbol{R})\,\boldsymbol{R}^{-1}\,\boldsymbol{k} = \boldsymbol{L}\,\boldsymbol{d}\,, \tag{35}$$

und damit lautet die korrigierte Iterationsvorschrift (Nachiteration)

$$\boxed{\boldsymbol{Z}\,\boldsymbol{R}^{-1}\,\boldsymbol{k}_{\nu+1} = \boldsymbol{L}\,\boldsymbol{d} + \boldsymbol{L}\,\boldsymbol{N}\,\boldsymbol{k}_\nu - \boldsymbol{\Delta}\,\boldsymbol{R}^{-1}\,\boldsymbol{k}_\nu; \qquad \nu = 0, 1, 2, \ldots}\,, \tag{36}$$

wo das Produkt $\boldsymbol{L}\,\boldsymbol{N}$ natürlich nicht explizit erstellt werden darf, vielmehr ist $\boldsymbol{N}\,\boldsymbol{k}_\nu$ und anschließend $\boldsymbol{L}(\boldsymbol{N}\,\boldsymbol{k}_\nu)$ zu berechnen.

Kommt man von einer endlichen Methode aus § 32, so gilt alles Gesagte sinngemäß; es ist dann $\boldsymbol{A} = \boldsymbol{H}$ und $\boldsymbol{N} = \boldsymbol{O}$. Mit der Diskrepanz $\boldsymbol{\Delta} = \boldsymbol{L}\,\boldsymbol{A}\,\boldsymbol{R} - \boldsymbol{Z}$ wird aus (36)

$$\boxed{\boldsymbol{Z}\,\boldsymbol{R}^{-1}\,\boldsymbol{k}_{\nu+1} = \boldsymbol{L}\,\boldsymbol{d} \qquad - \boldsymbol{\Delta}\,\boldsymbol{R}^{-1}\,\boldsymbol{k}_\nu; \qquad \nu = 0, 1, 2, \ldots}\,, \tag{37}$$

doch kann bei extrem hohen Ordnungszahlen und schlechter Kondition von $\boldsymbol{A} = \boldsymbol{H}$ die Diskrepanz noch immer so groß ausfallen, daß Konvergenz verhindert wird. Es bleibt dann nichst anderes übrig, als die Matrizen $\boldsymbol{L}$ und $\boldsymbol{R}$ (als Produkt von jeweils $n - 1$ alternativ zu wählenden dyadischen Elementarmatrizen) mindestens einmal zu regenerieren, um die Norm von $\boldsymbol{\Delta}$ zu verkleinern. Eine andere Maßnahme besteht darin, *vor* Durchführung der Äquivalenztransformation durch einige Jacobi-Rotationen die Kondition von $\boldsymbol{A} = \boldsymbol{H}$ zu verbessern, doch geht dabei die eventuell vorhandene Band- oder Hüllenstruktur von $\boldsymbol{A}$ natürlich verloren.

• 33.5. Abgeänderte (benachbarte, gestörte) Gleichungssysteme

Das Gleichungssystem $\boldsymbol{A}\,\boldsymbol{x} = \boldsymbol{r}$ sei gelöst worden, und nachträglich werden die Matrix $\boldsymbol{A}$ sowie die rechte Seite $\boldsymbol{r}$ (geringfügig) geändert, dann entsteht das benachbarte (gestörte, abgeänderte) System

$$(\boldsymbol{A} + \boldsymbol{B})\,\tilde{\boldsymbol{x}} = \boldsymbol{r} + \boldsymbol{s}\,, \tag{38}$$

dessen Lösungsvektor $\tilde{\boldsymbol{x}}$ gesucht ist. Benutzen wir $\boldsymbol{x}$ als Näherung, so wird wegen $\boldsymbol{A}\,\boldsymbol{x} = \boldsymbol{r}$ der Defekt

$$\boldsymbol{d} = (\boldsymbol{A} + \boldsymbol{B})\,\boldsymbol{x} - (\boldsymbol{r} + \boldsymbol{s}) = \boldsymbol{B}\,\boldsymbol{x} - \boldsymbol{s}\,, \tag{39}$$

der um so kleiner ausfällt, je kleiner die Störungen $\boldsymbol{B}$ und $\boldsymbol{s}$ sind. Die Gleichung

$$(\boldsymbol{A} + \boldsymbol{B})\,\boldsymbol{k} = \boldsymbol{d} \quad \text{mit} \quad \boldsymbol{k} = \boldsymbol{x} - \tilde{\boldsymbol{x}} \tag{40}$$

wird dann vorteilhaft halbiterativ nach der Vorschrift

$$\boxed{\begin{aligned} &\boldsymbol{A}\,\boldsymbol{k}_{\nu+1} = \boldsymbol{d} - \boldsymbol{B}\,\boldsymbol{k}_\nu\,; \qquad \nu = 0, 1, 2, \ldots \\ &\qquad\text{mit} \quad \boldsymbol{d} = \boldsymbol{B}\,\boldsymbol{x} - \boldsymbol{s} \end{aligned}} \tag{41}$$

gelöst, beginnend mit $\boldsymbol{k}_0 = \boldsymbol{o}$. Der Vorteil der Methode besteht darin, daß die erforderliche Transformation $\boldsymbol{L}\,\boldsymbol{A}\,\boldsymbol{R} = \boldsymbol{Z}$ aus der Originalaufgabe bereits vorliegt, falls nach einem endlichen Verfahren gerechnet wurde.

Ist die durch die Matrix $\boldsymbol{B}$ verursachte Störung zu groß, so kann dies die Konvergenz vereiteln. In diesem Fall ist man genötigt, die Summen $\boldsymbol{A} + \boldsymbol{B}$ und $\boldsymbol{r} + \boldsymbol{s}$ explizit zu bilden und damit neu zu starten.

Abgeänderte Gleichungssysteme treten bevorzugt auf bei der Matrizenhauptaufgabe $\boldsymbol{F}(\Lambda)\,\boldsymbol{x} = \boldsymbol{r}$ infolge kleiner Änderung des Parameters von Λ in $\Lambda + \varepsilon$. Es ist dann

$$\boldsymbol{A} := \boldsymbol{F}(\Lambda)\,, \qquad \boldsymbol{B} := \boldsymbol{F}(\Lambda + \varepsilon) - \boldsymbol{F}(\Lambda)\,. \tag{42}$$

Der Parameter Λ kann physikalischer Natur sein wie beispielsweise die Frequenz erzwungener Schwingungen oder aber ist gewählter Schiftpunkt bei den iterativen Eigenlösern, hier insbesondere im Zusammenhang mit einer mehrfach zu wiederholenden Bereinigung, wie sie etwa erforderlich wird bei der Ritz-Iteration bzw. dem Algorithmus Bonaventura und dem darauf basierenden Globalalgorithmus Securitas; man kommt dann oft mit einer einzigen Dreieckszerlegung zum Ziel, sofern nach (41) iteriert wird.

Erstes Beispiel. Der Amplitudenvektor $\boldsymbol{x}$ einer erzwungenen gedämpften Schwingung mit $n = 3$ Freiheitsgraden nach Abb. 23.1 *) bzw. Abb. 33.2 werde berechnet aus der zeitfrei gemachten Bewegungsgleichung

$$\boldsymbol{F}(\Lambda)\,\boldsymbol{x} = (\boldsymbol{C} + \boldsymbol{D}\Lambda + \boldsymbol{M}\Lambda^2)\,\boldsymbol{x} = \boldsymbol{r} \quad \text{mit} \quad \Lambda = 2, \frac{\mathrm{d}}{\sqrt{\mathrm{cm}}} = 2\,.$$

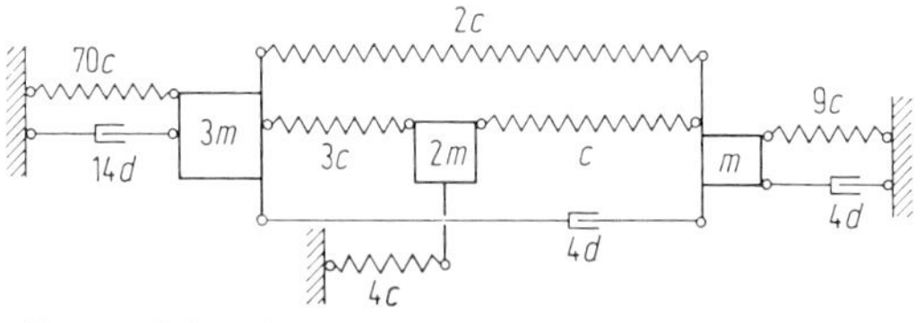

Abb. 33.2. Gedämpftes Schwingungssystem mit drei Freiheitsgraden

---

*) Diese Abbildung wurde versehentlich an drei Stellen fehlerhaft beschriftet.

Mit den dort angegebenen Matrizen $\boldsymbol{C}$, $\boldsymbol{D}$, $\boldsymbol{M}$ und der rechten Seite $\boldsymbol{r}$ findet man

$$\boldsymbol{A} = \boldsymbol{F}(2) = \begin{pmatrix} 75 & -3 & -2 \\ -3 & 8 & -1 \\ -2 & -1 & 12 \end{pmatrix} + \begin{pmatrix} 18 & 0 & -4 \\ 0 & 0 & 0 \\ -4 & 0 & 8 \end{pmatrix} 2 + \begin{pmatrix} 3 & 0 & 0 \\ 0 & 2 & 0 \\ 0 & 0 & 1 \end{pmatrix} 2^2 ,$$

$$\boldsymbol{A} = \begin{pmatrix} 159 & -3 & -18 \\ -3 & 16 & -1 \\ -18 & -1 & 48 \end{pmatrix}, \quad \boldsymbol{r} = \begin{pmatrix} 0 \\ 1 \\ 0 \end{pmatrix}$$

und daraus als Lösung des Gleichungssystems $\boldsymbol{A}\,\boldsymbol{x} = \boldsymbol{r}$ die Komponenten

$$x_1 = 0{,}001\,393\,800\,170\,354\,, \qquad x_2 = 0{,}062\,875\,874\,351\,4957\,,$$

$$x_3 = 0{,}001\,832\,589\,112\,872\,.$$

Nun werde die Zwangsfrequenz Λ abgeändert in $\Lambda + \varepsilon$ sowie die (zeitfrei gemachte) Zwangskraft $\boldsymbol{r}$ in $\boldsymbol{r} + \boldsymbol{s}$. Die gestörte Aufgabe lautet dann

$$\boldsymbol{F}(\Lambda + \varepsilon)\,\tilde{\boldsymbol{x}} = [\boldsymbol{C} + \boldsymbol{D}(\Lambda + \varepsilon) + \boldsymbol{M}(\Lambda + \varepsilon)^2]\,\tilde{\boldsymbol{x}} = \boldsymbol{r} + \boldsymbol{s};$$

mit der Zusatzmatrix $\boldsymbol{B}$ (42) und dem Defekt $\boldsymbol{d}$ (39)

$$\boldsymbol{B} = \varepsilon(\boldsymbol{D} + 2\,\Lambda\,\boldsymbol{M}) + \varepsilon^2\,\boldsymbol{M} = \varepsilon(\boldsymbol{D} + 4\,\boldsymbol{M}) + \varepsilon^2\,\boldsymbol{M}$$

$$\boldsymbol{B} = \varepsilon \begin{pmatrix} 48 & 0 & -8 \\ 0 & 8 & 0 \\ -8 & 0 & 20 \end{pmatrix} + \varepsilon^2 \begin{pmatrix} 3 & 0 & 0 \\ 0 & 2 & 0 \\ 0 & 0 & 1 \end{pmatrix},$$

$$\boldsymbol{d} = \boldsymbol{B}\,\boldsymbol{x} - \boldsymbol{s} = \varepsilon \cdot \begin{pmatrix} 0{,}052\,241\,695\,273\,985 \\ 0{,}503\,006\,994\,811\,966 \\ 0{,}025\,501\,380\,894\,613 \end{pmatrix} + \varepsilon^2 \begin{pmatrix} 0{,}004\,181\,400\,51\ldots \\ 0{,}125\,751\,7487\ldots \\ 0{,}001\,832\,589\,112\,872 \end{pmatrix} - \begin{pmatrix} s_1 \\ s_2 \\ s_3 \end{pmatrix},$$

wo über ε und $\boldsymbol{s}$ noch frei verfügt werden kann.

Der Leser wähle insbesondere $\varepsilon = 0{,}01$, $s_1 = s_2 = 0$ und $s_3 = -0{,}05$ und ermittle die Lösung des benachbarten Systems nach der Iterationsvorschrift (41).

Zweites Beispiel. Die Gleichgewichtsbedingung der durch eine Einzelkraft vom Betrage p_j belasteten homogenen Kette nach Abb. 33.3a lautet $\boldsymbol{A}\,\boldsymbol{x} = \boldsymbol{r}$ mit der Tridiagonalmatrix (24.81) und der rechten Seite $\boldsymbol{r} = (p_j/c)\,\boldsymbol{e}_j$. Der Lösungsvektor ist demnach

$$\boldsymbol{x} = \boldsymbol{A}^{-1}\,\boldsymbol{r} = \boldsymbol{A}^{-1}\,\frac{p_j}{c}\,\boldsymbol{e}_j = \frac{p_j}{c}\,(1\ 2\ 3 \ldots j-1\quad j\quad j \ldots j\quad j)^T .$$

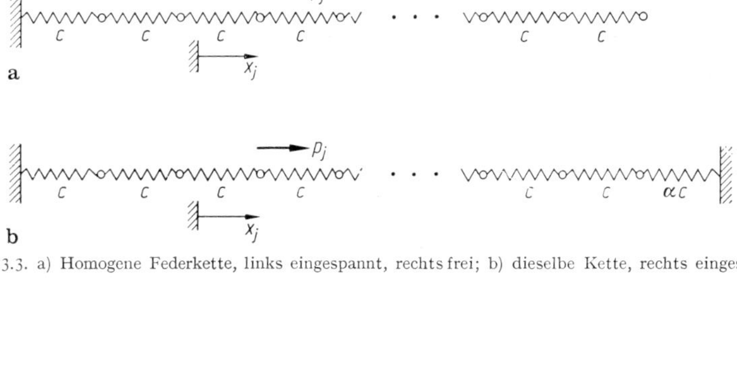

Abb. 33.3. a) Homogene Federkette, links eingespannt, rechts frei; b) dieselbe Kette, rechts eingespannt

Wir bringen jetzt am rechten Ende nach Abb. 33.3b eine Feder αc an, wodurch die Auslenkung x_n am rechten Ende begrenzt wird. Die Matrix des Systems lautet jetzt

$$\tilde{\boldsymbol{A}} = \boldsymbol{A} + \alpha\, \boldsymbol{e}_n\, \boldsymbol{e}_n^T = \boldsymbol{H} - (-\alpha\, \boldsymbol{e}_n\, \boldsymbol{e}_n^T) = \boldsymbol{H} - \boldsymbol{N} \quad \text{mit} \quad \boldsymbol{H} = \boldsymbol{A}\,, \ \boldsymbol{N} = -\alpha\, \boldsymbol{e}_n\, \boldsymbol{e}_n^T\,.$$

Mit dieser Aufteilung wird die Iterationsmatrix nach (24.81)

$$\boldsymbol{M} = \boldsymbol{H}^{-1}\, \boldsymbol{N} = \boldsymbol{A}^{-1}(-\alpha\, \boldsymbol{e}_n\, \boldsymbol{e}_n^T) = -\alpha(\boldsymbol{A}^{-1}\, \boldsymbol{e}_n)\, \boldsymbol{e}_n^T = -\alpha\, \boldsymbol{h}_n\, \boldsymbol{e}_n^T\,;$$

$$\boldsymbol{h}_n = (1\ 2\ 3 \ldots n-1\ \ n)^T\,.$$

Diese Dyade zum Partner $\boldsymbol{I}$ hat den $(n-1)$-fachen Eigenwert Null und als weiteren Eigenwert das Skalarprodukt $-\alpha(\boldsymbol{e}_n^T\, \boldsymbol{h}_n) = -\alpha\, n$, folglich muß $-\alpha\, n$ innerhalb des Einheitskreises liegen, d. h., es muß $\alpha < 1/n$ sein, damit die Treppeniteration oder der Siebenmeilenstiefel konvergiert: je größer n, desto schwächer die Zusatzfeder αc! Für $n = 1000$ dürfte somit höchstens $\alpha = 0{,}001$ sein. Der Leser erkennt daraus, wie vorsichtig man mit dem Begriff der „kleinen Störung“ bzw. der „Nachbarschaft“ eines Problems operieren muß.

33.6. Der restringierte Ritz-Ansatz

Während bei den halbiterativen Verfahren der Defekt gewissermaßen nebenher verkleinert wird durch Berechnung immer besserer Näherungen $\boldsymbol{z}_j$, geschieht dies bei den nun zu schildernden echten iterativen Verfahren auf sehr viel direktere Weise, indem das Defektquadrat längs einer Folge von Ritz-Ansätzen gezielt minimiert wird.

Wie immer gehen wir aus von einer zu verbessernden Näherung $\boldsymbol{z}_0$ und den dazugehörigen Gleichungen

$$\boldsymbol{x} = \boldsymbol{z}_0 - \boldsymbol{k}_0\,, \qquad \boldsymbol{A}\, \boldsymbol{k}_0 = \boldsymbol{d}_0\,, \qquad \boldsymbol{d}_0 = \boldsymbol{A}\, \boldsymbol{z}_0 - \boldsymbol{a} \tag{43}$$

und machen wie im § 26 vorgeführt den — zunächst einmaligen — *restringierten* oder *unvollständigen* Ritz-Ansatz (den *vollständigen* Ritz-Ansatz stellen wir bis zum Abschnitt 33.10 zurück) mit $\sigma < n$ vorgegebenen unabhängigen Ritz-Vektoren (*Ansatzvektoren*, auch *Such-* oder *Richtungsvektoren* genannt)

$$\boldsymbol{R} = (\boldsymbol{r}_1\, \boldsymbol{r}_2 \ldots \boldsymbol{r}_\sigma)\,, \tag{44}$$

während die σ zum Vektor $\boldsymbol{\lambda}$ zusammengefaßten Ritz-Variablen

$$\boldsymbol{\lambda} = (\lambda_1\, \lambda_2 \ldots \lambda_\sigma)^T \tag{45}$$

frei verfügbar sind. Der Ansatz für den angenäherten Korrekturvektor $\tilde{\boldsymbol{k}}_0$

$$\boxed{\tilde{\boldsymbol{k}}_0 = \boldsymbol{R}\, \boldsymbol{\lambda}} \tag{46}$$

wird in die Originalgleichung bzw. in die Gaussche Gleichung

$$\boldsymbol{A}\, \tilde{\boldsymbol{k}}_0 \approx \boldsymbol{d}_0 \quad \text{bzw.} \quad \underbrace{\boldsymbol{A}^*\, \boldsymbol{N}}\, \boldsymbol{A}\, \tilde{\boldsymbol{k}}_0 \approx \underbrace{\boldsymbol{A}^*\, \boldsymbol{N}}\, \boldsymbol{d}_0 \tag{47}$$

eingeführt und ergibt

$$\boldsymbol{A}\,\boldsymbol{R}\,\boldsymbol{\lambda} \approx \boldsymbol{d}_0 \quad \text{bzw.} \quad \underbrace{\boldsymbol{A}^*\,\boldsymbol{N}}\,\boldsymbol{A}\,\boldsymbol{R}\,\boldsymbol{\lambda} \approx \underbrace{\boldsymbol{A}^*\,\boldsymbol{N}}\,\boldsymbol{d}_0\,. \tag{48}$$

Um dieses überbestimmte System von n Gleichungen für die $\sigma < n$ Unbekannten (45) eindeutig lösbar zu machen, kondensieren wir mit Hilfe einer geeigneten Linksmatrix $\boldsymbol{L}$ bzw. $\underbrace{\boldsymbol{R}^*\,\boldsymbol{A}\,\boldsymbol{N}}$ das System und nennen die dadurch festgelegte spezielle Lösung $\boldsymbol{p}$; es wird dann

$$\boldsymbol{L}\,\boldsymbol{A}\,\boldsymbol{R}\,\boldsymbol{p} \approx \boldsymbol{L}\,\boldsymbol{d}_0 \quad \text{bzw.} \quad \boldsymbol{R}^*\,\underbrace{\boldsymbol{A}^*\,\boldsymbol{N}}\,\boldsymbol{A}\,\boldsymbol{R}\,\boldsymbol{p} \approx \boldsymbol{R}^*\,\underbrace{\boldsymbol{A}^*\,\boldsymbol{N}}\,\boldsymbol{d}_0\,, \tag{49}$$

wobei natürlich so zu kondensieren ist, daß die dadurch entstehende quadratische Matrix

$$\tilde{\boldsymbol{A}} := \boldsymbol{L}\,\boldsymbol{A}\,\boldsymbol{R} \quad \text{bzw.} \quad \tilde{\boldsymbol{A}} := \boldsymbol{R}^*\,\underbrace{\boldsymbol{A}^*\,\boldsymbol{N}}\,\boldsymbol{A}\,\boldsymbol{R} =: \boldsymbol{B}^*\,\boldsymbol{N}\,\boldsymbol{B} \quad \text{mit} \quad \boldsymbol{B} := \boldsymbol{A}\,\boldsymbol{R} \tag{50}$$

der Ordnung σ möglichst gut konditioniert wird. Mit dem Lösungsvektor

$$\boldsymbol{p} \approx \tilde{\boldsymbol{A}}^{-1}\,\boldsymbol{L}\,\boldsymbol{d}_0 \quad \text{bzw.} \quad \boldsymbol{p} \approx \tilde{\boldsymbol{A}}^{-1}\,\boldsymbol{R}^*\,\boldsymbol{A}^*\,\boldsymbol{N}\,\boldsymbol{d}_0 = \tilde{\boldsymbol{A}}^{-1}\,\boldsymbol{B}^*\,\boldsymbol{N}\,\boldsymbol{d}_0 \tag{51}$$

wird somit der angenäherte Korrekturvektor nach (46)

$$\tilde{\boldsymbol{k}}_0 = \boldsymbol{R}\,\boldsymbol{p} = \boldsymbol{R}\,\tilde{\boldsymbol{A}}^{-1}\,\boldsymbol{L}\,\boldsymbol{d}_0 \quad \text{bzw.} \quad \tilde{\boldsymbol{k}}_0 = \boldsymbol{R}\,\boldsymbol{p} = \boldsymbol{R}\,\tilde{\boldsymbol{A}}^{-1}\,\boldsymbol{B}^*\,\boldsymbol{N}\,\boldsymbol{d}_0\,, \tag{52}$$

und diese Näherungen sind um so besser, je geeigneter die σ Vektoren (44) gewählt wurden. Als wichtigstes Ergebnis halten wir fest, daß für den Ritz-Ansatz an der Gauss-Gleichung der Lösungsvektor $\boldsymbol{p}$ nach (51) und (50) der Gleichung

$$\boxed{\boldsymbol{B}^*\,\boldsymbol{N}\,\boldsymbol{B}\,\boldsymbol{p} = \boldsymbol{B}^*\,\boldsymbol{N}\,\boldsymbol{d}_0; \qquad \boldsymbol{B} := \boldsymbol{A}\,\boldsymbol{R}} \tag{53}$$

gehorcht.

33.7. Das normierte Defektquadrat

Für den exakten Korrekturvektor $\boldsymbol{k}_0$ verschwindet der Defekt, denn es ist $\boldsymbol{d} = \boldsymbol{d}_0 - \boldsymbol{A}\,\boldsymbol{k}_0 = \boldsymbol{o}$. Setzen wir in diese Gleichung anstelle von $\boldsymbol{k}_0$ die Ritz-Näherung $\tilde{\boldsymbol{k}}_0$ (46) ein, so wird der Defekt

$$\boldsymbol{d}(\boldsymbol{\lambda}) = \boldsymbol{d}_0 - \boldsymbol{A}\,\boldsymbol{R}\,\boldsymbol{\lambda} = \boldsymbol{d}_0 - \boldsymbol{B}\,\boldsymbol{\lambda} \quad \text{mit} \quad \boldsymbol{B} := \boldsymbol{A}\,\boldsymbol{R} \tag{54}$$

und ebenso das normierte Defektquadrat

$$\delta_N^2(\boldsymbol{\lambda}) = \boldsymbol{d}^*(\boldsymbol{\lambda})\,\boldsymbol{N}\,\boldsymbol{d}(\boldsymbol{\lambda}) = (\boldsymbol{d}_0 - \boldsymbol{B}\,\boldsymbol{\lambda})^*\,\boldsymbol{N}(\boldsymbol{d}_0 - \boldsymbol{B}\,\boldsymbol{\lambda}) \tag{55}$$

bzw.

$$\delta_N^2(\boldsymbol{\lambda}) = \boldsymbol{d}_0^*\,\boldsymbol{N}\,\boldsymbol{d}_0 - \boldsymbol{d}_0^*\,\boldsymbol{N}\,\boldsymbol{B}\,\boldsymbol{\lambda} - \boldsymbol{\lambda}^*\,\boldsymbol{B}^*\,\boldsymbol{N}\,\boldsymbol{d}_0 + \boldsymbol{\lambda}^*\,\boldsymbol{B}^*\,\boldsymbol{N}\,\boldsymbol{B}\,\boldsymbol{\lambda} \tag{56}$$

eine Funktion des Ritz-Vektors $\boldsymbol{\lambda}$ (45), über den noch frei verfügt werden kann. Wählen wir speziell den Vektor $\boldsymbol{\lambda} = \boldsymbol{p}$ aus (53), so läßt sich das Defektquadrat (56) schreiben als Summe zweier nichtnegativer Zahlen

$$\begin{aligned}\delta_N^2(\boldsymbol{\lambda}) &= \boldsymbol{d}^*(\boldsymbol{\lambda})\,\boldsymbol{N}\,\boldsymbol{d}(\boldsymbol{\lambda}) = [\boldsymbol{d}_0^*\,\boldsymbol{N}\,\boldsymbol{d}_0 - \boldsymbol{p}^*\,\boldsymbol{B}^*\,\boldsymbol{N}\,\boldsymbol{d}_0] + [(\boldsymbol{p}-\boldsymbol{\lambda})^*\,\boldsymbol{N}(\boldsymbol{p}-\boldsymbol{\lambda})] \\ &= \delta_N^2(\boldsymbol{o}) + \hat{\delta}_N^2\,, \end{aligned} \tag{57}$$

denn rechnet man dies aus, so tilgen von den insgesamt sechs Termen sich zwei, und die übrigen vier stimmen mit dem ausmultiplizierten Produkt (56) überein. Da der erste Summand von $\boldsymbol{\lambda}$ unabhängig ist und der zweite für $\boldsymbol{\lambda} = \boldsymbol{p}$ verschwindet, stellt $\delta_N^2(\boldsymbol{p})$ das durch Variation des Vektors $\boldsymbol{\lambda}$ erreichbare absolute Minimum dar, und diese für das folgende grundlegende Erkenntnis wollen wir aussprechen als

Satz 1. *Der Lösungsvektor $\boldsymbol{p}$ des hermiteschen Kondensates $\boldsymbol{B}^*\,\boldsymbol{N}\,\boldsymbol{B}\,\boldsymbol{p} = \boldsymbol{B}^*\,\boldsymbol{N}\,\boldsymbol{d}_0$ minimiert das Defektquadrat im Raum R_σ der Dimension $1 \leqq \sigma \leqq n$.*

Speziell der *eingliedrige* Ritz-Ansatz mit der jetzt als *Relaxationspunkt* bezeichneten Variablen λ

$$\boldsymbol{d}(\lambda) = \boldsymbol{d}_0 - \boldsymbol{A}\,\boldsymbol{r}\,\lambda = \boldsymbol{d}_0 - \boldsymbol{b}\,\lambda \quad \text{mit} \quad \boldsymbol{b} := \boldsymbol{A}\,\boldsymbol{r} \tag{58}$$

führt auf das *skalare* Kondensat

$$\delta_N^2(\lambda) = \boldsymbol{d}^*(\lambda)\,\boldsymbol{N}\,\boldsymbol{d}(\lambda) = (\boldsymbol{d}_0 - \lambda\,\boldsymbol{b})^*\,\boldsymbol{N}(\boldsymbol{d}_0 - \lambda\,\boldsymbol{b})\,; \qquad \delta_0^2 = \boldsymbol{d}_0^*\,\boldsymbol{N}\,\boldsymbol{d}_0\,, \tag{59}$$

und dieses Relief über der komplexen Zahlenebene stellt das uns wohlbekannte rotationssymmetrische Vektorparaboloid (25.61) dar. (Dort hatten wir der Einfachheit halber $\boldsymbol{N} = \boldsymbol{I}$ gesetzt, und statt $\boldsymbol{d}_0$ steht der Vektor $\boldsymbol{a}$.) In der Tat folgen alle dort abgeleiteten Beziehungen als Sonderfall der Gleichungen (54) bis (57) auch hier, nämlich: die Gleichung des Defektquadrates

$$\delta_N^2(\lambda) = [\boldsymbol{d}_0^*\,\boldsymbol{N}\,\boldsymbol{d}_0 - \bar{p}\,p\cdot\boldsymbol{b}^*\,\boldsymbol{N}\,\boldsymbol{b}] + [\boldsymbol{b}^*\,\boldsymbol{N}\,\boldsymbol{b}\,|p-\lambda|^2] = \delta_N^2(0) + \hat{\delta}_N^2 \tag{60}$$

mit dem Fußpunkt (Minimalpunkt) p, welcher der Gleichung

$$\boldsymbol{b}^*\,\boldsymbol{N}\,\boldsymbol{b}\cdot p = \boldsymbol{b}^*\,\boldsymbol{N}\,\boldsymbol{d}_0 \tag{61}$$

gehorcht, und der minimalen Ordinate, die für $\lambda = p$ angenommen wird

$$\delta_{\min}^2 = \delta^2(p) = \boldsymbol{d}_0^*\,\boldsymbol{N}\,\boldsymbol{d}_0 - \bar{p}\,p\cdot\boldsymbol{b}^*\,\boldsymbol{N}\,\boldsymbol{b} = \delta_0^2 - \bar{p}\cdot\boldsymbol{b}^*\,\boldsymbol{N}\,\boldsymbol{b}\cdot p\,. \tag{62}$$

Die Abb. 33.4 macht diese Verhältnisse nochmals deutlich.

Wir sehen: jeder Relaxationspunkt λ innerhalb des Konvergenzkreises K über dem Durchmesser $2|p|$ führt zu einem Defektquadrat, das kleiner ist als δ_0^2. Es wird am kleinsten für $\lambda = p$ (Minimalrelaxation), ansonsten unterscheidet man nach Abb. 33.4b die Unterrelaxation (heller Halbkreis) von der Überrelaxation (getönter Halbkreis). Punkte außerhalb des Kreises K führen zu einem größeren Defektquadrat und sind daher in dem hier verfolgten Zusammenhang kaum von Interesse.

Dagegen sind zwei Extremfälle von besonderer Relevanz:

1. Volltreffer. Es sei $\boldsymbol{r} = \boldsymbol{k}_0$. Dann ist $\boldsymbol{b} = \boldsymbol{A}\,\boldsymbol{r} = \boldsymbol{A}\,\boldsymbol{k}_0 = \boldsymbol{d}_0$, somit folgt aus (61) $p = 1$ und weiter aus (59) wegen $\boldsymbol{d}_0 - 1 \cdot \boldsymbol{b} = \boldsymbol{o}$ das Verschwinden des Defektquadrats, wie es sein muß. Zusammengefaßt:

$$\boxed{\boldsymbol{r} = \boldsymbol{k}_0 \rightarrow p = 1 \rightarrow \delta_N^2(1) = 0} \,. \tag{63}$$

Wählt man allgemeiner $\boldsymbol{r} = \alpha\,\boldsymbol{k}_0$, so setzt das Paraboloid im Punkte $1/\alpha$ auf, siehe Abb. 33.4a.

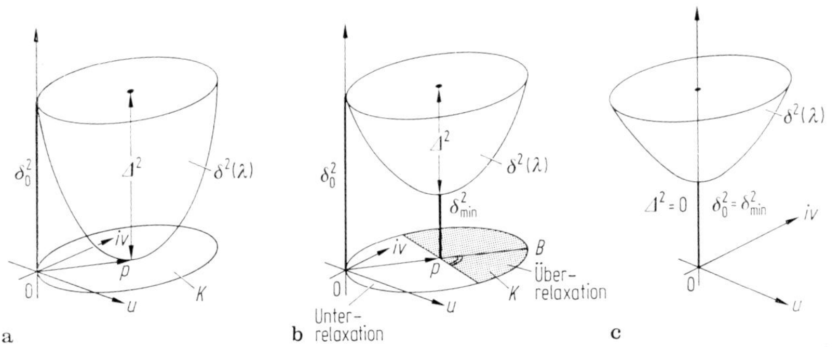

Abb. 33.4. Das Skalarparaboloid mit dem Minimalpunkt p und Konvergenzkreis K
a) Volltreffer; b) Treffer; c) Niete

2. Niete. Es sei $\boldsymbol{b}^*\,\boldsymbol{N}\,\boldsymbol{d}_0 = \boldsymbol{r}^*\,\boldsymbol{A}^*\,\boldsymbol{N}\,\boldsymbol{d}_0$, somit $\boldsymbol{r}$ unitär zum Vektor $\boldsymbol{A}^*\,\boldsymbol{N}\,\boldsymbol{d}_0$. Dann ist nach (61) $p = 0$. Das Paraboloid

$$\delta^2(\lambda) = \delta_0^2 + \boldsymbol{b}^*\,\boldsymbol{N}\,\boldsymbol{b}\,|\lambda|^2 = \boldsymbol{d}_0^*\,\boldsymbol{N}\,\boldsymbol{d}_0 + \boldsymbol{b}^*\,\boldsymbol{N}\,\boldsymbol{b}\,|\lambda|^2 \tag{64}$$

nimmt nach Abb. 33.4c im Nullpunkt der komplexen Zahlenebene sein Minimum an, der Konvergenzkreis schrumpft auf den Nullpunkt zusammen, das Defektquadrat läßt sich daher nicht verkleinern.

33.8. Der zyklisch fortgesetzte Ritz-Ansatz. Minimalrelaxation

Ein einmaliger RITZ-Ansatz mit $1 \leqq m < n$ Vektoren (44) kann im allgemeinen nicht viel bewirken. Es liegt daher nahe, mit der neuen Näherung $\boldsymbol{z}_1$ und dem dazugehörigen Defekt $\boldsymbol{d}_1$ einen zweiten Ansatz durchzuführen und so fort. Wir sagen: die Folge von m RITZ-Ansätzen ist zyklisch, wenn die $m \leqq n$ Streifen der Matrizen

$$\boldsymbol{L} = [\boldsymbol{L}_1\,\boldsymbol{L}_2 \ldots \boldsymbol{L}_m]\,; \qquad \boldsymbol{R} = [\boldsymbol{R}_1\,\boldsymbol{R}_2 \ldots \boldsymbol{R}_m]\,; \qquad \boldsymbol{L}, \boldsymbol{R} \text{ regulär} \tag{65}$$

an der Reihe gewesen sind. Es entstehen dann an der Originalgleichung $\boldsymbol{A}\,\boldsymbol{x} = \boldsymbol{a}$ bzw. an der GAUSSschen Gleichung $\underbrace{\boldsymbol{A}^*\,\boldsymbol{N}\,\boldsymbol{A}}\,\boldsymbol{x} = \underbrace{\boldsymbol{A}^*\,\boldsymbol{N}\,\boldsymbol{a}}$

nach (52) die Zyklen

$$\boldsymbol{z}_m = \boldsymbol{z}_0 - \sum_{j=1}^{m} \boldsymbol{R}_j\, \tilde{\boldsymbol{A}}_{jj}^{-1}\, \boldsymbol{L}_j^T\, \boldsymbol{d}_{j-1}$$

bzw. (66)

$$\boldsymbol{z}_m = \boldsymbol{z}_0 - \sum_{j=1}^{m} \boldsymbol{R}_j\, \tilde{\boldsymbol{A}}_{jj}^{-1}\, \boldsymbol{B}_j^*\, \boldsymbol{N}\, \boldsymbol{d}_{j-1}\,,$$

$$\boldsymbol{d}_m = \boldsymbol{d}_0 - \sum_{j=1}^{m} \boldsymbol{A}\, \boldsymbol{R}_j\, \tilde{\boldsymbol{A}}_{jj}^{-1}\, \boldsymbol{L}_j^T\, \boldsymbol{d}_{j-1}$$

bzw. (67)

$$\boldsymbol{d}_m = \boldsymbol{d}_0 - \sum_{j=1}^{m} \boldsymbol{A}\, \boldsymbol{R}_j\, \tilde{\boldsymbol{A}}_{jj}^{-1}\, \boldsymbol{B}_j^*\, \boldsymbol{N}\, \boldsymbol{d}_{j-1}\,.$$

Zu unserer Überraschung stellen wir fest, daß dies wegen

$$\boldsymbol{B}_j^*\, \boldsymbol{N}\, \boldsymbol{d}_{j-1} = \boldsymbol{R}_j^*\, \underbrace{\boldsymbol{A}^*\, \boldsymbol{N}}\, \boldsymbol{d}_{j-1} = \boldsymbol{R}_j^*\, \hat{\boldsymbol{d}}_{j-1} \tag{68}$$

nichts anderes ist als die dyadisch gelesene Äquivalenz — bzw. Kongruenztransformation aus (32.71) bis (32.73), und das heißt: wenn die Matrizen (65) so gewählt wurden, daß $\boldsymbol{L}^T\, \boldsymbol{A}\, \boldsymbol{R}$ bzw. $\boldsymbol{R}^*\, \boldsymbol{A}^*\, \boldsymbol{N}\, \boldsymbol{A}\, \boldsymbol{R}$ die (Block-)Diagonalform wird, so ist das exakte Ergebnis $\boldsymbol{d}_m = \boldsymbol{o}$ und $\boldsymbol{z}_m = \boldsymbol{x}$ nach m Ritz-Ansätzen erreicht. Wurde dagegen die Transformation auf (Block-)Diagonalmatrix unvollkommen durchgeführt oder von vornherein unterlassen, so resultiert aus

$$\boldsymbol{L}\, \boldsymbol{A}\, \boldsymbol{R} = \tilde{\boldsymbol{A}} - \boldsymbol{\Delta} \quad \text{bzw.} \quad \boldsymbol{R}^*\, \underbrace{\boldsymbol{A}^*\, \boldsymbol{N}}\, \boldsymbol{A}\, \boldsymbol{R} = \tilde{\boldsymbol{A}} - \boldsymbol{\Delta} \tag{69}$$

eine Diskrepanzmatrix $\boldsymbol{\Delta}$, welche die beabsichtigte Inversion der Matrix $\boldsymbol{A}$ und damit auch die Lösung des Gleichungssystems $\boldsymbol{A}\, \boldsymbol{x} = \boldsymbol{a}$ verfälscht. Man wird daher das Ritzsche Verfahren über den Index m hinaus in immer neuen Zyklen fortsetzen; beispielsweise lautet dann die zweite Gleichung (66) mit $\boldsymbol{B} := \boldsymbol{A}\, \boldsymbol{R}$

$$\boldsymbol{z}_m = \boldsymbol{z}_0 - \underbrace{\sum_{j=1}^{m_1} \overset{1}{\boldsymbol{R}}_j\, \tilde{\boldsymbol{A}}_{jj}^{-1}\, \overset{1}{\boldsymbol{R}}{}_j^*(\underbrace{\boldsymbol{A}^*\, \boldsymbol{N}}\, \boldsymbol{d}_{j-1})}_{\text{endlich}} - \sum_{j=1}^{m_2} \overset{2}{\boldsymbol{R}}_j\, \tilde{\boldsymbol{A}}_{jj}^{-1}\, \overset{2}{\boldsymbol{R}}{}_j^*(\underbrace{\boldsymbol{A}^*\, \boldsymbol{N}}\, \boldsymbol{d}_{j-1}) - \cdots$$

$\longleftarrow$ iterativ $\cdots$

$$\cdots - \sum_{j=1}^{m_\nu} \overset{\nu}{\boldsymbol{R}}_j\, \tilde{\boldsymbol{A}}_{jj}^{-1}\, \overset{\nu}{\boldsymbol{R}}_j(\underbrace{\boldsymbol{A}^*\, \boldsymbol{N}}\, \boldsymbol{d}_{j-1})\,. \tag{70}$$

$\cdots \longrightarrow$

Ist $\boldsymbol{A}$ hermitesch und positiv definit, so kann wie stets $\underbrace{\boldsymbol{A}^*\, \boldsymbol{N}} = \boldsymbol{I}$ gesetzt werden.

Das Verfahren heißt stationär, wenn die Transformationsmatrizen $\overset{\sigma}{\boldsymbol{L}}$ und $\overset{\sigma}{\boldsymbol{R}}$ bzw. $\overset{\sigma}{\boldsymbol{R}}$ alle einander gleich sind, sonst instationär. Offensichtlich kann eine endogene Transformation (im allgemeinen) nicht stationär sein, da ja die Vektoren $\overset{\sigma}{\boldsymbol{l}}_j$ aus $\overset{\sigma}{\boldsymbol{L}}$ und $\overset{\sigma}{\boldsymbol{r}}_j$ aus $\overset{\sigma}{\boldsymbol{R}}$ in Abhängigkeit vom

Defekt aufgebaut werden. Die Mehrzahl aller Verfahren knüpft an die GAUSSsche Gleichung an. Die einfachste Version wurde bereits von GAUSS selber praktiziert und später von SOUTHWELL [164] unter der Bezeichnung Relaxation wiederentdeckt.

Nun zur Konvergenz der Reihe (70). Einerlei ob die Matrix $\boldsymbol{R}$ exogen oder endogen aufgebaut wird, sofern sie nur regulär ist, kann im Verlauf eines vollständigen Zyklus nicht jeder der n linear unabhängigen Vektoren $\overset{\sigma}{\boldsymbol{r}}_j$ aus $\overset{\sigma}{\boldsymbol{R}}$ unitär zum aktuellen Vektor $\boldsymbol{B}_j^* \boldsymbol{d}_{j-1} = \boldsymbol{R}_j^* \boldsymbol{A}^* \boldsymbol{d}_{j-1}$, somit $p = 0$ nach (64) sein, also muß mindestens einmal während eines Zyklus die Situation „Treffer" nach Abb. 33.4b eintreten. Wir haben damit den

Satz 2: *Die zyklisch fortgesetzte Kongruenztransformation an der* GAUSS*schen Gleichung konvergiert, sofern die Matrizen* $\overset{1}{\boldsymbol{R}}, \overset{2}{\boldsymbol{R}}, \ldots, \overset{\nu}{\boldsymbol{R}}$ *regulär sind. Die Konvergenz ist um so besser, je kleiner die Diskrepanzmatrix* $\boldsymbol{\Delta}$ *bzw. ihre Norm* $\|\boldsymbol{\Delta}\|$ *ausfällt.*

Diese letzte Aussage ist evident, denn bei verschwindender Diskrepanz endet die Transformation nach dem ersten Zyklus mit dem exakten Ergebnis $\boldsymbol{z}_m = \boldsymbol{x}$ und dem Defekt $\boldsymbol{d}_m = \boldsymbol{o}$.

Fassen wir zusammen: Ziel jeder auf der Basis der Kongruenztransformation arbeitenden Relaxation ist es, das Defektquadrat schrittweise zu verkleinern und damit die aktuelle Näherung $\boldsymbol{z}$ zu verbessern. Dazu stehen pro Zyklus zur Verfügung:

Mehrkomponentenrelaxation	Einkomponentenrelaxation
Die m Ansatzmatrizen $\boldsymbol{R} = (\boldsymbol{R}_1 \boldsymbol{R}_2 \ldots \boldsymbol{R}_m)$ regulär Die Relaxationsvektoren $\boldsymbol{\lambda}_1 \; \boldsymbol{\lambda}_2 \ldots \boldsymbol{\lambda}_m$	Die n Ansatzvektoren $\boldsymbol{R} = (\boldsymbol{r}_1 \boldsymbol{r}_2 \ldots \boldsymbol{r}_n)$ regulär Die Relaxationsparameter $\lambda_1 \lambda_2 \ldots \lambda_n$
Die Normierungsmatrix $\boldsymbol{N} = \boldsymbol{N}^*$ pos. def.	

Aus der Fülle der denkbaren Modifikationen und Varianten ragen zwei markante Vertreter heraus: die stationäre exogene *Spalteniteration* (auch Spaltenapproximation) und das instationäre endogene *Gradientenverfahren* (oder Verfahren des stärksten Abstiegs.)

Bei der Spalteniteration wird auf eine Transformation von vornherein verzichtet, also $\overset{\sigma}{\boldsymbol{R}} = \boldsymbol{I}$ gesetzt, mithin an der Matrix $\underbrace{\boldsymbol{A}^* \boldsymbol{N}}\boldsymbol{A}$ selbst iteriert. Ist $\boldsymbol{A}$ hermitesch und positiv definit, und setzt man $\underbrace{\boldsymbol{A}^* \boldsymbol{N}} = \boldsymbol{I}$, so ist die *Ein*komponentenrelaxation identisch mit dem GAUSS-SEIDEL-Verfahren an der Matrix $\boldsymbol{A}$. Die Spalteniteration wird ausführlich diskutiert bei MAESS und PETERS [157].

Beim Gradientenverfahren dient der aktuelle Defekt $\boldsymbol{d}_j$ als Richtungsvektor $\boldsymbol{r}_j$. Einzelheiten dazu findet der Leser bei SCHWARZ/RUTISHAUSER/STIEFEL [24, S. 66—67] und MAESS [37, S. 125—135].

Ein dem Satz 2 entsprechender einfacher Konvergenzbeweis für die zyklisch fortgesetzte *Äquivalenz*transformation existiert übrigens nicht, weshalb das Verfahren in der Literatur kaum propagiert wird, doch kann es im konkreten Fall durchaus befriedigend arbeiten. Dies erhellt schon daraus, daß bei passender Wahl der beiden Transformationsmatrizen $\boldsymbol{L}$ und $\boldsymbol{R}$ die Iteration nach dem ersten Zyklus mit dem exakten Ergebnis abbrechen muß.

33.9. Über- und Unterrelaxation

Neben dem Minimalverfahren existiert eine zweite Gruppe von Algorithmen mit dem Ziel, das Defektquadrat mit jedem Schritt zu verkleinern aber nicht zu minimieren, und hier unterschieden wir nach Abb. 33.4b innerhalb des Konvergenzkreises den Bereich der Über- von dem der Unterrelaxation. Es mag im ersten Moment überraschen, daß ein solches Vorgehen Erfolg haben kann, doch ist zu bedenken, daß die im Augenblick beste Strategie nicht auch aufs Ende gesehen die beste sein muß. Allerdings ist nur bei speziellen Klassen von Matrizen von vornherein entscheidbar, ob eine Über- oder Unterrelaxation schneller zum Ziele führt als die Minimierung. Grundlegende Darstellungen zu diesem Fragenkreis finden sich bei BUNSE/BUNSE-GERSTNER [31, S. 131—142], SCHWARZ [40, S. 214—218], sowie bei SCHWARZ/RUTISHAUSER/STIEFEL [24, S. 208—223].

Es ist nicht uninteressant, unter diesem Gesichtspunkt die endlichen Algorithmen zu beleuchten. Bei der Kongruenztransformation von HESTENES und STIEFEL wird der Defekt keineswegs in jedem Schritt minimiert, ja er wird unter Umständen nicht einmal kleiner, wie die Abb. 32.3 zeigt, beim GAUSSschen Algorithmus sogar größer! Dennoch kommen beide Verfahren nach n Schritten zum exakten Resultat. Mit anderen Worten: bei den (theoretisch) endlichen Transformationen spielt der Trend des Defektquadrats prinzipiell nicht die mindeste Rolle, selbst dann nicht, wenn wie bei HESTENES und STIEFEL der endogene Algorithmus über den aktuellen Defekt gesteuert wird.

33.10. Der vollständige Ritz-Ansatz

Was sich bei allen beschriebenen Algorithmen nachteilig auswirkt, ist die von vornherein vorgenommene Verkürzung des RITZ-Ansatzes, der nach RUGE [160] (zunächst für $\sigma = 1$) vollständig lauten müßte

$$\boldsymbol{z}(\alpha, \beta) = \boldsymbol{z}_0 \alpha - \boldsymbol{r} \beta = \boldsymbol{T} \boldsymbol{\alpha} \tag{71}$$

mit

$$\boldsymbol{T} := (\boldsymbol{z}_0 \quad \boldsymbol{r}) \,, \qquad \boldsymbol{\alpha} = (\alpha \quad -\beta)^T \,. \tag{72}$$

Nach Abb. 33.5 bedeutet dies, daß der Vektor $\boldsymbol{z}_0$ nicht mit 1 sondern mit der noch zu bestimmenden Variablen α zu multiplizieren ist, wodurch eine sehr viel bessere Näherung erreicht werden kann (für $n = 2$

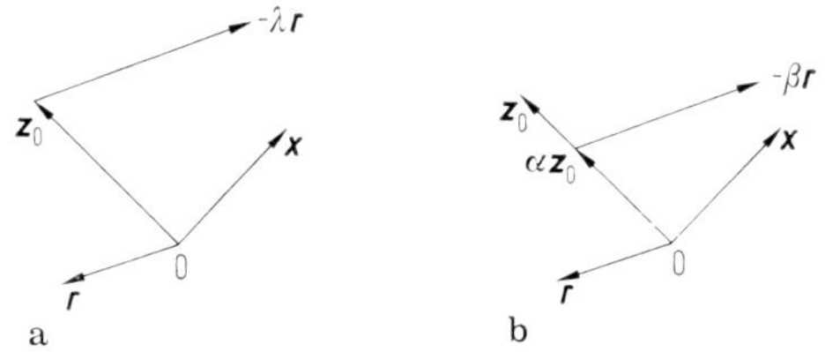

Abb. 33.5. a) Restringierter Ritz-Ansatz; b) vollständiger Ritz-Ansatz nach Ruge

selbstredend beim ersten Schritt das exakte Ergebnis). Führen wir in die Gleichung $\boldsymbol{A}\,\tilde{\boldsymbol{k}}_0 \approx \boldsymbol{d}_0$ den Ansatz (71) ein und multiplizieren von links mit einer geeigneten Matrix $\boldsymbol{L}^T$, so entsteht das zweireihige Ritz-Kondensat

$$\tilde{\boldsymbol{A}}\,\boldsymbol{\alpha} \approx \boldsymbol{L}^T \boldsymbol{d}_0 \quad \text{mit} \quad \tilde{\boldsymbol{A}} := \boldsymbol{L}^T \boldsymbol{A}\,\boldsymbol{T} \,, \tag{73}$$

und die Lösung $\boldsymbol{\alpha}$ ergibt den angenäherten Korrekturvektor

$$\boldsymbol{k}_0 \approx \boldsymbol{T}\,\boldsymbol{\alpha} = \boldsymbol{T}\,\tilde{\boldsymbol{A}}^{-1}\,\boldsymbol{L}^T\,\boldsymbol{d}_0 \,. \tag{74}$$

Ist $\sigma > 1$, so wird allgemeiner

$$\boldsymbol{T} = (\boldsymbol{z}_0;\, \boldsymbol{r}_1\, \boldsymbol{r}_2 \ldots \boldsymbol{r}_\sigma) = (\boldsymbol{z}_0;\, \boldsymbol{R}_\sigma) \,; \qquad \boldsymbol{\alpha} = (\alpha;\, -\beta_1\, -\beta_2 \ldots -\beta_\sigma)^T \,, \tag{74a}$$

das Kondensat (73) hat daher die Ordnung $\sigma + 1$.

Analog geht man vor bei der Kongruenztransformation. Die durch die Mitnahme der ersten Variablen α bewirkte Konvergenzbeschleunigung ist bei kleinen Ordnungszahlen durchaus beachtlich, fällt aber schon ab $n \geqq 10$ kaum mehr ins Gewicht.

33.11. Eine generelle Kritik

Ziehen wir eine Zwischenbilanz. Die hier unter dem übergeordneten Gesichtspunkt des Ritzschen Verfahrens wiedergegebenen Relaxationsmethoden mit ihren zahlreichen Varianten und Modifikationen sind, wie numerische Tests immer wieder bestätigen, enttäuschend. Sie sind entweder zu aufwendig oder aber zu langsam, meistens beides zusammen und können daher den Praktiker „draußen" wenig befriedigen. Erst im optimalen Zusammenspiel der drei Grundgegebenheiten

Äquivalenztransformation ⇔ Geometrische Reihe ⇔ Defektquadrat

entsteht ein Algorithmus, der allen Anforderungen der Praxis gerecht wird und den wir im nächsten Abschnitt beschreiben werden.

• 33.12. Der Algorithmus Rapido/Rapidissimo

Wir lernen jetzt einen Algorithmus kennen, der für das spezielle Gleichungssystem

$$(\boldsymbol{I} - \boldsymbol{M})\,\boldsymbol{x} = \boldsymbol{a} \quad \text{bzw.} \quad (\boldsymbol{I} - \boldsymbol{M})\,\boldsymbol{k} = \boldsymbol{d} \tag{75}$$

konzipiert ist. Den Korrekturvektor

$$\boldsymbol{k} = (\boldsymbol{I} - \boldsymbol{M})^{-1}\,\boldsymbol{d} \tag{76}$$

entwickeln wir in eine geometrische Reihe entweder additiv nach (24.27) oder multiplikativ nach (24.29) und machen mit der so gewonnenen Näherung eine Minimalrelaxation mit $\boldsymbol{N} = \boldsymbol{I}$. Da nach (63) der Parameter λ ungefähr gleich Eins sein muß, ist es zweckmäßig, $\lambda = 1 + \varepsilon$ zu setzen, so daß ε eine kleine Größe wird. Damit ist die Idee des Verfahrens beschrieben, Wir fassen das Gesagte zusammen zu einer Programmieranleitung, die auch für den Leser verständlich ist, der den theoretischen Hintergrund des Verfahrens erst später (oder auch gar nicht) erarbeiten möchte.

Programmieranleitung zum Algorithmus Rapido/Rapidissimo (77)

Gegeben das Gleichungssystem $(\boldsymbol{I} - \boldsymbol{M})\,\boldsymbol{x} = \boldsymbol{a}$, eine Näherung $\boldsymbol{z}$ und ein Schwellwert α.

START 1. Berechne den Defekt $\boldsymbol{d} = \boldsymbol{z} - \boldsymbol{M}\,\boldsymbol{z} - \boldsymbol{a}$.
ITERATION 2. Aufbau eines angenäherten Korrekturvektors $\boldsymbol{r}_j$

Rapido	Rapidissimo
$\boldsymbol{r}_0 = \boldsymbol{d}$	$\boldsymbol{r}_0 = \boldsymbol{d}$
$\boldsymbol{r}_1 = \boldsymbol{d} + \boldsymbol{M}\,\boldsymbol{r}_0$	$\boldsymbol{M} =: \boldsymbol{M}_0 \to \boldsymbol{r}_1 = \boldsymbol{r}_0 + \boldsymbol{M}_0\,\boldsymbol{r}_0$
$\boldsymbol{r}_2 = \boldsymbol{d} + \boldsymbol{M}\,\boldsymbol{r}_1$	$\boldsymbol{M}_0\,\boldsymbol{M}_0 =: \boldsymbol{M}_1 \to \boldsymbol{r}_2 = \boldsymbol{r}_1 + \boldsymbol{M}_1\,\boldsymbol{r}_1$
. . . .	. . . .
$\boldsymbol{r}_{\nu-2} = \boldsymbol{d} + \boldsymbol{M}\,\boldsymbol{r}_{\nu-3}$	$\boldsymbol{M}_{\sigma-3}\boldsymbol{M}_{\sigma-3} =: \boldsymbol{M}_{\sigma-2} \to \boldsymbol{r}_{\sigma-1} = \boldsymbol{r}_{\sigma-2} + \boldsymbol{M}_{\sigma-2}\,\boldsymbol{r}_{\sigma-2}$
$\boldsymbol{r}_{\nu-1} = \boldsymbol{d} + \boldsymbol{M}\,\boldsymbol{r}_{\nu-2}$	$\boldsymbol{r}_{\sigma-1} = \boldsymbol{r}_{\sigma-1} + \boldsymbol{M}_{\sigma-1}(\boldsymbol{M}_{\sigma-1}\,\boldsymbol{r}_{\sigma-1})$

$$\boxed{\nu = 2^{\sigma}}$$

3. Aus dem letzten Vektor $\boldsymbol{r}$ berechne den Bildvektor

$$\boldsymbol{b} = \boldsymbol{r} - \boldsymbol{M}\,\boldsymbol{r}\,,$$

4. den Differenzvektor

$$\boldsymbol{f} = \boldsymbol{d} - \boldsymbol{b}\,,$$

5. den Parameter

$$\varepsilon = \frac{\boldsymbol{b}^* \boldsymbol{f}}{\boldsymbol{b}^* \boldsymbol{b}},$$

6. den verbesserten Näherungsvektor

$$\tilde{\boldsymbol{z}} = \boldsymbol{z} - \boldsymbol{r} - \varepsilon\, \boldsymbol{r}$$

7. und damit den verbesserten Defekt $\tilde{\boldsymbol{d}}$ nach Punkt 1.

ZIEL 8. Prüfe, ob

$$\max_{j=1}^{n} |\tilde{d}_j| \leqq \alpha$$

erfüllt ist. Wenn nicht, wiederhole die Iteration ab 2.

Damit ist ein Durchlauf festgelegt. Der Algorithmus ist selbstkorrigierend; zu Anfang darf daher gerundet werden (wichtig für den Taschenrechner!) Der Index ν kann in jedem Durchlauf gewechselt werden. Im ersten Durchlauf nicht zu hoch ansetzen, um unnötige Rechnerei zu vermeiden.

Die Güte des Verfahrens hängt in erster Linie ab von den Eigenschaften der Matrix $\boldsymbol{M}$. Wie wir wissen, konvergiert die geometrische Reihe nur dann, wenn alle Eigenwerte des Paares $\boldsymbol{M}; \boldsymbol{I}$ innerhalb des Einheitskreises liegen; die Vektorfolge $\boldsymbol{r}_j$ konvergiert dann gegen den Korrekturvektor $\boldsymbol{k}$. Trifft dies nicht zu, so wird mit jedem Iterationsschritt die minimale Ordinate des Paraboloids der Abb. 33.4b angehoben, doch konvergiert das Verfahren auch dann, falls nicht aufgrund der erfüllten Unitaritätsbedingung nach (64) die Situation der Abb. 33.4c eintritt, was leicht zu vermeiden ist. Fazit: liegen einige oder alle Eigenwerte des Paares $\boldsymbol{M}; \boldsymbol{I}$ außerhalb oder auf dem Rande des Einheitskreises, so wird die Konvergenz so schleichend, daß das Verfahren praktisch zum Erliegen kommt.

Starthilfe. Ist keine bessere Näherung $\boldsymbol{z}$ für $\boldsymbol{x}$ bekannt, so startet man mit $\boldsymbol{z} = \boldsymbol{o}$, somit $\boldsymbol{d} = -\boldsymbol{M}\,\boldsymbol{a}$.

Eine Bilanz. Die Matrix $\boldsymbol{M}$ habe die Ordnung n, und es seien ϱ rechte Seiten gegeben. Die Anzahl der vorgesehenen Iterationsschritte sei $\nu - 1$ entsprechend der Entwicklung der geometrischen Reihe bis $(\boldsymbol{I} - \boldsymbol{M}^\nu)$. Dann gilt bei vollbesetzter Matrix $\boldsymbol{M}$

$$\boxed{\nu = 2^\sigma} \;;\; (2^\sigma - \sigma - 1)\,\varrho - (\sigma - 2)\,n \begin{cases} \leqq 0 & \text{RAPIDO} \\ \geqq 0 & \text{RAPIDISSIMO}\,. \end{cases} \qquad (77\text{a})$$

Ist $\boldsymbol{M}$ hermitesch, so trifft dies auch für die Potenzen von $\boldsymbol{M}$ zu, so daß sich der Aufwand beim RAPIDISSIMO etwa halbiert, während der RAPIDO davon nicht profitieren kann. Wir haben dann die Bilanz

$$(2^\sigma - \sigma - 1)\,\varrho - (\sigma - 2)\,\frac{n}{2} \begin{cases} \leqq 0 & \text{RAPIDO} \\ \geqq 0 & \text{RAPIDISSIMO} \end{cases} ; \qquad \boldsymbol{M} = \boldsymbol{M}^*\,, \quad (77\text{b})$$

1. Durchlauf $\nu = 8$		2. Durchlauf $\nu = 8$
-0.111111110000000		-0.000000001096419
0.000000000000000		0.000000000000000
-2.366666670000000		0.000000003646280
0.454545450000000		0.000000004485349
-0.112424220000000	$\boldsymbol{r}$	-0.000000022409376
0.000000000000000		0.000000000000000
0.000000000000000		0.000000000000000
-0.111111110000000		-0.000000001096419
0.000000000000000		0.000000000000000
-0.124242450000000		0.000000025774004
-0.099999999000000		-0.000000000986777
0.000000000000000		0.000000000000000
-2.400000002999999		0.000000003317355
0.499999995000000		0.000000004933884
-0.099999975000000	$\boldsymbol{b}$	-0.000000024986777
0.000000000000000		0.000000000000000
0.000000000000000		0.000000000000000
-0.099999999000000		-0.000000000986777
0.000000000000000		0.000000000000000
0.099999972000000		0.000000027986776
-0.000000001000000		0.000000000000000
0.000000000000000		0.000000000000000
0.000000003000000		0.000000000000000
0.000000005000000		0.000000000000000
-0.000000025000000	$\boldsymbol{f}$	0.000000000000000
0.000000000000000		0.000000000000000
0.000000000000000		0.000000000000000
-0.000000001000000		0.000000000000000
0.000000000000000		0.000000000000000
0.000000028000000		0.000000000000000
0.132231335367145E-09	ε	0.986776859042825E-08
1.111111110014692		1.111111111111111
0.000000000000000		0.000000000000000
2.366666670312947		2.366666666666666
4.545454549939895		4.545454545454545
1.112424220014866	$\tilde{\boldsymbol{z}}$	1.112424242424242
0.000000000000000		0.000000000000000
0.000000000000000		0.000000000000000
-7.888888889985308		-7.888888888888889
0.000000000000000		0.000000000000000
1.124242450016429		1.124242424242424
-0.000000000986777		0.000000000000000
0.000000000000000		0.000000000000000
0.000000003317355		0.000000000000000
0.000000004933884		0.000000000000000
-0.000000024986777	$\tilde{\boldsymbol{d}}$	0.000000000000000
0.000000000000000		0.000000000000000
0.000000000000000		0.000000000000000
-0.000000000986777		0.000000000000000
0.000000000000000		0.000000000000000
0.000000027986777		0.000000000000000
	Defektquadrat	
0.144489421060098118E-14		0.406371218265706765E-30

und dies bleibt gültig auch bei nichthermitescher Matrix $\boldsymbol{M}$, wenn die Matrizenmultiplikation von WINOGRAD nach Abschnitt 24.6 herangezogen wird, die ebenfalls die Anzahl der Multiplikationen halbiert.

Bei Bandmatrizen leidet der RAPIDISSIMO unter dem Nachteil, daß bei jeder Potenzierung sich die Bandbreite von $\boldsymbol{M}_j$ verdoppelt, während der RAPIDO die Bandform erhält. Die Bilanz gestaltet sich etwas platzraubend und sei daher dem Leser überlassen.

Ein Beispiel. Gegeben $\boldsymbol{M}$ und $\boldsymbol{a}$, Start mit $\boldsymbol{z}_0 = \boldsymbol{o}$. Algorithmus RAPIDO.

$$\boldsymbol{M} = \begin{pmatrix} 0{,}1 & 0 & 0 & 0 & 0 & 0{,}1 & 0 & 0 & 0 & 0 \\ 0 & 0 & 0 & 0 & 0 & 0 & 0{,}2 & 0 & 0 & 0 \\ 0 & 0 & 0 & 0 & 0 & 0 & 0 & -0{,}3 & 0 & 0 \\ 0 & 0 & 0 & -0{,}1 & 0 & 0 & 0 & 0 & 0{,}1 & 0 \\ 0 & 0 & 0 & 0 & 0 & 0 & 0 & 0 & 0 & 0{,}1 \\ 0 & 0 & 0 & 0 & 0 & 0 & 0 & 0 & 0 & 0 \\ 0 & 0 & 0 & 0 & 0 & 0 & 0{,}2 & 0 & 0 & 0 \\ 0{,}1 & 0 & 0 & 0 & 0 & 0 & 0 & 0 & 0 & 0 \\ 0 & -0{,}3 & 0 & 0 & 0 & 0 & 0 & 0 & 0 & 0 \\ 0 & 0 & 0{,}1 & 0 & 0 & 0 & 0 & 0 & 0 & -0{,}1 \end{pmatrix};$$

$$\boldsymbol{a} = \begin{pmatrix} 1 \\ 0 \\ 0 \\ 5 \\ 1 \\ 0 \\ 0 \\ -8 \\ 0 \\ 1 \end{pmatrix}, \qquad \boldsymbol{d}_0 = -\boldsymbol{M}\,\boldsymbol{a} = \begin{pmatrix} -0{,}1 \\ 0{,}0 \\ -2{,}4 \\ 0{,}5 \\ -0{,}1 \\ 0{,}0 \\ 0{,}0 \\ -0{,}1 \\ 0{,}0 \\ 0{,}1 \end{pmatrix}. \qquad \boldsymbol{d}_0^T\,\boldsymbol{d}_0 = 6{,}05\,.$$

Die Tabelle auf Seite 196 enthält die Resultate für zwei Durchläufe von je sieben Schritten (d. h. $\nu = 8$; Zählung im Programm (77) beachten!). Das Ergebnis ist zufriedenstellend. Der Leser führe noch kleinere Defekte herbei.

• 33.13. Nochmals Nachiteration. Abgeänderte (benachbarte, gestörte) Gleichungssysteme

Wir kommen nochmals auf die bereits in Abschnitt 33.4 diskutierte Fragestellung zurück. Das vorgelegte Gleichungssystem $\boldsymbol{A}\,\boldsymbol{x} = \boldsymbol{r}$ bzw. $\boldsymbol{A}\,\boldsymbol{k} = \boldsymbol{d}$ wird transformiert auf

$$\boldsymbol{L}\,\boldsymbol{A}\,\boldsymbol{R}\,\boldsymbol{y} = \boldsymbol{L}\,\boldsymbol{r}; \qquad \boldsymbol{x} = \boldsymbol{R}\,\boldsymbol{y} \tag{78}$$

bzw.

$$\boldsymbol{L}\,\boldsymbol{A}\,\boldsymbol{R}\,\boldsymbol{v} = \boldsymbol{L}\,\boldsymbol{d}; \qquad \boldsymbol{k} = \boldsymbol{R}\,\boldsymbol{v}\,, \tag{79}$$

wo $\boldsymbol{L}\,\boldsymbol{A}\,\boldsymbol{R}$ eine theoretisch angestrebte, infolge der Rundungsfehler jedoch nicht erreichbare Zielmatrix $\boldsymbol{Z}$ ist, etwa eine obere oder untere Dreiecksmatrix, Diagonalmatrix oder auch eine formelmäßig invertierbare Matrix wie etwa (24.81), und andere. Auf jeden Fall soll $\boldsymbol{Z}$ gut konditioniert und sicher invertierbar sein. In der Maschine entsteht nun das dreifache Produkt

$$\boldsymbol{L}\,\boldsymbol{A}\,\boldsymbol{R} = \boldsymbol{Z} - \boldsymbol{\Delta}; \qquad \boldsymbol{\Delta} = \boldsymbol{Z} - \boldsymbol{L}\,\boldsymbol{A}\,\boldsymbol{R} \tag{80}$$

mit einer Diskrepanzmatrix $\boldsymbol{\Delta}$, die explizit zu berechnen ist. Multiplizieren wir die Gleichung

$$\boldsymbol{L}\,\boldsymbol{A}\,\boldsymbol{R}\,\boldsymbol{v} = (\boldsymbol{Z} - \boldsymbol{\Delta})\,\boldsymbol{v} = \boldsymbol{L}\,\boldsymbol{d} \tag{81}$$

von links mit der Inversen von $\boldsymbol{Z}$, so wird

$$(\boldsymbol{I} - \underbrace{\boldsymbol{Z}^{-1}\,\boldsymbol{\Delta}})\,\boldsymbol{v} = \underbrace{\boldsymbol{Z}^{-1}\,\boldsymbol{L}\,\boldsymbol{d}} \tag{82}$$

oder

$$(\boldsymbol{I} - \quad \boldsymbol{M} \quad)\,\boldsymbol{v} = \quad \boldsymbol{a}\,, \tag{83}$$

wodurch die Matrix $\boldsymbol{M}$ und die rechte Seite $\boldsymbol{a}$ aus (75) identifiziert sind, und damit gehen wir in den Algorithmus Rapido ein:

$$\boldsymbol{r}_j = \boldsymbol{d} + \boldsymbol{M}\,\boldsymbol{r}_{j-1} = \boldsymbol{d} + \boldsymbol{Z}^{-1}\,\boldsymbol{\Delta}\,\boldsymbol{r}_{j-1}\,. \tag{84}$$

Ohne daß die Matrix $\boldsymbol{M}$ selbst bekannt sein müßte, vollzieht sich daher der Schritt 2 aus dem Programm (77) in drei Partikeln:

2a) Rechne

$$\boldsymbol{\Delta}\,\boldsymbol{r}_{j-1} =: \boldsymbol{q}_{j-1}\,. \tag{85}$$

2b) Löse das Gleichungssystem

$$\boldsymbol{Z}\,\boldsymbol{p}_{j-1} = \boldsymbol{q}_{j-1} \to \boldsymbol{p}_{j-1}\,. \tag{86}$$

2c) Iteriere

$$\boldsymbol{r}_j = \boldsymbol{d} + (\boldsymbol{r}_{j-1} - \boldsymbol{p}_{j-1})\,, \tag{87}$$

wo der in Klammern gesetzte Differenzvektor gegen Null strebt.

Nun zum Start. Ist keine bessere Näherung $\tilde{\boldsymbol{y}}$ für $\boldsymbol{y}$ bekannt, so ersetzt man $\boldsymbol{L}\,\boldsymbol{A}\,\boldsymbol{R}$ durch die Zielmatrix $\boldsymbol{Z}$ und hat damit nach (78)

$$\boldsymbol{Z}\,\tilde{\boldsymbol{y}} = \boldsymbol{L}\,\boldsymbol{r} \to \tilde{\boldsymbol{y}} = \boldsymbol{Z}^{-1}\,\boldsymbol{L}\,\boldsymbol{r} \tag{88}$$

mit dem Defekt

$$\begin{aligned} \boldsymbol{d} = \boldsymbol{L}\,\boldsymbol{A}\,\boldsymbol{R}\,\tilde{\boldsymbol{y}} - \boldsymbol{L}\,\boldsymbol{r} &= \boldsymbol{L}\,\boldsymbol{A}\,\boldsymbol{R}\cdot\boldsymbol{Z}^{-1}\,\boldsymbol{L}\,\boldsymbol{r} - \boldsymbol{L}\,\boldsymbol{r} = \\ &= (\boldsymbol{L}\,\boldsymbol{A}\,\boldsymbol{R}\,\boldsymbol{Z}^{-1} - \boldsymbol{I})\,\boldsymbol{L}\,\boldsymbol{r} = -\boldsymbol{M}\,\boldsymbol{L}\,\boldsymbol{r}\,. \end{aligned} \tag{89}$$

Wir sehen: bei fehlerfreier Rechnung ist $\boldsymbol{L}\,\boldsymbol{A}\,\boldsymbol{R} = \boldsymbol{Z}$, somit $\boldsymbol{M} = \boldsymbol{O}$; es, verschwindet damit der Defekt $\boldsymbol{d}$, und $\tilde{\boldsymbol{y}}$ ist gleich der Lösung $\boldsymbol{y} = \boldsymbol{R}^{-1}\boldsymbol{x}$ wie es sein muß.

Der Rapidissimo lohnt sich vor allem bei vielen rechten Seiten und wenn die Norm von $\boldsymbol{M}$ so groß ist, daß voraussichtlich sehr viele Durchläufe mit relativ hohem Index ν zu fahren sind. Vorweg muß die Matrix $\boldsymbol{M}$ nach (84) explizit berechnet werden, sonst verläuft alles wie in (77) beschrieben; siehe auch die Bilanz im Abschnitt 33.9. Für jeden neuen Start wird mit der letzten Näherung $\boldsymbol{z}$ am Originalsystem der Defekt $\boldsymbol{d} = \boldsymbol{A}\,\boldsymbol{z} - \boldsymbol{r}$ berechnet, was einer totalen Regeneration (Auffrischung) gleichkommt.

An unserer Vorgehensweise stört noch, daß der Vektor $\boldsymbol{y}$ und nicht $\boldsymbol{x}$ selber berechnet wird. Bei der erforderlichen Rücktransformation $\boldsymbol{x} = \boldsymbol{R}\,\boldsymbol{y}$ entstehen nämlich neue Fehler, die die erreichte Genauigkeit wieder in Frage stellen. Man wird daher wenn irgend möglich $\boldsymbol{R} = \boldsymbol{I}$, somit $\boldsymbol{y} = \boldsymbol{x}$ setzen und sich entweder mit $\boldsymbol{Z} = \nabla$ (Elevator, Reflektor, Kalfaktor) zufriedengeben oder aber die *vollständige Reduktion* per Elevator auf eine Diagonalmatrix $\boldsymbol{Z} = \boldsymbol{D}$ durchführen; der Leser vergleiche dazu Abschnitte 28.2 und 28.5. Bei hermitescher Matrix $\boldsymbol{A}$ fällt die Entscheidung schwer; denn hier ist einerseits $\boldsymbol{L} = \boldsymbol{R}^*$, was für die Kongruenztransformation $\boldsymbol{R}^*\,\boldsymbol{A}\,\boldsymbol{R} = \boldsymbol{Z} - \boldsymbol{\Delta}$ nur etwa den halben Aufwand bedeutet, doch wäre dafür der geschilderte Nachteil in Kauf zu nehmen. Dies wird man auch dann tun, wenn $\boldsymbol{A}$ extrem schwach besetzt ist (Inzidenzmatrizen!) und die Basis $\boldsymbol{R}$ entweder an $\boldsymbol{A}$ selber oder an $\boldsymbol{A}^*\,\boldsymbol{N}\,\boldsymbol{A}$, speziell $\boldsymbol{A}^*\,\boldsymbol{A}$ mit Hilfe der endogenen Kongruenztransformation von Hestenes und Stiefel erzeugt wird, welche im Gegensatz zur exogenen Transformation per Elevator/Reflektor/Kalfaktor die Matrix $\boldsymbol{A}$ nicht zerstört.

Zur Konvergenz. Die Eigenwerte des Paares $\boldsymbol{M}$; $\boldsymbol{I}$ sind dieselben wie die des Paares $\boldsymbol{\Delta}$; $\boldsymbol{Z}$. Sie sind sämtlich gleich Null, wenn die Diskrepanz verschwindet; in praxi werden sie daher um so kleiner ausfallen, je kleiner die Norm von $\boldsymbol{\Delta}$ und je besser die Kondition von $\boldsymbol{Z}$ ist. Erst bei extrem schlechter Vortransformation können einige oder alle Eigenwerte außerhalb des Einheitskreises liegen, doch konvergiert das Verfahren selbst dann noch.

Wir kommen jetzt zu den abgeänderten Systemen. Es sei die Gleichung $\boldsymbol{A}\,\boldsymbol{x} = \boldsymbol{r}$ mittels Äquivalenztransformation gelöst worden und nachträglich — oder auch *während* der Rechnung, was durchaus praktikabel ist!! — werden $\boldsymbol{A}$ und/oder $\boldsymbol{r}$ abgeändert in $\boldsymbol{A} + \boldsymbol{B}$ und/oder $\boldsymbol{r} + \boldsymbol{s}$. Man behält dann die jetzt falschen Transformationsmatrizen $\boldsymbol{L}$ und $\boldsymbol{R}$ bei (sie waren beim Originalsystem schon falsch infolge der Rundungsfehler) und ersetzt im nächsten Durchlauf des Rapido/Rapidissimo lediglich $\boldsymbol{A}$ durch $\boldsymbol{A} + \boldsymbol{B}$ und/oder $\boldsymbol{r}$ durch $\boldsymbol{r} + \boldsymbol{s}$. Neu gestartet wird mit $\boldsymbol{d} = (\boldsymbol{A} + \boldsymbol{B})\,\boldsymbol{z} - (\boldsymbol{r} + \boldsymbol{s})$, wo $\boldsymbol{z}$ die letzte Näherung ist.

Ein Beispiel. Die Abb. 33.6 zeigt ein Gewicht am Ende einer (durch Diskretisierung eines Seiles entstandenen) homogenen Federkette. Die Gleichgewichtsbedingung lautet $\boldsymbol{A}_R\,\boldsymbol{x} = \boldsymbol{r} = \boldsymbol{e}_n \cdot m\,g/c$ mit der Matrix (24.81). Gesucht ist der Vektor $\boldsymbol{x}$ der Auslenkungen. Wir unterlassen jede Transformation, setzen also $\boldsymbol{L} = \boldsymbol{R} = \boldsymbol{I}$ und erklären die Hauptdiagonalmatrix $\boldsymbol{Z} = \boldsymbol{D}\mathrm{iag}\langle 2\ 2\ 2\ \ldots\ 2\ 2\ 1\rangle$

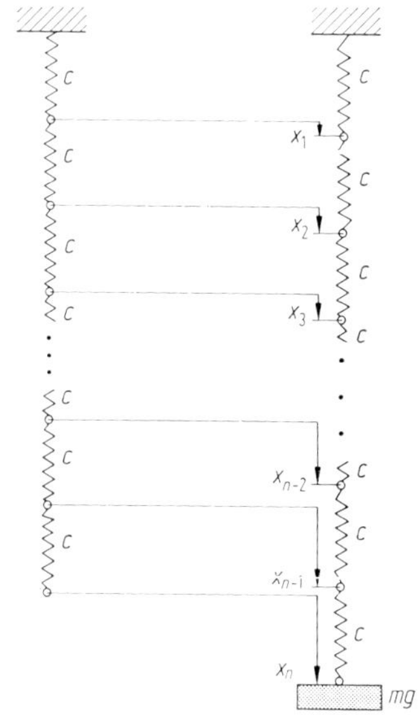

Abb. 33.6. Homogene Federkette mit Endgewicht

zur Zielmatrix. Die Diskrepanz ist somit $\boldsymbol{\Delta} = \boldsymbol{K}$ (17.39). Für $n = 50$ wurde nach dem Rapidissimo gerechnet (vgl. S. 201). Das exakte Ergebnis ist nach (24.81)

$$\boldsymbol{x} = (1 \quad 2 \quad 3 \ \ldots \ 48 \quad 49 \quad 50)^T .$$

Empfehlung. Als Zielmatrix die obere Dreiecksmatrix wählen und die strikte untere Dreiecksmatrix als Diskrepanz. Die Konvergenz ist bedeutend besser.

• 33.14. Zusammenfassung

Die Übersicht auf Seite 202 zeigt den Inhalt der §§ 32 und 33, aufgegliedert in die drei Grundgegebenheiten

Äquivalenztransformation/Geometrische Reihe/Defektminimierung.

Mehr als das hält die numerische lineare Algebra — zur Zeit — nicht bereit, sieht man einmal ab von kurzlebigen Modeerscheinungen wie der Monte-Carlo-Methode und einigen anderen Varianten von nebengeordneter Bedeutung. die wir nicht beschrieben haben. Man darf aber auf die Entwicklung in den kommenden Jahren gespannt sein, denn vermutlich wurde das letzte Wort zur Gleichungsauflösung noch nicht gesprochen.

1. Näherung	5. Näherung	9. Näherung
0.839216853255766	0.999999721626216	0.999999999999533
1.678769460993081	1.999999443833743	1.999999999999067
2.518322068730389	2.999999166041271	2.999999999998600
3.358880614845710	3.999998889990441	3.999999999998137
4.199439160961017	4.999998613939612	4.999999999997674
5.041669859380236	5.999998340783881	5.999999999997216
5.883900557799434	6.999998067628151	6.999999999996758
6.728463023241292	7.999997798509550	7.999999999996307
7.573025488683123	8.999997529390950	8.999999999995856
8.420570133466190	9.999997265435579	9.999999999995412
9.268114778249221	10.999997001480207	10.999999999994968
10.119280245415864	11.999996743793783	11.999999999994533
10.970445712582466	12.999996486107356	12.999999999994096
11.825856355469965	13.999996235770862	13.999999999993671
12.681266998357418	14.999995985434366	14.999999999993245
13.541530416563057	15.999995743499775	15.999999999992831
14.401793834768643	16.999995501565177	16.999999999992411
15.267498476233139	17.999995269051304	17.999999999992010
16.133203117697573	18.999995036537431	18.999999999991605
17.004915956370255	19.999994814425921	19.999999999991221
17.876628795042869	20.999994592314408	20.999999999990838
18.754893093293799	21.999994381545839	21.999999999990472
19.633157391544646	22.999994170777274	22.999999999990109
20.518490556154426	23.999993972247466	23.999999999989765
21.403823720764120	24.999993773717666	24.999999999989424
22.296715260952903	25.999993588274140	25.999999999989100
23.189606801141604	26.999993402830619	26.999999999988781
24.090516396696142	27.999993231269244	27.999999999988482
24.991425992250591	28.999993059707876	28.999999999988187
25.900781679373615	29.999992902769748	29.999999999987914
26.810137366496530	30.999992745831619	30.999999999987644
27.728333848538291	31.999992604200106	31.999999999987395
28.646530330579942	32.999992462568589	32.999999999987150
29.573927420318888	33.999992336866658	33.999999999986933
30.501324510057710	34.999992211164724	34.999999999986716
31.438245709678029	35.999992101952476	35.999999999986528
32.375166909298223	36.999991992740224	36.999999999986336
33.321898133668721	37.999991900512679	37.999999999986180
34.268629358039085	38.999991808285134	38.999999999986020
35.225417806332143	39.999991733470285	39.999999999985892
36.182206254625079	40.999991658655436	40.999999999985761
37.149259434729220	41.999991601612553	41.999999999985661
38.116312614833234	42.999991544569674	42.999999999985562
39.093797524409538	43.999991505587897	43.999999999985494
40.071282433985715	44.999991466606119	44.999999999985427
41.059324901400366	45.999991445903298	45.999999999985391
42.047367368814893	46.999991425200477	46.999999999985356
43.046051556548985	47.999991422922328	47.999999999985352
44.044735744282956	48.999991420644182	48.999999999985345
45.044735744283017	49.999991420644182	49.999999999985345
-0.010641720319565	-0.000000018424672	-0.000000000000036

$A_R\,x = e_n$ (24.81) mit $n = 50$. RAPIDISSIMO Start mit $z = o$, jeweils $\sigma = 13$, neun Durchläufe, davon die 1., 5. und 9. Näherung ausgedruckt. Ganz unten das betragsgrößte Defektelement.

	Endlich („exakt")		Halbiterativ		Iterativ	
Konzept	Ähnlichkeitstransformation		geometrische Reihe		Defektverkleinerung	
Durchgeführt an der Gleichung	$\tilde{\boldsymbol{A}}\,\boldsymbol{y} = \tilde{\boldsymbol{r}}$ $\tilde{\boldsymbol{A}} = \boldsymbol{L}\,\boldsymbol{A}\,\boldsymbol{R}\,,\quad \tilde{\boldsymbol{r}} = \boldsymbol{L}\,\boldsymbol{r}\,,\quad \boldsymbol{x} = \boldsymbol{R}\,\boldsymbol{y}$		additiv (stationär) $(\boldsymbol{H} - \boldsymbol{N})\,\boldsymbol{x} = \boldsymbol{r}$	multiplikativ (instationär)	$\underbrace{\boldsymbol{A}^*\,\boldsymbol{N}}\boldsymbol{A}\,\boldsymbol{x} = \underbrace{\boldsymbol{A}^*\,\boldsymbol{N}}\boldsymbol{r}$ mit Sonderfall $\underbrace{\boldsymbol{A}^*\,\boldsymbol{N}} = \boldsymbol{I}$ für $\boldsymbol{A}^* = \boldsymbol{A}$ pos. def.	
Konvergenz	entfällt		$\varrho(\boldsymbol{N};\boldsymbol{H}) < 1$		uneingeschränkt	
Zu invertieren ist	$\tilde{\boldsymbol{A}}$ $\tilde{\boldsymbol{A}} =$ gewöhnlich	$\tilde{a}_{jj}$ bzw. $\tilde{\boldsymbol{A}}_{jj}$ dyadisch	$\boldsymbol{H}$		$\tilde{a}_{jj}$ bzw. $\tilde{\boldsymbol{A}}_{jj}$	
Algorithmus	exogen: GAUSS, HOUSEHOLDER, i. allg. alternativ endogen: unüblich	exogen: unüblich endogen: HESTENES und STIEFEL	Treppen-iteration GAUSS, SEIDEL, NEKRASSOW	SIEBENMEILEN-STIEFEL SCHULZ	Minimalrelaxation exogen: Spalten-iteration endogen: Gradien-tenverfahren u. a.	Über- oder Unterrelaxation
Algorithmus	$\tilde{\boldsymbol{A}} = \boldsymbol{L}\,\boldsymbol{A}\,\boldsymbol{R} = \boldsymbol{Z} - \boldsymbol{\Delta}$		RAPIDO $\varrho(\boldsymbol{\Delta};\boldsymbol{Z}) < 1$	RAPIDISSIMO	Defektminimierung	

Bei schlechter Kondition ist in jedem Fall eine vorgezogene JACOBI-Rotation erforderlich mit Niveauhöhe $\varepsilon = 0{,}8$ bis $0{,}6$.

§ 34. Kehrmatrix. Endliche und iterative Methoden

• 34.1. Übersicht. Zielsetzung

Die explizite Berechnung der Inversen einer regulären quadratischen Matrix wird bei gewissen Anwendungen erforderlich und stellt besonders dann ein Problem dar, wenn die Elemente der Matrix $\boldsymbol{A}$ bzw. $\boldsymbol{F}(\Lambda)$ keine vorgegebenen Zahlen sondern formelmäßig gegebene Ausdrücke sind, etwa

$$\boldsymbol{A} = \begin{pmatrix} 32{,}3 & \cos\varphi \ldots \\ 1+\varphi^3 & e^{\varphi t} \quad \ldots \\ \ldots\ldots\ldots & \ldots\ldots\ldots \end{pmatrix},$$

$$\boldsymbol{F}(\Lambda) = \begin{pmatrix} 2+\Lambda-3\Lambda^2 & 4+5\Lambda+6\Lambda^2 \ldots \\ \Lambda+2\Lambda^2 & 1-2\Lambda-4\Lambda^2 \ldots \\ \ldots\ldots\ldots & \ldots\ldots\ldots \end{pmatrix}, \tag{1}$$

wo $\boldsymbol{F}(\Lambda)$ beispielsweise die Matrix (21.45) der gedämpften Schwingung mit vorgegebener Kreisfrequenz Λ sein kann; Kreisfunktionen treten auf beim Knickstab der Abb. 41.2.

Wie wir im Abschnitt 3.2 sahen, stehen der formelmäßigen Berechnung auch solcher Inversen über den Weg der adjungierten Matrix grundsätzlich keine Schwierigkeiten entgegen, doch wächst der dazu erforderlich Rechenaufwand mit steigender Ordnungszahl n rasch ins Uferlose und führt mit jedem Schritt auf länger werdende Formelausdrücke. Wir beschränken uns daher in den folgenden Abschnitten auf Matrizen mit vorgegebenen komplexen oder reellen Zahlen.

Ein bewährtes Standardverfahren besteht in der Auflösung von n separaten Gleichungssystemen (3) nach irgendeinem der in den vorangegangenen §§ 32 und 33 geschilderten Methoden mit nachfolgender Einschließung der einzelnen Elemente, siehe dazu auch (34.4). Typisch für die echten oder direkten Inversionsverfahren ist aber gerade die *Nicht*zerlegbarkeit des Algorithmus in seine n Spalten nach (3). Wir beschreiben als die wichtigsten Vertreter dieser Klasse den ESCALATOR und die halbiterative Methode von SCHULZ. Ihr nicht zu übersehender Nachteil besteht darin, daß Parallelrechnung nicht möglich ist, während die Auflösung des Gleichungssystems $\boldsymbol{A}\,\boldsymbol{K} = \boldsymbol{I}$ diese wenigstens streckenweise gestattet.

• 34.2. Auflösung des Gleichungssystems $\boldsymbol{A}\boldsymbol{K} = \boldsymbol{I}$

Schreibt man die Inverse von $\boldsymbol{A}$ spaltenweise

$$\boldsymbol{A}^{-1} = \boldsymbol{K} = (\boldsymbol{k}_1\,\boldsymbol{k}_2 \ldots \boldsymbol{k}_n)\,, \tag{2}$$

so genügen die n Spalten $\boldsymbol{k}_j$ den n separaten Gleichungen

$$\boldsymbol{A}\,\boldsymbol{k}_j = \boldsymbol{e}_j; \qquad j = 1, 2, \ldots, n\,, \tag{3}$$

die gleichzeitig und unabhängig voneinander aufzulösen sind, sobald die

Matrix A auf eine gut zu invertierende Zielmatrix $L\,A\,R = Z$ transformiert wurde. Da dies bei großen und schlecht konditionierten Matrizen nicht fehlerfrei abläuft, empfiehlt sich als Nachkorrektur der Algorithmus RAPIDO/RAPIDISSIMO aus Abschnitt 33.13. Da dieser mit n rechten Seiten durchzuführen ist, fällt in der Bilanz (33.77) der Faktor $\varrho = n$ heraus, und es zeigt sich, daß bei vollbesetzter Matrix A der RAPIDISSIMO für jede Ordnungszahl n wirtschaftlicher arbeitet. Bei schmalen Bandmatrizen und nicht zu hohem Iterationsindex ν dagegen kann der RAPIDO im Vorteil sein.

Ein Beispiel. Die Matrix (24.81) ist für $n = 10$ zu invertieren mit Hilfe des RAPIDISSIMO. Wir unterlassen die Äquivalenztransformation und machen die Aufteilung $A = Z - \varDelta$ mit $Z = D\mathrm{iag} \langle 2\ 2\ 2 \ldots 2\ 1\rangle$, ein radikales Vorgehen, das dennoch zum Ziel führt. Gerechnet wurde für jede rechte Seite $e_1 \ldots e_{10}$ ein Durchlauf mit $\nu = 12$. Das Ergebnis zeigt die nachfolgende Tabelle; man vergleiche die exakte Inverse (24.81). Unterhalb jeder Spalte wurde das betragsgrößte Element des letzten Defekts ausgedruckt.

```
1.000000000000000      0.999999999999999      1.000000000000001
1.000000000000000      1.999999999999999      2.000000000000001
1.000000000000000      1.999999999999998      3.000000000000002
1.000000000000000      1.999999999999998      3.000000000000002
1.000000000000000      1.999999999999998      3.000000000000002
1.000000000000000      1.999999999999998      3.000000000000002
1.000000000000000      1.999999999999998      3.000000000000002
1.000000000000000      1.999999999999998      3.000000000000002
1.000000000000000      1.999999999999998      3.000000000000001
1.000000000000000      1.999999999999998      3.000000000000002

0.000000000000000      0.000000000000000      0.000000000000001


0.999999999999999      0.999999999999999      1.000000000000000
1.999999999999997      1.999999999999998      1.999999999999999
2.999999999999997      2.999999999999997      2.999999999999999
3.999999999999996      3.999999999999997      3.999999999999999
3.999999999999996      4.999999999999997      4.999999999999999
3.999999999999996      4.999999999999996      6.000000000000000
3.999999999999996      4.999999999999996      5.999999999999999
3.999999999999995      4.999999999999996      5.999999999999999
3.999999999999996      4.999999999999996      5.999999999999999
3.999999999999996      4.999999999999995      5.999999999999999

0.000000000000001      0.000000000000002     -0.000000000000002


1.000000000000001      0.999999999999999      1.000000000000001
2.000000000000002      1.999999999999998      2.000000000000002
3.000000000000004      2.999999999999997      3.000000000000003
4.000000000000005      3.999999999999996      4.000000000000004
5.000000000000007      4.999999999999996      5.000000000000004
6.000000000000008      5.999999999999996      6.000000000000006
7.000000000000010      6.999999999999995      7.000000000000008
7.000000000000010      7.999999999999995      8.000000000000009
7.000000000000010      7.999999999999994      9.000000000000010
7.000000000000010      7.999999999999994      9.000000000000010

-0.000000000000001    -0.000000000000001      0.000000000000001
```

```
0.9999999999999998
1.9999999999999996
2.9999999999999994
3.9999999999999993
4.9999999999999992
5.9999999999999990
6.9999999999999988
7.9999999999999987
8.9999999999999986
9.9999999999999986

-0.0000000000000001
```

Die Anordnung der Spalten $\boldsymbol{k}_j$ der Kehrmatrix $\boldsymbol{K} = \boldsymbol{A}^{-1}$ ist auf S. 204 nach dem Schema

$$\begin{matrix} \boldsymbol{k}_1 & \boldsymbol{k}_2 & \boldsymbol{k}_3 \\ \boldsymbol{k}_4 & \boldsymbol{k}_5 & \boldsymbol{k}_6 \\ \boldsymbol{k}_7 & \boldsymbol{k}_8 & \boldsymbol{k}_9 \end{matrix}$$

erfolgt. Links ist $\boldsymbol{k}_{10}$ ausgedruckt.

Dem Leser sei empfohlen, als Zielmatrix die Hauptdiagonale und dazu die obere (untere) Kodiagonale zu wählen; die Diskrepanzmatrix enthält dann außer Nullen nur die negative untere (obere) Kodiagonale von $\boldsymbol{A}$. Die Konvergenz ist jetzt weitaus besser, da die Eigenwerte des Paares $\boldsymbol{\Delta}; \boldsymbol{Z}$ sehr viel betragskleiner sind als im obigen Beispiel, wie man sich leicht überlegt.

• 34.3. Die Eskalatormethode der sukzessiven Ränderung

Dieser Algorithmus, dessen Entstehungsgeschichte bei Zielke [28, S. 54] nachzulesen ist, basiert auf der geränderten Matrix (22.57) und ihrer Inversen (22.58). Ersetzen wir dort die Kehrmatrix von $\boldsymbol{A}_{22,\,\mathrm{red}}$ nach (22.43d) und führen die folgenden Abkürzungen ein

$$\boldsymbol{C}_{22} := \boldsymbol{A}_{22}^{-1}\,, \qquad \boldsymbol{v}_{21} := \boldsymbol{C}_{22}\,\boldsymbol{a}_{21}\,, \qquad \boldsymbol{w}_{12}^T = \boldsymbol{a}_{12}^T\,\boldsymbol{C}_{22}\,, \tag{4}$$

$$\delta := a_{11,\,\mathrm{red}} = a_{11} - \boldsymbol{a}_{12}^T \boldsymbol{v}_{21} \neq 0\,, \tag{5}$$

so wird

$$\boldsymbol{A} = \begin{pmatrix} a_{11} & \boldsymbol{a}_{12}^T \\ \boldsymbol{a}_{21} & \boldsymbol{A}_{22} \end{pmatrix},$$

$$\boldsymbol{A}^{-1} = \boldsymbol{K} = \begin{pmatrix} k_{11} & \boldsymbol{k}_{12}^T \\ \boldsymbol{k}_{21} & \boldsymbol{K}_{22} \end{pmatrix} = \begin{pmatrix} \delta^{-1} & -\delta^{-1}\,\boldsymbol{w}_{12}^T \\ -\delta^{-1}\,\boldsymbol{v}_{12} & \boldsymbol{C}_{22} + \delta^{-1}\,\boldsymbol{v}_{21}\,\boldsymbol{w}_{12}^T \end{pmatrix}. \tag{6}$$

Ist also $\boldsymbol{C}_{22} = \boldsymbol{A}_{22}^{-1}$ berechnet worden, so gelingt die Inversion der geränderten Matrix ohne Schwierigkeit. Geht man, mit der zweireihigen Untermatrix unten rechts in $\boldsymbol{A}$ beginnend, rekursiv von unten rechts nach oben links vor — was der Name Eskalator besagt —, so ist der Algorithmus bereits ausreichend beschrieben. Voraussetzung ist allerdings, daß sämtliche Hauptminoren der regulären Matrix $\boldsymbol{A}$ ihrerseits regulär und damit die reduzierten Elemente (5) von Null verschieden sind, was in praxi nicht immer zutreffen wird.

Es sei nun $\boldsymbol{A}$ und damit $\boldsymbol{K}$ hermitesch. Dann ist a_{11} ebenso wie δ reell, und (6) geht über in

$$\boldsymbol{A} = \begin{pmatrix} a_{11} & \boldsymbol{a}_{21}^* \\ \boldsymbol{a}_{21} & \boldsymbol{A}_{22} \end{pmatrix},$$

$$\boldsymbol{A}^{-1} = \boldsymbol{K} = \begin{pmatrix} k_{11} & \boldsymbol{k}_{21}^* \\ \boldsymbol{k}_{21} & \boldsymbol{K}_{22} \end{pmatrix} = \begin{pmatrix} \delta^{-1} & -\delta^{-1}\,\boldsymbol{v}_{21}^* \\ -\delta^{-1}\,\boldsymbol{v}_{12} & \boldsymbol{C}_{22} + \delta^{-1}\,\boldsymbol{v}_{21}\,\boldsymbol{v}_{21}^* \end{pmatrix}, \tag{7}$$

und da nun alles hermitesch abläuft, braucht nur die Hauptdiagonale und der rechte obere (oder linke untere) Dreiecksteil berechnet und gespeichert zu werden. Ist insbesondere $\boldsymbol{A}$ positiv definit, so sind auch alle Hauptminoren positiv definit und damit regulär, so daß der Algorithmus sicher zum Ziele führt.

Die Methode zeichnet sich durch einen störungsfreien automatischen Ablauf aus und erfordert bei vollbesetzter Matrix rund n^3 Operationen, das ist nach Tabelle 24.1 das gleiche wie beim GAUSSschen Algorithmus. Bei diesem reduziert sich der Aufwand für hermitesche (reellsymmetrische) Matrizen auf rund $2\,n^3/3$ Operationen, beim Eskalator dagegen auf $n^3/2$. Dieser Rechenvorteil rührt daher, daß die Symmetrie der Matrix zufolge der Vorgehensweise nach (7) vollständig — und nicht nur teilweise wie bei GAUSS bzw. CHOLESKY — genutzt wird.

Ist $\boldsymbol{A}$ bandförmig, so ist zwar die Kehrmatrix im allgemeinen vollbesetzt, doch geht der Rechenaufwand genau so zurück wie beim GAUSSschen Algorithmus bzw. der Dreieckszerlegung nach BANACHIEWICZ bzw. CHOLESKY.

Erstes Beispiel. Zu invertieren ist die reellsymmetrische vierreihige Matrix $\boldsymbol{K}_R$ (24.81)

$$\boldsymbol{K}_R = \begin{pmatrix} 1 & 1 & 1 & 1 \\ 1 & 2 & 2 & 2 \\ 1 & 2 & 3 & 3 \\ 1 & 2 & 3 & 4 \end{pmatrix}.$$

1. Schritt. Vorbereitung nach (4) und (5). Die zweireihige Matrix unten rechts in $\boldsymbol{A}$ wird nach (3.19) explizit invertiert, sodann der Vektor $\boldsymbol{v}_{21}$, ferner der Skalar δ berechnet.

$$\boldsymbol{C}_{22} = \begin{pmatrix} 3 & 3 \\ 3 & 4 \end{pmatrix}^{-1} = \begin{pmatrix} 4/3 & -1 \\ -1 & 1 \end{pmatrix}, \qquad \boldsymbol{v}_{21} = \boldsymbol{C}_{22}\,\boldsymbol{a}_{21} = \begin{pmatrix} 4/3 & -1 \\ -1 & 1 \end{pmatrix}\begin{pmatrix} 2 \\ 2 \end{pmatrix} = \begin{pmatrix} 2/3 \\ 0 \end{pmatrix},$$

$$\delta = a_{11} - \boldsymbol{a}_{12}^T \boldsymbol{v}_{21} = 2 - \frac{4}{3} = \frac{2}{3}.$$

Mit diesen Größen beginnen wir:

Element oben links $\quad k_{11} = \delta^{-1} = 3/2\,,$

linker Rand $\quad \boldsymbol{k}_{21} = -\delta^{-1}\,\boldsymbol{v}_{21} = -\dfrac{3}{2}\begin{pmatrix} 2/3 \\ 0 \end{pmatrix} = \begin{pmatrix} -1 \\ 0 \end{pmatrix},$

Matrix unten rechts $\quad \boldsymbol{K}_{22} = \boldsymbol{C}_{22} + \delta^{-1}\,\boldsymbol{v}_{12}\,\boldsymbol{v}_{12}^T$

$$= \begin{pmatrix} 4/3 & -1 \\ -1 & 1 \end{pmatrix} + \frac{3}{2}\begin{pmatrix} 4/9 & 0 \\ 0 & 0 \end{pmatrix} = \begin{pmatrix} 2 & -1 \\ -1 & 1 \end{pmatrix},$$

und damit ist die dreireihige Matrix unten rechts in $\boldsymbol{B}$ invertiert:

$$\begin{pmatrix} 2 & 2 & 2 \\ 2 & 3 & 3 \\ 2 & 3 & 4 \end{pmatrix}^{-1} = \begin{pmatrix} 3/2 & -1 & 0 \\ -1 & 2 & -1 \\ 0 & -1 & 1 \end{pmatrix}.$$

2. Schritt. Mit

$$\boldsymbol{v}_{21} = \boldsymbol{C}_{22}\,\boldsymbol{a}_{21} = \begin{pmatrix} 3/2 & -1 & 0 \\ -1 & 2 & -1 \\ 0 & -1 & 1 \end{pmatrix} \begin{pmatrix} 1 \\ 1 \\ 1 \end{pmatrix} = \begin{pmatrix} 1/2 \\ 0 \\ 0 \end{pmatrix}, \quad \delta = a_{11} - \boldsymbol{a}_{21}^T \boldsymbol{v}_{12} = 1 - 1/2 = 1/2$$

folgt der Reihe nach:

Element oben links $\quad k_{11} = \delta^{-1} = 2\,,$

linker Rand $\quad \boldsymbol{k}_{21} = -\delta^{-1}\,\boldsymbol{v}_{21} = -\,2 \begin{pmatrix} 1/2 \\ 0 \\ 0 \end{pmatrix} = \begin{pmatrix} -1 \\ 0 \\ 0 \end{pmatrix},$

Matrix unten rechts $\quad \boldsymbol{K}_{22} = \tilde{\boldsymbol{C}}_{22} + \delta^{-1}\,\boldsymbol{v}_{12}\,\boldsymbol{v}_{12}^T$

$$= \begin{pmatrix} 3/2 & -1 & 0 \\ -1 & 2 & -1 \\ 0 & -1 & 1 \end{pmatrix} + 2 \begin{pmatrix} 1/4 & 0 & 0 \\ 0 & 0 & 0 \\ 0 & 0 & 0 \end{pmatrix} = \begin{pmatrix} 2 & -1 & 0 \\ -1 & 2 & -1 \\ 0 & -1 & 1 \end{pmatrix},$$

und damit wird endgültig

$$\boldsymbol{K}_R^{-1} = \boldsymbol{A}_R = \begin{pmatrix} 2 & -1 & 0 & 0 \\ -1 & 2 & -1 & 0 \\ 0 & -1 & 2 & -1 \\ 0 & 0 & -1 & 1 \end{pmatrix},$$

man vergleiche (24.81).

Zweites Beispiel. Die Tridiagonalmatrix $\boldsymbol{A}_R$ (24.81) wird maschinell invertiert für $n = 500$ bei 16-stelliger Mantisse. Die 500 Elemente der letzten Spalte aus $\boldsymbol{K}_R$ (24.81) werden ausgedruckt als

1,000 000 000 000 000 000 00 2,000 000 000 000 000 000 00 . . . 500,000 000 000 000 000 000 .

Der Algorithmus arbeitet rundungsfehlerfrei, da alle Hauptabschnittsdeterminanten von rechts unten aufsteigend den Wert Eins haben, so daß niemals dividiert werden muß. Der Leser vertausche die Elemente a_{11} und a_{nn} oder ziehe den Eskalator von oben links nach unten rechts durch (was beides auf dasselbe hinausläuft) und überzeuge sich von dem Auftreten der jetzt unvermeidlichen Rundungsfehler, entstanden durch Division. Ein lehrreicher Vergleich!

34.4. Das Verfahren von Schulz

SCHULZ [161] benutzt den auf der multiplikativen Form (24.29) der geometrischen Reihe basierenden Algorithmus SIEBENMEILENSTIEFEL und hat damit die Iterationsvorschrift (33.28) bis (33.30), wo nun die spezielle rechte Seite $\boldsymbol{R} = \boldsymbol{I}$ einzusetzen ist

SIEBENMEILENSTIEFEL

$$\boldsymbol{X}_0 = \boldsymbol{H}^{-1}\,, \tag{8}$$

$$\boldsymbol{X}_{j+1} = (\boldsymbol{I} + \boldsymbol{M}^{2^j})\,\boldsymbol{X}_j\,; \quad j = 0, 1, 2, \ldots, \sigma - 1\,, \tag{9}$$

$$\boldsymbol{X} = (\boldsymbol{I} - \boldsymbol{M}^{\nu})\,\boldsymbol{X}_{\nu-1}\,; \quad \nu = 2^{\sigma}\,. \tag{10}$$

Die Iterationsmatrix $\boldsymbol{M}$ wird hier gleich der Defektmatrix

$$\boldsymbol{M} = \boldsymbol{H}^{-1}\,\boldsymbol{N} = \boldsymbol{H}^{-1}(\boldsymbol{A} - \boldsymbol{H}) = \boldsymbol{H}^{-1}\,\boldsymbol{A} - \boldsymbol{I} =: \boldsymbol{\Delta}\,, \tag{11}$$

was so oder so aufgefaßt werden kann:

a) entweder ist die Matrix $\boldsymbol{X}_0$ als erste Näherung vorgegeben, dann ist $\boldsymbol{M} = \boldsymbol{H}^{-1}\,\boldsymbol{A} - \boldsymbol{I}$ zu berechnen;

b) oder man trennt von $\boldsymbol{A}$ einen geeigneten regulären Hauptteil $\boldsymbol{H}$ ab und hat damit $\boldsymbol{X}_0 = \boldsymbol{H}^{-1}$ und $\boldsymbol{M} = \boldsymbol{H}^{-1}\,\boldsymbol{N}$.

Auf jeden Fall aber lautet die Iterationsfolge mit den explizit zu berechnenden Potenzen von $\boldsymbol{M}$ oder aber, was dasselbe ist, den Produkten $\boldsymbol{M}_\nu\,\boldsymbol{M}_\nu$ wie schon in (33.77)

$$\left.\begin{array}{lrl} \sigma = 0: & \boldsymbol{M} =: \boldsymbol{M}_0 & \rightarrow \boldsymbol{X}_1 = \boldsymbol{X}_0 + \boldsymbol{M}_0\,\boldsymbol{X}_0 \\ \sigma = 1: & \boldsymbol{M}_0\,\boldsymbol{M}_0 =: \boldsymbol{M}_1 & \rightarrow \boldsymbol{X}_2 = \boldsymbol{X}_1 + \boldsymbol{M}_1\,\boldsymbol{X}_1 \\ \sigma = 2: & \boldsymbol{M}_1\,\boldsymbol{M}_1 =: \boldsymbol{M}_2 & \rightarrow \boldsymbol{X}_3 = \boldsymbol{X}_2 + \boldsymbol{M}_2\,\boldsymbol{X}_2 \\ \text{usw.} & & \end{array}\right\} \tag{12}$$

Das Verfahren konvergiert — und zwar quadratisch —, wenn sämtliche Eigenwerte des Paares $\boldsymbol{N}; \boldsymbol{H}$ bzw. $\boldsymbol{M}; \boldsymbol{I}$ innerhalb des Einheitskreises der komplexen Zahlenebene liegen. Da dies im allgemeinen nicht nachprüfbar ist, startet man die Folge (12) auf Verdacht und erkennt am Zurückgehen der Potenzen von $\boldsymbol{M}$, ob Konvergenz vorliegt oder nicht. Falls nein, hat man entweder eine bessere Näherung $\boldsymbol{X}_0$ zu wählen oder eine normkleinere Matrix $\boldsymbol{N} = \boldsymbol{A} - \boldsymbol{H}$ von $\boldsymbol{A}$ abzutrennen.

Nach dem letzten Iterationsschritt erfolgt eine Einschließung der Kehrmatrix $\boldsymbol{X}$ pauschal bzw. einiger oder aller ihrer Elemente einzeln, näheres dazu im Abschnitt 34.5.

Ein interessanter Zusammenhang zwischen der Iteration von SCHULZ und der Identität von WOODBURY (22.69) wird von ZIELKE [28, S. 77] aufgezeigt.

Erstes Beispiel. Zu invertieren ist die Matrix $\boldsymbol{A}$ nach der Methode von SCHULZ. Wir wählen die nachfolgende Aufteilung und starten mit der ersten Näherung $\boldsymbol{X}_0 = \boldsymbol{H}^{-1}$, womit auch die Iterationsmatrix $\boldsymbol{M}$ festliegt.

$$\boldsymbol{A} = \begin{pmatrix} 1 & -1/3 \\ -1/2 & 1 \end{pmatrix}, \quad \boldsymbol{H} = \begin{pmatrix} 1 & 0 \\ -1/2 & 1 \end{pmatrix}, \quad \boldsymbol{N} = \boldsymbol{H} - \boldsymbol{A} = \begin{pmatrix} 0 & 1/3 \\ 0 & 0 \end{pmatrix},$$

$$\boldsymbol{H}^{-1} = \begin{pmatrix} 1 & 0 \\ 1/2 & 1 \end{pmatrix}, \quad \boldsymbol{M} = \boldsymbol{H}^{-1}\,\boldsymbol{N} = \begin{pmatrix} 0 & 1/3 \\ 0 & 1/6 \end{pmatrix}.$$

Die Eigenwerte des Paares $\boldsymbol{M}; \boldsymbol{I}$ sind $\lambda_1 = 0$ und $\lambda_2 = 1/6$, so daß eine hervorragende Konvergenz zu erwarten ist. Die Potenzen der Matrix $\boldsymbol{M}$ lassen sich hier explizit angeben, und zwar ist

$$\boldsymbol{M}^\alpha = 6^{-\alpha}\begin{pmatrix} 0 & 2 \\ 0 & 1 \end{pmatrix}, \quad \alpha = 1, 2, 3, \ldots$$

1. Schritt. $\boldsymbol{X}_1 = \boldsymbol{X}_0 + \boldsymbol{M}\,\boldsymbol{X}_0 = \dfrac{1}{12}\begin{pmatrix} 14 & 4 \\ 7 & 14 \end{pmatrix}$.

2. Schritt. $X_2 = X_1 = M^2 X_1 = \frac{1}{12 \cdot 36}\begin{pmatrix} 518 & 172 \\ 259 & 518 \end{pmatrix} = \begin{pmatrix} 1{,}199074 & 0{,}398148 \\ 0{,}599537 & 1{,}199074 \end{pmatrix}$.

Diese Näherung für $A^{-1} = \begin{pmatrix} 1{,}2 & 0{,}4 \\ 0{,}6 & 1{,}2 \end{pmatrix}$ ist schon ausgezeichnet. Der Leser rechne noch einige Schritte.

34.5. Einschließung der Elemente einer Kehrmatrix

Wurde für die Inverse von A nach irgendeinem Algorithmus eine Näherungsmatrix $Z = (z_1\, z_2 \ldots z_n)$ berechnet oder liegt aus einem abgeänderten (benachbarten, gestörten) Problem eine solche Näherung vor, so hat man die n Gleichungen

$$A\, z_\sigma - e_\sigma = d_\sigma; \qquad \sigma = 1, 2, \ldots, n \tag{13}$$

und damit die n Korrekturgleichungen

$$A\, k_\sigma = d_\sigma; \qquad \sigma = 1, 2, \ldots, n\,. \tag{14}$$

Soll nun das Element α_{jk} der Inversen $A^{-1} = (\alpha_{jk})$ eingeschlossen werden, so wähle man $\sigma = k$ und gehe damit in die Einschließungen (31.19) bzw. (31.20) ein.

Ein Beispiel. Zur Matrix A gehöre die Näherungsinverse Z:

$$A = \begin{bmatrix} 20 & -1 & 0 & 0 & 0 \\ -1 & 20 & -1 & 0 & 0 \\ 0 & -1 & 20 & -1 & 0 \\ 0 & 0 & -1 & 20 & -1 \\ 0 & 0 & 0 & -1 & 10 \end{bmatrix}; \quad Z = \begin{bmatrix} 0{,}050 & 0{,}002 & 0 & 0 & 0 \\ 0{,}002 & 0{,}050 & 0{,}002 & 0 & 0 \\ 0 & 0{,}002 & 0{,}050 & 0{,}002 & 0 \\ 0 & 0 & 0{,}002 & 0{,}050 & 0{,}005 \\ 0 & 0 & 0 & 0{,}005 & 0{,}100 \end{bmatrix}. \tag{a}$$

Wir berechnen die Matrix der Defekte (13) und bekommen

$$A\,Z - I = D = -\begin{bmatrix} 0{,}002 & 0{,}010 & 0{,}002 & 0 & 0 \\ 0{,}010 & 0{,}004 & 0{,}010 & 0{,}002 & 0 \\ 0{,}002 & 0{,}010 & 0{,}004 & 0{,}010 & 0{,}005 \\ 0 & 0{,}002 & 0{,}010 & 0{,}007 & 0 \\ 0 & 0 & 0{,}002 & 0 & 0{,}005 \end{bmatrix} = (d_{jk})\,. \tag{b}$$

Für die Kehrmatrix $K = (k_{jk})$ bekommt man nach einiger Rechnung Schranken für alle 25 Elemente; sieben von ihnen sind in der nachfolgenden kleinen Tabelle zusammengestellt.

	Untere Schranke	Exakt	Obere Schranke	Näherung
k_{11}	0,050042	0,050126	0,050158	0,050
k_{22}	0,050083	0,050252	0,050317	0,050
k_{33}	0,050082	0,050252	0,050318	0,050
k_{44}	0,050252	0,050378	0,050448	0,050
k_{55}	0,100421	0,100504	0,100579	0,100
k_{21}	0,002418	0,002513	0,002582	0,002
k_{15}	$-392{,}8 \cdot 10^{-7}$	$6{,}329 \cdot 10^{-7}$	$392{,}9 \cdot 10^{-7}$	0

(c)

X. Kapitel

Die lineare Eigenwertaufgabe

In diesem Kapitel befassen wir uns mit den numerischen Aspekten der linearen Eigenwertaufgabe

$$\boldsymbol{F}(\lambda)\,\boldsymbol{x} = (\boldsymbol{A} - \lambda\,\boldsymbol{B})\,\boldsymbol{x} = \boldsymbol{o}; \qquad \boldsymbol{x} \neq \boldsymbol{o}\,,$$

wo nun unsere Kenntnisse und Erfahrungen aus den Kapiteln VIII und IX in mehrfacher Weise zusammenfließen:

Transformation	$\Leftrightarrow$	Auflösen von Gleichungssystemen
$\Downarrow$		$\Downarrow$
	Eigenwertproblem	

Zwei ihrem Wesen nach verschiedene Aufgabenstellungen sind dabei zu unterscheiden:

a) Die vollständige Eigenwertaufgabe, d. h. die Ermittlung des gesamten Spektrums und — falls erforderlich — auch der Modalmatrizen der Links- und Rechtseigenvektoren bzw. Hauptvektoren.

b) Die unvollständige oder partielle Eigenwertaufgabe, sogenannte selektive oder Extraktionsmethoden. Hier werden nur einige wenige Eigenwerte mit oder ohne die zugehörigen Eigen- (bzw. Haupt-) vektoren ermittelt.

Bezüglich der numerischen Durchführung unterscheiden wir vier Klassen:

I. Determinantenalgorithmen, § 37,
II. Extremalalgorithmen, § 38,
III. Unterraumtransformationen, § 39,
IV. Potenzalgorithmen, § 40.

Einige Algorithmen gehören gleichzeitig in mehr als eine dieser Klassen, so die Rotation von Jacobi (II und III) und andere.

Unabhängig von dieser Klassifizierung ist vom Standpunkt des Anwenders die Einteilung in drei Arbeitsgänge von sehr viel größerer Bedeutung:

1. Arbeitsgang		2. Arbeitsgang		3. Arbeitsgang
Sondieren	$\Rightarrow$	Berechnen	$\Rightarrow$	Einschliessen

Zur Sondierung werden Algorithmen verwendet, die zunächst die Eigenwerte gruppenweise oder einzeln zu trennen versuchen. Sowie diese Trennung erkennbar wird, werden diese im allgemeinen viel zu aufwendigen Algorithmen verlassen, und man geht zur gezielten Berechnung einiger oder aller interessierenden Eigenwerte über. Im dritten Arbeitsgang schließlich erfolgt eine unerläßliche Einschließung der Eigenwerte und, wenn möglich, auch der Eigenvektoren.

Bevor wir in den §§ 37 bis 40 die wichtigsten der heute bekannten Eigenwertalgorithmen (im Jargon der Numeriker „Eigenlöser") beschreiben, stellen wir im § 35 einige immer wieder benötigte Grundtatsachen zur Spektralumordnung und im § 36 eine Reihe von Einschließungssätzen vor.

§ 35. Spektralumordnung und Partitionierung

• 35.1. Überblick. Zielsetzung

Zahlreiche Eigenwertalgorithmen machen eine vorangehende oder intermittierende partielle Umordnung des Spektrums erforderlich oder lassen sie zumindest geraten erscheinen. Dies kann auf zwei ihrem Wesen nach grundsätzlich verschiedene Arten geschehen, und zwar

1. mit Hilfe von Matrizenfunktionen ohne Kenntnis von Eigen- (bzw. Haupt-)vektoren und daher fehlerfrei durchführbar, oder aber
2. unter Verwendung einiger Links- und/oder Rechtseigenvektoren (bzw. -hauptvektoren), die im allgemeinen jedoch nur als Näherungen vorliegen, so daß alle darauf basierenden Nachfolgerechnungen fehlerbehaftet sind. Hier unterscheiden wir
   2a) additive Methode: Spektralumordnung per Eigendyaden,
   2b) multiplikative Methode: Partielle oder unvollständige Hauptachsentransformation. In diese Gruppe gehört auch die Methode des sukzessiven Auslöschens unter gleichzeitiger Produktzerlegung der Modalmatrizen $\boldsymbol{Y}$ und $\boldsymbol{X}$.

Wir erinnern bei dieser Gelegenheit daran, daß bei normalen Paaren $\boldsymbol{A}; \boldsymbol{B}$ die Linkseigenvektoren

$$\boldsymbol{y}_j = \bar{\boldsymbol{x}}_j \quad \text{bzw.} \quad \boldsymbol{y}_j^T = \boldsymbol{x}_j^*; \qquad j = 1, 2, \ldots, n \tag{1}$$

ohne zusätzliche Rechnung anfallen, womit der für die Prozeduren der zweiten Gruppe erforderliche Rechenaufwand sich durchweg halbiert.

• 35.2. Umordnung des Spektrums mit Hilfe von Matrizenfunktionen. Schiftstrategien

Die Grundidee dieser Verfahren besteht darin, das Spektrum eines vorgegebenen Paares $\boldsymbol{A}; \boldsymbol{B}$ mit regulärer Matrix $\boldsymbol{B}$ nach (20.3) zu ersetzen durch

$$\boldsymbol{B} \cdot f(\boldsymbol{B}^{-1} \boldsymbol{A}); \boldsymbol{B} \quad \to \varkappa_j = f(\lambda_j); \qquad j = 1, 2, \ldots, n\,. \tag{2}$$

Das links stehende Paar hat somit die Eigenwerte $\varkappa_j$ zu den gleichen Links- und Rechtseigenvektoren (bzw. -hauptvektoren) des Originalpaares $\boldsymbol{A}$; $\boldsymbol{B}$. In praxi beschränkt man sich auf Polynome nach (13.35)

$$p(\boldsymbol{B}^{-1}\boldsymbol{A}) = a_0\boldsymbol{I} + a_1\boldsymbol{B}^{-1}\boldsymbol{A} + \cdots + a_m(\boldsymbol{B}^{-1}\boldsymbol{A})^m \tag{3}$$

und hat damit die Eigenwerte des Paares $\boldsymbol{B}\cdot p(\boldsymbol{B}^{-1}\boldsymbol{A})$; $\boldsymbol{B}$ als

$$\varkappa_j = a_0 + a_1\lambda_j + \cdots + a_m\lambda_j^m; \qquad j = 1, 2, \ldots, n\,. \tag{4}$$

Diese sind den Werten λ_j eindeutig zugeordnet, doch gilt dies außer im linearen Fall nicht umgekehrt, was ein gewisser Nachteil dieser Vorgehensweise ist.

Zwei Extreme der Spektralumordnung sind

1. Die lineare Funktion, $m = 1$ mit $a_0 = -\Lambda$, $a_1 = 1$, somit

$$\boldsymbol{B}\cdot p(\boldsymbol{B}^{-1}\boldsymbol{A}) = \boldsymbol{A} - \Lambda\boldsymbol{B}; \qquad \varkappa_j = \lambda_j - \Lambda\,, \tag{5}$$

und dies ist nichts anderes als die schon oft herangezogene Spektralverschiebung (oder Schiftung) in den Punkt Λ nach Abb. 35.1.

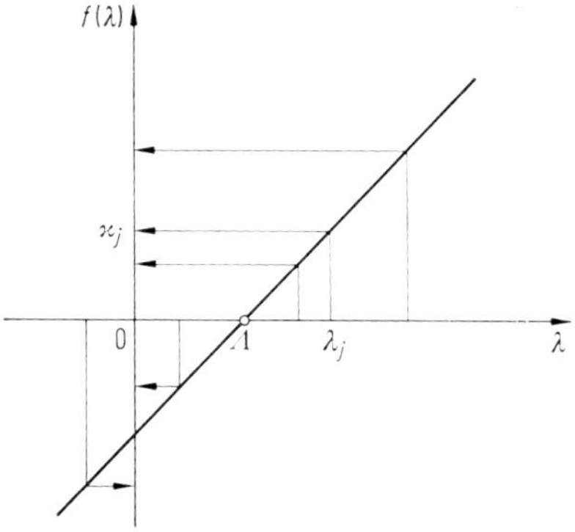

Abb. 35.1. Spektralverschiebung

2. Das charakteristische Polynom mit den Nullstellen λ_j. Hier ist nach dem Satz von CAYLEY-HAMILTON (14.25) $p(\boldsymbol{B}^{-1}\boldsymbol{A})$ die Nullmatrix, die den n-fachen Eigenwert $\varkappa = 0$ besitzt.

Die Konstruktion geeigneter Polynome geschieht zweckmäßig in Form ihrer Produktzerlegung (Faktorisierung), also mit Hilfe ihrer Nullstellen, und hier werden nach Abb. 35.2 drei Strategien praktiziert:

a) stationärer Schift

$$p_a(\lambda) = (\lambda - \Lambda)^m\,, \tag{6}$$

b) sequentieller Schift

$$p_b(\lambda) = (\lambda - \Lambda_1)^{m_1}(\lambda - \Lambda_2)^{m_2}\cdots(\lambda - \Lambda_k)^{m_k}\,, \tag{7}$$

c) progressiver Schift

$$p_c(\lambda) = (\lambda - \Lambda_1)\quad(\lambda - \Lambda_2)\quad\cdots(\lambda - \Lambda_\nu)\,. \tag{8}$$

Die Abb. 35.3 zeigt die Beibehaltung bzw. den Wechsel des Schifts über der Schrittzahl n eines iterativen Prozesses.

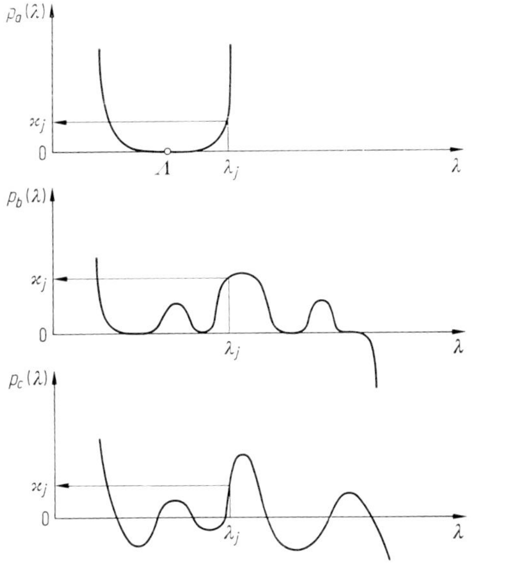

Abb. 35.2. Polynome mit stationärem, sequentiellem und progressivem Schift

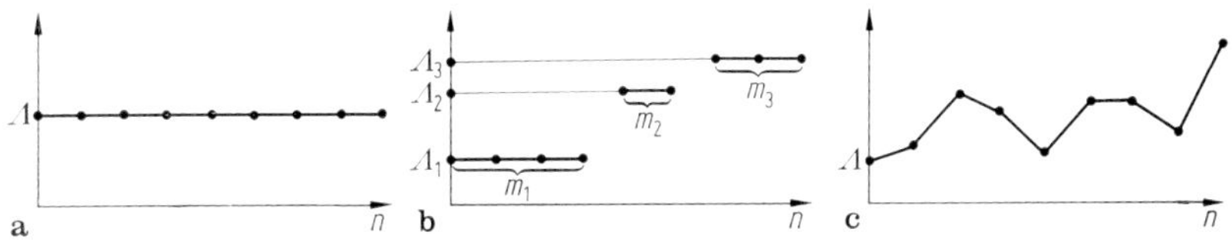

Abb. 35.3. Zur Schiftstrategie. a) stationärer; b) sequentieller; c) progressiver Schift

Von besonderem praktischen Interesse sind außer diesen Polynomen selbst ihre reziproken (rational gebrochenen) Funktionen; im einfachsten Fall ist dies die der Geraden von Abb. 35.1 zugeordnete Hyperbel von Abb. 35.4. Das Paar

$$(\boldsymbol{B}^{-1}\boldsymbol{A} - \Lambda\,\boldsymbol{I})^{-1};\quad \boldsymbol{I} \quad \text{bzw.} \quad (\boldsymbol{A} - \Lambda\,\boldsymbol{B})^{-1};\quad \boldsymbol{B} \tag{9}$$

besitzt offenbar die Eigenwerte

$$\varkappa_j = (\lambda_j - \Lambda)^{-1}; \qquad j = 1, 2, \ldots, n\,, \tag{10}$$

eine Zuordnung, die der inversen (oder gebrochenen) Iteration von Wielandt [199] zugrundeliegt. Der dem Schiftpunkt Λ nächstgelegene Eigenwert λ_j wird nach Abb. 35.4 auf einen Eigenwert $\varkappa_j$ von großem Betrage abgebildet, worauf die Wirkungsweise des in Abschnitt 40.1 beschriebenen Algorithmus beruht.

Die Beziehungen (2) bis (10) gelten selbstredend auch im Komplexen.

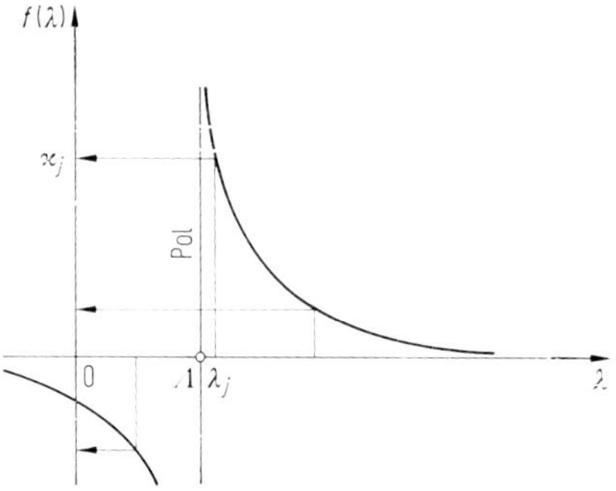

Abb. 35.4. Zur inversen (gebrochenen) Iteration von WIELANDT

35.3. Umordnung des Spektrums mit Hilfe von Eigendyaden. Deflation

Wir betrachten vorbereitend die spezielle Eigenwertaufgabe $\boldsymbol{F}(\lambda)\,\boldsymbol{x} = (\boldsymbol{A} - \lambda\,\boldsymbol{I})\,\boldsymbol{x}$, wo $\boldsymbol{A}$ diagonal ist, und addieren zu irgend m Hauptdiagonalelementen — es seien einfachheitshalber die ersten — beliebige Werte $\varkappa_1, \ldots, \varkappa_m$. Es wird dann

$$\boldsymbol{F}(\lambda) + \boldsymbol{Z} = \left(\begin{array}{ccc|c} \lambda_1 - \lambda & 0 & \ldots & \\ 0 & \lambda_2 - \lambda & \ldots & \boldsymbol{O} \\ \cdots & \cdots & \cdots & \\ \hline & \boldsymbol{O} & & \lambda_n - \lambda \end{array}\right) + \left(\begin{array}{ccc|c} \varkappa_1 & 0 & \ldots & \\ 0 & \varkappa_2 & \ldots & \boldsymbol{O} \\ \cdots & \cdots & \cdots & \\ \hline & \boldsymbol{O} & & \boldsymbol{O} \end{array}\right)$$

$$= \left(\begin{array}{ccc|c} \sigma_1 - \lambda & 0 & \ldots & \\ 0 & \sigma_2 - \lambda & \ldots & \boldsymbol{O} \\ \cdots & \cdots & \cdots & \\ \hline & \boldsymbol{O} & & \lambda_n - \lambda \end{array}\right). \tag{11}$$

Die ersten m Eigenterme $\lambda_j - \lambda$ wurden dadurch in $\lambda_j + \varkappa_j - \lambda$ abgeändert, die Eigenwerte somit ersetzt durch σ_j, während die übrigen Eigen-

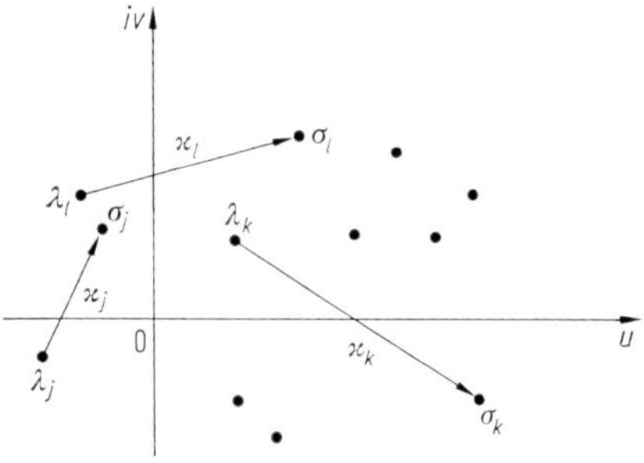

Abb. 35.5. Spektralumordnung

terme und Eigenwerte unverändert geblieben sind:

$$\sigma_j := \lambda_j + \varkappa_j; \qquad j = 1, 2, \ldots, m; \qquad \lambda_j \text{ sonst} . \tag{12}$$

Die Abb. 35.5 veranschaulicht diese Verlegung für $n = 9$ und $m = 3$. Insbesondere kann man $\varkappa_j = -\lambda_j$ wählen, dann wird $\sigma_j = 0$; diese Maßnahme wird als *Deflation* bezeichnet, siehe Abb. 35.6.

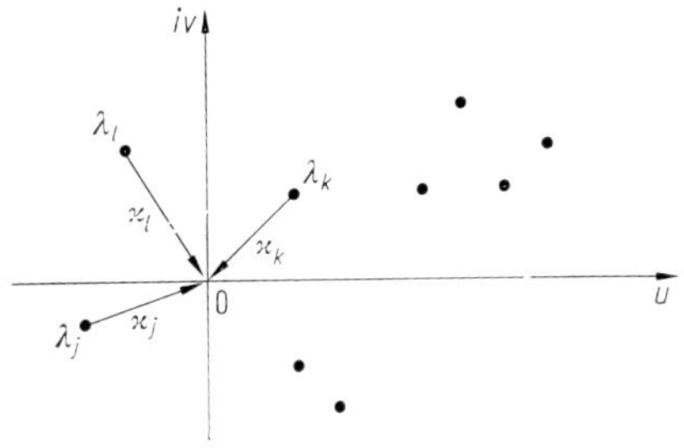

Abb. 35.6. Deflation

Damit ist bereits alles gesagt, und wir überlegen uns die Übertragung des Verfahrens auf ein beliebiges diagonalähnliches Paar $\boldsymbol{A}; \boldsymbol{B}$. Zu diesem Zweck formulieren wir die Gleichung (11) in der dyadischen Darstellung

$$\boldsymbol{F}(\lambda) + \boldsymbol{Z} = \sum_{j=1}^{n} (\lambda_j - \lambda) \boldsymbol{D}_j + \sum_{j=1}^{m} \varkappa_j \boldsymbol{D}_j \tag{13}$$

mit den aus den Links- und Rechtseigenvektoren — hier den Einheitsvektoren — gebildeten Eigendyaden

$$\boldsymbol{D}_j = \frac{\boldsymbol{e}_j \boldsymbol{e}_j^T}{\boldsymbol{e}_j^T \boldsymbol{e}_j} = \boldsymbol{e}_j \boldsymbol{e}_j^T; \qquad j = 1, 2, \ldots, n , \tag{14}$$

die im allgemeinen Fall durch die Eigendyaden (14.50) zu ersetzen sind

$$\boldsymbol{D}_j = \frac{\boldsymbol{B} \boldsymbol{x}_j \boldsymbol{y}_j^T \boldsymbol{B}}{\boldsymbol{y}_j^T \boldsymbol{B} \boldsymbol{x}_j} . \tag{15}$$

Ziehen wir noch die Aufspaltung (14.57) in Betracht, so können wir die Umordnung (13) auch so schreiben

$$\boldsymbol{F}(\lambda) + \boldsymbol{Z} = \underbrace{\sum_{j=1}^{n} \lambda_j \boldsymbol{D}_j + \sum_{j=1}^{m} \varkappa_j \boldsymbol{D}_j}_{} - \lambda \underbrace{\sum_{j=1}^{n} 1 \cdot \boldsymbol{D}_j}_{} = \tilde{\boldsymbol{A}} - \lambda \boldsymbol{B} . \tag{16}$$

Mit anderen Worten: das abgeänderte Paar

$$\boxed{\tilde{\boldsymbol{A}} := \boldsymbol{A} + \sum_{j=1}^{m} \varkappa_j \boldsymbol{D}_j; \boldsymbol{B}} \tag{17}$$

hat das Spektrum (12) zu den Links- und Rechtseigenvektoren des Originalpaares $\boldsymbol{A}; \boldsymbol{B}$. Im Gegensatz zu den Methoden des Abschnittes 35.2 ist hier also die Kenntnis von m Links- und Rechtseigenvektoren erforderlich, was ein offensichtlicher Nachteil ist; denn da diese Vektoren und mit ihnen die Eigendyaden in praxi fast immer nur als Näherungen vorliegen, wird die Matrix $\tilde{\boldsymbol{A}}$ mehr oder weniger fehlerbehaftet und damit das gesamte Spektrum des Paares $\tilde{\boldsymbol{A}}; \boldsymbol{B}$ (einschließlich der nicht ausgetauschten Eigenwerte!) unter Umständen beträchtlich verfälscht.

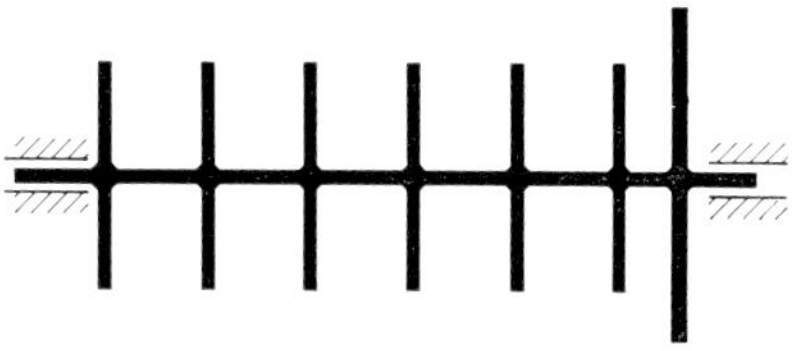

Abb. 35.7. Kurbelwelle mit Schwungrad in schematischer Darstellung

Dazu ein Beispiel. Die Abb. 35.7 zeigt das stark vereinfachte Modell einer Kurbelwelle mit Schwungrad. Die zeitfrei gemachte Bewegungsgleichung führt auf die Eigenwertaufgabe

$$\boldsymbol{A}\,\boldsymbol{x} = \lambda\,\boldsymbol{B}\,\boldsymbol{x} \quad \text{mit} \quad \lambda = \omega^2\,\Theta/C\,,$$

wo die Drehsteifigkeitsmatrix $\boldsymbol{A}$ tridiagonal und die Trägheitsmatrix $\boldsymbol{B}$ diagonal ist. Aufgrund des Drallsatzes ist eine reine Rotation zum Eigenwert $\lambda_1 = 0$ mit dem Eigenvektor (der Eigenschwingungsform) $\boldsymbol{x}^T = (1 \;\; 1 \;\; 1 \;\; \ldots \;\; 1)$ möglich. Da $\boldsymbol{A}$ und $\boldsymbol{B}$ reellsymmetrisch sind, ist $\boldsymbol{y}_1 = \boldsymbol{x}_1$.

Für viele numerische Verfahren (z.B. die Potenziteration nach VON MISES) ist es nun erforderlich, den Eigenwert Null zu verlegen. Man operiert dann mit dem Matrizenpaar $\tilde{\boldsymbol{A}}; \boldsymbol{B}$, wo nach (17) mit $m = 1$

$$\tilde{\boldsymbol{A}} = \boldsymbol{A} + \varkappa_1 \boldsymbol{D}_1 = \boldsymbol{A} + \varkappa_1 \frac{\boldsymbol{B}\,\boldsymbol{x}_1\,\boldsymbol{x}_1^T\,\boldsymbol{B}}{\boldsymbol{x}_1^T\,\boldsymbol{B}\,\boldsymbol{x}_1}$$

ist. Der Eigenwert Null ist damit nach $\sigma_1 = \lambda_1 + \varkappa_1 = 0 + \varkappa_1 = \varkappa_1$ verlegt worden, z.B. nach $\sigma_1 = 100$.

• 35.4. Partitionierung durch unvollständige Hauptachsentransformation. Ordnungserniedrigung

Jedes Matrizenpaar mit regulärer Matrix $\boldsymbol{B}$ läßt sich zufolge der zweimal n erfüllten Eigenwertgleichungen, kompakt geschrieben in der Form

$$\boldsymbol{Y}^T\,\boldsymbol{A} = \boldsymbol{J}\,\boldsymbol{Y}^T\,\boldsymbol{B}\,, \qquad \boldsymbol{A}\,\boldsymbol{X} = \boldsymbol{B}\,\boldsymbol{X}\,\boldsymbol{J} \tag{18}$$

simultan transformieren auf die Normalform

$$\boldsymbol{Y}^T\,\boldsymbol{A}\,\boldsymbol{X} = \boldsymbol{J}\,, \qquad \boldsymbol{Y}^T\,\boldsymbol{B}\,\boldsymbol{X} = \boldsymbol{I}\,. \tag{19}$$

Unterteilen wir die beiden Modalmatrizen $\boldsymbol{Y}$ und $\boldsymbol{X}$ ebenso wie die JORDAN-Matrix $\boldsymbol{J}$ (die bei vorhandener Diagonalähnlichkeit in die

Spektralmatrix $\boldsymbol{\Lambda}$ übergeht) in Streifen auf folgende Weise

$$\boldsymbol{Y} = \begin{pmatrix} \underset{m}{\boldsymbol{Y}_1} & \underset{n-m}{\boldsymbol{Y}_2} \end{pmatrix}, \qquad \boldsymbol{X} = \begin{pmatrix} \underset{m}{\boldsymbol{X}_1} & \underset{n-m}{\boldsymbol{X}_2} \end{pmatrix}, \qquad \boldsymbol{J} = \begin{pmatrix} \underset{m}{\boldsymbol{J}_1} & \underset{n-m}{\boldsymbol{J}_2} \end{pmatrix} = \begin{pmatrix} \boldsymbol{J}_{11} & \boldsymbol{O} \\ \boldsymbol{O} & \boldsymbol{J}_{22} \end{pmatrix}\begin{matrix} m \\ n-m \end{matrix}, \tag{20}$$

so zerfallen die Gleichungen (19) in die vier Blöcke

$$\boldsymbol{Y}^T \boldsymbol{A} \boldsymbol{X} = \boldsymbol{Y}^T \boldsymbol{B} \boldsymbol{X} \boldsymbol{J} = \begin{pmatrix} \boldsymbol{Y}_1^T \boldsymbol{B} \boldsymbol{X}_1 \boldsymbol{J}_1 & \boldsymbol{Y}_1^T \boldsymbol{B} \boldsymbol{X}_2 \boldsymbol{J}_2 \\ \boldsymbol{Y}_2^T \boldsymbol{B} \boldsymbol{X}_1 \boldsymbol{J}_1 & \boldsymbol{Y}_2^T \boldsymbol{B} \boldsymbol{X}_2 \boldsymbol{J}_2 \end{pmatrix} = \begin{pmatrix} \boldsymbol{J}_{11} & \boldsymbol{O} \\ \boldsymbol{O} & \boldsymbol{J}_{22} \end{pmatrix} \tag{21}$$

bzw.

$$\boldsymbol{Y}^T \boldsymbol{B} \boldsymbol{X} = \begin{pmatrix} \boldsymbol{Y}_1^T \boldsymbol{B} \boldsymbol{X}_1 & \boldsymbol{Y}_1^T \boldsymbol{B} \boldsymbol{X}_2 \\ \boldsymbol{Y}_2^T \boldsymbol{B} \boldsymbol{X}_1 & \boldsymbol{Y}_2^T \boldsymbol{B} \boldsymbol{X}_2 \end{pmatrix} = \begin{pmatrix} \boldsymbol{I}_{11} & \boldsymbol{O} \\ \boldsymbol{O} & \boldsymbol{I}_{22} \end{pmatrix}, \tag{22}$$

und wir fragen, was geschieht, wenn wir nur m und nicht alle n Eigen- bzw. Hauptvektoren in die Basis $\boldsymbol{I}$ einführen, also anstatt mit den Modalmatrizen $\boldsymbol{Y}$ und $\boldsymbol{X}$ transformieren mit den Matrizen

$$\boldsymbol{L} = \begin{pmatrix} \boldsymbol{Y}_1 & \boldsymbol{E}_2 \end{pmatrix}, \qquad \boldsymbol{R} = \begin{pmatrix} \boldsymbol{X}_1 & \boldsymbol{E}_2 \end{pmatrix}, \quad \boldsymbol{E}_2 := (\boldsymbol{e}_{m+1} \ldots \boldsymbol{e}_n) = \begin{pmatrix} \boldsymbol{O} \\ \boldsymbol{I}_{22} \end{pmatrix}, \tag{23}$$

wo $\boldsymbol{E}_2$ die schon oft benutzte *Einheitsvektormatrix* ist.

Führt man diese sogenannte *partielle* oder *unvollständige Hauptachsentransformation* analog zu (21) und (22) durch, so ist dort nur $\boldsymbol{Y}_2$ durch $\boldsymbol{E}_2$ und $\boldsymbol{X}_2$ durch $\boldsymbol{E}_2$ zu ersetzen, und man erhält wegen (19)

$$\begin{aligned} \boldsymbol{L}^T \boldsymbol{A} \boldsymbol{R} &= \begin{pmatrix} \boldsymbol{Y}_1^T \boldsymbol{A} \boldsymbol{X}_1 & \boldsymbol{Y}_1^T \boldsymbol{A} \boldsymbol{E}_2 \\ \boldsymbol{E}_2^T \boldsymbol{A} \boldsymbol{X}_1 & \boldsymbol{E}_2^T \boldsymbol{A} \boldsymbol{E}_2 \end{pmatrix} = \begin{pmatrix} \boldsymbol{J}_{11} & \boldsymbol{Y}_1^T \boldsymbol{A} \boldsymbol{E}_2 \\ \boldsymbol{E}_2^T \boldsymbol{A} \boldsymbol{X}_1 & \boldsymbol{A}_{22} \end{pmatrix} \\ &= \begin{pmatrix} \boldsymbol{J}_{11} & \boldsymbol{J}_{11} \boldsymbol{Y}_1^T \boldsymbol{B} \boldsymbol{E}_2 \\ \boldsymbol{E}_2^T \boldsymbol{B} \boldsymbol{X}_1 \boldsymbol{J}_{11} & \boldsymbol{A}_{22} \end{pmatrix} = \begin{pmatrix} \boldsymbol{J}_{11} & \boldsymbol{J}_{11} \tilde{\boldsymbol{B}}_{12} \\ \tilde{\boldsymbol{B}}_{21} \boldsymbol{J}_{11} & \boldsymbol{A}_{22} \end{pmatrix} = \tilde{\boldsymbol{A}} \end{aligned} \tag{24}$$

und

$$\boldsymbol{L}^T \boldsymbol{B} \boldsymbol{R} = \begin{pmatrix} \boldsymbol{Y}_1^T \boldsymbol{B} \boldsymbol{X}_1 & \boldsymbol{Y}_1^T \boldsymbol{B} \boldsymbol{E}_2 \\ \boldsymbol{E}_2^T \boldsymbol{B} \boldsymbol{X}_1 & \boldsymbol{E}_2^T \boldsymbol{B} \boldsymbol{E}_2 \end{pmatrix} = \begin{pmatrix} \boldsymbol{I}_{11} & \boldsymbol{Y}_1^T \boldsymbol{B} \boldsymbol{E}_2 \\ \boldsymbol{E}_2^T \boldsymbol{B} \boldsymbol{X}_1 & \boldsymbol{B}_{22} \end{pmatrix} = \begin{pmatrix} \boldsymbol{I}_{11} & \tilde{\boldsymbol{B}}_{12} \\ \tilde{\boldsymbol{B}}_{21} & \boldsymbol{B}_{22} \end{pmatrix} = \tilde{\boldsymbol{B}}, \tag{25}$$

wo die Rechteckmatrizen

$$\boldsymbol{E}_2^T \boldsymbol{B} = \begin{pmatrix} \tilde{\boldsymbol{B}}_{21} & \boldsymbol{B}_{22} \end{pmatrix}, \qquad \boldsymbol{B} \boldsymbol{E}_2 = \begin{pmatrix} \tilde{\boldsymbol{B}}_{12} \\ \boldsymbol{B}_{22} \end{pmatrix} \tag{26}$$

in Erscheinung treten. Wir sehen: die beiden Blöcke oben links sind auf Normalform transformiert worden, unten rechts stehen unverändert die beiden Blöcke $\tilde{\boldsymbol{A}}_{22} = \boldsymbol{A}_{22}$ und $\tilde{\boldsymbol{B}}_{22} = \boldsymbol{B}_{22}$ des Paares $\boldsymbol{A}; \boldsymbol{B}$, während die Ränder $\tilde{\boldsymbol{B}}_{12}$ und $\tilde{\boldsymbol{B}}_{21}$ bzw. $\boldsymbol{J}_{11} \tilde{\boldsymbol{B}}_{12}$ und $\tilde{\boldsymbol{B}}_{21} \boldsymbol{J}_{11}$ im allgemeinen vollbesetzt sein werden. Wir haben damit das folgende Bild des transformierten Paares, das wir als bandförmig annehmen wollen, um die

Invarianz des Blockes $\boldsymbol{F}_{22}(\lambda) = \boldsymbol{A}_{22} - \lambda\, \boldsymbol{B}_{22}$ deutlich hervortreten zu lassen:

$\tilde{\boldsymbol{A}} = \boldsymbol{L}^T \boldsymbol{A}\, \boldsymbol{R} =$ 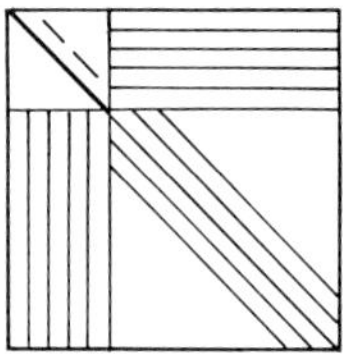 ; $\tilde{\boldsymbol{B}} = \boldsymbol{L}^T \boldsymbol{B}\, \boldsymbol{R} =$ 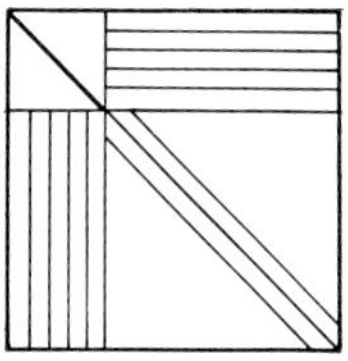 . (27)

SKYLLA

Für die weitere Verfolgung des Problems hat man nun die Wahl zwischen zwei Übeln, nämlich

Methode I. SKYLLA	Methode II. CHARYBDIS	
Ränder in Kauf nehmen, dafür Profil erhalten	Ränder beseitigen, dafür Profilzerstörung in Kauf nehmen	(28)

Beschreiben wir die zweite Methode. Mit Hilfe der GAUSSschen Transformation in Blöcken beseitigen wir die Ränder in $\tilde{\boldsymbol{B}}$ und bekommen

$$\boldsymbol{P}\tilde{\boldsymbol{B}}\boldsymbol{Q} = \begin{pmatrix} \boldsymbol{I}_{11} & \boldsymbol{O} \\ -\tilde{\boldsymbol{B}}_{21} & \boldsymbol{I}_{22} \end{pmatrix} \begin{pmatrix} \boldsymbol{I}_{11} & \tilde{\boldsymbol{B}}_{12} \\ \tilde{\boldsymbol{B}}_{21} & \boldsymbol{B}_{22} \end{pmatrix} \begin{pmatrix} \boldsymbol{I}_{11} & -\tilde{\boldsymbol{B}}_{12} \\ \boldsymbol{O} & \boldsymbol{I}_{22} \end{pmatrix} = \begin{pmatrix} \boldsymbol{I}_{11} & \boldsymbol{O} \\ \boldsymbol{O} & \boldsymbol{B}_{22} - \tilde{\boldsymbol{B}}_{21}\tilde{\boldsymbol{B}}_{12} \end{pmatrix}, \tag{29}$$

womit $\boldsymbol{P}$ und $\boldsymbol{Q}$ festgelegt sind. Die Matrix $\tilde{\boldsymbol{A}}$ geht bei dieser Transformation wegen $\tilde{\boldsymbol{A}}_{12} = \boldsymbol{J}_{11}^T\, \tilde{\boldsymbol{B}}_{12}$ und $\tilde{\boldsymbol{A}}_{21} = \tilde{\boldsymbol{B}}_{21}\, \boldsymbol{J}_{11}$ nach (24) über in

$$\boldsymbol{P}\,\tilde{\boldsymbol{A}}\,\boldsymbol{Q} = \begin{pmatrix} \boldsymbol{J}_{11} & \boldsymbol{O} \\ \boldsymbol{O} & \boldsymbol{A}_{22} - \tilde{\boldsymbol{B}}_{21}\boldsymbol{J}_{11}\tilde{\boldsymbol{B}}_{12} \end{pmatrix}, \tag{30}$$

und wir haben damit in der Tat die Form

$\boldsymbol{P}\,\tilde{\boldsymbol{A}}\,\boldsymbol{Q} =$ 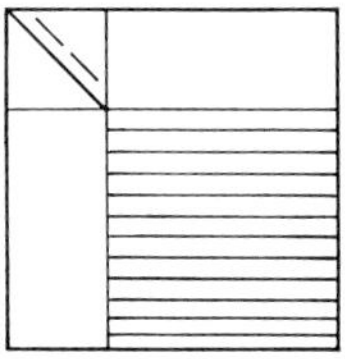 ; $\boldsymbol{P}\,\tilde{\boldsymbol{B}}\,\boldsymbol{Q} =$ 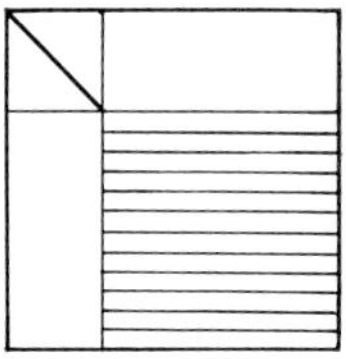 (31)

CHARYBDIS

gewonnen. Unten rechts werden somit in $\tilde{\boldsymbol{A}}$ und $\tilde{\boldsymbol{B}}$ m Dyaden subtrahiert, die im allgemeinen vollbesetzt sein werden; die Beseitigung der Ränder zerstört daher das Profil der Blockmatrix $\boldsymbol{F}_{22}(\lambda)$ wie in (28) angekündigt.

Da man zufolge der Partitionierung unabhängig von der Matrix $\boldsymbol{F}_{11}(\lambda)$ oben links im weiteren Verlauf der Rechnung allein mit dem verbleibenden Block $\boldsymbol{F}_{22}(\lambda)$ der Ordnung $n - m$ operieren kann, wird die hier vorgeführte Vorgehensweise auch als *Ordnungserniedrigung* oder

Reduktion bezeichnet. Setzt man das Verfahren in immer weiter partitionierten Unterräumen fort, so führt dies zum Schluß auf eine Block-JORDAN-Matrix bzw. Blockdiagonalmatrix bei Diagonalähnlichkeit

$$\hat{A} =$$

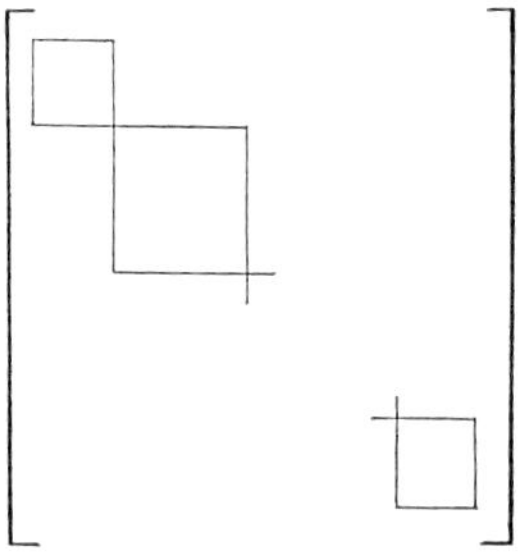

$$, \quad \boldsymbol{B} = \boldsymbol{I} . \tag{32}$$

Globalalgorithmen wie die progressive simultane Potenziteration nach VON MISES und WIELANDT sowie die darauf aufbauenden, als deren Erweiterung geltenden Dreiecksalgorithmen streben diese Form iterativ an.

Schließlich stellen wir die Frage, ob nicht beide Vorteile des Methodenpaares (28) gleichzeitig zu haben sind: Einführung von m Eigen- bzw. Hauptvektoren und Beseitigen der Ränder. Dies gelingt in der Tat, allerdings unter erheblichem Rechenaufwand; die einfach gebauten Matrizen (23) sind dann zu ersetzen durch

$$\boldsymbol{L} = (\boldsymbol{Y}_1 \quad \boldsymbol{L}_2) , \qquad \boldsymbol{R} = (\boldsymbol{X}_1 \quad \boldsymbol{R}_2) \tag{33}$$

mit im allgemeinen vollbesetzten Blöcken $\boldsymbol{L}_2$ und $\boldsymbol{R}_2$. Für das spezielle reellsymmetrische Paar $\boldsymbol{A}$; $\boldsymbol{I}$ siehe dazu die Arbeit von RUTISHAUSER [191].

Es ist wohl kaum nötig zu erwähnen, daß bei hermiteschen Paaren in den vorstehenden Beziehungen $\boldsymbol{L} = \boldsymbol{R}^*$ und $\boldsymbol{P} = \boldsymbol{Q}^*$ zu setzen ist, um die Hermitezität auch der transformierten Matrizen zu gewährleisten.

• 35.5. Elementarmatrizen und Austauschverfahren

Um den folgenden Abschnitt besser verstehen zu können, betrachten wir vorweg ein Austauschverfahren von fundamentaler Bedeutung, auf das zum ersten Mal BUDICH [168] aufmerksam machte und das für den im § 37 beschriebenen Determinantenalgorithmus SECURITAS grundlegend ist.

Es handelt sich dabei um folgendes. Eine beliebige quadratische Matrix $\boldsymbol{S}$ werde transformiert

$$\boldsymbol{S}_m = \boldsymbol{L}_m^T \boldsymbol{S} \boldsymbol{R}_m \tag{34}$$

mit Hilfe der beiden speziellen Matrizen

$$\boldsymbol{L}_m = [\boldsymbol{e}_1 \dots \boldsymbol{e}_{m-1} \, \boldsymbol{w}_m \, \boldsymbol{e}_{m+1} \dots \boldsymbol{e}_n] , \qquad \boldsymbol{R}_m = [\boldsymbol{e}_1 \dots \boldsymbol{e}_{m-1} \, \boldsymbol{z}_m \, \boldsymbol{e}_{m+1} \dots \boldsymbol{e}_n] , \tag{35}$$

die im Aufbau an die dyadischen Elementarmatrizen erinnern und in der Tat sich als solche formulieren lassen, nämlich

$$\boldsymbol{L}_m = \boldsymbol{I} + \hat{\boldsymbol{w}}_m \boldsymbol{e}_m^T, \qquad \boldsymbol{R}_m = \boldsymbol{I} + \hat{\boldsymbol{z}}_m \boldsymbol{e}_m^T, \tag{36}$$

wo das Dach ^ darauf hinweist, daß im Vektor $\boldsymbol{w}_m$ bzw. $\boldsymbol{z}_m$ die Komponente der Nummer m um 1 zu vermindern ist.

Wir berechnen nun zunächst das Produkt

$$\boldsymbol{S}\boldsymbol{R}_m = \boldsymbol{S}[\boldsymbol{e}_1 \ldots \boldsymbol{e}_{m-1}\, \boldsymbol{z}_m\, \boldsymbol{e}_{m+1} \ldots \boldsymbol{e}_n] = [\boldsymbol{s}_1 \ldots \boldsymbol{s}_{m-1}\, \boldsymbol{S}\boldsymbol{z}_m\, \boldsymbol{s}_{m+1} \ldots \boldsymbol{s}_n] \tag{37}$$

und stellen fest, daß die Spalte $\boldsymbol{s}_m$ von $\boldsymbol{S}$ durch den Vektor $\boldsymbol{S}\,\boldsymbol{z}_m$ ersetzt wurde, während alle übrigen Spalten erhalten blieben. Sodann folgt

$$\boldsymbol{S}_m = \boldsymbol{L}_m^T(\boldsymbol{S}\,\boldsymbol{R}_m) =$$

$$[\boldsymbol{e}_1 \ldots \boldsymbol{e}_{m-1} \quad \boldsymbol{w}_m \quad \boldsymbol{e}_{m+1} \ldots \boldsymbol{e}_n]^T\, [\boldsymbol{s}_1 \ldots \boldsymbol{s}_{m-1} \quad \boldsymbol{S}\,\boldsymbol{z}_m \quad \boldsymbol{s}_{m+1} \ldots \boldsymbol{s}_n]\,, \tag{38}$$

und dies bedeutet, daß alle Zeilen von $\boldsymbol{S}\,\boldsymbol{R}_m$ erhalten bleiben mit Ausnahme der Zeile der Nummer m; insgesamt wurde somit das Kreuz der Nummer m (das für $m = 1$ und $m = n$ in einen Winkel entartet) ausgetauscht auf folgende Weise

$$\boldsymbol{S}_m = \boldsymbol{L}_m^T\, \boldsymbol{S}\, \boldsymbol{R}_m =$$

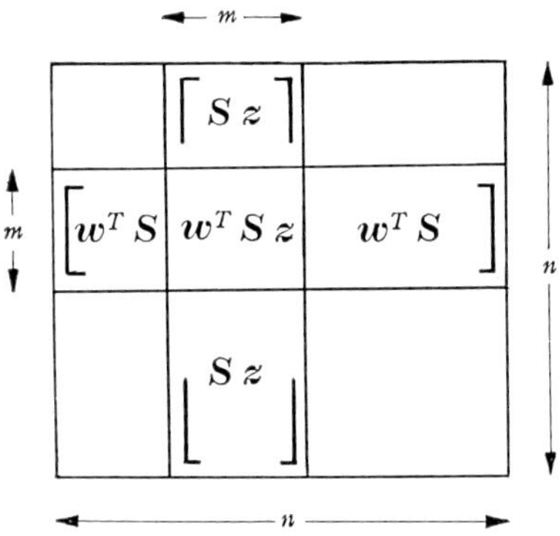

, (39)

ein sehr sinnfälliger und einfach zu programmierender Vorgang, wobei die eckigen Klammern den Zusammenhang auf einer Blockzeile bzw. Blockspalte symbolisieren sollen. (Stünde die m-reihige Matrix $\boldsymbol{w}^T \boldsymbol{S}\, \boldsymbol{z}$ oben links oder unten rechts in der Ecke, so wären diese Klammern überflüssig.)

Wir schalten nun mehrere Transformationen nach Art von (34) in natürlicher Reihenfolge hintereinander. Auf diese Weise entsteht eine Folge von Matrizenpaaren

$$
\begin{array}{ll}
\qquad\boldsymbol{A} & \qquad\boldsymbol{B} \\
\boldsymbol{A}_1 = \boldsymbol{L}_1^T\, \boldsymbol{A}\, \boldsymbol{R}_1 & \boldsymbol{B}_1 = \boldsymbol{L}_1^T\, \boldsymbol{B}\, \boldsymbol{R}_1 \\
\boldsymbol{A}_2 = \underbrace{\boldsymbol{L}_2^T\, \boldsymbol{L}_1^T}\, \boldsymbol{A}\, \underbrace{\boldsymbol{R}_1\, \boldsymbol{R}_2} & \boldsymbol{B}_2 = \underbrace{\boldsymbol{L}_2^T\, \boldsymbol{L}_1^T}\, \boldsymbol{B}\, \underbrace{\boldsymbol{R}_1\, \boldsymbol{R}_2}\,, \\
\cdots\cdots\cdots\cdots & \cdots\cdots\cdots\cdots \\
\boldsymbol{A}_m = \underbrace{\boldsymbol{L}_m^T \cdots \boldsymbol{L}_2^T\, \boldsymbol{L}_1^T}\, \boldsymbol{A}\, \underbrace{\boldsymbol{R}_1\, \boldsymbol{R}_2 \cdots \boldsymbol{R}_m} & \boldsymbol{B}_m = \underbrace{\boldsymbol{L}_m^T \cdots \boldsymbol{L}_2^T\, \boldsymbol{L}_1^T}\, \boldsymbol{B}\, \underbrace{\boldsymbol{R}_1\, \boldsymbol{R}_2 \cdots \boldsymbol{R}_m}
\end{array}
\tag{40}
$$

deren letztes, wie durch Unterklammerung angedeutet, sich schreiben läßt als

$$
\boldsymbol{A}_m = \boldsymbol{P}_m^T\, \boldsymbol{A}\, \boldsymbol{Q}_m\,; \qquad \boldsymbol{B}_m = \boldsymbol{P}_m^T\, \boldsymbol{B}\, \boldsymbol{Q}_m \tag{41}
$$

mit den beiden Produktmatrizen

$$
\boldsymbol{P}_m = \boldsymbol{L}_1\, \boldsymbol{L}_2 \cdots \boldsymbol{L}_m = \left(\overset{m}{\boldsymbol{p}}_1\, \overset{m}{\boldsymbol{p}}_2 \ldots \overset{m}{\boldsymbol{p}}_n\right); \quad \boldsymbol{Q}_m = \boldsymbol{R}_1\, \boldsymbol{R}_2 \cdots \boldsymbol{R}_m = \left(\overset{m}{\boldsymbol{q}}_1\, \overset{m}{\boldsymbol{q}}_2 \ldots \overset{m}{\boldsymbol{q}}_n\right), \tag{42}
$$

die den gesamten m-fachen Austauschvorgang repräsentieren, und deren einzelne Spalten durch Multiplikation mit dem Einheitsvektor gleicher Nummer gewonnen werden

$$
\overset{m}{\boldsymbol{p}}_j = \boldsymbol{P}_m\, \boldsymbol{e}_j = \boldsymbol{L}_1\, \boldsymbol{L}_2 \cdots \boldsymbol{L}_m\, \boldsymbol{e}_j\,; \qquad \overset{m}{\boldsymbol{q}}_j = \boldsymbol{Q}_m\, \boldsymbol{e}_j = \boldsymbol{R}_1\, \boldsymbol{R}_2 \cdots \boldsymbol{R}_m\, \boldsymbol{e}_j\,;
$$
$$
j = 1, 2, \ldots, n\,. \tag{43}
$$

Nun ergibt die Multiplikation der Elementarmatrizen (35) von rechts mit einem Einheitsvektor $\boldsymbol{e}_j$, dessen Index $j \neq m$ ist, offensichtlich

$$
\boldsymbol{L}_m\, \boldsymbol{e}_j = \boldsymbol{e}_j\,; \qquad \boldsymbol{R}_m\, \boldsymbol{e}_j = \boldsymbol{e}_j \quad \text{für} \quad j \neq m\,, \tag{44}
$$

und das bedeutet für die Vektoren (43) die willkommene Rechenvereinfachung

$$
\overset{m}{\boldsymbol{p}}_j = \boldsymbol{L}_1\, \boldsymbol{L}_2 \cdots \boldsymbol{L}_{j-1}\, \boldsymbol{w}_j; \quad \overset{m}{\boldsymbol{q}}_j = \boldsymbol{R}_1\, \boldsymbol{R}_2 \cdots \boldsymbol{R}_{j-1}\, \boldsymbol{z}_j \text{ für } j = 1, 2, \ldots n\,, \tag{45}
$$

während $\overset{m}{\boldsymbol{p}}_1 = \boldsymbol{w}_1$ und $\overset{m}{\boldsymbol{q}}_1 = \boldsymbol{z}_1$ ist.

Ist nun ein beliebiger Vektor $\boldsymbol{v}$ vorgegeben, so berechnet sich das Produkt

$$
\boldsymbol{R}_m\, \boldsymbol{v} = [\boldsymbol{e}_1 \cdots \boldsymbol{e}_{m-1}\, \boldsymbol{z}_m\, \boldsymbol{e}_{m+1} \cdots \boldsymbol{e}_n]\, \boldsymbol{v} \tag{46}
$$

wie leicht einzusehen als Summe zweier Vektoren

$$
\boldsymbol{R}_m\, \boldsymbol{v} = \hat{\boldsymbol{v}} + v_m \cdot \boldsymbol{z}_m\,, \tag{47}
$$

wo der Vektor $\hat{\boldsymbol{v}}$ aus $\boldsymbol{v}$ entsteht, indem die Komponente der Nummer m durch Null ersetzt wird, und das Analoge gilt für die Matrix $\boldsymbol{L}_m$.

Oft ist zweckmäßig, gleich mehrere — am einfachsten aufeinander folgende — Zeilen und Spalten auf einmal auszutauschen. Die Elementarmatrizen (35) sind dann zu verallgemeinern durch

$$\boldsymbol{L}_m = [\boldsymbol{e}_1 \ldots \boldsymbol{e}_{m-1} \underbrace{\boldsymbol{w}_m \ldots \boldsymbol{w}_\mu}_{\longleftarrow\, l \,\longrightarrow} \boldsymbol{e}_\nu \ldots \boldsymbol{e}_n] = [\boldsymbol{E}_1 \quad \boldsymbol{W}_m \quad \boldsymbol{E}_2] , \tag{48}$$

$\boldsymbol{R}_m$ entsprechend, womit die Darstellung (36) übergeht in

$$\boldsymbol{L}_m = \boldsymbol{I} + \hat{\boldsymbol{W}}_m \boldsymbol{E}_m^T , \qquad \boldsymbol{R}_m = \boldsymbol{I} + \hat{\boldsymbol{Z}}_m \boldsymbol{E}_m^T . \tag{49}$$

Hier weist das Dach $\hat{}$ darauf hin, daß von den l zu $\boldsymbol{W}$ bzw. $\boldsymbol{Z}$ zusammengefaßten Vektoren $\boldsymbol{w}_j$ und $\boldsymbol{z}_j$ die l Zeilen der Nummern m bis $m + (l - 1)$ zu streichen sind. Die Transformation (34) bewirkt jetzt den l-fachen Austausch

$$\boldsymbol{S}_m = \boldsymbol{L}_m^T \boldsymbol{S} \boldsymbol{R}_m = \begin{array}{c|c|c|c|} \multicolumn{1}{c}{} & \multicolumn{1}{c}{\leftarrow m \rightarrow} & \multicolumn{1}{c}{\leftarrow l \rightarrow} & \multicolumn{1}{c}{} \\ \cline{2-4} \updownarrow m & & \boldsymbol{S}\boldsymbol{Z}_m & \\ \cline{2-4} \updownarrow l & \boldsymbol{W}_m^T \boldsymbol{S} & \boldsymbol{W}_m^T \boldsymbol{S} \boldsymbol{Z}_m & \boldsymbol{W}_m^T \boldsymbol{S} \\ \cline{2-4} & & \boldsymbol{S}\boldsymbol{Z}_m & \\ \cline{2-4} \end{array} , \tag{50}$$

wobei es zweckmäßig ist, zunächst den Block $\boldsymbol{S}\boldsymbol{Z}_m$ der Breite l und der Höhe n zu berechnen und sodann den Block $\boldsymbol{W}_m^T \boldsymbol{S}$ der Breite n und der Höhe l; dieser enthält seinerseits den Mittelteil $\boldsymbol{W}_m^T \boldsymbol{S} \boldsymbol{Z}_m$, der zu streichen ist.

Wir leiten jetzt einen hochwichtigen Satz her. Macht man nach Budich die als von Null verschieden vorausgesetzte Komponente z_m des Vektors $\boldsymbol{z}$ zu Eins, so ergibt diese, um Eins vermindert, die Null, und nun gilt das folgende:

$$\begin{aligned} (\boldsymbol{I} + \hat{\boldsymbol{z}}_{m_1} \boldsymbol{e}_m^T)(\boldsymbol{I} + \hat{\boldsymbol{z}}_{m_2} \boldsymbol{e}_m^T) &= \boldsymbol{I} + (\hat{\boldsymbol{z}}_{m_1} + \hat{\boldsymbol{z}}_{m_2})\, \boldsymbol{e}_m^T + \hat{\boldsymbol{z}}_{m_1} \underbrace{\boldsymbol{e}_m^T \hat{\boldsymbol{z}}_{m_2}} \boldsymbol{e}_m^T \\ &= \boldsymbol{I} + \left(\sum_{\nu=1}^{2} \hat{\boldsymbol{z}}_{m_\nu} \right) \boldsymbol{e}_m^T , \end{aligned} \tag{51}$$

denn da im Vektor $\hat{\boldsymbol{z}}_{m_\nu}$ an der Stelle m eine Null steht, verschwindet das unterklammerte Skalarprodukt, und dies gilt augenscheinlich für beliebig viele, sagen wir k Faktoren. Wie haben somit als Ergebnis den Additionssatz

$$\boxed{\prod_{\nu=1}^{k} (\boldsymbol{I} + \hat{\boldsymbol{z}}_{m_\nu} \boldsymbol{e}_m^T) = \boldsymbol{I} + \left(\sum_{\nu=1}^{k} \hat{\boldsymbol{z}}_{m_\nu} \right) \boldsymbol{e}_m^T} , \tag{52}$$

der uns später noch gute Dienste leisten wird. Er besagt nebenbei, daß die k Faktoren linker Hand vertauschbar sind, weil die Summanden rechter Hand es sind und läßt sich selbstredend auf Blöcke verallgemeinern:

$$\prod_{\nu=1}^{k} (\boldsymbol{I} + \boldsymbol{Z}_{m_\nu} \boldsymbol{E}_m^T) = \boldsymbol{I} + \left(\sum_{\nu=1}^{k} \boldsymbol{Z}_{m_\nu} \right) \cdot \boldsymbol{E}_m^T . \tag{53}$$

• 35.6. Sukzessive Auslöschung. Produktzerlegung der Modalmatrizen

Wir kehren nun zu unserer eigentlichen Aufgabe zurück und knüpfen an die Form (27) an. Nachdem m Links- und Rechtseigenvektoren (bzw. -hauptvektoren) mit Hilfe der unvollständigen Modalmatrizen $\boldsymbol{L}$ und $\boldsymbol{R}$ (23) eingeführt wurden, sind in dem so transformierten System

$$\underbrace{\boldsymbol{L}^T \boldsymbol{A} \boldsymbol{R}}\, \tilde{\boldsymbol{x}} = \lambda\, \underbrace{\boldsymbol{L}^T \boldsymbol{B} \boldsymbol{R}}\, \tilde{\boldsymbol{x}} \quad \text{mit} \quad \boldsymbol{x} = \boldsymbol{R}\, \tilde{\boldsymbol{x}} \tag{54}$$

oder kurz

$$\boldsymbol{A}_m \quad \tilde{\boldsymbol{x}} = \lambda \quad \boldsymbol{B}_m \quad \tilde{\boldsymbol{x}} \tag{55}$$

die ersten m Links- und Rechtseigenvektoren (-hauptvektoren) übergegangen in die ersten m Einheitsvektoren. Führen wir nun ein beliebiges Eigen-(Haupt-)vektorpaar $\boldsymbol{w}_{m+1}$, $\boldsymbol{z}_{m+1}$ zur Matrix $\boldsymbol{F}_m(\lambda) = \boldsymbol{A}_m - \lambda\, \boldsymbol{B}_m$ ein, so stehen nach erfolgtem Austausch im Kreuz der Nummer $m + 1$ der Matrix $\boldsymbol{B}_{m+1}$ links und oberhalb vom Hauptdiagonalelement als neue Elemente die Bilinearformen

$$b_{m+1,\nu} = \boldsymbol{w}_{m+1}^T \boldsymbol{B}\, \boldsymbol{e}_\nu = 0\,, \qquad b_{\nu,m+1} = \boldsymbol{e}_\nu^T \boldsymbol{B}\, \boldsymbol{z}_{m+1} = 0\,; \qquad \nu = 1, 2, \ldots, m\,, \tag{56}$$

die zufolge der Orthonormalitätsbedingung (19) verschwinden müssen, und dasselbe gilt für die Matrix $\boldsymbol{A}_{m+1}$, deren erste $m + 1$ Zeilen und Spalten kollinear zu den ersten $m + 1$ Zeilen und Spalten der Matrix $\boldsymbol{B}_{m+1}$ sind; hier kann allenfalls oberhalb des Hauptdiagonalelementes eine 1 anstelle der Null stehen, sofern es sich um die Spalte $m + 1$ eines JORDAN-Kästchens handelt, weshalb die Null im Schema (57), welches den Austausch nochmals verdeutlicht, in Klammern gesetzt wurde.

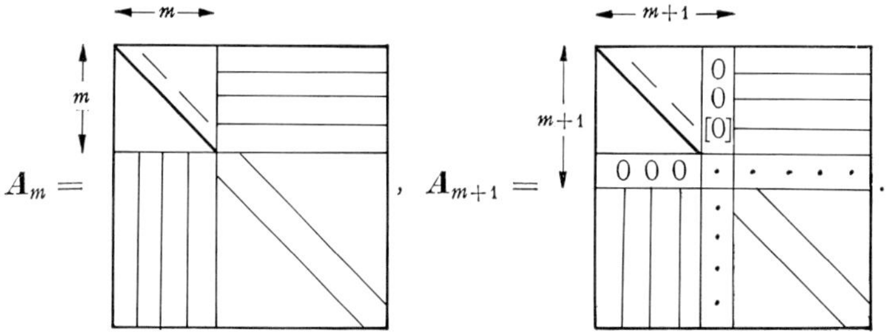

(57)

Da in den nachfolgenden Austauschaktionen die Matrix oben links ungeändert bleibt, bedeutet dies, wenn wir mit $m = 0$ beginnen, einen Umformungsprozeß der Matrix $\boldsymbol{F}(\lambda) = \boldsymbol{A} - \lambda\,\boldsymbol{B}$ nach folgendem Muster

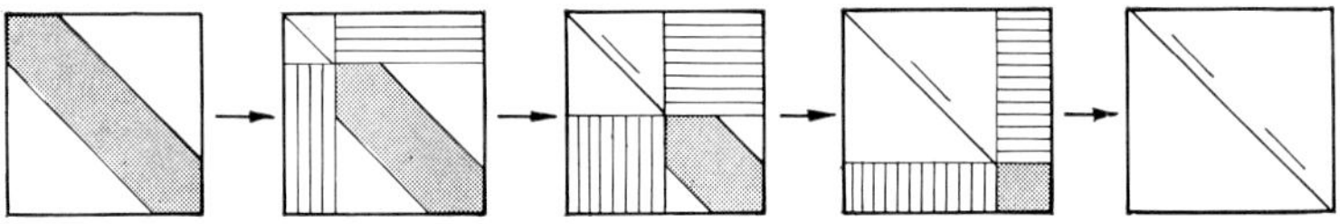, (58)

ein Vorgang, den wir als sukzessive Auslöschung, bewirkt durch die spezielle Transformation (34) bezeichnen. Nach n-maligem Austausch haben wir dann

$$\begin{aligned} \boldsymbol{A}_n &= \underbrace{\boldsymbol{L}_n^T \cdots \boldsymbol{L}_2^T \boldsymbol{L}_1^T}\, \boldsymbol{A}\, \underbrace{\boldsymbol{R}_1 \boldsymbol{R}_2 \cdots \boldsymbol{R}_n} = \boldsymbol{J}\,; \\ \boldsymbol{B}_n &= \underbrace{\boldsymbol{L}_n^T \cdots \boldsymbol{L}_2^T \boldsymbol{L}_1^T}\, \boldsymbol{B}\, \underbrace{\boldsymbol{R}_1 \boldsymbol{R}_2 \cdots \boldsymbol{R}_n} = \boldsymbol{I} \end{aligned} \tag{59}$$

oder kurz

$$\boldsymbol{Y}^T \boldsymbol{A}\, \boldsymbol{X} = \boldsymbol{J}\,; \qquad \boldsymbol{Y}^T \boldsymbol{B}\, \boldsymbol{X} = \boldsymbol{I}\,, \tag{60}$$

und dies ist die Hauptachsentransformation (19), von der wir ausgingen. Die beiden Modalmatrizen erscheinen somit zerlegt in das Produkt von jeweils n Elementarmatrizen

$$\boldsymbol{Y} = \boldsymbol{L}_1 \boldsymbol{L}_2 \cdots \boldsymbol{L}_n\,; \qquad \boldsymbol{X} = \boldsymbol{R}_1 \boldsymbol{R}_2 \cdots \boldsymbol{R}_n\,, \tag{61}$$

aus denen sich die Links- und Rechtseigen(haupt)vektoren nach (45) leicht berechnen

$$\boxed{\boldsymbol{y}_j = \boldsymbol{L}_1 \boldsymbol{L}_2 \cdots \boldsymbol{L}_{j-1}\, \boldsymbol{w}_j\,; \quad \boldsymbol{x}_j = \boldsymbol{R}_1 \boldsymbol{R}_2 \cdots \boldsymbol{R}_{j-1}\, \boldsymbol{z}_j\,; \quad j = 2, 3, \ldots, n}\,. \tag{62}$$

Trivialerweise ist $\boldsymbol{y}_1 = \boldsymbol{z}_1$ und $\boldsymbol{x}_1 = \boldsymbol{w}_1$.

Es erübrigt sich nach den im Abschnitt 35.5 gemachten Ausführungen hervorzuheben, daß das Ganze ebenso in Blöcken vollzogen werden kann.

Die hier vorgestellte Methode der sukzessiven Auslöschung wurde von Budich [168] zu einem Globalalgorithmus ausgebaut, der alle bis heute bekanntgewordenen vergleichbaren Algorithmen an Zuverlässigkeit, Anwendungsbreite und Geschwindigkeit zu übertreffen scheint. Wir kommen im Abschnitt 37.7 darauf zurück.

Dazu ein Beispiel. Das Paar $\boldsymbol{A}; \boldsymbol{I}$ mit

$$\boldsymbol{A} = \begin{pmatrix} 0 & 1 & 0 \\ 1 & 0 & 1 \\ 0 & 1 & 0 \end{pmatrix}$$

hat die Eigenwerte $-\sqrt{2}$, 0 und $\sqrt{2}$. Es ist durch Austausch auf Diagonalform zu transformieren.

Erster Austausch am Originalpaar $\boldsymbol{A}$; $\boldsymbol{I}$. Wir wählen den Eigenwert $\lambda_1 = +\sqrt{2}$ und berechnen den dazugehörigen Eigenvektor (der nicht normiert zu sein braucht) $\boldsymbol{x}_1 = \boldsymbol{z}_1$, bilden daraus die Transformationsmatrix $\boldsymbol{R}_1$ und berechnen die Bildvektoren $\boldsymbol{A}\,\boldsymbol{z}_1$ und $\boldsymbol{B}\,\boldsymbol{z}_1 = \boldsymbol{z}_1$;

$$\boldsymbol{R}_1 = (\boldsymbol{z}_1 \quad \boldsymbol{e}_2 \quad \boldsymbol{e}_3) = \begin{pmatrix} 1 & 0 & 0 \\ \sqrt{2} & 1 & 0 \\ 1 & 0 & 1 \end{pmatrix}, \quad \boldsymbol{L}_1 = \boldsymbol{R}_1; \; \boldsymbol{A}\,\boldsymbol{z}_1 = \begin{pmatrix} \sqrt{2} \\ 2 \\ \sqrt{2} \end{pmatrix}, \quad \boldsymbol{B}\,\boldsymbol{z}_1 = \begin{pmatrix} 1 \\ \sqrt{2} \\ 1 \end{pmatrix}.$$

Kongruenztransformation oder was dasselbe ist, Austausch des ersten Kreuzes (resp. Winkels) ergibt

$$\boldsymbol{A}_1 = \boldsymbol{L}_1^T\,\boldsymbol{A}\,\boldsymbol{R}_1 = \begin{pmatrix} 4\sqrt{2} & 2 & \sqrt{2} \\ 2 & 0 & 1 \\ \sqrt{2} & 1 & 0 \end{pmatrix}; \quad \boldsymbol{B}_1 = \boldsymbol{L}_1^T\,\boldsymbol{B}\,\boldsymbol{R}_1 = \begin{pmatrix} 4 & \sqrt{2} & 1 \\ \sqrt{2} & 1 & 0 \\ 1 & 0 & 1 \end{pmatrix}.$$

Zweiter Austausch. Wir wählen den Eigenwert $\lambda_2 = 0$, berechnen dazu den Eigenvektor $\boldsymbol{z}_2$ zum Paar $\boldsymbol{A}_1$; $\boldsymbol{B}_1$ und finden wie oben der Reihe nach

$$\boldsymbol{R}_2 = (\boldsymbol{e}_1 \; \boldsymbol{z}_2 \; \boldsymbol{e}_3) = \begin{pmatrix} 1 & -1 & 0 \\ 0 & \sqrt{2} & 0 \\ 0 & 2 & 1 \end{pmatrix}, \quad \boldsymbol{L}_2 = \boldsymbol{R}_2; \quad \boldsymbol{A}_1\,\boldsymbol{z}_2 = \begin{pmatrix} 0 \\ 0 \\ 0 \end{pmatrix}, \quad \boldsymbol{B}_1\,\boldsymbol{z}_2 = \begin{pmatrix} 0 \\ 0 \\ 1 \end{pmatrix}.$$

Das gibt

$$\boldsymbol{A}_2 = \boldsymbol{L}_2^T\,\boldsymbol{A}_1\,\boldsymbol{R}_2 = \begin{pmatrix} 4\sqrt{2} & 0 & \sqrt{2} \\ 0 & 0 & 0 \\ \sqrt{2} & 0 & 0 \end{pmatrix}; \quad \boldsymbol{B}_2 = \boldsymbol{L}_2^T\,\boldsymbol{B}_1\,\boldsymbol{R}_2 = \begin{pmatrix} 4 & 0 & 1 \\ 0 & 2 & 1 \\ 1 & 1 & 1 \end{pmatrix}.$$

Dritter Austausch. Als letzten Eigenwert haben wir $\lambda_3 = -\sqrt{2}$ mit dem Eigenvektor $\boldsymbol{z}_3$ zum Paar $\boldsymbol{A}_2$; $\boldsymbol{B}_2$. Man findet

$$\boldsymbol{R}_3 = (\boldsymbol{e}_1 \; \boldsymbol{e}_2 \; \boldsymbol{z}_3) = \begin{pmatrix} 1 & 0 & 1 \\ 0 & 1 & 2 \\ 0 & 0 & -4 \end{pmatrix}, \quad \boldsymbol{L}_3 = \boldsymbol{R}_3; \quad \boldsymbol{A}_2\,\boldsymbol{z}_3 = \begin{pmatrix} 0 \\ 0 \\ \sqrt{2} \end{pmatrix}, \quad \boldsymbol{B}_2\,\boldsymbol{z}_3 = \begin{pmatrix} 0 \\ 0 \\ -1 \end{pmatrix}$$

und weiter

$$\boldsymbol{A}_3 = \boldsymbol{L}_3^T\,\boldsymbol{A}_2\,\boldsymbol{R}_3 = \begin{pmatrix} 4\sqrt{2} & 0 & 0 \\ 0 & 0 & 0 \\ 0 & 0 & -4\sqrt{2} \end{pmatrix}; \quad \boldsymbol{B}_3 = \boldsymbol{L}_3^T\,\boldsymbol{B}_2\,\boldsymbol{R}_3 = \begin{pmatrix} 4 & 0 & 0 \\ 0 & 2 & 0 \\ 0 & 0 & 4 \end{pmatrix}.$$

Damit ist das Paar $\boldsymbol{A}_3$; $\boldsymbol{B}_3$ diagonalsiert. Die drei RAYLEIGH-Quotienten sind gleich den drei Eigenwerten, wie es sein muß. Die Modalmatrix $\boldsymbol{X}$ der Rechts- (und damit wegen der Symmetrie von $\boldsymbol{A}$ auch der Links-)eigenvektoren ist nach (61)

$$\boldsymbol{R}_1\,\boldsymbol{R}_2\,\boldsymbol{R}_3 = \begin{pmatrix} 1 & -1 & -1 \\ \sqrt{2} & 0 & \sqrt{2} \\ 1 & 1 & -1 \end{pmatrix} = \boldsymbol{X} = (\boldsymbol{x}_1 \; \boldsymbol{x}_2 \; \boldsymbol{x}_3)\,,$$

wovon der Leser sich überzeugen möge; es gilt in der Tat $\boldsymbol{A}\,\boldsymbol{x}_j = \lambda_j\,\boldsymbol{I}\,\boldsymbol{x}_j$ für $j = 1, 2, 3$. Zur Übung: man führe den Austausch in anderer Reihenfolge durch.

35.7. Bereinigung und lokaler Zerfall einer Matrix

Es ist nicht uninteressant, die Ergebnisse aus dem Abschnitt 26.5 unter dem neuen Gesichtspunkt des Austauschvorganges zu rekapitulieren. Der einfachen Darstellung halber sei $m = 1$, dann wird nach (39) der Austausch vorgenommen mit

$$\boldsymbol{S} = \begin{pmatrix} s_{11} & \boldsymbol{s}_{12}^T \\ \boldsymbol{s}_{21} & \boldsymbol{S}_{22} \end{pmatrix}, \quad \boldsymbol{L}_1 \boldsymbol{S} \boldsymbol{R}_1 = \begin{pmatrix} \boldsymbol{w}^T \boldsymbol{S} \boldsymbol{z} & [\boldsymbol{w}^T \boldsymbol{S}] \\ [\boldsymbol{S} \boldsymbol{z}] & \boldsymbol{S}_{22} \end{pmatrix} = \begin{pmatrix} \boldsymbol{w}^T \boldsymbol{S} \boldsymbol{z} & \boldsymbol{o}^T \\ \boldsymbol{o} & \boldsymbol{S}_{22} \end{pmatrix}$$

$$\to [\boldsymbol{w}^T \boldsymbol{S}] = \boldsymbol{o}^T, \qquad [\boldsymbol{S} \boldsymbol{z}] = \boldsymbol{o}, \tag{63}$$

und wir verlangen, daß alle Elemente im Kreuz außer dem Diagonalelement verschwinden, wodurch die Teilvektoren $\hat{\boldsymbol{w}}$ und $\hat{\boldsymbol{z}}$ aus (36) festgelegt sind

$$\begin{aligned} \boldsymbol{w}^T \boldsymbol{S} &= (s_{11} + \boldsymbol{w}^T \boldsymbol{s}_{21} \mid \underbrace{[\boldsymbol{s}_{12}^T + \boldsymbol{w}^T \boldsymbol{S}_{22}]}_{[\boldsymbol{w}^T \boldsymbol{S}] = \boldsymbol{o}^T}) ; \\ \boldsymbol{S} \boldsymbol{z} &= \begin{pmatrix} s_{11} + \boldsymbol{s}_{12}^T \boldsymbol{z} \\ \hline [\boldsymbol{s}_{21} + \boldsymbol{S}_{22} \boldsymbol{z}] \end{pmatrix} \}[\boldsymbol{S} \boldsymbol{z}] = \boldsymbol{o}, \end{aligned} \tag{64}$$

und das ist genau die in (26.37) geforderte Bereinigung, die speziell mit $\boldsymbol{S} = \boldsymbol{F}(\Lambda) = \boldsymbol{A} - \Lambda \boldsymbol{B}$ auf den lokalen Zerfall der Matrix $\boldsymbol{F}(\lambda)$ führt.

• 35.8. Besonderheiten bei singulärer Matrix $\boldsymbol{B}$

Wie in Abschnitt 22.8 gezeigt wurde, treten bei singulären Paaren, ja selbst dann, wenn allein $\boldsymbol{B}$ singulär ist, gewisse Schwierigkeiten auf, die sich verständlicherweise in der Numerik niederschlagen müssen. Zunächst ein grundlegender

Merksatz: *Nicht die Eigenwerte, sondern die Eigenterme*

$$f_{jj}(\lambda) = a_{jj} - \lambda\, b_{jj}; \qquad j = 1, 2, \ldots, n \tag{65}$$

sind die Kenngrößen des singulären Paares $\boldsymbol{A}$; $\boldsymbol{B}$.

Dabei unterscheiden wir:

1. Definierte Eigenterme.

1a) Es ist $b_{jj} \neq 0$, somit $f_{jj}(\lambda) = a_{jj} - \lambda \cdot b_{jj}$ eine Gerade, welche die λ-Achse im Endlichen schneidet. Den Schnittpunkt bezeichnen wir als Eigenwert λ_j.

1b) Es ist $b_{jj} = 0$, somit $f_{jj} = a_{jj} = \text{const}$. Dies ist eine vom Parameter λ unabhängige Eigenkonstante, geometrisch eine Gerade parallel zur λ-Achse nach Abb. 35.8.

Man kann hier versucht sein zu sagen, die Gerade schneide die λ-Achse im Unendlichen und der Eigengeraden somit den Eigenwert ∞ zuordnen; eine Interpretation, vor der wir uns indessen hüten wollen. Sie ist erstens zu nichts nütze, zweitens schlimmer: besitzt das Paar

$\boldsymbol{A}$; $\boldsymbol{B}$ mehrere Eigenkonstanten, etwa $a_{11} = 3$, $a_{66} = -18$ und $a_{88} = 4 + 5\,i$, so hätten diese alle denselben Eigenwert ∞, wären also nicht mehr unterscheidbar, wodurch sich die obige Interpretation als unannehmbar erweist. Um die Eigenkonstanten eindeutig zu machen,

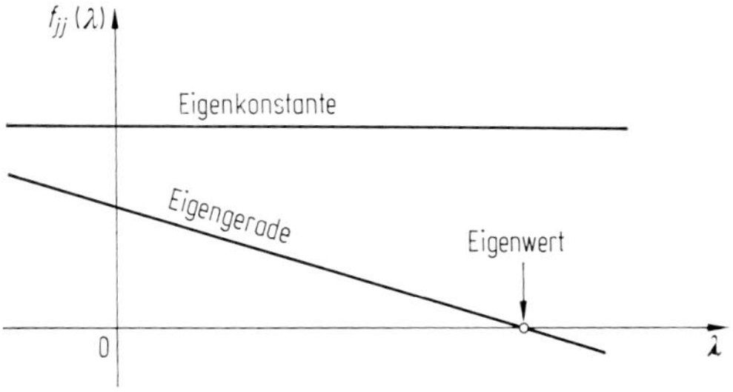

Abb. 35.8. Definierte Eigenterme im Reellen

ist es allerdings erforderlich, mit Hilfe einer beliebig wählbaren regulären Normierungsmatrix $\boldsymbol{N}$, am einfachsten $\boldsymbol{N} = \boldsymbol{I}$, die abgewandelten Rayleigh-Quotienten

$$\hat{R}_j = \frac{\boldsymbol{y}_j^T \boldsymbol{A}\, \boldsymbol{x}_j}{\boldsymbol{y}_j^T \boldsymbol{N}\, \boldsymbol{x}_j} \quad \text{bzw.} \quad \hat{R}_j = \frac{\boldsymbol{y}_j^T \boldsymbol{A}\, \boldsymbol{x}_j}{\boldsymbol{y}_j^T \boldsymbol{x}_j} \tag{66}$$

zu bilden.

2. Nichtdefinierte Eigenterme. Es ist $a_{jj} = 0$ und $b_{jj} = 0$ (bzw. numerisch Null). Die Gleichung (65) in der Form

$$f_{jj}(\lambda) = 0 - \lambda \cdot 0 \tag{67}$$

ist für jeden Parameterwert λ identisch erfüllt; jeder Wert der komplexen Zahlenebene ist damit Eigenwert, wenn man es so sehen will, doch führt eine solche Auffassung nicht weiter. Dagegen ist es von größter Wichtigkeit, festzuhalten, daß die charakteristische Gleichung $\det \boldsymbol{F}(\lambda) = \det(\boldsymbol{A} - \lambda\, \boldsymbol{B}) = 0$ nach wie vor eine zwar notwendige, bei singulärer Matrix $\boldsymbol{B}$ jedoch keineswegs hinreichende Bedingung zur Definition der Eigenterme darstellt —: allein in diesem Fakt liegt die eigentliche Problematik begründet. Beispielsweise sei

$$\boldsymbol{F}(\lambda) = (f_{jk}(\lambda)) = \begin{pmatrix} 0 - \lambda \cdot 0 & 12 & 3 - 2\lambda \\ 0 & 3 - 5\lambda & 5 + (4 + i)\lambda \\ 0 & 0 & 0 + i\lambda \end{pmatrix}. \tag{68}$$

Die charakteristische Gleichung

$$\det \boldsymbol{F}(\lambda) = 0 \cdot (3 - 5\lambda)\,(i\,\lambda) = 0 \tag{68a}$$

unterdrückt zufolge des Faktors Null die beiden wohldefinierten Eigenterme $f_{22}(\lambda)$ und $f_{33}(\lambda)$ und erweist sich damit zur Beschreibung der Struktur der Matrix als nicht ausreichend. An ihre Stelle hat der schon oft herangezogene Defektvektor $\boldsymbol{d}(\lambda, \boldsymbol{z}) = \boldsymbol{F}(\lambda)\, \boldsymbol{z}$ zu treten.

35.9. Transformation auf obere Dreiecksmatrix

Jedes Paar $\boldsymbol{A}; \boldsymbol{B}$ mit regulärer Matrix $\boldsymbol{B}$ läßt sich, wie wir wissen, mit Hilfe der beiden Modalmatrizen $\boldsymbol{Y}^T$ und $\boldsymbol{X}$ simultan transformieren auf das spezielle Paar

$$\boldsymbol{Y}^T \boldsymbol{A} \boldsymbol{X} = \boldsymbol{J}; \qquad \boldsymbol{Y}^T \boldsymbol{B} \boldsymbol{X} = \boldsymbol{I} \quad \text{mit} \quad \boldsymbol{Y}^T = (\boldsymbol{B} \boldsymbol{X})^{-1}, \tag{69}$$

und dies bedeutet, daß die vorgelegte Eigenwertaufgabe $\boldsymbol{A}\boldsymbol{x} = \lambda \boldsymbol{B}\boldsymbol{x}$ durch Einführung neuer Rechtsvektoren

$$\boldsymbol{x} = \boldsymbol{X}\boldsymbol{c} \tag{70}$$

und anschließender Multiplikation von links mit $\boldsymbol{Y}^T$ (und das heißt eigentlich durch Einführung neuer Linksvektoren) übergeht in

$$\boldsymbol{A}\boldsymbol{X}\boldsymbol{c} = \lambda \boldsymbol{B}\boldsymbol{X}\boldsymbol{c} \to \underbrace{\boldsymbol{Y}^T \boldsymbol{A} \boldsymbol{X}}\boldsymbol{c} = \lambda \underbrace{\boldsymbol{Y}^T \boldsymbol{B} \boldsymbol{X}}\boldsymbol{c} \tag{71}$$

oder nach (69)

$$\boldsymbol{J} \quad \boldsymbol{c} = \lambda \quad \boldsymbol{I} \quad \boldsymbol{c}, \tag{72}$$

wo $\boldsymbol{J}$ die JORDAN-Matrix ist, die bei Diagonalähnlichkeit übergeht in die Spektralmatrix $\boldsymbol{\Lambda}$.

Wir nehmen jetzt eine weitere Transformation vor mit Hilfe einer regulären, aber sonst beliebigen oberen Dreiecksmatrix

$$\boldsymbol{T} = \begin{pmatrix} t_{11} & t_{12} & t_{13} & \dots & t_{1n} \\ 0 & t_{22} & t_{23} & \dots & t_{2n} \\ 0 & 0 & t_{33} & \dots & t_{3n} \\ \dots & \dots & \dots & \dots & \dots \\ 0 & 0 & 0 & \dots & t_{nn} \end{pmatrix}; \quad t_{jj} \neq 0 \quad \text{für} \quad j = 1, 2, \dots, n \tag{73}$$

und setzen

$$\boldsymbol{c} = \boldsymbol{T}\boldsymbol{n} \to \boldsymbol{x} = \boldsymbol{X}\boldsymbol{c} = \boldsymbol{X}\boldsymbol{T}\boldsymbol{n} = \boldsymbol{R}\boldsymbol{n} \tag{74}$$

mit

$$\boxed{\boldsymbol{R} = \boldsymbol{X}\boldsymbol{T}}, \tag{75}$$

so daß die Originalaufgabe übergeht in

$$\boldsymbol{A}\boldsymbol{x} = \lambda \boldsymbol{B}\boldsymbol{x} \to \boldsymbol{A}\boldsymbol{R}\boldsymbol{n} = \lambda \boldsymbol{B}\boldsymbol{R}\boldsymbol{n}. \tag{76}$$

Nach Multiplikation von links mit $\boldsymbol{T}^{-1}\boldsymbol{Y}^T = (\boldsymbol{B}\boldsymbol{R})^{-1}$ wird daraus

$$\boldsymbol{T}^{-1} \underbrace{\boldsymbol{Y}^T \boldsymbol{A} \boldsymbol{X}} \boldsymbol{T}\boldsymbol{n} = \lambda \underbrace{(\boldsymbol{B}\boldsymbol{R})^{-1} \boldsymbol{B}\boldsymbol{R}} \boldsymbol{n} \tag{77}$$

oder

$$\boldsymbol{T}^{-1} \quad \boldsymbol{J} \quad \boldsymbol{T}\boldsymbol{n} = \lambda \qquad \boldsymbol{I} \qquad \boldsymbol{n}. \tag{78}$$

Die auf diese Weise transformierte JORDAN-Matrix

$$\hat{\boldsymbol{J}} := \boldsymbol{T}^{-1} \boldsymbol{J} \, \boldsymbol{T} = \begin{bmatrix} \lambda_1 & * & * & \dots & * \\ 0 & \lambda_2 & * & \dots & * \\ 0 & 0 & \lambda_3 & \dots & * \\ \dots & \dots & \dots & \dots & \dots \\ 0 & 0 & 0 & \dots & \lambda_n \end{bmatrix} = \boldsymbol{R}^{-1} \boldsymbol{A} \, \boldsymbol{R} \tag{79}$$

ist als Produkt von drei oberen Dreiecksmatrizen ihrerseits eine obere Dreiecksmatrix mit den Hauptdiagonalelementen

$$t_{jj} = t_{jj}^{-1} \lambda_j \, t_{jj} = \lambda_j ; \qquad j = 1, 2, \dots, n \tag{80}$$

von $\hat{\boldsymbol{J}}$, und es ist leicht zu sehen, daß die aus der Gleichung

$$\hat{\boldsymbol{J}} \, \boldsymbol{n} = \lambda \, \boldsymbol{I} \, \boldsymbol{n} \tag{81}$$

zu berechnenden Eigenvektoren

$$\boldsymbol{N} = (\boldsymbol{n}_1 \; \boldsymbol{n}_2 \; \dots \; \boldsymbol{n}_j \; \dots \; \boldsymbol{n}_n) = \tag{82}$$

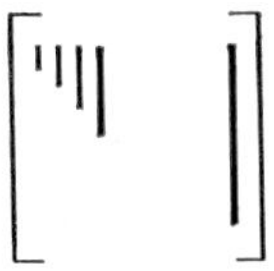

Linearkombinationen der ersten j Einheitsvektoren $\boldsymbol{e}_1, \dots, \boldsymbol{e}_j$ sind, eine Eigenschaft, welche die Rücktransformation (75)

$$\boldsymbol{x}_j = \boldsymbol{R} \, \boldsymbol{n}_j ; \qquad j = 1, 2, \dots, n \tag{83}$$

nicht nur numerisch erleichtert, sondern von grundlegender Bedeutung für die in § 40 beschriebenen Dreiecksalgorithmen ist.

Wir fordern jetzt noch weniger als zuvor, indem wir zulassen, daß die Matrix $\boldsymbol{B}$ nicht in die Einheitsmatrix $\boldsymbol{I}$, sondern ebenso wie $\boldsymbol{A}$ in eine obere Dreiecksmatrix übergeht

$$\boldsymbol{L} \, \boldsymbol{A} \, \boldsymbol{R} = \nabla_A ; \qquad \boldsymbol{L} \, \boldsymbol{B} \, \boldsymbol{R} = \nabla_B , \tag{84}$$

mithin die zweimal $n(n-1)$ Bilinearformen

$$\boldsymbol{l}^j \boldsymbol{A} \, \boldsymbol{r}_k = 0 ; \qquad \boldsymbol{l}^j \boldsymbol{B} \, \boldsymbol{r}_k = 0 \quad \text{für} \quad j = 2, 3, \dots, n ; \quad k < j \tag{85}$$

verschwinden sollen. Dies sind weniger Bedingungen als die Matrizen $\boldsymbol{L}$ und $\boldsymbol{R}$ insgesamt an frei verfügbaren Elementen enthalten. Wir können daher noch weitere Forderungen stellen, etwa, daß beide Transformationsmatrizen, jetzt mit $\boldsymbol{Q}$ und $\boldsymbol{Z}$ bezeichnet, unitär seien. Daß damit die $2\,n(n-1)$ Bedingungen (85) erfüllbar sind, besagt der

Satz 1: (BOLZANO-WEIERSTRASS) *Ein beliebiges (auch singuläres) Matrizenpaar $\boldsymbol{A}$; $\boldsymbol{B}$ läßt sich mit Hilfe zweier unitärer Matrizen $\boldsymbol{Q}$ und $\boldsymbol{Z}$ simultan auf obere Dreiecksform transformieren:*

$$\boldsymbol{Q}^* \boldsymbol{A} \, \boldsymbol{Z} = \nabla_A ; \qquad \boldsymbol{Q}^* \boldsymbol{B} \, \boldsymbol{Z} = \nabla_B \tag{86}$$

mit

$$\underset{\sim}{Q}^* \underset{\sim}{Q} = \underset{\sim}{Q}\, \underset{\sim}{Q}^* = \boldsymbol{I}\,, \qquad \boldsymbol{Z}^* \boldsymbol{Z} = \boldsymbol{Z}\, \boldsymbol{Z}^* = \boldsymbol{I}\,. \tag{87}$$

Auf diesem Satz beruht unter anderem der bekannte Q-Z-Algorithmus, den wir in Abschnitt 40.15 in seinen Grundzügen kurz erläutern werden.

Es sei nun speziell $\boldsymbol{B} = \boldsymbol{I}$, dann wird man, obschon nicht erforderlich, zweckmäßigerweise verlangen, daß $\hat{\boldsymbol{I}} = \underset{\sim}{Q}^* \boldsymbol{I}\, \boldsymbol{Z} = \boldsymbol{I}$ erhalten bleibt; es muß dann offenbar $\underset{\sim}{Q} = \boldsymbol{Z}$ sein, so daß (86) übergeht in

$$\underset{\sim}{Q}^* \boldsymbol{A}\, \underset{\sim}{Q} = \nabla_A\,; \qquad \underset{\sim}{Q}^* \boldsymbol{I}\, \underset{\sim}{Q} = \boldsymbol{I}\,, \tag{88}$$

und das ist der Satz von SCHUR (16.9), wo $\underset{\sim}{Q}$ mit $\boldsymbol{U}$ bezeichnet wurde.

Dazu ein Beispiel. Vorgelegt ist die Eigenwertaufgabe $\boldsymbol{A}\,\boldsymbol{x} = \lambda\, \boldsymbol{I}\, \boldsymbol{x}$ mit

$$\boldsymbol{A} = \begin{pmatrix} 3 & 1 \\ 1 & 3 \end{pmatrix} \text{ und der Modalmatrix } \boldsymbol{X} = (\boldsymbol{x}_1\ \boldsymbol{x}_2) = \begin{pmatrix} 1 & 1 \\ 1 & -1 \end{pmatrix} \tag{a}$$

zu den Eigenwerten $\lambda_1 = 4$ und $\lambda_2 = 2$.

Wir wählen als reguläre obere Dreiecksmatrix $\boldsymbol{T} = \begin{pmatrix} 3 & -1 \\ 0 & 2 \end{pmatrix}$ und führen als Linearkombinationen der Eigenvektoren $\boldsymbol{x}_1, \boldsymbol{x}_2$ nach (75) neue Vektoren $\boldsymbol{n}_1, \boldsymbol{n}_2$ ein:

$$\boldsymbol{X}\,\boldsymbol{T} = \begin{pmatrix} 1 & 1 \\ 1 & -1 \end{pmatrix} \begin{pmatrix} 3 & -1 \\ 0 & 2 \end{pmatrix} = \begin{pmatrix} 3 & 1 \\ 3 & -3 \end{pmatrix} = \boldsymbol{R}; \qquad \boldsymbol{R}^{-1} = \frac{1}{12} \begin{pmatrix} 3 & 1 \\ 3 & -3 \end{pmatrix}. \tag{b}$$

Anstelle der uns geläufigen Hauptachsentransformation (c) haben wir jetzt weniger komfortabel, aber durchaus genügend die Transformation (d),

$$\boldsymbol{X}^{-1} \boldsymbol{A}\, \boldsymbol{X} = \begin{pmatrix} 4 & 0 \\ 0 & 2 \end{pmatrix} \quad \text{(c)}, \qquad \boldsymbol{R}^{-1} \boldsymbol{A}\, \boldsymbol{R} = \begin{pmatrix} 4 & 2/3 \\ 0 & 2 \end{pmatrix} = \hat{\boldsymbol{J}}\,, \tag{d}$$

wo auf der Hauptdiagonale die Eigenwerte in der gleichen Reihenfolge erscheinen. Aus dem Gleichungssystem $\hat{\boldsymbol{J}}\, \boldsymbol{n} = \lambda\, \boldsymbol{I}\, \boldsymbol{n}$ berechnen wir nun die Eigenvektoren (e) und bekommen mit der Rücktransformation (83) die wahren Eigenvektoren (f).

$$\boldsymbol{N} = (\boldsymbol{n}_1\ \boldsymbol{n}_2) = \begin{pmatrix} 1 & 1 \\ 0 & 3 \end{pmatrix} \quad \text{(e)}\,, \qquad \boldsymbol{X} = \boldsymbol{R}\, \boldsymbol{T} = \begin{pmatrix} 3 & 1 \\ 3 & -3 \end{pmatrix} \begin{pmatrix} 1 & 1 \\ 0 & 3 \end{pmatrix} = \begin{pmatrix} 2 & 6 \\ 3 & -6 \end{pmatrix} = (\boldsymbol{x}_1\, \boldsymbol{x}_2)\,. \tag{f}$$

Daß diese anders normiert sind als unter (a), liegt an der Wahl der Matrix $\boldsymbol{T}$. Frage an den Leser: Wie müßte diese Matrix normiert werden, damit die Längen $\boldsymbol{x}_1$ und $\boldsymbol{x}_2$ erhalten bleiben?

Man beachte noch, daß die RAYLEIGH-Quotienten

$$\frac{\boldsymbol{l}^1 \boldsymbol{A}\, \boldsymbol{r}_1}{\boldsymbol{l}^1 \boldsymbol{I}\, \boldsymbol{r}_1} = 4\,, \qquad \frac{\boldsymbol{l}^2 \boldsymbol{A}\, \boldsymbol{r}_2}{\boldsymbol{l}^2 \boldsymbol{I}\, \boldsymbol{r}_2} = 2$$

gleich den Eigenwerten sind.

• 35.10. Einführung von Linkseigenvektoren

Im Zusammenhang mit den im § 40 beschriebenen Dreiecksalgorithmen bekommt ein weiteres Austauschverfahren Bedeutung. Vorgelegt sei das in neun Blöcke unterteilte Paar $\boldsymbol{A}$; $\boldsymbol{I}$ und eine Transformationsmatrix $\boldsymbol{L}$ besonderer Bauart

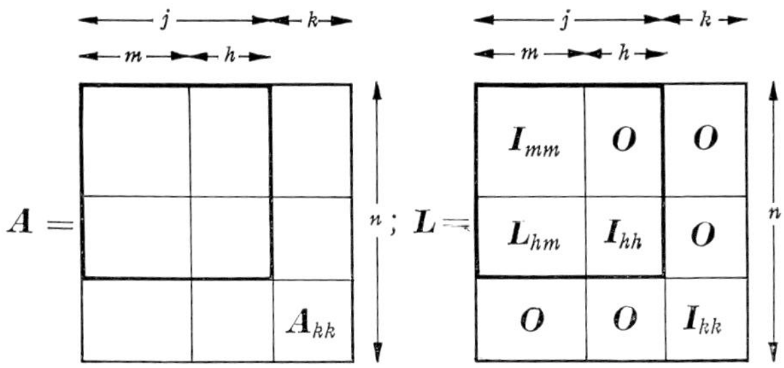

(89)

mit dem wirksamen Bestandteil

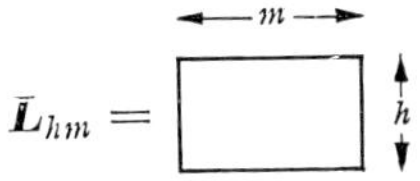

(90)

Man verifiziert leicht, daß die Inverse von $\boldsymbol{L}$ dadurch entsteht, daß der Block $\boldsymbol{L}_{hm}$ durch $-\boldsymbol{L}_{hm}$ ersetzt wird. Die Ähnlichkeitstransformation $\tilde{\boldsymbol{A}} = \boldsymbol{L}\,\boldsymbol{A}\,\boldsymbol{L}^{-1}$ ist daher explizit angebbar und wird in zwei Schritten durchgeführt.

1. Schritt. Multiplikation von links: $\hat{\boldsymbol{A}} = \boldsymbol{L}\,\boldsymbol{A}$, Zeilenkombination. Man berechne das Produkt $\boldsymbol{L}_{hm}\,\boldsymbol{A}_{mn}$ und addiere es zu $\boldsymbol{A}$ an passender Stelle wie angegeben:

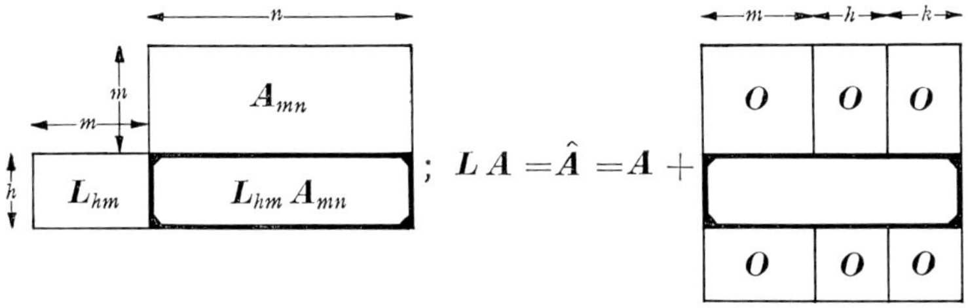

(91)

2. Schritt. Multiplikation von rechts: $\hat{\boldsymbol{A}}\,\boldsymbol{L}^{-1} = \boldsymbol{L}\,\boldsymbol{A}\,\boldsymbol{L}^{-1} = \tilde{\boldsymbol{A}}$, Spaltenkombination. Man berechne das Produkt $\hat{\boldsymbol{A}}_{nh}\,\boldsymbol{L}_{hm}$ und subtrahiere es von $\hat{\boldsymbol{A}}$ an passender Stelle wie angegeben:

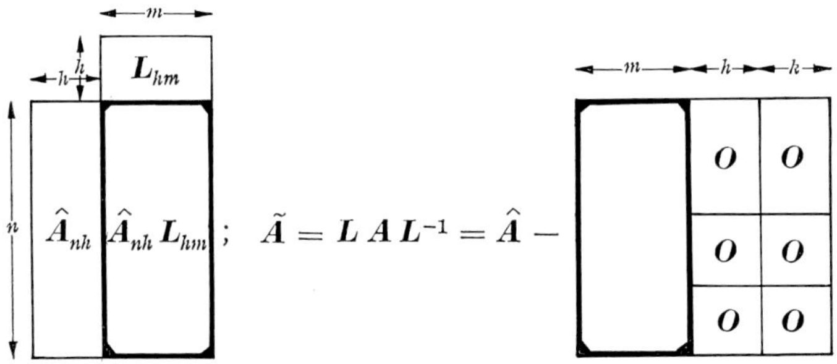

(92)

Es sei nun $\boldsymbol{A}$ von unterer Fastdreiecksform mit b Kodiagonalen oberhalb der Hauptdiagonale oder wie wir auch sagen, von oberer Bandbreite b, schematisch:

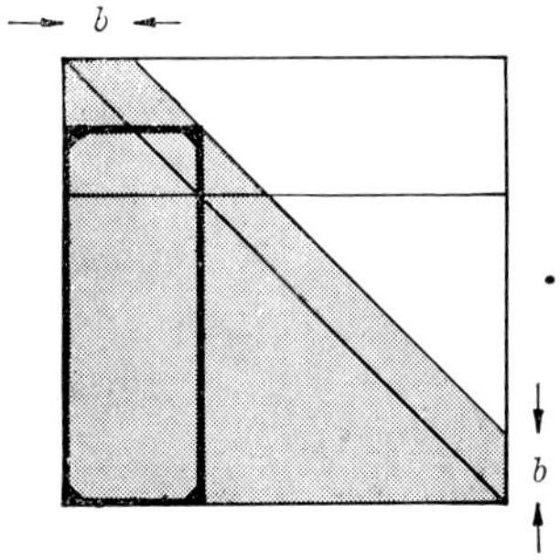

(93)

Man stellt leicht fest, daß dieses Profil erhalten bleibt für $h = b$. Ist $\boldsymbol{A}$ speziell eine untere HESSENBERG-Matrix mit $b = 1$, so muß demnach $h = 1$ sein, das heißt, es darf nur eine einzelne Zeile ausgetauscht werden, damit diese Form nicht zerstört wird.

Wir gewinnen auf diese Weise ein Pendant zur sukzessiven Auslöschung von BUDICH, das im Vergleich zu dieser Vor- und Nachteile besitzt. Es sei wie dort eine Linearkombination von h Linkseigenvektoren zur Matrix $\boldsymbol{F}_{jj}(\lambda)$ der Ordnung $m + h = j$ oben links in $\boldsymbol{F}(\lambda)$ gegeben

$$\boldsymbol{Y}^T = [\boldsymbol{Y}_{hm} \mid \boldsymbol{Y}_{hh}]; \qquad \boldsymbol{Y}_{hh} \text{ regulär }, \tag{94}$$

während wir auf die Rechtseigenvektoren verzichten. Sollte $\boldsymbol{Y}_{hh}$ (numerisch) singulär sein, so werden h andere als die letzten Spalten von $\boldsymbol{Y}^T$ zu $\boldsymbol{Y}_{hh}$ erklärt und dafür die entsprechenden Zeilen gleicher Nummer in $\boldsymbol{F}_{jj}(\lambda)$ zum Austausch herangezogen, so daß die Forderung (94) keine Einschränkung der Allgemeinheit bedeutet. Die Eigenvektoren werden nun normiert gemäß

$$\boldsymbol{Y}_N^T = [\boldsymbol{Y}_{hh}^{-1}\,\boldsymbol{Y}_{hm} \mid \boldsymbol{I}_{hh}] = \underbrace{\boxed{\quad \boldsymbol{L}_{hm} \quad}}_{m}\underbrace{\boxed{\diagdown}}_{h}\;\Big\updownarrow h\,, \tag{95}$$

und damit haben wir den Bestandteil (90) der Transformationsmatrix $\boldsymbol{L}$ vor uns. Im praktisch wichtigsten und einfachsten Fall $h = 1$ bedeutet die Normierung lediglich, daß wir den Linkseigenvektor durch seine letzte Komponente dividieren; es wird dann

$$\boldsymbol{y}^T \to \boldsymbol{y}_N^T = (y_{hh}^{-1}\,\boldsymbol{y}_{hm};\, 1) = \Big(\overbrace{\boxed{\quad \boldsymbol{l}_{hm} \quad}}^{m}\,;\, 1\Big). \tag{96}$$

Es ist selbstverständlich, daß auf analoge Weise anstelle der Linkseigenvektoren auch Rechtseigenvektoren eingeführt werden können, doch würde man damit den Anschluß an die klassischen Dreiecksalgorithmen verlieren, die seit JORDAN und SCHUR an der *oberen* Dreiecksmatrix orientiert sind.

Wir rechnen ein einfaches Beispiel. Gegeben ist das Paar $\boldsymbol{A}$; $\boldsymbol{I}$ mit $\boldsymbol{A} = a\,\boldsymbol{I} + \boldsymbol{K}$, $n = 4$, und es soll in die letzte Zeile des dreireihigen Hauptminors oben links ein dazugehöriger Eigenvektor $\boldsymbol{y}^T = (-1 \quad 0 \quad 1)$, somit $\boldsymbol{l}_{hm}^T = (-1 \quad 0)$ eingeführt werden. Wir berechnen das Produkt (b) und führen die Addition (91) durch, womit die Linkstransformation (c) geleistet ist.

$$\boldsymbol{A} = \begin{pmatrix} a & 1 & 0 & 0 \\ 1 & a & 1 & 0 \\ 0 & 1 & a & 1 \\ 0 & 0 & 1 & a \end{pmatrix} \quad \text{(a)}, \qquad \begin{matrix} & \begin{pmatrix} a & 1 & 0 & 0 \\ 1 & a & 1 & 0 \end{pmatrix} \\ (-1 \quad 0) & (-a \quad -1 \quad 0 \quad 0) \end{matrix} \quad \text{(b)},$$

$$\boldsymbol{L}\,\boldsymbol{A} = \hat{\boldsymbol{A}} = \boldsymbol{A} + \begin{pmatrix} 0 & 0 & 0 & 0 \\ 0 & 0 & 0 & 0 \\ -a & -1 & 0 & 0 \\ 0 & 0 & 0 & 0 \end{pmatrix} = \begin{pmatrix} a & 1 & 0 & 0 \\ 1 & a & 1 & 0 \\ -a & 0 & a & 1 \\ 0 & 0 & 1 & a \end{pmatrix}. \qquad \text{(c)}$$

Es erfolgt die Rechtsmultiplikation von $\hat{\boldsymbol{A}}$ mit $\boldsymbol{L}^{-1}$. Nach der Vorschrift (92) errechnen wir das Produkt (d) und subtrahieren es von $\hat{\boldsymbol{A}}$, siehe (e).

$$\begin{matrix} & (-1 \quad 0) \\ \begin{pmatrix} 0 \\ 1 \\ a \\ 1 \end{pmatrix} & \begin{matrix} 0 & 0 \\ -1 & 0 \\ -a & 0 \\ -1 & 0 \end{matrix} \end{matrix} \quad \text{(d)},$$

$$\tilde{\boldsymbol{A}} = \boldsymbol{L}\,\boldsymbol{A}\,\boldsymbol{L}^{-1} = \hat{\boldsymbol{A}} - \begin{pmatrix} 0 & 0 & 0 & 0 \\ -1 & 0 & 0 & 0 \\ -a & 0 & 0 & 0 \\ -1 & 0 & 0 & 0 \end{pmatrix} = \begin{pmatrix} a & 1 & 0 & 0 \\ 2 & a & 1 & 0 \\ 0 & 0 & a & 1 \\ 1 & 0 & 1 & a \end{pmatrix}. \qquad \text{(e)}$$

In der Tat ist in der dreireihigen Matrix oben links nun $\boldsymbol{e}_3^T$ Linkseigenvektor zum Eigenwert $\lambda = a$ geworden. Wie im Text gezeigt, ist die untere HESSENBERG-Form erhalten geblieben, doch ging die Symmetrie verloren. Sie wäre nur unter unverhältnismäßig großem Aufwand wiederherzustellen. Dies leistet beispielsweise der im Abschnitt 40.12 beschriebene Diagonalalgorithmus von RUTISHAUSER, doch werden wir zeigen, daß es ökonomischer ist, die hier vorgeführte Ähnlichkeitstransformation auch im reellsymmetrischen (allgemeiner hermiteschen) Fall heranzuziehen.

§ 36. Einschließungssätze für Eigenwerte und Eigenvektoren

• 36.1. Überblick. Wozu Einschließungssätze?

Einschließungssätze für Eigenwerte und Eigenvektoren der Aufgabe

$$\boldsymbol{y}^T \boldsymbol{F}(\lambda) = \boldsymbol{o}^T, \boldsymbol{y}^T \neq \boldsymbol{o}^T\,; \qquad \boldsymbol{F}(\lambda)\,\boldsymbol{x} = \boldsymbol{o}\,, \boldsymbol{x} \neq \boldsymbol{o} \qquad (1)$$

(auch für das nichtlineare Eigenwertproblem) sind für den Praktiker absolut unverzichtbar aus folgenden Gründen.

1. Jeder Algorithmus muß irgendwann einmal abgebrochen werden. Über die erreichte Genauigkeit der berechneten Eigenwerte oder -vektoren ist dann im allgemeinen nichts bekannt.
2. Werden die Elemente der Matrix $\boldsymbol{F}(\lambda)$ geringfügig geändert, so folgt aus Stetigkeitsgründen, daß auch die Eigenwerte und -vektoren (von Ausnahmefällen, die praktisch ohne Belang sind abgesehen) sich nur wenig ändern. Mit Hilfe von Einschließungssätzen lassen sich diese Änderungen (auch im Ausnahmefall) mathematisch exakt eingrenzen.
3. Der Gesichtspunkt der Wirtschaftlichkeit. Resultate von unerwünschter Genauigkeit kosten Zeit und Geld. Im Hinblick auf die meist nur auf drei oder vier Dezimalen bekannten Eingangsdaten, aus denen die Matrixelemente sich ihrerseits mit begrenzter Genauigkeit ermitteln lassen, ist es sinnlos, vom Eigenwert bzw. Eigenvektor mehr als drei oder vier Dezimalen erwarten zu wollen. Die Eingrenzung $4{,}3 \leqq \lambda_7 \leqq 4{,}4$ ist allemal mehr wert als die mit dem vagen Zeichen $\approx$ versehene Aussage $\lambda_7 \approx 4{,}345\,678\,991$, die kein Prüfstatiker unterschreiben würde.

Wir kehren daher die Fragestellung geradezu auf den Kopf und eröffnen diesen Paragraphen mit einem

Postulat: *Jeder Eigenwertalgorithmus endet mit einem Einschließungssatz.*

Dabei ist zu unterscheiden, ob das gesamte Spektrum pauschal oder nur eine gewisse Anzahl von Eigenwerten selektiv, im Extremfall auch ein einzelner Eigenwert eingeschlossen wird. Die Tabelle 36.1 gibt einen Überblick über die wichtigsten Sätze zur Einschließung der Eigenwerte von Matrizenpaaren $\boldsymbol{A}; \boldsymbol{B}$.

Tabelle 36.1. Übersicht über die wichtigsten Einschließungssätze für Eigenwerte von Matrizenpaaren

	$\boldsymbol{A}; \boldsymbol{B}$ normal	$\boldsymbol{A}; \boldsymbol{B}$ beliebig
pauschal	KRYLOV/BOGOLJUBOV H Perturbationssatz H	GERSCHGORIN Z/S Diagonalsatz H Satz von HEINRICH (für $\boldsymbol{A}; \boldsymbol{I}$) N Kreisringsatz H
selektiv	TEMPLE Acta Mechanica Quotientensatz von COLLATZ	Isolationssatz von SCHNEIDER Z/S und N Determinantensatz H

In dieser Tabelle bedeuten nach § 25 Z = Zeilennorm (Norm I), S = Spaltennorm (Norm II), H = HILBERT- oder Spektralnorm (Norm III) und N = euklidische Norm.

• 36.2. Die Sätze von Gerschgorin und Heinrich. Der Kreisringsatz

Ein pauschaler Satz von weitreichender Gültigkeit ist der von GERSCHGORIN in der Originalarbeit [182] auf das spezielle Paar $\boldsymbol{A}$; $\boldsymbol{I}$ beschränkte Kreisscheibensatz, der sich indessen ohne Schwierigkeit auf das allgemeine Paar $\boldsymbol{A}$; $\boldsymbol{B}$ verallgemeinern läßt. Mit den RAYLEIGH-Quotienten

$$R_j = \frac{a_{jj}}{b_{jj}}\,; \qquad b_{jj} \neq 0; \qquad j = 1, 2, \ldots, n \tag{2}$$

berechnet man die reellen positiven Zeilen- (bzw. Spalten-)betragssummen

$$\varphi_j = \sum_{k=1}^{n} |a_{jk} - R_j\, b_{jk}|; \qquad \beta_j = \sum_{\substack{k=1\\k\neq j}}^{n} |b_{jk}|\,, \tag{3}$$

$$\hat{\varphi}_j = \sum_{k=1}^{n} |a_{kj} - R_j\, b_{kj}|; \qquad \hat{\beta}_j = \sum_{\substack{k=1\\k\neq j}}^{n} |b_{kj}|\,, \tag{4}$$

die ihrerseits die Größen

$$\varrho_j = \frac{\varphi_j}{b_{jj} - \beta_j}, \quad b_{jj} > \beta_j \quad (5\text{a}), \qquad \hat{\varrho}_j = \frac{\hat{\varphi}_j}{b_{jj} - \hat{\beta}_j}, \quad b_{jj} > \hat{\beta}_j \quad (5\text{b})$$

festlegen. Es gilt dann der

Satz 1: (GERSCHGORIN). *Die n Eigenwerte der [hermiteschen] Matrix $\boldsymbol{F}(\lambda) = \boldsymbol{A} - \lambda\,\boldsymbol{B}$ liegen in der Vereinigungsmenge der n Kreise [reellen Kreisdurchmesser]*

$$|\lambda - R_j| \leqq \varrho_j \quad (6\text{a}), \qquad |\lambda - R_j| \leqq \hat{\varrho}_j; \qquad j = 1, 2, \ldots, n\,. \quad (6\text{b})$$

Da (6a) und (6b) gleichzeitig gelten, müssen die Eigenwerte im Durchschnitt dieser beiden Vereinigungsmengen liegen. Darüberhinaus gilt der

Satz 2: (*Separationssatz*) *Liegen irgend m Kreise (die sich ihrerseits durchsetzen dürfen) von den übrigen getrennt, so liegen in der Vereinigungsmenge dieser m Kreise genau m Eigenwerte.*

Im Extremfall können alle n Kreise isoliert liegen; dann enthält jeder Kreis genau einen Eigenwert.

Die außerordentliche Simplizität des Satzes, der kaum Aufwand erfordert, hat allerdings einen hohen Preis. Nur bei ausgeprägter Diagonaldominanz von $\boldsymbol{A}$ und $\boldsymbol{B}$ sind die Einschließungskreise klein genug, um praktischen Wert zu besitzen, so beispielsweise im Anschluß an die Rotation von JACOBI und ähnliche Verfahren.

Der Satz versagt, wenn $b_{jj} - \beta_j \leqq 0$ bzw. $b_{jj} - \hat{\beta}_j \leqq 0$ ist, weil dann die Singularität der Matrix $\boldsymbol{B}$ nicht ausgeschlossen werden kann, somit einige oder alle Eigenwerte des Paares $\boldsymbol{A}; \boldsymbol{B}$ im Unendlichen liegen könnten. Dieser Fall kann nicht eintreten, wenn $\boldsymbol{B}$ eine reguläre Diagonalmatrix, insbesondere die Einheitsmatrix $\boldsymbol{I}$ ist, weil dann die Subtrahenden im Nenner (5) verschwinden.

Der zu (6) analoge Diagonalsatz [177], der die Spektralnorm benutzt, ist infolge des hohen Rechenaufwandes unpraktikabel, dafür von um so größerem theoretischen Wert; auf ihm basiert unter anderem der für normale Paare gültige Perturbationssatz, den wir im Abschnitt 36.5 für den wichtigen Sonderfall der hermiteschen Paare angeben werden.

Zu einem weiteren pauschalen Satz gelangen wir auf einfachste Weise durch hermitesche Kondensation im Zusammenspiel mit einer geeigneten Spektralverschiebung (Schiftung) nach Λ, sowie Multiplikation der Eigenwertgleichung von links mit $\boldsymbol{L}$ und Einführung neuer Vektoren $\boldsymbol{w}$. Aus

$$\boldsymbol{L}\,\boldsymbol{F}(\Lambda)\,\boldsymbol{R}\,\boldsymbol{w} = \xi\,\boldsymbol{L}\,\boldsymbol{B}\,\boldsymbol{R}\,\boldsymbol{w} \quad \text{mit} \quad \xi = \lambda - \Lambda \quad \text{und} \quad \boldsymbol{x} = \boldsymbol{R}\,\boldsymbol{w} \tag{7}$$

folgt dann

$$\boldsymbol{w}^*\,\boldsymbol{R}^*\,\boldsymbol{F}^*(\Lambda)\,\boldsymbol{L}^*\,\boldsymbol{L}\,\boldsymbol{F}(\Lambda)\,\boldsymbol{R}\,\boldsymbol{w} = \bar{\xi}\,\xi\,\boldsymbol{w}^*\,\boldsymbol{R}^*\,\boldsymbol{B}^*\,\boldsymbol{L}^*\,\boldsymbol{L}\,\boldsymbol{B}\,\boldsymbol{R}\,\boldsymbol{w}\,, \tag{8}$$

und da der zugehörige RAYLEIGH-Quotient

$$\underset{\smile}{\varkappa}^2 \leqq \varkappa_1^2 \leqq \frac{\boldsymbol{w}^*\,\boldsymbol{R}^*\,\boldsymbol{F}^*(\Lambda)\,\boldsymbol{L}^*\,\boldsymbol{L}\,\boldsymbol{F}(\Lambda)\,\boldsymbol{R}\,\boldsymbol{w}}{\boldsymbol{w}^*\,\boldsymbol{R}^*\,\boldsymbol{B}^*\,\boldsymbol{L}^*\,\boldsymbol{L}\,\boldsymbol{B}\,\boldsymbol{R}\,\boldsymbol{w}} \leqq \varkappa_n^2 \leqq \hat{\varkappa}^2\,, \tag{9}$$

begrenzt ist durch die singulären Werte $\varkappa_1^2$ und $\varkappa_n^2$, haben wir den

Satz 3: (*Kreisringsatz*) *Außerhalb des Kreisringes*

$$\underset{\smile}{\varkappa} \leqq |\Lambda - \lambda_j| \leqq \hat{\varkappa} \tag{10}$$

mit dem beliebig wählbaren Mittelpunkt Λ *und den beiden Radien* $\underset{\smile}{\varkappa}$ *und* $\hat{\varkappa}$ *kann kein Eigenwert des Paares* $\boldsymbol{A}; \boldsymbol{B}$ *liegen.*

In der Wahl der beiden regulären Matrizen $\boldsymbol{L}$ und $\boldsymbol{R}$ sind wir nun ganz frei. Setzt man $\boldsymbol{L} = \boldsymbol{R} = \boldsymbol{I}$, somit $\boldsymbol{w} = \boldsymbol{x}$, so geht der Formenquotient (9) über in

$$\varkappa^2 = \frac{\boldsymbol{x}^*\,\boldsymbol{F}^*(\Lambda)\,\boldsymbol{F}(\Lambda)\,\boldsymbol{x}}{\boldsymbol{x}^*\,\boldsymbol{B}^*\,\boldsymbol{B}\,\boldsymbol{x}}\,, \tag{11}$$

und das ist das Paar aus (16.83). Mit $\boldsymbol{L}\,\boldsymbol{B}\,\boldsymbol{R} = \boldsymbol{I}$ dagegen geht der Nenner von (9) über in $\boldsymbol{w}^*\,\boldsymbol{w}$; man vergleiche dazu die Ausführungen des Abschnittes 16.7. Dort zeigten wir anhand eines Beispieles, daß die singulären Werte wesentlich von der Wahl der Matrizen $\boldsymbol{L}$ und $\boldsymbol{R}$ abhängen. Da jedesmal der Satz gültig bleibt, müssen die Eigenwerte des Paares $\boldsymbol{A}; \boldsymbol{B}$ im Durchschnitt der auf diese Weise ermittelten Kreisringgebiete (10) liegen.

Beim speziellen Paar $\boldsymbol{A}; \boldsymbol{I}$ hat der Schiftpunkt

$$\Lambda = \frac{1}{n} \operatorname{Spur} \boldsymbol{A} \tag{12}$$

als Mittelpunkt der n Eigenwerte eine besondere Bedeutung. Wird im Satz 3 die Spektralnorm durch die zwar gröbere, aber leichter zu berechnende euklidische Norm N ersetzt und der Radius

$$\varrho := \|\boldsymbol{F}(\Lambda)\|_N \sqrt{\frac{n-1}{n}} \tag{13}$$

eingeführt, so resultiert unter Verlust des von Eigenwerten freien Innenkreises der

Satz 4: (HEINRICH) *Sämtliche Eigenwerte der speziellen Matrix* $\boldsymbol{F}(\lambda) = \boldsymbol{A} - \lambda \boldsymbol{I}$ *liegen innerhalb oder auf dem Rande des Kreises mit dem Mittelpunkt* Λ (12) *und dem Radius* ϱ (13)

$$|\Lambda - \lambda_j| \leqq \varrho\,. \tag{14}$$

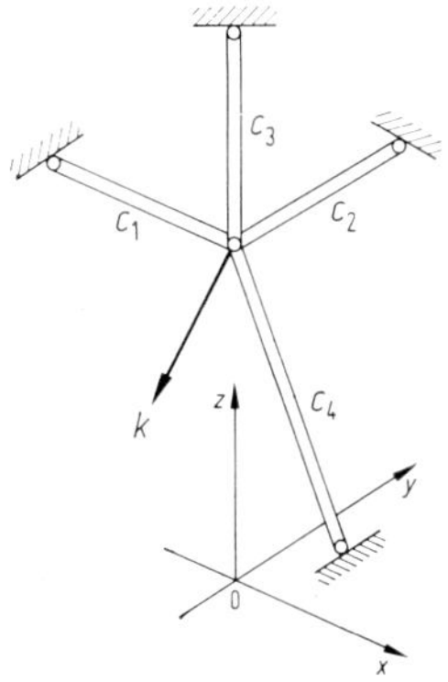

Abb. 36.1. Elastisches Vierbein

Erstes Beispiel. Nach (12.33) berechnet sich die Federmatrix $\boldsymbol{C}$ des elastischen Vierbeines der Abb. 36.1 mit den Richtungsvektoren $\boldsymbol{a}_1 = \boldsymbol{e}_1$, $\boldsymbol{a}_2 = \boldsymbol{e}_2$, $\boldsymbol{a}_3 = \boldsymbol{e}_3$ und $\boldsymbol{a}_4 = (0{,}1 \;\; 0{,}3 \;\; 1)^T$ und den Federzahlen $c_1 = c$, $c_2 = 2\,c$, $c_3 = 5\,c$, $c_4 = c$ als Summe von vier Dyaden

$$\boldsymbol{C} = \sum_{j=1}^{4} c_j \frac{\boldsymbol{a}_j \boldsymbol{a}_j^T}{\boldsymbol{a}_j^T \boldsymbol{a}_j} = \frac{c}{110} \boldsymbol{A}$$

mit

$$\boldsymbol{A} = \begin{pmatrix} 111 & 3 & 10 \\ 3 & 229 & 30 \\ 10 & 30 & 650 \end{pmatrix}.$$

Die drei Eigenfederzahlen $\lambda_j = c_j/110$ sind einzuschließen a) nach GERSCHGORIN, b) nach HEINRICH.

a) Wegen der Symmetrie des Paares $\boldsymbol{A}; \boldsymbol{I}$ ist $\varphi_j = \hat{\varphi}_j$ und $\beta_j = \hat{\beta}_j$ und wegen $\boldsymbol{B} = \boldsymbol{I}$ wird $\beta_j = \hat{\beta}_j = 0$ und $b_{jj} = 1$. Aus (5) folgt demnach $\varrho_j = \varphi_j/1 = \varphi_j$, und damit geht wegen $R_j = a_{jj}$ der Satz (6) über in

$$|\lambda - a_{jj}| \leqq \varphi_j; \qquad j = 1, 2, 3 .$$

Wir berechnen nun die drei Summen (3)

$$|a_{11} - a_{11} \cdot 1| + |3| + |10| = 13; \qquad |3| + |a_{22} - a_{22} \cdot 1| + |30| = 33;$$
$$|10| + |30| + |a_{33} - a_{33} \cdot 1| = 40$$

und haben damit, da die Eigenwerte reell sein müssen, die Einschließungen

$$98 \leqq \lambda_1 \leqq 124 , \qquad 196 \leqq \lambda_2 \leqq 262 , \qquad 610 \leqq \lambda_3 \leqq 690 .$$

b) Nach (12) wird der Schiftpunkt $\Lambda = 330$ und somit

$$\boldsymbol{F}(\Lambda) = \boldsymbol{F}(330) = \boldsymbol{A} - 330 \cdot \boldsymbol{I} = \begin{pmatrix} -219 & 3 & 10 \\ 3 & -101 & 30 \\ 10 & 30 & 320 \end{pmatrix}.$$

Die euklidische Norm ist die Wurzel aus der Summe der $n^2 = 9$ Quadrate der Elemente dieser Matrix, und damit wird der Radius (13)

$$\varrho = \sqrt{162\,580} \cdot \sqrt{\frac{2}{3}} = 329{,}221 \approx 330 .$$

Die Eigenwerte liegen somit innerhalb des Kreises mit dem Mittelpunkt $\Lambda = 330$ nnd dem Radius $\varrho = 330$. Da sie reell sein müssen, gilt mithin die Einschließung

$$0 \leqq \lambda_j \leqq 660 \quad \text{für} \quad j = 1, 2, 3 .$$

Die exakten Werte sind

$$\lambda_1 = 110{,}763\,352 , \qquad \lambda_2 = 226{,}917\,937 , \qquad \lambda_3 = 652{,}318\,738 .$$

Zweites Beispiel. Gegeben ist das Matrizenpaar

$$\boldsymbol{A} = \begin{pmatrix} 12 & 0{,}1 & -0{,}1 \\ 0{,}2 & 15 & 0{,}1 \\ 0{,}1 & 0{,}3 & 20 \end{pmatrix}; \qquad \boldsymbol{B} = \begin{pmatrix} 3 & 0{,}1 & 0{,}1 \cdot i \\ -0{,}1 & 5 & 0{,}1 \\ -0{,}2 & 0 & 4 \end{pmatrix}.$$

Die Eigenwerte sind mit Hilfe des Satzes von Gerschgorin einzuschließen.

1. Zeilenweise. Wir berechnen als erstes aus der Matrix $\boldsymbol{B}$ die Größen β_j (3) und damit die Nenner aus (5):

$$\beta_1 = |0{,}1| + |0{,}1 \cdot i| = 0{,}1 + 0{,}1 = 0{,}2 \quad \to N_1 = b_{11} - \beta_1 = 3 - 0{,}2 = 2{,}8 ,$$
$$\beta_2 = |-0{,}1| + |0{,}1| = 0{,}1 + 0{,}1 = 0{,}2 \quad \to N_2 = b_{22} - \beta_2 = 5 - 0{,}2 = 4{,}8 ,$$
$$\beta_3 = |-0{,}2| + |0| = 0{,}2 + 0 = 0{,}2 \quad \to N_3 = b_{33} - \beta_3 = 4 - 0{,}2 = 3{,}8 .$$

Da alle drei Nenner positiv sind, ist der Satz anwendbar. Die drei Mittelpunkte sind die Rayleigh-Quotienten $R_1 = 12/3 = 4$, $R_2 = 15/5 = 3$ und $R_3 = 20/4 = 5$. Als nächstes werden die Größen φ_j(3) und damit die Zähler aus (5) berechnet:

$$\boldsymbol{a}^1 - R_1 \boldsymbol{b}^1 = \boldsymbol{a}^1 - 4\, \boldsymbol{b}^1$$
$$= (12 \quad 0{,}1 \quad -0{,}1) - 4 \cdot (\ 3 \quad 0{,}1 \quad 0{,}1 \cdot i) = (0 \quad -0{,}3 \quad -0{,}1 - 0{,}4 \cdot \mathrm{i}) ,$$
$$\boldsymbol{a}^2 - R_2 \boldsymbol{b}^2 = \boldsymbol{a}^2 - 3\, \boldsymbol{b}^2$$
$$= (0{,}2 \quad 15 \quad 0{,}1) - 3 \cdot (-0{,}1 \quad 5 \quad 0{,}1\ ) = (0{,}5 \quad 0 \quad -0{,}2\ ) ,$$
$$\boldsymbol{a}^3 - R_3 \boldsymbol{b}^3 = \boldsymbol{a}^3 - 5\, \boldsymbol{b}^3$$
$$= (0{,}1 \quad 0{,}3 \quad 20) - 5 \cdot (-0{,}2 \quad 0 \quad 4\ ) = (1{,}1 \quad 0{,}3 \quad 0\ ) ,$$

$$\varphi_1 = 0 + 0{,}3 + \sqrt{0{,}17} = 0{,}71231 \rightarrow \varrho_1 = \varphi_1/N_1 = 0{,}71231/2{,}8 = 0{,}2544\,,$$
$$\varphi_2 = 0{,}5 + 0 + 0{,}2 = 0{,}7 \rightarrow \varrho_2 = \varphi_2/N_2 = 0{,}7/4{,}8 = 0{,}1459\,,$$
$$\varphi_3 = 1{,}1 + 0{,}3 + 0 = 1{,}4 \rightarrow \varrho_3 = \varphi_3/N_3 = 1{,}4/3{,}8 = 0{,}3685\,,$$

wo die drei Zeilenradien zur Sicherheit nach oben aufgerundet wurden. Die Abb. 36.2 zeigt die drei Einschließungskreise.

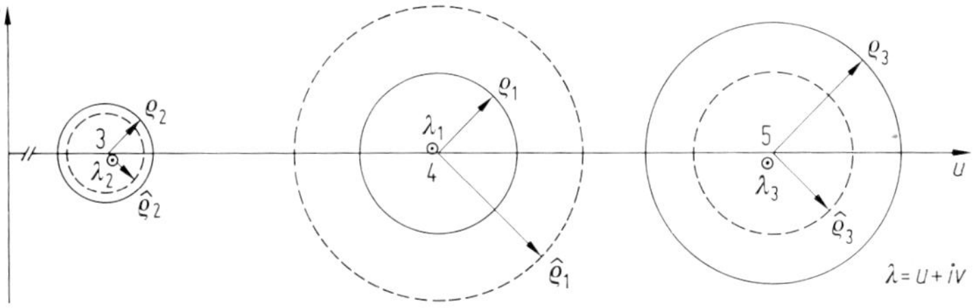

Abb. 36.2. GERSCHGORIN-Kreise für ein dreireihiges Matrizenpaar

2. Spaltenweise. Hier bekommt man mit den Nennern $N_1 = 2{,}7$, $N_2 = 4{,}9$ und $N_3 = 3{,}8$ und den gleichen Mittelpunkten R_1, R_2, R_3 wie oben die Radien

$$\hat{\varrho}_1 = \frac{5}{9} = 0{,}5556\,, \qquad \hat{\varrho}_2 = 0{,}1021\,, \qquad \hat{\varrho}_3 = 0{,}2395\,.$$

Die zugehörigen Kreise sind gestrichelt eingezeichnet. Die drei Eigenwerte

$$\lambda_1 = 3{,}9929 + 0{,}0314\,i\,, \qquad \lambda_2 = 3{,}0084 - 0{,}0005\,i\,, \qquad \lambda_3 = 4{,}9905 - 0{,}0468\,i$$

liegen im jeweils kleineren Kreis, wie es sein muß.

36.3. Einschließung isolierbarer Eigenwerte bei Diagonaldominanz

Der Satz von GERSCHGORIN [182] wie der Diagonalsatz [177] leiden an einem beträchtlichen Schönheitsfehler: je ausgeprägter die Diagonaldominanz des Paares $\boldsymbol{A}; \boldsymbol{B}$, um so mehr überschätzen sie die wahre Entfernung des Eigenwertes vom Kreismittelpunkt. Diese Informationseinbuße liegt in der Beweisführung begründet, die nicht ausschließt, daß die n Komponenten des zu λ_j gehörigen Eigenvektors $\boldsymbol{x}_j$ sämtlich auf einem Kreis um den Nullpunkt der komplexen Zahlenebene liegen, während bei Diagonaldominanz, sofern λ_j ein einfacher Eigenwert ist, $\boldsymbol{x}_j$ sich vom Einheitsvektor $\boldsymbol{e}_j$ bzw. $\alpha_j\,\boldsymbol{e}_j$ nur wenig unterscheidet, mithin gerade die diametrale Situation vorliegt. Wird dieser Umstand mit ins Kalkül gezogen, so resultieren sehr viel schärfere Aussagen bei kaum nennenswertem Mehraufwand, siehe dazu [180] und die Arbeit von SCHNEIDER [194].

• 36.4. Quotientensätze. Der Rayleigh-Quotient

Die erfüllte Eigenwertgleichung $\boldsymbol{A}\,\boldsymbol{x} = \lambda\,\boldsymbol{B}\,\boldsymbol{x}$ schreibt sich mit den beiden Bildvektoren

$$\boldsymbol{A}\,\boldsymbol{x} =: \boldsymbol{a} = (a_1\,a_2\,...\,a_n)^T\,; \qquad \boldsymbol{B}\,\boldsymbol{x} =: \boldsymbol{b} = (b_1\,b_2\,...\,b_n)^T \qquad (15)$$

komponentenweise $a_j = \lambda\, b_j$ oder auch in leicht verständlicher Notation

$$[\boldsymbol{A}\,\boldsymbol{x}]_j = \lambda [\boldsymbol{B}\,\boldsymbol{x}]_j\,. \tag{16}$$

Ist nun $\boldsymbol{z}$ ein Näherungsvektor, so gelten analoge Gleichungen $[\boldsymbol{A}\,\boldsymbol{z}]_j = q_j[\boldsymbol{B}\,\boldsymbol{z}]_j$ mit dem Unterschied, daß die Quotienten q_j im Gegensatz zu λ im allgemeinen voneinander verschieden sind, und es ist zu vermuten, daß im Streubereich dieser Quotienten sich auch jener Eigenwert befindet, für dessen Eigenvektor $\boldsymbol{z}$ eine Näherung ist. Allerdings müssen wir alle Gleichungen der Form $0 = q_j \cdot 0$ ausschließen, deren Umkehrung nicht möglich ist; die verbleibenden $k \leqq n$ Quotienten

$$q_j = \frac{[\boldsymbol{A}\,\boldsymbol{z}]_j}{[\boldsymbol{B}\,\boldsymbol{z}]_j}\,; \qquad j = 1, 2, \ldots, k; \qquad k \leqq n \tag{17}$$

nennen wir definiert. Es gilt dann für normale Matrizenpaare $\boldsymbol{A}; \boldsymbol{D}$ der

Satz 5: *Jeder Kreis der komplexen Zahlenebene, der sämtliche $k \leqq n$ definierten Quotienten q_j enthält, enthält auch mindestens einen Eigenwert des normalen Paares $\boldsymbol{A}; \boldsymbol{D}$.*

Ist $\boldsymbol{A}$ hermitesch, so sind die Eigenwerte reell, und wir können schreiben

$$q_{\min} \leqq \lambda \leqq q_{\max}\,. \tag{18}$$

Das ist der Einschließungssatz von Collatz [169], der sogar noch für eine gewisse nichtnormale Klasse von Matrizenpaaren $\boldsymbol{A}; \boldsymbol{D}$ gültig ist.

Liegt ein allgemeines normales Paar vor, so macht man vorweg die Äquivalenztransformation

$$\boldsymbol{L}\,\boldsymbol{A}\,\boldsymbol{R} = \tilde{\boldsymbol{A}}\,, \qquad \boldsymbol{L}\,\boldsymbol{B}\,\boldsymbol{R} = \boldsymbol{D}_B \quad \text{mit} \quad \boldsymbol{w} = \boldsymbol{R}\,\boldsymbol{z} \tag{19}$$

und wendet den Satz auf das Paar $\tilde{\boldsymbol{A}}; \boldsymbol{D}_B$ an, oder aber, wenn man den Näherungsvektor $\boldsymbol{z}$ beibehalten möchte, so gilt auch für die definierten Quotienten

$$q_j = \frac{[\boldsymbol{L}\,\boldsymbol{A}\,\boldsymbol{z}]_j}{[\boldsymbol{L}\,\boldsymbol{B}\,\boldsymbol{z}]_j}\,; \qquad j = 1, 2, \ldots, k; \qquad k \leqq n \tag{20}$$

der Satz 5, wie in [173] gezeigt wurde.

Quotientensätze sind infolge ihrer außerordentlichen Einfachheit besonders wertvoll bei abgeänderten Paaren. Man geht dann mit den Eigenvektoren des Originalpaares in die Sätze ein und erzielt im allgemeinen recht brauchbare Einschließungen bei minimalem Rechenaufwand.

Wir fragen jetzt, ob es einen Zusammenhang zwischen den hier betrachteten Quotienten q_j und dem uns längst bekannten Rayleigh-Quotienten R gibt. Um der Antwort näherzukommen, fassen wir den Quotienten q_j auf als die Steigung einer durch den Nullpunkt gehenden Geraden $g_j(\lambda) = q_j\,\lambda$ nach Abb. 36.3a, wo jeder Abszisse $[\boldsymbol{D}\,\boldsymbol{z}]_j$ der reellen λ-Achse die Ordinate $[\boldsymbol{A}\,\boldsymbol{z}]_j$ zugeordnet wurde, so daß in der Tat $g_j(\lambda) = q_j\,\lambda$ gilt. Führt man dies für alle k definierten Quotienten durch, so entsteht ein wohlbestimmtes Geradenbüschel, und nun lautet die geometrische Interpretation des Satzes von COLLATZ: zwischen den beiden Grenzgeraden $\underset{\smile}{g}(\lambda) = q_{\min}\,\lambda$ und $\widehat{g}(\lambda) = q_{\max}\,\lambda$ der Abb. 36.3a liegt mindestens eine Gerade mit der Steigung λ_k.

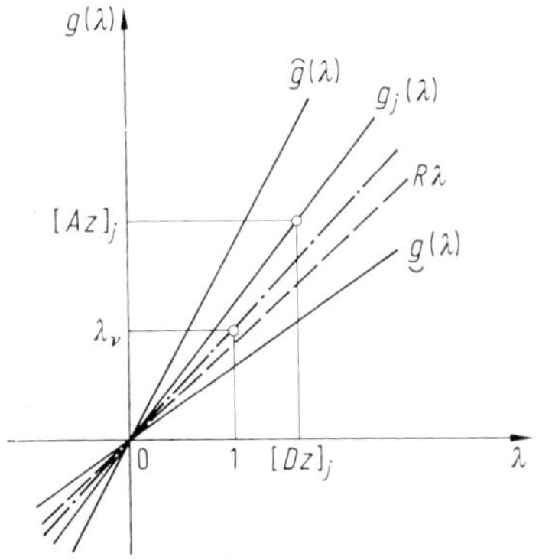

Abb. 36.3a. Die RAYLEIGH-Gerade als beste Näherung im Sinne der Ausgleichsrechnung

Nun erinnern wir uns, daß es eine „beste" Gerade im Sinne der Ausgleichsrechnung auf der Grundlage der Methode der kleinsten Quadrate von GAUSS gibt, beschrieben im Abschnitt 12.1, ferner in [43, S. 314]. Faßt man die Abszissen $[\boldsymbol{D}\,\boldsymbol{z}]_j$ als gegeben und damit als fehlerfrei und die Ordinaten $[\boldsymbol{A}\,\boldsymbol{z}]_j$ als berechnet und damit als fehlerbehaftet auf, so ist nach den dort abgeleiteten Gesetzen die Ausgleichsgerade $g_R(\lambda) = R\,\lambda$, und dies erklärt ein weiteres Mal die außerordentliche Güte des RAYLEIGH-Quotienten selbst bei nur schlecht geschätztem Näherungsvektor $\boldsymbol{z}$. Einschließungen mit Hilfe des RAYLEIGH-Quotienten werden wir im Abschnitt 36.5 beschreiben.

Dazu ein einfaches Beispiel. Es sei $\boldsymbol{D} = \boldsymbol{I}$ und $\boldsymbol{A}$ reellsymmetrisch.

$$\boldsymbol{A} = \begin{pmatrix} a & 1 & 0 \\ 1 & 0 & 1 \\ 0 & 1 & 0 \end{pmatrix}.$$

Für $a = 0$ ist $\boldsymbol{x} = (1 \;\; 0 \;\; -1)^T$ Eigenvektor zum Eigenwert Null, wie man leicht nachprüft. Wir wählen $\boldsymbol{z} = \boldsymbol{x}$ als Näherungsvektor und bekommen

$$\boldsymbol{A}\,\boldsymbol{z} = (a \quad 0 \quad 0)^T\,, \qquad \boldsymbol{I}\,\boldsymbol{z} = \boldsymbol{z} = (1 \quad 0 \quad -1)^T\,.$$

Der zweite Quotient $q_2 = 0/0$ ist nicht definiert und spielt daher im folgenden nicht mit. Es verbleibt $q_1 = a/1 = a$, $q_3 = 0/1 = 0$, also liegt nach dem Satz von COLLATZ im Bereich zwischen 0 und a mindestens ein Eigenwert, wovon der Leser sich überzeugen möge.

Wir tragen nun die beiden Punktepaare (1; a) und (−1; 0) auf und haben damit die beiden definierten Geraden der Abb. 36.3b. Der RAYLEIGH-Quotient ist $R = a/2$ und liegt zwischen diesen beiden Grenzgeraden, wie es sein muß.

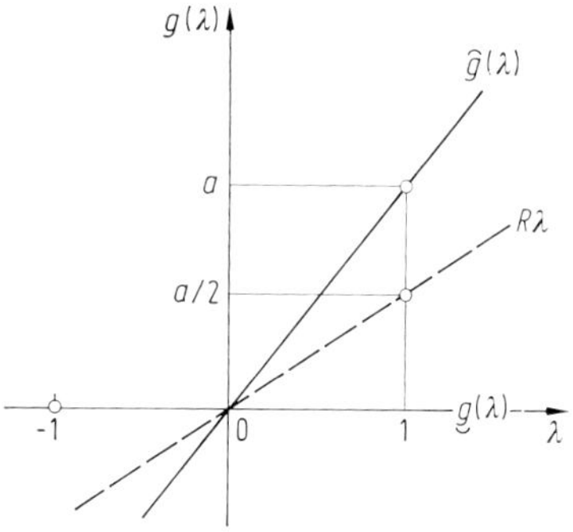

Abb. 36.3b. Die RAYLEIGH-Gerade zwischen zwei Grenzgeraden

• 36.5. Der Satz von Krylov und Bogoljubov und seine Verschärfung von Temple

Dieser Satz gilt ausschließlich für normale Matrizenpaare $\boldsymbol{A}; \boldsymbol{B}$, die somit dem äußeren Kriterium (16.35) genügen

$$\boldsymbol{A}^* \boldsymbol{B}^{-1} \boldsymbol{A} = \boldsymbol{A} \boldsymbol{B}^{-1} \boldsymbol{A}^*; \qquad \boldsymbol{B} = \boldsymbol{B}^* \text{ pos. def.} \tag{21}$$

und geht aus von einem RITZ-Ansatz mit $m < n$ linear unabhängigen Näherungsvektoren

$$(\boldsymbol{z}_1\, \boldsymbol{z}_2 \ldots \boldsymbol{z}_m) = \boldsymbol{Z} \tag{22}$$

und der daraus gewonnenen Ersatz-Eigenwertaufgabe, dem Kondensat

$$(\boldsymbol{Z}^* \boldsymbol{A} \boldsymbol{Z} - \varrho\, \boldsymbol{Z}^* \boldsymbol{B} \boldsymbol{Z})\, \boldsymbol{a} = \boldsymbol{o} \to \varrho_1, \varrho_2, \ldots, \varrho_m\,. \tag{23}$$

Sei zunächst $\boldsymbol{A}$ hermitesch, dann sind die Werte ϱ_j reell, und nach dem Maximum-Minimum-Prinzip (26.19) besteht die Eingrenzung

$$\lambda_j \leqq \varrho_j; \qquad j = 1, 2, \ldots, m\,. \tag{24}$$

Ist nun das Paar normal, so sind die Eigenwerte im allgemeinen komplex (genauer: mindestens ein Eigenwert muß komplex ausfallen). Mit einem beliebig wählbaren Schiftpunkt Λ hat dann nach (16.41) das korrespondierende Paar $\boldsymbol{F}^*(\Lambda)\, \boldsymbol{B}^{-1} \boldsymbol{F}(\Lambda); \boldsymbol{B}$ die Eigenwerte

$$\delta_j^2 = |\lambda_j - \Lambda|^2; \qquad j = 1, 2, \ldots, n \tag{24a}$$

zu den gleichen Eigenvektoren $\boldsymbol{x}_j$ des Paares $\boldsymbol{A}; \boldsymbol{B}$. Die Aussage (24) geht damit über in den

Satz 6: (KRYLOV/BOGOLJUBOV) *Das Kondensat* $\boldsymbol{Z}^* \boldsymbol{F}^*(\Lambda)\, \boldsymbol{B}^{-1} \boldsymbol{F}(\Lambda)\, \boldsymbol{Z}$; $\boldsymbol{Z}^* \boldsymbol{B} \boldsymbol{Z}$ *der Ordnung* $m < n$ *habe die* m *Eigenwerte*

$$0 \leqq \Delta_1^2 \leqq \Delta_2^2 \leqq \cdots \leqq \Delta_m^2\,, \tag{25}$$

dann liegen im Kreis mit dem beliebig wählbaren Mittelpunkt Λ und dem Radius Δ_j mindestens j Eigenwerte des normalen Paares $\boldsymbol{A}$; $\boldsymbol{B}$:

$$|\lambda_j - \Lambda|^2 \leqq \Delta_j^2; \qquad j = 1, 2, \ldots, m . \tag{26}$$

Für $m = 1$ ist das Kondensat skalar und liefert als einzigen Eigenwert

$$\delta^2 = \frac{\boldsymbol{z}^* \boldsymbol{F}^*(\Lambda)\, \boldsymbol{B}^{-1}\, \boldsymbol{F}(\Lambda)\, \boldsymbol{z}}{\boldsymbol{z}^* \boldsymbol{B} \boldsymbol{z}} = \frac{\boldsymbol{d}^* \boldsymbol{B}^{-1} \boldsymbol{d}}{\boldsymbol{z}^* \boldsymbol{B}\, \boldsymbol{z}} \quad \text{mit} \quad \boldsymbol{d} := \boldsymbol{F}(\Lambda)\, \boldsymbol{z} , \tag{27}$$

und dies ist nichts anderes als das normierte Defektquadrat (25.61), das nach Abb. 25.3b im RAYLEIGH-Quotienten $\boldsymbol{R} = \boldsymbol{z}^* \boldsymbol{A}\, \boldsymbol{z} / \boldsymbol{z}^* \boldsymbol{B}\, \boldsymbol{z}$ seinen minimalen Wert annimmt. Wir haben damit den

Satz 7: *Im Kreis mit dem Mittelpunkt $\Lambda = R$ und dem Radius δ_R liegt mindestens ein Eigenwert des normalen Paares $\boldsymbol{A}$; $\boldsymbol{B}$.*

Wählt man n Näherungsvektoren $\boldsymbol{z}_1, \ldots, \boldsymbol{z}_n$ und liegen die zugehörigen n Kreise getrennt, so gilt, da es insgesamt nur n Eigenwerte gibt und jeder Kreis mindestens einen Eigenwert enthalten muß, anstelle von Satz 7 sehr viel schärfer: im Kreis mit dem Mittelpunkt R_j und dem Radius δ_j liegt *genau* ein Eigenwert des normalen Paares $\boldsymbol{A}$; $\boldsymbol{B}$.

Ist das Paar $\boldsymbol{A}$; $\boldsymbol{B}$ diagonaldominant (z.B. nach einer Anzahl von JACOBI-Rotationen), so sind die n Einheitsvektoren $\boldsymbol{e}_1, \ldots, \boldsymbol{e}_n$ brauchbare Näherungen und geben mit minimalem Rechenaufwand oft hervorragende Einschließungen.

Von TEMPLE [196] stammt eine Verschärfung des Satzes von KRYLOV/BOGOLJUBOV (26) für den Fall, daß ein Kreis mit dem Mittelpunkt R_j und dem Radius $h_j > \delta_j$ existiert, der seinerseits den Eigenwert λ_j als einzigen enthält. Unter dieser Voraussetzung gilt der

Satz 8: (TEMPLE) *Ist $h_j > \delta_j = \boldsymbol{d}^* \boldsymbol{B}^{-1} \boldsymbol{d} / \boldsymbol{z}^* \boldsymbol{B}\, \boldsymbol{z}$ mit $\boldsymbol{d} := \boldsymbol{F}(\Lambda)\, \boldsymbol{z}$ und existiert ein Kreis K_j mit dem Mittelpunkt $R_j = \boldsymbol{z}^* \boldsymbol{A}\, \boldsymbol{z} / \boldsymbol{z}^* \boldsymbol{B}\, \boldsymbol{z}$ und dem Radius h_j, der $n - 1$ Eigenwerte außerhalb läßt, so gilt die Einschließung*

$$|\lambda_j - R_j| \leqq \delta_j^2 / h_j < \delta_j . \tag{28}$$

Diese Situation ist sichergestellt, wenn die übrigen $n - 1$ Eigenwerte aufgrund irgendeines Satzes in Kreise eingeschlossen wurden wie in Abb. 36.4a dargestellt.

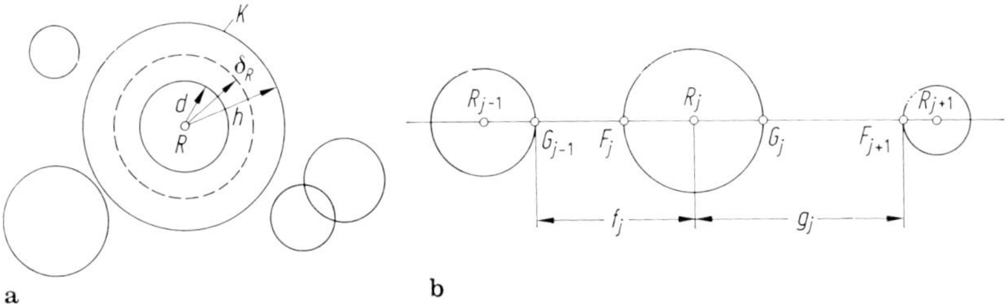

a b

Abb. 36.4. a) Zum Satz von TEMPLE; b) der Satz von TEMPLE für hermitesche Paare

Ist auch $\boldsymbol{A}$ hermitesch, so liegen die RAYLEIGH-Quotienten auf der reellen Achse, und es gilt mit den Bezeichnungen von Abb. 36.4b anstelle von (28) die Einschließung

$$\boxed{R_j - \delta_j^2/g_j \leqq \lambda_j \leqq R_j + \delta_j^2/f_j} \,. \tag{29}$$

Liegen alle n Kreise getrennt, so verbessert man zunächst die oberen Schranken G_j in der Reihenfolge $G_1, G_2, \ldots, G_n$ mit $g_n = +\infty$, sodann die unteren Schranken in der Reihenfolge $F_n, F_{n-1}, \ldots, F_1$ mit $f_1 = -\infty$ und gewinnt dadurch die optimale Einschließung, die mit n Näherungsvektoren $\boldsymbol{z}_1, \boldsymbol{z}_2, \ldots, \boldsymbol{z}_n$ ohne zusätzliche Information bzw. weiteren Rechenaufwand überhaupt erreichbar ist.

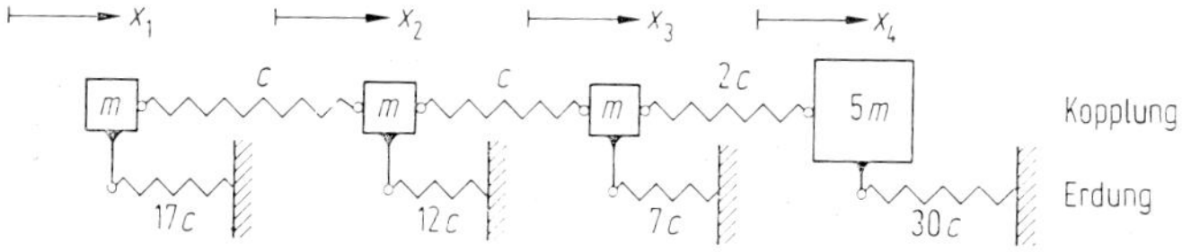

Abb. 36.5. Schwingerkette mit vier Freiheitsgraden

Wir rechnen ein Beispiel. Die Eigenkreisfrequenzen ν_j der Schwingerkette von Abb. 36.5 sind einzuschließen. Wir summieren die Federmatrizen $\boldsymbol{C}_e$ und $\boldsymbol{C}_k$ (Erdung und Kopplung) zur Gesamtfedermatrix

$$\boldsymbol{C} = \boldsymbol{C}_e + \boldsymbol{C}_k = \begin{pmatrix} 17 & 0 & 0 & 0 \\ 0 & 12 & 0 & 0 \\ 0 & 0 & 7 & 0 \\ 0 & 0 & 0 & 30 \end{pmatrix} c + \begin{pmatrix} 1 & -1 & 0 & 0 \\ -1 & 2 & -1 & 0 \\ 0 & -1 & 3 & -2 \\ 0 & 0 & -2 & 2 \end{pmatrix} c\,,$$

$$\boldsymbol{C} = \begin{pmatrix} 18 & -1 & 0 & 0 \\ -1 & 14 & -1 & 0 \\ 0 & -1 & 10 & -2 \\ 0 & 0 & -2 & 32 \end{pmatrix} c = \boldsymbol{A}\, c$$

und haben mit der Massenmatrix

$$\boldsymbol{M} = \begin{pmatrix} 1 & 0 & 0 & 0 \\ 0 & 1 & 0 & 0 \\ 0 & 0 & 1 & 0 \\ 0 & 0 & 0 & 5 \end{pmatrix} m = \boldsymbol{B}\, m$$

die dimensionslos gemachte reellsymmetrische Eigenwertaufgabe

$$(\boldsymbol{A} - \lambda \boldsymbol{B})\, \boldsymbol{x} = \boldsymbol{o} \quad \text{mit} \quad \lambda = \nu^2\, m/c$$

und

$$\boldsymbol{x} = \begin{pmatrix} \dfrac{x_1}{l} & \dfrac{x_2}{l} & \dfrac{x_3}{l} & \dfrac{x_4}{l} \end{pmatrix}^T,$$

wo l eine beliebig wählbare Vergleichslänge ist.

Da ausgeprägte Diagonaldominanz vorliegt, sind die Einheitsvektoren geeignete Näherungen $\boldsymbol{e}_j = \boldsymbol{z}_j$. Damit werden die RAYLEIGH-Quotienten ohne Rechnung

$R_j = a_{jj}/b_{jj}$, und die Defekte sind

$$\boldsymbol{d}_j = (\boldsymbol{A} - R_j \boldsymbol{B})\, \boldsymbol{z}_j = (\boldsymbol{A} - R_j \boldsymbol{B})\, \boldsymbol{e}_j = \boldsymbol{a}_j - R_j \boldsymbol{b}_j; \qquad j = 1, 2, 3, 4 .$$

Zum Beispiel ist

$$\boldsymbol{d}_3 = \begin{pmatrix} 0 \\ -1 \\ 10 \\ -2 \end{pmatrix} - \frac{10}{1} \begin{pmatrix} 0 \\ 0 \\ 1 \\ 0 \end{pmatrix} = \begin{pmatrix} 0 \\ -1 \\ 0 \\ -2 \end{pmatrix},$$

$$\delta_3^2 = \frac{\boldsymbol{d}_3^T \boldsymbol{B}^{-1} \boldsymbol{d}_3}{\boldsymbol{z}_3^T \boldsymbol{B} \boldsymbol{z}_3} = \frac{\boldsymbol{d}_3^T \boldsymbol{B}^{-1} \boldsymbol{d}_3}{b_{33}} = 1{,}8\,, \qquad \delta_3 = 1{,}3416\,.$$

Eine flüchtige Skizze zeigt, daß alle vier Einschließungsgebiete getrennt liegen, mithin gilt die verschärfte Einschließung (29) mit Hilfe der Rechts- und Linksabstände g_j und f_j nach Abb. 36.4b, wo $g_4 = +\infty$ und $f_1 = -\infty$ gesetzt werden darf, da garantiert links von R_1 ebenso wie rechts von R_4 kein Eigenwert liegen kann. Die Ergebnisse zeigt die folgende kleine Tabelle mit der Abkürzung $\beta_j := \boldsymbol{d}_j^T \boldsymbol{B}^{-1} \boldsymbol{d}_j$.

j	R_j	β_j	δ_j^2	δ_j	g_j	f_j	$R_j - \frac{\delta_j^2}{g_j} \leqq \lambda_j \leqq R_j + \frac{\delta_j^2}{f_j}$	λ_j exakt
1	18	1	1	1	$+\infty$	3,4286	$18 \leqq \lambda_1 \leqq 18{,}2917$	18,2427
2	14	2	2	1,4142	4	3,5	$13{,}5 \leqq \lambda_2 \leqq 14{,}5714$	14,0060
3	10	1,8	1,8	1,3416	3,5	3,6	$9{,}4857 \leqq \lambda_3 \leqq 10{,}5$	9,9683
4	6,4	4	0,8	0,8944	3,0857	$-\infty$	$6{,}1407 \leqq \lambda_4 \leqq 6{,}4$	6,1831

• 36.6. Der Perturbationssatz für hermitesche Paare

Die Eigenwerte λ_j eines hermiteschen Paares $\boldsymbol{A}; \boldsymbol{B}$ mit $\boldsymbol{B}$ pos. def. seien bekannt, und gesucht sind die Eigenwerte $\tilde{\lambda}_j$ eines abgeänderten (gestörten, benachbarten) Paares $\boldsymbol{A} + \boldsymbol{S}; \boldsymbol{B} + \boldsymbol{T}$, wo auch $\boldsymbol{S}$ und $\boldsymbol{T}$ hermitesch sind. Sei zunächst $\boldsymbol{S} = s\,\boldsymbol{B}$ und $\boldsymbol{T} = t\,\boldsymbol{B}$, dann lassen sich alle vier Matrizen simultan auf die Diagonalmatrix der Eigenterme transformieren

$$\boldsymbol{X}^*(\boldsymbol{A} - \tilde{\lambda}\,\boldsymbol{B} + \boldsymbol{S} - \tilde{\lambda}\,\boldsymbol{T})\,\boldsymbol{X} = \boldsymbol{D}\mathrm{iag}\,\langle \lambda_j - \tilde{\lambda} + s - \tilde{\lambda}\,t \rangle\,, \qquad (30)$$

die gleich Null gesetzt die n Eigenwerte

$$\tilde{\lambda}_j = \frac{\lambda_j + s}{1 + t}\,; \qquad j = 1, 2, \ldots, n \qquad (31)$$

liefern, ein Ergebnis, das man auch so ausdrücken kann: man bringe die n Eigengeraden $\lambda_j - \lambda$ des Paares $\boldsymbol{A}; \boldsymbol{B}$ zum Schnitt mit der Geraden $-s + \lambda\, t$. Die Abszissen der n Schnittpunkte P_j sind dann die Eigenwerte $\tilde{\lambda}_j$ des gestörten Paares nach Abb. 36.6.

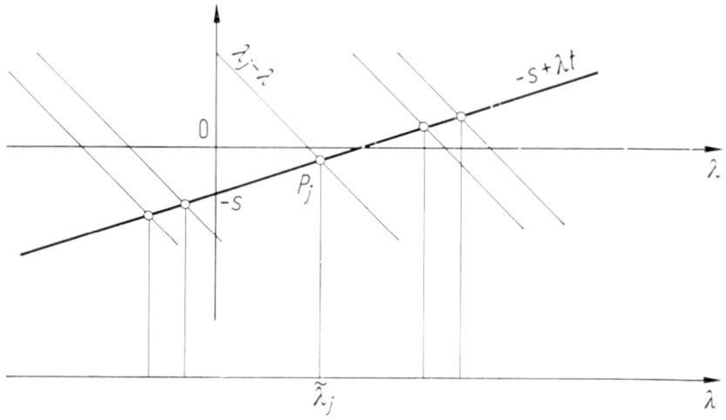

Abb. 36.6. Zum Perturbationssatz

Im allgemeinen Fall treten an die Stelle der Skalare s und t äußere Schranken für die Wertebereiche der beiden Paare $\boldsymbol{S}; \boldsymbol{B}$ und $\boldsymbol{T}; \boldsymbol{B}$ nach Abb. 36.8. Man hat jetzt die Eigengeraden $\lambda_j - \lambda$ des Paares $\boldsymbol{A}; \boldsymbol{B}$ zu schneiden mit dem in Abb. 36.7 getönten Gebiet, das begrenzt wird von vier Geraden, die festgelegt sind durch die äußeren Schranken s und S sowie t und T.

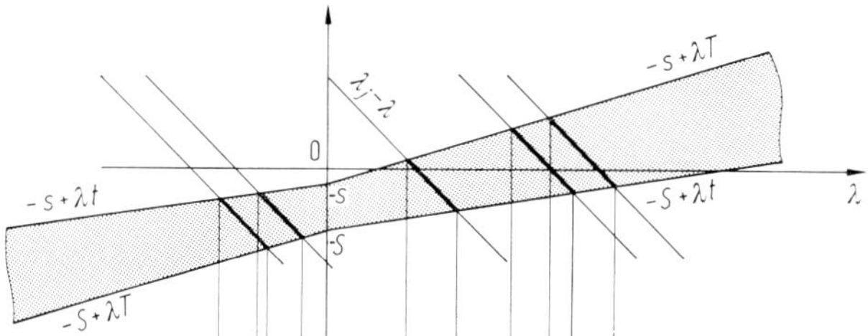

Abb. 36.7. Zum Perturbationssatz

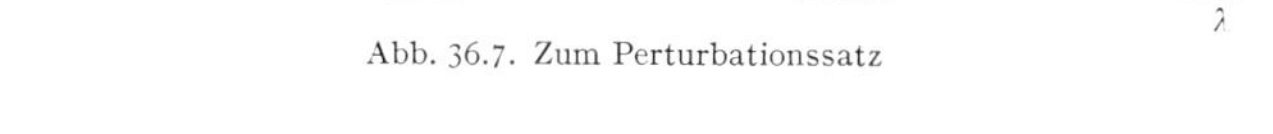

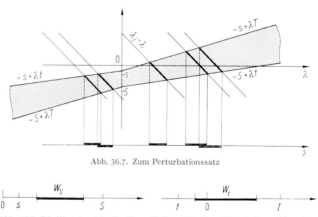

Abb. 36.8. Die Wertebereiche der Paare $\boldsymbol{S}; \boldsymbol{B}$ und $\boldsymbol{T}; \boldsymbol{B}$ und ihre äußeren Schranken

Die Vereinigungsmenge der Projektionen der stark ausgezeichneten Geradenabschnitte auf die λ-Achse enthält dann sämtliche Eigenwerte des gestörten Paares. Liegt die Vereinigungsmenge von $m < n$ solcher Projektionen von den übrigen getrennt, so enthält sie genau m Eigenwerte. Man vergleiche diese Aussage mit dem Satz von Gerschgorin in Abschnitt 36.2.

Der Perturbationssatz erlaubt eine nützliche Anwendung auf geränderte Paare, deren Ränder als Störung aufgefaßt werden

$$\boldsymbol{F}(\lambda) = \begin{pmatrix} f_{11}(\lambda) & \boldsymbol{o}^T \\ \boldsymbol{o} & \boldsymbol{F}_{22}(\lambda) \end{pmatrix} + \boldsymbol{S} + \lambda\, \boldsymbol{T}\,, \quad \boldsymbol{S} = \begin{pmatrix} 0 & \boldsymbol{a}_{21}^* \\ \boldsymbol{a}_{21} & \boldsymbol{O} \end{pmatrix}, \quad \boldsymbol{T} = \begin{pmatrix} 0 & \boldsymbol{b}_{21}^* \\ \boldsymbol{b}_{21} & \boldsymbol{O} \end{pmatrix}. \tag{32}$$

Beide Matrizen haben offensichtlich den Rang $n - 2$, und die äußeren Schranken der Wertebereiche der Paare $\boldsymbol{S}; \boldsymbol{B}$ bzw. $\boldsymbol{T}; \boldsymbol{B}$ sind die beiden einzigen von Null verschiedenen Eigenwerte

$$s = -\alpha\,, \qquad S = +\alpha; \qquad t = -\beta\,, \qquad T = +\beta \tag{33}$$

mit

$$\alpha := \boldsymbol{a}_{21}^* \, \boldsymbol{B}_{22}^{-1} \, \boldsymbol{a}_{21}\,, \qquad \beta := \boldsymbol{b}_{21}^* \, \boldsymbol{B}_{22}^{-1} \, \boldsymbol{b}_{21}\,, \tag{34}$$

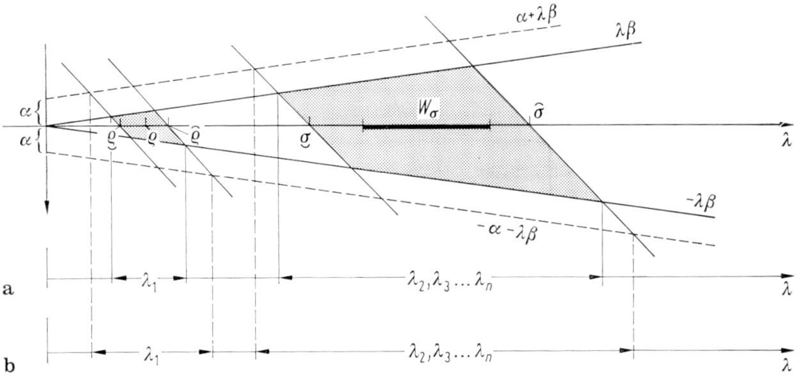

Abb. 36.9. Eigenwerte einer geränderten Matrix. a) Rand allein in $\boldsymbol{B}$; b) Ränder in $\boldsymbol{A}$ und $\boldsymbol{B}$

wie eine einfache Rechnung zeigt. Nach Abb. 36.9 besteht damit ein einfacher Zusammenhang zwischen den Teilspektren ϱ des Paares $a_{11}; b_{11}$ und $\sigma_1, \ldots, \sigma_{n-1}$ des Paares $\boldsymbol{A}_{22}; \boldsymbol{B}_{22}$ und $\lambda_1, \ldots, \lambda_n$. Wurde speziell $\boldsymbol{A}$ bereinigt, so ist mit $\boldsymbol{a}_{21} = \boldsymbol{o}$ auch $\alpha = 0$ und somit $s = S = 0$. Bestehen die Ränder aus Blöcken, so gelten ähnlich einfache Zusammenhänge.

Oft wird man das Spektrum des ungestörten Paares $\boldsymbol{A}; \boldsymbol{B}$ nur angenähert kennen; auch dann leistet der Perturbationssatz nützliche Dienste, wie der Leser sich leicht klarmacht.

Der Beweis des Satzes erfolgt über den Diagonalsatz [177] und ist unschwer auf drei bezüglich $\boldsymbol{B}$ normale Matrizen $\boldsymbol{A}$, $\boldsymbol{S}$ und $\boldsymbol{T}$ zu verallgemeinern, wie in [180] vorgeführt.

Dazu ein Beispiel. Das in Abb. 36.10 skizzierte Schwingungssystem habe die Eigenwerte $\lambda_j = \nu_j^2 \, m/c$. Alle n Massen werden um 5 bis 10% vergrößert (verkleinert), die Koppelfeder c_{12} um p % vergrößert. Was ist über das Spektrum des so abgeänderten Systems zu sagen?

Zunächst die Änderung der Massen. Es handelt sich um den Wertebereich des Paares $\boldsymbol{T}$; $\boldsymbol{B}$, wo beides Diagonalmatrizen sind. Seine Eigenwerte sind die Quotienten $m_{\text{neu}}/m_{\text{alt}}$, und dieser Quotient liegt laut Aufgabenstellung zwischen $t = 0{,}05$ und $T = 0{,}10$. Die Steigungen der Geraden sind damit eingeschlossen.

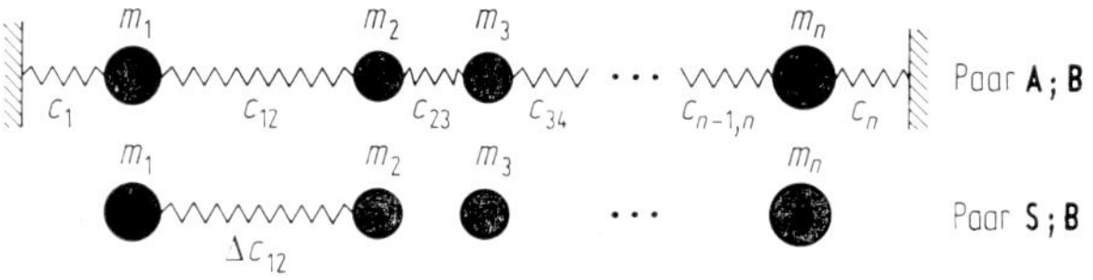

Abb. 36.10. Schwingerkette mit herausgelöstem Zusatz

Nun zum Paar $\boldsymbol{S}$; $\boldsymbol{B}$. Da allein die Feder c_{12} geändert wird, hat S nur vier von Null verschiedene Elemente im Hauptminor

$$\boldsymbol{S}_{12} = \begin{pmatrix} \Delta c_{12} & -\Delta c_{12} \\ -\Delta c_{12} & \Delta c_{12} \end{pmatrix}.$$

Die Eigenwerte von $\boldsymbol{S} - \sigma \boldsymbol{B}$ sind somit $(n - 2)$-mal die Null und außerdem die beiden Eigenwerte des herausgelösten Schwingers von Abb. 36.10, nämlich $\sigma_1 = 0$ (reine Translation) und

$$\sigma_2 = \Delta c_{12} \left(\frac{1}{m_1} + \frac{1}{m_2} \right). \tag{a}$$

Damit ist auch der Wertebereich des Paares $\boldsymbol{A}$; $\boldsymbol{B}$ durch $s = 0$ und $S = \sigma_2$ eingegrenzt.

Die Situation ist ähnlich, wenn statt einer einzigen k Koppelfedern geändert werden, sofern diese nicht untereinander benachbart sind. Man hat dann insgesamt k herausgelöste Systeme nach Art von (a) zu berechnen und die größte Schranke $S_{\max}$ anstelle von S einzusetzen.

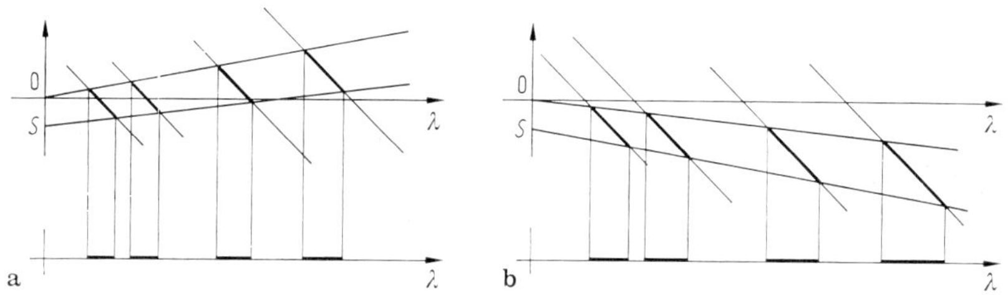

Abb. 36.11. Zur Schwingerkette von Abb. 36.10. Die Massen werden a) vergrößert, b) verkleinert

Besondere Beachtung verdient das folgende. Es besteht ein in der gesamten Mechanik (auch der Kontinua) durchgreifendes Gesetz: werden in einem ungedämpften Schwingungssystem einige oder alle Massen verkleinert (vergrößert) und gleichzeitig einige oder alle Federn (Elastizitäten) vergrößert (verkleinert), so vergrößern (verkleinern) sich einige oder alle Eigenfrequenzen. Die Abb. 36.11 b führt diesen Satz nicht nur qualitativ sondern quantitativ plastisch vor Augen.

• 36.7. Der Satz Acta Mechanica für hermitesche positiv definite Paare

Dieser in [178] bewiesene Satz erfordert deutlich mehr Aufwand als die bislang beschriebenen Sätze und geht in drei Etappen vor.

1. Es ist zweckmäßig, wenn auch nicht erforderlich, von der homogenen Zentralgleichung (26.5) auszugehen. Das vorgelegte Paar $\boldsymbol{A}; \boldsymbol{B}$ wird in vier Blöcke unterteilt

$$\boldsymbol{A} = \begin{pmatrix} \boldsymbol{A}_{jj} & \boldsymbol{A}_{kj}^* \\ \boldsymbol{A}_{kj} & \boldsymbol{A}_{kk} \end{pmatrix}, \qquad \boldsymbol{B} = \begin{pmatrix} \boldsymbol{B}_{jj} & \boldsymbol{B}_{kj}^* \\ \boldsymbol{B}_{kj} & \boldsymbol{B}_{kk} \end{pmatrix} \begin{matrix} \updownarrow l \\ \updownarrow r \end{matrix} \Big\updownarrow n, \qquad \begin{matrix} \leftarrow l \rightarrow \leftarrow r \rightarrow \end{matrix} \tag{35}$$

und der einfachen Darstellung halber nehmen wir an, die l Eliminationszeilen und -spalten seien die l ersten. Aus dem als gutartig vorausgesetzten Gleichungssystem

$$\boldsymbol{A}_{kk}\,\boldsymbol{Z}_{kj} + \boldsymbol{A}_{kj} = \boldsymbol{O} \rightarrow \boldsymbol{Z}_{kj} \tag{36}$$

berechnet man den Block $\boldsymbol{Z}_{kj}$ und ergänzt ihn mit Hilfe der l-reihigen Einheitsmatrix $\boldsymbol{I}_{jj}$ zum Block

$$\boldsymbol{Z} = \begin{pmatrix} \boldsymbol{I}_{jj} \\ \boldsymbol{Z}_{kj} \end{pmatrix} \Big\updownarrow n, \quad (\leftarrow l \rightarrow) \tag{37}$$

womit das bereinigte Paar $\tilde{\boldsymbol{A}}; \tilde{\boldsymbol{B}}$ festliegt:

$$\tilde{\boldsymbol{A}} = \begin{pmatrix} \tilde{\boldsymbol{A}}_{jj} & \tilde{\boldsymbol{A}}_{kj}^* \\ \tilde{\boldsymbol{A}}_{kj} & \tilde{\boldsymbol{A}}_{kk} \end{pmatrix} = \begin{pmatrix} \boldsymbol{Z}^*\boldsymbol{A}\,\boldsymbol{Z} & \boldsymbol{O} \\ \boldsymbol{O} & \boldsymbol{A}_{kk} \end{pmatrix}; \quad \tilde{\boldsymbol{B}} = \begin{pmatrix} \tilde{\boldsymbol{B}}_{jj} & \tilde{\boldsymbol{B}}_{kj}^* \\ \tilde{\boldsymbol{B}}_{kj} & \tilde{\boldsymbol{B}}_{kk} \end{pmatrix} = \begin{pmatrix} \boldsymbol{Z}^*\boldsymbol{B}\,\boldsymbol{Z} & \tilde{\boldsymbol{B}}_{kj}^* \\ \tilde{\boldsymbol{B}}_{kj} & \boldsymbol{B}_{kk} \end{pmatrix}. \tag{38}$$

Die l-reihigen Blöcke oben links in $\tilde{\boldsymbol{A}}$ und $\tilde{\boldsymbol{B}}$ sind offenbar RITZ-Ansätze mit dem Block $\boldsymbol{Z}$. Während man die Matrix

$$\tilde{\boldsymbol{B}}_{jj} = \boldsymbol{Z}^*\boldsymbol{B}\,\boldsymbol{Z} = \boldsymbol{Z}^*(\boldsymbol{B}\,\boldsymbol{Z}) \tag{39}$$

mit dem in Klammern stehenden Block $\boldsymbol{B}\,\boldsymbol{Z}$ berechnet, läßt sich aufgrund der erfüllten Gleichung (36), wie in (26.53) gezeigt, die Matrix $\tilde{\boldsymbol{A}}_{jj}$ vorteilhafter so gewinnen:

$$\tilde{\boldsymbol{A}}_{jj}\{= \boldsymbol{Z}^*\boldsymbol{A}\,\boldsymbol{Z}\} = \boldsymbol{Z}^*\boldsymbol{A}_j \quad \text{mit} \quad \boldsymbol{A}_j = \begin{pmatrix} \boldsymbol{A}_{jj} \\ \boldsymbol{A}_{kj} \end{pmatrix}. \tag{40}$$

2. Als nächstes benötigen wir äußere Schranken für die reellen nichtnegativen Wertebereiche W_ϱ und W_σ der beiden Matrizenpaare

$$\tilde{\boldsymbol{A}}_{jj}; \tilde{\boldsymbol{B}}_{jj} \rightarrow \underset{\smile}{\varrho} \leqq \varrho_\nu \leqq \hat{\varrho}; \qquad \nu = 1, 2, \ldots, l \tag{41}$$

$$\boldsymbol{A}_{kk}; \boldsymbol{B}_{kk} \rightarrow \underset{\smile}{\sigma} \leqq \sigma_\nu \leqq \hat{\sigma}; \qquad \nu = 1, 2, \ldots, n-l, \tag{42}$$

die jeweils abgeschlossen werden durch ihre extremalen Eigenwerte. Eine wesentliche Voraussetzung für die Gültigkeit des Satzes ist nun, daß diese beiden Spektren, wie in Abb. 36.12 skizziert, getrennt liegen

$$\boxed{\hat{\varrho} < \underset{\smile}{\sigma}}\,. \tag{43}$$

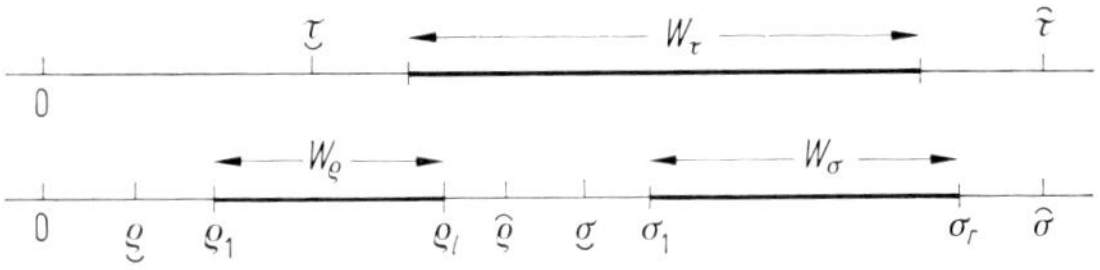

Abb. 36.12. Getrennte Wertebereiche W_ϱ und W_σ sind die Voraussetzung für den Satz Acta Mechanica

Dies ist nur in Sonderfällen, z. B. bei ausgeprägter Diagonaldominanz mit Hilfe des Satzes von GERSCHGORIN oder besser nach KRYLOV/BOGOLJUBOV/TEMPLE ohne allzu großen Aufwand zu entscheiden. Im allgemeinen aber wird man um den explizit durchzuführenden SYLVESTER-Test

$$\boldsymbol{F}_{kk}(\widehat{\varrho}) = \{\boldsymbol{A}_{kk} - \widehat{\varrho}\, \boldsymbol{B}_{kk}\} \text{ pos. def. ?} \tag{44}$$

nicht herumkommen. Dazu ist erforderlich die linksseitige Transformation auf obere Dreiecksmatrix

$$\boldsymbol{L}\,\boldsymbol{F}_{kk}(\widehat{\varrho}) = \nabla\,, \tag{45}$$

die abgebrochen wird, sobald ein Hauptdiagonalelement von ∇ Null oder negativ wird. In diesem Fall war die vorgenommene Blockunterteilung der Matrix $\boldsymbol{F}(\lambda)$ ungeeignet, der Satz ist somit nicht anwendbar.

3. Ist die Trennung $\widehat{\varrho} < \underset{\smile}{\sigma}$ gesichert, so streichen wir im Block $\boldsymbol{B}\,\boldsymbol{Z}$ (39) l wohlbestimmte Zeilen

$$\boldsymbol{B}_z := \boldsymbol{B}\,\boldsymbol{Z} = \begin{pmatrix} \cdots \\ \hline \tilde{\boldsymbol{B}}_{kj} \end{pmatrix} \updownarrow l \tag{46}$$

und können mit dem auf diese Weise gewonnenen Randblock $\tilde{\boldsymbol{B}}_{kj}$ das Matrizenpaar

$$\tilde{\boldsymbol{B}}_{kj}^*\, \boldsymbol{A}_{kk}^{-1}\, \tilde{\boldsymbol{B}}_{kj};\ \tilde{\boldsymbol{A}}_{jj} \qquad \to \underset{\smile}{\tau} \leqq \tau_\nu \leqq \widehat{\tau}; \qquad \nu = 1, 2, \ldots, l \tag{47}$$

aufstellen, für dessen Wertebereich wir zwei äußere Schranken $\underset{\smile}{\tau}$ und $\widehat{\tau}$ benötigen, und nun läßt sich beweisen: mit Hilfe der jeweils zwei äußeren Schranken (41), (42) und (47) konstruiere man nach Abb. 36.13 die beiden Parabeln $p_1(\lambda)$ und $p_2(\lambda)$, ferner die beiden als Koppelfunktionen

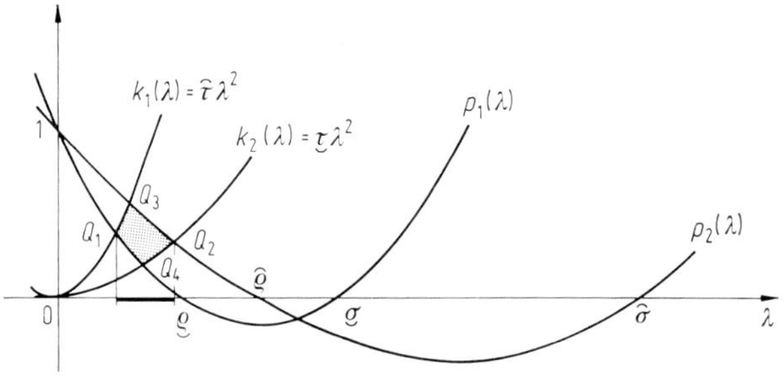

Abb. 36.13. Satz Acta Mechanica original

bezeichneten Parabeln $k_1(\lambda)$ und $k_2(\lambda)$. Innerhalb der Projektion des getönten Parabelsegmentes $Q_1Q_2Q_3Q_4$ auf die λ-Achse liegen dann die kleinsten l Eigenwerte des Paares $\boldsymbol{A}$; $\boldsymbol{B}$.

In Formeln ausgedrückt bedeutet dies folgendes. Man berechne aus den beiden quadratischen Gleichungen

$$Q_1\colon\ p_1(\lambda) = \left(1 - \frac{\lambda}{\underset{\smile}{\varrho}}\right)\left(1 - \frac{\lambda}{\underset{\smile}{\sigma}}\right) = \widehat{\tau}\,\lambda^2 \rightarrow 0 < \underset{\smile}{\lambda} \leqq \underset{\smile}{\varrho}\,, \tag{48}$$

$$Q_2\colon\ p_2(\lambda) = \left(1 - \frac{\lambda}{\widehat{\varrho}}\right)\left(1 - \frac{\lambda}{\widehat{\sigma}}\right) = \underset{\smile}{\tau}\,\lambda^2 \rightarrow 0 < \widehat{\lambda} \leqq \widehat{\varrho} \tag{49}$$

die jeweils kleinere Wurzel $\underset{\smile}{\lambda}$ bzw. $\widehat{\lambda}$, dann gilt der

Satz 9: (*Acta Mechanica*) *Die kleinsten l Eigenwerte des hermiteschen und positiv definiten Paares $\boldsymbol{A}$; $\boldsymbol{B}$ werden eingeschlossen durch*

$$0 < \underset{\smile}{\lambda} \leqq \lambda_1 \leqq \lambda_2 \leqq \ldots \leqq \lambda_l \leqq \widehat{\lambda}\,. \tag{50}$$

Für den wichtigen Sonderfall $l = 1$, der sich in praxi fast immer realisieren läßt, wird

$$\varrho = \frac{\boldsymbol{z}^* \boldsymbol{A}\, \boldsymbol{z}}{\boldsymbol{z}^* \boldsymbol{B}\, \boldsymbol{z}}\,(= \underset{\smile}{\varrho} = \widehat{\varrho})\,; \qquad \tau = \frac{\tilde{\boldsymbol{b}}^*_{kj}\, \boldsymbol{A}_{kk}^{-1}\, \tilde{\boldsymbol{b}}_{kj}}{\tilde{a}_{jj}}\,(= \underset{\smile}{\tau} = \widehat{\tau})\,; \tag{51}$$

das Segmentviereck entartet nach Abb. 36.15 in das Parabelstück Q_1Q_2, und die quadratischen Gln. (48) und (49) gehen über in

$$Q_1\colon\ p_1(\lambda) = \left(1 - \frac{\lambda}{\varrho}\right)\left(1 - \frac{\lambda}{\underset{\smile}{\sigma}}\right) = \tau\,\lambda^2 \rightarrow 0 < \underset{\smile}{\lambda} \leqq \varrho\,, \tag{52}$$

$$Q_2\colon\ p_2(\lambda) = \left(1 - \frac{\lambda}{\varrho}\right)\left(1 - \frac{\lambda}{\widehat{\sigma}}\right) = \tau\,\lambda^2 \rightarrow 0 < \widehat{\lambda} \leqq \varrho\,. \tag{53}$$

Da über das Spektrum des Paares $\boldsymbol{A}_{kk}$; $\boldsymbol{B}_{kk}$ im allgemeinen wenig oder gar nichts bekannt sein wird, setzen wir $\underset{\smile}{\sigma} = \widehat{\varrho}$, was zufolge der erfüllten Voraussetzung (43) erlaubt ist, ferner recht rigoros $\widehat{\sigma} = \infty$, womit die Parabel $p_2(\lambda)$ in die Gerade $g_2(\lambda)$ übergeht, und bekommen damit die Schnittsituation von Abb. 36.14. Die beiden quadratischen

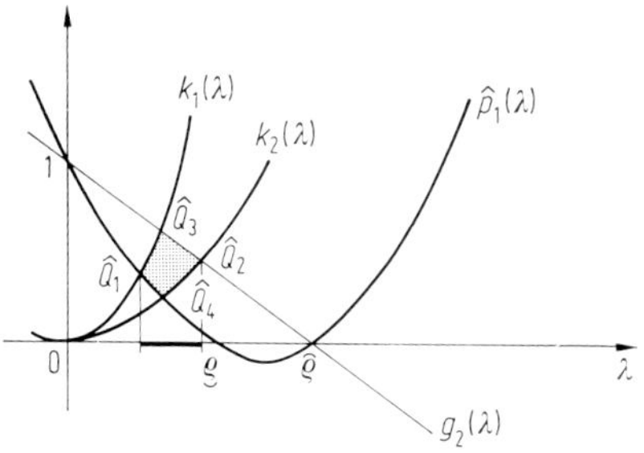

Abb. 36.14. Satz Acta Mechanica Vergröberung

Gleichungen (48) und (49) vereinfachen sich dann wegen $\lambda/\hat{\sigma} = \lambda/\infty = 0$ zu

$$\hat{Q}_1\colon \hat{p}_1(\lambda) = \left(1 - \frac{\lambda}{\underset{\smile}{\varrho}}\right)\left(1 - \frac{\lambda}{\hat{\varrho}}\right) = \hat{\tau}\,\lambda^2 \to 0 < \underset{\smile}{\lambda} \leqq \underset{\smile}{\varrho}\,, \tag{54}$$

$$\hat{Q}_2\colon g_2(\lambda) = \left(1 - \frac{\lambda}{\hat{\varrho}}\right) = \underset{\smile}{\tau}\,\lambda^2 \to 0 < \hat{\lambda} \leqq \hat{\varrho}\,, \tag{55}$$

bzw. für $l = 1$

$$\hat{Q}_1\colon \hat{p}_1(\lambda) = \left(1 - \frac{\lambda}{\varrho}\right)^2 = \tau\,\lambda^2 \to 0 < \underset{\smile}{\lambda} \leqq \varrho\,, \tag{56}$$

$$\hat{Q}_2\colon g_2(\lambda) = \left(1 - \frac{\lambda}{\varrho}\right) = \tau\,\lambda^2$$

oder mit $\varrho = \tilde{a}_{jj}/\tilde{b}_{jj}$ und $\tau = \tilde{c}_{jj}/\tilde{a}_{jj}$

$$\boxed{\tilde{c}_{jj}\,\lambda^2 + \tilde{b}_{jj}\,\lambda - \tilde{a}_{jj} = 0 \to 0 \leqq \hat{\lambda} \leqq \varrho}\,, \tag{57}$$

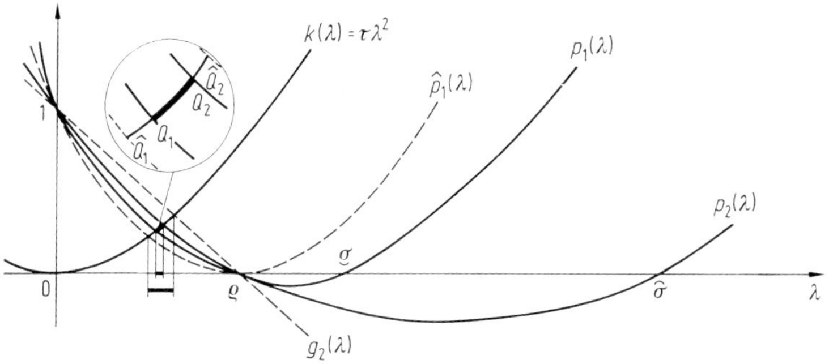

Abb. 36.15. Satz Acta Mechanica für $l = 1$. Die Vergröberung ist gestrichelt eingezeichnet

siehe auch Abb. 36.15. Übrigens läßt sich die kleinste Nullstelle $\underset{\smile}{\lambda}$ der Gl. (56) explizit angeben; der kleinste Eigenwert λ_1 wird damit eingeschlossen durch

$$\underset{\smile}{\lambda} = \frac{\varrho}{1 + \varrho\sqrt{\tau}} = \boxed{\frac{\tilde{a}_{jj}}{\tilde{b}_{jj} + \sqrt{\tilde{a}_{jj}\,\tilde{c}_{jj}}} \leqq \lambda_1 \leqq \hat{\lambda}}\,, \tag{58}$$

wo wir die zur Einschließung benötigten Größen nochmals zusammenstellen:

$$\tilde{a}_{jj}\{= \boldsymbol{z}^*\boldsymbol{A}\,\boldsymbol{z}\} = \boldsymbol{a}^j\,\boldsymbol{z}\,, \qquad \tilde{b}_{jj} = \boldsymbol{z}^*\boldsymbol{B}\,\boldsymbol{z}\,, \qquad \tilde{c}_{jj} = \tilde{\boldsymbol{b}}^*_{kj}\,\boldsymbol{A}^{-1}_{kk}\,\tilde{\boldsymbol{b}}_{kj}\,. \tag{58a}$$

Daß zufolge der Bereinigung $\boldsymbol{z}^*\boldsymbol{A}\,\boldsymbol{z} = \boldsymbol{a}^j\,\boldsymbol{z}$ ist, hatten wir in (26.54) gezeigt. In diesem Zusammenhang erinnern wir daran, daß durch die in Abschnitt 26.6 beschriebene Technik des Splittens einer Matrix bzw. eines Vektors die in (47) und (51) notwendig werdende — formale — Inversion der Blockmatrix $\boldsymbol{A}_{kk}$ sich zurückführen läßt auf die

Inversion der Gesamtmatrix $\boldsymbol{A}$, ein Vorgehen, das sich besonders bei großen Matrizen empfiehlt.

Abschließend noch eine interessante Bemerkung. Ist die Matrix $\boldsymbol{A}$ fastsingulär, so kann auch der Hauptminor $\tilde{\boldsymbol{A}}_{jj}$ fastsingulär, bzw. das Element $\tilde{a}_{jj}$ fast Null werden, womit das Spektrum der Eigenwerte τ gegen unendlich strebt; nach Abb. 36.16 schmiegen sich die Koppelfunktionen $k_1(\lambda)$ und $k_2(\lambda)$ eng an die senkrechte Achse, so daß die Einschließung besonders scharf ist.

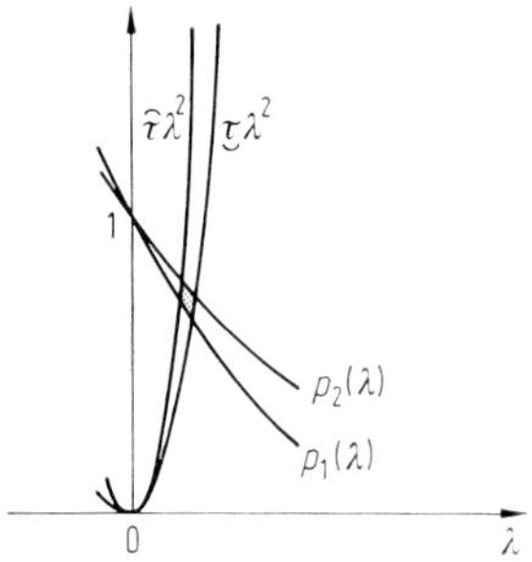

Abb. 36.16. Der Fall $\tau \to \infty$

Erstes Beispiel. $\boldsymbol{A}; \boldsymbol{I}$ mit

$$\boldsymbol{A} = \begin{pmatrix} 1,5 & 1 & 0 \\ 1 & 1,5 & 1 \\ 0 & 1 & 1,5 \end{pmatrix}.$$

Wir wählen $j = 2$, bereinigen somit die zweite Zeile und Spalte von $\boldsymbol{A}$. Dies führt auf das Gleichungssystem $\boldsymbol{A}_{kk}\,\boldsymbol{z}_{kj} + \boldsymbol{a}_{kj} = \boldsymbol{o}$ mit

$$\boldsymbol{a}_{kj} = \begin{pmatrix} 1 \\ 1 \end{pmatrix}, \quad \boldsymbol{A}_{kk} = \begin{pmatrix} 1,5 & 0 \\ 0 & 1,5 \end{pmatrix} \to \boldsymbol{z}_{kj} = \begin{pmatrix} -2/3 \\ -2/3 \end{pmatrix} \to \boldsymbol{z} = \begin{pmatrix} -2/3 \\ 1 \\ -2/3 \end{pmatrix},$$

wo der Vektor $\boldsymbol{z}_{kj}$ nach (37) durch Hinzunahme der Komponente 1 an der Stelle $= 2$ zu $\boldsymbol{z}$ vervollständigt wurde. Wir berechnen nun den RAYLEIGH-Quotienten (40)

$$\varrho = \frac{\tilde{a}_{jj}}{\tilde{b}_{jj}} \left\{ = \frac{\boldsymbol{z}^T \boldsymbol{A}\,\boldsymbol{z}}{\boldsymbol{z}^T \boldsymbol{I}\,\boldsymbol{z}} \right\} = \frac{\boldsymbol{a}^2\,\boldsymbol{z}}{\boldsymbol{z}^T\,\boldsymbol{z}} = \frac{1/6}{17/9} = \frac{3}{34} = 0{,}088\,235\,3$$

und machen den Trennungstest (43). Das Restpaar $\boldsymbol{A}_{kk}; \boldsymbol{I}_{kk}$ ist diagonal und hat die beiden Eigenwerte $\sigma_1 = \sigma_2 = 1{,}5 > \varrho = 0{,}88\ldots$, somit ist der Satz anwendbar. Nach (46) ist der Vektor $\boldsymbol{b}_z = \boldsymbol{B}\,\boldsymbol{z} = \boldsymbol{I}\,\boldsymbol{z} = \boldsymbol{z}$ zu berechnen und die Komponente der Nummer $j = 2$ zu streichen, das gibt den Vektor $\tilde{\boldsymbol{b}}_{kj}$ und damit den RAYLEIGH-Quotienten τ:

$$\tilde{\boldsymbol{b}}_{kj} = \begin{pmatrix} -2/3 \\ -2/3 \end{pmatrix}, \quad \tilde{c}_{jj} = \tilde{\boldsymbol{b}}_{kj}^T\,\boldsymbol{A}_{kk}^{-1}\,\tilde{\boldsymbol{b}}_{kj} = 16{,}27\,, \quad \tau = \tilde{c}_{jj}/\tilde{a}_{jj} = \frac{16/27}{1/6} = \frac{32}{9}.$$

MATRIX A	0	20	-48	-16	92	-68	80	36	46	6	138	84	-100	16	160	124	138	-48	-80	102
	20	0	-96	32	0	20	16	-20	90	-38	162	76	96	-32	32	-136	-50	20	4	154
	-48	-96	0	0	-32	48	-128	-64	-20	-44	-276	-64	232	0	-256	-208	-140	-48	80	-44
	-16	32	0	0	96	-16	32	8	-18	-6	14	8	-36	0	64	24	178	16	-48	-6
	92	0	-32	96	0	92	-80	-156	110	14	134	-124	64	-96	-160	-280	74	92	172	78
	-68	20	48	-16	92	0	-32	24	-100	-36	-232	-24	52	16	-64	4	148	20	-36	-132
	80	16	-128	32	-80	-32	0	48	132	-20	180	176	-8	-32	0	64	-132	-16	80	236
	36	-20	-64	8	-156	24	48	0	108	-4	264	64	52	-8	96	-76	-348	4	-12	124
	46	90	-20	-18	110	-100	132	108	0	64	210	128	-318	18	264	334	312	-10	-86	104
	6	-38	-44	-6	14	-36	-20	-4	64	0	-6	40	2	6	-40	30	-24	-74	26	88
	138	162	-276	14	134	-232	180	264	210	-6	552	588	-470	-2	384	538	454	-34	48	572
	84	76	-64	8	-124	-24	176	64	128	40	588	204	-236	52	364	184	-184	32	-2	142
	-100	96	232	-36	64	52	-8	52	-318	2	-470	-236	112	20	56	144	86	68	-152	-506
	16	-32	0	0	-96	16	-32	-8	18	6	-2	52	20	40	-4	8	-162	-40	42	16
	160	32	-256	64	-160	-64	0	96	264	-40	384	364	56	-4	300	164	-336	-212	310	466
	124	-136	-208	24	-280	4	64	-76	334	30	538	184	144	8	164	-80	-710	-164	-36	426
	138	-50	-140	178	74	148	-132	-348	312	-24	454	-184	86	-162	-336	-710	272	146	522	236
	-48	20	-48	16	92	20	-16	4	-10	-74	-34	32	68	-40	-212	-164	146	128	16	2
	-80	4	80	-48	172	-36	80	-12	-86	26	48	-2	-152	42	310	-36	522	16	140	-74
	102	154	-44	-6	78	-132	236	124	104	88	572	142	-506	16	466	426	236	2	-74	216

MATRIX B	19	7	-10	7	-17	4	10	0	11	5	54	10	-13	-7	20	1	-7	11	9	25
	7	19	10	7	3	8	2	0	0	3	19	-10	-17	-7	4	1	20	27	5	-17
	-10	10	40	-4	26	4	-8	-4	-10	0	-32	-44	-6	4	-16	18	42	14	-2	-80
	7	7	-4	10	-9	12	-4	-8	3	4	14	-4	-3	-10	-8	-29	-7	19	11	12
	-17	3	26	-9	75	-14	2	-6	10	-5	-17	-32	-7	9	4	31	106	-11	-19	-57
	4	8	4	12	-14	22	-8	-14	1	4	11	-18	6	-12	-16	-50	-21	30	12	-4
	10	2	-8	-4	2	-8	40	0	30	0	112	8	-10	4	80	18	-6	-6	-30	16
	0	0	-4	-8	-6	-14	0	22	-15	-4	-29	26	-6	8	0	46	3	-14	0	4
	11	0	-10	3	10	1	30	-15	75	-1	147	-5	3	-3	60	-16	-33	1	-19	19
	5	3	0	4	-5	4	0	-4	-1	10	8	-4	-19	-4	0	-7	1	7	5	10
	54	19	-32	14	-17	11	112	-29	147	8	455	10	-34	-7	207	-25	-63	30	-47	77
	10	-10	-44	-4	-32	-18	8	26	-5	-4	10	89	10	11	19	36	-37	-28	2	87
	-13	-17	-6	-3	-7	6	-10	-6	3	-19	-34	10	101	-1	6	-33	-51	-15	-13	-7
	-7	-7	4	-10	9	-12	4	8	-3	-4	-7	11	-1	20	-1	41	3	-27	-8	-8
	20	4	-16	-8	4	-16	80	0	60	0	207	19	6	-1	235	22	-10	-18	-50	27
	1	1	18	-29	31	-50	18	46	-16	-7	-25	36	-33	41	22	187	72	-63	-16	-39
	-7	20	42	-7	106	-21	-6	3	-33	1	-63	-37	-51	3	-10	72	271	-1	29	-83
	11	27	14	19	-11	30	-6	-14	1	7	30	-28	-15	-27	-18	-63	-1	79	2	-25
	9	5	-2	11	-19	12	-30	0	-19	5	-47	2	-13	-8	-50	-16	29	2	114	8
	25	-17	-80	12	-57	-4	16	4	19	10	77	87	-7	-8	27	-39	-83	-25	8	180

SPEKTRUM	-12	-8	-4	-4	-4	0	0	0	0	0	1	4	4	5	7	8	8	11	12	12

1. Die rohe Methode mit $\underset{\smile}{\sigma} = \varrho$ und $\widehat{\sigma} = \infty$. Nach (58) und (57) ist

$$\underset{\smile}{\lambda} = \frac{\frac{1}{6}}{\frac{17}{9} + \sqrt{\frac{1}{6} \cdot \frac{16}{27}}} = 0{,}075649\,, \quad \frac{16}{27}\lambda^2 + \frac{17}{9}\lambda - \frac{1}{6} = 0 \to \widehat{\lambda} = 0{,}085919\,,$$

und damit haben wir die Einschließung $\underset{\smile}{\lambda} = 0{,}075649 \leqq \lambda_1 \leqq 0{,}085919 = \widehat{\lambda}$.

Der dazugehörige Eigenvektor wird angenähert durch $\boldsymbol{z} = (-2/3 \;\; 1 \;\; -2/3)^T$, oder auch, da es auf einen Faktor nicht ankommt, durch $(1 \;\; -1{,}5 \;\; 1)^T$.

2. Die genauere Methode. Die beiden Eigenwerte des Restpaares $\boldsymbol{A}_{kk}; \boldsymbol{I}_{kk}$ lassen sich hier exakt angeben; es ist $\sigma_1 = \sigma_2 = 1{,}5$. Somit fallen die beiden quadratischen Gleichungen (52) und (53) zusammen, was bedeutet, daß $\underset{\smile}{\lambda} = \widehat{\lambda}$ wird; der kleinste Eigenwert λ_1 wird also exakt getroffen. In der Tat liefert die quadratische Gleichung (52) bzw. (53) die beiden Wurzeln

$$\left(1 - \frac{\lambda}{\varrho}\right)\left(1 - \frac{\lambda}{\sigma}\right) = \tau\,\lambda^2 \to 4\lambda^2 - 12\lambda + 1 = 0 \to \lambda_{1,2} = 1{,}5 \pm \sqrt{2}\,.$$

Nur eine dieser beiden Nullstellen ist kleiner als ϱ wie verlangt, und das ist der exakte Eigenwert $\lambda_1 = 1{,}5 - \sqrt{2} = 0{,}085786437$ zum Eigenvektor $\boldsymbol{x}_1 = (1 \;\; -\sqrt{2} \;\; 1)^T$, der durch $\boldsymbol{z}$ recht genau angenähert wird.

Zweites Beispiel. Wir gehen aus von dem auf S. 254 angegebenen reellsymmetrischen Paar $\boldsymbol{A}; \boldsymbol{B}$, das offenbar indefinit ist. Das Paar $\widehat{\boldsymbol{A}}; \boldsymbol{B}$ mit $\widehat{\boldsymbol{A}} := \boldsymbol{A} + 12{,}1\,\boldsymbol{B}$ ist dann positiv definit, da das Spektrum von 0,1 bis 24,1 reicht. An diesem Paar testen wir den Satz mit $\eta = 0$, ferner $\underset{\smile}{\sigma} = \varrho$ und $\widehat{\sigma} = \infty$ und bekommen für den kleinsten Eigenwert 0,1 die verhältnismäßig grobe Einschließung

$$0{,}085403434 \leqq \lambda_1 \leqq 0{,}106688224\,.$$

• 36.8. Der Satz Acta Mechanica für normale Paare

Es sei nun die Eigenwertaufgabe

$$\boldsymbol{F}(\lambda)\,\boldsymbol{x} = (\boldsymbol{C} - \lambda\,\boldsymbol{B})\,\boldsymbol{x} = \boldsymbol{o}\,, \qquad \boldsymbol{x} \neq \boldsymbol{o}; \qquad \boldsymbol{B} = \boldsymbol{B}^* \text{ pos. def.} \tag{59}$$

mit einer $\boldsymbol{B}$-normalen Matrix $\boldsymbol{C}$ vorgelegt. Wir beabsichtigen, die einem willkürlich wählbaren Schiftpunkt Λ nächstgelegenen Eigenwerte einzuschließen, machen daher die Spektralverschiebung (Schiftung)

$$\boldsymbol{F}(\Lambda)\,\boldsymbol{x} = \xi\,\boldsymbol{B}\,\boldsymbol{x} \quad \text{mit} \quad \boldsymbol{F}(\Lambda) = \boldsymbol{C} - \Lambda\,\boldsymbol{B}; \qquad \xi = \lambda - \Lambda \tag{60}$$

und gehen über auf die korrespondierende Aufgabe

$$\underbrace{\boldsymbol{F}^*(\Lambda)\,\boldsymbol{B}^{-1}\,\boldsymbol{F}(\Lambda)\,\boldsymbol{x}} = \delta^2\,\boldsymbol{B}\,\boldsymbol{x} \quad \text{mit} \quad \delta^2 = |\xi|^2 = |\lambda - \Lambda|^2 \tag{61}$$

oder auch

$$\boldsymbol{A}\,\boldsymbol{x} \qquad = \delta^2\,\boldsymbol{B}\,\boldsymbol{x}\,. \tag{62}$$

Die kleinsten Werte $\delta_1, \delta_2, \ldots, \delta_l$ sind demnach die Abstände der l nächstgelegenen Eigenwerte vom Schiftpunkt Λ nach Abb. 36.17. Als Verallgemeinerung des Satzes 8 haben wir damit den

Satz 10: *Die dem beliebig wählbaren Schiftpunkt Λ nächstgelegenen $l < n$ Eigenwerte des normalen Paares* $\boldsymbol{C}$; $\boldsymbol{B}$ *liegen nicht außerhalb des Kreisringes mit dem Mittelpunkt Λ und den beiden Radien $\underset{\smile}{\delta}$ und $\widehat{\delta}$. Es gilt somit die Einschließung*

$$\underset{\smile}{\delta} \leqq |\lambda_j - \Lambda| \leqq \widehat{\delta}; \qquad j = 1, 2, \ldots, l. \tag{63}$$

Ist $\boldsymbol{C}$ hermitesch, so wählt man den Schiftpunkt Λ reell, und es gilt anstelle von (61) einfacher

$$\delta_j^2 = (\lambda_j - \Lambda)^2; \qquad j = 1, 2, \ldots, n, \tag{64}$$

somit

$$\pm\delta_j = \lambda_j - \Lambda \to \boxed{\lambda_j = \Lambda \pm \delta_j}; \qquad j = 1, 2, \ldots, n. \tag{65}$$

Die Eigenwerte $\lambda_1, \ldots, \lambda_l$ liegen dann nicht außerhalb der beiden in Abb. 36.18 stark hervorgehobenen Strecken auf der reellen Achse.

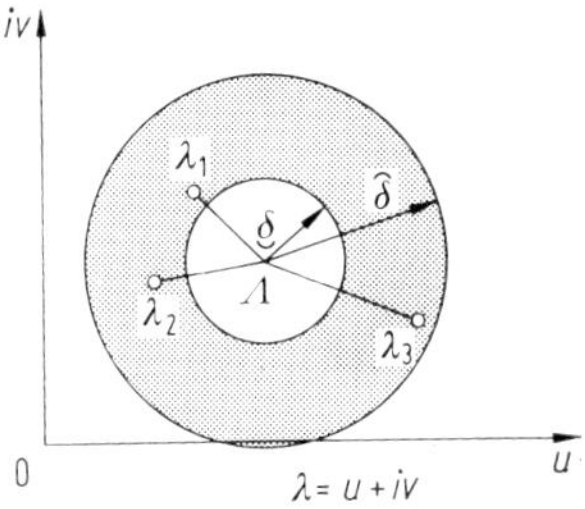

Abb. 36.17 Einschließung beim normalen Paar für $l = 3$

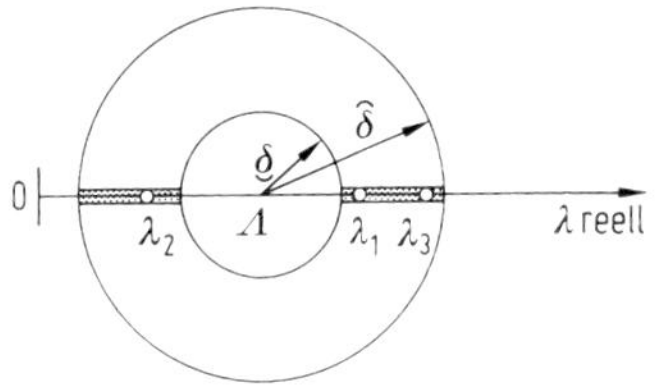

Abb. 36.18. Einschließung beim hermiteschen Paar für $l = 3$

Dazu ein einfaches Beispiel. Vorgelegt ist das hermitesche Paar

$$\boldsymbol{C} = \begin{pmatrix} 20 & -1 & 0 \\ -1 & 10 & 2 \\ 0 & 2 & 30 \end{pmatrix}; \qquad \boldsymbol{B} = \begin{pmatrix} 2 & 0 & 0 \\ 0 & 5 & 0 \\ 0 & 0 & 2 \end{pmatrix}.$$

Infolge der ausgeprägten Diagonaldominanz sind die Quotienten $c_{11}/b_{11} = 10$, $c_{22}/b_{22} = 2$ und $c_{33}/b_{33} = 15$ gute Näherungen für die Eigenwerte. Um deren mittleren einzuschließen, wählen wir deshalb $\Lambda = 10$ und bekommen das geschiftete Paar

$$\boldsymbol{F}(10); \boldsymbol{B} \text{ mit } \boldsymbol{F}(10) = \boldsymbol{C} - 10\,\boldsymbol{B} = \begin{pmatrix} 0 & -1 & 0 \\ -1 & -40 & 2 \\ 0 & 2 & 10 \end{pmatrix}.$$

Das korrespondierende Paar ist demnach

$$\boldsymbol{F}^T(10)\,\boldsymbol{B}^{-1}\,\boldsymbol{F}(10) = \left(\begin{array}{c|cc} 0{,}2 & 8 & -0{,}4 \\ \hline 8 & 322{,}5 & -6 \\ -0{,}4 & -6 & 50{,}8 \end{array}\right) = \boldsymbol{A} = \left(\begin{array}{c|c} a_{11} & \boldsymbol{a}_{21}^T \\ \hline \boldsymbol{a}_{21} & \boldsymbol{A}_{22} \end{array}\right);$$

$$\boldsymbol{B} = \left(\begin{array}{c|cc} 2 & 0 & 0 \\ \hline 0 & 5 & 0 \\ 0 & 0 & 2 \end{array}\right) = \left(\begin{array}{c|c} b_{11} & \boldsymbol{b}_{21}^T \\ \hline \boldsymbol{b}_{21} & \boldsymbol{B}_{22} \end{array}\right).$$

Aus dem Gleichungssystem $\boldsymbol{a}_{21} + \boldsymbol{A}_{22}\boldsymbol{z}_{21} = \boldsymbol{o}$ berechnen wir den Vektor $\boldsymbol{z}_{21}$, daraus $\boldsymbol{z}$, $\boldsymbol{b}_z$ und den Rand $\tilde{\boldsymbol{b}}_{21}$ der transformierten Matrix $\tilde{\boldsymbol{B}}$. Man findet der Reihe nach:

$$\boldsymbol{z}_{21} = \begin{pmatrix} -0{,}024\,714 \\ 0{,}004\,955 \end{pmatrix}, \qquad \boldsymbol{z} = \begin{pmatrix} 1 \\ \hline \boldsymbol{z}_{21} \end{pmatrix} = \begin{pmatrix} 1 \\ -0{,}024\,714 \\ -0{,}004\,955 \end{pmatrix},$$

$$\boldsymbol{b}_z = \boldsymbol{B}\,\boldsymbol{z} = \begin{pmatrix} 2 \\ -0{,}123\,57 \\ 0{,}009\,91 \end{pmatrix} \Big\} \to \tilde{\boldsymbol{b}}_{21} = \begin{pmatrix} -0{,}123\,57 \\ 0{,}009\,91 \end{pmatrix}$$

und weiter den Rayleigh-Quotienten

$$\varrho = \frac{\boldsymbol{z}^T \boldsymbol{A}\,\boldsymbol{z}}{\boldsymbol{z}^T \boldsymbol{B}\,\boldsymbol{z}} = \frac{\boldsymbol{z}^T \boldsymbol{a}_1}{\boldsymbol{z}^T \boldsymbol{b}_z} = \frac{0{,}000\,305\,87}{2{,}003\,103\,13} = 1{,}527\,630 \cdot 10^{-4}\,.$$

Die Eigenwerte des Paares $\boldsymbol{A}_{22}; \boldsymbol{B}_{22}$ bzw. $\boldsymbol{B}_{22}^{-1}\boldsymbol{A}_{22}; \boldsymbol{I}$ lassen sich nach Gerschgorin auf einfache Weise einschließen. Mann bekommt mit den Spalten der Matrix

$$\boldsymbol{B}_{22}^{-1}\boldsymbol{A}_{22} = \begin{bmatrix} 64{,}5 & -1{,}2 \\ -3 & 25{,}4 \end{bmatrix}$$

die äußeren Schranken $\underset{\smile}{\sigma} = 24{,}2$ und $\hat{\sigma} = 67{,}5$, womit die Trennung $\hat{\varrho} < \underset{\smile}{\sigma}$ gewährleistet ist. Mit dem Rayleigh-Quotienten

$$\tau = \frac{\tilde{\boldsymbol{b}}_{21}^{*}\,\boldsymbol{A}_{22}^{-1}\,\tilde{\boldsymbol{b}}_{21}}{\tilde{a}_{11}} = \frac{4{,}849\,032 \cdot 10^{-5}}{3{,}058\,665 \cdot 10^{-4}} = 0{,}158\,534$$

haben wir alles für die quadratischen Gleichungen (42) und (43) beisammen und bekommen die beiden Lösungen

$$\left(1 - \frac{\delta^2}{\varrho}\right)\left(1 - \frac{\delta^2}{24{,}2}\right) = \tau\,\delta^4 \to \underset{\smile}{\delta}_2^2 = 1{,}526\,963\,496 \cdot 10^{-4}\,,$$

$$\left(1 - \frac{\delta^2}{\varrho}\right)\left(1 - \frac{\delta^2}{67{,}5}\right) = \tau\,\delta^4 \to \hat{\delta}_2^2 = 1{,}526\,963\,496 \cdot 10^{-4}\,,$$

die auf zehn Dezimalstellen identisch sind. Es wird somit

$$\underset{\smile}{\delta} = \hat{\delta} = \pm 0{,}012\,357\,036\,44 \quad \text{mit} \quad |\xi| = |\lambda - 10|\,, \qquad \underset{\smile}{\delta} \leqq |\xi| \leqq \hat{\delta}\,.$$

Über das Vorzeichen der Wurzel entscheidet der Rayleigh-Quotient mit dem oben berechneten Vektor $\boldsymbol{z}$ am Originalpaar $\boldsymbol{C}; \boldsymbol{B}$. Man findet

$$R = \frac{\boldsymbol{z}^* \boldsymbol{C}\,\boldsymbol{z}}{\boldsymbol{z}^* \boldsymbol{B}\,\boldsymbol{z}} = \frac{20{,}055\,782\,59}{2{,}003\,103\,017} = 10{,}012\,357\,04\,.$$

Es ist somit die positive Wurzel zu wählen, womit unsere Einschließung lautet

$$10{,}012\,357\,036\,44 \leqq \lambda \leqq 10{,}012\,357\,036\,44\,.$$

Man beachte auch die Güte des Rayleigh-Quotienten, der auf alle angegebenen zehn Stellen genau ist.

Rechnen wir mit den vergröberten Gleichungen (56) und (57) — wozu man in praxi fast immer genötigt ist — so wird

$$(1 - \delta^2/\varrho)^2 = \tau\,\delta^4 \to \underset{\smile}{\delta}^2 = 1{,}526\,871 \cdot 10^{-4} \to \underset{\smile}{\delta} = 1{,}235\,666 \cdot 10^{-2}\,,$$

$$(1 - \delta^2/\varrho) \;\; = \tau\,\delta^4 \to \hat{\delta}^2 = 1{,}526\,965 \cdot 10^{-4} \to \hat{\delta} = 1{,}235\,705 \cdot 10^{-2}\,,$$

und das gibt die Einschließung $10{,}01235666 \leqq \lambda \leqq 10{,}01235705$, die immer noch annehmbar ist. Die exakten Eigenwerte sind

$$\lambda_1 = 1{,}956899429078850\,, \qquad \lambda_2 = 10{,}01235703644255\,,$$
$$\lambda_3 = 15{,}030743534478 60\,.$$

Bei großen Ordnungszahlen n wird die Matrix $\boldsymbol{A}$ (62) natürlich nicht explizit berechnet, was viel zu aufwendig wäre. Man zerlegt vielmehr die Matrix $\boldsymbol{F}(\Lambda)$ in Streifen

$$\boldsymbol{F}(\Lambda) = \Big(\overset{\longleftarrow l \longrightarrow}{\boldsymbol{F}_j(\Lambda)} \;\Big|\; \overset{\longleftarrow n-l \longrightarrow}{\boldsymbol{F}_k(\Lambda)}\Big), \tag{66}$$

womit die Blöcke der Matrix $\boldsymbol{A}$ determiniert sind

$$\begin{gathered}\boldsymbol{A}_{jj} = \boldsymbol{F}_j^*(\Lambda)\,\boldsymbol{B}^{-1}\boldsymbol{F}_j(\Lambda)\,, \qquad \boldsymbol{A}_{kj} = \boldsymbol{F}_k^*(\Lambda)\,\boldsymbol{B}^{-1}\boldsymbol{F}_j(\Lambda)\,,\\ \boldsymbol{A}_{kk} = \boldsymbol{F}_k^*(\Lambda)\,\boldsymbol{B}^{-1}\boldsymbol{F}_k(\Lambda)\,,\end{gathered} \tag{67}$$

und damit ist der Anschluß an die Ergebnisse des Abschnittes 36.6 erreicht. Die Gleichung (36) lautet jetzt

$$\boldsymbol{F}_k^*(\Lambda)\,\boldsymbol{B}^{-1}\boldsymbol{F}_k(\Lambda)\,\boldsymbol{Z}_{kj} + \boldsymbol{F}_k^*(\Lambda)\,\boldsymbol{B}^{-1}\boldsymbol{F}_j(\Lambda) = \boldsymbol{O} \to \boldsymbol{Z}_{kj} \to \boldsymbol{Z} = \begin{pmatrix}\boldsymbol{I}_{jj}\\ \hline \boldsymbol{Z}_{kj}\end{pmatrix}, \tag{68}$$

wo der Block $\boldsymbol{Z}$ aus $\boldsymbol{Z}_{kj}$ in der angegebenen Weise entsteht. Für $l = 1$ wird sehr viel einfacher

$$\boldsymbol{F}_k^*(\Lambda)\,\boldsymbol{B}^{-1}\boldsymbol{F}_k(\Lambda)\,\boldsymbol{z}_{kj} + \boldsymbol{F}_k^*(\Lambda)\,\boldsymbol{B}^{-1}\boldsymbol{f}_j(\Lambda) = \boldsymbol{o} \to \boldsymbol{z}_{kj} \to \boldsymbol{z} = \begin{pmatrix}1\\ \hline \boldsymbol{z}_{kj}\end{pmatrix}^{(j)}. \tag{69}$$

Hier steht die Ziffer 1 an der Stelle j, ebenso wie die l-reihige Einheitsmatrix $\boldsymbol{I}_{jj}$ in (68) auf die l Eliminationszeilen verteilt zu denken ist.

Mit $\boldsymbol{Z}$ bzw. $\boldsymbol{z}$ ist nach (46) auch der Randblock bzw. Randvektor der transformierten Matrix $\tilde{\boldsymbol{B}}$ festgelegt, und es können die drei Matrizenpaare (41), (42) und (47) mit ihren Spektren formuliert werden:

$$\boldsymbol{Z}^*\boldsymbol{F}^*(\Lambda)\,\boldsymbol{B}^{-1}\boldsymbol{F}(\Lambda)\,\boldsymbol{Z};\ \boldsymbol{Z}^*\boldsymbol{B}\boldsymbol{Z} \to \underset{\smile}{\varrho} \leqq \varrho_\nu \leqq \hat{\varrho}; \quad \nu = 1, 2, \ldots, l\,, \tag{70}$$

$$\boldsymbol{F}_k^*(\Lambda)\,\boldsymbol{B}^{-1}\boldsymbol{F}_k(\Lambda); \qquad \boldsymbol{B}_{kk} \to \underset{\smile}{\sigma} \leqq \sigma_\nu \leqq \hat{\sigma}; \quad \nu = 1, 2, \ldots, n-l\,, \tag{71}$$

$$\begin{gathered}\tilde{\boldsymbol{B}}_{kj}^*[\boldsymbol{F}_k^*(\Lambda)\,\boldsymbol{B}^{-1}\boldsymbol{F}_k(\Lambda)]^{-1}\,\tilde{\boldsymbol{B}}_{kj};\ \boldsymbol{Z}^*\boldsymbol{F}^*(\Lambda)\,\boldsymbol{B}^{-1}\boldsymbol{F}(\Lambda)\,\boldsymbol{Z}\\ \to \underset{\smile}{\tau} \leqq \tau_\nu \leqq \hat{\tau}; \quad \nu = 1, 2, \ldots, l\,.\end{gathered} \tag{72}$$

Für den zumeist praktizierten Fall $l = 1$ schrumpfen die Wertebereiche (70) und (72) zu den RAYLEIGH-Quotienten

$$\varrho = \frac{\tilde{a}_{jj}}{\tilde{b}_{jj}}\ (= \underset{\smile}{\varrho} = \hat{\varrho}) \tag{73}$$

$$\tau = \frac{\tilde{c}_{jj}}{\tilde{a}_{jj}}\ (= \underset{\smile}{\tau} = \hat{\tau}) \tag{74}$$

mit den drei reellen und nichtnegativen Skalaren

$$\tilde{a}_{jj} = \boldsymbol{z}^* \boldsymbol{F}^*(\Lambda)\, \boldsymbol{B}^{-1} \boldsymbol{F}(\Lambda)\, \boldsymbol{z}\,, \tag{75}$$

$$b_{jj} = \boldsymbol{z}^* \tilde{\boldsymbol{B}}\, \boldsymbol{z}\,, \tag{76}$$

$$\tilde{c}_{jj} = \tilde{\boldsymbol{b}}^*_{kj} [\boldsymbol{F}^*_k(\Lambda)\, \boldsymbol{B}^{-1} \boldsymbol{F}_k(\Lambda)]^{-1}\, \tilde{\boldsymbol{b}}_{kj} \tag{77}$$

als Verallgemeinerung von (51) und (58a). Schließlich lautet der SYLVESTER-Test (44)

$$\{\boldsymbol{F}^*_k(\Lambda)\, \boldsymbol{B}^{-1} \boldsymbol{F}_k(\Lambda) - \hat{\varrho}\, \boldsymbol{B}_{kk}\} \text{ pos. def. ?}\,, \tag{78}$$

und damit haben wir alles beisammen. Die Matrix $\boldsymbol{B}$ wird vorweg auf Diagonalform transformiert

$$\boldsymbol{L}_B\, \boldsymbol{B}\, \boldsymbol{L}^*_B = \boldsymbol{D}_B \to \boldsymbol{B}^{-1} = \boldsymbol{L}^*_B\, \boldsymbol{D}_B^{-1}\, \boldsymbol{L}_B \tag{79}$$

und die Kehrmatrix $\boldsymbol{B}^{-1}$ als dreifaches Produkt in (67) bis (78) eingeführt. Ist $\boldsymbol{B} = \boldsymbol{D}$ diagonal, so wird $\boldsymbol{L}_B = \boldsymbol{I}$ und $\boldsymbol{D}_B = \boldsymbol{D}$, womit die Rechnung sich wesentlich vereinfacht. Die Transformation (79) ebenso wie die Auflösung des Systems (68) bzw. (69) und der SYLVESTER-Test (78) werden implizit durchgeführt, was wohl keiner Erwähnung bedarf. Ist die Matrix $\boldsymbol{F}(\Lambda)$ von Bandform, so sind alle Leitvektoren in den dyadischen Transformationsmatrizen schwach besetzt, während bei expliziter Ausführung (etwa nach CHOLESKY) die Bandform von $\boldsymbol{A}$ und/oder $\boldsymbol{B}$ nicht genutzt werden könnte.

• 36.9. Der Satz Acta Mechanica mit vorgezogener Zentraltransformation

Wir haben bislang die Frage nach einer zweckmäßigen Blockaufteilung offengelassen. Diese ist weitgehend beliebig; würde man alle denkbaren Aufteilungen durchspielen, so wäre jene beizubehalten, welche die größte numerische Stabilität der Matrix $\boldsymbol{A}_{kk}$ aufweist, da ja mit dieser das Gleichungssystem (36) zu lösen ist. Um nun die Blockaufteilung eindeutig und zugleich optimal zu machen, greifen wir zurück auf die in Abschnitt 26.5 eingeführte Zentraltransformation

$$\boldsymbol{L}_{n-1} \cdots \boldsymbol{L}_2\, \boldsymbol{L}_1 \{\boldsymbol{A}\}\, \boldsymbol{L}^*_1\, \boldsymbol{L}^*_2 \cdots \boldsymbol{L}^*_{n-1} = \boldsymbol{D}\text{iag}\, \langle \delta_{\nu\nu} \rangle =: \boldsymbol{D}_A\,. \tag{80}$$

Die l kleinsten Elemente dieser Diagonalmatrix legen die Blockordnung l sowie die Position der verbleibenden Matrix $\boldsymbol{A}_{kk}$ der Ordnung $r = n - l$ fest. Anstelle von (38) steht damit vor uns das transformierte Paar mit total bereinigter Matrix $\tilde{\boldsymbol{A}}$

$$\tilde{\boldsymbol{A}} = \begin{pmatrix} \boldsymbol{D}_{jj} & \boldsymbol{O} \\ \boldsymbol{O} & \boldsymbol{D}_{kk} \end{pmatrix}; \quad \tilde{\boldsymbol{B}} = \begin{pmatrix} \tilde{\boldsymbol{B}}_{jj} & \tilde{\boldsymbol{B}}^*_{kj} \\ \tilde{\boldsymbol{B}}_{kj} & \tilde{\boldsymbol{B}}_{kk} \end{pmatrix} = \begin{pmatrix} \boldsymbol{L}_j^T\, \boldsymbol{B}\, \bar{\boldsymbol{L}}_j & \boldsymbol{L}_j^T\, \boldsymbol{B}\, \bar{\boldsymbol{L}}_k \\ \boldsymbol{L}_k^T\, \boldsymbol{B}\, \bar{\boldsymbol{L}}_j & \boldsymbol{L}_k^T\, \boldsymbol{B}\, \bar{\boldsymbol{L}}_k \end{pmatrix}, \tag{81}$$

wo die Blöcke der Matrix $\tilde{\boldsymbol{B}}$ mit Hilfe der in Streifen zerlegten Transformationsmatrix

$$\boldsymbol{L} = \begin{pmatrix} \boldsymbol{L}_j^T \\ \boldsymbol{L}_k^T \end{pmatrix} \begin{matrix} \updownarrow l \\ \updownarrow n-l \end{matrix} \tag{82}$$

zu berechnen sind. Wie in Abschnitt 36.7 beschrieben, verläuft die Vorbereitung in folgenden Etappen:

1. Die Eigenwerte des Paares

$$\boldsymbol{D}_{jj}; \tilde{\boldsymbol{B}}_{jj} \to \underset{\smile}{\varrho} \leqq \varrho_\nu \leqq \hat{\varrho}; \qquad \nu = 1, 2, \ldots, l \tag{83}$$

abschätzen. Sodann

2. den Sylvester-Test

$$\tilde{\boldsymbol{F}}_{kk}(\hat{\varrho}) = \{\boldsymbol{D}_{kk} - \hat{\varrho}\, \tilde{\boldsymbol{B}}_{kk}\} \text{ pos. def. ?} \tag{84}$$

durchführen. Ist dieser bestanden, so folgt die weitere Abschätzung

$$\tilde{\boldsymbol{B}}_{kj}^* \boldsymbol{D}_{kk}^{-1} \tilde{\boldsymbol{B}}_{kj}; \boldsymbol{D}_{jj} \to \underset{\smile}{\tau} \leqq \tau_\nu \leqq \hat{\tau}; \qquad \nu = 1, 2, \ldots, l \tag{85}$$

und damit der Einschließungssatz (48) bis (58).

Für den Sonderfall $l = 1$ vereinfachen sich die Vorgänge (83) und (85) erheblich. Anstelle der Abschätzungen hat man die exakten Rayleigh-Quotienten

$$\varrho = \frac{\tilde{a}_{jj}}{\tilde{b}_{jj}}, \qquad \tau = \frac{\tilde{c}_{jj}}{\tilde{a}_{jj}} \tag{86}$$

mit

$$\tilde{a}_{jj} = \delta_{jj}, \qquad \tilde{b}_{jj} = \boldsymbol{l}_j^T \boldsymbol{B} \bar{\boldsymbol{l}}_j, \qquad \tilde{c}_{jj} = \boldsymbol{l}_j^T \boldsymbol{B} \boldsymbol{D}_{kk}^{-1} \boldsymbol{B} \bar{\boldsymbol{l}}_j. \tag{87}$$

Sollen die Eigenwerte im Innern des Spektrums eingeschlossen werden, so verläuft alles analog mit der korrespondierenden Matrix wie in Abschnitt 36.8 geschildert.

Dazu ein Beispiel. Das reellsymmetrische Paar der Ordnung $n = 20$ von S. 254 ist vorgelegt. Mit dem Schift $\Lambda = -0{,}01$ wird die Matrix $\boldsymbol{F}_\Lambda = \boldsymbol{A} + 0{,}01\, \boldsymbol{B}$ aufgestellt. Der Sylvester-Test wird nicht eher bestanden, als eine Blockaufteilung mit $l = 5$ vorgenommen wird, und zwar gleichgültig welche. Wir spalten speziell die ersten fünf Zeilen und Spalten ab und bekommen nach einiger Rechnung als untere und obere Schranken

$$\underset{\smile}{\delta} = -0{,}000\,751\,738\,, \qquad \hat{\delta} = 0{,}000\,185\,056\,, \tag{a}$$

zwischen denen genau $l = 5$ Eigenwerte liegen müssen. In der Tat enthält das Spektrum fünfmal die Null, während die nächstbenachbarten Eigenwerte -4 und $+1$ außerhalb des von $\underset{\smile}{\delta}$ und $\hat{\delta}$ begrenzten Bereiches liegen.

• 36.10. Der Determinantensatz

Es sei nun das Paar $\boldsymbol{A}; \boldsymbol{B}$ beliebig (auch singulär), und wieder gehen wir aus von der geschifteten und in vier Blöcke unterteilten Matrix

$$\boldsymbol{F}(\xi) = \begin{pmatrix} \boldsymbol{F}_{jj}(\Lambda) - \xi\, \boldsymbol{B}_{jj} & \boldsymbol{F}_{jk}(\Lambda) - \xi\, \boldsymbol{B}_{jk} \\ \boldsymbol{F}_{kj}(\Lambda) - \xi\, \boldsymbol{B}_{kj} & \boldsymbol{F}_{kk}(\Lambda) - \xi\, \boldsymbol{B}_{kk} \end{pmatrix}, \qquad \xi = \lambda - \Lambda\,. \tag{88}$$

Verschwindet mindestens einer der beiden Randblöcke von $\boldsymbol{F}(\xi)$, so ist die Gesamtheit der beiden Teilspektren

$$\det \boldsymbol{F}_{jj}(\xi) = \det(\boldsymbol{F}_{jj}(\Lambda) - \xi\, \boldsymbol{B}_{jj}) = 0 \rightarrow \varrho_1, \varrho_2, \ldots, \varrho_l \tag{89}$$

und

$$\det \boldsymbol{F}_{kk}(\xi) = \det(\boldsymbol{F}_{kk}(\Lambda) - \xi\, \boldsymbol{B}_{kk}) = 0 \rightarrow \sigma_1, \sigma_2, \ldots, \sigma_r \tag{90}$$

identisch mit den insgesamt $l + r = n$ Eigenwerten ξ_i bzw. $\lambda_i = \Lambda + \xi_i$ des Paares $\boldsymbol{A}$; $\boldsymbol{B}$. Aus der Kleinheit der Ränder wird man deshalb auf die Nähe der Eigenwerte ξ_i zu den Werten ϱ_j bzw. σ_k schließen dürfen. Grundlegende Voraussetzung für die Anwendbarkeit des Satzes ist auch hier analog zu (43) die Trennungseigenschaft

$$\boxed{\max_{j=1}^{l} |\varrho_j| < \min_{k=1}^{r} |\sigma_k|}\,, \tag{91}$$

veranschaulicht in Abb. 36.19. Ist die Trennung nicht gegeben, so versagt der Satz und ist mit einer anderen Blockunterteilung bzw. mit einem anderen Schift zu wiederholen.

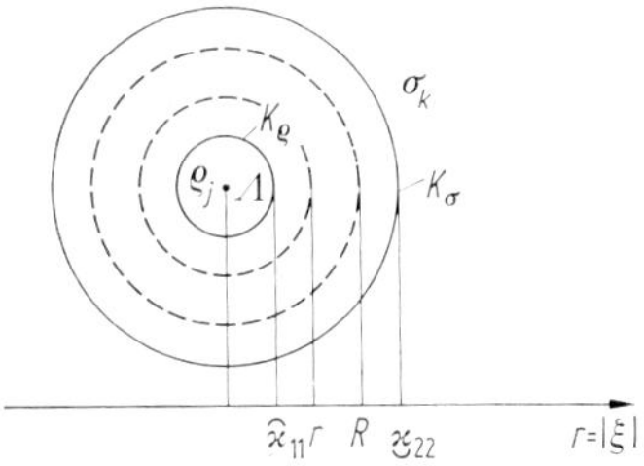

Abb. 36.19. Zum Determinantensatz. Innerhalb des Kreises K_ϱ liegen die Eigenwerte $\varrho_1, \ldots, \varrho_l$ und außerhalb des Kreises K_σ die Eigenwerte $\sigma_1, \ldots, \sigma_r$

Der Originalmatrix (88) ist nun in höchst sinnfälliger Weise die zweireihige Matrix

$$\boldsymbol{K}(r) = \begin{pmatrix} k_{jj}(r) & k_{jk}(r) \\ k_{kj}(r) & k_{kk}(r) \end{pmatrix} = \begin{pmatrix} \hat{\alpha}_{jj} - r\,\underset{\smile}{\beta}_{jj} & \hat{\alpha}_{jk} + r\,\hat{\beta}_{jk} \\ \hat{\alpha}_{kj} + r\,\hat{\beta}_{kj} & -\underset{\smile}{\alpha}_{kk} + r\,\hat{\beta}_{kk} \end{pmatrix}$$

mit

$$r = |\xi| = |\lambda - \Lambda| \tag{92}$$

zugeordnet, deren durch

$$\det \boldsymbol{K}(r) = 0 \rightarrow r_1, r_2 \tag{93}$$

determinierte Eigenwerte r_1 und r_2 das weitere Geschehen bestimmen. Die zweimal vier reellen und nichtnegativen Elemente der Matrix $\boldsymbol{K}(r)$ entstehen durch *hermitesche Kondensation* und Unterdrücken der gemischten Produkte $\boldsymbol{x}_j^* \boldsymbol{F}_{kj}^*(\Lambda)\, \boldsymbol{B}_{kj}\, \boldsymbol{x}_k$ (im wesentlichen also durch Heranziehen der Spektralnorm). Übrig bleiben somit die acht hermiteschen

Formenquotienten

$$\alpha_{\mu\nu}^2 = \frac{\boldsymbol{x}_\nu^* \boldsymbol{F}_{\mu\nu}^*(\Lambda)\boldsymbol{F}_{\mu\nu}(\Lambda)\,\boldsymbol{x}_\nu}{\boldsymbol{x}_\nu^*\;\boldsymbol{x}_\nu}\,, \qquad \beta_{\mu\nu}^2 = \frac{\boldsymbol{x}_\nu^* \boldsymbol{B}_{\mu\nu}^* \boldsymbol{B}_{\mu\nu}\,\boldsymbol{x}_\nu}{\boldsymbol{x}_\nu^* \boldsymbol{x}_\nu}\,; \qquad \mu, \nu = j, k \quad (94)$$

für die, soweit in (92) verlangt, äußere Schranken bestimmt werden müssen

$$\underset{\smile}{\alpha}_{jk}^2 \leqq \alpha_{jk}^2 \leqq \widehat{\alpha}_{jk}^2\,, \qquad \underset{\smile}{\beta}_{jk}^2 \leqq \beta_{jk}^2 \leqq \widehat{\beta}_{jk}^2\,. \quad (95)$$

Da uns die beiden Spektren (89), (90) nicht bekannt sind, greifen wir auf den Kreisringsatz (10) zurück, den wir vergröbern auf folgende Weise. Es seien $\boldsymbol{P}$ und $\boldsymbol{Q}$ zwei beliebige Matrizen, und es gelte für die drei Formenquotienten

$$\underset{\smile}{\varepsilon}^2 \leqq \frac{\boldsymbol{x}^* \boldsymbol{P}^* \boldsymbol{P}\boldsymbol{x}}{\boldsymbol{x}^* \boldsymbol{Q}^* \boldsymbol{Q}\boldsymbol{x}} \leqq \widehat{\varepsilon}^2\,, \qquad \underset{\smile}{\pi}^2 \leqq \frac{\boldsymbol{x}^* \boldsymbol{P}^* \boldsymbol{P}\boldsymbol{x}}{\boldsymbol{x}\,\boldsymbol{x}^*} \leqq \widehat{\pi}^2\,, \qquad \underset{\smile}{\chi}^2 \leqq \frac{\boldsymbol{x}^* \boldsymbol{Q}^* \boldsymbol{Q}\boldsymbol{x}}{\boldsymbol{x}^*\boldsymbol{x}} \leqq \widehat{\chi}^2\,. \quad (96)$$

Wenn wir im ersten Quotienten Zähler und Nenner durch $\boldsymbol{x}^*\boldsymbol{x}$ dividieren, so erscheint der Quotient der beiden anderen Formenquotienten, und nun gilt offenbar

$$\frac{\underset{\smile}{\pi}^2}{\widehat{\chi}^2} \leqq \underset{\smile}{\varepsilon}^2\,; \quad \widehat{\varepsilon}^2 \leqq \frac{\widehat{\pi}^2}{\underset{\smile}{\chi}^2}\,. \quad (96\text{a})$$

Diese Eingrenzung wenden wir auf die beiden Paare aus (89) bzw. (90) an und bekommen die Trennungsbedingung (91) in der jetzt numerisch brauchbaren Fassung

$$\frac{\widehat{\alpha}_{jj}}{\underset{\smile}{\beta}_{jj}} < \frac{\underset{\smile}{\alpha}_{kk}}{\widehat{\beta}_{kk}} \quad \text{bzw.} \quad \boxed{\underset{\smile}{\alpha}_{kk}\,\underset{\smile}{\beta}_{jj} - \widehat{\alpha}_{jj}\,\widehat{\beta}_{kk} > 0}\,. \quad (97)$$

Nur wenn diese Ungleichung besteht, ist der Satz (99), (100) anwendbar.

Schreiben wir die Determinantengleichung (93) mit den Abkürzungen

$$\det \boldsymbol{K}(r) = k_{jj}(r)\cdot k_{kk}(r) - k_{jk}(r)\cdot k_{kj}(r) = p(r) - k(r) = 0$$
$$\to p(r) = k(r)\,, \quad (98)$$

so bedeutet dies geometrisch: die Parabel $p(r)$ ist zum Schnitt zu bringen mit der Koppelfunktion $k(r)$ (ebenfalls einer Parabel), und nun sind nach Abb. 36.20 zwei Fälle zu unterscheiden. Fall I, es gibt

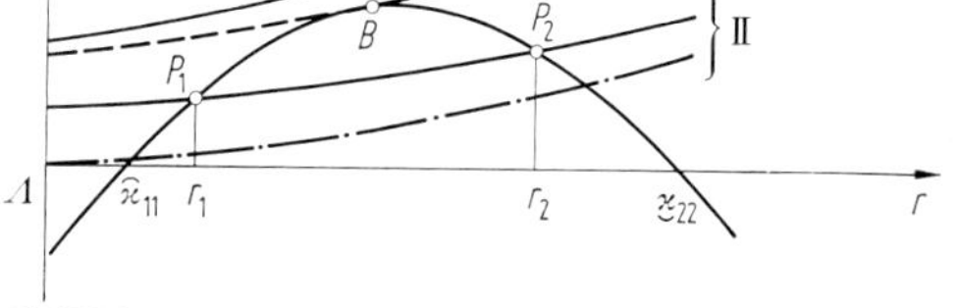

Abb. 36.20. Nur im Fall II (zwei reelle und verschiedene Schnittpunkte P_1 und P_2) ist der Determinantensatz anwendbar

keinen reellen Schnittpunkt oder höchstens einen reellen Berührungspunkt B, oder aber, Fall II, es gibt zwei reelle Schnittpunkte mit den Abszissen $r_1 < r_2$. In diesem Fall gilt der

Satz 11: (*Determinantensatz*) *Sind die beiden Eigenwerte der Matrix* $\boldsymbol{K}(r)$ (92) *reell und positiv, sowie voneinander verschieden,* $0 \leqq r_1 < r_2$, *so gelten die Eingrenzungen*

$$|\lambda_j - \Lambda| \leqq r_1 \quad \textit{für} \quad j = 1, 2, \ldots, l \tag{99}$$

und

$$r_2 \leqq |\lambda_k - \Lambda| \qquad \textit{für} \quad k = l+1, l+2, \ldots, l+r \tag{100}$$

mit beliebig wählbarem Schiftpunkt Λ.

Wenn mindestens einer der beiden Ränder in der Originalmatrix und damit auch im Kondensat (92) verschwindet, also $\alpha_{jk} = \beta_{jk} = 0$ und/oder $\alpha_{kj} = \beta_{kj} = 0$ ist, so zerfällt Gl. (98) in

$$k_{jj}(r) = (\widehat{\alpha}_{jj} - r\,\underset{\smile}{\beta}_{jj}) \qquad = 0 \to r_1 = \widehat{\alpha}_{jj}/\underset{\smile}{\beta}_{jj} \tag{101}$$

sowie

$$k_{kk}(r) = (-\underset{\smile}{\alpha}_{kk} + r\,\widehat{\beta}_{kk}) = 0 \to r_2 = \underset{\smile}{\alpha}_{kk}/\widehat{\beta}_{kk}\,, \tag{102}$$

und wir erkennen hier den Kreisringsatz wieder, angewendet auf die beiden Teilprobleme $\boldsymbol{F}_{jj}(\xi)\,\boldsymbol{x}_j = \boldsymbol{o}$ und $\boldsymbol{F}_{kk}(\xi)\,\boldsymbol{x}_k = \boldsymbol{o}$, wo nun r_1 der Außenradius für das Spektrum (89) und r_2 der Innenradius für das Spektrum (90) ist.

In der Originalarbeit [179] wird gezeigt, wie man durch zwei geeignete Modifikationen der Matrix (92) unter gewissen Bedingungen die l bzw. r Eigenwerte je für sich in einen Kreisring einschließen kann, doch dient dies lediglich der theoretischen Abrundung.

Wie gehen wir nun vor? Als erstes halten wir fest, daß nach Satz 14 aus Abschnitt 13.7 die Blockdyade $\boldsymbol{F}^*_{jk}(\Lambda)\,\boldsymbol{F}_{jk}(\Lambda)$ zum Partner $\boldsymbol{I}_{kk}$ den $(l-r)$-fachen Eigenwert Null besitzt und dazu die Eigenwerte des Paares $\boldsymbol{F}_{jk}(\Lambda)\,\boldsymbol{F}^*_{jk}(\Lambda);\,\boldsymbol{I}_{jj}$ der Ordnung l. Es verbleibt damit die Abschätzung von zwei Spektren der Ordnung $r = n - l$ und sechs Spektren der Ordnung l, ein beachtlicher Aufwand, der sich indessen für den praktisch wichtigen Sonderfall $l = 1$ erheblich reduziert:

$$\alpha_{jj} = |f_{jj}(\Lambda)|\,; \qquad \beta_{jj} = |b_{jj}|\,, \tag{103}$$

$$\alpha_{jk} = \sqrt{\boldsymbol{f}_{jk}(\Lambda)\,\boldsymbol{f}^*_{jk}(\Lambda)}\,; \qquad \beta_{jk} = \sqrt{\boldsymbol{b}_{jk}\,\boldsymbol{b}^*_{jk}}\,, \tag{104}$$

$$\alpha_{kj} = \sqrt{\boldsymbol{f}^*_{kj}(\Lambda)\,\boldsymbol{f}_{kj}(\Lambda)}\,; \qquad \beta_{kj} = \sqrt{\boldsymbol{b}^*_{kj}\,\boldsymbol{b}_{kj}}\,, \tag{105}$$

$$\underset{\smile}{\alpha}^2_{kk} \leqq [\boldsymbol{F}^*_{kk}(\Lambda)\,\boldsymbol{F}_{kk}(\Lambda);\,\boldsymbol{I}_{kk}]\,; \qquad [\boldsymbol{B}^*_{kk}\,\boldsymbol{B}_{kk};\,\boldsymbol{I}_{kk}] \leqq \widehat{\beta}^2_{kk}\,, \tag{106}$$

wo das Symbol $[\ldots]$ den Wertebereich des eingeklammerten Paares bedeutet.

Ebenso wie beim Einschließungssatz Acta Mechanica (und anderen auf der Blockunterteilung beruhenden Sätzen nach [175]), lohnt sich eine vorgezogene Bereinigung. Es wird dann wegen $\tilde{\boldsymbol{F}}_{jk}(\Lambda) = \boldsymbol{O}$ und $\tilde{\boldsymbol{F}}_{kj}(\Lambda) = \boldsymbol{O}$

$$\alpha_{jk}^2 = \alpha_{kj}^2 = 0\,, \tag{107}$$

so daß die in den Abb. 36.21 und 36.22 strichpunktiert eingezeichneten Koppelfunktionen durch den Schiftpunkt Λ gehen. Die optimale Bereinigung erfolgt wieder wie in Abschnitt 26.6 bzw. 26.7 beschrieben und in Abschnitt 36.9 vorgeführt.

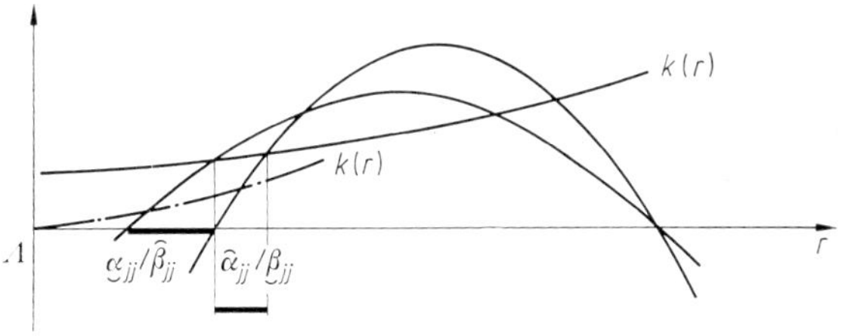

Abb. 36.21. Zum Determinantensatz, $l > 1$

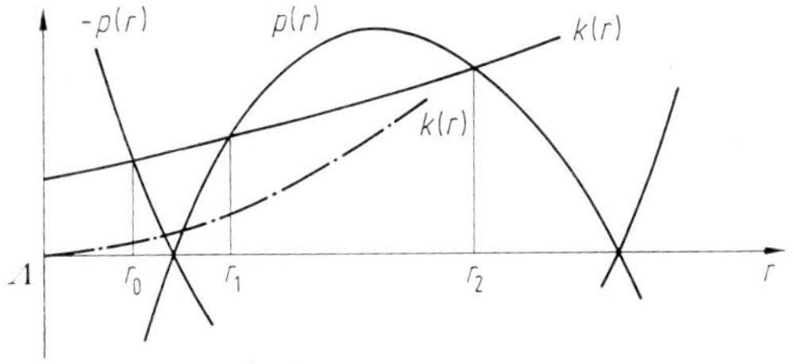

Abb. 36.22. Zum Determinantensatz, $l = 1$

Der Satz läßt sich nochmals verschärfen durch Multiplikation der zweiten Blockgleichung (88) von links mit der Kehrmatrix von $\boldsymbol{F}_{kk}(\Lambda)$. Es wird dann $\alpha_{kk} = 1$, womit die Berechnung bzw. Abschätzung des ersten Formenquotienten (106) entfällt. Auch die anschließende Bereinigung kostet nun so gut wie nichts, da $\boldsymbol{F}_{kk}(\Lambda)$ in die Einheitsmatrix $\boldsymbol{I}_{kk}$ übergegangen ist. Aus $\boldsymbol{B}_{kj}$ und $\boldsymbol{B}_{kk}$ entstehen die mit dem Zeichen $^\circ$ versehenen Matrizen

$$\mathring{\boldsymbol{B}}_{kj} = \boldsymbol{F}_{kk}^{-1}(\Lambda)\,\boldsymbol{B}_{kj}\,, \qquad \mathring{\boldsymbol{B}}_{kk} = \boldsymbol{F}_{kk}^{-1}(\Lambda)\,\boldsymbol{B}_{kk}\,, \tag{108}$$

und der abzuschätzende Formenquotient aus (106) wird damit

$$\mathring{\beta}_{kk}^2(\boldsymbol{x}_k) = \frac{\boldsymbol{x}_k^*\,\mathring{\boldsymbol{B}}_{kk}^*\,\mathring{\boldsymbol{B}}_{kk}\,\boldsymbol{x}_k}{\boldsymbol{x}_k^*\,\boldsymbol{x}_k} \leqq \mathring{\beta}_{\max}^2 \leqq \hat{\mathring{\beta}}{}^2\,. \tag{109}$$

Sein Wertebereich wird oben abgeschlossen durch den größten Eigenwert des Paares $\mathring{\boldsymbol{B}}_{kk}^*\,\mathring{\boldsymbol{B}}_{kk};\,\boldsymbol{I}_{kk}$, der nicht kleiner sein kann als die Summe aller r Eigenwerte, und diese ist gleich der Spur

$$s = \operatorname{Spur} \mathring{\boldsymbol{B}}_{kk}^*\,\mathring{\boldsymbol{B}}_{kk} = \sum_{\mu=l+1}^{n}\;\sum_{\nu=l+1}^{n} |\mathring{b}_{\mu\nu}|^2\,. \tag{110}$$

Damit gilt die Abschätzung (und dies ist nichts anderes als die euklidische Norm aus Abschnitt 25.2)

$$\boxed{\overset{\circ}{\widehat{\beta}}_{kk} \leqq \sqrt{s}}\,, \tag{111}$$

die wir in (92) und (97) einsetzen.

Wir werden in Abschnitt 37.6 den Selektionsalgorithmus BONAVENTURA mit dem Sonderfall der RITZ-Iteration herleiten, der in idealer Weise alle hier getroffenen Vereinfachungen herbeiführt und für $l = 1$ den Wert α_{jj} (103) iterativ beliebig klein macht.

Der Determinantensatz ist deshalb für nichtnormale Matrizenpaare die zur Zeit schärfste Einschließung, die bekannt ist. Für normale Paare liefert der Satz Acta Mechanica aus Abschnitt 36.8 bessere Schranken bei vergleichbarem Rechenaufwand.

Wir führen ein leicht von Hand nachzurechnendes erstes Demonstrationsbeispiel vor. Gegeben ist das Paar $\boldsymbol{A}; \boldsymbol{B}$ mit $n = 6, l = 1$ und $r = 5$ mit dem Schift $\Lambda = 0$, wo die Bereinigung von $\boldsymbol{A}$ und die anschließende Überführung von $\boldsymbol{A}_{kk}$ in $\boldsymbol{I}_{kk}$ bereits vorgenommen sei. Es resultiert dann

$$\boldsymbol{D} = \left(\begin{array}{c|ccccc} 0{,}1 & 0 & 0 & 0 & 0 & 0 \\ \hline 0 & 1 & 0 & 0 & 0 & 0 \\ 0 & 0 & 1 & 0 & 0 & 0 \\ 0 & 0 & 0 & 1 & 0 & 0 \\ 0 & 0 & 0 & 0 & 1 & 0 \\ 0 & 0 & 0 & 0 & 0 & 1 \end{array}\right); \qquad \boldsymbol{B} = \left(\begin{array}{c|ccccc} 10 & -i & 1 & 5 & -1 & 3+4i \\ \hline 1 & 3 & 0 & 0 & 0 & 0 \\ 0{,}9 & 0 & 4 & 0 & 0 & 0 \\ 0 & 0 & 0 & 5 & 0 & 0 \\ i & 0 & 0 & 0 & -i & 0 \\ 1 & 0 & 0 & 0 & 0 & 0 \end{array}\right).$$

Wegen $j = 1$ gelten die Abschätzungen (103) bis (106)

$$\alpha_{jj} = |d_{11}| = 0{,}1\,; \qquad \beta_{jj} = |b_{11}| = 10\,,$$

$$\alpha_{jk} = \sqrt{\boldsymbol{o}\,\boldsymbol{o}^*} = 0\,; \qquad \beta_{jk} = \sqrt{\boldsymbol{b}_{jk}\,\boldsymbol{b}_{jk}^*} = \sqrt{53}\,,$$

$$\alpha_{kj} = \sqrt{\boldsymbol{o}^*\,\boldsymbol{o}} = 0\,; \qquad \beta_{kj} = \sqrt{\boldsymbol{b}_{kj}^*\,\boldsymbol{b}_{kj}} = \sqrt{3{,}81}\,,$$

$$\underset{\smile}{\alpha}^2_{kk} = [\boldsymbol{D}_{kk}^*\,\boldsymbol{D}_{kk};\, \boldsymbol{I}_{kk}] = [\boldsymbol{I}_{kk};\, \boldsymbol{I}_{kk}]\,; \qquad [\boldsymbol{B}_{kk}^*\,\boldsymbol{B}_{kk};\, \boldsymbol{I}_{kk}] \leqq \widehat{\beta}^2_{kk}\,.$$

Damit wird $\underset{\smile}{\alpha}_{kk} = \alpha_{kk} = \widehat{\alpha}_{kk} = 1$ und mit der hier leicht explizit zu errechnenden Matrix

$$\boldsymbol{B}_{kk}^*\,\boldsymbol{B}_{kk} = \boldsymbol{D}\mathrm{iag}\langle 9 \quad 26 \quad 25 \quad 1 \quad 0\rangle \to \widehat{\beta}^2_{kk} = 25\,, \qquad \widehat{\beta}_{kk} = 5\,.$$

Als erstes überprüfen wir die Trennungseigenschaft (97). Es ist

$$\underset{\smile}{\alpha}_{kk}\,\underset{\smile}{\beta}_{jj} - \widehat{\alpha}_{jj}\,\widehat{\beta}_{kk} = 1 \cdot 10 - 0{,}1 \cdot 5 = 9{,}5 > 0\,,$$

also ist der Satz anwendbar. Nach (92) ist (wo die Bögen für sechs der acht Formenquotienten entfallen, da es sich um Skalare handelt)

$$\det \boldsymbol{K}(r) = \det\begin{pmatrix} \alpha_{jj} - r\,\beta_{jj} & \alpha_{jk} + r\,\beta_{jk} \\ \alpha_{kj} + r\,\beta_{kj} & -\underset{\smile}{\alpha}_{kk} + r\,\widehat{\beta}_{kk} \end{pmatrix} = \det\begin{pmatrix} 0{,}1 - r \cdot 10 & 0 + r\sqrt{53} \\ 0 \;\; + r\sqrt{3{,}81} & -1 + r \cdot 5 \end{pmatrix}$$

$$= 64{,}210208\, r^2 - 10{,}5\, r + 0{,}1 = 0\,.$$

Diese quadratische Gleichung hat die beiden reellen positiven Nullstellen

$$r_1 = 0{,}010154\,, \qquad r_2 = 0{,}153371\,.$$

Es liegt somit $l = 1$ Eigenwert im Kreis um O mit dem Radius r_1 (oder auf dem Rande), und die übrigen $r = 5$ Eigenwerte liegen außerhalb des Kreises mit dem Radius r_2 (oder auf dem Rande).

Obwohl in diesem Fall unsinnig, nehmen wir die Vergröberung (111) vor, berechnen also die Spur (110)

$$s = 3^2 + 4^2 + 5^2 + (-i)(+i) + 0^2 = 51\,, \qquad s = 7{,}1414\,.$$

Der Leser ersetze die obere Schranke $\widehat{\beta}_{kk} = 5$ durch 7,1414 und überzeuge sich, daß die Einschließung nur wenig schlechter wird.

Zweites Beispiel. Das Paar $\boldsymbol{P}, \boldsymbol{Q}$

$$\boldsymbol{P} = \begin{bmatrix} 1 & 0 & 0 & 0 & \dots & 0 & 0 \\ -1 & 1 & 0 & 0 & \dots & 0 & 0 \\ 0 & -1 & 1 & 0 & \dots & 0 & 0 \\ 0 & 0 & -1 & 1 & \dots & 0 & 0 \\ \dots & \dots & \dots & \dots & \dots & \dots & \dots \\ 0 & 0 & 0 & 0 & \dots & 1 & 0 \\ 0 & 0 & 0 & 0 & \dots & -1 & 1 \end{bmatrix}; \quad \boldsymbol{Q} = \begin{bmatrix} 1 & 1 & 1 & 1 & \dots & 1 & 1 \\ 0 & 1 & 1 & 1 & \dots & 1 & 1 \\ 0 & 0 & 1 & 1 & \dots & 1 & 1 \\ 0 & 0 & 0 & 1 & \dots & 1 & 1 \\ \dots & \dots & \dots & \dots & \dots & \dots & \dots \\ 0 & 0 & 0 & 0 & \dots & 1 & 1 \\ 0 & 0 & 0 & 0 & \dots & 0 & 1 \end{bmatrix} \qquad \text{(a)}$$

has dasselbe Spektrum wie das Paar $\boldsymbol{A}_R; \boldsymbol{I}$ (24.82), also für $n = 50$ beispielsweise die drei aufeinanderfolgenden Eigenwerte

$$\lambda_{17} = 0{,}964\,300\,750\,203\,, \quad \lambda_{18} = 1{,}072\,672\,936\,029\,, \quad \lambda_{19} = 1{,}184\,632\,770\,117\,. \qquad \text{(b)}$$

Wir stellen die Ausgangsform

$$\boldsymbol{L\,P\,R} =: \widehat{\boldsymbol{P}} = \begin{pmatrix} \boldsymbol{I}_{jj} & \boldsymbol{o} \\ \boldsymbol{o}^T & \alpha_{kk} \end{pmatrix}; \qquad \boldsymbol{L\,Q\,R} =: \widehat{\boldsymbol{Q}} = \begin{pmatrix} \boldsymbol{Q}_{jj} & \boldsymbol{q}_{jk} \\ \boldsymbol{q}_{kj}^T & 1 \end{pmatrix} \qquad \text{(c)}$$

her, wo $\boldsymbol{I}_{jj}$ Einheitsmatrix der Ordnung 49 ist, und rechnen mit der euklidischen Norm (111). Für sechs verschiedene, von Mal zu Mal bessere Schifts resultiert das Ergebnis

j	Schift Λ_j	Trennungstest (97) erfüllt?	Eigenwert r_1	Eigenwert r_2
1	1,0	nein	—	—
2	1,07	nein	—	—
3	1,072	nein	—	—
4	1,0726	nein	—	—
5	1,07267	ja	komplex	komplex
6	1,072672	ja	$1{,}113\,684\,591 \cdot 10^{-6}$	$2{,}687\,000\,802 \cdot 10^{-6}$

(d)

Innerhalb des Kreises mit dem Mittelpunkt Λ_6 und dem Radius r_1 liegt somit genau ein Eigenwert, nämlich λ_{18}; der Kreisring um Λ_6 mit den beiden Radien r_1 und r_2 ist frei von Eigenwerten, die übrigen 49 Eigenwerte liegen somit außerhalb dieses Ringes, wie anhand von (b) leicht nachzuprüfen.

Die Vergröberung durch die euklidische Norm bringt es mit sich, daß der Schift Λ_j sehr gut sein muß, damit der Trennungstest (97) erfüllt ist und darüber hinaus zwei reelle positive und voneinander verschiedene Eigenwerte r_1 und r_2 als Kreisringradien resultieren.

Weitere Zahlenbeispiele mit Matrizen höherer Ordnung finden sich in der Originalarbeit [179].

36.11. Komponentenweise Einschließung von Eigenvektoren normaler Paare

Die Einschließung eines Eigenvektors $\boldsymbol{x}_j$ gelingt verständlicherweise nur, wenn der zugehörige Eigenwert λ_j von den übrigen Eigenwerten numerisch trennbar ist; denn anderenfalls könnte λ_j ein mehrfacher Eigenwert sein, zu dem (im Falle linearer Elementarteiler) ein Eigenraum von größerer Dimension als Eins gehört. Trifft dies zu, so gibt es keinen eindeutig bestimmbaren Eigenvektor, den man einschließen könnte.

Wir beschränken uns in diesem Abschnitt auf normale Paare $\boldsymbol{A}; \boldsymbol{B}$. Die Einschließung basiert auf einem möglichst gut gewählten Näherungsvektor $\boldsymbol{z}$, mit dem der RAYLEIGH-Quotient R, der Defektvektor $\boldsymbol{d}$ und das normierte Defektquadrat zu berechnen sind:

$$R = \frac{\boldsymbol{z}^* \boldsymbol{A}\, \boldsymbol{z}}{\boldsymbol{z}^* \boldsymbol{B}\, \boldsymbol{z}}, \qquad \boldsymbol{d} = (\boldsymbol{A} - R\boldsymbol{B})\, \boldsymbol{z}\,, \qquad \delta_R^2 = \frac{\boldsymbol{d}^* \boldsymbol{B}^{-1} \boldsymbol{d}}{\boldsymbol{z}^* \boldsymbol{B}\, \boldsymbol{z}}\,. \tag{114}$$

Ferner muß ein Kreis K mit dem Mittelpunkt R und dem Radius $h > \delta_R$ bekannt sein, der genau einen (und keinen weiteren) Eigenwert enthält. Für den zugehörigen Eigenvektor, der mit Hilfe von $\boldsymbol{z}$ folgendermaßen normiert zu denken ist

$$\boldsymbol{x}_{\text{norm}} = \boldsymbol{x} \cdot \frac{\boldsymbol{z}^* \boldsymbol{B}\, \boldsymbol{z}}{\boldsymbol{z}^* \boldsymbol{B}\, \boldsymbol{x}}, \tag{115}$$

gilt dann die komponentenweise Einschließung

$$|x_j - z_j| \leqq \sigma_j; \qquad j = 1, 2, \ldots, n \tag{116}$$

mit

$$\sigma_j^2 = [(\boldsymbol{e}_j^T \boldsymbol{B}^{-1} \boldsymbol{e}_j)\, (\boldsymbol{z}^* \boldsymbol{B}\, \boldsymbol{z}) - |z_j|^2]\, \varepsilon^2 \tag{117}$$

und

$$\varepsilon^2 = \frac{\delta_R^2}{h^2 - \delta_R^2}\,; \qquad h > \delta_R\,. \tag{118}$$

Ist das Paar reellsymmetrisch, so sind auch Eigenwerte und Eigenvektoren reell, und die Einschließung läßt sich kürzer so formulieren

$$\boldsymbol{x} = \boldsymbol{z} \pm \boldsymbol{s} \quad \text{mit} \quad \boldsymbol{s} = \begin{pmatrix} \sigma_1 \\ \sigma_2 \\ \vdots \\ \sigma_n \end{pmatrix}. \tag{119}$$

Nun zur wichtigsten Frage: wie finden wir einen Kreis mit dem Mittelpunkt R, dessen Radius h größer als δ_R ist und der nicht mehr als einen Eigenwert enthält? Entweder liegt die schon bei der Herleitung des Satzes von TEMPLE vorausgesetzte Situation vor, womit sich die Antwort erübrigt, oder aber, und dies wird die Regel sein, wir sind genötigt, mit einer Folge von Werten h_ν

$$\delta_R < h_1 < h_2 \ldots \tag{120}$$

die SYLVESTER-Tests

$$\boldsymbol{S}_\nu := \boldsymbol{F}^*(R)\,\boldsymbol{B}^{-1}\,\boldsymbol{F}(R) - h_\nu^2\,\boldsymbol{B} \quad \text{pos. def.?} \tag{121}$$

durchzuführen. Macht man (in impliziter Manier mit $\boldsymbol{S}_\nu$ als Phantommatrix) die Äquivalenztransformation $\boldsymbol{L}_\nu\,\boldsymbol{S}_\nu = \nabla_\nu$, so muß in der Hauptdiagonale der oberen Dreiecksmatrix ∇_ν genau ein negatives Element erscheinen, während alle übrigen positiv und von Null verschieden sind. Dies verbürgt, daß im Kreis um R mit dem Radius h genau ein Eigenwert liegt, wie der Leser sich leicht klarmacht.

Zahlenbeispiele und weitere Varianten zum Thema (insbesondere wie man die Inversion von $\boldsymbol{B}$ umgehen kann) finden sich in der Originalarbeit [174].

Wir erproben die Einschließung anhand der Schwingerkette der Abb. 36.5 für den Näherungsvektor $\boldsymbol{z} = \boldsymbol{e}_2$. Die Werte (114) hatten wir für $j = 2$ berechnet zu $R = 14$ und $\delta_R^2 = 2$, und die Einschließung nach TEMPLE ergab die in Abb. 36.23 skizzierte Situation.

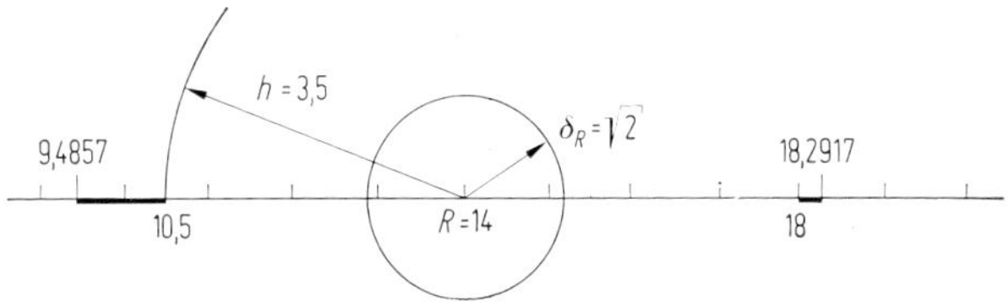

Abb. 36.23. Konstruktion eines Kreises mit dem Mittelpunkt $R = 14$

Der Kreis um $R = 14$ mit dem kleineren Abstand $h = 14 - 10{,}5 = 3{,}5$ enthält garantiert nur einen Eigenwert, womit sich die Größe ε^2 nach (118) berechnen läßt:

$$\varepsilon^2 = \delta_R^2/(h^2 - \delta_R^2) = 2/(3{,}5^2 - 2) = 0{,}195\,122\,.$$

Nun ist $\boldsymbol{e}_j^T\,\boldsymbol{B}^{-1}\,\boldsymbol{e}_j = 1/b_{jj}$, ferner $\boldsymbol{z}^T\,\boldsymbol{B}\,\boldsymbol{z} = \boldsymbol{e}_2^T\,\boldsymbol{B}\,\boldsymbol{e}_2 = 1$, somit gilt für alle vier Komponenten nach (117)

$$\sigma_j^2 = [1/b_{jj} - z_j^2]\,\varepsilon^2 \quad \text{mit} \quad \boldsymbol{z} = (0 \quad 1 \quad 0 \quad 0)^T\,,$$

also der Reihe nach

$$\sigma_1^2 = [1/1 - 0^2]\,\varepsilon^2 = 0{,}195\,122\,, \qquad \sigma_2^2 = [1/1 - 1^2]\,\varepsilon^2 = 0\,,$$

$$\sigma_3^2 = [1/1 - 0^2]\,\varepsilon^2 = 0{,}195\,122\,, \qquad \sigma_4^2 = [1/5 - 0^2]\,\varepsilon^2 = 0{,}039\,024\,,$$

und damit haben wir, da alles reell ist, die Einschließung (119)

$$\boldsymbol{x} = \boldsymbol{z} \pm \boldsymbol{s} = \begin{pmatrix} 0 \pm 0{,}042 \\ 1 \pm 0 \\ 0 \pm 0{,}442 \\ 0 \pm 0{,}198 \end{pmatrix}, \tag{a}$$

wo der unbekannte Eigenvektor nach (115) normiert zu denken ist. Und zwar wird mit

$$\boldsymbol{z}^T \boldsymbol{B} = \boldsymbol{e}_2^T \boldsymbol{B} = (0 \quad 1 \quad 0 \quad 0)$$

$$\rightarrow \boldsymbol{x}_{\text{norm}} = \boldsymbol{x} \frac{\boldsymbol{z}^T \boldsymbol{B} \boldsymbol{z}}{\boldsymbol{z}^T \boldsymbol{B} \boldsymbol{x}} = \boldsymbol{x} \frac{1}{x_2} = \begin{pmatrix} x_1/x_2 \\ 1 \\ x_3/x_2 \\ x_4/x_2 \end{pmatrix} = \begin{pmatrix} x_{1,\,\text{norm}} \\ 1 \\ x_{2,\,\text{norm}} \\ x_{3,\,\text{norm}} \end{pmatrix}.$$

In der Tat: die zweite Komponente ist fehlerfrei, wie es nach (a) sein muß.

36.12. Einschließung bei Mammutmatrizen

Jeder Einschließungssatz setzt voraus, daß die Rechnung, die zur Einschließung führt, fehlerfrei sei, was natürlich eine Fiktion ist. Eigentlich brauchten wir also Sekundärsätze, welche das Einschließungsergebnis ihrerseits einschließen usw. ad infinitum. Dieses Dilemma ist grundsätzlicher Natur, fällt indessen bei kleinen Ordnungszahlen infolge der hohen Mantissengenauigkeit und der relativ wenigen Operationen kaum ins Gewicht.

Anders bei großen Matrizen, wir denken etwa an $n \geqq 1000$. Sofern eine (wenn auch nur formale) Inversion erforderlich wird wie bei den Sätzen von Krylov/Bogoljubov und Acta Mechanica, liegt hier die gefährlichste Fehlerquelle. Schon des öfteren betonten wir mit Nachdruck: jeder Algorithmus, der ganz oder streckenweise rückwärts arbeitet, was heißt: Gleichungen *auflöst* anstatt Näherungen in Gleichungen *einsetzt*, und der fiktive Ziele in seinem Programm enthält, wie die Kenntnis einer Kehrmatrix oder den Wert einer Determinante, ist grundsätzlich zu verwerfen. Wir erinnern bei dieser Gelegenheit an die drei Gebote des Numerikers:

> *Traue nur dem Defekt!*
> *Vorwärtsrechnen geht vor Rückwärtsrechnen.*
> *Viele kurze Operationsketten sind besser als wenige lange selbst bei größerem Gesamtaufwand.*

Alle drei Forderungen lassen sich nun beim Satz Acta Mechanica in einfacher Weise erfüllen. Schon zu Anfang des Abschnittes 36.7 erwähnten wir, daß die „exakte" Bereinigung zwar die Endformeln vereinfacht, jedoch prinzipiell nicht erforderlich ist, und das gleiche gilt für die Bündelung im Punkt P der Abb. 16.3c, auf welcher der Satz in der speziellen Form (36) bis (58) basiert. Dieser Punkt P darf durchaus durch einen Wertebereich W (wie bei der $\boldsymbol{B}$-Normierung) ersetzt werden, ohne daß Aussage und Qualität des Satzes wesentlich beeinträchtigt werden. Aus diesem Grunde gelingt es, selbst bei extrem hohen Ordnungszahlen — insbesondere bei schwach besetzten Matrizen mit ausgeprägter Hülle — die Eigenwerte (und -vektoren) fehlerfrei einzuschließen, und ähnliche Überlegungen gelten für den Determinantensatz.

Sind $\boldsymbol{A}$ und $\boldsymbol{B}$ von Bandform, so empfiehlt sich in diesem Zusammenhang auch die in Abschnitt 32.5 beschriebene Partitionierung, die es erlaubt, eine lange Operationskette in mehrere kurze aufzulösen. Auch die Blocktechnik aus Abschnitt 32.6 ist empfehlenswert.

Dazu ein Beispiel. Der kleinste Eigenwert des Paares $\boldsymbol{A}; \boldsymbol{I}$ mit $\boldsymbol{A} = \boldsymbol{K} + 3\,\boldsymbol{I}$ ist mit Hilfe des Satzes Acta Mechanica aus Abschnitt 36.7 einzuschließen. Die Eigenwerte sind nach (17.48)

$$\lambda_j = 3 + 2\cos\frac{j}{n+1}\pi; \qquad j = 1, 2, \ldots, n\,. \tag{a}$$

Wir starten mit $\eta_0 = 0$ und rechnen für einige Ordnungszahlen n so viele Schritte, bis 16 Dezimalstellen übereinstimmen; es ist dann $\underset{\smile}{\lambda} = \widehat{\lambda}$. In Tabelle (b) sind auch die letzten drei Dezimalen der mit $j = 1$ nach (a) berechneten exakten Werte angegeben. Man erkennt, daß zufolge der Rundungsfehler dieser Wert nicht immer getroffen wird. Die Anzahl ϱ der benötigten Iterationsschritte wächst ab $n = 10001$ nur noch unwesentlich an.

n	$\underset{\smile}{\lambda} = \widehat{\lambda}$	λ	ϱ
5	1,267 949 192 431 122	... 123	4
101	1,000 948 560 573 268	... 268	7
1 001	1,000 009 830 236 052	... 052	9
10 001	1,000 000 098 656 570	... 577	11
50 001	1,000 000 003 947 529	... 526	13
120 001	1,000 000 000 685 365	... 366	14
130 001	1,000 000 000 583 983	... 986	14
150 001	1,000 000 000 438 645	... 638	14
200 001	1,000 000 000 246 723	... 735	14

(b)

Für die beiden Ordnungszahlen $n = 10001$ und $n = 200001$ sind die drei kleinsten Eigenwerte nach Formel (a)

n	λ_1	λ_2	λ_3
10 001	1,000 000 098 656 577	1,000 000 394 626 297	1,000 000 887 909 131
200 001	1,000 000 000 246 735	1,000 000 000 986 941	1,000 000 002 220 617

. (c)

Man sieht, welch hohe Ansprüche an den SYLVESTER-Test gestellt werden, der deshalb mit größter Sorgfalt durchzuführen ist. Der Leser wiederhole die Aufgabe mittels der Blockaufteilung (32.41). Da in der Kodiagonale von $\boldsymbol{F}(\Lambda_j)$ lauter Einsen stehen, ist dieses Vorgehen hier optimal.

• 36.13. Zusammenfassung. Schlußbemerkung

Neben der hier gebrachten kleinen Auswahl von Einschließungssätzen für Eigenwerte und Eigenvektoren existiert in der Literatur eine Fülle von weiteren Sätzen, die sich in drei Gruppen gliedern lassen.

I. Die klassischen Sätze

Ia) Diese gehen aus von der Tatsache, daß sich $\boldsymbol{A}$ und $\boldsymbol{B}$ simultan auf Diagonalform transformieren lassen, insonderheit $\boldsymbol{B}$-unitär bei normalen Paaren. Hierhin gehören die Sätze von KRYLOV/BOGOLJUBOV mit der Verschärfung von TEMPLE sowie die Sätze von COLLATZ und HEINRICH.

Ib) Nicht auf der Transformicrbarkeit auf Diagonalform, sondern auf der beim Originalpaar vorhandenen Diagonaldominanz basieren die Sätze von GERSCHGORIN und der mit der Spektralnorm operierende Diagonalsatz.

II. Blockaufteilung und anschließende Kondensation. Diese weitreichende Technik (die auch im nichtlinearen Fall zum Erfolg führt) wurde erstmals in [175] entwickelt. Man unterscheidet dabei Methoden *mit* Elimination des Teilvektors $\boldsymbol{x}_k$ (Acta Mechanica) und *ohne* Elimination (Determinantensatz). Zahlreiche Kombinationen von hermitescher und nichthermitescher Kondensation mit der Unterteilung in vier, neun ... Blöcke sind praktikabel. Auch die Eigenvektoren lassen sich einschließen.

III. Prinzipien, die aus der Funktionalanalysis stammen, somit auch außerhalb der linearen Algebra anwendbar bleiben. Hierhin gehören genaugenommen die Sätze von KRYLOV/BOGOLJUBOV (oft auch WEINSTEIN zugeschrieben) und TEMPLE, die ursprünglich für lineare Differential- bzw. Integralgleichungen konzipiert wurden.

§ 37. Determinantenalgorithmen

• 37.1. Übersicht

Die Eigenwerte eines nichttrivialen homogenen Gleichungssystems sind determiniert durch die charakteristische Gleichung

$$\boldsymbol{y}^T \boldsymbol{F}(\lambda) = \boldsymbol{o}^T \; ; \; \boldsymbol{F}(\lambda)\, \boldsymbol{x} = \boldsymbol{o} \quad \rightarrow \det \boldsymbol{F}(\lambda) = f(\lambda) = 0 \,, \tag{1}$$

deren explizite Aufstellung mit anschließender Bestimmung der Nullstellen bis hin zu JAKOBI (1846) die allein praktizierte Vorgehensweise war. Anfang des zwanzigsten Jahrhunderts kamen weitere iterative Näherungsverfahren hinzu (VON MISES 1929). Mit dem Aufkommen der digitalen Rechenautomaten Ende der fünfziger Jahre wurde die Inangriffnahme der charakteristischen Gleichung (1) von den Numerikern, verführt durch die neuen ungeahnten Möglichkeiten, weitgehend ignoriert, wenn nicht verachtet.

Bei nüchterner Betrachtung zeigt sich indessen, daß die Determinantenalgorithmen allen anderen Methoden überlegen sind: erstens an Allgemeingültigkeit, denn die Definitionsgleichung (1) gilt eben immer und unter allen Umständen, zweitens auch an Effektivität und Zuverlässigkeit. Voraussetzung ist jedoch, daß die Funktion (1) an einer Stelle Λ (dem Schiftpunkt) nach dem — kleinen! — Parameter ξ entwickelt wird

$$f(\xi) = f_0 + \xi f_1 + \xi^2 f_2 + \cdots; \qquad \xi = \lambda - \Lambda\,, \tag{2}$$

entweder in eine TAYLOR-Reihe, oder sehr viel wirkungsvoller mit Hilfe der geometrischen Reihe. Beide stimmen in den ersten beiden Gliedern, dem linearen Anteil der Entwicklung (2) überein. Behält man allein diesen bei, so resultiert das bekannte RITZsche Verfahren, zumindest im Falle der hier zunächst betrachteten linearen Eigenwertaufgabe $\boldsymbol{F}(\lambda) = \boldsymbol{A} - \lambda\,\boldsymbol{B}$.

Eine moderne Weiterentwicklung des RITZschen Verfahrens ist der Selektions- (oder Extraktions-)algorithmus BONAVENTURA sowie die darauf aufbauenden globalen Substitutionsalgorithmen SECURITAS und VELOCITAS.

• 37.2. Die direkte Methode. Explizites und implizites Vorgehen

Wie soeben erwähnt, sind die Eigenwerte einer Matrix $\boldsymbol{F}(\lambda)$ festgelegt durch die charakteristische Gleichung (1), und es scheint das Natürlichste von der Welt zu sein, die Funktion $f(\lambda)$ aufzustellen und ihre Nullstellen aufzusuchen. Daß dies im allgemeinen gar nicht gelingen kann, zeigt schon der einfachste Fall $\boldsymbol{F}(\lambda) = \boldsymbol{A} - \lambda\,\boldsymbol{I}$. Hier ist $f(\lambda) = p(\lambda)$ das Polynom (13.7) mit $a_{n-1} = -\operatorname{sp}\boldsymbol{A}$ und $(-1)^n a_0 = \det\boldsymbol{A}$ nach (13.8). Es seien nun die Eigenwerte gleichmäßig verteilt, etwa $\lambda_1 = 1, \lambda_2 = 2, \ldots, \lambda_n = n$, dann wird $\operatorname{sp}\boldsymbol{A} = n(n+1)/2$ und $\det\boldsymbol{A} = n!$, doch ist schon 69! rund 1,7mal 10 hoch 98 und wird daher von fast jeder Maschine als ∞ (overflow) abgewiesen. Aber selbst wenn es gelingt, alle Koeffizienten des Polynoms $p(\lambda)$ in ihrer Größenordnung gleichzeitig im Rechenwerk unterzubringen, so tritt eine weitere Schwierigkeit zutage, nämlich die gerade bei den Polynomen ausgeprägte Sensibilität der Nullstellen gegenüber kleinsten Änderungen ihrer Koeffizienten. Scheinbar vernachlässigbare Ungenauigkeiten in deren Ermittlung können unabschätzbare Fehler in den Nullstellen λ_j nach sich ziehen, weshalb man bei vorgegebenen Polynomen großer Ordnung n geradezu umgekehrt vorgeht und ihre Nullstellen als Eigenwerte der zugeordneten Begleitmatrix (23.8) mit Hilfe geeigneter Algorithmen zu berechnen versucht, wie wir im § 43 noch zeigen werden.

Bei kleinen Ordnungszahlen, etwa bis $n = 20$, kann dennoch eine explizite Aufstellung des Polynoms (der charakteristischen Gleichung, wie wir auch sagten) praktikabel sein, gelingt indessen mit erträglichem Rechenaufwand nur, wenn $\boldsymbol{F}(\lambda)$ von (mindestens) Fastdreiecksform, im reellsymmetrischen Fall also von Tridiagonalform ist, und dies trifft zu bei der Berechnung von Eigenkreisfrequenzen ungedämpfter Translations- bzw. Rotationsschwingerketten nach Abb. 35.7. Im allgemeinen aber hat man nach einer der im § 28 vorgeführten multiplikativen oder progressiven Ähnlichkeitstransformationen das vorgegebene Paar $\boldsymbol{A}; \boldsymbol{B}$ vorweg auf $\boldsymbol{H}; \boldsymbol{I}$ bzw. $\boldsymbol{T}; \boldsymbol{I}$ zu transformieren, und nun ist es das einfachste, die Polynomkoeffizienten nach dem in Abschnitt 14.2 angegebenen Verfahren von KRYLOV zu berechnen, wobei aufgrund der HESSENBERG-Form die Systemmatrix $\boldsymbol{Z}$ (14.15) obere Dreiecksform hat, was die Auflösung des Gleichungssystems problemlos bewerkstelligen läßt.

Eine andere Methode besteht im sukzessiven Aufstellen der Hauptabschnittsdeterminanten der Matrix $\boldsymbol{F}(\lambda)$ von links oben nach rechts unten fortschreitend, was aber bei gleichem Rechenaufwand gegenüber der Vorgehensweise nach KRYLOV sehr viel mehr Organisation (bzw. Schreibarbeit) erfordert.

Für jeden interessierenden Eigenwert λ_j wird das nun verträgliche Gleichungssystem

$$(\boldsymbol{H} - \lambda_j \boldsymbol{I})\, \boldsymbol{z}_j = \boldsymbol{o} \quad \text{bzw.} \quad (\boldsymbol{T} - \lambda_j \boldsymbol{I})\, \boldsymbol{z}_j = \boldsymbol{o} \tag{3}$$

gelöst und der Eigenvektor $\boldsymbol{z}_j$ auf $\boldsymbol{x}_j$ zurücktransformiert.

Sucht man nicht nur einige, sondern alle Eigenwerte, so ist auch die explizite Methode konkurrenzfähig. Man macht vorweg in $\boldsymbol{H}$ bzw. $\boldsymbol{T}$ die untere Kodiagonale durch Skalierung zu Eins und erfüllt nun die letzte, vorletzte usw. Gleichung des Systems

$$\begin{bmatrix} h_{11}-\lambda & h_{12} & h_{13} & \dots & h_{1n} & h_{1n} \\ 1 & h_{22}-\lambda & h_{23} & \dots & h_{2n} & h_{2n} \\ 0 & 1 & h_{33}-\lambda & \dots & h_{3n} & h_{3n} \\ \dots & \dots & \dots & \dots & \dots & \dots \\ 0 & 0 & 0 & \dots & 1 & h_{nn}-\lambda \end{bmatrix} \begin{bmatrix} z_1(\lambda) \\ z_2(\lambda) \\ z_3(\lambda) \\ \dots \\ 1 \end{bmatrix} = \begin{bmatrix} p(\lambda) \\ 0 \\ 0 \\ \dots \\ 0 \end{bmatrix} \tag{4}$$

der Reihe nach. Die Koeffizienten des Vektors $\boldsymbol{z}$ sind offenbar Polynome, deren Ordnung von unten bis oben von 0 bis $n-1$ ansteigt. Auf der rechten Seite verbleibt oben ein Polynom $p(\lambda)$, das bis auf einen konstanten Faktor gleich der gesuchten Determinante sein muß.

Dazu ein Beispiel. $\boldsymbol{H}; \boldsymbol{I}$ mit der HESSENBERG-Matrix

$$\boldsymbol{F}(\lambda) = \boldsymbol{H} - \lambda \boldsymbol{I} = \begin{pmatrix} 1-\lambda & 0 & -1 & 4 \\ 1 & 1-\lambda & -3 & 2 \\ 0 & 1 & 4-\lambda & -4 \\ 0 & 0 & 1 & -1-\lambda \end{pmatrix} \cdot \begin{pmatrix} z_1(\lambda) \\ z_2(\lambda) \\ z_3(\lambda) \\ 1 \end{pmatrix} = \begin{pmatrix} p(\lambda) \\ 0 \\ 0 \\ 0 \end{pmatrix}.$$

Wir lösen der Reihe nach von unten nach oben fortschreitend:
1. Gleichung:

$$1 \cdot z_3 + (-1 - \lambda)\, z_4 = z_3 + (-1 - \lambda) \cdot 1 = 0 \quad \text{gibt} \quad z_3 = \lambda + 1 \,.$$

2. Gleichung:

$$1 \cdot z_2 + (4 - \lambda)\, z_3 - 4 \cdot z_1 = z_2 + (4 - \lambda)(\lambda + 1) - 4 = 0 \quad \text{gibt} \quad z_2 = \lambda^2 - 3\lambda \,.$$

3. Gleichung:

$$1 \cdot z_1 + (1 - \lambda)\, z_2 - 3 \cdot z_3 + 2 \cdot z_4 = z_1 + (1 - \lambda)(\lambda^2 - 3\lambda) - 3(\lambda + 1) + 2 \cdot 1 = 0$$

gibt

$$z_1 = \lambda^3 - 4\lambda^2 + 6\lambda + 1 \,.$$

Damit lautet der Eigenvektor

$$\boldsymbol{z}(\lambda) = \begin{pmatrix} \lambda^3 - 4\lambda^2 + 6\lambda + 1 \\ \lambda^2 - 3\lambda \\ \lambda + 1 \\ 1 \end{pmatrix}$$

für alle vier Eigenwerte, die der Reihe nach einzusetzen sind. Nun rechnen wir die 4. Gleichung: $p(\lambda) = (1 - \lambda)\, z_1 + 0 \cdot z_2 - 1 \cdot z_3 + 4 \cdot 1$

$$\begin{aligned} &= (1 - \lambda)(\lambda^3 - 4\lambda^2 + 6\lambda + 1) - (\lambda + 1) + 4 \\ &= -\lambda^4 + 5\lambda^3 - 10\lambda^2 + 4\lambda + 4 = 0! \end{aligned} \tag{a}$$

Zur Kontrolle ermitteln wir die Koeffizienten des charakteristischen Polynoms nach (14.17). Man bekommt die hier stabile KRYLOV-Folge $\boldsymbol{z}_0 = \boldsymbol{e}_1$, $\boldsymbol{H}\boldsymbol{z}_0 = \boldsymbol{z}_1, \ldots,$ $\boldsymbol{H}\boldsymbol{z}_3 = \boldsymbol{z}_4$

$$\begin{array}{c} \begin{array}{ccccc} \boldsymbol{z}_0 & \boldsymbol{z}_1 & \boldsymbol{z}_2 & \boldsymbol{z}_3 & \boldsymbol{z}_4 \end{array} \\ \left(\begin{array}{cccc|c} 1 & 1 & 1 & 0 & -2 \\ 0 & 1 & 2 & 0 & -16 \\ 0 & 0 & 1 & 6 & 20 \\ 0 & 0 & 0 & 1 & 5 \end{array}\right) \to \boldsymbol{A}\boldsymbol{z} + \boldsymbol{a} \end{array}$$

$$\boldsymbol{H} \begin{pmatrix} 1 & 0 & -1 & 4 \\ 1 & 1 & -3 & 2 \\ 0 & 1 & 4 & -4 \\ 0 & 0 & 1 & -1 \end{pmatrix} \begin{pmatrix} 1 & 1 & 0 & -2 & -2 \\ 1 & 2 & 0 & -16 & 40 \\ 0 & 1 & 6 & 20 & 44 \\ 0 & 0 & 1 & 5 & 15 \end{pmatrix}$$

und berechnet aus dem Gleichungssystem $\boldsymbol{A}\boldsymbol{z} + \boldsymbol{a} = \boldsymbol{o}$ den Lösungsvektor der Koeffizienten

$$\boldsymbol{a}^T = (a_0 \quad a_1 \quad a_2 \quad a_3) = (-4 \quad -4 \quad 10 \quad -5)$$

mit $a_4 = 1$ wie oben in (a), wenn man diese Gleichung noch mit -1 multipliziert.

37.3. Systematisierte Suchmethoden

Sollen nur einige wenige Eigenwerte in einem gewissen Bereich berechnet werden, so führt eine systematisierte Suchmethode (auch als *Restgrößenmethode* bezeichnet) zum Ziel, am einfachsten durch Einsetzen von äquidistanten Werten des Parameters λ und Eingabelung der Nullstellen durch Sekanten (regula falsi), oder aber komfortabler durch Heranziehen von Ableitungen (abgebrochene TAYLOR-Entwicklung). Dazu ist es keineswegs erforderlich, die Determinante als Funktion von λ zu entwickeln, denn es gilt die implizite Differentiationsregel

$$\frac{d}{d\lambda}\det \boldsymbol{F}(\lambda) = \det\left[\,\mathbf{|}\;|\;|\;|\cdots|\,\right] + \det\left[\,|\;\mathbf{|}\;|\;|\cdots|\,\right] + \cdots + \det\left[\,|\;|\;|\;|\cdots\mathbf{|}\,\right], \tag{5}$$

wo der Reihe nach die erste, zweite bis letzte Spalte nach λ zu differenzieren ist, während die übrigen (nicht stark hervorgehobenen) Spalten unverändert bleiben.

Eine andere Methode besteht in der impliziten Interpolation. Da $\det \boldsymbol{F}(\lambda) = \det(\boldsymbol{A} - \lambda\boldsymbol{B})$ ein Polynom vom Grade n (oder kleiner) ist, berechnen wir für mindestens n am einfachsten äquidistant gewählte Werte λ_j die Funktionswerte $\det \boldsymbol{F}(\lambda_j)$. Interpolation nach LAGRANGE oder NEWTON, gegebenenfalls verbunden mit einer Ausgleichsrechnung, ergibt dann das gesuchte Polynom. Einzelheiten zu allen Fragen dieses Abschnittes findet der Leser bei ZURMÜHL [43, S. 12—90].

• 37.4. Die Ritz-Iteration

Dieser ohne Einschränkung anwendbare Algorithmus beruht auf der homogenen Zentralgleichung (26.45) und verläuft in folgenden Etappen. Nach Wahl eines geeigneten Schiftpunktes Λ wird das Gleichungssystem $\boldsymbol{F}(\xi)\,\boldsymbol{x} = \boldsymbol{o}$ in Blöcke zerlegt

$$\boldsymbol{F}(\xi)\,\boldsymbol{x} = [\boldsymbol{F}(\Lambda) - \xi\boldsymbol{B}]\,\boldsymbol{x} = \boldsymbol{o} \to \begin{Bmatrix} \boldsymbol{F}_{jj}(\xi)\,\boldsymbol{x}_j + \boldsymbol{F}_{jk}(\xi)\,\boldsymbol{x}_k = \boldsymbol{o} \\ \boldsymbol{F}_{kj}(\xi)\,\boldsymbol{x}_j + \boldsymbol{F}_{kk}(\xi)\,\boldsymbol{x}_k = \boldsymbol{o} \end{Bmatrix}; \quad \boldsymbol{x} = \begin{pmatrix} \boldsymbol{x}_j \\ \boldsymbol{x}_k \end{pmatrix} \tag{6}$$

und bereinigt, indem aus den beiden Gleichungssystemen

$$\boldsymbol{F}_{jk}(\Lambda) + \boldsymbol{W}_{kj}^T\boldsymbol{F}_{kk}(\Lambda) = \boldsymbol{O}\,, \qquad \boldsymbol{F}_{kj}(\Lambda) + \boldsymbol{F}_{kk}(\Lambda)\,\boldsymbol{Z}_{kj} = \boldsymbol{O} \tag{7}$$

die Blöcke (bzw. bei $l = 1$ die Vektoren) $\boldsymbol{W}_{kj}$ und $\boldsymbol{Z}_{kj}$ berechnet und vervollständigt werden zu den Gesamtblöcken (Gesamtvektoren)

$$\boldsymbol{W}^T = [\boldsymbol{I}_{jj} \quad \boldsymbol{W}_{kj}^T]\,, \qquad \boldsymbol{Z} = \begin{pmatrix} \boldsymbol{I}_{jj} \\ \boldsymbol{Z}_{kj} \end{pmatrix}. \tag{8}$$

Die Blöcke der bereinigten Matrizen $\tilde{\boldsymbol{F}}(\Lambda)$ und $\tilde{\boldsymbol{B}}$ sind dann, wie in (26.53) beschrieben

$$\tilde{\boldsymbol{F}}_{jj}(\Lambda)\,\{= \boldsymbol{W}^T\boldsymbol{F}(\Lambda)\,\boldsymbol{Z}\} = \boldsymbol{F}^j(\Lambda)\,\boldsymbol{Z}\{\text{oder auch} = \boldsymbol{W}^T\boldsymbol{F}_j(\Lambda)\} \tag{9}$$

und

$$\boldsymbol{B}_w := \boldsymbol{W}^T \boldsymbol{B} = (\underbrace{\tilde{\boldsymbol{B}}_{jj}}_{\leftarrow l \rightarrow} \mid \underbrace{\tilde{\boldsymbol{B}}_{jk}}_{\leftarrow n-l \rightarrow})\,\updownarrow l\,, \qquad \boldsymbol{B}_z := \boldsymbol{B}\,\boldsymbol{Z} = \begin{pmatrix} \tilde{\boldsymbol{B}}_{jj} \\ \hline \tilde{\boldsymbol{B}}_{kj} \end{pmatrix} \begin{matrix} \updownarrow l \\ \updownarrow n-l \end{matrix}\,, \tag{10}$$

denn es ist

$$\tilde{\boldsymbol{B}}_{jj}\{= \boldsymbol{W}^T \boldsymbol{B}\,\boldsymbol{Z}\} = \boldsymbol{B}_w\,\boldsymbol{Z}\{\text{oder auch } \tilde{\boldsymbol{B}}_{jj} = \boldsymbol{W}^T \boldsymbol{B}_z\}\,, \tag{11}$$

und damit ist die durch Elimination des Teilvektors $\boldsymbol{x}_k$ entstandene reduzierte Gleichung aufgestellt:

$$\tilde{\boldsymbol{F}}_{jj,\,\mathrm{red}}(\xi)\,\tilde{\boldsymbol{x}}_j = [-\xi^2\,\tilde{\boldsymbol{B}}_{jk}\,\boldsymbol{F}_{kk}^{-1}(\xi)\,\tilde{\boldsymbol{B}}_{kj} - \xi\,\tilde{\boldsymbol{B}}_{jj} + \tilde{\boldsymbol{F}}_{jj}(\Lambda)]\,\tilde{\boldsymbol{x}}_j = \boldsymbol{o}\,. \tag{12}$$

War nun der Schiftpunkt Λ nahe bei einem Eigenwert λ_ν gewählt, so ist die Differenz $\xi = \lambda_\nu - \Lambda$ und erst recht ihr Quadrat klein, so daß die verstümmelte Gleichung

$$[\tilde{\boldsymbol{F}}_{jj}(\Lambda) - \xi\,\tilde{\boldsymbol{B}}_{jj}]\,\tilde{\boldsymbol{x}}_j = \boldsymbol{o} \tag{13}$$

als Ersatzsystem von RAYLEIGH/RITZ brauchbare Näherungen für Eigenwerte und -vektoren liefert. Aus der numerisch günstigen Formulierung dieser Gleichung mit Hilfe der Blöcke (9) und (11)

$$(\boldsymbol{F}^j(\Lambda)\,\boldsymbol{Z} - \xi\,\boldsymbol{B}_w\,\boldsymbol{Z})\,\tilde{\boldsymbol{x}}_j = \boldsymbol{o} \rightarrow \xi_1, \xi_2, \ldots, \xi_l \tag{14}$$

berechnet man den betragskleinsten Eigenwert $\hat{\xi}$ und hat damit den nächsten Schiftpunkt

$$\boxed{\hat{\Lambda} = \Lambda + \hat{\xi}}\,. \tag{15}$$

Mit diesem wird die Iteration wiederholt, sodann ein nächster Schiftpunkt berechnet und so fort bis zur gewünschten Genauigkeit.

Mit der zumeist praktizierten Blockunterteilung $l = 1$ wird das Verfahren besonders einfach. Aus den Gleichungen (7)

$$\boldsymbol{f}_{jk}(\Lambda) + \boldsymbol{w}_{kj}^T\,\boldsymbol{F}_{kk}(\Lambda) = \boldsymbol{o}^T\,, \qquad \boldsymbol{f}_{kj}(\Lambda) + \boldsymbol{F}_{kk}(\Lambda)\,\boldsymbol{z}_{kj} = \boldsymbol{o} \tag{16}$$

ermittelt man $\boldsymbol{w}_{kj}$ und $\boldsymbol{z}_{kj}$ und daraus die vervollständigten Vektoren

$$\boldsymbol{w} = \begin{pmatrix} 1 \\ \boldsymbol{w}_{kj} \end{pmatrix}, \qquad \boldsymbol{z} = \begin{pmatrix} 1 \\ \boldsymbol{z}_{kj} \end{pmatrix} \tag{17}$$

(in schematischer Darstellung; die 1 steht natürlich an der Stelle j), und nun hat die jetzt skalare Gleichung (14) als einzigen Eigenwert den RAYLEIGH-Quotienten

$$\hat{\xi}\left\{= \frac{\boldsymbol{w}^T\,\boldsymbol{F}(\Lambda)\,\boldsymbol{z}}{\boldsymbol{w}^T\,\boldsymbol{B}\,\boldsymbol{z}}\right\} = \frac{\boldsymbol{f}^j(\Lambda)\,\boldsymbol{z}}{\boldsymbol{w}^T\,\boldsymbol{b}_z}\,. \tag{18}$$

Nun zur Wahl des Schiftpunktes. Ist das Spektrum des Paares $\boldsymbol{A}; \boldsymbol{B}$ reell, so führt jeder beliebig gewählte reelle Startschift Λ sicher zum nächstgelegenen Eigenwert, und dies gilt auch für komplexe Paare, bei denen man ebenfalls mit reellem Schift starten darf. Anders bei reellen (nicht reellsymmetrischen) Paaren. Um etwa vorhandene komplexe Eigenwerte erreichen zu können, muß auch der Startschift komplex gewählt werden, etwa $\Lambda = 1 + i$, $\Lambda = 50000 - 80000\,i$ oder dergleichen. Mit einem Eigenwert λ_ν ist dann ohne Rechnung auch der konjugiert komplexe Eigenwert $\bar{\lambda}_\nu$ gefunden.

Das Verfahren kann erheblich beschleunigt werden durch Wahl eines geeigneten Startschiftes. (Wählt man $\Lambda = \lambda_\nu$, so ist der erste Schritt zugleich der letzte; es handelt sich dann lediglich um eine Kontrollrechnung.) Bei benachbarten (abgeänderten, gestörten) Eigenwertproblemen sind die Eigenwerte des Originalsystems gute Startschifts. Herrscht insonderheit ausgeprägte Diagonaldominanz, so wird das Paar $\boldsymbol{D}_A ; \boldsymbol{D}_B$ der Hauptdiagonalelemente als ungestörtes System aufgefaßt; die Quotienten a_{jj}/b_{jj} sind dann brauchbare Startwerte.

Bei eng zusammenliegenden Eigenwerten (Haufen oder cluster) hätte man theoretisch eine Blockaufteilung mit $l > 1$ vorzunehmen, da die verbleibende Restmatrix $\boldsymbol{F}_{kk}(\Lambda)$ der Ordnung $r = n - l$ fast oder exakt singulär wird. Dennoch bleibt das Gleichungssystem (16) auch jetzt numerisch sicher auflösbar, da die „rechten Seiten" $\boldsymbol{f}_{jk}(\Lambda)$ und $\boldsymbol{f}_{kj}(\Lambda)$ im gleichen Maß gegen Null gehen wie die Determinante der Matrix $\boldsymbol{F}_{kk}(\Lambda)$; mit anderen Worten: die Verträglichkeitsbedingung aus dem Alternativsatz (26.2) ist stets erfüllt, so daß wir in praxi auch bei mehrfachen Eigenwerten, einerlei ob defektiv oder nicht, mit $l = 1$, das heißt mit dem einfachen Formelapparat (16) bis (18) sicher zum Ziel kommen. Der Leser vergleiche dazu die ganz anders gearteten Entscheidungsstrategien bei den Einschließungssätzen Acta Mechanica wie beim Determinantensatz. Da diese Sätze die eventuelle Mehrfachheit eines Eigenwertes exakt angeben sollen, ist dort bei mehrfachen oder numerisch nicht trennbaren Eigenwerten eine Blockaufteilung mit $l > 1$ ganz und gar unerläßlich und wird erzwungen durch die zu bestehenden Trennungstests (36.43) bzw. (36.91).

Bei dieser Gelegenheit wiederholen wir die schon früher gemachte wichtige Bemerkung, daß die RITZ-Iteration jeden wohlgemeinten Vorschlag bezüglich eines Näherungsvektors für $\boldsymbol{w}_{kj}$ und/oder $\boldsymbol{z}_{kj}$ abstößt; die Transformation, die zur Bereinigung der Matrix $\boldsymbol{F}(\Lambda)$ führt, legt diese Vektoren eindeutig fest. Hat man aber ein Paar solcher Näherungsvektoren, so berechnet man daraus den RAYLEIGH-Quotienten und startet mit diesem als Schiftpunkt.

Der hiermit beschriebene Algorithmus ist selbstkorrigierend und gänzlich unempfindlich gegen fastsinguläre oder exakt singuläre Matrix $\boldsymbol{B}$. Über die Konvergenz werden wir im folgenden Abschnitt im Zusammenhang mit dem übergeordneten Algorithmus BONAVENTURA einiges sagen.

Erstes Beispiel. Vorgelegt ist das reellsymmetrische Paar

$$A = \begin{pmatrix} 2{,}1 & 2{,}1 & 0 \\ 2{,}1 & 4{,}2 & -2{,}1 \\ 0 & -2{,}1 & 10 \end{pmatrix}; \qquad B = \begin{pmatrix} 1 & 1 & 0 \\ 1 & 2 & -1 \\ 0 & -1 & 2 \end{pmatrix}.$$

Obwohl die Diagonaldominanz nicht überzeugend ist, sehen wir die Quotienten $2{,}1/1 = 2{,}1$, $4{,}2/2 = 2{,}1$ und $10/2 = 5$ als geeignete Startschifts an und tun noch ein übriges, indem wir 2,1 runden zu 2.

Erster Schritt. Wir berechnen die Matrix $F(2) = A - 2B$ und wählen die Blockaufteilung $l = 1$ mit $j = 1$ wie angegeben. Da das Paar reellsymmetrisch ist, werden die beiden Gleichungen (16) identisch, und es ist $w_{kj} = z_{kj}$. Mit der Determinante $N = 1{,}19$ der zweireihigen Restmatrix $F_{kk}(2)$ bekommen wir der Reihe nach:

$$F(2) = \left(\begin{array}{c|cc} 0{,}1 & 0{,}1 & 0 \\ \hline 0{,}1 & 0{,}2 & -0{,}1 \\ 0 & -0{,}1 & 6 \end{array}\right), \qquad z_{21} = \begin{pmatrix} -0{,}60/N \\ -0{,}01/N \end{pmatrix}, \qquad z = \begin{pmatrix} 1{,}19 \\ -0{,}60 \\ -0{,}01 \end{pmatrix} \frac{1}{N},$$

$$b_z := B\,z = \begin{pmatrix} 0{,}59 \\ 0 \\ 0{,}58 \end{pmatrix} \frac{1}{N}$$

und daraus den RAYLEIGH-Quotienten (18), wo $f^1(2)$ die erste Zeile der Matrix $F(2)$ ist:

$$\xi_1 = \frac{f^1(2) z}{z^T\, b_z} = \frac{0{,}059}{0{,}6963/N} = 0{,}101\,313\,131\,,$$

und damit wird der neue Schiftpunkt $\Lambda_2 = \Lambda_1 + \xi_1 = 2{,}101\,3$ (gerundet).

Zweiter Schritt. Mit diesem wird

$$F(2{,}1013) = \left(\begin{array}{c|cc} -0{,}001\,3 & -0{,}001\,3 & 0 \\ \hline -0{,}001\,3 & -0{,}0026 & 0{,}001\,3 \\ 0 & 0{,}001\,3 & 5{,}7974 \end{array}\right).$$

Daraus folgt der Reihe nach

$$z = \begin{pmatrix} 1 \\ \hline z_{kj} \end{pmatrix} = \begin{pmatrix} 1 \\ -0{,}499\,943\,946 \\ 0{,}000\,112\,106 \end{pmatrix}, \quad b_z = B\,z = \begin{pmatrix} 0{,}500\,056\,054 \\ 0 \\ 0{,}500\,168\,158 \end{pmatrix}$$

und weiter

$$\xi_2 = \frac{f^1(\Lambda_2)\, z}{z^T\, b_z} = \frac{-0{,}000\,650\,072\,870\,2}{0{,}500\,112\,125} = -0{,}001\,299\,854\,248\,.$$

Der neue Schiftpunkt $\Lambda_3 = 2{,}101\,3 + \xi_2 = 2{,}100\,000\,146$ ist auf sieben Dezimalstellen genau, denn die exakten Eigenwerte sind $\lambda_1 = \lambda_2 = 2{,}1$ und $\lambda_3 = 5{,}8$. Obwohl 2,1 ein doppelter Eigenwert ist, wird die Konvergenz dadurch nicht im mindesten gestört.

Der Leser wiederhole die Rechnung mit demselben Startschift $\Lambda_1 = 2$, jedoch mit einer anderen Blockunterteilung und sodann mit dem Startschift $\Lambda_1 = 5$.

Zweites Beispiel. Gegeben ist das Paar $A; B$ mit

$$A = K^4 + (1 + i)\, K^3; \qquad B = K^3; \qquad n \text{ gerade} \tag{a}$$

mit der Matrix $\boldsymbol{K}$ (17.39) und dem Spektrum $\lambda_j = \sigma_j + 1 + i$ nach (17.48). Es gilt somit

$$\lambda_j = u_j + i\,v_j = (\sigma_j + 1) + i \cdot 1; \qquad -1 < u_j < 3; \qquad j = 1, 2, \ldots, n. \tag{b}$$

Wir wählen $l = 1$ und starten acht Testreihen. Es werden so viele Iterationen durchgeführt, bis der Imaginärteil von λ auf 16 Dezimalen mit $i \cdot 1$ übereinstimmt, woraus vermutet (nicht geschlossen) werden kann, daß auch der Realteil auf 16 Stellen genau ist. Das Ergebnis zeigt die nachfolgende Tabelle. Das in der Matrix $\boldsymbol{F}(\lambda)$ abgespaltene Element ist $f_{11}(\lambda)$ in den Tests 1 bis 7, dagegen $f_{nn}(\lambda)$ im Test 8.

Test	n	Startschift	Realteil von λ	Anzahl der Iterationen
1	100	π	1,031 103 623 850 728	11
2	200	π	1,015 629 655 182 180	11
3	300	π	1,010 437 137 747 978	11
4	300	0,0	0,989 562 862 234 2980	13
5	300	50 000 − 80 000i	1,010 437 137 759 944	27
6	500	π	1,006 270 635 058 695	12
7	500	50 000 − 80 000i	1,006 270 635 120 881	29
8	500	π	1,525 180 964 825 251 · 10^{-11}	35

Über die Nummer j des Eigenwertes innerhalb des Spektrums erfährt man auf diese Weise natürlich nichts.

Wir erkennen, daß bei gleichem Startschift Λ und gleicher Blockaufteilung die Anzahl der Iterationen nahezu unabhängig ist von der Ordnungszahl n; dies gilt für die Tests Nr. 1, 2, 3, 6 ebenso wir für 5 und 7. Die Wahl des „idiotischen" Startschifts in 5 und 7 rächt sich natürlich durch mehr als doppelt so lange Rechenzeit.

37.5. Ritz-Iteration mit vorgezogener Zentraltransformation

Meist lohnt es sich, die in Abschnitt 26.6 erklärte Äquivalenztransformation

$$\boldsymbol{L}\,\boldsymbol{F}(\Lambda)\,\boldsymbol{R} = \boldsymbol{F}(\Lambda) = \boldsymbol{D}\text{iag}\,\langle \delta_{\nu\nu} \rangle; \qquad \boldsymbol{L}\,\boldsymbol{B}\,\boldsymbol{R} = \tilde{\boldsymbol{B}} \tag{19}$$

bzw. bei normalen Paaren die Kongruenztransformation mit $\boldsymbol{R} = \boldsymbol{L}^*$ vorwegzunehmen. Das betragskleinste Element δ_{jj} (oder eines der betragskleinsten Elemente bei Gleichheit) legt dann die Blockunterteilung und damit die optimalen Vektoren $\boldsymbol{w} = \boldsymbol{z} = \boldsymbol{e}_j$ eindeutig fest. Mit diesen wird der Rayleigh-Quotient (18)

$$\hat{\xi} = \frac{\boldsymbol{e}_j^T\,\tilde{\boldsymbol{F}}(\Lambda)\,\boldsymbol{e}_j}{\boldsymbol{e}_j^T\,\tilde{\boldsymbol{B}}\,\boldsymbol{e}_j} = \frac{\boldsymbol{e}_j^T\boldsymbol{L}\,\boldsymbol{F}(\Lambda)\,\boldsymbol{R}\,\boldsymbol{e}_j}{\boldsymbol{e}_j^T\,\boldsymbol{L}\,\boldsymbol{B}\,\boldsymbol{R}\,\boldsymbol{e}_j}, \tag{20}$$

und das ist wegen

$$\boldsymbol{e}_j^T\,\boldsymbol{L} = \boldsymbol{l}^j; \qquad \boldsymbol{R}\,\boldsymbol{e}_j = \boldsymbol{r}_j \tag{21}$$

nichts anders als

$$\boxed{\hat{\xi} = \frac{\delta_{jj}}{\boldsymbol{l}^j \boldsymbol{B} \boldsymbol{r}_j}}\,, \tag{22}$$

wo $\boldsymbol{l}^j$ die Zeile der Nummer j aus $\boldsymbol{L}$ und $\boldsymbol{r}_j$ die Spalte der Nummer j aus $\boldsymbol{R}$ ist.

Die praktische Durchführung geschieht implizit. Ist das Paar $\boldsymbol{A}$; $\boldsymbol{B}$ von Bandgestalt, so sind die wegzuspeichernden Leitvektoren der dyadischen Transformationsmatrizen nur schwach besetzt. Mit ihnen berechnen sich die in (22) benötigten Vektoren zu

$$\boldsymbol{l}^j = \boldsymbol{e}_j^T \boldsymbol{L}_{n-1} \cdots \boldsymbol{L}_2 \boldsymbol{L}_1; \qquad \boldsymbol{r}_j = \boldsymbol{R}_1 \boldsymbol{R}_2 \cdots \boldsymbol{R}_{n-1} \boldsymbol{e}_j\,. \tag{23}$$

Noch komfortabler, wenn auch etwas aufwendiger, ist die in Abschnitt 26.7 beschriebene Optimaltransformation, die eine weitaus bessere Konvergenz nach sich zieht.

Erstes Beispiel. $\boldsymbol{F}(\lambda) = \boldsymbol{A} - \lambda \boldsymbol{I}$, Startschift $\Lambda_1 = 1{,}4$.

$$\boldsymbol{A} = \begin{pmatrix} 0 & 1 & 0 \\ 1 & 0 & 1 \\ 0 & 0{,}9 & 0 \end{pmatrix}, \qquad \boldsymbol{F}(\Lambda_1) = \begin{pmatrix} -1{,}4 & 1 & 0 \\ 1 & -1{,}4 & 1 \\ 0 & 0{,}9 & -1{,}4 \end{pmatrix}.$$

Wir beginnen die Transformation in der Mitte und machen als erstes die beiden Elemente f_{12} und f_{32}, sodann $\hat{f}_{13}$ zu Null, womit die Matrix $\boldsymbol{L}$ und damit auch $\boldsymbol{R}$ festliegt:

$$\boldsymbol{L} = \begin{pmatrix} \boxed{1 \quad 1{,}320755196 \quad 0{,}943396226} \\ 0 \quad 1 \quad 0 \\ 0 \quad 0{,}642857142 \quad 1 \end{pmatrix};$$

$$\boldsymbol{R} = \left(\begin{array}{|c|cc} 1 & 0 & 0 \\ 0{,}714285714 & 1 & 0{,}714285714 \\ 0{,}849056603 & 0 & 1 \end{array}\right).$$

In der Diagonalmatrix

$$\boldsymbol{L}\boldsymbol{F}(\Lambda_1)\boldsymbol{R} = \begin{pmatrix} -0{,}079245283 & 0 & 0 \\ 0 & -1{,}4 & 0 \\ 0 & 0 & -0{,}757142857 \end{pmatrix}$$

steht das betragskleinste Element oben links, somit ist $j = 1$ zu wählen, womit die beiden eingerahmten Vektoren $\boldsymbol{l}_1^T$ und $\boldsymbol{r}_1$ festgelegt sind, mit denen sich der RAYLEIGH-Quotient (22) und der neue Schiftpunkt Λ_2 berechnen:

$$\hat{\xi}_1 = \frac{\delta_{11}}{\boldsymbol{l}^1 \boldsymbol{I} \boldsymbol{r}_1} = \frac{-0{,}079245283}{2{,}744393362} = -0{,}028875336,$$

$$\Lambda_2 = 1{,}4 + \hat{\xi}_1 = 1{,}371124663\,.$$

Diesen Wert runden wir ab und starten auf ein neues mit $\Lambda_2 = 1{,}371$. Ab jetzt rechnen wir genauer, siehe die nachfolgende Tabelle.

i	$\hat{\xi}_i$	Λ_{i+1}
1	$-0{,}028\,875\,336$	$1{,}371\,124\,663$
2	$7{,}295\,529\,853\,009\,784 \cdot 10^{-3}$	$1{,}378\,295\,529\,853\,010$
3	$1{,}093\,217\,398\,118\,239 \cdot 10^{-4}$	$1{,}378\,404\,851\,592\,822$
4	$2{,}361\,619\,963\,689\,595 \cdot 10^{-8}$	$1{,}378\,404\,875\,209\,021$
5	$1{,}243\,630\,822\,404\,530 \cdot 10^{-15}$	$1{,}378\,404\,875\,209\,022$

Die genauen Eigenwerte sind

$$\lambda_1 = 0\,, \qquad \lambda_{2,3} = \pm\sqrt{1{,}9} = \pm 1{,}378\,404\,209\,022\,.$$

Zweites Beispiel. $\boldsymbol{A} = \boldsymbol{I} + \alpha\,\boldsymbol{K}_R$, $\boldsymbol{B} = \boldsymbol{K}_R$ (24.81) mit $\alpha = 1 + i$, Startschift $\Lambda = 50000 - 80000\,i$ (Idiotenschift). Für $n = 10$ kommt die Iteration nach sieben Schritten zum Stehen:

$$\begin{aligned}
&3{,}000\,011\,235\,440\,070 + i\\
&3{,}100\,010\,111\,271\,204 + i\\
&3{,}147\,015\,394\,099\,148 + i\\
&3{,}149\,457\,968\,192\,805 + i\\
&3{,}149\,460\,187\,171\,185 + i\\
&3{,}149\,460\,187\,172\,850 + i\\
&3{,}149\,460\,187\,172\,849 + i\,.
\end{aligned} \tag{a}$$

Der genaue Wert ist

$$\lambda_6 = \varkappa_6 + \alpha = 2 - 2\cos\frac{11}{21}\pi + 1 + i = 3{,}149\,460\,187\,172\,848 + i\,. \tag{b}$$

Man beachte, daß der Imaginärteil bereits im ersten Schritt auf 16 Dezimalen genau getroffen wird. Für $n = 100$ sind beim gleichen Startschift nur sechs Schritte erforderlich:

$$\begin{aligned}
&3{,}000\,011\,235\,442\,798 + i\\
&3{,}010\,011\,116\,777\,289 + i\\
&3{,}015\,332\,286\,907\,212 + i\\
&3{,}015\,629\,577\,944\,564 + i\\
&3{,}015\,629\,655\,104\,763 + i\\
&3{,}015\,629\,655\,104\,767 + i\\
&3{,}015\,629\,655\,104\,767 + i\,.
\end{aligned} \tag{c}$$

Der genaue Wert ist

$$\lambda_{51} = \varkappa_{51} + \alpha = 2 - 2\cos\frac{101}{201}\pi + 1 + i = 3{,}015\,629\,655\,104\,767 + i\,. \tag{d}$$

Es ist bemerkenswert, daß jedesmal (auch für andere Ordnungszahlen n) der mittlere Eigenwert des Spektrums getroffen wird. Der Leser wiederhole die Aufgabe mit den Startschifts 500, 50 und 5. Da die geschiftete Matrix $\boldsymbol{F}_\Lambda = \boldsymbol{A} - \Lambda\,\boldsymbol{B}$ bei diesem Beispiel für Schifts in der Nähe des Spektrums äußerst schlecht konditioniert ist, werden hohe Ansprüche an die Genauigkeit der Zentraltransformation gestellt.

Drittes Beispiel. Vorgelegt ist das Paar $\boldsymbol{A}; \boldsymbol{B}$ der Ordnung $n = 20$ von S. 254. Wir starten mit dem Schift $\Lambda_0 = 0{,}95$; es erweist sich, daß $l = 1$ ist. Die nachfolgende Tabelle zeigt den Zuwachs ξ_j und den Schift Λ_j. Der angesteuerte Eigenwert ist $\lambda = 1$.

j	ξ_j	Λ_j
0	—	0,95
1	0,048 772 031 686 738 98	0,998 772 031 686 738 9
2	0,001 227 322 289 923 104	0,999 999 353 976 662 0
3	0,000 000 646 023 159 541	0,999 999 999 999 821 6
4	0,000 000 000 000 178 741	1,000 000 000 000 000

37.6. Der Algorithmus Bonaventura

Grundlage dieses Selektionsalgorithmus ist wieder die partielle oder totale Bereinigung, letztere durchgeführt über die Zentraltransformation aus Abschnitt 26.6, und allein diese wollen wir als die vorteilhaftere Variante beschreiben. Die geschiftete Eigenwertaufgabe

$$[\boldsymbol{F}(\Lambda) - \xi\,\boldsymbol{B}]\,\boldsymbol{x} = \boldsymbol{o} \quad \text{mit} \quad \boldsymbol{F}(\Lambda) = \boldsymbol{A} - \Lambda\,\boldsymbol{B} \tag{24}$$

wird äquivalent transformiert auf Diagonalform

$$[\boldsymbol{L}\,\boldsymbol{F}(\Lambda)\,\boldsymbol{R} - \xi\,\boldsymbol{L}\,\boldsymbol{B}\,\boldsymbol{R}]\,\tilde{\boldsymbol{x}} = \boldsymbol{o}; \qquad \boldsymbol{x} = \boldsymbol{R}\,\tilde{\boldsymbol{x}}\,, \tag{25}$$

$$\boldsymbol{L}\,\boldsymbol{F}(\Lambda)\,\boldsymbol{R} = \boldsymbol{D} = \underset{\leftarrow l \rightarrow \leftarrow r \rightarrow}{\begin{pmatrix} \boldsymbol{D}_{jj} & \boldsymbol{O} \\ \boldsymbol{O} & \boldsymbol{D}_{kk} \end{pmatrix}} \begin{matrix} \updownarrow l \\ \updownarrow r \end{matrix}\,, \qquad \boldsymbol{D}_{jj} \text{ regulär} \tag{26}$$

und dabei so geordnet (dies ergibt sich meistens von selbst), daß die betragskleinsten Diagonalelemente als die letzten unten rechts in $\boldsymbol{D}$ erscheinen. Von diesen seien r deutlich kleiner als die übrigen, dann liegt damit die Blockunterteilung (26) fest. Zerlegt man die beiden Transformationsmatrizen $\boldsymbol{L}$ und $\boldsymbol{R}$ in Streifen passenden Formats

$$\boldsymbol{L} = \underset{\leftarrow n \rightarrow}{\begin{pmatrix} \boldsymbol{L}^j \\ \boldsymbol{L}^k \end{pmatrix}} \begin{matrix} \updownarrow l \\ \updownarrow r \end{matrix}\,; \qquad \boldsymbol{R} = \underset{\leftarrow l \rightarrow \leftarrow r \rightarrow}{\begin{pmatrix} \boldsymbol{R}_j & \boldsymbol{R}_k \end{pmatrix}} \updownarrow n\,, \tag{27}$$

so wird der transformierte Partner

$$\tilde{\boldsymbol{B}} = \boldsymbol{L}\,\boldsymbol{B}\,\boldsymbol{R} = \begin{pmatrix} \tilde{\boldsymbol{B}}_{jj} & \tilde{\boldsymbol{B}}_{jk} \\ \tilde{\boldsymbol{B}}_{kj} & \tilde{\boldsymbol{B}}_{kk} \end{pmatrix} = \begin{pmatrix} \boldsymbol{L}^j\,\boldsymbol{B}\,\boldsymbol{R}_j & \boldsymbol{L}^j\,\boldsymbol{B}\,\boldsymbol{R}_k \\ \boldsymbol{L}^k\,\boldsymbol{B}\,\boldsymbol{R}_j & \boldsymbol{L}^k\,\boldsymbol{B}\,\boldsymbol{R}_k \end{pmatrix}, \tag{28}$$

und die Rücktransformation (25) lautet

$$\boldsymbol{x}_j = \boldsymbol{R}_j\,\tilde{\boldsymbol{x}}_j\,, \qquad \boldsymbol{x}_k = \boldsymbol{R}_k\,\tilde{\boldsymbol{x}}_k\,. \tag{29}$$

Im so präparierten Gleichungssystem

$$(\boldsymbol{D}_{jj} - \xi\,\tilde{\boldsymbol{B}}_{jj})\,\tilde{\boldsymbol{x}}_j - \xi\,\tilde{\boldsymbol{B}}_{jk}\,\tilde{\boldsymbol{x}}_k = \boldsymbol{o}\,, \tag{30}$$

$$-\xi\,\tilde{\boldsymbol{B}}_{kj}\,\tilde{\boldsymbol{x}}_j + (\boldsymbol{D}_{kk} - \xi\,\tilde{\boldsymbol{B}}_{kk})\,\tilde{\boldsymbol{x}}_k = \boldsymbol{o} \tag{31}$$

multiplizieren wir die erste Blockzeile von links mit $\boldsymbol{D}_{jj}^{-1}$

$$(\boldsymbol{I}_{jj} - \xi\,\boldsymbol{D}_{jj}^{-1}\,\tilde{\boldsymbol{B}}_{jj})\,\tilde{\boldsymbol{x}}_j - \boldsymbol{D}_{jj}^{-1}\,\tilde{\boldsymbol{B}}_{jk}\,\tilde{\boldsymbol{x}}_k = \boldsymbol{o}\,, \tag{32}$$

eliminieren hieraus den Teilvektor $\tilde{\boldsymbol{x}}_j$ und setzen ihn in (31) ein, das gibt mit der neu eingeführten Iterationsmatrix

$$\boldsymbol{M}_{jj} := \boldsymbol{D}_{jj}^{-1}\,\tilde{\boldsymbol{B}}_{jj} = (\boldsymbol{D}_{jj}^{-1}\,\boldsymbol{L}^j)\,\boldsymbol{B}\,\boldsymbol{R}_j \tag{33}$$

das mit -1 multiplizierte SCHUR-Komplement (22.15) in der aufbereiteten Form

$$[\xi^2\,\tilde{\boldsymbol{B}}_{kj}(\boldsymbol{I}_{jj} - \xi\,\boldsymbol{M}_{jj})^{-1}\,\boldsymbol{D}_{jj}^{-1}\,\tilde{\boldsymbol{B}}_{jk} + \underbrace{\xi\,\tilde{\boldsymbol{B}}_{kk} - \boldsymbol{D}_{kk}]\,\tilde{\boldsymbol{x}}_k = \boldsymbol{o}}_{\text{RITZ-Iteration}}\,. \tag{34}$$

Ist ξ sehr klein, da der Schift Λ gut gewählt war, so kann man den ersten der drei Summanden fortlassen, und dies führt auf die im letzten Abschnitt besprochene RITZ-Iteration in anderer Blockaufteilung als dort; man braucht nur j mit k zu vertauschen.

Wir ziehen nun die geometrische Reihe (24.36) heran

$$(\boldsymbol{I}_{jj} - \xi\,\boldsymbol{M}_{jj})^{-1} = (\boldsymbol{I}_{jj} - \xi^{\nu+1}\,\boldsymbol{M}_{jj}^{\nu+1})^{-1}\,\boldsymbol{S}_{jj,\nu}(\xi) \tag{35}$$

mit der Summenreihe

$$\boldsymbol{S}_{jj,\nu}(\xi) = \xi^\nu\,\boldsymbol{M}_{jj}^\nu + \cdots + \xi^2\,\boldsymbol{M}_{jj}^2 + \xi\,\boldsymbol{M}_{jj} + \boldsymbol{I}_{jj}\,, \tag{36}$$

und damit lautet die exakte Reihenentwicklung der reduzierten Gleichung der Ordnung r für den Teilvektor $\tilde{\boldsymbol{x}}_k$

$$[\xi^2\,\tilde{\boldsymbol{B}}_{kj}(\boldsymbol{I}_{jj} - \xi^{\nu+1}\,\boldsymbol{M}_{jj}^{\nu+1})^{-1}\,\boldsymbol{S}_{jj,\nu}(\xi)\,\boldsymbol{D}_{jj}^{-1}\,\tilde{\boldsymbol{B}}_{jk} + \xi\,\tilde{\boldsymbol{B}}_{kk} - \boldsymbol{D}_{kk}]\,\tilde{\boldsymbol{x}}_k = \boldsymbol{o}\,. \tag{37}$$

Eine Näherung wird daraus, wenn wir die runde Klammer durch $\boldsymbol{I}_{jj}$ ersetzen

$$[\xi^2\,\tilde{\boldsymbol{B}}_{kj}\,\boldsymbol{S}_{jj,\nu}(\xi)\,\boldsymbol{D}_{jj}^{-1}\,\tilde{\boldsymbol{B}}_{jk} + \xi\,\tilde{\boldsymbol{B}}_{kk} - \boldsymbol{D}_{kk}]\,\tilde{\boldsymbol{x}}_k \approx \boldsymbol{o}\,, \tag{38}$$

oder nach (36) ausmultipliziert

$$\begin{aligned}&[\xi^{\nu+2}\,\tilde{\boldsymbol{B}}_{kj}\,\boldsymbol{M}_{jj}^\nu\,\boldsymbol{D}_{jj}^{-1}\,\tilde{\boldsymbol{B}}_{jk} + \cdots + \xi^3\,\tilde{\boldsymbol{B}}_{kj}\,\boldsymbol{M}_{jj}\,\boldsymbol{D}_{jj}^{-1}\,\tilde{\boldsymbol{B}}_{jk}\\ &+ \xi^2\,\tilde{\boldsymbol{B}}_{kj}\,\boldsymbol{D}_{jj}^{-1}\,\tilde{\boldsymbol{B}}_{jk} + \xi\,\tilde{\boldsymbol{B}}_{kk} - \boldsymbol{D}_{kk}]\,\tilde{\boldsymbol{x}}_k \approx \boldsymbol{o}\,,\end{aligned} \tag{39}$$

und dies schreiben wir mit den Koeffizientenmatrizen $\boldsymbol{K}_3$ bis $\boldsymbol{K}_{\nu+2}$ kürzer als

$$\boxed{[\xi^{\nu+2}\,\boldsymbol{K}_{\nu+2} + \cdots + \xi^3\,\boldsymbol{K}_3 + \xi^2\,\tilde{\boldsymbol{B}}_{kj}\,\boldsymbol{D}_{jj}^{-1}\,\tilde{\boldsymbol{B}}_{jk} + \xi\,\tilde{\boldsymbol{B}}_{kk} - \boldsymbol{D}_{kk}]\,\tilde{\boldsymbol{x}}_k \approx \boldsymbol{o}}\,, \tag{40}$$

wo die Matrizen $\boldsymbol{K}_\beta$ mit den wegzuspeichernden Hilfsgrößen $\boldsymbol{H}_\beta$ rekursiv berechnet werden:

$$\boldsymbol{H}_\beta := \boldsymbol{M}_{jj}^\beta\,\boldsymbol{D}_{jj}^{-1}\,\tilde{\boldsymbol{B}}_{jk}\,, \qquad \boldsymbol{H}_{\beta+1} = \boldsymbol{M}_{jj}\,\boldsymbol{H}_\beta \to \boldsymbol{K}_{\beta+2} = \tilde{\boldsymbol{B}}_{kj}\,\boldsymbol{H}_\beta\,;$$
$$\beta = 1, 2, \ldots, \nu\,. \tag{41}$$

Das dadurch definierte nichtlineare Ersatzeigenwertproblem der Ordnung r besitzt $r(\nu + 2)$ Eigenwerte, deren betragskleinster $\hat{\xi}$ heiße.

Damit liegt der nächste Schift $\Lambda + \hat{\xi}$ fest, mit dem die Zentraltransformation neu durchgeführt wird und so fort bis zu jeder gewünschten Genauigkeit.

Im allgemeinen wird man sich mit den letzten drei Summanden aus (40), also dem im Parameter $\xi = \lambda - \Lambda$ quadratischen Eigenwertproblem (Bonaventura zweiter Stufe, kurz Bon_2) begnügen können, das schon wesentlich bessere Ergebnisse liefert als die lineare Ritz-Iteration (Bonaventura erster Stufe, kurz Bon_1).

Nun zur wichtigsten Frage, der Konvergenz. Nach Satz 2 aus Abschnitt 24.7 konvergiert die geometrische Reihe für alle Werte ξ innerhalb eines Kreises, der frei ist von den Eigenwerten $\sigma_1, \ldots, \sigma_l$ des Paares $\boldsymbol{M}_{jj}; \boldsymbol{I}_{jj}$ oder was nach (33) dasselbe ist, des Paares $\boldsymbol{D}_{jj}; \tilde{\boldsymbol{B}}_{jj}$. Ob dies im konkreten Fall zutrifft, entscheidet in praxi die Rechnung, korrekter: der Determinantensatz bzw. bei normalen Paaren schärfer der Satz Acta Mechanica bei der unumgänglichen Einschließung, mit welcher jeder Algorithmus zu enden hat.

Wie schon im Abschnitt 37.4 begründet, genügt (zumindest bei diagonalähnlichen, insonderheit normalen Paaren) selbst bei mehrfachen oder dicht benachbarten Eigenwerten (Nester, cluster) die Blockaufteilung $l = n - 1$, $r = 1$, wo wir anstelle von k jetzt besser n schreiben, um zum Ausdruck zu bringen, daß es sich um das letzte — und kein anderes — Element in $\tilde{\boldsymbol{B}}$ und $\boldsymbol{D}$ handelt. Mit $\tilde{x}_k = \tilde{x}_n = 1$ geht dann (40) über in die skalare Gleichung

$$\boxed{\xi^{\nu+2}\, k_{\nu+2} + \cdots + \xi^3 k_3 + \xi^2\, \tilde{\boldsymbol{b}}_{nj} \boldsymbol{D}_{jj}^{-1} \tilde{\boldsymbol{b}}_{jn} + \xi\, \tilde{b}_{nn} - d_{nn} = 0}\,, \quad (42)$$

die mit Hilfe eines geeigneten Verfahrens zu lösen ist. Die Koeffizienten

$$k_2 = \tilde{\boldsymbol{b}}_{nj} \boldsymbol{D}_{jj}^{-1} \tilde{\boldsymbol{b}}_{jn}\,, \qquad k_3 = \tilde{\boldsymbol{b}}_{nj} \boldsymbol{M}_{jj} \boldsymbol{D}_{jj}^{-1} \tilde{\boldsymbol{b}}_{jn} \quad \text{usw.} \qquad (42\text{a})$$

berechnet man aber nicht auf Vorrat, sondern erhöht den Grad der Gleichung (42) bzw. (40) um jeweils Eins nur dann, wenn eine Verbesserung der betragskleinsten Nullstelle aus der vorangehenden Gleichung lohnend erscheint. Die Abb. 37.1 zeigt die schrittweise Verbesserung des Ritzschen Verfahrens infolge der fortlaufenden Erhöhung des Index ν.

Auf diese Weise gelingt es, mit einer *kleinen* Anzahl von Bereinigungen bzw. Zentraltransformationen — deren jede bei vollbesetzten Matrizen rund $n^3/3$ Operationen erfordert! — eine *hohe* Genauigkeit zu erzielen. Mit dem zuletzt aus (40) bzw. (42) berechneten besten Wert für Λ, dem sogenannten *Meisterschift*, wird eine letztmalige Bereinigung vorgenommen und mit den dadurch festgelegten Vektoren $\boldsymbol{w}$ und $\boldsymbol{z}$, die als Näherungen für den zugehörigen Links- bzw. Rechtseigenvektor gelten, der RAYLEIGH-Quotient berechnet, der als endgültige Näherung für den Eigenwert anzusehen ist.

Man sollte auch hier den Aufwand nicht scheuen und die in Abschnitt 26.7 geschilderte Optimaltransformation durchführen, eine Maßnahme, welche die Konvergenz im allgemeinen beträchtlich beschleunigt.

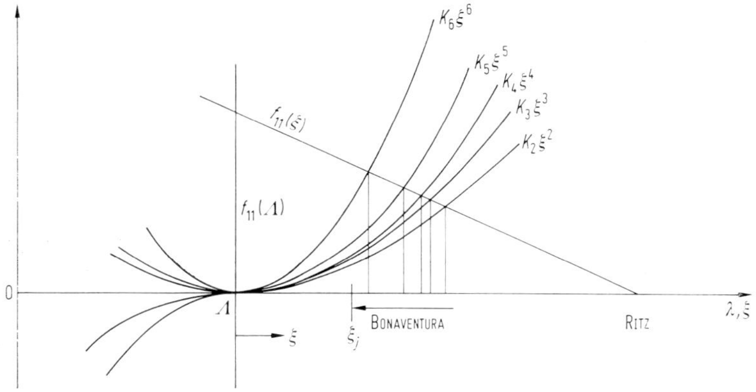

Abb. 37.1. RITZsches Verfahren und BONAVENTURA für $l = 1$

Dazu ein Beispiel. Wir führen das erste Beispiel aus Abschnitt 37.4 fort, Start mit $\Lambda_1 = 2$. Aus dem Vektor $\boldsymbol{b}_z$ streichen wir die Komponente der Nummer $j = 1$ und bekommen den Vektor $\tilde{\boldsymbol{b}}_{kj}$, daraus nach (36) $\tilde{\boldsymbol{c}}_0$, weiter den Koeffizienten k_2

$$\tilde{\boldsymbol{b}}_{kj} = \begin{pmatrix} 0 \\ 0{,}487\,394\,958 \end{pmatrix}, \qquad \boldsymbol{c}_0 = \boldsymbol{F}_{k\,k}^{-1}(2)\,\tilde{\boldsymbol{b}}_{kj} = \begin{pmatrix} 0{,}040\,957\,559 \\ 0{,}081\,915\,118 \end{pmatrix},$$

$$k_2 = \tilde{\boldsymbol{b}}_{kj}^T\,\boldsymbol{c}_0 = 0{,}039\,925\,015$$

und damit die quadratische Gleichung (38) — wo $\nu = 0$ zu setzen ist —

$$p_2(\xi) = 0{,}039\,925\,015\,\xi^2 + 0{,}491\,702\,463\,\xi - 0{,}049\,579\,831 = 0$$

mit den beiden Lösungen $\xi_1 = 0{,}100\,020\,661$ und $\xi_2 = -12{,}415\,671\,96$. Die betragskleinste gibt den neuen Schiftpunkt

$$\Lambda_2 = 2 + \xi_1 = 2{,}100\,020\,661$$

anstelle des exakten Eigenwertes $\lambda_2 = 2{,}1$. Allein durch Mitnahme eines einzigen Gliedes der Reihe (3) haben wir somit drei weitere Dezimalstellen gegenüber der RITZ-Iteration gewonnen. (Bemerkung: wir haben den Index k beibehalten, um den Anschluß an Abschnitt 37.4 zu wahren. Im folgenden schreiben wir statt k der Sicherheit halber n wie in Formel (42).)

• 37.7. Der Algorithmus Securitas. Gleichmäßige Konvergenz gegen das Spektrum

Der soeben vorgestellte Determinantenalgorithmus BONAVENTURA mit dem Sonderfall der RITZ-Iteration als einer der leistungsstärksten Extraktions- (oder Selektions-)algorithmen läßt sich ausbauen zu einem der Sondierung dienenden Globalalgorithmus, der den beiden anderen Gruppen dieser Gattung, nämlich den noch zu beschreibenden Unterraumtransformationen (speziell den JACOBI-ähnlichen Verfahren, § 39) und den Dreiecks- bzw. Diagonalalgorithmen (§ 40) an Zuverlässigkeit und Geschwindigkeit im allgemeinen weit überlegen ist. Die Idee zu dieser Vorgehensweise stammt von BUDICH [168] und beruht auf der in Abschnitt 35.6 beschriebenen sukzessiven Auslöschung durch fortlaufende Einführung von Links- und Rechtseigenvektoren bzw. Links- und Rechtseigenblöcken, die schließlich die (Block-)Diagonalform des n-fach transformierten Paares $\boldsymbol{A}_n$; $\boldsymbol{B}_n$ zur Folge haben. Führt man anstelle der Eigenvektoren Näherungen ein, so ist die damit zu erreichende (Block-)Diagonaldominanz um so ausgeprägter, je besser diese Näherungen gewählt werden.

Der Algorithmus arbeitet absolut zuverlässig — daher der Name — und kennt keinerlei Einschränkungen. Er liefert selbst bei exakt oder numerisch singulärer Matrix $\boldsymbol{B}$ sämtliche Eigenterme samt Links- und Rechtseigenvektoren zu einfachen Eigentermen (Eigenwerten), bei mehrfachen entweder Eigenblöcke oder auch isoliert Hauptvektoren je nach Anlage der Rechnung.

Wir beschreiben den Algorithmus zunächst in seiner Urform. Das vorgelegte Originalpaar bleibt unversehrt, da es später der Einschließung einiger oder aller Eigenwerte und/oder Eigenvektoren dient.

PROGRAMMIERUNGSANLEITUNG ZUM ALGORITHMUS SECURITAS FÜR REGULÄRE MATRIX $\boldsymbol{B}$

I. VORBEREITUNG

Speicherbedarf

1. Für das fortlaufend zu transformierende Paar $\tilde{\boldsymbol{A}}$; $\tilde{\boldsymbol{B}}$ werden zweimal n^2 Speicherplätze reserviert. Bei hermiteschen (reellsymmetrischen) Paaren reduziert sich der Speicherbedarf auf fast die Hälfte, da von $\tilde{\boldsymbol{A}}$ und $\tilde{\boldsymbol{B}}$ nur das obere (oder untere) Dreieck zu speichern ist.
2. Sollen auch die Links- und Rechtseigenvektoren berechnet werden, so benötigt man nochmals je n^2 Speicherplätze zur Aufnahme der zweimal n Näherungsvektoren
$$\boldsymbol{T}_w = (\boldsymbol{w}_1 \quad \boldsymbol{w}_2 \ \ldots \ \boldsymbol{w}_n)\,, \qquad \boldsymbol{T}_z = (\boldsymbol{z}_1 \quad \boldsymbol{z}_2 \ \ldots \ \boldsymbol{z}_n)\,. \tag{43}$$
Bei normalen (speziell hermiteschen bzw. reellsymmetrischen) Paaren kann der erste Speicher entfallen, da $\boldsymbol{w}_j = \bar{\boldsymbol{z}}_j$ bzw. im Rellen $\boldsymbol{w}_j = \boldsymbol{z}_j$ ist.
3. Zwei Hilfsspeicher von jeweils $n - 1$ Elementen werden zu Beginn eines jeden Austausches mit Nullen angefüllt:
$$\boldsymbol{h}_w = (0 \quad 0 \ \ldots \ 0)\,, \qquad \boldsymbol{h}_z = (0 \quad 0 \ \ldots \ 0)\,. \tag{44}$$

Sie dienen zur Aufnahme gewisser Zwischenvektoren.

Niveauhöhe

4. Von größter Wichtigkeit ist die Einführung einer Niveauhöhe ε. Das dazugehörige Nivellement ist abgeschlossen, wenn die Beträge aller Außenelemente in $\boldsymbol{A}_n$ und $\boldsymbol{B}_n$ kleiner als ε geworden sind

$$|\tilde{a}_{jk}| \leqq \varepsilon\,, \qquad |\tilde{b}_{jk}| \leqq \varepsilon; \qquad j, k = 1, 2, \ldots, n; \qquad j \neq k\,. \tag{45}$$

II. START

Startschift

5. Die Wahl des Startschiftes Λ_1 zu Beginn eines jeden Austausches ist beliebig, sollte jedoch zweckmäßig erfolgen, um die Konvergenz zu beschleunigen. Ist nichts über das Spektrum bekannt, so wählen wir

5a) $\Lambda_1 = 1$ bei komplexen (auch hermiteschen) Paaren,

5b) $\Lambda_1 = 1 + i$ bei reellen (nicht reellsymmetrischen) Paaren, sofern komplexe Eigenwerte zu erwarten sind.

III. AUSTAUSCH DES KREUZES DER NUMMER m

Wir erklären im zuletzt transformierten Paar $\boldsymbol{A}_{m-1}$; $\boldsymbol{B}_{m-1}$ die Zeile und Spalte der Nummer m zur Eliminationszeile bzw. -spalte und damit die Restmatrizen der Ordnung $n - 1$ zu $\boldsymbol{A}_{kk}$ und $\boldsymbol{B}_{kk}$. Mit dieser Blockaufteilung wird die RITZ-Iteration (oder auch wirkungsvoller der Algorithmus BONAVENTURA) durchgeführt auf folgende Weise.

6. Schiftpunkt bereitstellen.

7. Aus der Bereinigung der Matrix $\boldsymbol{F}(\Lambda) = \boldsymbol{A} - \Lambda\,\boldsymbol{B}$ werden die beiden Vektoren $\boldsymbol{w}$ und $\boldsymbol{z}$ der Länge n gewonnen. Mit diesen rechne

8a)
$$\boldsymbol{b}_z := \boldsymbol{B}\,\boldsymbol{z} \to \tilde{\boldsymbol{b}}_{kj} \to \tilde{\boldsymbol{a}}_{kj} = \Lambda\,\tilde{\boldsymbol{b}}_{kj}\,. \tag{46}$$

Dabei entsteht $\tilde{\boldsymbol{b}}_{kj}$ aus $\boldsymbol{b}_z$, indem $\boldsymbol{b}_z$ um die Komponente der Nummer m verkürzt wird.

8b)
$$\boldsymbol{b}_w^T := \boldsymbol{w}^T\,\boldsymbol{B} \to \tilde{\boldsymbol{b}}_{jk}^T \to \tilde{\boldsymbol{a}}_{jk}^T = \Lambda\,\tilde{\boldsymbol{b}}_{jk}^T\,. \tag{47}$$

Dabei entsteht $\tilde{\boldsymbol{b}}_{jk}^T$ aus $\boldsymbol{b}_w^T$, indem $\boldsymbol{b}_w^T$ um die Komponente der Nummer m verkürzt wird.

9a) Überschreiben der Restspalte in $\boldsymbol{B}$ durch die neue Spalte.

9b) Überschreiben der Restzeile in $\boldsymbol{B}$ durch die neue Zeile.

10. Berechnung des neuen Hauptdiagonalelements $\tilde{b}_{mm}$. Es ist

$$\tilde{b}_{mm}\,\{= \boldsymbol{w}^T\,\boldsymbol{B}\,\boldsymbol{z}\} = \boldsymbol{w}^T\,\boldsymbol{b}_z\,\{\text{oder auch} = \boldsymbol{b}_w^T\,\boldsymbol{z}\}\,. \tag{48}$$

11. Berechnung des neuen Hauptdiagonalelements $\tilde{a}_{mm}$. Es wird zunächst das (an sich nicht benötigte) Element

$$f_{mm}(\Lambda)\,\{= \boldsymbol{w}^T\,\boldsymbol{F}(\Lambda)\,\boldsymbol{z}\} = \boldsymbol{f}^m(\Lambda)\,\boldsymbol{z}\,\{\text{oder auch} = \boldsymbol{w}^T\,\boldsymbol{f}_m(\Lambda)\} \tag{49}$$

berechnet, wo $\boldsymbol{f}^m(\Lambda)$ die Zeile der Nummer m aus $\boldsymbol{F}(\Lambda)$ {bzw. $\boldsymbol{f}_m(\Lambda)$ die Spalte der Nummer m aus $\boldsymbol{F}(\Lambda)$} ist. Sodann folgt

$$\tilde{a}_{mm} = \tilde{f}_{mm}(\Lambda) + \Lambda\,\tilde{b}_{mm} \tag{50}$$

mit dem aktuellen Schift Λ.

12. Mit den neuen Hauptdiagonalelementen $\tilde{a}_{mm}$ und $\tilde{b}_{mm}$ die alten Hauptdiagonalelemente a_{mm} und b_{mm} überschreiben.

13. Die Vektoren $\boldsymbol{w}$ und $\boldsymbol{z}$ durch Streichen der Elemente der Nummer m verkürzen zu $\hat{\boldsymbol{w}}$ und $\hat{\boldsymbol{z}}$ und zu den Vektoren $\boldsymbol{h}_w$ bzw. $\boldsymbol{h}_z$ (44) addieren.

14. Entscheidung: ist die Bedingung (45) für alle Elemente links und oberhalb der Hauptdiagonalelemente a_{mm} in $\boldsymbol{A}_m$ und b_{mm} in $\boldsymbol{B}_m$ erfüllt?

14a) Falls ja, weiter mit 15.

14b) Falls nein, mit dem neuen Schift

$$\Lambda = \tilde{a}_{mm}/\tilde{b}_{mm} \tag{51}$$

die Ritz-Iteration bzw. Bonaventura mit 6. neu beginnen.

15. Die durch Addition in (44) entstandenen Summenvektoren der Länge $n-1$ durch das Element 1 an der Stelle m vervollständigen und als $\boldsymbol{w}_m$ bzw. $\boldsymbol{z}_m$ in die Spalten der Nummer m der beiden Matrizen $\boldsymbol{T}_w$ bzw. $\boldsymbol{T}_z$ (a) fortspeichern.

IV. ENDE DER TRANSFORMATION

Nach n Transformationen zu jeweils einer (im allgemeinen von Schritt zu Schritt wechselnden) Anzahl von Austauschvorgängen steht das diagonaldominante Paar $\boldsymbol{A}_n$; $\boldsymbol{B}_n$ im Speicher, wobei die Bedingungen (45) erfüllt sind. Die angenäherten Eigenterme werden den beiden Hauptdiagonalen entnommen:

16. $$f_\nu(\lambda) = a_\nu - \lambda\, b_\nu\,; \qquad \nu = 1, 2, \ldots, n\,. \tag{52}$$

Wurden die Matrizen $\boldsymbol{T}_w$ und $\boldsymbol{T}_z$ gespeichert, so liegen damit auch die n Elementarmatrizen

17. $$\begin{aligned} \boldsymbol{L}_k &= (\boldsymbol{e}_1 \ldots \boldsymbol{e}_{k-1}\ \ \boldsymbol{w}_k\ \ \boldsymbol{e}_{k+1} \ldots \boldsymbol{e}_n)\,; \\ \boldsymbol{R}_k &= (\boldsymbol{e}_1 \ldots \boldsymbol{e}_{k-1}\ \ \boldsymbol{z}_k\ \ \boldsymbol{e}_{k+1} \ldots \boldsymbol{e}_n)\,; \qquad k = 1, 2, \ldots, n \end{aligned} \tag{53}$$

vor, aus denen sich die Näherungen für die Links- und Rechtseigenvektoren

18. $$\begin{aligned} \boldsymbol{y}_j &= \boldsymbol{L}_1 \boldsymbol{L}_2 \cdots \boldsymbol{L}_{j-1} \boldsymbol{w}_j\,; \\ \boldsymbol{x}_j &= \boldsymbol{R}_1 \boldsymbol{R}_2 \cdots \boldsymbol{R}_{j-1} \boldsymbol{w}_j\,; \qquad j = 2, 3, \ldots, n \end{aligned} \tag{54}$$

berechnen. Außerdem ist $\boldsymbol{y}_1 = \boldsymbol{w}_1$ und $\boldsymbol{x}_1 = \boldsymbol{z}_1$.

ENDE

Nun zum Rechenaufwand. Zunächst seien $\boldsymbol{A}$ und $\boldsymbol{B}$ vollbesetzt und nicht hermitesch bzw. reellsymmetrisch. Dann kostet jede Berechnung eines Vektorpaares $\boldsymbol{w}$; $\boldsymbol{z}$ nach Abschnitt 24.14 rund $(n-1)^3/3$ Operationen, somit, wenn per RITZ-Iteration (bzw. BONAVENTURA) μ_j Austausche vorgenommen wurden, insgesamt rund

$$(\mu_1 + \mu_2 + \cdots + \mu_n)\, n^3/3 \tag{55}$$

Multiplikationen und Additionen. Alle übrigen Maßnahmen, wie etwa (46) und (47) erfordern einen Aufwand, der proportional zu n^2 oder sogar nur proportional zu n anwächst und schlagen daher nicht zu Buche. Auch die Berechnung eines Eigenvektors nach (54) erfordert im Mittel nur $n^2/2$ Operationen.

Sind $\boldsymbol{A}$ und $\boldsymbol{B}$ hermitesch bzw. reellsymmetrisch, so reduziert sich der Aufwand auf etwa die Hälfte.

Liegen nach dem ersten Nivellement, das etwa mit $\varepsilon = 0{,}01$ gestartet werden sollte, die Näherungswerte $\tilde{a}_{jj}/\tilde{b}_{jj}$ bzw. die Eigenterme (52) numerisch nicht trennbar, so erfolgt ein weiteres Nivellement, etwa mit $\varepsilon/10$ oder auch $\varepsilon/100$ und so fort bis zur gewünschten Genauigkeit. Die Startschifts beim zweiten und weiteren Nivellement werden dann natürlich nicht nach 5a) bzw. 5b) gewählt, sondern gleich den aktuellen RAYLEIGH-Quotienten. Auf diese Weise wird das Spektrum gleichmäßig angenähert, ein besonderer Vorzug dieses Verfahrens, den es mit den Unterraumtransformationen teilt, während die punktuelle Annäherung aller Dreiecks- und Diagonalalgorithmen mit Schift deren entscheidende Schwachstelle darstellt. Der Leser vergleiche dazu die zusammenfassende Kritik im Abschnitt 40.

Der theoretische Hintergrund des Verfahrens ist in wenigen Worten erläutert. Grundlage ist die im Abschnitt 35.6 beschriebene — jetzt nur angenäherte — sukzessive Auslöschung mit Hilfe von Näherungsvektorpaaren $\boldsymbol{w}_j$; $\boldsymbol{z}_j$, die aus einer RITZ-Iteration (bzw. via BONAVENTURA) gewonnen werden. Natürlich ist dazu grundsätzlich auch jedes andere Verfahren geeignet; wir werden in § 40 noch die WIELANDT-Iteration kennenlernen, die ähnliches leistet. Die Normierung der Vektoren $\boldsymbol{w}_j$; $\boldsymbol{z}_j$ ist durch die Bereinigung vorgegeben; daher stehen in der Hauptdiagonale von $\boldsymbol{B}_n$ im allgemeinen keine Einsen. Die Addition der beiden verkürzten Vektoren $\hat{\boldsymbol{w}}_j$ und $\hat{\boldsymbol{z}}_j$ in den Speichern (44) realisiert den Additionssatz (35.52), wie der Leser leicht erkennt.

Bei nicht diagonalähnlichen Paaren $\boldsymbol{A}$; $\boldsymbol{B}$ verbleiben auch beim Algorithmus SECURITAS oberhalb der Hauptdiagonale Elemente, die im Gegensatz zur JORDAN-Form jedoch nicht als zu Eins normiert auftreten. Näheres darüber findet sich in der Originalarbeit von BUDICH [168a].

Zur Erläuterung diene ein einfaches Beispiel zum Mitrechnen per Hand. Wir transformieren das Paar $\boldsymbol{A}$; $\boldsymbol{I}$ mit

$$\boldsymbol{A} = \begin{pmatrix} 3/2 & 1 & 0 \\ 1 & 3/2 & 1 \\ 0 & 1 & 3/2 \end{pmatrix}; \qquad \boldsymbol{B} = \begin{pmatrix} 1 & 0 & 0 \\ 0 & 1 & 0 \\ 0 & 0 & 1 \end{pmatrix} = \boldsymbol{I},$$

$$\lambda_1 = 1{,}5\,, \qquad \lambda_2 = 1{,}5 - \sqrt{2} = 0{,}085\,786\,437\,, \qquad \lambda_3 = 1{,}5 + \sqrt{2} = 2{,}914\,213\,562\,.$$

In diesem Demonstrationsbeispiel wählen wir die Startschifts nicht beliebig, sondern, um unnötige Rechnerei zu ersparen, in der Nähe der exakten Eigenwerte, und zwar $\Lambda_1 = 1{,}5$, $\Lambda_2 = 0$ und $\Lambda_3 = 3$. Wir verzichten auch auf die Einführung einer Niveauhöhe und machen nur jeweils einen einzigen Schritt der Ritz-Iteration mit dem vorgegebenen Startschift. Infolge der Symmetrie ist $\boldsymbol{w}_j = \boldsymbol{z}_j$; auch die transformierten Matrizen werden symmetrisch.

Erster Austausch. $\boldsymbol{F}(1{,}5) = \boldsymbol{A} - 1{,}5\,\boldsymbol{I}$ wird bereinigt und ergibt den Vektor $\boldsymbol{z}_1$, daraus $\boldsymbol{B}\,\boldsymbol{z}_1 = \boldsymbol{I}\,\boldsymbol{z}_1$ und die neuen Ränder in $\tilde{\boldsymbol{B}}$ und $\tilde{\boldsymbol{A}}$, wo das Zeichen & auf die Streichung hinweist.

$$\boldsymbol{z}_1 = \begin{pmatrix} 1 \\ 0 \\ -1 \end{pmatrix}, \quad \boldsymbol{B}\,\boldsymbol{z}_1 = \boldsymbol{z}_1 = \begin{pmatrix} 1 \\ 0 \\ -1 \end{pmatrix}^{\&}, \quad \tilde{\boldsymbol{b}}_{21} = \begin{pmatrix} 0 \\ -1 \end{pmatrix}, \qquad \tilde{\boldsymbol{a}}_{21} = 1{,}5\,\tilde{\boldsymbol{b}}_{21} = \begin{pmatrix} 0 \\ -3/2 \end{pmatrix}.$$

Als nächstes berechnen wir die Skalare

$$\tilde{b}_{11} = \boldsymbol{z}_1^T\,\boldsymbol{B}\,\boldsymbol{z}_1 = \boldsymbol{z}_1^T\,\boldsymbol{z}_1 = 2\,, \qquad \tilde{f}_{11}(\Lambda_1) = \boldsymbol{f}^1(\Lambda_1)\,\boldsymbol{z}_1 = 0\,,$$

$$\tilde{a}_{11} = \tilde{f}_{11}(\Lambda_1) + 1{,}5\,\tilde{b}_{11} = 3\,.$$

Der Austausch der ersten Zeilen und Spalten in $\boldsymbol{A}$ und $\boldsymbol{B}$ ergibt somit das transformierte Paar

$$\boldsymbol{A}_1 = \begin{pmatrix} 3 & 0 & -3/2 \\ 0 & 3/2 & 1 \\ -3/2 & 1 & 3/2 \end{pmatrix}; \qquad \boldsymbol{B}_1 = \begin{pmatrix} 2 & 0 & -1 \\ 0 & 1 & 0 \\ -1 & 0 & 1 \end{pmatrix}.$$

Zweiter Austausch. $\boldsymbol{F}_1(\Lambda_2) = \boldsymbol{F}_1(0) = \boldsymbol{A}_1$. Bereinigung der zweiten Zeile und Spalte gibt den Vektor $\boldsymbol{z}_2$. Daraus berechnen wir $\boldsymbol{B}_1\,\boldsymbol{z}_2$ und weiter die neuen Ränder

$$\boldsymbol{z}_2 = \begin{pmatrix} -2/3 \\ 1 \\ -4/3 \end{pmatrix}, \quad \boldsymbol{B}_1\,\boldsymbol{z}_2 = \begin{pmatrix} 0 \\ 1 \\ -2/3 \end{pmatrix} \&, \quad \tilde{\boldsymbol{b}}_{jk} = \begin{pmatrix} 0 \\ -2/3 \end{pmatrix}, \quad \tilde{\boldsymbol{a}}_{jk} = \Lambda_2\,\tilde{\boldsymbol{b}}_{jk} = \begin{pmatrix} 0 \\ 0 \end{pmatrix}.$$

Sodann folgt

$$\tilde{b}_{22} = \boldsymbol{z}_2^T\,\boldsymbol{B}_1\,\boldsymbol{z}_2 = 17/9\,, \qquad \tilde{f}_{22}(\Lambda_2) = \boldsymbol{f}^2(\Lambda_2)\,\boldsymbol{z}_2 = 1/6\,,$$

$$\tilde{a}_{22} = \tilde{f}_{22}(\Lambda_2) + 0 \cdot \tilde{b}_{22} = 1/6\,.$$

Austausch der zweiten Zeilen und Spalten (der Mittelkreuze) ergibt das neue Paar

$$\boldsymbol{A}_2 = \begin{pmatrix} 3 & 0 & -3/2 \\ 0 & 1/6 & 0 \\ -3/2 & 0 & 3/2 \end{pmatrix}; \qquad \boldsymbol{B}_2 = \begin{pmatrix} 2 & 0 & -1 \\ 0 & 17/9 & -2/3 \\ -1 & -2/3 & 1 \end{pmatrix}.$$

Dritter Austausch. $\boldsymbol{F}_2(\Lambda_3) = \boldsymbol{A}_2 - 3\,\boldsymbol{B}_2$. Dritte Zeile und Spalte bereinigen gibt den Vektor $\boldsymbol{z}_3$, daraus $\boldsymbol{B}_2\,\boldsymbol{z}_3$ und weiter die neuen Ränder

$$\boldsymbol{z}_3 = \begin{pmatrix} 1/2 \\ 4/11 \\ 1 \end{pmatrix}, \qquad \boldsymbol{B}_2\,\boldsymbol{z}_3 = \begin{pmatrix} 0 \\ 2/99 \\ 49/66 \end{pmatrix}, \quad \&$$

$$\tilde{\boldsymbol{b}}_{jk} = \begin{pmatrix} 0 \\ 2/99 \end{pmatrix}, \qquad \tilde{\boldsymbol{a}}_{jk} = 3\,\tilde{\boldsymbol{b}}_{jk} = \begin{pmatrix} 0 \\ 2/33 \end{pmatrix},$$

sodann $\quad \tilde{b}_{33} = \boldsymbol{z}_3^T\,\boldsymbol{B}_2\,\boldsymbol{z}_3 = \dfrac{577}{2178}, \qquad \tilde{f}_{33}(\Lambda_3) = \boldsymbol{f}^3(\Lambda_3)\,\boldsymbol{z}_3 = \dfrac{-1}{44},$

$$\tilde{a}_{33} = \tilde{f}_{33}(\Lambda_3) + 3\cdot\tilde{b}_{33} = 0{,}772\,038\,567$$

und damit

$$\boldsymbol{A}_3 = \begin{pmatrix} 3 & 0 & 0 \\ 0 & 1/6 & 2/33 \\ 0 & 2/33 & \tilde{a}_{33} \end{pmatrix}; \qquad \boldsymbol{B}_3 = \begin{pmatrix} 2 & 0 & 0 \\ 0 & 17/9 & 2/99 \\ 0 & 2/99 & \tilde{b}_{33} \end{pmatrix}.$$

Die Diagonaldominanz ist zufriedenstellend. Die RAYLEIGH-Quotienten betragen

$$R_1 = \frac{\tilde{a}_{11}}{\tilde{b}_{11}} = \frac{3}{2} = 1{,}5\,, \quad R_2 = \frac{\tilde{a}_{22}}{\tilde{b}_{22}} = \frac{3}{34} = 0{,}088\,235\,, \quad R_3 = \frac{\tilde{a}_{33}}{\tilde{b}_{33}} = 2{,}914\,211\,.$$

Der dritte Wert ist auf fünf Stellen, der zweite auf nur eine Stelle genau. Der erste ist exakt infolge der totalen Entkopplung, und dies ist evident, da wir mit einem exaktem Eigenwert zu Anfang geschiftet haben.

Nun zu den Näherungsvektoren. Es ist nach (54) der Reihe nach

$$\boldsymbol{x}_1 = \boldsymbol{z}_1\,, \qquad \boldsymbol{x}_2 = \boldsymbol{R}_1\,\boldsymbol{z}_2\,, \qquad \boldsymbol{x}_3 = \boldsymbol{R}_1\,\boldsymbol{R}_2\,\boldsymbol{z}_3\,.$$

Zu $\Lambda_1 = 1{,}5$ gehört $\boldsymbol{x}_1 = \boldsymbol{z}_1 = (1 \;\; 0 \;\; -1)^T$ exakt, und das ist klar, da auch $\Lambda_1 = \lambda_1$ exakt gewählt war. Zum Schiftpunkt $\Lambda_2 = 0$ finden wir den Vektor $\boldsymbol{x}_2$ auf folgende Weise:

$$\boldsymbol{x}_2 = \boldsymbol{R}_1\,\boldsymbol{z}_2 = (\boldsymbol{z}_1 \;\; \boldsymbol{e}_2 \;\; \boldsymbol{e}_3)\,\boldsymbol{z}_2 = \boldsymbol{z}_1(-2/3) + \boldsymbol{e}_1\cdot 1 + \boldsymbol{e}_3(-4/3) = (-2/3 \;\; 1 \;\; -2/3)^T\,.$$

oder auch, da es auf einen Faktor nicht ankommt,

$$\boldsymbol{x}_2 = \begin{pmatrix} 1 \\ -1{,}5 \\ 1 \end{pmatrix} \text{ anstelle von } \boldsymbol{x}_{2,\text{exakt}} = \begin{pmatrix} 1 \\ -\sqrt{2} \\ 1 \end{pmatrix} = \begin{pmatrix} 1 \\ -1{,}414\,214 \\ 1 \end{pmatrix}$$

und schließlich $\quad \boldsymbol{x}_3 = \boldsymbol{R}_1\,\boldsymbol{R}_2\,\boldsymbol{z}_3 = \begin{pmatrix} 17 \\ 24 \\ 17 \end{pmatrix}\cdot\dfrac{1}{66}$ oder auch

$$\boldsymbol{x}_3 = \begin{pmatrix} 1 \\ 24/17 \\ 1 \end{pmatrix} = \begin{pmatrix} 1 \\ 1{,}411\,764 \\ 1 \end{pmatrix} \text{ anstelle von } \boldsymbol{x}_{3,\text{exakt}} = \begin{pmatrix} 1 \\ \sqrt{2} \\ 1 \end{pmatrix} = \begin{pmatrix} 1 \\ 1{,}414\,214 \\ 1 \end{pmatrix}.$$

Damit sind auch die Linkseigenvektoren gefunden, da das Paar symmetrisch ist. Der Leser wiederhole die Berechnung der Näherungsvektoren $\boldsymbol{x}_2$ und $\boldsymbol{x}_3$ nach der Formel (35.62).

Zweites Beispiel. Matrizenpaar $\boldsymbol{A}; \boldsymbol{B}$, wo $\boldsymbol{A} = \boldsymbol{K}_R^2$, $\boldsymbol{B} = \boldsymbol{K}_R$ (24.81) mit den Eigenwerten nach (24.82)

$$\lambda_j = \varkappa_j^{-1} = \left(\cos \frac{2j-1}{2n+1}\pi\right)^{-1}; \qquad j = 1, 2, \ldots, n. \tag{a}$$

Wir wählen $n = 50$, gleichmäßige Konvergenz zur aktuellen Niveauhöhe ε. Zubringer ist die gewöhnliche RITZ-Iteration (BONAVENTURA 1. Stufe) zum Startwert $\Lambda_0 = \pi$ für $j = 1, 2, \ldots, 50$. Jeder RAYLEIGH-Quotient wird, wenn überhaupt, nur ein einziges Mal innerhalb einer Tour verbessert. Die Tabelle (b) zeigt R_1, R_{25} und R_{50}; diese RAYLEIGH-Quotienten streben gegen die Eigenwerte $\lambda_{18}, \lambda_{49}$ und λ_{50}, wie der Verlauf der Rechnung anzeigt. N ist die Anzahl der Iterationen pro Tour (die kleiner als 50 sein muß). Der liegende Strich bedeutet, daß der RAYLEIGH-Quotient $R_{jj} = \tilde{a}_{jj}/\tilde{b}_{jj}$ unverändert bleibt, da die Elemente links und oberhalb von $\tilde{a}_{jj}$ und $\tilde{b}_{jj}$ kleiner als die aktuelle Niveauhöhe sind.

Es werden insgesamt 534 RITZ-Iterationen benötigt. Während R_1 und R_{50} beim Start bereits recht gut sind, muß R_{25} einen langen Weg bis zu λ_{49} zurücklegen; erst bei der Niveauhöhe 0,01 wird die Annäherung erkennbar. Typisch für den SECURITAS ist (ähnlich wie bei der JACOBI-Rotation), daß der Fehler des RAYLEIGH-Quotienten sehr viel kleiner ausfällt als die Niveauhöhe.

Der Leser berechne auch die Eigenvektoren und wiederhole die Aufgabe mit dem Zubringer BONAVENTURA mit möglichst hoher Stufe, etwa 4 oder 5; die Einsparung an Rechenzeit ist beträchtlich. Ferner sei empfohlen, die Ordnungszahl n zu steigern auf 100 bzw. 1000. Extrem leistungsfähige Maschinen erlauben auch noch $n = 10000$.

ε	R_1	R_{25}	R_{50}	N
1	0,357 142 857 142 860	0,498 802 395 210 388	858,499 999 999 968 7	50
10^{-1}	0,358 015 443 072 711	0,519 564 531 120 155	1033,591 902 524 559	50
	0,361 159 559 878 141	0,543 852 091 326 120	1033,660 730 792 577	50
	0,362 535 301 835 438	0,779 329 794 228 050	1033,660 730 792 581	50
	0,362 558 338 236 351	0,877 340 708 611 704	———	49
	0,362 558 338 247 759	1,199 108 036 863 303	———	49
	0,362 558 338 247 759	1,377 573 636 652 602	———	48
	———	1,924 939 762 131 877	———	41
	———	5,451 572 071 671 031	———	39
	———	7,244 341 430 163 440	———	31
	———	14,515 947 516 483 63	———	25
	———	15,486 666 501 623 23	———	18
	———	21,224 604 353 076 36	———	15
10^{-2}	———	102,563 423 791 846 8	———	10
10^{-3}	———	114,925 302 644 923 9	———	7
10^{-4}	———	114,925 302 356 960 8	———	3

(b)

Die exakten Eigenwerte sind nach (a)

$$\lambda_{18} = 0{,}362\,558\,338\,252\,746\,, \qquad \lambda_{49} = 114{,}925\,302\,331\,5680\,, \qquad \lambda_{50} = 1033{,}660\,731\,700\,073\,. \tag{c}$$

Eine generelle Bemerkung. Will man das *gesamte* Spektrum mit der vollen Maschinengenauigkeit berechnen, so ist die punktuelle Konvergenz der gleichmäßigen vorzuziehen.

Drittes Beispiel. Vorgelegt ist das Matrizenpaar $\boldsymbol{P}$; $\boldsymbol{Q}$ der Ordnung $2\,n$

$$\boldsymbol{P} = \begin{pmatrix} \boldsymbol{O} & -\boldsymbol{I} \\ \boldsymbol{A} & \boldsymbol{A}+\boldsymbol{B} \end{pmatrix}; \qquad \boldsymbol{Q} = \begin{pmatrix} \boldsymbol{I} & \boldsymbol{O} \\ \boldsymbol{O} & \boldsymbol{B} \end{pmatrix}. \tag{a}$$

Folgendes kann leicht gezeigt werden. Die Eigenwerte des Paares $\boldsymbol{A}$; $\boldsymbol{B}$ seien $\varkappa_1, \ldots, \varkappa_n$; dann sind die Eigenwerte des Paares $\boldsymbol{P}$; $\boldsymbol{Q}$

$$\lambda_j = \varkappa_j; \quad j = 1, 2, \ldots, n; \quad \lambda_k = +1; \quad k = n+1, n+2, \ldots, 2\,n\,. \tag{b}$$

Wir wählen speziell das Paar $\boldsymbol{A}$; $\boldsymbol{B}$ der Ordnung $n = 20$ von S. 254. Der Eigenwert $+1$ hat demnach die Vielfachheit 21, und da das Paar $\boldsymbol{P}$; $\boldsymbol{Q}$ stark defektiv sein kann, werden höchste Ansprüche an den Algorithmus gestellt.

Wir entscheiden uns für punktuelle Konvergenz, Zubringer RITZ-Iteration, jedesmal Start mit $\Lambda_0 = \pi$. Es wurden insgesamt 277 Iterationen durchgeführt. Zwei der 21 Eigenwerte $+1$ sind auf 6 bzw. 7 Stellen, alle anderen auf 9 bis 13 Stellen genau. Der Eigenwert Null ist fünffach. Die fünf zugehörigen RAYLEIGH-Quotienten liegen zwischen 10^{-11} und 10^{-13}.

Will man genauere Werte haben, so empfiehlt sich eine Auffrischung mit Hilfe der beiden Modalmatrizen $\boldsymbol{L}$ und $\boldsymbol{R}$. Man löst sich dadurch von der fehlerbehafteten Vorgeschichte und beginnt mit dem Paar $\boldsymbol{L\,P\,R}$; $\boldsymbol{L\,Q\,R}$, das stark diagonaldominant ist, den Algorithmus von neuem.

37.8. Der Algorithmus Securitas für singuläre Paare

Einer der Hauptvorzüge des Algorithmus SECURITAS besteht darin, daß er mit nur geringfügigen zusätzlichen Maßnahmen auch die Eigenterme singulärer Paare mit absoluter Sicherheit zu berechnen gestattet. Es sind dies die beiden im Abschnitt 35.8 beschriebenen Ausnahmefälle

$$\left.\begin{array}{lll} \text{1 b) Eigenkonstante} & f_{jj} = a_{jj} - \lambda \cdot 0 \\ \text{2. Nichtdefinierte Eigenterme} & f_{jj} = 0 \quad - \lambda \cdot 0 \end{array}\right\}. \tag{56}$$

Zunächst 1 b). Konvergiert bei fortschreitender RITZ-Iteration (bzw. BONAVENTURA) die Bilinearform $\tilde{b}_{jj}$ gegen Null, so strebt der RAYLEIGH-Quotient als nächster Schift gegen Unendlich

$$\tilde{b}_{jj} = \boldsymbol{w}_j^T \boldsymbol{B}\, \boldsymbol{z}_j \to 0; \qquad \Lambda_j = R_j = \frac{\boldsymbol{w}_j^T \boldsymbol{A}\, \boldsymbol{z}_j}{\boldsymbol{w}_j^T \boldsymbol{B}\, \boldsymbol{z}_j} \to \infty\,, \tag{57}$$

wodurch sich der Ausnahmefall ankündigt. Es wird dann eine kleinste Zahl δ definiert, welche die Maschine gerade noch von Null unterscheiden kann. Sowie diese von $|\tilde{b}_{jj}|$ unterschritten wird, setzen wir $\tilde{b}_{jj} = 0$ (womit über den Rang des Paares $\boldsymbol{A}$; $\boldsymbol{B}$ eine willkürliche Entscheidung getroffen wurde: Fiktion und Wirklichkeit, Abschnitt 24.1!) und bilden den abgewandelten RAYLEIGH-Quotienten (35.66)

$$|\tilde{b}_{jj}| \leqq \delta \to \hat{R}_j = \frac{\boldsymbol{w}_j^T \boldsymbol{A}\, \boldsymbol{z}_j}{\boldsymbol{w}_j^T \boldsymbol{z}_j}\,, \tag{58}$$

und dies ist die wohldefinierte Eigenkonstante der Nummer j, wobei die Vektoren $\boldsymbol{w}_j$ und $\boldsymbol{z}_j$ nicht normiert zu werden brauchen. (Im Gegensatz etwa zum Q-Z-Algorithmus, der zufolge einer ganz bestimmten Normierungsvorschrift andere Eigenterme liefert als der SECURITAS, worauf bei vergleichender Kontrollrechnung zu achten ist.)

Im Fall 2) der nichtdefinierten Eigenterme gehen wir genauso vor. Es wird dann

$$|\tilde{b}_{jj}| \leqq \delta \to \hat{R}_{jj} = \frac{\boldsymbol{w}_j^T \boldsymbol{A}\, \boldsymbol{z}_j}{\boldsymbol{w}_j^T \boldsymbol{z}_j} = \frac{0}{\boldsymbol{w}_j^T \boldsymbol{z}_j} = 0 \qquad (59)$$

mit der Besonderheit, daß auch die Eigenkonstante gegen Null strebt.

Da nun beim nächsten Austausch in der Hauptdiagonale oben links der Term $f_{jj}(\Lambda) = 0 - \Lambda \cdot 0 = 0$ für jeden beliebigen Schift Λ steht, ersetzen wir, um die erforderliche Bereinigung möglich zu machen, die Eigenkonstante $a_{jj} = 0$ durch 1 (oder eine andere von Null verschiedene Zahl) und vermerken dies bis zum Schluß der Rechnung. Es ist dies nichts anderes als eine Spektralumordnung nach (35.3), von welcher die Links- und Rechtseigen(-haupt)vektoren nicht betroffen werden.

Die hier geschilderten Maßnahmen gelten genaugenommen nur für den theoretischen Fall der exakten Auslöschung. In praxi ist die Größe δ von der Niveauhöhe ε abhängig zu machen, etwa $\delta = \varepsilon/100$ oder $\delta = \varepsilon/1000$ bei jedem Nivellement. Dadurch wird mit ε auch δ beliebig klein.

Dazu ein Beispiel. Gesucht sind die Eigenterme

$$f_{jj}(\lambda) = \tilde{a}_{jj} - \lambda\, \tilde{b}_{jj}; \qquad j = 1, 2, \ldots, 6$$

des singulären Paares

$$\boldsymbol{A} = \begin{pmatrix} -3+11i & 0 & -6+22i & 0 & 0 & 0 \\ 3+2i & 10+2i & 6+4i & 0 & -5-i & 11-3i \\ 1-i & 2-2i & 1-3i & -1-i & -1+i & 2-2i \\ 0 & 6-4i & -2-2i & -11+7i & -3+2i & -12+13i \\ -8+6i & 2 & -14+11i & 2-10i & 1+4i & -18i \\ 0 & 0 & 0 & 0 & 0 & 0 \end{pmatrix};$$

$$\boldsymbol{B} = \begin{pmatrix} 1+3i & 0 & 0 & 0 & 0 & 0 \\ 1 & 2+2i & 0 & 0 & -1-i & 3+i \\ 0 & 0 & 0 & 0 & 0 & 0 \\ 0 & 0 & 0 & 0 & 0 & 0 \\ -1 & 0 & 0 & 0 & 2+4i & -1 \\ 0 & -2-2i & 0 & 0 & 1+i & -5+3i \end{pmatrix}.$$

Punktuelle Konvergenz, RITZ-Iteration, jeweils Start mit $\Lambda_0 = \pi$. Die Anzahl der erforderlichen RITZ-Iterationen bis zur Ausschöpfung der Maschinengenauigkeit (16 Dezimalen) ist N. Die Werte der Tabelle sind aus Platzgründen gerundet.

j	$\tilde{a}_{jj}$	$\tilde{b}_{jj}$	N
1	$4{,}460462614 - 0{,}050648198\,i$	$1{,}037116729 + 0{,}674556213\,i$	7
2	$-0{,}545985401 + 1{,}798540146\,i$	$-0{,}545985401 + 1{,}798540146\,i$	4
3	$0{,}835294116 - 2{,}741176469\,i$	$1{,}5 \cdot 10^{-16} + 9{,}1 \cdot 10^{-17}\,i$	5
4	$-11{,}000000000 + 6{,}999999999\,i$	$1{,}1 \cdot 10^{-15} + 1{,}1 \cdot 10^{-17}\,i$	4
5	$19{,}178695661 - 12{,}542721736\,i$	$13{,}076865257 + 1{,}745160688\,i$	2
6	$-7{,}2 \cdot 10^{-36} + 1{,}1 \cdot 10^{-36}\,i$	$-5{,}000000000 + 3{,}000000000\,i$	1

Setzt man die Eigenterme der Nummern 1, 2, 5 und 6 gleich Null, so sind dadurch die Eigenwerte $\lambda_j = \tilde{a}_{jj}/\tilde{b}_{jj}$ definiert, nämlich

$$\lambda_1 = 3 - 2\,i\,,\ \lambda_2 = 1\,,\ \lambda_5 = 1{,}315186246418337 - 1{,}134670487106021\,i\,,\ \lambda_6 = 0\,.$$

Hingegen ist es sinnlos, den beiden Eigentermen 3 und 4 einen Eigenwert zuordnen zu wollen. Formal wäre dies $\lambda_3 = \infty$ und $\lambda_4 = \infty$; doch käme damit nicht mehr zum Ausdruck, daß es sich um zwei völlig verschiedene Eigenterme handelt.

Der Leser, der mit dem Q-Z-Algorithmus vertraut ist, führe diesen durch und überzeuge sich von der vergleichsweisen Schnelligkeit und Einfachheit des SECURITAS, der keine vorgezogene Transformation des Paares $\boldsymbol{A}$; $\boldsymbol{B}$ auf $\boldsymbol{H}$; $\triangledown$ erfordert.

37.9. Einige Varianten zum Algorithmus Securitas

Wie bereits angekündigt, vermitteln wir in diesem Abschnitt einige Varianten und Rechenvorteile, deren Anwendung den Algorithmus SECURITAS noch wirtschaftlicher und attraktiver gestaltet.

1. Rechnung in Blöcken.

Besitzt ein reelles Paar $\boldsymbol{A}; \boldsymbol{B}$ konjugiert-komplexe Eigenwertpaare $\lambda_k, \bar{\lambda}_k$, so verläuft für jedes von ihnen bei komplex zu wählendem Startschift Λ_k die RITZ-Iteration bzw. der BONAVENTURA gegen λ_k (womit auch $\bar{\lambda}_k$ gefunden ist) ganz im Komplexen, nicht dagegen der nachfolgende Austausch. Man faßt vielmehr die beiden zu λ_k gehörenden Näherungsvektoren $\boldsymbol{w}_k$ und $\boldsymbol{z}_k$ zu zweireihigen reellen Blöcken zusammen

$$\boldsymbol{w}_k = \boldsymbol{u}_k \pm i\,\boldsymbol{v}_k \to \boldsymbol{W}_k = (\boldsymbol{u}_k\ \boldsymbol{v}_k)\,;\quad \boldsymbol{z}_k = \boldsymbol{s}_k \pm i\,\boldsymbol{t}_k \to \boldsymbol{Z}_k = (\boldsymbol{s}_k\ \boldsymbol{t}_k) \tag{60}$$

und führt mit diesen den Austausch nach (35.50) durch. Infolge dieser Maßnahme bleibt das transformierte Paar bis zum Schluß reell, wobei jedem Vektorpaar (60) ein zweireihiger Hauptdiagonalblock in $\tilde{\boldsymbol{A}}$ zugeordnet ist, etwa nach folgendem Schema

$\tilde{\boldsymbol{A}} =$

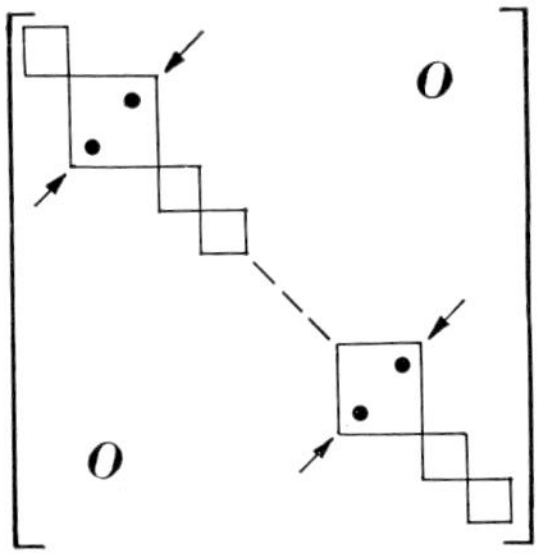

. (61)

Dabei ist zu beachten, daß die mit • bezeichneten Außenelemente von der Einhaltung der Niveauhöhe (45) natürlich auszuschließen sind; der Leser rekapituliere dazu die grundsätzlichen Bemerkungen im Abschnitt 37.7.

2. Berücksichtigung der Bandform.

Um die (eventuell vorhandene) Bandform der Matrix $\boldsymbol{F}(\lambda)$ auszunutzen, unterteilen wir nach jedem Austausch neu das Gesamtgleichungssystem $\boldsymbol{F}(\Lambda)\,\boldsymbol{x} = \boldsymbol{o}$ in Blöcke

$$\boldsymbol{F}_{jj}(\Lambda)\,\boldsymbol{x}_j + \boldsymbol{F}_{jk}(\Lambda)\,\boldsymbol{x}_k = \boldsymbol{o}\,, \tag{62}$$

$$\boldsymbol{F}_{kj}(\Lambda)\,\boldsymbol{x}_j + \boldsymbol{F}_{kk}(\Lambda)\,\boldsymbol{x}_k = \boldsymbol{o}\,, \tag{63}$$

wo $\boldsymbol{F}(\Lambda)$ die Kontur

$$\boldsymbol{F}(\Lambda) = \begin{pmatrix} \boldsymbol{F}_{jj}(\Lambda) & \boldsymbol{F}_{jk}(\Lambda) \\ \boldsymbol{F}_{kj}(\Lambda) & \boldsymbol{F}_{kk}(\Lambda) \end{pmatrix} = \tag{64}$$

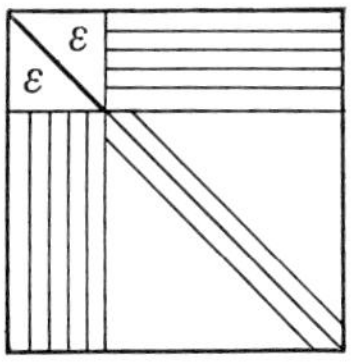

besitzt, und eliminieren den Teilvektor $\boldsymbol{x}_k$ aus (62), wodurch das in Blöcken gestaffelte System

$$\boldsymbol{F}_{jj,\,\mathrm{red}}(\Lambda)\,\boldsymbol{x}_j \qquad\qquad = \boldsymbol{o}\,, \tag{65}$$

$$\boldsymbol{F}_{kj}(\Lambda)\,\boldsymbol{x}_j + \boldsymbol{F}_{kk}(\Lambda)\,\boldsymbol{x}_k = \boldsymbol{o} \tag{66}$$

mit der reduzierten Matrix (dem SCHUR-Komplement)

$$\boldsymbol{F}_{jj,\,\mathrm{red}}(\Lambda) = \boldsymbol{F}_{jj}(\Lambda) - \boldsymbol{F}_{jk}(\Lambda)\,\boldsymbol{F}_{kk}^{-1}(\Lambda)\,\boldsymbol{F}_{kj}(\Lambda) \tag{67}$$

entsteht. Als nächstes wird die Bandmatrix $\boldsymbol{F}_{kk}(\Lambda)$ in impliziter Manier äquivalent auf Diagonalform transformiert

$$\boldsymbol{L}_k\,\boldsymbol{F}_{kk}(\Lambda)\,\boldsymbol{R}_k = \boldsymbol{D}_{kk} \rightarrow \boldsymbol{F}_{kk}^{-1}(\Lambda) = \boldsymbol{R}_k\,\boldsymbol{D}_{kk}^{-1}\,\boldsymbol{L}_k\,, \tag{68}$$

wobei alle Leitvektoren um so schwächer besetzt sind, je kleiner die Bandbreite b von $\boldsymbol{F}(\Lambda)$ und damit von $\boldsymbol{F}_{kk}(\Lambda)$ ist. Damit geht das Gleichungssystem (65) mit (67) über in

$$\underbrace{\{\boldsymbol{F}_{jj}(\Lambda) - \boldsymbol{F}_{jk}(\Lambda)\,\boldsymbol{R}_k\,\boldsymbol{D}_{kk}^{-1}\,\boldsymbol{L}_k\,\boldsymbol{F}_{kj}(\Lambda)\}}_{\longleftarrow\ \text{Phantommatrix}\ \longrightarrow}\,\boldsymbol{x}_j = \boldsymbol{o}\,, \tag{69}$$

und auch dieses (vollbesetzte) System wird alternativ (Elevator/Reflektor/Kalfaktor) aufgelöst. Man erkennt hier einmal mehr die absolute Überlegenheit der impliziten Vorgehensweise gegenüber der Dreieckszerlegung von BANACHIEWICZ bzw. CHOLESKY, die ja die vorherige explizite Herstellung des Inhalts der Informationsklammer erfordern würde. Abschließend wird aus (66) der Teilvektor

$$\boldsymbol{x}_k = -\boldsymbol{R}_k\,\boldsymbol{D}_{kk}^{-1}\,\boldsymbol{L}_k\,\boldsymbol{F}_{kj}(\Lambda)\,\boldsymbol{x}_j \tag{70}$$

berechnet, und Ähnliches gilt für die Linksnäherungsvektoren.

3. Parallelrechnung. Unvollständige Hauptachsentransformation.

Um die profilzerstörende Wirkung des SECURITAS wenigstens teilweise (unter Umständen auch gänzlich) abzufangen, gehen wir so vor: am Originalpaar $\boldsymbol{A}$; $\boldsymbol{B}$ werden per RITZ-Iteration bzw. BONAVENTURA — mit jetzt für jeden Eigenwert *anderem* Startschift! — Näherungen berechnet so lange, wie man numerisch verschiedene solcher Eigenwertnäherungen findet, was auf Parallelrechnern gleichzeitig und unabhängig voneinander geschehen kann. Mit den insgesamt $j \leqq n$ derart ermittelten und zu den Teilmodalmatrizen

$$\boldsymbol{W}_j = (\boldsymbol{w}_1\,\boldsymbol{w}_2 \ldots \boldsymbol{w}_j)\,; \qquad \boldsymbol{Z}_j = (\boldsymbol{z}_1\,\boldsymbol{z}_2 \ldots \boldsymbol{z}_j) \tag{71}$$

zusammengefaßten Links- und Rechtsnäherungsvektoren wird dann eine unvollständige (näherungsweise) Hauptachsentransformation nach Abschnitt 35.4 vorgenommen

$$\boldsymbol{L}^T \boldsymbol{A}\,\boldsymbol{R} = \begin{pmatrix} \boldsymbol{W}_j^T \tilde{\boldsymbol{A}}\,\boldsymbol{Z}_j & \tilde{\boldsymbol{A}}_{jk} \\ \tilde{\boldsymbol{A}}_{kj} & \boldsymbol{A}_{kk} \end{pmatrix}; \qquad \boldsymbol{L}^T \boldsymbol{B}\,\boldsymbol{R} = \begin{pmatrix} \boldsymbol{W}_j^T \boldsymbol{B}\,\boldsymbol{Z}_j & \tilde{\boldsymbol{B}}_{jk} \\ \tilde{\boldsymbol{B}}_{kj} & \boldsymbol{B}_{kk} \end{pmatrix}. \tag{72}$$

Dabei bleiben die Blöcke unten rechts unversehrt, während die Randblöcke sich nach der Vorschrift

$$\boldsymbol{W}_j^T \boldsymbol{A} = \Big(\underbrace{\ldots}_{\leftarrow j \rightarrow}\ \Big|\ \underbrace{\tilde{\boldsymbol{A}}_{jk}}_{\leftarrow n-j \rightarrow}\Big)\,\updownarrow j\,; \qquad \boldsymbol{A}\,\boldsymbol{Z}_j = \begin{pmatrix} \cdots \\ \hline \tilde{\boldsymbol{A}}_{kj} \end{pmatrix} \begin{matrix} \updownarrow j \\ \updownarrow n-j \end{matrix}\ (\leftarrow j \rightarrow) \tag{73}$$

bzw.

$$\boldsymbol{W}_j^T \boldsymbol{B} = \Big(\ldots\ \Big|\ \tilde{\boldsymbol{B}}_{jk}\Big)\,; \qquad \boldsymbol{B}\,\boldsymbol{Z}_j = \begin{pmatrix} \cdots \\ \hline \tilde{\boldsymbol{B}}_{kj} \end{pmatrix} \tag{74}$$

berechnen. Damit hat das Paar (72) die Kontur (64) angenommen, und nun erst beginnt mit Hilfe der restlichen $n - j$ Links- und Rechtsnäherungsvektoren die sukzessive Auslöschung.

4. Vorgezogene Transformation auf HESSENBERG- bzw. Tridiagonalmatrix.

Bei hohen Ordnungszahlen kann es vorteilhaft sein, nach den Methoden des § 29 das vorgelegte Paar $\boldsymbol{A}; \boldsymbol{B}$ auf $\boldsymbol{H}; \boldsymbol{D}$ bzw. $\boldsymbol{T}; \boldsymbol{D}$ zu transformieren, um auf diese Weise die unter 2. und 3. geschilderten Vorteile wahrzunehmen. Das Spektrum des Paares $\boldsymbol{H}; \boldsymbol{D}$ bzw. $\boldsymbol{T}; \boldsymbol{D}$ differiert zwar infolge fehlerhaft durchgeführter Transformation vom Spektrum des Originalpaares $\boldsymbol{A}; \boldsymbol{B}$, doch spielt dies bei einem der Sondierung dienenden Globalalgorithmus eine untergeordnete Rolle, da nach dem letzten Nivellement ohnehin per RITZ-Iteration bzw. BONAVENTURA (oder auch mittels der in Abschnitt 40.4 beschriebenen gebrochenen Iteration von WIELANDT) die interessierenden Näherungen verbessert und nach den Methoden des § 36 eingeschlossen werden.

• 37.10. Iterative Einschließung von Eigenwerten

Iterative Einschließungen (auch außerhalb der linearen Algebra) sind das Non plus Ultra des praktizierenden Numerikers. In ebenso ökonomischer wie problemgerechter Weise wird die aus der konkreten Aufgabenstellung erwachsene sinnvolle Genauigkeitsanforderung mit einer mathematisch gesicherten Eingrenzung in jedem Stadium der Rechnung verbunden. Von den derzeit bekannten Methoden — es sind nur zwei oder drei — geben wir hier die sicherste und schnellste wieder. Sie basiert auf der Technik des progressiven Schiftens und verläuft nach folgendem Schema.

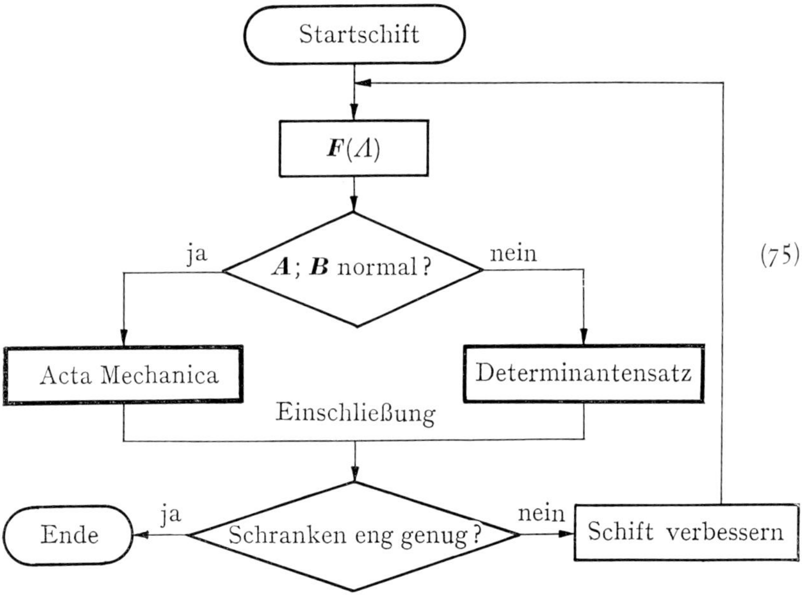

(75)

Die Abb. 37.2 zeigt diese Vorgehensweise für den kleinsten Eigenwert λ_1 eines positiv definiten hermiteschen Paares $\boldsymbol{A}; \boldsymbol{B}$ für $l = 1$. Falls kein besserer Startschift bekannt ist, beginnt man mit $\Lambda_1 = 0$ und findet einen durch $\underset{\smile}{\lambda}_{\mathrm{I}}$ und $\widehat{\lambda}_{\mathrm{I}}$ begrenzten Bereich I, innerhalb dessen der Eigenwert λ_1 liegen muß. Als zweiten Schift wählt man entweder $\underset{\smile}{\lambda}_{\mathrm{I}}$ oder aber sehr viel günstiger das arithmetische Mittel

$$\Lambda_2 = \tfrac{1}{2}\,(\underset{\smile}{\lambda}_{\mathrm{I}} + \widehat{\lambda}_{\mathrm{I}}) \,. \tag{76}$$

Ist der Bereich II noch nicht klein genug, so folgt ein dritter Schritt mit dem neuen arithmetischen Mittel (76) bzw. mit der neuen unteren Schranke $\underset{\smile}{\lambda}_{\mathrm{II}}$ und so fort bis zur geforderten Genauigkeit.

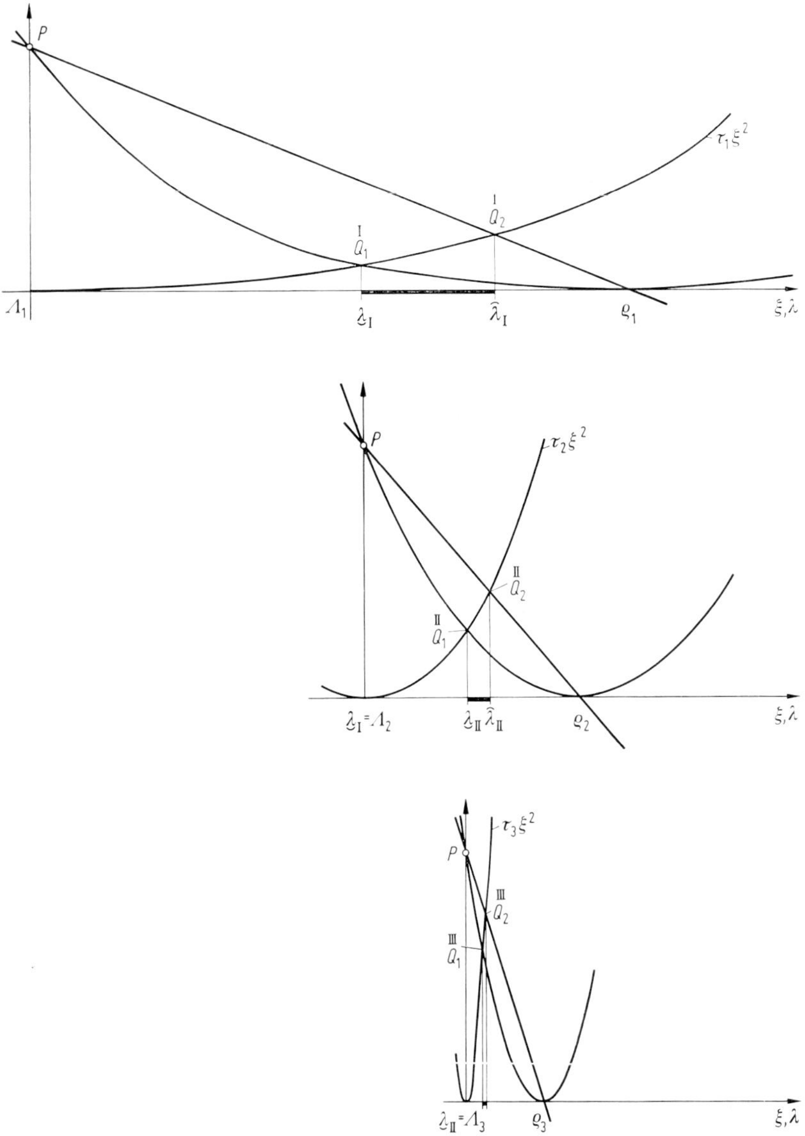

Abb. 37.2. Schema einer iterativen Einschließung nach Acta Mechanica für $l = 1$

Insbesondere merken wir an, daß der unerläßliche SYLVESTER-Test nur beim ersten Mal durchgeführt zu werden braucht, da die Werte ϱ im folgenden kleiner werden, somit auf der sicheren Seite liegen.

Sind nun die *im Innern* des Spektrums gelegenen Eigenwerte eines hermiteschen (oder allgemeiner normalen) Paares $\boldsymbol{C}; \boldsymbol{B}$

$$\boldsymbol{F}(\lambda) = \boldsymbol{C} - \lambda \boldsymbol{B} \tag{77}$$

einzuschließen, so wählen wir einen Bezugspunkt Φ in der (vermuteten) Nähe des angesteuerten Eigenwertes und gehen über auf das korrespondierende Paar $\boldsymbol{A}; \boldsymbol{B}$ mit

$$\boldsymbol{A} := \boldsymbol{F}^*(\Phi)\, \boldsymbol{B}^{-1} \boldsymbol{F}(\Phi); \qquad \boldsymbol{A}^* = \boldsymbol{A} \text{ pos. (halb-)def.} \tag{78}$$

Mit diesem verfährt man dann wie soeben beschrieben. Der Kreisring mit dem Mittelpunkt Φ und den beiden Radien $\underset{\smile}{\delta}$ und $\widehat{\delta}$ wird bei jedem Schritt enger; dies entspricht dem Kleinerwerden der Bereiche I, II, . . . auf der reellen Achse der Abb. 37.2. Von besonderem Wert für den Anwender (sei etwa Φ eine zu vermeidende Resonanzfrequenz bei Schwingungsaufgaben!) ist die Aussage, daß das Innere des Innenkreises frei ist von Eigenwerten, während im Kreisring selbst (einschließlich der Ränder) genau l Eigenwerte liegen müssen.

Da durch den Übergang auf die Matrix $\boldsymbol{A}$ das Argument (im Reellen das Vorzeichen) verlorengegangen ist, wird nach beendeter Einschließung im Fall $l = 1$ mit dem zuletzt im Speicher stehenden Näherungsvektor $\boldsymbol{z}$ der Rayleigh-Quotient am Originalpaar $\boldsymbol{C}; \boldsymbol{B}$ berechnet

$$R = \frac{\boldsymbol{z}^* \boldsymbol{C} \boldsymbol{z}}{\boldsymbol{z}^* \boldsymbol{B} \boldsymbol{z}}. \tag{79}$$

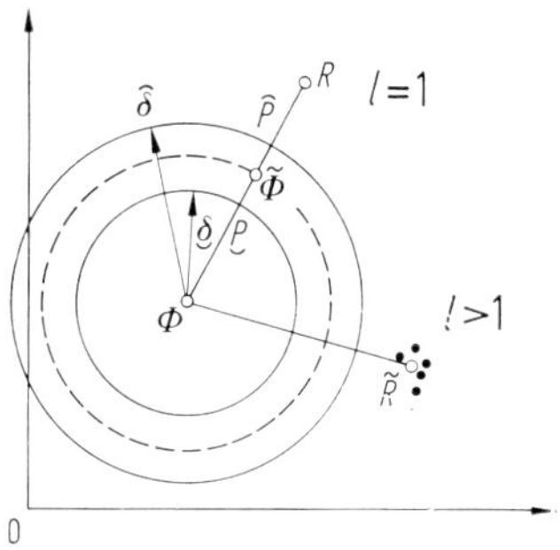

Abb. 37.3. Zur Bestimmung des Bezugspunktes Φ

Dieser Wert liegt nach Abb. 37.3 außerhalb des Ringes. Die Verbindungslinie von Φ nach R schneidet den Ring in zwei Punkten $\underset{\smile}{P}$ und $\widehat{P}$; als Verallgemeinerung von (76) hat man dann den Bezugspunkt

$$\tilde{\Phi} = \tfrac{1}{2}\,(\underset{\smile}{P} + \widehat{P})\,, \tag{80}$$

mit welchem nochmals die Matrix (78) berechnet und eine letzte Einschließung vorgenommen wird, doch begnügen wir uns diesmal mit dem Außenkreis allein, der genau einen Eigenwert enthält.

Ist $l > 1$, so ermitteln wir aus dem Kondensat $\boldsymbol{P}; \boldsymbol{Q}$ mit

$$\boldsymbol{P} = \boldsymbol{Z}^* \boldsymbol{C} \boldsymbol{Z}; \qquad \boldsymbol{Q} = \boldsymbol{Z}^* \boldsymbol{B} \boldsymbol{Z} \to \varrho_1, \varrho_2, \ldots, \varrho_l \tag{81}$$

die l Ersatzwerte ϱ_j, die beliebig um den Kreisring gruppiert liegen können, und verfahren mit jedem von ihnen nach (80). Liegen diese Werte gehäuft, wie in Abb. 37.3 dargestellt, so genügt es, ihren Mittelpunkt

$$\hat{R} = \frac{1}{l} \sum_{j=1}^{l} \varrho_j = \frac{1}{l} \operatorname{Spur} \boldsymbol{Q}^{-1} \boldsymbol{P} \tag{82}$$

zu berechnen, und nun gehen wir vor wie im Fall $l = 1$, indem wir R durch $\hat{R}$ ersetzen.

Bei hermiteschen bzw. reellsymmetrischen Paaren $\boldsymbol{C}; \boldsymbol{B}$ liegen die Eigenwerte λ_j ebenso wie alle Schifts und die Ersatzeigenwerte ϱ_k auf der reellen Achse; die in (73) bis (76) beschriebenen Maßnahmen dienen dann allein zur Festlegung des Vorzeichens bzw. der Richtung.

Noch eine abschließende Bemerkung zur Wahl des Schifts. Es ist durchaus möglich, daß der einzuschließende kleinste Eigenwert λ_1 *links* von Λ liegt, womit die Matrix $\boldsymbol{F}(\Lambda)$ *indefinit* wird. Alle abgeleiteten Formeln setzten aber deren Definitheit voraus; dies jedoch nur, um zu möglichst einfachen Vorschriften zu gelangen; der Satz selbst kennt diese Einschränkung nicht, siehe dazu die Originalarbeit [178].

Erstes Beispiel. Aus Abschnitt 36.7 $\boldsymbol{A}; \boldsymbol{I}$ mit

$$\boldsymbol{A} = \begin{pmatrix} 1{,}5 & 1 & 0 \\ 1 & 1{,}5 & 1 \\ 0 & 1 & 1{,}5 \end{pmatrix}.$$

Der Startschift $\Lambda_1 = 0$ ergab mit der groben Methode ($\underset{\sim}{\sigma} = \varrho$, $\hat{\sigma} = \infty$) die Einschließung $0{,}075\,649 \leqq \lambda_1 \leqq 0{,}085\,919$. Wir wählen das arithmetische Mittel (70) und runden auf zu 0,08. Damit wird

$$\boldsymbol{F}(0{,}08) = \begin{pmatrix} 1{,}42 & 1 & 0 \\ 1 & 1{,}42 & 1 \\ 0 & 1 & 1{,}42 \end{pmatrix}.$$

Mit der Aufteilung $j = 2$ wie im Beispiel in Abschnitt 36.7 findet man nach leichter Rechnung die drei Größen

$$\tilde{a}_{22} = 0{,}011\,549\,295\,, \qquad \tilde{b}_{22} = 1{,}991\,866\,693\,, \qquad \tilde{c}_{22} = 0{,}698\,497\,671$$

und daraus die beiden Schranken nach (36.58) und (36.57)

$$\underset{\sim}{\xi} = \frac{\tilde{a}_{22}}{\tilde{b}_{22} + \sqrt{\tilde{a}_{22}\,\tilde{c}_{22}}} = 0{,}005\,548\,054;$$

$$\tilde{c}_{22}\,\xi^2 + \tilde{b}_{22}\,\xi - \tilde{a}_{22} = 0 \to \hat{\xi} = 0{,}005\,786\,485\,.$$

Addition des Schiftpunktes 0,08 ergibt damit die Einschließung des kleinsten Eigenwertes

$$0{,}085\,548\,054 \leqq \lambda_1 \leqq 0{,}085\,786\,458$$

anstelle des genauen Wertes $\lambda_1 = 1{,}5 - \sqrt{2} = 0{,}085\,786\,437$.

Zweites Beispiel. Vorgelegt ist das Paar $\boldsymbol{A}; \boldsymbol{I}$ mit der reellsymmetrischen und positiv definiten Matrix $\boldsymbol{A} = \boldsymbol{K} + 3\,\boldsymbol{I}$ nach (17.39). Die Eigenwerte sind nach (17.48) $\lambda_j = \sigma_j + 3$ und liegen somit zwischen 1 und 5. Es wurde $\widehat{\sigma} = \infty$ gesetzt, mit Λ (bzw. η) gleich 1,0 gestartet und als nachfolgender Schift das arithmetische Mittel $\Lambda_{\text{neu}} = (\underset{\smile}{\lambda} + \widehat{\lambda})/2$ gewählt. Für fünf verschiedene Ordnungszahlen n resultieren die nachfolgenden Einschließungen des kleinsten Eigenwertes $\lambda_1 = 1 + \varepsilon$, wo ε mit steigender Ordnungszahl kleiner wird, was nach Abb. 17.3 klar ist: $\underset{\smile}{\lambda}$ steht links, $\widehat{\lambda}$ rechts.

$n = 11$, $\lambda_1 = 1{,}068\,148\,347\,421\,864$

1,065 878 117 408 509	1,070 751 607 778 105	
1,068 148 137 496 685	1,068 148 546 015 964	(a)
1,068 148 347 421 863	1,068 148 347 421 863	

$n = 101$, $\lambda_1 = 1{,}000\,948\,560\,573\,268$

1,000 916 148 676 478	1,000 985 042 499 016	
1,000 948 557 420 369	1,000 948 563 523 931	(b)
1,000 948 560 573 268	1,000 948 560 573 268	

$n = 1001$, $\lambda_1 = 1{,}000\,009\,830\,236\,051$

1,000 009 494 222 474	1,000 010 208 340 679	
1,000 009 830 203 342	1,000 009 830 266 650	(c)
1,000 009 830 236 052	1,000 009 830 236 052	

$n = 10001$, $\lambda_1 = 1{,}000\,000\,098\,656\,577$

1,000 000 095 284 320	1,000 000 102 451 250	
1,000 000 098 656 247	1,000 000 098 656 882	(d)
1,000 000 098 656 574	1,000 000 098 656 574	

$n = 100001$, $\lambda_1 = 1{,}000\,000\,000\,986\,921$

1,000 000 000 953 186	1,000 000 001 024 881	
1,000 000 000 986 918	1,000 000 000 986 924	(e)
1,000 000 000 986 922	1,000 000 000 986 922	

Besonders hervorzuheben ist, daß unabhängig von der Ordnungszahl n jedesmal drei Iterationen bis zur Erreichung von 16 Dezimalen (das ist die Mantissenlänge der benutzten Maschine) erforderlich sind. Die exakten Vergleichswerte zeigen, daß man so weit nicht gehen sollte, weil zufolge der Rundungsfehler die letzte Dezimalstelle unzuverlässig wird.

Drittes Beispiel. Das reellsymmetrische Matrizenpaar $\boldsymbol{A}; \boldsymbol{B}$ der Ordnung $n = 20$ von S. 254 ist vorgelegt. Die dem Bezugspunkt $\boldsymbol{\Phi} = 3{,}5$ nächstgelegenen Eigenwerte sollen eingeschlossen werden mit Hilfe des Satzes Acta Mechanica. Erst mit $l = 2$ wird der SYLVESTER-Test bestanden. Wir rechnen sieben RITZ-Iterationsschritte und bekommen:

	untere Grenze	obere Grenze
1	3,940 789 102 978 222	4,291 063 236 091 308
2	3,988 476 196 264 140	4,050 799 794 143 231
3	3,998 546 028 426 673	4,010 229 778 339 794
4	3,999 921 982 386 465	4,001 378 652 677 818
5	3,999 998 958 154 402	4,000 076 983 600 866
6	3,999 999 998 070 346	4,000 001 040 232 033
7	3,999 999 999 817 762	4,000 000 001 926 889

Es liegen somit in jedem Stadium der Rechnung $l = 2$ Eigenwerte zwischen den angegebenen Grenzen. In der Tat ist $\lambda = 4$ doppelter Eigenwert des Paares $\boldsymbol{A}$; $\boldsymbol{B}$.

37.11. Ein Nachtrag

Dem fortgeschrittenen Leser, der sich bereits mit dem Bonaventura befreundet hat, mag eine abschließende Bemerkung zum vertieften Verständnis verhelfen. Was leistet der Satz Acta Mechanica bei hermiteschen Paaren im Vergleich zum Bonaventura, der zwar keine Einschließung beinhaltet, gleichwohl den Eigenwert λ_1 mit beliebiger Genauigkeit zu berechnen gestattet? Begnügen wir uns mit dem ersten Verbesserungsschritt gegenüber der Ritz-Iteration, so führt dies nach (16) auf die quadratische Gleichung

$$k_2 \lambda^2 + \tilde{b}_{jj} \lambda - \tilde{a}_{jj} = 0 \quad \text{bzw.} \quad k_2 \lambda^2 = \tilde{a}_{jj} - \lambda \tilde{b}_{jj} =: g_{jj}(\lambda) \tag{83}$$

mit den Koeffizienten

$$k_2 = \tilde{\boldsymbol{b}}_{kj}^* \boldsymbol{A}_{kk}^{-1} \tilde{\boldsymbol{b}}_{kj}\,, \qquad \tilde{b}_{jj} = \boldsymbol{z}^* \boldsymbol{B} \boldsymbol{z}\,, \qquad \tilde{a}_{jj} = \boldsymbol{z}^* \boldsymbol{A} \boldsymbol{z} \; (= \boldsymbol{a}^j \boldsymbol{z})\,, \tag{84}$$

und dies ist identisch mit Gleichung (36.58), welcher die Vergröberung $\underset{\smile}{\sigma} = \varrho$ und $\hat{\sigma} = \infty$ zugrundeliegt. Beide Verfahren liefern mithin denselben Punkt Q mit der Abszisse $\hat{\lambda}$.

Der gesuchte Eigenwert λ_1 ist einerseits gleich der Abszisse des Schnittpunktes S mit einer gebrochen rationalen Funktion $h(\lambda)$ mit Polgeraden, deren nächstgelegene durch σ_1 geht, geschnitten mit der Geraden $g_{jj}(\lambda)$, andererseits gleich der Abszisse eines Punktes $\hat{Q}$, in welchem sich die Koppelfunktion $k(\lambda) = \tau \lambda^2 = k_2 \lambda^2$ mit einer in Abb. 37.4 strichpunktiert eingetragenen gebrochen rationalen Funktion $H(\lambda)$ schneidet.

Während nun der Algorithmus Bonaventura die Kurve $h(\lambda)$ durch Polynome von immer höherem Grad annähert (gebogener Pfeil), ohne dabei eine Einschließung aussagen zu können, beschränkt sich der Satz Acta Mechanica auf die aus zwei quadratischen Gleichungen gewonnene Einschließung im Bereich zwischen $\underset{\smile}{\lambda}$ und $\hat{\lambda}$, den Abszissen der Punkte $\underset{\smile}{Q}$ und $\hat{Q}$.

Von dieser Einsicht ist es dann nicht mehr weit bis zur Verschärfung des Satzes Acta Mechanica unter Zuhilfenahme von Polynomen höheren als zweiten Grades, wie in [180] dargelegt.

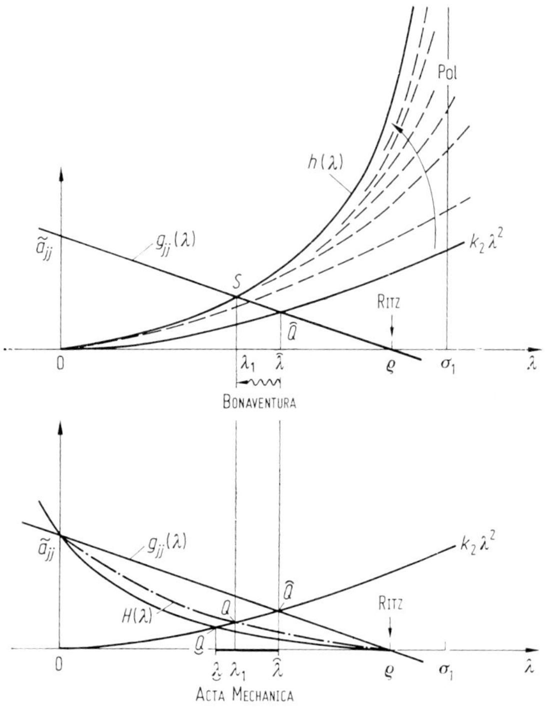

Abb. 37.4. Die verschiedenen Arbeitsweisen von BONAVENTURA und Acta Mechanica

§ 38. Extremalalgorithmen

• 38.1. Das Prinzip. Überblick

Alle Extremalalgorithmen steuern eine reelle skalare Zielgröße $s(\boldsymbol{z}, \lambda)$ bzw. $S(\boldsymbol{z})$ an, die extremal wird für $\boldsymbol{z} = \boldsymbol{x}_j$ und $\lambda = \lambda_j$ bzw. für $\boldsymbol{z} = \boldsymbol{x}_j$ allein. Beispielsweise ist diese Zielgröße bei hermiteschen Paaren der RAYLEIGH-Quotient $S(\boldsymbol{z}) = R(\boldsymbol{z})$ oder aber bei beliebigen Paaren das normierte Defektquadrat $s(\boldsymbol{z}, \lambda) = \delta^2(\boldsymbol{z}, \lambda)$. Bei Globalalgorithmen, das sind solche, die das gesamte Spektrum simultan und möglichst gleichmäßig annähern, ist $s(\boldsymbol{z}, \lambda)$ die ein- oder beidseitige Außennorm der Matrizen $\boldsymbol{A}$ und $\boldsymbol{B}$, die gegen Null zu iterieren ist, um nur die wichtigsten und gebräuchlichsten Methoden zu nennen.

Um das aufgestellte Extremum numerisch zu erreichen, sind sowohl Transformationen in Unterräumen der Dimension $m < n$ (für $m = 2$

sind dies die JACOBI-ähnlichen Verfahren) wie solche im Gesamtraum der Dimension n geeignet; beidemal hat man die Wahl zwischen Ähnlichkeits- und Kongruenztransformation.

38.2. Koordinatenrelaxation bei hermiteschen Paaren

Es sei das Paar $\boldsymbol{A}$; $\boldsymbol{B}$ hermitesch, außerdem $\boldsymbol{B}$ positiv definit. Dann ist das Spektrum reell und wird begrenzt durch die Eigenwerte

$$\lambda_1 = \lambda_{\min} = R_{\min}\,, \qquad \lambda_n = \lambda_{\max} = R_{\max}\,. \tag{1}$$

Ausgehend von einem Startvektor

$$\boldsymbol{z} = (z_1 \quad z_2 \ldots z_n)^T \tag{2}$$

werden nacheinander die Komponenten z_1 bis z_n so abgeändert, daß jedesmal der RAYLEIGH-Quotient kleiner bzw. größer wird. Wiederholt man einen solchen Zyklus genügend oft, so konvergiert der Vektor $\boldsymbol{z}$ gegen den Eigenvektor $\boldsymbol{x}_1$ (bzw. $\boldsymbol{x}_n$) und der RAYLEIGH-Quotient gegen λ_1 (bzw. λ_n).

Diese als Koordinatenrelaxation bezeichnete Methode ist leicht auf normale Paare zu verallgemeinern, indem mit dem geschifteten korrespondierenden Paar

$$\boldsymbol{F}^*(\Lambda)\,\boldsymbol{B}^{-1}\,\boldsymbol{F}(\Lambda)\,;\,\boldsymbol{B} \tag{3}$$

operiert wird, wodurch das Verfahren gegen den dem Schiftpunkt Λ nächstgelegenen Eigenwert konvergiert durch systematische Verkleinerung des RAYLEIGH-Quotienten des Paares (3), oder was dasselbe ist, des normierten Defektquadrates des Originalpaares $\boldsymbol{A}$; $\boldsymbol{B}$.

Ist der kleinste (größte) Eigenwert hinreichend genau bekannt, so lassen sich mit Hilfe der im § 35 geschilderten Methoden auch weitere Eigenwerte, schließlich das gesamte Spektrum und damit die vollständige Modalmatrix $\boldsymbol{X}$ berechnen.

Die Koordinatenrelaxation ist selbstkorrigierend und arbeitet daher sehr sicher, ist jedoch infolge mäßiger Konvergenz im allgemeinen nicht wettbewerbsfähig mit anderen Methoden. Näheres findet der Leser in einem zusammenfassenden Bericht von SCHWARZ [192, dort auch weitere Literaturangaben] und in einer Arbeit von GOSE [183].

• 38.3. Defektminimierung durch Schaukeliteration

Der schon oft herangezogene Defektvektor $\boldsymbol{d}(\boldsymbol{z}, \lambda)$ und sein normiertes Betragsquadrat $\delta^2(\boldsymbol{z}, \lambda)$

$$\boldsymbol{d}(\boldsymbol{z}, \lambda) := \boldsymbol{F}(\lambda)\,\boldsymbol{z}\,; \quad \delta^2(\boldsymbol{z}, \lambda) = \frac{\boldsymbol{d}^*(\boldsymbol{z}, \lambda)\,\boldsymbol{d}(\boldsymbol{z}, \lambda)}{\boldsymbol{z}^*\,\boldsymbol{z}} \tag{4}$$

verschwindet genau dann, wenn gleichzeitig $\boldsymbol{z} = \boldsymbol{x}_j$ und $\lambda = \lambda_j$ in (4) eingesetzt wird. Geometrisch bedeutet dies nach Abb. 25.3, daß das

Defektquadrat als Relief über der komplexen Zahlenebene diese nur in den Eigenwerten λ_j von oben berühren kann; dort und nur dort nimmt somit das Relief den Extremalwert Null als Minimum an. Die Schaukeliteration besteht nun in zwei abwechselnd durchzuführenden Optimierungsaufgaben:

I. Den Parameter $\lambda = \Lambda$ festhalten, den Vektor $\boldsymbol{z}$ optimieren,

II. Den Vektor $\boldsymbol{z}$ festhalten, den Parameter λ optimieren,

und zwar so, daß in jedem der beiden Schritte das Defektquadrat (4) verkleinert wird, siehe Abb. 38.1, die diese Vorgehensweise im Reellen veranschaulicht.

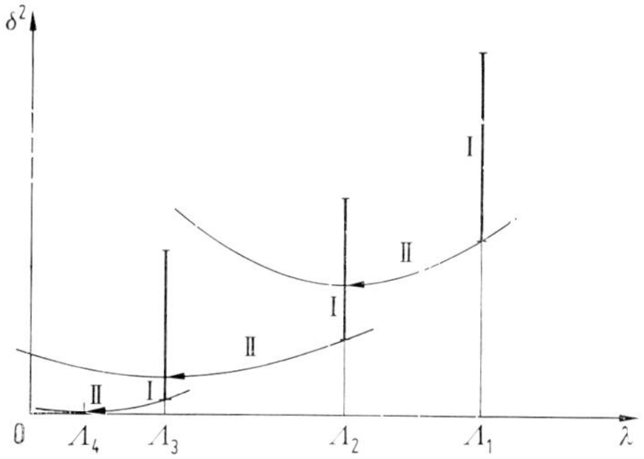

Abb. 38.1. Defektminimierung durch Schaukeliteration

Nun ist bei festgehaltenem Schiftpunkt $\lambda = \Lambda$ das Defektquadrat nichts anderes als der mit dem hermiteschen und positiv (halb-)definiten Paar

$$\boldsymbol{\Phi}\,;\,\boldsymbol{I}\,, \qquad \boldsymbol{\Phi} := \boldsymbol{F}^*(\Lambda)\,\boldsymbol{F}(\Lambda) \tag{5}$$

gebildete RAYLEIGH-Quotient, dessen reeller Wertebereich als Ordinate des Rotationsparaboloides begrenzt wird durch die beiden extremalen Eigenwerte

$$\delta^2_{\min}(\Lambda) \leqq \delta^2(\Lambda) \leqq \delta^2_{\max}(\Lambda)\,, \tag{6}$$

von denen uns nur der kleinste interessiert. Der zu ihm gehörige Eigenvektor heiße der *Minimumvektor* $\boldsymbol{m}$. Dieser müßte mittels eines geeigneten Verfahrens, etwa durch RITZ-Iteration, möglichst genau bestimmt und mit ihm der Defekt als Funktion des Parameters $\xi = \lambda - \Lambda$ berechnet werden

$$\boldsymbol{d}(\xi) = \boldsymbol{F}(\xi)\,\boldsymbol{m} = (\boldsymbol{F}(\Lambda) - \xi\,\boldsymbol{B})\,\boldsymbol{m} = \boldsymbol{F}(\Lambda)\,\boldsymbol{m} - \xi\,\boldsymbol{B}\,\boldsymbol{m} = \boldsymbol{d}_0 - \xi\,\boldsymbol{d}_1, \tag{7}$$

wo zur Abkürzung

$$\boldsymbol{d}_0 := \boldsymbol{F}(\Lambda)\,\boldsymbol{m}\,, \qquad \boldsymbol{d}_1 := \boldsymbol{B}\,\boldsymbol{m} \tag{8}$$

gesetzt wurde. Das Minimum des dazugehörigen Skalarparaboloids liegt dann nach (25.67) im (dort mit p bezeichneten) Fußpunkt

$$\hat{\xi} = \frac{\boldsymbol{d}_1^*\,\boldsymbol{d}_0}{\boldsymbol{d}_1^*\,\boldsymbol{d}_1}\,. \tag{9}$$

Der neue Schiftpunkt ist demnach

$$\hat{\Lambda} = \Lambda + \hat{\xi}\,, \tag{10}$$

und mit diesem erfolgt wiederum der Schritt I und so fort bis zur gewünschten Genauigkeit.

Da die exakte Bestimmung des Minimumvektors aus dem Eigenwertproblem des Paares $\boldsymbol{\Phi}$; $\boldsymbol{I}$ recht aufwendig ist, begnügen wir uns mit der Optimaltransformation der Matrix $\boldsymbol{\Phi}$ nach Abschnitt 26.7 oder noch bescheidener mit einer beliebigen Zentraltransformation nach Abschnitt 26.6, also

$$\boldsymbol{L}\,\boldsymbol{\Phi}\,\boldsymbol{L}^* = \boldsymbol{D} = \boldsymbol{D}\mathrm{iag}\,\langle\delta_{\nu\nu}\rangle \rightarrow \delta_{jj} = \min_{\nu=1}^{n} \delta_{\nu\nu}\,. \tag{11}$$

Dies liefert zwar nicht das exakte Minimum R des Wertebereichs, jedoch eine genügend gute Näherung P, die zum Näherungsvektor $\boldsymbol{r}_j = \boldsymbol{l}_j^*$ gehört, siehe dazu auch die Abb. 38.2. Da $\boldsymbol{\Phi}$ hermitesch bzw.

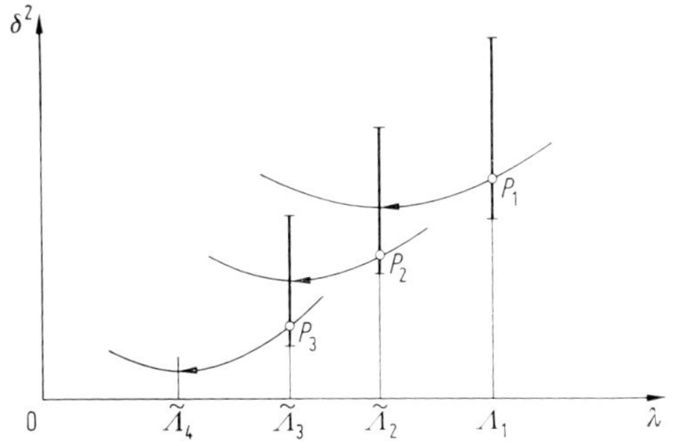

Abb. 38.2. Näherungsweise Defektminimierung durch Schaukeliteration

reellsymmetrisch ist, genügt es, die obere Dreiecksmatrix $\boldsymbol{L}\boldsymbol{\Phi} = \nabla$ herzustellen. Deren Diagonalelemente sind dieselben wie die der Diagonalmatrix $\boldsymbol{D}$; doch brauchen wir diese explizit ebensowenig zu berechnen wie die Transformationsmatrix $\boldsymbol{R}$, denn es ist $\boldsymbol{R} = \boldsymbol{L}^*$ bzw. $\boldsymbol{R} = \boldsymbol{L}^T$ im Reellen.

Das Verfahren ist selbstkorrigierend und äußerst einfach zu programmieren. Es konvergiert nach PFEIFFER [210] linear, jedoch nur befriedigend für hermitesche Paare. Indessen kann die Konvergenz durch Einführung geeigneter Normierungsmatrizen $\boldsymbol{M}$ und $\boldsymbol{N}$ nach (25.68) erheblich beschleunigt werden. Hier in (4) haben wir der Einfachheit halber $\boldsymbol{M} = \boldsymbol{N} = \boldsymbol{I}$ gesetzt, um den Rechenaufwand gering zu halten. Die Idee zur Defektminimierung geht übrigens schon auf GAUSS zurück.

Erstes Beispiel. Vorgelegt ist das Paar $\boldsymbol{A}; \boldsymbol{I}$ mit $\boldsymbol{A} = \begin{pmatrix} 2 & 1 \\ 5 & 3 \end{pmatrix}$. Die Eigenwerte und -vektoren sind

$$\lambda_1 = 2{,}5 - \sqrt{5{,}25} = 0{,}208\,712\,152\,, \qquad \lambda_2 = 2{,}5 + \sqrt{5{,}25} = 4{,}791\,287\,847$$

$$\boldsymbol{x}_1 = (-0{,}558\,26 \quad 1)^T\,, \qquad \boldsymbol{x}_2 = (0{,}358\,26 \quad 1)^T\,.$$

1. Schritt. Wir wählen $\Lambda = 5$ und bekommen

$$\boldsymbol{F}(5) = \begin{pmatrix} -3 & 1 \\ 5 & -2 \end{pmatrix}, \qquad \boldsymbol{F}^T(5)\,\boldsymbol{F}(5) = \boldsymbol{\Phi} = \begin{pmatrix} 34 & -13 \\ -13 & 5 \end{pmatrix}.$$

Die Transformation auf obere Dreiecksform ergibt

$$\boldsymbol{L}\,\boldsymbol{\Phi} = \nabla = \begin{pmatrix} 34 & -13 \\ 0 & 1/34 \end{pmatrix} \quad \text{mit} \quad \boldsymbol{L} = \begin{pmatrix} 1 & 0 \\ 13/34 & 1 \end{pmatrix}.$$

Das kleinste Diagonalelement von ∇ steht bei $j = 2$, somit ist $\boldsymbol{r}_2 = \begin{pmatrix} 13/34 \\ 1 \end{pmatrix} = \boldsymbol{l}_2^T$ der angenäherte Minimumvektor. Mit diesem berechnen wir die beiden Defektanteile (8) und daraus das Minimum (9):

$$\boldsymbol{d}_0 = \boldsymbol{F}(5)\,\boldsymbol{r}_2 = \begin{pmatrix} -5/34 \\ -3/34 \end{pmatrix}, \qquad \boldsymbol{d}_1 = \boldsymbol{B}\,\boldsymbol{r}_2 = \boldsymbol{I}\,\boldsymbol{r}_2 = \begin{pmatrix} 13/34 \\ 1 \end{pmatrix},$$

$$\hat{\xi} = \frac{\boldsymbol{d}_1^T\,\boldsymbol{d}_0}{\boldsymbol{d}_1^T\,\boldsymbol{d}_1} = -\frac{167}{1325} = -0{,}126\,037\,735\,.$$

Nach (10) ist der neue Schiftpunkt $\hat{\Lambda} = 5 - 0{,}126 = 4{,}874$. (Man darf beliebig aufrunden, da das Verfahren sich selbst korrigiert.)

2. Schritt. Es wird der Reihe nach wie oben:

$$\boldsymbol{F}(4{,}874) = \begin{pmatrix} -2{,}874 & 1 \\ 5 & -1{,}874 \end{pmatrix}, \qquad \boldsymbol{\Phi} = \begin{pmatrix} 33{,}259\,876 & -12{,}244 \\ -12{,}244 & 4{,}511\,876 \end{pmatrix},$$

$$\boldsymbol{L}\,\boldsymbol{\Phi} = \begin{pmatrix} 33{,}259 & -12{,}244 \\ 0 & 0{,}004\,447\,687\,71 \end{pmatrix}$$

mit

$$\boldsymbol{L} = \begin{pmatrix} 1 & 0 \\ 0{,}368\,131\,258 & 1 \end{pmatrix}.$$

Wieder ist $j = 2$. Mit $\boldsymbol{r}_2 = \boldsymbol{l}_2^T$ berechnen wir

$$\boldsymbol{d}_0 = \boldsymbol{F}(4{,}874)\,\boldsymbol{r}_2 = \begin{pmatrix} -0{,}058\,009\,235 \\ -0{,}033\,343\,71 \end{pmatrix}, \qquad \boldsymbol{d}_1 = \boldsymbol{r}_2 = \begin{pmatrix} 0{,}368\,131\,258 \\ 1 \end{pmatrix},$$

$$\hat{\hat{\xi}} = -0{,}048\,170\,61\,.$$

Der neue Wert ist demnach $\hat{\hat{\Lambda}} = 4{,}874 - 0{,}048\,170\,61 = 4{,}825\,829\,39$. Die Konvergenz ist enttäuschend. Der angenäherte Minimumvektor $\boldsymbol{r}_2$ muß gegen den Eigenvektor $\boldsymbol{x}_2 = (0{,}358\,26 \quad 1)^T$ konvergieren, wovon er noch weit entfernt ist. Der Leser führe — zu seinem berechtigten Ärger — noch einige Schritte durch.

Zweites Beispiel. Wir ersetzen die Matrix $\boldsymbol{A}$ aus dem ersten Beispiel durch die reellsymmetrische Matrix $\tilde{\boldsymbol{A}} = \begin{pmatrix} 2 & \sqrt{5} \\ \sqrt{5} & 3 \end{pmatrix}$ mit den gleichen Eigenwerten, jedoch orthogonalen Eigenvektoren.

Wieder starten wir mit $\Lambda = 5$ und bekommen der Reihe nach:

$$\tilde{\boldsymbol{F}}(5) = \begin{pmatrix} -3 & \sqrt{5} \\ \sqrt{5} & -2 \end{pmatrix}, \quad \tilde{\boldsymbol{\Phi}} = \begin{pmatrix} 14 & -5\sqrt{5} \\ -5\sqrt{5} & 9 \end{pmatrix}, \quad \boldsymbol{L}\,\tilde{\boldsymbol{\Phi}} = \begin{pmatrix} 14 & -5\sqrt{5} \\ 0 & 1/14 \end{pmatrix},$$

$$\boldsymbol{L} = \begin{pmatrix} 1 & 0 \\ 0{,}798\,595\,706 & 1 \end{pmatrix}.$$

Wieder ist $j = 2$, somit

$$\boldsymbol{d}_0 = \tilde{\boldsymbol{F}}(5)\,\boldsymbol{r}_2 = \begin{pmatrix} -0{,}159\,719\,14 \\ -0{,}214\,285\,715 \end{pmatrix}, \quad \boldsymbol{d}_1 = \boldsymbol{r}_2 = \begin{pmatrix} 0{,}798\,595\,706 \\ 1 \end{pmatrix},$$

$$\hat{\xi} = -0{,}208\,722\,741\,.$$

Damit wird der neue Schiftpunkt $\hat{\Lambda} = 4{,}791\,277\,259$, und dies ist auf fünf Stellen genau. Man beachte den frappierenden Unterschied! Der Eigenvektor $\boldsymbol{x}_2 = (0{,}801\,088 \quad 1)^T$ wird durch die Näherung $\boldsymbol{r}_2$ beim ersten Schritt bereits gut getroffen, worin die Güte der Näherung für den Eigenwert λ_2 begründet liegt.

Der nächste Schritt liefert mit allen errechneten zehn Stellen von $\hat{\Lambda}$:

$$\boldsymbol{F}(\hat{\Lambda}) = \begin{pmatrix} -2{,}791\,277\,259 & 5 \\ 5 & -1{,}791\,277\,259 \end{pmatrix},$$

$$\boldsymbol{\Phi} = \begin{pmatrix} 12{,}791\,228\,74 & -10{,}246\,903\,41 \\ -10{,}246\,903\,41 & 8{,}208\,674\,219 \end{pmatrix},$$

$$\boldsymbol{r}_2 = \begin{pmatrix} 0{,}801\,088\,246 \\ 1 \end{pmatrix} \text{(auf sechs Stellen genau), ferner } \boldsymbol{d}_0 = \begin{pmatrix} -8{,}5739 \cdot 10^{-6} \\ -10{,}5149 \cdot 10^{-6} \end{pmatrix}$$

und daraus $\hat{\hat{\xi}} = +0{,}000\,001\,058\,835\,463$, $\hat{\hat{\Lambda}} \approx 4{,}791\,287\,847$ auf zehn Stellen genau.

38.4. Weitere Extremalalgorithmen. Schlußbemerkung

Es existiert noch eine Anzahl weiterer Extremalalgorithmen. Dazu gehört zunächst die schon in Abschnitt 30.3 beschriebene JACOBI-Rotation, bei der die Summe aller Quadrate der $n^2 - n$ Außenelemente (und damit jedes dieser Elemente selbst) minimiert wird, ferner eine Reihe JACOBI-ähnlicher Verfahren, welche die gleiche Strategie verfolgen. Auch einige Dreiecksalgorithmen lassen sich als Extremalalgorithmen auffassen und begründen.

Zahlreiche andere Verfahren arbeiten auf der Basis der Funktionalanalysis, deren Sätze und Methoden auch für den Matrizenkalkül (als deren einfachsten Sonderfall) Gültigkeit haben. Es werden gewisse Funktionale mit Extremaleigenschaft aufgestellt und iterativ angenähert. Hierhin gehören beispielsweise die Methoden von RODRIGUE [189], VOSS und WERNER [217] und andere. Die Entwicklung auf diesem Gebiet ist zur Zeit stark im Fluß.

§ 39. Unterraumtransformationen

39.1. Das Prinzip

Der Grundgedanke aller Unterraumalgorithmen besteht darin, aus der Matrix $\boldsymbol{F}(\lambda)$ Hauptminoren der Ordnung $m < n$ herauszugreifen und diese mit Hilfe zweier m-reihiger Matrizen $\boldsymbol{L}$ und $\boldsymbol{R}$ zu transformieren, wobei alle Elemente der Gesamtmatrix im nicht getönten Gebiet unverändert bleiben:

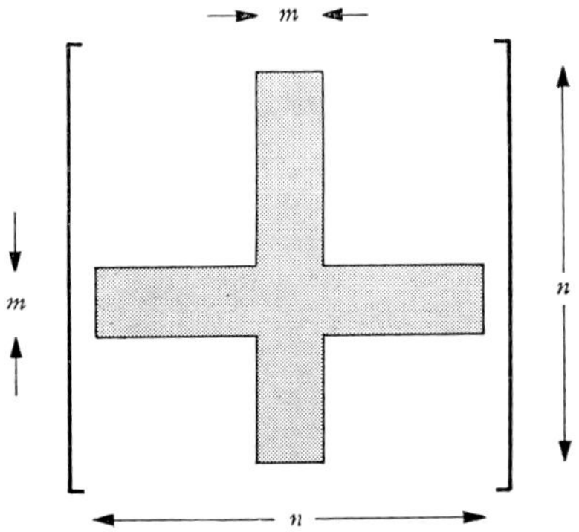

(1)

Führt man dies durch in der Weise, daß alle vorhandenen Hauptminoren während eines sogenannten *Zyklus* (oder einer *Tour*) mindestens einmal transformiert werden, so darf man unter gewissen Bedingungen erwarten, daß die Gesamtmatrix $\boldsymbol{F}(\lambda)$ mehr und mehr auf Diagonalform bzw. Dreiecksform übergeht. Es handelt sich somit auch hier um den sukzessiven Austausch von Kreuzen der Breite m; der Leser vergleiche dazu die analoge Vorgehensweise in den Abschnitten 35.5 und 35.6.

Für hermitesche Paare ist das Verfahren von bestechender Einfachheit: man transformiere die ihrerseits hermiteschen Teilsysteme der Ordnung m exakt oder näherungsweise simultan auf Hauptachsen, dann konvergiert das Verfahren gegen zwei reelle Diagonalmatrizen, aus denen sich die Eigenwerte als Rayleigh-Quotienten $\tilde{a}_{jj}/\tilde{b}_{jj}$ ablesen lassen, wobei auch die Modalmatrix $\boldsymbol{X}$ der Eigenvektoren mitgeliefert wird. Für $m = 2$ und $\boldsymbol{B} = \boldsymbol{I}$ ist dies die bereits in Abschnitt 30.3 abgehandelte Rotation von Jacobi aus dem Jahre 1846, auf Paare $\boldsymbol{A}$; $\boldsymbol{B}$ verallgemeinert von Falk und Langemeyer, [172, S. 594—595], doch ist es wirtschaftlicher, $\boldsymbol{B}$ vorweg auf Diagonalform $\boldsymbol{D}$ zu transformieren, wie dies in Abschnitt 30.5 vorgeführt wurde. Eine Verallgemeinerung auf parameternormale Tupel werden wir in Abschnitt 41.3 beschreiben.

Für nichthermitesche Matrizen gelten die gleichen oder auch andere Prinzipien. Üblich sind Transformationen im Unterraum kleinstmöglicher Dimension $m = 2$, die dann unabhängig von der speziellen Vorgehensweise als JACOBI-*ähnliche Algorithmen* (JACOBI like algorithms) bezeichnet werden. Ob $m = 2$ die optimale Unterraumdimension ist, darf allerdings füglich bezweifelt werden. BODEWIG [2, S. 332] propagiert $m = 3$ als optimal, doch liegen ernsthafte Untersuchungen zur Zeit kaum vor.

39.2. Kongruenztransformationen mit Jacobi-Strategie

Nach einem Satz von SCHUR läßt sich jede beliebige Matrix $\boldsymbol{A}$ unitär auf die obere Dreiecksmatrix $\nabla = \boldsymbol{U}^* \boldsymbol{A} \boldsymbol{U}$ (16.9) transformieren. Es muß daher möglich sein, durch Auflösung der unitären Transformationsmatrix $\boldsymbol{U}$ in ein unendliches Produkt von unitären Faktormatrizen $\boldsymbol{U}_{jk}$ diese Dreiecksform iterativ zu erreichen, und es kommt lediglich darauf an, möglichst einfach gebaute Matrizen $\boldsymbol{U}_{jk}$ und eine geeignete Strategie zu finden. Diese ergibt sich fast von selbst infolge der für alle unitären Transformationen charakteristischen Invarianzeigenschaften (27.46), wonach bei Multiplikation von links (rechts) die Spaltenbeträge (Zeilenbeträge) erhalten bleiben, bei Multiplikation von links *und* rechts somit immer noch die Summe S aller n^2 Betragsquadrate der Elemente a_{jk} von $\boldsymbol{A}$. Macht man daher die unterhalb der Hauptdiagonale stehende Betragsquadratsumme, die sogenannte *Außennorm* S_a iterativ zu Null, so konvergiert zufolge der Invarianz von S das Verfahren gegen die obere Dreiecksmatrix (16.9).

Da die exakte Bestimmung des aktuellen Minimums der Außennorm S_a in Abhängigkeit der vier Elemente der zweireihigen unitären Transformationsmatrix $\boldsymbol{U}_{jk}$ auf komplizierte nichtlineare (beim Original-JACOBI quadratische) Gleichungen führt, werden diese im allgemeinen näherungsweise gelöst, was eben bedeutet, daß auf die exakte Minimumsuche verzichtet wird. Natürlich muß gewährleistet sein, daß nach jeder Teiltransformation die Außennorm S_a wenn schon nicht minimal, so doch zumindest kleiner wird. Allein in diesem Punkt, d. h. in der Wahl der Näherungsgleichungen unterscheiden sich die aus der Literatur bekannten Verfahren von GREENSTADT [184], LOTKIN [188] und anderen Autoren voneinander.

Bei der allgemeinen Eigenwertaufgabe mit regulärer Matrix $\boldsymbol{B}$ ist es auch hier vorteilhaft, vorweg $\boldsymbol{B}$ auf $\boldsymbol{I}$ bzw. $\boldsymbol{D}$ zu transformieren.

39.3. Ähnlichkeitstransformationen mit Jacobi-Strategie

Es sei wieder $\boldsymbol{B} = \boldsymbol{I}$. Dann wählen wir die Teiltransformationsmatrizen der Ordnung $m = 2$ ähnlich, womit auch die Gesamttransformation der Ordnung n ähnlich wird. Ziel der Transformationsfolge ist es, die *Anormalität*

$$\boldsymbol{\Psi} := \boldsymbol{A}^* \boldsymbol{A} - \boldsymbol{A}\boldsymbol{A}^* \tag{2}$$

der Matrix (auch als anormaler *Kommutator* bezeichnet) oder, was auf dasselbe hinausläuft, die nichtnegative reelle Differenz

$$\Delta := \sum_{j=1}^{n} \sum_{k=1}^{n} |a_{jk}|^2 - \sum_{j=1}^{n} |\lambda_j|^2 \tag{3}$$

iterativ zu verkleinern oder was ebenfalls auf dasselbe hinausläuft, die Diagonaldominanz der aktuell transformierten Matrix $\boldsymbol{L}\boldsymbol{A}\boldsymbol{L}^{-1}$ schrittweise voranzutreiben.

Daß eine solche Ähnlichkeitstransformation selbst dann gegen eine Diagonalmatrix konvergiert, wenn theoretisch nur die JORDAN-Form (19.3) erreichbar wäre, wurde erstmals von EBERLEIN [170, 171] gezeigt; der Leser studiere dazu auch den Abschnitt 24.13.

Die Methode wurde vereinfacht und verbessert von HUANG und GREGORY [186], ist aber immer noch zu kompliziert, als daß ihre Beschreibung auf wenigen Buchseiten Platz finden könnte.

39.4. Schlußbemerkung

Alle Unterraumtransformationen weisen die folgenden Nachteile auf.

1. Hoher Rechenaufwand. Man vergleiche dazu die Bilanz (30.41).
2. Sie sind profilzerstörend und
3. nicht selbstkorrigierend. Doch kann durch eine von Zeit zu Zeit durchgeführte Auffrischung (Regeneration) ein nahezu fehlerfreier Anfangszustand wiederhergestellt werden.
4. Das allgemeine Paar $\boldsymbol{A}; \boldsymbol{B}$ muß vorweg auf das spezielle transformiert werden, was nicht fehlerfrei durchführbar ist.

Der interessierte Leser studiere dazu den polemisch gefärbten Bericht [200b], in welchem auch über die Unterraumtransformationen gehandelt wird.

§ 40. Potenzalgorithmen

• 40.1. Die Potenziteration nach von Mises

Wir gehen aus von einem Matrizenpaar $\boldsymbol{A}; \boldsymbol{I}$, wo $\boldsymbol{A}$ aus einer einzigen Dyade besteht

$$\boldsymbol{A} = \boldsymbol{x}\boldsymbol{x}^T . \tag{1}$$

Diese Matrix hat den Rang Eins, somit gibt es $n-1$ Eigenwerte Null, dazu den Eigenwert $\lambda_1 = \boldsymbol{x}^T\boldsymbol{x}$ zum Rechtseigenvektor $\boldsymbol{x}$. Es sei nun ein beliebiger Testvektor $\boldsymbol{z} \neq \boldsymbol{o}$ gegeben, dann ist sein Bildvektor zu $\boldsymbol{A}$

$$\boldsymbol{A}\,\boldsymbol{z} = \boldsymbol{x} \cdot \boldsymbol{x}^T\,\boldsymbol{z} = c\,\boldsymbol{x} \quad \text{mit} \quad c := \boldsymbol{x}^T\,\boldsymbol{z}\,, \tag{2}$$

und hier sind zwei Fälle zu unterscheiden. Es ist $c = 0$; dieser Fall interessiert uns nicht. Ist aber $c \neq 0$ oder wie man auch sagt, ist der Testvektor $\boldsymbol{z}$ am Eigenvektor $\boldsymbol{x}$ beteiligt, so hat das Bild $\boldsymbol{A}\,\boldsymbol{z}$ die Richtung des Eigenvektors $\boldsymbol{x}$. Nach dieser Vorstudie betrachten wir ein diagonalähnliches Paar $\boldsymbol{A}; \boldsymbol{I}$, dessen Spektrum auf natürliche Weise, soll heißen nach fallenden Beträgen geordnet sei:

$$|\lambda_1| \geqq |\lambda_2| \geqq |\lambda_3| \geqq \cdots \geqq |\lambda_n|\,. \tag{3}$$

Ist der erste Eigenwert λ_1, dessen Betrag wir ϱ nennen, deutlich größer als die übrigen, so heißt er numerisch dominierend

$$\varrho := |\lambda_1| \gg |\lambda_2| \geqq |\lambda_3| \geqq \cdots \geqq |\lambda_n|\,, \tag{4}$$

siehe dazu die Situation von Abb. 40.1.

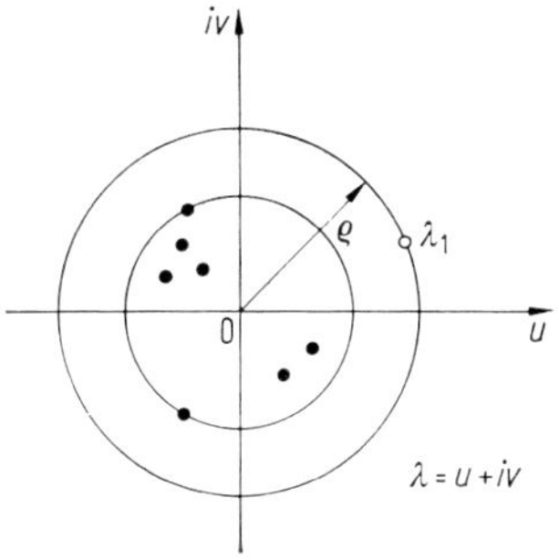

Abb. 40.1. Dominierender Eigenwert eines diagonalähnlichen Paares

Wir schreiben nun die Matrix $\boldsymbol{A}$ in ihrer Spektraldarstellung (14.57) (wo $\boldsymbol{B} = \boldsymbol{I}$ zu setzen ist)

$$\boldsymbol{A} = \sum_{j=1}^{n} \lambda_j\,\boldsymbol{D}_j\,; \qquad \boldsymbol{D}_j = \frac{\boldsymbol{x}_j\,\boldsymbol{y}_j^T}{\boldsymbol{y}_j^T\,\boldsymbol{x}_j} \tag{5}$$

und bekommen nach Division durch ϱ

$$\frac{\boldsymbol{A}}{\varrho} = \frac{\lambda_1}{\varrho}\,\boldsymbol{D}_1 + \sum_{j=2}^{n} \frac{\lambda_j}{\varrho}\,\boldsymbol{D}_j\,. \tag{6}$$

Auch hier hebt sich die erste Eigendyade stark heraus, da die übrigen mit den Faktoren λ_j/ϱ multipliziert erscheinen, die sämtlich innerhalb des Einheitskreises der komplexen Zahlenebene liegen, doch ist die Situation längst nicht so kraß wie bei der Matrix (1), zu welcher die Eigenwerte $\lambda_2 = \lambda_3 = \cdots = \lambda_n = 0$ gehören, somit die erste Dyade allein stehenbleibt. Diese für den noch zu entwickelnden Algorithmus ideale Voraussetzung kann nun wenigstens angenähert geschaffen werden durch eine genügend hohe Potenz der Matrix $\boldsymbol{A}/\varrho$; es wird dann zufolge der Eigenschaft (14.55) der Eigendyaden

$$\frac{\boldsymbol{A}^m}{\varrho^m} = \left(\frac{\lambda_1}{\varrho}\right)^m \boldsymbol{D}_1 + \sum_{j=2}^{n} \left(\frac{\lambda_j}{\varrho}\right)^m \boldsymbol{D}_j \approx \left(\frac{\lambda_1}{\varrho}\right)^m \boldsymbol{D}_1 + \boldsymbol{O}\,, \tag{7}$$

und damit ist die Matrix $\boldsymbol{A}^m/\varrho^m$ bzw. $\boldsymbol{A}^m$ selber praktisch zu einer Dyade geworden, da die übrigen $n - 1$ Dyaden mit Faktoren multipliziert sind, die von rechts nach links zufolge der vereinbarten Anordnung (4) kleiner werden. Wählen wir auch jetzt einen Testvektor $\boldsymbol{z} \neq \boldsymbol{o}$, so wird

$$\frac{1}{\varrho^m} \boldsymbol{A}^m \boldsymbol{z} = \left(\frac{\lambda_j}{\varrho}\right)^m \boldsymbol{D}_1 \boldsymbol{z} + \sum_{j=2}^{n} \left(\frac{\lambda_j}{\varrho}\right)^m \boldsymbol{D}_j \boldsymbol{z} \tag{8}$$

oder wegen

$$\boldsymbol{D}_j \boldsymbol{z} = c_j \boldsymbol{x}_j \quad \text{mit} \quad c_j = \frac{\boldsymbol{y}_j^T \boldsymbol{z}}{\boldsymbol{y}_j^T \boldsymbol{x}_j}\,; \qquad j = 1, 2, \ldots, n \tag{9}$$

$$\frac{1}{\varrho^m} \boldsymbol{A}^m \boldsymbol{z} = \left(\frac{\lambda_1}{\varrho}\right)^m c_1 \boldsymbol{x}_1 + \sum_{j=2}^{n} \left(\frac{\lambda_j}{\varrho}\right)^m c_j \boldsymbol{x}_j \approx \left(\frac{\lambda_1}{\varrho}\right)^m c_1 \boldsymbol{x}_1\,, \quad \text{falls} \quad c_1 \neq 0\,. \tag{10}$$

Genau wie oben haben wir auch hier die beiden Fälle zu unterscheiden.

1. $c_1 = 0$, uninteressant,
2. $c_1 \neq 0$, das heißt, der Testvektor $\boldsymbol{z}$ ist am dominierenden Eigenvektor $\boldsymbol{x}_1$ beteiligt.

Maßgebend für die angestrebte Separation der dominierenden Eigendyade ist nach dem Vorangehenden, daß erstens die Beteiligung des Vektors $\boldsymbol{z}$ am Eigenvektor $\boldsymbol{x}_1$ nach (11) stark genug und daß zweitens die Dominanz des Eigenwertes λ_1 nach (12) ausreichend ausgeprägt ist:

$$v_j := |c_1|/|c_j| \gg 0\,; \qquad j = 2, 3, \ldots, n\,, \tag{11}$$

$$q_j := |\lambda_j|/\varrho = |\lambda_j|/|\lambda_1| \gg 1\,; \qquad j = 2, 3, \ldots, n\,. \tag{12}$$

Nur wenn die Quotienten (12) deutlich größer als Eins und die Quotienten (11) nicht zu klein ausfallen, verspricht das Vorgehen Aussicht auf Erfolg; sind diese beiden grundlegenden Bedingungen nur mäßig erfüllt, so konvergiert das Verfahren zu langsam, um praktisch brauchbar zu sein.

Nun ist für das numerische Vorgehen die explizite Berechnung der Matrizenpotenzen im allgemeinen viel zu aufwendig, und es war die entscheidende Idee von GEIRINGER und VON MISES [197], ausgehend von einem Startvektor $\boldsymbol{z}_0$ die Folge der Vektoren

$$\boldsymbol{A}\,\boldsymbol{z}_0\,, \qquad \boldsymbol{A}(\boldsymbol{A}\,\boldsymbol{z}_0)\,, \qquad \boldsymbol{A}(\boldsymbol{A}^2\,\boldsymbol{z}_0), \ldots, \boldsymbol{A}(\boldsymbol{A}^{m-1}\,\boldsymbol{z}_0)\,, \tag{13}$$

allgemein

$$\boldsymbol{A}\,\boldsymbol{z}_k = \boldsymbol{z}_{k+1}\,; \qquad k = 0, 1, 2, \ldots, m \tag{14}$$

zu bilden und dadurch einen als *Potenziteration* (*power iteration*) bezeichneten Algorithmus zu schaffen, der sich seit nunmehr einem halben Jahrhundert als einer der drei fundamentalen Algorithmen der numerischen linearen Algebra behauptet. (Es gibt nur noch zwei weitere: die Gruppe der Unterraumtransformationen, die auf Jacobi (1846) und die der Determinantenalgorithmen, die auf Ritz (1910) zurückgeht.)

Halten wir als wesentliches Merkmal der Potenziteration fest, daß der Startvektor $\boldsymbol{z}_0$ unter den Voraussetzungen (11) und (12) der *Richtung* nach gegen den zum dominierenden Eigenwert λ_1 gehörenden Eigenvektor $\boldsymbol{x}_1$ konvergiert, während der *Betrag* der Vektoren $\boldsymbol{z}_k$ nicht die geringste Rolle spielt. Nur aus numerischen Gründen wird man diesen begrenzen, am einfachsten, indem man von Zeit zu Zeit den aktuellen Vektor $\boldsymbol{z}_k$ durch eine Zehnerpotenz dividiert, wovon allein der Exponent, nicht die Mantisse seiner Komponenten betroffen wird. Dieser Vorgang darf auch — besonders zu Anfang der Rechnung, falls von Hand am Taschencomputer gerechnet wird — mit einer Aufrundung verbunden werden, denn die Potenziteration ist selbstkorrigierend — einer ihr Hauptvorzüge: jeder Schritt ist ein erster Schritt.

Damit ist die Potenziteration in ihren Grundzügen beschrieben. Es bleibt noch nachzuholen die Bemerkung, daß bei nichtdiagonalähnlichen Matrizenpaaren (Existenz von Hauptvektoren) die Konvergenz zwar schlechter, aber unter den gleichen Bedingungen (11) und (12) grundsätzlich vorhanden ist, wie wir im Abschnitt 40.14 noch zeigen werden.

Schließlich noch eine konvergenzbeschleunigende Maßnahme, die nichts kostet, dabei äußerst wirkungsvoll ist. Berechnen wir den Bildvektor $\tilde{\boldsymbol{A}}\,\boldsymbol{z}$ mit den Zeilen (bzw. im Vorgriff auf (19))

$$\tilde{\boldsymbol{a}}^j = \boldsymbol{e}_j^T\,\tilde{\boldsymbol{A}} \quad \text{bzw.} \quad \tilde{\boldsymbol{a}}^j = \boldsymbol{e}_j^T\,\boldsymbol{R}_B\,\boldsymbol{E}_B\,\boldsymbol{L}_B\,\tilde{\boldsymbol{A}} \tag{15}$$

der Matrix $\tilde{\boldsymbol{A}}$ in Skalarprodukten, so gibt es zwei Möglichkeiten:

Gesamtschrittverfahren | Einzelschrittverfahren

$$\left.\begin{array}{l} \tilde{\boldsymbol{a}}^1\,\boldsymbol{z} = z_1 \\ \tilde{\boldsymbol{a}}^2\,\boldsymbol{z} = z_2 \\ \tilde{\boldsymbol{a}}^3\,\boldsymbol{z} = z_3 \\ \cdots\cdots \\ \tilde{\boldsymbol{a}}^n\,\boldsymbol{z} = z_n \end{array}\right\}\ \text{(a)}\,, \qquad \left.\begin{array}{l} \tilde{\boldsymbol{a}}^1\,\boldsymbol{z} = z_1 \\ \quad\swarrow \\ \tilde{\boldsymbol{a}}^2\,\boldsymbol{z} = z_2 \\ \quad\swarrow \\ \tilde{\boldsymbol{a}}^3\,\boldsymbol{z} = z_3 \\ \cdots\cdots \\ \quad\swarrow \\ \tilde{\boldsymbol{a}}^n\,\boldsymbol{z} = z_n \end{array}\right\}\ \text{(b)}\,. \tag{16}$$

Beim Gesamtschrittverfahren werden der Reihe nach die n Skalarprodukte gebildet; beim Einzelschrittverfahren hingegen wird, wie durch Pfeile angedeutet, mit der soeben ermittelten Komponente $z_{j,\,\text{neu}}$ die Komponente $z_{j,\,\text{alt}}$ überschrieben, bevor $z_{j+1,\,\text{neu}}$ berechnet wird.

• 40.2. Die Potenziteration für Matrizenpaare

Gehen wir von der bislang betrachteten speziellen Eigenwertaufgabe über auf die allgemeine, so lautet die Iterationsvorschrift (14)

$$\boldsymbol{B}^{-1} \boldsymbol{A}\, \boldsymbol{z}_k = \boldsymbol{z}_{k+1} \quad \text{bzw.} \quad \boldsymbol{A}\, \boldsymbol{z}_k = \boldsymbol{B}\, \boldsymbol{z}_{k+1}\,; \qquad k = 0, 1, 2, \ldots m\,. \tag{17}$$

oder, wenn wir vorweg die Matrix $\boldsymbol{B}$ auf Diagonalform transformieren

$$\boldsymbol{L}_B\, \boldsymbol{B}\, \boldsymbol{R}_B = \boldsymbol{D}_B = \boldsymbol{D}\mathrm{iag}\langle \tilde{b}_{\nu\nu} \rangle \rightarrow \boldsymbol{B}^{-1} = \boldsymbol{R}_B\, \boldsymbol{D}_B^{-1}\, \boldsymbol{L}_B\,, \tag{18}$$

$$\boldsymbol{R}_B\, \boldsymbol{D}_B^{-1}\, \boldsymbol{L}_B\, \boldsymbol{A}\, \boldsymbol{z}_k = \boldsymbol{z}_{k+1}\,; \qquad k = 0, 1, 2, \ldots, m\,, \tag{19}$$

doch ist nicht sichergestellt, ob sich dies bei (fast-)singulärer Matrix $\boldsymbol{B}$ numerisch durchführen läßt. Wir nehmen deshalb eine zweckdienliche Umdisposition vor. Das betragskleinste Element der Diagonalmatrix $\boldsymbol{D}_B$ (oder bei Betragsgleichheit eines von ihnen) sei

$$\varepsilon := \min_{\nu=1}^{n} |\tilde{b}_{\nu\nu}|\,. \tag{20}$$

Multiplizieren wir die Gleichung (19) mit ε, was auf eine erlaubte Normierung des Vektors $\boldsymbol{z}_{k+1}$ hinausläuft, so führt dies mit der explizit zu erstellenden *Iterationsmatrix*

$$\boldsymbol{E}_B := \boldsymbol{D}\mathrm{iag}\left\langle \frac{\varepsilon}{\tilde{b}_{\nu\nu}} \right\rangle \tag{21}$$

auf die endgültige Iterationsvorschrift

$$\boxed{\boldsymbol{R}_B\, \boldsymbol{E}_B\, \boldsymbol{L}_B\, \boldsymbol{A}\, \boldsymbol{z}_k = \boldsymbol{z}_{k+1}}\;; \qquad k = 0, 1, 2, \ldots, m\,, \tag{22}$$

wo der Vektor $\boldsymbol{z}_{k+1}$ in der Reihenfolge $\boldsymbol{A}\, \boldsymbol{z}_k$, $\boldsymbol{L}_B(\boldsymbol{A}\, \boldsymbol{z}_k)$ usw. zu berechnen ist. Sind $\boldsymbol{A}$ und/oder $\boldsymbol{B}$ von Bandgestalt, so wird dies voll ausgenutzt, da auch die Leitvektoren in $\boldsymbol{L}_B$ und $\boldsymbol{R}_B$ schwach besetzt sind.

Wie finden wir nun eine zuverlässige Näherung für den dominierenden Eigenwert und damit zugleich ein Abbruchkriterium? Hier dienen uns entweder die in (36.17) eingeführten definierten Quotienten q_j oder der in Ermangelung einer Näherung für den Linkseigenvektor mit $\boldsymbol{z}_k$ von rechts *und* links zu berechnende Rayleigh-Quotient

$$R_k = \frac{\boldsymbol{z}_k^*\, \boldsymbol{A}\, \boldsymbol{z}_k}{\boldsymbol{z}_k^*\, \boldsymbol{B}\, \boldsymbol{z}_k}\,. \tag{23}$$

Sind alle Quotienten q_j innerhalb einer vorgegebenen Stellenzahl einander gleich, bzw. stabilisiert sich der Rayleigh-Quotient innerhalb dieser Stellenzahl, so wird man diese als gültig ansehen und die Iteration abbrechen.

Bei normalen Paaren gelten darüber hinaus die Quotientensätze (36.18) bzw. (36.20), und nun stellt zufolge der Relation

$$\boldsymbol{y}_j^T = \boldsymbol{x}_j^T \quad \text{bzw.} \quad \boldsymbol{y}_j^T = \boldsymbol{x}_j^* \tag{24}$$

der RAYLEIGH-Quotient (23) nicht nur eine sehr viel bessere Näherung dar als im nichtnormalen Fall, sondern führt zu den Einschließungssätzen von Abschnitt 36.5. Im übrigen merken wir an, daß die Quotienten q_j bzw. der RAYLEIGH-Quotient R_k nicht nach *jedem* Iterationsschritt berechnet zu werden brauchen.

Erstes Beispiel. Spezielles Paar $\boldsymbol{A}$; $\boldsymbol{I}$, Start mit $\boldsymbol{z}_0$.

$$\boldsymbol{A} = \begin{pmatrix} 1 & 1 & 0 \\ 1 & 1 & 1 \\ 0 & 1 & 1 \end{pmatrix}, \qquad \boldsymbol{z}_0 = \begin{pmatrix} 1 \\ 1 \\ 1 \end{pmatrix}.$$

Wir machen einige Iterationen nach dem Gesamtschrittverfahren (16a) und bekommen die in der Tabelle zusammengefaßten Ergebnisse. In der dritten Spalte sind die aus den Quotienten $q_{kj} = [\boldsymbol{A}\,\boldsymbol{z}_k]_j/[\boldsymbol{z}_k]_j$ gebildeten Vektoren $\boldsymbol{q}_k$ aufgeführt, deren Komponenten ebenfalls gegen den dominierenden Eigenwert konvergieren müssen. Die vierte Zeile enthält die sehr viel besseren RAYLEIGH-Quotienten R_k.

k	0	1	2	3	4
$\boldsymbol{z}_k$	1 1 1	2 3 2	5 7 5	12 17 12	29 41 29 $\to \begin{pmatrix} 1 \\ 41/29 \\ 1 \end{pmatrix} = \begin{pmatrix} 1 \\ 1{,}413793 \\ 1 \end{pmatrix}$
$\boldsymbol{A}\,\boldsymbol{z}_k$	2 3 2	5 7 5	12 17 12	29 41 29	70 99 70
$\boldsymbol{q}_k$	2 3 2	2,5 2,333 2,5	2,400 2,429 2,400	2,416667 2,411764 2,416667	2,413793 2,414634 2,413793
R_k	$\frac{7}{3} =$ 2,333	$\frac{41}{17} =$ 2,411764	$\frac{239}{99} =$ 2,414141	$\frac{1393}{577} =$ 2,414211438	$\frac{8119}{3363} =$ 2,4142135

(a)

Die Konvergenz ist hervorragend, weil beide Bedingungen (11) und (12) in idealer Weise erfüllt sind. Der Startvektor $\boldsymbol{z}_0$ hat schon fast die Form des zum dominierenden Eigenwert λ_1 gehörenden Eigenvektors $\boldsymbol{x}_1 = (1 \;\; \sqrt{2} \;\; 1)^T$ (ist somit, wie wir sagen, sehr stark an diesem beteiligt), und die Eigenwerte sind

$$\lambda_1 = 1 + \sqrt{2} = 2{,}414213562\,, \qquad \lambda_2 = 1\,, \qquad \lambda_3 = 1 - \sqrt{2} = -0{,}414213562\,.$$

womit das Verhältnis $|\lambda_1|/|\lambda_2| \approx 2{,}414$ deutlich größer als Eins ist. Auch der Eigenvektor $\boldsymbol{x}_1$ wird nach vier Schritten sehr gut angenähert, wie unter (a) gezeigt, und dies wiederum zieht die außerordentliche Genauigkeit des RAYLEIGH-Quotienten R_4 nach sich.

Wir machen noch eine Beobachtung. Nach unseren Sätzen aus Abschnitt 36.4 muß der RAYLEIGH-Quotient R_k jeweils zwischen den beiden extremalen Quotienten $q_{k,\min}$ und $q_{k,\max}$ liegen, und dies trifft in der Tat zu.

Der Leser starte mit dem Vektor $\boldsymbol{z}_0 = (2 \quad -1 \quad 0)^T$ und überzeuge sich von der nun wesentlich schlechteren Konvergenz.

Zweites Beispiel.

$$\boldsymbol{A} = \begin{pmatrix} \boldsymbol{A}_{11} & \boldsymbol{a}_{1n} \\ \boldsymbol{a}_{n1}^T & a_{nn} \end{pmatrix}; \qquad \boldsymbol{B} = \begin{pmatrix} \boldsymbol{B}_{11} & \boldsymbol{o} \\ \boldsymbol{o}^T & 0 \end{pmatrix}, \qquad \boldsymbol{B}_{11} \text{ regulär.}$$

Die Matrix $\boldsymbol{B}$ hat offenbar den Rang $n-1$ und läßt sich mit den regulären Matrizen $\boldsymbol{L}_B$ und $\boldsymbol{R}_B$ auf die Diagonalform $\boldsymbol{D}_B$ transformieren:

$$\boldsymbol{L}_B = \begin{pmatrix} \boldsymbol{L}_{11} & \boldsymbol{o} \\ \boldsymbol{o}^T & 1 \end{pmatrix}, \qquad \boldsymbol{R}_B = \begin{pmatrix} \boldsymbol{R}_{11} & \boldsymbol{o} \\ \boldsymbol{o}^T & 1 \end{pmatrix}, \qquad \boldsymbol{D}_B = \boldsymbol{L}_B\, \boldsymbol{B}\, \boldsymbol{R}_B = \begin{pmatrix} \boldsymbol{D}_{11} & \boldsymbol{o} \\ \boldsymbol{o}^T & 0 \end{pmatrix}.$$

Es ist $\varepsilon = \delta_{nn} = 0$. Damit wird die Matrix $\boldsymbol{E}_B$ (21) und weiter das dreifache Produkt (a) berechnet. Das vierfache Produkt $\boldsymbol{R}_B\, \boldsymbol{E}_B\, \boldsymbol{L}_B\, \boldsymbol{A} =: \tilde{\boldsymbol{A}}$ enthält die letzte Zeile $\boldsymbol{a}^n$, dazu $n-1$ Nullzeilen, und nun kann die Iteration am Paar $\boldsymbol{A}; \boldsymbol{I}$ beginnen.

$$\boldsymbol{E}_B = \boldsymbol{D}\text{iag}\langle 0 \ldots 0 \quad 1\rangle, \quad \boldsymbol{R}_B\, \boldsymbol{E}_B\, \boldsymbol{L}_B = \begin{pmatrix} \boldsymbol{O} & \boldsymbol{o} \\ \boldsymbol{o}^T & 1 \end{pmatrix} \text{(a)} \qquad \tilde{\boldsymbol{A}} = \boldsymbol{R}_B\, \boldsymbol{E}_B\, \boldsymbol{L}_B\, \boldsymbol{A} = \begin{pmatrix} \boldsymbol{O} \\ \boldsymbol{a}^n \end{pmatrix}.$$

$$\text{1. Schritt: } \tilde{\boldsymbol{A}}\, \boldsymbol{z}_0 = \begin{pmatrix} \boldsymbol{o} \\ \boldsymbol{a}^n\, \boldsymbol{z}_0 \end{pmatrix} = \boldsymbol{z}_1, \qquad \text{2. Schritt } \tilde{\boldsymbol{A}}\, \boldsymbol{z}_1 = \begin{pmatrix} \boldsymbol{o} \\ a_{nn}(\boldsymbol{a}^n\, \boldsymbol{z}_0) \end{pmatrix} = \boldsymbol{z}_2. \text{ Ende.}$$

Die Iteration liefert nach zwei Schritten exakt den Eigenvektor $\boldsymbol{z}_2 = \boldsymbol{x}_1 = \boldsymbol{e}_n$ zum dominierenden Eigenwert $\lambda_1 = \infty$, wie leicht zu sehen. Auch der Ritz-Ansatz führt mit $\boldsymbol{z}_2 = \boldsymbol{e}_n$ wegen $\boldsymbol{e}_n^T \boldsymbol{A}\, \boldsymbol{e}_n = a_{nn}$ und $\boldsymbol{e}_n^T \boldsymbol{B}\, \boldsymbol{e}_n = b_{nn} = 0$ auf das skalare Kondensat

$$a_{nn} - \varphi \cdot 0 = 0 \to \varphi = a_{nn}/0 = \infty, \quad \text{falls} \quad a_{nn} \neq 0.$$

Der Leser studiere den Sonderfall $a_{nn} = 0$.

Drittes Beispiel.

$$\boldsymbol{A} = \begin{pmatrix} 1 & -1 & -4 & -5 \\ 1 & -1 & 1 & 1 \\ -1 & 2 & 2 & 0 \\ 0 & 0 & 1 & 1 \end{pmatrix}; \qquad \boldsymbol{B} = \begin{pmatrix} 1 & 0 & 0 & -4 \\ 0 & 1 & 0 & 1 \\ 0 & 0 & 1 & 2 \\ 0 & 0 & 0 & 1 \end{pmatrix}.$$

$$\text{Startvektor } \boldsymbol{z}_0 = \begin{pmatrix} 1 \\ 1 \\ 1 \\ 1 \end{pmatrix}.$$

Die Abb. 40.2 zeigt die ersten 15 Vektoren $\boldsymbol{z}_0, \boldsymbol{z}_1, \ldots, \boldsymbol{z}_{14}$. (Dort steht versehentlich x_{kj} statt z_{kj}.) Es tritt nicht nur keine Konvergenz ein, sondern die Vektorfolge kehrt sogar periodisch wieder; es ist $\boldsymbol{z}_0 = \boldsymbol{z}_{12} = \boldsymbol{z}_{24} = \ldots$

$\boldsymbol{z}_0$	$\boldsymbol{z}_1$	$\boldsymbol{z}_2$	$\boldsymbol{z}_3$	$\boldsymbol{z}_4$	$\boldsymbol{z}_5$	$\boldsymbol{z}_6$	$\boldsymbol{z}_7$	$\boldsymbol{z}_8$	$\boldsymbol{z}_9$	$\boldsymbol{z}_{10}$	$\boldsymbol{z}_{11}$	$\boldsymbol{z}_{12}$	$\boldsymbol{z}_{13}$	$\boldsymbol{z}_{14}$
1	−1	−3	−3	1	5	3	−3	−5	−1	3	3	1	−1	−3
1	0	−1	−2	−1	2	3	0	−3	−2	1	2	1	0	−1
1	−1	−3	−1	3	3	−1	−3	−1	1	1	1	1	−1	−3
1	2	1	−2	−3	0	3	2	−1	−2	−1	0	1	2	1

Diese Erscheinung ist leicht zu erklären. Die vier Eigenwerte des Paares $\boldsymbol{A}; \boldsymbol{B}$

$$\lambda_1 = i\,, \quad \lambda_2 = -i\,, \quad \lambda_3 = \cos 60° + i \cdot \sin 60°\,, \quad \lambda_4 = \cos 60° - i \cdot \sin 60°$$

liegen auf dem Einheitskreis der komplexen Zahlenebene, und damit ist die grundlegende Bedingung (12) gröblich verletzt.

Der Leser starte mit einem anderen Vektor $\boldsymbol{z}_0$ und studiere die dann eintretenden Verhältnisse.

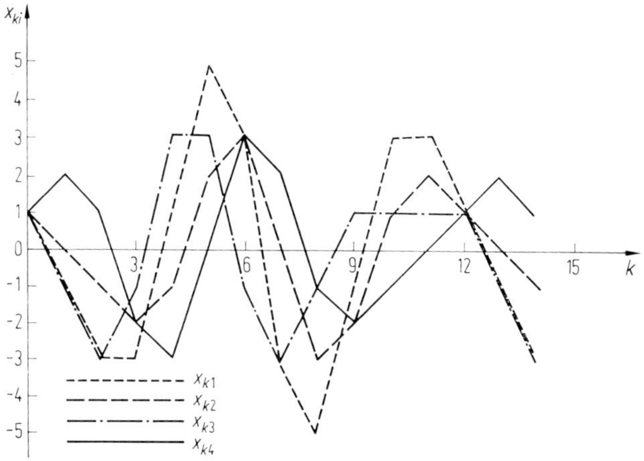

Abb. 40.2. Die Iterationsfolge $\boldsymbol{z}_0, \ldots, \boldsymbol{z}_{14}$ mit Periodizität

• 40.3. Simultaniteration

Nicht immer wird ein einzelner Eigenwert im Sinne der Folge (4) dominieren. Die Abb. 40.3a zeigt ein Spektrum, bei welchem l Eigenwerte auf einem Kreis K_1 mit dem Radius ϱ um den Nullpunkt der komplexen Zahlenebene gruppiert sind, während die übrigen auf oder innerhalb des kleineren Kreises K_2 liegen.

Der Fall Abb. 40.3b ist nicht ganz so kraß; hier sind die l Eigenwerte in einem Kreisringgebiet, die übrigen im Kreis K_2 verteilt, eine Si-

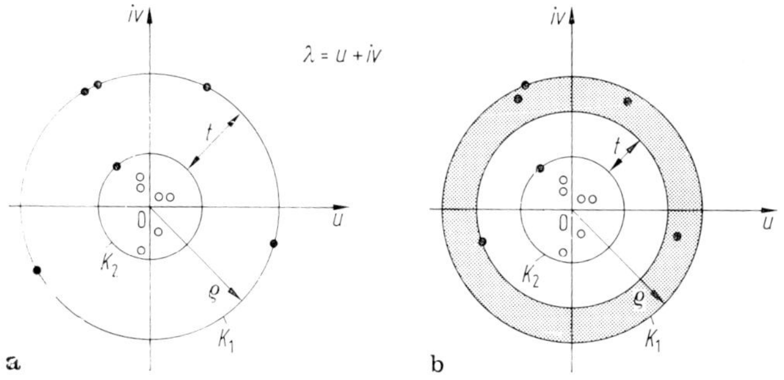

Abb. 40.3. Zur Potenziteration. Die Trennschärfe t entscheidet über die (praktisch brauchbare) Konvergenz des Verfahrens

tuation, die wir wieder mit Hilfe des Zeichens $\gg$ zum Ausdruck bringen:

$$\underbrace{|\lambda_1| \geqq |\lambda_2| \geqq |\lambda_3| \geqq \cdots \geqq |\lambda_l|}_{\text{Dominanzraum der Ordnung } l} \gg \underbrace{|\lambda_{l+1}| \geqq \cdots \geqq |\lambda_n|}_{\text{Restraum der Ordnung } n-l} . \tag{25}$$

Die zugehörige Spektralzerlegung (bei vorausgesetzter Diagonalähnlichkeit)

$$\frac{\boldsymbol{A}^m}{\varrho^m} = \underbrace{\sum_{j=1}^{l} \left(\frac{\lambda_j}{\varrho}\right)^m \boldsymbol{D}_j}_{\text{Dominanzraum}} + \underbrace{\sum_{j=l+1}^{n} \left(\frac{\lambda_j}{\varrho}\right)^m \boldsymbol{D}_j}_{\to 0 \text{ für } m \to \infty} \tag{26}$$

zeigt, daß der zweite, zum Restraum gehörige Anteil gegen die Nullmatrix konvergiert, da die Potenzen von λ_j/ϱ gegen Null gehen; übrig bleiben die ersten l Dyaden, deren Eigenvektoren den Dominanzraum aufspannen. Wir sehen: ab einer gewissen Potenz m ist der Rang von $\boldsymbol{A}^m$ praktisch gleich l, und dies wiederum bedeutet für den Bildvektor die Darstellung

$$\boldsymbol{z}_m = \frac{1}{\varrho^m} \boldsymbol{A}^m \boldsymbol{z} \approx \sum_{j=1}^{l} \left(\frac{\lambda_j}{\varrho}\right)^m \boldsymbol{D}_j \boldsymbol{z} = \sum_{j=1}^{l} \left(\frac{\lambda_j}{\varrho}\right)^m c_j \boldsymbol{x}_j \quad \text{mit} \quad c_j = \frac{\boldsymbol{y}_j^T \boldsymbol{z}}{\boldsymbol{y}_j^T \boldsymbol{x}_j} \neq 0 . \tag{27}$$

Wir wählen nun l linear unabhängige Startvektoren, die wir zur Rechteckmatrix

$$\boldsymbol{Z} = (\boldsymbol{z}_1 \, \boldsymbol{z}_2 \, \ldots \, \boldsymbol{z}_l) \tag{28}$$

zusammenfassen und führen mit ihnen die Potenziteration simultan durch. Die Iterationsvorschrift (17) lautet dann allgemeiner

$$\boldsymbol{A} \, \boldsymbol{Z}_k = \boldsymbol{B} \, \overset{\mathrm{v}}{\boldsymbol{Z}}_{k+1}; \qquad k = 0, 1, 2, \ldots, m \tag{29}$$

Es ist somit nach jedem Schritt ein Gleichungssystem mit l rechten Seiten zu lösen, zu welchem Zweck die Matrix $\boldsymbol{B}$ wie in (17) bis (19) präpariert wird.

Der Buchstabe v über $\boldsymbol{Z}_{k+1}$ soll darauf hinweisen, daß die nach (29) errechneten Vektoren nur vorläufige sind. Die Simultaniteration hat nämlich noch einen beträchtlichen Schönheitsfehler. Zwar werden bei fortlaufender Potenzierung nach und nach alle l Startvektoren in den Dominanzraum gezogen wie beabsichtigt, jedoch innerhalb dieses Raumes wiederum in die dominierende Richtung von $\boldsymbol{x}_1$, falls nicht zufällig die extreme Situation von Abb. 40.3a vorliegt, was in praxi selten der Fall ist. Die Bildvektoren $\boldsymbol{A}^m \boldsymbol{z}_j$ werden somit immer mehr linear abhängig; sie bilden die gefürchtete KRYLOV-Folge (14.12), ein Effekt, der unbedingt zu verhindern ist, und zwar am wirksamsten durch die Orthonormierung aus Abschnitt 9.1, auf die wir in Abschnitt 40.7 noch ausführlich zurückkommen werden. Bei nicht zu hoher Ordnungszahl l ist es indessen vorteilhafter, die (zumindest angenäherte) Orthogonalisierung mit dem ohnehin als begleitende Näherungsrechnung (entweder nach jedem Iterationsschritt oder nach jeweils einer gewissen Anzahl von Schritten) durchzuführenden RITZ-Ansatz zu verbinden. Das Kondensat der Ordnung l

$$(\boldsymbol{P}_{k+1} - \varphi\, \boldsymbol{Q}_{k+1})\, \boldsymbol{n}_{k+1} = \boldsymbol{o} \tag{30}$$

mit dem Paar

$$\boldsymbol{P}_{k+1} := \check{\boldsymbol{Z}}_{k+1}^T \boldsymbol{A}\, \check{\boldsymbol{Z}}_{k+1}; \qquad \boldsymbol{Q}_{k+1} := \check{\boldsymbol{Z}}_{k+1}^T \boldsymbol{B}\, \check{\boldsymbol{Z}}_{k+1} \tag{31}$$

liefert dann l Näherungswerte, die wir nach der Größe ihrer Beträge ordnen

$$|\varphi_{k+1,1}| \geqq |\varphi_{k+1,2}| \geqq \cdots \geqq |\varphi_{k+1,l}| \tag{32}$$

und die zugehörigen Eigen-(bzw. Hauptvektoren), die wir zusammenfassen zur RITZ-*Modalmatrix*

$$(\boldsymbol{n}_1 \quad \boldsymbol{n}_2 \ldots \boldsymbol{n}_l)_{k+1} = \boldsymbol{N}_{k+1}\,. \tag{33}$$

Mit dieser berechnen sich die im aktuellen Stadium besten Näherungen für die gesuchten Rechtseigenvektoren $\boldsymbol{x}_1, \ldots, \boldsymbol{x}_l$ als

$$\boldsymbol{x}_1 \approx \check{\boldsymbol{Z}}_{k+1}\, \boldsymbol{n}_{k+1,1}, \ldots, \boldsymbol{x}_l \approx \check{\boldsymbol{Z}}_{k+1}\, \boldsymbol{n}_{k+1,l}\,, \tag{34}$$

und nun korrigieren wir mit Hilfe der Matrix

$$\boldsymbol{Z}_{k+1} = \check{\boldsymbol{Z}}_{k+1}\, \boldsymbol{N}_{k+1} \tag{35}$$

das vorläufige Ergebnis (29) zur endgültigen Iterationsvorschrift

$$\boldsymbol{A}\, \boldsymbol{Z}_k\, \boldsymbol{N}_{k+1}^{-1} = \boldsymbol{B}\, \boldsymbol{Z}_{k+1}; \qquad k = 1, 2, \ldots, m\,, \tag{36}$$

die wir später bei den Dreiecksalgorithmen wiedererkennen werden, jedoch praktisch in dieser Form nicht benutzen. Vielmehr rechnen wir in drei getrennten Schritten pro Iteration:

1. Iteration	$\boldsymbol{B}^{-1} \boldsymbol{A}\, \boldsymbol{Z}_k = \check{\boldsymbol{Z}}_{k+1} \to \check{\boldsymbol{Z}}_{k+1}$	(37)
2. RITZ-Ansatz	$(\boldsymbol{P}_{k+1} - \varphi \boldsymbol{Q}_{k+1})\, \boldsymbol{n}_{k+1} = 0 \to \boldsymbol{N}_{k+1}$	(38)
3. Orthogonalisierung	$\boldsymbol{Z}_{k+1} = \check{\boldsymbol{Z}}_{k+1}\, \boldsymbol{N}_{k+1}$	(39)

$$k = 0, 1, \ldots, m\,.$$

Mit dieser letzten Matrix erfolgt dann der nächste Schritt (37).

Eine Besonderheit tritt bei reellen (nicht reellsymmetrischen) Matrizenpaaren hinzu. Hier sind konjugiert komplexe Eigenwertpaare mit zugehörigen konjugiert komplexen Eigen- (bzw. Haupt-)vektoren die Regel. Die RITZ-Modalmatrix enthält dann reelle und/oder komplexe

Vektoren

$$\boldsymbol{N} = (\boldsymbol{n}_1 \ldots \boldsymbol{n}_\nu; \boldsymbol{s}_1 + i\,\boldsymbol{t}_1, \boldsymbol{s}_1 - i\,\boldsymbol{t}_1, \ \ldots\ , \boldsymbol{s}_\mu + i\,\boldsymbol{t}_\mu, \boldsymbol{s}_\mu - i\,\boldsymbol{t}_\mu)\,, \quad (40)$$

wo $\nu + 2\,\mu = l$ ist, und nun fassen wir die komplexen unter ihnen (falls vorhanden) je zu zweien zusammen, indem wir sie durch ihre halbe Summe und halbe Differenz ersetzen, rechnen also ersatzweise mit der reellen RITZ-Modalmatrix

$$\overset{\mathrm{r}}{\boldsymbol{N}} = (\boldsymbol{n}_1 \ldots \boldsymbol{n}_\nu; \boldsymbol{s}_1\ \ \boldsymbol{t}_1 \ldots \boldsymbol{s}_\mu\ \ \boldsymbol{t}_\mu)\,, \quad (41)$$

und das heißt: wählt man auch die Startmatrix $\boldsymbol{Z}_0$ reell, so verläuft die Iteration selbst ganz im Reellen, während die unumgängliche komplexe Rechnung auf den RITZ-Ansatz abgewälzt wurde. Bei nichtsymmetrischen reellen Matrizenpaaren sollte man daher von vornherein mit mindestens $l = 2$ simultan iterieren; es wird dann im Falle komplexer Eigenwerte die zweireihige Modalmatrix

$$\boldsymbol{N} = (\boldsymbol{s} + i\,\boldsymbol{t}, \boldsymbol{s} - i\,\boldsymbol{t}) \rightarrow \overset{\mathrm{r}}{\boldsymbol{N}} = (\boldsymbol{s}, \boldsymbol{t})\,. \quad (42)$$

Hat man sich zu Anfang für eine gewisse Anzahl l entschieden, und tritt im Kondensat (38) keine Konvergenz ein oder ist diese zu schleppend, so ist der Ansatz zu erhöhen. Man startet dann neu mit den im Speicher stehenden Vektoren $\boldsymbol{z}_1 \ldots \boldsymbol{z}_l$, die um weitere (mindestens einen) Vektoren ergänzt werden, natürlich so, daß sie von den $\boldsymbol{z}_1 \ldots \boldsymbol{z}_l$ linear unabhängig sind. Unter Umständen muß eine solche Erhöhung des öfteren vorgenommen werden.

Erstes Beispiel. $\boldsymbol{A}; \boldsymbol{I}$, simultane Iteration mit zwei Vektoren, Startmatrix $\boldsymbol{Z}_0$.

$$\boldsymbol{A} = \begin{pmatrix} 0 & 1 & 0 \\ -1 & 0 & 0{,}5 \\ 0 & 0{,}4 & 0{,}1 \end{pmatrix}, \qquad \boldsymbol{Z}_0 = [\boldsymbol{e}_1\ \ \boldsymbol{e}_2] = \begin{pmatrix} 1 & 0 \\ 0 & 1 \\ 0 & 0 \end{pmatrix}.$$

Wir berechnen die Matrix $\boldsymbol{A}\,\boldsymbol{Z}_0$ nach (37) und machen damit den RITZ-Ansatz (38):

$$\boldsymbol{A}\,\boldsymbol{Z}_0 = \begin{pmatrix} 0 & 1 \\ -1 & 0 \\ 0 & 0{,}4 \end{pmatrix} = \overset{\mathrm{v}}{\boldsymbol{Z}}_1;$$

$$\boldsymbol{P}_1 = \overset{\mathrm{v}}{\boldsymbol{Z}}{}_1^T\,\boldsymbol{A}\,\overset{\mathrm{v}}{\boldsymbol{Z}}_1 = \begin{pmatrix} 0 & 0{,}8 \\ -1{,}16 & 0{,}016 \end{pmatrix}; \quad \boldsymbol{Q}_1 = \overset{\mathrm{v}}{\boldsymbol{Z}}{}_1^T\,\boldsymbol{I}\,\overset{\mathrm{v}}{\boldsymbol{Z}}_1 = \begin{pmatrix} 1 & 0 \\ 0 & 1{,}16 \end{pmatrix}.$$

Zu den beiden Näherungseigenwerten φ_{11} und φ_{12} finden wir die RITZ-Eigenvekoren $\boldsymbol{n}_{11}$ und $\boldsymbol{n}_{12}$ aus der ersten Zeile von $(\boldsymbol{P}_1 - \varphi_{1j}\,\boldsymbol{Q}_1)\,\boldsymbol{n}_{1j} = \boldsymbol{o}$

$$\varphi_{11,12} = 0{,}006\,897 \pm i \cdot 0{,}894\,401\,;$$

$$\boldsymbol{n}_{1j} = \begin{pmatrix} 0{,}8 \\ \varphi_{1j} \end{pmatrix}, \qquad \boldsymbol{n}_{11} = \begin{pmatrix} 0{,}8 \\ u + iv \end{pmatrix}, \qquad \boldsymbol{n}_{12} = \begin{pmatrix} 0{,}8 \\ u - iv \end{pmatrix}$$

und daraus die reelle Matrix $\overset{r}{\boldsymbol{N}}_1$ (41)

$$\boldsymbol{N}_1 = \begin{pmatrix} 0{,}8 + 0 \cdot i & 0{,}8 - 0 \cdot i \\ u + v \cdot i & u - v \cdot i \end{pmatrix} \to \overset{r}{\boldsymbol{N}}_1 = (\boldsymbol{s}_1, \boldsymbol{t}_1) = \begin{pmatrix} 0{,}8 & 0 \\ u & v \end{pmatrix} = \begin{pmatrix} 0{,}8 & 0 \\ 0{,}006\,897 & 0{,}894\,401 \end{pmatrix},$$

mit der wir nach (39) die endgültige Matrix $\boldsymbol{Z}_1$ berechnen:

$$\boldsymbol{Z}_1 = \overset{v}{\boldsymbol{Z}}_1 \overset{r}{\boldsymbol{N}}_1 = \begin{pmatrix} u & v \\ -0{,}8 & 0 \\ 0{,}4\,u & 0{,}4\,v \end{pmatrix} = \begin{pmatrix} 0{,}006\,897 & 0{,}894\,401 \\ -0{,}8 & 0 \\ 0{,}002\,758 & 0{,}357\,760 \end{pmatrix}.$$

Zweiter Start. Aus $\boldsymbol{A}\,\boldsymbol{Z}_1 = \overset{v}{\boldsymbol{Z}}_2$ folgt das Paar $\boldsymbol{P}_2$; $\boldsymbol{Q}_2$

$$\overset{v}{\boldsymbol{Z}}_2 = \begin{pmatrix} -0{,}8 & 0 \\ -0{,}005\,516 & -0{,}390\,823 \\ -0{,}317\,242 & 0{,}035\,776 \end{pmatrix};$$

$$\boldsymbol{P}_2 = \begin{pmatrix} 0{,}011\,809 & 0{,}662\,682 \\ -0{,}459\,255 & -0{,}022\,911 \end{pmatrix}; \qquad \boldsymbol{Q}_2 = \begin{pmatrix} 0{,}742\,254 & -0{,}007\,491 \\ -0{,}007\,491 & 0{,}513\,249 \end{pmatrix}$$

mit den schon sehr viel besseren Näherungen $\varphi_{21,22} = -0{,}012\,366 \pm i \cdot 0{,}893\,380$, aus denen sich $\overset{r}{\boldsymbol{N}}_2$ und damit $\boldsymbol{Z}_2$ berechnen lassen.

$$\overset{r}{\boldsymbol{N}}_2 = (\boldsymbol{s}_2\, \boldsymbol{t}_2) = \begin{pmatrix} 0{,}892\,329 & -0{,}006\,872 \\ -0{,}012\,366 & 0{,}893\,379 \end{pmatrix},$$

$$\boldsymbol{Z}_2 = \overset{v}{\boldsymbol{Z}}_2 \overset{r}{\boldsymbol{N}}_2 = \begin{pmatrix} -0{,}713\,863 & 0{,}005\,497 \\ 0{,}003\,925 & -0{,}639\,193 \\ -0{,}285\,742 & 0{,}034\,159 \end{pmatrix}.$$

Die nachfolgende Tabelle zeigt die Ergebnisse für den 3., 4. und 9. Iterationsschritt. Die genauen Eigenwerte sind

$$\lambda_{1,2} = -0{,}012\,262\,319\,675\,307 \pm 0{,}896\,048\,858\,816\,594 \cdot i\,, \quad \lambda_3 = 0{,}124\,524\,639\,350\,614$$

k	$\overset{v}{\boldsymbol{Z}}_k = \boldsymbol{A}\,\boldsymbol{Z}_{k-1}$	$\varphi_{k1,\,k2} = u_k \pm i\,v_k$	$\lvert\varphi_{k1}\rvert = \lvert\varphi_{k2}\rvert$
3	$\begin{pmatrix} 0{,}003\,925 & -0{,}639\,193 \\ 0{,}570\,993 & 0{,}011\,582 \\ -0{,}027\,004 & -0{,}252\,261 \end{pmatrix}$	$-0{,}012\,633 \pm 0{,}896\,068\,i$	0,8 961 571
4	$\begin{pmatrix} 0{,}513\,046 & 0{,}017\,479 \\ -0{,}022\,144 & 0{,}459\,522 \\ 0{,}203\,110 & -0{,}015\,646 \end{pmatrix}$	$-0{,}012\,259 \pm 0{,}896\,100\,i$	0,8 961 839
9	$\begin{pmatrix} -0{,}029\,226 & 0{,}168\,956 \\ -0{,}151\,035 & -0{,}028\,260 \\ -0{,}004\,104 & 0{,}067\,937 \end{pmatrix}$	$-0{,}012\,262 \pm 0{,}896\,049\,i$	0,8 961 839

k	$\overset{r}{\boldsymbol{N}}_k = (\boldsymbol{s}_k, \boldsymbol{t}_k)$	$\boldsymbol{Z}_k = \check{\boldsymbol{Z}}_k \overset{r}{\boldsymbol{N}}_k$
3	$\begin{pmatrix} 0{,}898\,772 & 0{,}012\,436 \\ -0{,}012\,633 & 0{,}896\,068 \end{pmatrix}$	$\begin{pmatrix} 0{,}011\,602 & -0{,}572\,712 \\ 0{,}513\,046 & 0{,}017\,479 \\ -0{,}021\,084 & -0{,}226\,379 \end{pmatrix}$
4	$\begin{pmatrix} 0{,}896\,112 & 0{,}012\,634 \\ -0{,}012\,259 & 0{,}896\,100 \end{pmatrix}$	$\begin{pmatrix} 0{,}459\,532 & 0{,}022\,145 \\ -0{,}025\,477 & 0{,}411\,498 \\ 0{,}182\,201 & -0{,}011\,455 \end{pmatrix}$
9	$\begin{pmatrix} 0{,}896\,049 & 0{,}012\,262 \\ -0{,}012\,262 & 0{,}896\,049 \end{pmatrix}$	$\begin{pmatrix} -0{,}028\,260 & 0{,}151\,035 \\ -0{,}134\,988 & -0{,}027\,174 \\ -0{,}004\,510 & 0{,}060\,824 \end{pmatrix}$

Zweites Beispiel. Simultaniteration, Ritz-Ansatz nur nach jedem zweiten Schritt Spezielles Paar $\boldsymbol{A}$; $\boldsymbol{I}$ aus [42, S. 65] der Ordnung $n = 5$ mit

$$\boldsymbol{A} = \begin{bmatrix} 12 & 1 & 0 & 0 & 0 \\ 1 & 9 & 1 & 0 & 0 \\ 0 & 1 & 6 & 1 & 0 \\ 0 & 0 & 1 & 3 & 1 \\ 0 & 0 & 0 & 1 & 0 \end{bmatrix} \to \begin{cases} \lambda_1 = & 12{,}316\,875\,952\,61\,689\,, \\ \lambda_2 = & 9{,}016\,136\,303\,161\,792\,, \\ \lambda_3 = & 6{,}000\,000\,000\,000\,015\,, \\ \lambda_4 = & 2{,}983\,863\,696\,838\,180\,, \\ \lambda_5 = & -0{,}316\,875\,952\,616\,876\,. \end{cases}$$

Wir wählen $\boldsymbol{Z}_0$, berechnen $\boldsymbol{A}\,\boldsymbol{Z}_0 = \check{\boldsymbol{Z}}_1$ und daraus $\boldsymbol{A}\,\check{\boldsymbol{Z}}_1 = \check{\boldsymbol{Z}}_2 = (\boldsymbol{v}_{21}\,\boldsymbol{v}_{22})$:

$$\boldsymbol{Z}_0 = \begin{bmatrix} 1 & 1 \\ 1 & -1 \\ 1 & 1 \\ 1 & -1 \\ 1 & 1 \end{bmatrix}, \quad \boldsymbol{A}\,\boldsymbol{Z}_0 = \begin{bmatrix} 13 & 11 \\ 11 & -7 \\ 8 & 4 \\ 5 & -1 \\ 1 & -1 \end{bmatrix} = \check{\boldsymbol{Z}}_1; \quad \boldsymbol{A}\,\check{\boldsymbol{Z}}_1 = \check{\boldsymbol{Z}}_2 = \begin{bmatrix} 167 & 125 \\ 120 & -48 \\ 64 & 16 \\ 24 & 0 \\ 5 & -1 \end{bmatrix} = (\boldsymbol{v}_{21} \;\; \boldsymbol{v}_{22})\,.$$

Läßt man beide Startvektoren für sich allein laufen, so hat man mit den letzten beiden Vektoren die Rayleigh-Quotienten

$$\Lambda_1 = \frac{\boldsymbol{v}_1^T\,\boldsymbol{A}\,\boldsymbol{v}_1}{\boldsymbol{v}_1^T\,\boldsymbol{I}\,\boldsymbol{v}_1} = \frac{549\,324}{46\,986} = 11{,}691\,227\,17\,,$$

$$\Lambda_2 = \frac{\boldsymbol{v}_2^T\,\boldsymbol{A}\,\boldsymbol{v}_2}{\boldsymbol{v}_2^T\,\boldsymbol{I}\,\boldsymbol{v}_2} = \frac{196\,236}{18\,186} = 10{,}790\,498\,19\,.$$

Beide streben für sich gegen den dominanten Eigenwert $\lambda_1 = 12{,}3169$. Dagegen bewirkt der Ritz-Ansatz mit dem Kondensat

$$\boldsymbol{P}_2 = \check{\boldsymbol{Z}}_2\,\boldsymbol{I}\,\check{\boldsymbol{Z}}_2 = \begin{pmatrix} 549\,324 & 210\,996 \\ 210\,996 & 196\,236 \end{pmatrix}; \quad \boldsymbol{Q}_2 = \check{\boldsymbol{Z}}_2^T\,\boldsymbol{A}\,\check{\boldsymbol{Z}}_2 = \begin{pmatrix} 46\,986 & 16\,134 \\ 16\,134 & 18\,186 \end{pmatrix},$$

$$\det(\boldsymbol{P}_2 - \varphi \boldsymbol{Q}_2) = 0 \quad \text{mit} \quad \varphi_{21} = 11{,}990\,947 > \Lambda_1, \quad \varphi_{22} = 8{,}881\,351 < \Lambda_2$$

zufolge der Kopplungselemente außerhalb der Hauptdiagonale in $\boldsymbol{P}_2$ und $\boldsymbol{Q}_2$ einen Spreizeffekt, der beide Werte Λ_1 und Λ_2 verbessert. Der nächste Schritt erfolgt wieder ohne Ritz-Ansatz usf., siehe die Ergebnisse der Tabelle (a).

Schritt k	φ_{k1}	φ_{k2}
2	11,990947	8,881351
4	12,296955	9,003130
6	12,315744	9,013747
8	12,316812	9,015670
10	12,316872	9,016045
12	12,316876	9,016118

(a) , $\hat{\boldsymbol{Z}}_0 = \begin{pmatrix} 1 & 0 \\ 0 & 0 \\ 0 & 0 \\ 0 & 0 \\ 0 & 1 \end{pmatrix}$.

Der Leser wiederhole die Aufgabe mit der Startmatrix $\hat{\boldsymbol{Z}}_0$ und überzeuge sich von der sehr viel schlechteren Konvergenz. Woran liegt das?

• 40.4. Iteration gegen Linkseigenvektoren. Verbesserter Ritz-Ansatz und Spektralumordnung

Ist das Paar $\boldsymbol{A}; \boldsymbol{B}$ normal, so haben wir nach (22) mit den Rechtseigenvektoren auch automatisch die Linkseigenvektoren. Für nichtnormale Paare hingegen sind diese mit Hilfe einer eigenen Iterationsfolge zu ermitteln, was den Rechenaufwand zwar verdoppelt, dafür die Konvergenz erheblich beschleunigt sowie sonstige Vorzüge bietet.

Die Näherungen für die Linkseigenvektoren $\boldsymbol{y}_j$ nennen wir $\boldsymbol{w}_j$; dann gilt analog zu (28) mit der Matrix

$$\boldsymbol{W} = (\boldsymbol{w}_1 \, \boldsymbol{w}_2 \ldots \boldsymbol{w}_1) \tag{43}$$

die Iterationsvorschrift

$$\check{\boldsymbol{W}}_k^T \boldsymbol{A} = \check{\boldsymbol{W}}_{k+1}^T \boldsymbol{B} \quad \text{bzw.} \quad \boldsymbol{A}^T \check{\boldsymbol{W}}_k = \boldsymbol{B}^T \check{\boldsymbol{W}}_{k+1} \,, \tag{44}$$

und nun führt der RITZ-Ansatz mit den Kondensaten

$$\boldsymbol{P} := \check{\boldsymbol{W}}_{k+1}^T \boldsymbol{A} \check{\boldsymbol{Z}}_{k+1} \,; \qquad \boldsymbol{Q} := \check{\boldsymbol{W}}_{k+1}^T \boldsymbol{B} \check{\boldsymbol{Z}}_{k+1} \tag{45}$$

über die beiden l-reihigen Ersatzaufgaben

$$(\boldsymbol{P}^T - \varphi \, \boldsymbol{Q}^T) \, \boldsymbol{m} = \boldsymbol{o} \quad \text{bzw.} \quad (\boldsymbol{P} - \varphi \, \boldsymbol{Q}) \, \boldsymbol{n} = \boldsymbol{o} \tag{46}$$

zu den Näherungseigenwerten

$$|\varphi_1| \geqq |\varphi_2| \geqq \cdots \geqq |\varphi_l| \,, \tag{47}$$

die im allgemeinen sehr viel besser sind als die durch den unzulänglichen Ansatz (30) gewonnenen. Die beiden RITZ-Modalmatrizen der Ordnung l

$$(\boldsymbol{m}_1 \, \boldsymbol{m}_2 \ldots \boldsymbol{m}_l) = \boldsymbol{M} \,, \qquad (\boldsymbol{n}_1 \, \boldsymbol{n}_2 \ldots \boldsymbol{n}_l) = \boldsymbol{N} \tag{48}$$

benötigen wir zur Orthogonalisierung für die Links- bzw. Rechtseigenvektoren. Analog zu (36) lautet damit die Iterationsvorschrift

$$\boldsymbol{M}^T \boldsymbol{W}_k^T \boldsymbol{A} = \boldsymbol{W}_{k+1}^T \boldsymbol{B} \quad \text{bzw.} \quad \boldsymbol{A}^T \boldsymbol{W}_k \boldsymbol{M} = \boldsymbol{B}^T \boldsymbol{W}_{k+1} \,. \tag{49}$$

Mit Hilfe der Linkseigenvektoren gelingt nun auch für nichtnormale Paare die in Abschnitt 35.3 beschriebene Deflation bzw. Spektralumordnung. Es seien die l betragsgrößten Eigenwerte mitsamt ihren Links- und Rechtseigenvektoren so genau wie möglich ermittelt, dann iterieren wir beim nächsten Start an dem Paar $\boldsymbol{A}_l; \boldsymbol{B}$ mit

$$\boldsymbol{A}_l := \boldsymbol{A} + \sum_{j=1}^{l} \varkappa_j \boldsymbol{D}_j; \qquad \boldsymbol{D}_j = \frac{\boldsymbol{B}\,\boldsymbol{x}_j\,\boldsymbol{y}_j^T\,\boldsymbol{B}}{\boldsymbol{y}_j^T\,\boldsymbol{B}\,\boldsymbol{x}_j}, \tag{50}$$

das die Eigenwerte (35.12) besitzt; die zugehörigen Links- und Rechtseigenvektoren sind die des Originalpaares $\boldsymbol{A}; \boldsymbol{B}$. Um nun die bereits ermittelten l Eigenwerte unschädlich zu machen, verlegen wir sie in das Innere eines Kreises um den Nullpunkt (0, 0), dessen Radius r kleiner sein muß als der Betrag des nächstgrößeren Eigenwertes λ_{l+1}. Am einfachsten ist es, sie in den Nullpunkt selbst zu werfen, das ist die bereits besprochene *Deflation* mit $\varkappa_j = -\lambda_j$ nach Abb. 35.6.

Die abgewandelte Iterationsvorschrift (37)

$$\boldsymbol{A}\,\boldsymbol{Z}_k - \sum_{j=1}^{l} \frac{\lambda_j}{\boldsymbol{y}_j^T\,\boldsymbol{B}\,\boldsymbol{x}_j}\,\boldsymbol{B}\,\boldsymbol{x}_j\,\boldsymbol{y}_j^T\,\boldsymbol{B}\,\boldsymbol{Z}_k = \boldsymbol{B}\,\overset{\vee}{\boldsymbol{Z}}_{k+1}; \qquad k = 0, 1, 2, \ldots \tag{51}$$

liefert somit den jetzt betragsgrößten Eigenwert λ_{l+1}, und Entsprechendes gilt für die Linkseigenvektoren.

• 40.5. Die inverse (gebrochene) Iteration von Wielandt

Außer der Deflation Abschnitt 35.3 sowie der (in diesem Zusammenhang nicht besprochenen) unvollständigen Hauptachsentransformation mit dem Ziel der Ordnungserniedrigung nach Abschnitt 35.4 gibt es noch eine weitere Möglichkeit: die in Abschnitt 35.2 beschriebene Spektralumordnung mit Hilfe von Matrizenfunktionen, die ohne Kenntnis der Eigen- und/oder Hauptvektoren möglich ist und daher fehlerfrei durchgeführt werden kann. Von dieser Möglichkeit macht erstmalig WIELANDT [199] Gebrauch mit Hilfe einer Spektralverschiebung

$$\boldsymbol{F}(\Lambda)\,\boldsymbol{x} = \xi\,\boldsymbol{B}\,\boldsymbol{x}; \qquad \xi = \lambda - \Lambda; \qquad \boldsymbol{F}(\Lambda) = \boldsymbol{A} - \Lambda\,\boldsymbol{B} \tag{52}$$

und anschließendem Übergang zu den Kehrwerten von ξ, was durch Division der Gleichung (52) durch ξ geschieht. Das gibt zunächst

$$\varkappa\,\boldsymbol{F}(\Lambda)\,\boldsymbol{x} = \boldsymbol{B}\,\boldsymbol{x}; \qquad \varkappa := \frac{1}{\xi} = \frac{1}{\lambda - \Lambda} \tag{53}$$

und weiter nach Multiplikation dieser Gleichung mit $\boldsymbol{F}^{-1}(\Lambda)$ von links

$$\boldsymbol{F}^{-1}(\Lambda)\,\boldsymbol{B}\,\boldsymbol{x} = \varkappa\,\boldsymbol{I}\,\boldsymbol{x} \tag{54}$$

mit den unveränderten Links- und Rechtseigen(haupt-)vektoren des Originalpaares $\boldsymbol{A}; \boldsymbol{B}$.

Im reellen Fall ist dies nichts anderes als die durch die Hyperbel der Abb. 35.4 bewirkte Spektralumordnung, und man sieht: jenem Eigenwert λ_j, der dem Schiftpunkt Λ am nächsten liegt, ist der Eigenwert $\varkappa_j$ der Aufgabe (54) zugeordnet, gegen welchen die Iteration konvergiert; doch braucht uns dieser Wert gar nicht zu interessieren, da wir zum Schluß der Rechnung ohnehin mit den zuletzt ermittelten Vektoren $\boldsymbol{w}_{k+1}$ und $\boldsymbol{z}_{k+1}$ den RAYLEIGH-Quotienten am Originalpaar $\boldsymbol{A}$; $\boldsymbol{B}$ bzw. bei Simultaniteration das Kondensat $\boldsymbol{P}$; $\boldsymbol{Q}$ erstellen und daraus die Näherungseigenwerte ermitteln.

Gegenüber der normalen (oder direkten) Iteration ist also lediglich $\boldsymbol{A}$ durch $\boldsymbol{F}(\Lambda)$ zu ersetzen und sodann $\boldsymbol{F}(\Lambda)$ mit $\boldsymbol{B}$ zu vertauschen. Es erfolgt vorweg die Äquivalenztransformation

$$\boldsymbol{L}_F\,\boldsymbol{F}(\Lambda)\,\boldsymbol{R}_F = \boldsymbol{D}_F = \boldsymbol{D}\text{iag}\,\langle\delta_{\nu\nu}\rangle\,; \qquad \varepsilon := \min_{\nu=1}^{n} |\delta_{\nu\nu}|\,, \tag{55}$$

und wie in (22) operieren wir mit der explizit zu berechnenden Iterationsmatrix

$$\boldsymbol{E}_F = \boldsymbol{D}\text{iag}\left\langle\frac{\varepsilon}{\delta_{\nu\nu}}\right\rangle, \tag{56}$$

der jetzt besondere Bedeutung zukommt, da bei guter Wahl des Schiftpunktes Λ die Matrix $\boldsymbol{F}(\Lambda)$ fastsingulär ist, mithin auf keinen Fall mit der Inversen $\boldsymbol{F}^{-1}(\Lambda)$ gerechnet werden darf.

Fassen wir das Gesagte zu einer Iterationsvorschrift zusammen:

1 a) Rechtsiteration $\boldsymbol{R}_F\,\boldsymbol{E}_F\,\boldsymbol{L}_F\,\boldsymbol{B}\,\boldsymbol{Z}_k = \check{\boldsymbol{Z}}_{k+1}\,, \quad k = 0, 1, 2, \ldots$ (57)

1 b) Linksinteration $\boldsymbol{W}_k^T\,\boldsymbol{R}_F\,\boldsymbol{E}_F\boldsymbol{L}_F\boldsymbol{B} = \check{\boldsymbol{W}}_{k+1}^T\,, \quad k = 0, 1, 2, \ldots$ (58)

2. RITZ-Ansatz. Das Paar $\quad \check{\boldsymbol{W}}_{k+1}^T\,\boldsymbol{A}\,\check{\boldsymbol{Z}}_{k+1}; \qquad \check{\boldsymbol{W}}_{k+1}^T\,\boldsymbol{B}\,\check{\boldsymbol{Z}}_{k+1}$ (59)

liefert die RITZ-Modalmatrizen $\boldsymbol{M}_{k+1}$ der Linkseigenvektoren und $\boldsymbol{N}_{k+1}$ der Rechtseigenvektoren.

3. Orthogonalisieren.

$$\boldsymbol{W}_{k+1} = \check{\boldsymbol{W}}_{k+1}\,\boldsymbol{M}_{k+1}\,; \qquad \boldsymbol{Z}_{k+1} = \check{\boldsymbol{Z}}_{k+1}\,\boldsymbol{N}_{k+1}\,. \tag{60}$$

Die aufwendigen Operationen 2. und 3. brauchen nicht in jedem Schritt, sondern nur sequentiell in gewissen — am besten festen — Abständen durchgeführt zu werden. Sonst verläuft alles wie bei der gewöhnlichen (direkten) Simultaniteration geschildert und an Beispielen vorgeführt. Wir kommen auf die WIELANDT-Iteration im Abschnitt 40.18 nochmals unter anderen Aspekten zurück.

Ein Beispiel. $\boldsymbol{A}$; $\boldsymbol{I}$ mit

$$\boldsymbol{A} = \begin{pmatrix} 0 & 1 & 0 \\ 1 & 0 & 1 \\ 0 & 1 & \beta \end{pmatrix}, \quad \beta = 0{,}1\,; \quad \boldsymbol{z}_0 = \begin{pmatrix} 1 \\ 0 \\ -1 \end{pmatrix}.$$

Für $\beta = 0$ ist $\boldsymbol{x} = (1 \ \ 0 \ -1)^T$ Eigenvektor zum Eigenwert $\lambda = 0$, weshalb wir $\boldsymbol{x} = \boldsymbol{z}_0$ und $\Lambda = 0$ als gute Näherungen ansehen. Die Transformation (55) der Matrix $\boldsymbol{F}(\Lambda) = \boldsymbol{F}(0) = \boldsymbol{A}$ ergibt

$$\boldsymbol{L}_A = \begin{pmatrix} 1 & 0 & 0 \\ 0 & 1 & 1 \\ -1 & 0 & 1 \end{pmatrix}; \quad \boldsymbol{R}_A = \begin{pmatrix} 0 & 1 & -1 \\ 1 & 0 & 0 \\ 0 & 0 & 1 \end{pmatrix}, \quad \boldsymbol{L}_A \boldsymbol{A} \boldsymbol{R}_A = \boldsymbol{D}_A = \begin{pmatrix} 1 & 0 & 0 \\ 0 & 1 & 0 \\ 0 & 0 & \beta \end{pmatrix}.$$

Das betragskleinste Element von $\boldsymbol{D}_A$ ist $\beta = 0{,}1$, also wird mit $\varepsilon = \beta$ die Epsilonmatrix $\boldsymbol{E}_A = \boldsymbol{D}\text{iag}\langle \beta \ \beta \ 1\rangle$, und nun lautet die Iterationsvorschrift (57) wegen $\boldsymbol{B} = \boldsymbol{I}$

$$\tilde{\boldsymbol{A}}\, \boldsymbol{z}_k := \boldsymbol{R}_A \boldsymbol{E}_A \boldsymbol{L}_A \boldsymbol{I}\, \boldsymbol{z}_k = \boldsymbol{z}_{k+1}; \qquad k = 0, 1, 2, \ldots .$$

Wir erlauben uns hier, die linke Seite explizit auszumultiplizieren. (In praxi geschieht das im allgemeinen natürlich nicht; es werden vielmehr bei jedem Iterationsschritt der Reihe nach die Vektoren $\boldsymbol{L}_A \boldsymbol{z}_k$, sodann $\boldsymbol{E}_A(\boldsymbol{L}_A \boldsymbol{z}_k)$ und schließlich $\boldsymbol{R}_A(\boldsymbol{E}_A \boldsymbol{L}_A \boldsymbol{z}_k)$ berechnet.) Die ersten vier Schritte sind

$$\begin{array}{ccccc} & \boldsymbol{z}_0 & \boldsymbol{z}_1 & \boldsymbol{z}_2 & \boldsymbol{z}_3 \\ & \begin{pmatrix} 1 \\ 0 \\ -1 \end{pmatrix} & \begin{pmatrix} 2 \\ 0{,}1 \\ -2 \end{pmatrix} & \begin{pmatrix} 4{,}01 \\ 0{,}2 \\ -4 \end{pmatrix} & \begin{pmatrix} 8{,}03 \\ 0{,}401 \\ -8{,}01 \end{pmatrix} \end{array}$$

$$\tilde{\boldsymbol{A}} \begin{pmatrix} 1 & 0{,}1 & -1 \\ 0{,}1 & 0 & 0 \\ -1 & 0 & 1 \end{pmatrix} \begin{pmatrix} 2 \\ 0{,}1 \\ -2 \end{pmatrix} \begin{pmatrix} 4{,}01 \\ 0{,}2 \\ -4 \end{pmatrix} \begin{pmatrix} 8{,}03 \\ 0{,}401 \\ -8{,}01 \end{pmatrix} \begin{pmatrix} 16{,}0801 \\ 0{,}803 \\ -16{,}04 \end{pmatrix} \to \boldsymbol{q}_3 = \begin{pmatrix} 2{,}002\,503 \\ 2{,}002\,493 \\ 2{,}002\,496 \end{pmatrix}.$$

Der Quotientenvektor $\boldsymbol{q}_3$ ist schon so gut, daß wir die Iteration beenden. Der RAYLEIGH-Quotient am Originalpaar $\boldsymbol{A}$; $\boldsymbol{I}$ zum Vektor $\boldsymbol{z}_3$ ergibt den ausgezeichneten Wert

$$R_3 = \frac{6{,}43205}{128{,}801\,801} = 0{,}049\,937\,578\,124\,393 \text{ statt } \lambda_3 = 0{,}049\,937\,578\,124\,634\,86\,.$$

Hierzu sind noch einige Bemerkungen am Platz. Da die Matrix $\tilde{\boldsymbol{A}}$ reellsymmetrisch ist, entfällt wegen $\boldsymbol{w}_k = \boldsymbol{z}_k$ die Iteration (58), und außerdem entfallen die Maßnahmen (59) und (60), weil diese nur bei Simultaniteration in Kraft treten.

40.6. Maßnahmen zur Konvergenzbeschleunigung

Auf AITKEN [166] geht die Idee zurück, die Konvergenz der Potenziteration beim speziellen Eigenwertproblem dadurch zu beschleunigen, daß vorweg eine möglichst hohe Potenz von $\boldsymbol{A}$ explizit gebildet und weggespeichert wird:

$$\boldsymbol{A}\boldsymbol{A} = \boldsymbol{A}^2, \quad \boldsymbol{A}^2\boldsymbol{A}^2 = \boldsymbol{A}^4, \quad \boldsymbol{A}^4\boldsymbol{A}^4 = \boldsymbol{A}^8, \quad \boldsymbol{A}^8\boldsymbol{A}^8 = \boldsymbol{A}^{16}, \quad \boldsymbol{A}^{16}\boldsymbol{A}^{16} = \boldsymbol{A}^{32} \text{ usw.} \tag{61}$$

Anstelle von $\boldsymbol{A}$ wird dann mit $\boldsymbol{A}^m$ gearbeitet ($m = 2, 4, 8, 16, 32$ usw.), wobei beim Schiften darauf zu achten ist, daß das Paar $\boldsymbol{A}^m$; $\boldsymbol{I}$ die Eigenwerte λ_j^m besitzt, mithin an dem Paar

$$\boldsymbol{F}_m(\Lambda) := \boldsymbol{A}^m - \Lambda^m \boldsymbol{I}; \boldsymbol{I} \tag{62}$$

iteriert werden muß.

Die in (61) zu leistende Vorarbeit ist immens, zudem profilzerstörend, denn bei jeder Multiplikation verdoppelt sich die Bandbreite der zuletzt berechneten Matrix. Bei hermiteschen Matrizen indessen reduziert sich der Aufwand auf die Hälfte, da auch die Potenzen hermitesch sind; es braucht somit nur die obere (oder untere) Hälfte zuzüglich der Hauptdiagonale berechnet zu werden.

Der Vorschlag von Aitken wird indessen akzeptabel, wenn mit sehr vielen Ansatzvektoren simultan iteriert werden soll, im Extrem mit n Vektoren zugleich; die Startmatrix $\boldsymbol{Z}_0$ ist dann ihrerseits quadratisch von der Ordnung n, am einfachsten $\boldsymbol{Z}_0 = \boldsymbol{I}$.

Andererseits besteht der Nachteil, daß beim allgemeinen Eigenwertproblem der Übergang auf $\boldsymbol{B}^{-1}\,\boldsymbol{A}; \boldsymbol{I}$ unerläßlich ist; anstelle von (62) steht dann

$$\boldsymbol{B}^{-1}\,\boldsymbol{F}_m(\Lambda) = (\boldsymbol{B}^{-1}\,\boldsymbol{A})^m - \Lambda^m\,\boldsymbol{I} \qquad (63)$$

zum Partner $\boldsymbol{I}$.

40.7. Ritz-Ansatz oder Orthonormierung? Ein Kompromiß

Treibt man die Anzahl l der mitgeführten Vektoren $\boldsymbol{z}_1 \ldots \boldsymbol{z}_l$ sehr hoch, so wird die Lösung des Ritz-Ersatzsystems nach jedem Schritt unverhältnismäßig aufwendig, weshalb wir uns nach einem numerisch vertretbaren Kompromiß umsehen.

Wir erinnern uns: der Ritz-Ansatz hatte zwei Funktionen zu erfüllen: einmal die Vektoren $\boldsymbol{z}_1 \ldots \boldsymbol{z}_l$ angenähert zu orthogonalisieren und zum andern die Näherungen $\varphi_1 \ldots \varphi_l$ für die l dominierenden Eigenwerte zu liefern. Beide Funktionen trennen wir jetzt voneinander. Die erste ersetzen wir durch eine *exakte* Orthonormierung (im Komplexen Unitarisierung), und die zweite führen wir anstatt wie bislang nach jedem Schritt nur einmal, zum Schluß der Iteration durch.

Die Orthonormierung geschieht wie in Abschnitt 9.1 vorgeführt durch den Ansatz

$$\boldsymbol{Z}_{k+1} = \check{\boldsymbol{Z}}_{k+1}\,\boldsymbol{N}_{k+1}\,, \qquad (64)$$

wo $\boldsymbol{N}_{k+1}$ eine obere Dreiecksmatrix ist. Die orthonormierte Matrix $\boldsymbol{Z}_{k+1}$ muß dann der Bedingung genügen

$$\boldsymbol{Z}_{k+1}^*\,\boldsymbol{Z}_{k+1} = \boldsymbol{N}_{k+1}^*\,\underbrace{\check{\boldsymbol{Z}}_{k+1}^*\,\check{\boldsymbol{Z}}_{k+1}}\,\boldsymbol{N}_{k+1} = \boldsymbol{I} \qquad (65)$$

oder kurz

$$\boldsymbol{N}_{k+1}^* \quad \boldsymbol{H}_{k+1} \quad \boldsymbol{N}_{k+1} = \boldsymbol{I}\,. \qquad (66)$$

Demzufolge ist die positiv definite hermitesche Matrix $\boldsymbol{H}_{k+1}$ kongruent auf die Einheitsmatrix zu transformieren wie in Abschnitt 28.6 beschrieben, siehe dazu auch die Cholesky-Zerlegung von Abb. 7.4.

Wir wiederholen das erste Beispiel aus Abschnitt 40.2 und ersetzen die Ritz-Näherung nach jedem Schritt durch die Orthonormierung (66). Für die ersten drei Schritte bekommen wir die folgenden Matrizen.

	$k=0$	$k=1$	$k=2$
$\boldsymbol{A}\,\boldsymbol{Z}_k = \check{\boldsymbol{Z}}_{k+1}$	$\begin{pmatrix} 0 & 1 \\ -1 & 0 \\ 0 & 0{,}4 \end{pmatrix}$	$\begin{pmatrix} -1 & 0 \\ 0 & -53{,}8516 \\ -0{,}4 & 2{,}6926 \end{pmatrix}$	$\begin{pmatrix} 0 & 22{,}3781 \\ 53{,}8516 & -0{,}8681 \\ -2{,}6926 & 8{,}8548 \end{pmatrix}$
$\check{\boldsymbol{Z}}^*_{k+1}\,\check{\boldsymbol{Z}}_{k+1} = \boldsymbol{H}_{k+1}$	$\begin{pmatrix} 1 & 0 \\ 0 & 1{,}16 \end{pmatrix}$	$\begin{pmatrix} 1{,}16 & -1{,}0770 \\ -1{,}0770 & 2907{,}2500 \end{pmatrix}$	$\begin{pmatrix} 2907{,}25 & -70{,}5918 \\ -70{,}5918 & 579{,}9419 \end{pmatrix}$
$\boldsymbol{Z}_{k+1} = \check{\boldsymbol{Z}}_{k+1}\,\boldsymbol{N}_{k+1}$	$\begin{pmatrix} 0 & 0{,}9285 \\ -1 & 0 \\ 0 & 0{,}3814 \end{pmatrix}$	$\begin{pmatrix} -0{,}9285 & -0{,}0172 \\ 0 & -0{,}9989 \\ -0{,}3714 & 0{,}0431 \end{pmatrix}$	$\begin{pmatrix} 0 & 0{,}9306 \\ 0{,}9988 & 0{,}0183 \\ -0{,}0499 & 0{,}3655 \end{pmatrix}$

So fahren wir fort. Der Ritz-Ansatz mit $\check{\boldsymbol{Z}}_{10}$ führt auf die quadratische Gleichung

$$\varphi_{10}^2 + 0{,}0245246\,\varphi_{10} + 0{,}803054 = 0$$

mit den Lösungen

$$\varphi_{10_{1,2}} = -0{,}012262320 \pm 0{,}896048858\,i$$

als Näherungen für die beiden dominierenden Eigenwerte λ_1 und λ_2, und das sind praktisch dieselben Ergebnisse wie im Abschnitt 40.2.

40.8. Simultaniteration mit n Startvektoren. Direkte Unitarisierung

In letzter Konsequenz starten wir nun mit $l = n$ Vektoren

$$(\boldsymbol{z}_1 \quad \boldsymbol{z}_2 \ \ldots \ \boldsymbol{z}_n) = \boldsymbol{Z} \tag{67}$$

gleichzeitig. Die Iterationsvorschrift

$$\boldsymbol{Z}_{k+1}^{-1}\,\boldsymbol{B}^{-1}\,\boldsymbol{A}\,\boldsymbol{Z}_k = \nabla_{k+1}; \qquad k = 0, 1, 2, \ldots \tag{68}$$

ändert sich dadurch äußerlich nicht, doch kommen, da die Matrizen $\boldsymbol{Z}_k$ nunmehr quadratisch sind, zwei bislang nicht in Erscheinung getretene Aspekte neu ins Spiel: die Möglichkeit einer *direkten Unitarisierung* und die Eignung der Matrizen $\boldsymbol{Z}_k$ zur *Transformation*, zwei Neuerungen mit, wie wir sehen werden, weitreichenden Konsequenzen.

Zunächst zur direkten Unitarisierung. Hierunter verstehen wir, daß unter Ausschaltung der hermiteschen Matrix $\boldsymbol{H}_{k+1}$ (66) die Matrix $\boldsymbol{Z}_{k+1}$ dadurch unitarisiert wird, daß wir die Gleichung (68) anders lesen

$$\boldsymbol{Q}_{k+1} \cdot \{\boldsymbol{B}^{-1}\,\boldsymbol{A}\,\boldsymbol{Z}_k\} = \nabla_{k+1}; \qquad k = 0, 1, 2, \ldots, \tag{69}$$

wo nun die Matrix

$$\boldsymbol{Q}_{k+1} := \boldsymbol{Z}_{k+1}^{-1} = \boldsymbol{Z}_{k+1}^* \tag{70}$$

unitär sein soll. Mit anderen Worten: der vorgegebene Klammerinhalt in (69) ist unitär auf obere Dreiecksmatrix zu transformieren, und dies geschieht am einfachsten über ein Produkt von $n-1$ Reflektoren (HOUSEHOLDER-Matrizen), wie in Abschnitt 28.3 dargelegt.

Damit ist auch die zweite Eigenschaft, die der Transformationsfähigkeit, zum Ausdruck gebracht. Setzen wir in (68), um dies deutlich zu machen

$$\boldsymbol{L}_{k+1} = \boldsymbol{Z}_{k+1}^{-1}\,, \qquad \boldsymbol{L}_k = \boldsymbol{Z}_k^{-1} \to \boldsymbol{L}_k^{-1} = \boldsymbol{Z}_k\,, \tag{71}$$

so steht eine ganz gewöhnliche Äquivalenztransformation vor uns

$$\boxed{\boldsymbol{L}_{k+1}\{\boldsymbol{B}^{-1}\boldsymbol{A}\}\,\boldsymbol{L}_k^{-1} = \nabla_{k+1}}\;; \qquad k = 0, 1, 2, \ldots, \tag{72}$$

und dies führt uns unversehens in die Transformationstheorie mit allen ihren Schlußfolgerungen und Gesetzen und von da aus zu den sogenannten Dreiecksalgorithmen, die uns in den nächsten Abschnitten beschäftigen werden.

40.9. Dreiecks- und Diagonalalgorithmen

Wir sahen in Abschnitt 35.8, daß sich jedes Paar $\boldsymbol{A}; \boldsymbol{B}$ äquivalent oder, was bei regulärer Matrix $\boldsymbol{B}$ dasselbe ist, jedes Paar $\boldsymbol{B}^{-1}\boldsymbol{A}; \boldsymbol{I}$ ähnlich auf obere Dreiecksform transformieren läßt

$$\boldsymbol{R}^{-1}\boldsymbol{B}^{-1}\boldsymbol{A}\,\boldsymbol{R} = \hat{\boldsymbol{J}}; \qquad \boldsymbol{R}^{-1}\boldsymbol{I}\,\boldsymbol{R} = \boldsymbol{I} \tag{73}$$

oder auch mit $\boldsymbol{R} = \boldsymbol{L}^{-1}$ so geschrieben

$$\boxed{\boldsymbol{L}\,\boldsymbol{B}^{-1}\boldsymbol{A}\,\boldsymbol{L}^{-1} = \hat{\boldsymbol{J}}}\,. \tag{73a}$$

Ein Vergleich mit der Iterationsvorschrift (72) zeigt nun nicht nur eine ins Auge springende äußerliche Übereinstimmung, sondern: falls die Iteration konvergiert, so unterscheiden sich schließlich zwei aufeinanderfolgende Matrizen $\boldsymbol{Z}_k$ und $\boldsymbol{Z}_{k+1}$ bzw. ∇_k und ∇_{k+1} im Rahmen der Maschinengenauigkeit nicht mehr; es ist bei genügend hohem Index k

$$\boldsymbol{Z}_k = \boldsymbol{Z}_{k+1} = \boldsymbol{L}^{-1}; \qquad \nabla_k = \nabla_{k+1} = \hat{\boldsymbol{J}}\,, \tag{74}$$

und damit ist $\boldsymbol{Z}$ in die Matrix $\boldsymbol{L}^{-1}$ und ∇ in die obere Dreiecksmatrix $\hat{\boldsymbol{J}}$ (35.79) übergegangen, in deren Hauptdiagonale die Eigenwerte λ_j des Originalpaares $\boldsymbol{A}; \boldsymbol{B}$ stehen, und zwar in der durch die Potenziteration erzwungenen natürlichen Reihenfolge

$$|\lambda_1| \geqq |\lambda_2| \geqq \cdots \geqq |\lambda_n|\,. \tag{75}$$

Damit wurde auch die zweite Funktion des RITZ-Ansatzes an die Normierungsmatrix ∇_{k+1} abgetreten, wie wir in Abschnitt 40.8 bereits andeuteten.

Nun zur Eigenwertaufgabe selbst. Aus

$$\boldsymbol{B}^{-1} \boldsymbol{A} \boldsymbol{x} = \lambda \boldsymbol{I} \boldsymbol{x} \tag{76}$$

wurde nach k Schritten mit den neuen Rechtseigenvektoren $\boldsymbol{n}_k$

$$\boldsymbol{x} = \boldsymbol{Z}_k \boldsymbol{n}_k \tag{77}$$

und jeweiliger Multiplikation von links mit $\boldsymbol{Z}_{k+1}^{-1}$ zufolge (68) die transformierte Aufgabe

$$\underbrace{\boldsymbol{Z}_{k+1}^{-1} \boldsymbol{B}^{-1} \boldsymbol{A} \boldsymbol{Z}_k}_{} \cdot \boldsymbol{n}_k = \lambda \underbrace{\boldsymbol{Z}_{k+1}^{-1} \boldsymbol{I} \boldsymbol{Z}_k}_{} \cdot \boldsymbol{n}_k \tag{78}$$

$$\nabla_{k+1} \cdot \boldsymbol{n}_k = \lambda \quad \boldsymbol{I}_k \cdot \boldsymbol{n}_k \tag{79}$$

mit der Partnermatrix

$$\boldsymbol{I}_k := \boldsymbol{Z}_{k+1}^{-1} \boldsymbol{I} \boldsymbol{Z}_k \,, \tag{80}$$

und daraus wird bei bestehender Konvergenz nach (74)

$$\hat{\boldsymbol{J}} \boldsymbol{n} = \lambda \boldsymbol{I} \boldsymbol{n} \,, \tag{81}$$

in Übereinstimmung mit (73a).

Wir setzten bislang voraus, daß die Matrizen $\boldsymbol{L}_k = \boldsymbol{Z}_k^{-1}$ unitär seien. In diesem Fall werden sie, um den unitären Charakter hervorzuheben, zumeist mit $\boldsymbol{Q}$ bezeichnet; dies sind die sogenannten $\boldsymbol{Q}$-Algorithmen von Wojewodin [200] (Äquivalenz) und Francis [181] bzw. Kublanowskaja [187] (Ähnlichkeit). In beiden Fällen wurde die *lineare* Konvergenz der Potenziteration bewiesen.

Es gibt aber noch eine ganz andere Möglichkeit, die nur den halben Rechenaufwand erfordert, nämlich anstelle der im allgemeinen vollbesetzten unitären Matrix $\boldsymbol{L}_k = \boldsymbol{Q}_k$ eine normierte untere Dreiecksmatrix $\boldsymbol{L}_k = \triangle_k$ zur Transformation heranzuziehen. Dies bedeutet zwar den Verzicht auf eine exakte Unitarisierung (wie schon früher beim Ritz-Ansatz), führt aber dennoch zum Erfolg. Merkwürdigerweise wurden diese sogenannten *L-R*-Algorithmen (Links-Rechts-Algorithmen) von Bauer [167] (Äquivalenz) und Rutishauser [190] (Ähnlichkeit) eher entdeckt als die *Q-R*-Algorithmen, obwohl, wie wir zeigten, der logische Gang der Dinge dies hätte nicht zulassen dürfen. Auch für die *L-R*-Algorithmen wurde von ihren Autoren lineare Konvergenz bewiesen, allerdings unter der einschränkenden Voraussetzung, daß sich mit Hilfe einer unteren Dreiecksmatrix das Produkt $\boldsymbol{B}^{-1} \boldsymbol{A}$ auf eine obere Dreiecksmatrix transformieren läßt oder, um mit Banachiewicz zu sprechen, $\boldsymbol{B}^{-1} \boldsymbol{A}$ in Dreiecksfaktoren zerlegen läßt, was, wie wir wissen, nicht immer gelingen muß.

Fassen wir nochmals zusammen:

Q-*R*-Algorithmen	*L*-*R*-Algorithmen	
$\boldsymbol{L}_k = \boldsymbol{Q}_k$ unitär	$\boldsymbol{L}_k = \Delta_k$ normierte untere Dreiecksmatrix	
∇_k obere Dreiecksmatrix	∇_k obere Dreiecksmatrix	
Transformation mittels Elevator nach GAUSS	Transformation mittels Reflektor nach HOUSEHOLDER (oder sonst unitär; z.B. nach GIVENS)	(82)

Nun zur technischen Durchführung. Zunächst halten wir fest, daß man an die beiden *uniformen* Transformationen (82) keineswegs gebunden ist. Man wird in praxi vielmehr *alternativ* transformieren, das heißt, die Linksmatrix $\boldsymbol{L}$ in das Produkt von $n-1$ dyadischen Elementarmatrizen (Elevator/Reflektor/Kalfaktor) auflösen und in impliziter Manier den Inhalt der Informationsklammer

$$\overset{k+1}{\boldsymbol{L}}_{n-1} \cdots \overset{k+1}{\boldsymbol{L}}_2 \, \overset{k+1}{\boldsymbol{L}}_1 \{\boldsymbol{R}_B \, \boldsymbol{D}_B^{-1} \, \boldsymbol{L}_B \, \boldsymbol{A} \, \boldsymbol{L}_k^{-1}\} = \nabla_{k+1} \tag{83}$$

auf obere Dreiecksform transformieren, wobei natürlich auch die Matrix $\boldsymbol{L}_k$ und damit ihre Inverse nur als Produkt ihrer $n-1$ dyadischen Elementarmatrizen, im wesentlichen also in Form ihrer $n-1$ Leitvektoren gespeichert ist. Zwar ist die Konvergenz bei alternativer Vorgehensweise theoretisch nicht gesichert, praktisch jedoch fast immer gegeben.

Wir beschreiben nun einige Algorithmen für den Sonderfall, daß die (im allgemein komplexen) Eigenwerte alle von verschiedenem Betrage und nach (3) in natürlicher Weise geordnet seien

$$|\lambda_1| > |\lambda_2| > \cdots > |\lambda_n| \, . \tag{84}$$

Damit ist die obere Dreiecksmatrix nach dem Vorangehenden mit Sicherheit iterativ erreichbar. Den wichtigen Ausnahmefall konjugiert-komplexer Eigenwerte reeller Paare besprechen wir im Zusammenhang mit den numerisch nicht trennbaren Eigenwerten in Abschnitt 40.13.

Wir können diesen Abschnitt nicht beschließen, ohne auf einen gravierenden Mangel der Dreiecksalgorithmen ausdrücklich hinzuweisen, das ist der durch die Spektralzerlegung (10) prädestinierte Zwang zur natürlichen Reihenfolge (3), in der sich in der Hauptdiagonale der oberen Dreiecksmatrix ∇_k die Eigenwerte allmählich einstellen müssen selbst dann, wenn $\boldsymbol{A}$ und $\boldsymbol{B}$ beide von Diagonalform sind (der Algorithmus damit eigentlich entbehrlich wird), ihre RAYLEIGH-Quotienten $a_{jj}/b_{jj} = \lambda_j$ jedoch nicht der natürlichen Anordnung folgen. Dieser unausweichliche Zwang zum Umwälzen ist ein verlustreiches Geschäft besonders bei diagonaldominanten Matrizen, deren Hauptdiagonalelemente — als gute Näherungen für die Eigenwerte — diametral zur natürlichen Ordnung gegeben sind. Es ist dies neben der oft schleichenden Konvergenz ein Nachteil, den die beiden anderen Globalalgorithmen, die im § 39 kurz gestreifte Unterraumtransformation und der im Abschnitt 37.7 ausführlich abgehandelte Algorithmus SECURITAS nicht aufweisen.

40.10. Äquivalenztransformation auf obere Dreiecksmatrix

Die erste bekanntgewordene Äquivalenztransformation ist die Dreiecksiteration von BAUER [167], durchgeführt mit $\boldsymbol{L}_k = \Delta_k$ als normierter unterer Dreiecksmatrix, später von WOJEWODIN [200] ersetzt durch eine unitäre Matrix $\boldsymbol{L}_k = \boldsymbol{Q}_k$. Die Transformationsvorschrift ist äußerst einfach. Man wähle eine reguläre Startmatrix $\boldsymbol{L}_0$ und berechne die Folge der oberen Dreiecksmatrizen ∇_k nach folgendem Schema:

Dreiecksmatrix ∇_k	Partnermatrix $\boldsymbol{I}_k$	Rechtsmodalmatrix $\boldsymbol{X}_k$	
$\boldsymbol{L}_1 \quad \boldsymbol{B}^{-1} \boldsymbol{A} \boldsymbol{L}_0^{-1} = \nabla_1$	$\boldsymbol{L}_1 \quad \boldsymbol{I} \boldsymbol{L}_0^{-1} = \boldsymbol{I}_1$	$\boldsymbol{X}_0 \approx \boldsymbol{L}_0^{-1} \boldsymbol{N}_1$	
$\boldsymbol{L}_2 \quad \boldsymbol{B}^{-1} \boldsymbol{A} \boldsymbol{L}_1^{-1} = \nabla_2$	$\boldsymbol{L}_2 \quad \boldsymbol{I} \boldsymbol{L}_1^{-1} = \boldsymbol{I}_2$	$\boldsymbol{X}_1 \approx \boldsymbol{L}_1^{-1} \boldsymbol{N}_2$	(85)
. . . .	. . . .	. . . .	
$\boldsymbol{L}_{k+1} \, \boldsymbol{B}^{-1} \boldsymbol{A} \boldsymbol{L}_k^{-1} = \nabla_{k+1}$	$\boldsymbol{L}_{k+1} \, \boldsymbol{I} \boldsymbol{L}_k^{-1} = \boldsymbol{I}_{k+1}$	$\boldsymbol{X}_k \approx \boldsymbol{L}_k^{-1} \boldsymbol{N}_{k+1}$	

Die Dreiecksiteration, wie immer durchgeführt, ist selbstkorrigierend, da in jedem Schritt am Originalpaar $\boldsymbol{A}; \boldsymbol{B}$ operiert wird und $\boldsymbol{L}_k$ als soeben gewählte Startmatrix angesehen werden kann. Insofern ist sie der noch zu schildernden Ähnlichkeitstransformation von RUTISHAUSER und FRANCIS bzw. KUBLANOWSKAJA überlegen. Ein weiterer Vorteil besteht darin, daß die in Doppelstriche gesetzten Partien überhaupt nicht mitgeführt zu werden brauchen. Bricht man die Iteration mit einem Index $k + 1$ ab, so stehen in der Hauptdiagonale der oberen Dreiecksmatrix ∇_{k+1} die Näherungen für die n Eigenwerte, und die Eigenvektoren folgen aus der verstümmelten transformierten Eigenwertaufgabe, indem man $\boldsymbol{I}_{k+1} \approx \boldsymbol{I}$ durch $\boldsymbol{I}$ ersetzt

$$(\nabla_{k+1} - \lambda \boldsymbol{I}) \, \boldsymbol{n}_{k+1} \approx \boldsymbol{o} \rightarrow \boldsymbol{n}_{k+1,j}; \qquad j = 1, 2, \ldots \tag{86}$$

und damit die Rücktransformation

$$\boldsymbol{L}_k^{-1} \boldsymbol{n}_{k+1,j} \approx \boldsymbol{x}_j; \qquad j = 1, 2, \ldots \tag{87}$$

durchführt, insgesamt also, falls von Interesse, die angenäherte Rechtsmodalmatrix $\boldsymbol{X}$ gewinnt

$$\boldsymbol{L}_k^{-1}\,\boldsymbol{N}_{k+1} = \boldsymbol{X}_k \approx \boldsymbol{X} = (\boldsymbol{x}_1\,\boldsymbol{x}_2\,\ldots\,\boldsymbol{x}_n)\,. \tag{88}$$

Welche Startmatrix wählen wir nun? Ist eine Näherungsmodalmatrix $\boldsymbol{X}_0$ bekannt, z.B. beim benachbarten (angenäherten, gestörten) Eigenwertproblem, so wird diese auf obere Dreiecksmatrix transformiert

$$\boldsymbol{L}_0\,\boldsymbol{X}_0 = \nabla_0\,, \tag{89}$$

womit $\boldsymbol{L}_0$ und damit $\boldsymbol{L}_0^{-1}$ festliegt. Dabei ist unbedingt darauf zu achten, daß die Näherungsmatrix $\boldsymbol{X}_0$ spaltenweise so angeordnet wird, daß die zugehörigen Näherungseigenwerte in der natürlichen Reihenfolge (3) erscheinen, eine Maßnahme, die kaum Aufwand erfordert und dennoch die Konvergenz außerordentlich beschleunigen kann. Ist keine Näherung für $\boldsymbol{X}$ bekannt, so startet man am einfachsten mit $\boldsymbol{L}_0 = \boldsymbol{I}$.

Eine etwa vorhandene Bandform von $\boldsymbol{A}$ und/oder $\boldsymbol{B}$ kann nur bedingt ausgenutzt werden infolge der Profilzerstörung der Klammerinhalte in der ersten Spalte des Schemas (85). Dies bedeutet, daß im Laufe der Iteration die Leitvektoren der dyadischen Elementarmatrizen sich mehr und mehr auffüllen, ein Nachteil, der bei den Ähnlichkeitstransformationen vermieden wird.

Ein einfaches, mit dem Taschenrechner leicht nachzuvollziehendes Beispiel möge das Gesagte erläutern. Gegeben ist das spezielle Paar $\boldsymbol{A}; \boldsymbol{I}$ der Ordnung $n = 2$ mit

$$\boldsymbol{A} = \begin{pmatrix} 1 & 1 \\ 2 & 1 \end{pmatrix}, \quad \text{Spektralmatrix } \Lambda = \begin{pmatrix} 1+\sqrt{2} & 0 \\ 0 & 1-\sqrt{2} \end{pmatrix},$$

$$\text{Modalmatrix } \boldsymbol{X} = (\boldsymbol{x}_1\,\boldsymbol{x}_2) = \begin{pmatrix} 1 & 1 \\ \sqrt{2} & -\sqrt{2} \end{pmatrix}.$$

Wegen $\boldsymbol{B} = \boldsymbol{I}$ lautet die Rechenvorschrift $\boldsymbol{L}_{k+1}\,\boldsymbol{A}\,\boldsymbol{L}_k^{-1} = \nabla_{k+1}$, wo wir in der Wahl der Matrix $\boldsymbol{L}$ noch ganz frei sind. Wir entscheiden uns für die normierte untere Dreiecksmatrix nach BAUER mit

$$\boldsymbol{L}_k = \begin{pmatrix} 1 & 0 \\ l_k & 1 \end{pmatrix}, \qquad \boldsymbol{L}_k^{-1} = \begin{pmatrix} 1 & 0 \\ -l_k & 1 \end{pmatrix}$$

und bekommen

1. Schritt

$$\boldsymbol{L}_1\,\boldsymbol{A}\,\boldsymbol{L}_0^{-1} = \nabla_1$$

$$\begin{array}{cccc} & & \begin{pmatrix} 1 & 0 \\ 0 & 1 \end{pmatrix} & \boldsymbol{L}_0^{-1} \\ \boldsymbol{A} & \begin{pmatrix} 1 & 1 \\ 2 & 1 \end{pmatrix} & \begin{pmatrix} 1 & 1 \\ 2 & 1 \end{pmatrix} & \boldsymbol{A}\,\boldsymbol{L}_0^{-1} \\ \boldsymbol{L}_1 & \begin{pmatrix} 1 & 0 \\ -2 & 1 \end{pmatrix} & \begin{pmatrix} 1 & 1 \\ 0 & -1 \end{pmatrix} & \nabla_1 \end{array}$$

$$\boldsymbol{L}_1\,\boldsymbol{L}_0^{-1} = \boldsymbol{L}_1\,\boldsymbol{I} = \begin{pmatrix} 1 & 0 \\ -2 & 1 \end{pmatrix} = \boldsymbol{I}_1$$

2. Schritt

$$\boldsymbol{L}_2\,\boldsymbol{A}\,\boldsymbol{L}_1^{-1} = \nabla_2$$

$$\begin{array}{cccc} & & \begin{pmatrix} 1 & 0 \\ 2 & 1 \end{pmatrix} & \boldsymbol{L}_1^{-1} \\ \boldsymbol{A} & \begin{pmatrix} 1 & 1 \\ 2 & 1 \end{pmatrix} & \begin{pmatrix} 3 & 1 \\ 4 & 1 \end{pmatrix} & \boldsymbol{A}\,\boldsymbol{L}_1^{-1} \\ \boldsymbol{L}_2 & \begin{pmatrix} 1 & 0 \\ -4/3 & 1 \end{pmatrix} & \begin{pmatrix} 3 & 1 \\ 0 & -1/3 \end{pmatrix} & \nabla_2 \end{array}$$

$$\boldsymbol{L}_2\,\boldsymbol{L}_1^{-1} = \begin{pmatrix} 1 & 0 \\ 2/3 & 1 \end{pmatrix} = \boldsymbol{I}_2\,.$$

Auf ganz ähnliche Weise findet man der Reihe nach die Matrizenpaare

$$\nabla_k = \begin{pmatrix} \delta_k & 1 \\ 0 & -1/\delta_k \end{pmatrix}, \qquad \boldsymbol{I}_k = \begin{pmatrix} 1 & 0 \\ i_k & 1 \end{pmatrix}$$

mit

k	1	2	3	4	5	6	...
δ_k	1	3	7/3	17/7	41/17	99/41	
i_k	−2	2/3	−2/21	−2/119	−2/697	2/4059	
l_k	−2	−4/3	−10/7	−24/17	−58/41	−140/99	

(a)

Der Leser beachte noch eine hübsche Besonderheit. Da das Produkt der Hauptdiagonalelemente von ∇_k gleich -1 ist unabhängig vom Iterationsindex k, muß dies auch für $k = \infty$ gelten. Mit anderen Worten: auch das Produkt der beiden Eigenwerte λ_1 und λ_2 muß — Konvergenz vorausgesetzt — gleich -1 sein, was in der Tat zutrifft.

Aus dem Paar ∇_6; $\boldsymbol{I}_6$ berechnen wir zur Kontrolle

$$\det(\nabla_6 - \lambda\,\boldsymbol{I}_6) = \det \begin{pmatrix} \frac{99}{41} - \lambda & 1 \\ \frac{-2}{4059}\lambda & -\frac{41}{99} - \lambda \end{pmatrix} = \lambda^2 - 2\lambda - 1 = \det(\boldsymbol{A} - \lambda\,\boldsymbol{I})\ !$$

In praxi wird die Matrix $\boldsymbol{I}_k$ natürlich nicht mitgeführt, sondern näherungsweise durch $\boldsymbol{I}$ ersetzt. Aus dem verstümmelten Eigenwertproblem $\nabla_6\,\boldsymbol{n}_6 = \lambda\,\boldsymbol{n}_6$ gewinnt man die Näherungseigenwerte als Diagonalelemente der Matrix ∇_6, also

$$\lambda_1 \approx \frac{99}{41} = 2{,}414\,636 \quad \text{anstelle von} \quad \lambda_1 = 1 + \sqrt{2} = 2{,}414\,214\,,$$

$$\lambda_2 \approx \frac{-41}{99} = -0{,}414\,141 \quad \text{anstelle von} \quad \lambda_2 = 1 - \sqrt{2} = -0{,}414\,214$$

auf vier bzw. drei Stellen genau. Damit berechnen wir aus dem Paar ∇_6; $\boldsymbol{I}$ die Eigenvektoren $\boldsymbol{n}_{16}$ und $\boldsymbol{n}_{26}$, ferner die Transformationsmatrix $\boldsymbol{L}_5^{-1}$ mit dem Wert l_5 der Tabelle (a).

$$\boldsymbol{N}_6 = (\boldsymbol{n}_1\boldsymbol{n}_2)_6 = \begin{pmatrix} 1 & 1 \\ 0 & -\left(\frac{99}{41} + \frac{41}{99}\right) \end{pmatrix}; \quad \boldsymbol{L}_5^{-1} = \begin{pmatrix} 1 & 0 \\ -l_5 & 1 \end{pmatrix} = \begin{pmatrix} 1 & 0 \\ \frac{58}{41} & 1 \end{pmatrix}$$

und weiter nach (88) die angenäherte Modalmatrix $\boldsymbol{X}$

$$\boldsymbol{L}_5^{-1}\,\boldsymbol{N}_6 = \begin{pmatrix} 1 & 1 \\ \frac{58}{41} & -\frac{140}{99} \end{pmatrix} = \begin{pmatrix} 1 & 1 \\ 1{,}414\,634 & -1{,}414\,141 \end{pmatrix} \approx \boldsymbol{X} = \begin{pmatrix} 1 & 1 \\ \sqrt{2} & -\sqrt{2} \end{pmatrix}$$

auf vier Stellen genau. Die Konvergenz ist infolge des relativ großen Verhältnisses $q = |\lambda_1|/|\lambda_2| = 5{,}828$ zufriedenstellend. Der Leser wiederhole die Aufgabe mit der orthogonalen Matrix

$$\boldsymbol{L} = \begin{pmatrix} \cos\varphi & \sin\varphi \\ -\sin\varphi & \cos\varphi \end{pmatrix} = \begin{pmatrix} 1 & t \\ -t & 1 \end{pmatrix} \frac{1}{\sqrt{1 + t^2}}, \qquad \boldsymbol{L}^{-1} = \boldsymbol{L}^T = \begin{pmatrix} 1 & -t \\ t & 1 \end{pmatrix} \frac{1}{\sqrt{1 + t^2}}$$

(Methode von Wojewodin).

Zweites Beispiel zur Dreiecksiteration nach BAUER. Wir führen die Methode parallel durch für zwei Matrizen $\boldsymbol{A}$ und $\hat{\boldsymbol{A}}$, die dasselbe Spektrum, jedoch verschiedene Modalmatrizen $\boldsymbol{X}$ und $\hat{\boldsymbol{X}}$ besitzen, um zu zeigen, wie abhängig die Konvergenz von den Eigenvektoren ist.

$$\boldsymbol{A}=\begin{pmatrix}10 & 1\\ 1 & 1\end{pmatrix}, \quad \lambda_1 = 10{,}1097722\,, \quad \lambda_2 = 0{,}8902278\,, \quad \hat{\boldsymbol{A}}=\begin{pmatrix}1 & 1\\ 1 & 10\end{pmatrix}$$

Start mit $\boldsymbol{L}_0^{-1} = \boldsymbol{I}$

$$\begin{matrix} & \boldsymbol{A}\begin{pmatrix}10 & 1\\ 1 & 1\end{pmatrix} & \\ \boldsymbol{L}_1\begin{pmatrix}1 & 0\\ -0{,}1 & 1\end{pmatrix} & \begin{pmatrix}10 & 1\\ 0 & 0{,}9\end{pmatrix} & \nabla_1\end{matrix}$$

$\lambda_{11} \approx 10\,, \quad \lambda_{12} \approx 0{,}9$

schon ganz gut . . .

$$\begin{matrix} & \boldsymbol{L}_1^{-1}\begin{pmatrix}1 & 0\\ 0{,}1 & 1\end{pmatrix} & \\ \boldsymbol{A}\begin{pmatrix}10 & 1\\ 1 & 1\end{pmatrix} & \begin{pmatrix}10{,}1 & 1\\ 1{,}1 & 1\end{pmatrix} & \boldsymbol{A}\,\boldsymbol{L}_1^{-1} \\ \boldsymbol{L}_2\begin{pmatrix}1 & 0\\ -0{,}1089 & 1\end{pmatrix} & \begin{pmatrix}10{,}1 & 1\\ 0 & 0{,}892\end{pmatrix} & \nabla_2\end{matrix}$$

Grober Rundungsfehler. Macht nichts, da selbstkorrigierend.

$$\begin{matrix} & \boldsymbol{L}_2^{-1}\begin{pmatrix}1 & 0\\ 0{,}1089 & 1\end{pmatrix} & \\ \boldsymbol{A}\begin{pmatrix}10 & 1\\ 1 & 1\end{pmatrix} & \begin{pmatrix}10{,}1089 & 1\\ 1{,}1089 & 1\end{pmatrix} & \boldsymbol{A}\,\boldsymbol{L}_2^{-1} \\ \boldsymbol{L}_3\begin{pmatrix}1 & 0\\ -0{,}1096954 & 1\end{pmatrix} & \begin{pmatrix}10{,}1089 & 1\\ 0 & 0{,}8903046\end{pmatrix} & \nabla_3\end{matrix}$$

Beide Eigenwerte auf vier Stellen genau.

$$\boldsymbol{L}_4\,\boldsymbol{A}\,\boldsymbol{L}_3^{-1} = \begin{pmatrix}10{,}1096954 & 1\\ 0 & 0{,}89023457\end{pmatrix} = \nabla_4$$

Auf fünf Stellen genau.

$$\begin{matrix} & \hat{\boldsymbol{A}}\begin{pmatrix}1 & 1\\ 1 & 10\end{pmatrix} & \\ \hat{\boldsymbol{L}}_1\begin{pmatrix}1 & 0\\ -1 & 1\end{pmatrix} & \begin{pmatrix}1 & 1\\ 0 & 9\end{pmatrix} & \hat{\nabla}_1\end{matrix}$$

$\hat{\lambda}_{11} \approx 9\,, \quad \hat{\lambda}_{12} \approx 1$

sieht schon ganz gut aus, aber . . .

$$\begin{matrix} & \hat{\boldsymbol{L}}_1^{-1}\begin{pmatrix}1 & 0\\ 1 & 1\end{pmatrix} & \\ \hat{\boldsymbol{A}}\begin{pmatrix}1 & 1\\ 1 & 10\end{pmatrix} & \begin{pmatrix}2 & 1\\ 11 & 10\end{pmatrix} & \hat{\boldsymbol{A}}\,\hat{\boldsymbol{L}}_1^{-1} \\ \hat{\boldsymbol{L}}_2\begin{pmatrix}1 & 0\\ -5{,}5 & 1\end{pmatrix} & \begin{pmatrix}2 & 1\\ 0 & 4{,}5\end{pmatrix} & \hat{\nabla}_2\end{matrix}$$

. . . schwerer Rückschlag, da Umwälzperiode einsetzt.

$$\begin{matrix} & \hat{\boldsymbol{L}}_2^{-1}\begin{pmatrix}1 & 0\\ 5{,}5 & 1\end{pmatrix} & \\ \hat{\boldsymbol{A}}\begin{pmatrix}1 & 1\\ 1 & 10\end{pmatrix} & \begin{pmatrix}6{,}5 & 1\\ 56 & 10\end{pmatrix} & \hat{\boldsymbol{A}}\,\hat{\boldsymbol{L}}_2^{-1} \\ \hat{\boldsymbol{L}}_3\begin{pmatrix}1 & 0\\ -8{,}61538 & 1\end{pmatrix} & \begin{pmatrix}6{,}5 & 1\\ 0 & 1{,}3846\end{pmatrix} & \hat{\nabla}_3\end{matrix}$$

Noch immer schlecht . . .

$$\hat{\boldsymbol{L}}_4\,\hat{\boldsymbol{A}}\,\hat{\boldsymbol{L}}_3^{-1} = \begin{pmatrix}9{,}61538 & 1\\ 0 & 0{,}9360\end{pmatrix} = \hat{\nabla}_4\,.$$

Allmähliche Erholung. Die erste Dezimale ist — endlich — richtig.

Die Konvergenz ist (an sich) hervorragend, da die beiden grundlegenden Voraussetzungen (11) und (12) in idealer Weise erfüllt sind. Das Verhältnis $q = |\lambda_1|/|\lambda_2| = 11{,}356$ ist sehr viel größer als 1, und die beiden Startvektoren $(\boldsymbol{e}_1\ \boldsymbol{e}_2) = \boldsymbol{I}$ sind an den zugehörigen Eigenvektoren stark beteiligt. Der Zwang zum Umwälzen indes macht diese Startchancen bei der Matrix $\hat{\boldsymbol{A}}$ völlig zunichte. Man ahnt hier schon, wieviel Energie bei großen Matrizen unnütz verschwendet wird, und dies kann so weit führen, daß infolge der Rundungsfehler zum Schluß überhaupt kein praktisch verwertbares Resultat mehr greifbar ist.

Aus dem Paar $\nabla_4; \boldsymbol{I}$ berechnen wir die beiden Eigenvektoren $(\boldsymbol{n}_1\ \boldsymbol{n}_2)_4 = \boldsymbol{N}_4$ und bekommen daraus nach (88) die angenäherten Eigenvektoren $\boldsymbol{x}_{13}$ und $\boldsymbol{x}_{23}$

$$\boldsymbol{L}_3^{-1}\,\boldsymbol{N}_4 = \begin{pmatrix} 1 & 0 \\ 0{,}10969541 & 1 \end{pmatrix}\begin{pmatrix} 1 & 1 \\ 0 & -9{,}21946083 \end{pmatrix}$$

$$= \begin{pmatrix} 1 & 1 \\ 0{,}10969541 & -9{,}10976542 \end{pmatrix} \approx \boldsymbol{X}\,.$$

Die genaue Modalmatrix ist zum Paar $\boldsymbol{A}; \boldsymbol{I}$ ist

$$\boldsymbol{X} = \begin{pmatrix} 1 & 1 \\ 0{,}1097722 & -9{,}1097722 \end{pmatrix} = (\boldsymbol{x}_1\ \boldsymbol{x}_2)\,.$$

Schließlich zeigen wir noch, wie durch Verwendung einer geeigneten Startmatrix die Konvergenz beschleunigt wird. Wir wählen die Näherungsmodalmatrix $\tilde{\boldsymbol{X}}$ und bringen diese nach (89) auf obere Dreiecksform ∇_0, womit $\boldsymbol{L}_0$ und damit auch die Startmatrix $\boldsymbol{L}_0^{-1}$ gewonnen ist. Es folgt der erste Schritt

$$\tilde{\boldsymbol{X}}\begin{pmatrix} 10 & -1 \\ 1 & 10 \end{pmatrix} \qquad\qquad \boldsymbol{L}_0^{-1}\begin{pmatrix} 1 & 0 \\ 0{,}1 & 1 \end{pmatrix}$$

$$\boldsymbol{L}_0\begin{pmatrix} 1 & 0 \\ -0{,}1 & 1 \end{pmatrix}\begin{pmatrix} 10 & -1 \\ 0 & 10{,}1 \end{pmatrix}\nabla_0 \;\to\; \boldsymbol{A}\begin{pmatrix} 10 & 1 \\ 1 & 1 \end{pmatrix}\begin{pmatrix} 10{,}1 & 1 \\ 1{,}1 & 1 \end{pmatrix}\boldsymbol{A}\,\boldsymbol{L}_0^{-1}$$

$$\boldsymbol{L}_1\begin{pmatrix} 1 & 0 \\ -0{,}1089108 & 1 \end{pmatrix}\begin{pmatrix} 10{,}1 & 1 \\ 0 & 0{,}891089 \end{pmatrix}\nabla_1\,,$$

und dies ist schon fast so gut wie der dritte Schritt mit der Startmatrix $\boldsymbol{I}$.

40.11. Ähnlichkeitstransformation auf obere Dreiecksmatrix

Wir sahen, daß nach $k+1$ Äquivalenztransformationen die Originalaufgabe $(\boldsymbol{A} - \lambda\,\boldsymbol{B})\,\boldsymbol{x} = \boldsymbol{o}$ transformiert wurde auf

$$\nabla_{k+1}\,\boldsymbol{n}_{k+1} = \lambda\,\boldsymbol{I}_{k+1}\,\boldsymbol{n}_{k+1} \quad \text{mit} \quad \boldsymbol{x} = \boldsymbol{L}_k^{-1}\,\boldsymbol{n}_{k+1}\,, \tag{90}$$

wo

$$\nabla_{k+1} = \boldsymbol{L}_{k+1}\,\boldsymbol{B}^{-1}\,\boldsymbol{A}\,\boldsymbol{L}_k^{-1}; \qquad \boldsymbol{I}_{k+1} = \boldsymbol{L}_{k+1}\,\boldsymbol{I}\,\boldsymbol{L}_k^{-1} \tag{91}$$

war, und dies ist ein allgemeines Eigenwertproblem selbst dann, wenn ursprünglich das spezielle Paar $\boldsymbol{A}; \boldsymbol{I}$ vorlag. Um diesen Mißstand zu beseitigen, nehmen wir nach jedem Iterationsschritt die Äquivalenztransformation zurück, was nach Satz 2 aus Abschnitt 27.6 auf eine Ähnlichkeitstransformation führen muß, wie wir nunmehr auf direkte Weise zeigen wollen. Während bei der Äquivalenztransformation die Folge

$$\boldsymbol{L}_{k+1} \cdots \boldsymbol{L}_2\,\boldsymbol{L}_1\,\{\boldsymbol{B}^{-1}\,\boldsymbol{A}\,\boldsymbol{L}_0^{-1}\}\,\boldsymbol{L}_1^{-1} \cdots \boldsymbol{L}_k^{-1} \tag{92}$$

iterativ aufgebaut wurde, wobei, wie durch Klammern angedeutet, nach jedem Iterationsschritt eine obere Dreiecksmatrix $\nabla_1 \ldots \nabla_{k+1}$ explizit erschien, können wir durch Einfügung der Startmatrix $\boldsymbol{L}_0$ — die in (92) gleich der Einheitsmatrix ist, somit optisch fehlt — eine andere Art der Klammerung vornehmen

$$\underbrace{\boldsymbol{L}_{k+1}\cdots\boldsymbol{L}_2\,\boldsymbol{L}_1\,\boldsymbol{L}_0\{\boldsymbol{B}^{-1}\,\boldsymbol{A}\}\,\boldsymbol{L}_0^{-1}\,\boldsymbol{L}_1^{-1}\,\boldsymbol{L}_2^{-1}\cdots\boldsymbol{L}_{k+1}^{-1}}_{\boldsymbol{C}_{k+1}}\,, \tag{93}$$

und dies ist eine Folge von *Ähnlichkeit*stransformationen, die den Partner $\boldsymbol{I}$ im Gegensatz zu (85) *erhält*! Schreiben wir (93) in der Kurzform

$$\boldsymbol{C}_{k+1} = \boldsymbol{P}_{k+1}\,\boldsymbol{B}^{-1}\,\boldsymbol{A}\,\boldsymbol{P}_{k+1}^{-1} \tag{94}$$

mit der Produktmatrix

$$\boldsymbol{P}_{k+1}^{-1} = \boldsymbol{L}_0^{-1}\,\boldsymbol{L}_1^{-1}\,\boldsymbol{L}_2^{-1}\cdots\boldsymbol{L}_k^{-1}\,\boldsymbol{L}_{k+1}^{-1} = \boldsymbol{P}_k^{-1}\,\boldsymbol{L}_{k+1}^{-1}\,, \tag{95}$$

so wird offenbar, daß die Eigenwertaufgabe

$$\boldsymbol{B}^{-1}\,\boldsymbol{A}\,\boldsymbol{x} = \lambda\,\boldsymbol{I}\,\boldsymbol{x} \tag{96}$$

transformiert wurde auf

$$\boldsymbol{C}_{k+1}\,\boldsymbol{v}_{k+1} = \lambda\,\boldsymbol{I}\,\boldsymbol{v}_{k+1} \tag{97}$$

mit dem nach jedem Iterationsschritt neu einzuführenden Vektor $\boldsymbol{v}_{k+1}$ gemäß

$$\boldsymbol{x}_{k+1} = \boldsymbol{P}_{k+1}^{-1}\,\boldsymbol{v}_{k+1}\,. \tag{98}$$

Bezüglich der Wahl der Startmatrix $\boldsymbol{L}_0$ gilt das bereits im letzten Abschnitt Gesagte: bei benachbarter (angenäherter, gestörter) Eigenwertaufgabe die in die natürliche Anordnung gebrachte Modalmatrix $\boldsymbol{X}_0$ der ungestörten Aufgabe, sonst aber $\boldsymbol{L}_0 = \boldsymbol{I}$ wählen. Damit verläuft die Ähnlichkeitstransformation auf obere Dreiecksform nach folgendem Schema.

Matrix $\boldsymbol{C}_j$	Partner	Rechtsmodalmatrix $\boldsymbol{X}$
$\boldsymbol{L}_0\,\boldsymbol{B}^{-1}\boldsymbol{A} = \nabla_0 \to \nabla_0\,\boldsymbol{L}_0^{-1} = \boldsymbol{C}_0$	$\boldsymbol{I}$	$\boldsymbol{P}_0^{-1} = \boldsymbol{L}_0^{-1} \quad \to \boldsymbol{X} \approx \boldsymbol{P}_0^{-1}\,\boldsymbol{V}_0$
$\boldsymbol{L}_1\,\boldsymbol{C}_0 = \nabla_1 \to \nabla_1\,\boldsymbol{L}_1^{-1} = \boldsymbol{C}_1$	$\boldsymbol{I}$	$\boldsymbol{P}_1^{-1} = \boldsymbol{P}_0^{-1}\,\boldsymbol{L}_1 \to \boldsymbol{X} \approx \boldsymbol{P}_1^{-1}\,\boldsymbol{V}_1$
. . . .	. . . .	. . . .
$\boldsymbol{L}_k\,\boldsymbol{C}_k = \nabla_k \to \nabla_k\,\boldsymbol{L}_k^{-1} = \boldsymbol{C}_k$	$\boldsymbol{I}$	$\boldsymbol{P}_k^{-1} = \boldsymbol{P}_{k-1}^{-1}\,\boldsymbol{L}_k \to \boldsymbol{X} \approx \boldsymbol{P}_k^{-1}\,\boldsymbol{V}_k$

(99)

Wir sehen: der Algorithmus ist nicht selbstkorrigierend, da er vom ersten Schritt an zwangsläufig vonstatten geht. Besonders lästig ist es, daß im Gegensatz zur Äquivalenztransformation (85) zur Bestimmung der Rechtseigenvektoren die Produktmatrizen $\boldsymbol{P}_k$ der dritten Spalte des Schemas (99) mitgeführt werden müssen, was einen erheblichen Mehraufwand bedeutet.

Bricht man die Iteration mit einem Index k ab, so stehen in der Hauptdiagonale von $\boldsymbol{C}_k$ Näherungen für die Eigenwerte $\lambda_1, \ldots, \lambda_n$. Will man auch die zugehörigen Eigenvektoren berechnen, so ersetzt man alle Elemente unterhalb der Hauptdiagonale in $\boldsymbol{C}_k$ durch Nullen — diese Matrix werde mit $\tilde{\boldsymbol{C}}_k$ bezeichnet — und ermittelt aus der so verstümmelten transformierten Eigenwertaufgabe die Eigenvektoren

$$(\tilde{\boldsymbol{C}}_k - \lambda_j \boldsymbol{I})\, \boldsymbol{v}_{kj} = \boldsymbol{o} \to \boldsymbol{v}_{kj}; \qquad j = 1, 2, \ldots, \tag{100}$$

die nach (98) zurücktransformiert werden

$$\boldsymbol{P}_k^{-1} \boldsymbol{v}_{kj} \approx \boldsymbol{x}_j; \qquad k = 1, 2, \ldots, \tag{101}$$

insgesamt also, falls von Interesse, die Rechtsmodalmatrix

$$\boldsymbol{P}_k^{-1} \boldsymbol{V}_k \approx \boldsymbol{X} = (\boldsymbol{x}_1\, \boldsymbol{x}_2 \ldots \boldsymbol{x}_n)\,. \tag{102}$$

Man vergleiche dazu die entsprechende Formelfolge (86) bis (88).

Ein ganz wesentlicher Vorteil gegenüber der Äquivalenztransformation besteht nun darin, daß zufolge der Ähnlichkeit beim speziellen Problem $\boldsymbol{B} = \boldsymbol{I}$ die Bandbreite der Matrix $\boldsymbol{A}$ erhalten bleibt, oder anders ausgedrückt, daß die Leitvektoren aus $\boldsymbol{L}_j$ an nur b Stellen besetzt sind, gleichviel ob wir mit dem Elevator (L-R-Transformation), dem Reflektor (Q-R-Transformation) oder alternativ arbeiten. Aus diesem Grund ist sowohl beim speziellen wie beim allgemeinen Problem eine vorgezogene Äquivalenztransformation

$$\underbrace{\boldsymbol{L}\,\boldsymbol{A}\,\boldsymbol{R}}_{\boldsymbol{T}}\, \tilde{\boldsymbol{x}} = \lambda\, \underbrace{\boldsymbol{L}\,\boldsymbol{B}\,\boldsymbol{R}}_{\boldsymbol{I}}\, \tilde{\boldsymbol{x}} \quad \text{mit} \quad \boldsymbol{x} = \boldsymbol{R}\,\tilde{\boldsymbol{x}} \tag{103}$$

$$\boldsymbol{T}\, \tilde{\boldsymbol{x}} = \lambda\, \boldsymbol{I}\, \tilde{\boldsymbol{x}} \tag{104}$$

dringend anzuraten. Bei nichthermiteschen Paaren kann man sich auch mit $\boldsymbol{H}; \boldsymbol{I}$ (Hessenberg-Matrix) zufriedengeben, doch ist der nachfolgende Rechenaufwand noch immer beträchtlich, während die Iteration mit dem Paar $\boldsymbol{T}; \boldsymbol{I}$ nach Tabelle 24.1 in Abschnitt 24.15 pro Schritt nur einige wenige Operationen erfordert, deren Anzahl mit n (und nicht mit n^3 wie beim vollbesetzten Paar!) anwächst. Dies erklärt den Siegeszug der Ähnlichkeitstransformationen Ende der fünfziger Jahre bis in die Gegenwart, wohingegen die an sich originellere Dreiecksiteration von Bauer in den meisten Lehrbüchern der linearen Numerik nicht einmal mehr erwähnt wird; eine Ausnahme bildet das Buch von Faddejew/Faddejewa [17, S. 567—573].

Schließlich bleibe eine gewisse Besonderheit der L-R-Transformation für das spezielle Paar $\boldsymbol{A}; \boldsymbol{I}$ nicht unerwähnt. Zerlegt man die Matrix $\boldsymbol{A}$ nach Banachiewicz in das Produkt zweier Dreiecksmatrizen $\boldsymbol{A} = \boldsymbol{L}^{-1} \boldsymbol{R}$, woraus folgt, daß $\boldsymbol{R} = \boldsymbol{L}\,\boldsymbol{A}$ ist, und multipliziert die beiden Faktoren $\boldsymbol{L}^{-1}$ und $\boldsymbol{R}$ in umgekehrter Reihenfolge miteinander, so wird $\boldsymbol{R}\,\boldsymbol{L}^{-1} = \boldsymbol{L}\,\boldsymbol{A}\,\boldsymbol{L}^{-1}$ gleich der transformierten Matrix $\boldsymbol{C}$. Diese auf den ersten Blick bestechende Vorgehensweise fällt jedoch unnötigerweise aus dem Rahmen einer allgemeinen Transformationstheorie und verhindert damit den organischen Anschluß an die simultane WIELANDT-Iteration, als deren Verallgemeinerung die Dreiecksalgorithmen allein zu verstehen sind. Darüber hinaus erschwert sie den Zugang zur partiellen Ordnungserniedrigung mit Nivellement und den darauf basierenden Substitutionsalgorithmen, siehe dazu die Übersicht auf S. 374.

Dazu ein Beispiel. Wir nehmen wieder das Paar $\boldsymbol{A}; \boldsymbol{I}$ aus Abschnitt 40.10 und transformieren nach RUTISHAUSER mit der normierten unteren Dreiecksmatrix

$$\boldsymbol{L}_k = \begin{pmatrix} 1 & 0 \\ l_k & 1 \end{pmatrix}, \qquad \boldsymbol{L}_k^{-1} = \begin{pmatrix} 1 & 0 \\ -l_k & 1 \end{pmatrix},$$

$$\text{Produktmatrix } \boldsymbol{P}_k = \prod_{j=1}^{k} \boldsymbol{L}_j = \begin{pmatrix} 1 & 0 \\ p_k & 1 \end{pmatrix}, \qquad p_k = \sum_{j=1}^{k} l_j \,.$$

Wir führen nur den ersten Schritt vor und verweisen dann auf die Ergebnisse der kleinen Tabelle. Hier beim speziellen Problem ist es üblich, die transformierten Matrizen mit $\boldsymbol{A}_k$ statt $\boldsymbol{C}_k$ zu bezeichnen.

$$\begin{matrix} & \begin{pmatrix} 1 & 1 \\ 2 & 1 \end{pmatrix} \boldsymbol{A} & & \boldsymbol{L}_1 \boldsymbol{A} \begin{pmatrix} 1 & 0 \\ 2 & 1 \end{pmatrix} \boldsymbol{L}_1^{-1} \\ \boldsymbol{L}_1 \begin{pmatrix} 1 & 0 \\ -2 & 1 \end{pmatrix} & \begin{pmatrix} 0 & 1 \\ 0 & -1 \end{pmatrix} \nabla_1 \to & \begin{pmatrix} 1 & 1 \\ 0 & -1 \end{pmatrix} & \begin{pmatrix} 3 & 1 \\ -2 & -1 \end{pmatrix} \boldsymbol{A}_1 \end{matrix}$$

k	1	2	3	4	5	
$\boldsymbol{A}_k$	$\begin{pmatrix} 3 & 1 \\ -2 & -1 \end{pmatrix}$	$\begin{pmatrix} \frac{7}{3} & 1 \\ \frac{2}{9} & -\frac{1}{3} \end{pmatrix}$	$\begin{pmatrix} \frac{17}{7} & 1 \\ -\frac{2}{49} & -\frac{3}{7} \end{pmatrix}$	$\begin{pmatrix} \frac{41}{17} & 1 \\ \frac{2}{189} & -\frac{7}{17} \end{pmatrix}$	$\begin{pmatrix} \frac{99}{41} & 1 \\ -\frac{2}{1681} & -\frac{17}{41} \end{pmatrix}$	$\operatorname{sp} \boldsymbol{A}_k = 2$; $\det \boldsymbol{A}_k = -1$
l_k	-2	$\frac{2}{3}$	$-\frac{2}{21}$	$\frac{2}{119}$	$-\frac{2}{697}$	
p_k		$-\frac{4}{3}$	$-\frac{10}{7}$	$-\frac{24}{17}$	$-\frac{58}{41}$	

In der Matrix $\boldsymbol{A}_5$ vernachlässigen wir das schon recht kleine Element unten links und bekommen das verstümmelte Eigenwertproblem $(\tilde{\boldsymbol{A}}_5 - \lambda \boldsymbol{I})\, \boldsymbol{v}_5 = \boldsymbol{o}$ mit den Näherungen

$$\left.\begin{aligned} \lambda_1 &= \frac{99}{41} = 1 + \frac{58}{41} = 2{,}414\,634\,146\,, & \boldsymbol{v}_{15} &= \begin{pmatrix} 1 \\ 0 \end{pmatrix} \\ \lambda_2 &= -\frac{17}{41} = 1 - \frac{58}{41} = -0{,}414\,634\,146\,, & \boldsymbol{v}_{25} &= \begin{pmatrix} 1 \\ -\frac{116}{41} \end{pmatrix} \end{aligned}\right\} \boldsymbol{V}_5 = \begin{pmatrix} 1 & 1 \\ 0 & -\frac{116}{41} \end{pmatrix}$$

und daraus nach (101) die Rücktransformation

$$\boldsymbol{P}_5^{-1} = \begin{pmatrix} 1 & 0 \\ -p_5 & 1 \end{pmatrix} = \begin{pmatrix} 1 & 0 \\ \frac{58}{41} & 1 \end{pmatrix}; \qquad \boldsymbol{P}_5^{-1} \boldsymbol{V}_5 \approx \begin{pmatrix} 1 & 1 \\ \frac{58}{41} & -\frac{58}{41} \end{pmatrix} \approx \boldsymbol{X} = (\boldsymbol{x}_1 \; \boldsymbol{x}_2)\,,$$

und dies ist mit $58/41 = 1{,}414\,634\,146$ anstelle von $\sqrt{2} = 1{,}414\,213\,562$ schon recht genau. Man vergleiche dazu die Äquivalenztransformation von BAUER.

40.12. Kongruenztransformation hermitescher Paare auf Diagonalmatrix

Es sei zunächst $\boldsymbol{B} = \boldsymbol{I}$, außerdem $\boldsymbol{A}$ positiv definit. Da bei jeder Transformation auf Dreiecksmatrix die Hermitezität des Paares $\boldsymbol{A}; \boldsymbol{I}$ verlorengehen *muß*, ersetzt RUTISHAUSER [24, S. 146—163] die Ähnlichkeitstransformation durch eine Kongruenztransformation, womit auch die transformierte Matrix $\tilde{\boldsymbol{A}}$ hermitesch wird:

$$\tilde{\boldsymbol{A}} = \{\boldsymbol{L}\,\boldsymbol{A}\}\,\boldsymbol{L}^{-1} = \{\boldsymbol{L}^{*-1}\}\,\boldsymbol{L}^{-1} \tag{105}$$

oder auch

$$\boldsymbol{L}\,\boldsymbol{A} = \boldsymbol{L}^{*-1} \to \boldsymbol{L}\,\boldsymbol{A}\,\boldsymbol{L}^* = \boldsymbol{I}\,. \tag{106}$$

Also ist mit Hilfe einer regulären Matrix $\boldsymbol{L}$ — etwa einer normierten unteren Dreiecksmatrix — die Matrix $\boldsymbol{A}$ kongruent auf $\boldsymbol{I}$ zu transformieren, womit $\boldsymbol{L}$ und damit auch $\boldsymbol{L}^{-1}$ eindeutig bestimmt ist.

Da nun nach wie vor der Algorithmus die obere Dreiecksmatrix anstrebt, diese aber hermitesch ist, müssen mit den Elementen unterhalb der Hauptdiagonale zwangsläufig auch jene oberhalb gegen Null gehen. Die Dominanz der reellen Hauptdiagonalelemente als Näherungen für die Eigenwerte wird daher von Schritt zu Schritt ausgeprägter, immer unter der grundlegenden Voraussetzung (75), daß alle Eigenwerte von verschiedenem Betrage sind. Dies weiß man mit Sicherheit jedoch nur von der nichtzerfallenden positiv (halb-)definiten Tridiagonalmatrix $\boldsymbol{T}$, die nach Satz 1 aus Abschnitt 29.9 lauter verschiedene positive (nichtnegative) Eigenwerte besitzt. Schon aus diesem Grunde sollte man eine Transformation — multiplikativ oder progressiv — auf das Paar $\boldsymbol{T}; \boldsymbol{I}$ vorwegnehmen, und damit ist auch die Frage nach dem Vorgehen beim allgemeinen hermiteschen Paar $\boldsymbol{A}; \boldsymbol{B}$ mit positiv definiter Matrix $\boldsymbol{B}$ beantwortet; wir zeigten ja in Abschnitt 29.8, wie ein solches Paar auf — sogar reelle! — Form $\boldsymbol{T}; \boldsymbol{I}$ transformiert wird.

Erstes Beispiel. Das Paar $\boldsymbol{A}; \boldsymbol{I}$ mit $\boldsymbol{A} = \begin{pmatrix} 1 & -1 \\ -1 & 2 \end{pmatrix}$ hat die Eigenwerte

$$\lambda_1 = \tfrac{1}{2}(3 + \sqrt{5}) = 2{,}618033989 \quad \text{und} \quad \lambda_2 = \tfrac{1}{2}(3 - \sqrt{5}) = 0{,}381966011\,.$$

Wir berechnen die Matrizenfolge $\boldsymbol{A}_1, \boldsymbol{A}_2, \ldots, \boldsymbol{A}_8$ und zum Vergleich die Folge $\hat{\boldsymbol{A}}_1, \hat{\boldsymbol{A}}_2, \ldots, \hat{\boldsymbol{A}}_8$ nach dem L-R-Algorithmus aus Abschnitt 40.11. Da es sich bei beiden um eine Ähnlichkeitstransformation handelt, gilt als Kontrolle

$$\operatorname{sp} \boldsymbol{A}_k = \operatorname{sp} \hat{\boldsymbol{A}}_k = 3\,, \quad \det \boldsymbol{A}_k = \det \hat{\boldsymbol{A}}_k = 1 \text{ für alle } k.$$

	$k = 0$	$k = 1$	$k = 2$	$k = 3$	$k = 8$
$\boldsymbol{A}_k$	$\begin{pmatrix} 1 & -1 \\ -1 & 2 \end{pmatrix}$	$\begin{pmatrix} 2 & -1 \\ -1 & 1 \end{pmatrix}$	$\begin{pmatrix} 2{,}5 & -0{,}5 \\ -0{,}5 & 0{,}5 \end{pmatrix}$	$\begin{pmatrix} 2{,}6 & -0{,}2 \\ -0{,}2 & 0{,}4 \end{pmatrix}$	$\begin{pmatrix} 2{,}6180328 & -0{,}00163 \\ -0{,}00163 & 0{,}3819672 \end{pmatrix}$
$\hat{\boldsymbol{A}}_k$	$\begin{pmatrix} 1 & -1 \\ -1 & 2 \end{pmatrix}$	$\begin{pmatrix} 2 & -1 \\ -1 & 1 \end{pmatrix}$	$\begin{pmatrix} 2{,}5 & -1 \\ -0{,}25 & 0{,}5 \end{pmatrix}$	$\begin{pmatrix} 2{,}6 & -1 \\ -0{,}04 & 0{,}4 \end{pmatrix}$	$\begin{pmatrix} 2{,}6180328 & -1 \\ -0{,}0000027 & 0{,}3819672 \end{pmatrix}$

Hier im Fall $n = 2$ (sonst natürlich nicht!) sind die Hauptdiagonalelemente bei beiden Verfahren die gleichen, ebenso das Produkt der Nebendiagonalelemente, die aus Symmetriegründen beim Diagonalalgorithmus einander gleich sind; beide streben gegen Null, während beim L-R-Algorithmus das Element $\hat{a}_{21}$ allein gegen Null konvergiert, wobei $\hat{a}_{12} = -1$ invariant bleibt. Die Eigenwerte erscheinen in der natürlichen Anordnung und sind nach dem achten Schritt schon recht genau.

Zweites Beispiel. Das Paar $\boldsymbol{A}$; $\boldsymbol{I}$ der Ordnung $n = 5$ mit

$$\boldsymbol{A} = 0{,}1\,\boldsymbol{K} + \boldsymbol{D}\text{iag}\,\langle a_{jj}\rangle = \begin{bmatrix} a_{11} & 0{,}1 & 0 & 0 & 0 \\ 0{,}1 & a_{22} & 0{,}1 & 0 & 0 \\ 0 & 0{,}1 & a_{33} & 0{,}1 & 0 \\ 0 & 0 & 0{,}1 & a_{44} & 0{,}1 \\ 0 & 0 & 0 & 0{,}1 & a_{55} \end{bmatrix}; \quad \sigma = 0{,}8\,.$$

Dabei ist σ die Summe der Beiträge der Außenelemente. Die Kongruenztransformation nach RUTISHAUSER ergibt nach $k = 55$ Transformationen die folgenden Werte für σ:

1. $\boldsymbol{D}\text{iag}\,\langle a_{jj}\rangle = \langle 5 \quad 4 \quad 3 \quad 2 \quad 1\,\rangle; \qquad \sigma = 0{,}000488$
2. $\boldsymbol{D}\text{iag}\,\langle a_{jj}\rangle = \langle 1 \quad 2 \quad 3 \quad 4 \quad 5\,\rangle; \qquad \sigma = 0{,}212369$
3. $\boldsymbol{D}\text{iag}\,\langle a_{jj}\rangle = \langle 5{,}0 \quad 4{,}9 \quad 4{,}8 \quad 4{,}7 \quad 4{,}6\rangle; \qquad \sigma = 0{,}406078$
4. $\boldsymbol{D}\text{iag}\,\langle a_{jj}\rangle = \langle 4{,}6 \quad 4{,}7 \quad 4{,}8 \quad 4{,}9 \quad 5{,}0\rangle; \qquad \sigma = 1{,}157934 > 0{,}8!!$

Dieses Beispiel bestätigt in eklatanter Weise zweierlei:

a) Die Konvergenz ist gut (schlecht), wenn die Beträge der Hauptdiagonalelemente von oben nach unten abnehmen (zunehmen). Dies liegt an dem Zwang zur natürlichen Anordnung. Die Matrizen 2 und 4 stehen dem diametral entgegen, so daß diese Umordnung zunächst einmal geleistet werden muß.

b) Die Konvergenz ist gut (schlecht) wenn die Eigenwerte deutlich getrennt liegen (nah beieinander liegen), somit der Quotient q_1 (12) wesentlich (unwesentlich) größer als Eins ist. Aus diesem Grunde konvergiert das Verfahren mit den Matrizen 3 und 4 langsamer als mit den Matrizen 1 und 2.

Im Beispiel 4 multiplizieren sich die beiden negativen Effekte derart, daß selbst nach 55 Transformationen die Außenbetragssumme σ größer ist als zu Anfang!

Fazit: Naive Dreiecksalgorithmen (das sind solche ohne Schift) sind nur bedingt brauchbar.

40.13. Transformation auf obere Blockdreiecksmatrix

Bislang hatten wir nach (84) vorausgesetzt, daß alle n Eigenwerte von verschiedenem Betrage seien, was in praxi natürlich nicht immer zutreffen wird. Wir müssen vielmehr in Verallgemeinerung der Situation (25) davon ausgehen, daß der Gesamtraum der Dimension n in eine Anzahl von σ Dominanzräumen zerfällt gemäß

$$\underbrace{|\lambda_{1,1}| = |\lambda_{1,2}| = \cdots = |\lambda_{1,m_1}|}_{\text{Dominanzraum } 1} > \underbrace{|\lambda_{2,1}| = |\lambda_{2,2}| = \cdots = |\lambda_{2,m_2}|}_{\text{Dominanzraum } 2} > \cdots >$$

$$\underbrace{|\lambda_{\sigma,1}| = |\lambda_{\sigma,2}| = \cdots = |\lambda_{\sigma,m_\sigma}|}_{\text{Dominanzraum } \sigma}, \tag{107}$$

wie in Abb. 40.4 für den konkreten Fall $n = 10$, $\sigma = 4$ dargestellt. Die Dreieckstransformation, gleichgültig ob äquivalent oder ähnlich (bzw. kongruent) durchgeführt, konvergiert dann gegen eine obere *Blockdreiecksmatrix* (oft auch als *Quasidreiecksmatrix* bezeichnet) mit den Blockordnungen $m_1, \ldots, m_\sigma$ aus (107). Für das konkrete Beispiel der Abb. 40.4 zeigt das Schema (108) die (bestenfalls) erreichbare Endform.

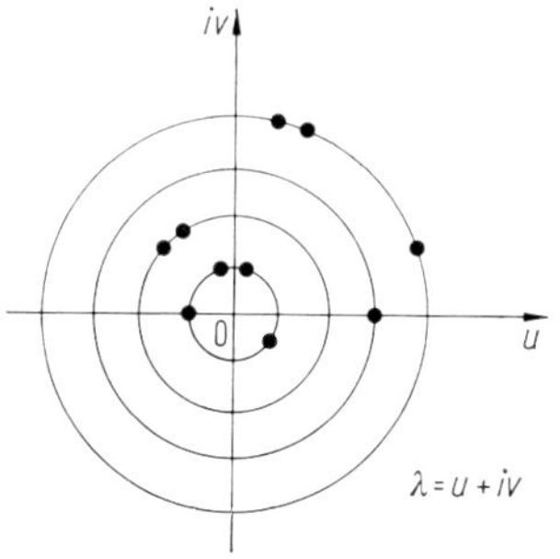

Abb. 40.4. Spektrum mit $n = 10$ und $\sigma = 4$

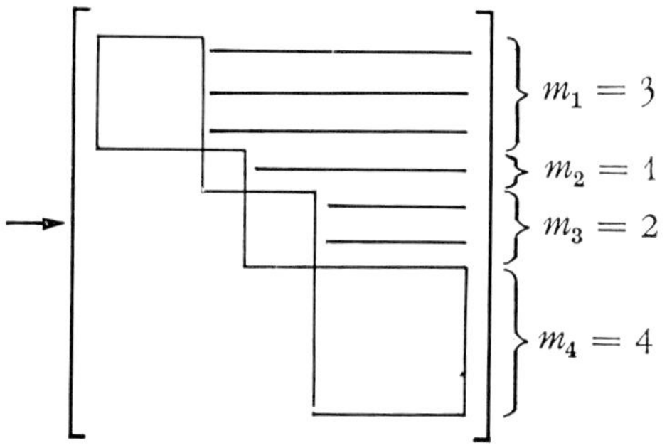

(108)

Der einfachste und zugleich wichtigste Fall, der in diese Kategorie gehört, liegt vor bei reellen Matrizen mit *einfachen* Paaren konjugiert-komplexer Eigenwerte

$$\lambda_j = u_j + i\, v_j\,, \qquad \bar{\lambda}_j = u_j - i\, v_j \tag{109}$$

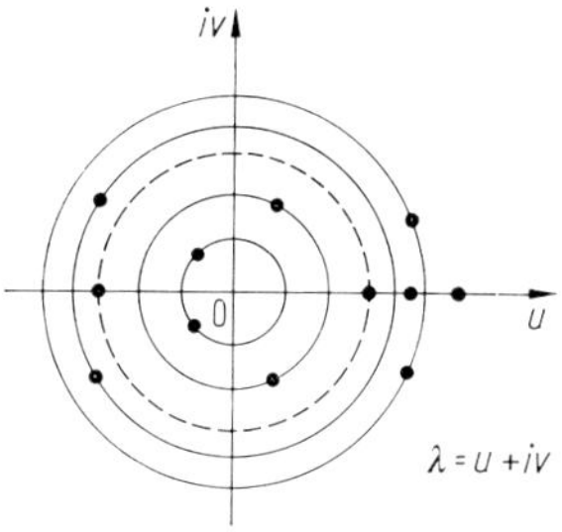

Abb. 40.5. Spektrum eines reellen Paares mit höchstens zweireihigen Hauptdiagonalblöcken

nach Abb. 40.5, wobei außerdem vorausgesetzt wird, daß auch die (eventuell vorhandenen) reellen Eigenwerte höchstens von *zweifachem* gleichen Betrage

$$|\lambda_k| = |\lambda_l| \tag{110}$$

auftreten. Die Dimension der Dominanzräume ist dann nicht größer als zwei, so daß in der Hauptdiagonale der transformierten Matrix $\tilde{\boldsymbol{A}}$ isolierte zweireihige Blöcke $\tilde{\boldsymbol{A}}_{jj}$ und/oder Elemente $\tilde{a}_{jj}$ stehen, aus denen sich die Näherungseigenwerte leicht berechnen lassen.

40.14. Dreiecks- und Diagonalalgorithmen mit progressivem Schift

Schon im Abschnitt 40.2 sahen wir, daß die gewöhnliche Potenziteration ohne Schift im allgemeinen viel zu langsam — wenn überhaupt — konvergiert; ein Mißverhalten, das hier bei der Simultaniteration mit n Startvektoren mit steigender Ordnungszahl n noch negativer durchschlägt, als die vorgeführten Beispiele zum Ausdruck brachten. Überspitzt formuliert: ein Dreiecksalgorithmus ohne Schiftstrategie ist überhaupt kein Algorithmus, sondern im besten Fall ein Glücksspiel (mit meist enttäuschendem Ausgang).

Diese Situation ändert sich schlagartig durch Einführung eines stationären oder noch wirkungsvoller progressiven Schifts mit dem Ziel, die Matrix

$$\boldsymbol{F}_\sigma := \boldsymbol{F}(\Lambda_\sigma) = \boldsymbol{A} - \Lambda_\sigma \boldsymbol{B} \tag{111}$$

(fast) singulär zu machen, so daß das Verfahren auf die im Abschnitt 40.5 abgehandelte WIELANDT-Iteration hinausläuft, durchgeführt mit den n Einheitsvektoren als neuen Startvektoren und neuem Schift nach jeder Dreieckstransformation. Ersetzen wir $\boldsymbol{A}$ durch $\boldsymbol{F}_\sigma$, so tritt mit $\sigma = k$, ferner $\boldsymbol{B} = \boldsymbol{I}$ an die Stelle von (85) bzw. (99) die Iterationsfolge

Äquivalenz

$$\begin{array}{l}\text{Start mit } \boldsymbol{L}_0\\ \text{Wähle } \Lambda_0, \text{ berechne } \boldsymbol{F}_0, \text{ mache } \boldsymbol{L}_1 \boldsymbol{F}_1 \boldsymbol{L}_0^{-1} = \nwarrow_1,\ \boldsymbol{I}_1 = \boldsymbol{L}_1 \boldsymbol{I}\,.\\ \text{Wähle } \Lambda_1, \text{ berechne } \boldsymbol{F}_1, \text{ mache } \boldsymbol{L}_2 \boldsymbol{F}_2 \boldsymbol{L}_1^{-1} = \nwarrow_2,\ \boldsymbol{I}_2 = \boldsymbol{L}_2 \boldsymbol{I}_1 \text{ usw.}\end{array} \tag{112}$$

Ähnlichkeit bzw. Kongruenz

$$\begin{array}{l}\text{Wähle } \Lambda_0, \text{ berechne } \boldsymbol{F}_0, \text{ mache } \boldsymbol{L}_0 \boldsymbol{F}_0 = \nwarrow_0,\ \tilde{\boldsymbol{F}}_0 = \nwarrow_0 \boldsymbol{L}_0^{-1}\,.\\ \text{Wähle } \Lambda_1, \text{ berechne } \tilde{\boldsymbol{F}}_1, \text{ mache } \boldsymbol{L}_1 \boldsymbol{F}_1 = \nwarrow_1,\ \tilde{\boldsymbol{F}}_1 = \nwarrow_1 \boldsymbol{L}_1^{-1} \text{ usw.}\end{array} \tag{113}$$

Was geschieht nun bei der fortlaufenden Potenzierung der geschifteten Matrix (111) bzw. $\boldsymbol{B}^{-1} \boldsymbol{F}_\sigma = \boldsymbol{B}^{-1} \boldsymbol{A} - \Lambda_\sigma \boldsymbol{I}$? Um diesen Vorgang zu klären, denken wir uns die Ähnlichkeitstransformation

$$\boldsymbol{T}^{-1} \boldsymbol{B}^{-1} \boldsymbol{F}_\sigma \boldsymbol{T} = \boldsymbol{J} \tag{114}$$

nach (19.28) durchgeführt und studieren das Verhalten der JORDAN-Matrix, deren einzelne Kästchen sich unabhängig voneinander potenzieren. Jedes von ihnen hat den Aufbau $\boldsymbol{J} = \xi\, \boldsymbol{I} + \boldsymbol{N}$, wo die Matrix $\boldsymbol{N}$ außer Nullen allein die mit Einsen und/oder Nullen besetzte rechte Kodiagonale enthält, siehe z.B. das erste Kästchen der Matrix $\boldsymbol{J}$ Abschn. 19.1. Die steigenden Potenzen einer Matrix $\boldsymbol{N}_p$ der Ordnung p enthalten außer Nullen immer kürzer werdende Schrägzeilen, die nach oben rechts abwandern, bis sie schließlich die Matrix verlassen; es ist daher $\boldsymbol{N}_p^p$ und jede höhere Potenz von $\boldsymbol{N}_p$ gleich der Nullmatrix, z.B.

für $p = 4$

$$\boldsymbol{N}_4 = \begin{pmatrix} 0 & 1 & 0 & 0 \\ 0 & 0 & 1 & 0 \\ 0 & 0 & 0 & 1 \\ 0 & 0 & 0 & 0 \end{pmatrix}, \quad \boldsymbol{N}_4^2 = \begin{pmatrix} 0 & 0 & 1 & 0 \\ 0 & 0 & 0 & 1 \\ 0 & 0 & 0 & 0 \\ 0 & 0 & 0 & 0 \end{pmatrix},$$

$$\boldsymbol{N}_4^3 = \begin{pmatrix} 0 & 0 & 0 & 1 \\ 0 & 0 & 0 & 0 \\ 0 & 0 & 0 & 0 \\ 0 & 0 & 0 & 0 \end{pmatrix}, \quad \boldsymbol{N}_4^4 = \begin{pmatrix} 0 & 0 & 0 & 0 \\ 0 & 0 & 0 & 0 \\ 0 & 0 & 0 & 0 \\ 0 & 0 & 0 & 0 \end{pmatrix}.$$

Erheben wir die Matrix $\boldsymbol{J}_p$ in eine Potenz $m > p$, so bricht aus diesem Grund die Binomialentwicklung mit dem Exponenten $p - 1$ ab,

$$\boldsymbol{J}_p^m = (\xi\, \boldsymbol{I} + \boldsymbol{N})^m = \xi^m\, \boldsymbol{I} + m\, \xi^{m-1}\, \boldsymbol{N}_p + \binom{m}{2} \xi^{m-2}\, \boldsymbol{N}_p^2 + \cdots$$
$$+ \binom{m}{p-1} \xi^{m-(p-1)}\, \boldsymbol{N}_p^{p-1}, \tag{115}$$

z.B. wird für $p = 2$

$$\boldsymbol{J}_2 = \begin{pmatrix} \xi & 1 \\ 0 & \xi \end{pmatrix}, \quad \boldsymbol{J}_2^2 = \begin{pmatrix} \xi^2 & 2\,\xi \\ 0 & \xi^2 \end{pmatrix}, \quad \boldsymbol{J}_2^3 = \begin{pmatrix} \xi^3 & 3\,\xi^2 \\ 0 & \xi^3 \end{pmatrix}, \quad \boldsymbol{J}_2^4 = \begin{pmatrix} \xi^4 & 4\,\xi^3 \\ 0 & \xi^4 \end{pmatrix} \text{usw.} \tag{116}$$

Ist nun $|\xi| < 1$, so konvergiert für $m > p$ das Kästchen $\boldsymbol{J}_p^m$ gegen die Nullmatrix, und dies bleibt so, wenn die Ähnlichkeitstransformation (114) wieder zurückgenommen wird, mit anderen Worten, wenn wir an der verdeckten JORDAN-Matrix $\boldsymbol{B}^{-1}\boldsymbol{F}_\sigma = \boldsymbol{T}\boldsymbol{J}\boldsymbol{T}^{-1}$ zum Partner $\boldsymbol{I}$ bzw. am Paar $\boldsymbol{F}_\sigma$; $\boldsymbol{B}$ den Algorithmus ausüben. Fazit: um die Konvergenz gegen einen p-fachen Eigenwert λ_j zu erzwingen, muß die Differenz $\xi = \lambda_j - \Lambda_\sigma$ möglichst klein gewählt werden — genau dies aber ist WIELANDTS bestechende Idee aus dem Jahre 1944, die knapp 15 Jahre später von RUTISHAUSER und BAUER aufgenommen wurde und zum Erfolg ihrer Algorithmen führte.

Die Abb. 40.6 zeigt nochmals die Reihenfolge der angesteuerten Eigenwerte, geordnet nach größer werdendem Abstand vom aktuellen Schift Λ bzw. vom Startschift nach jeder Ordnungserniedrigung. Da, wie wir wissen, diese Reihenfolge sich im Laufe der Iteration durchsetzt, somit die betragskleinsten Differenzen $|\Lambda - \lambda_j|$ unten rechts in der transformierten Matrix erscheinen, darf man mit einigem Recht aus einem RITZ-Ansatz möglichst hoher Ordnung unten rechts in dem aktuellen Paar ∇_k; $\boldsymbol{I}_k$ bzw. $\boldsymbol{C}_k$; $\boldsymbol{I}$

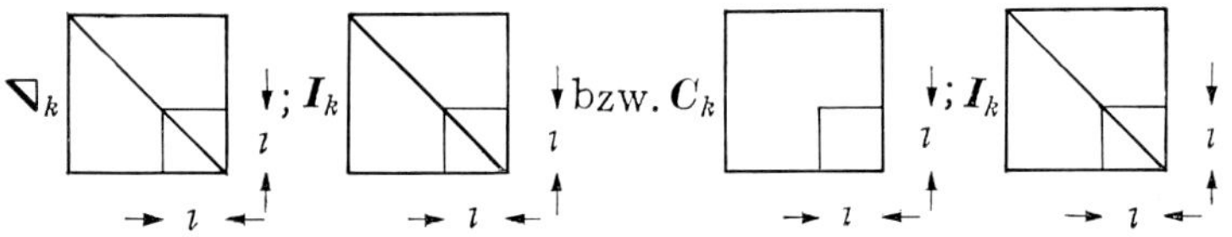

(117)

Äquivalenz (BAUER) bzw. Ähnlichkeit (RUTISHAUSER u. a.)

brauchbare Näherungen erwarten. Aus dem Kondensat der Ordnung l werden die RITZ-Eigenwerte $\xi_1, \xi_2, \ldots, \xi_l$ ermittelt und der betragskleinste, somit der dem aktuellen Schift Λ_k nächstgelegene Wert $\tilde{\xi}$ zur Verbesserung herangezogen

$$\boxed{\Lambda_{k+1} = \Lambda_k + \tilde{\xi}; \quad \tilde{\xi} = \min_{j=1}^{l} |\xi_j|} \; . \tag{118}$$

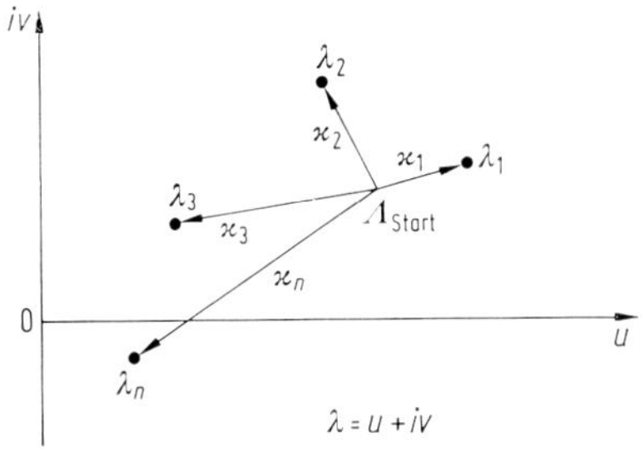

Abb. 40.6. Zur Wahl des aktuellen Schifts

Sind mehrere der Werte (118) betragsgleich, so wählt man einen beliebigen unter ihnen. Sind $\boldsymbol{A}$ und/oder $\boldsymbol{B}$ komplex, so fallen im allgemeinen auch $\tilde{\xi}$ und damit Λ_{k+1} komplex aus, und der ganze Algorithmus verläuft im Komplexen. Ist das Paar $\boldsymbol{A}; \boldsymbol{B}$ reell (nicht reellsymmetrisch), so sind konjugiert komplexe Eigenwerte durchaus zu erwarten. Auch der — mindestens zweireihige — RITZ-Ansatz liefert dann, falls Λ_k reell gewählt wurde, nach (118) ein konjugiert komplexes Paar neuer Schiftpunkte

$$\Lambda_{k+1} = U_{k+1} + i\, V_{k+1}\,, \qquad \bar{\Lambda}_{k+1} = U_{k+1} - i\, V_{k+1}\,, \tag{119}$$

doch wäre es untunlich, einen von diesen zu wählen, weil auf diese Weise alles Folgende komplex würde. Wir erklären den Realteil

$$\mathring{\Lambda}_{k+1} := U_{k+1} \tag{120}$$

zum nächsten Schift und rücken somit nach Abb. 40.7 auf der reellen Achse näher an das betragskleinste Paar $\xi_1, \bar{\xi}_1$ heran. Die zweireihige Blockmatrix auf der Hauptdiagonale unten links in ∇ bzw. $\boldsymbol{C}$ konvergiert dann gegen die schiefsymmetrische reelle Matrix

$$\boldsymbol{C}_{nn} = \begin{pmatrix} 0 & V_1 \\ -V_1 & 0 \end{pmatrix} \tag{121}$$

mit den Eigenwerten $+i\,V_1$ und $-i\,V_1$, während der Schift (120) selbst gegen den Realteil jenes Paares $\lambda_1, \bar{\lambda}_1$ konvergiert, der dem Startschift am nächsten liegt.

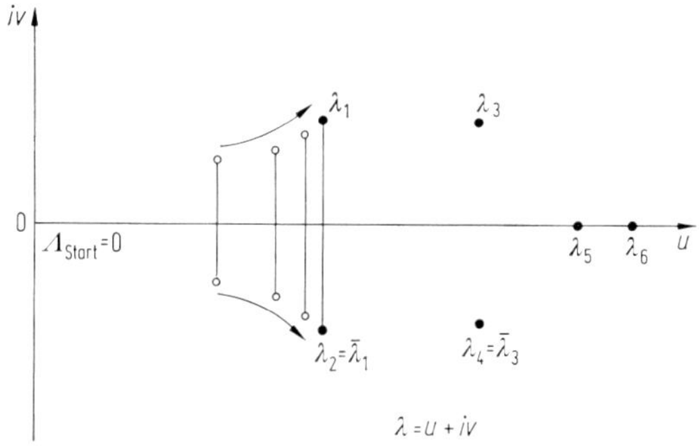

Abb. 40.7. Zur Schiftstrategie bei reellen Paaren mit komplexen Eigenwerten

Der Ritz-Ansatz mit den letzten l Einheitsvektoren nach (116) führt allerdings bei großen Ordnungszahlen, etwa $n \geqq 1000$, erst in einem sehr späten Stadium der Rechnung zu einem brauchbaren neuen Schift; oft erst dann, wenn die Rundungsfehler den Informationsgehalt der mehr als n mal transformierten Matrix $\boldsymbol{F}_k$ aufgezehrt haben, womit der dahinsiechende Algorithmus ohne Ergebnis verendet. Wir werden deshalb im Abschnitt 40.18 eine Variante beschreiben, die diesen Nachteil vermeidet.

Wir wiederholen das erste Beispiel aus Abschnitt 40.11, Dreiecksiteration nach Bauer mit progressivem Schift. Startschift $\Lambda_1 = 0$ gibt $\tilde{\boldsymbol{A}}_1 = \boldsymbol{A}$. Natürlich können wir bei $n = 2$ nur einen einreihigen Ritz-Ansatz machen, somit steht der Näherungswert ξ_k ohne zusätzliche Rechnung nach jedem Schritt unten rechts in der Matrix ∇_k.

1\. Schritt. $\quad \boldsymbol{A}_1 = \boldsymbol{A} = \begin{pmatrix} 1 & 1 \\ 2 & 1 \end{pmatrix}$

$$\boldsymbol{L}_1 \begin{pmatrix} 1 & 0 \\ -2 & 1 \end{pmatrix} \begin{pmatrix} 1 & 1 \\ 0 & -1 \end{pmatrix} \nabla_1 .$$

2\. Schritt. Es ist $\Lambda_2 = \Lambda_1 + \xi_1 = 0 - 1 = -1$, somit

$$\tilde{\boldsymbol{A}}_2 = \boldsymbol{B}^{-1} \boldsymbol{F}(\Lambda_2) = \boldsymbol{I}(\boldsymbol{A} + 1 \cdot \boldsymbol{I}) = \begin{pmatrix} 2 & 1 \\ 2 & 2 \end{pmatrix}.$$

$$\begin{array}{ll} \boldsymbol{L}_1^{-1} & \begin{pmatrix} 1 & 0 \\ 2 & 1 \end{pmatrix} \\ \tilde{\boldsymbol{A}}_2 \begin{pmatrix} 2 & 1 \\ 2 & 2 \end{pmatrix} & \begin{pmatrix} 4 & 1 \\ 6 & 2 \end{pmatrix} \\ \boldsymbol{L}_2 \begin{pmatrix} 1 & 0 \\ -1{,}5 & 1 \end{pmatrix} & \begin{pmatrix} 4 & 1 \\ 0 & 0{,}5 \end{pmatrix} \nabla_2 . \end{array}$$

3. Schritt. Man findet ebenso

$$\Lambda_3 = -1 + \frac{1}{2} = -\frac{1}{2},$$

$$\boldsymbol{L}_3 \tilde{\boldsymbol{A}}_3 \boldsymbol{L}_2^{-1} = \begin{pmatrix} 1 & 0 \\ -\frac{17}{12} & 1 \end{pmatrix} \begin{pmatrix} \frac{3}{2} & 1 \\ 2 & \frac{3}{2} \end{pmatrix} \begin{pmatrix} 1 & 0 \\ \frac{3}{2} & 1 \end{pmatrix} = \begin{pmatrix} 3 & 1 \\ 0 & \frac{1}{12} \end{pmatrix} = \nabla_3 .$$

4. Schritt.

$$\Lambda_4 = -\frac{5}{12},$$

$$\boldsymbol{L}_4 \tilde{\boldsymbol{A}}_4 \boldsymbol{L}_3^{-1} = \begin{pmatrix} 1 & 0 \\ -\frac{577}{408} & 1 \end{pmatrix} \begin{pmatrix} \frac{17}{12} & 1 \\ 2 & \frac{17}{12} \end{pmatrix} \begin{pmatrix} 1 & 0 \\ \frac{17}{12} & 1 \end{pmatrix} = \begin{pmatrix} \frac{17}{6} & 1 \\ 0 & \frac{1}{408} \end{pmatrix} = \nabla_4 .$$

Zu den beiden Hauptdiagonalelementen von ∇_4 addieren wir den letzten Schift $\Lambda_4 = -\frac{5}{12}$ und bekommen die beiden Näherungen

$$\lambda_1 \approx \frac{17}{6} - \frac{5}{12} = \frac{29}{12} = 2{,}416\,666\,667 \text{ statt } \lambda_1 = 1 + \sqrt{2} = 2{,}414\,213\,562\,,$$

$$\lambda_2 \approx \frac{1}{408} - \frac{5}{12} = -\frac{169}{408} = -0{,}414\,215\,686 \text{ statt } \lambda_2 = 1 - \sqrt{2} = -0{,}414\,213\,562\,,$$

und dieser zweite Wert ist sehr viel besser als $\lambda_2 \approx -17/41 = -0{,}414\,634\,146$ aus Abschnitt 40.11. Infolge des Schiftens ist der betragskleinste Wert auf fünf Stellen genau, dagegen der größere Wert nur auf zwei Stellen, und dies ist typisch für alle Dreiecksalgorithmen mit Schift.

Der Leser berechne auch noch die Näherungsmodalmatrix $\tilde{\boldsymbol{X}}$.

40.15. Sukzessive Ordnungserniedrigung oder gleichmäßige Konvergenz gegen das Spektrum?

Die Dreiecksalgorithmen, ob mit oder ohne Schift durchgeführt, ermöglichen die bereits in Abschnitt 35.4 abgehandelte Ordnungserniedrigung aufgrund einer sukzessiven Partitionierung in Blöcken nach folgendem Schema

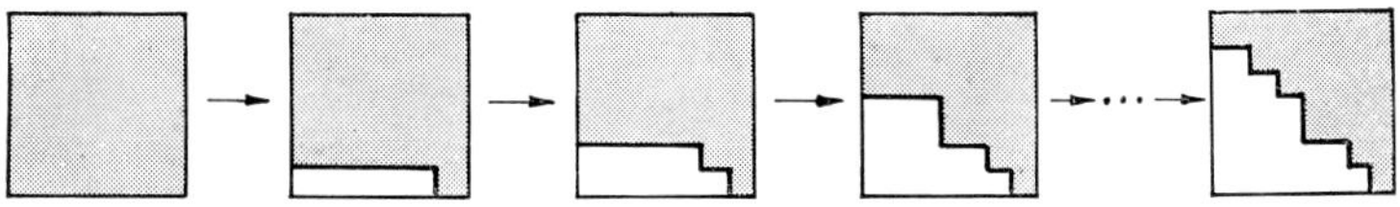

, (122)

doch ist diese Vorgehensweise in höchstem Grad unökonomisch. Sie setzt nämlich voraus, daß die Nullen in den weißen Feldern der

Dreiecksalgorithmen		SECURITAS
Äquivalenz	Ähnlichkeit bzw. Kongruenz	Äquivalenz bzw. Kongruenz
Iterative Ermittlung eines Eigenwertes λ_ν mit oder ohne zugehörigen Eigenvektor $\boldsymbol{x}_\nu$ bzw. $\boldsymbol{y}_\nu$ Schiftwahl Λ_j		
Dreiecksform von $\boldsymbol{F}(\Lambda_j)$ herstellen und wieder zudecken		Bereinigung der Matrix $\boldsymbol{F}(\Lambda_j)$ bzw. Zentraltransformation
	Die Partnermatrix $\boldsymbol{I}$	
geht über in $\boldsymbol{I}_k$	bleibt erhalten	geht über in $\boldsymbol{L}_k\,\boldsymbol{I}\,\boldsymbol{R}_k =: \boldsymbol{B}_k$
	Rechtseigenvektor $\boldsymbol{x}_\nu$	
Auflösen des Systems $(\nabla_k - \lambda\,\boldsymbol{I})\,\boldsymbol{n}_{k+1} = \boldsymbol{o}$ ergibt $\boldsymbol{x}_\nu \approx \boldsymbol{L}_k^{-1}\,\boldsymbol{n}_{k+1}$	erfordert Multiplikation der Transformationsmatrizen $\boldsymbol{P}_{k+1}^{-1} = \boldsymbol{L}_k^{-1}\,\boldsymbol{P}_k^{-1}$ mit $\boldsymbol{P}_1^{-1} = \boldsymbol{L}_1^{-1}$. Auflösen des Systems $(\boldsymbol{A}_k - \lambda\,\boldsymbol{I})\,\boldsymbol{v}_k = \boldsymbol{o}$ ergibt $\boldsymbol{x}_\nu \approx \boldsymbol{P}_k^{-1}\,\boldsymbol{v}_k$	wird ohne Aufwand mitgeliefert
	Linkseigenvektor $\boldsymbol{y}_\nu$	
wird bei nichtnormaler Matrix $\boldsymbol{A}$ nicht mitgeliefert		wird ohne Aufwand mitgeliefert
	Antreibender Motor	
Verstecktes Potenzieren durch indirektes Herstellen der Produktmatrix $\varphi(\boldsymbol{A}) = \prod_{j=1}^{k} (\boldsymbol{A} - \Lambda_j\,\boldsymbol{I})$		RITZ-Ansatz (bzw. BONAVENTURA mit speziellen Vektoren, gewonnen aus der Bereinigung der Matrix $\boldsymbol{F}(\Lambda_j)$ bzw. der Zentraltransformation
	Besondere Eigenschaften	
profilzerstörend selbstkorrigierend	profilerhaltend nicht selbstkorrigierend	teilweise profilzerstörend selbstkorrigierend
Weitere Eigenwerte und/oder Eigenvektoren werden gewonnen durch		
sukzessive Ordnungserniedrigung. Der Rechenaufwand wird von Mal zu Mal geringer		sukzessive Auslöschung. Der Rechenaufwand bleibt für jede Auslöschung der gleiche

Matrizenfolge (122) exakt, praktisch also mit der vollen Stellenzahl der Maschine erzeugt werden, auch wenn nur wenige Dezimalstellen der gesuchten Eigenwerte relevant sind, und dies trifft fast immer zu. Während also die zuerst berechneten Eigenwerte mit unrealistischer Genauigkeit vorliegen, weiß man über die restlichen so lange (fast) nichts, bis auch sie an die Reihe kommen. Diese im direkten Widerspruch zu den Belangen der Praxis stehende *punktuelle* Konvergenz gegen das Spektrum werden wir deshalb im nächsten Abschnitt ersetzen durch eine *gleichmäßige* Konvergenz, und zwar durch Einführung von Nivellements nach dem Muster der JACOBI-Rotation.

• 40.16. Gleichmäßige Konvergenz gegen das Spektrum durch partielle Ähnlichkeitstransformation

Die in den letzten Abschnitten besprochenen Dreiecksalgorithmen (deren Kenntnis für das folgende nicht erforderlich ist), lassen sich dahingehend abändern, daß die punktuelle durch eine gleichmäßige Konvergenz ersetzt wird, allerdings um den Preis höheren Speicherbedarfs. Es handelt sich um die partielle Ähnlichkeitstransformation einer in vier Blöcke unterteilten Matrix (123); partiell deshalb, weil sie sich allein auf den Block $\boldsymbol{A}_{jj}$ oben links bezieht, wenngleich die in diesem Zusammenhang als *Appendizes* bezeichneten Blöcke $\boldsymbol{A}_{jk}$ und $\boldsymbol{A}_{kj}$ ersichtlich nicht unbetroffen bleiben. Im ersten Schritt machen wir eine Linkstransformation von $\boldsymbol{A}_{jj}$ auf obere Dreiecksmatrix ∇_{jj}

$$\boldsymbol{A} = \begin{bmatrix} \boldsymbol{A}_{jj} & \boldsymbol{A}_{jk} \\ \boldsymbol{A}_{kj} & \boldsymbol{A}_{kk} \end{bmatrix} \rightarrow \begin{bmatrix} \boldsymbol{L}_j \boldsymbol{A}_{jj} & \boldsymbol{L}_j \boldsymbol{A}_{jk} \\ \boldsymbol{A}_{kj} & \boldsymbol{A}_{kk} \end{bmatrix} =$$

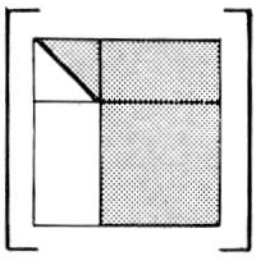

. (123)

und nehmen dies im zweiten Schritt durch die Rechtstransformation von $\boldsymbol{L}_j \boldsymbol{A}_{jj}$ zurück, so daß der Partner $\boldsymbol{I}$ von $\boldsymbol{A}$ wiederhergestellt ist:

$$\begin{bmatrix} \boldsymbol{L}_j \boldsymbol{A}_{jj} \boldsymbol{L}_j^{-1} & \boldsymbol{L}_j \boldsymbol{A}_{jk} \\ \boldsymbol{A}_{kj} \boldsymbol{L}_j^{-1} & \boldsymbol{A}_{kk} \end{bmatrix} =$$

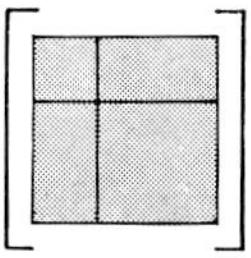

. (124)

Wir haben in den vorangegangenen Abschnitten gezeigt, daß bei iterativer Wiederholung solcher Transformationen die Elemente der letzten Blockzeile von $\boldsymbol{A}_{jj}$ gegen Null konvergieren, wobei die Höhe ϱ_j dieser Blockzeile gleich Eins ist, wenn ein einfacher Eigenwert angesteuert wird. Gibt man eine Niveauhöhe ε vor, so gilt die Iteration als beendet, sobald alle Beträge dieser Blockzeile kleiner als ε geworden sind, was die grobe Rasterung andeuten möge

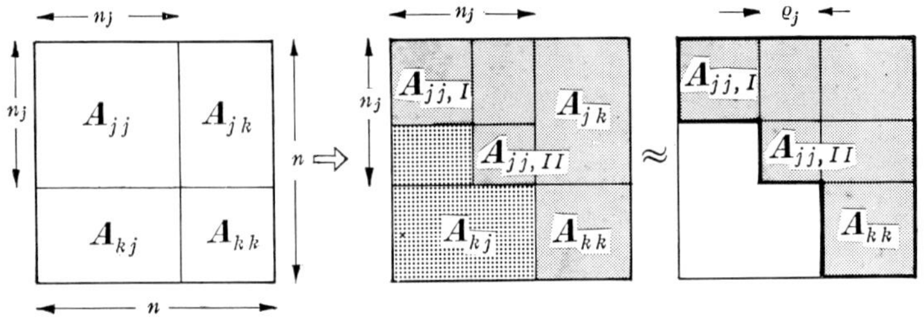

. (125)

Nun die Kernfrage: was ist mit dieser Teiltransformation erreicht? Im Grunde nichts; sorgt man aber dafür, daß die Elemente im Appendix $\boldsymbol{A}_{kj}$ ebenfalls unter das Niveau ε gesunken sind und ersetzt diese alle ebenso wie die gerade erzeugten kleinen Elemente der Blockzeile in $\boldsymbol{A}_{jj}$ durch Nullen, so ist die Gesamtmatrix (125) näherungsweise partitioniert, und damit zerfällt die Determinante der Matrix $\boldsymbol{F}(\lambda) = \boldsymbol{A} - \lambda\,\boldsymbol{I}$ in das Produkt von drei Determinanten, von denen uns allein die mittlere interessiert. Aus der Gleichung

$$\det \boldsymbol{F}_{jj,\mathrm{II}} = \det(\boldsymbol{A}_{jj,\mathrm{II}} - \varphi\,\boldsymbol{I}_{\mathrm{II}}) = 0 \tag{126}$$

gewinnen wir dann ϱ_j Näherungen für die gesuchten Eigenwerte des Paares $\boldsymbol{A};\boldsymbol{I}$.

Damit ist die partielle Dreieckstransformation der Nummer j abgeschlossen. Als nächstes wird die Matrix $\boldsymbol{A}_{jj,\mathrm{I}}$ der Ordnung $n_j - \varrho_j$ oben links partiell transformiert und so fort, bis schließlich der letzte Block bzw. das letzte Element oben links in $\boldsymbol{A}$ stehenbleibt.

Voraussetzung für diese Vorgehensweise ist allerdings, daß die Iteration mit der Gesamtmatrix $\boldsymbol{A} = \boldsymbol{A}_{jj}$ begonnen wird; es entfällt dann die Blockunterteilung, somit gibt es auch keine Appendizes. Erst wenn die erste Teiltransformation abgeschlossen ist, tritt das Blockschema (125) in Kraft.

Sind nach beendetem Nivellement die n Näherungswerte nicht deutlich genug getrennt, so daß nicht sicher ist, ob sie tatsächlich mehrfach bzw. dicht benachbart sind oder nur infolge der Ungenauigkeit der Partitionierung, so wird mit der kleineren Niveauhöhe $\varepsilon/10$ oder $\varepsilon/100$ das nächste Nivellement durchgeführt und so weiter ad libitum. Für die zumeist nur wenigen interessierenden Eigenwerte λ_j geht man mit den so gewonnenen Näherungen in einen Selektionsalgorithmus (mit nachfolgender Einschließung) ein, der dann auch die zugehörigen Links- und Rechtseigenvektoren liefert; aus diesem Grunde bleibt — wie immer! — die Matrix $\boldsymbol{A}$ unversehrt im Speicher.

Entschließt man sich zu einem endgültig letzten Nivellement, so brauchen die Appendizes natürlich nicht mittransformiert zu werden; sie haben dann ausgedient. Oder noch rigoroser: wählt man von vornherein ε klein genug in der Absicht, es bei einem einzigen Nivellement bewenden zu lassen, so ist dies nichts weiter als eine schludrig durchgeführte Ordnungserniedrigung, die dennoch durchaus annehmbare Näherungen liefern kann.

Die damit vorgestellte partielle Ähnlichkeitstransformation der Matrix $\boldsymbol{A}$ mit dem Ziel der gleichmäßigen Konvergenz verläuft selbstredend genauso an der stationär oder progressiv geschifteten Matrix $\boldsymbol{F}(\Lambda)$; wir werden im Abschnitt 40.19 darauf zurückkommen.

Nun zur Transformationstechnik.

1a) Linkstransformation von $\boldsymbol{A}_{jj}$. Dies geschieht wie immer mit Hilfe von $n_j - 1$ dyadischen Elementarmatrizen alternativ (Elevator/Reflektor/Kalfaktor):

$$\boldsymbol{L}_j \boldsymbol{A}_{jj} = \boldsymbol{L}_{n_j-1} \cdots \boldsymbol{L}_2 \boldsymbol{L}_1 \boldsymbol{A}_{jj} = \nabla_j \,. \tag{127}$$

Angenommen, es wären die ersten drei Teiltransformationen durchgeführt, dann stehen im Speicher die Leitvektoren $\boldsymbol{v}_1, \boldsymbol{v}_2, \boldsymbol{v}_3$ und die ersten drei Spalten $\boldsymbol{d}_1, \boldsymbol{d}_2, \boldsymbol{d}_3$ der oberen Dreiecksmatrix ∇_j. Es folgt das Aufdecken der vierten Spalte der dreifach transformierten Matrix $\boldsymbol{A}_{jj}$, sodann Reduktion nach unten, womit $\boldsymbol{v}_4$ und auch $\boldsymbol{d}_4$ festliegen:

$$\tilde{\boldsymbol{a}}_{jj,4} = \boldsymbol{L}_3 \boldsymbol{L}_2 \boldsymbol{L}_1 \cdot \boldsymbol{a}_{jj,4} = \begin{pmatrix} \cdot \\ \cdot \\ \cdot \\ \cdot \\ \cdot \end{pmatrix} \to \boldsymbol{v}_4 \to \boldsymbol{L}_4 \tilde{\boldsymbol{a}}_{jj,4} = \boldsymbol{d}_4 = \begin{pmatrix} \cdot \\ \cdot \\ \cdot \\ \cdot \\ \boldsymbol{o} \end{pmatrix} . \tag{128}$$

Beide Vektoren werden weggespeichert.

1b) Linkstransformation des Appendix $\boldsymbol{A}_{jk}$. Die $n - n_j$ Spalten von $\boldsymbol{A}_{jk}$ werden der Reihe nach mit dem Produkt der $n_j - 1$ Elementarmatrizen von rechts multipliziert. Jedesmal wird mit dem Ergebnis die alte Spalte überschrieben.

2a) Rechtstransformation von $\boldsymbol{L}_j \boldsymbol{A}_{jj} = \nabla_j$.

$$\boldsymbol{L}_j \boldsymbol{A}_{jj} \boldsymbol{L}_j^{-1} = \nabla_j \boldsymbol{L}_j^{-1} = \nabla_j \boldsymbol{L}_1^{-1} \boldsymbol{L}_2^{-1} \cdots \boldsymbol{L}_{n_j-1}^{-1} \mid \cdot \boldsymbol{e}_\sigma ; \quad \sigma = 1, 2, \ldots, n_j \,. \tag{129}$$

Der Einheitsvektor $\boldsymbol{e}_\sigma$ wird von rechts heranmultipliziert und mit dem Ergebnis die Spalte $\boldsymbol{d}_\sigma$ überschrieben.

2b) Rechtstransformation des Appendix $\boldsymbol{A}_{kj}$. Analog zu 2a:

$$\boldsymbol{A}_{kj} \boldsymbol{L}_j^{-1} = \boldsymbol{A}_{kj} \boldsymbol{L}_1^{-1} \boldsymbol{L}_2^{-1} \cdots \boldsymbol{L}_{n_j-1}^{-1} \mid \cdot \boldsymbol{e}_\sigma ; \qquad \sigma = 1, 2, \ldots, n_j \,. \tag{130}$$

Die partielle Ordnungserniedrigung ist im Gegensatz zur „exakten“ Durchführung mit „echten“ Nullen profilzerstörend. Man sollte daher, falls das Paar $\boldsymbol{A}; \boldsymbol{B}$ ein ausgeprägtes Profil besitzt (Band, Hülle, HESSENBERG-Form u. a.) von vornherein die Niveauhöhe ε klein genug wählen und sich auf ein einziges Nivellement beschränken; die Appendizes dürfen dann außer acht gelassen werden.

Wir rechnen zwei Beispiele. Das reellsymmetrische Paar $\boldsymbol{A}; \boldsymbol{I}$ bzw. $\tilde{\boldsymbol{A}}; \boldsymbol{I}$ der Bandbreite $b_u = b_o = 2$ ist ohne Schift partiell auf obere Dreiecksform zu transformieren.

$$\boldsymbol{A} = \begin{bmatrix} 50 & 1 & 1 & 0 & 0 \\ 1 & 40 & 0 & 1 & 0 \\ 1 & 0 & 30 & 0 & 1 \\ 0 & 1 & 0 & 20 & 1 \\ 0 & 0 & 1 & 1 & 10 \end{bmatrix}, \quad \tilde{\boldsymbol{A}} = \begin{bmatrix} 10 & 1 & 1 & 0 & 0 \\ 1 & 20 & 0 & 1 & 0 \\ 1 & 0 & 30 & 0 & 1 \\ 0 & 1 & 0 & 40 & 1 \\ 0 & 0 & 1 & 1 & 50 \end{bmatrix}.$$

Beide Matrizen gehen durch gleichnamige Zeilen- und Spaltenvertauschungen auseinander hervor und besitzen daher das gleiche Spektrum:

$$\begin{aligned} \lambda_1 &= 50{,}148\,560\,459\,859\,37 \,, \\ \lambda_2 &= 39{,}951\,642\,076\,502\,35 \,, \\ \lambda_3 &= 30{,}000\,049\,745\,056\,53 \,, \\ \lambda_4 &= 20{,}048\,292\,127\,321\,79 \,, \\ \lambda_5 &= 9{,}851\,455\,591\,259\,749 \,. \end{aligned}$$

Wir rechnen vier Nivellements mit jedesmal neuem Start, also ohne die vorangegangene Rechnung zu verwerten. Es stehen die Hauptdiagonalelemente (das sind die RAYLEIGH-Quotienten zur Einheitsmatrix $\boldsymbol{I}$) als Näherungswerte untereinander, daneben die benötigte Anzahl von Transformationen, von unten nach oben zu lesen. Abschließend folgt das größte Außenelement im linken unteren Dreieck nach beendetem Nivellement. Es ist durchweg kleiner als ε, was indessen als Zufall zu werten ist; im allgemeinen ist dies keineswegs garantiert! Die Matrix $\tilde{\boldsymbol{A}}$ benötigt für die Nivellierung der unteren Zeilen erheblich mehr Transformationen als $\boldsymbol{A}$, und dies ist klar als Folge der Diagonaldominanz: die Hauptdiagonalelemente a_{jj} sind natürlich geordnet, die $\tilde{a}_{jj}$ dagegen kontrageordnet und müssen daher umgewälzt werden. Der Leser vergleiche dazu das Beispiel aus Abschnitt 40.12.

Erstes Nivellement. $\varepsilon = 0{,}001$

Matrix $\boldsymbol{A}$ ↓		Matrix $\tilde{\boldsymbol{A}}$ ↓	
50,148 461 013 137 70	—	50,148 534 033 505 35	—
39,951 706 674 143 42	15	39,951 570 402 455 95	10
30,000 062 740 502 70	4	30,000 024 759 315 60	14
20,048 232 014 677 37	2	20,048 385 894 401 89	13
9,851 537 557 538 519	9	9,851 484 910 320 313	19
	0,000 883		0,000 871

Zweites Nivellement. $\varepsilon = 0{,}0001$

↓		↓	
50,148 551 369 515 13	—	50,148 557 853 338 96	—
39,951 649 842 744 75	17	39,951 634 985 744 29	12
30,000 050 083 669 85	6	30,000 044 015 837 26	17
20,048 283 449 665 34	5	20,048 304 792 003 21	15
9,851 465 254 404 537	12	9,851 458 353 075 308	22
	0,000 098 8		0,000 099 7

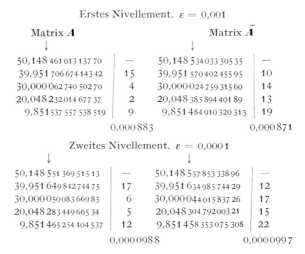

Drittes Nivellement. $\varepsilon = 0{,}00001$

↓		↓	
50,148 559 542 579 10	—	50,148 560 193 139 33	—
39,951 642 892 321 37	19	39,951 641 368 488 40	14
30,000 049 738 796 80	9	30,000 049 364 660 36	19
20,048 291 672 886 10	6	20,048 293 179 145 91	18
9,851 456 153 416 106	16	9,851 455 894 564 894	25
	0,000 009 71		0,000 009 24

Viertes Nivellement. $\varepsilon = 0{,}000001$

↓		↓	
50,148 560 365 705 10	—	50,148 560 432 418 34	—
39,951 642 161 247 54	21	39,951 642 005 496 89	16
30,000 049 745 355 15	11	30,000 049 723 401 58	21
20,048 292 069 757 38	9	20,048 292 212 288 55	21
9,851 455 657 934 172	19	9,851 455 626 393 437	28
	0,000 000 982		0,000 000 966

Sehr schön zu beobachten ist hier die durch die ansteigende Niveauhöhe erzwungene gleichmäßige Konvergenz. Die ungültigen (klein gedruckten) Ziffern werden stetig weniger und folgen in etwa dem Pfeil, der die Niveauhöhe markiert.

Das letzte Nivellement der fünften Zeile von $\tilde{\boldsymbol{A}}$ benötigt 28 Transformationen. Die aktuellen Hauptdiagonalelemente (als Näherungen für die Eigenwerte) sind auf zwei Stellen gerundet in der nachfolgenden Tabelle aufgeführt. Man erkennt in jeder der fünf Zeilen den zeitraubenden Umwälzvorgang, der das Handicap aller herkömmlichen Dreiecksalgorithmen ist (auch solcher mit Schift!). Nach der achten Transformation ist angenäherter Gleichstand erreicht; alle fünf Rayleigh-Quotienten liegen bei 30. Nach weiteren sieben Transformationen hat die natürliche Ordnung sich durchgesetzt, womit die Umwälzperiode beendet ist. Nach abermals acht Transformationen sind die ersten beiden Dezimalen aller fünf Näherungen gültig. Die letzte Zeile der Tabelle enthält die Anzahl der gültigen Dezimalen für den kleinsten Eigenwert λ_5.

Niveauhöhe $\varepsilon = 0{,}000001$, Matrix $\tilde{\boldsymbol{A}}$, fünfte Zeile, 28 Transformationen

1	2	3	4	5	6	7	8	9	10	11	12	13	14
10	11	12	14	18	23	26	29	30	31	33	35	37	39
20	20	20	20	21	23	26	29	32	35	37	38	39	39
30	30	29	27	23	19	21	30	38	42	44	44	42	41
40	40	40	39	38	36	32	28	29	29	26	24	22	21
50	50	50	49	49	48	44	34	21	13	11	10	< 10	< 10
—	—	—	—	—	—	—	—	—	—	—	—	2	2

15	16	17	18	19	20	21	22	23	24	25	26	27	28
42	44	46	48	48	49	49	50	50	50	50	50	50	50
39	39	39	40	40	40	40	40	40	40	40	40	40	40
38	36	34	33	32	31	31	31	30	30	30	30	30	30
21	20	20	20	20	20	20	20	20	20	20	20	20	20
< 10	< 10	< 10	< 10	< 10	< 10	< 10	< 10	< 10	< 10	< 10	< 10	< 10	< 10
3	3	4	4	4	5	5	5	6	6	6	7	7	7

Die RAYLEIGH-Quotienten $\tilde{a}_{jj}$ sind nach der 27. Transformation

$$
\begin{aligned}
a_{11} &= 50{,}113705928\,72820\,, & a_{44} &= 20{,}049184818\,64555\,,\\
a_{22} &= 39{,}945572527\,13406\,, & a_{55} &= 9{,}851455663\,124916\,.\\
a_{33} &= 30{,}040081062\,36659\,,
\end{aligned}
$$

Im Verlauf der 28. Transformation ändern sich nur die ersten der kleingedruckten Dezimalen. Der Leser wiederhole die Rechnung nicht — wie hier gezeigt — mit vier neuen Starts sondern nach der Vorschrift der partiellen Ordnungserniedrigung. Die Ergebnisse sind jedoch fast dieselben.

40.17. Die Transformation singulärer Matrizen auf Normalform

Bevor wir weitergehen, ist es erforderlich, einen für die Dreiecks- bzw. Diagonalalgorithmen grundlegenden Sachverhalt zu studieren. Es sei λ_σ ein Eigenwert von der Vielfachheit p_σ, der den Rangabfall d_σ der Matrix $\boldsymbol{F}_\sigma = \boldsymbol{A} - \lambda_\sigma \boldsymbol{B}$ bewirkt; dabei gilt $1 \leqq d_\sigma \leqq p_\sigma$ nach (13.13) mit dem zugehörigen JORDAN-Kästchen (19.2). In der geschifteten Eigenwertaufgabe

$$
\begin{aligned}
&\boldsymbol{y}^T \boldsymbol{F}_\sigma = \xi_\sigma \boldsymbol{y}^T \boldsymbol{B}; \qquad \boldsymbol{F}_\sigma \boldsymbol{x} = \xi_\sigma \boldsymbol{B}\boldsymbol{x}\\
\text{mit}\qquad &\boldsymbol{F}_\sigma = \boldsymbol{A} - \lambda_\sigma \boldsymbol{B}\,, \qquad \xi_\sigma = \lambda - \lambda_\sigma
\end{aligned}
\tag{131}
$$

ist demzufolge die Matrix $\boldsymbol{F}_\sigma$ singulär vom Range $n - d_\sigma$. Um die zugehörigen Links- und Rechtseigenvektoren aufzudecken, machen wir die Äquivalenztransformation

$$
\overset{\sigma}{\boldsymbol{y}}{}^T \underbrace{\boldsymbol{L}_\sigma \boldsymbol{F}_\sigma \boldsymbol{R}_\sigma} = \xi_\sigma \overset{\sigma}{\boldsymbol{y}}{}^T \underbrace{\boldsymbol{L}_\sigma \boldsymbol{B} \boldsymbol{R}_\sigma}\,; \qquad \underbrace{\boldsymbol{L}_\sigma \boldsymbol{F}_\sigma \boldsymbol{R}_\sigma} \overset{\sigma}{\boldsymbol{x}} = \xi_\sigma \underbrace{\boldsymbol{L}_\sigma \boldsymbol{B} \boldsymbol{R}_\sigma} \overset{\sigma}{\boldsymbol{x}} \tag{132}
$$

oder kurz

$$
\overset{\sigma}{\boldsymbol{y}}{}^T \quad \boldsymbol{N}_\sigma \quad = \xi_\sigma \overset{\sigma}{\boldsymbol{y}}{}^T \quad \boldsymbol{B}_\sigma\,; \qquad \boldsymbol{N}_\sigma \quad \overset{\sigma}{\boldsymbol{x}} = \xi_\sigma \quad \boldsymbol{B}_\sigma \quad \overset{\sigma}{\boldsymbol{x}} \tag{133}
$$

mit den transformierten Matrizen

$$
\boldsymbol{N}_\sigma = \boldsymbol{L}_\sigma \boldsymbol{F}_\sigma \boldsymbol{R}_\sigma\,; \qquad \boldsymbol{B}_\sigma = \boldsymbol{L}_o \boldsymbol{B} \boldsymbol{R}_\sigma \tag{134}
$$

und den neu eingeführten Zeilen- und Spaltenvektoren

$$
\boldsymbol{y}^T = \overset{\sigma}{\boldsymbol{y}}{}^T \boldsymbol{L}_\sigma\,; \qquad \boldsymbol{x} = \boldsymbol{R}_\sigma \overset{\sigma}{\boldsymbol{x}} \tag{135}
$$

und bestimmen $\boldsymbol{L}_\sigma$ und $\boldsymbol{R}_\sigma$ so, daß $\boldsymbol{N}_\sigma$ in die Normalform (28.21) übergeht

$$
\boldsymbol{N}_\sigma = \begin{pmatrix} \boldsymbol{D}_\sigma & \boldsymbol{O} \\ \boldsymbol{O} & \boldsymbol{O} \end{pmatrix} \quad \text{mit} \quad \boldsymbol{D}_\sigma = \boldsymbol{D}\text{iag}\,\langle \delta_{jj} \rangle_\sigma\,, \tag{136}
$$

und dies ist nichts anderes als die auch für die Determinantenalgorithmen in § 37 herangezogene Zentraltransformation aus Abschnitt 26.6.

Unabhängig von $\boldsymbol{B}_\sigma$ und damit $\boldsymbol{B}$ sind im transformierten System (133) die letzten d_σ Einheitsvektoren $\boldsymbol{e}_j^T$ bzw. $\boldsymbol{e}_j$ Links- bzw. Rechtseigenvektoren des Paares $\boldsymbol{N}_\sigma$; $\boldsymbol{B}_\sigma$. Somit sind die letzten d_σ Zeilen von $\boldsymbol{L}_\sigma$

bzw. Spalten von $\boldsymbol{R}_\sigma$

$$\hat{\boldsymbol{L}}_\sigma = \begin{pmatrix} \boldsymbol{l}^1 \\ \vdots \\ \boldsymbol{l}^\tau \end{pmatrix}_\sigma; \qquad \boldsymbol{R}_\sigma = (\boldsymbol{r}_1 \ldots \boldsymbol{r}_\tau)_\sigma; \qquad \tau := d_\sigma \tag{137}$$

die Links- bzw. Rechtseigenvektoren des Originalpaares $\boldsymbol{A}$; $\boldsymbol{B}$, also gilt

$$\boxed{\hat{\boldsymbol{L}}_\sigma \boldsymbol{A} = \lambda_\sigma \hat{\boldsymbol{L}}_\sigma \boldsymbol{B}; \qquad \boldsymbol{A} \hat{\boldsymbol{R}}_\sigma = \lambda_\sigma \boldsymbol{B} \hat{\boldsymbol{R}}_\sigma}, \tag{138}$$

und diese d_σ Zeilen bzw. Spalten dürfen noch beliebig linear kombiniert werden.

Der Leser beachte, daß auf diese Weise allein die Eigenvektoren ermittelt werden; über die eventuell vorhandenen Hauptvektoren gibt die Zentraltransformation (136) keine Auskunft — verständlicherweise; denn dazu müßte per definitionem nach (19.14) (wo $\boldsymbol{I}$ durch $\boldsymbol{B}$ zu ersetzen ist, wie in (19.27) geschehen) die Matrix $\boldsymbol{F}_\sigma$ potenziert werden. Genau dies aber geschieht bei der inversen (gebrochenen) Iteration! So gesehen führt ein direkter Weg von Weyr [123] über von Mises [197] zu Wielandt [199]; der an diesen Zusammenhängen interessierte Leser studiere dazu die Abschnitte 19.3 und 19.4, ferner 40.14.

Um nun den Partner $\boldsymbol{B}$ wiederherzustellen, führen wir nochmals neue Rechtsvektoren vermittels

$$\overset{\sigma}{\boldsymbol{x}} = \boldsymbol{Q}_\sigma \hat{\boldsymbol{x}} \tag{139}$$

ein, dann geht (133) über in

$$\overset{\sigma}{\boldsymbol{y}}{}^T \boldsymbol{N}_\sigma \boldsymbol{Q}_\sigma = \xi_\sigma \overset{\sigma}{\boldsymbol{y}}{}^T \boldsymbol{B}_\sigma \boldsymbol{Q}_\sigma; \qquad \boldsymbol{N}_\sigma \boldsymbol{Q}_\sigma \hat{\boldsymbol{x}} = \xi_\sigma \boldsymbol{B}_\sigma \boldsymbol{Q}_\sigma \hat{\boldsymbol{x}}, \tag{140}$$

und daraus wird zufolge der Forderung

$$\boldsymbol{B}_\sigma \boldsymbol{Q}_\sigma = \boldsymbol{B} \to \boldsymbol{Q}_\sigma = \boldsymbol{B}_\sigma^{-1} \boldsymbol{B} = (\boldsymbol{L}_\sigma \boldsymbol{B} \boldsymbol{R}_\sigma)^{-1} \boldsymbol{B} = \boldsymbol{R}_\sigma^{-1} \boldsymbol{B}^{-1} \boldsymbol{L}_\sigma^{-1} \boldsymbol{B} \tag{141}$$

die zweifach transformierte Eigenwertaufgabe

$$\boxed{\overset{\sigma}{\boldsymbol{y}}{}^T \boldsymbol{N}_\sigma \boldsymbol{Q}_\sigma = \xi_\sigma \overset{\sigma}{\boldsymbol{y}}{}^T \boldsymbol{B}; \qquad \boldsymbol{N}_\sigma \boldsymbol{Q}_\sigma \hat{\boldsymbol{x}} = \xi_\sigma \boldsymbol{B} \hat{\boldsymbol{x}}} \tag{142}$$

mit der Rücktransformation

$$\boldsymbol{y}^T = \overset{\sigma}{\boldsymbol{y}}{}^T \boldsymbol{L}_\sigma; \qquad \boldsymbol{x} = \boldsymbol{R}_\sigma \overset{\sigma}{\boldsymbol{x}} = \boldsymbol{R}_\sigma \boldsymbol{Q}_\sigma \hat{\boldsymbol{x}} = \boldsymbol{B}^{-1} \boldsymbol{L}_\sigma^{-1} \boldsymbol{B} \hat{\boldsymbol{x}}. \tag{143}$$

Da die Rechtstransformation (139) eine Linearkombination der Spalten allein bedeutet, sind in der Matrix (136) die letzten d_σ Nullzeilen erhalten geblieben, was aber wurde aus der Matrix $\boldsymbol{A}$? Führen wir in die beiden Gleichungen (142) $\boldsymbol{N}_\sigma = \boldsymbol{L}_\sigma \boldsymbol{F}_\sigma \boldsymbol{R}_\sigma = \boldsymbol{L}_\sigma(\boldsymbol{A} - \lambda_\sigma \boldsymbol{B}) \boldsymbol{R}_\sigma$ ein und ersetzen ξ_σ durch $\lambda - \lambda_\sigma$, so gehen diese über in

$$\overset{\sigma}{\boldsymbol{y}}{}^T \hat{\boldsymbol{A}} = \lambda \overset{\sigma}{\boldsymbol{y}}{}^T \boldsymbol{B}; \qquad \hat{\boldsymbol{A}} \hat{\boldsymbol{x}} = \lambda \boldsymbol{B} \boldsymbol{x} \quad \text{mit} \quad \hat{\boldsymbol{A}} := \boldsymbol{L}_\sigma \boldsymbol{A} \boldsymbol{B}^{-1} \boldsymbol{L}_\sigma^{-1} \boldsymbol{B}. \tag{144}$$

Nach wie vor sind die letzten d_σ Zeilen aus $\hat{A}$ Linearkombinationen der letzten d_σ Zeilen von B, aber was nützt uns dies? Nur wenn die Matrix B im Block unten links Nullen enthält, trifft dies auch für den gleichnamigen Block in $\hat{A}$ zu

$$\hat{A} = \begin{array}{|c|c|} \hline \blacksquare & \blacksquare \\ \hline O & \\ \hline \end{array} \updownarrow_{d_\sigma} \quad ; \quad B = \begin{array}{|c|c|} \hline \blacksquare & \blacksquare \\ \hline O & \\ \hline \end{array} \updownarrow_{d_\sigma} . \qquad (146)$$

Wir sehen: die vorgenommenen Transformationen erfüllen in diesem Zusammenhang nur dann ihren Zweck, wenn die Matrix B eine der drei Formen

$$B = \nabla_B, \qquad B = D_B, \qquad B = I \qquad (147)$$

aufweist. Aus diesem Grund sind alle klassischen Dreiecks- bzw. Diagonalalgorithmen auf eines dieser drei Profile fixiert; am weitesten geht noch der im Abschnitt 40.21 kurz skizzierte Q-Z-Algorithmus, der mit der oberen Dreiecksmatrix ∇_B arbeitet, ohne sie indessen — wie wir bislang voraussetzten — identisch wiederherzustellen, nur die Dreiecks*form* bleibt erhalten, und dies verschafft natürlich zusätzliche Freiheiten, die wir hier zufolge der Forderung (141) nicht haben können.

Man kann nun etwas weniger verlangen und anstelle der Normalform N_σ die obere Dreiecksmatrix ∇_σ aus F_σ herstellen. Gelingt dies *ohne* Spaltenkombination, was bei Anwendung des Reflektors und/oder Kalfaktors gewährleistet ist, während der Elevator allein nicht immer damit durchkommt (weshalb der Praktiker eben alternativ vorgeht), so wird mit $R = I$ aus (141) die Rechtstransformationsmatrix

$$Q_\sigma = B^{-1} L_\sigma^{-1} B, \qquad (148)$$

und das ist für $B = I$ nichts anderes als die Ähnlichkeitstransformation von Rutishauser (Elevator) bzw. Francis und Kublanowskaja (Reflektor).

An dieser Stelle ist eine abschließende Beurteilung der Dreiecksalgorithmen unerläßlich. Jeder Dreiecks- bzw. Diagonalalgorithmus ist so gut wie sein Startschift Λ_0. Dieser sollte die Matrix $F_0 = A - \Lambda_0 B$ praktisch singulär machen, mit anderen Worten, die Ähnlichkeitstransformation sollte erst dann durchgeführt werden, wenn der Schift *endgültig* ist; es gibt dann nur eine einzige, keine Folge solcher Transformationen für jede (blockweise) Partitionierung bzw. Ordnungserniedrigung. Wie man diesen idealen Startschift findet, ist im Prinzip gleichgültig. Er kann gut geschätzt oder berechnet sein, und dazu ist die Ritz-Iteration bzw. der Bonaventura ebenso geeignet wie die Wielandt-Iteration. Wir werden deshalb die Vorgänge der Selektion

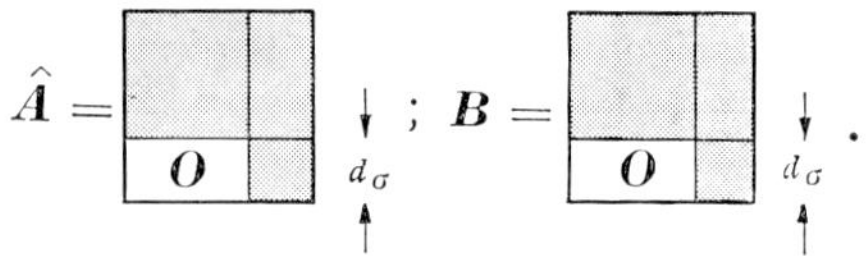

und der Transformation im folgenden strikt voneinander trennen und gelangen so zu den sehr viel flexibleren Substitutionsalgorithmen, die geeignet sind, die Dreiecksalgorithmen abzulösen.

• 40.18. Der WSS-Algorithmus (Wielandt-Iteration mit sequentiellem Schift)

Wir beschreiben jetzt im Anschluß an Abschnitt 40.5 einen an sich selektiv arbeitenden Potenzalgorithmus, den wir später zu einem Globalalgorithmus ausbauen werden.

Vorgelegt sind die beiden Eigenwertaufgaben

$$\boldsymbol{y}^T \boldsymbol{F}_\sigma = \xi_\sigma \boldsymbol{y}^T \boldsymbol{B}; \qquad \boldsymbol{F}_\sigma \boldsymbol{x} = \xi_\sigma \boldsymbol{B} \boldsymbol{x} \tag{149}$$

mit $\boldsymbol{F}_\sigma = \boldsymbol{A} - \Lambda_\sigma \boldsymbol{B}\,, \qquad \xi_\sigma = \lambda - \Lambda_\sigma\,,$

wo (zunächst) über die Matrizen $\boldsymbol{A}$ und $\boldsymbol{B}$ nichts vorausgesetzt werden muß; beide dürfen komplex und von beliebig kleinem Rang sein. Wir machen wie stets die Zentraltransformation

$$\boldsymbol{y}^T = \overset{\sigma}{\boldsymbol{y}}{}^T \boldsymbol{L}_\sigma; \qquad \boldsymbol{x} = \boldsymbol{R}_\sigma \overset{\sigma}{\boldsymbol{x}}\,, \tag{150}$$

$$\boldsymbol{L}_\sigma \boldsymbol{F}_\sigma \boldsymbol{R}_\sigma = \boldsymbol{D}_\sigma = \boldsymbol{D}\mathrm{iag}\,\langle d_{jj}\rangle_\sigma; \qquad \boldsymbol{L}_\sigma \boldsymbol{B} \boldsymbol{R}_\sigma = \boldsymbol{B}_\sigma\,, \tag{151}$$

womit die Eigenwertaufgaben (149) übergehen in

$$\overset{\sigma}{\boldsymbol{y}}{}^T \boldsymbol{D}_\sigma = \xi_\sigma \overset{\sigma}{\boldsymbol{y}}{}^T \boldsymbol{B}_\sigma; \qquad \boldsymbol{D}_\sigma \overset{\sigma}{\boldsymbol{x}} = \xi_\sigma \boldsymbol{B}_\sigma \overset{\sigma}{\boldsymbol{x}}\,, \tag{152}$$

und an diesem Paar wird die WIELANDT-Iteration durchgeführt, wobei die Näherungen $\overset{\sigma}{\boldsymbol{w}}$ und $\overset{\sigma}{\boldsymbol{z}}$ für $\overset{\sigma}{\boldsymbol{y}}$ und $\overset{\sigma}{\boldsymbol{x}}$ innerhalb einer Sequenz von m_σ Iterationen verbessert werden.

Es erleichtert die Programmierarbeit wesentlich, wenn die Zentraltransformation durch Spalten- und/oder Zeilenvertauschung so gelenkt wird (meist ergibt sich das indessen von selbst), daß das betragskleinste Element der Diagonalmatrix $\boldsymbol{D}_\sigma$ am Ende (und nicht irgendwo im Innern) erscheint

$$|d_{nn,\sigma}| \leqq |d_{jj,\sigma}|; \qquad j = 1, 2, \ldots, n-1\,. \tag{153}$$

Bei fortschreitender Iteration konvergiert $d_{nn,\sigma}$ gegen Null, oder allgemeiner: konvergieren die d betragskleinsten Elemente von $\boldsymbol{D}_\sigma$ (die zweckmäßig an das Ende zu bringen sind) gegen Null, sofern der angesteuerte Eigenwert den Rangabfall $d \geqq 1$ der charakteristischen Matrix bewirkt, und dieser kann nicht kleiner sein als die Vielfachheit p des zugehörigen Eigenwertes; bei diagonalähnlichen Paaren — und nur bei diesen — ist $p = d$. Wir können den gleichen Sachverhalt auch anders ausdrücken: sind die übrigen $n - 1$ Elemente von $\boldsymbol{D}_\sigma$ merklich größer als das betragskleinste, so darf man sicher sein, daß der angesteuerte Eigenwert einfach ist.

Für die numerische Durchführung ist es ebenso wie im Abschnitt 40.5 zweckmäßig, mit der Iterationsmatrix

$$\boldsymbol{E}_\sigma := d_{nn,\,\sigma}\,\boldsymbol{D}_\sigma^{-1} = \boldsymbol{D}\mathrm{iag}\left\langle\frac{d_{nn,\,\sigma}}{d_{11,\,\sigma}} \ldots \frac{d_{nn,\,\sigma}}{d_{n-1,\,n-1,\,\sigma}}\,;\,1\right\rangle \tag{154}$$

zu operieren, deren Elemente zufolge der Vereinbarung (153) nicht außerhalb des Einheitskreises liegen können, und wie dort wird der Algorithmus laufend überwacht durch den auf den Schift bezogenen RAYLEIGH-Quotienten $\varphi_k = R_k - \Lambda$, dessen Bahn in der komplexen Zahlenebene bzw. auf der reellen Achse nach Abb. 40.8 zu verfolgen ist:

$$\overset{\sigma}{\varphi}_k = \frac{\overset{\sigma}{p}_k}{\overset{\sigma}{q}_k} \tag{155}$$

mit

$$\overset{\sigma}{p}_k = \boldsymbol{w}_k^T\,\boldsymbol{D}_\sigma\,\overset{\sigma}{\boldsymbol{z}}_k\,, \quad \overset{\sigma}{q}_k = \overset{\sigma}{\boldsymbol{w}}{}_k^T\,\boldsymbol{B}_\sigma\,\overset{\sigma}{\boldsymbol{z}}_k = \overset{\sigma}{\boldsymbol{s}}{}_k^T\,\boldsymbol{B}\,\overset{\sigma}{\boldsymbol{t}}_k\,;$$
$$\overset{\sigma}{\boldsymbol{s}}{}_k^T = \overset{\sigma}{\boldsymbol{w}}{}_k^T\,\boldsymbol{L}_\sigma\,, \quad \overset{\sigma}{\boldsymbol{t}}_k = \boldsymbol{R}_\sigma\,\overset{\sigma}{\boldsymbol{z}}_k\,. \tag{156}$$

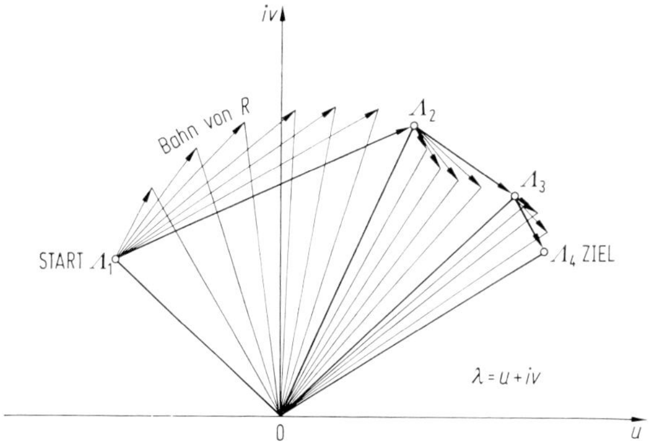

Abb. 40.8. Die Bahn des RAYLEIGH-Quotienten R in der komplexen Zahlenebene in drei Sequenzen mit den Längen $m_1 = 7$, $m_2 = 5$ und $m_3 = 4$

Da man im allgemeinen über die Lage des Spektrums nichts weiß, wird ein Testschift Λ_T beliebig gewählt und mit diesem die Zentraltransformation durchgeführt. Der mit der letzten Zeile $\boldsymbol{l}^n$ von $\boldsymbol{L}$ und der letzten Spalten $\boldsymbol{r}_n$ von $\boldsymbol{R}$ berechnete RAYLEIGH-Quotient

$$R = \frac{\boldsymbol{l}^n\,\boldsymbol{A}\,\boldsymbol{r}_n}{\boldsymbol{l}_n^T\,\boldsymbol{B}\,\boldsymbol{r}_n} = \Lambda_0\,, \tag{157}$$

der im Wertebereich des Paares $\boldsymbol{A}; \boldsymbol{B}$ liegen muß, dient dann als Startschift Λ_0. Bei Kenntnis eines Näherungswertes $\Lambda \approx \lambda_j$ wird man natürlich diesen als Startschift wählen.

Der Rechenablauf ist nach dieser Vorbereitung in wenigen Zeilen beschrieben.

WSS-ALGORITHMUS

Programmieranleitung zur Sequenz der Nummer σ zum Schift Λ_σ.

Im Speicher stehen Λ_σ, $\boldsymbol{D}_\sigma$, $\boldsymbol{B}$, $\boldsymbol{E}_\sigma$, ferner $\boldsymbol{L}_\sigma$ und $\boldsymbol{R}_\sigma$ in Gestalt ihrer Leitvektoren.

Im Speicher mitgeführt und laufend aktualisiert werden

$$\overset{\sigma}{\boldsymbol{s}}{}_k^T := \overset{\sigma}{\boldsymbol{w}}{}_k^T \boldsymbol{L}_\sigma\,, \qquad \overset{\sigma}{\boldsymbol{t}}_k := \boldsymbol{R}_\sigma \overset{\sigma}{\boldsymbol{z}}_k\,. \tag{158}$$

START mit

$$\overset{\sigma}{\boldsymbol{s}}{}_0^T = \overset{\sigma}{\boldsymbol{l}}{}_n^T\,, \qquad \overset{\sigma}{\boldsymbol{t}}_0 = \overset{\sigma}{\boldsymbol{r}}_n\,. \tag{159}$$

LINKSITERATION:

$$\boldsymbol{w}_{k+1}^T = \overset{\sigma}{\boldsymbol{s}}{}_k^T \boldsymbol{B} \boldsymbol{R}_\sigma \boldsymbol{E}_\sigma; \qquad k = 1, 2, \ldots, m_\sigma\,. \tag{160}$$

RECHTSITERATION:

$$\boldsymbol{z}_{k+1} = \boldsymbol{E}_\sigma \boldsymbol{L}_\sigma \boldsymbol{B} \overset{\sigma}{\boldsymbol{t}}_k; \qquad k = 1, 2, \ldots, m_\sigma\,. \tag{161}$$

RITZ-Kondensat: Berechne

$$\overset{\sigma}{p}_k = \overset{\sigma}{\boldsymbol{w}}{}_k^T \boldsymbol{D}_\sigma \overset{\sigma}{\boldsymbol{z}}_k\,, \qquad \overset{\sigma}{q}_k = \overset{\sigma}{\boldsymbol{s}}{}_k^T \boldsymbol{B} \overset{\sigma}{\boldsymbol{t}}_k \tag{162}$$

und daraus

$$\overset{\sigma}{\varphi}_k = \frac{\overset{\sigma}{p}_k}{\overset{\sigma}{q}_k}; \qquad k = 2, 3, \ldots, m_\sigma + 1\,. \tag{163}$$

ENDE der Sequenz:

a) entweder m_σ fest vorgeben

b) oder Niveauhöhe ε_σ vorgeben. Ende, sobald

$$|\varphi_{k+1} - \varphi_k| \leqq \varepsilon_\sigma\,. \tag{164}$$

Zum Begriff des sequentiellen Schifts siehe Abb. 35.3. Von der optimalen Wahl der Sequenzlängen hängt die Effektivität des Algorithmus entscheidend ab; denn jeder neue Schift erfordert eine erneute Zentraltransformation, die bei vollbesetztem Paar $\boldsymbol{A}; \boldsymbol{B}$ rund $n^3/3$ Operationen kostet, ein WIELANDT-Schritt (160), (161) dagegen nur $4\,n^2$ Operationen. Der Algorithmus ist deshalb so zu steuern, daß eine einmal durchgeführte Transformation auch bestmöglich genutzt wird, und zwar werden soviele Sequenzen gerechnet bis für die letzte vorgegebene Niveauhöhe die Bedingung (164) erfüllt ist. Mit dem dazugehörigen *Meisterschift*

$$\Lambda = \Lambda_\sigma + \overset{\sigma}{\varphi}_{k+1} = U + i\,V \tag{165}$$

wird eine letztmalige Zentraltransformation durchgeführt, die gleichzeitig als Regeneration dient. Diese produziert die beiden Matrizen

$$\boldsymbol{L} = \begin{pmatrix} \boldsymbol{l}^1 \\ \cdots \\ \boldsymbol{l}^n \end{pmatrix}, \qquad \boldsymbol{R} = \begin{pmatrix} \boldsymbol{r}_1 \dots \boldsymbol{r}_n \end{pmatrix} \tag{166}$$

und damit ist auch der zum Näherungswert Λ gehörende Links- bzw. Rechtseigenvektor näherungsweise ermittelt

$$\boxed{\lambda \approx \Lambda; \qquad \boldsymbol{y}^T \approx \boldsymbol{l}^n = \boldsymbol{l}^n_u + i\,\boldsymbol{l}^n_v; \qquad \boldsymbol{x} \approx \boldsymbol{r}_n = \boldsymbol{r}_{n,u} + i\,\boldsymbol{r}_{n,v}}\,. \tag{167}$$

Die Iteration wird blockiert, wenn mehrere Eigenwerte auf einem Kreis mit dem aktuellen Schift als Mittelpunkt liegen. Man sollte deshalb die ersten Sequenzen kurz halten, damit der Schift sich aus dieser eventuell eingenommenen Lage befreien kann. Aus diesem Grunde starten wir bei nichtsymmetrischen reellen Paaren tunlichst mit komplexem Schift. Ist der nächstgelegene Eigenwert reell, so findet der RAYLEIGH-Quotient (163) rasch auf die reelle Achse zurück (der verschwindend kleine imaginäre Anteil wird dann beim nächsten Schiftwechsel gleich Null gesetzt), andernfalls bleibt er komplex, und es verläuft die gesamte Iteration (158) bis (164) im Komplexen. Mit (167) ist dann auch das Komplement $\bar{\lambda}$, $\bar{\boldsymbol{y}}^T$, $\bar{\boldsymbol{x}}$ gegeben. Dieses Vorgehen ist ökonomischer als das bisweilen empfohlene Ausweichen auf eine reelle Polynommatrix zweiten Grades nach (35.3); vor allem stört es den Programmablauf nicht, da wir ohnehin alles komplex programmieren.

Ein Beispiel. Wir wählen $\boldsymbol{A} = \boldsymbol{I} + \alpha \boldsymbol{K}_R$; $\boldsymbol{B} = \boldsymbol{K}_R$ (24.81). Die Eigenwerte dieses Paares sind nach (24.82) $\lambda_j = \varkappa_j + \alpha$. Speziell sei $\alpha = 1 + i$ und $n = 100$. Das Paar $\boldsymbol{A}$; $\boldsymbol{B}$ ist dann vollbesetzt, $\boldsymbol{A}$ ist komplex und $\boldsymbol{B}$ ist reell. Mit dem Testschift $\Lambda_T = 500$ wird die erste Zentraltransformation durchgeführt und sodann eine Sequenz der Länge $m_1 = 5$ gerechnet; die zugehörigen RAYLEIGH-Quotienten zeigt die Tabelle (a).

$$\begin{array}{l} 3{,}004\,024\,144\,868\,367 + 1{,}000\,008\,096\,936\,524\, i \\ 3{,}008\,048\,257\,154\,655 + 1{,}000\,016\,193\,676\,370\, i \\ 3{,}012\,072\,271\,696\,013 + 1{,}000\,024\,289\,826\,205\, i \\ 3{,}016\,096\,123\,337\,604 + 1{,}000\,032\,384\,992\,771\, i \\ 3{,}020\,119\,746\,935\,791 + 1{,}000\,040\,478\,782\,937\, i \end{array} \tag{a}$$

Mit dem letzten Wert erfolgt die zweite Zentraltransformation. Wieder wählen wir die Sequenzlänge $m_2 = 5$ und bekommen die Folge der RAYLEIGH-Quotienten (b).

$$\begin{array}{l} 3{,}015\,768\,427\,897\,709 + 1{,}000\,003\,800\,350\,646\, i \\ 3{,}015\,630\,712\,918\,393 + 1{,}000\,000\,048\,182\,266\, i \\ 3{,}015\,629\,662\,983\,600 + 1{,}000\,000\,000\,504\,585\, i \\ 3{,}015\,629\,655\,159\,852 + 1{,}000\,000\,000\,004\,513\, i \\ 3{,}015\,629\,655\,105\,174 + 1{,}000\,000\,000\,000\,000\, i \end{array} \tag{b}$$

Im dritten Durchlauf erfolgt Abbruch nach dem zweiten Schritt, da die beiden RAYLEIGH-Quotienten auf 16 Dezimalstellen (das ist die Mantissenlänge der benutzten Maschine) übereinstimmen.

$$\begin{array}{l} 3{,}015\,629\,655\,104\,768 + 1{,}000\,000\,000\,000\,000\, i \\ 3{,}015\,629\,655\,104\,768 + 1{,}000\,000\,000\,000\,000\, i\,. \end{array} \tag{c}$$

Dieser Wert dient als Meisterschift Λ, mit dem eine letzte Zentraltransformation durchgeführt wird, hier mit unverändertem Ergebnis (c). Der genaue Eigenwert ist nach (24.82) mit $j = 51$

$$\begin{aligned} \lambda_{51} &= \varkappa_{51} + \alpha = \varkappa_{51} + (1 + i) = 2 - 2\cos\frac{101}{201}\pi + (1 + i) = \\ &= 3{,}015\,629\,655\,104\,767 + i\,. \end{aligned} \tag{d}$$

Die Nummer des resultierenden Eigenwertes hängt natürlich ab von der Wahl des Testschiftes Λ_T. Der Leser wiederhole die Aufgabe mit einem anderen Testschift und überzeuge sich von dieser Tatsache. Kennt man für einen Eigenwert λ_j mit vorgegebenem Index j einen guten Näherungswert und startet mit diesem, so wird im allgemeinen auch λ_j angesteuert.

• 40.19. Der WSS-Algorithmus für normale Paare

Es sei nun $\boldsymbol{B}$ hermitesch und positiv definit und $\boldsymbol{A}$, somit auch $\boldsymbol{F}(\Lambda) = \boldsymbol{A} - \Lambda\,\boldsymbol{B}$ normal bezüglich $\boldsymbol{B}$. Dann existiert nach (16.18) eine Modalmatrix $\boldsymbol{X}$ mit der Eigenschaft

$$\boldsymbol{X}^*\boldsymbol{A}\,\boldsymbol{X} = \boldsymbol{\Lambda}\,; \qquad \boldsymbol{X}^*\boldsymbol{B}\,\boldsymbol{X} = \boldsymbol{I}; \qquad \boldsymbol{B}^* = \boldsymbol{B} \text{ pos. def.} \tag{168}$$

Zufolge der damit garantierten Diagonalähnlichkeit ist die Vielfachheit p eines Eigenwertes λ gleich dem Rangabfall d der charakteristischen Matrix $\boldsymbol{F}(\lambda) = \boldsymbol{A} - \lambda\,\boldsymbol{B}$; es entfällt deshalb die durch die Matrix $\boldsymbol{N}$ in (115) verursachte Konvergenzverzögerung. Außerdem halbiert sich der Rechenaufwand, da wir wegen $\boldsymbol{y} = \bar{\boldsymbol{x}}$, somit $\boldsymbol{w} = \bar{\boldsymbol{z}}$ allein mit der Folge (161) zu iterieren haben, aus der sich auch die RAYLEIGH-Quotienten

$$\overset{\sigma}{p}_k = \overset{\sigma}{\boldsymbol{z}}{}_k^*\,\boldsymbol{D}_\sigma\,\overset{\sigma}{\boldsymbol{z}}_k\,, \qquad \overset{\sigma}{q}_k = \overset{\sigma}{\boldsymbol{t}}{}_k^*\,\boldsymbol{B}\,\overset{\sigma}{\boldsymbol{t}}_k; \qquad \overset{\sigma}{\varphi}_k = \frac{\overset{\sigma}{p}_k}{\overset{\sigma}{q}_k} \tag{169}$$

berechnen.

Ist außer $\boldsymbol{B}$ auch $\boldsymbol{A}$ hermitesch, so wird das Spektrum reell. Wir wählen daher auch den Schift Λ_σ reell, womit auch $\boldsymbol{F}_\sigma = \boldsymbol{A} - \Lambda_\sigma\,\boldsymbol{B}$ hermitesch wird, und machen mit $\boldsymbol{R}_\sigma = \boldsymbol{L}_\sigma^*$ die Kongruenztransformation

$$\boldsymbol{L}_\sigma \boldsymbol{F}_\sigma \boldsymbol{L}_\sigma^* = \boldsymbol{D}_\sigma \text{ reell}, \qquad \boldsymbol{L}_\sigma \boldsymbol{B} \boldsymbol{L}_\sigma^* = \boldsymbol{B}_\sigma = \boldsymbol{B}_\sigma^* \text{ pos. def.} \tag{170}$$

Der RAYLEIGH-Quotient ist nun ebenfalls reell

$$\overset{\sigma}{\varphi}_k = \frac{\overset{\sigma}{\boldsymbol{z}}{}_k^* \boldsymbol{D}_\sigma \overset{\sigma}{\boldsymbol{z}}_k}{\overset{\sigma}{\boldsymbol{t}}{}_k^* \boldsymbol{B} \overset{\sigma}{\boldsymbol{t}}_k}. \tag{171}$$

Bei reellsymmetrischen Paaren $\boldsymbol{A}; \boldsymbol{B}$ wird mit $\boldsymbol{L}^* = \boldsymbol{L}^T$ auch die Transformationsmatrix ebenso wie die Modalmatrix $\boldsymbol{X}$ der Eigenvektoren reell.

Wir rechnen ein Beispiel. Vorgelegt ist das reellsymmetrische und damit normale Paar $\boldsymbol{K}_R; \boldsymbol{I}$ mit dem reellen Spektrum (24.82). Wir wählen $n = 100$ und starten mit dem Testschift $\Lambda_T = \pi$. Die RAYLEIGH-Quotienten der ersten Sequenz der Länge $m_1 = 5$ sind

3,036 204 854 093 004
3,075 503 167 836 136
3,074 914 921 720 689
3,074 870 474 981 497
3,074 867 777 294 233 .

Mit dem letzten Wert erfolgt eine zweite Zentraltransformation. Die zugehörige Sequenz wird nach dem dritten Schritt abgebrochen.

3,074 867 611 764 980
3,074 867 611 765 382
3,074 867 611 765 382

Der exakte Eigenwert ist damit auf 16 Dezimalen genau:

$$\lambda_{19} = [2 - 2\cos\tfrac{37}{201}\pi]^{-1} = 3{,}074\,867\,611\,765\,382\,.$$

• 40.20. Der Globalalgorithmus Velocitas

Wir lernen jetzt einen Dreiecksalgorithmus kennen, der im Gegensatz zu den *Transformations*algorithmen LR und QR (auch QZ, siehe Abschnitt 40.21) ein *Substitutions*algorithmus ist und daher auf einer völlig anderen Basis arbeitet.

Bevor wir diesen Algorithmus beschreiben, stellen wir die Kernfrage: wozu überhaupt Globallöser, wenn sich selektiv nacheinander die n Eigenwerte ebenfalls ermitteln lassen? Darauf gibt es zwei Antworten. Erstens: bei exakt oder numerisch zusammenfallenden Eigenwerten (Nester, Haufen, clusters) ist bei der n-maligen Selektion nicht auszuschließen, daß ein und derselbe Eigenwert mehrfach angesteuert wurde, während andere ausgelassen wurden. Und zweitens: da die Ordnung σ der Hauptminoren $\boldsymbol{F}_{\sigma\sigma}(\lambda) = \boldsymbol{A}_{\sigma\sigma} - \lambda \boldsymbol{I}_{\sigma\sigma}$ von Schritt zu Schritt kleiner wird, läuft auch die Selektion immer schneller. Besteht deren Aufwand in $\propto \sigma^3$ Operationen, so vermindert sich der Gesamtaufwand auf $\propto n^4/4$ gegenüber $\propto n^4$ bei n-maliger Selektion an der

Originalmatrix. Fazit: die Sondierung via Globallöser sollte eigentlich immer vorausgehen, ein Postulat, das wir dann auch dem X. Kapitel auf Seite 210 vorangestellt haben.

Nun zum Algorithmus VELOCITAS selbst. Er basiert auf der im Abschnitt 35.10 vorbereiteten sukzessiven Einführung von partiellen (verkürzten) Linkseigenvektoren mit dem Ziel einer Transformation der vorgelegten Matrix $\boldsymbol{A}$ auf eine obere Dreiecksmatrix ∇. Führt man statt der exakten Linkseigenvektoren Näherungen ein, so stehen zum Schluß der Transformation unterhalb der Hauptdiagonalen anstelle der Nullen betragskleine Elemente ε_{jk}, die uns aber gar nicht zu interessieren brauchen — im fundamentalen Gegensatz zu den Transformationsalgorithmen LR und QR! — da wir aus ihrer Kleinheit ohnehin nicht auf die Genauigkeit der durch den Selektionsalgorithmus gelieferten Meisterschifts $\hat{\Lambda}_j$ schließen können. Es genügt somit, allein die Hauptminoren der absteigenden Ordnung $n, n-1, \ldots, \sigma, \ldots,$ 3, 2 mitzuführen, und dies bedeutet den Verzicht auf den Schritt 1 (35.91) wie auf den unteren Teil von (35.92) bzw. (35.93). Übrig bleibt somit die Subtraktion der verkürzten, jetzt quadratischen Dyade, wodurch die Substitution sich außerordentlich einfach und zeitsparend gestaltet.

Zur Selektion selbst stehen uns der im Abschnitt 40.18 beschriebene WSS oder aber der BONAVENTURA aus Abschnitt 37.6 zur Verfügung. Letzterer ist im allgemeinen vorzuziehen, da ihm exakt oder numerisch zusammenfallende Eigenwerte nichts anhaben können, und dieser Gesichtspunkt wird gravierend bei den fokussierten singulären Polynommatrizen, die wir im Abschnitt 40.21 beschreiben werden.

Wir schildern den Programmablauf, der auch dem Leser verständlich wird, der sich mit der grundlegenden Theorie des Abschnittes 35.10 nicht vertraut machen möchte.

ALGORITHMUS VELOCITAS (172)

Vorbereitung

Vorgelegt ist die Matrix $\boldsymbol{F}(\lambda) = \boldsymbol{A} - \lambda\,\boldsymbol{I}$ der Ordnung n. Der über eine Größe gesetzte Index σ bezeichnet die aktuelle Ordnung der Matrix, dem die Größe (Skalar oder Vektor) entstammt.

1. Die Matrix $\boldsymbol{A} = \overset{n}{\boldsymbol{A}} = (\overset{n}{a}_{jk})$ steht im Speicher und wird nicht überschrieben.
2. Die Matrix $\underset{n}{\boldsymbol{A}}$ in den Arbeitsspeicher übertragen.
3. Schranke τ für die Beendigung der Selektion eingeben.

START

4. Im ersten Schritt ist $\sigma = n$.

SELEKTION

5. Wähle $h < n$ voneinander verschiedene Startschifts

$$\Lambda_1, \Lambda_2, \ldots, \Lambda_h\,. \tag{172a}$$

6. Führe die h Zentraltransformationen durch

$$\overset{\sigma}{\boldsymbol{L}}_\mu(\overset{\sigma}{\boldsymbol{A}} - \Lambda_\mu \overset{\sigma}{\boldsymbol{I}})\,\overset{\sigma}{\boldsymbol{R}}_\mu = \boldsymbol{D}\mathrm{iag}\,\langle \overset{\sigma}{\delta}_{jj,\,\mu}\rangle\,; \qquad \mu = 1, 2, \ldots, h\,, \tag{172b}$$

so daß das betragskleinste Hauptdiagonalelement unten rechts steht.

7. Berechne über den Algorithmus BONAVENTURA oder WSS die h Meisterschifts bis zu der durch die Schranke τ vorgegebenen Genauigkeit

$$\hat{\Lambda}_\mu = \Lambda_\mu + \hat{\xi}_\mu\,; \qquad \mu = 1, 2, \ldots, h \tag{172c}$$

und speichere sie.

8. Führe h Linkstransformationen mit den Meisterschifts durch

$$\overset{\sigma}{\boldsymbol{L}}_\mu(\overset{\sigma}{\boldsymbol{A}} - \hat{\Lambda}_\mu \overset{\sigma}{\boldsymbol{I}}) = \overset{\sigma}{\nabla}_\mu\,; \qquad \mu = 1, 2, \ldots, h\,, \tag{172d}$$

so daß das betragskleinste Hauptdiagonalelement unten rechts steht. Speichere die jeweils letzte Zeile $\overset{\sigma}{\boldsymbol{l}}{}^\mu$ der Lämge σ der Matrix $\overset{\sigma}{\boldsymbol{L}}_\mu$. Diese h Zeilen sind Näherungslinkseigenvektoren zu den Meisterschifts $\hat{\Lambda}_1, \ldots, \hat{\Lambda}_\mu$.

SUBSTITUTION

9. Normierung. Fasse die h Zeilenvektoren aus $\overset{\sigma}{\boldsymbol{L}}_\mu$ (172d) in der natürlichen Reihenfolge $\mu = 1, 2, \ldots, h$ zur Rechteckmatrix der Höhe h und der Breite σ zusammen

$$\overset{\sigma}{\boldsymbol{P}} = \left[\boldsymbol{p}_{\sigma 1}\, \boldsymbol{p}_{\sigma 2} \ldots \boldsymbol{p}_{\sigma,\,\sigma-h} \;\vdots\; \boldsymbol{P}_{\sigma\sigma}\right]; \quad \boldsymbol{P}_{\sigma\sigma} \text{ regulär} \tag{172e}$$

und normiere zu

$$\boldsymbol{P}_{\sigma\sigma}^{-1} \overset{\sigma}{\boldsymbol{P}} =: \overset{N}{\boldsymbol{P}} = \left[\overset{N}{\boldsymbol{p}}_{\sigma 1}\, \overset{N}{\boldsymbol{p}}_{\sigma 2} \ldots \overset{N}{\boldsymbol{p}}_{\sigma,\sigma-h} \;\vdots\; \boldsymbol{I}_{hh}\right]. \tag{172f}$$

10. Fasse die jeweils letzten h Elemente der Zeilen $j = 1$ bis $j = \sigma - h$ aus $\overset{\sigma}{\boldsymbol{A}}$ zusammen zu den $\sigma - h$ Zeilenvektoren der Länge h

$$\overset{\sigma}{\boldsymbol{a}}{}_{j\sigma}^T = (\overset{\sigma}{a}_{j,\,\sigma-h} \ldots \overset{\sigma}{a}_{j,\,\sigma-1}\, \overset{\sigma}{a}_{j\sigma}) \tag{172g}$$

11. Berechne den Hauptminor $\overset{\sigma-h}{\boldsymbol{A}}$ der Ordnung $\sigma - h$ nach der Vorschrift

$$\overset{\sigma-h}{a}_{jk} = \overset{\sigma}{a}_{jk} - \overset{\sigma}{\boldsymbol{a}}{}_{j\sigma}^T \overset{N}{\boldsymbol{p}}_{\sigma k}\,; \qquad j, k = 1, 2, \ldots, \sigma - h\,. \tag{172h}$$

Die Matrix $\overset{\sigma-h}{\boldsymbol{A}}$ geht in den Arbeitsspeicher.

12. Lösche die Matrix $\overset{N}{\boldsymbol{P}}$ (172f).
    Ende der Substitution.

TOUR

13. Ersetze in 4. den aktuellen Index σ durch $\sigma - h$. Der Ordnungsabfall h kann bei jeder Ersetzung variiert werden und wäre daher eigentlich zu indizieren, was wir aber der Übersichtlichkeit halber unterlassen haben.
14. Die Ordnungserniedrigung 13. solange fortführen bis $\sigma = 1$ geworden ist. Das jetzt bis zum Skalar abgearbeitete Eigenwertproblem

$$(\overset{1}{a}_{11} - \lambda \cdot 1)\, x = 0\ ; \qquad x \neq 0 \quad \to \overset{1}{a}_{11} = \hat{\Lambda}_n \tag{172i}$$

liefert den letzten, noch fehlenden Meisterschift $\hat{\Lambda}_n$ ohne Rechnung.

ENDE des Algorithmus zur vorgegebenen Schranke τ.

Dazu einige Bemerkungen.

15. Mit Ausnahme von (172f) (Bereitstellung der h Linkseigenvektornäherungen) kann alles parallel gerechnet werden. Steht kein Parallelrechner zur Verfügung, so durchweg $h = 1$ setzen.
16. Sollte die Matrix $\boldsymbol{P}_{\sigma\sigma}$ der Ordnung h aus (172e) exakt oder numerisch singulär werden, dann einen oder auch mehrere der Vektoren $\overset{\sigma}{\boldsymbol{l}}{}^T$ fortlassen. Für $h = 1$ heißt dies: sollte das letzte Element im Zeilenvektor $\overset{\sigma}{\boldsymbol{l}}{}^T$ (fast) Null werden, so ist die Selektion mit einem neuen Startschift zu wiederholen. Diese Ausnahmefälle sind jedoch rein theoretischer Natur und treten in praxi so gut wie niemals auf.
17. Bei reeller Matrix $\boldsymbol{A}$ mit konjugiert-komplexen Eigenwerten und Eigenvektoren wählt man h gerade, mindestens also $h = 2$ und hat damit die aus den beiden reellen Anteilen $\overset{\sigma}{\boldsymbol{u}}{}^T$ und $\overset{\sigma}{\boldsymbol{v}}{}^T$ bestehende Doppelzeile in (172e)

$$\overset{\sigma}{\boldsymbol{l}}{}^T = \overset{\sigma}{\boldsymbol{u}}{}^T + i\,\overset{\sigma}{\boldsymbol{v}}{}^T \to \begin{pmatrix} \overset{\sigma}{u}_1 & \overset{\sigma}{u}_2 & \dots & \overset{\sigma}{u}_\sigma \\ \overset{\sigma}{v}_1 & \overset{\sigma}{v}_2 & \dots & \overset{\sigma}{v}_\sigma \end{pmatrix} = \left(\boldsymbol{p}_{\sigma 1}\ \boldsymbol{p}_{\sigma 2}\ \cdots\ \boldsymbol{p}_{\sigma,\sigma-2} \,\middle|\, \boldsymbol{P}_{\sigma\sigma}\right), \tag{173}$$

und ähnlich für $h = 4, 6, \dots$ usw.

18. Schiftwahl beim Start. Ist die Matrix $\boldsymbol{A}$ komplex, so darf der Schift beliebig, somit auch reell gewählt werden. Ist $\boldsymbol{A}$ dagegen reell und sind konjugiert-komplexe Eigenwerte zu erwarten (dies trifft fast immer zu, wenn $\boldsymbol{A}$ nicht symmetrisch ist), so muß mit komplexem Schift gestartet werden.

In den folgenden Touren wird jede Zentraltransformation mit dem aktuellen Meisterschift durchgeführt.

Nun zum Rechenaufwand. Die gesamte zu einer Tour gehörige Substitution kostet bei Vollmatrix rund $5\,n^3/6$ Operationen, bei unterer HESSENBERG-Matrix nur $n^2/2$ Operationen und fällt daher so oder so nicht ins Gewicht gegenüber der Zentraltransformation (172b) und der Linkstransformation (172d), die bei Vollmatrix zusammen rund $2\,\sigma^2/3$ Operationen erfordern. Geht man solo vor ($h = 1$), so beträgt der Gesamtaufwand für eine Tour somit $n^4/6$ Operationen, bei simultaner Selektion ($h < 1$) etwa ebensoviel. Man sollte daher die allein aufwendigen Maßnahmen (172b) und (172d) nutzen, indem die Schranke τ möglichst klein gewählt wird. Dies hat zwar eine große Selektionslänge s beim WSS bzw. eine hohe Stufe ν beim BONAVENTURA zur Folge, doch wächst mit s bzw. ν der Rechenaufwand nur quadratisch an und schlägt daher kaum zu Buch.

Im übrigen darf nicht vergessen werden, daß jeder Globalalgorithmus allein der Sondierung, nicht der Berechnung von Eigenwerten dient. Sowie die Meisterschifts hinreichend getrennt liegen — und dazu sind meist nur zwei oder drei Dezimalstellen Genauigkeit erforderlich — geht man mit den wenigen interessierenden Näherungswerten $\hat{\Lambda}_j$ selektiv in das Originalpaar $\boldsymbol{A}; \boldsymbol{I}$ ein, wobei dann im Zuge der Zentraltransformation auch die Links- und Rechtseigenvektoren anfallen.

Wir vermerken noch, daß bei hermiteschen Paaren $\boldsymbol{A}; \boldsymbol{I}$ im Gegensatz zum Diagonalalgorithmus von RUTISHAUSER in Abschnitt 40.12 die Partitionierung via VELOCITAS nicht hermitesch durchführbar ist. Dies hat seinen Grund darin, daß wir hier die Näherungsvektoren einzeln nacheinander und nicht wie dort mit jeder Transformation insgesamt neu in die Matrix einbringen.

Abschließend schildern wir noch eine Variante names VV (VELOCITAS VARIANT). Oft sind in den Anwendungen nur die einem vorgegebenen Punkt Φ nächstgelegenen $p < n$ Eigenwerte $\lambda_1, \ldots, \lambda_p$ gesucht. Man führt dann eine unvollständige Tour mit nur p Selektionen durch, die jedesmal mit dem Schift Φ gestartet werden. Falls erforderlich, werden mit den so gewonnenen Meisterschifts weitere unvollständige Touren gerechnet. Um zu gewährleisten, daß die p Näherungen auch wirklich die gesuchten sind, empfiehlt sich als selektiver Zubringer der WSS, weil beim BONAVENTURA die Reihenfolge der angesteuerten Eigenwerte selbst von einem festgewählten Startschift Φ aus regellos sein kann.

Erstes Beispiel. Die Eigenwerte des speziellen Paares $\boldsymbol{A}$; $\boldsymbol{I}$ mit

$$\boldsymbol{A} = \begin{bmatrix} 12 & 1 & 0 & 0 & 0 \\ 1 & 9 & 1 & 0 & 0 \\ 0 & 1 & 6 & 1 & 0 \\ 0 & 0 & 1 & 3 & 1 \\ 0 & 0 & 0 & 1 & 0 \end{bmatrix} \tag{a}$$

sind via VELOCITAS/BONAVENTURA zu sondieren.

Erste Tour mit $\tau_1 = 0{,}001$. Viermal Start mit dem „Idiotenschift" $\Lambda = 1\,000\,000$ (eine Million), der dem Leser zeigen soll, wie robust das Verfahren ist. Die betragskleinsten Nullstellen $\hat{\xi}_\nu$ werden für $\nu = 1, 2, 3, \ldots$ usw. berechnet. Bereits bei $\nu = 4$ (biquadratische Gleichung) wird $|\hat{\xi}_4 - \hat{\xi}_3|$ kleiner als $0{,}001$ für $\sigma = 5, 4, 3, 2$.

Zweite Tour mit $\tau_2 = 0{,}00001$. Start mit den Meisterschifts der ersten Tour. Schon die lineare Gleichung (RITZ-Iteration) leistet das Gewünschte, weil die zum Meisterschift zu addierende Verbesserung $\hat{\xi}_1$ kleiner als $0{,}00001$ ist für $\sigma = 5, 4, 3, 2$.

Die folgende Tabelle zeigt die Ergebnisse. Zur Kontrolle wird die Spur $s = 30$ mitgeführt.

j	Erste Tour $\tau_1 = 0{,}001$		Zweite Tour $\tau_2 = 0{,}00001$	
	Meisterschift $\hat{\Lambda}_j$	Stufe ν	Meisterschift $\hat{\Lambda}_j$	Stufe ν
1	12,316876009 37611	—	12,316875952 61687	—
2	9,016136450 163080	4	9,016136303 161810	1
3	6,000000140 689056	4	5,999999999 999997	1
4	2,983863740 683981	4	2,983863696 838182	1
5	−0,316875952 616870	4	−0,316875952 6168759	1

$\sum \hat{\Lambda}_j = 30{,}000000388\,29535 \; (\approx s)$ $\qquad$ $\sum \hat{\Lambda}_j = 29{,}999999999\,99998 \; (\approx s)$

Alle angegebenen Stellen sind richtig. Wir sehen: die Sondierung ist bereits nach dem ersten Durchlauf abgeschlossen, der zweite dient lediglich der Demonstration

Dieselbe Matrix $\boldsymbol{A}$ wird in [42, S. 65] via QR transformiert. Der Leser führe an den beiden Matrizen

$$\boldsymbol{A}_1 = \begin{bmatrix} 0 & 1 & 0 & 0 & 0 \\ 1 & 3 & 1 & 0 & 0 \\ 0 & 1 & 6 & 1 & 0 \\ 0 & 0 & 1 & 9 & 1 \\ 0 & 0 & 0 & 1 & 12 \end{bmatrix}, \qquad \boldsymbol{A}_2 = \begin{bmatrix} 0 & 10 & 0 & 0 & 0 \\ 20 & 3 & 10 & 0 & 0 \\ 0 & 20 & 6 & 10 & 0 \\ 0 & 0 & 20 & 9 & 10 \\ 0 & 0 & 0 & 20 & 12 \end{bmatrix}$$

den VELOCITAS und zum Vergleich den QR durch und überzeuge sich von dem bereits im zweiten Beispiel von Abschnitt 40.12 vorgeführten Effekt, während der VELOCITAS (ebenso wie der SECURITAS) auch jetzt problemlos zum Ziel führt. Er erfährt an diesen simplen Beispielen der kleinen Ordnung $n = 5$, die letzten Endes jeder noch so untaugliche Algorithmus „knackt", was bei hohen Ordnungszahlen, etwa $n = 1000$, zu erwarten ist, wenn die Maschine nicht äußerst problemgerecht und rationell eingesetzt wird.

Zweites Beispiel. Das Paar $\boldsymbol{A}_n; \boldsymbol{I}$ mit

$$\boldsymbol{A}_n = \begin{bmatrix} 0 & 1 & 2 & 3 & 4 \ldots n-2 & n-1 \\ 0 & 0 & 1 & 2 & 3 \ldots n-3 & n-2 \\ 0 & 0 & 0 & 1 & 2 \ldots n-4 & n-3 \\ 0 & 0 & 0 & 0 & 1 \ldots n-5 & n-4 \\ 0 & 0 & 0 & 0 & 0 \ldots n-6 & n-5 \\ \cdots & \cdots & \cdots & \cdots & \cdots & \cdots \\ 0 & 0 & 0 & 0 & 0 \ldots \quad 1 & 2 \\ 0 & 0 & 0 & 0 & 0 \ldots \quad 0 & 1 \\ -1 & -3 & -6 & -10 & -15 \quad a_{n,n-1} & a_{nn} \end{bmatrix};$$

$$a_{n,n-1} = -\frac{n-1}{2} n, \qquad a_{nn} = -\frac{n}{2}(n+1)$$

hat die Eigenwerte $\lambda_j = -1/\varkappa_j$ mit $\varkappa_j$ (24.82). Der Leser teste an $\boldsymbol{A}$ wie an $\boldsymbol{A}^T$ den VELOCITAS bei großen Ordnungszahlen, etwa $n = 1000$ via WSS und BONAVENTURA, außerdem die Variante VV mit $p \approx n/10$.

Ist nun ein allgemeines Paar $\boldsymbol{A}; \boldsymbol{B}$ mit (numerisch hinreichend) regulärer Matrix $\boldsymbol{B}$ vorgelegt, so haben wir zwei Möglichkeiten, in den VELOCITAS einzusteigen:

1. Nach den Methoden des § 29 wird das Paar $\boldsymbol{A}; \boldsymbol{B}$ multiplikativ oder progressiv auf $\boldsymbol{H}_u; \boldsymbol{I}$ bzw. $\boldsymbol{T}; \boldsymbol{I}$ transformiert, wo $\boldsymbol{H}_u$ eine untere HESSENBERG-Matrix bzw. $\boldsymbol{T}$ eine Tridiagonalmatrix ist, ein einmaliger Aufwand, der sich mehr als bezahlt macht selbst dann, wenn $\boldsymbol{B} = \boldsymbol{D}$ bzw. $\boldsymbol{B} = \boldsymbol{I}$ von vornherein vorlag. Dies darf sogar fehlerhaft durchgeführt werden, da die abschließende Nachiteration bzw. Einschließung ohnehin am Originalpaar $\boldsymbol{A}; \boldsymbol{B}$ vorzunehmen ist. Auch die geschiftete Matrix $\boldsymbol{F}_\sigma$ hat das Profil $\boldsymbol{H}_u$ bzw. $\boldsymbol{T}$, und wir zeigten in (35.93), daß bei der partiellen Ähnlichkeitstransformation die obere Bandbreite b, hier $b = 1$, erhalten bleibt. Die Tridiagonalmatrix $\boldsymbol{T}$ wird leicht zerstört, indem außer den drei Diagonalen in $\boldsymbol{A}$, $(\sigma < n)$ die untere Zeile vollbesetzt ist.

2. Man rechnet den VELOCITAS direkt am gegeben Paar $\boldsymbol{A}; \boldsymbol{B}$, siehe dazu die Originalarbeit [179a].

40.21. Singuläre Paare

Es sei nun in der Matrix $\boldsymbol{F}(\lambda) = \boldsymbol{A} - \lambda\boldsymbol{B}$ die Matrix $\boldsymbol{B}$ exakt oder numerisch singulär, dann sind zwei Fälle zu unterscheiden.

Fall 1. Die Matrix $\boldsymbol{F}(\lambda)$ ist *eigentlich singulär*.
Die charakteristische Determinante verschwindet identisch

$$\det \boldsymbol{F}(\lambda) \equiv 0 \,. \tag{174}$$

Demnach ist jede komplexe oder reelle Zahl Eigenwert; dennoch kann es daneben ausgezeichnete — echte — Eigenwerte geben, siehe dazu Abschnitt 22.8. Es existieren als Algorithmen der SECURITAS von BUDICH aus Abschnitt 37.8 und auf der Basis der inversen (gebrochenen)

Iteration der von STEWART und MOLER kreierte Q-Z-Algorithmus. Dieser ist eine Erweiterung des Q-R-Algorithmus und arbeitet wie jener mit dem Reflektor allein. Theoretische Grundlage ist der Satz 1 aus Abschnitt 35.9. Der Algorithmus ist relativ kompliziert und nicht auf wenigen Seiten zu beschreiben. Der interessierte Leser informiere sich daher bei BUNSE/BUNSE-GERSTNER [31, S. 273—283] oder GOLUB und LOAN [34, S. 251—264].

Fall 2. Die Matrix $\boldsymbol{F}(\lambda)$ ist *uneigentlich singulär*.
Beide Matrizen $\boldsymbol{A}$ und $\boldsymbol{B}$ dürfen singulär und von beliebig kleinem Rang sein, ohne daß (174) gilt, dann führt die im Abschnitt 24.14 hergeleitete Fokussierung zum Ziel. Man wähle einen Fokus μ, der mit keinem der Eigenwerte λ_j zusammenfällt und rechne mit der Matrix (24.98)

$$-\boldsymbol{F}_e(\zeta) = \boldsymbol{B} - \zeta \boldsymbol{F}(\mu); \qquad \boldsymbol{F}(\mu) = \boldsymbol{A} - \mu \boldsymbol{B} \text{ regulär.} \tag{175}$$

Diese Matrix besitzt n im Endlichen gelegene Eigenwerte ζ_j, die bei geschickter Wahl von μ (fast) alle im Fokuskreis K_μ liegen, was die Eigenwertsuche außerordentlich erleichtert.

• Resümee zum X. Kapitel. Was will der Praktiker?

Zunächst, was der Praktiker *nicht* will: eine unerwünschte Genauigkeit, die Zeit und Geld kostet, ohne ihren Preis zu rechtfertigen. Der Numeriker in seiner Freude am Rechnen (besonders wenn er die Rechenzeit nicht bezahlen muß) vergißt allzuleicht, daß in der Praxis des Physikers und Ingenieurs (wie zunehmend auch in anderen wissenschaftlichen Disziplinen wie etwa der Volkswirtschaft, Biologie, Chemie Medizin usw.) die Elemente der Matrizen $\boldsymbol{A}$ und $\boldsymbol{B}$ im allgemeinen auf höchstens drei oder vier Stellen genau gegeben sind einfach deshalb, weil die Eingangsdaten (Länge, Winkel, Masse, Elastizitätsmodul, Temperatur usw.) sich nicht genauer angeben lassen, womit die Genauigkeit auch der Eigenwerte und -vektoren von vornherein begrenzt ist. Dies muß allerdings nicht heißen, daß zur Ermittlung der ersten drei oder vier Dezimalen der Algorithmus selbst ebenso ungenau durchgeführt werden dürfte. Im Gegenteil, das Einschließungsresultat $4{,}3422 \leqq \lambda_j \leqq 4{,}3424$, das vier Dezimalstellen verbürgt, muß mit größtmöglicher Genauigkeit ermittelt werden, weil sonst die mathematische Sicherheit der Aussage nicht gewährleistet ist; der Leser wiederhole dazu die Passagen im § 36.

Wir kommen nun abschließend auf die eingangs des Kapitels geforderte Arbeitsteilung

SONDIEREN / BERECHNEN / EINSCHLIESSEN

von der jetzt erreichten Warte nochmals zurück und stellen in einer Übersicht auf S. 372 die erarbeiteten Resultate zusammen. Dazu einige Erläuterungen.

Arbeitsgang I. SONDIEREN

Ein Globalalgorithmus wird abgebrochen, sobald das Nivellement der Nummer ν mit der Niveauhöhe ε_ν beendet ist. Ob er fernerhin quadratisch oder gar kubisch konvergieren *würde*, wenn man ihn weiter laufen *ließe*, ist für den Anwender absolut ohne jedes Interesse. Entscheidend ist allein das Konvergenzverhalten *zu Anfang* der Prozedur, und dieses ist linear bei den JACOBI-ähnlichen Verfahren ebenso wie bei den Dreiecksalgorithmen; doch sind letztere im allgemeinen schneller und deshalb vorzuziehen, wenn vorweg das Paar $\boldsymbol{A}; \boldsymbol{B}$ auf $\boldsymbol{T}; \boldsymbol{I}$ bzw. $\boldsymbol{H}; \boldsymbol{I}$ transformiert wurde oder von vornherein als solches vorlag. Für vollbesetzte spezielle Paare $\boldsymbol{A}; \boldsymbol{I}$ bzw. $\boldsymbol{A}; \boldsymbol{D}$ sind JACOBI-ähnliche Verfahren durchaus konkurrenzfähig, vor allem, wenn auch die Eigenvektoren gesucht sind.

Arbeitsgang II. BERECHNEN

Von den im ersten Arbeitsgang gewissermaßen in Rohform aufgedeckten Näherungswerten interessieren im allgemeinen nur einige wenige (bei statischen Ausweichproblemen wie Knicken, Beulen, Kippen usw. der kleinste allein). Diese Näherungen werden iterativ verbessert mit Hilfe eines Selektionsalgorithmus. Über die dadurch erreichte Genauigkeit wird im

Arbeitsgang III. EINSCHLIESSEN

entschieden. Bei *normalen* Paaren (speziell den in der Praxis vorherrschenden *reellsymmetrischen* Paaren) liegt die ideale Situation vor, daß über den Satz Acta Mechanica Iteration *und* Einschließung wechselweise durch ein und denselben Algorithmus geleistet werden.

Wie aber keine Regel ohne Ausnahme ist, so gibt es durchaus Probleme, bei denen die allerhöchste Genauigkeit zu fordern sinnvoll ist. Ein Beispiel dafür ist die modale Analyse erzwungener Schwingun-

Tabelle der gängigen Algorithmen zur Eigenwertermittlung von Matrizenpaaren.
Stand 1986

Arbeitsgang I. Globalalgorithmen: Sondierung

1. Gruppe. Echte Globalalgorithmen

1a) Unterraumtransformationen. Gleichmäßige Konvergenz gegen das Spektrum via Nivellement. Speziell $m = 2$: JACOBIsche Rotation und JACOBI-ähnliche Verfahren (EBERLEIN).

1b) Dreiecks- (Diagonal-)algorithmen. Punktuelle Konvergenz gegen das Spektrum.

$\boldsymbol{B} = \boldsymbol{I}$, Äquivalenz: BAUER (Elevator), WOJEWODIN (Reflektor)

$\boldsymbol{B} = \boldsymbol{I}$, Ähnlichkeit: RUTISHAUSER (Elevator), FRANCIS, KUBLANOWSKAJA (Reflektor)

$\boldsymbol{B} = \nabla$, auch singulär. Äquivalenz: Q-Z-Algorithmus von STEWART und MOLAR (Reflektor)

2. Gruppe Substitutionsalgorithmen
Gleichmäßige Konvergenz gegen das Spektrum via Nivellement

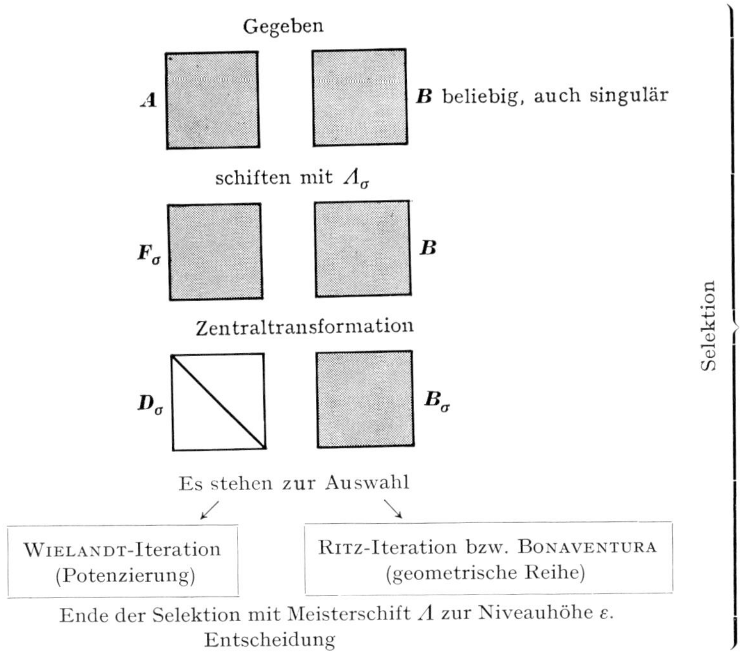

a) Neu selektieren, dann neuer Start mit neuem Schift.
b) Näherungsweise Ordnungserniedrigung bzw. Partitionierung
b1) Ähnlichkeitstransformation — **B** bleibt erhalten
b2) Äquivalenztransformation — **B** wird transformiert

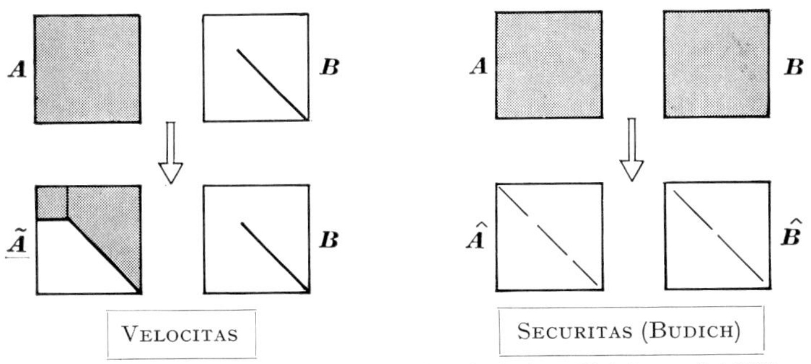

3. Gruppe. Aufstellen und Lösen der charakteristischen Gleichung $\det \boldsymbol{F}(\lambda) = 0$.

gen, wozu die explizite Inversion der Matrix $\boldsymbol{F}(\lambda) = \boldsymbol{A} - \lambda\,\boldsymbol{B}$ in Abhängigkeit vom Parameter λ erforderlich wird. Diese gelingt aber nur, wenn das Paar $\boldsymbol{A}$; $\boldsymbol{B}$ diagonalähnlich (speziell normal) ist und möglichst exakt auf die Diagonalmatrix seiner Eigenterme transformiert werden kann.

Halten wir abschließend als Hauptergebnis des X. Kapitels fest, daß wir zur Zeit über zwei Selektions- und drei Globalalgorithmen verfügen (den Expansionsalgorithmus ECP beschreiben wir im § 43), die in sechsfacher Weise kombinierbar sind nach folgendem Schema

(176)

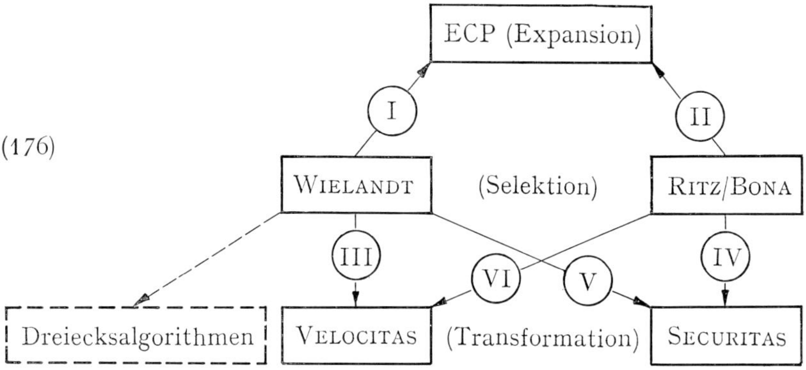

und damit dem Anwender, sofern er sich nicht von vornherein für einen dieser sechs Stränge generell entscheidet, einen weiten „Spielraum" im wahrsten Sinne des Wortes lassen, eine Freiheit, die noch größer wird dadurch, daß sämtliche Transformationen in impliziter Manier alternativ durchführbar sind.

Schließlich wäre noch ein Vergleich der WIELANDT-Iteration mit dem Algorithmus BONAVENTURA anzustellen. Beide benötigen fast denselben Rechenaufwand im Anschluß an die Zentraltransformation; denn jedem weiteren Glied der geometrischen Reihe (37.11) entspricht ein Iterationsschritt (160), (161). Es bleibt also die entscheidende Frage der Konvergenzgeschwindigkeit, und diese ist abhängig von den Eigenschaften des Spektrums. Bei gut getrennten Eigenwerten sind beide Algorithmen etwa gleichwertig, doch ist im allgemeinen der BONAVENTURA im Vorteil, da er auf einer Reihenentwicklung beruht und nicht auf fortlaufender Potenzierung. Daß bei diagonalähnlichen Paaren die WIELANDT-Iteration mit *progressivem* Schift *kubisch* konvergiert, wurde von RUTISHAUSER [191] gezeigt, und dies gilt erst recht für den BONAVENTURA.

Der Kenner der Szene wird fragen, warum die Dreiecksalgorithmen, die 25 Jahre das Feld beherrschten, im Schema (181) buchstäblich am Rande erscheinen. Dies ist leicht erklärt. Hat das Spektrum $m < n$ zusammenfallende oder numerisch nicht trennbare Eigenwerte, so ist die Simultaniteration mit m Startvektoren selbstredend die angepaßte Vorgehensweise. Ein Start mit n Vektoren wäre also vertretbar, wenn sämtliche n Eigenwerte numerisch schwer trennbar sind oder sogar exakt zusammenfallen. Trifft dies nicht zu, so ist die Simultaniteration im Gesamtraum der Dimension n durch nichts — aber wirklich nichts — gerechtfertigt. Es war dies ein tief in der Entstehung liegender Geburtsfehler, den auch das Kurieren an den Symptomen — Reflektor statt Elevator, Äquivalenz oder Ähnlichkeit, $\boldsymbol{B}$ regulär oder singulär, vorgezogene HESSENBERG-Transformation ja oder nein — nicht beheben kann. Es ist die unglückliche Verquickung von Selektion und Sondierung, die diesen Algorithmus von der *Anlage* her untauglich macht. Seine (zum Teil bekannten) Mängel sind:

1. Die völlig überflüssigen Transformationen (oder Dreieckszerlegungen: dies war noch ein zusätzliches Hindernis, das den Weg zur *partiellen* Transformation verstellte.) Es braucht nämlich erst dann transformiert zu werden, wenn ein Eigenwert (nahezu) festliegt.
2. Die punktuelle Konvergenz gegen das Spektrum. Zu fordern ist gleichmäßige Konvergenz.
3. Der Zwang zum Umwälzen, der ein Unmaß an numerischer Energie verzehrt. (Weshalb in der Lehrbuchliteratur auch durchweg getürkte Beispiele zu finden sind, das sind solche mit bereits vorgenommener Wohlordnung der Hauptdiagonalelemente, meist noch in Verbindung mit ausgeprägter Diagonaldominanz.)
4. Die Transformation mit einer im allgemeinen vollbesetzten Dreiecksmatrix. Es genügt indessen, in der Einheitsmatrix $\boldsymbol{I}$ allein die letzte Zeile $\boldsymbol{e}_n^T$ durch den (angenäherten) Linkseigenvektor zu ersetzen wie im Abschnitt 35.10 beschrieben (und sicherlich längst bekannt).
5. Der Schift Λ als RAYLEIGH-Quotient R nach jeder Dreieckszerlegung. Bei *nicht*-symmetrischer Matrix ist R nur dann eine brauchbare Näherung, wenn ein Links- *und* Rechtsnäherungsvektor vorliegt; wird er mit einer Linksnäherung *allein* gebildet, so darf man nicht viel davon erwarten. Da kann auch ein WILKINSON-Schift, wie er bisweilen in der Literatur propagiert wird, nicht helfen.
6. Die Sünde wider den Geist WIELANDTS, die sich am schlimmsten rächt bei reellen Matrizen mit konjugiert-komplexen Eigenwerten. Statt mit dem Schift immer näher an den Eigenwert $\lambda_j = u_j + i\,v_j$ heranzurücken, wird mit dem Realteil $U \approx u_j$ geschiftet, um die Realität der nachfolgenden Transformation zu bewahren. Zwar gibt es auch hier — recht künstlich wirkende — Gegenmaßnahmen, die aber den Algorithmus als ganzen nicht retten können.

Da wir gerade bei der Bestandsaufnahme sind, kann auch die Unterraumtransformation von JACOBI bzw. EBERLEIN nicht gut wegkommen. Dies zwar nicht aufgrund einer Unvollkommenheit — beide Algorithmen laufen nahezu optimal — sondern zufolge ihres unvertretbar hohen Aufwandes laut Bilanz (30.41), der erzwungen wird durch die Idee des Transformationsalgorithmus *generell*. Diese Idee hat über

150 Jahre die Mathematiker fasziniert, angespornt durch die Suche nach Normalformen. So überragend die Leistungen von WEYR, JORDAN, SCHUR und anderen sind, (bei GANTMACHER [7, II. S. 7—20] findet der Leser noch weitere Normalformen, z. B. für komplex-symmetrische Matrizen) und so unerläßlich die damit zusammenhängende Frage nach Rangabfall und Defekt bzw. Signatur und damit für die im Abschnitt 19.4 vorgenommene Vervollständigung einer Eigenvektorbasis durch Hauptvektoren ist, so verhängnisvoll war diese Fixierung für die Entwicklung von Algorithmen; denn für die Eigenwertsuche mit gleichzeitiger Konvergenz gegen die Diagonalform muß die Annäherung an die Modalmatrix keineswegs zwingend sein. Weil dies so ist, sind auch die Unterraumtransformationen nicht konkurrenzfähig mit dem Algorithmus ECP, der eben *nicht* transformiert und daher die immense Energieverschwendung, die eine *iterative* (nicht einmalig vorgegebene) Transformation mit sich bringt, von vornherein ausschließt. Wie weit die JACOBI-Rotation zur Stabilisierung schlecht bestimmter Gleichungssysteme nach Abschnitt 31.4 „im Rennen bleibt", muß die Zukunft lehren.

Daß auch die im Schema (176) angeführten Algorithmen in wenigen Jahren passé sind, steht außer Frage. Die Wissenschaft schreitet in immer schärferem Tempo voran, also wird jede Neugeburt kurzlebiger. Es kann sogar sein, daß infolge der KULISCH-Arithmetik (ACRITH) völlig neuartige Aspekte ins Spiel kommen, die ein durch die neue Mikronumerik erzwungenes totales Umdenken auch in der Makronumerik erforderlich machen. Der Leser wiederhole dazu die Schlußpassage von Abschnitt 24.1.

Damit sind wir am Ende des X. Kapitels angelangt. Nur flüchtig gestreift haben wir solche Algorithmen, die durch die Entwicklung überholt wurden wie die Defektminimierung und die Koordinatenrelaxation. Nicht besprochen wurde eine Reihe von Algorithmen, die heute nur noch historisches Interesse beanspruchen dürfen wie etwa die Eskalatormethode von MORRIS und HEAD, die Bisektion, der Q-D-Algorithmus. Weitere Algorithmen findet der forschende Leser, allen voran der Angewandte Mathematiker in den Grundlagenwerken von FADDEJEW/FADDEJEWA [17], SCHWARZ/STIEFEL/RUTISHAUSER [24] und BUNSE/BUNSE-GERSTNER [31].

XI. Kapitel

Die nichtlineare Eigenwertaufgabe

In der Praxis des Naturwissenschaftlers und Ingenieurs spielt neben der linearen auch die nichtlineare Eigenwertaufgabe $\boldsymbol{F}(\lambda)\,\boldsymbol{x} = \boldsymbol{o}$ eine bedeutende Rolle. So treten *Polynommatrizen zweiten* Grades bei den linearen gedämpften Schwingungen bei Zugrundelegung des Weggrößenverfahrens auf; vgl. (21.75) und Abschnitt 44.1. Wählt man dagegen das Übertragungsverfahren (Reduktionsverfahren), so wächst der Grad des Polynoms mit der Anzahl Freiheitsgrade und wird daher in praxi *beliebig groß*.

In *transzendenter* Form tritt der Parameter λ immer dann auf, wenn das System der Fundamentallösungen linearer oder partieller Differentialgleichungen an vorgegebene Rand- und Übergangsbedingungen angepaßt werden muß. Sind die Koeffizienten dieser Differentialgleichungen konstant, so besteht das Fundamentalsystem aus einer Linearkombination von Exponentialfunktionen (bzw. ihren Derivaten, den Kreis- und Hyperbelfunktionen), eventuell gemeinsam mit Polynomen. Die Elemente $f_{jk}(\lambda)$ der Matrix $\boldsymbol{F}(\lambda)$ enthalten dann diese Funktionen, genommen für feste Werte der unabhängigen Veränderlichen. Als einfaches Beispiel zeigt die Abb. 41.1 einen Knickstab mit abgesetztem Profil. Weitere Beispiele auch für gebrochen rationale Funktionen in λ findet der Leser in [111].

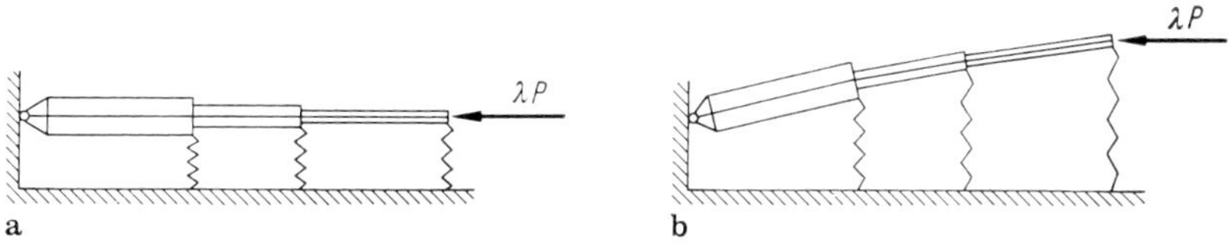

Abb. 41.1. Dreifeldriger Knickstab als Beispiel für ein nichtlineares Eigenwertproblem a) λ ist kein Eigenwert; b) λ ist Eigenwert

Auch das bereits im Abschnitt 21.2 besprochene *mehrparametrige* Eigenwertproblem $\boldsymbol{G}(\sigma_1, \ldots, \sigma_\varrho)\,\boldsymbol{x} = \boldsymbol{o}$ begegnet uns in den Anwendungen ständig, beispielsweise bei Schwingungssystemen unter Druck oder Zug mit der Eigenkreisfrequenz $\omega^2 = \sigma_1$ und dem Knickparameter $\lambda = \sigma_2$ oder noch ausgeprägter in der Baustatik, wo Ausweichprobleme (Knicken, Kippen, Beulen usw.) mit mehreren Parametern das Normale sind. Die Knickfigur eines diskreten Modells mit fünf Parametern zeigt die Abb. 41.2.

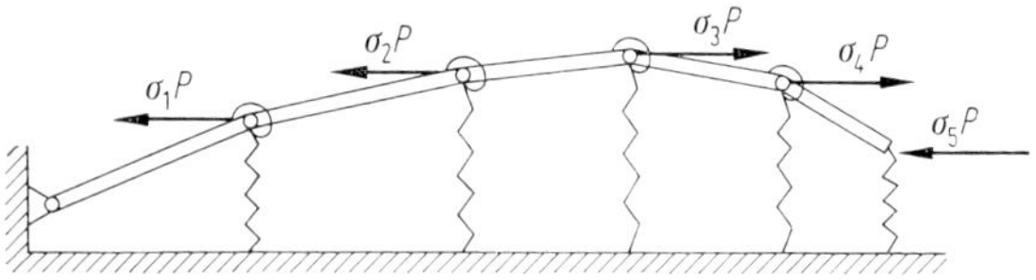

Abb. 41.2. Lineares Eigenwertproblem mit fünf Parametern $\sigma_1, \ldots, \sigma_5$

§ 41. Die nichtlineare Eigenwertaufgabe mit einem Parameter

• 41.1. Überblick. Zielsetzung

Vorgelegt ist das homogene Gleichungssystem (die Eigenwertaufgabe)

$$\boldsymbol{y}^T \boldsymbol{F}(\lambda) = \boldsymbol{o}^T , \qquad \boldsymbol{F}(\lambda)\, \boldsymbol{x} = \boldsymbol{o} , \tag{1}$$

wo nun die Elemente $f_{jk}(\lambda)$ der quadratischen Matrix

$$\boldsymbol{F}(\lambda) = (f_{jk}(\lambda)); \qquad j, k = 1, 2, \ldots, n \tag{2}$$

beliebige Funktionen des im allgemeinen komplexen Parameters λ sind. Notwendige Bedingung für etwa vorhandene Eigenwerte ist nach wie vor das Verschwinden der Determinante; die *charakteristische Gleichung*

$$\det \boldsymbol{F}(\lambda) = 0 \to \lambda_1, \lambda_2, \ldots, \lambda_m; \qquad 0 \leqq m \leqq \infty \tag{3}$$

legt somit im allgemeinen endlich oder auch unendlich viele Eigenwerte fest. Ist insbesondere die Determinante gleich einer von Null verschiedenen Konstante

$$\det \boldsymbol{F}(\lambda) \equiv \text{const} \neq 0 , \quad \text{z. B.} \ \det \begin{pmatrix} \cos\lambda & -\sin\lambda \\ \sin\lambda & \cos\lambda \end{pmatrix} \equiv 1 , \tag{4}$$

so gibt es überhaupt keinen Eigenwert; andererseits kann die Determinante unabhängig vom Parameter identisch verschwinden

$$\det \boldsymbol{F}(\lambda) \equiv \text{const} = 0 , \quad \text{z. B.} \ \det \begin{pmatrix} 0 & 0 \\ -4 & \sin\lambda \end{pmatrix} \equiv 0 . \tag{5}$$

Das Erfülltsein der charakteristischen Gleichung ist dann, wie schon in Abschnitt 35.8 anläßlich der singulären Paare bemerkt wurde, kein hinreichendes Kriterium füı dennoch ausgezeichnete Eigenwerte bzw. Eigenterme, im Beispiel (5) etwa die durch den gleich Null gesetzten Eigenterm $\sin\lambda$ definierten unendlichen vielen Eigenwerte $\lambda = 0, \pm\pi, \pm 2\pi, \ldots$.

Zu jedem Eigenwert gibt es mindestens einen Eigenvektor, doch gibt es umgekehrt zu einem Eigenvektor möglicherweise mehrere (auch unendlich viele) Eigenwerte. Beispielsweise ist für die Matrix (5) $\boldsymbol{x}_1 = (\sin\lambda \quad 4)^T$ Rechtseigenvektor zu dem Parameterwert λ, dagegen $\boldsymbol{x}_2 = (0 \quad 1)^T$ Rechtseigenvektor für die zu $\sin\lambda = 0$ gehörigen Eigenwerte.

Ist ein Eigenwert λ_ν mehrfach, so entscheidet wie früher der Rangabfall der Matrix $\boldsymbol{F}(\lambda_\nu)$ über die Anzahl der zugehörigen linear unabhängigen Eigenvektoren. Zu der auf diesem Sachverhalt basierenden Strukturfrage, der wir im Linearen das ganze V. Kapitel gewidmet haben, gilt folgendes. Da im allgemeinen weder eine Diagonal- noch eine JORDAN-Matrix, ja nicht einmal eine obere (oder untere) Dreiecksmatrix existiert, auf welche mit Hilfe zweier konstanter Matrizen $\boldsymbol{L}$ und $\boldsymbol{R}$ die Matrix $\boldsymbol{F}(\lambda)$ transformierbar wäre, so entfällt auch der Ausweg über die Hauptvektoren zwecks Vervollständigung zu einer Basis im Falle defektiver Eigenwerte.

Überhaupt muß man sich von allen Begriffen der linearen Eigenwertaufgabe weitgehend trennen, und dies hat zur Folge, daß ein großer Teil der im vorangehenden beschriebenen Algorithmen sich weder übernehmen noch auf das nichtlineare Problem verallgemeinern läßt, ausgenommen die Sonderfälle, die wir in den nächsten beiden Abschnitten besprechen werden.

Es entfallen damit alle Potenz- und die auf diesen basierenden Dreiecksalgorithmen sowie die Unterraumtransformationen, speziell die JACOBI-ähnlichen Verfahren. Übrig bleiben die Determinanten- und Extremalalgorithmen, deren wichtigste und einfachste Vertreter wir in den Abschnitten 41.5 bis 41.9 vorstellen werden.

41.2. Polynommatrizen. Expansion

Polynommatrizen, geordnet nach Potenzen des Parameters

$$\boldsymbol{F}(\lambda) = \boldsymbol{A}_0 + \boldsymbol{A}_1 \lambda + \boldsymbol{A}_2 \lambda^2 + \cdots + \boldsymbol{A}_\varrho \lambda^\varrho \tag{6}$$

sind uns schon des öfteren begegnet, so in (10.6), (21.29) und anderenorts. Die äußeren Koeffizienten ihrer charakteristischen Gleichung sind explizit angebbar

$$\det \boldsymbol{F}(\lambda) = \det \boldsymbol{A}_0 + \cdots + \det \boldsymbol{A}_\varrho \lambda^{\varrho n} =: p(\lambda)\,, \tag{7}$$

und hiernach unterscheidet man:

a) Reguläre Polynome. Die Leitmatrix $\boldsymbol{A}_\varrho$ ist regulär. Dann ist das Polynom (7) vom Grade $\varrho\, n$ und hat demnach genau $\varrho\, n$ Nullstellen als Eigenwerte.

b) Singuläre Polynome. Die Leitmatrix $\boldsymbol{A}_\varrho$ ist singulär. Jetzt entscheidet die Ordnung des Rumpfpolynoms ähnlich wie im linearen Fall (22.108) über das weitere Vorgehen.

Polynommatrizen lassen sich in jedem Fall auf ein Matrizenpaar $\boldsymbol{A}; \boldsymbol{B}$ bzw. $\boldsymbol{A}; \boldsymbol{I}$ der Ordnung $\varrho\, n$ expandieren, entweder nach GÜNTHER (23.16) oder per Diagonalexpansion (23.33) ff., womit dann wieder zahlreiche im Linearen gültige Algorithmen und Einschließungssätze anwendbar werden. Im Falle der GÜNTHERschen Expansion geht die vorgelegte Eigenwertaufgabe $\boldsymbol{F}(\lambda)\,\boldsymbol{x} = \boldsymbol{o}$ mit der Matrix (6) über in $(\boldsymbol{A} - \lambda\,\boldsymbol{B})\,\boldsymbol{z} = \boldsymbol{o}$ mit

$$\boldsymbol{A} = \begin{pmatrix} \boldsymbol{O} & \boldsymbol{I} & \boldsymbol{O} \dots & \boldsymbol{O} \\ \boldsymbol{O} & \boldsymbol{O} & \boldsymbol{I} \dots & \boldsymbol{O} \\ \boldsymbol{O} & \boldsymbol{O} & \boldsymbol{O} \dots & \boldsymbol{O} \\ \dots & \dots & \dots & \dots \\ -\boldsymbol{A}_0 & -\boldsymbol{A}_1 & -\boldsymbol{A}_2 \dots & -\boldsymbol{A}_{\varrho-1} \end{pmatrix};$$

$$\boldsymbol{B} = \begin{pmatrix} \boldsymbol{I} & \boldsymbol{O} & \boldsymbol{O} \dots & \boldsymbol{O} \\ \boldsymbol{O} & \boldsymbol{I} & \boldsymbol{O} \dots & \boldsymbol{O} \\ \boldsymbol{O} & \boldsymbol{O} & \boldsymbol{I} \dots & \boldsymbol{O} \\ \dots & \dots & \dots & \dots \\ \boldsymbol{O} & \boldsymbol{O} & \boldsymbol{O} \dots & \boldsymbol{A}_\varrho \end{pmatrix}; \qquad \boldsymbol{z} = \begin{pmatrix} \boldsymbol{x} \\ \lambda\,\boldsymbol{x} \\ \lambda^2\,\boldsymbol{x} \\ \dots \\ \lambda^{\varrho-1}\,\boldsymbol{x} \end{pmatrix}. \tag{8}$$

Falls $\boldsymbol{A}_\varrho$ regulär ist, läßt sich die letzte Blockzeile von links mit $\boldsymbol{A}_\varrho^{-1}$ multiplizieren. $\boldsymbol{B}$ geht dann über in die Einheitsmatrix $\boldsymbol{I}$, und $\boldsymbol{B}^{-1}\,\boldsymbol{A}$ wird als Blockbegleitmatrix oder auch Hyperbegleitmatrix bezeichnet.

Eine Schwäche der Expansion sollte nicht übersehen werden. Sind die einzelnen Matrizen $\boldsymbol{A}_\nu$ des Polynoms hermitesch bzw. reellsymmetrisch, so ist es das expandierte Paar im allgemeinen nicht, so daß alle jene Verfahren ausscheiden, die nur für hermitesche bzw. reellsymmetrische Paare konzipiert sind wie etwa die in Abschnitt 30.3 beschriebene Rotation von Jacobi in ihrer Urform, die iterative Einschließung Acta Mechanica und andere. Der Grund für diese Einschränkung ist einleuchtend. Aus der Hermitezität der einzelnen Matrizen $\boldsymbol{A}_\nu$ folgt nämlich keineswegs wie im Linearen, daß die Eigenwerte reell sein müßten, also kann auch das expandierte Paar, das ja dasselbe Spektrum besitzt, nicht hermitesch sein, von Ausnahmefällen abgesehen.

Wir wiederholen dazu das Beispiel aus Abschnitt 23.4 zum Schwingungssystem der Abb. 23.1 mit drei reellsymmetrischen Matrizen $\boldsymbol{C}, \boldsymbol{D}, \boldsymbol{M}$ der Ordnung $n = 3$. Die Expansion von Günther ergab ohne jede Rechnung durch bloßes Aufschreiben der Matrizen nach (8)

$$\boldsymbol{A}_G = \begin{pmatrix} \boldsymbol{O} & \boldsymbol{I} \\ -\boldsymbol{C} & -\boldsymbol{D} \end{pmatrix} = \left(\begin{array}{rrr|rrr} 0 & 0 & 0 & 1 & 0 & 0 \\ 0 & 0 & 0 & 0 & 1 & 0 \\ 0 & 0 & 0 & 0 & 0 & 1 \\ \hline -75 & 3 & 2 & -18 & 0 & 4 \\ 3 & -8 & 1 & 0 & 0 & 0 \\ 2 & 1 & -12 & 4 & 0 & -8 \end{array}\right);$$

$$\boldsymbol{B}_G = \begin{pmatrix} \boldsymbol{I} & \boldsymbol{O} \\ \boldsymbol{O} & \boldsymbol{M} \end{pmatrix} = \left[\begin{array}{ccc|ccc} 1 & 0 & 0 & 0 & 0 & 0 \\ 0 & 1 & 0 & 0 & 0 & 0 \\ 0 & 0 & 1 & 0 & 0 & 0 \\ \hline 0 & 0 & 0 & 3 & 0 & 0 \\ 0 & 0 & 0 & 0 & 2 & 0 \\ 0 & 0 & 0 & 0 & 0 & 1 \end{array}\right],$$

dagegen die Diagonalexpansion nach einiger Rechnung

$$\boldsymbol{A}_D = \begin{bmatrix} 96+72\,i & 0 & -3 & -3 & 22 & 6 \\ 0 & 96-72\,i & -3 & -3 & 22 & 6 \\ -3 & -3 & 16 & 0 & -1 & -1 \\ -3 & -3 & 0 & 16 & -1 & -1 \\ 10-16\,i & 10+16\,i & -1 & -1 & -24 & 0 \\ 10-16\,i & 10+16\,i & -1 & -1 & 0 & 8 \end{bmatrix};$$

$$\boldsymbol{B}_D = \begin{bmatrix} -24\,i & 0 & 0 & 0 & 0 & 0 \\ 0 & 24\,i & 0 & 0 & 0 & 0 \\ 0 & 0 & -8\,i & 0 & 0 & 0 \\ 0 & 0 & 0 & 8\,i & 0 & 0 \\ 0 & 0 & 0 & 0 & 4 & 0 \\ 0 & 0 & 0 & 0 & 0 & -4 \end{bmatrix}.$$

Wir sehen: die Symmetrie ist beide Male verlorengegangen. Sie läßt sich im Fall der GÜNTHERschen Expansion zwar formal wiederherstellen durch Multiplikation der ersten Blockzeile mit $-\boldsymbol{C}$

$$\hat{\boldsymbol{A}}_G = \begin{pmatrix} \boldsymbol{O} & -\boldsymbol{C} \\ -\boldsymbol{C} & -\boldsymbol{D} \end{pmatrix}; \qquad \hat{\boldsymbol{B}}_G = \begin{pmatrix} -\boldsymbol{C} & \boldsymbol{O} \\ \boldsymbol{O} & \boldsymbol{M} \end{pmatrix},$$

doch ist damit die Matrix $\hat{\boldsymbol{B}}_G$ indefinit geworden, so daß numerisch nichts gewonnen wird. Zur Kontrolle rechnen wir noch Spur $\boldsymbol{B}_G^{-1}\,\boldsymbol{A}_G =$ Spur $\boldsymbol{B}_D^{-1}\,\boldsymbol{A}_D = -14$.

b) Singuläre Polynome. Die Leitmatrix $\boldsymbol{A}_\varrho$ ist singulär, das charakteristische Polynom $\det \boldsymbol{F}(\lambda)$ kann deshalb nicht von der Ordnung $m = \varrho\, n$ sein. Wie im Abschnitt 40.21 unterscheiden wir:

Fall b1. Die Matrix $\boldsymbol{F}(\lambda)$ ist *eigentlich singulär*, es ist $\det \boldsymbol{F}(\lambda) \equiv 0$. Man geht auf das jetzt singuläre Paar $\boldsymbol{A}; \boldsymbol{B}$ (8) der Ordnung m über und wendet darauf den Q-Z-Algorithmus oder den SECURITAS an.

Fall b2. Die Matrix $\boldsymbol{F}(\lambda)$ ist *uneigentlich singulär*. Alle $\varrho + 1$ Matrizen $\boldsymbol{A}_\nu$ dürfen singulär von beliebig kleinem Rang sein, ohne daß $\det \boldsymbol{F}(\lambda) \equiv 0$ wird. Dann führt eine geeignete Fokussierung stets auf eine Matrix mit $m = \varrho\, n$ im Endlichen gelegenen Eigenwerten ζ_j, die bei geeigneter Wahl des Fokus μ (fast) alle im Fokuskreis K_μ liegen, was die Eigenwertsuche ebenso wie im Linearen sehr erleichtert.

Da die Algorithmen LR und QR sowie die JACOBI-ähnliche Transformation von EBERLEIN und andere ein *spezielles* Paar $\boldsymbol{A}; \boldsymbol{I}$ voraussetzen, muß die Matrix (24.98) von links mit der Inversen von $\hat{\boldsymbol{A}}_0 = \boldsymbol{F}(\mu)$ multipliziert werden. Anschließend erfolgt eine Expansion auf $\boldsymbol{E}_G(\zeta)$

$= \boldsymbol{A} - \zeta\,\boldsymbol{I}$, wo $\boldsymbol{A}$ die m-reihige Matrix aus (23.16) ist. Die spezielle Form von $\boldsymbol{A}$ kommt dem Algorithmus VELOCITAS sehr entgegen; denn im Verlauf der Substitution, einerlei ob solo oder simultan durchgeführt, behält die aktuelle Matrix $\overset{\sigma}{\boldsymbol{A}}$ der Ordnung $\sigma < m$ ihr Profil bei: die unteren n Zeilen sind vollbesetzt, der Rest besteht aus Nullen und Einsen.

Die Algorithmen LR und QR dagegen zerstören das Profil von $\boldsymbol{A}$. Soll dies vermieden werden, so wird vorweg das Paar $\boldsymbol{A}; \boldsymbol{I}$ auf $\boldsymbol{H}; \boldsymbol{I}$ transformiert; das Profil der HESSENBERG-Matrix $\boldsymbol{H}$ bleibt dann im folgenden erhalten. Die Transformation von EBERLEIN füllt bereits in der ersten Tour die Matrix voll auf, hat jedoch gegenüber dem LR und QR den Vorteil, (den sie mit dem VELOCITAS teilt) daß der Algorithmus auch bei mehrfachen bzw. dicht benachbarten Eigenwerten zum Ziel führt.

Wir werden im Abschnitt 43.7 den Algorithmus ECP beschreiben. Bei diesem ist die implizite Fokussierung auf die Matrix $\boldsymbol{F}_i(\zeta)$ (24.101) vorteilhaft, einerlei ob die vorgelegte Polynommatrix $\boldsymbol{F}(\lambda)$ regulär oder uneigentlich singulär war.

41.3. Parameterdiagonalähnliche und parameternormale Polynommatrizen

Ist das Tupel $\{\boldsymbol{A}_0, \boldsymbol{A}_1, \ldots, \boldsymbol{A}_\varrho\}$ der Polynommatrix (6) parameterdiagonalähnlich (speziell parameternormal) bezüglich einer regulären Normierungsmatrix $\boldsymbol{N}$, die nicht aus dem Tupel selbst stammen muß, so läßt sich, wie in Abschnitt 21.2 bzw. 21.6 gezeigt, das Paaı $\boldsymbol{F}(\lambda); \boldsymbol{N}$ mit Hilfe der beiden Modalmatrizen

$$\boldsymbol{Y} = (\boldsymbol{y}_1 \quad \boldsymbol{y}_2 \; \ldots \; \boldsymbol{y}_n); \qquad \boldsymbol{X} = (\boldsymbol{x}_1 \quad \boldsymbol{x}_2 \; \ldots \; \boldsymbol{x}_n) \tag{9}$$

simultan auf Diagonalform transformieren

$$\begin{aligned} \tilde{\boldsymbol{F}}(\lambda) &= \boldsymbol{Y}^T \boldsymbol{F}(\lambda)\, \boldsymbol{X} = \boldsymbol{D}\text{iag}\,\langle \boldsymbol{y}_j^T \boldsymbol{F}(\lambda)\, \boldsymbol{x}_j \rangle \;; \\ \tilde{\boldsymbol{N}} &= \boldsymbol{Y}^T \boldsymbol{N} \quad \boldsymbol{X} = \boldsymbol{D}\text{iag}\,\langle \boldsymbol{y}_j^T \boldsymbol{N} \quad \boldsymbol{x}_j \rangle \;, \end{aligned} \tag{10}$$

und dies bedeutet im einzelnen, daß auch alle Partner des Tupels für sich allein gemeinsam mit $\boldsymbol{N}$ auf Diagonalform übergehen

$$\begin{aligned} \tilde{\boldsymbol{A}}_\mu &= \boldsymbol{Y}^T \boldsymbol{A}_\mu \boldsymbol{X} = \boldsymbol{D}\text{iag}\,\langle \boldsymbol{y}_j^T \boldsymbol{A}_\mu \boldsymbol{x}_j \rangle \;; \\ \boldsymbol{N} &= \boldsymbol{Y}^T \boldsymbol{N}\; \tilde{\boldsymbol{X}} = \boldsymbol{D}\text{iag}\,\langle \boldsymbol{y}_j^T \boldsymbol{N}\; \boldsymbol{x}_j \rangle \;. \end{aligned} \qquad \mu = 0, 1, 2, \ldots, \varrho; \tag{11}$$

Was folgt daraus? Jeder Algorithmus, der ein einzelnes Paar $\boldsymbol{A}_\mu; \boldsymbol{N}$ auf Diagonalform transformiert und die beiden Modalmatrizen $\boldsymbol{Y}$ und $\boldsymbol{X}$ mitliefert, ist geeignet, das gesamte Tupel und damit die Polynommatrix $\boldsymbol{F}(\lambda)$ in Diagonalform zu überführen. Besitzt das herausgegriffene Testpaar $\boldsymbol{A}_\mu; \boldsymbol{N}$ lauter verschiedene Eigenwerte, so sind die Modalmatrizen (9) eindeutig (bis auf die Normierung und die Reihenfolge der Anordnung ihrer Spalten, was aber nicht wesentlich ist), und damit lassen sich alle übrigen $n - 1$ Matrizen ihrerseits eindeutig auf Diagonalform transformieren. Hat das Paar $\boldsymbol{A}_\mu$; $\boldsymbol{N}$ dagegen mehrfache Eigenwerte, so sind die Modalmatrizen nicht eindeutig und brauchen deshalb auch nicht die übrigen Partnei zu diagonalisieren. Es ist daher ratsam, von Zeit zu Zeit die Paarkombination $\boldsymbol{A}_0$; $\boldsymbol{N}$, $\boldsymbol{A}_1$; $\boldsymbol{N}, \ldots, \boldsymbol{A}_\varrho$; $\boldsymbol{N}$ zu wechseln. Die neu einspringende Matrix $\boldsymbol{A}_\mu$ wird mit den aktuellen Näherungsmodalmatrizen $\boldsymbol{Y}^T$ und $\boldsymbol{X}$ transformiert und sodann der Algorithmus fortgesetzt.

Dazu ein Beispiel. Vorgelegt ist das aus Potenzen der Matrix $\boldsymbol{K}$ (17.39) erzeugte Quadrupel, bestehend aus den vier reellsymmetrischen (und ganzzahligen) Matrizen

$$\boldsymbol{A}_1 = 3\,\boldsymbol{I} + 2\,\boldsymbol{K}^2; \qquad \boldsymbol{A}_2 = -\boldsymbol{I} - 2\,\boldsymbol{K}^3; \qquad \boldsymbol{A}_3 = \boldsymbol{K} - \boldsymbol{K}^2; \qquad \boldsymbol{A}_4 = 2\,\boldsymbol{K} + \boldsymbol{K}^5\,. \tag{a}$$

Als Normierungsmatrix wählen wir die Einheitsmatrix $\boldsymbol{N} = \boldsymbol{I}$ (die nicht zum Tupel gehört) und dazu den Partner $\boldsymbol{A}_3$. Das Paar $\boldsymbol{A}_3$; $\boldsymbol{I}$ wird via JACOBI rotiert bis zur Niveauhöhe 10^{-14}, wozu N Teildrehungen erforderlich sind. Mit der so erzeugten Näherungsmodalmatrix $\boldsymbol{X}$ werden die vier transformierten Matrizen $\boldsymbol{X}^T\boldsymbol{A}_1\boldsymbol{X}$ bis $\boldsymbol{X}^T\boldsymbol{A}_4\boldsymbol{X}$ berechnet ($\boldsymbol{X}^T\boldsymbol{A}_3\boldsymbol{X}$ stellt somit eine — an sich nicht notwendige und nur zur Kontrolle durchgeführte — Auffrischung dar) und die maximalen Beträge der Außenelemente in Tabelle (b) ausgeworfen.

n	N	$\boldsymbol{X}^T\boldsymbol{A}_1\boldsymbol{X}$	$\boldsymbol{X}^T\boldsymbol{A}_2\boldsymbol{X}$	$\boldsymbol{X}^T\boldsymbol{A}_3\boldsymbol{X}$	$\boldsymbol{X}^T\boldsymbol{A}_4\boldsymbol{X}$
10	206	$1{,}9 \cdot 10^{-12}$	$3{,}8 \cdot 10^{-12}$	$1{,}3 \cdot 10^{-12}$	$6{,}6 \cdot 10^{-12}$
20	880	$5{,}8 \cdot 10^{-12}$	$1{,}2 \cdot 10^{-11}$	$3{,}2 \cdot 10^{-12}$	$2{,}5 \cdot 10^{-11}$
100	32947	$8{,}7 \cdot 10^{-10}$	$2{,}6 \cdot 10^{-9}$	$2{,}2 \cdot 10^{-11}$	$5{,}5 \cdot 10^{-9}$

(b)

Der Leser rotiere ein beliebiges Leitpaar $\boldsymbol{A}_j$; $\boldsymbol{A}_k$ $(j \neq k)$, und führe die analogen Transformationen durch zur gleichen Niveauhöhe. Die Anzahl der erforderlichen Teildrehungen ist natürlich eine andere als die in Tabelle (b) angegebene.

41.4. Die Bequemlichkeitshypothese. (Modale Dämpfung)

Schon in (21.75) hatten wir hingewiesen auf die nichtlineare Eigenwertaufgabe

$$\boldsymbol{F}(\lambda)\,\boldsymbol{x} = (\boldsymbol{C} + \boldsymbol{D}\,\lambda + \boldsymbol{M}\,\lambda^2)\,\boldsymbol{x} = \boldsymbol{o}; \qquad \boldsymbol{x} \neq \boldsymbol{o} \tag{12}$$

mit der Besonderheit, daß die mittlere Matrix $\boldsymbol{D}$ eine Linearkombination der beiden äußeren Matrizen $\boldsymbol{C}$ und $\boldsymbol{M}$ ist,

$$\boldsymbol{D} = \varepsilon\,\boldsymbol{C} + \alpha\,\boldsymbol{M}\,. \tag{13}$$

Es besteht dann nach (21.72) lineare Abhängigkeit von dem Leitpaar $\boldsymbol{C}$; $\boldsymbol{M}$ mit $\boldsymbol{M} = \boldsymbol{N}$, wozu allerdings $\boldsymbol{M}$ regulär sein muß, was wir voraussetzen wollen.

In der Mechanik ebenso wie in der Elektrodynamik charakterisiert die Gl. (12) das Verhalten linearer gedämpfter freier Schwingungen mit n Freiheitsgraden; der Ingenieur spricht bei Gültigkeit der Beziehung (13) von *modaler Dämpfung* (einem allerdings viel weiter gehenden Oberbegriff) oder auch von der *Bequemlichkeitshypothese.*

In (21.74) wurde gezeigt, daß die Modalmatrix $\boldsymbol{X}$ des gedämpften Systems (12) die gleiche ist wie die des als diagonalähnlich vorausgesetzten ungedämpften Systems

$$(\boldsymbol{C} - \omega^2 \boldsymbol{M})\, \boldsymbol{x} = \boldsymbol{o}; \qquad \lambda_j^2 = -\omega_j^2; \qquad j = 1, 2, \ldots, n \tag{14}$$

und daß nach der geeignet angesetzten Spektralverschiebung

$$\lambda = -\frac{1}{\varepsilon} + \xi \tag{15}$$

die Gl. (12) transformierbar ist auf die Diagonalmatrix der Eigenterme

$$\boldsymbol{Y}^T\, \boldsymbol{F}(\xi)\, \boldsymbol{X} = \boldsymbol{D}\text{iag}\left\langle m_j \left[r^2 + \left(\varepsilon\, \omega_j^2 + \alpha - \frac{2}{\varepsilon}\right) \xi + \xi^2 \right] \right\rangle \tag{16}$$

mit den im allgemeinen komplexen Größen

$$r^2 = \frac{1}{\varepsilon}\,(1 - \alpha\, \varepsilon)\,, \qquad \omega_j^2 = c_j/m_j\,. \tag{17}$$

Um zu einer geometrischen Interpretation dieser Ergebnisse zu gelangen, studieren wir zunächst die Verhältnisse für $n = 1$. Aus der nun skalaren Gl. (12)

$$f(\lambda)\, x = (c + d\,\lambda + m\,\lambda^2)\, x = 0; \qquad x \neq 0 \tag{18}$$

berechnen sich die beiden Eigenwerte

$$\lambda_{\mathrm{I,II}} = -\frac{d}{2\,m} \pm \sqrt{\left(\frac{d}{2\,m}\right)^2 - \omega^2}\,; \qquad \omega^2 := \frac{c}{m}\,, \qquad m \neq 0\,. \tag{19}$$

Speziell für das ungedämpfte Schwingungssystem wird somit wegen $d = 0$

$$\lambda_{\mathrm{I,II}} = \pm\sqrt{-\omega^2} = \pm\, i\,\omega\,, \tag{20}$$

und dies alles bleibt richtig auch dann, wenn einige oder alle Kennwerte c, d, m komplex sind.

Es seien nun c, d und m reell, dann fällt das Wurzelpaar (19) entweder reell aus (dieser Fall der *starken Dämpfung* interessiert uns nicht weiter) oder aber konjugiert komplex (*schwache Dämpfung*). Die beiden Wurzeln $\lambda_{\mathrm{I}} = \lambda$ und $\lambda_{\mathrm{II}} = \bar{\lambda}$ liegen dann einerseits auf einem Kreis um 0 mit dem Radius ω, dem ω-Kreis, andererseits auf der Geraden gg durch den Punkt D mit der Abszisse $-d/2$ nach Abb. 41.3. Gilt insbesondere die Bequemlichkeitshypothese $d = \varepsilon\, c + \alpha\, m$ mit reellen Parametern ε und α, so liegt, wie leicht nachzurechnen, das Wurzelpaar $\lambda, \bar{\lambda}$ auf dem *Dämpfungskreis* K_r mit dem Mittelpunkt M und dem Radius r (17), wobei allerdings $\alpha\, \varepsilon \leq 1$ vorausgesetzt werden muß, damit r positiv ausfällt. Da $\overrightarrow{OM} = -1/\varepsilon$ ist, liegt der Mittelpunkt M

des Dämpfungskreises bei positivem (negativem) Wert von ε links (rechts) von 0 auf der reellen Achse.

Nun zurück zum allgemeinen Fall $n > 1$. Da die Parameter ε und α in den Eigentermen (16) unabhängig vom Index j sind, gilt nach dem Satz von VIETA für alle n Wurzelpaare der zugehörigen quadratischen Gleichungen

$$\xi_{j\,\mathrm{I}} \cdot \xi_{j\,\mathrm{II}} = r^2 = \frac{1}{\varepsilon^2}(1 - \alpha\,\varepsilon)\,; \qquad j = 1, 2, \ldots, n \tag{21}$$

für beliebige, auch komplexe Werte von α und ε.

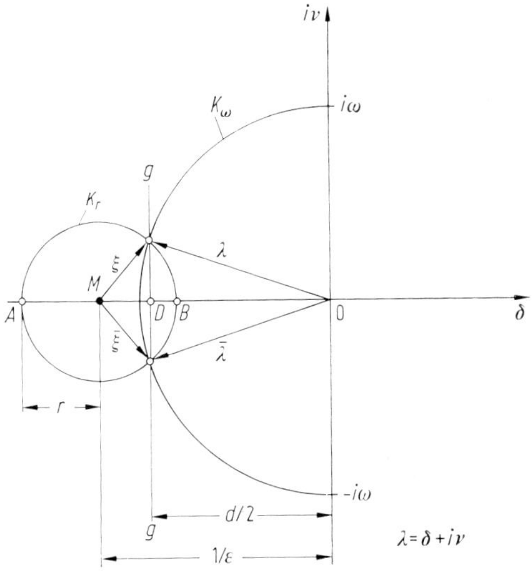

Abb. 41.3. Dämpfungskreis K_r und ω-Kreis K_ω

Sind aber α und ε reell und gilt überdies $\alpha\,\varepsilon < 1$, so existiert ein vom Index j unabhängiger Dämpfungskreis K_r. Ferner seien von den Eigenwerten ω_j^2 des Paares $\boldsymbol{C}; \boldsymbol{M}$ (14) $m \leqq n$ reell und positiv, so daß genau m ω-Kreise existieren. Von diesen mögen $l \leqq m \leqq n$ den in Abb. 41.4 bezeichneten Bereich S schneiden, der begrenzt wird durch

$$\frac{1}{\varepsilon} - r < \omega_{k+1} \leqq \omega_{k+2} \leqq \cdots \leqq \omega_{k+l} < \frac{1}{\varepsilon} + r\,; \qquad \varepsilon > 0\,, \tag{22}$$

dann gibt es genau l konjugiert komplexe Eigenwertpaare der Aufgabe (12), die sämtlich auf dem Dämpfungskreis K_r liegen; alle anderen fallen reell aus und beschreiben Kriechbewegungen, keine Schwingungen. Weitere Einzelheiten zu diesem Fragenkreis finden sich in der Originalarbeit [127].

Ein technisch interessanter Sonderfall der modalen Dämpfung liegt vor bei den sogenannten *homogenen* oder *gleichartigen Schwingerketten*

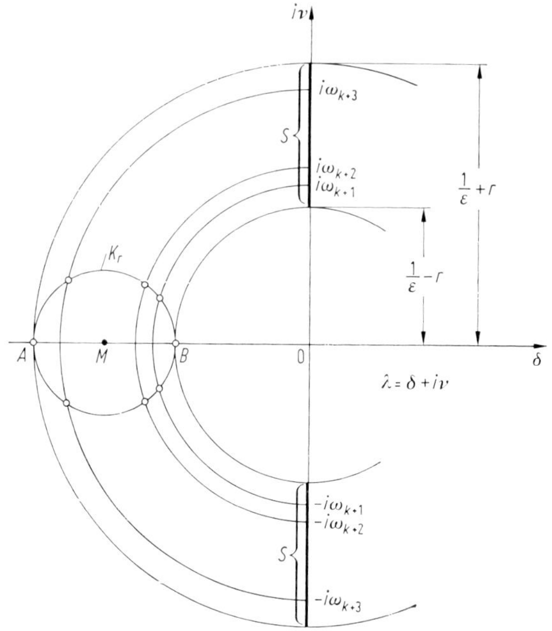

Abb. 41.4. Dämpfungskreis K_r und $l = 3$ ω-Kreise

(und ihrem rotatorischen Analogon, den Drehschwingerketten) nach Abb. 41.5.

Diese führen mit der speziellen Differenzenmatrix (17.57) auf die Eigenwertaufgabe $\boldsymbol{F}(\lambda)\,\boldsymbol{x} = \boldsymbol{o}$ mit der Matrix

$$\boldsymbol{F}(\lambda) = \underbrace{(c_e + d_e\,\lambda + m\,\lambda^2)\,\boldsymbol{I}}_{\text{Erdung}} + \underbrace{(c_k + d_k\,\lambda)\,\boldsymbol{A}}_{\text{Kopplung}}\,, \tag{23}$$

die sich mit Hilfe der normierten Modalmatrix (17.51) transformieren läßt auf die Diagonalmatrix ihrer Eigenterme

$$\boldsymbol{X}^T\boldsymbol{F}(\lambda)\,\boldsymbol{X} = \boldsymbol{D}\text{iag}\,\langle f_{jj}(\lambda)\rangle = \boldsymbol{D}\text{iag}\,\langle (c_e + d_e\,\lambda + m\,\lambda^2) + (c_k + d_k\,\lambda)\,\beta_j\rangle$$

mit (24)

$$\beta_j := 2\left(1 - \cos\frac{j}{n+1}\pi\right); \qquad 0 < \beta_j < 4; \qquad j = 1, 2, \ldots, n\,.$$

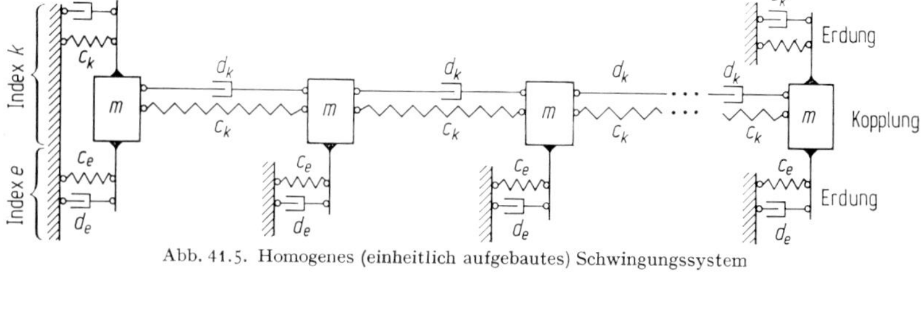

Abb. 41.5. Homogenes (einheitlich aufgebautes) Schwingungssystem

Aus den n gleich Null gesetzten Eigentermen, das sind die quadratischen Gleichungen

$$f_{jj}(\lambda) = m\,\lambda^2 + (d_e + d_k\,\beta_j)\,\lambda + (c_e + c_k\,\beta_j) = 0; \qquad j = 1, 2, \ldots, n \quad (25)$$

gewinnt man die n mal zwei Eigenwerte $\lambda_{j,\,\mathrm{I}}, \lambda_{j,\,\mathrm{II}}$, sobald die fünf frei verfügbaren Parameter m, d_e, d_k, c_e und c_k gegeben sind.

Abgesehen von der mechanischen Deutung der Eigenwertaufgabe (12), (13) stellt die Bequemlichkeitshypothese einen außergewöhnlich scharfen Test für Eigenwertalgorithmen dar. Man wählt zwei Matrizen $\boldsymbol{C}, \boldsymbol{M}$, ferner ε und α beliebig und berechnet einige oder alle Eigenwerte λ_j und daraus die Werte ξ_j nach (15). Anschließend wird für je zwei zum gleichen Eigenvektor $\boldsymbol{x}_j$ gehörige Werte $\xi_{j,\,\mathrm{I}}$ und $\xi_{j,\,\mathrm{II}}$ der Test (21) durchgeführt.

Erstes Beispiel. Gegeben sind die drei Matrizen

$$\boldsymbol{C} = \begin{pmatrix} 1 & 0 \\ i & 1+i \end{pmatrix}; \qquad \boldsymbol{D} = \begin{pmatrix} 2 & i \\ 2\,i & 1+i \end{pmatrix}; \qquad \boldsymbol{M} = \begin{pmatrix} 1 & i \\ i & 0 \end{pmatrix}, \qquad \det \boldsymbol{M} = 1\,.$$

Es ist offenbar $\boldsymbol{D} = 1 \cdot \boldsymbol{C} + 1 \cdot \boldsymbol{M}$, somit $\varepsilon = \alpha = 1$, ferner $r^2 = 0$ nach (17). Wir berechnen aus (14) die beiden Eigenwerte $\omega_1^2 = 1$ und $\omega_2^2 = 1 + i$ und haben damit die quadratische Gleichung (16) mit ihren jeweils zwei Lösungen

$$0 + [1 - 1] \quad \xi + \xi^2 = 0 \rightarrow \xi_{1,\,\mathrm{I}} = 0\,, \quad \xi_{1,\,\mathrm{II}} = 0\,,$$

$$0 + [1 + i - 1]\,\xi + \xi^2 = 0 \rightarrow \xi_{2,\,\mathrm{I}} = 0\,, \quad \xi_{2,\,\mathrm{II}} = -i\,.$$

Die vier Eigenwerte berechnen sich damit nach (15) zu

$$\lambda_{1,\,\mathrm{I}} = \lambda_{1,\,\mathrm{II}} = \lambda_{2,\,\mathrm{I}} = -1\,, \qquad \lambda_{2,\,\mathrm{II}} = -1 - i\,,$$

was der Leser durch Einsetzen in die Determinante von $\boldsymbol{F}(\lambda) = \boldsymbol{C} + \boldsymbol{D}\,\lambda + \boldsymbol{M}\,\lambda^2$ verifizieren möge.

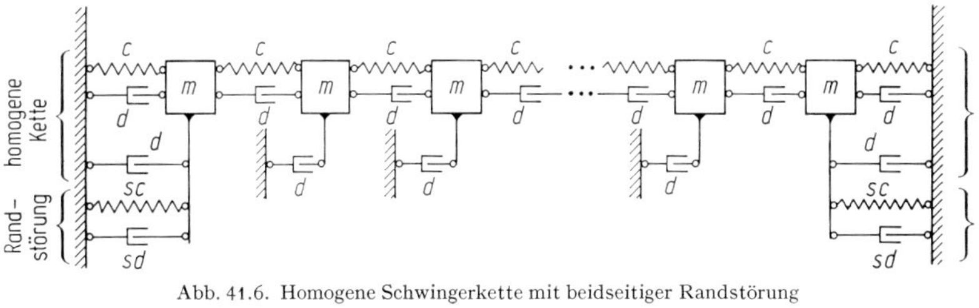

Abb. 41.6. Homogene Schwingerkette mit beidseitiger Randstörung

Zweites Beispiel. Die Abb. 41.6 zeigt eine homogene Schwingerkette mit beidseitiger Randstörung. Die Eigenwerte sind für drei verschiedene Dämpfungsmoduln zu ermitteln.

Die Bewegungsgleichung (a) des Systems geht kraft eines Exponentialansatzes über in das zeitfreie Eigenwertproblem (b) mit dimensionsbehafteten Matrizen, aus denen wir die Skalare c, d und m herausziehen. Sodann dividieren wir die Gleichung (b) durch die Federzahl c und führen die dimensionslosen Größen λ und γ nach (c) ein.

$$\hat{\boldsymbol{C}}\,\hat{\boldsymbol{x}}(t) + \hat{\boldsymbol{D}}\,\dot{\hat{\boldsymbol{x}}}(t) + \hat{\boldsymbol{M}}\,\ddot{\hat{\boldsymbol{x}}}(t) = \boldsymbol{o}; \qquad \hat{\boldsymbol{x}}(t) = \boldsymbol{x}\exp(\hat{\lambda}\,t)\,, \quad \tilde{\lambda}\,[\mathrm{rad/s}]\,, \tag{a}$$

$$(\hat{\boldsymbol{C}} + \hat{\boldsymbol{D}}\,\hat{\lambda} + \hat{\boldsymbol{M}}\,\hat{\lambda}^2)\quad \hat{\boldsymbol{x}}(t) = \boldsymbol{o} \quad \text{mit} \quad \hat{\boldsymbol{C}} = c\,\boldsymbol{C}\,, \quad \hat{\boldsymbol{D}} = d\,\boldsymbol{D}\,, \quad \hat{\boldsymbol{M}} = m\,\boldsymbol{M}\,, \tag{b}$$

$$(\boldsymbol{C} + \gamma\,\boldsymbol{D}\,\lambda + \boldsymbol{M}\,\lambda^2)\quad \boldsymbol{x} \quad = \boldsymbol{o}\,, \quad \boldsymbol{x}\,[\mathrm{cm}]\,, \quad \lambda = \hat{\lambda}\sqrt{m/c}\,, \qquad \gamma = d/\sqrt{m\,c}\,. \tag{c}$$

Die drei Matrizen $\boldsymbol{C}$, $\boldsymbol{D}$ und $\boldsymbol{M}$ setzen sich zusammen aus der Einheitsmatrix $\boldsymbol{I}$, der Matrix $\boldsymbol{A}$ (17.57) und der Störmatrix $\boldsymbol{S}$ auf folgende Weise:

$$\boldsymbol{M} = \boldsymbol{I}\,, \quad \boldsymbol{C} = \boldsymbol{A} + \boldsymbol{S}\,, \quad \gamma\,\boldsymbol{D} = \gamma(\boldsymbol{A} + 2\,\boldsymbol{I} + \boldsymbol{S}) = \gamma(\boldsymbol{C} + 2\,\boldsymbol{M}) = \varepsilon\,\boldsymbol{C} + \alpha\,\boldsymbol{M}; \tag{d}$$

$$\boldsymbol{S} = s\begin{pmatrix} 1 & 0 & \dots & 0 & 0 \\ 0 & 0 & \dots & 0 & 0 \\ \dots & \dots & \dots & \dots & \dots \\ 0 & 0 & \dots & 0 & 0 \\ 0 & 0 & \dots & 0 & 1 \end{pmatrix}, \tag{e}$$

also ist mit

$$\varepsilon = \gamma\,, \qquad \alpha = 2\,\gamma\,, \qquad r^2 = \frac{1}{\gamma^2}(1 - 2\,\gamma^2) \tag{f}$$

die Bequemlichkeitshypothese (13) erfüllt für beliebige Ordnungszahl n und beliebige Werte von c, d und m, ferner s.

Es sei nun $n = 10$ und $s = 2$. Wir berechnen aus dem ungedämpften System $(\boldsymbol{C} - \omega^2\,\boldsymbol{M})\,\boldsymbol{x} = \boldsymbol{o}$ die Eigenwerte ω_j^2, die infolge der positiven Definitheit von $\boldsymbol{C}$ und $\boldsymbol{M}$ sämtlich reell und positiv sind. Die erste Spalte der Tabelle enthält die Werte $\omega_1, \omega_2, \dots, \omega_{10}$. Mit diesen lassen sich nach (16) die zehn quadratischen Gleichungen

$$r^2 + \left[\varepsilon\,\omega_j^2 + \alpha - \frac{2}{\varepsilon}\right]\xi + \xi^2 = 0 \to \xi_{j,\mathrm{I}}, \xi_{j,\mathrm{II}}; \qquad j = 1, 2, \dots, 10 \tag{g}$$

aufstellen und lösen, und damit liegen nach (15) die Eigenwerte des gedämpften Systems fest

$$\lambda_{j,\mathrm{I}} = -\frac{1}{\varepsilon} + \xi_{j,\mathrm{I}}\,, \qquad \lambda_{j,\mathrm{II}} = -\frac{1}{\varepsilon} + \xi_{j,\mathrm{II}}; \qquad j = 1, 2, \dots, 10\,, \tag{h}$$

sobald über den Dämpfungsmodul d und damit über γ, ε, α und r verfügt ist.

Wir studieren die folgenden drei Fälle.

1. $d_1 = 0{,}60\sqrt{\mathrm{cm}}$, $\varepsilon_1 = \gamma_1 = 0{,}60$, $\alpha_1 = 2\,\varepsilon_1 = 1{,}20$, $r_1^2 = \dfrac{1}{0{,}36}(1 - 2\cdot 0{,}36) = \dfrac{7}{9}$,
2. $d_2 = 0{,}66\sqrt{\mathrm{cm}}$, $\varepsilon_2 = \gamma_2 = 0{,}66$, $\alpha_2 = 2\,\varepsilon_2 = 1{,}32$, $r_2^2 = 0{,}295\,684\,116$,
3. $d_3 = 0{,}75\sqrt{\mathrm{cm}}$, $\varepsilon_3 = \gamma_3 = 0{,}75$, $\alpha_3 = 2\,\varepsilon_3 = 1{,}50$, $r_3^2 = -2/9$ negativ!

Im Fall 1 lautet die quadratische Gleichung (g)

$$\frac{7}{9} + \left[0{,}60\,\omega_j^2 + 1{,}20 - \frac{2}{0{,}60}\right]\xi + \xi^2 = 0; \qquad j = 1, 2, \dots, 10\,, \tag{i}$$

und das gibt beispielsweise mit $\omega_1^2 = 0{,}104\,750$ die beiden Wurzeln

$$\xi_{1,\mathrm{I}} = 1{,}577\,411\,, \qquad \xi_{1,\mathrm{II}} = 0{,}493\,072 \tag{j}$$

und daraus nach (h) die beiden zugehörigen Eigenwerte

$$\lambda_{1,\mathrm{I}} = -\tfrac{5}{3} + 1{,}577\,411 = -0{,}089\,226\,, \quad \lambda_{1,\mathrm{II}} = -\tfrac{5}{3} + 0{,}493\,072 = -1{,}173\,594\,,$$

wie in der Tabelle eingetragen.

Eigenwerte der Schwingerkette von Abb. 41.6 für verschiedene Dämpfungsmoduln d_1, d_2 und d_3

	$n = 10$ $s = 2$	Eigenwerte $\lambda_j = \delta_j + i\,\nu_j$				
		$d_1 = 0{,}60\sqrt{m\,c}$		$d_2 = 0{,}66\sqrt{m\,c}$		$d_3 = 0{,}75\sqrt{mc}$
j	ω_j	δ_j	ν_j	δ_j	ν_j	δ_j
1	0,32365136	−0,089226 −1,173594	0 0	−0,080016 −1,309119	0 0	−0,069410 −1,509153
2	0,63929430	−0,385761 −1,059457	0	−0,322513 −1,267227	0 0	−0,265152 −1,541371
3	0,93910561	−0,864576	±0,366644	−0,800883 −1,101184	0 0	−0,545897 −1,615543
4	1,21561991	−1,043320	±0,623872	−1,147651	±0,400784	−0,831842 −1,776456
5	1,46186761	−1,241117	±0,772454	−1,365229	±0,522692	−1,031999 −2,070794
6	1,67141633	−1,438090	±0,851781	−1,581899	±0,539656	−1,135965 −2,459259
7	1,83806918	−1,613549	±0,880316	−1,774904	±0,477716	−1,186554 −2,847320
8	1,95391088	−1,745330	±0,878402	−1,919863	±0,363170	−1,211155 −3,152171
9	2,12079595	−1,949333	±0,835391	−1,827879 −2,460653	0 0	−1,236847 −3,636848
10	2,12183200	−1,950651	±0,834943	−1,826455 −2,464978	0 0	−1,236979 −3,639649
α		1,20		1,32		1,50
ε		0,60		0,66		0,75
$-1/\varepsilon$		$-\frac{5}{3}$		−1,51515151		$-\frac{4}{3}$
r		0,88191710		0,54376844		komplex

Die Abb. 41.7 zeigt die Dämpfungskreise mit den Radien r_1 und r_2. Im Fall 3 existiert kein solcher, da r^2 negativ ausfällt. Auch die (auf Schwingungen führenden) Bereiche S_1 und S_2 sind eingetragen. Der Bereich S_1 wird geschnitten von acht, dagegen S_2 nur noch von fünf ω-Kreisen, also gibt es genau acht bzw. fünf konjugiert komplexe Paare λ_j, $\overline{\lambda}_j$, während im Fall 3 alle zwanzig Eigenwerte

$$\lambda_{1,\mathrm{I}},\, \lambda_{1,\mathrm{II}},\, \ldots,\, \lambda_{10,\mathrm{I}},\, \lambda_{10,\mathrm{II}}$$

reell ausfallen (lauter Kriechbewegungen).

Dieses Beispiel zeigt, wie auf anschauliche Weise der Einfluß des Dämpfungsmoduls d auf das Schwingungsverhalten studiert werden kann.

Transformiert man die Matrix $\boldsymbol{F}(\lambda)$ wie in (23) bis (25) vorgeführt mit Hilfe der Modalmatrix $\boldsymbol{X}$, so geht die Zusatzmatrix $\boldsymbol{S}$ über in

$$\boldsymbol{X}^T \boldsymbol{S}\, \boldsymbol{X} = \boldsymbol{X}^T (s\, \boldsymbol{e}_1 \boldsymbol{e}_1^T + s\, \boldsymbol{e}_n \boldsymbol{e}_n^T)\, \boldsymbol{X} = s\, \boldsymbol{x}_1 \boldsymbol{x}_1^T + s\, \boldsymbol{x}_n \boldsymbol{x}_n^T$$

mit zwei Dyaden, gebildet aus den ersten und letzten Zeilen und Spalten der Modalmatrix (17.57), die somit explizit vorliegen. Die Störung ist wegen des relativ großen

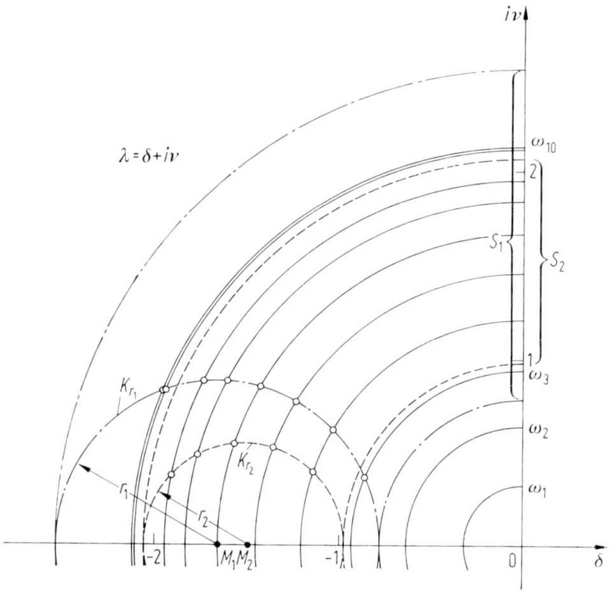

Abb. 41.7. Dämpfungskreis zum Schwingungssystem von Abb. 41.6

Faktors $s = 2$ erheblich. Der Leser berechne aus den quadratischen Gleichungen (25) die Eigenwerte der ungestörten Kette und überzeuge sich von den starken Abweichungen.

Zu beachten ist noch die Zentrosymmetrie der Matrix $\boldsymbol{F}(\lambda)$ als Folge der Symmetrie der Kette. Frage an den Ingenieur: was bedeutet dies für die Eigenvektoren und damit für das Schwingungsverhalten?

• 41.5. Der Algorithmus Bonaventura

Ebenso wie im Linearen verläuft der Algorithmus in den folgenden Schritten.

1. Wahl eines Schiftpunktes Λ und Äquivalenztransformation des vorgelegten Eigenwertproblems $\boldsymbol{y}^T \boldsymbol{F}(\lambda) = \boldsymbol{o}^T$ bzw. $\boldsymbol{F}(\lambda)\,\boldsymbol{x} = \boldsymbol{o}$ mit Hilfe der beiden Matrizen

$$\boldsymbol{L} = \begin{pmatrix} \boldsymbol{L}_j^T \\ \hline \boldsymbol{L}_k^T \end{pmatrix} \begin{matrix} \updownarrow l \\ \updownarrow r \end{matrix}, \qquad \boldsymbol{R} = \left(\boldsymbol{R}_j \,\middle|\, \boldsymbol{R}_k\right) \updownarrow n \tag{26}$$
$$\leftarrow n \rightarrow \qquad\qquad \leftarrow l \rightarrow\leftarrow r \rightarrow$$

auf

$$\tilde{\boldsymbol{y}}^T \tilde{\boldsymbol{F}}(\lambda) = \boldsymbol{o}^T, \qquad \tilde{\boldsymbol{F}}(\lambda)\,\tilde{\boldsymbol{x}} = \boldsymbol{o} \tag{27}$$

mit den neu eingeführten Vektoren

$$\boldsymbol{y} = \boldsymbol{L}\,\tilde{\boldsymbol{y}} = \begin{pmatrix} \boldsymbol{L}_j^T\ \tilde{\boldsymbol{y}}_j \\ \boldsymbol{L}_k^T\ \tilde{\boldsymbol{y}}_k \end{pmatrix}, \qquad \boldsymbol{x} = \boldsymbol{R}\,\tilde{\boldsymbol{x}} = \begin{pmatrix} \boldsymbol{R}_j\ \tilde{\boldsymbol{x}}_j \\ \boldsymbol{R}_k\ \tilde{\boldsymbol{x}}_k \end{pmatrix} \tag{28}$$

und der transformierten Matrix

$$\boldsymbol{L}\,\boldsymbol{F}(\lambda)\,\boldsymbol{R} =: \tilde{\boldsymbol{F}}(\lambda) = \begin{pmatrix} \tilde{\boldsymbol{F}}_{jj}(\lambda) & \tilde{\boldsymbol{F}}_{jk}(\lambda) \\ \tilde{\boldsymbol{F}}_{kj}(\lambda) & \tilde{\boldsymbol{F}}_{kk}(\lambda) \end{pmatrix} = \begin{pmatrix} \boldsymbol{L}_j^T\,\boldsymbol{F}(\lambda)\,\boldsymbol{R}_j & \boldsymbol{L}_j^T\,\boldsymbol{F}(\lambda)\,\boldsymbol{R}_k \\ \boldsymbol{L}_k^T\,\boldsymbol{F}(\lambda)\,\boldsymbol{R}_j & \boldsymbol{L}_k^T\,\boldsymbol{F}(\lambda)\,\boldsymbol{R}_k \end{pmatrix}, \tag{29}$$

deren Ränder durch spezielle Wahl von $\boldsymbol{L}$ und $\boldsymbol{R}$ zum Verschwinden gebracht werden

$$\tilde{\boldsymbol{F}}_{jk}(\Lambda) = \boldsymbol{O}\,, \qquad \tilde{\boldsymbol{F}}_{kj}(\Lambda) = \boldsymbol{O} \tag{30}$$

entweder mit Hilfe von

$$\boldsymbol{L} = \begin{pmatrix} \boldsymbol{W}_j^T \\ \boldsymbol{E}_k^T \end{pmatrix}, \qquad \boldsymbol{R} = \begin{pmatrix} \boldsymbol{Z}_j & \boldsymbol{E}_k \end{pmatrix} \to \boldsymbol{F}(\Lambda) = \begin{pmatrix} \boldsymbol{W}_j^T\,\boldsymbol{F}(\Lambda)\,\boldsymbol{Z}_j & \boldsymbol{O} \\ \boldsymbol{O} & \boldsymbol{F}_{kk}(\Lambda) \end{pmatrix}, \tag{31}$$

wo der Block $\boldsymbol{F}_{kk}$ unverändert bleibt (partielle Bereinigung) oder aber mittels Zentraltransformation (totale Bereinigung) mit

$$\tilde{\boldsymbol{F}}(\Lambda) := \boldsymbol{L}\,\boldsymbol{F}(\Lambda)\,\boldsymbol{R} = \boldsymbol{D}\mathrm{iag}\,\langle \delta_{\nu\nu} \rangle = \begin{pmatrix} \boldsymbol{\Delta}_{jj} & \boldsymbol{O} \\ \boldsymbol{O} & \boldsymbol{\Delta}_{kk} \end{pmatrix}. \tag{32}$$

Der einfachen Darstellung wegen wurden hier beide Male die ersten l Zeilen und Spalten (und nicht l beliebige) herausgegriffen; im konkreten Fall muß dies natürlich nicht zutreffen.

Die Blöcke der transformierten Matrix (29) berechnen wir zweckmäßig in der verklammerten Form

$$\boldsymbol{L}\,\boldsymbol{F}(\lambda)\,\boldsymbol{R}_j = \begin{pmatrix} \tilde{\boldsymbol{F}}_{jj}(\lambda) \\ \hline \tilde{\boldsymbol{F}}_{kj}(\lambda) \end{pmatrix} \begin{matrix} \updownarrow l \\ \updownarrow n-l \end{matrix}, \qquad \boldsymbol{L}_j\,\boldsymbol{F}(\lambda)\,\boldsymbol{R} = \overset{\leftarrow l \rightarrow \leftarrow n-l \rightarrow}{\begin{pmatrix} \tilde{\boldsymbol{F}}_{jj}(\lambda) & \vdots & \tilde{\boldsymbol{F}}_{jk}(\lambda) \end{pmatrix}}, \tag{33}$$

wo die l-reihige quadratische Matrix $\tilde{\boldsymbol{F}}_{jj}(\lambda)$ zweimal erscheint, was bei der Handrechnung als Kontrolle dienen kann.

2. Elimination des Teilvektors $\tilde{\boldsymbol{x}}_k$ führt auf das gestaffelte Blocksystem

$$\tilde{\boldsymbol{F}}(\lambda)\,\tilde{\boldsymbol{x}} = \boldsymbol{o} \to \begin{pmatrix} \tilde{\boldsymbol{F}}_{jj,\mathrm{red}}(\lambda) & \boldsymbol{O} \\ \tilde{\boldsymbol{F}}_{kj}(\lambda) & \tilde{\boldsymbol{F}}_{kk}(\lambda) \end{pmatrix} \begin{pmatrix} \tilde{\boldsymbol{x}}_j \\ \tilde{\boldsymbol{x}}_k \end{pmatrix} = \begin{pmatrix} \boldsymbol{o} \\ \boldsymbol{o} \end{pmatrix} \tag{34}$$

mit der reduzierten Matrix (dem SCHUR-Komplement)

$$\tilde{\boldsymbol{F}}_{jj,\mathrm{red}}(\lambda) = \tilde{\boldsymbol{F}}_{jj}(\lambda) - \tilde{\boldsymbol{F}}_{jk}(\lambda)\,\tilde{\boldsymbol{F}}_{kk}^{-1}(\lambda)\,\tilde{\boldsymbol{F}}_{kj}(\lambda)\,. \tag{35}$$

3. Die zu (37.37) analoge Entwicklung in eine geometrische Reihe mit Restglied gestaltet sich hier relativ kompliziert. Wir geben uns daher mit deren erstem Glied zufrieden, was nichts anderes bedeutet, als daß in der Matrix $\boldsymbol{F}_{kk}(\lambda)$ der variable Parameter λ durch den festgewählten Schiftpunkt Λ ersetzt wird. Außerdem entscheiden wir uns für die Zentraltransformation, dann wird mit $\boldsymbol{F}_{kk}(\Lambda) = \boldsymbol{\Delta}_{kk}$

$$\tilde{\boldsymbol{F}}_{jj,\mathrm{red}}(\lambda)\,\tilde{\boldsymbol{x}}_j \approx \boxed{[\tilde{\boldsymbol{F}}_{jj}(\lambda) - \tilde{\boldsymbol{F}}_{jk}(\lambda)\,\boldsymbol{\Delta}_{kk}^{-1}\,\tilde{\boldsymbol{F}}_{kj}(\lambda)]\,\tilde{\boldsymbol{x}}_j = \boldsymbol{o}}\,, \tag{36}$$

und dieses Gleichungssystem liefert Näherungen für Eigenwerte und -vektoren, die um so besser sind, je näher der Schiftpunkt Λ bei dem angesteuerten Eigenwert λ_ν (bzw. dem Nest der Nummer ν mit l Eigenwerten) liegt.

4. Iteration. Jener Eigenwert λ_ν der Näherungsgleichung (36), der dem aktuellen Schiftpunkt Λ am nächsten liegt, wird als neuer Schiftpunkt gewählt und damit der nächste Schritt eingeleitet. Das Verfahren wird so lange wiederholt, bis im Rahmen der geforderten Genauigkeit der Subtrahend in (36) verschwindet. Es ist dann

$$\tilde{\boldsymbol{F}}_{jj,\,\mathrm{red}}(\lambda_\nu) = \tilde{\boldsymbol{F}}_{jj}(\lambda_\nu) = \boldsymbol{L}_j^T\,\boldsymbol{F}(\lambda_\nu)\,\boldsymbol{R}_j = \boldsymbol{O} \tag{37}$$

das durch λ_ν befriedigte RITZ-RAYLEIGH-Kondensat der Ordnung l, und es gilt über (37) hinaus im einzelnen

$$\boldsymbol{L}_j^T\,\boldsymbol{F}(\lambda_\nu) = \boldsymbol{O}\,, \qquad \boldsymbol{F}(\lambda_\nu)\,\boldsymbol{R}_j = \boldsymbol{O}\,. \tag{38}$$

Für kleine Ordnungszahlen l ist es das einfachste, die Determinante des Systems (36) als Funktion von λ explizit zu berechnen und gleich Null zu setzen. Im skalaren Fall $l = 1$ wird insbesondere

$$\tilde{f}_{jj}(\lambda) := \tilde{\boldsymbol{f}}_{jk}(\lambda)\,\boldsymbol{\Delta}_{kk}^{-1}\,\tilde{\boldsymbol{f}}_{kj}(\lambda)\,. \tag{39}$$

5. Eigenvektoren. In jedem Stadium der Rechnung sind die Blöcke $\boldsymbol{L}_j$ und $\boldsymbol{R}_j$ aus (26) Näherungen für jene l Links- und Rechtseigenvektoren, die zu dem mindestens l-fachen Eigenwert λ_ν gehören; die Matrix $\boldsymbol{F}(\lambda_\nu)$ hat den Rangabfall l. Im Fall $l = 1$ existiert somit genau je ein Linkseigenvektor $\boldsymbol{l}_j$ und ein Rechtseigenvektor $\boldsymbol{r}_j$ zum Eigenwert λ_ν, dessen Vielfachheit beliebig groß, auch ∞ sein kann.

Ein nicht zu übersehender Nachteil dieser Methode besteht in der Auflösung des Ersatzsystems (36), die selbst für $l = 1$ besonders bei transzendenten Funktionen $f_{jk}(\lambda)$ aus $\boldsymbol{F}(\lambda)$ ebenso lästig wie langwierig ausfallen kann. Eine sehr viel elegantere Variante werden wir daher im nächsten Abschnitt vorstellen.

• 41.6. Die Taylor-Entwicklung des Schur-Komplements. (Der T-S-Algorithmus)

Es seien nun die Elemente $f_{jk}(\lambda)$ aus $\boldsymbol{F}(\lambda)$ (mindestens) zweimal differenzierbar. Während der Algorithmus BONAVENTURA auf der Entwicklung des Subtrahenden im SCHUR-Komplement (35) in eine geometrische Reihe beruht, benutzt der nunmehr zu schildernde T-S-Algorithmus die ersten drei Glieder der TAYLOR-Entwicklung im Schiftpunkt Λ, wo der Punkt die Ableitung nach der Variablen ξ bedeutet,

$$\tilde{\boldsymbol{F}}_{jj,\,\mathrm{red}}(\lambda) = \tilde{\boldsymbol{F}}_{jj,\,\mathrm{red}}(\Lambda) + \dot{\tilde{\boldsymbol{F}}}_{jj,\,\mathrm{red}}(\Lambda)\,\xi + \tfrac{1}{2}\,\ddot{\tilde{\boldsymbol{F}}}_{jj,\,\mathrm{red}}(\Lambda)\,\xi^2 + \dots\,; \tag{40}$$

$$\xi = \lambda - \Lambda\,,$$

und dies führt auf die in ξ quadratische Ersatzaufgabe

$$\boldsymbol{P}_j(\xi)\,\tilde{\boldsymbol{x}}_j = (\boldsymbol{A}_{0j} + \boldsymbol{A}_{1j}\,\xi + \boldsymbol{A}_{2j}\,\xi^2)\,\tilde{\boldsymbol{x}}_j = \boldsymbol{o} \to \xi_{1j}, \xi_{2j}, \ldots, \xi_{2l,j} \quad (41)$$

mit den drei Koeffizientenmatrizen

$$\boldsymbol{A}_{0j} = \tilde{\boldsymbol{F}}_{jj,\mathrm{red}}(\Lambda)\,, \qquad \boldsymbol{A}_{1j} = \dot{\tilde{\boldsymbol{F}}}_{jj,\mathrm{red}}(\Lambda)\,, \qquad \boldsymbol{A}_{2j} = \tfrac{1}{2}\ddot{\tilde{\boldsymbol{F}}}_{jj,\mathrm{red}}(\Lambda)\,. \quad (42)$$

Um diese zu gewinnen, differenzieren wir das SCHUR-Komplement (35) zweimal, das gibt nach der Produktregel, wo zur Abkürzung $d\tilde{\boldsymbol{F}}_{kk}^{-1}(\lambda)/d\lambda = \dot{\tilde{\boldsymbol{F}}}_{kk}^{-1}(\lambda)$ usw. gesetzt wurde

$$\tilde{\boldsymbol{F}}_{jj,\mathrm{red}}(\lambda) = \boxed{\tilde{\boldsymbol{F}}_{jj}(\lambda)} - \tilde{\boldsymbol{F}}_{jk}(\lambda)\,\tilde{\boldsymbol{F}}_{kk}^{-1}(\lambda)\,\tilde{\boldsymbol{F}}_{kj}(\lambda)\,, \quad (43)$$

$$\dot{\tilde{\boldsymbol{F}}}_{jj,\mathrm{red}}(\lambda) = \boxed{\dot{\tilde{\boldsymbol{F}}}_{jj}(\lambda)} - \dot{\tilde{\boldsymbol{F}}}_{jk}(\lambda)\,\tilde{\boldsymbol{F}}_{kk}^{-1}(\lambda)\,\tilde{\boldsymbol{F}}_{kj}(\lambda) - \tilde{\boldsymbol{F}}_{jk}(\lambda)\,\dot{\tilde{\boldsymbol{F}}}_{kk}^{-1}(\lambda)\,\tilde{\boldsymbol{F}}_{kj}(\lambda) - $$
$$- \tilde{\boldsymbol{F}}_{jk}(\lambda)\,\tilde{\boldsymbol{F}}_{kk}^{-1}(\lambda)\,\dot{\tilde{\boldsymbol{F}}}_{kj}(\lambda)\,, \quad (44)$$

$$\ddot{\tilde{\boldsymbol{F}}}_{jj,\mathrm{red}}(\lambda) = \boxed{\ddot{\tilde{\boldsymbol{F}}}_{jj}(\lambda)} - \ddot{\tilde{\boldsymbol{F}}}_{jk}(\lambda)\,\tilde{\boldsymbol{F}}_{kk}^{-1}(\lambda)\,\tilde{\boldsymbol{F}}_{kj}(\lambda) - \tilde{\boldsymbol{F}}_{jk}(\lambda)\,\ddot{\tilde{\boldsymbol{F}}}_{kk}^{-1}(\lambda)\,\tilde{\boldsymbol{F}}_{kj}(\lambda) - $$
$$- \tilde{\boldsymbol{F}}_{jk}(\lambda)\,\tilde{\boldsymbol{F}}_{kk}^{-1}(\lambda)\,\ddot{\tilde{\boldsymbol{F}}}_{kj}(\lambda) - 2\dot{\tilde{\boldsymbol{F}}}_{jk}(\lambda)\,\dot{\tilde{\boldsymbol{F}}}_{kk}^{-1}(\lambda)\,\tilde{\boldsymbol{F}}_{kj}(\lambda) -$$
$$- \boxed{2\,\dot{\tilde{\boldsymbol{F}}}_{jk}(\lambda)\,\tilde{\boldsymbol{F}}_{kk}^{-1}(\lambda)\,\dot{\tilde{\boldsymbol{F}}}_{kj}(\lambda)} - 2\,\tilde{\boldsymbol{F}}_{jk}(\lambda)\,\dot{\tilde{\boldsymbol{F}}}_{kk}^{-1}(\lambda)\,\dot{\tilde{\boldsymbol{F}}}_{kj}(\lambda)\,, \quad (45)$$

und dies ist richtig für zwei beliebige reguläre Matrizen $\boldsymbol{L}$ und $\boldsymbol{R}$, die $\boldsymbol{F}(\lambda)$ in $\tilde{\boldsymbol{F}}(\lambda)$ transformieren. Sind es aber insbesondere jene, die zur partiellen oder totalen Bereinigung führen, so verschwinden die Ränder $\tilde{\boldsymbol{F}}_{jk}(\Lambda)$ und $\tilde{\boldsymbol{F}}_{kj}(\Lambda)$; es verbleiben daher für $\lambda = \Lambda$ von den insgesamt dreizehn Termen in (43) bis (45) allein die durch Umrahmung hervorgehobenen. Wählen wir speziell die Zentraltransformation, so werden damit wegen $\boldsymbol{F}_{kk}(\Lambda) = \boldsymbol{\Lambda}_{kk}$ die drei Koeffizientenmatrizen des Ersatzproblems (41)

$$\boxed{\begin{aligned} \boldsymbol{A}_{0j} &= \tilde{\boldsymbol{F}}_{jj,\mathrm{red}}(\Lambda) = \boldsymbol{\Lambda}_{jj} \\ \boldsymbol{A}_{1j} &= \dot{\tilde{\boldsymbol{F}}}_{jj,\mathrm{red}}(\Lambda) = \dot{\tilde{\boldsymbol{F}}}_{jj}(\Lambda) \\ \boldsymbol{A}_{2j} &= \ddot{\tilde{\boldsymbol{F}}}_{jj,\mathrm{red}}(\Lambda) = \tfrac{1}{2}\,\ddot{\tilde{\boldsymbol{F}}}_{jj}(\Lambda) - \dot{\tilde{\boldsymbol{F}}}_{jk}(\Lambda)\,\boldsymbol{\Lambda}_{kk}^{-1}\,\dot{\tilde{\boldsymbol{F}}}_{kj}(\Lambda) \end{aligned}} \quad \begin{aligned} &, \quad (46) \\ &, \quad (47) \\ &. \quad (48) \end{aligned}$$

Die Matrix $\boldsymbol{F}(\lambda)$ wird somit elementweise zweimal differenziert und der Schiftpunkt Λ eingesetzt, womit $\dot{\boldsymbol{F}}(\Lambda)$ und $\ddot{\boldsymbol{F}}(\Lambda)$ ebenso wie $\boldsymbol{F}(\Lambda)$

zahlenmäßig vorliegen. Sodann berechnen wir die dreifachen Produkte

$$\boldsymbol{L}\,\dot{\boldsymbol{F}}(\Lambda)\,\boldsymbol{R}_j = \begin{pmatrix} \dot{\tilde{\boldsymbol{F}}}_{jj}(\Lambda) \\ \hline \dot{\tilde{\boldsymbol{F}}}_{kj}(\Lambda) \end{pmatrix} \begin{matrix} \updownarrow l \\ \updownarrow n-l \end{matrix}\,, \quad (\leftarrow l \rightarrow)$$

$$\boldsymbol{L}_j\,\boldsymbol{F}(\Lambda)\,\boldsymbol{R} = \Big(\underbrace{\dot{\tilde{\boldsymbol{F}}}_{jj}(\Lambda)}_{l} \;\Big|\; \underbrace{\dot{\tilde{\boldsymbol{F}}}_{jk}(\Lambda)}_{n-l} \Big) \updownarrow l\,, \qquad \boldsymbol{L}_j\,\ddot{\boldsymbol{F}}(\Lambda)\,\boldsymbol{R}_j = \ddot{\tilde{\boldsymbol{F}}}_{jj}(\Lambda)\,, \tag{49}$$

die nach jedem Iterationsschritt zu erneuern sind so lange, bis sich die Rechnung im Rahmen der geforderten Genauigkeit stabilisiert.

Nun zur Lösung der Eigenwertaufgabe (41) selbst. Bei kleinen Ordnungszahlen l ist es das einfachste, die Determinante von $\boldsymbol{P}_j(\xi)$ explizit auszurechnen, sonst aber gehen wir über die Expansion von GÜNTHER, das gibt nach (8)

$$\boldsymbol{A}_j\,\boldsymbol{z}_j = \xi\,\boldsymbol{B}_j\,\boldsymbol{z}_j \tag{50}$$

mit den $2\,l$-reihigen expandierten Matrizen

$$\boldsymbol{A}_j = \begin{pmatrix} \boldsymbol{O} & \boldsymbol{I} \\ -\boldsymbol{A}_{0j} & -\boldsymbol{A}_{1j} \end{pmatrix}; \qquad \boldsymbol{B}_j = \begin{pmatrix} \boldsymbol{I} & \boldsymbol{O} \\ \boldsymbol{O} & \boldsymbol{A}_{2j} \end{pmatrix}; \qquad \boldsymbol{z}_j = \begin{pmatrix} \tilde{\boldsymbol{x}}_j \\ \xi_j\,\tilde{\boldsymbol{x}}_j \end{pmatrix}. \tag{51}$$

Der betragskleinste der Eigenwerte $\xi_{1j}, \ldots, \xi_{2l,j}$ wird berechnet und zum aktuellen Schift Λ addiert, womit der neue Schift festliegt.

Im zumeist praktizierten Fall $l = 1$ vereinfachen sich die Rechnungen erheblich. Die Gleichung (41) ist nun skalar

$$p_j(\xi_j) = (a_{0j} + a_{1j}\,\xi_j + a_{2j}\,\xi_j^2)\,\tilde{x}_j = 0; \qquad \tilde{x}_j \neq 0 \tag{52}$$

und hat die Koeffizienten

$$a_{0j} = \delta_{jj}\,, \qquad a_{1j} = \dot{\tilde{f}}_{jj}(\Lambda)\,, \qquad a_{2j} = \tfrac{1}{2}\,\ddot{\tilde{f}}_{jj}(\Lambda) - \dot{\tilde{\boldsymbol{f}}}_{jk}(\Lambda)\,\boldsymbol{\Lambda}_{kk}^{-1}\,\dot{\tilde{\boldsymbol{f}}}_{kj}(\Lambda)\,, \tag{53}$$

die sich nach (49) folgendermaßen berechnen:

$$\boldsymbol{L}\,\dot{\boldsymbol{F}}(\Lambda)\,\boldsymbol{r}_j = \begin{pmatrix} a_{1j} \\ \hline \dot{\tilde{\boldsymbol{f}}}_{kj}(\Lambda) \end{pmatrix},$$

$$\boldsymbol{l}^j\,\dot{\boldsymbol{F}}(\Lambda)\,\boldsymbol{R} = \Big(a_{1j} \;\Big|\; \dot{\tilde{\boldsymbol{f}}}_{jk}(\Lambda)\Big); \qquad \boldsymbol{l}^j\,\ddot{\boldsymbol{F}}(\Lambda)\,\boldsymbol{r}_j = \ddot{\tilde{f}}_{jj}(\Lambda)\,. \tag{54}$$

Die Näherungsparabel $p_j(\xi_j)$ hat nur zwei Nullstellen, von denen wiederum die betragskleinste zu wählen ist. Die Abb. 41.8 zeigt diese Verhältnisse im Reellen, doch gilt selbstredend alles Gesagte genau so im Komplexen.

Der Algorithmus ist selbstkorrigierend, dabei äußerst anpassungsfähig und allgemeingültig. Die einzige Voraussetzung, daß nämlich die

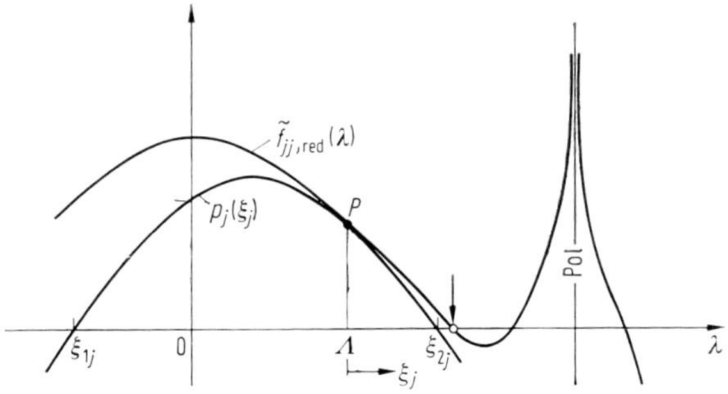

Abb. 41.8. Ersatz der Funktion $\tilde{f}_{jj,\,\mathrm{red}}(\lambda)$ durch eine Parabel $p_j(\xi_j)$ im Schiftpunkt Λ

n^2 Funktionen $f_{jk}(\lambda)$ aus $\boldsymbol{F}(\lambda)$ zweimal differenzierbar sein müssen, ist in praxi fast immer gegeben.

Erstes Beispiel.

$$\boldsymbol{F}(\lambda) = \begin{pmatrix} \lambda^2 + 2\lambda - 3 & 1/\lambda \\ \lambda^3 + 2\lambda^2 - 3\lambda + 0{,}1 & \lambda^2 + 1 \end{pmatrix},$$
$$\dot{\boldsymbol{F}}(\lambda) = \begin{pmatrix} 2\lambda + 2 & -1/\lambda^2 \\ 3\lambda^2 + 4\lambda - 3 & 2\lambda \end{pmatrix}, \tag{a}$$
$$\ddot{\boldsymbol{F}}(\lambda) = \begin{pmatrix} 2 & 2/\lambda^3 \\ 6\lambda + 4 & 2 \end{pmatrix}.$$

1. Schritt. Wir wählen $\Lambda_1 = -4$ und bekommen damit die drei Matrizen

$$\boldsymbol{F}(-4) = \begin{pmatrix} 5 & -1/4 \\ -19{,}9 & 17 \end{pmatrix}, \quad \dot{\boldsymbol{F}}(-4) = \begin{pmatrix} -6 & -1/16 \\ 29 & -8 \end{pmatrix},$$
$$\ddot{\boldsymbol{F}}(-4) = \begin{pmatrix} 2 & -1/32 \\ -20 & 2 \end{pmatrix}. \tag{b}$$

Es folgt die Optimaltransformation der Matrix $\boldsymbol{F}(-4)$. Da in $\boldsymbol{L}_1$ $4{,}7075 < 17$, ist $j = 1$. Die Determinante hat den Wert $\det \boldsymbol{F}(\Lambda_1) = \det \boldsymbol{\Delta}_1 = \delta_{11}\delta_{22} = 4{,}7075 \cdot 17 = 80{,}0275$. Die gleiche Transformation führen wir mit der Matrix $\dot{\boldsymbol{F}}(\Lambda_1) = \dot{\boldsymbol{F}}(-4)$ aus (b) durch:

$$\begin{array}{ll|ll} \boldsymbol{F}(\Lambda_1) & \begin{pmatrix} 1 & 0 \\ 1{,}170 & 1 \end{pmatrix}\boldsymbol{R}_1 & \dot{\boldsymbol{F}}(\Lambda_1) & \begin{pmatrix} 1 & 0 \\ 1{,}170 & 1 \end{pmatrix}\boldsymbol{R}_1 \\ \begin{pmatrix} 5 & -1/4 \\ -19{,}9 & 17 \end{pmatrix} & \begin{pmatrix} 4{,}7075 & -1/4 \\ 0 & 17 \end{pmatrix} & \begin{pmatrix} -6 & -1/16 \\ 29 & -8 \end{pmatrix} & \begin{pmatrix} -6{,}073\,125 & -1/16 \\ 19{,}64 & -8 \end{pmatrix} \\ \boldsymbol{L}_1\begin{pmatrix} 1 & 1/168 \\ 0 & 1 \end{pmatrix} & \begin{pmatrix} 4{,}7075 & 0 \\ 0 & 17 \end{pmatrix}\boldsymbol{\Delta}_1 & \boldsymbol{L}_1\begin{pmatrix} 1 & 1/16 \\ 0 & 1 \end{pmatrix} & \begin{pmatrix} -5{,}784\,301\,471 & -0{,}180\,147 \\ 19{,}64 & \cdots\cdots \end{pmatrix} \end{array} \tag{c}$$

Oben links in $\boldsymbol{L}\dot{\boldsymbol{F}}(\Lambda_1)\boldsymbol{R} = \tilde{\dot{\boldsymbol{F}}}(\Lambda_1)$ steht das Element $\tilde{\dot{f}}_{11}(\Lambda_1) = -5{,}784\,301\,471$; mit den beiden anderen Elementen berechnen wir die Größe σ_1 nach (53)

$$\sigma_1 = p^1 \Delta_2^{-1} p_1 = 19{,}64 \cdot 17^{-1} \cdot (-0{,}180\,147) = -0{,}208\,122\,836\,. \tag{d}$$

Sodann folgt die Bilinearform

$$
\begin{array}{llll}
 & & \begin{pmatrix} 1 \\ 1{,}170 \end{pmatrix} \boldsymbol{r}_1 & \\
\ddot{\boldsymbol{F}}(\Lambda_1) & \begin{pmatrix} 2 & -1/32 \\ -20 & 2 \end{pmatrix} & \begin{pmatrix} 1{,}9634375 \\ -17{,}66 \end{pmatrix} & \\
\boldsymbol{l}^1 & (1 \quad 1/68) & (1{,}703731618) = \ddot{\tilde{f}}_{11}(\Lambda_1)\,; & \tfrac{1}{2}\ddot{\tilde{f}}_{11}(\Lambda_1) = 0{,}851865809\,,
\end{array}
$$

und damit die quadratische Gleichung (52)

$$(0{,}851865809 + 0{,}208122836)\,\xi_1^2 - 5{,}784301471\,\xi_1 + 4{,}7075 = 0$$

mit den beiden Nullstellen

$$\xi_{11} = 0{,}995377800 \text{ und } \xi_{21} = 4{,}461568836. \qquad \text{(e)}$$

Die beiden zur Auswahl stehenden Schiftpunkte sind demnach

$$\Lambda_{12} = -4 + \xi_{11} = -3{,}004622 \quad \text{und} \quad \Lambda_{22} = -4 + \xi_{21} = 0{,}461568836\,. \qquad \text{(f)}$$

Man darf hier nicht voreilig schließen, daß die betragskleinere der beiden Wurzeln (e) die bessere Näherung wäre (dies spielt sich erst im Laufe der Iteration so ein). Wir berechnen vielmehr die Determinanten $\det \boldsymbol{F}(\Lambda_{12}) = 0{,}200387$ und $\det \boldsymbol{F}(\Lambda_{22}) = -3{,}908059$, die beide wesentlich kleiner sind als $\det \boldsymbol{F}(-4) = 80{,}0275$ und entscheiden uns für $\Lambda_{12} \approx -3$. Diese Aufrundung ist erlaubt, da der Algorithmus sich selbst korrigiert. Im übrigen führt auch der Wert Λ_{22} zum Ziel, wovon der Leser sich überzeugen möge.

2. Schritt. Es erfolgt alles analog zum ersten Schritt. Es ist $\det \boldsymbol{F}(\Lambda_2) = \det \boldsymbol{F}(-3) = \det \boldsymbol{\Lambda}_2 = 1/300 \cdot 10 = 1/30$, und wieder gilt $j = 1$, da $1/300$ kleiner ist als 10.

$$
\begin{array}{lll|lll}
\boldsymbol{F}(\Lambda_2) & & \begin{pmatrix} 1 & 0 \\ -1/100 & 1 \end{pmatrix} \boldsymbol{R}_2 & \dot{\boldsymbol{F}}(\Lambda_2) & & \begin{pmatrix} 1 & 0 \\ -1/100 & 1 \end{pmatrix} \boldsymbol{R}_2 \\
\begin{pmatrix} 0 & -1/3 \\ 0/10 & 10 \end{pmatrix} & & \begin{pmatrix} 1/300 & -1/3 \\ 0 & 10 \end{pmatrix} & \begin{pmatrix} -4 & 1/9 \\ 12 & -6 \end{pmatrix} & & \begin{pmatrix} -4 + 1/900 & -1/9 \\ 12{,}06 & -6 \end{pmatrix} \\
\boldsymbol{L}_2 & \begin{pmatrix} 1 & 1/30 \\ 0 & 1 \end{pmatrix} & \begin{pmatrix} 1/300 & 0 \\ 0 & 10 \end{pmatrix} \boldsymbol{\Lambda}_2 & \boldsymbol{L}_2 & \begin{pmatrix} 1 & 1/30 \\ 0 & 1 \end{pmatrix} & \begin{pmatrix} -3{,}596889 & -14/45 \\ 12{,}06 & \ldots\ldots \end{pmatrix}
\end{array} \qquad \text{(g)}
$$

$$\sigma_2 = 12{,}06 \cdot 10^{-1} \cdot (-14/45) = -0{,}3752\,. \qquad \text{(h)}$$

$$
\begin{array}{lll}
 & & \begin{pmatrix} 1 \\ -1/100 \end{pmatrix} \boldsymbol{r}_1 \\
\ddot{\boldsymbol{F}}(\Lambda_2) & \begin{pmatrix} 2 & -2/27 \\ -14 & 2 \end{pmatrix} & \begin{pmatrix} 2{,}000740741 \\ -14{,}02 \end{pmatrix} \\
\boldsymbol{l}^1 & (\;1 \quad 1/30) & (\;1{,}533407408\;) \to \tfrac{1}{2}\ddot{\tilde{f}}_{11}(\Lambda_2) = 0{,}766703703\,,
\end{array} \qquad \text{(i)}
$$

$$(0{,}766703703 + 0{,}3752)\,\xi_2^2 - 3{,}596889\,\xi_2 + 1/300 = 0\,, \qquad \text{(j)}$$

$$\xi_{12} = 0{,}000927000\,, \qquad \Lambda_{12} = -3 + \xi_{12} = -2{,}999073000\,. \qquad \text{(k)}$$

Hier ist klar, daß die betragskleinere Wurzel der quadratischen Gl. (j) gewählt wird.

Aus der Gleichung $\lambda^5 + 2\lambda^4 - 3\lambda^3 - 0{,}1 = 0$ folgen die exakten Nullstellen

$$\lambda_1 = -2{,}999\,073\,000\,378\,293\,,$$
$$\lambda_2 = -0{,}305\,209\,640\,517\,666\,4\,,$$
$$\lambda_3 = 1{,}023\,202\,925\,321\,898\,,$$
$$\lambda_{4,5} = 0{,}140\,539\,857\,787\,030\,9 \pm 0{,}294\,990\,606\,548\,640\,9 \cdot i\,,$$

der Wert (k) ist somit auf zehn Dezimalstellen genau. Dem Schema (i) entnehmen wir noch die Näherungen für Links- und Rechtseigenvektor

$$\boldsymbol{y}^T \approx \boldsymbol{l}^1 = (1 \quad 1/30)\,, \qquad \boldsymbol{x} \approx \boldsymbol{r}_1 = \begin{pmatrix} 1 \\ -1/100 \end{pmatrix}.$$

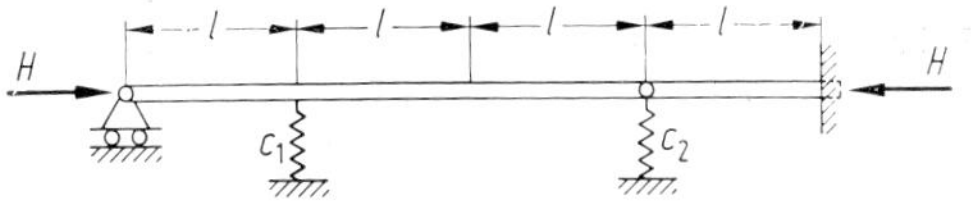

Abb. 41.9. Knickstab mit Gerbergelenk

Zweites Beispiel. Die kritische Knicklast des in Abb. 41.9 skizzierten geraden Balkens mit Gerbergelenk ist nach [232, S. 60] der kleinste positive Eigenwert der Gleichung $\boldsymbol{F}(\lambda)\,\boldsymbol{x} = \boldsymbol{o}$ mit der Matrix (c). Die Werte α, β und δ sind durch Geometrie und Material gegeben, der Wert $\lambda = \delta l$ ist gesucht.

$$\lambda = \delta l \quad \text{(a)}; \qquad \alpha = \frac{E J_y^S}{c_1\, l^3}\,, \qquad \beta = \frac{E J_y^S}{c_2\, l^3}\,, \qquad \delta^2 = \frac{H}{E J_y^S}\,. \tag{b}$$

$$\boldsymbol{F}(\lambda) = \begin{pmatrix} -\sin\lambda & \lambda - \sin\lambda & \alpha\lambda^3 & 0 & 0 \\ -\sin 3\lambda & 3\lambda - \sin 3\lambda & 2\lambda - \sin 2\lambda & \beta\lambda^3 & 0 \\ \sin 3\lambda & \sin 3\lambda & \sin 2\lambda & 0 & 0 \\ -\sin 4\lambda & 4\lambda - \sin 4\lambda & 3\lambda - \sin 3\lambda & \lambda - \sin\lambda & -\sin\lambda \\ \cos 4\lambda & \cos 4\lambda - 1 & \cos 3\lambda - 1 & \cos\lambda - 1 & \cos\lambda \end{pmatrix}, \tag{c}$$

$$\dot{\boldsymbol{F}}(\lambda) = \begin{pmatrix} -\cos\lambda & 1 - \cos\lambda & \alpha\cdot 3\lambda^2 & 0 & 0 \\ -3\cos 3\lambda & 3 - 3\cos 3\lambda & 2 - 2\cos 2\lambda & \beta\cdot 3\lambda^2 & 0 \\ 3\cos 3\lambda & 3\cos 3\lambda & 2\cos 2\lambda & 0 & 0 \\ -4\cos 4\lambda & 4 - 4\cos 4\lambda & 3 - 3\cos 3\lambda & 1 - \cos\lambda & -\cos\lambda \\ -4\sin 4\lambda & -4\sin 4\lambda & -3\sin 3\lambda & -\sin\lambda & -\sin\lambda \end{pmatrix}, \tag{d}$$

$$\ddot{\boldsymbol{F}}(\lambda) = \begin{pmatrix} \sin\lambda & \sin\lambda & \alpha\cdot 6\lambda & 0 & 0 \\ 9\sin 3\lambda & 9\sin 3\lambda & 4\sin 2\lambda & \beta\cdot 6\lambda & 0 \\ -9\sin 3\lambda & -9\sin 3\lambda & -4\sin 2\lambda & 0 & 0 \\ 16\sin 4\lambda & 16\sin 4\lambda & 9\sin 3\lambda & \sin\lambda & \sin\lambda \\ -16\cos 4\lambda & -16\cos 4\lambda & -9\cos 3\lambda & -\cos\lambda & -\cos\lambda \end{pmatrix}. \tag{e}$$

Man erkennt leicht, daß $\lambda_1 = 0$ die kleinste (technisch uninteressante) Nullstelle ist für beliebige Werte von α und β; $\det \boldsymbol{F}(0) = 0$.

Es sei nun speziell $\alpha = 0{,}1$ und $\beta = 0{,}2$. Die Tabelle (f) zeigt die Ergebnisse der Iteration, beginnend mit den Startwerten 1,7 bzw. 2,4. Der Exponent des Determinantenwertes stimmt fast durchweg überein mit der Anzahl der gültigen Ziffern des Näherungswertes λ_2 bzw. λ_3. Für praktische Zwecke genügen somit drei oder vier Iterationsschritte.

	λ_2	Determinante	λ_3	Determinante
0	1,7	$8{,}55 \cdot 10^{-1}$	2,4	7,53
1	1,744 657 922 850 859	$2{,}47 \cdot 10^{-1}$	2,246 261 369 920 485	1,43
2	1,757 842 049 595 981	$5{,}97 \cdot 10^{-2}$	2,201 245 539 102 289	$4{,}63 \cdot 10^{-2}$
3	1,761 146 455 900 196	$1{,}24 \cdot 10^{-2}$	2,199 557 557 385 244	$-2{,}02 \cdot 10^{-4}$
4	1,761 843 771 111 919	$2{,}45 \cdot 10^{-3}$	2,199 564 997 132 175	$1{,}53 \cdot 10^{-6}$
5	1,761 981 490 873 924	$4{,}75 \cdot 10^{-4}$	2,199 564 941 065 739	$-1{,}15 \cdot 10^{-8}$
6	1,762 008 265 558 737	$9{,}21 \cdot 10^{-5}$	2,199 564 941 487 453	$8{,}63 \cdot 10^{-11}$
7	1,762 013 454 350 425	$1{,}78 \cdot 10^{-5}$	2,199 564 941 484 280	$-6{,}50 \cdot 10^{-13}$
8	1,762 014 459 283 649	$3{,}45 \cdot 10^{-6}$	2,199 564 941 484 304	$-9{,}08 \cdot 10^{-16}$
9	1,762 014 653 889 378	$6{,}69 \cdot 10^{-7}$	2,199 564 941 484 304	$-9{,}08 \cdot 10^{-16}$
10	1,762 014 691 573 974	$1{,}30 \cdot 10^{-7}$		
11	1,762 014 698 871 407	$2{,}51 \cdot 10^{-8}$		
12	1,762 014 700 284 517	$4{,}86 \cdot 10^{-9}$		
13	1,762 014 700 558 158	$9{,}41 \cdot 10^{-10}$		
14	1,762 014 700 611 148	$1{,}82 \cdot 10^{-10}$		
15	1,762 014 700 621 409	$3{,}53 \cdot 10^{-11}$		
16	1,762 014 700 623 396	$6{,}83 \cdot 10^{-12}$		
17	1,762 014 700 623 781	$1{,}32 \cdot 10^{-12}$		
18	1,762 014 700 623 855	$2{,}59 \cdot 10^{-13}$		
19	1,762 014 700 623 869	$5{,}33 \cdot 10^{-14}$		
20	1,762 014 700 623 872	$1{,}23 \cdot 10^{-14}$		
21	1,762 014 700 623 873	$2{,}07 \cdot 10^{-15}$		
22	1,762 014 700 623 873	$2{,}07 \cdot 10^{-15}$		

(f)

Um sicherzustellen, daß λ_2 tatsächlich der kleinste positive Eigenwert ist, muß der ungefähre Verlauf der Funktion det $\boldsymbol{F}(\lambda)$ bekannt sein. Man berechnet daher vorweg für einige äquidistante Werte von λ, etwa

$$0{,}0 \quad 0{,}5 \quad 1{,}0 \quad 1{,}5 \quad 2{,}0 \tag{g}$$

die Funktionswerte und erkennt daraus, daß der erste Vorzeichenwechsel zwischen 1,5 und 2,0 auftritt.

Der Leser starte zum Vergleich mit 1,6 bzw. 1,8; das Verfahren konvergiert dann schlechter bzw. besser als in Tabelle (f).

Wesentlich zügiger führt natürlich die im nächsten Abschnitt beschriebene Variante des T-S-Algorithmus mit höheren als zweiten Ableitungen zum Ziel.

41.7. Der T-S-Algorithmus mit höheren Ableitungen

Nicht immer wird die nach dem zweiten Glied abgebrochene TAYLOR-Entwicklung (40) allen Ansprüchen genügen. Einer Mitnahme von weiteren Gliedern steht aber als schweres Hindernis der Mißstand entgegen, daß ab der dritten Ableitung Terme der Form

$$\overset{\varrho}{\tilde{\boldsymbol{F}}}_{kk}(\lambda) := \frac{d^\varrho}{d\lambda^\varrho}[\tilde{\boldsymbol{F}}_{kk}(\lambda)]; \qquad \varrho = 1, 2, \ldots \tag{55}$$

auch durch Bereinigung nicht zu tilgen sind. Es müßte daher die Inverse von $\tilde{\boldsymbol{F}}_{kk}(\lambda)$ explizit in λ gebildet und sodann differenziert werden, ein Vorgehen, daß sich natürlich von selbst verbietet. Wir greifen deshalb auf den Algorithmus BONAVENTURA zurück, indem wir $\boldsymbol{F}_{kk}(\lambda)$ durch $\boldsymbol{F}_{kk}(\Lambda)$ ersetzen. Der dadurch begangene Fehler wird mit fortschreitender Iteration immer geringfügiger, da — Konvergenz vorausgesetzt — die Differenz $|\lambda_\nu - \Lambda|$ immer kleiner wird.

Mit der als Erweiterung von (45) leichtverständlichen Abkürzung

$$\{\varrho, \sigma\} := \overset{\varrho}{\tilde{\boldsymbol{F}}}_{jk}(\Lambda)\, \tilde{\boldsymbol{F}}_{kk}^{-1}(\Lambda)\, \overset{\sigma}{\tilde{\boldsymbol{F}}}_{kj}(\Lambda)\,; \qquad \varrho, \sigma = 0, 1, 2, \ldots \tag{56}$$

läßt die TAYLOR-Entwicklung des SCHUR-Komplements der transformierten Matrix $\tilde{\boldsymbol{F}}(\lambda)$

$$\tilde{\boldsymbol{F}}_{jj,\mathrm{red}}(\xi) = \boldsymbol{A}_{0j} + \boldsymbol{A}_{1j}\,\xi + \boldsymbol{A}_{2j}\,\xi^2 + \boldsymbol{A}_{3j}\,\xi^3 + \cdots + \boldsymbol{A}_{\mu j}\,\xi^\mu \tag{57}$$

sich übersichtlich formulieren. Durch fortgesetztes Differenzieren des Subtrahenden in (36) nach der Produktregel erscheinen in aufsteigender Folge die Zahlen des PASCALschen Dreiecks, deren äußere Koeffizienten 1 infolge der Bereinigung verschwinden. Man erhält somit der Reihe nach (mit $1/0! = 1/1! = 1$):

$$\left.\begin{aligned}
\boldsymbol{A}_{0j} &= \tilde{\boldsymbol{F}}_{jj}(\Lambda)\\
\boldsymbol{A}_{1j} &= \overset{1}{\tilde{\boldsymbol{F}}}_{jj}(\Lambda)\\
\boldsymbol{A}_{2j} &= \frac{1}{2!}\Big[\overset{2}{\tilde{\boldsymbol{F}}}_{jj}(\Lambda) - 2\{1,1\}\Big]\\
\boldsymbol{A}_{3j} &= \frac{1}{3!}\Big[\overset{3}{\tilde{\boldsymbol{F}}}_{jj}(\Lambda) - 3\{2,1\} - 3\{1,2\}\Big]\\
\boldsymbol{A}_{4j} &= \frac{1}{4!}\Big[\overset{4}{\tilde{\boldsymbol{F}}}_{jj}(\Lambda) - 4\{3,1\} - 6\{2,2\} - 4\{1,3\}\Big]\\
\boldsymbol{A}_{5j} &= \frac{1}{5!}\Big[\overset{5}{\tilde{\boldsymbol{F}}}_{jj}(\Lambda) - 5\{4,1\} - 10\{3,2\} - 10\{2,3\} - 5\{1,4\}\Big]\\
\boldsymbol{A}_{6j} &= \frac{1}{6!}\Big[\overset{6}{\tilde{\boldsymbol{F}}}_{jj}(\Lambda) - 6\{5,1\} - 15\{4,2\} - 20\{3,3\} - 15\{2,4\} - 6\{1,5\}\Big]
\end{aligned}\right\} \tag{58}$$

usw., wo wir wieder die Wahl haben zwischen partieller und totaler Bereinigung. Im zweiten Fall steht anstelle von (56) das dreifache Produkt

$$\{\varrho, \sigma\} := \overset{\varrho}{\tilde{\boldsymbol{F}}}_{jk}(\Lambda)\, \boldsymbol{\Delta}_{kk}^{-1}\, \overset{\sigma}{\tilde{\boldsymbol{F}}}_{kj}(\Lambda)\,; \qquad \varrho, \sigma = 0, 1, 2, \ldots. \tag{59}$$

Wir bemerken beiläufig, daß die ersten drei Matrizen $\boldsymbol{A}_{0j}$, $\boldsymbol{A}_{1j}$ und $\boldsymbol{A}_{2j}$ mit denen aus (46) bis (48) identisch sind, obwohl wir dort $\tilde{\boldsymbol{F}}_{kk}(\lambda)$ *nicht* durch $\tilde{\boldsymbol{F}}_{kk}(\Lambda)$ ersetzt hatten, und dies spricht für die Güte der Näherungen (58).

Die Ersatzaufgabe

$$\tilde{\boldsymbol{F}}_{jj,\mathrm{red}}(\xi)\,\boldsymbol{x}_j = \boldsymbol{o} \tag{60}$$

mit der Polynommatrix $\tilde{\boldsymbol{F}}_{jj,\,\mathrm{red}}(\xi)$ (57) wird bei Ordnungszahlen $l \leqq 2$ durch Ausmultiplizieren der Determinante auf direktem Wege, sonst aber über die Expansion (8) gelöst.

Ist $\boldsymbol{F}(\lambda)$ eine Polynommatrix, so läßt sich der Index μ so groß wählen, daß die Matrizenfolge (58) exakt abbricht. Für die Eigenwertaufgabe (12) wird beispielsweise

$$\boldsymbol{F}(\lambda) = \boldsymbol{C} + \boldsymbol{D}\,\lambda + \boldsymbol{M}\,\lambda^2\,, \qquad \dot{\boldsymbol{F}}(\lambda) = \boldsymbol{D} + 2\,\boldsymbol{M}\,\lambda\,, \qquad \ddot{\boldsymbol{F}}(\lambda) = 2\,\boldsymbol{M}\,,$$
$$\dddot{\boldsymbol{F}}(\lambda) = \boldsymbol{O} \quad \text{usw.}, \tag{61}$$

womit $\boldsymbol{A}_{5j}$ und alle folgenden Matrizen verschwinden, und es wird nach leichter Rechnung aus (58) bei Durchführung der Zentraltransformation mit $\tilde{\boldsymbol{F}}_{jj}(\Lambda) = \boldsymbol{\Lambda}_{jj}$ und $\tilde{\boldsymbol{F}}_{kk}(\Lambda) = \boldsymbol{\Lambda}_{kk}$

$$\left.\begin{aligned} &\boldsymbol{A}_{0j} = \boldsymbol{\Lambda}_{jj}\,, \qquad \boldsymbol{A}_{1j} = \dot{\tilde{\boldsymbol{F}}}_{jj}(\Lambda)\,, \qquad \boldsymbol{A}_{2j} = \tilde{\boldsymbol{M}}_{jj} - \dot{\tilde{\boldsymbol{F}}}_{jk}(\Lambda)\,\boldsymbol{\Lambda}_{kk}^{-1}\,\dot{\tilde{\boldsymbol{F}}}_{kj}(\Lambda)\,,\\ &\boldsymbol{A}_{3j} = -\boldsymbol{M}_{jk}\,\boldsymbol{\Lambda}_{kk}^{-1}\,\dot{\tilde{\boldsymbol{F}}}_{kj}(\Lambda) - \dot{\tilde{\boldsymbol{F}}}_{jk}(\Lambda)\,\boldsymbol{\Lambda}_{kk}^{-1}\,\boldsymbol{M}_{kj}\,, \qquad \boldsymbol{A}_{4j} = -\boldsymbol{M}_{jk}\,\boldsymbol{\Lambda}_{kk}^{-1}\,\boldsymbol{M}_{kj}\,. \end{aligned}\right\} \tag{62}$$

In der Variablen $\xi = \lambda - \Lambda$ ist das Ersatzproblem (60) von der Ordnung $4\,l$ für beliebig großes n. Ist etwa $n \geqq 1000$, so stellt dieses Vorgehen zur gezielten Suche einiger weniger Eigenwerte oft den einzig gangbaren Weg mit vertretbarem Aufwand dar.

• 41.8. Defektminimierung

Die Defektminimierung wird genauso durchgeführt wie im Abschnitt 38.3 mit dem einzigen Unterschied, daß die Elemente $f_{jk}(\lambda)$ der Matrix $\boldsymbol{F}(\lambda)$ vorweg linearisiert werden. Sie seien alle mindestens einmal differenzierbar, dann tritt die nach dem ersten Glied abgebrochene TAYLOR-Entwicklung

$$\boldsymbol{F}(\xi) \approx \boldsymbol{F}(\Lambda) + \xi\,\dot{\boldsymbol{F}}(\Lambda)\,; \qquad \xi = \lambda - \Lambda \tag{63}$$

an die Stelle der Matrix $\boldsymbol{F}(\xi) = \boldsymbol{F}(\Lambda) - \xi\,\boldsymbol{B}$. Es ist somit lediglich der Austausch

$$\boxed{\boldsymbol{B} \Leftrightarrow -\dot{\boldsymbol{F}}(\Lambda)} \tag{64}$$

vorzunehmen, und $\boldsymbol{F}(\Lambda)$ ist jetzt eine allgemeinere Matrix als $\boldsymbol{F}(\Lambda) = \boldsymbol{A} - \Lambda\,\boldsymbol{B}$ im Linearen. Ansonsten verläuft der Algorithmus wie im Abschnitt 38.3 beschrieben.

Ist $\boldsymbol{F}(\lambda)$ die Polynommatrix

$$\boldsymbol{F}(\lambda) = \boldsymbol{A}_0 + \boldsymbol{A}_1\,\lambda + \boldsymbol{A}_2\,\lambda^2 + \boldsymbol{A}_3\,\lambda^3 + \cdots + \boldsymbol{A}_\varrho\,\lambda^\varrho\,, \tag{65}$$

so geschieht die Linearisierung entweder über das expandierte Paar (8) oder aber direkt durch Bilden der ersten Ableitung

$$\dot{\boldsymbol{F}}(\Lambda) = \boldsymbol{A}_1 + 2\,\boldsymbol{A}_2\,\Lambda + 3\,\boldsymbol{A}_3\,\Lambda^2 + \cdots + \varrho\,\boldsymbol{A}_\varrho\,\Lambda^{\varrho-1}\,. \tag{66}$$

41.9. Parameterabhängige Transformationsmatrizen

Die gewöhnliche Transformationstheorie, der wir das ganze VIII. Kapitel gewidmet haben, geht davon aus, daß die Transformationsmatrizen $\boldsymbol{L}$ und $\boldsymbol{R}$ konstante Elemente besitzen. Diese Einschränkung geben wir jetzt auf und verlangen von den parameterabhängigen Matrizen $\boldsymbol{L}(\lambda)$ und $\boldsymbol{R}(\lambda)$ lediglich, daß ihre Determinanten konstant und von Null verschieden seien

$$\det \boldsymbol{L}(\lambda) = \text{const} \neq 0\,, \qquad \det \boldsymbol{R}(\lambda) = \text{const} \neq 0\,. \tag{67}$$

Die Bedingungsgleichung für nichttriviale Lösungen des transformierten Systems

$$\{\boldsymbol{L}(\lambda)\,\boldsymbol{F}(\lambda)\,\boldsymbol{R}(\lambda)\}\,\tilde{\boldsymbol{x}}(\lambda) = \boldsymbol{o} \quad \text{mit} \quad \boldsymbol{x}(\lambda) = \boldsymbol{R}(\lambda)\,\tilde{\boldsymbol{x}}\,, \tag{68}$$

$$\det\{\boldsymbol{L}(\lambda)\,\boldsymbol{F}(\lambda)\,\boldsymbol{R}(\lambda)\} = \underbrace{\det \boldsymbol{L}(\lambda)}_{\neq 0} \cdot \det \boldsymbol{F}(\lambda) \cdot \underbrace{\det \boldsymbol{R}(\lambda)}_{\neq 0} = 0$$

$$\to \det \boldsymbol{F}(\lambda) = 0 \tag{69}$$

ist identisch mit der des Originalsystems, während Links- und Rechtseigenvektoren Funktionen von λ geworden sind, eine Erscheinung, die uns bereits von der Expansion aus § 23 geläufig ist.

Übrigens ist die Forderung (67) nicht so einschneidend, wie man auf den ersten Blick vermuten könnte, denn die Determinante jeder normierten oberen oder unteren Dreiecksmatrix hat den Wert Eins, unabhängig von den frei wählbaren Funktionen $f_{jk}(\lambda)$ oberhalb bzw. unterhalb der Hauptdiagonale

$$\det \begin{pmatrix} 1 & f_{12}(\lambda) & \ldots & f_{1n}(\lambda) \\ 0 & 1 & \ldots & f_{2n}(\lambda) \\ \cdots & \cdots & \cdots & \cdots \\ 0 & 0 & \ldots & 1 \end{pmatrix} = 1\,, \quad \det \begin{pmatrix} 1 & 0 & \ldots & 0 \\ f_{21}(\lambda) & 1 & \ldots & 0 \\ \cdots & \cdots & \cdots & \cdots \\ f_{n1}(\lambda) & f_{n2}(\lambda) & \ldots & 1 \end{pmatrix} = 1\,, \tag{70}$$

und auch die Inversen dieser Matrizen sind offenbar normierte Dreiecksmatrizen gleichen Formats mit derselben Determinante.

Die Frage, ob eine Äquivalenztransformation auf *Diagonalform* möglich ist,

$$\tilde{\boldsymbol{F}}(\lambda) := \boldsymbol{L}(\lambda)\,\boldsymbol{F}(\lambda)\,\boldsymbol{R}(\lambda) = \boldsymbol{D}\text{iag}\,\langle \tilde{f}_{jj}(\lambda)\rangle\,, \tag{71}$$

wurde zumindest für Polynommatrizen bereits durch die im Abschnitt 10.3 abgehandelte Smithsche Normalform positiv beantwortet, und es spricht auch nichts dagegen, den Gaussschen Algorithmus schulmäßig durchzuführen, ein Vorgehen, das, sofern ohne Zeilen- und Spaltenvertauschung gearbeitet wird, gerade auf die Transformationsmatrizen (70) hinausläuft

$$\boldsymbol{L}(\lambda)\,\boldsymbol{F}(\lambda) = \nabla_l(\lambda)\,; \qquad \boldsymbol{F}(\lambda)\,\boldsymbol{R}(\lambda) = \nabla_r(\lambda)\,, \tag{72}$$

oder allgemeiner auf die Transformation mit den dyadischen Elementarmatrizen (27.72) bis (27.74), wo nun Leit- und Stützvektoren ihrerseits Funktionen des Parameters λ sind. Formal verläuft alles wie dort beschrieben, nur eben viel komplizierter, da anstatt mit Zahlen mit von Schritt zu Schritt umfangreicher werdenden Formeln gerechnet werden muß.

Man beobachtet in der Literatur gelegentliche Ansätze zu einem praktikablen Algorithmus, doch scheint zur Zeit noch kein Optimum gefunden zu sein. Ein beachtenswerter Beitrag zu diesem Fragenkreis findet sich in einer Arbeit von Hemami [217, S. 168—176].

41.10. Einschließungssätze

Einschließungssätze für Eigenwerte und -vektoren wurden zunächst für Matrizentripel (gedämpfte Schwingungen) entwickelt, so etwa mit Hilfe cassinischer Kurven (oder der sie umrahmenden achsenparallelen Rechtecke) innerhalb der komplexen Zahlenebene in [180] mit Hilfe der Spektralnorm; auf der Zeilen- und Spaltennorm beruhen einige Sätze und Methoden von Schneider [213—215].

Eine Verallgemeinerung der Sätze von Kryloff und Bogoljubov in Abschnitt 36.5 findet sich in [204]. Für beliebige (auch im Parameter λ transzendente) Matrizen gilt der sehr weitreichende Diagonalsatz [177], der die Spektralnorm verwendet.

Stets möglich bei Polynommatrizen ist natürlich der Weg über die Expansion, und zwar ist die etwas aufwendigere Diagonalexpansion vorzuziehen bei Sätzen, die aus der Diagonaldominanz Vorteil ziehen wie etwa beim Satz von Gerschgorin in Abschnitt 36.3. Ein Beispiel dazu findet der Leser in [132].

Eine weitere Methode, die in diesen Fragenkreis gehört, ist der Matrizenausgleich, beschrieben in [205].

• 41.11. Zusammenfassung und Ausblick

Die numerischen Methoden zur Lösung des einparametrigen nichtlinearen Eigenwertproblems sind zur Zeit stark in Entwicklung begriffen, und es ist vorläufig nicht abzusehen, ob unter den vielen sich einige wenige als optimal für den Anwender erweisen werden. Fast alle gehören in eine der beiden Gruppen, deren einfachste Vertreter wir in diesem Paragraphen vorgestellt haben:

1. Determinantenalgorithmen

Hierhin gehören für den Fragenkreis der gedämpften Schwingungen (Matrizentripel) die schon als klassisch zu bezeichnenden Methoden von LANCASTER [20], meist unter Heranziehung der ersten und zweiten Ableitungen, wie wir sie im Abschnitt 24.11 kurz skizziert haben, insbesondere die Spurverfahren (trace methods). Ganz anders arbeitet der im Abschnitt 43.7 beschriebene Algorithmus ECP, der jedoch ebenso wie die LANCASTER-Algorithmen auf Polynommatrizen vom Typ (21.29) beschränkt ist und mit der Expansion der charakteristischen Gleichung $\det \boldsymbol{F}(\lambda) = 0$ operiert.

2. Extremalalgorithmen

Neben dem natürlichsten Extremalprinzip, nämlich der Minimierung des (normierten) Defektquadrates lassen sich eine Reihe von reellen Funktionalen $\Phi(\lambda)$ bzw. $\psi(\lambda, \boldsymbol{x})$ angeben, deren stationären Werte allein für Eigenwerte λ_ν bzw. Eigenwerte λ_ν und -vektoren $\boldsymbol{x}_\nu$ angenommen werden. Es handelt sich dabei oftmals um verallgemeinerte RAYLEIGH-Quotienten oder aber um kompliziertere, meist der Funktionalanalysis entlehnte Begriffsbildungen, die entweder als solche übernommen oder speziell für den Matrizenkalkül modifiziert werden. Der Leser studieren dazu die Arbeiten [201—212], ferner [216], insbesondere die lesenswerte Schrift von RUHE [212] mit zahlreichen weiterführenden Zitaten.

§ 42. Das mehrparametrige Eigenwertproblem

• 42.1. Aufgabenstellung. Probleme und Begriffe

Das mehrparametrige Eigenwertproblem (21.2) mit seinem Pendant

$$\boldsymbol{y}^T\, \boldsymbol{G}(\sigma_0, \sigma_1, \ldots, \sigma_\varrho) = \boldsymbol{o}^T; \qquad \boldsymbol{G}(\sigma_0, \sigma_1, \ldots, \sigma_\varrho)\, \boldsymbol{x} = \boldsymbol{o} \tag{1}$$

wurde bereits im § 21 theoretisch abgehandelt. Jedes (durch eine Tilde gekennzeichnete) Eigentupel

$$\{\tilde{\sigma}_0, \tilde{\sigma}_1, \ldots, \tilde{\sigma}_\varrho\} \tag{2}$$

macht die Matrix

$$\tilde{\boldsymbol{G}} := \boldsymbol{G}(\tilde{\sigma}_0, \tilde{\sigma}_1, \ldots, \tilde{\sigma}_\varrho) \tag{3}$$

singulär. Ihr Rang sei $r < n$, der Rangabfall somit $d = n - r$; dann existieren mindestens d linear unabhängige Linkseigenvektoren $\boldsymbol{y}_j$ und d linear unabhängige Rechtseigenvektoren $\boldsymbol{x}_j$. Das Eigentupel (2) selbst stellt in einem $\varrho + 1$-dimensionalen Koordinatenraum eine (im allgemeinen komplexe) Eigenhyperfläche der Dimension ϱ dar; für $\varrho = 2$ somit eine gewöhnliche Eigenfläche, für $\varrho = 1$ eine Eigenkurve.

Sämtliche Eigenpunkte dieser Hyperflächen machen die beiden homogenen linearen Gleichungssysteme (1) nichttrivial lösbar.

Wie geht man nun praktisch vor? Man wählt von den $\varrho + 1$ Parametern ϱ beliebige fest; dann verbleibt ein — im allgemeinen nichtlineares — Eigenwertproblem, das mit den Methoden des § 41 zu lösen ist, und dies muß für genügend viele Tupel von ϱ vorgegebenen Zahlen durchgeführt werden; ein aufwendiges Geschäft, das sich im Fall der Polynommatrix

$$\boldsymbol{G}(\sigma_0, \sigma_1, \ldots, \sigma_\varrho) = \boldsymbol{A}_0\, \sigma_0 + \boldsymbol{A}_1\, \sigma_1 + \cdots + \boldsymbol{A}_\varrho\, \sigma_\varrho \tag{4}$$

wesentlich vereinfacht. Setzen wir hier $\sigma_0 = -\lambda$ (allgemeiner $\sigma_\nu = -\lambda$, denn natürlich muß ν nicht gleich 0 sein), so wird aus (4) mit der weiteren Umbenennung von $\boldsymbol{A}_0$ in $\boldsymbol{B}$

$$(\boldsymbol{A}_0\, \sigma_0 + \underbrace{[\boldsymbol{A}_1\, \sigma_1 + \cdots + \boldsymbol{A}_\varrho\, \sigma_\varrho]}_{\boldsymbol{A}})\, \boldsymbol{x} = \boldsymbol{o}\,, \tag{5}$$

$$(-\boldsymbol{B}\,\lambda + \boldsymbol{A})\, \boldsymbol{x} = \boldsymbol{o}\,, \tag{6}$$

und dies ist ein gewöhnliches lineares Eigenwertproblem, dessen Numerik wir das ganze X. Kapitel gewidmet haben.

42.2. Parameterdiagonalähnliche und parameternormale Matrizen

Der Leser rekapituliere zu diesem Fragenkreis den § 21, insbesondere die Abschnitte 21.3 und 21.6. Man erkennt alles Wesentliche bereits am Tripel $\{\boldsymbol{A}, \boldsymbol{B}, \boldsymbol{C}\}$ als Sonderfall des Tupels (4) in etwas anderer Bezeichnungsweise

$$\hat{\boldsymbol{G}}(\lambda, \sigma)\, \boldsymbol{x} = (\boldsymbol{A} - \lambda\, \boldsymbol{B} - \sigma\, \boldsymbol{C})\, \boldsymbol{x} = \boldsymbol{o}; \qquad \boldsymbol{x} \neq \boldsymbol{o}\,. \tag{7}$$

Ist das Tripel parameterdiagonalähnlich bezüglich einer regulären Normierungsmatrix $\boldsymbol{N}$, so existiert nach (21.38) ein Modalmatrizenpaar $\boldsymbol{Y}; \boldsymbol{X}$, das alle vier Matrizen simultan auf Diagonalform transformiert

$$\hat{\boldsymbol{G}}(\lambda, \sigma) = \boldsymbol{D}\mathrm{iag}\, \langle a_{jj} - \lambda\, b_{jj} - \sigma\, c_{jj} \rangle\,; \qquad \boldsymbol{N} = \boldsymbol{D}\mathrm{iag}\, \langle n_{jj} \rangle \tag{8}$$

mit den Bilinearformen

$$a_{jj} = \boldsymbol{y}_j^T\, \boldsymbol{A}\, \boldsymbol{x}_j\,, \qquad b_{jj} = \boldsymbol{y}_j^T\, \boldsymbol{B}\, \boldsymbol{x}_j\,, \qquad c_{jj} = \boldsymbol{y}_j^T\, \boldsymbol{C}\, \boldsymbol{x}_j; \qquad n_{jj} = \boldsymbol{y}_j^T\, \boldsymbol{N}\, \boldsymbol{x}_j\,. \tag{9}$$

Die Diagonalelemente

$$\hat{g}_{jj}(\lambda, \sigma) = a_{jj} - \lambda\, b_{jj} - \sigma\, c_{jj}; \qquad j = 1, 2, \ldots, n \tag{10}$$

heißen die *Eigenterme* des parameterdiagonalähnlichen Tripels $\{\boldsymbol{A}, \boldsymbol{B}, \boldsymbol{C}\}$ zum Partner $\boldsymbol{N}$. Sie sind hier linear in λ und σ und stellen daher n im allgemeinen getrennte Geraden nach Abb. 42.1 im Reellen dar, und ähnliches gilt im Komplexen .

Ist insbesondere $\boldsymbol{N}$ hermitesch und positiv definit und $\boldsymbol{Y}^T = \boldsymbol{X}^*$, so heißt das Tripel parameternormal, siehe dazu Abschnitt 21.6.

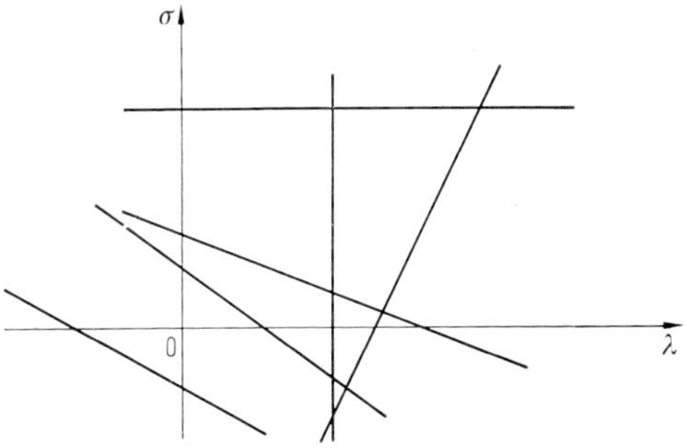

Abb. 42.1. Die n Eigengeraden eines parameterdiagonalähnlichen Tripels $\{\boldsymbol{A}, \boldsymbol{B}, \boldsymbol{C}\}$ im Reellen

Ein Beispiel. Lineare Schwingung einer homogenen Gelenkkette unter Druck nach Abb. 42.2.

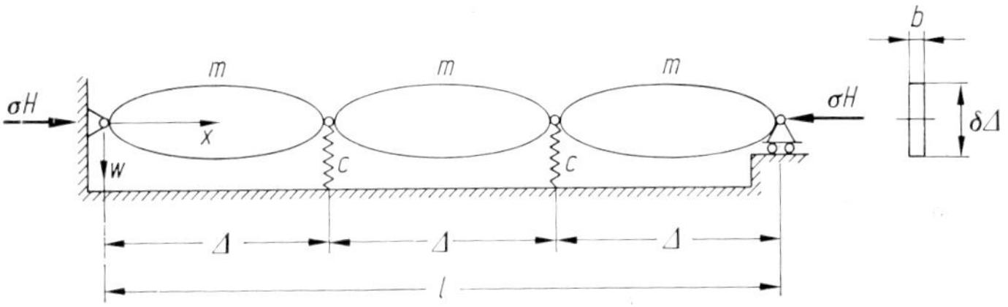

Abb. 42.2. Lineare Schwingung einer gefederten homogenen Gelenkkette unter Druck

Die homogene Bewegungsgleichung lautet nach (45.4) mit $D = 0$, $C = 0$, $d = 0$ nach Multiplikation mit Δ/c

$$-\boldsymbol{A}\left(\frac{m}{c}\alpha^2\,\ddot{\boldsymbol{w}}(t) + \frac{\sigma H}{\Delta\, c}\boldsymbol{w}(t)\right) + \boldsymbol{I}\left(\frac{m}{c}\,\ddot{\boldsymbol{w}}(t) + \boldsymbol{w}(t)\right) = \boldsymbol{o} \quad \text{mit} \quad \boldsymbol{A} = \begin{pmatrix} 2 & -1 \\ -1 & 2 \end{pmatrix}. \quad \text{(a)}$$

Zufolge des harmonischen Ansatzes (b) und der Abkürzungen (c)

$$\boldsymbol{w}(t) = \boldsymbol{x}\, f(t)\,, \quad f(t) = A\cos\omega\, t + B\sin\omega\, t \quad \text{(b)}; \quad \lambda := \omega^2\frac{m}{c}\,, \quad \tilde{\sigma} := \frac{\sigma H}{\Delta\, c} \quad \text{(c)}$$

wird daraus nach Fortkürzen der nicht identisch verschwindenden Funktion $f(t)$

$$\boldsymbol{G}(\lambda, \tilde{\sigma})\,\boldsymbol{x} = (\tilde{\boldsymbol{A}} - \lambda\,\boldsymbol{B} - \tilde{\sigma}\,\boldsymbol{C})\,x = \boldsymbol{o} \quad \text{mit} \quad \tilde{\boldsymbol{A}} = \boldsymbol{I}\,, \quad \boldsymbol{B} = \boldsymbol{I} - \alpha^2\boldsymbol{A}\,, \quad \boldsymbol{C} = -\boldsymbol{A}\,. \quad \text{(d)}$$

Das Tripel $\{\tilde{\boldsymbol{A}}, \boldsymbol{B}, \boldsymbol{C}\}$ ist offenbar parameternormal bezüglich $\boldsymbol{I}$ (somit selbstnormierend), denn die orthogonale und reellsymmetrische Modalmatrix $\boldsymbol{X}$ des Paares $\boldsymbol{A}; \boldsymbol{I}$ transformiert das Tripel simultan auf Diagonalform. Man findet nach leichter Rechnung

$$\boldsymbol{X} = \begin{pmatrix} 1 & 1 \\ 1 & -1 \end{pmatrix}\frac{1}{\sqrt{2}}\;;$$

$$\hat{\boldsymbol{G}}(\lambda, \tilde{\sigma}) := \boldsymbol{X}^T\,\boldsymbol{G}(\lambda, \tilde{\sigma})\,\boldsymbol{X} = \begin{pmatrix} 1 - \lambda(1 - \alpha^2) + \tilde{\sigma} & 0 \\ 0 & 1 - (1 - 3\,\alpha^2) + 3\,\tilde{\sigma} \end{pmatrix}, \quad \text{(e)}$$

womit die beiden Eigengeraden als Funktion des Parameters α^2 nach (44.29) allgemein in (f) und speziell für die Ellipse mit den Durchmessern Δ und $\delta\Delta$ in (g) vor uns stehen.

$$\alpha^2 = \frac{\Theta^M}{m\,\Delta^2} - \frac{1}{4} = \frac{\Theta^S}{m\,\Delta^2} - \frac{1}{4}\,. \tag{f}$$

$$\alpha^2 = \frac{1}{m\,\Delta^2}\left(\frac{m}{16}\,\Delta^2\,(1+\delta^2)\right) - \frac{1}{4} = \frac{1}{16}(\delta^2 - 3)\,. \tag{g}$$

Der Leser setze die Determinante der Matrix $\boldsymbol{G}(\lambda, \tilde{\sigma})$ aus (d) gleich Null und versuche, zum gleichen Ergebnis zu kommen.

• 42.3. Das zweiparametrige Eigenwertproblem

Die charakteristische Determinante $g(\lambda, \sigma)$ der Matrix $\boldsymbol{G}(\lambda, \sigma)$ aus (7), die sich nach λ oder nach σ ordnen läßt

$$\begin{aligned} g(\lambda, \sigma) &:= \det \boldsymbol{G}(\lambda, \sigma) = \det \{[\boldsymbol{A} - \sigma\,\boldsymbol{C}] - \lambda\,\boldsymbol{B}\} \\ &= \lambda^n \det \boldsymbol{B} \pm \ldots + \det [\boldsymbol{A} - \sigma\,\boldsymbol{C}]\,, \end{aligned} \tag{11}$$

$$\begin{aligned} g(\lambda, \sigma) &:= \det \boldsymbol{G}(\lambda, \sigma) = \det \{[\boldsymbol{A} - \lambda\,\boldsymbol{B}] - \sigma\,\boldsymbol{C}\} \\ &= \sigma^n \det \boldsymbol{C} \pm \ldots + \det [\boldsymbol{A} - \lambda\,\boldsymbol{B}]\,, \end{aligned} \tag{12}$$

ist ein Bipolynom in λ und σ, dessen explizite Aufstellung indessen nur bei kleinen Ordnungszahlen n durchführbar ist. Unter der Voraussetzung

$$\boldsymbol{B} \text{ regulär}\,, \qquad \boldsymbol{C} \text{ regulär} \tag{13}$$

verschwinden die ersten Koeffizienten in (10) und (11) nicht, was die theoretische Diskussion der Eigenkurven $g(\lambda, \sigma) = 0$ entscheidend vereinfacht. Sind konträr zu diesem in der Praxis vorherrschenden Normalfall alle drei Matrizen $\boldsymbol{A}, \boldsymbol{B}, \boldsymbol{C}$ singulär, so entartet analog zu (22.108) das Bipolynom (11) bzw. (12) zu einem *Rumpfpolynom* in λ und σ, dessen allgemeine und vollständige Diskussion beträchtliche Schwierigkeiten bereitet; wir lassen deshalb im folgenden die Voraussetzung (13) gelten und verlangen des weiteren, daß das Paar $\boldsymbol{B}; \boldsymbol{C}$ diagonalähnlich mit dem Modalmatrizenpaar

$$\boldsymbol{Y} = (\boldsymbol{y}_1 \quad \boldsymbol{y}_2 \ \ldots \ \boldsymbol{y}_n)\,; \qquad \boldsymbol{X} = (\boldsymbol{x}_1 \quad \boldsymbol{x}_2 \ \ldots \ \boldsymbol{x}_n) \tag{14}$$

sei. Dann sind nach SCHNEIDER [215a] die durch die Bilinearformen

$$a_{jj} = \boldsymbol{y}_j^T\,\boldsymbol{A}\,\boldsymbol{x}_j\,, \quad b_{jj} = \boldsymbol{y}_j^T\,\boldsymbol{B}\,\boldsymbol{x}_j\,, \quad c_{jj} = \boldsymbol{y}_j^T\,\boldsymbol{C}\,\boldsymbol{x}_j; \quad j = 1, 2, \ldots, n \tag{15}$$

festgelegten Geraden

$$\boxed{a_{jj} - \lambda\, b_{jj} - \sigma\, c_{jj} = 0; \qquad j = 1, 2, \ldots, n} \tag{16}$$

Asymptoten für die n (im allgemeinen getrennt verlaufenden) Eigenkurven $g_j(\lambda, \sigma) = 0$. Ferner wird in derselben Arbeit gezeigt: berechnet man für einen auf der Eigenkurve der Nummer k gelegenen Punkt P_k mit den Koordinaten λ_k und σ_k die Matrix

$$\boldsymbol{P}_k := \lambda_k \boldsymbol{B} + \sigma_k \boldsymbol{C} \tag{17}$$

und zu dem nun singulären Paar $\boldsymbol{A}; \boldsymbol{P}_k$ die Eigenvektoren $\boldsymbol{y}_k$ und $\boldsymbol{x}_k$, so ist die Steigung der Eigenkurve im Punkte P_k

$$\boxed{\left.\frac{d\sigma}{d\lambda}\right|_{\lambda_k, \sigma_k} = -\frac{\boldsymbol{y}_k^T \boldsymbol{B} \boldsymbol{x}_k}{\boldsymbol{y}_k^T \boldsymbol{C} \boldsymbol{x}_k}}, \tag{18}$$

siehe auch Abb. 42.3. Die Formel (18) eröffnet Möglichkeiten zur Einschließung der Eigenkurven sowohl wie die Inangriffnahme der *nichtlinearen* zweiparametrigen Eigenwertaufgabe

$$\boldsymbol{G}(\lambda, \sigma)\, \boldsymbol{x} = (\lambda^2 \boldsymbol{M} + \sigma \lambda \boldsymbol{D} + \boldsymbol{C})\, \boldsymbol{x} = \boldsymbol{o}\,, \tag{19}$$

die zahlreiche Phänomene aus der Theorie der gedämpften Schwingungen zu erklären gestattet.

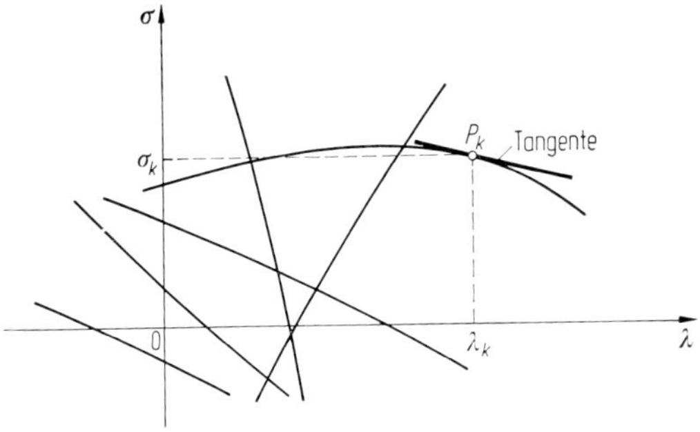

Abb. 42.3. Die n Eigenkurven eines nicht parameterdiagonalähnlichen Tripels $\{\boldsymbol{A}, \boldsymbol{B}, \boldsymbol{C}\}$ im Reellen

Es sei nun das Tripel hermitesch und außerdem $\boldsymbol{B}$ ebenso wie $\boldsymbol{C}$ positiv definit,

$$\boldsymbol{A}^* = \boldsymbol{A}\,, \qquad \boldsymbol{B}^* = \boldsymbol{B} \text{ pos. def.}, \qquad \boldsymbol{C}^* = \boldsymbol{C} \text{ pos. def.}\,, \tag{20}$$

dann ist für jeden reellen Wert von σ bzw. λ das Paar $\boldsymbol{A}; (\boldsymbol{B} + \sigma \boldsymbol{C})$ bzw. $\boldsymbol{A}; (\lambda \boldsymbol{B} + \boldsymbol{C})$ hermitesch und besitzt damit n reelle Eigenwerte λ_j bzw. σ_j. Außerdem muß nach (18) zufolge $\boldsymbol{y}_k^T = \boldsymbol{x}_k^*$ die Steigung in jedem Punkt der n Eigenkurven negativ sein, und da mit $\boldsymbol{y}_j^T = \boldsymbol{x}_j^*$ die drei hermiteschen Formen (15) reell, b_{jj} und c_{jj} nach (20) überdies positiv sind, existieren in der reellen λ-σ-Ebene n reelle Asymptoten mit negativer Steigung.

Kommen wir abschließend nochmals auf die Transformation (14) bis (16) zurück. Das Paar $\boldsymbol{Y}; \boldsymbol{X}$ (14) transformiert $\boldsymbol{B}$ und $\boldsymbol{C}$ simultan auf Diagonalform, während die Matrix $\boldsymbol{Y}^T \boldsymbol{A} \boldsymbol{X}$ im allgemeinen vollbesetzt sein wird, doch können wir diese aufspalten in

$$\tilde{\boldsymbol{A}} := \boldsymbol{Y}^T \boldsymbol{A} \boldsymbol{X} = \boldsymbol{D}\text{iag} \langle a_{jj} \rangle + \boldsymbol{R}\,, \quad a_{jj} = \boldsymbol{y}_j^T \boldsymbol{A} \boldsymbol{x}_j\,; \quad j = 1, 2, \ldots, n\,, \tag{21}$$

wo $\boldsymbol{R}$ die Restmatrix der Außenelemente von $\tilde{\boldsymbol{A}}$ ist. Insgesamt gilt also

$$\boldsymbol{Y}^T \boldsymbol{G}(\lambda, \sigma) \boldsymbol{X} = \boldsymbol{D}\text{iag} \langle \tilde{g}_{jj}(\lambda, \sigma) \rangle + \boldsymbol{R} \tag{22}$$

mit den *Stützgeraden*

$$\tilde{g}_{jj}(\lambda, \sigma) := a_{jj} - \lambda\, b_{jj} - \sigma\, c_{jj}\,; \qquad j = 1, 2, \ldots, n\,. \tag{23}$$

Für $\boldsymbol{R} = \boldsymbol{O}$ haben wir den bereits abgehandelten Fall der Parameterdiagonalähnlichkeit von Abb. 42.1; die Stützgeraden sind als Eigenterme die zu Geraden entarteten Eigenkurven und gleichzeitig Asymptoten. Für $\boldsymbol{R} \neq \boldsymbol{O}$ dagegen bestimmt die Norm $\|\boldsymbol{R}\|$ den (variablen) Abstand der jetzt gekrümmten Eigenkurven (die jedoch keine Eigenterme sind!) von den Stützgeraden: je kleiner die Norm von $\boldsymbol{R}$, desto kleiner der Abstand und je geringer die Krümmung der Eigenkurven.

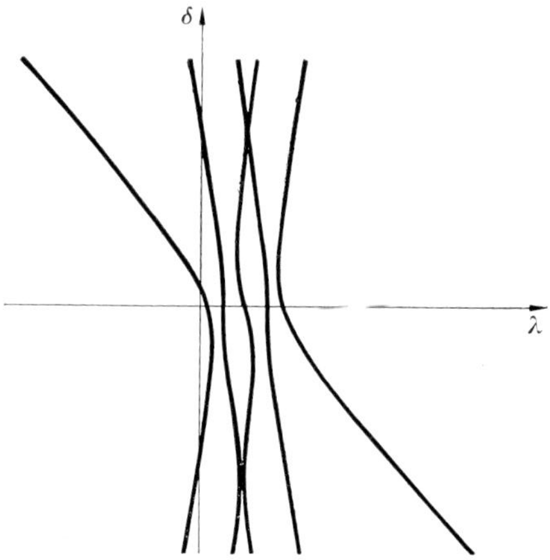

Abb. 42.4. Parameterstudie eines gestörten Eigenwertproblems fünfter Ordnung

Als Beispiel werde eine Parameterstudie vorgeführt. Die fünfreihige Matrix $\boldsymbol{A} = 2\boldsymbol{I} - \boldsymbol{K}$ (17.57) wird gestört durch eine Diagonalmatrix $\boldsymbol{C}$ mit dem Störparameter δ:

$$\boldsymbol{G}(\lambda, \delta) = \boldsymbol{A} - \lambda \boldsymbol{I} - \delta \boldsymbol{C} \tag{a}$$

mit

$$\boldsymbol{A} = \begin{pmatrix} 2 & -1 & 0 & 0 & 0 \\ -1 & 2 & -1 & 0 & 0 \\ 0 & -1 & 2 & -1 & 0 \\ 0 & 0 & -1 & 2 & -1 \\ 0 & 0 & 0 & -1 & 2 \end{pmatrix}; \quad \boldsymbol{B} = \boldsymbol{I}; \quad \boldsymbol{C} = \begin{pmatrix} 0,1 & 0 & 0 & 0 & 0 \\ 0 & 0,2 & 0 & 0 & 0 \\ 0 & 0 & 1 & 0 & 0 \\ 0 & 0 & 0 & -0,1 & 0 \\ 0 & 0 & 0 & 0 & -0,2 \end{pmatrix}. \qquad \text{(b)}$$

Es wurde für die 201 Werte von δ

$$-10,0 \quad -9,9 \quad -9,8 \quad -9,7 \; \ldots \; 9,7 \quad 9,8 \quad 9,9 \quad 10,0 \qquad \text{(c)}$$

das zugehörige Spektrum der Eigenwerte λ_j via JACOBI berechnet und ausgeplottet, siehe Abb. 42.4. Der ausgedruckte Bereich erstreckt sich von $\lambda = -9$ bis $\lambda = +14$. Durch Anlegen eines Lineals erkennt man deutlich die fünf (nicht eingezeichneten) Asymptoten.

XII. Kapitel

Matrizen in der Angewandten Mathematik und Mechanik

§ 43. Auflösung skalarer Gleichungen durch Expansion. Der Eigenwertalgorithmus ECP

• 43.1. Problemstellung

Vorgelegt sei die skalare Gleichung

$$f(\lambda) = p_\varrho(\lambda) - r(\lambda) = 0 \quad \text{bzw.} \quad p_\varrho(\lambda) = r(\lambda) \tag{1}$$

mit der zunächst beliebigen (auch transzendenten) Restfunktion $r(\lambda)$ und dem Stützpolynom ϱ-ten Grades

$$p_\varrho(\lambda) = p_0 + p_1\lambda + p_2\lambda^2 + \ldots + \lambda^\varrho = (\lambda - \Lambda_1)(\lambda - \Lambda_2)\cdots(\lambda - \Lambda_\varrho)\,, \tag{2}$$

und gesucht sind die Nullstellen der Gleichung (1), siehe Abb. 43.1 im Reellen.

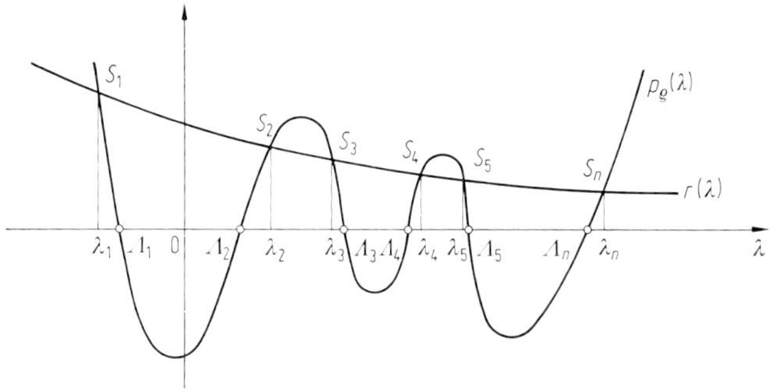

Abb. 43.1. Die Nullstellen λ_j der Gleichung $f(\lambda) = 0$ als Abszissen der Schnittpunkte S_j von $p_\varrho(\lambda)$ und $r(\lambda)$

Die Expansion der skalaren Gleichung (1) auf die Matrizengleichung (23.5)

$$(\boldsymbol{P} - \lambda\,\boldsymbol{Q})\,\boldsymbol{z}(\lambda) = \boldsymbol{s}(\lambda) \tag{3}$$

bietet die Möglichkeit, alle bewährten Algorithmen des Matrizenkalküls zur iterativen Einschließung der Nullstellen der Gleichung $f(\lambda) = 0$ heranzuziehen, doch zeigt es sich, daß für diesen Zweck die Diagonalexpansion geeigneter ist als die Expansion von GÜNTHER.

Mit den Nullstellen Λ_j des Stützpolynoms $p_\varrho(\lambda)$ lautet die expandierte Gleichung (1) nach (23.12) wegen $p_\varrho = 1$, ferner $x = 1$

$$p_\varrho(\lambda) = r(\lambda) \underset{\text{exp.}}{\longrightarrow} \boldsymbol{D}\text{iag}\,\langle\lambda - \Lambda_j\rangle\,\boldsymbol{z}(\lambda) = \boldsymbol{\varepsilon}_\varrho\,\boldsymbol{r}(\lambda) \tag{4}$$

mit dem schon oft benutzten Epsilonvektor

$$\boldsymbol{\varepsilon}_\varrho = (1 \quad 1 \quad \ldots \quad 1)^T \tag{5}$$

und dem Expansionsvektor

$$\boldsymbol{z}(\lambda) = \big(\Pi_1(\lambda) \quad \Pi_2(\lambda) \quad \ldots \quad \Pi_\varrho(\lambda)\big)^T\,, \tag{6}$$

und dies gilt unabhängig davon, ob r konstant oder eine Funktion des Parameters λ ist.

• 43.2. Lösung algebraischer Gleichungen durch Diagonalexpansion

Es sei nun $r(\lambda)$ ein Polynom, dessen Grad kleiner als ϱ ist; dann ist $f(\lambda)$ ebenso wie $p_\varrho(\lambda)$ ein normiertes Polynom vom Grade ϱ

$$f(\lambda) = a_0 + a_1\lambda + a_2\lambda^2 + \cdots + \lambda^\varrho\,. \tag{7}$$

Setzen wir voraus, daß die Nullstellen Λ_j von $p_\varrho(\lambda)$ numerisch hinreichend voneinander verschieden sind,

$$\Lambda_j \neq \Lambda_k; \qquad j, k = 1, 2, \ldots, \varrho\,, \tag{8}$$

so können diese als Stützwerte für eine LAGRANGEsche Interpolation des Restpolynoms $r(\lambda)$ dienen, und zwar wird wegen $f(\Lambda_j) = -r(\Lambda_j)$ zufolge $p_\varrho(\Lambda_j) = 0$

$$r(\lambda) = \sum_{j=1}^{\varrho} r(\Lambda_j)\, L_j(\lambda) = -\sum_{j=1}^{\varrho} f(\Lambda_j)\, L_j(\lambda) \tag{9}$$

oder auch

$$r(\lambda) = -\sum_{j=1}^{\varrho} \frac{f(\Lambda_j)}{\Pi_j}\, \Pi_j(\lambda) \tag{10}$$

mit den Produkten (23.23) bzw. (23.10) (wir schreiben für $\Pi_j(\Lambda_j)$ kürzer Π_j)

$$\Pi_j := (\Lambda_j - \Lambda_1)\,(\Lambda_j - \Lambda_2) \cdots \underbrace{(1)}_{\text{Faktor } j} \cdots (\Lambda_j - \Lambda_{\varrho-1})\,(\Lambda_j - \Lambda_\varrho)\,, \tag{11}$$

deren $\varrho - 1$ Faktoren in Abb. 43.2 schematisch dargestellt sind. Definieren wir noch die *Defekte*

$$d_j := \frac{f(\Lambda_j)}{\Pi_j}\,; \qquad \boldsymbol{d} := (d_1 \quad d_2 \quad \ldots \quad d_\varrho)^T\,, \tag{12}$$

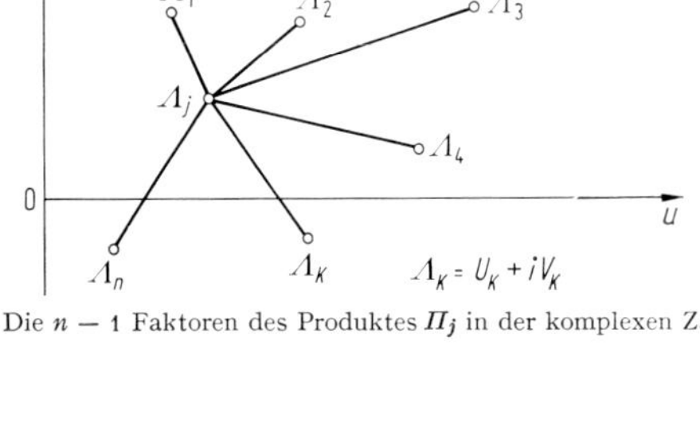

Abb. 43.2. Die $n - 1$ Faktoren des Produktes Π_j in der komplexen Zahlenebene

so läßt sich nach (10) das Restpolynom $r(\lambda)$ als Skalarprodukt

$$r(\lambda) = -\boldsymbol{d}^T \boldsymbol{z}(\lambda) \tag{13}$$

und damit die mit -1 multiplizierte Gleichung (5) schreiben als

$$(\boldsymbol{D}\text{iag} \langle \Lambda_j - \lambda \rangle - \boldsymbol{\varepsilon}_\varrho \boldsymbol{d}^T) \boldsymbol{z}(\lambda) = (\boldsymbol{D}\text{iag} \langle \Lambda_j \rangle - \boldsymbol{\varepsilon}_\varrho \boldsymbol{d}^T - \lambda \boldsymbol{I}) \boldsymbol{z}(\lambda)$$
$$= (\boldsymbol{A} - \lambda \boldsymbol{I}) \boldsymbol{z}(\lambda) = \boldsymbol{o} \tag{14}$$

mit der alles Folgende beherrschenden Begleitmatrix (ein Gegenstück zur Begleitmatrix $\tilde{\boldsymbol{P}}_G$ (23.8) von GÜNTHER)

$$\boldsymbol{A} = \boldsymbol{D}\text{iag} \langle \Lambda_j \rangle - \boldsymbol{\varepsilon}_\varrho \boldsymbol{p}^T = \begin{pmatrix} \Lambda_1 - d_1 & -d_2 & -d_3 & \dots & -d_\varrho \\ -d_1 & \Lambda_2 - d_2 & -d_3 & \dots & -d_\varrho \\ -d_1 & -d_2 & \Lambda_3 - d_3 & \dots & -d_\varrho \\ \dots & \dots & \dots & \dots & \dots \\ -d_1 & -d_2 & -d_3 & \dots & \Lambda_\varrho - d_\varrho \end{pmatrix}. \tag{15}$$

Bei Polynomen hohen Grades kann das Produkt (11) sehr groß werden; man berechnet daher den Defekt d_j nach dem modifizierten HORNER-Schema durch Einführung neuer Koeffizienten $\tilde{a}_\nu$ und neuer Stützwerte $\tilde{\Lambda}_j$

$$d_j := \Lambda_j - \Lambda_\nu$$

$$\tilde{a}_{\varrho-2} = \frac{a_{\varrho-2}}{D_{j1}}, \quad \tilde{a}_{\varrho-3} = \frac{a_{\varrho-3}}{D_{j1} D_{j2}}, \dots, \quad \tilde{a}_0 = \frac{a_0}{D_{j1} D_{j2} \cdots D_{j,\varrho-1}}, \tag{16}$$

$$\tilde{\Lambda}_{j1} = \frac{\Lambda_j}{D_{j1}}, \quad \tilde{\Lambda}_{j2} = \frac{\Lambda_j}{D_{j2}}, \dots, \quad \tilde{\Lambda}_{jn} = \frac{\Lambda_j}{D_{j\varrho}}. \tag{16a}$$

Damit lautet die Klammerung nach HORNER, exemplarisch angeschrieben für $\varrho = 4$

$$d_j = \tilde{\Lambda}_{j3}[\tilde{\Lambda}_{j2}\{\tilde{\Lambda}_{j1}(\Lambda_j + a_3) + \tilde{a}_2\} + \tilde{a}_1] + \tilde{a}_0 . \tag{17}$$

Dieser Wert wird von innen nach außen berechnet, wonach das Vorgehen im allgemeinen Fall klar ersichtlich ist.

Dazu ein Beispiel. Es ist $f(\lambda) = \lambda^3 + 2\lambda^2 - 30\lambda + 2$ mit den $\varrho = 3$ Stützwerten $\Lambda_1 = 3$, $\Lambda_2 = 4$ und $\Lambda_3 = 6$. Der Defekt d_3 zum Näherungswert $\Lambda_3 = 6$ soll berechnet werden a) auf direkte Weise, b) nach dem modifizierten HORNER-Schema.

a) Man findet nach HORNER $f(6) = 110$ und daraus den Defekt

$$d_3 = \frac{f(6)}{(6-3)(6-4)} = \frac{110}{3 \cdot 2} = \frac{55}{3}.$$

b) Mit den Größen (16) und (16a)

$$\tilde{a}_1 = \frac{a_1}{D_{31}} = \frac{-30}{6-3} = -10\,, \qquad \tilde{a}_0 = \frac{a_0}{D_{31}\,D_{32}} = \frac{2}{(6-3)\,(6-4)} = \frac{2}{3\cdot 2} = \frac{1}{3}\,,$$

$$\tilde{\Lambda}_{31} = \frac{\Lambda_3}{D_{31}} = \frac{6}{6-3} = 2\,, \qquad \tilde{\Lambda}_{32} = \frac{\Lambda_3}{D_{32}} = \frac{6}{6-4} = 3$$

lautet das modifizierte HORNER-Schema (17)

$$d_3 = \tilde{\Lambda}_{32}\{\tilde{\Lambda}_{31}(\Lambda_3 + a_2) + \tilde{a}_1\} + \tilde{a}_0 = 3\{2\cdot(6+2) + (-10)\} + \tfrac{1}{3} = 18 + \tfrac{1}{3} = \tfrac{55}{3}\,.$$

Denken wir uns das Polynom $f(\lambda)$ mit den Nullstellen λ_ν faktorisiert, so schreibt sich der Defekt (12) in der Form

$$d_j = \frac{(\Lambda_j - \lambda_1)\,(\Lambda_j - \lambda_2)\cdots(\Lambda_j - \lambda_j)\cdots(\Lambda_j - \lambda_\varrho)}{(\Lambda_j - \Lambda_1)\,(\Lambda_j - \Lambda_2)\cdots\quad(1)\quad\cdots(\Lambda_j - \Lambda_\varrho)} \approx 1\cdot 1\cdots(\Lambda_j - \lambda_j)\cdots 1\,, \tag{18}$$

die erkennen läßt, daß bei gut gewählten Stützwerten $\varrho - 1$ Quotienten ungefähr den Wert Eins annehmen, während der Faktor $\Lambda_j - \lambda_j$ fast Null ist, wie es sein muß.

Nun zur Kernfrage: Wie findet man ϱ numerisch hinreichend getrennte Werte Λ_j als Nullstellen des Stützpolynoms $p_\varrho(\lambda)$, die zugleich gute Näherungen des Polynoms $f(\lambda)$ (7) sind, so daß die Defekte d_j und damit die Außenelemente der Begleitmatrix $\boldsymbol{A}$ möglichst klein ausfallen. Solche Näherungen gewinnt man entweder aus einem der üblichen, in [15, S. 43—90] beschriebenen Verfahren zur Nullstellenbestimmung algebraischer Gleichungen oder aber noch einfacher aus dem in [15, S. 46] bewiesenen

Satz 1: *Die Nullstellen des Polynoms $f(\lambda_\varrho)$ liegen nicht außerhalb des Kreises um den Nullpunkt der komplexen Zahlenebene mit dem Radius*

$$R = 1 + \max_{k=0}^{k=\varrho-1} |a_k|\,. \tag{19}$$

Wählt man innerhalb dieses Kreises oder auch auf dem Kreis selbst ϱ gut verteilte Punkte Λ_j und berechnet damit die Defekte (12), so ist damit die Begleitmatrix $\boldsymbol{A}$ festgelegt. Da jedoch der Radius R (19) im allgemeinen viel zu groß ausfällt, empfiehlt sich in praxi das geometrische Mittel der Nullstellen als Radius; das ist nach VIETA

$$\tilde{R} = \sqrt[\varrho]{|a_0|}\,, \qquad a_0 \neq 0\,, \tag{19a}$$

und auf dem dadurch definierten Kreis um 0 wählt man ϱ Werte Λ_j, am besten im gleichen Winkelabstand (Kreisteilungspolynom).

Um nun die Nullstellen des Polynoms $f(\lambda)$ zu berechnen, geht man in die Gleichung

$$\boldsymbol{F}(\lambda)\,\boldsymbol{x} = (\boldsymbol{A} - \lambda\,\boldsymbol{I})\,\boldsymbol{x} = \boldsymbol{o} \tag{20}$$

mit der Begleitmatrix $\boldsymbol{A}$ (15) entweder mit der WIELANDT-Iteration oder aber mit der RITZ-Iteration bzw. dem BONAVENTURA ein. In beiden Fällen kommt uns zustatten, daß ebenso wie die Gesamtmatrix $\boldsymbol{F}(\lambda)$ jeder ihrer Hauptminoren $\boldsymbol{F}_{rr}(\lambda)$ der Ordnung $r < n$ von der Bauart

$$\boldsymbol{F}_{rr}(\lambda) = \boldsymbol{D}_{rr}(\lambda) - \boldsymbol{\varepsilon}_r \, \boldsymbol{d}_r^T ; \qquad \boldsymbol{D}_{rr}(\lambda) = \boldsymbol{D}\text{iag} \, \langle \Lambda_j - \lambda \rangle \tag{21}$$

ist und sich daher mittels der Formel von SHERMAN-MORRISON nach (22.76) explizit invertieren läßt

$$\boldsymbol{F}_{rr}^{-1}(\lambda) = [\boldsymbol{D}_{rr}(\lambda) - \boldsymbol{\varepsilon}_r \, \boldsymbol{d}_r^T]^{-1} = \boldsymbol{D}_{rr}^{-1}(\lambda) + N_{rr}^{-1}(\lambda) \, \boldsymbol{D}_{rr}^{-1}(\lambda) \, \boldsymbol{\varepsilon}_r \, \boldsymbol{d}_r^T \, \boldsymbol{D}_{rr}^{-1}(\lambda) \tag{22}$$

mit dem Nenner

$$N_{rr}(\lambda) = 1 - \boldsymbol{d}_r^T \, \boldsymbol{D}_{rr}^{-1}(\lambda) \, \boldsymbol{\varepsilon}_r \neq 0 \, , \tag{23}$$

der für reguläre Matrix $\boldsymbol{F}_{rr}(\lambda)$ von Null verschieden ist; auch muß selbstredend die Diagonalmatrix $\boldsymbol{D}_{rr}(\lambda)$ als regulär vorausgesetzt werden.

Bevor wir diese Algorithmen in den Abschnitten 43.4 und 43.5 beschreiben, wenden wir uns der sehr viel wichtigeren Frage, nämlich der Einschließung von Näherungen zu.

• 43.3. Einschließung von Nullstellen

Wir wenden den Satz von GERSCHGORIN (36.6) auf die Spalten der Matrix $\boldsymbol{A}$ (15) an und haben damit den

Satz 2: *Keine Nullstelle der Gleichung $f(\lambda) = 0$ liegt außerhalb der Vereinigungsmenge der ϱ Kreise K_j mit den Mittelpunkten Λ_j und den Radien*

$$\sigma_j = \varrho \, |d_j| \, . \tag{24}$$

Darüber hinaus gilt nach Satz 2 in Abschnitt 36.2 der

Satz 3: *Liegen $\mu \leqq \varrho$ dieser Kreise getrennt von den übrigen, so enthält ihre Vereinigungsmenge genau μ Nullstellen der Gleichung $f(\lambda) = 0$.*

Wir sehen: die Einschließung ist um so besser, je kleiner die Ordnungszahl ϱ und je ausgeprägter die Diagonaldominanz der Matrix $\boldsymbol{A}$ ist, und dies wiederum heißt nach (12), je kleiner die Funktionswerte $f(\Lambda_j)$ und je entfernter die übrigen $\varrho - 1$ Stützwerte sind. Verschwindet der Defekt d_j, so ist Λ_j einziges Element in der Spalte $\boldsymbol{a}_j$ von $\boldsymbol{A}$ und damit Eigenwert, somit eine Nullstelle unabhängig davon, ob einige oder alle der übrigen GERSCHGORIN-Kreisscheiben den Punkt Λ_j überdecken oder nicht.

Sehr viel bessere Einschließungen liefert bei Einbeziehung von Eigenvektorschranken und nur geringem Mehraufwand der

Satz 4: (SCHNEIDER) *Liegt der j-te Eigenwert auf einem Kreis um $\Lambda_j - d_j$ mit dem Radius γ_j, so sind die Beträge der Eigenvektorkomponenten durch $\hat{z}_{ij}$ mit*

$$\frac{1}{\hat{z}_{ij}} = 1 + \frac{|(\Lambda_i - d_i) - (\Lambda_j - d_j)| - \gamma_j}{\max\limits_{\substack{j \\ j \neq i}} |d_j|}\,; \qquad i = 1, 2, \ldots, \varrho\,; \quad i \neq j \tag{25}$$

nach oben und der j-te Komponentenbetrag durch

$$z_{jj} = 1 - \sum_{\substack{i=1 \\ i \neq j}}^{\varrho} \hat{z}_{ij} \overset{!}{>} 0 \tag{26}$$

nach unten beschränkt. Bei Erfüllung der Bedingung (26) *liegt dann keine Nullstelle der Gleichung* $f(\lambda) = 0$ *außerhalb der Vereinigungsmenge der* ϱ *Kreise* K_j *mit den Mittelpunkten* M_j *und den Radien* σ_j:

$$M_j = \Lambda_j - d_j\,; \qquad \sigma_j = \frac{1}{z_{jj}} \sum_{\substack{i=1 \\ i \neq j}}^{\varrho} (|d_i|\, \hat{z}_{ij})\,. \tag{27}$$

Satz 3 gilt entsprechend.

Der Beweis findet sich in der Arbeit [174]. Es sei aber darauf hingewiesen, daß der Satz nur für *isolierbare* Eigenwerte gültig ist.

• 43.4. Die inverse Iteration von Wielandt

Mit der geschifteten Matrix

$$\boldsymbol{F}_\sigma := \boldsymbol{A} - \Lambda_\sigma \boldsymbol{I} = (\boldsymbol{D}_\Lambda - \Lambda_\sigma \boldsymbol{I}) + \boldsymbol{\varepsilon}_\varrho \boldsymbol{d}^T = \boldsymbol{D}_\sigma + \boldsymbol{\varepsilon}_\varrho \boldsymbol{d}^T\,, \tag{28}$$

wo

$$\boldsymbol{D}_\sigma = \boldsymbol{D}\text{iag}\,\langle \Lambda_j - \Lambda_\sigma \rangle\,; \qquad j = 1, 2, \ldots, n \tag{29}$$

ist, lautet die Iterationsvorschrift für eine Sequenz der Länge m_σ zum Schift Λ_σ

$$\boldsymbol{w}_{k+1}^T = \boldsymbol{w}_k^T [\delta_\sigma \boldsymbol{F}_\sigma^{-1}]\,; \qquad \boldsymbol{z}_{k+1} = [\delta_\sigma \boldsymbol{F}_\sigma^{-1}]\, \boldsymbol{z}_k\,; \qquad k = 1, 2, \ldots, m_\sigma\,. \tag{30}$$

Dabei ist δ_σ der aktuelle Normierungsfaktor, mit dem wir die Inverse (22) — wo λ durch Λ_σ zu ersetzen ist — multiplizieren

$$\delta_\sigma \boldsymbol{F}_\sigma^{-1} = (\delta_\sigma \boldsymbol{D}_\sigma^{-1}) + (\delta_\sigma \boldsymbol{N}_\sigma)^{-1} (\delta_\sigma \boldsymbol{D}_\sigma^{-1})\, \boldsymbol{\varepsilon}_\varrho\, \boldsymbol{d}^T (\delta_\sigma \boldsymbol{D}_\sigma^{-1})\,;$$
$$\delta_\sigma \boldsymbol{N}_\sigma = \delta_\sigma - \boldsymbol{d}^T (\delta_\sigma \boldsymbol{D}_\sigma^{-1})\, \boldsymbol{\varepsilon}_\varrho\,, \tag{31}$$

und dies läßt sich mit der Diagonalmatrix

$$\tilde{\boldsymbol{D}}_\sigma := \delta_\sigma \boldsymbol{D}_\sigma^{-1} = \boldsymbol{D}\text{iag}\,\langle \tilde{d}_{jj,\sigma} \rangle \quad \text{mit} \quad \tilde{d}_{jj,\sigma} = \frac{\delta_\sigma}{\Lambda_j - \Lambda_\sigma} \tag{32}$$

auch so schreiben

$$\delta_\sigma \boldsymbol{F}_\sigma^{-1} = \tilde{\boldsymbol{D}}_\sigma + \tilde{N}_\sigma^{-1} \tilde{\boldsymbol{D}}_\sigma\, \boldsymbol{\varepsilon}_\varrho\, \boldsymbol{d}^T \tilde{\boldsymbol{D}}_\sigma\,; \qquad \tilde{N}_\sigma = \delta_\sigma - \boldsymbol{d}^T \tilde{\boldsymbol{D}}_\sigma\, \boldsymbol{\varepsilon}_\varrho\,. \tag{33}$$

Wählen wir ähnlich wie in (40.154) als Normierungsfaktor

$$\delta_\sigma = \min_{j=1}^{\varrho} |\Lambda_j - \Lambda_\sigma| ; \tag{34}$$

so liegt kein Element $\tilde{d}_{jj,\sigma}$ der Diagonalmatrix (32) außerhalb des Einheitskreises, womit die Iteration (30) stabil verläuft:

$$\begin{aligned} \boldsymbol{w}_{k+1}^T &= \boldsymbol{w}_k^T \tilde{\boldsymbol{D}}_\sigma + \boldsymbol{w}_k^T \tilde{N}_\sigma^{-1} \tilde{\boldsymbol{D}}_\sigma \boldsymbol{\varepsilon}_\varrho \boldsymbol{d}^T \tilde{\boldsymbol{D}}_\sigma ; \\ \boldsymbol{z}_{k+1} &= \tilde{\boldsymbol{D}}_\sigma \boldsymbol{z}_k + \tilde{N}_\sigma^{-1} \tilde{\boldsymbol{D}}_\sigma \boldsymbol{\varepsilon}_\varrho \boldsymbol{d}^T \tilde{\boldsymbol{D}}_\sigma \boldsymbol{z}_k ; \qquad k = 1, 2, \ldots, m_\sigma . \end{aligned} \tag{35}$$

Mit dem vorweg zu berechnenden Hilfsvektor

$$\boldsymbol{h}_\sigma := \tilde{\boldsymbol{D}}_\sigma \boldsymbol{\varepsilon} = \begin{pmatrix} \delta_\sigma/(\Lambda_1 - \Lambda_\sigma) \\ \delta_\sigma/(\Lambda_2 - \Lambda_\sigma) \\ \cdots\cdots\cdots \\ \delta_\sigma/(\Lambda_\varrho - \Lambda_\sigma) \end{pmatrix} ; \qquad h_{\sigma,j} = 1 , \tag{36}$$

ferner den beiden Vektoren

$$\overset{\sigma}{\boldsymbol{w}}{}_k^T := \boldsymbol{w}_k^T \tilde{\boldsymbol{D}}_\sigma , \qquad \overset{\sigma}{\boldsymbol{z}}_k := \tilde{\boldsymbol{D}}_\sigma \boldsymbol{z}_k \tag{36a}$$

lautet die Iterationsvorschrift (30) prägnanter

$$\boxed{\begin{aligned} &\tilde{N}_\sigma = \delta_\sigma - \boldsymbol{d}^T \boldsymbol{h}_\sigma ; \\ &\boldsymbol{w}_{k+1}^T = \overset{\sigma}{\boldsymbol{w}}{}_k^T + \frac{\overset{\sigma}{\boldsymbol{w}}{}_k^T \boldsymbol{h}_\sigma}{\tilde{N}_\sigma} \boldsymbol{d}^T \boldsymbol{D}_\sigma ; \quad \boldsymbol{z}_{k+1} = \overset{\sigma}{\boldsymbol{z}}_k + \frac{\boldsymbol{d}^T \overset{\sigma}{\boldsymbol{z}}_k}{\tilde{N}_\sigma} \boldsymbol{h}_\sigma \end{aligned}} . \tag{37}$$

Daß die letzten beiden Formeln nicht gleichartig gebaut sind, liegt an der Unsymmetrie der Dyade $\boldsymbol{\varepsilon}\, \boldsymbol{d}^T$ aus (15).

Die Iteration wird begleitet und überprüft durch den aus den Bilinearformen

$$\begin{aligned} \overset{\sigma}{p}_{k+1} &= \boldsymbol{w}_{k+1}^T \boldsymbol{F}_\sigma \boldsymbol{z}_{k+1} = \boldsymbol{w}_{k+1}^T \boldsymbol{D}_\sigma \boldsymbol{z}_{k+1} - (\boldsymbol{w}_{k+1}^T \boldsymbol{\varepsilon}_n)(\boldsymbol{d}^T \boldsymbol{z}_{k+1}) ; \\ q_{k+1} &= \boldsymbol{w}_{k+1}^T \boldsymbol{z}_{k+1} \end{aligned} \tag{38}$$

zu berechnenden Rayleigh-Quotienten

$$\overset{\sigma}{R}_{k+1} = \Lambda_\sigma + \frac{\overset{\sigma}{p}_{k+1}}{q_{k+1}} ; \qquad k = 1, 2, \ldots, m_\sigma , \tag{39}$$

der nach beendeter Sequenz als neuer Startschift bzw. als Meisterschift dient. Da die Erneuerung der Matrix $\tilde{\boldsymbol{D}}_\sigma$ kaum Rechenaufwand erfordert, können wir uns einen *progressiven* Schift leisten; jede Sequenz besteht dann aus *einer* Iteration.

Nun zum Start. Soll der Stützwert Λ_j verbessert werden, so startet man mit $\Lambda_0 = \Lambda_j - d_j$, womit in $\boldsymbol{F}_0$ das Hauptdiagonalelement $f_{jj,0}$ verschwindet, und wählt dazu $\boldsymbol{w}_0^T = \boldsymbol{e}_j^T$ und $\boldsymbol{z}_0 = \boldsymbol{e}_j$. Der Leser vergleiche damit den Algorithmus WSS aus Abschnitt 40.18.

• 43.5. Ritz-Iteration und Bonaventura

Nun zu den Determinantenalgorithmen. Wir beschränken uns auf den Bonaventura zweiter Stufe, wo also der Parameter $\xi = \lambda - \Lambda_\sigma$ höchstens quadratisch auftritt

$$\boldsymbol{P}_{jj,\sigma}(\xi)\, \boldsymbol{x}_j = [-\xi^2\, \boldsymbol{W}_{jk}\, \boldsymbol{F}_{kk,\sigma}^{-1}\, \boldsymbol{Z}_{kj} - \xi\, \tilde{\boldsymbol{I}}_{jj} + \tilde{\boldsymbol{F}}_{jj,\sigma}]\, \boldsymbol{x}_j = \boldsymbol{o}\,, \tag{40}$$

und dies läßt sich aufgrund der besonderen Bauart der geschifteten charakteristischen Matrix

$$\boldsymbol{F}_\sigma - \xi\, \boldsymbol{I} = \begin{pmatrix} \boldsymbol{D}_{jj,\sigma} - \boldsymbol{\varepsilon}_j\, \boldsymbol{d}_j^T - \xi\, \boldsymbol{I}_{jj} & -\boldsymbol{\varepsilon}_j\, \boldsymbol{d}_k^T \\ -\boldsymbol{\varepsilon}_k\, \boldsymbol{d}_j^T & \boldsymbol{D}_{kk,\sigma} - \boldsymbol{\varepsilon}_k\, \boldsymbol{d}_k^T - \xi\, \boldsymbol{I}_{kk} \end{pmatrix} \tag{41}$$

mit der üblichen Blockaufteilung $l + r = n$ mit den drei l-reihigen Blöcken

$$\boldsymbol{D}_{jj,\sigma} = \begin{pmatrix} \Lambda_1 - \Lambda_0 & 0 & \dots & 0 \\ 0 & \Lambda_2 - \Lambda_\sigma & \dots & 0 \\ \dots & \dots & \dots & \dots \\ 0 & 0 & \dots & \Lambda_l - \Lambda_\sigma \end{pmatrix},$$

$$\boldsymbol{\varepsilon}_j\, \boldsymbol{d}_j^T = \begin{pmatrix} d_1 & d_2 & \dots & d_l \\ d_1 & d_2 & \dots & d_l \\ \dots & \dots & \dots & \dots \\ d_1 & d_2 & \dots & d_l \end{pmatrix}, \qquad \boldsymbol{I}_{jj} = \begin{pmatrix} 1 & 0 & \dots & 0 \\ 0 & 1 & \dots & 0 \\ \dots & \dots & \dots & \dots \\ 0 & 0 & \dots & 1 \end{pmatrix} \tag{42}$$

wie eine elementare, hier unterdrückte Rechnung zeigt, in überraschend sinnfälliger und konsequenter Weise durch eben diese drei Blöcke ausdrücken als

$$\boldsymbol{P}_{jj,\sigma}(\xi)\, \boldsymbol{x}_j = [\boldsymbol{D}_{jj,\sigma} - p_{k\sigma}(\xi)\, \boldsymbol{\varepsilon}_j\, \boldsymbol{d}_j^T - \xi\, \boldsymbol{I}_{jj}]\, \boldsymbol{x}_j = \boldsymbol{o}\,. \tag{43}$$

Es ist also gegenüber (41) lediglich die Dyade $\boldsymbol{\varepsilon}_j\, \boldsymbol{d}_j^T$ mit einem skalaren Faktor $p_{k\sigma}(\xi)$ zu multiplizieren, der die Gesamtinformation der letzten $r = n - l$ Spalten der Matrix (41) mittels der drei Summen

$$\alpha_{k\sigma} = \sum_{\nu=l+1}^{n} \frac{d_\nu}{\Lambda_\nu - \Lambda_\sigma}, \qquad \beta_{k\sigma} = \sum_{\nu=l+1}^{n}{}' \frac{d_\nu}{(\Lambda_\nu - \Lambda_\sigma)^2}, \qquad \gamma_{k\sigma} = \sum_{\nu=l+1}^{n}{}' \frac{d_\nu}{(\Lambda_\nu - \Lambda_\sigma)^3} \tag{44}$$

und dem daraus zu berechnenden Nenner (23)

$$N_{k\sigma} = 1 - \alpha_{k\sigma} \tag{45}$$

folgendermaßen zum Ausdruck bringt

$$p_{k\sigma}(\xi) = \left(\frac{\xi}{N_{k\sigma}}\right)^2 \left(\frac{\beta_{k\sigma}}{N_{k\sigma}} + \gamma_{k\sigma}\right) + \left(\frac{\xi}{N_{k\sigma}}\right) \frac{\beta_{k\sigma}}{N_{k\sigma}} + \frac{1}{N_{k\sigma}}. \tag{46}$$

Obgleich für die Iteration nicht erforderlich, geben wir auch die beiden Matrizen $\boldsymbol{W}_{jk}$ und $\boldsymbol{Z}_{kj}$ an

$$\boldsymbol{W}_{jk} = \frac{1}{N_{k\sigma}} \boldsymbol{\varepsilon}_j \boldsymbol{d}_k^T \boldsymbol{D}_{kk,\sigma}^{-1} = \frac{1}{N_{k\sigma}} \underbrace{\begin{pmatrix} \frac{d_{l+1}}{\Lambda_{l+1} - \Lambda_\sigma} & \dots & \frac{d_n}{\Lambda_n - \Lambda_\sigma} \\ \dots & \dots & \dots \\ \frac{d_{l+1}}{\Lambda_{l+1} - \Lambda_\sigma} & \dots & \frac{d_n}{\Lambda_n - \Lambda_\sigma} \end{pmatrix}}_{r} \bigg\} l \; ;$$

$$\boldsymbol{Z}_{kj} = \frac{1}{N_{k\sigma}} \boldsymbol{D}_{kk,\sigma}^{-1} \boldsymbol{\varepsilon}_k \boldsymbol{d}_j^T = \frac{1}{N_{k\sigma}} \underbrace{\begin{pmatrix} \frac{d_1}{\Lambda_{l+1} - \Lambda_\sigma} & \dots & \frac{d_l}{\Lambda_{l+1} - \Lambda_\sigma} \\ \dots & \dots & \dots \\ \frac{d_1}{\Lambda_n - \Lambda_\sigma} & \dots & \frac{d_l}{\Lambda_n - \Lambda_\sigma} \end{pmatrix}}_{l} \bigg\} r \tag{47}$$

als wesentliche Blöcke innerhalb der beiden Transformationsmatrizen $\boldsymbol{L}$ und $\boldsymbol{R}$, die zur bereinigten Begleitmatrix $\boldsymbol{L}\,\boldsymbol{\Lambda}\,\boldsymbol{R}$ führen.

Für die praktische Rechnung kann die Matrix $\boldsymbol{P}_{jj,\sigma}(\xi)$ so nicht stehen bleiben. Vielmehr subtrahieren wir von der zweiten bis l-ten Zeile die erste, was einer Multiplikation von links mit einer gewissen Matrix $\hat{\boldsymbol{L}}$ entspricht, und bekommen

$$\hat{\boldsymbol{L}}\, p_{k\sigma}(\xi)\, \boldsymbol{\varepsilon}_j \boldsymbol{d}_j^T = \begin{pmatrix} p_{k\sigma}(\xi)\, d_1 & p_{k\sigma}(\xi)\, d_2 & \dots & p_{k\sigma}(\xi)\, d_l \\ 0 & 0 & \dots & 0 \\ \dots & \dots & \dots & \dots \\ 0 & 0 & \dots & 0 \end{pmatrix}, \tag{48}$$

$$\hat{\boldsymbol{L}}(\xi\, \boldsymbol{I}_{jj} - \boldsymbol{D}_{jj,\sigma}) =$$

$$\begin{pmatrix} \xi - (\Lambda_1 - \Lambda_\sigma) & 0 & \dots & 0 \\ -\xi + (\Lambda_1 - \Lambda_\sigma) & \xi - (\Lambda_2 - \Lambda_\sigma) & \dots & 0 \\ \dots & \dots & \dots & \dots \\ -\xi + (\Lambda_1 - \Lambda_\sigma) & 0 & \dots & \xi - (\Lambda_l - \Lambda_\sigma) \end{pmatrix}. \tag{49}$$

Die Gesamtmatrix ist daher von der Form

$$\hat{\boldsymbol{L}}\, \boldsymbol{P}_{jj,\sigma}(\xi) =$$

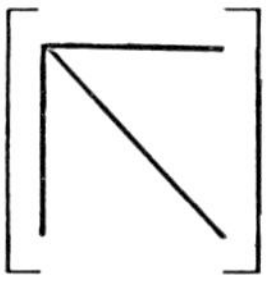

, (50)

ihre Determinante läßt sich somit nach der ersten Zeile (oder Spalte) mühelos entwickeln. Man erkennt daraus, daß das charakteristische Polynom vom Grade $l + 1$ ist.

Im allgemeinen wird man $l = 1$ wählen, somit eine einzige Zeile und Spalte der Nummer k aus der Gesamtmatrix streichen. In den drei Summen (44) fehlt dann lediglich der Summand mit $\nu = k$, und anstelle von (43) steht die quadratische Gleichung

$$(\Lambda_k - \Lambda_\sigma) - p_{k\sigma}(\xi)\, d_k - \xi = 0 \tag{51}$$

oder ausführlich mit den neu eingeführten Größen

$$\eta := \frac{\xi}{N_{k\sigma}}, \qquad \delta_k := \frac{d_k}{N_{k\sigma}} \tag{52}$$

$$\boxed{\eta^2[\beta_{k\sigma}^2 + \gamma_{k\sigma} N_{k\sigma}]\,\delta_k + \eta[\beta_{k\sigma}\delta_k + N_{k\sigma}] + [\delta_k - (\Lambda_k - \Lambda_\sigma)] = 0\,.} \tag{53}$$

Setzt man der Einfachheit halber $\xi^2 = 0$ und damit auch $\eta^2 = 0$, so verbleibt die Ritz-Iteration mit nur der einen Lösung

$$\eta = \frac{(\Lambda_k - \Lambda_\sigma) - \delta_k}{\beta_{k\sigma}\delta_k + N_{k\sigma}}\,; \qquad \xi = \eta\, N_{k\sigma}\,, \tag{54}$$

die bei sehr kleinen Werten von ξ, also gegen Schluß der Iteration, praktisch mit der betragskleinsten Wurzel $\hat{\xi}$ von (53) übereinstimmt.

Dazu ein einfaches Beispiel mit $n = 3$, $l = 1$, $r = 2$. Gegeben sind

$$\boldsymbol{D}_\Lambda - \Lambda_\sigma \boldsymbol{I} = \begin{pmatrix} -1 & 0 & 0 \\ 0 & 1 & 0 \\ 0 & 0 & 2 \end{pmatrix}, \qquad \boldsymbol{d} = \begin{pmatrix} -1 \\ -2 \\ -3 \end{pmatrix}, \qquad \boldsymbol{\varepsilon}_3 \boldsymbol{d}^T = \begin{pmatrix} -1 & -2 & -3 \\ -1 & -2 & -3 \\ -1 & -2 & -3 \end{pmatrix},$$

$$\boldsymbol{F}_\sigma = \boldsymbol{D}_\Lambda - \Lambda_\sigma \boldsymbol{I} - \boldsymbol{\varepsilon}_3 \boldsymbol{d}^T = \begin{pmatrix} 0 & 2 & 3 \\ 1 & 3 & 3 \\ -1 & 2 & 5 \end{pmatrix}.$$

Mit den drei Summen (44)

$$\alpha_{2\sigma} = \frac{-2}{1} + \frac{-3}{2} = -\frac{7}{2}, \qquad \beta_{2\sigma} = -\frac{-2}{1^2} + \frac{-3}{2^2} = -\frac{11}{4},$$

$$\gamma_{2\sigma} = \frac{-2}{1^3} + \frac{-3}{2^3} = -\frac{19}{8},$$

dem Nenner (45) $N_{2\sigma} = 1 - \alpha_{2\sigma} = 1 + 7/2 = 9/2$, ferner $d_1 = -1$ und $\Lambda_1 - \Lambda_\sigma = -1$ wird die quadratische Gleichung (53), formuliert in ξ statt in η:

$$\xi^2\left[\frac{121}{16} + \left(-\frac{19}{8}\right)\frac{9}{2}\right](-1) + \xi\left[-\frac{11}{4}\left(-1\right) + \left(\frac{9}{2}\right)^2\right]\frac{9}{2} + \left[-1 - (-1)\,\frac{9}{2}\right]\left(\frac{9}{2}\right)$$

$$= \frac{1}{8}\,(25\,\xi^2 + 828\,\xi + 567) = 0\,.$$

Obwohl überflüssig, berechnen wir abschließend die beiden Vektoren (47).

$$\boldsymbol{w}_{12} = \frac{1}{N_{2\sigma}}\begin{pmatrix} \dfrac{d_2}{\Lambda_2 - \Lambda_\sigma} & \dfrac{d_3}{\Lambda_3 - \Lambda_\sigma} \end{pmatrix} = \frac{2}{9}\begin{pmatrix} \dfrac{-2}{1} & \dfrac{-3}{2} \end{pmatrix} = \frac{1}{9}(-4 \quad -3)\,,$$

$$\boldsymbol{z}_{21} = \frac{1}{N_{2\sigma}} = \begin{pmatrix} \dfrac{d_1}{\Lambda_2 - \Lambda_\sigma} \\[2ex] \dfrac{d_1}{\Lambda_3 - \Lambda_\sigma} \end{pmatrix} = \frac{2}{9}\begin{pmatrix} \dfrac{-1}{1} \\[2ex] \dfrac{-1}{2} \end{pmatrix} = \frac{1}{9}\begin{pmatrix} -2 \\ -1 \end{pmatrix}.$$

Der Leser führe dies alles an der Matrix $\boldsymbol{F}_\sigma$ im Originalverfahren durch und überzeuge sich von der Richtigkeit der hier erlangten Ergebnisse.

Die Iteration selbst verläuft wie bekannt. Es wird eine gewisse Niveauhöhe ε vorgegeben und als Startschift $\Lambda_\sigma = \Lambda_k - d_k$ gewählt. Die betragskleinste Wurzel der quadratischen Gleichung (53) heiße $\hat{\xi}$, dann ist der verbesserte Schift

$$\Lambda_{\text{neu}} = \Lambda_\sigma + \hat{\xi} = \Lambda_k - d_k + \hat{\xi}\,. \tag{55}$$

Mit diesem werden die Skalare (44), (45) neu berechnet, und wiederum wird ein neuer Schift bestimmt, so lange bis $|\hat{\xi}| \leqq \varepsilon$ erreicht wurde.

Da zu Anfang der Iteration bei ungünstig gewählten Stützwerten die Defekte sehr groß ausfallen können, berechnen wir mit Hilfe zweier geeignet zu wählenden Größen Δ und φ die modifizierten Summen

$$\tilde{\alpha}_{k\sigma} = \sum_{\substack{\nu=1\\ \nu\neq k}}^{n}\left(\frac{\varphi}{\Lambda_\nu - \Lambda_\sigma}\right)\frac{d_\nu}{\Delta}\,, \quad \tilde{\beta}_{k\sigma} = \sum_{\substack{\nu=1\\ \nu\neq k}}^{n}\left(\frac{\varphi}{\Lambda_\nu - \Lambda_\sigma}\right)^2\frac{d_\nu}{\Delta}\,,$$

$$\tilde{\gamma}_{k\sigma} = \sum_{\substack{\nu=1\\ \nu\neq k}}^{n}\left(\frac{\varphi}{\Lambda_\nu - \Lambda_\sigma}\right)^3\frac{d_\nu}{\Delta}\,, \tag{56}$$

ferner die modifizierten Größen

$$\tilde{N}_{k\sigma} := \frac{\varphi}{\Delta} - \alpha_{k\sigma}\,, \qquad \tilde{\delta}_k := \frac{d_k}{N_{k\sigma}} \tag{57}$$

und haben damit die quadratische Gleichung

$$\eta^2[\tilde{\beta}^2_{k\sigma} + \tilde{\gamma}_{k\sigma}\tilde{N}_{k\sigma}]\,\tilde{\delta}_k + \eta[\tilde{\beta}_{k\sigma}\,\tilde{\delta}_k + \Delta\,\tilde{N}_{k\sigma}]\,\varphi + [\tilde{\delta}_k\varphi - (\Lambda_k - \Lambda_\sigma)\,\Delta]\,\varphi = 0\,, \tag{58}$$

die für $\Delta = \varphi = 1$ in (53) übergeht, während anstelle von (54) nunmehr steht

$$\eta = \frac{(\Lambda_k - \Lambda_\sigma) - \tilde{\delta}_k\dfrac{\varphi}{\Delta}}{\dfrac{\tilde{\beta}_{k\sigma}}{\Delta}\tilde{\delta}_k + \tilde{N}_{k\sigma}}\,, \qquad \xi = \eta\,\tilde{N}_{k\sigma}\,. \tag{59}$$

Die Größen Δ und φ wählen wir nun so, daß die Summanden aus (56) nicht zu groß ausfallen. Dies wird am einfachsten gewährleistet durch

$$\left.\begin{aligned}&\Delta = 1 \quad \text{falls} \quad \max_{\substack{\nu=1\\ \nu\neq k}}^{n} |d_\nu| \leqq 1\,, \qquad \text{sonst } \Delta = \max_{\substack{\nu=1\\ \nu\neq k}}^{n} |d_\nu| > 1\,,\\ &\text{und}\\ &\varphi = 1 \quad \text{falls} \quad \min_{\substack{\nu=1\\ \nu\neq k}}^{n} |\Lambda_\nu - \Lambda_\sigma| \geqq 1\,, \qquad \text{sonst } \varphi = \min_{\substack{\nu=1\\ \nu\neq k}}^{n} |\Lambda_\nu - \Lambda_\sigma| < 1\,,\end{aligned}\right\} \tag{60}$$

denn nun liegt keiner der Summanden aus (56) außerhalb des Einheitskreises, womit die Rechnung stabil verläuft.

Abschließend noch ein Wort zum Horner-Schema. Da dieses den Funktionswert $f(\Lambda)$ als *einen* Zahlenwert liefert, ist es ungeeignet für sehr große Funktionswerte, etwa $f(\Lambda) = 3{,}2458 \cdot 10^{542}$, weil handelsübliche Maschinen solche Zahlen nicht annehmen. Wir gehen deshalb über die Günthersche Begleitmatrix (23.8), aus der sich der Funktionswert als Determinante berechnet

$$\boxed{f(\Lambda) = (-1)^\varrho \det \boldsymbol{F}(\Lambda) = (-1)^\varrho \det (\tilde{\boldsymbol{P}}_G - \Lambda\, \boldsymbol{I})\,.} \tag{61}$$

Bringt man die Matrix $\boldsymbol{F}(\Lambda)$ durch Zeilenkombination auf eine untere Dreiecksmatrix $\triangle$ mit den Hauptdiagonalelementen δ_{jj}, so wird

$$f(\Lambda) = (-1)^\varrho\, \delta_{11}\, \delta_{22} \cdots \delta_{\varrho\varrho}\,, \tag{62}$$

und damit schreibt sich der Defekt als

$$d_j = \frac{\delta_{11}}{\Lambda_j - \Lambda_1} \frac{\delta_{22}}{\Lambda_j - \Lambda_2} \cdots \frac{\delta_{jj}}{1} \cdots \frac{\delta_{\varrho\varrho}}{\Lambda_j - \Lambda_\varrho}\,. \tag{63}$$

Hier werden nun sowohl die Faktoren im Zähler wie im Nenner nach der Größe ihrer Beträge geordnet und sodann die ϱ Quotienten

$$q_{j\nu} = \frac{\delta_{\nu\nu}}{\Lambda_j - \Lambda_\nu}\,; \qquad \nu = 1, 2, \ldots, \varrho \tag{64}$$

in der neuen Reihenfolge berechnet.

Die Transformation auf untere Dreiecksmatrix geschieht entweder unten rechts beginnend durch Reduktion nach oben, was allerdings sehr aufwendig ist, oder aber oben links beginnend durch Reduktion nach rechts, und diese zweite Methode läßt sich auch so erklären: Man schreibe die Koeffizienten in der Reihenfolge

$$a_0 \quad a_1 \quad a_2 \;\ldots\; a_{\varrho-1} \quad a_\varrho + \Lambda \tag{65}$$

und gehe in dieses Horner-Schema mit dem Kehrwert $1/\Lambda$ ein; der so errechnete Funktionswert heiße ζ. Dann ist

$$f(\Lambda) = \underbrace{\Lambda \cdot \Lambda \cdot \Lambda \cdots \Lambda}_{\varrho-1 \text{ mal}} \cdot \zeta\,. \tag{66}$$

Es ist dies übrigens nichts anderes als die Eskalation der GÜNTHERschen Begleitmatrix $\tilde{\boldsymbol{P}}_G$ (23.8), von rechts unten in Hauptminoren aufsteigend. Dieses Vorgehen legt den Gedanken nahe, auch bei den im Abschnitt 43.7 behandelten Polynommatrizen in der gleichen Weise vorzugehen, um zu einem brauchbaren Satz von Stützwerten zu gelangen.

Ein Beispiel. Der Wert des Polynoms

$$f(\lambda) = 5 + 2\lambda - 3\lambda^2 + \lambda^3 \tag{a}$$

ist für $\Lambda = 20$ zu ermitteln. Die geschiftete GÜNTHERsche Begleitmatrix ist

$$\boldsymbol{F}(20) = \begin{pmatrix} -20 & 1 & 0 \\ 0 & -20 & 1 \\ -5 & -2 & -17 \end{pmatrix}. \tag{b}$$

Reduktion nach oben ergibt die untere Dreiecksmatrix

$$\triangle = \begin{pmatrix} -20{,}01461988 & 0 & 0 \\ -0{,}294117647 & -20{,}11764706 & 0 \\ -5 & -2 & -17 \end{pmatrix}. \tag{c}$$

Somit ist der gesuchte Funktionswert nach (62)

$$f(20) = (-1)^3\,\delta_{11}\,\delta_{22}\,\delta_{33} = 6845. \tag{d}$$

Der Leser reduziere die Matrix (b) von oben links beginnend nach rechts. Dieser Vorgang läuft nach (65) hinaus auf das mit $1/20 = 0{,}05$ durchgeführte HORNER-Schema an den Koeffizienten a_0, a_1, $a_2 + 20$, hier also

$$\begin{array}{c|ccc} & 5 & 2 & 17 \\ \hline 0{,}05 & 5 & 2{,}25 & 17{,}1125 \end{array}. \tag{e}$$

Der Funktionswert ist somit nach (66)

$$f(20) = 20 \cdot 20 \cdot 17{,}1125 = 6845\,. \tag{f}$$

Beide Male wurde eine Zerlegung in drei etwa gleich große Faktoren erreicht.

• 43.6. Iterative Einschließung und sukzessive Aktualisierung. Globalalgorithmus

Wurden nach einer der beschriebenen Methoden $\alpha \leqq \varrho$ Näherungen $\lambda_1, \ldots, \lambda_\alpha$ ermittelt, so wird die Begleitmatrix $\boldsymbol{A}$ aktualisiert, indem aus diesen Näherungen zusammen mit den $\varrho - \alpha$ unverändert gebliebenen Stützstellen Λ_j die ϱ Defekte (12) berechnet werden, was einer Neuaufteilung des vorgelegten Polynoms $f(\lambda)$ in die beiden Anteile $p(\lambda)$ und $r(\lambda)$ gleichkommt. Die zugehörigen α Hauptdiagonalelemente a_{jj} der Matrix $\boldsymbol{A}$ überwiegen dann spaltenweise immer mehr, so daß die Einschließungen von GERSCHGORIN bzw. SCHNEIDER immer kleinere Bereiche liefern.

Um die Aktualisierung ebenso wie die anfängliche Berechnung der Defekte unter laufender Kontrolle zu halten, führen wir im Speicher die Summe L aller aktuellen Näherungswerte und die Summe D aller aktuellen Defekte mit, dann ist die Spur der Begleitmatrix (15) Spur $\boldsymbol{A} = L - D$, und da andererseits nach VIETA die Summe aller Nullstellen des Polynoms gleich $a_{\varrho-1}/a_\varrho$ ist, haben wir die Kontrollgleichung

$$s := a_{\varrho-1}/a_\varrho = L - D \,. \tag{67a}$$

In praxi empfiehlt sich die *begleitende Aktualisierung* mit $\alpha = 1$. Dies bedeutet, daß nach jeder abgeschlossenen Sequenz der Stützwert Λ_k durch den Meisterschift $\hat{\Lambda}_k$ ersetzt wird; die aktualisierten Summen sind dann (wie immer weist das Zeichen ^ auf die Aktualisierung hin)

$$\hat{L} = L + \hat{\Lambda}_k - \Lambda_k; \qquad \hat{D} = D + \hat{\Lambda}_k - \Lambda_k \,, \tag{67b}$$

womit (67a) erfüllt ist. Die neuen Defekte werden mit Ausnahme von $\hat{d}_k$ durch Multiplikation mit einem Quotienten aus den alten gewonnen nach der Vorschrift

$$\hat{d}_j = d_j \frac{\Lambda_j - \Lambda_k}{\Lambda_j - \hat{\Lambda}_k}\,; \qquad j = 1, 2, \ldots, \varrho; \qquad j \neq k \,. \tag{67c}$$

Den noch fehlenden Defekt $\hat{d}_k$ berechnet man entweder auf direktem Weg nach (12) bzw. (63) und kontrolliert die Aktualisierung über (67b), oder aber man verzichtet auf die Kontrolle und benutzt diese Gleichung, um d_k mit minimalem Aufwand zu berechnen als

$$\hat{d}_k = \hat{D} - \sum_{\substack{\nu=1\\ \nu\neq k}}^{\varrho} \hat{d}_\nu \,. \tag{67d}$$

Im Zusammenhang mit dieser Strategie läßt sich die Nullstellensuche als Globalalgorithmus durchführen, siehe das Programm in Abschnitt 43.7.

Abschließend schildern wir eine Methode, die das Erraten der n Startwerte Λ_j ersetzt durch ein systematisches Vorgehen, welches gleichzeitig das nicht ungefährliche Auftreten großer Defekte verhindert, und zwar wird das vorgelegte Polynom von rechts nach links abgearbeitet auf folgende Weise. Läßt man die ersten $m - 1$ Summanden fort und dividiert den Rest durch λ^m, so entsteht der *Eskalator*

$$e_{\varrho-m}(\lambda) := a_m + a_{m+1}\lambda + \cdots + a_\varrho \lambda^{\varrho-m} \tag{68}$$

vom Grade $\varrho - m$, dessen Nullstellen über den ECP zu berechnen sind, womit eine Faktorisierung möglich wird

$$e_{\varrho-m}(\lambda) = a_\varrho \prod_{\nu=1}^{\varrho-m} (\lambda - \overset{\varrho-m}{\Lambda}_\nu) \,. \tag{69}$$

Der nächste von Null verschiedene Koeffizient sei $a_{m-\sigma}$, dann ist der zugehörige Eskalator vom Grade $\varrho - (m - \sigma) = \varrho - m + \sigma$

$$e_{\varrho-m+\sigma}(\lambda) = a_{m-\sigma} + a_m \lambda^\sigma + \cdots + a_\varrho \lambda^{\varrho-m+\sigma} = a_{m-\sigma} + \lambda^\sigma e_{m-\varrho}(\lambda) \quad (70)$$

oder mit der Faktorisierung (69)

$$e_{\varrho-m+\sigma}(\lambda) = a_{m-\sigma} + \lambda^\sigma a_\varrho \overset{\varrho-m}{\underset{\nu=1}{\Pi}} (\lambda - \overset{\varrho-m}{\Lambda_\nu}) \,. \quad (71)$$

Um die Nullstellen dieses Polynoms zu berechnen, wählen wir als Stützwerte:

1. Gruppe

$$\overset{\varrho-m}{\Lambda_1}, \ldots, \overset{\varrho-m}{\Lambda_{\varrho-m}}; \quad \overset{\varrho-m}{\Lambda_{\varrho-m+1}} = 0 \,. \quad (72)$$

Die zugehörigen Funktionswerte sind zufolge (71)

$$e_{\varrho-m+\sigma}(\overset{\varrho-m}{\Lambda_j}) = a_{m-\sigma}; \quad j = 1, 2, \ldots, \varrho - m + 1 \,. \quad (73)$$

2. Gruppe. Es werden weitere $\sigma - 1$ in der Nähe von Null gelegene Stützwerte $\tilde{\Lambda}_k$ gewählt derart, daß alle $\varrho - m + \sigma$ Stützwerte numerisch hinreichend voneinander verschieden ausfallen. Die zugehörigen Funktionswerte sind

$$e_{\varrho-m+\sigma}(\tilde{\Lambda}_k) = a_{m-\sigma} + \tilde{\Lambda}_k^\sigma a_\varrho \overset{\varrho-m}{\underset{\nu=1}{\Pi}} (\tilde{\Lambda}_k - \overset{\varrho-m}{\Lambda_\nu}); \quad k = 1, 2, \ldots, \sigma - 1 \,. \quad (74)$$

Diese zweite Gruppe entfällt für $\sigma = 1$, wenn also der zu a_m benachbarte Koeffizient a_{m-1} von Null verschieden ist.

Aus den Funktionswerten (73) und für $\sigma > 1$ auch (74) werden die Defekte und daraus weiter über den ECP die $\varrho - m + \sigma$ Nullstellen des Eskalators (70) mit mäßiger Genauigkeit berechnet, etwa so, daß alle Defektbeträge kleiner als ε sind, wo $\varepsilon = 10^{-3}$ im allgemeinen ausreichen wird.

Man beginnt das Verfahren mit dem kleinstmöglichen Grad und hat, wenn φ die Anzahl der von Null verschiedenen Koeffizienten des Polynoms ist, nach $\varphi - 1$ Schritten einen Satz von n Stützwerten Λ_j im Speicher stehen, mit denen die endgültigen Defekte d_j berechnet werden.

Ein Beispiel. Das Polynom

$$f(\lambda) = 2 + 4\lambda^3 + 6\lambda^6 + 4\lambda^9 + \lambda^{12} \quad \text{(a)}$$

ist per Eskalator zu expandieren. Der erste Eskalator ist

$$e_3(\lambda) = 4 + \lambda^3 \,. \quad \text{(b)}$$

Seine drei Nullstellen werden mit mäßiger Genauigkeit über den ECP/Bonaventura ermittelt und ergänzt durch die Werte 0, ferner 0,1 und $-0{,}1$. Wir haben damit die Stützwerte

$$\overset{3}{\Lambda_1} = -1{,}587\,, \quad \overset{3}{\Lambda_{2,3}} = 0{,}795 \pm 1{,}375\,i; \quad \Lambda_4 = 0\,, \quad \Lambda_5 = 0{,}1\,, \quad \Lambda_6 = -0{,}1\,. \quad \text{(c)}$$

In den zweiten Eskalator

$$e_6(\lambda) = 6 + 4\lambda^3 + \lambda^6 \tag{d}$$

gehen wir mit den Stützwerten (c) ein und ergänzen seine sechs Nullstellen wiederum durch 0, ferner 0,1 und −0,1 (natürlich tut es auch jede andere Ergänzung). Insgesamt haben wir damit

$$\left.\begin{aligned} &\overset{6}{\Lambda}_{1,2} = 0{,}898 \pm 1{,}006\, i\,, \quad \overset{6}{\Lambda}_{3,4} = 0{,}422 \pm 1{,}280\, i\,, \quad \overset{6}{\Lambda}_{5,6} = -1{,}320 \pm 0{,}275\, i\,; \\ &\qquad \Lambda_7 = 0\,, \quad \Lambda_8 = 0{,}1\,, \quad \Lambda_9 = -0{,}1\,. \end{aligned}\right\} \tag{e}$$

Mit diesen neun Stützwerten gehen wir in den dritten und letzten Eskalator

$$e_9(\lambda) = 4 + 6\lambda^3 + 4\lambda^6 + \lambda^9 \tag{f}$$

und bekommen die Lösungen $\overset{9}{\Lambda}_1$ bis $\overset{9}{\Lambda}_9$, die wir ergänzen zu den zwölf Werten

$$\left.\begin{aligned} &\overset{9}{\Lambda}_{1,2} = 0{,}630 \pm 1{,}091\, i\,, \quad \overset{9}{\Lambda}_{3,4} = 0{,}794 \pm 0{,}794\, i\,, \quad \overset{9}{\Lambda}_{5,6} = 0{,}291 \pm 1{,}084\, i \\ &\overset{9}{\Lambda}_{7,8} = -1{,}084 \pm 0{,}291\, i\,, \quad \overset{9}{\Lambda}_9 = -1{,}260\,; \quad \Lambda_{10} = 0\,, \quad \Lambda_{11} = 0{,}1\,, \quad \Lambda_{12} = -0{,}1\,. \end{aligned}\right\} \tag{g}$$

Die Expansion mit diesen Werten liefert die Defekte

j	d_j	$\lvert d_j\rvert$
1	−0,052 610 170 418 594 32 − 0,090 486 984 440 660 23 i	0,104 669 596 276 272 2
2	−0,051 810 725 626 041 72 + 0,090 192 577 675 436 64 i	0,104 014 673 761 141 2
3	−0,132 343 364 250 473 7 + 0,000 616 270 047 202 541 2 i	0,132 344 799 104 100 2
4	−0,131 017 951 561 907 0 − 0,003 437 292 072 880 173 i	0,131 063 032 958 468 1
5	0,065 698 259 545 634 07 − 0,113 851 102 148 460 3 i	0,131 447 079 723 151 9
6	0,066 632 136 618 722 20 + 0,116 429 586 048 820 6 i	0,134 148 015 780 613 7
7	0,067 396 328 023 759 09 − 0,115 255 203 561 894 9 i	0,133 514 145 240 045 5
8	0,067 043 416 865 094 24 + 0,115 597 031 203 866 7 i	0,133 631 932 441 668 1
9	0,105 656 184 959 962 4 + 0,000 169 903 269 982 211 3 i	0,105 656 321 568 635 6
10	50,168 252 784 939 15 + 0,242 065 937 851 140 0 i	50,168 836 775 550 44
11	−25,091 153 570 169 13 − 0,130 579 166 344 947 4 i	25,091 493 347 357 67
12	−25,075 143 328 926 20 − 0,011 146 155 752 760 38 i	25,075 391 056 671 44

(h)

Die ersten neun Defekte sind relativ klein, die letzten, zu den drei hinzuphantasierten Stützwerten gehörigen etwas größer. Insgesamt hat sich der Eskalator gegenüber einer naiven Streumethode, etwa mit den Werten 1, 2, 3, . . . , 12 oder auch gegenüber dem im ersten Beispiel aus Abschnitt 43.7 verwendeten komplexen Gitter bezahlt gemacht.

• 43.7. Der Eigenwertalgorithmus ECP (Expansion des charakteristischen Polynoms)

Vom Nullstellensucher zum Eigenwertalgorithmus für Polynommatrizen ist es nun ein ganz natürlicher Schritt, wodurch einer der originellsten und leistungsstärksten Algorithmen geschaffen ist. Dem skalaren Polynom $f(\lambda)$ stellen wir das ebenfalls skalare Polynom det $\boldsymbol{F}(\lambda)$ an die Seite, das zwar aus einer Matrix $\boldsymbol{F}(\lambda)$ der Ordnung $n > 1$ stammt, doch besteht darin im Grunde nicht der geringste Unterschied. Um dies deutlich zu machen, schreiben wir, da die Determinante eines Skalars dieser Skalar selber ist, in der folgenden Gegenüberstellung demonstrativ

$$n = 1: \det f(\lambda) = \det(a_0 + a_1\lambda + a_2\lambda^2 + \cdots + a_{\varrho-1}\lambda^{\varrho-1} + a_\varrho\lambda^\varrho) = 0;$$
$$\det a_\varrho \neq 0\,, \tag{75}$$
$$n > 1: \det \boldsymbol{F}(\lambda) = \det(\boldsymbol{A}_0 + \boldsymbol{A}_1\lambda + \boldsymbol{A}_2\lambda^2 + \cdots + \boldsymbol{A}_{\varrho-1}\lambda^{\varrho-1} + \boldsymbol{A}_\varrho\lambda^\varrho) = 0;$$
$$\det \boldsymbol{A}_\varrho \neq 0\,, \tag{76}$$

womit bereits alles gesagt ist. Die Gleichstellung eines skalaren Polynoms mit einer Polynommatrix geschieht nicht nur formal, sondern faktisch, wenn man über die GÜNTHERsche Begleitmatrix geht, was in der Regel der Fall sein wird.

Da wir auf die Normierung $a_\varrho = 1$ bzw. det $\boldsymbol{A}_\varrho = 1$ fortan verzichten, steht im Nenner des Defektes

$$d_j = \frac{\det \boldsymbol{F}(\Lambda_j)}{\det \boldsymbol{A}_\varrho} \cdot \frac{1}{\Pi_j}\,; \qquad j = 1, 2, \ldots, \varrho\, n \tag{77}$$

der von Null verschiedene Skalar det $\boldsymbol{A}_\varrho$. Das Produkt Π_j besteht aus den $\varrho\, n - 1$ Faktoren

$$\Pi_j = (\Lambda_j - \Lambda_1)(\Lambda_j - \Lambda_2) \cdots 1 \cdots (\Lambda_j - \Lambda_{\varrho n})\,;$$
$$j = 1, 2, \ldots, \varrho\, n\,. \tag{78}$$

Für $n > 1$ wird die Matrix $\boldsymbol{A}_\varrho$ alternativ (Elevator, Reflektor, Kalfaktor) von links auf obere Dreiecksform transformiert mit det $\boldsymbol{L}_A = 1$; dann wird

$$\boldsymbol{L}_A\, \boldsymbol{A}_\varrho = \nabla_\varrho \to \qquad \det \boldsymbol{A}_\varrho = \Delta_{11}\, \Delta_{22} \cdots \Delta_{\varrho n, \varrho n}\,, \tag{79}$$

und auf die gleiche Weise wird die Determinante der geschifteten Polynommatrix $\boldsymbol{F}_j = \boldsymbol{F}(\Lambda_j)$ berechnet

$$\boldsymbol{L}_j\, \boldsymbol{F}_j = \nabla_j \to f_j = \det \boldsymbol{F}_j = \det \nabla_j = \overset{j}{\delta}_{11}\, \overset{j}{\delta}_{22} \cdots \overset{j}{\delta}_{\varrho n, \varrho n}\,. \tag{80}$$

Der Defekt (77) ist in geeigneter Reihenfolge zu berechnen, so daß weder zu kleine noch zu große Zahlen auftreten, was stets möglich ist.

Sowie die Expansion bewerkstelligt ist, geht man in einen Selektionsalgorithmus ein. Wir entscheiden uns für den BONAVENTURA zweiter Stufe und geben im folgenden eine Programmieranleitung, die nach dem Vorangehenden leicht zu verstehen ist. Dabei ist wesentlich die Einführung des Nivellements mit ständig sinkender Niveauhöhe, was eine *gleichmäßige* Konvergenz gegen das Spektrum gewährleistet.

PROGRAMMIERANLEITUNG FÜR DEN ALGORITHMUS ECP/Bonaventura-Global

START

1. Den Wert det $\boldsymbol{A}_\varrho$ nach (79) berechnen und speichern.
2. Berechne die Spur $s :=$ Spur $(\boldsymbol{A}_\varrho^{-1}\boldsymbol{A}_{\varrho-1}) =$ Spur $(\boldsymbol{A}_{\varrho-1}\boldsymbol{A}_\varrho^{-1})$.
3. $\varrho \cdot n$ nicht zusammenfallende Näherungen Λ_j wählen und speichern.
4. Die $\varrho \cdot n$ Defekte d_j nach (78) bis (80) berechnen und speichern.

4a. Kontrolle.

$$s = \sum_{\nu=1}^{\varrho n} \Lambda_\nu - \sum_{\nu=1}^{\varrho n} d_\nu \; ?$$

5. Einschließungsradius r vorgeben.

5a. Abfrage (relative Einschließung)

$$d_j \leq r_j \Lambda_j/(\varrho n)\,?\,; \qquad j = 1, 2, \ldots, \varrho n\,.$$

5b. Ja. Ende.

5c. Nein. Weiter mit Iteration.

ITERATION

6. Niveauhöhe ε vorgeben.
7. Die Defekte zerfallen in zwei Gruppen:

7a. Erste Gruppe. Es ist $|d_j| \leqq \varepsilon$. Diese Gruppe bleibt unberücksichtigt.

7b. Zweite Gruppe. Es ist $|d_j| > \varepsilon$. Aus dieser Gruppe den betragskleinsten Defekt heraussuchen; er habe die Nummer k.

7c. Ist die zweite Gruppe leer, so wird die Niveauhöhe in 6. verkleinert, jedoch nicht unterhalb von $\varepsilon = r/\varrho n$, siehe 5.

8. Schranke τ wählen für die Verbesserung $\hat{\xi}$.

9a. Startschift Λ_σ beliebig wählen.
Auch den aktuellen Schift nennen wir Λ_σ.

9b. Die drei Summen

$$\alpha_{k\sigma} = \sum_{\substack{\nu=1\\ \nu\neq k}}^{\varrho n} \frac{d_\nu}{\Lambda_\nu - \Lambda_\sigma}\,, \qquad \beta_{k\sigma} = \sum_{\substack{\nu=1\\ \nu\neq k}}^{\varrho n} \frac{d_\nu}{(\Lambda_\nu - \Lambda_\sigma)^2}\,, \qquad \gamma_{k\sigma} = \sum_{\substack{\nu=1\\ \nu\neq k}}^{\varrho n} \frac{d_\nu}{(\Lambda_\nu - \Lambda_\sigma)^3}\,,$$

ferner die Größen $N_{k\sigma} = 1 - \alpha_{k\sigma}$ und $\delta_k = d_k/N_{k\sigma}$ berechnen und speichern.

10. Die betragskleinste Wurzel der quadratischen Gleichung (53)

$$\eta^2[\beta_{k\sigma}^2 + \gamma_{k\sigma} N_{k\sigma}]\,\delta_k + \eta[\beta_{k\sigma}\delta_k + N_{k\sigma}] + [\delta_k - (\Lambda_k - \Lambda_\sigma)] = 0$$

heiße $\hat{\eta}$. Dann wird der aktuelle Schift ersetzt nach der Vorschrift

$$\Lambda_\sigma \to \Lambda_\sigma + \hat{\xi} \quad \text{mit} \quad \hat{\xi} = \hat{\eta}\, N_{k\sigma}\,.$$

11. Entscheidung

11a. Es ist $|\hat{\xi}| \geqq \tau$. Dann den Schift nach 9. bis 10. so lange verbessern, bis $|\hat{\xi}| < \tau$ ist. Die Gesamtheit dieser Verbesserungen heißt eine Sequenz der Länge s_k, der zuletzt im Speicher stehende Schift der Meisterschift $\hat{\Lambda}$.

11b. Es ist $|\hat{\xi}| < \tau$. Startschift unverbessert lassen und betragszweitkleinsten Defekt heraussuchen. Mit diesem nach 9b. bis 10. gehen. Gilt wiederum $|\hat{\xi}| < \tau$, so stehenlassen und den betragsdrittkleinsten Defekt wählen usw., bis ein verbesserungswürdiger Schift gefunden ist.

11c. Leertour. Ist für alle $\varrho \cdot n$ Defekte d_j kein Schift verbesserungswürdig, so wird die Schranke τ aus 8. verkleinert und die Iteration mit 7. fortgesetzt.

12. Aktualisierung mit Hilfe des Meisterschifts $\hat{\Lambda}$.

12a. Die $\varrho\, n - 1$ Defekte werden folgendermaßen ersetzt

$$\hat{d}_j = d_j \frac{\Lambda_j - \Lambda_k}{\Lambda_j - \hat{\Lambda}_k}\,; \qquad j = 1, 2, \ldots, \varrho\, n; \qquad j \neq k\,.$$

12b. Der Defekt $\hat{d}_k$ wird entweder nach (77) berechnet oder aber sehr viel rationeller, dafür unter Verzicht auf die begleitende Kontrolle (67a) aus der Gleichung (67d)

$$\hat{d}_k = \hat{D} - \sum_{\substack{\nu=1\\ \nu \neq k}}^{\varrho n} \hat{d}_\nu\,,$$

näheres dazu siehe dort.

Ist ein Eigenwert λ_σ mit genügender Genauigkeit gefunden und interessiert man sich für die zugehörigen Eigenvektoren, so wird die Zentraltransformation

$$\boldsymbol{L}\,\boldsymbol{F}(\lambda_\sigma)\,\boldsymbol{R} = \boldsymbol{D}\mathrm{iag}\,\langle d_{jj,\sigma}\rangle =: \boldsymbol{D}_\sigma \tag{80a}$$

durchgeführt. Bewirkt der Eigenwert λ_σ den Rangabfall $d = n - r$, so sind d Diagonalelemente von $\boldsymbol{D}_\sigma$ gleich Null, und damit sind die mit den gleichen Ziffern versehenen Zeilen aus $\boldsymbol{L}$ bzw. Spalten aus $\boldsymbol{R}$ Links- bzw. Rechtseigenvektoren der Eigenwertaufgabe

$$\boldsymbol{y}^T\,\boldsymbol{F}(\lambda_\sigma) = \boldsymbol{o}^T \quad \text{bzw.} \quad \boldsymbol{F}(\lambda_\sigma)\,\boldsymbol{x} = \boldsymbol{o}\,. \tag{80b}$$

Aber auch jede Linearkombination dieser d Vektoren ist ein Links- bzw. Rechtseigenvektor. Ist die Vielfachheit des Eigenwertes λ_σ größer als der Rangabfall, so findet man die noch fehlenden Hauptvektoren durch Potenzierung der singulären Matrix $\boldsymbol{F}(\lambda_\sigma)$, der Leser wiederhole dazu den Abschnitt 20.8.

Beim linearen Eigenwertproblem mit $\boldsymbol{A}_0 = \boldsymbol{A}$ und $-\boldsymbol{A}_1 = \boldsymbol{B}$ sind wegen $\varrho = 1$ nur n Defekte nach Wahl von n Stützwerten Λ_j zu berechnen. Es empfiehlt sich, vorweg das Paar $\boldsymbol{A}$; $\boldsymbol{B}$ auf $\boldsymbol{H}$; $\boldsymbol{I}$ bzw. $\boldsymbol{T}$; $\boldsymbol{I}$ nach den Methoden des § 29 zu transformieren. Nachdem die Meisterschifts festliegen, ist die endgültige Einschließung tunlichst am Originalpaar $\boldsymbol{A}$; $\boldsymbol{B}$ vorzunehmen.

Fassen wir abschließend zusammen:

Eigenschaften des Eigenwertalgorithmus ECP/Bonaventura

1. Selbstkorrigierend durch begleitende Aktualisierung,
2. Profilneutral, da durch $2\varrho \cdot n$ (anstelle von $\varrho^2 n^2$) Elemente charakterisiert,
3. Begleitende Einschließung der $\varrho \cdot n$ Eigenwerte,
4. Kurze Ketten und daher wenig fehleranfällig,
5. Universell einsetzbar für Polynome und Polynommatrizen,
6. Gleichmäßige Konvergenz gegen das Spektrum,
7. Geringer Speicherbedarf,
8. Geringe Rechenzeiten,
9. Parallelrechnung möglich,
10. Totale Regeneration mit Hilfe der $\varrho \cdot n$ aktuellen Näherungen Λ_j jederzeit möglich.

Der entscheidende Vorteil gegenüber den herkömmlichen Transformationsalgorithmen (Jacobi, Eberlein/Boothroyd, LR, QR, QZ) ist die Möglichkeit zur Parallelrechnung sowohl bei der eigentlichen Expansion zum Start wie während der Iteration. Es werden die $m \leqq \varrho \cdot n$ betragskleinsten Defekte der zweiten Gruppe herausgesucht und die zugehörigen Näherungen Λ_j gleichzeitig verbessert. Die anschließende Aktualisierung indessen erfolgt zweckmäßig nacheinander gemäß Punkt 12. der Programmanleitung, sofern m wesentlich kleiner als $\varrho \cdot n$ ist, sonst aber gemäß Punkt 3. insgesamt.

Abschließend betonen wir nochmals, daß Globalalgorithmen allein der Sondierung dienen. Man wird daher den Einschließungsradius r nicht zu klein wählen, etwa $r = 10^{-3}$, und sodann nur jene Näherungen selektiv verbessern, die von praktischem Interesse sind.

Eine Modifikation für Polynommatrizen mit *singulärer* Leitmatrix $\boldsymbol{A}_\varrho$ (bei Paaren mit *singulärer* Matrix $\boldsymbol{B}$) auf der Grundlage der *Fokussierung* schilderten wir im Abschnitt 41.2.

Erstes Beispiel. Die zwölf Nullstellen des Polynoms

$$f(\lambda) = 2 + 4\lambda^3 + 6\lambda^6 + 4\lambda^9 + \lambda^{12} \qquad \text{(a)}$$

sind einzuschließen. Da die Koeffizienten reell sind, muß mindestens ein Stützwert komplex sein. Wir gehen daher mit dem Gitter

$$\begin{matrix} 1+i & 2+i & 3+i & 4+i \\ 1 & 2 & 3 & 4 \\ 1-i & 2-i & 3-i & 4-i \end{matrix} \qquad \text{(b)}$$

in das Verfahren ein. Auf die Vorgabe eines Einschließungsradius r verzichten wir. Mit der Niveauhöhe ε und der Schranke τ

$$\varepsilon = 10^{-8}\,, \qquad \tau = 10^{-15} \tag{c}$$

resultiert das Ergebnis

j	Λ_j	$\lvert d_j\rvert$	$r_j = 12\,\lvert d_j\rvert$	
1	$0{,}7470142875837037 + 0{,}9735279735858476\,i$	$8{,}036 \cdot 10^{-11}$	0,96	
2	$0{,}1193953878235518 + 0{,}9068980094906096\,i$	$6{,}156 \cdot 10^{-9}$	73,87	
3	$0{,}4695928125561349 + 1{,}133697336857867\,i$	$6{,}507 \cdot 10^{-12}$	0,078	
4	$0{,}7256990257192100 + 0{,}5568484475845185\,i$	$1{,}105 \cdot 10^{-13}$	0,0013	
5	$0{,}7256990256865746 - 0{,}5568484476635984\,i$	$8{,}564 \cdot 10^{-11}$	1,03	(d)
6	$-1{,}216607100201649 + 0{,}1601693633255838\,i$	$3{,}523 \cdot 10^{-12}$	0,043	$\cdot 10^{-9}$
7	$-0{,}8450944145118036 - 0{,}3500495679989814\,i$	$2{,}173 \cdot 10^{-11}$	0,26	
8	$-0{,}8450944145258362 + 0{,}3500495679822219\,i$	$1{,}420 \cdot 10^{-13}$	0,0017	
9	$0{,}7470142876713824 - 0{,}9735279734483952\,i$	$9{,}397 \cdot 10^{-11}$	1,13	
10	$0{,}1193953888066189 - 0{,}9068980155677452\,i$	$1{,}004 \cdot 10^{-12}$	0,012	
11	$0{,}4695928125538629 - 1{,}133697336860957\,i$	$3{,}744 \cdot 10^{-12}$	0,045	
12	$-1{,}216607108594320 - 0{,}160169359618877\,i$	$9{,}172 \cdot 10^{-9}$	110,06	

Es wurden 15 Aktualisierungen durchgeführt und insgesamt 140 quadratische Gleichungen gelöst. Es wurde weder ε noch τ während der Iteration verkleinert.

Wir starten zum Vergleich mit den Eskalatorstützwerten (g) aus dem Beispiel des Abschnittes 43.6 unter den gleichen Bedingungen (c) und bekommen:

j	Λ_j	$\lvert d_j\rvert$	$r_j = 12\,\lvert d_j\rvert$	
1	$0{,}7470142876495455 + 0{,}9735279735397891\,i$	$1{,}946 \cdot 10^{-15}$	2,4	
2	$0{,}4695928125554674 - 1{,}133697336864338\,i$	$1{,}596 \cdot 10^{-15}$	2,0	
3	$0{,}7256990257193016 + 0{,}5568484475844560\,i$	$2{,}932 \cdot 10^{-15}$	3,6	
4	$0{,}7470142876495461 - 0{,}9735279735397877\,i$	$2{,}004 \cdot 10^{-15}$	2,4	
5	$0{,}4695928125554670 + 1{,}133697336864339\,i$	$1{,}525 \cdot 10^{-15}$	1,9	(e)
6	$0{,}1193953888064146 - 0{,}9068980155667645\,i$	$3{,}397 \cdot 10^{-15}$	4,7	$\cdot 10^{-14}$
7	$-0{,}8450944145257214 + 0{,}3500495679823015\,i$	$2{,}512 \cdot 10^{-15}$	3,7	
8	$-1{,}216607100205015 - 0{,}1601693633245522\,i$	$2{,}814 \cdot 10^{-15}$	3,4	
9	$-1{,}216607100205016 + 0{,}1601693633245492\,i$	$4{,}778 \cdot 10^{-16}$	0,5	
10	$0{,}1193953888064171 + 0{,}9068980155667614\,i$	$9{,}804 \cdot 10^{-16}$	1,2	
11	$0{,}7256990257193047 - 0{,}5568484475844578\,i$	$2{,}110 \cdot 10^{-15}$	2,6	
12	$-0{,}8450944145257084 - 0{,}3500495679822943\,i$	$1{,}499 \cdot 10^{-14}$	17,4	

Zwölf Aktualisierungen waren erforderlich. Die Sequenzen sind in der Reihenfolge der Iteration

k	2	4	1	5	9	8	6	3	7	12	11	10
s_k	6	9	7	5	6	5	4	4	4	8	6	2

. (f)

Es wurden somit insgesamt 66 quadratische Gleichungen gelöst. Die durch den Eskalator geschaffene Ausgangssituation erbringt also einen deutlichen Gewinn.

Zweites Beispiel. $\varrho = 3$, n beliebig. Die $\varrho \cdot n$ Eigenwerte der Polynommatrix

$$\boldsymbol{F}(\lambda) = \boldsymbol{A}_0 + \boldsymbol{A}_1\lambda + \boldsymbol{A}_2\lambda^2 + \boldsymbol{A}_3\lambda^3 \tag{a}$$

mit

$$\boldsymbol{A}_0 = s\,\boldsymbol{K} + i\,\boldsymbol{K}^2\,,\qquad \boldsymbol{A}_1 = -i\,\boldsymbol{K} - s\,\boldsymbol{I}\,,\qquad \boldsymbol{A}_2 = -\boldsymbol{K}\,,\qquad \boldsymbol{A}_3 = \boldsymbol{I}\,, \tag{b}$$

wo $\boldsymbol{K}$ die Tridiagonalmatrix (17.37) und s beliebig wählbar ist, sind einzuschließen. Da $\varrho = 3$ ist, bietet sich zum Start das folgende Gitter an

$$\left.\begin{matrix} a+i & 2a+i & 3a+i & 4a+i & \ldots & na+i \\ a & 2a & 3a & 4a & \ldots & na \\ a-i & 2a-i & 3a-i & 4a-i & \ldots & na-i \end{matrix}\right\}, \tag{c}$$

wo die Größe a der ungefähr zu erwartenden Lage des Spektrums anzupassen ist, damit nicht allzu große Defekte entstehen.

Es sei nun speziell

$$s = 10 + 5\,i\,,\qquad n = 11\,. \tag{d}$$

Wir wählen

$$a = 0{,}1\,;\qquad \varepsilon = 10^{-5}\,,\qquad \tau = 10^{-15}\,. \tag{e}$$

Es werden 34 Aktualisierungen erforderlich bei insgesamt 336 zu lösenden quadratischen Gleichungen. Von den 33 im Speicher stehenden aktuellen Näherungen drucken wir einige samt den zugehörigen Defektbeträgen aus

j	Λ_j	$\lvert d_j\rvert$	
4	$-0{,}999\,999\,999\,999\,948\,6 - 0{,}000\,000\,000\,000\,073\,i$	$8{,}950 \cdot 10^{-14}$	
9	$1{,}000\,000\,000\,000\,048 + 0{,}000\,000\,000\,000\,229\,i$	$2{,}341 \cdot 10^{-13}$	(f)
15	$3{,}272\,707\,044\,260\,142 + 0{,}842\,977\,696\,404\,164\,4\,i$	$1{,}372 \cdot 10^{-10}$	
26	$-3{,}272\,707\,044\,200\,275 - 0{,}842\,977\,696\,376\,978\,5\,i$	$8{,}642 \cdot 10^{-11}$	
29	$3{,}291\,041\,156\,679\,583 + 0{,}911\,565\,628\,376\,889\,6\,i$	$1{,}770 \cdot 10^{-11}$	
33	$-3{,}291\,041\,156\,645\,470 - 0{,}911\,565\,628\,401\,016\,1\,i$	$2{,}632 \cdot 10^{-11}$	

Die Einschließungsradien sind $r_j = \varrho \cdot n\,|d_j| = 33\,|d_j|$.

Da die vorgelegte Polynommatrix (a) sich faktorisieren läßt,

$$\boldsymbol{F}(\lambda) = (\boldsymbol{K} - \lambda\,\boldsymbol{I})\,([i\,\boldsymbol{K} + s\,\boldsymbol{I}] - \lambda^2\,\boldsymbol{I})\,, \tag{g}$$

zerfallen die Eigenwerte in zwei Gruppen. Die erste besteht aus den n reellen Werten σ_j des Paares $\boldsymbol{K};\boldsymbol{I}$ nach (17.48); für $n = 11$ sind auch -1 und $+1$ darunter. Die Eigenwerte des Paares $[i\,\boldsymbol{K} + s\,\boldsymbol{I}];\,\boldsymbol{I}$ sind offensichtlich

$$\varkappa_j = i\,\sigma_j + s\,;\qquad j = 1, 2, \ldots, n\,, \tag{h}$$

also besteht die zweite Gruppe aus den $2\,n$ Eigenwerten

$$\lambda_{j1} = +\sqrt{\varkappa_j}\,,\qquad \lambda_{j2} = -\sqrt{\varkappa_j}\,;\qquad j = 1, 2, \ldots, n\,, \tag{i}$$

siehe die ausgeworfenen Werte (f).

• 43.8. Zur Wahl der Stützwerte

Der Algorithmus ECP steht und fällt mit der geeigneten Wahl der $m = \varrho\,n$ Stützwerte. Werden diese ungünstig gewählt, so können die zugehörigen Defekte so groß ausfallen, daß die Rechnung instabil wird. Von größter Wichtigkeit ist daher die Spurkontrolle

$$\boldsymbol{F}(\lambda) = \sum_{i=0}^{\varrho} \boldsymbol{A}_i\,\lambda^i \rightarrow \text{Spur}\,(\boldsymbol{A}_\varrho^{-1}\,\boldsymbol{A}_{\varrho-1}) = \sum_{\nu=1}^{m} \Lambda_\nu - \sum_{\nu=1}^{m} d_\nu \tag{81}$$

bzw. falls explizit oder auch implizit fokussiert wurde

$$\boldsymbol{F}_e(\zeta) = \sum_{i=0}^{\varrho} \hat{\boldsymbol{A}}_i \zeta^i \to \text{Spur}\,(\hat{\boldsymbol{A}}_\varrho^{-1} \hat{\boldsymbol{A}}_{\varrho-1}) = \sum_{\nu=1}^{m} Z_\nu - \sum_{\nu=1}^{m} d_\nu; \; \hat{\boldsymbol{A}}_\varrho = \boldsymbol{F}(\mu), \tag{82}$$

die Aufschluß über die Genauigkeit der berechneten Defekte gibt und die von Zeit zu Zeit wiederholt werden sollte.

Bezüglich der Bereitstellung von $m = \varrho\, n$ Startwerten $\Lambda_1, \ldots, \Lambda_m$ bzw. $Z_1, \ldots, Z_m$ gibt es zahllose Strategien, deren bewährteste im folgenden kurz skizziert werden.

a) Abgeänderte (benachbarte, gestörte) Polynome und Polynommatrizen.

Sind die $\varrho \cdot n$ Nullstellen bzw. Eigenwerte λ_j einer Polynommatrix der Ordnung n vom Grade ϱ bekannt und wird die Matrix $\boldsymbol{F}(\lambda)$ abgeändert in $\tilde{\boldsymbol{F}}(\lambda)$, so dienen für diese die Eigenwerte λ_j als Stützwerte Λ_j, womit eine ideale Ausgangssituation geschaffen ist, denn die Begleitmatrix $\tilde{\boldsymbol{A}}$ ist um so ausgeprägter diagonaldominant, je kleiner die Änderung war. Es ist bemerkenswert, daß der Algorithmus selbst dann zu den genauen Eigenwerten von $\tilde{\boldsymbol{F}}(\lambda)$ führt, wenn die Eigenwerte der Originalmatrix $\boldsymbol{F}(\lambda)$ nur ungenau vorliegen.

Voraussetzung für diese Vorgehensweise ist allerdings, daß die Eigenwerte λ_j numerisch hinreichend verschieden sind. Trifft dies nicht zu, so werden sie leicht abgeändert, wodurch die Konvergenz des Verfahrens nur unerheblich verzögert wird.

Ein Beispiel. Die Gleichung

$$f(\lambda) = 8 + 4\,\lambda - 10\,\lambda^2 - 5\,\lambda^3 + 2\,\lambda^4 + \lambda^5 = 0 \tag{a}$$

hat die Nullstellen

$$-2 \quad -2 \quad -1 \quad +1 \quad +2\,. \tag{b}$$

Gesucht sind die Nullstellen eines gestörten Polynoms, dessen Koeffizienten a_0 bis a_4 um ein Promille vergrößert wurden:

$$\tilde{f}(\lambda) = 8{,}008 + 4{,}004\,\lambda - 10{,}010\,\lambda^2 - 5{,}005\,\lambda^3 + 2{,}002\,\lambda^4 + \lambda^5\,. \tag{c}$$

Da der Wert -2 zweimal in (b) vorkommt, mehrfache Stützwerte aber verboten sind, starten wir anstelle von (b) mit

$$-2 \quad -1{,}9 \quad -1 \quad +1 \quad +2\,. \tag{d}$$

und bekommen den Defektvektor

$$\boldsymbol{d} = \begin{pmatrix} d_1 \\ d_2 \\ d_3 \\ d_4 \\ d_5 \end{pmatrix} = \begin{pmatrix} -0{,}075\,774\,437\,567\,543\,09 \\ -0{,}026\,666\,666\,666\,665\,93 \\ -0{,}000\,185\,185\,185\,185\,164\,8 \\ -0{,}000\,057\,471\,264\,367\,809\,76 \\ 0{,}000\,683\,760\,683\,760\,665\,3 \end{pmatrix}, \tag{e}$$

womit die Begleitmatrix $\boldsymbol{A} = \boldsymbol{D}\text{iag}\,\langle \Lambda_j \rangle - \boldsymbol{\varepsilon}\, \boldsymbol{d}^T$ festliegt. Diese ist an sich uninteressant, sofern man nicht mit dem (hier stark diagonaldominanten) Paar $\boldsymbol{A}; \boldsymbol{I}$

in einen bewährten Globalalgorithmus eingehen will. Nach der Methode von EBERLEIN beispielsweise bekommt man die Nullstellen des Polynoms (a) als Eigenwerte

j	Λ_j	$\lvert d_j \rvert$
1	$-2{,}052\,876\,786\,889\,102$	$1{,}65 \cdot 10^{-14}$
2	$2{,}000\,666\,296\,565\,593$	$9{,}88 \cdot 10^{-15}$
3	$-1{,}949\,567\,353\,124\,813$	$1{,}48 \cdot 10^{-14}$
4	$-1{,}000\,166\,671\,378\,370$	$6{,}07 \cdot 10^{-15}$
5	$0{,}999\,944\,514\,826\,714\,3$	$4{,}00 \cdot 10^{-15}$

(f)

Der maximale GERSCHGORIN-Radius ist

$$r_{\max} = n \cdot |d|_{\max} = 5 \cdot 1{,}65 \cdot 10^{-14} < 10^{-13}\,, \tag{g}$$

womit die Genauigkeit der Näherungswerte (f) gegeben ist. Der Leser rechne das gleiche Beispiel nach dem ECP/BONAVENTURA und starte zur Kontrolle mit den Näherungswerten

$$-2{,}1 \quad -2 \quad -1 \quad 1 \quad 2\,. \tag{h}$$

Wir bemerken übrigens, daß die fünf Nullstellen auf die Störung in sehr verschiedener Weise reagieren; ein Effekt, der jedem Numeriker bekannt ist.

b) Die Polynommatrix $\boldsymbol{F}(\lambda)$ ist ausgeprägt diagonaldominant und regulär. Außerdem seien die Hauptdiagonalelemente der Leitmatrix $\boldsymbol{A}_\varrho$ hinreichend von Null verschieden. Man löst die n Gleichungen $f_{jj}(\lambda) = 0$ der Ordnung ϱ und benutzt diese insgesamt $m = \varrho\, n$ Nullstellen als Stützwerte Λ_j.

c) Die Polynommatrix $\boldsymbol{F}(\lambda)$ ist ausgeprägt diagonaldominant und regulär oder uneigentlich singulär. Dann ist die fokussierte Matrix $\boldsymbol{F}_e(\zeta)$ (24.98) bzw. $\boldsymbol{F}_i(\zeta)$ (24.101) regulär und ausgeprägt diagonaldominant. Man verfahre wie unter b).

d) Man rechne vorweg eine Tour VELOCITAS und benutze die so erhaltenen Meisterschifts als Stützwerte.

e) Verteile innerhalb des Fokuskreises m Stützwerte möglichst gleichmäßig. Sind konjugiert-komplexe (reelle) Eigenwerte zu erwarten, so wähle auch die Stützwerte konjugiert-komplex (reell).

f) Lasse von der Maschine m Zufallszahlen in den Fokuskreis einstreuen. Sonderfälle wie unter e).

Zweites Beispiel. Matrizenpaar $\boldsymbol{F}(\lambda) = \boldsymbol{A} - \lambda\, \boldsymbol{B}$. $\boldsymbol{A}$ und $\boldsymbol{B}$ hermitesch (reellsymmetrisch) und positiv definit. Der Fokuskreis mit dem Mittelpunkt $\mu = -1$ ist dann frei von Eigenwerten λ_j. Infolge der Spiegelung liegen sämtliche Eigenwerte ζ_j der Matrix $-\boldsymbol{F}_e(\zeta) = \boldsymbol{B} - \zeta\, \boldsymbol{F}(\mu)$ auf der reellen Achse zwischen -1 und 0. Streut man in diesen Bereich n Zahlen regelmäßig oder auch willkürlich (Zufallszahlen) ein, so hat man eine günstige Ausgangsbasis für den ECP geschaffen.

Drittes Beispiel. Gedämpfte Schwingung mit n Freiheitsgraden nach (21.75). Es seien $\boldsymbol{A}_0 = \boldsymbol{C}$, $\boldsymbol{A}_1 = \boldsymbol{D}$ und $\boldsymbol{A}_2 = \boldsymbol{M}$ hermitesch (reellsymmetrisch) und positiv (halb-)definit, dann liegen sämtliche $m = \varrho\, n = 2\, n$ Eigenwerte λ_j in der linken Halbebene bzw. auf der imaginären Achse; wenn $\boldsymbol{A}_2 = \boldsymbol{M}$ singulär ist (Nullmassen), auch im Unendlichen.

Der Fokuskreis mit dem Mittelpunkt $\mu = 1$ ist somit frei von Eigenwerten λ_j und enthält daher alle $2n$ Eigenwerte ζ_j, und zwar infolge der Spiegelung in der linken Hälfte. Man streut in das linke obere Viertel des Kreises n Stützwerte ein, entweder regelmäßig oder als Zufallszahlen und spiegelt sie an der reellen Achse, womit $2n$ geeignete Startwerte gewonnen sind. Die zugehörige implizit fokussierte Matrix ist nach (24.101) mit $\beta = 1 + \mu\zeta = 1 + \zeta$ die folgende

$$\boldsymbol{F}_i(\zeta) = \boldsymbol{C}\,\zeta^2 + \boldsymbol{D}(1 + \zeta)\,\zeta + \boldsymbol{M}(1 + \zeta)^2 .$$

g) Streue $m = \varrho\, n$ Zufallszahlen nach f). Ersetze jene etwa $m/2$ Werte Λ_j, deren Defekte die betragsgrößten sind, durch weitere Zufallszahlen und berechne die m Defekte neu. Ersetze jene etwa $m/4$ aller Stützwerte, deren Defekte die betragsgrößten sind, durch neue Zufallszahlen. Ersetze jene etwa $m/8$ aller Stützwerte usf. Auf diese Weise wurden rund $2m$ Defekte berechnet, ein Aufwand, der sich im allgemeinen lohnt.

h) Eskalatorstrategien.

h1) Ermittle die $\varrho\,\sigma$ Eigenwerte eines Hauptminors der Ordnung σ über den ECP angenähert und ergänze sie um $h_\sigma\,\varrho$ Zufallszahlen. Gehe mit diesen insgesamt $\varrho(\sigma + h_\sigma)$ in den Hauptminor der höheren Ordnung $\sigma + h_\sigma$ als Stützwerten ein, und so fort. Es kann oben links oder auch unten rechts begonnen werden, letzteres wurde vorgeführt für die GÜNTHERsche Begleitmatrix eines Polynoms im Abschnitt 43.6.

h2) Für Bandmatrizen der Breite b empfiehlt sich folgendes Vorgehen. Beginne wie unter b). Mit diesen Stützwerten berechne via ECP angenähert die Eigenwerte der zweireihigen Matrizen $\boldsymbol{F}_{jj}(\lambda)$ auf der Hauptdiagonale und so fort. Dabei ist es unerheblich, daß im allgemeinen die letzten Hauptdiagonalmatrizen nicht in die Ordnungsfolge 2, 4, 8, 16 usw. passen.

• 43.9. Zusammenfassung

Die Stärke der hier erstmalig vorgeführten Expansionsalgorithmen liegt darin begründet, daß

1. in jedem Stadium der Rechnung die *Gesamtinformation* präsent ist,
2. durch dauernde *Aktualisierung* eine nahezu *fehlerfreie Ausgangssituation* geschaffen werden kann und
3. eine begleitende *Einschließung* nach den Sätzen von GERSCHGORIN bzw. SCHNEIDER möglich wird.

Dies sind entscheidende Vorteile gegenüber solchen Verfahren, die einzelne Linearfaktoren $(\lambda_j - \lambda)$ über das HORNER-Schema vom Polynom $f(\lambda)$ abspalten, wodurch das verbleibende Restpolynom kleineren Grades von Mal zu Mal fehlerhafter wird, und dieselbe Kritik trifft die klassischen Dreiecksalgorithmen, sofern sie auf der „exakten“ Ordnungserniedrigung basieren.

Im übrigen läßt sich das Verfahren auch auf allgemeinere Gleichungen anwenden; denn wie bereits im Anschluß an (1) vermerkt, braucht die Funktion $r(\lambda)$ kein Polynom zu sein; siehe dazu die Arbeit [223].

• Resümee zu den numerischen Methoden

Bevor wir zu den Anwendungen in der Mechanik weitergehen, halten wir kurz inne und fragen uns, ob es nicht einen höheren Standpunkt gibt, von dem aus die verwirrende Fülle von Methoden und Methödchen mit ihren Dutzenden von Varianten und Modifikationen aufgrund eines ordnenden Prinzips sich überblicken läßt. Eine solche übergeordnete Sichtweise gibt es in der Tat. Erinnern wir uns: Zentral steht die

$$\boxed{\text{Matrizenhauptgleichung } \boldsymbol{F}(\lambda)\,\boldsymbol{x} = \boldsymbol{r}} \tag{83}$$

mit dem Alternativsatz (26.1 a), und von hier eröffnen sich zwei Problemkreise, das inhomogene Gleichungssystem

$$\boldsymbol{A}\,\boldsymbol{x} = \boldsymbol{r} \quad \text{mit} \quad \boldsymbol{A} := \boldsymbol{F}(\Lambda)\,, \tag{84}$$

wo der Parameterwert Λ vorgegeben ist (oder der Parameter überhaupt fehlt) mit der formalen Lösung

$$\boldsymbol{A}\,\boldsymbol{x} = \boldsymbol{r} \to \boldsymbol{x} = \boldsymbol{A}^{-1}\,\boldsymbol{r}; \qquad \boldsymbol{A} \text{ regulär} \tag{85}$$

und das als Eigenwertproblem bezeichnete homogene Gleichungssystem

$$\boldsymbol{F}(\lambda)\,\boldsymbol{x} = \boldsymbol{o}\,, \qquad \boldsymbol{x} \neq \boldsymbol{o}\,. \tag{86}$$

Gehen wir der Reihe nach vor.

I. Das inhomogene System.

Wie immer man es drehen und wenden möge, das Inversionszeichen $^{-1}$ ist durch keinen Kunstgriff aus der Welt zu schaffen, vielmehr geht es darum, durch Maßnahmen wie Transformation und Kondensation die Inversion an einen geeigneten Punkt der Rechnung zu verlegen. Wie die Zusammenfassung am Schluß des Abschnittes 33.14 zeigt, kennt man zur Zeit drei solcher im Grunde völlig verschiedenen Vorgehensweisen.

I a) Die halbiterative Methode mit $\boldsymbol{A} = \boldsymbol{H} - \boldsymbol{N}$ wälzt die Inversion auf den Hauptteil $\boldsymbol{H}$ ab, der deshalb gut konditioniert und günstig profiliert sein sollte.

I b) Die geometrische Reihe geht aus auf die Inversion der Matrix $(\boldsymbol{I} - \boldsymbol{M}^{\nu})^{-1}$ und ersetzt diese näherungsweise durch $(\boldsymbol{I} - \boldsymbol{O})^{-1} = \boldsymbol{I}^{-1} = \boldsymbol{I}$.

I c) Der mehr- oder einreihige Ritz-Ansatz (endogen oder exogen aufgezogen) führt über die Kondensation auf die Inversion von $m < n$ Matrizen kleiner Ordnung, im Extremfall auf die Inversion von n Skalaren

$$\tilde{A}_{jj}^{-1}; \quad j = 1, 2, \ldots, m < n \quad \text{bzw.} \quad \tilde{a}_{jj}^{-1}; \quad j = 1, 2, \ldots, n. \tag{87}$$

Der Leser überprüfe daraufhin sämtliche Formeln und Rechenanweisungen des IX. Kapitels. Wir nennen dies kurz

die Verlegung der Inversion

an eine Stelle, wo sie numerisch vorteilhaft erscheint.

II. Das Eigenwertproblem. Selektionsalgorithmen

Selektion bedeutet die separate oder gruppenweise Berechnung einiger Eigenwerte unabhängig von den übrigen.

II a) Das lineare Eigenwertproblem

$$\boldsymbol{F}(\lambda)\,\boldsymbol{x} = (\boldsymbol{A} - \lambda\,\boldsymbol{B})\,\boldsymbol{x} = \boldsymbol{o}\,; \qquad \boldsymbol{x} \neq \boldsymbol{o}\,. \tag{88}$$

1. Inverse Iteration von Wielandt auf der Grundlage der Potenzierung nach von Mises.

2. Ritz-Iteration (oder Bonaventura), auf der abgebrochenen geometrischen Reihe beruhend.

3. Defektminimierung.

Alle drei Methoden basieren auf dem

Singularitätstest

,

worunter wir folgendes verstehen. Die Lösung einer algebraischen Gleichung

$$f(\lambda) = a_0 + a_1\lambda + a_2\lambda^2 + \cdots + a_\varrho\lambda^\varrho = 0 \tag{89}$$

bereitet im allgemeinen beträchtliche Schwierigkeiten mit einer Ausnahme: wenn der Koeffizient $a_0 = 0$ ist, wird die Nullstelle $\lambda = 0$ — ohne Mitwirkung der übrigen Koeffizienten $a_1, \ldots, a_\varrho$! — erkannt, nicht errechnet. Dies trifft ebenso zu auf die charakteristische Gleichung $f(\lambda) = \det \boldsymbol{F}(\lambda)$ nach erfolgter Zentraltransformation

$$\det \boldsymbol{D}\text{iag}\,\langle d_{jj}\rangle = \det \begin{bmatrix} \ddots & & \boldsymbol{o} \\ & \ddots & \\ \boldsymbol{o}^T & & 0 \end{bmatrix}. \tag{90}$$

Das betragskleinste Element als Null und damit die transformierte Matrix als singulär erkennen, heißt bereits den Eigenwert $\lambda = 0$ ausgemacht zu haben. Mit einer vom Schift Λ_σ aus zählenden Koordinate

$$\xi = \lambda - \Lambda_\sigma \tag{91}$$

läßt sich der Singularitätstest für jeden beliebigen Punkt Λ_σ der komplexen Zahlenebene durchführen. Um nun die Matrix $\boldsymbol{F}(\Lambda_\sigma)$ sukzessive

„immer singulärer“ zu machen, bedient man sich der

Schaukeliteration ,

die in folgender (naheliegender) Strategie besteht

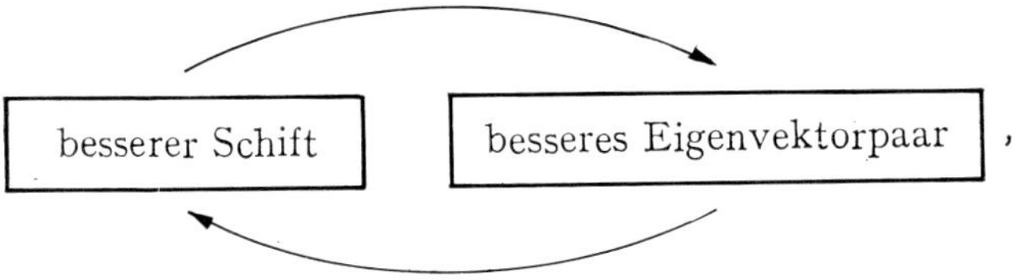

am reinsten ausgeprägt in der Defektminimierung in Abschnitt 38.3, siehe Abb. 38.1.

IIb) Das nichtlineare Eigenwertproblem. Die Elemente f_{jk} der Matrix $\boldsymbol{F}(\lambda)$ sind Polynome; die Leitmatrix $\boldsymbol{A}_\varrho$ ist regulär.

1. Expansion auf ein in λ lineares Eigenwertproblem der Ordnung $\varrho \cdot n$ nach § 23.

2. Die

Verlegung der Determinante nach innen .

Dies geschieht durch die Expansion des skalaren Polynoms $f(\lambda) = \det \boldsymbol{F}(\lambda)$ auf die lineare Matrix $\boldsymbol{E}(\lambda) = \boldsymbol{A} - \lambda \boldsymbol{I}$ der Ordnung $\varrho \cdot n$ mit der Begleitmatrix

$$\boldsymbol{A} = \begin{pmatrix} \Lambda_1 + \dfrac{\det \boldsymbol{F}(\Lambda_1)}{\alpha \Pi_1} & \dfrac{\det \boldsymbol{F}(\Lambda_2)}{\alpha \Pi_2} & \cdots & \dfrac{\det \boldsymbol{F}(\Lambda_{\varrho n})}{\alpha \Pi_{\varrho n}} \\ \dfrac{\det \boldsymbol{F}(\Lambda_1)}{\alpha \Pi_1} & \Lambda_2 + \dfrac{\det \boldsymbol{F}(\Lambda_2)}{\alpha \Pi_2} & \cdots & \dfrac{\det \boldsymbol{F}(\Lambda_{\varrho n})}{\alpha \Pi_{\varrho n}} \\ \cdots & \cdots & \cdots & \cdots \\ \dfrac{\det \boldsymbol{F}(\Lambda_1)}{\alpha \Pi_1} & \dfrac{\det \boldsymbol{F}(\Lambda_2)}{\alpha \Pi_2} & \cdots & \Lambda_{\varrho n} + \dfrac{\det \boldsymbol{F}(\Lambda_{\varrho n})}{\alpha \Pi_{\varrho n}} \end{pmatrix}, \quad (92)$$

wo $\alpha := \det \boldsymbol{A}_\varrho \neq 0$ ist.

Die beiden Extreme dieser Vorgehensweise sind:

$n = 1$. Dann ist $\boldsymbol{F}(\lambda) = f(\lambda)$ ein Skalar, und der Algorithmus entartet zu einem gewöhnlichen Nullstellensucher für algebraische Gleichungen.

$\varrho = 1$. Dann ist $\boldsymbol{F}(\lambda) = \boldsymbol{A} - \lambda \boldsymbol{B}$ das im Parameter λ *lineare* Eigenwertproblem.

IIc) Das nichtlineare Eigenwertproblem. Die Elemente $f_{jk}(\lambda)$ der Matrix $\boldsymbol{F}(\lambda)$ sind nicht durchweg Polynome. Eine Expansion auf eine endliche Matrix $\boldsymbol{E}(\lambda) = \boldsymbol{A} - \lambda \boldsymbol{I}$ ist im allgemeinen nicht möglich. Es erfolgt eine Reihenentwicklung jener Elemente, die nicht Polynome (oder auch Polynome zu hoher Ordnung) sind, nach Taylor. Dies führt auf den T-S-Algorithmus in Abschnitt 41.6.

III. Das Eigenwertproblem. Globalalgorithmen

Diese gehen darauf aus, das gesamte Spektrum in möglichst gleichmäßiger Konvergenz iterativ anzusteuern und sind daher von vornherein beschränkt auf ein endliches Spektrum und damit auf Polynommatrizen. Wir unterscheiden

IIIa) Transformationsalgorithmen.

Die Äquivalenztransformation mit Hilfe zweier *konstanter* Matrizen $\boldsymbol{L}$ und $\boldsymbol{R}$ führt auf eine obere Dreiecksmatrix bzw. Diagonalmatrix

$$\boldsymbol{L}\,\boldsymbol{F}(\lambda)\,\boldsymbol{R} = \nabla(\lambda) \quad \text{bzw.} \quad \boldsymbol{L}\,\boldsymbol{F}(\lambda)\,\boldsymbol{R} = \boldsymbol{D}(\lambda)\,, \tag{93}$$

womit dann die Eigenterme bloßliegen. Hierhin gehören

1. Transformationen im Gesamtraum der Ordnung n (bzw. $\varrho \cdot n$ nach erfolgter Expansion). Diese benötigen als Zubringer einen Selektionsalgorithmus.

2. Transformationen im Unterraum der Dimension $m<n$ (bzw. $m < \varrho \cdot n$ nach erfolgter Expansion). Diese benötigen keinen (selektiv arbeitenden) Zubringer. An die Stelle der Schaukeliteration tritt die exakte Lösung des Eigenwertproblems im Unterraum möglichst kleiner Dimension m; im Falle der Jacobi-ähnlichen Algorithmen für $m = 2$ bedeutet dies: Lösen einer quadratischen Gleichung mit anschließender Teiltransformation auf Diagonal- bzw. Jordan-Form der Ordnung $m = 2$.

IIIb) Determinantenalgorithmen. Die Begleitmatrix (92) mit nur $2\,\varrho \cdot n$ signifikanten Elementen wird mit Hilfe eines Selektionsalgorithmus spaltenweise sukzessiv mehr und mehr diagonaldominant gemacht so lange, bis die n (bzw. $\varrho \cdot n$) Defekte

$$d_j = \frac{\det \boldsymbol{F}(\Lambda_j)}{\alpha\, \Pi_j}\,; \qquad \alpha := \det \boldsymbol{A}_\varrho \neq 0 \tag{94}$$

klein genug sind.

Das ist (zur Zeit) alles. Immerhin noch genug für eine vieljährige, aufregende Exkursion in einer weitläufigen, im ständigen Wandel begriffenen Landschaft von außerordentlicher Schönheit, die zu immer neuen Entdeckungsfahrten herausfordert und welche demzufolge schon in wenigen Jahren ihr Aussehen völlig verändern kann. Der Leser rekapituliere dazu die Polemik über das Eigenwertproblem am Ende des X. Kapitels und lese den Essay „Das Ende der Transformationsalgorithmen. Was folgt ?" [200b].

§ 44. Die linearisierte Mechanik von Starrkörperverbänden

• 44.1. Die linearisierte Mechanik

In einem Buch über Matrizen kann naturgemäß nur von linearer oder zumindest linearisierter Mechanik die Rede sein. Mit den zum Vektor

$$\boldsymbol{y}(t) = \big(y_1(t) \quad y_2(t) \quad \ldots \quad y_f(t)\big)^T \tag{1}$$

zusammengefaßten Funktionen $y_j(t)$ lautet das (umgeordnete) NEWTONsche Grundgesetz

$$L[\boldsymbol{y}(t)] = \boldsymbol{M}(t)\,\ddot{\boldsymbol{y}}(t) + \boldsymbol{D}(t)\,\dot{\boldsymbol{y}}(t) + \boldsymbol{C}(t)\,\boldsymbol{y}(t) = \boldsymbol{o} + \boldsymbol{r}(t)\,;$$

$$\boldsymbol{r}(t) = \sum_{\nu=1}^{m(\infty)} \boldsymbol{k}_\nu(t)\,. \tag{2}$$

Zufolge der Linearität dieser Gleichung gilt das *Überlagerungs-* oder *Superpositionsprinzip*, wonach die Partikularlösung der inhomogenen Gleichung $L[\boldsymbol{y}(t)] = \boldsymbol{r}(t)$ zur Eigenlösung der homogenen Gleichung $L[\boldsymbol{y}(t)] = \boldsymbol{o}$ addiert werden darf. Bei regulärer Massenmatrix hält die letztere $2\,n$ Integrationskonstanten zum Anpassen an n Anfangswerte $\boldsymbol{y}(0)$ und n Anfangsgeschwindigkeiten $\dot{\boldsymbol{y}}(0)$ bereit.

Das Differentialgleichungssystem (2) läßt sich durch den BERNOULLIschen Trennungsansatz

$$\boldsymbol{y}(t) = \boldsymbol{x}\,f(t)\,, \qquad \dot{\boldsymbol{y}}(t) = \boldsymbol{x}\,\dot{f}(t)\,, \qquad \ddot{\boldsymbol{y}}(t) = \boldsymbol{x}\,\ddot{f}(t) \tag{3}$$

mit konstantem Amplitudenvektor $\boldsymbol{x}$ überführen in

$$[\boldsymbol{M}(t)\,\ddot{f}(t) + \boldsymbol{D}(t)\,\dot{f}(t) + \boldsymbol{C}(t)\,f(t)]\,\boldsymbol{x} = \boldsymbol{o} + \boldsymbol{r}(t)\,. \tag{4}$$

Sind insbesondere die drei Matrizen $\boldsymbol{M}, \boldsymbol{D}, \boldsymbol{C}$ konstant und ist die rechte Seite von der speziellen Form

$$\boldsymbol{r}(t) = \boldsymbol{r}\,e^{\Lambda t}; \qquad \Lambda = \Psi + i\,\Omega\,, \tag{5}$$

so führt der Exponentialansatz

$$f(t) = e^{\Lambda t}\,, \qquad \dot{f}(t) = \Lambda\,f(t)\,, \qquad \ddot{f}(t) = \Lambda^2\,f(t) \tag{6}$$

nach Fortkürzen der nicht identisch verschwindenden Funktion $f(t)$ auf die Matrizenhauptgleichung

$$\boldsymbol{F}(\Lambda)\,\boldsymbol{x} = (\boldsymbol{M}\,\Lambda^2 + \boldsymbol{D}\,\Lambda + \boldsymbol{C})\,\boldsymbol{x} = \boldsymbol{o} + \boldsymbol{r}\,, \tag{7}$$

wo im inhomogenen Fall der Wert Λ des Parameters λ vorgegeben ist (erzwungene Schwingungen, $\boldsymbol{r} \neq \boldsymbol{o}$), dagegen im homogenen Fall gesucht wird (freie Schwingungen, $\boldsymbol{r} = \boldsymbol{o}$).

Im statischen Fall degeneriert die Bewegungsgleichung (2) wegen $\dot{\boldsymbol{y}}(t) = \boldsymbol{o}$ und $\ddot{\boldsymbol{y}}(t) = \boldsymbol{o}$ zu den Gleichgewichtsbedingungen

$$\boldsymbol{C}(\sigma_1, \ldots \sigma_\mu)\,\boldsymbol{y} = \boldsymbol{o} + \boldsymbol{r}; \qquad \boldsymbol{r} = \sum_{\nu=1}^{m(\infty)} \boldsymbol{k}_\nu\,, \tag{8}$$

wo die Matrix $\boldsymbol{C}$ (nicht immer) einen oder mehrere Parameter enthält, die als Eigenwerte Vorgänge wie Knicken, Beulen, Kippen usw. (summarisch als Ausweichprobleme bezeichnet) zu erklären und vorauszu berechnen gestattet.

Das ist theoretisch alles. Es sei indessen ausdrücklich vermerkt, daß die Beschreibung des mechanischen Systems durch den Vektor (1) nicht die einzig mögliche ist, siehe dazu die Arbeit [111]. Speziell beim Verfahren der Übertragungsmatrizen steht anstelle von (7) eine Matrix kleinerer Ordnung, deren Elemente Polynome von höherem als zweiten Grade sind. Der an diesen Fragen interessierte Leser orientiere sich in den Büchern von KERSTEN [309], PESTEL und LECKIE [313], UHRIG [318] und SZILARD [316, S. 472—548].

• 44.2. Der frei bewegliche Verband von starren Körpern

Die linearisierte Bewegung des einzelnen starren Körpers hatten wir im Abschnitt 26.8 studiert. Fügen wir mehrere solcher Körper zu einem Verband zusammen, so ist bezüglich der gegenseitigen Kopplung (der Topologie) des Verbandes zu unterscheiden:

1. Keine Kopplung. Jeder Körper ist von den übrigen isoliert.
2. Nachbarkopplung. Die Körper bilden eine (auch unterbrochene) Kette. Jeder von ihnen ist (höchstens) mit seinem Nachbarn gekoppelt. (Typisches Beispiel: Eisenbahn. Lokomotive und Wagen sind durch Puffer gegeneinander abgefedert und jeweils geerdet über die elastische Bettung des Schotters.)
3. Teilweise durchgehende Kopplung. Es gibt mindestens zwei Körper, die nicht benachbart, aber gekoppelt sind.
4. Vollständig durchgehende Kopplung. Jeder Körper ist mit jedem verbunden.

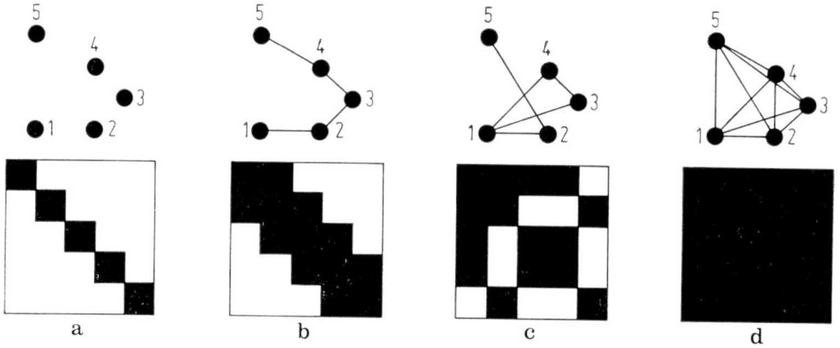

Abb. 44.1. Topologie und Besetzungsmuster. a) keine Kopplung; b) Nachbarkopplung; c) teilweise durchgehende Kopplung; d) durchgehende Kopplung

Die Abb. 44.1 zeigt diese Topologie mit dem dazugehörigen Besetzungsmuster (Profil) der Matrix $\boldsymbol{F}(\lambda)$ (7) in sechsreihigen Blöcken für den Sonderfall von fünf Körpern in schematischer Darstellung.

Das Besetzungsmuster der Matrix ist ein getreues Spiegelbild der Topologie des mechanischen Systems, und der erfahrene Ingenieur lernt es bald, dieses Muster als einer Zeichnung gleichwertig anzusehen, das heißt mit den „Augen der Maschine“ zu lesen.

• 44.3. Offene und geschlossene Schreibweise. Elimination und Kondensation

Die Bewegungsgleichung des einzelnen starren Körpers lautet nach (26.93), wenn wir auf die (nicht unbedingt erforderliche) Division des Vektors $\boldsymbol{x}_F$ durch l verzichten

$$\boldsymbol{M}^F\,\ddot{\boldsymbol{y}}(t) = \boldsymbol{d}^F(t) \rightarrow \begin{cases} m\,\boldsymbol{I}\;\;\ddot{\boldsymbol{x}}_F(t) + \boldsymbol{S}_f^T\,\ddot{\boldsymbol{f}}(t) = \boldsymbol{k}(t) \\ \quad\boldsymbol{S}_f\,\ddot{\boldsymbol{x}}_F(t) + \Theta^F\,\ddot{\boldsymbol{f}}(t) = \boldsymbol{m}_F(t) \end{cases};$$

$$\boldsymbol{D}\,\dot{\boldsymbol{y}}(t)\,, \qquad \boldsymbol{C}\,\boldsymbol{y}(t)\ \text{dito}\,. \tag{9}$$

Bauen wir mehrere Körper zu einer nachbargekoppelten Kette zusammen, so gibt es zwei mechanisch sinnvolle (von grundsätzlich beliebig vielen) Möglichkeiten der Anordnung, nämlich

a) die geschlossene Schreibweise. Es folgen einander

$$\boldsymbol{y}_g^T = (\boldsymbol{x}_1^T\,\boldsymbol{f}_1^T\,\boldsymbol{x}_2^T\,\boldsymbol{f}_2^T\,\ldots\,\boldsymbol{x}_m^T\,\boldsymbol{f}_m^T)\,; \qquad \boldsymbol{x}_\nu = \begin{pmatrix} x \\ y \\ z \end{pmatrix}_\nu, \qquad \boldsymbol{f}_\nu = \begin{pmatrix} \varphi_x \\ \varphi_y \\ \varphi_z \end{pmatrix}_\nu. \tag{10}$$

b) die offene (zerrissene) Schreibweise. Es erscheinen zunächst alle Verschiebungsvektoren $\boldsymbol{x}_\nu$, sodann die Winkelvektoren $\boldsymbol{f}_\nu$:

$$\boldsymbol{y}_z^T = (\boldsymbol{x}_1^T\quad \boldsymbol{x}_2^T\,\ldots\,\boldsymbol{x}_m^T;\quad \boldsymbol{f}_1^T\quad \boldsymbol{f}_2^T\,\ldots\,\boldsymbol{f}_m^T) = (\boldsymbol{x}^T;\boldsymbol{f}^T)\,, \tag{11}$$

und dies führt auf das System

$$\boldsymbol{F}(\lambda)\,\boldsymbol{y}_z = \boldsymbol{r} \rightarrow \begin{Bmatrix} \boldsymbol{F}_{xx}(\lambda)\,\boldsymbol{x} + \boldsymbol{F}_{xf}(\lambda)\,\boldsymbol{f} = \boldsymbol{r}_k \\ \boldsymbol{F}_{fx}(\lambda)\,\boldsymbol{x} + \boldsymbol{F}_{ff}(\lambda)\,\boldsymbol{f} = \boldsymbol{r}_m \end{Bmatrix} \rightarrow$$

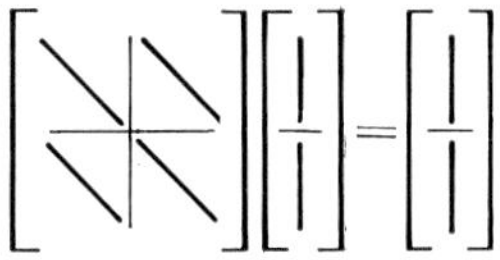

(12)

mit vier Blockdiagonalmatrizen, bestehend aus den dreireihigen Blöcken von (9). Das Profil ist jetzt offen, die Bandform zerstört; doch ist diese Schreibweise von Vorteil, wenn entweder die Verschiebungen $\boldsymbol{x}_\nu$ oder die Verdrehungen (Winkel) $\boldsymbol{f}_\nu$ separat berechnet werden sollen, was bei vielen technischen Problemen angemessen ist. Im ersten Fall schreiben wir

$$\boldsymbol{F}_{xx,\,\mathrm{red}}(\lambda)\,\boldsymbol{x} \qquad\qquad = \boldsymbol{r}_{k,\,\mathrm{red}}\,, \qquad [\mathrm{N}] \tag{13}$$

$$\boldsymbol{F}_{xf}(\lambda)\,\boldsymbol{x} + \boldsymbol{F}_{ff}(\lambda)\,\boldsymbol{f} = \boldsymbol{r}_m \qquad [\mathrm{N\ cm}] \tag{14}$$

mit den SCHUR-Komplementen (22.10)

$$\boldsymbol{F}_{xx,\,\mathrm{red}}(\lambda) = \boldsymbol{F}_{xx}(\lambda) - \boldsymbol{F}_{xf}(\lambda)\,\boldsymbol{F}_{ff}^{-1}(\lambda)\,\boldsymbol{F}_{fx}(\lambda) \tag{15}$$

und (22.11)

$$\boldsymbol{r}_{k,\,\mathrm{red}}(\lambda) = \boldsymbol{r}_k - \boldsymbol{F}_{xf}(\lambda)\,\boldsymbol{F}_{ff}^{-1}(\lambda)\,\boldsymbol{r}_m\,. \tag{16}$$

Das Analogon (22.15) bis (22.17) dazu ist von praktisch untergeordneter Bedeutung. Was haben wir uns mit dieser Elimination eingehandelt?

Zwar wurde die Ordnung des Gleichungssystems (13) halbiert von $6\,m$ auf $3\,m$, doch ist dafür die Matrix $\boldsymbol{F}_{ff}(\lambda)$ zu invertieren, was man in praxi natürlich zu umgehen versuchen wird.

Angenommen, es seien uns p Links- und Rechtseigen-(bzw. Haupt-) vektoren der Verschiebungen bekannt. Dann fassen wir diese zusammen zu den Rechteckmatrizen

$$\boldsymbol{Y}_p = (\boldsymbol{y}_1 \quad \boldsymbol{y}_2 \; \ldots \; \boldsymbol{y}_p); \qquad \boldsymbol{X}_p = (\boldsymbol{x}_1 \quad \boldsymbol{x}_2 \; \ldots \; \boldsymbol{x}_p) \tag{17}$$

und berechnen über den RITZ-Ansatz

$$\boldsymbol{x} = \boldsymbol{X}_p\, \boldsymbol{a} \tag{18}$$

aus (13) das Kondensat

$$[\boldsymbol{Y}_p^T \boldsymbol{F}_{xx}(\lambda)\, \boldsymbol{X}_p - \boldsymbol{Y}_p^T \boldsymbol{F}_{xf}(\lambda)\, \boldsymbol{F}_{ff}^{-1}(\lambda)\, \boldsymbol{F}_{fx}(\lambda)\, \boldsymbol{X}_p]\, \boldsymbol{a}$$
$$= \boldsymbol{Y}_p^T \boldsymbol{r}_k - \boldsymbol{Y}_p^T \boldsymbol{F}_{xf}(\lambda)\, \boldsymbol{F}_{ff}^{-1}(\lambda)\, \boldsymbol{r}_m\,, \tag{19}$$

aus dem sich die zu den Vektoren (17) gehörenden Eigenwerte λ_j wiedergewinnen lassen, und dieser Sachverhalt legt es nahe, anstelle der ja im allgemeinen unbekannten Eigen- bzw. Hauptvektoren gut geschätzte Näherungen zu wählen und außerdem in der kondensierten Gleichung (19) die Matrix $\boldsymbol{F}_{ff}(\lambda)$ durch $\boldsymbol{F}_{ff}(\Lambda)$ zu ersetzen mit einem Schiftpunkt Λ, der in der Nähe eines oder mehrerer gesuchter Eigenwerte liegt. Wir erinnern bei dieser Gelegenheit an die auf der Bereinigung bzw. dem lokalen Zerfall beruhenden Determinantenalgorithmen in § 37, die ganz ähnlich vorgehen, aber eben sehr viel zielstrebiger. Während hier nämlich die Auswahl der Ansatzvektoren dem Geschick und der Erfahrung des berechnenden Ingenieurs überlassen wird, ermittelt die RITZ-Iteration bzw. der Algorithmus BONAVENTURA die bestmöglichen Ansatzvektoren zum vorgegebenen Schift Λ überhaupt!

Wählt man insbesondere den Schiftpunkt $\Lambda = 0$, so wird $\boldsymbol{F}_{jj}(0) = \boldsymbol{C}_{jj}$, und dieses Vorgehen wird als *statische Kondensation* bezeichnet. Mechanisch bedeutet dies die Vernachlässigung der Rotationsträgheit und der Rotationsdämpfung. Ein derart rigoroser Eingriff ist jedoch nur bei den kleinsten Eigenwerten vertretbar, da zu diesen im allgemeinen knotenarme Eigenbewegungen gehören, bei welchen sich die meisten der starren Körper nur schwach oder gar nicht drehen. Die kinetische Energie der Translation ist dann um ein Vielfaches größer als die kinetische Energie der Rotation, und Entsprechendes gilt für die Dämpfungsarbeit, so daß die Vernachlässigung der Rotationsterme sich einigermaßen rechtfertigen läßt.

Die hier geschilderten und am diskreten Modell auch anschaulich deutbaren Praktiken der Elimination und Kondensation finden sich sinngemäß wieder bei den Finite-Elemente-Methoden. Der Leser studiere dazu die einführende Werke von LINK [310] und SCHWARZ [40].

44.4. Bindungen und Reaktionen

Wird die Bewegung des Starrkörperverbandes eingeschränkt durch w linear unabhängige äußere und/oder innere Bindungen (auch als Fesselungen oder Auflager bezeichnet), so reagieren diese darauf mit w linear unabhängigen äußeren und/oder inneren Reaktionen (Kräften und/oder Momenten). Das System hat dann nur noch $f = 6\,m - w$ Freiheitsgrade; w heißt die Gesamtwertigkeit der Bindungen.

Bezüglich der geometrischen Anordnung unterscheiden wir die Koordinatenfesselung von der allgemeinen Fesselung, wie in der Abb. 44.2 für den einfachsten Fall einer ebenen Scheibenbewegung veranschaulicht. Im Fall a) besitzt die Scheibe $f = 3$ Freiheitsgrade x_F, y_F und φ, im Fall b) dagegen nur den einen Freiheitsgrad y_F, während die beiden Reaktionen K_{1x} und K_{2x} die Koordinatenrichtung x haben. Ganz anders der Fall c): hier fällt weder die Bahnrichtung $\tilde{y}_F$ noch eine der Reaktionen $K_{1\tilde{x}}$, $K_{2\tilde{x}}$ in die Richtung einer Koordinate.

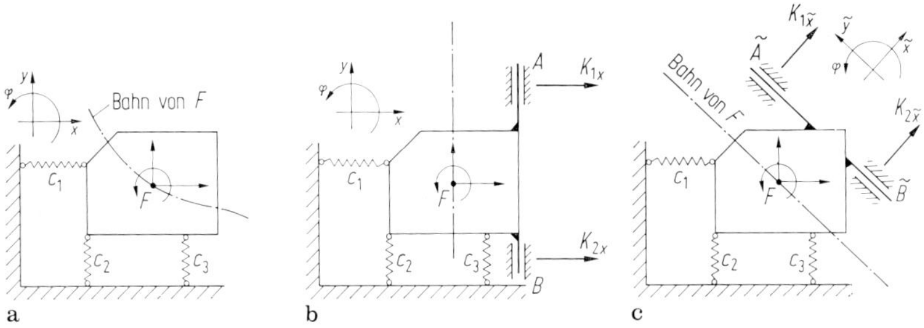

Abb. 44.2. Bindungen und Reaktionen.
a) keine Fesselung, $f = 3$ Freiheitsgrade; b) koordinatengefesselt, $f = 1$; c) kombiniert gefesselt, $f = 1$

Die Koordinatenfesselung verursacht keinerlei Schwierigkeiten. Von den insgesamt $6\,m$ Koordinaten sind w als konstant vorgegeben (z.B. als bleibende Stützensenkungen). Diese schreiben wir an das Ende, die $f = 6\,m - w$ freien Koordinaten als $\boldsymbol{y}_1(t)$ an den Anfang des Vektors (1) der Variablen. Die w zum Vektor $\boldsymbol{z}(t)$ zusammengefaßten Reaktionen, welche die vorgeschriebenen Bindungen erzwingen (daher auch als Zwangskräfte bzw. Zwangsmomente bezeichnet) treten demzufolge allein in den unteren w Gleichungen auf. Beachten wir noch, daß die ersten und zweiten zeitlichen Ableitungen der w gebundenen Koordinaten $\boldsymbol{y}_2$ verschwinden, so verbleibt das Gleichungssystem

$$\begin{array}{c}\uparrow\\ 6m\\ \downarrow\end{array}\begin{pmatrix}\boldsymbol{M}_{11}(t)\,\ddot{\boldsymbol{y}}_1(t)+\boldsymbol{D}_{11}(t)\,\dot{\boldsymbol{y}}_1(t)+\boldsymbol{C}_{11}(t)\,\boldsymbol{y}_1(t)\\ \boldsymbol{M}_{21}(t)\,\ddot{\boldsymbol{y}}_1(t)+\boldsymbol{D}_{21}(t)\,\dot{\boldsymbol{y}}_1(t)+\boldsymbol{C}_{21}(t)\,\boldsymbol{y}_1(t)\end{pmatrix}$$

$$=\begin{pmatrix}-\boldsymbol{C}_{12}\,\boldsymbol{y}_2+\boldsymbol{k}_1(t)\\ -\boldsymbol{C}_{22}\,\boldsymbol{y}_2+\boldsymbol{k}_2(t)+\boldsymbol{W}\,\boldsymbol{z}(t)\end{pmatrix}\begin{array}{c}\updownarrow f\\ \updownarrow w\end{array}. \tag{21}$$

Es ist klar, wie man vorzugehen hat. Die ersten f Gleichungen werden in bekannter Weise gelöst und sodann aus den verbleibenden letzten w Gleichungen die Reaktionen $\boldsymbol{z}(t)$ berechnet, was zufolge der vorausgesetzten linearen Unabhängigkeiten der Bindungen und damit der Regularität der quadratischen Matrix $\boldsymbol{W}$ eindeutig gelingt, zudem numerisch stabil, wenn auch die Bindungen mechanisch stabil angeordnet waren. Im Fall der Abb. 44.2 heißt dies beispielsweise, daß die beiden Scharniere A und B bzw. $\tilde{A}$ und $\tilde{B}$ nicht beliebig nah zusammenrücken dürfen.

Von besonderem Interesse ist der Fall $w = 6\,m$. Jetzt ist $f = 0$, der Körperverband ist bewegungsunfähig; es handelt sich somit um ein rein statisches Problem. Alle zeitlichen Ableitungen verschwinden, die „unteren" (das sind alle) $w = 6\,m$ Gleichungen aus (21) gehen über in die Gleichgewichtsbedingungen (8). Ist $w > 6\,n$, so heißt die Stützung statisch überbestimmt; es sind dann nicht alle (höchstens einige) der w Reaktionen eindeutig zu berechnen. Wird dies aus welchen Gründen immer dennoch verlangt, so ist die Fiktion des starren Körpers bzw. die der starren Bindungen aufzugeben.

Ist nun das System in allgemeiner Weise gefesselt, so hat man eine Koordinatentransformation derart vorzunehmen, daß anschließend Koordinatenfesselung vorliegt; im Beispiel der Abb. 44.2c erfordert dies lediglich eine Drehung.

Außer den damit beschriebenen sogenannten skleronomen Bindungen gibt es auch solche, die zeitabhängig (rheonom), außerdem von differentieller (inholonomer) statt endlicher Natur sind (beim Schlitten zum Beispiel). Die Theorie dazu ist nicht ganz einfach und in den Lehrbüchern der theoretischen Mechanik zu studieren.

Eine ganz andere als die in (21) geschilderte *synthetische* Methode der Trennung in reine Bewegungsgleichungen und restliche Gleichungen zur Bestimmung der Reaktionen ist die *analytische* Vorgehensweise nach den LAGRANGEschen Gleichungen zweiter Art, deren Anwendung jedoch voraussetzt, daß die eingeprägten Kräfte ein Potential besitzen, was in praxi meistens, keineswegs immer zutrifft. Da das Potential die Reaktionen nicht enthält, sind diese auf einfachste Weise eliminiert.

Die reinen Bewegungsgleichungen bzw. Gleichgewichtsbedingungen werden durch Differentiation der kinetischen und potentiellen Energie gewonnen, ein Vorgehen, das hier im Linearen gänzlich fehl am Platz ist. Man braucht ja nur die beiden Energieformen zu quadratisieren und hat damit die fertigen Matrizen zur Verfügung.

Eine vorteilhafte Variante der LAGRANGEschen Gleichungen findet der an diesen Fragen interessierte Leser in einer Arbeit von MERTENS [227], eine generelle Kritik der LAGRANGEschen Gleichungen bei MARGUERRE [226].

• 44.5. Die ebene Gelenkkette

Ein besonders einfacher Verband ist die beidseitig gelagerte ebene Gelenkkette der Abb. 44.3a mit den $n-1$ Freiheitsgraden $w_1, \ldots, w_{n-1}$. Wir setzen voraus, daß alle Massenmittelpunkte auf der x-Achse liegen, dann findet die Bewegung in x-Richtung (in unserem Falle verhindert durch das feste Gelenk links) unabhängig von der Bewegung in y-Richtung statt.

Wir beschreiben zuerst den entkoppelten Verband der Abb. 44.4c, der die auf die Gelenke verteilten translatorischen Anteile der Massenträgheit der Scheibe enthält, und zwar ist nach Abb. 44.3 zu setzen

$$\overset{e}{m}_j = \tfrac{1}{2}\,(m_{j-1,j} + m_{j,j+1}) + \tfrac{1}{2}\,(m_{j-1,j}\,\beta_{j-1,j} - m_{j,j+1}\,\beta_{j,j+1})\,, \quad (23)$$

$$\beta_{jk} = \frac{b_{jk}}{\Delta_{jk}}\,. \quad (24)$$

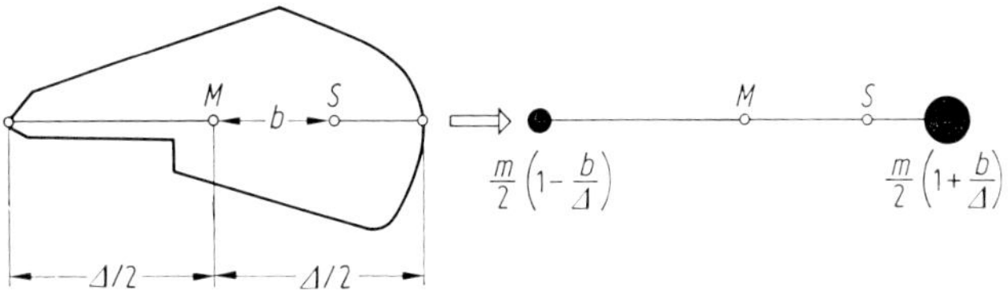

Abb. 44.3. Zur Massengeometrie

Mit den Vektoren

$$\boldsymbol{w}(t) = \bigl(w_1(t)\ \ w_2(t)\ \ \ldots\ \ w_{n-1}(t)\bigr)^T\,, \qquad \boldsymbol{k}(t) = \bigl(K_1(t)\ \ K_2(t)\ \ \ldots\ \ K_{n-1}(t)\bigr)^T \quad (25)$$

und den $(n-1)$-reihigen Diagonalmatrizen

$$\overset{e}{\boldsymbol{M}} = \boldsymbol{D}\mathrm{iag}\,\langle \overset{e}{m}_j\rangle\,, \qquad \overset{e}{\boldsymbol{D}} = \boldsymbol{D}\mathrm{iag}\,\langle d_j\rangle\,, \qquad \overset{e}{\boldsymbol{C}} = \boldsymbol{D}\mathrm{iag}\,\langle c_j\rangle \quad (26)$$

lautet die Bewegungsgleichung

$$\overset{e}{\boldsymbol{M}}\,\ddot{\boldsymbol{w}}(t) + \overset{e}{\boldsymbol{D}}\,\dot{\boldsymbol{w}}(t) + \overset{e}{\boldsymbol{C}}\,\boldsymbol{w}(t) = \boldsymbol{k}(t)\,, \quad (27)$$

und nun bauen wir in vier Schritten die Kopplung ein.

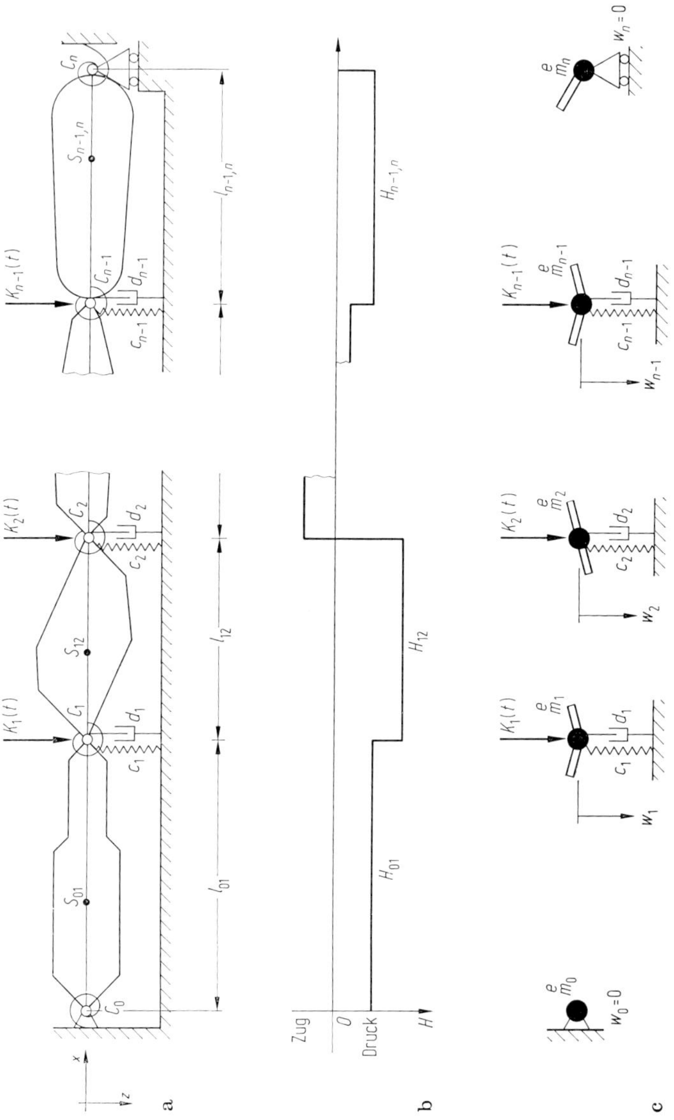

Abb. 44.4. Ebene Gelenkkette. a) Vermaßung; b) Horizontalkraftverlauf; c) fehlende Kopplung

1. Horizontalkraft H_{ij} im Felde der Nummer $i\,j$, wo $j = i + 1$ ist. $H_{ij} > 0$ Druck, $H_{ij} < 0$ Zug.

$$\begin{array}{l} \text{Zeile } i \\ \text{Zeile } j \end{array} \qquad \begin{array}{c} \quad w_i \quad\; w_j \\ \dfrac{H_{ij}}{\Delta_{ij}} \begin{pmatrix} 1 & -1 \\ -1 & 1 \end{pmatrix}. \end{array} \tag{28}$$

Am linken (rechten) Ende ist $w_0 = 0$ ($w_n = 0$) zu setzen.

2. Rotationsträgheit, ausgedrückt durch den Trägheitsradius i_M der Scheibe.

$$\begin{array}{l} \text{Zeile } i \\ \text{Zeile } j \end{array} \quad \begin{array}{c} \qquad \ddot{w}_i \quad \ddot{w}_j \\ m_{ij}\,\alpha_{ij}^2 \begin{pmatrix} 1 & -1 \\ -1 & 1 \end{pmatrix} \end{array} \text{ mit } \alpha_{ij}^2 := \left(\frac{i_M}{\Delta}\right)^2 - \frac{1}{4}\,; \quad \Theta^M = m\,i_M^2\,. \tag{29}$$

Am linken (rechten) Ende ist $\ddot{w}_0 = 0$ ($\ddot{w}_n = 0$) zu setzen.

3. Drehfedern.

$$\begin{array}{l} \text{Zeile } i-1 \\ \text{Zeile } i \\ \text{Zeile } i+1 \end{array} \quad \begin{array}{c} w_{i-1} \quad w_i \quad w_{i+1} \\ \left(\begin{array}{c} \\ C_i\, \boldsymbol{\Delta}_i\, \boldsymbol{\Delta}_i^T \\ \\ \end{array} \right) \end{array} \tag{30}$$

$$\text{mit } \boldsymbol{\Delta}_i^T = \left[\frac{1}{\Delta_{i-1,\,i}} \qquad -\left(\frac{1}{\Delta_{i-1,\,i}} + \frac{1}{\Delta_{i,\,i+1}} \right) \qquad \frac{1}{\Delta_{i,\,i+1}} \right].$$

Am linken Ende ist $w_{-1} = w_0 = 0$ bzw. $w_0 = 0$ zu setzen, am rechten Ende entsprechend $w_n = 0$ bzw. $w_n = w_{n+1} = 0$.

4. Drehdämpfung (in Abb. 44.4a nicht eingezeichnet). Analog zu 3. Ersetze C_i durch D_i und w_i durch $\dot{w}_i$.

Werden diese einzelnen Dyaden addiert, so heben sich die inneren und äußeren Gelenkkräfte als paarweise auftretende Reaktionen heraus, und es resultieren die reinen Bewegungsgleichungen mit den bandförmigen Matrizen

$\overset{k}{\boldsymbol{M}}, \boldsymbol{H} =$ 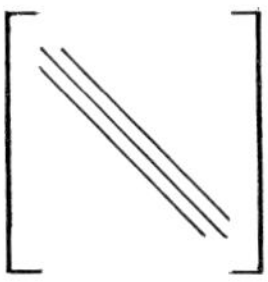 ; $\overset{k}{\boldsymbol{D}}, \overset{k}{\boldsymbol{C}} =$  . (31)

Die aus den Anteilen (26) und (31) bestehende Gesamtmatrix $\boldsymbol{F}(\lambda)$ ist somit fünfreihig.

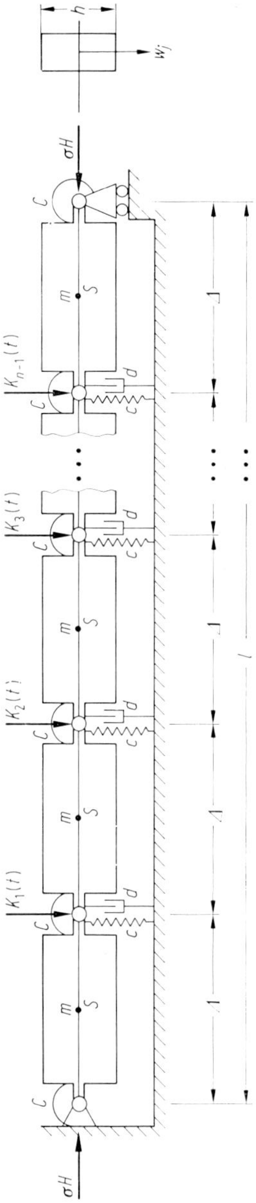

Abb. 44.5. Homogene Gelenkkette, bestehend aus $n - 1$ gleichartigen Scheiben

Wir betrachten als einfachsten Sonderfall die aus lauter gleichartigen Scheiben aufgebaute *homogene* Gelenkkette der Abb. 44.5 mit $S_{ij} = M_{ij}$ und konstanter Horizonzalkraft, somit

$$\beta_{ij} = 0\,, \qquad m_{ij} = m\,, \qquad \alpha_{ij}^2 = \alpha^2 = \left(\frac{is}{\Delta}\right)^2 - \frac{1}{4}\,; \qquad H_{ij} = H\,. \quad (32)$$

Aus (26) werden dann die Skalarmatrizen

$$\overset{e}{\boldsymbol{M}} = m\,\boldsymbol{I}\,, \qquad \overset{e}{\boldsymbol{D}} = d\,\boldsymbol{I}\,, \qquad \overset{e}{\boldsymbol{C}} = c\,\boldsymbol{I}\,, \quad (33)$$

und durch das Zusammenschieben der Dyaden (28) und (29) entsteht mit der Matrix $\boldsymbol{\Lambda}$ (17.57)

$$\boldsymbol{H} = \frac{H}{\Delta}\boldsymbol{\Lambda}\,, \qquad \overset{k}{\boldsymbol{M}} = \frac{\alpha^2}{\Delta}\boldsymbol{\Lambda}\,, \quad (34)$$

ferner wird aus (30) und analog für die Drehdämpfung, wie man nach leichter Rechnung erkennt — eine Überraschung! —

$$\overset{k}{\boldsymbol{D}} = \frac{D}{\Delta^2}\boldsymbol{\Lambda}^2\,, \qquad \overset{k}{\boldsymbol{C}} = \frac{C}{\Delta^2}\boldsymbol{\Lambda}^2\,. \quad (35)$$

Die nach Potenzen von $\boldsymbol{\Lambda}$ geordnete Bewegungsgleichung lautet daher

$$\boxed{\begin{aligned}&\boldsymbol{\Lambda}^2\left[\frac{D}{\Delta^2}\dot{\boldsymbol{w}}(t) + \frac{C}{\Delta^2}\boldsymbol{w}(t)\right] + \boldsymbol{\Lambda}\left[m\,\alpha^2\,\ddot{\boldsymbol{w}}(t) - \sigma\frac{H}{\Delta}\boldsymbol{w}(t)\right] + \\ &+ \boldsymbol{I}\left[m\,\ddot{\boldsymbol{w}}(t) + d\,\dot{\boldsymbol{w}}(t) + c\,\boldsymbol{w}(t)\right] = \boldsymbol{k}(t)\end{aligned}}\,. \quad (36)$$

Führen wir hier über die Modalmatrix (17.51) neue Koordinaten $\boldsymbol{z}$ ein und multiplizieren von links mit $\boldsymbol{X}^T$, so wird wegen

$$\boldsymbol{w} = \boldsymbol{X}\boldsymbol{z}\,, \qquad \boldsymbol{X}^T\boldsymbol{\Lambda}^2\boldsymbol{X} = \boldsymbol{\Lambda}^2\,, \qquad \boldsymbol{X}^T\boldsymbol{\Lambda}\boldsymbol{X} = \boldsymbol{\Lambda}\,, \qquad \boldsymbol{X}^T\boldsymbol{I}\boldsymbol{X} = \boldsymbol{I} \quad (37)$$

das System von $n - 1$ Differentialgleichungen entkoppelt

$$\begin{aligned}&\boldsymbol{\Lambda}^2\left[\frac{D}{\Delta^2}\dot{\boldsymbol{z}}(t) + \frac{C}{\Delta^2}\boldsymbol{z}(t)\right] + \boldsymbol{\Lambda}\left[m\,\alpha^2\,\ddot{\boldsymbol{z}}(t) - \sigma\frac{H}{\Delta}\boldsymbol{z}(t)\right] \\ &\qquad + \boldsymbol{I}\left[m\,\ddot{\boldsymbol{z}}(t) + d\,\dot{\boldsymbol{z}}(t) + c\,\boldsymbol{z}(t)\right] = \boldsymbol{X}^T\boldsymbol{k}\,(t)\end{aligned} \quad (38)$$

mit der Spektralmatrix (17.58) (dort steht n, hier $n - 1$)

$$\boldsymbol{\Lambda} = \boldsymbol{D}\mathrm{iag}\,\langle\lambda_j\rangle\,; \qquad \lambda_j = 2 - 2\cos\frac{j}{n}\pi\,; \qquad j = 1, 2, \ldots, n-1\,. \quad (39)$$

Jede einzelne von ihnen lautet demnach

$$\begin{aligned}&\lambda_j^2\left[\frac{D}{\Delta^2}\dot{z}_j(t) + \frac{C}{\Delta^2}z_j(t)\right] + \lambda_j\left[m\,\alpha^2\,\ddot{z}_j(t) - \sigma\frac{H}{\Delta}z_j(t)\right] + \\ &+ 1\cdot\left[m\,\ddot{z}_j(t) + d\,\dot{z}_j(t) + c\,z_j(t)\right] = \boldsymbol{x}_j^T\,\boldsymbol{k}(t)\,.\end{aligned} \quad (40)$$

Speziell für die erregende Kraft (5) entstehen daraus nach Fortkürzen der Exponentialfunktion die zeitfreien Gleichungen

$$\left\{\lambda_j^2\left[\frac{D}{\Delta^2}\Lambda + \frac{C}{\Delta^2}\right] + \lambda_j\left[m\,\alpha^2\,\Lambda^2 - \sigma\frac{H}{\Delta}\right] + \left[m\,\Lambda^2 + d\,\Lambda + c\right]\right\}z_j = \boldsymbol{x}_j^T\boldsymbol{k}\,;$$
$$j = 1, 2, \ldots, n-1\,. \quad (41)$$

Für den Sonderfall fehlender Dämpfung mit $D = 0$, $d = 0$ und $\Psi = 0$ aus (5), (6), also mit der jetzt periodischen Funktion

$$f(t) = A \cos \Omega t + B \sin \Omega t \tag{42}$$

wird daraus

$$\left\{\lambda_j^2 \left[\frac{C}{\Delta^2}\right] + \lambda_j \left[-m\,\alpha^2\,\Omega^2 - \sigma \frac{H}{\Delta}\right] + \left[-m\,\Omega^2 + c\right]\right\} z_j = \boldsymbol{x}_j^T\,\boldsymbol{k}\,;$$
$$j = 1, 2, \ldots, n-1\,. \tag{43}$$

Für die *freie* ungedämpfte Schwingung mit $\boldsymbol{k} = \boldsymbol{o}$ lassen sich demnach die $n - 1$ Eigenfrequenzen der homogenen Gelenkkette explizit angeben (man schreibt dann ω statt Ω)

$$\omega_j^2 = \frac{c}{m}\,\frac{1 - \lambda_j\,\sigma \dfrac{H}{c\,\Delta} + \lambda_j^2 \dfrac{C}{c\,\Delta^2}}{1 + \lambda_j\,\alpha^2}\,; \qquad j = 1, 2, \ldots, n-1$$

mit

$$\alpha^2 = \left(\frac{i_S}{\Delta}\right)^2 - \frac{1}{4}\,; \qquad \lambda_j = 2 - 2\cos\frac{j}{n}\pi \tag{44}$$

Ein einfaches Beispiel mit $n = 3$ elliptischen Scheiben hatten wir bereits im Abschnitt 42.3 berechnet, siehe dort.

Auch für andere als die hier vorgeführten Randbedingungen läßt sich die Lösung in geschlossener Form als Funktion von $\Delta = l/n$ angeben; es ist dann lediglich die Matrix $\boldsymbol{A}$ (17.57) durch $\boldsymbol{A}_R$ (24.81) bzw. andere Matrizen ähnlicher Bauart zu ersetzen. Es handelt sich dabei genaugenommen um die Lösungen von Differenzengleichungen, die den natürlichen Übergang zu den Differentialgleichungen bilden, was wir anhand der Gelenkkette der Abb. 44.5 im Abschnitt 45.3 vorführen werden.

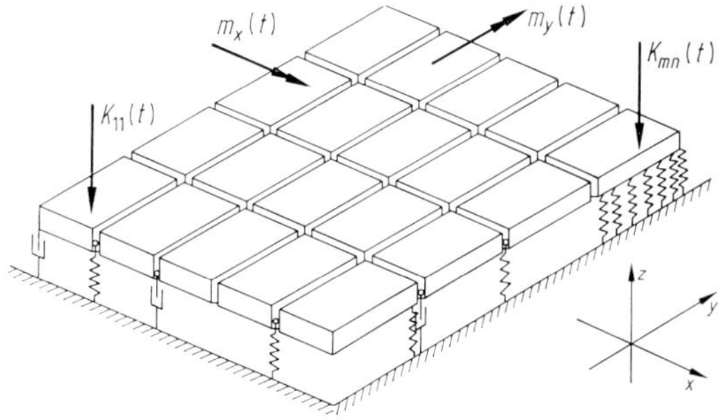

Abb. 44.6. Die ebene Platte als zweidimensionale Erweiterung der homogenen Gelenkkette von Abb. 44.5

Für den berechnenden Ingenieur ist in diesem Zusammenhang interessant, daß auch für in zwei oder drei Richtungen ausgedehnte homogene Gelenkverbände, z.B. für die Platte bzw. Scheibe der Abb. 44.6, Matrizen mit geschlossen angebbaren Eigenwerten und Eigenvektoren existieren. Einige davon findet man in dem Buch von Rozsa [315, S. 465—512].

§ 45. Diskretisierung und Finitisierung hybrider Strukturen

• 45.1. Problemstellung

Mit dem Aufkommen der digitalen Rechenautomaten Ende der fünfziger Jahre und der etwa gleichzeitig stattfindenden Einführung des Matrizenkalküls in die Ingenieurausbildung setzte eine bis dahin ungeahnte Entwicklung ein, nämlich die numerische Inangriffnahme von Problemstellungen der Praxis, die bislang nur auf dem Papier „gelöst" wurden, vornehmlich im gedanklichen Aufstellen und Niederschreiben von gewöhnlichen oder partiellen Vektor- bzw. Tensordifferentialgleichungen samt ihren Rand- und Übergangsbedingungen — eine im wahrsten Sinne des Wortes brotlose Kunst, die zwar den Mathematiker befriedigen mochte, den Anwender indessen nicht weiterbrachte. Denn selbst wenn die gesuchten Funktionsverläufe (Kraft- und/oder Weggrößen) als bekannte und tabulierte Zahlenwerte (im einfachsten Fall Exponentialfunktionen mit ihren Derivaten Kreis- und Hyperbelfunktionen) vorliegen, beginnt erst die eigentliche Schwierigkeit, nämlich das Anpassen der Integrationskonstanten bzw. Integrationsfunktionen an die Rand- und Übergangsbedingungen, und dies ist ein algebraisches Problem mit oft hunderten von Unbekannten. Es ist daher verständlich, daß der vor solche Aufgaben gestellte, mit Rechenschieber — und hochgegriffen! — Tischrechenmaschine ausgerüstete Ingenieur sich zunächst mit der etwa seit 1880 einsetzenden wissenschaftlich begründeten Baustatik befaßte, während eine ernsthaft betriebene Strukturkinetik erst Anfang der zwanziger Jahre mit der Berechnung von Torsionseigenschwingungen einsetzte, ausgelöst durch die in der Praxis häufig auftretenden Kurbelwellenbrüche. Um sich von den damals üblichen — zum Teil zeichnerischen! — Methoden sowie dem Kenntnisstand der Ingenieure eine Vorstellung zu machen, sei der Leser auf eine zusammenfassende Arbeit von Klotter [225] aus dem Jahre 1948 hingewiesen, die einen Begriff davon gibt, was in den letzten vierzig Jahren geschehen ist.

Was also ist geschehen? Durch die epochemachende Erfindung von Konrad Zuse [46][1] und Aitken [46, S. 105] ist es dem Anwender möglich geworden, ohne Rücksicht auf Verluste (von Zeit und Geld nämlich) seinem Rechenbedürfnis zu frönen, theoretisch ins Unbegrenzte, praktisch jedoch eingeschränkt durch die unvermeidlichen Rundungsfehler, bedingt durch die endliche Mantissenlänge herkömmlicher Rechenautomaten, doch wird auch hier die von Kulisch geschaffene

[1] Schöpfer der ersten vollautomatischen, programmgesteuerten und frei programmierbaren, in binärer Gleitpunktrechnung arbeitenden Rechenanlage. Sie war 1941 betriebsfähig.

neue Arithmetik ACRITH (High Accuracy Arithmetic) einen revolutionären Wandel herbeiführen; der Leser rekapituliere dazu den letzten Absatz des Abschnittes 24.1.

Um selbst die kompliziertesten Probleme der technischen Mechanik mit dem Wissen um ihre prinzipielle numerische Lösbarkeit anzugreifen, stehen dem berechnenden Ingenieur zur Zeit zwei ihrem Wesen nach grundsätzlich verschiedene Methoden zur Verfügung:

1. Diskretisierung. Das Kontinuum (Seil, Balken, Scheibe, Platte, Schale, Elastikum) wird ersetzt durch einen Starrkörperverband mit möglichst ähnlichen Eigenschaften. Diese Methode streifen wir kurz im Abschnitt 45.2.
2. Finitisierung. Die Gesetze der Infinitesimalrechnung werden angewendet nicht auf die gesuchten Lösungsfunktionen, sondern auf geeignet vorgegebene Näherungsfunktionen mit endlich vielen (daher der Name) Ersatzvariablen. Dazu verlieren wir einige Worte im Abschnitt 45.4.

• 45.2. Diskrete Modelle

Diese Methode besteht darin, den bei der Herleitung von Differentialgleichungen notwendigen Übergang ins „unendlich Kleine“ erst gar nicht zu vollziehen, sondern es beim endlich kleinen Element zu belassen. Es entstehen dann weder Fragen der Stetigkeit oder Differenzierbarkeit noch Probleme mit Einzelkräften und Einzelmomenten, die beim Grenzübergang sozusagen ins Loch, d. h. zwischen zwei Elemente fallen und daher in der Differentialgleichung gar nicht erscheinen. Erst durch sehr künstlich wirkende Maßnahmen (Distributionen, STIELTJES-Integral u. a.) können sie wieder zum Vorschein gebracht werden, doch ist ein solches Vorgehen alles andere als ingenieurgerecht, noch kann es theoretisch befriedigen. Mit anderen Worten: Elemente mit Einzelkräften bzw. Einzelmomenten sind vom Grenzübergang auszuschließen, und eben dies geschieht bei der diskreten Modellierung generell und nicht nur in Ausnahmefällen.

• 45.3. Der Übergang zum Kontinuum

In der Mechanik unterscheidet man bekanntlich zwei Vorgehensweisen, die synthetische und die analytische Methode. Die erste besteht im Anschreiben des NEWTONschen Grundgesetzes bzw. der Gleichgewichtsbedingungen für das aus dem Kontinum herausgeschnittene Element; der anschließend durchzuführende Grenzübergang zu verschwindend kleinen Elementen führt dann auf partielle Differentialgleichungssysteme von zweiter Ordnung in der Zeit t und zweiter und höherer Ordnung in den Variablen x, y und z.

Die analytische Methode ist nur dann anwendbar, wenn endliche (wie im Abschnitt 26.8) oder differentielle quadratische Formen mit Extremaleigenschaft existieren. Sie ist elegant, aber formal, zudem nicht ingenieurgerecht, weil die Herleitung der Bewegungsgleichungen bzw. der Gleichgewichtsbedingungen einem mathematischen Prozeß, nämlich der Gradientenbildung und nicht dem Wissen und Können des erfahrenen Mechanikers überlassen wird. Andererseits muß gesagt werden, daß neuerdings bei sehr komplexen Strukturen, besonders in der Getriebedynamik, auch die synthetische Methode dem Automaten überlassen wird, der die Bewegungsgleichungen formelmäßig (nicht numerisch) ausdruckt, ein Fortschritt, der die hohe Kunst des Programmierers, der zugleich Ingenieur sein muß, voraussetzt.

Den synthetisch durchgeführten Grenzübergang machen wir uns an dem einfachen Beispiel der homogenen Gelenkkette von Abb. 44.5 klar. Zunächst fragen wir nach der Bedeutung der in (44.36) auftauchenden Matrix $\boldsymbol{A}$. Bilden wir die zweite Differenz aus drei benachbarten Auslenkungen

$$\Delta_2 w := (w_{i+1} - w_i) - (w_i - w_{i-1}) = w_{i-1} - 2\,w_i + w_{i+1}\,, \tag{1}$$

konkret angeschrieben für einen beliebigen Ausschnitt in der Nachbarschaft von w_i

$$\left.\begin{array}{l|ccccc} & w_{i-2} & w_{i-1} & w_i & w_{i+1} & w_{i+2} \\ \hline \text{Zeile } i-1 & 1 & -2 & 1 & & \\ \text{Zeile } i & & 1 & -2 & 1 & \\ \text{Zeile } i+1 & & & 1 & -2 & 1 \end{array}\right\}, \tag{1a}$$

so erkennen wir die mit -1 multiplizierten Zeilen der Differenzenmatrix zweiter Ordnung (17.57) wieder. Es gilt somit in leicht verständlicher Schreibweise

$$\boldsymbol{A}\,\boldsymbol{w}(t) = -\Delta_2\,\boldsymbol{w}(t)\,, \qquad \boldsymbol{A}^2\,\boldsymbol{w}(t) = \Delta_4\,\boldsymbol{w}(t) \tag{2}$$

oder nach geeigneter Division und anschließendem Grenzübergang

$$-\frac{\boldsymbol{A}}{\Delta^2}\boldsymbol{w}(t) = \frac{\Delta_2}{\Delta^2}\boldsymbol{w}(t) \to \frac{d^2}{dx^2}\,w(t)\,; \qquad \left(\frac{\boldsymbol{A}}{\Delta^2}\right)^2\boldsymbol{w}(t) = \frac{\Delta_4}{\Delta^4}\boldsymbol{w}(t) \to \frac{d^4}{dx^4}\,w(t)\,. \tag{3}$$

Dividieren wir daraufhin die Bewegungsgleichung (44.36) durch Δ und nehmen eine erforderliche Erweiterung vor, so entsteht die gewöhnliche Vektordifferentialgleichung

$$\left(\frac{\boldsymbol{A}}{\Delta^2}\right)\left[\Delta\,D\,\dot{\boldsymbol{w}}\,(t) + \Delta\,C\,\boldsymbol{w}(t)\right] - \left(\frac{\boldsymbol{A}}{\Delta^2}\right)\left[m\,\Delta\,\alpha^2\,\ddot{\boldsymbol{w}}(t) - \sigma\,H\,\boldsymbol{w}(t)\right] + \\ + \boldsymbol{I}\left[\frac{m}{\Delta}\,\ddot{\boldsymbol{w}}(t) + \frac{d}{\Delta}\,\dot{\boldsymbol{w}}(t) + \frac{c}{\Delta}\,\boldsymbol{w}(t)\right] = \frac{\boldsymbol{k}(t)}{\Delta}\,, \tag{4}$$

dagegen lautet die partielle Differentialgleichung des geraden BERNOULLIschen Balkens mit $w = w(x, t)$

$$\frac{d^4}{d\,x^4}[\hat{D}\,J_y^S\,\dot{w} + E\,J_y^S\,w] - \frac{d^2}{d\,x^2}[\varrho\,J_y^S\,\ddot{w} - \sigma\,H\,w] + [\varrho\,F\,\ddot{w} + \delta_z\,\dot{w} + \beta_z\,w]$$

$$= q_z(x, t) + \frac{d}{d\,x}\,m_y(x, t)\,, \tag{5}$$

und eine Gegenüberstellung der einander entsprechenden Kenngrößen aus (4) und (5) ergibt (oben diskret, unten diskontinuierlich)

$\Delta\,D$	$\Delta\,C$	$m\,\Delta\,\alpha^2$	$\sigma\,H$	$\frac{m}{\Delta}$	$\frac{d}{\Delta}$	$\frac{c}{\Delta}$	$\frac{\boldsymbol{k}(t)}{\Delta}$	$----$	(6)
$\hat{D}\,J_y^S$	$E\,J_y^S$	$\varrho\,J_y^S$	$\sigma\,H$	ϱF	δ_z	β_z	$q_z(t)$	$\frac{d}{dx}\,m_y(t)$.	(7)

Damit sind mit den vorgegebenen Kenngrößen (7) des Kontinuums nach Wahl der Elementlänge $\Delta = l/n$ auch die Kenngrößen (6) der Gelenkkette festgelegt selbst dann, wenn der Grenzübergang sinnlos erscheint, weil beispielsweise die homogene Kette aus lauter elliptischen Scheiben besteht wie im Beispiel der Abb. 42.3. Der Leser notiere aber, daß auch hierin eine exakte, wenn auch wenig plausible Methodik besteht. Eine brauchbare Annäherung an den BERNOULLIschen Balken wird natürlich allein mit den schon in Abb. 44.5 vorbereiteten Rechteckelementen konstanter Profilfläche F erreicht unter der zusätzlichen Maßgabe, daß die gewählten Koordinaten y und z Hauptachsen durch $S = M$ sind, weil anderenfalls die Gleichung (5) nicht gültig ist.

Machen wir uns die formal gewonnenen Ergebnisse (6), (7) auch anschaulich klar. Zunächst zur Massengeometrie. Mit der konstanten Dichte ϱ wird

$$m = \varrho\,V = \varrho\,F\,\Delta\,;$$

$$m\,\Delta\,\alpha^2 = \varrho\,F\,\Delta\,\Delta\left(\frac{i_{Sy}^2}{\Delta^2} - \frac{1}{4}\right) = \varrho\,F\,i_{Sy}^2 - \varrho\,F\,\Delta^2/4 \xrightarrow[\Delta=0]{} \varrho\,J_y^S\,, \tag{8}$$

und damit ist die Gleichheit von m/Δ und $\varrho\,F$ aus der Tabelle (6), (7) direkt hergestellt, während die Größen $m\,\Delta\,\alpha^2$ und $\varrho\,J_y^S = \varrho\,F\,i_{Sy}^2$ differieren um den Subtrahenden $\varrho\,F\,\Delta^2/4$, der gegen Null strebt, weil die beiden Ersatzmassen der Translation aus Abb. 44.4 im unendlich Kleinen ihre Rolle ausgespielt haben; bei der diskreten Gelenkkette dagegen waren sie unentbehrlich!

Der Leser mache sich anhand der Abb. 45.1 auch die übrigen Grenzübergänge klar. Es bedeutet der Elastizitätsmodul E die innere elastische Bettung pro Fläche F und β_x die äußere elastische Bettung, bezogen auf die Länge Δ des BERNOULLIschen Balkenelements, und das Analoge gilt für die innere und die äußere Dämpfung. Bleibt schließlich noch die Belastung. Hier fehlt bei der diskreten Gelenkkette die

Momentenbelastung, die wir der Übersichtlichkeit in Abb. 44.3 und somit in (44.36) fortgelassen haben; sie pflegt übrigens auch in der landesüblichen Baustatik generell zu fehlen, obwohl dazu nicht der mindeste Anlaß besteht; siehe dazu eine kritische Arbeit von SCHNEIDER [229].

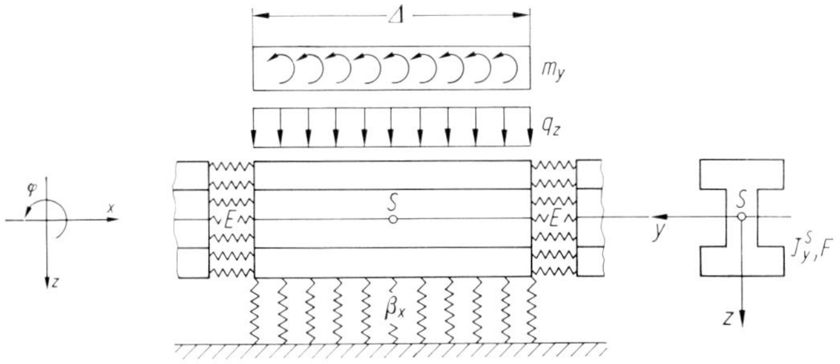

Abb. 45.1. Zum BERNOULLIschen Balkenmodell

Um die Genauigkeit der Diskretisierung beurteilen zu können, stellen wir einen Vergleich an mit der hier in geschlossener Form angebbaren Lösung der homogenen Differentialgleichung (5) für $q_z(x, t) = 0$ und $m_y(x, t) = 0$. Der Trennungsansatz $w(x, t) = W(x) f(t)$ mit $W(X) = A \sin(j\pi x/l)$ führt über die Randbedingungen $W(0) = W(l) = 0$ und $W''(0) = W''(l) = 0$ auf die Eigenwerte

$$\tilde{\lambda}_j = \varphi_j^2; \qquad \varphi_j = \frac{j}{n}\pi; \qquad j = 1, 2, \ldots, n-1, \ldots \infty; \tag{9}$$

die Eigenwerte des Paares $\boldsymbol{A}$; $\boldsymbol{I}$ dagegen sind nach (17.58) in eine Reihe entwickelt

$$\lambda_j = 2 - 2\cos\varphi_j = \varphi_j^2 - \tfrac{1}{12}\varphi_j^4 + \tfrac{1}{360}\varphi_j^6 \pm \cdots; \qquad j = 1, 2, \ldots, n-1\,. \tag{10}$$

Es fehlen in der diskreten Gelenkkette somit die höheren Eigenkreisfrequenzen ab n völlig, von den verbleibenden $n - 1$ sind die oberen zwei Drittel unbrauchbar, für kleine Werte von j/n indessen ist die Annäherung ausgezeichnet, siehe dazu Abb. 45.2 und die Tabelle (11) mit dem Korrektur- oder *Eichfaktor* $f = \tilde{\lambda}/\lambda$, mit dem der Eigenwert der Gelenkkette zu multiplizieren ist, damit der Eigenwert des Balkens *exakt* herauskommt.

j/n	1/100	2/100	3/100	5/100	10/100
f	1,0000823	1,000329	1,0007405	1,002059	1,008265

(11)

Weitere solcher Eichtabellen für andere Randbedingungen des Balkens wie auch für die Platte der Abb. 44.6 und verwandte Probleme sind in Vorbereitung.

Beachten wir aber einen grundlegenden Unterschied. Wird die Homogenität der Kette gestört, so führt dies nicht aus dem Matrizenkalkül hinaus (wohl aber aus der Theorie der Differenzengleichungen, von der wir hier überhaupt keinen Gebrauch gemacht haben). Zwar ändern sich einige oder alle Elemente der Matrix $\boldsymbol{A}$, was eben nur bedeutet, daß wir jetzt nicht mehr auf ein explizit angebbares Spektrum zurückgreifen können, sondern *rechnen* müssen, wobei die *Größe*

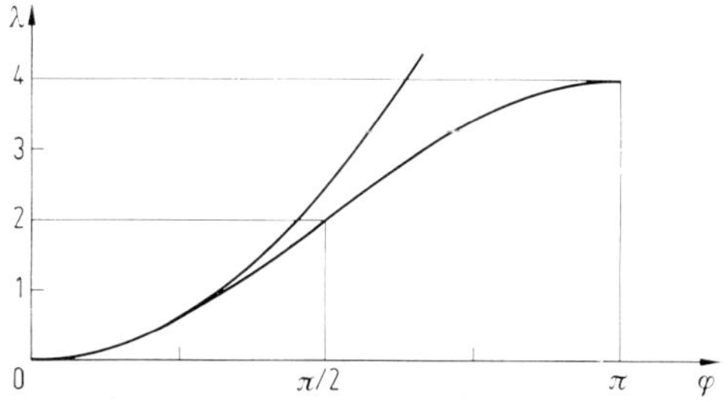

Abb. 45.2. Vergleich der Eigenwerte des Paares $\boldsymbol{A}$; $\boldsymbol{I}$ und der Differentialgleichung (5)

der Änderung nicht die mindeste Rolle spielt. Ändern sich dagegen die Kenngrößen der Differentialgleichung (5) auch nur geringfügig derart, daß einige oder alle Koeffizienten nicht mehr konstant sind, so bedeutet dies ebenfalls den Verzicht auf geschlossen angebbare (sogenannte bekannte und tabulierte) Eigenwerte und Eigenfunktionen und damit den sofortigen Übergang zu *Näherungs*methoden, während der Matrizenkalkül, einerlei ob $\boldsymbol{A}$ abgeändert wird oder nicht, eine (abgesehen von der Numerik) *exakte* Methode darstellt!

Wird die innere und äußere Federung ebenso wie die innere und äußere Dämpfung durch je *eine* Materialkonstante beschrieben, so liegt nach [35] modale Dämpfung in ihrer einfachsten Form, nämlich der erfüllten Bequemlichkeitshypothese vor. Dies überträgt sich auch auf das diskrete Modell, wie wir durch Umstellung der Gl. (4) erkennen

$$\left[\frac{m}{\varDelta}\boldsymbol{I} - \frac{\boldsymbol{A}}{\varDelta^2} m\,\varDelta\,\alpha^2\right]\ddot{\boldsymbol{w}}(t) + \left[\left(\frac{\boldsymbol{A}}{\varDelta^2}\right)^2 \varDelta\, D + \frac{d}{\varDelta}\boldsymbol{I}\right]\dot{\boldsymbol{w}}(t) +$$

$$+\left[\left(\frac{\boldsymbol{A}}{\varDelta^2}\right)^2 \varDelta\, C - \boldsymbol{A}\,\sigma\, H\right]\boldsymbol{w}(t) = \frac{\boldsymbol{k}(t)}{\varDelta} \tag{12}$$

oder

$$[\boldsymbol{M}]\,\ddot{\boldsymbol{w}}(t) + [\boldsymbol{D}]\,\dot{\boldsymbol{w}}(t) + [\boldsymbol{C}]\,\boldsymbol{w}(t) = \frac{\boldsymbol{k}(t)}{\varDelta}, \tag{13}$$

und damit ist die Bedingung (21.76) erfüllt, wie leicht nachzurechnen, vergleiche auch Abschnitt 41.4.

• 45.4. Finite Übersetzungen

Eine völlig andere Strategie verfolgen die sogenannten finiten Übersetzungen. Hier werden alle infinitesimalen Prozesse wie Differenzieren und Integrieren nicht auf die gesuchten Lösungsfunktionen angewendet, sondern auf geeignet vorgegebene Näherungsfunktionen mit einer genügend großen Anzahl von frei verfügbaren Parametern, die als — *endlich* viele! — Ersatzvariable die Rolle der *unendlich* vielen Werte der stetig verteilten Variablen $x, t, \ldots$ usw. übernehmen. Die Differentialgleichung wird damit übersetzt in ein endliches System, z.B.

$$\text{Statik} \qquad L[w(x)] = r \xrightarrow[\text{finite Übersetzung}]{} \boldsymbol{L}\,\boldsymbol{w} = \boldsymbol{r}\,, \tag{14}$$

$$\text{Kinetik} \qquad L[w(x,t)] = r(t) \xrightarrow[\text{finite Übersetzung}]{} \boldsymbol{L}\,\dot{\boldsymbol{w}} = \boldsymbol{r}(t)\,. \tag{15}$$

Solche Übersetzungen können vorgenommen werden

Punktweise (Kollokation)	Gebietsweise (Integration)
Gewöhnliches Differenzenverfahren (schon im 19. Jahrhundert bekannt)	Ritzsches Verfahren
	Verfahren von Galjorkin [a]
	Fehlerquadratmethode
Mehrstellenverfahren, Collatz 1948 (verallgemeinert in [15, S. 478])	Methode von Trefftz (heute Boundary-Methode)
und andere.	und andere.

[a] Der Ton liegt auf dem o: russisch Галёркин. Nicht Gálerkin; ebenso patjómkinsche, nicht pótemkinsche Dörfer.

Es existiert eine immense Literatur, doch handelt es sich im Prinzip immer nur um Varianten der grundlegenden Arbeiten von Ritz [228], Trefftz [230] und Galjorkin. Einen zusammenfassenden Bericht über das Ritzsche Verfahren bei *gewöhnlichen* Differentialgleichungen findet der Leser in [221].

• 45.5. Hybride Systeme

Eine mechanische Struktur wird als hybrid bezeichnet, wenn sie aus massebelegten kontinuierlich verformbaren *und* starren Körpern besteht, wie in Abb. 45.3 schematisch angedeutet. Eine solche Einteilung ist natürlich mehr oder weniger willkürlich, da der starre Körper ohnehin eine Fiktion (ein Denkmodell) darstellt, deren vorweg zu definieren-

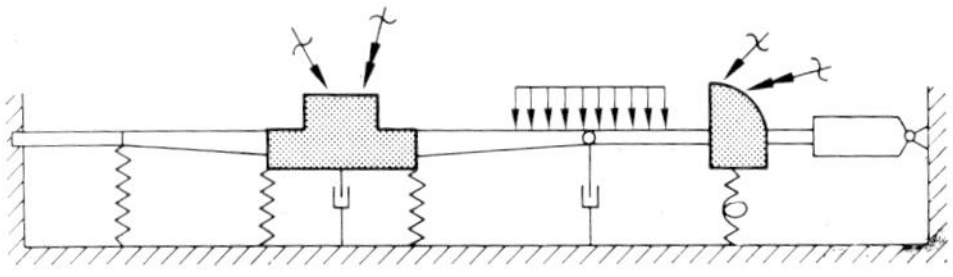

Abb. 45.3. Idealisiertes Maschinenfundament als hybride Struktur

der Geltungsbereich weitgehend von der technischen Fragestellung ebenso wie von der numerischen Zielsetzung abhängig ist.

Auf diese Weise wird die mechanische Struktur in Teilkörper verschiedener Begriffsklassen zerlegt:

Diskrete Elemente	Kontinuum
Trennung in drei Eigenschaftsträger	jedes (infinitesimale) Körperelement repräsentiert drei Eigenschaften zugleich
starrer Körper: Massenträgheit, masselose (Dreh-)feder: Elastizität, masseloser (Dreh-)dämpfer: viskose Reibkraft.	Massenträgheit Elastizität, Reibung (viskose Dämpfung)

• 45.6. Finite-Elemente-Methoden (FEM)

Die seit den sechziger Jahren vor allem durch die Pionierarbeiten von ARGYRIS [301], später BATHE [303], ZIENKIEWICZ [320] und anderen entwickelten Methoden der Finiten Elemente sind (oder sollten sein) eine optimale Kombination von Diskretisierung und Finitisierung. Wir stellen beide Methoden nochmals einander gegenüber:

Diskrete Modelle	Finite Übersetzung
Im Linearen	
Statik	
Matrizengleichung z.B. $(-\sigma \boldsymbol{H} + \boldsymbol{C})\, \boldsymbol{w} = \boldsymbol{k}$	Vektordifferentialgleichung z.B. $L[\boldsymbol{w}(x), \sigma] = \boldsymbol{r}(x)$, dazu Rand- und Übergangsbedingungen
Kinetik	
Vektordifferentialgleichung in der Zeit t mit $\boldsymbol{w} = \boldsymbol{w}(t)$, z.B. $\boldsymbol{M}\, \ddot{\boldsymbol{w}}(t) + \boldsymbol{D}\, \dot{\boldsymbol{w}}(t) +$ $+ (-\sigma \boldsymbol{H} + \boldsymbol{C})\, \boldsymbol{w}(t) = \boldsymbol{k}(t)$	Vektordifferentialgleichung in t und x (bzw. in t; x, y, z), z.B. $L[\boldsymbol{w}(x, t), \sigma] = \boldsymbol{r}(x, t)$, dazu Rand- und Übergangsbedingungen
Der BERNOULLIsche Trennungssansatz	
$\boldsymbol{w}(x, t) = \boldsymbol{W}(x)\, f(t)$	$\boldsymbol{w}(x, t) = \boldsymbol{W}(x)\, f(t)$
macht daraus eine	
Matrizengleichung für $\boldsymbol{W}(x)$	gewöhnliche Vektordifferentialgleichung für $\boldsymbol{W}(x)$
wie im statischen Fall.	
Einzelkräfte, Einzelmomente, Einzelmassen usw.	
stören nicht	stören sehr (Distributionen)

Rand- und Übergangsbedingungen	
erledigen sich in den Matrizen von selbst.	müssen aufwendig eingearbeitet werden.
Um eine vorgegebene Genauigkeit (möglichst mit Einschließung) zu erzielen, benötigt man	
sehr viele Starrkörper (Elemente).	nur wenige Feldunterteilungen (Elemente).
Die Methode ist	
kaum populär, da Mechanikkenntnisse erforderlich.	anwenderfreundlich, da durch Software-Industrie vorgefertigt. Dafür stark formalistisch infolge Black-box-Betrieb.

Eine gewisse Gefahr, welcher besonders der Anfänger erliegt, besteht darin, daß ungeachtet des wenn auch begrenzten Fundus an analytischen Lösungen und Lösungsmöglichkeiten in der Euphorie des Rechnens nun alles und jedes über die FEM in Angriff genommen wird. Der erfahrene Ingenieur dagegen beherzigt das

Postulat: *Analytische Lösung wo möglich, diskretisieren und/oder finitisieren wo nötig.*

In diesen Zusammenhang gehört ein weiteres, von COLLATZ stammendes

Postulat: *Eine Rechnung ohne Kontrolle gehört in den Papierkorb.*

Diese bereits in den fünfziger Jahren ausgesprochene goldene Grundregel besitzt heute mehr Bedeutung denn je. Um dem Mißbrauch der „schwarzen Kiste" zu steuern, haben wir zwei ihrem Wesen nach verschiedene Kontrollmöglichkeiten:

Numerik. Überprüfung der Ergebnisse durch den Defekt. Einschließungssätze. Wiederholung der Rechnung mit Hilfe eines anderen Algorithmus.

Mechanik. Deutung, Plausibilität und Erfahrung. Die Güte des mechanischen Modells kann durch Experimente (Schütteltisch, Spannungsoptik, Zerreißversuch u. a.) überprüft werden. Anwendung der Methode auf analytisch exakt lösbare Probleme (gerader Balken, gleichförmig belastete allseitig eingespannte elliptische Platte) und Vergleich der Ergebnisse.

Nur wer sich derart auf Schritt und Tritt absichert, darf getrost sein, nicht Zufallszahlen in Waschkörben davonzutragen — ein groteskes Erfolgserlebnis, das zu beobachten heute die bedauerliche Regel ist. Ebenso frappierend ist auf der anderen Seite die Übereinstimmung von Experiment und numerischer Voraussage, sofern diese von Könnern ihres Faches erstellt wurde.

• 45.7. Zusammenschau

Die Popularität und Vereinnahmung des Matrizenkalküls in das Bewußtsein der Physiker und Ingenieure verdanken wir nicht zuletzt dem Vordringen der Finite-Elemente-Methode und verwandten Verfahren auch in anderen Gebieten der Naturwissenschaft und Technik. Von beiden Achsen sich auffüllend wird daher die Ebene der Abb. 24.1 in den letzten Jahren zusehends dichter besiedelt, eine erfreuliche Kolonialpolitik, die besonders die nachwachsende Generation von Mathematikherstellern und Mathematikverbrauchern in wechselseitigem Ansporn zu konstruktiver Zusammenarbeit vorantreiben möge. Der Zerfledderung auch der Ingenieurwissenschaften in abertausende von Methoden und Methödchen kann nur begegnet werden durch die Beherrschung der Grundlagen und nicht durch die Aneignung spezieller Fertigkeiten von immer begrenzter werdendem Anwendungsbereich, eine Gefahr, die neben den positiven Aspekten gerade bei den Finite-Elemente-Methoden mit ihren bereits in die Zehntausende gehenden Veröffentlichungen gegeben ist. Nur der Ingenieur, der mit beiden Füßen auf den sicheren Fundamenten der Mechanik einerseits wie auf dem der Numerik andererseits steht, muß nicht befürchten, von dieser Flut wehrlos hinweggeschwemmt zu werden.

Wenn dieses Buch mit den Worten begann: „Mathematik ist eine Wissenschaft, Rechnen ist eine Kunst", so erkennen wir am Ende angelangt und um einiges klüger geworden, deren ganze Bedeutung. Ausgerüstet mit dem Wissen der Mathematik, dem Computer kraft zuverlässiger Algorithmen das von der Praxis geforderte Resultat zu entreißen — eben *dies ist* die Kunst!

Literatur zu Teil 1* und Teil 2

Weiterführende Literatur

1 Bôcher, M.: Einführung in die höhere Algebra, 2. Aufl. Leipzig, Berlin 1925
2 Bodewig, E.: Matrix Calculus. 2. Aufl. Amsterdam 1959
3 Collatz, L.: Eigenwertaufgaben mit technischen Anwendungen. Leipzig 1963
4 Denis-Papin, M.; Kaufmann, A.: Cours de calcul matriciel appliqué. Paris 1951
5 Durand, E.: Solutions numériques des équations algébriques, vol. 2. Paris 1961
6 Frazer, R. A.; Duncan, W. J.; Collar, A. R.: Elementary matrices and some applications to dynamics and differential equations. Cambridge 1938
7 Gantmacher, F. R.: Matrizenrechnung I, II. Berlin 1958/59
8 Gröbner, W.: Matrizenrechnung, München 1956
9 Householder, A. S.: Principles of numerical analysis. New York, Toronto, London 1953
10 MacDuffee, C. C.: The theory of matrices. Ergebn. Math. Grenzgeb. Bd. 2, H. 5, Berlin 1933
11 Neiss, F.: Determinanten und Matrizen, 6. Aufl. Berlin, Göttingen, Heidelberg: Springer 1962
12 Schmeidler, W.: Vorträge über Determinanten und Matrizen mit Anwendungen in Physik und Technik. Berlin 1949
13 Sperner, E.: Einführung in die analytische Geometrie und Algebra. Bd. 1, 2. Göttingen 1948, 1951
14 Stoll, R. R.: Linear algebra and matrix theory. New York, Toronto, London 1952
15 Zurmühl, R.: Praktische Mathematik für Ingenieure und Physiker, 5. Aufl. Berlin, Göttingen, Heidelberg: Springer 1965
16 Bronson, R.: Matrix methods. New York, London: Academic Press 1968
17 Faddejew, D. K.; Faddejewa, W. N.: Numerische Methoden der linearen Algebra. Berlin: VEB Deutscher Verlag der Wissenschaften 1964
18 Gastinel, N., Lineare numerische Analysis. Berlin: VEB Deutscher Verlag der Wissenschaften 1972
19 Householder, A. S.: The theory of matrices in numerical analysis. New York: Dover Publ. 1964
20 Lancaster, P.: Lambda — matrices and vibrating systems. Oxford 1966
21 Lancaster, P.: Theory of matrices. New York, London: Academic Press 1969
22 Parlett, B. N.: The symmetric eigenvalue-problem. Englewood Cliffs, N.J.: Prentice-Hall 1980
23 Pease, M. C.: Methods of matrix algebra. New York, San Francisco, London: Academic Press 1965
24 Schwarz, H. R.; Rutishauser, H.; Stiefel, E.: Numerik symmetrischer Matrizen. Stuttgart: Teubner 1972
25 Stewart, G. W.: Introduction to matrix computations. New York, London: Academic Press 1973

---

* Die in Teil 1 in Fußnoten aufgeführte Literatur ist unter den numerierten Zitaten 101 bis 133 in diesem Verzeichnis miterfaßt.

26 Wilkinson, J. H.: The algebraic eigenvalue problem. Oxford: Clarendon Press 1972

27 Wilkinson, J. H.; Reinsch, C.: Lineare Algebra. Berlin, Heidelberg, New York: Springer 1971

28 Zielke, G.: Numerische Berechnung von benachbarten inversen Matrizen und linearen Gleichungssystemen. Schriften zur Datenverarbeitung. Braunschweig: Vieweg 1970

29 Aitken, A. C.: Determinanten und Matrizen. Mannheim: BI 1969

30 Bellmann, R.: Introduction to matrix analysis, 2nd edn. New York: McGraw-Hill 1970

31 Bunse, W.; Bunse-Gerstner, A.: Numerische lineare Algebra. Stuttgart: Teubner 1985

32 Franklin, J. N.: Matrix theory. Englewood Cliffs, N.J.: Prentice-Hall 1968

33 Gantmacher, F. R.; Krein, M. G.: Oszillationsmatrizen, Oszillationskerne und kleine Schwingungen mechanischer Systeme. Berlin: Akademie-Verlag 1960

34 Golub, G. H.; van Loan, C. F.: Matrix computations. Oxford: North Oxford Academic 1983

35 Jennings, A.: Matrix computation for engineers and scientists. New York: Wiley & Sons 1977

36 Lancaster, P.; Gohberg, I.; Rodman, L.: Matrix polynomials. London: Academic Press 1982

37 Maess, G.: Vorlesungen über numerische Mathematik, Bd. 1, Berlin: Akademie-Verlag 1984

38 Müller, P. C.: Stabilität und Matrizen. Berlin, Heidelberg, New York: Springer 1977

39 Parodi, M.: La localisation des valeurs caractéristiques des matrices et ses applications. Paris: Gauthier — Villars 1959

40 Schwarz, H. R.: Methode der finiten Elemente. Teubner Studienbücher. Stuttgart: Teubner 1980

41 Stoer, J.: Einführung in die Numerische Mathematik I. Heidelberger Taschenbücher Bd. 105, 4. Aufl. Berlin, Heidelberg, New York, Tokyo: Springer 1983

42 Stoer, J.; Bulirsch, R.: Einführung in die Numerische Mathematik II. Heidelberger Taschenbücher Bd. 114. Berlin, Heidelberg, New York: Springer 1973

43 Suprunenko, D. A.; Tyshkevich, R. I.: Commutative matrices. New York, London: Academic Press 1968

44 Young, D. M.: Iterative solution of large linear systems. New York, London: Academic Press 1971

45 Zurmühl, R.: Praktische Mathematik für Ingenieure und Physiker, 5. Aufl. Berlin, Heidelberg, New York, Tokyo: Springer 1984

46 Zuse, K.: Der Computer, mein Lebenswerk. Berlin, Heidelberg, New York, Tokyo: Springer 1984

47 Schwarz, H. R.: Numerische Mathematik. Stuttgart: Teubner 1986

48 v. Sanden, H.: Mathematisches Praktikum. Leipzig, Berlin: Teubner 1944

49 Heitzinger, W.; Troch, I.; Valentin, G.: Praxis nichtlinearer Gleichungen, München, Wien: Hanser 1985

50 Marcus, M.; Minc, H.: A survey of matrix theory and matrix inequalities. Boston: Allyn & Bacon 1964

Einzelveröffentlichungen

I. Kapitel. Der Matrizenkalkül

101 Sylvester, J. J.: Philos. Mag. 37 (1850) 363

102 Cayley, A.: Trans. London Philos. Soc. 148 (1858) 17–37

103 Falk, S.: Ein übersichtliches Schema für die Matrizenmultiplikation. Z. Angew. Math. Mech. 31 (1951) 152

104 Feigl, G.; Rohrbach, H.: Einführung in die höhere Mathematik. Berlin, Göttingen, Heidelberg: Springer 1953, S. 181

II. Kapitel. Lineare Gleichungen

105 Doolittle, M. H.: U.S. Coast and geodetic report. (1878) 115–120

106 Benoit, S. Z.: Sur une méthode de résolution des équations normales etc. (procédé du commandant Cholesky). Bull. Géodésique 2 (1924)

107 Banachiewicz, T.: Bull. Ent. Acad. Pol. Sci., Sér. A (1938) 393–404

108 Banachiewicz, T.: On the computation of inverse arrays. Acta Astron. 4 (1939) 26–30

109 Unger, H.: Zur Praxis der Biorthonormierung von Eigen- und Hauptvektoren. Z. Angew. Math. Mech. 31 (1951) 53–54; 33 (1953) 319–331

110 Weierstrass, K.: M. Ber. Preuß. Akad. Wiss. (1868) 310–338

IV. Kapitel. Die Eigenwertaufgabe

111 Falk, S.: Das Matrizeneigenwertproblem der Mechanik. Z. Angew. Math. Mech. 64 (1984) T243–T251

112 Krylov, A. N.: Bull. Acad. Sci. URSS, Leningrad, 7. Ser. Classe Math. (1931) 491–538

113 Wie unter [6], S. 141ff.

114 Courant, R.; Hilbert, D.: Methoden der mathematischen Physik, Bd. 1, 2. Aufl. Berlin: Springer 1931, S. 19–23

115 Schur, I.: Math. Ann. 66 (1909) 488–510

116 Frobenius, G.: Über Matrizen aus positiven bzw. nicht negativen Elementen. S. Ber. Preuß. Akad. Wiss. (1908) 471–476; (1909) 514–518; (1912) 456–477

117 Wielandt, H.: Unzerlegbare, nicht negative Matrizen. Math. Z. 52 (1950) 642–648

118 Sinden, F. W.: An oscillation theorem for algebraic eigenvalue problems and its applications. Diss. ETH Zürich 1954. Prom. Nr. 2322

119 Schulz, G.: Grenzwertsätze für die Wahrscheinlichkeiten verketteter Ereignisse. Dtsch. Math. 1 (1936) 665–699

V. Kapitel. Struktur der Matrix

120 Segre, C.: Atti Accad. Naz. Lincei. Mem. III (1884) 127–148

121 Muth, P.: Theorie und Anwendung der Elementarteiler. Leipzig: 1899

122 Jordan, C.: Traité des substitutions et des équations algébriques, vol. 2, Paris: 1870, pp. 88–249

123 Weyr, E.: M. Math. Phys. 1 (1890) 163–236

124 Unger, H.: Zur Praxis der Biorthonormierung von Eigen- und Hauptvektoren. Z. Angew. Math. Mech. 33 (1953) 319–331

125 Frobenius, G.: J. Reine Angew. Math. 84 (1878) 27–28

126 Caughey, T. K.: Classical normal modes in damped systems. J. Appl. Mech. (1960) 269–271

126a Caughey, T. K.; O'Kelly, M. E.: Classical normal modes in damped linear systems. J. Appl. Mech. 32 (1965) 583–588

127 Falk, S.: Eigenwerte gedämpfter Schwingungen bei Gültigkeit der Bequemlichkeitshypothese. Ing. Arch. 47 (1978) 57–66

VI. Kapitel. Blockmatrizen

128 Schur, I.: Crelle's Journal 147 (1917) 217

129 Woodbury, M. A.: Inverting modified matrices. Stat. Res. Group, Princeton Univ., N.J., Memor. Rep. 42 (1950)

130 Sherman, K.; Morrison, W. J.: Adjustment of an inverse matrix corresponding to changes in a given row of the original matrix. Ann. Math. Stat. 21 (1949) 124

131 Günther, S.: Ueber aufsteigende Kettenbrüche. Z. Math. 21 (1876) 185

132 Falk, S.: Expansion von Polynomen und Polynommatrizen. Z. Angew. Math. Mech. 64 (1984) 445–456

133 Bähren, H.: Diagonalexpansion von Polynommatrizen mit zusammenfallenden Nullstellen im Hauptdiagonalpolynom. Z. Angew. Math. Mech. 65 (1985) 454–456

VII. Kapitel. Grundzüge der Matrizennumerik

134 Berg, L.: Die Invertierung von Matrizen aus Binomialkoeffizienten. Z. Angew. Math. Mech. 63 (1983) 639–642

135 Courant, R.; Hilbert, D.: Methoden der mathematischen Physik, Bd. 1, 2. Aufl. Berlin: Springer 1931, S. 19–23

136 Heinrich, H.: Bemerkungen zu einem Konditionsmaß für lineare Gleichungssysteme. Z. Angew. Math. Mech. 43 (1963) 568

136a Kamitz, R.; Mathis, W.; Kahmann, M.: Die Kulisch-Arithmetik für hochgenaue Lösungseinschließungen. PC-Praxis (Herausgeber Harald Schumny) Vieweg 1986, S. 28–39

136b Kulisch, U. W.: Grundlagen des numerischen Rechnens. Reihe Informatik, Bd. 19. Mannheim, Wien, Zürich: BI 1976

136c Kulisch, U. W.; Miranker, W. L.: A new approach to scientific computation. Proc. "IBM Symp.". New York: Academic Press 1983

137 Ostrowski, A.: Über Normen von Matrizen. Math. Z. 63 (1955) 2–18

138 Rayleigh, L.: Verschiedene Veröffentlichungen, auch in Büchern. Im einzelnen nicht zitierbar.

139 Ritz, W.: Über eine neue Methode zur Lösung gewisser Variationsprobleme der mathematischen Physik. J. Reine Angew. Math. 135 (1909) 1–61

140 Winograd, S.: A new algorithm for inner product. IEEE Trans. C-17 (1968) 693–694

141 Zielke, G.: ALGOL-Katalog Matrizenrechnung. Verfahren der Datenverarbeitung. München, Wien: Oldenbourg 1972

142 Zielke, G.: Testmatrizen mit maximaler Konditionszahl. Computing 13 (1974) 33–54

VIII. Kapitel. Theorie und Praxis der Transformationen

143 Danilevskiî, A.: O čislennom rešenii vekovogo uravneniya. Mat. Sb. 2 (1937) 169–171

144 Falk, S.: Die Abbildung eines allgemeinen Schwingungssystems auf eine einfache Schwingerkette. Ing. Arch. 23 (1955) 314–328

145 Givens, J. W.: Numerical computation of the characteristic values of a real symmetric matrix. Oak Ridge Nat. Lab. ORNL-1574 (1954)

146 HESSENBERG, K.: Auflösung linearer Eigenwertaufgaben mit Hilfe der Hamilton-Cayleyschen Gleichung. Diss. TH Darmstadt 1941
147 HOUSEHOLDER, A. S.; BAUER, F. L.: On certain methods for expanding the characteristic polynomial. Num. Math. 1 (1959) 29—37
148 JACOBI, C.G. J.: Ein leichtes Verfahren, die in der Theorie der Säkularstörungen vorkommenden Gleichungen numerisch aufzulösen. J. Reine Angew. Math. 30 (1846) 51—95
149 KRYLOV, A. N.: Bull. Acad. Sci. URSS, Leningrad, 7. Ser. Classe Math. (1931) 491—538
150 LANCZOS, C.: J. Res. Nat. Bur. Stand. 45 (1950) 255—282
151 UNGER, H.: Über direkte Verfahren bei Matrizeneigenwertproblemen. Wiss. Z. Tech. Hochsch. Dresden 2 (1952/53) H. 3
152 WILKINSON, J. H.: Stability of the reduction of a matrix to almost triangular and triangular forms by elementary similitary transformations. J. Assoc. Comp. Machin. 6 (1959) 336—359
153 FALK, S. (З. Фальк): Стабилизация плохо обусловленных систем линейных алгебраических уравнений с помощью метода якоби. Журнал вычислительной математики в математической физики 3 (1963) 358—361
154 DEDEKIND, R.: Gauß in seiner Vorlesung über die Methode der kleinsten Quadrate. Festschrift zur Feier des 150-jährigen Bestehens der Kgl. Ges. d. Wiss. Göttingen. Berlin 1901. — Gauß selbst beschreibt es in einem Brief vom 26. Dezember 1832 an seinen Schüler Gerling (Werke IX, S. 278)

IX. Kapitel. Kehrmatrix und lineare Gleichungssysteme

155 HESTENES, H. R.; STIEFEL, E.: Methods of conjugate gradients for solving linear systems. J. Res. Nat. Bur. Stand. 49 (1952) 409—436
156 MAESS, G.: Iterative Lösung linearer Gleichungssysteme. Nova Acta Leopold. Bd. 52 Nr. 238, Halle: Dtsch. Akad. d. Naturforscher Leopoldina 1979
157 MAESS, G.; PETERS, W.: Lösung inkonsistenter Gleichungssysteme und Bestimmung einer Pseudoinversen für rechteckige Matrizen durch Spaltenapproximation. Z. Angew. Math. Mech. 58 (1978) 233—237
158 NEKRASSOW, P. A. (Некрасов, П. А.): Определение неизвестных по способу наименьших квадратов при весьма большом числе неизвестных. Матем. Сб. 12 (1885) 189—204
159 NIESSNER, H.; REICHERT, K.: On Computing the inverse of a sparse matrix. Int. J. Num. Math. Eng. 19 (1983) 1513—1526
160 RUGE, P.: Mitt. Inst. Angew. Mech. TU Braunschweig 1985 (unveröff.)
161 SCHULZ, G.: Iterative Berechnung der reziproken Matrix. Z. Angew. Math. Mech. 13 (1933) 57—59
162 SCHWARZ, H. R.: Die Methode der Überrelaxation, siehe [40], S. 214 ff.
163 SEIDEL, PH. L.: München. Akad. Abhdl. (1874) 81—108
164 SOUTHWELL, R. V.: Relaxation methods in engineering science. Oxford: Oxford University Press 1940
165 WITTMEYER, H.: Über die Lösung von linearen Gleichungssystemen durch Iteration. Z. Angew. Math. Mech. 16 (1936) 301 ff.

X. Kapitel. Die lineare Eigenwertaufgabe

166 AITKEN, A. C.: Proc. R. Soc. Edinburgh 57 (1937) 271
167 BAUER, F. L.: Das Verfahren der Treppeniteration und verwandte Verfahren zur Lösung algebraischer Eigenwertprobleme. Z. Angew. Math. Phys. 8 (1957) 214—235

168 Budich, H.: Mitt. Inst. Angew. Mech. TU Braunschweig 1979 (unveröff.)

169 Collatz, L.: Eigenwertaufgaben mit technischen Anwendungen. Leipzig: Akad. Verlagsges. Geest & Portig 1941

170 Eberlein, P. J.: A Jacobi-like method for the automatic computation of eigenvalues and eigenvectors of an arbitrary matrix. SIAM J. Appl. Math. 10 (1962) 74—88

171 Eberlein, P. J.: Solution to the complex eigenproblem by a norm-reducing Jacobi-Type method. Num. Math. 14 (1970) 232—245

172 Falk, S.; Langemeyer, P.: Das Jacobische Rotationsverfahren für reellsymmetrische Matrizenpaare I, II. Elektron. Datenverarb. (1960) 30—43

173 Falk, S.: Einschließungssätze für die Eigenwerte normaler Matrizenpaare. Z. Angew. Math. Mech. 44 (1964) 41—55

174 Falk, S.: Einschließungssätze für die Eigenvektoren normaler Matrizenpaare. Z. Angew. Math. Mech. 45 (1965) 47—56

175 Falk, S.: Einschließung von Eigenwerten und Eigenvektoren beliebiger Matrizen durch Kondensation. Z. Angew. Math. Mech. 61 (1981) 64—65

176 Falk, S.: Über die Eigenwerte benachbarter normaler Matrizenpaare. Z. Angew. Math. Mech. 50 (1970) 431—433

177 Falk, S.: Der Diagonalsatz, ein weitreichender Einschließungssatz für die Eigenwerte beliebiger Matrizen. I.: Simon Stevin 55 (1981) 41—65; II.: Simon Stevin 57 (1983) 173—202

178 Falk, S.: Iterative Einschließung der kleinsten (größten) Eigenwerte eines hermiteschen Matrizenpaares. I.: Acta Mech. 46 (1983) 233—254; II.: Acta Mech. 49 (1983) 111—131

179 Falk, S.: Der Determinantensatz und seine technischen Anwendungen. Ber. d. Dtsch. Forschungsgemeinsch. Fa 158/3—1, Braunschweig 1985

180 Falk, S.: Neuere Methoden der Matrizennumerik. Vorlesungsmitschrift der TU Braunschweig 1984/85 (unveröff.)

180a Fix, G.; Heiberger, R.: An Algorithm for the illconditioned generalized eigenvalue problem. SIAM J. Num. Anal. 9 (1972) 788ff. (Dieser Algorithmus wird auch in [22] beschrieben)

181 Francis, J. G. F.: The QR-transformation. An unitary analogue to the LR-transformation. I.: Comput. J. 4 (1961) 265—271; II.: Comput. J. 4 (1962) 332—345

182 Gerschgorin: Über die Abgrenzung der Eigenwerte einer Matrix. Bull. Acad. Sc. Leningrad (1931) 749—754. — Zum Beweis vgl. auch [2], S. 67ff.

183 Gose, G.: Relaxationsverfahren zur Minimierung von Funktionalen und Anwendung auf das Eigenwertproblem für symmetrische Matrizenpaare. Diss. TU Braunschweig 1974

183a Gose, G.: Zur Konvergenz der Koordinatenrelaxation für $\boldsymbol{A}\,\boldsymbol{x} = \lambda\,\boldsymbol{B}\,\boldsymbol{x}$. Z. Angew. Math. Mech. 57 (1977) 591—596

184 Greenstadt, J.: A method for finding roots of arbitrary matrices. Math. Tab. Aids Comput. 9 (1955) 47—52

185 Heinrich, H.: Bemerkung zu einem Konditionsmaß für lineare Gleichungssysteme. Z. Angew. Math. Mech. 43 (1963) 568

186 Huang, C. P.; Gregory, R. T.: Computing eigenvalues of non-hermitian matrices using a norm-reducing Jacobi-like algorithm. Rep. CS-76-18 Comput. Sci. Dpt., Univ. of Tennessee. Knoxville, Tenn. 37916: 1976

187 Kulbanovskaya, V. N.: On some algorithms for the solution of the complete eigenvalue problem. Zh. Vychisl. Mat. 1 (1961) 555—570 (Engl. transl.: USSR Comp. Math. and Math. Phys. 2 (1962) 637—657)

188 Lotkin, M.: Characteristic values of arbitrary matrices. Q. Appl. Math. 14 (1956) 267—275

189 Rodrigue, G.: A gradient method for the matrix eigenvalue problem $\boldsymbol{A}\,\boldsymbol{x} = \lambda\,\boldsymbol{B}\,\boldsymbol{x}$. Num. Math. 22 (1973) 1—16

189a Ruge, P.: Schwingungsberechnung zusammengesetzter Systeme durch modale Synthese. Ing. Arch. 52 (1982) 177—182

190 Rutishauser, H.: Der Quotienten-Differenzen-Algorithmus. Z. Angew. Math. Phys. 5 (1954) 233—251. Nat. Bur. Stand. Appl. Math. Ser. 49 (1958) 47—81

191 Rutishauser, H.: Über eine kubisch konvergente Variante der LR-Transformation. Z. Angew. Math. Mech. 40 (1960) 49—54

192 Schwarz, H. R.: Simultane Iterationsverfahren für große allgemeine Eigenwertprobleme. Ing. Arch. 50 (1981) 329—338

193 Schwarz, H. R.: The Method of Coordinate Overrelaxation for $(\boldsymbol{A} - \lambda\,\boldsymbol{B})\,\boldsymbol{x} = \boldsymbol{0}$. Num. Math. 23 (1974) 135—151

193a Schneider, J.: Pauschale Einschließung von Polynommatrizen durch multiplikative Normen. Z. Angew. Math. Mech. 60 (1980) 443—444

194 Schneider, J.: Eigenwerte diagonaldominanter Matrizenpaare. Z. Angew. Math. Mech. 67 (1987)

195 Stewart, G. W.; Moler, C. B.: An algorithm for generalized matrix eigenvalue problems. SIAM J. Num. Anal. 10 (1973) 241—256

196 Temple, G.: Proc. Lond. Math. Soc. (2) 29 (1929) 257—280

197 von Mises, R.; Geiringer, H.: Praktische Verfahren der Gleichungsauflösung. Z. Angew. Math. Mech. 9 (1929) 58—77, 152—162

198 Weinstein, H. D.: Proc. nat. Acad. Sci. Washington, 20 (1934) 529

199 Wielandt, H.: Bestimmung höherer Eigenwerte durch gebrochene Iteration. Ber. B4/J/37 Aerodyn. Vers.-Anst. Göttingen 1944

200 Wojewodin, W. W.; Kim, G. (Воеводин, В. В.; Г. Ким): Программа для нахождения собственных значений и собственных векторов симметрической матрицы методом вращений, Вычислительные методы и программирование, Изд. МГУ (1962) 269—278

200a Falk, S. Der Eigenwertalgorithmus Velocitas für Matrizenpaare $\boldsymbol{A}$; $\boldsymbol{B}$. Abhandlungen der Braunschweigischen Wissenschaftlichen Gesellschaft 1987 (im Druck)

200b Falk, S.: Das Ende der Transformationsalgorithmen. Was folgt? Ungarische Akademie der Wissenschaften, Budapest 1987 (im Druck)

XI. Kapitel. Die nichtlineare Eigenwertaufgabe

201 Ahlström, N.; Nilsson, T.: Three algorithms for solving the nonlinear eigenvalue problem. Rep. UMINF-2.71 Univ. Umea 1971

202 Emre, E.; Hüseyin, Ö.: Generalization of Leverrier's algorithm to polynomial matrices of arbitrary degree. IEE AC (June 1975) 136

203 Falk, S.: Das Verfahren der Defektverkleinerung für Matrizeneigenwertprobleme. Z. Angew. Math. Mech. 57 (1977) T273—T275

204 Falk, S.: Der Satz von Krylov-Bogoljubov für parameternormale Matrizentupel. Z. Angew. Math. Mech. 60 (1980) 171—173

205 Falk, S.: Matrizenausgleich nach der Fehlerquadratmethode und eine Anwendung auf gedämpfte Schwingungen. Z. Angew. Math. Mech. 59 (1979) 329—331

206 Hadeler, K. P.: Mehrparametrige und nichtlineare Eigenwertaufgaben. Arch. Rational Mech. 27 (1967) 306—328

207 Kublanovskaya, V. N.: On an approach to the solution of the generalized latent value problem for λ-matrices. SIAM J. Num. Anal. 7 (1970) 532ff.

208 LANCASTER, P.: Algorithms for lambda-matrices. Num. Math. 6 (1964) 377—387
209 PACCAGNELLA, E.; PIEROBON, G. L.: FFT-calculation of a determinantal polynomial. IEEE AC (June 1976) 401
210 PFEIFFER, M.: Lösung technischer Eigenwertprobleme durch Defektverkleinerung. Diss. TU Braunschweig 1979
211 RUGE, P.; SCHNEIDER, J.: Reduktion und Iteration zur Eigenwertbestimmung diskret gedämpfter Schwingungssysteme. Ing. Arch. 50 (1981) 297—313
211a RUGE, P.: Eingrenzung kritischer Lasten über das zweiparametrige Eigenwertproblem. Z. Angew. Math. Mech. 60 (1980) T74—T76
212 RUHE, A.: Algorithms for the nonlinear eigenvalue problem. SIAM J. Num. Anal. 10 (1973) 674ff.
213 SCHNEIDER, J.: Beeinflussung der Eigenwerte von Schwingungssystemen mit modaler Dämpfung. Ing. Arch. 48 (1979) 393—401
214 SCHNEIDER, J.: Der Satz von Gerschgorin für gedämpfte Schwingungen. Z. Angew. Math. Mech. 60 (1980) 266—268
215 SCHNEIDER, J.: Einschließung der Eigenwerte modifizierter gedämpfter Schwingungssysteme. Acta Mech. 40 (1981) 221—235
215a SCHNEIDER, J.: Die zweiparametrige Matrizeneigenwertaufgabe. Z. Angew. Math. Mech. 67 (1987)
216 SCHWARZ, H. R.: Simultane Iterationsverfahren für große allgemeine Eigenwertprobleme. Ing. Arch. 50 (1981) 329—338
217 VOSS, M.; WERNER, B.: Solving sparse nonlinear eigenvalue problems. Num. Math. (In Vorbereitung)

XII. Kapitel. Matrizen in der Angewandten Mathematik und Mechanik

219 BUDICH, H.; FALK, S.: Der Eigenwertalgorithmus ECP (Expansion des charakteristischen Polynoms) auf dem Prüfstand. Z. Angew. Math. Mech. 67 (1987)
220 COLLATZ, L.: Differenzenverfahren zur numerischen Integration von gewöhnlichen Differentialgleichungen n-ter Ordnung. Z. Angew. Math. Mech. 29 (1949) 199—209
221 FALK, S.: Das Verfahren von RAYLEIGH-RITZ mit hermiteschen Interpolationspolynomen. Z. Angew. Math. Mech. 43 (1963) 149—166
222 FALK, S.: Eine Variante zum Differenzenverfahren. Z. Angew. Math. Mech. 45 (1965) T32
223 FALK, S.: Der Algorithmus ECP für das nichtpolynomiale Eigenwertproblem. Z. Angew. Math. Mech. 67 (1987) (im Druck)
224 HEMAMI, H.: Some aspects of Euler-Newton-equations of motion. Ing. Arch. 52 (1982). 167—176
225 KLOTTER, K.: Analyse der verschiedenen Verfahren zur Berechnung der Torsionseigenschwingungen von Maschinenwellen. Ing. Arch. 17 (1949) 1—61
226 MARGUERRE, K.: Über die Lagrangeschen Gleichungen der Kinetik und Elastostatik. Ing. Arch. 28 (1959) 199—207
227 MERTENS, R.: A simplified method for the establishment of equations of motion for complicated dynamical systems with LAGRANGE's formalism. Z. Angew. Math. Mech. 60 (1980) T254
228 RITZ, W.: Über eine neue Methode zur Lösung gewisser Variationsprobleme der mathematischen Physik. J. Reine Angew. Math. 135 (1909) 1—61
229 SCHNEIDER, J.: Eine Kritik an der landesüblichen Baustatik. Mitt. Inst. Angew. Mech. TU Braunschweig, 1979 (unveröff.)

230 TREFFTZ, E.: Ein Gegenstück zum Ritzschen Verfahren. Proc. on the 2nd Int. Congr. of Appl. Mech., Zürich (1926)
231 ZIMMERMANN, R.: Ritzsches Verfahren für Aufgaben mit Eigenwerten in den Randbedingungen. Z. Angew. Math. Mech. 50 (1970) 315–316
232 FALK. S.: Das direkte (natürliche) Reduktionsverfahren. Acta Mechanica 54 (1984) 49–62

Weiterführende Literatur zum XII. Kapitel

301 ARGYRIS, J.; KELSEY, S.: Energy theorems and structural analysis. London: Butterworths 1960
302 BANERJEE, P. K.; BUTTERFIELD, R.: Developments in boundary element methods 1. London: Appl. Sci. Publ. 1979
303 BATHE, K.-J.: Finite element procedures in engineering analysis. Englewood Cliffs, N.J.: Prentice-Hall 1982
304 BREBBIA, C. A.; WALKER, S.: Boundary element techniques in engineering. London, Boston: Newnes-Butterworths 1980
305 CHOBOT, K.: Matrizenrechnung in der Baumechanik. Wien, New York: Springer 1970
306 DIETRICH, G.; STAHL, H.: Matrizen und Determinanten und ihre Anwendungen in Technik und Ökonomie. Leipzig: VEB Fachbuchverlag 1973
307 DÜCK, W.: Optimierung unter mehreren Zielen. Braunschweig: Vieweg 1979
308 DURAND, E.: Solution numériques des équations algébraiques, vol. I, II. Paris: Masson 1961
309 KERSTEN, R.: Das Reduktionsverfahren in der Baustatik, 2. Aufl. Berlin, Heidelberg, New York: Springer 1982
310 LINK, M.: Finite Elemente in der Statik und Dynamik. Stuttgart: Teubner 1984
311 MÜLLER, P. C.: Stabilität von Matrizen. Berlin, Heidelberg, New York: Springer 1977
312 MÜLLER, P. C.; SCHIEHLEN, W. O.: Lineare Schwingungen. Wiesbaden: Akad. Verlagsanstalt 1976
313 PESTEL, E.; LECKIE, F. A.: Matrix methods in elastomechanics. New York: McGraw-Hill 1963
314 PRZEMIENIECKI, L. J.: Theory of matrix structural analysis. New York: McGraw-Hill 1968
315 RÓZSA, P.: Lineáris algebra és alkalmazásai. Budapest: Müszaki Könyvkiado 1976
316 SZILARD, R.: Finite Berechnunsmethoden der Strukturmechanik, Bd. 1: Stabwerke. Berlin, München: Ernst & Sohn 1982
317 TURNER, M.; CLOUGH, R.; MARTIN, H.; TOPP, L.: Stiffness and deflection analysis of complex structures. J. Aero. Sci. 23 (1956)
318 UHRIG, R.: Elastostatik und Elastokinetik in Matrizenschreibweise. Berlin, Heidelberg, New York: Springer 1973
319 WUNDERLICH, W.; STEIN, E.; BATHE, K.-J.: Nonlinear finite element analysis in structural mechanics. Berlin, Heidelberg, New York: Springer 1981
320 ZIENKIEWICZ, O. C.: The finite element method, 3rd edn. London: McGraw-Hill 1982

Namen- und Sachverzeichnis